学电脑从入门到精通

电脑组装与维修

从入门到精通（第2版）

王红军　等著

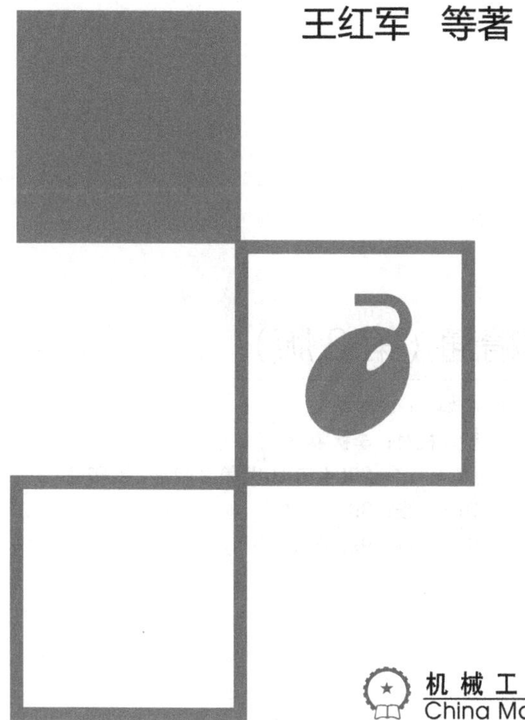

机械工业出版社
China Machine Press

图书在版编目（CIP）数据

电脑组装与维修从入门到精通 / 王红军等著 . —2 版 . —北京：机械工业出版社，2020.1
（2024.10 重印）

ISBN 978-7-111-64582-5

I. 电… II. 王… III. ①电子计算机 - 组装 ②电子计算机 - 维修 IV. TP30

中国版本图书馆 CIP 数据核字（2020）第 001603 号

电脑组装与维修从入门到精通（第 2 版）

出版发行：机械工业出版社（北京市西城区百万庄大街 22 号 邮政编码：100037）

责任编辑：唐晓琳　　责任校对：李秋荣

印　　刷：固安县铭成印刷有限公司　　版　　次：2024 年 10 月第 2 版第 7 次印刷

开　　本：185mm×260mm 1/16　　印　　张：39

书　　号：ISBN 978-7-111-64582-5　　定　　价：99.00 元

客服电话：（010）88361066 68326294

前言

本书是专为普通电脑用户编写的，它将电脑硬件的运行原理、选购技巧、维护维修方法，以及电脑的软件、组网、数据恢复等知识进行了系统的归纳总结。同时结合大量的图片、操作流程和实例，力争将相关知识讲解得足够详细。本书努力做到如同良师面授一般，使读者能快速地掌握最新、最实用的电脑选购、安装、维护、维修知识。

本书写作目的

作为一名电脑维修工作人员，笔者经常遇到一些非常简单的电脑故障，比如，键盘和鼠标接口插反了，或者用户说显卡坏了，但经过笔者检测，发现是显卡的驱动程序有问题，而显卡没问题。如何让电脑用户能够了解电脑的维护维修方法、掌握电脑故障基本处理技能，这是笔者最初的写作目的。

电脑在使用过程中可能发生多种多样的错误，所有电脑错误的解决方法很难在一本书中给出。本书并不试图简单地罗列电脑发生的错误，而是着重介绍判断和解决电脑错误的方法和手段。

本书以电脑组成结构的基本知识为开篇，以使读者能够充分了解电脑的结构原理、选购技巧，以及硬件组装方法、最新 UFEI BIOS 设置方法、最新超大硬盘分区方法、最新快启系统安装方法。同时还向读者介绍各种电脑故障产生的原因及处理方法、Windows 系统各种故障诊断及处理方法、电脑硬件故障的快速诊断方法、电脑芯片级维修技术、数据恢复方法和加密方法，以及电脑组网技术等最新、最全的电脑知识。

本书内容

本书内容分为 8 篇，包括：深入认识与选购电脑硬件、多核电脑组装实践、系统安装与优化、网络搭建与安全防护、电脑故障原因分析、系统与软件故障维修、整机与硬件维修、数据恢复与安全加密。

第一篇：深入认识与选购电脑硬件，包括第 1 章～第 10 章。该篇着重讲解多核电脑的结构及运行原理，CPU、主板、内存、硬盘、显卡、液晶显示器、光驱等硬件的结构、工作原理，以及硬件选购技巧。

第二篇：多核电脑组装实践，包括第 11 章和第 12 章。纸上谈兵，不如动手实践。多核电脑是由很多硬件设备组合而成的，在选购好硬件设备后，要将它们组装到一起，才能构成一台高性能的多核电脑。该篇主要讲解将买来的电脑硬件组装成一台完整的电脑的方法。

第三篇：系统安装与优化，包括第 13 章～第 17 章。该篇主要讲解 UEFI BIOS 设置方法，常规及超大硬盘分区方法，如何安装快速启动的 Windows 10 系统，系统优化方法，注册表设置方法等。

第四篇：网络搭建与安全防护，包括第 18 章～第 21 章。该篇主要讲解如何使电脑联网，如何组建家庭无线局域网让笔记本电脑和手机同时上网，如何搭建小型局域网，以及如何面对电脑联网所带来的巨大安全挑战。

第五篇：电脑故障原因分析，包括第 22 章～第 24 章。有人曾说过，在电脑维修中，80%的工作是判断故障原因。只要知道了故障原因，再困难的故障也会有办法解决。该篇主要分析电脑故障及处理方法。

第六篇：系统与软件故障维修，包括第 25 章～第 28 章。该篇主要讲解系统与软件的维修方法，包括系统软件故障处理方法、典型的启动故障处理方法、关机故障处理方法、死机故障处理方法、蓝屏故障处理方法等。

第七篇：整机与硬件维修，包括第 29 章～第 40 章。该篇主要讲解电脑硬件方面的各种故障的诊断维修方法。首先讲解电脑硬件故障的诊断方法，然后讲解各种硬件设备故障的诊断维修方法，包括主板、CPU、内存、硬盘、显卡、显示器、光驱、打印机等硬件设备和笔记本电脑的故障诊断维修方法，并总结了大量的硬件故障案例，供读者学习，增加实践经验。

第八篇：数据恢复与安全加密，包括第 41 章～第 43 章。由于误操作或其他原因导致硬盘数据被删除、被损坏的情况屡屡发生，那么如何将丢失或损坏的硬盘中的数据恢复出来呢？该篇将带你深入了解硬盘数据存储的奥秘，助你掌握恢复硬盘数据的方法。电脑的安全防护也是用户必须掌握的技能。

本书特点

1. 循序渐进

本书按照人类对事物认识的一般规律，从电脑遇到的实际问题出发，先介绍电脑的结构和工作原理，以及基本维护技能，然后介绍在电脑使用的过程中可能会遇到的软硬件问题，以及如何解决这些问题。让读者能够充分了解电脑的运行原理，掌握电脑故障发生的原因及解决故障的思路，循序渐进地掌握所学的内容。

2. 实战性强

本书没有生硬地讲解各种电脑知识的概念，而是通过各种维修实例，图文结合，逐步地进行示例讲解，使得读者一目了然。再结合在电脑上的实践操作，不但能让读者很快地学到电脑的使用及维修技巧，还可以体验到成就感。

3. 引人入胜

与其他同类书籍相比，本书更注重故障分析和故障诊断维修技能的知识传授，所谓知其然，更要知其所以然。为了让读者更容易掌握那些微小到纳米级，甚至看不见摸不着的电子运动，本书使用了大量的图片、模拟示意图及形象的比喻等手法，让知识不再枯燥难懂。

适合阅读的群体

本书语言通俗易懂，总结了大量的案例，所介绍的诊断维修方法简单实用，资料准确全面，适合初级、中级电脑用户学习使用，亦可供中高级电脑爱好者精进理论，专业维修人员和网络管理员参考使用，同时也可用作中专、大专院校学习参考书。

本书作者团队

参加本书编写的人员有王红军、贺鹏、王红明、韩海英、付新起、韩佶洋、多国华、多国明、李传波、杨辉、连俊英、孙丽萍、张军、刘继任、齐叶红、刘冲、多孟琦、王伟伟、王红丽、高红军、马广明、丁兰凤等。

感谢

一本书能与读者见面，要经历很多环节。在此感谢机械工业出版社，以及负责本书的李华君编辑和其他参与的编辑，感谢他们为本书的出版做的大量工作。

由于作者水平有限，书中难免出现遗漏和不足之处，恳请社会业界同仁及读者朋友提出宝贵意见和真诚的批评。

2019 年 8 月

目录

第二篇 多核电脑组装实践

第三篇 系统安装与优化……183

第四篇 网络搭建与安全防护

第七篇 整机与硬件维修

第八篇　数据恢复与安全加密

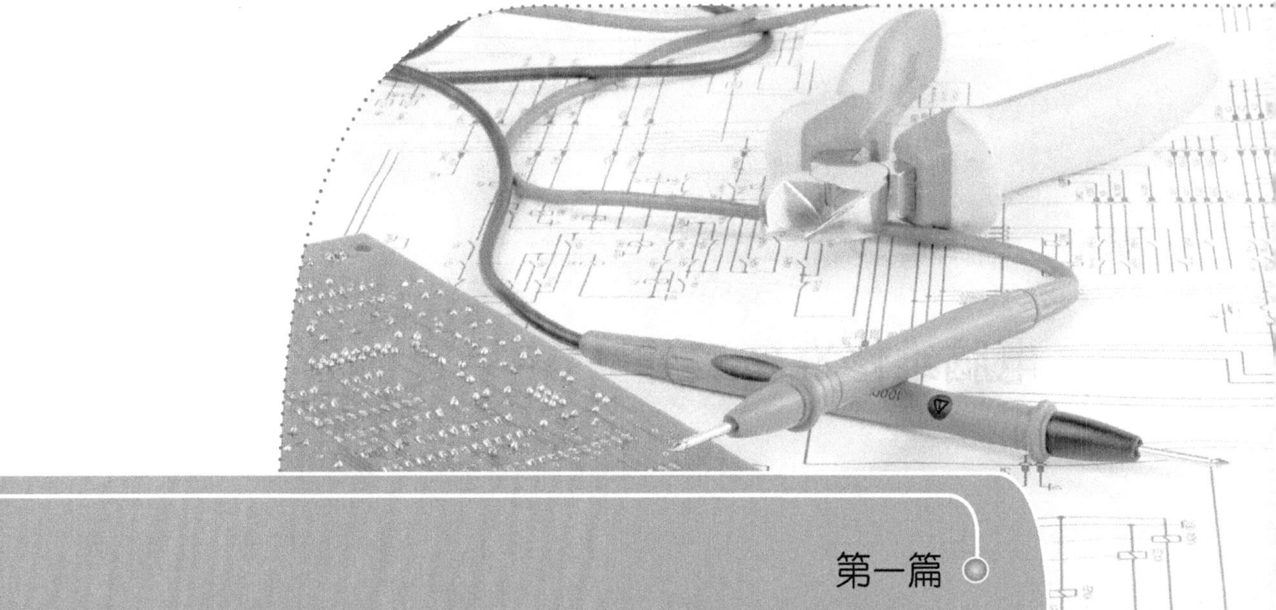

第一篇

深入认识与选购电脑硬件

当前，电脑已经和人们的工作、生活息息相关，人们事事处处都要与电脑打交道，电脑的普及程度与10年前相比已有很大的提高。与此同时，电脑使用中的各种问题与故障也越来越多，而要想解决日常使用中电脑所出现的各种问题，首先就要对电脑中的各种硬件设备有深入的认识和了解。同时，如果有人想自己组装一台高性能的多核电脑，也需要掌握硬件设备选购的基本知识。

本篇着重对电脑结构进行剖析，并逐一详细介绍各个硬件设备的相关知识，及其选购技巧。

第 1 章

电脑维修准备工作

1.1 很重要的应急启动盘

在使用电脑的过程中，经常会由于硬盘故障造成电脑不能从硬盘启动。要检查出电脑的故障，就必须进入操作系统，因此，准备一张完整的系统应急启动盘就很有必要。由于系统硬盘出现故障后电脑无法从硬盘启动，这时必须通过光盘或U盘启动，用于启动的系统盘可以称为应急启动光盘或应急启动U盘。在Windows出现问题而不能进入系统时，有了应急启动盘就可以很快解决了。本节将详细介绍如何制作一张应急启动盘，以便大家在维修电脑时使用。

1.1.1 起源：为什么需要 Windows PE

以前Windows安装光盘会先开机启动DOS环境，OEM厂商的许多安装工具目前用的还是DOS版本。为了减少对DOS环境的依赖，微软公司便提出了构建轻量级Win32执行环境的想法，这个想法最终发展成Windows PE。

Windows PE即Windows Preinstallation Environment（Windows预安装环境）的简称，它是带有限服务的、最小Win32子系统，基于保护模式运行的Windows内核。它包括运行Windows安装程序及脚本、连接网络共享、自动化基本过程及执行硬件验证所需的最小功能。换句话说，我们可以把Windows PE看作一个拥有最少核心服务的Mini操作系统。图1-1展示了Windows PE系统界面。

图 1-1 Windows PE 系统界面

虽然Windows PE最初是为OEM厂商开发的，但当电脑出现故障无法启动时，普通用户也可以用Windows PE来启动电脑，并对电脑系统进行修复。因此Windows PE可以作为安装、维护与维修电脑时的应急启动盘。

1.1.2　Windows PE 应急启动盘的作用

Windows PE 应急启动盘很重要，当用户的电脑系统崩溃而无法启动的时候，应急启动盘就成了“救命稻草”。正常状况下，电脑都是从硬盘启动的，不会用到应急启动盘。只有在装机或系统崩溃，修复电脑系统或备份系统损坏的电脑中的数据时应急启动盘才会被使用，也就是说，它的主要功能及用处就是安装和维护电脑操作系统。

Windows PE 应急启动盘一般做成 U 盘的居多，对于用户来说，手头常备一个应急启动 U 盘非常重要，这样可以确保随时启动电脑，并且能够保留重要的系统数据和设置。

应急启动盘的作用主要有：

1）在系统崩溃时启动系统，恢复被删除或破坏系统文件等。

2）在感染了不能在 Windows 正常模式下清除的病毒时，用启动盘启动电脑，彻底删除这些顽固病毒。

3）用启动盘启动系统，然后测试一些软件等。

4）用启动盘启动系统，然后运行硬盘修复工具，解决硬盘坏道等问题。

1.1.3　手把手教你制作 U 盘 Windows PE 启动盘

在电脑没有光驱或者光驱损坏的情况下，可以通过 U 盘、移动硬盘等制作的 Windows PE（以下简称 Win PE）启动盘来维护电脑。

下面以 U 盘为例，详细介绍如何制作 Win PE 启动盘。

制作 U 盘 Win PE 启动盘的方法非常简单。先在网上下载一个“老毛桃”Win PE 工具软件，将 U 盘连接到电脑上，按照如下步骤进行操作即可，如图 1-2 所示。

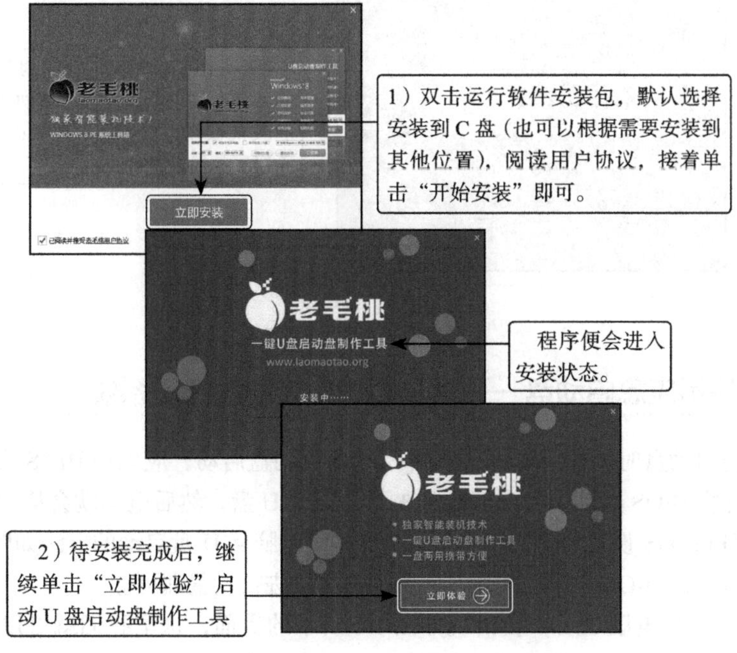

图 1-2　制作 U 盘 Win PE 启动盘

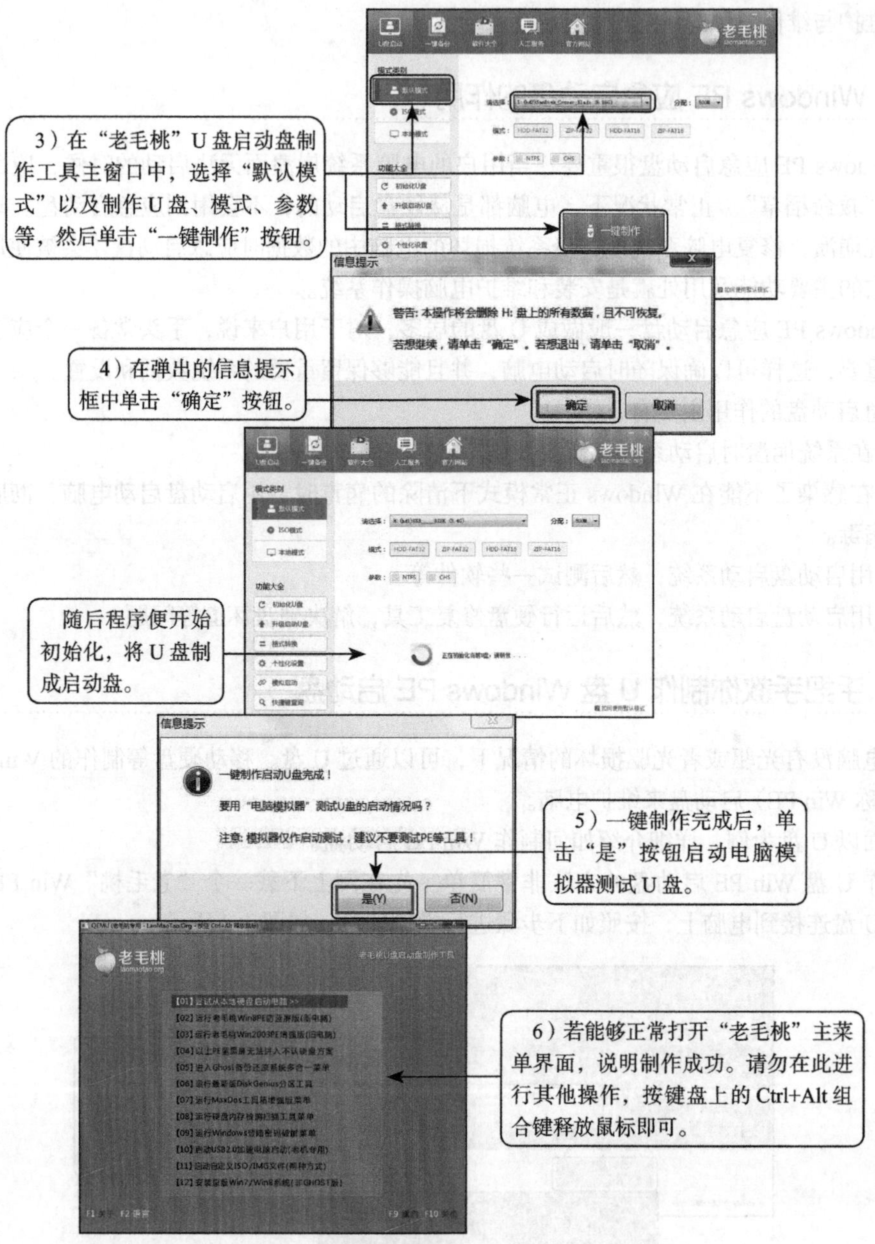

3）在“老毛桃”U盘启动盘制作工具主窗口中，选择“默认模式”以及制作U盘、模式、参数等，然后单击“一键制作”按钮。
4）在弹出的信息提示框中单击“确定”按钮。
随后程序便开始初始化，将U盘制成启动盘。
5）一键制作完成后，单击“是”按钮启动电脑模拟器测试U盘。
6）若能够正常打开“老毛桃”主菜单界面，说明制作成功。请勿在此进行其他操作，按键盘上的Ctrl+Alt组合键释放鼠标即可。
信息提示
警告：本操作将会删除 H: 盘上的所有数据，且不可恢复。
若想继续，请单击“确定”，若想退出，请单击“取消”。
确定
取消
一键制作
一键制作启动U盘完成！
要用“电脑模拟器”测试U盘的启动情况吗？
注意：模拟器仅作启动测试，建议不要测试PE等工具！
是(Y)
否(N)
老毛桃

图 1-2 （续）

1.1.4 这样使用应急启动盘——用 U 盘 PE 启动盘启动系统

在使用应急启动盘时，如果要想让电脑从 U 盘启动盘启动，应先在 BIOS 设置中设置成 U 盘启动优先，即将 BIOS 启动引导顺序的第 1 位设置为 U 盘，然后电脑就会从 U 盘启动。

以华硕 UEFI BIOS 设置为例，设置 BIOS 程序使电脑从 U 盘启动的方法如图 1-3 所示。

如果使用普通的 BIOS 程序，按图 1-4 所示的方法进行设置即可。

插入 U 盘，重启电脑之后，会出现如图 1-5 所示的界面，这里我们就可以根据自己的需要进行选择和操作了。

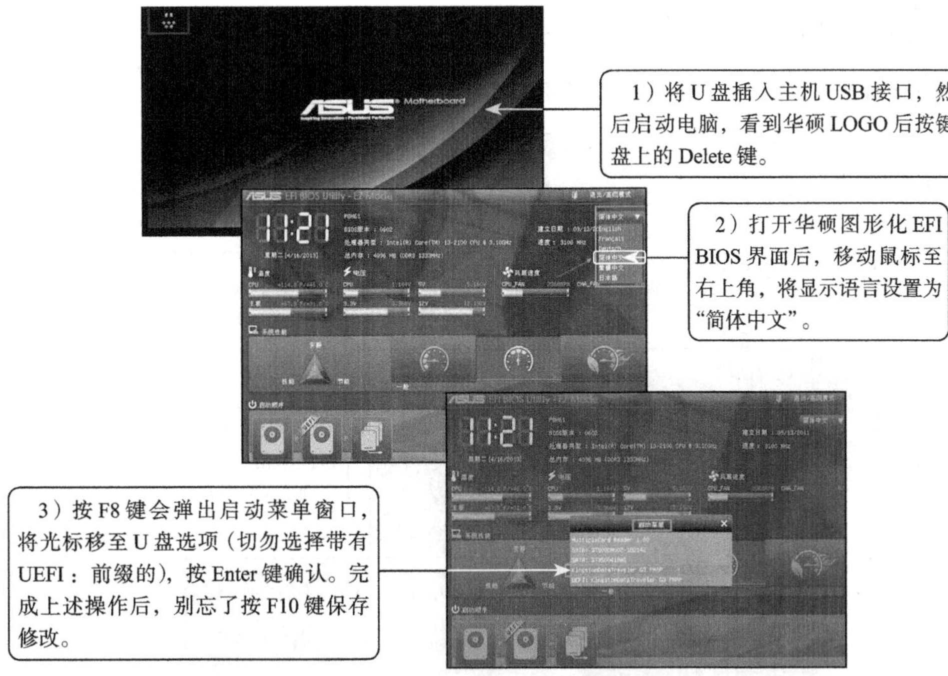

1）将 U 盘插入主机 USB 接口，然后启动电脑，看到华硕 LOGO 后按键盘上的 Delete 键。
2）打开华硕图形化 EFI BIOS 界面后，移动鼠标至右上角，将显示语言设置为“简体中文”。
3）按 F8 键会弹出启动菜单窗口，将光标移至 U 盘选项（切勿选择带有 UEFI：前缀的），按 Enter 键确认。完成上述操作后，别忘了按 F10 键保存修改。

图 1-3　设置从 U 盘启动

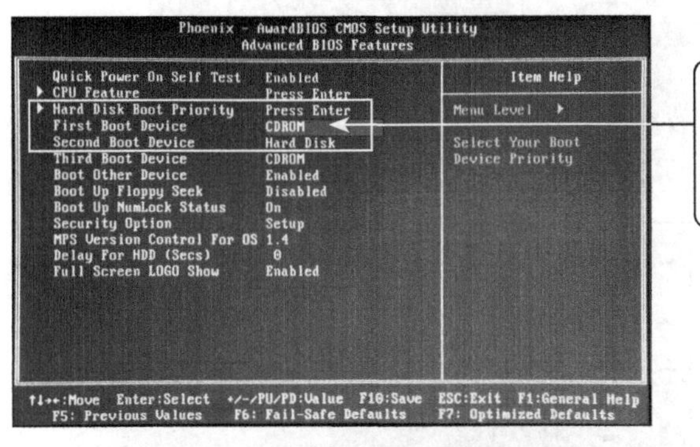

图 1-4　普通 BIOS 程序设置方法

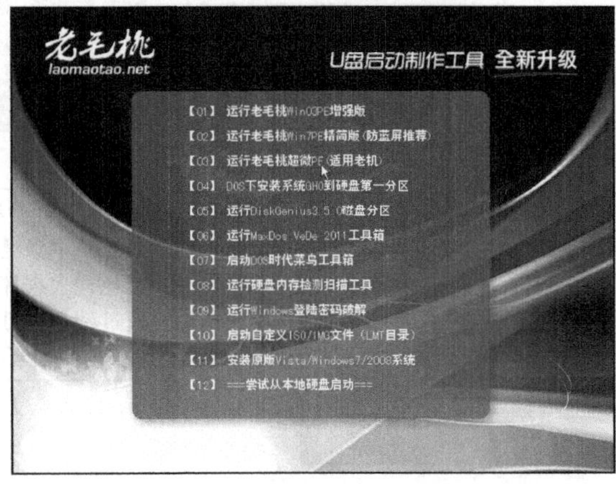

图 1-5　U 盘 PE 启动盘启动界面

1.1.5 这样使用应急启动盘——检测硬盘坏扇区

使用 Win PE 检测硬盘坏扇区的步骤如图 1-6 所示。

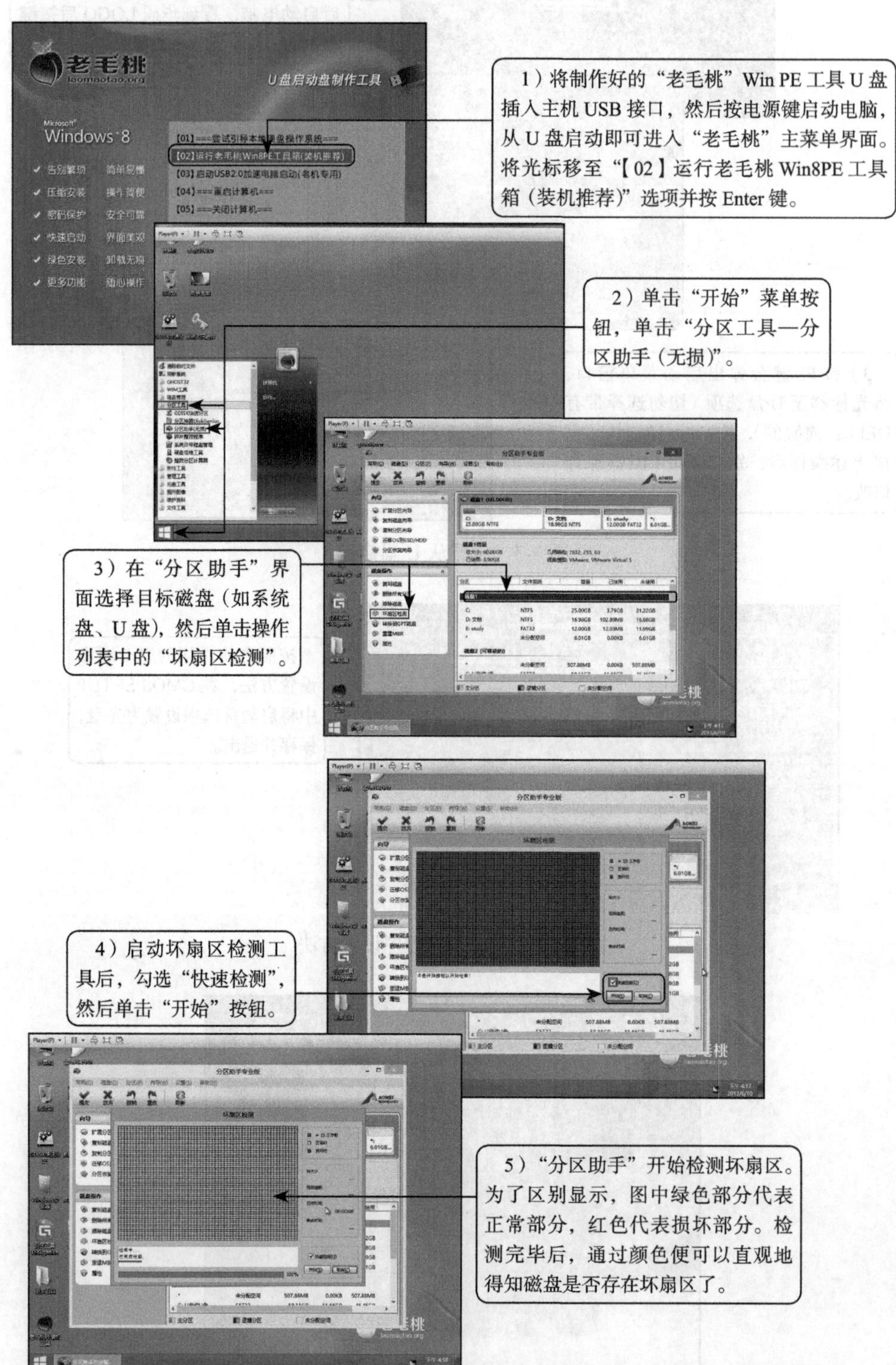

1）将制作好的“老毛桃”Win PE 工具 U 盘插入主机 USB 接口，然后按电源键启动电脑，从 U 盘启动即可进入“老毛桃”主菜单界面。将光标移至“【02】运行老毛桃 Win8PE 工具箱（装机推荐）”选项并按 Enter 键。
2）单击“开始”菜单按钮，单击“分区工具—分区助手（无损）”。
3）在“分区助手”界面选择目标磁盘（如系统盘、U 盘），然后单击操作列表中的“坏扇区检测”。
4）启动坏扇区检测工具后，勾选“快速检测”，然后单击“开始”按钮。
5）“分区助手”开始检测坏扇区。为了区别显示，图中绿色部分代表正常部分，红色代表损坏部分。检测完毕后，通过颜色便可以直观地得知磁盘是否存在坏扇区了。

图 1-6 使用 Win PE 检测硬盘坏扇区

1.2 维修工具的准备和使用方法

1.2.1 常用工具

在维修电脑时，有时需要借助一些工具来帮助判断故障的位置。常用的有各种工具软件、螺丝刀、尖嘴钳等，还有一些清洁工具。

1. 工具软件

常用的工具软件有：系统安装盘、硬盘分区软件、启动盘、硬件驱动程序安装光盘、应用软件、杀毒软件等。

2. 螺丝刀和尖嘴钳

螺丝刀是维修常用的电工工具，也称为改锥，是用来紧固和拆卸螺钉的工具。常用的螺丝刀主要有一字型螺丝刀和十字型螺丝刀，如图 1-7 所示。

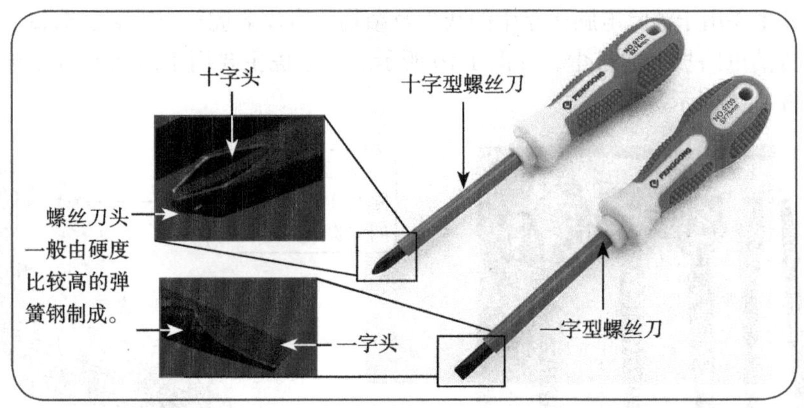

图 1-7　螺丝刀

在使用螺丝刀时，需要选择与螺丝大小相匹配的螺丝刀头，太大或太小都不行，容易损坏螺丝和螺丝刀。另外，电工用螺丝刀的把柄要选用耐压 500V 以上的绝缘体把柄。

尖嘴钳用于安装、拆卸或扳正变形器件，如图 1-8 所示。有时还会用到鸭嘴钳、剥线钳等。

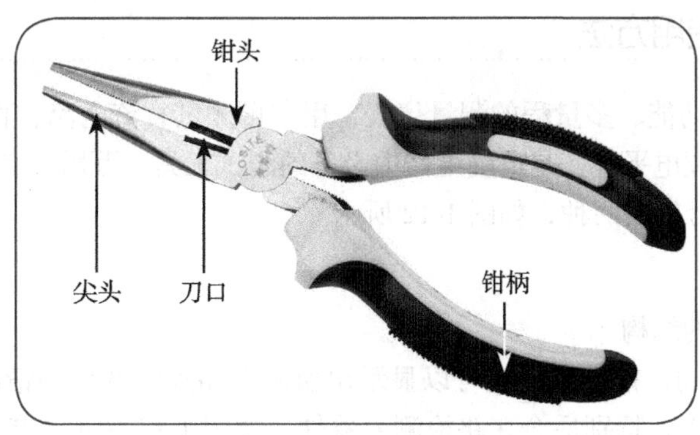

图 1-8　尖嘴钳

网线钳是专门用于制作网线的接头的。将网线中的 8 条不同颜色的细线按照特定的排列顺序插入水晶头中，然后用网线钳的专用卡口一卡，就能制作完成（在本书网络部分中，有详细的制作方法），如图 1-9 所示。

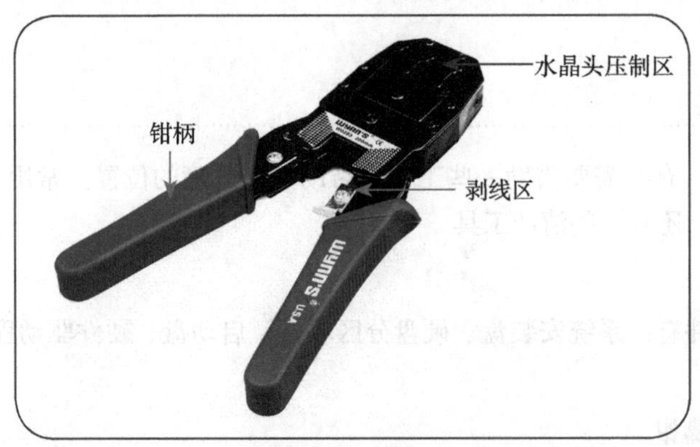

图 1-9 网线钳

3. 清洁工具

清洁工具主要用于清除电脑机箱中的灰尘及杂物，有皮老虎、小毛刷、棉签、橡皮等。毛刷主要用来清洁电路板上的灰尘，如图 1-10 所示。皮老虎主要用于清除元器件与元器件之间的落灰，如图 1-11 所示。

图 1-10 毛刷子

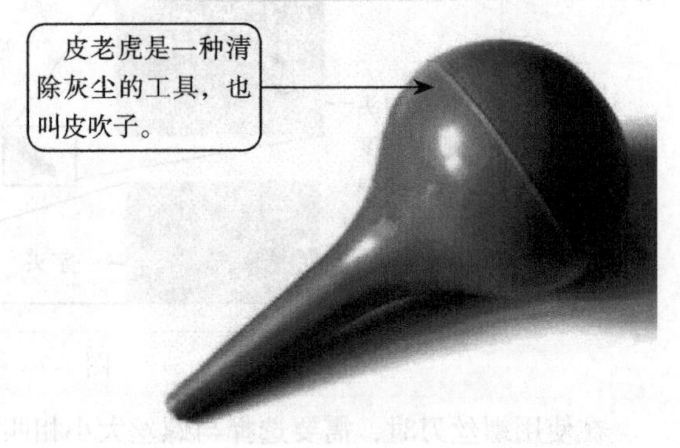

皮老虎是一种清除灰尘的工具，也叫皮吹子。

图 1-11 皮老虎

1.2.2 万用表的使用方法

万用表是一种多功能、多量程的测量仪表，用它可测量直流电流、直流电压、交流电流、交流电压、电阻和音频电平等，是电脑维修中必备的测试工具。万用表有很多种，目前常用的有指针万用表和数字万用表两种，如图 1-12 所示。

1. 万用表的结构

（1）指针万用表的结构

与数字万用表不同，指针万用表可以显示出所测电路连续变化的情况，而且指针万用表电阻挡的测量电流较大，特别适合在路检测元器件。如图 1-13 展示了指针万用表表体，主要由功能旋钮、欧姆调零旋钮、表笔插孔及三极管插孔等组成。其中，功能旋钮可以将万用表的挡位在电阻挡（Ω）、交流电压挡（V~）、直流电压挡（V—）、交流电流挡（A~）、直流电流挡

（A—）之间进行转换。COM 插孔用来插黑表笔，+、10A、2500V 插孔用来插红表笔。测量 1000V 以内的电压、电阻、500mA 以内的电流时，红表笔插 + 插孔；测量大于 500mA 以上的电流时，红表笔插 10A 插孔；测量 1000V 以上的电压时，红表笔插 2500V 插孔。三极管插孔用来插三极管，以检测三极管的极性和放大系数。欧姆调零旋钮用来给欧姆挡置零。

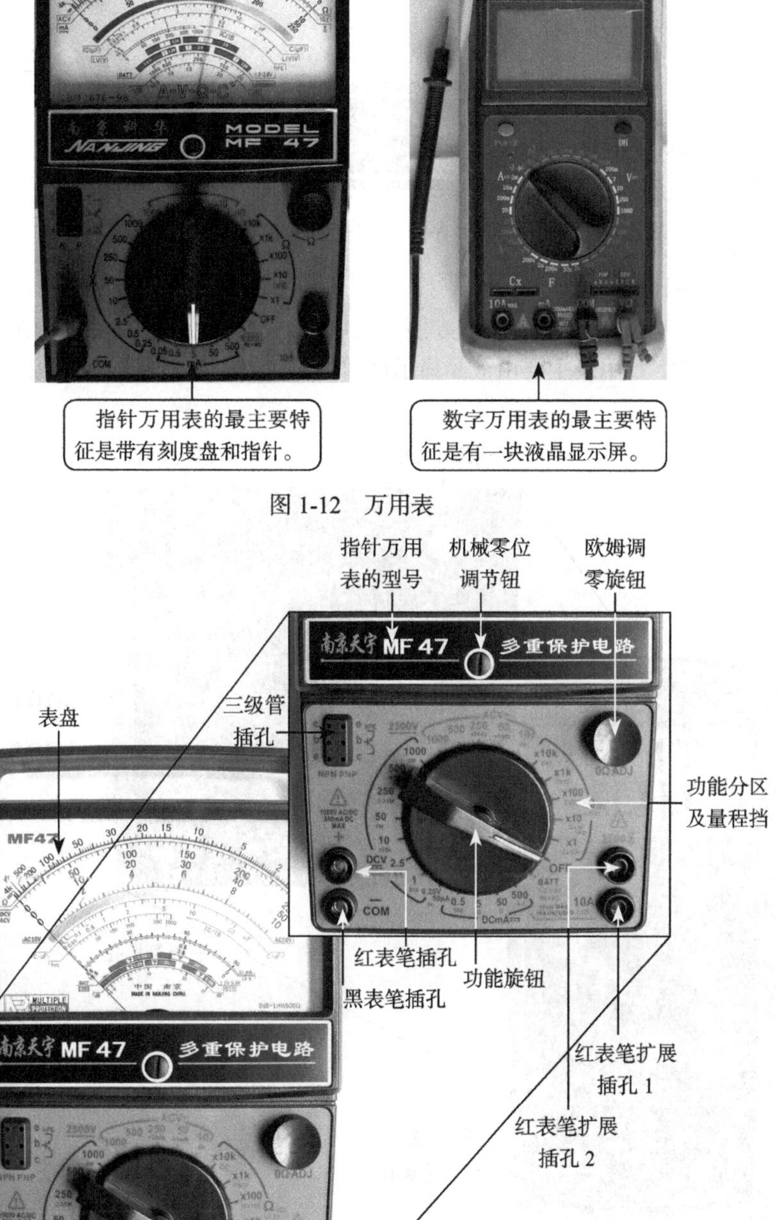

图 1-12 万用表

图 1-13 指针万用表的表体

图 1-14 展示了指针万用表的表盘，由表头指针和刻度等组成。

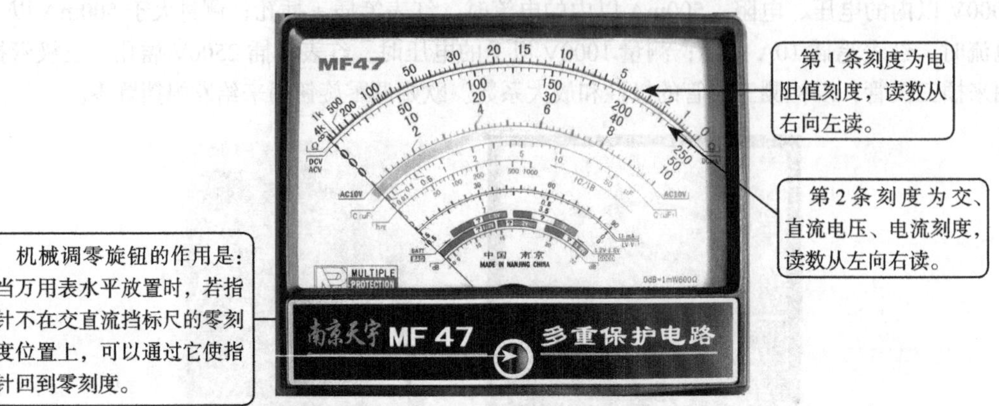

图 1-14 指针万用表的表盘

（2）数字万用表的结构

数字万用表具有显示清晰、读取方便、灵敏度、准确度高、过载能力强、便于携带、使用方便等优点。数字万用表主要由液晶显示屏、挡位旋钮、表笔插孔及三极管插孔等组成，如图 1-15 所示。

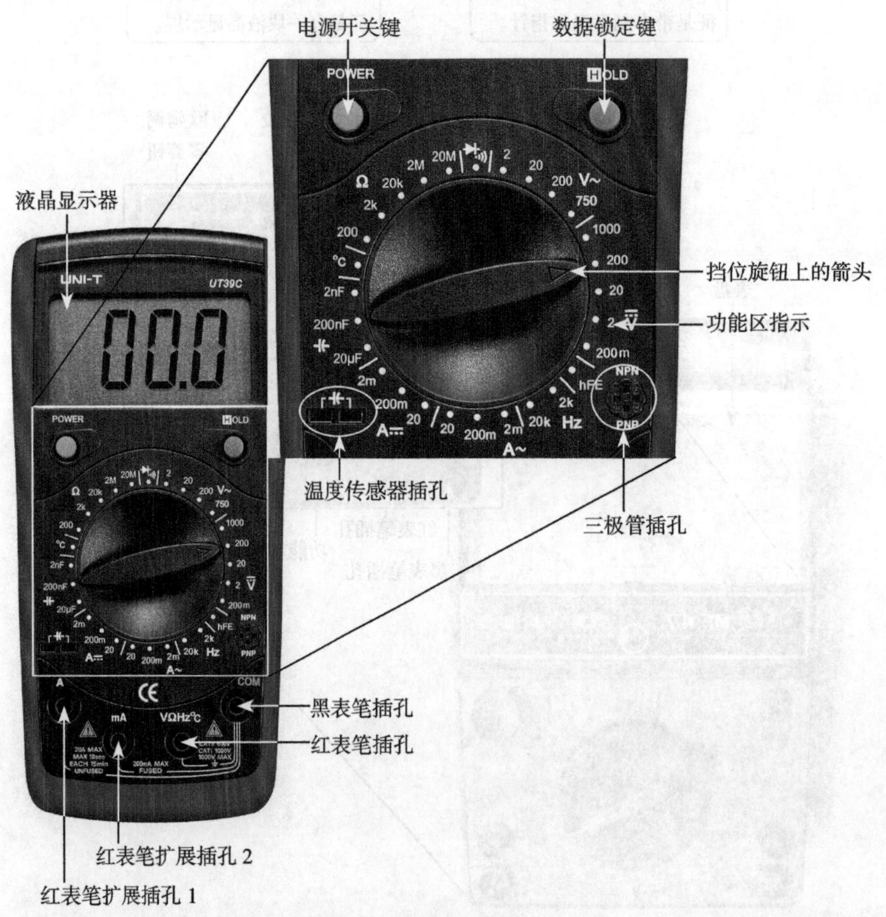

图 1-15 数字万用表的表体

其中，挡位旋钮可以使万用表的挡位在电阻挡（Ω）、交流电压挡（V~）、直流电压挡（V̄）、交流电流挡（A~）、直流电流挡（A—）、温度挡（℃）和二极管挡之间进行转换；COM 插孔用来插黑表笔，A、mA、VΩHz℃插孔用来插红表笔。测量电压、电阻、频率和温度时，红表笔插 VΩHz℃插孔；测量电流时，根据电流大小，红表笔插 A 或 mA 插孔。温度传感器插孔用来插温度传感器表笔；三极管插孔用来插三极管，以检测三极管的极性和放大系数。

2. 指针万用表量程的选择方法

使用指针万用表测量时，第 1 步要选择合适的量程，这样才能测量得准确。

指针万用表量程的选择方法（以测量电阻为例）如图 1-16 所示。

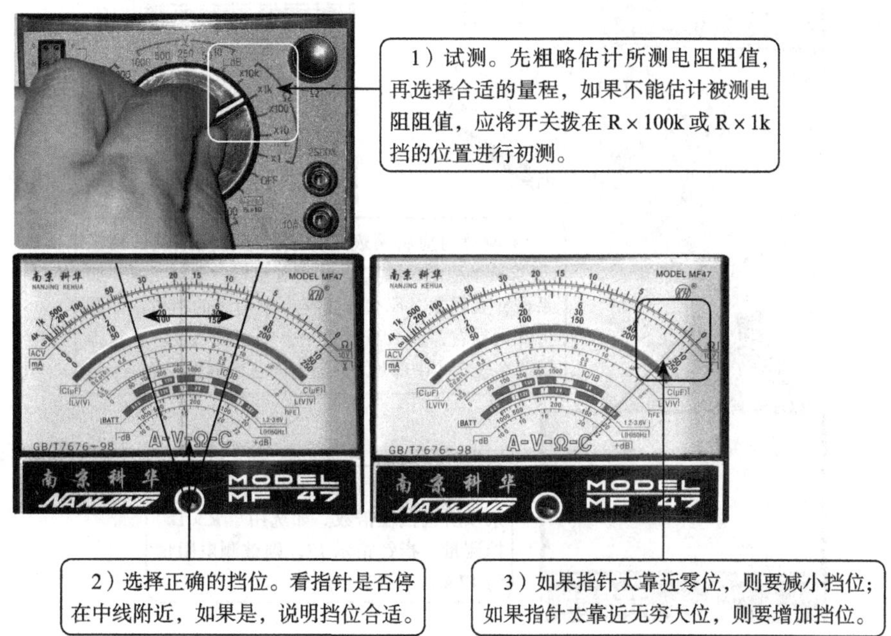

图 1-16　指针万用表量程的选择方法

3. 指针万用表的欧姆调零实战

在量程选准以后，在正式测量之前必须调零，如图 1-17 所示。

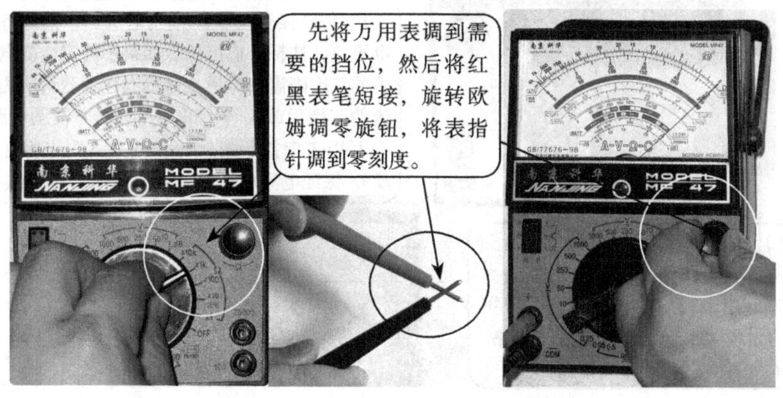

图 1-17　指针万用表的欧姆调零

注意

如果更换了挡位，在测量之前还必须调零一次。

4. 用指针万用表测电阻实战

用指针万用表测电阻的方法如图 1-18 所示。

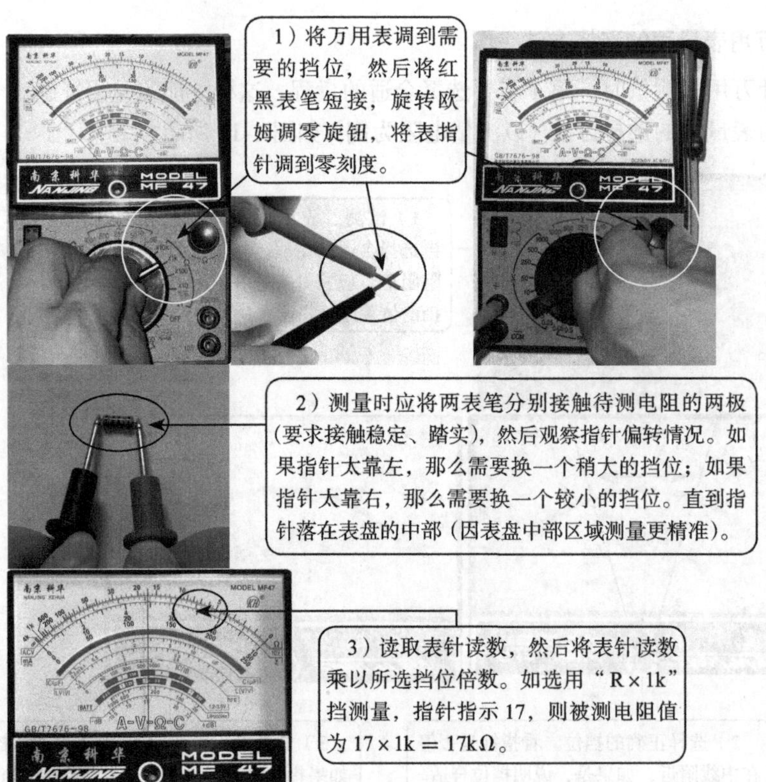

1）将万用表调到需要的挡位，然后将红黑表笔短接，旋转欧姆调零旋钮，将表指针调到零刻度。
2）测量时应将两表笔分别接触待测电阻的两极（要求接触稳定、踏实），然后观察指针偏转情况。如果指针太靠左，那么需要换一个稍大的挡位；如果指针太靠右，那么需要换一个较小的挡位。直到指针落在表盘的中部（因表盘中部区域测量更精准）。
3）读取表针读数，然后将表针读数乘以所选挡位倍数。如选用“R×1k”挡测量，指针指示 17，则被测电阻值为 17×1k＝17kΩ。

图 1-18 用指针万用表测电阻的方法

5. 用指针万用表测量直流电流实战

用指针万用表测量直流电流的方法如图 1-19 所示。

1）把转换开关拨到直流电流挡，估计待测电流值，选择合适挡位。如果不确定待测电流值的范围则需选择最大量程，在粗测量待测电流的范围后改用合适的挡位。断开被测电路，将万用表串接于被测电路中（不要将极性接反），保证电流从红表笔流入，黑表笔流出。

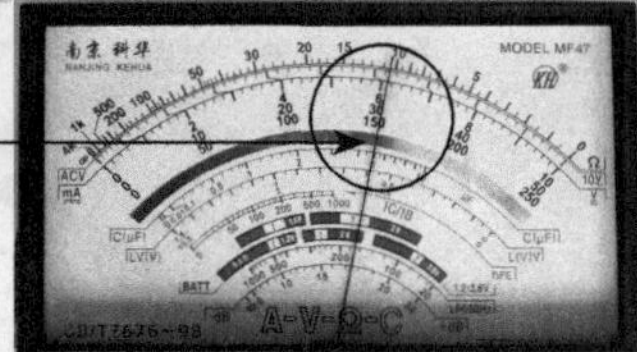

2）根据指针稳定时的位置及所选挡位，正确读数。待测电流值的大小为万用表测出的电流值，如万用表的量程为 5mA，指针走了 3 个格，则本次测得的电流值为 3mA。

图 1-19 用指针万用表测量直流电流的方法

6. 用指针万用表测量直流电压实战

测量电路的直流电压时，选择万用表的直流电压挡，并选择合适的挡位。当被测电压数值范围不清楚时，可先选用较高的量程挡位，不合适时再逐步选用低量程挡位，最终使指针停在满刻度的 2/3 处附近为宜。

指针万用表测量直流电压的方法如图 1-20 所示。

2）根据选择的量程及指针指向的刻度读数。该次所选用的量程为 0~50V，共 50 个刻度，可以看到这次的读数为 19V。
1）把功能旋钮调到直流电压挡 50 量程。将万用表并接到待测电路上，黑表笔与被测电压的负极相接，红表笔与被测电压的正极相接。
MODEL
MF 47
COM

图 1-20　指针万用表测量直流电压的方法

7. 用数字万用表测量直流电压实战

用数字万用表测量直流电压的方法如图 1-21 所示。

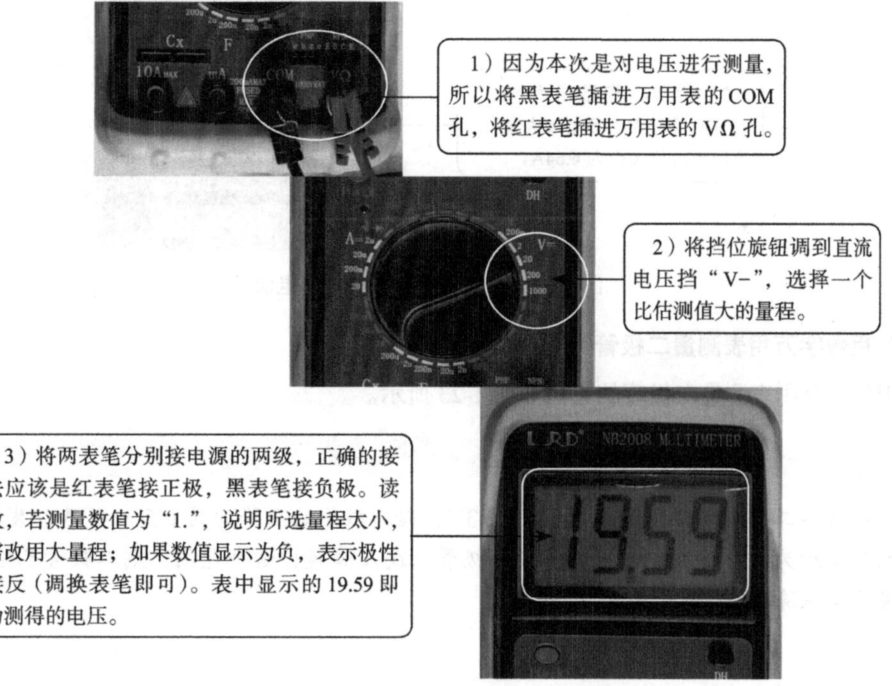
1）因为本次是对电压进行测量，所以将黑表笔插进万用表的 COM 孔，将红表笔插进万用表的 VΩ 孔。
2）将挡位旋钮调到直流电压挡“V–”，选择一个比估测值大的量程。
3）将两表笔分别接电源的两级，正确的接法应该是红表笔接正极，黑表笔接负极。读数，若测量数值为“1.”，说明所选量程太小，需改用大量程；如果数值显示为负，表示极性接反（调换表笔即可）。表中显示的 19.59 即为测得的电压。
NB2008 MULTIMETER
19.59

图 1-21　数字万用表测量直流电压的方法

8. 用数字万用表测量直流电流实战

使用数字万用表测量直流电流的方法如图 1-22 所示。

提示

交流电流的测量方法与直流电流的测量方法基本相同，不过需将旋钮调到交流挡。

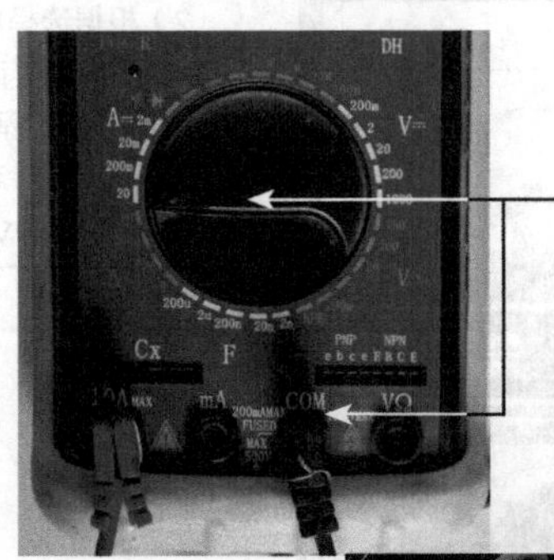

1）测量电流时，先将黑表笔插入 COM 孔。若待测电流估测大于 200mA，则将红表笔插入 10 插孔，并将功能旋钮调到直流 20A 挡；若待测电流估测小于 200mA，则将红表笔插入 200mA 插孔，并将功能旋钮调到直流 200mA 以内的适当量程。

2）将万用表串联接入电路中，使电流从红表笔流入，黑表笔流出，并保持稳定。

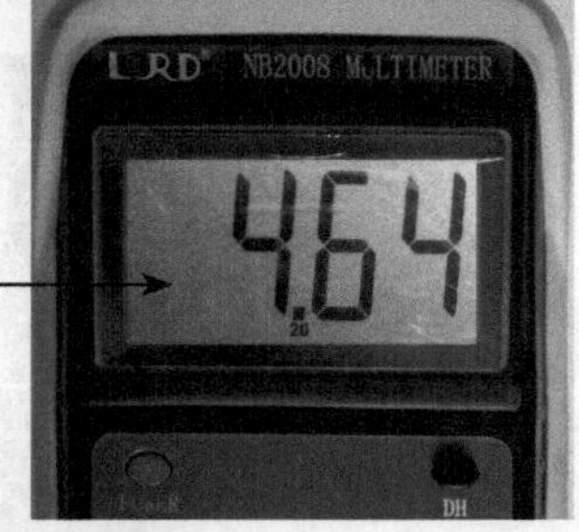

3）读数，若显示为“1.”，则表明量程太小需要加大量程。本次电流的大小为 4.64A。

图 1-22 数字万用表测量直流电流

9. 用数字万用表测量二极管实战

用数字万用表测量二极管的方法如图 1-23 所示。

提示

一般锗二极管的压降约为 0.15 ~ 0.3V，硅二极管的压降约为 0.5 ~ 0.7V，发光二极管的压降约为 1.8~2.3V。如果测量的二极管正向压降超出这个范围，则二极管已经损坏；如果反向压降为 0，则二极管被击穿。

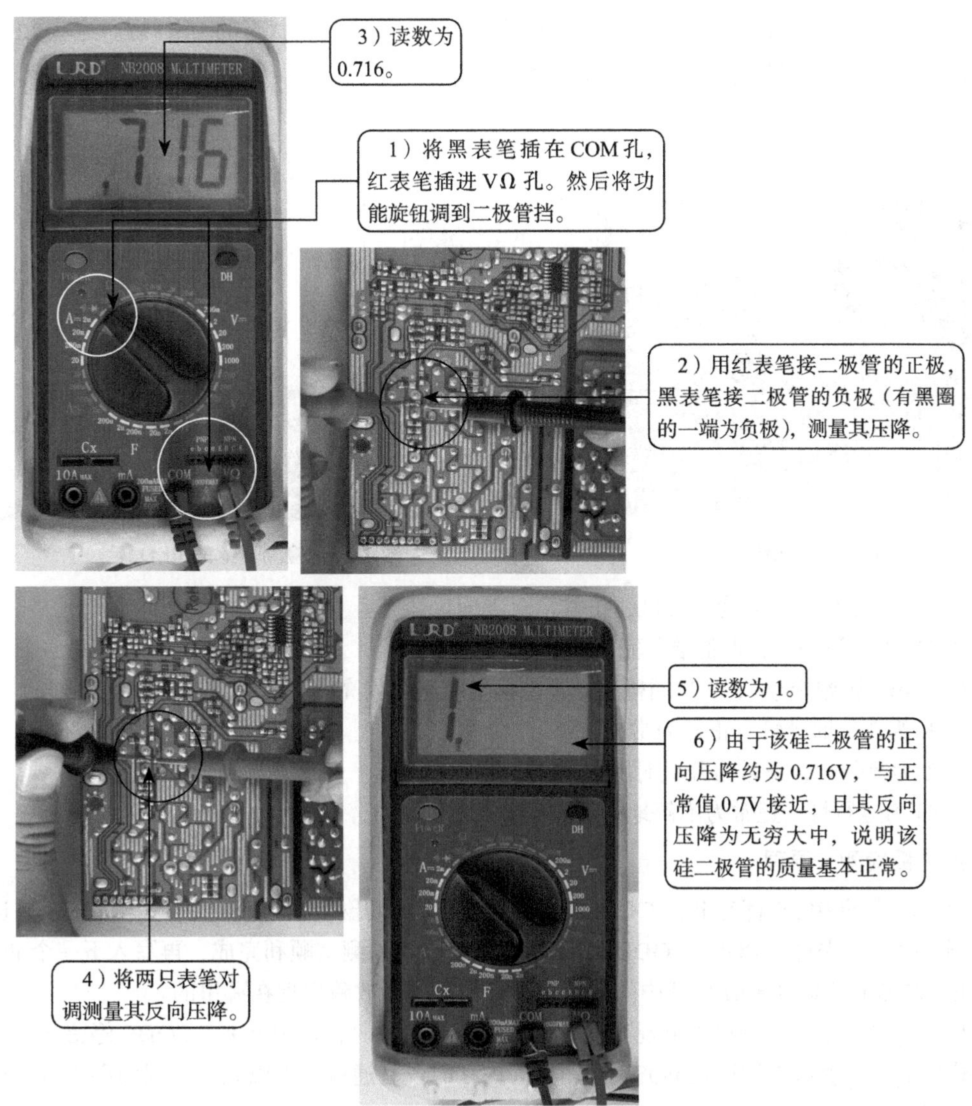

3）读数为0.716。
1）将黑表笔插在COM孔，红表笔插进VΩ孔。然后将功能旋钮调到二极管挡。
2）用红表笔接二极管的正极，黑表笔接二极管的负极（有黑圈的一端为负极），测量其压降。
4）将两只表笔对调测量其反向压降。
5）读数为1。
6）由于该硅二极管的正向压降约为0.716V，与正常值0.7V接近，且其反向压降为无穷大中，说明该硅二极管的质量基本正常。

图1-23 数字万用表测量二极管的方法

1.2.3 主板检测卡的使用方法

1. 认识检测卡

检测卡是一种外接的检测设备，又叫“主板检测卡”“诊断卡”“Debug卡”“POST卡”等。当电脑发生故障不能启动时，单凭简单的主板喇叭报警很难准确地知道故障出在哪个设备上，这时就需要使用检测卡来精准定位了。将它接在电脑主板上，开机后查看检测卡上数码管的代码，就能知道电脑出现了什么故障。

有很多种检测卡，高端的检测卡性能出色，功能强大，不但能显示错误代码，还有步步跟踪（Step by Step trace）等功能，但是价格昂贵。对一般用户来说，只要能够显示错误代码就足够用了，这种检测卡售价只有十几元到几十元，是市面上使用最广泛的检测卡，如图1-24所示。

有的检测卡上不仅有显示错误代码的数码管，还有显示电脑状态的LED灯。这些LED灯对我们判断故障也有很大的帮助，如图1-25所示。

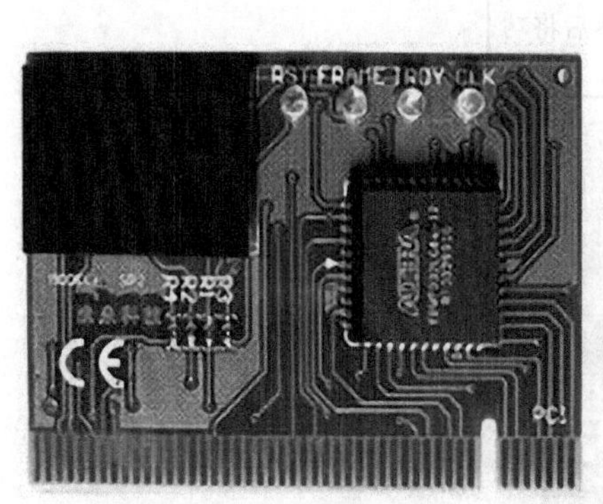

图1-24 检测卡

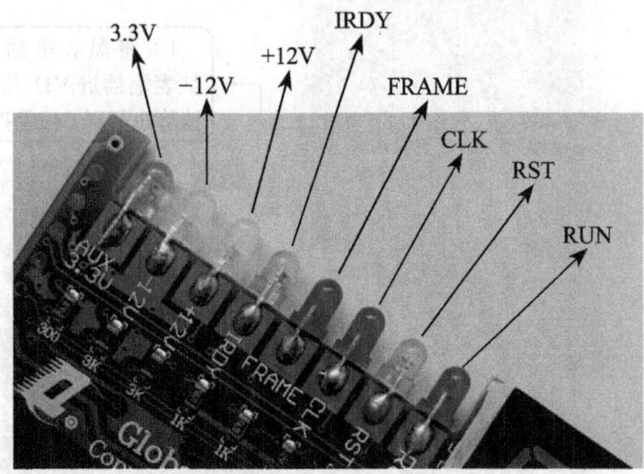

图1-25 检测卡上的LED灯

3.3V、+12V、−12V为电源灯，正常情况下应该全亮。

IRDY为主设备灯，设备准备完毕才会亮。

FRAME为帧周期灯，PCI插槽有循环帧信号时它会闪亮，平时为常亮。

CLK为总线时钟灯，正常为常亮。

RST为复位灯，正常为开机时闪亮一下，然后熄灭。

RUN为运行灯，正常为不停地闪动。

2. 主板检测卡原理

每个厂家的BIOS都有POST CODE（检测代码），即开机自我侦测代码。当BIOS要进行某项测试时，首先将该POST CODE写入80H地址，如果测试顺利完成，再写入下一个POST CODE。检测卡就是将80H地址中的代码编译，然后判断故障出现在哪里的。

比如，当电脑启动过程中出现死机时，查看检测卡代码，发现POST CODE停留在内存检测的代码上，这就可以知道是POST检测物理内存时没有通过，可以判断出现内存连接松动或内存故障。

3. 错误代码的含义

市场上的检测卡有很多种，错误代码的含义也不尽相同。在使用检测卡对电脑进行诊断时，应该以该检测卡的说明书为主。

常见的错误代码含义和解决方法如表1-1所示。

表1-1 主板检测卡常见错误代码

错误代码	代码含义	解 决 方 法
00(FF)	主板没有正常自检	这种故障较麻烦，原因可能是主板或CPU没有正常工作。一般遇到这种情况，可首先将电脑上除CPU外的所有部件全部取下，并检查主板电压、倍频和外频设置是否正确，然后再对CMOS进行放电处理，再开机检测故障是否排除。如故障依旧，还可将CPU从主板的插座上取下，仔细清理插座及其周围的灰尘，然后再将CPU安装好，并施以一定的压力，保证CPU与插座接触紧密，再将散热片安装妥当，然后开机测试。如果故障依旧，则建议调换CPU测试。另外，主板BIOS损坏也可能造成这种现象，必要时可刷新主板BIOS后再试

（续）

错误代码	代码含义	解 决 方 法
01	处理器测试	说明 CPU 本身没有通过测试，这时应检查 CPU 相关设备。如对 CPU 进行过超频，将 CPU 的频率还原至默认频率，并检查 CPU 电压、外频和倍频是否设置正确。如一切正常但故障依旧，则可调换 CPU 再试
C1 ～ C5	内存自检	较常见的故障现象，它一般表示系统中的内存存在故障。要解决这类故障，可首先对内存实行除尘、清理等工作，再进行测试。如问题依旧，可尝试用柔软的橡皮擦干净金手指部分，直到金手指重新出现金属光泽为止。然后清理掉内存槽里的杂物，并检查内存槽内的金属弹片是否有变形、断裂或氧化生锈现象。开机测试后如故障依旧，可调换内存再试。如有多条内存，可使用调换法查找故障所在
0D	视频通道测试	这也是一种较常见的故障现象，一般表示显卡检测未通过。这时应检查显卡与主板的连接是否正常，如发现显卡松动等现象，应及时将其重新插入插槽中。如显卡与主板的接触没有问题，则可取下显卡清理其上的灰尘，并擦净显卡的金手指部分，再插到主板上测试。如故障依旧，则可调换显卡测试。一般系统启动过 0D 后，就已将显示信号传输至显示器，此时显示器的指示灯变绿，然后检测卡继续跳至 31，显示器开始显示自检信息，这时就可通过显示器上的相关信息断定电脑故障了
0D ～ 0F	CMOS 寄存器读 / 写测试	检查 CMOS 芯片、电池及周围电路部分，可先调换 CMOS 电池，再用小棉球蘸无水酒精清洗 CMOS 的引脚及其电路部分，然后开机，检查问题是否解决
12、13、2B、2C、2D、2E、2F、30、31、32、33、34、35、36、37、38、39、3A	测试显卡	该故障在 AMI BIOS 中较常见，可检查显卡的视频接口电路、主芯片、显存是否因灰尘过多而无法工作，必要时可调换显卡，检查故障是否解决
1A、1B、20、21、22	存储器测试	同 Award BIOS 内存故障的解决方式。如在 BIOS 设置中设置为不提示出错，则当遇到非致命性故障时，检测卡不会停下来显示故障代码。解决方式是在 BIOS 设置中设置为提示所有错误，之后再开机，然后再依据 DEBUG 代码进行判断

1.2.4 电烙铁的使用方法

电烙铁是通过熔解锡进行焊接的一种修理必备展示了工具，主要用来焊接元器件上的引脚。

1. 电烙铁的种类

电烙铁的种类较多，下面详细讲解。图 1-26 展示了常用的电烙铁。

2. 焊接操作正确姿势

手工锡焊接技术是一项基本功，就是在大规模生产的情况下，维护和维修设备也必须使用手工焊接方式。因此，必须通过学习和操作练习达到熟练掌握的程度。图 1-27 展示了电烙铁的几种握法。

3. 电烙铁的使用方法

一般新买来的电烙铁在使用前都要在铁头上均匀地镀上一层锡，这样便于焊接，并且可防止烙铁头表面氧化。

电烙铁的使用方法如图 1-28 所示。

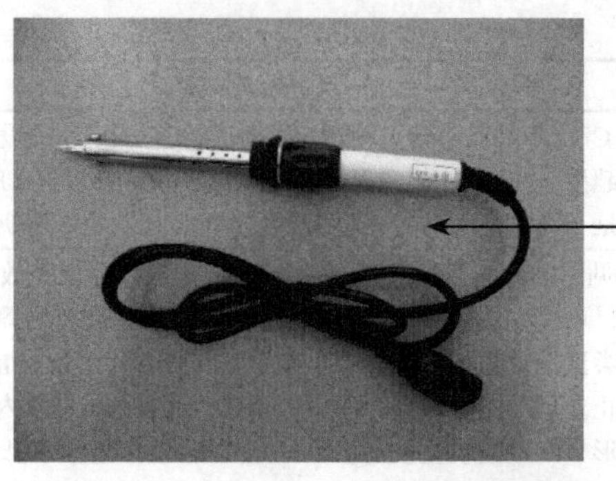

电烙铁是通过熔解锡进行焊接的一种修理必备工具。电烙铁的种类比较多，常用的电烙铁分为内热式、外热式、恒温式和吸锡式等几种。

外热式电烙铁由烙铁头、烙铁芯、外壳、木柄、电源引线、插头等组成。

外热式电烙铁的烙铁头一般由紫铜材料制成，它的作用是存储和传导热量。使用时烙铁头的温度必须高于被焊接物的熔点。烙铁的温度取决于烙铁头的体积、形状和长短。另外，为了适应不同的焊接要求，有不同规格的烙铁头，常见的有锥形、凿形、圆斜面形等。

恒温电烙铁头内一般装有电磁铁式的温度控制器，通过控制通电时间实现温度控制。

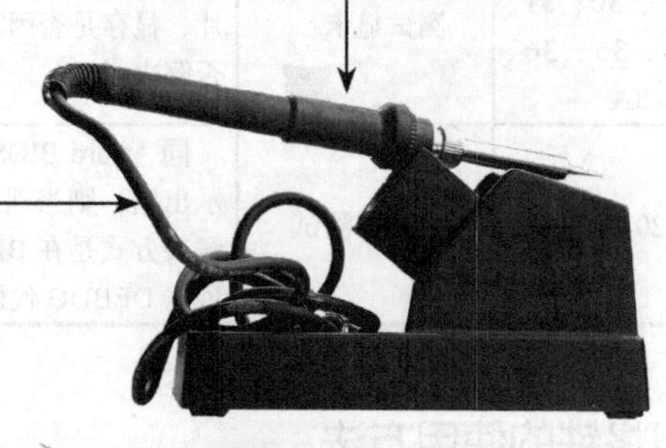

当给恒温电路通电时，电烙铁的温度上升，当到达预定温度时，其内部的强磁体传感器开始工作，使磁芯断开，停止通电。当温度低于预定温度时，强磁体传感器控制电路接通控制开关，开始供电，使电烙铁的温度上升。如此往复便得到了温度基本恒定的恒温电烙铁。

内热式电烙铁因其烙铁芯安装在烙铁头里面而得名。内热式电烙铁由手柄、连接杆、弹簧夹、烙铁芯、烙铁头组成。内热式电烙铁发热快，热利用率高（一般可达350℃），且耗电小、体积小，因而得到了更加普遍的应用。

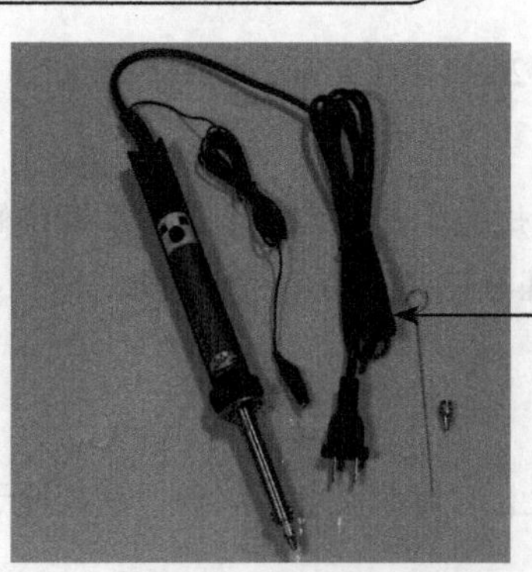

吸锡电烙铁是一种将活塞式吸锡器与电烙铁融为一体的拆焊工具。其具有使用方便、灵活、适用范围宽等优点，不足之处在于其每次只能对一个焊点进行拆焊。

图 1-26　电烙铁

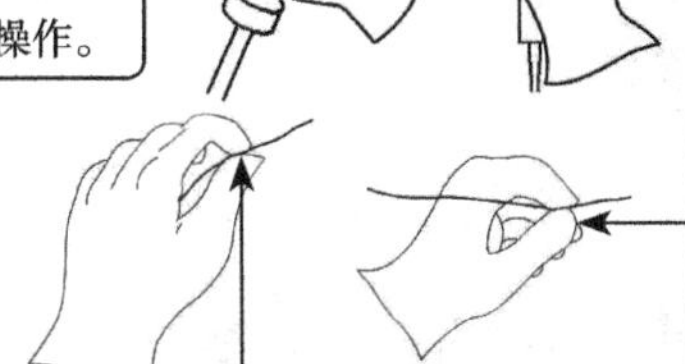

2）正握法适合于中等功率烙铁或带弯头电烙铁的操作。
3）握笔法一般在操作台上焊印制板等焊件时采用。
1）反握法动作稳定，长时间操作不宜疲劳，适合于大功率烙铁的操作。
5）另外，为减少焊剂加热时挥发出的化学物质对人的危害，减少有害气体的吸入量，一般情况下，电烙铁距离鼻子应该远于 20cm，通常以 30cm 为宜。
4）在电焊时，焊锡丝一般有两种拿法。由于焊锡丝中含有一定比例的铅，而铅是对人体有害的一种重金属，因此操作时应该戴手套，并在操作后洗手，避免食入铅尘。

图 1-27　电烙铁和焊锡丝的握法

1）将电烙铁通电预热，然后将烙铁接触焊接点，并要保持烙铁加热焊件各部分，以保持焊件均匀受热。

2）当焊件加热到能熔化焊料的温度后，将焊锡丝置于焊点，焊料开始熔化并润湿焊点。

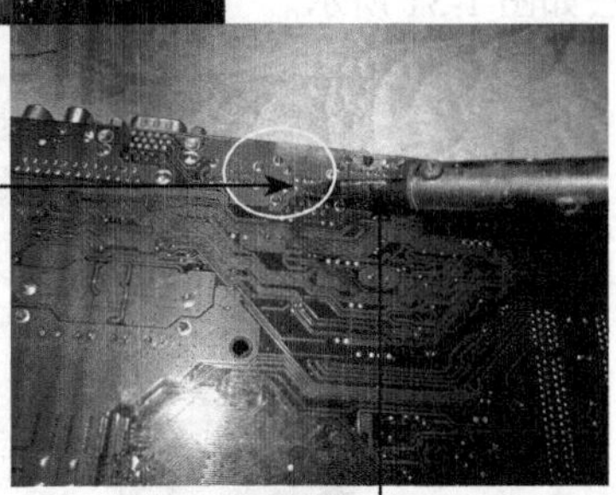

3）当熔化一定量的焊锡后，将焊锡丝移开。当焊锡完全润湿焊点后，即可移开烙铁。注意，移开烙铁的方向应该是大致 45° 的方向。
4）在使用前一定要认真检查，确认电源插头、电源线无破损，并检查烙铁头是否松动。如果有上述情况，则应在排除后使用。

图 1-28　电烙铁的使用方法

4. 电烙铁的辅助材料

使用电烙铁时的辅助材料主要包括焊锡丝、助焊剂等，如图 1-29 所示。

焊锡丝：熔点较低的焊料。主要用锡基合金做成。

助焊剂：松香是最常用的助焊剂。助焊剂可以帮助清除金属表面的氧化物，既有利于焊接，又可保护烙铁头。

图 1-29 电烙铁的辅助材料

1.2.5 吸锡器的使用方法

1. 认识吸锡器

吸锡器是拆除电子元件时用来吸收引脚焊锡的一种工具，分为手动吸锡器和电动吸锡器两种，如图 1-30 所示。

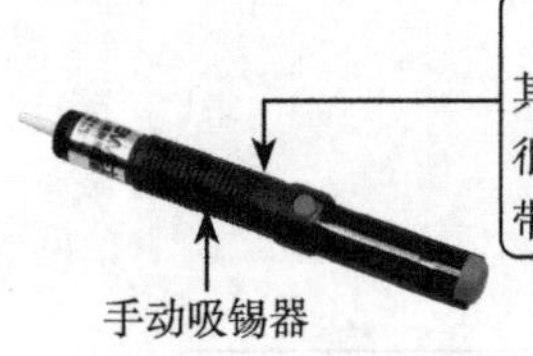

手动吸锡器
吸锡器是维修拆卸零件时所必需的工具，尤其对于集成电路，如果拆除时不使用吸锡器，很容易使印制电路板损坏。吸锡器又可分为自带热源吸锡器和不带热源吸锡器两种。

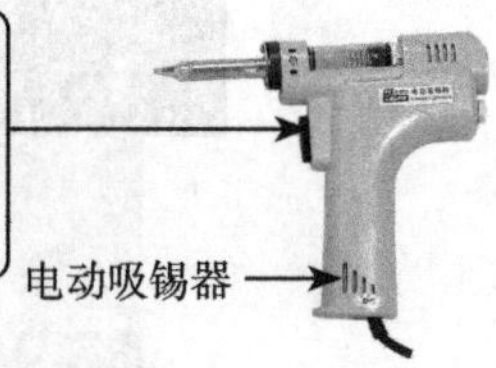

图 1-30 常见的吸锡器

2. 吸锡器的使用方法

吸锡器的使用方法如图 1-31 所示。

首先按下吸锡器后部的活塞杆，然后用电烙铁加热焊点并熔化焊锡（如果吸锡器带有加热元件，可以直接用吸锡器加热吸取）。当焊点熔化后，将吸锡器嘴对准焊点，按下吸锡器上的吸锡按钮，锡就会被吸锡器吸走。如果一次未吸干净，可重复操作。

图 1-31 使用吸锡器

第 2 章

多核电脑运行原理

如果想要自己动手组装一台可以使用的多核电脑，或者想要检测出电脑中出现的问题，首先需要了解电脑各部分的名称、作用和连接方式等。另外，还必须深入认识电脑的结构，了解电脑的运行原理。

2.1 从内到外认识多核电脑

要组装一台可以使用的多核电脑，我们首先要解决的问题是如何将诸多电脑配件和连线正确地连接起来。为了完成这个任务，就必须深入认识电脑的结构，以及电脑中各个部件的结构。

2.1.1 多核电脑的组成

我们日常使用的电脑主要由硬件和软件组成。这里的硬件指的是电脑的物理部件，如显示器、键盘、内存等，如图 2-1 所示；软件指的是指导硬件完成任务的一系列程序指令，即用来管理和操作硬件所需的程序软件，如 Windows 10、办公软件、浏览器、游戏等。

图 2-1 多媒体电脑

从外观看，多核电脑主要包括液晶显示器（或 CRT 显示器）、主机、键盘、鼠标、音箱等部件，有的还有摄像头、打印机等。启动电脑后，我们可以看见电脑中安装了操作系统、应用软件（办公软件、工具软件等）、游戏软件等。这些软件需要通过硬件将需要的程序数据进行处理后，才能输出显示用户需要的结果。如用户用键盘在 Word 软件中输入“LISA”，键盘将字母转换为二进制代码（0110110011001），然后传送到主机的内存和 CPU 中进行处理。处理后，再通过显卡传输到显示器，显示器将这些数据转换后，在显示屏上显示出来。同时，用户还可以通过打印机打印出这几个字母，如图 2-2 所示。

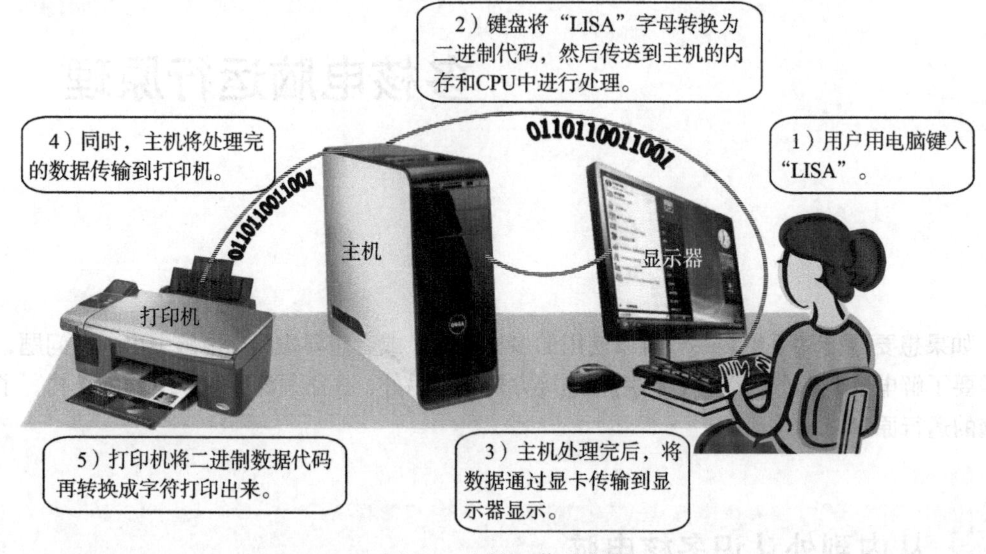

图 2-2 电脑工作过程

1. 软件系统

软件系统是指由操作系统软件、支撑软件和应用软件组成的电脑软件系统，它是电脑系统所使用的各种程序的总体。软件的主体存储在外存储器中，用户通过软件系统对电脑进行控制并与电脑系统进行信息交换，使电脑按照用户的意图完成预定的任务。

软件系统和硬件系统共同构成实用的电脑系统，两者相辅相成、缺一不可。要执行电脑任务，软件需要通过硬件进行 4 项基本工作：输入、处理、存储和输出。同时，硬件部件必须在它们中间传递数据和指令，而且需要供电系统供给电力，如图 2-3 所示。

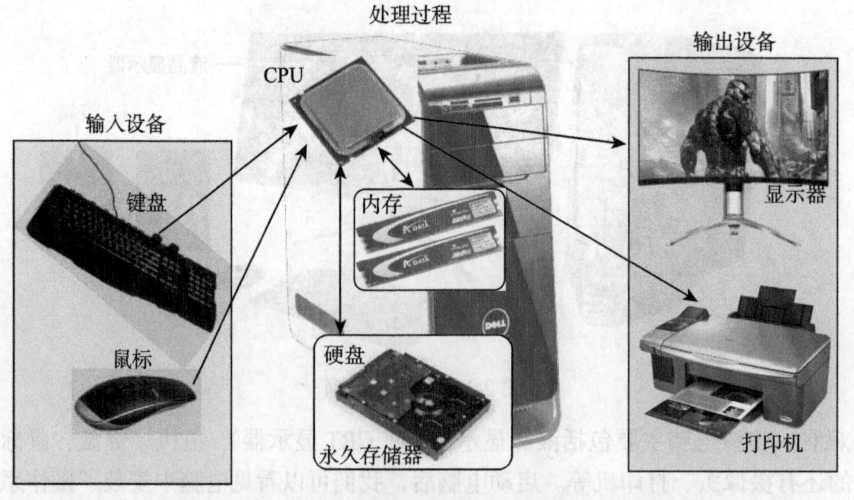

图 2-3 电脑的运行由输入、存储、处理和输出组成

软件系统一般分为操作系统、程序设计软件和应用软件三类。

（1）操作系统

操作系统是管理电脑硬件与电脑软件资源的程序，同时也是电脑系统的核心与基石。操作系统负责管理与配置内部存储器、决定系统资源供需的优先次序、控制输入与输出装置、操作网络与管理文件系统等基本事务。操作系统也提供一个让用户与系统互动的操作接口及图形用户接口。图 2-4 展示了操作系统与硬件及应用程序软件的关系。

常用的操作系统有微软公司的 Windows 10 操作系统、Linux 操作系统、UNIX 操作系统（服务器操作系统）等。

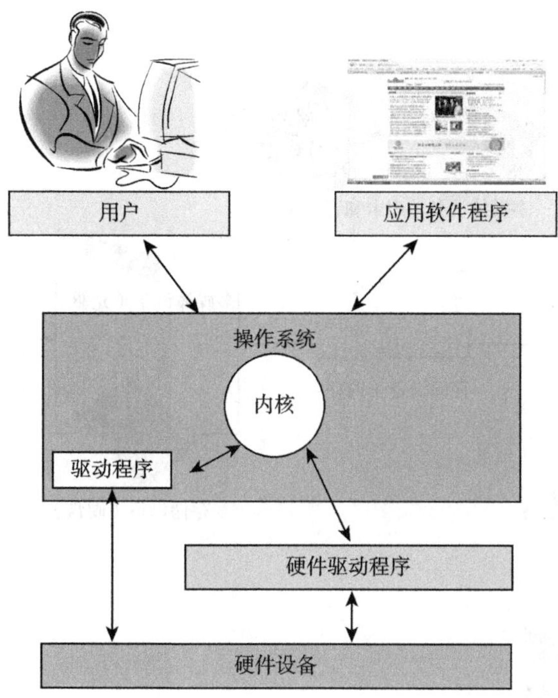

图 2-4　操作系统与硬件及应用程序软件的关系

（2）程序设计软件

程序设计软件是由专门的软件公司编制、用来进行编程的电脑语言。程序设计软件主要包括机器语言、汇编语言和高级语言。如 VC++、汇编语言、Delphi、Java 语言等。

（3）应用软件

应用软件是用户可以使用的各种程序设计语言，以及用各种程序设计语言编制的应用程序的集合。应用软件是为满足用户不同领域、不同问题的应用需求而提供的那部分软件。它可以拓宽电脑系统的应用领域，放大硬件的功能。

当电脑完成一个复杂工作时，并不是一步做完的，而是由许多分解的简单步骤一步步组合完成。就像人完成一个工作一样，是分步骤来完成的。这就需要在电脑做工作前，先用机器语言告诉电脑要完成哪些工作。但由于电脑语言非常复杂，只有专业人员才能掌握，并编写工作程序。所以为了普通用户能使用电脑，电脑专业人员会根据用户的工作、生活、学习需要，提前编写好用户常用的工作程序，在用户使用时，只须单击相应的任务按钮即可，如复制、拖动等任务。这些工作程序就是应用软件。常用的应用软件有 Office 办公软件、WPS 办公软件、图像处理软件、网页制作软件、游戏软件、杀毒软件等。

2. 硬件系统

电脑的硬件系统是指电脑的物理部件，硬件系统通常由 CPU（中央处理器，用来运算器和控制）、存储器（包括内存、硬盘等）、输入设备（键盘、鼠标、游戏杆等）、输出设备（显示器、打印机、音箱等）、接口设备（主板、显卡、网卡、声卡、光驱）等组成。这些硬件主要用于完成电脑的输入、处理、存储和输出功能。

这些看似独立的硬件设备，它们之间存在着有机的联系。所以只要用户用键盘或鼠标向电脑输入操作任务，就会在各个设备间传送数据，共同完成用户的任务。这些设备之间的联系如图 2-5 所示。

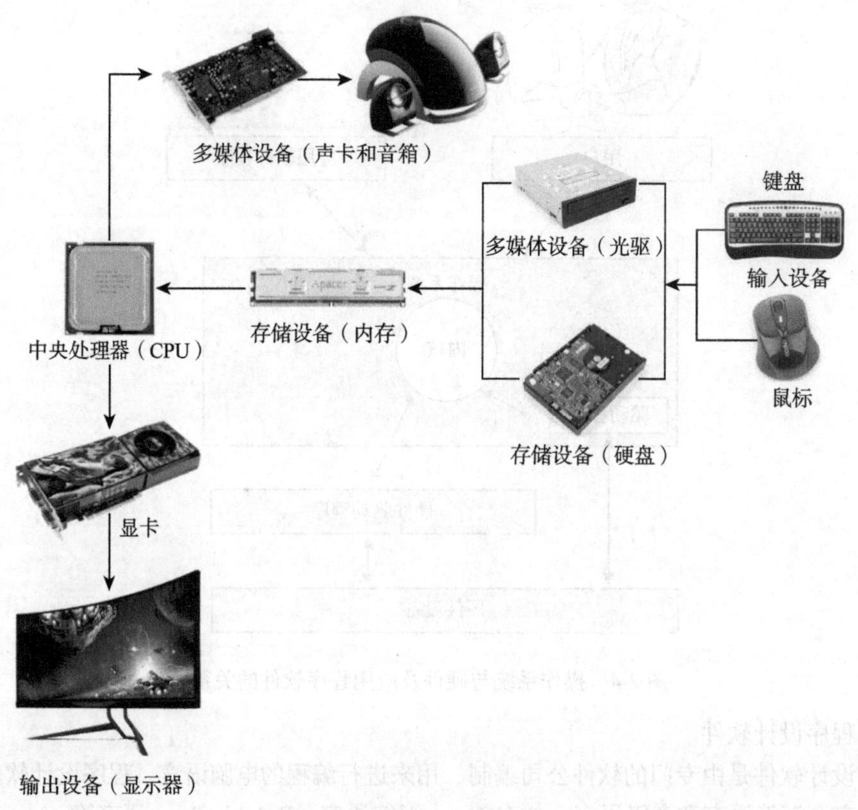

图 2-5 电脑各个设备之间的联系

（1）输入设备

大多数输入设备位于电脑主机箱外，这些设备与主机箱内部各部件间的通信可通过无线连接完成，也可通过连接到主机箱接口上的电缆完成。电脑主机箱的接口主要位于主机箱的背面，如图 2-6 所示。但某些内部模块在主机箱的前面也有连接端口，方便与外部设备的连接，如图 2-7 所示。对采用无线连接的设备来说，它们采用无线电波与系统通信。最常见的输入设备是键盘和鼠标。

键盘是电脑的基本输入设备，通过键盘，可以将英文字母、数字、标点符号等输入电脑中，从而向电脑发出命令、输入数据等。键盘主要分为标准键盘和人体工程学键盘两种。一般标准键盘有 104 个键，是目前主流的键盘。人体工程学键盘是在标准键盘上将指法规定的左手键区和右手键区这两大板块左右分开，并形成一定角度，使操作者不必有意识地夹紧双臂，而保持一种比较自然的形态。图 2-8 展示了两种电脑键盘。

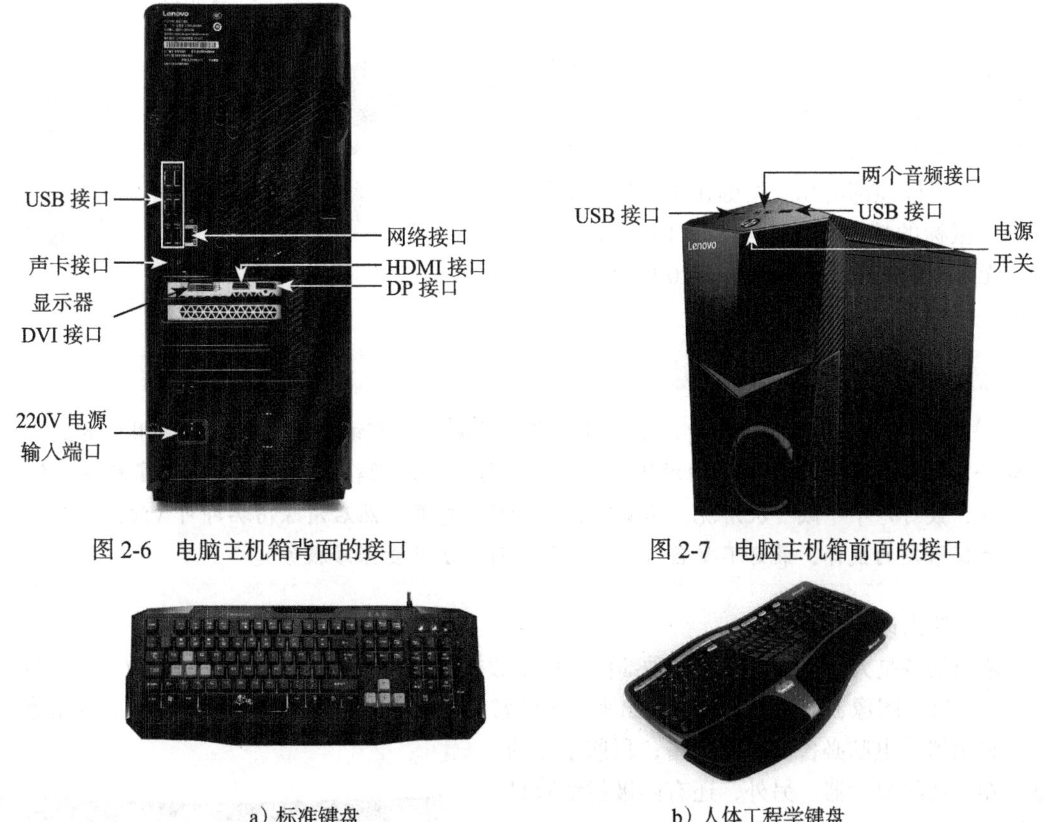

图 2-6　电脑主机箱背面的接口

图 2-7　电脑主机箱前面的接口

a）标准键盘

b）人体工程学键盘

图 2-8　电脑的键盘

小知识：键盘的接口

键盘接口类型是指键盘与电脑主机之间相连接的接口方式或类型。目前键盘的接口主要有 USB 接口、无线接口等，如图 2-9 所示。

图 2-9　键盘的接口

小知识：键盘维护技巧

键盘必须保持清洁，一旦脏污应及时清洗干净。清洗时应选用柔软的湿布，蘸少量的洗衣粉进行擦拭，之后用柔软的湿布擦净。决不能用酒精等具有较强腐蚀性的液体清洗键盘。并注意在清洗前要关闭电脑电源。目前多数普通键盘都无防溅入装置，因此千万不要将咖啡、啤酒、茶水等液体洒在键盘上面。倘若液体流入键盘内部的话，轻则会造成按键接触不良，重则还会腐蚀电路或者出现短路等故障，有可能导致整个键盘损坏。

鼠标是一种指示设备，我们用它在电脑屏幕上移动指针并进行选择操作。鼠标底部是滚动球或光学传感器，通过它控制指针的移动并跟踪指针位置。鼠标顶部的几个按键在不同软件下作用不同。鼠标的接口与键盘类似，同样有USB接口、无线接口等接口类型。图2-10展示了电脑的鼠标。

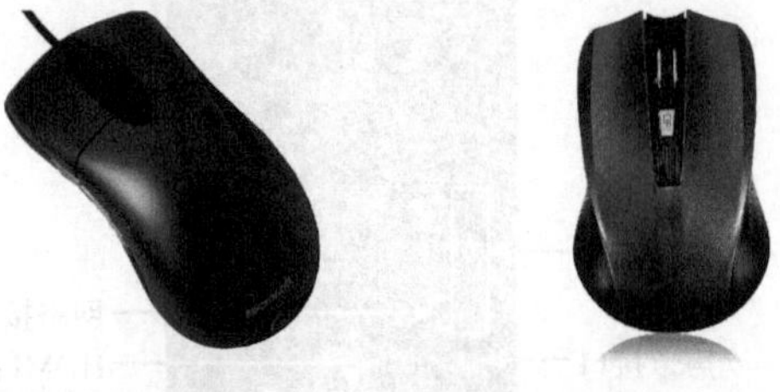

图2-10　电脑的鼠标

小知识：光电鼠标维护技巧

用户平时使用光电鼠标时，如果鼠标光眼或激光眼有细微的灰尘，只需用皮老虎清理一下即可。对于比较严重的污垢，可拆开鼠标用无水酒精擦拭。对于光电鼠标的滚轮部分，最好每半年做一次清洗。清洗时，拆开鼠标外壳，然后清除污垢即可（注意，对于处于保修期的鼠标，最好不要自行拆开，否则将无法享受保修服务）。

（2）输出设备

输出设备是人与电脑交互的一种部件，用于数据的输出。它把各种计算结果数据或信息以数字、字符、图像、声音的形式表现出来。电脑常用的输出设备有显示器、打印机、音箱等。

显示器是电脑必备的输出设备，目前主流的显示器为液晶显示器。另外，还有阴极射线管显示器和等离子显示器。

显示器通过显示接口及总线与电脑主机连接，待显示的信息（字符或图形图像）从显示卡的缓冲存储器（即显存）传送到显示器的接口，经显示器内部电路处理后，由液晶显示模块将输出的数据显示到液晶屏幕上。图2-11展示了电脑的液晶显示器。

图2-11　电脑的液晶显示器

显示器与电脑的连接接口主要为VGA接口、DVI-D接口、HDMI接口、DP接口。其中VGA接口为模拟信号接口，也称为D-SUB接口，此接口共有3排、15只引脚，每排5只引脚，如图2-12所示。

DVI-D为数字信号接口，它可以传输数字信号和模拟视频信号。DVI-D接口是由一个3排、24个针脚组成的接口，每排有8个针脚，右边为“一”，如图2-13所示。

HDMI接口是一种全数字化视频和声音发送接口，可以发送未压缩的音频及视频信号。HDMI继承了DVI的核心技术“传输最小化差分信号”TMDS，从本质上来说是DVI技术的扩展，如图2-14所示。

DP接口是DisplayPort的简称，是一种高清数字显示接口标准，主要用于视频源与液晶显示器等设备的连接，如图2-15所示。

图 2-12　显示器 VGA 接口

图 2-13　DVI-D 接口

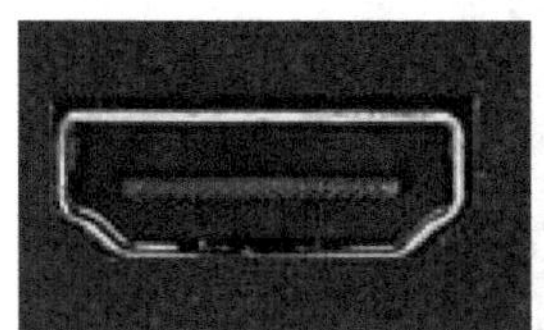

图 2-14　HDMI 接口

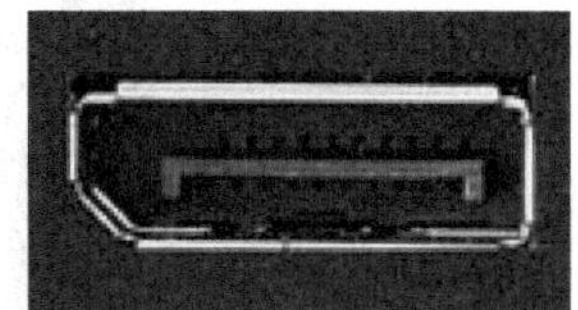

图 2-15　DP 接口

小知识：液晶显示器的保养技巧

液晶显示器的工作环境要保持干燥，并避免化学药品接触液晶显示器。因为水分是液晶的天敌，如果湿度过大，液晶显示器内部就会结露，结露之后就会发生漏电和短路现象，而且液晶显示屏也会变得模糊。因而不要把液晶显示器放在潮湿的地方，更不要让任何带有水分的东西进入液晶显示器内。如果在开机前发现屏幕表面有水雾，用软布轻轻擦拭即可；如果发现湿气已经进入了液晶显示器，可以关闭显示器，把显示器背对阳光，或者用台灯烘烤，将里面的水分蒸发掉即可。

打印机是电脑最基本的输出设备之一，它可以将电脑的处理结果打印在纸上。常用的打印机主要有针式打印机、喷墨打印机、激光打印机等。打印机的接口主要有并口、USB 接口等，目前主流打印机的接口为 USB 接口。图 2-16 展示了电脑打印机。

a）喷墨打印机

（b）激光打印机

图 2-16　电脑打印机

小知识：激光打印机清洁技巧

在清洁激光打印机之前，一定要切断其电源，以免造成人为故障及安全事故。打印机的机身需要用尽可能干的湿布来进行擦试，只能用纯水来润湿，不得用具有挥发性的化学液体进行清洁。另外，由于打印机内部是比较怕潮的，所以在清洁打印机内部时，一定要用光滑的干布擦拭机内的灰尘和碎屑。在灰尘过多时，可先用小软毛刷清除一下再用布擦。当清洁光束检测镜、光纤头、聚焦透镜、六棱镜等部件时，只能使用竹镊子或软木片、小棍等，避免在清洁过程中金属损伤或划伤光学部件。

音箱是将音频信号变换为声音的一种设备。通俗地讲就是音箱主机箱体或低音炮箱体内自带功率放大器，对音频信号进行放大处理后由音箱本身回放出声音。目前主流的电脑音箱有2.0音箱、2.1音箱、5.1音箱等，如图2-17所示。

图2-17 电脑音箱

2.1.2 多核电脑的内部构造

大多数存储及所有数据和指令处理都是在电脑主机箱内部完成的，电脑主机箱可以说是整个电脑的中心。因此在认识电脑时，有必要了解电脑的内部构造。

当你观察电脑内部时，第一眼所看到的设备就是电路板。电路板就是上面有集成电路芯片及连接这些芯片的电路的一块板，这块板称为主板。在主板上安装有内存、CPU、CPU风扇、显示卡等。其他机箱内主要部件从外表看像一个个小盒子，包括ATX电源、硬盘、光驱等。图2-18展示了电脑主机箱内部结构。

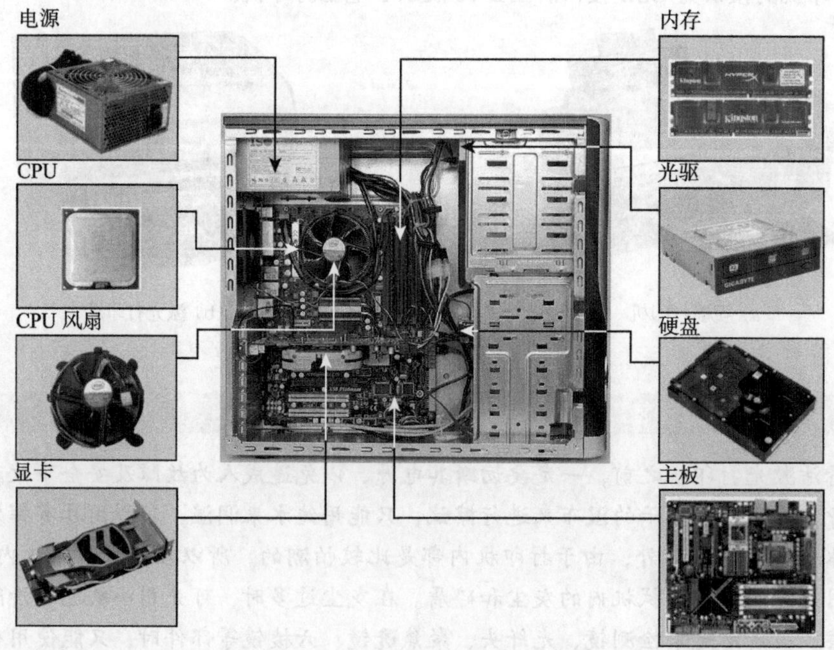

图2-18 电脑主机箱内部结构

另外，机箱内还有各种电缆，这些电缆主要为两种类型。一种是用于设备间互联的数据电缆，另一种是用于供电的电源线。一般数据电缆是红色窄扁平电缆，或宽扁平电缆（也称为排线），而电源线则是细圆的。图 2-19 展示了机箱内部的数据线和电源线。

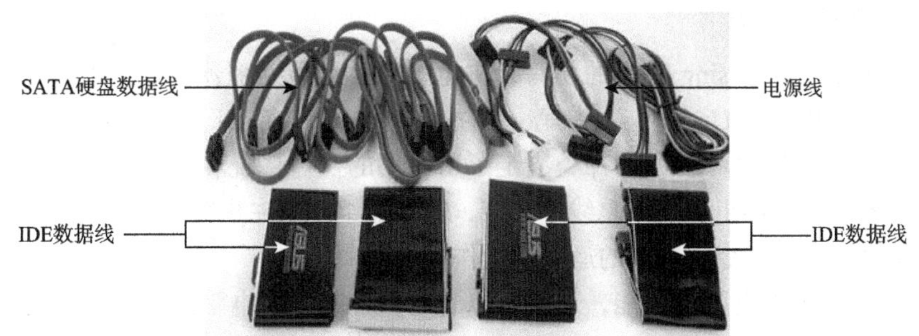

图 2-19　机箱内部的数据线和电源线

1. 主板

机箱中最大、最重要的电路板就是主板，主板是电脑各个硬件设备连接的平台，电脑的各个设备都与主板直接或间接相连。因为所有的设备都必须与主板上的 CPU 通信，所以这些设备或者直接安装在主板上，或者通过连接到主板的端口上的电缆直接联系，或者通过扩展卡间接连接到主板上。图 2-20 展示了主板上的主要部件及安装硬件的各种接口。

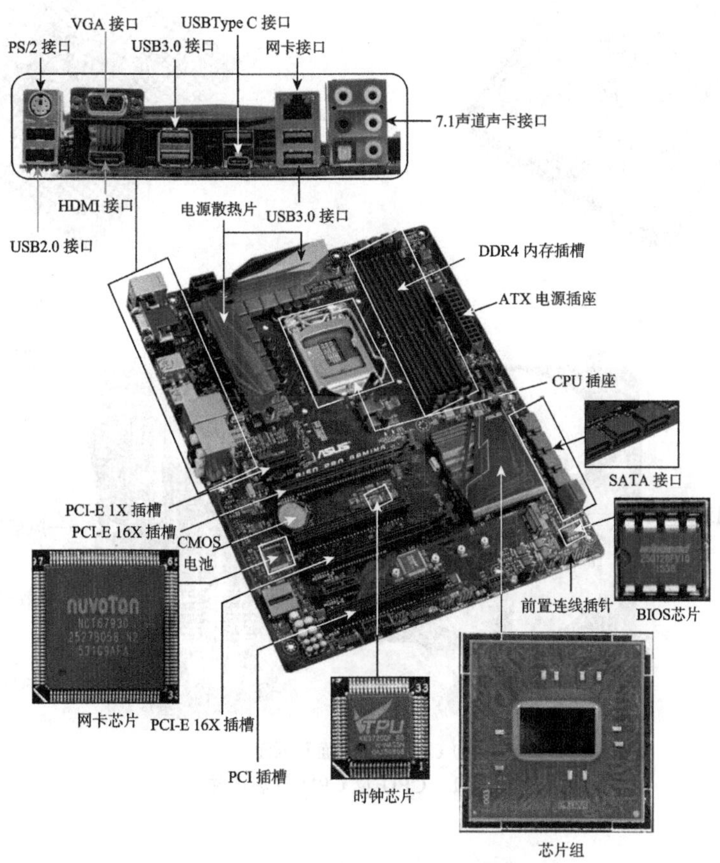

图 2-20　主板上的主要部件及安装硬件的各种接口

主板露在外面的一些端口中，一般包括 4~8 个 USB 接口（包括 USB2.0 接口、USB3.0 接口等）、1 个 PS/2 键盘接口、1~2 个网络接口、一个 HDMI 接口、一个 USB Type C 接口（连接手机）、多个音频接口（连接音箱、麦克风等设备）。有的主板上还有 DP 接口、DVI 接口等。

2. CPU 及其散热风扇

CPU 是 Central Processing Unit 的缩写，它也被简称为微处理器或处理器。不要因为这些简称而忽视它的作用，CPU 是电脑的核心，其重要性就像大脑对于人一样，因为它负责处理、运算电脑内部的所有数据。CPU 的种类决定了所使用的操作系统和相应的软件。CPU 主要由运算器、控制器、寄存器组和内部总线等构成，寄存器组用于在指令执行过后存放操作数和中间数据，由运算器完成指令所规定的运算及操作。

CPU 的性能决定着电脑的性能，通常都以它为标准来判断电脑的档次。目前主流的 CPU 为双核 / 四核处理器。

CPU 散热风扇主要由散热片和风扇组成，它的作用是通过散热片和风扇及时将 CPU 发出的热量散去，保证 CPU 工作在正常的温度范围内（若 CPU 温度高于 100℃，会影响 CPU 正常运行）。由此可见，散热风扇运转是否正常将直接决定 CPU 工作是否正常。图 2-21 展示了 CPU 及 CPU 散热风扇。

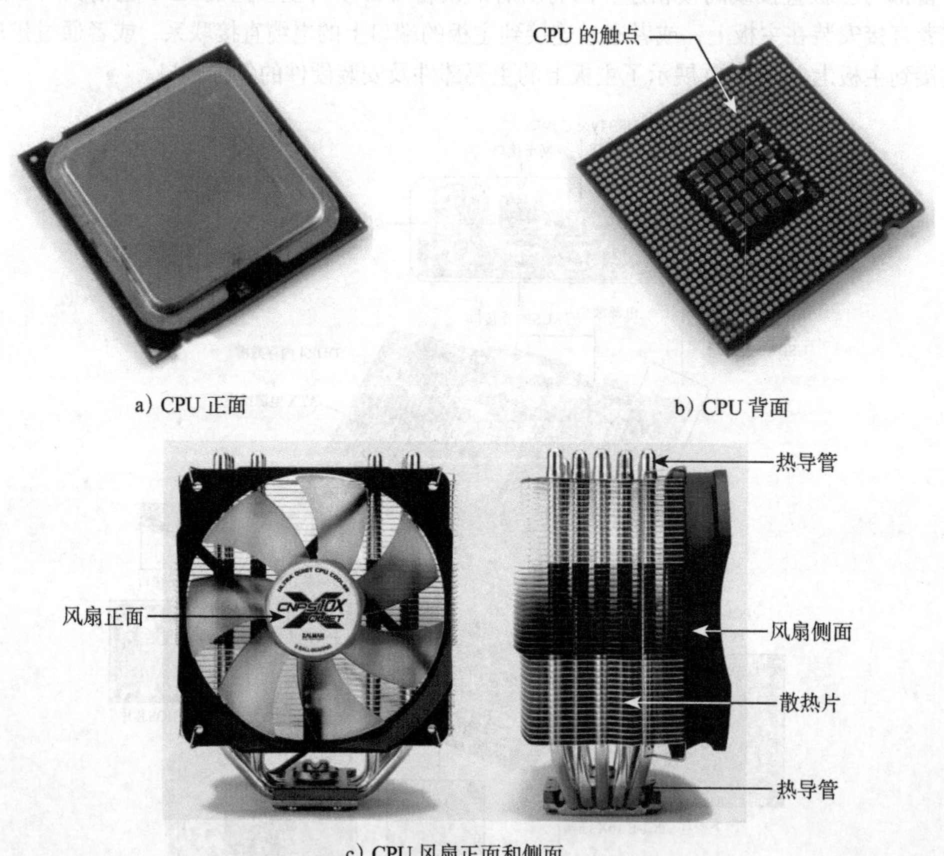

a) CPU 正面　　b) CPU 背面

c) CPU 风扇正面和侧面

图 2-21　CPU 及 CPU 散热风扇

3. 内存

内存是电脑存储器的一个很重要的部分，是用来存储程序和数据的部件。对于电脑来说，有了存储器，才有记忆功能，才能保证正常工作。我们平常使用的程序，如 Windows 操作系统、办公软件、游戏软件等，一般都安装在硬盘等外部存储器上，但需要使用这些软件时，必须把它们调入内存中，才能真正使其运行。我们平时输入一段文字，或玩一个游戏，其实都是在内存中进行的。以图书馆做比喻，存放书籍的书架和书柜相当于电脑的外存，而阅览用的桌子就相当于内存，它是 CPU 要处理数据和命令的操作空间。内存的种类较多，目前主流的内存为 DDR2 内存。图 2-22 和图 2-23 展示了电脑内存及安装内存的插槽。

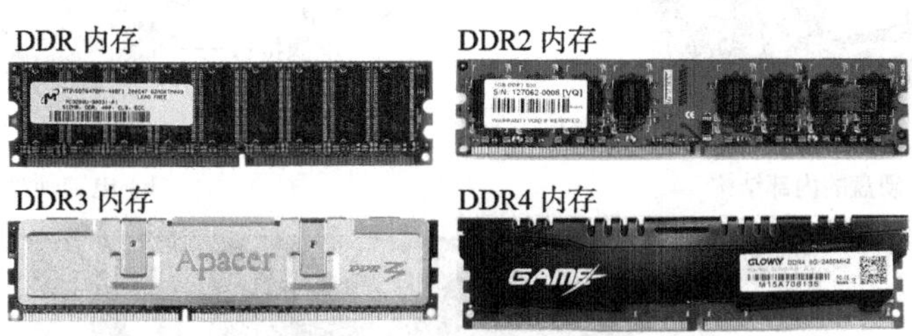

图 2-22 电脑的内存

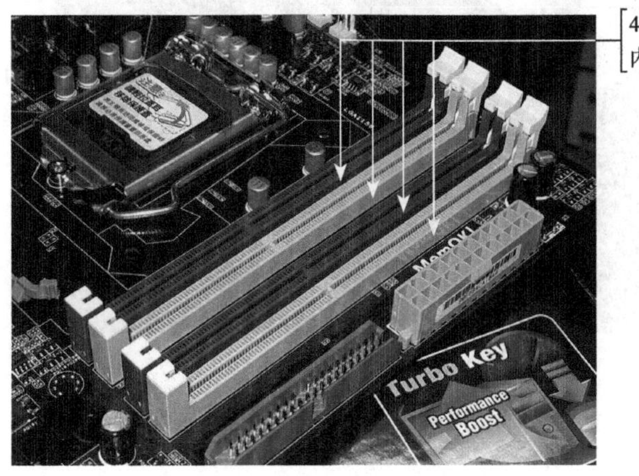

图 2-23 安装内存的插槽

4. 硬盘

硬盘属于外部存储器，它是用来存储电脑工作时使用的程序和数据的地方。硬盘驱动器是一个密封的盒体，内有高速旋转的盘片和磁盘。当盘片旋转时，具有可灵敏读 / 写的磁头在盘面上来回移动，既向盘片或磁盘中写入新数据，也从盘片或磁盘中读取已存在的数据。硬盘的接口主要有 USB 接口、SATA 接口等，其中 SATA 接口为目前的主流硬盘接口。图 2-24 展示了电脑硬盘及主板上的硬盘接口。

小知识：硬盘和内存的关系

硬盘与内存都为电脑的存储设备，关闭电源后，内存中的数据会丢失，但硬盘中的数据会继续保留。当用户用键盘输入一篇文字后，文字被存储在内存中，而没有存储在硬盘中。如果用户在关机前没有将输入的文字存储到硬盘中，输入的文字就会丢失。只需用文字编辑程序中的“保存”功能，即可将内存中存储的文字存储到硬盘中。硬盘和内存在电脑中的作用相当于存储仓库和中转站。

盘片
磁头

a）硬盘的内部结构

硬盘电路板
SATA 接口
电源接口

b）电脑硬盘

主板上的 4 个 SATA 接口
1 个 IDE 接口

c）主板硬盘接口

图 2-24 电脑硬盘及主板硬盘接口

5. 光驱

光驱即光盘驱动器，是用来读取光盘的设备。光驱是一个结合光学、机械及电子技术的产品。在光学和电子结合方面，激光光源来自于光驱内部一个激光二极管，它可以产生波长为 0.54 ～ 0.68 微米的光束，经过处理后光束更集中且能精确控制。在读盘时，光驱内部的激光二极管发出的激光光束首先打在光盘上，再由光盘反射回来，经过光检测器捕获信号，再由光驱中专门的电路将它转换并进行校验，然后传输到电脑的内存中，我们就可以得到光盘中实际的数据。光驱可分为 CD-ROM 光驱、DVD 光驱、COMBO 光驱、蓝光光驱和刻录机光驱等，如图 2-25 所示。光驱常用的接口种类主要有 IDE 接口、SATA 接口和 USB 接口等几种，如图 2-26 所示。

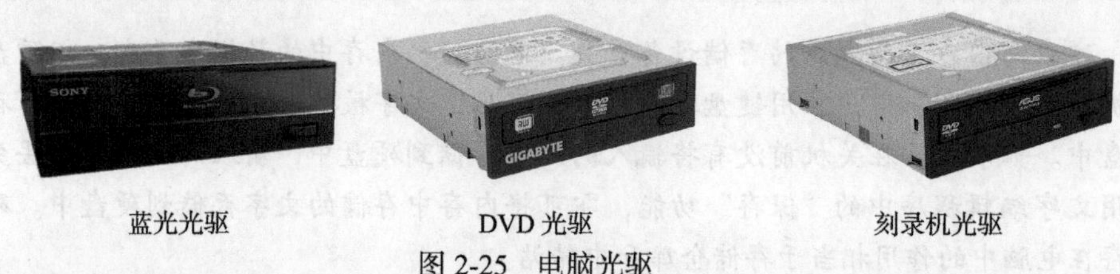

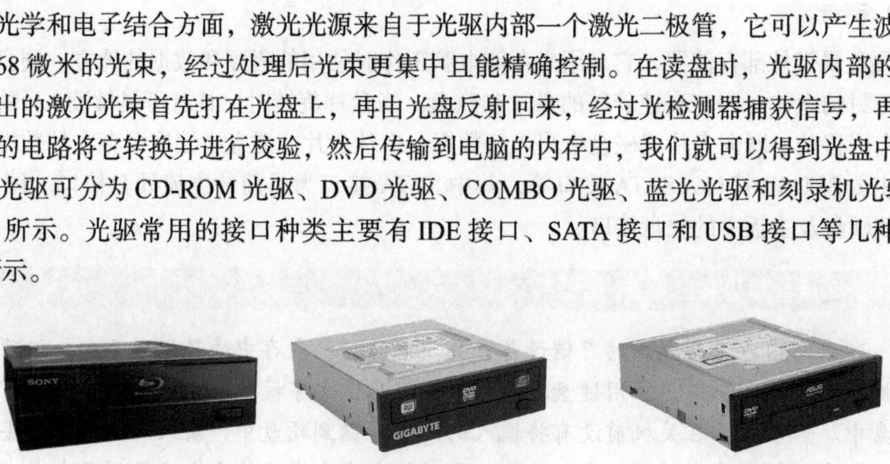

蓝光光驱　　DVD 光驱　　刻录机光驱

图 2-25 电脑光驱

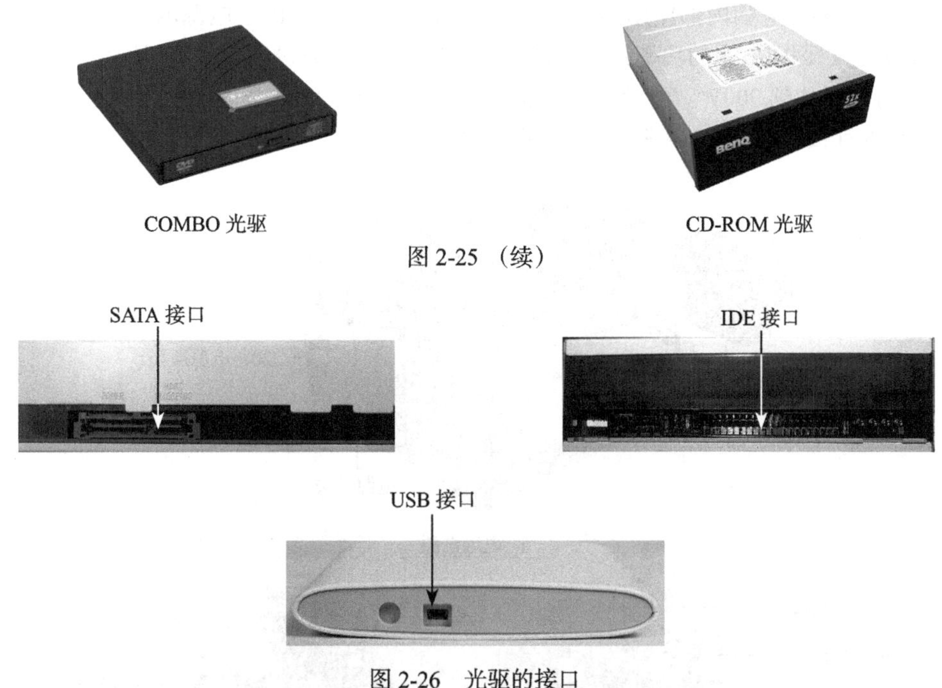

COMBO 光驱　　CD-ROM 光驱

图 2-25 （续）

图 2-26　光驱的接口

小知识：光盘的容量

光盘为只读外部存储设备。一般一张 CD 光盘的容量为 650MB 左右，一张 DVD 光盘的容量为 4.7GB 左右，一张蓝光 DVD 光盘的容量为 25GB 左右。

6. 显卡

显卡的用途是将电脑系统所需要的显示信息进行转换驱动，并向显示器提供行扫描信号，控制显示器的正确显示。显卡是连接显示器和个人电脑主板的重要部件，承担输出显示图形的任务，对于从事专业图形设计的人来说显卡非常重要。显卡的输出接口主要有 VGA 接口、DVI 接口、S 端子等，如图 2-27 所示。

图 2-27　电脑的显卡

7. 电源

电源就像电脑的心脏一样，用来为电脑中的其他部件提供能源。电脑电源的作用是把

220V 交流电转换为电脑内部使用的 3.3V、5V 和 12V 直流电。由于电源的功率是直接影响电源的“驱动力”，因此电源的功率越高越好。目前主流的多核处理器电源一般输出功率为 350W 以上，有的甚至达到 900W。电源一般包括 1 个 20+4 针接口，4 个大 4 针接口，4~8 个 SATA 接口，2 个 6 针接口，1 个 4+4 针接口，如图 2-28 所示。

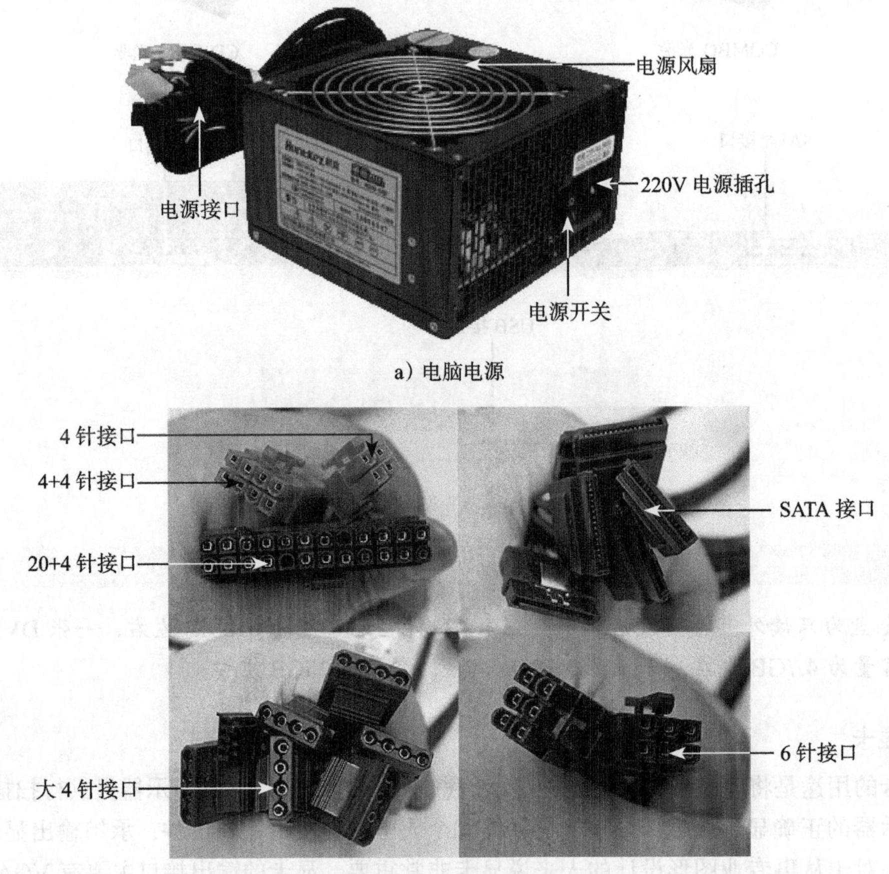

a）电脑电源

b）电源的接口

图 2-28 电脑的电源及其接口

2.2 如何鉴定电脑的档次

2.2.1 影响电脑性能的木桶原理

所谓木桶原理就是说用一个由木板围成的水桶来储水，其储水量决定于围成木桶的最短的那块木板而不是最高的那块木板，如图 2-29 所示。拿到电脑上来说，在选购硬件的时候应该选购性能相当的硬件进行匹配，而电脑的性能决定于硬件中性能最弱的那个硬件。比如，选用了 H61 主板与 Intel 酷睿 i5 搭配，该处理器采用 32 纳米工艺制程，四核心四线程设计，4 个核心共享 6MB LLC 缓存，主频为 2.80GHz，支持睿频技术，在开启睿频情况下主频可以自动调升，最高可达到 3.10GHz 的频率。那么这两个硬件中处理器性能比较强劲，而 H61 主板性能一般，这样将导致处理器不能发挥出其最好的性能。当然，不仅仅是主板和处理器之间的搭配会产生木桶效应，影响电脑的性能，所有硬件之间的匹配都会影响电脑的性能。

图 2-29　木桶效应

2.2.2　电脑性能综合评定

电脑综合性能是定位一台电脑性能的关键指标，电脑性能的评价主要是对电脑中使用的 CPU 的性能、内存的性能、硬盘的性能及显卡的性能等进行评价。了解这些信息，可以准确评判一台电脑的档次（是高档还是低档）。

评定电脑部件的性能有 4 项为主要：CPU、内存、显卡、硬盘。而对于这些部件的性能评定，一般每个部件都会有几个评定点。

1. CPU 性能评定

（1）CPU 主频

CPU 的主频是衡量 CPU 性能的重要指标之一，它表示 CPU 内数字脉冲信号的振荡速度，也就是 CPU 工作频率。但是它不等同于运算速度。一般来说提高主频，对于提高其速度是至关重要的，但是还可能出现主频较高，其实际运算速度较低的现象。

（2）缓存

缓存的大小对 CPU 的速度影响很大。在实际工作中，CPU 往往会重复读取同样的数据块，缓存容量大，可以大幅提高 CPU 读取数据的速度，而不用频繁地到内存或硬盘上寻找，从而提高性能。所以说，CPU 的缓存越大，CPU 的工作效率就会越高，性能就会有一个较大的提高。目前，CPU 有三级缓存，L1、L2、L3，缓存容量最高为 12MB。

（3）制造工艺

CPU 的制造工艺也是 CPU 性能的重要指标之一，它指在半导体硅材料上生产 CPU 时内部各元件间的连接线宽度，现在多用纳米表示。制造工艺越小，说明该产品越先进，精度越高，集成度越高，CPU 内部功耗和发热量也越小。

2. 内存性能评定

（1）内存频率

内存的频率是决定内存性能的一个重要的因素，它与 CPU 的主频基本处于同一重要地位。内存的主频以 MHz（兆赫）为单位来计量。主频越高在一定程度上代表着内存所能达到的存取速度越快。目前主流的内存工作频率为 2400、2666、2800、3000、3200MHz。

（2）CL 值

CL 为延迟时间值，是衡量内存性能的一个重要标志。它是指内存存取数据所需的延迟时间。内存的 CL 值越低越好，代表反应所需的时间越短，从而快速接收 CPU 下一条指令并作出反应。目前，由于 Intel 重新制订的新规范，要求 CL 反应时间必须为 2。这一指标对各大内存厂商的芯片及 PCB 的组装工艺的要求相对较高，保证了更优秀的品质。

（3）存取速度

内存的存取速度就是平时所说的内存速度，一般用存储器的存取时间和存储周期来表示。存储器存取时间又称存储器访问时间，是指从启动一次存储器操作到完成该操作所经历的时间。存储周期指连续启动两次独立的存储器操作（例如连续两次读操作）所需间隔的最小时间。

3. 显卡性能评定

（1）显示核心

显示核心其实就是显卡的核心芯片，它的主要任务就是处理系统输入的视频信息并对其进行构建、渲染等工作，所以它的性能好坏直接决定了显卡性能的好坏。显示主芯片的性能直接决定了显示卡性能的高低。

（2）显存位宽

显存位宽是显卡的重要参数之一，它的大小对于显卡的性能有很大的影响，目前市场上显存位宽有 64 位、128 位、192 位、256 位、352 位几种，人们习惯上叫的 64 位显卡、128 位显卡和 256 位显卡就是指其相应的显存位宽。显存位宽越高，性能越好。

（3）显存带宽

显存带宽是指显示芯片与显存之间的数据传输速率，它以字节 / 秒为单位，它的大小决定显卡的数据吞吐量，也就决定显卡的性能。其计算公式为：显存带宽＝工作频率 × 显存位宽 /8bit。目前大多中低端的显卡都能提供 6.4GB/s 至 60GB/s 的显存带宽，而对于中高端的显卡产品则提供超过 60GB/s 的显存带宽。

（4）显存频率

显存频率越高，数据在显存上记录与读取的速度就越快，所以显存频率是显卡性能的一个重要标识，它的大小比显存容量的大小还重要。不同显存能提供的显存频率差异很大，现在显卡显存的频率一般为 7000MHz~14000MHz，有些甚至更高。

（5）显存容量

显存容量的大小决定着显存临时存储数据的多少。显卡显存容量一般有 4GB、6GB、8GB、11GB、16GB 等多种。显存容量是显卡上显存的容量数，是选择显卡的关键参数之一，它的大小直接影响显卡的性能。

4. 硬盘性能评定

（1）硬盘缓存

缓存是硬盘与外部交换数据的临时场所。当硬盘接受 CPU 指令控制开始读取数据时，硬盘上的控制芯片会控制磁头把正在读取的簇的下一个或者几个簇中的数据读到缓存中，当需要读取下一个或者几个簇中的数据时，不需要再次到硬盘中读取数据，直接把缓存中的数据传输到内存中即可。由于缓存的速度远远高于磁头读写的速度，所以这样能够达到明显改善硬盘性能的目的。缓存的容量大小也就决定了硬盘的性能。目前缓存容量主要有 16MB、32MB、64MB、128MB、256MB 等几种。

（2）硬盘寻道时间

硬盘的寻道时间是衡量一个硬盘性能的重要参数，其数值越小，说明该硬盘的性能越好。一般该数值的单位为毫秒，它是指 MO 磁光盘机在接收到系统指令后，磁头从开始移动到数据所在磁道所需要的平均时间，即从电脑发出一个寻址命令，到相应目标数据被找到所需的时间。我们常以它来描述硬盘读取数据的能力。平均寻道时间越小，硬盘的运行速率相应的也就越快。

（3）硬盘接口

硬盘接口种类比较多，其最主要的区别就是传输速率不同。目前，市场上主流硬盘是 SATA 硬盘接口，最新的 SATA3.0 传输速率已经达到 750MB/s（理论值）。所以从硬盘的数据传输速率上看，SATA 接口的硬盘性能是最好的。

5. 查看电脑配置信息

那么我们平时在哪里可以看到电脑系统的配置信息呢？

电脑系统配置信息是指电脑中使用的 CPU 型号以及 CPU 的频率、内存容量、硬盘容量、显卡型号等信息，看到了这些信息基本上就能判断电脑的档次了。

（1）如何查看电脑 CPU 信息和内存信息

在启动电脑进入 Windows 系统桌面后，可以通过“系统”窗口来了解电脑基本信息，如图 2-30 所示。

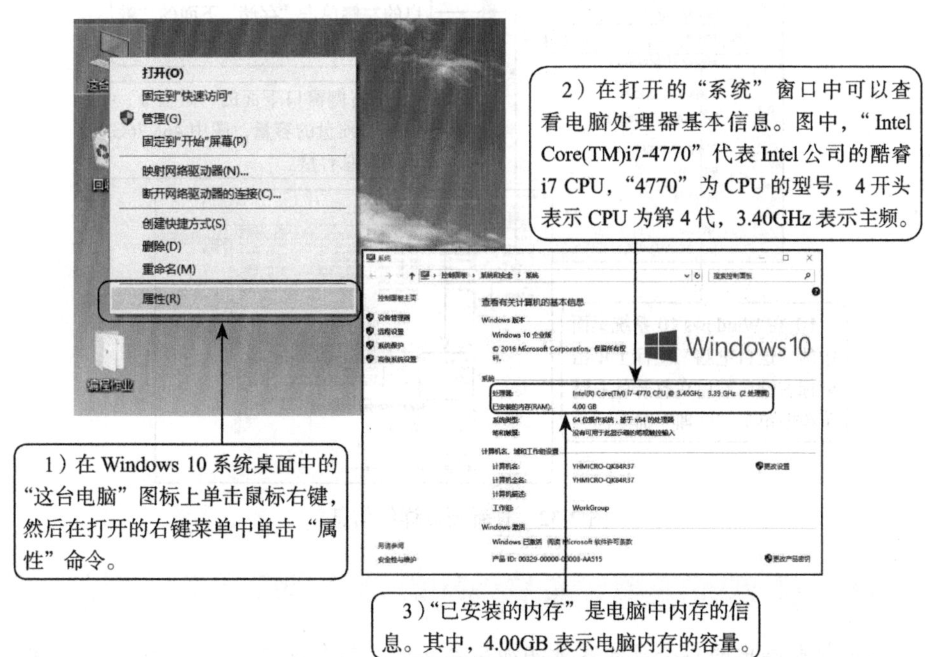

图 2-30　查看 CPU 信息

（2）查看硬盘容量信息

如果想了解电脑中硬盘的容量信息，可以在桌面打开“这台电脑”窗口，将各分区的容量相加，基本上就可以了解硬盘的大致容量了（有些电脑有隐藏的分区不会显示），如图 2-31 所示。另外，可以通过“磁盘管理”来查看硬盘详细容量信息，如图 2-32 所示。

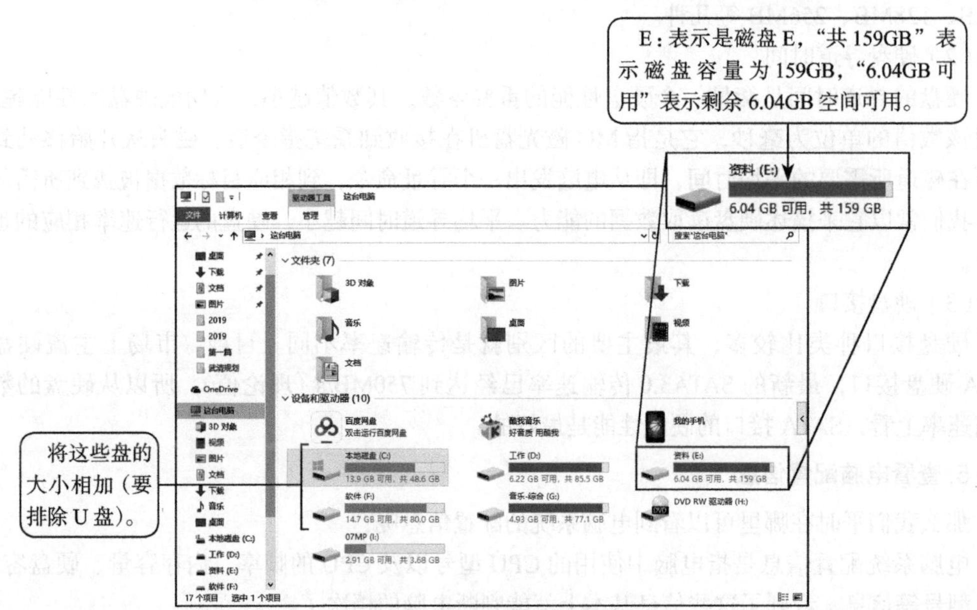
E：表示是磁盘 E，“共 159GB”表示磁盘容量为 159GB，“6.04GB 可用”表示剩余 6.04GB 空间可用。
资料 (E:)
6.04 GB 可用，共 159 GB
将这些盘的大小相加（要排除 U 盘）。

图 2-31 查看硬盘容量信息

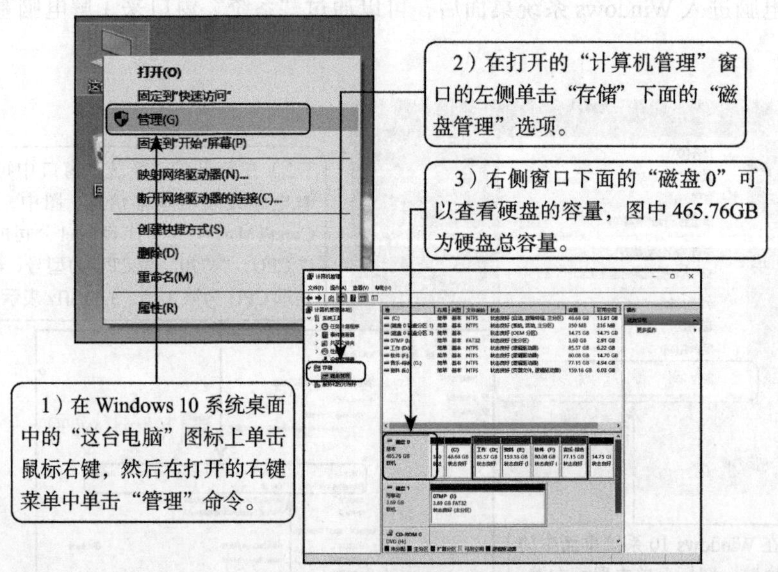
打开(O)
固定到"快速访问"
管理(G)
固定到"开始"屏幕(P)
映射网络驱动器(N)...
断开网络驱动器的连接(C)...
创建快捷方式(S)
删除(D)
重命名(M)
属性(R)
2）在打开的“计算机管理”窗口的左侧单击“存储”下面的“磁盘管理”选项。
3）右侧窗口下面的“磁盘 0”可以查看硬盘的容量，图中 465.76GB 为硬盘总容量。
1）在 Windows 10 系统桌面中的“这台电脑”图标上单击鼠标右键，然后在打开的右键菜单中单击“管理”命令。

图 2-32 查看硬盘详细信息

提示

当人们将电脑中的各个盘的容量相加后会发现，各个盘的总容量和硬盘标注的容量不相符，如各个盘的总容量为 931GB，而硬盘标注的容量为 1000G。这是因为硬盘的分区表占用了一部分容量，就好像一部书前面的目录占去了一部分页数一样。另外，容量不相符与硬盘厂商采用的换算方法不同也有关。

注意

在“磁盘管理”窗口中不能删除硬盘的分区，不然就会丢失硬盘分区和分区中的文件。

（3）通过“设备管理器”查看电脑硬件信息

如果想了解电脑中其他硬件的信息，可以通过“设备管理器”来了解，如图 2-33 所示。

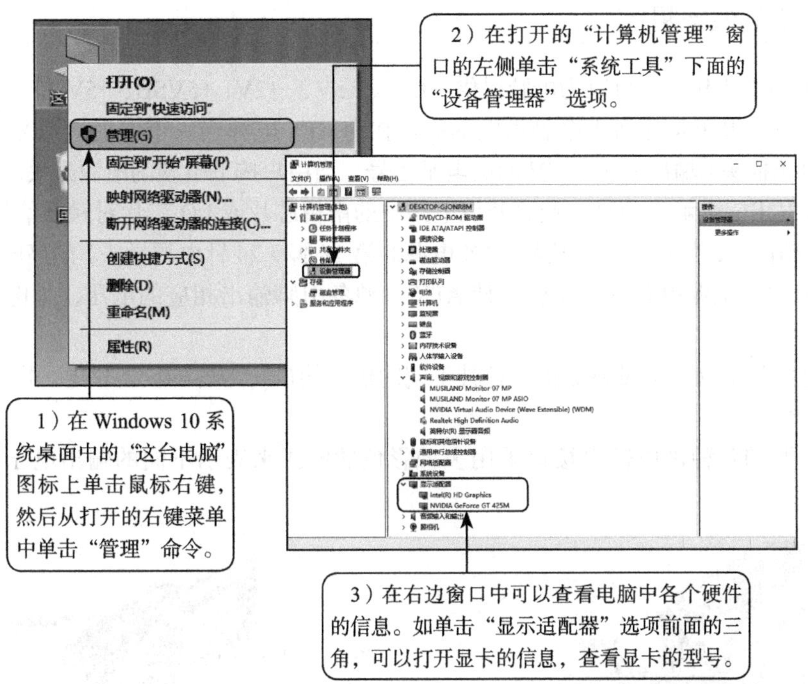
打开(O)
固定到"快速访问"
管理(G)
固定到"开始"屏幕(P)
映射网络驱动器(N)...
断开网络驱动器的连接(C)...
创建快捷方式(S)
删除(D)
重命名(M)
属性(R)
2）在打开的“计算机管理”窗口的左侧单击“系统工具”下面的“设备管理器”选项。
1）在 Windows 10 系统桌面中的“这台电脑”图标上单击鼠标右键，然后从打开的右键菜单中单击“管理”命令。
3）在右边窗口中可以查看电脑中各个硬件的信息。如单击“显示适配器”选项前面的三角，可以打开显卡的信息，查看显卡的型号。

图 2-33　通过“设备管理器”查看硬件信息

（4）通过“鲁大师”查看电脑硬件详细信息

如果想了解电脑中硬件的详细信息，可以通过第三方软件来查看（如“鲁大师”）。首先从网上下载“鲁大师”软件，然后安装并运行“鲁大师”，如图 2-34 所示。

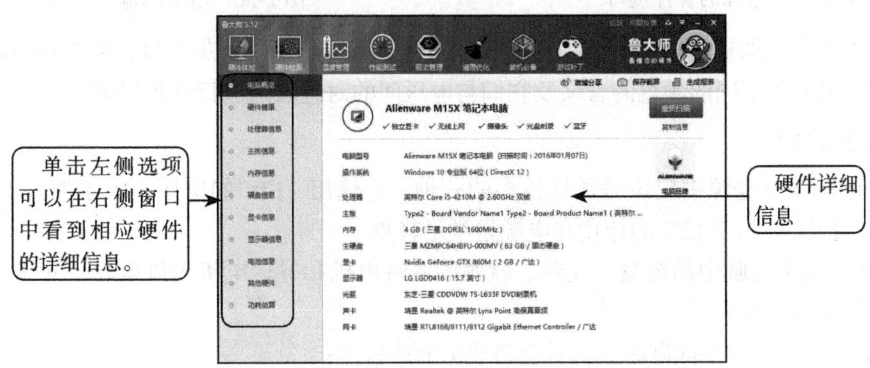
单击左侧选项可以在右侧窗口中看到相应硬件的详细信息。
硬件详细信息
Alienware M15X 笔记本电脑

图 2-34　通过“鲁大师”查看硬件详细信息

提示

一般购买二手电脑的时候，经常使用此软件查看电脑的硬件配置信息。

2.3 电脑的运行原理

2.3.1 电脑的供电机制

当 ATX 电源工作后，可以为电脑提供 +3.3V、+5V、+12V、+5VSB、−5V 和 −12V 等电压。

那么，ATX 电源是如何为电脑供电的呢？在为 ATX 电源接入市电后，ATX 电源的第 16 脚（24 针电源插头）输出一个 3~5V 的高电平信号。当用户按下电脑的电源开关后，电源开关给电脑主板发出一个触发信号。接着开机电路中的南桥芯片或 I/O 芯片对触发信号进行处理，最终发出控制信号，然后控制电路将 ATX 电源的第 16 脚（24 针电源插头）的高电位拉低，以触发 ATX 电源主电源电路开始工作，使 ATX 电源各引脚输出相应的电压，为电脑提供工作电压。

ATX 电源为电脑中的设备提供了各种不同的供电接口，为各种设备供电。图 2-35 展示了电源的各种接口。

ATX 电源的各种供电输出接口采用多种彩色的电线来表示不同的输出电压，如图 2-36 所示。

图 2-35 电源的各种接口

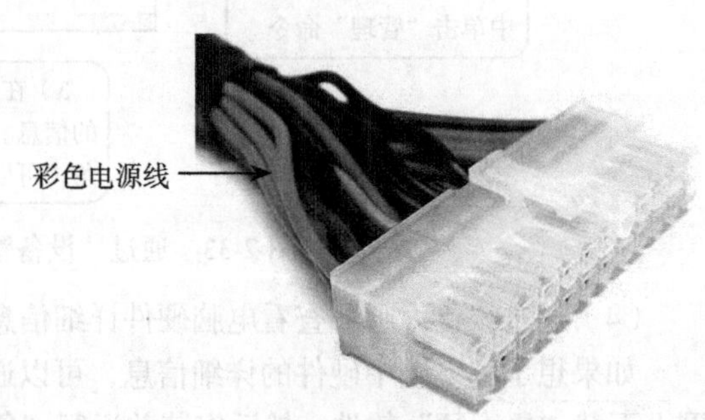

图 2-36 电源的输出接口

目前主流电源的输出接口一般采用黄、红、橙、紫、蓝、白、灰、绿、黑 9 种颜色的电源线。下面就电源线不同的颜色的含义及它们与电压间的对应关系进行详细讲解。

1. 黄色电源线

黄色电源线在电源中应该是数量较多的一种，它输出 +12V 的电压。由于加入了 CPU 和 PCI-E 显卡供电成分，+12V 的作用在电源里举足轻重。

+12V 供电为电脑中的硬盘、光驱、软驱的主轴电机和寻道电机提供电源，并作为串口设备等电路逻辑信号电平。

+12V 供电电压出现问题时，通常会造成下面的故障：

1）+12V 供电的电压输出不正常，常会造成硬盘、光驱、软驱的读盘性能不稳定。

2）+12V 电压偏低，通常会造成光驱挑盘故障；硬盘的逻辑坏道增加，经常出现坏道，系统容易死机，无法正常使用硬盘；PCI-E 显卡无法正常工作；CPU 无法正常工作，造成死机故障。

2. 红色电源线

红色电源线输出 +5V 电压，红色电源线的数量与黄色电源线相当。+5V 供电电压主要为 CPU、PCI、AGP、ISA 等集成电路提供工作电压，是电脑中主要的工作电源。由于 +5V 供电主要为 CPU 等主要设备供电，因此它的供电稳定性直接关系着电脑系统的稳定性。

3. 橙色电源线

橙色电源线输出 +3.3V 电压，+3.3V 电压是 ATX 电源专门设置的一个电压，主要为内存提供电源。最新的 24 针电源接口中，特别加强了 +3.3V 供电电压。该电压要求严格，输出稳定，纹波系数要小，输出电流要在 20A 以上。如果 +3.3V 供电电压出现问题，会直接引起内存供电电路故障，导致内存工作不稳定，甚至出现死机或无法启动的故障。

4. 紫色电源线

紫色电源线的输出电压为 +5V，为 +5VSB 待机电源，即 ATX 电源通过电源主板接口的第 9 针向主板提供电压为 +5V、电流为 720mA 的供电电源，这个供电电压主要用于网络唤醒和开机电路及 USB 接口电路。

如果紫色供电出现问题，将会出现无法开机的故障。

5. 蓝色电源线

蓝色电源线输出 −12V 供电电压。−12V 供电电压主要为串口提供逻辑判断电平，所需要的电流不大，一般在 1A 以下，即使电压偏差过大，也不会造成电脑故障。目前的主板设计上几乎已经不使用这个输出，而是通过对 +12VDC 的转换获得需要的电流。

6. 白色电源线

白色电源线输出 −5V 供电电压，目前主流的 ATX 电源中一般没有白色电源线。白色电源线输出的 −5V 供电电压主要为逻辑电路提供判断的电平，需要电流很小，一般不会影响系统正常工作。

7. 绿色电源线

绿色电源线为电源开关端，通过此电源线的电平来控制 ATX 电源的开启。当该端口的信号电平大于 1.8V 时，主电源为关；当信号电平为低于 1.8V 时，主电源为开。使用万用表测该脚的输出信号电平，一般为 4V 左右，因为该电源线输出的电压为信号电平。

8. 灰色电源线

灰色电源线为电源信号线（POWER-GOOD），一般情况下，灰色电源线的输出电压如果在 2V 以上，那么这个电源就可以正常使用；如果灰色电源线的输出电压在 1V 以下，那么这个电源将不能保证系统的正常工作，必须被更换。这也是判断电源寿命及电源是否合格的主要手段之一。

9. 黑色电源线

黑色电源线为地线，其他颜色的电源线需要与黑色线配合，才能电脑提供供电。在 ATX 电源的各种输出接口中都会有黑色地线，在 ATX 主板电源接口中共有 8 根黑色地线。

2.3.2 电脑硬件的启动原理

电脑能否成功地启动取决于电脑硬件、BIOS 和操作系统，如果某个阶段发生错误，启动就可能终止。一般启动出现错误时，显示屏上会出现相应的错误提示，有的电脑会发出蜂鸣声。

开启电脑的关键是供电，当供电电压正常后，CPU 开始执行各种操作，首先是 CPU 初始化，然后 CPU 从 BIOS 中读入数据，并执行导入命令，运行加电自检程序（POST），并分配系统资源，如图 2-37 所示。然后 BIOS 启动程序读取 CMOS 存储器中的硬件配置信息，并将这些配置信息与电脑硬件——CPU、显示卡、硬盘等相比较。其中，在检测到自身有 BIOS 的一些硬件设备时，会将硬件自身的 BIOS 读到内存中，并显示在显示屏上。硬件检测完成后，启动程序会寻找并装载操作系统，操作系统加载完成后，再加载并执行应用程序，完成启动。

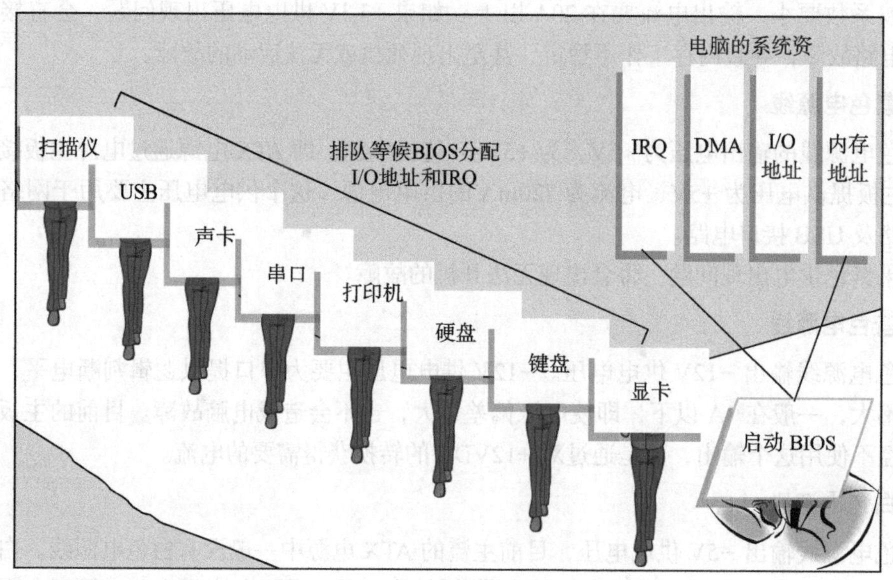

图 2-37 分配系统资源

电脑硬件启动的最初过程如下：

1）当第 1 次加电时，主板的时钟电路开始产生时钟脉冲。

2）CPU 开始工作并进行自身初始化。

3）CPU 寻址内存地址 FFFF0h，该地址存放 BIOS 启动程序中的第 1 条指令。

4）指令引导 CPU 运行 POST（加电自检程序）。

5）POST 首先检查 BIOS 程序，随后检查 CMOS ROM（CMOS 存储器）。

6）进行校验，确认无任何电力供应失效。

7）禁用硬件中断（意味着此时按键盘上的任意键或使用其他输入设备无效）

8）测试 CPU，进行进一步初始化。

9）检查确认是否为一次冷启动。如果是，检查内存的起始 16KB 内容。

10）检查电脑上安装的所有设备，并与配置信息相比较。

11）检查并配置显卡。在 POST 过程中，在 CPU 检查显卡之前，出现蜂鸣声意味着产生了错误，错误的蜂鸣编码取决于 BIOS。在检查显卡之后，如果没有错误，电脑发出“嘀”一声表示检测正常，这时就可以使用显示器来显示其运行过程了。

12）POST 向内存中读取和写入数据进行检查。显示器显示这个阶段的内存的运行总量。

13）检查键盘，如果此时正好持续按下任意键，某些 BIOS 可能会发生错误。随后检查并配置二级存储设备——包括软盘、硬盘——端口和其他硬件设备。POST 检查搜寻到的所用设备，并与存储在 CMOS 芯片中的数据、跳线设置及 DIP 开关比对，查看是否有冲突。随后操作系统配置 IRO、I/O 地址，并分配 DMA。

14）为节省电力，可将某些设备设置成"睡眠"模式。

15）检查 DMA 和中断控制器。

16）根据用户的请求运行 CMOS 设置。

17）BIOS 开始从磁盘寻找操作系统。

2.3.3 BIOS 如何找到并加载操作系统

电脑一旦完成 POST 和最初的资源分配，下一步就开始加载操作系统。大多数情况下，操作系统从硬盘上的逻辑盘 C 盘中加载。

BIOS 首先执行硬盘中的 MBR（主引导记录）程序，检查分区表，寻找硬盘上活动分区的位置，然后转到活动分区的第 1 个扇区，找到并装载此活动分区的引导扇区中的程序到内存中（对于 Windows XP 系统是 Ntldr 文件，对于 Windows 10 系统是 Bootmgr 文件）。

接着 Bootmgr 程序寻找并读取 BCD，如果有多个启动选项，会将这些启动选项显示在显示屏上，由用户选择从哪个启动项启动。

如果从 Windows 10 启动，Bootmgr 会将控制权交给 Winload.exe（即加载 C:\windows\system32\winload.exe 文件），然后启动系统，并开始核心加载。

第3章 深入认识和选购多核 CPU

3.1 多核 CPU 的物理结构和工作原理

3.1.1 CPU 的定义

CPU 是中央处理器（Central Processing Unit）的缩写，它是电脑中的运算核心和控制核心，其功能主要是解释电脑指令，运算和处理电脑软件中的数据和信息，并实现本身运行过程的自动化。

从外观看，CPU 芯片通常是正方形的，边长为 4CM 左右。它的一面有很多针脚或触点，用来与主板连接，如图 3-1 所示。

a）正面

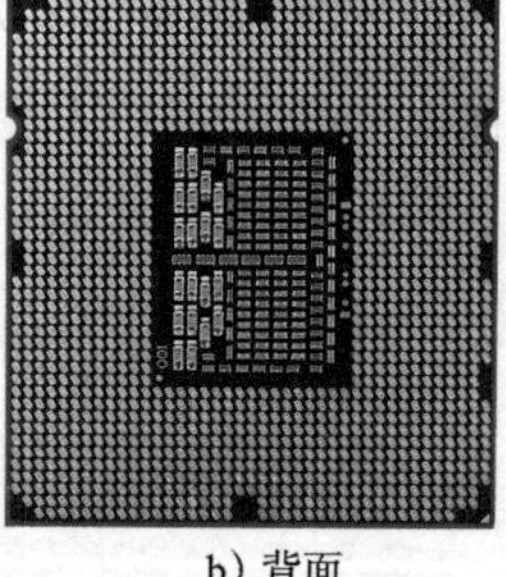

b）背面

图 3-1　Intel 的 core i7 CPU

3.1.2 如何制作 CPU

CPU 主要是由半导体硅和一些金属（铝或铜）及化学原料制造而成的。CPU 的制作大致经历了提纯硅材料、切割晶圆、光蚀刻、重复分层、测试、封装及多次测试等制作步骤。

1. 硅提纯

生产 CPU 所使用的硅几乎不能有杂质，对纯度要求很高，而且它还得被转化成硅晶体。在生产硅晶体时首先将硅提纯，制成硅原料，然后将原料硅放进一个巨大的石英熔炉中熔化。这时向熔炉里放入一颗晶种，硅晶体便围着晶种生长，直到形成一个几近完美的单晶硅棒。以往的硅棒的直径大都是 200 毫米，如图 3-2 所示。

2. 切割晶圆

用机器从单晶硅棒上切割下一片事先确定规格的硅晶片，此硅晶片称为晶圆，如图 3-3 所示。晶圆才是真正用于 CPU 制造的。然后将切割下的硅晶片划分成多个细小的区域，每个区域都将成为一个 CPU 的内核。最后晶圆将被磨光，并被检查是否有变形或者其他问题。

要给新切割下来的硅晶片掺入一些物质使之成为真正的半导体材料，在掺入化学物质的工作完成之后，标准的切片就完成了。然后将每一个切片放入高温炉中加热，通过控制加温时间使得切片表面生成一层二氧化硅膜。接着在二氧化硅膜上覆盖一个感光层。感光层在干燥时具有很好的感光效果，而且在光蚀刻过程结束之后，能够通过化学方法将其溶解并除去。

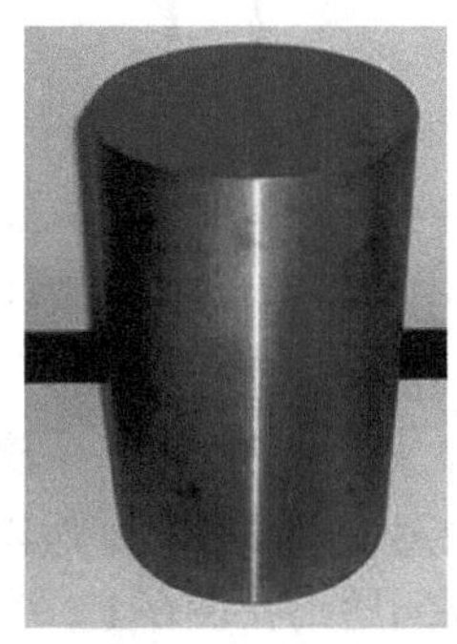

图 3-2　单晶硅棒

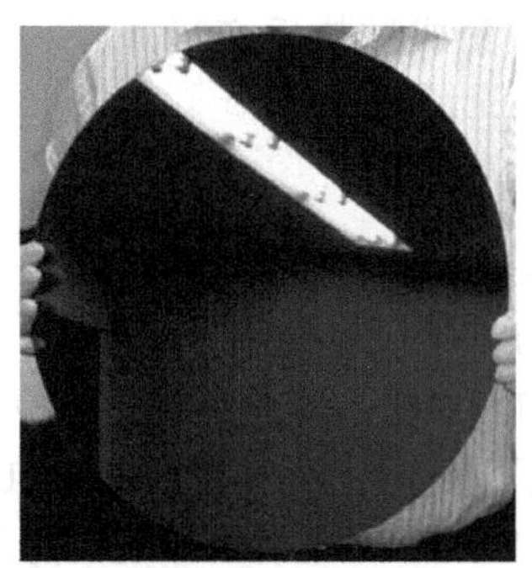

图 3-3　晶圆

3. 光蚀刻

光蚀刻过程就是使用一定波长的光在材料感光层中刻出相应的刻痕，由此改变该处材料的化学特性。光蚀刻技术对于所用光的波长的要求极为严格，需要使用短波长的紫外线和大曲率的透镜。紫外线通过印制有复杂电路结构图样的模板照射硅晶片，被紫外线照射的地方光阻物质将被溶解。

当这些蚀刻工作全部完成之后，晶圆被翻转过来。短波长光线透过石英模板上镂空的刻痕照射到晶圆的感光层上，然后撤掉光线和模板。接着，曝光的硅将被原子轰击，使得暴露的硅基片局部掺杂，从而改变这些区域的导电状态，以制造出 N 阱或 P 阱。结合上面制造的基片，CPU 的门电路就完成了。

4. 重复、分层

为了加工新的一层电路，再次生长硅氧化物，然后沉积一层多晶硅，涂敷光阻物质，重复影印、蚀刻过程，得到含多晶硅和硅氧化物的沟槽结构。然后重复多遍，形成一个 3D 的结构，这就是最终的 CPU 的核心。每几层中间都要填上金属作为导体，如图 3-4 所示。

5. 测试

这里所做的测试主要是测试晶圆的电气性能，以检查是否有差错。接下来，晶圆上的每个 CPU 核心都将被分开测试，如图 3-5 所示。通过测试的晶圆将被切分成若干单独的 CPU 核心。

图 3-4　晶圆中制作的 CPU 核心

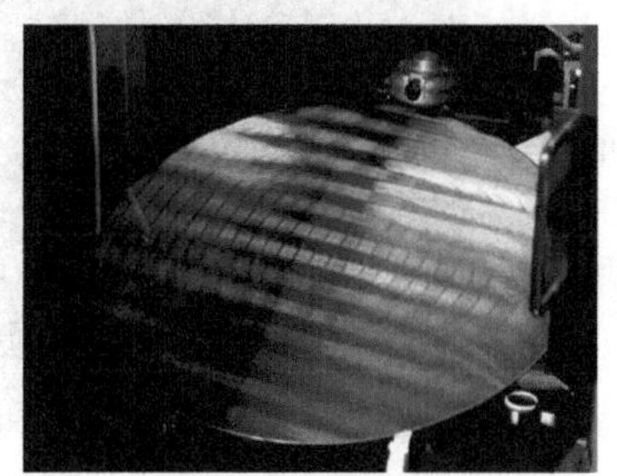

图 3-5　通过旋转测试 CPU 核心

6. 封装

封装就是将加工后的CPU晶圆封入一个陶瓷的或塑料的封壳中，使它易于被装在一块电路板上。经过测试的CPU晶圆核心会被封装，并在CPU核心上安装一块集成散热反变形片，如图3-6所示。

图3-6 封装后的CPU

7. 多次测试

测试是CPU制造的一个重要环节，也是一块CPU出厂前必须经过的考验。每块CPU都会进行完全测试，以检验其全部功能。某些CPU能够在较高的频率下运行，所以被标上了较高的频率；而有些CPU因为种种原因运行频率较低，所以被标上了较低的频率；还有一些CPU可能存在某些功能上的缺陷，如果问题出在缓存上，它的部分缓存将被屏蔽掉，进而作为低档次的CPU售出。

3.1.3 认识CPU的物理结构

经过多年的发展，CPU的物理结构发生了许多改变，现在的CPU的物理结构主要分为内核、基板、填充物、封装及接口5部分。

1. 内核

CPU中间的长方形或者正方形部分就是CPU内核部分，内核是由单晶硅做成的芯片，所有的计算、接收/存储命令、处理数据都在这里进行。CPU核心的另一面，也就是被盖在陶瓷电路基板下面的那面要和外界的电路相连接。现在的CPU上有数以千万计的晶体管，若干个晶体管焊上一根导线与外界相连。如图3-7所示，箭头所指为CPU内核。

2. 基板

CPU基板就是承载CPU内核用的电路板，它承载CPU核心的芯片和一些电阻、电容，并且基板上有CPU的插针（AMD的）和圆点（775针的）与核心电路相通。它负责内核芯片与外界的一切通信，并决定这一颗芯片的时钟频率。在基板的背面或者下沿，还有用于与主板连接的针脚或者卡式接口。如图3-8中箭头所指的地方即为基板部分。

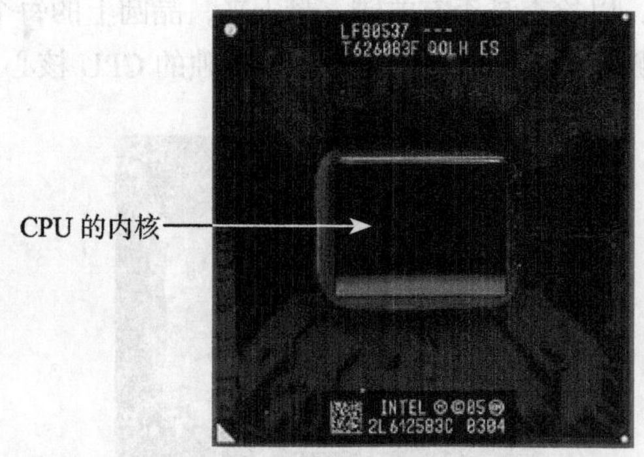

图3-7 CPU的内核

图3-8 CPU的基板

3. 填充物

CPU 内核和 CPU 基板之间往往还有硅胶脂填充物，填充物的作用是缓解来自散热器的压力并固定内核和基板。由于它连接温度有较大差异的两个物体，所以必须保证十分稳定，它的质量的优劣有时直接影响整个 CPU 的质量。

4. 封装

目前绝大多数 CPU 都采用翻转内核的形式进行封装，也就是说，平时我们所看到的 CPU 内核其实是这颗硅芯片的底部，它是翻转后封装在陶瓷电路基板上的。翻转内核的好处就是能够使 CPU 内核直接与散热装置接触。随着 CPU 总线带宽的增加、功能的增强，CPU 的引脚数目也在不断地增多，同时对散热和各种电气特性的要求也在逐渐提高，这就演化出了 LGA（Land Grid Array，栅格阵列封装）、Micro-FCBGA（Micro Flip Chip Ball Grid Array，微型倒装晶片球状栅格阵列）、SPGA（Staggered Pin — Grid Array，交错针栅阵列）及 PPGA（Plastic Pin — Grid Array，塑料针栅阵列）等封装方式。

5. 接口

CPU 需要通过某个接口与主板连接才能进行工作。经过这么多年的发展，CPU 的接口方式有引脚式、卡式、触点式、针脚式等。而目前 CPU 的接口都是针脚式接口，对应的主板上就有相应的插槽类型。对于不同的 CPU 接口类型，插孔数、体积、形状都有变化，所以不能互相接插，如图 3-9 所示。

图 3-9　CPU 的接口

3.1.4　CPU 的工作原理

CPU 是处理数据和执行程序的核心，其工作原理就像一个工厂对产品的加工过程：进入工厂的原料（程序指令），经过物资分配部门（控制单元）的调度分配，被送往生产线（逻辑运算单元）上，生产出成品（处理后的数据）后，再存储在仓库（存储单元）中，最后拿到市场上去卖（交由应用程序使用）。这个过程从控制单元开始，中间是通过逻辑运算单元进行运算处理，进行到存储单元代表着工作的结束。

3.2　如何确定 CPU 性能

CPU 性能的高低与其内部构造和运行过程是息息相关的。CPU 的内部构造主要由输入设备、输出设备、运算器、控制器、存储器 5 部分组成。图 3-10 展示了 CPU 内部构造及运行框图。在实际的使用过程中，由于我们无法看到 CPU 的内部构造和运行过程，所以只能通过其他途径来确定 CPU 的性能。

那么具体如何确定 CPU 的性能呢？

目前，市场上的 CPU 核心数量一般为 2 ～ 16 核，核心数量的多少很大程度上注定着处理器的性能强弱。主频也是一个非常重要的参数，一般主频较高的 CPU，其性能会好一点。缓存容量的大小也是影响 CPU 性能的主要因素之一，缓存容量越大，CPU 的性能越好。还有

CPU 的热功耗（TDP）也是非常关键的因素，一般热功耗越低，CPU 的性能越好。而 CPU 制造工艺决定了 CPU 的热功耗（即 CPU 工作时的发热量）目前最先进的制造工艺是 22nm。

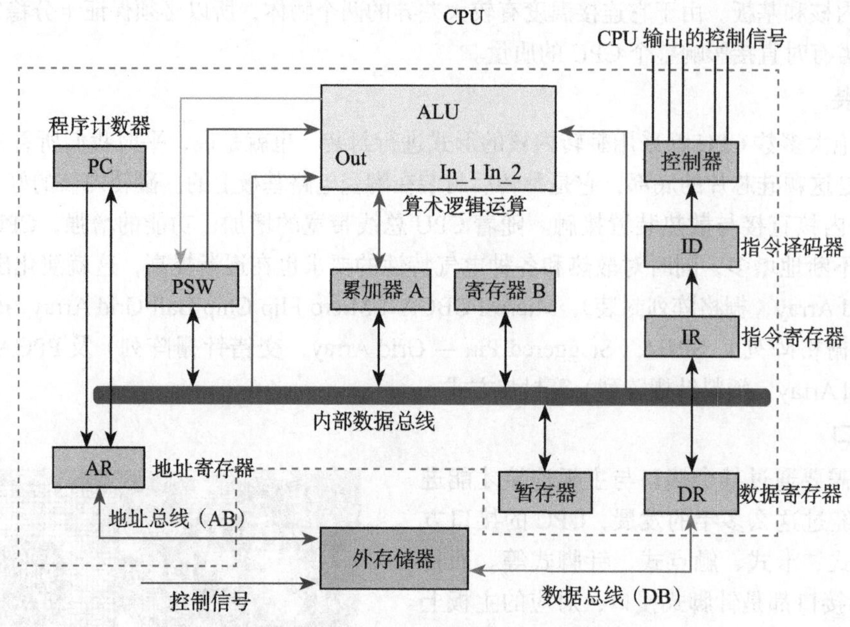

图 3-10　CPU 内部构造及运行框图

因此要确定 CPU 的性能，就要知道 CPU 的核心数、主频、缓存容量及制造工艺等重要参数。

通常，我们使用一些 CPU 检测软件来检测 CPU 的性能参数，如 CPU-z 检测软件。图 3-11 展示了 CPU-z 检测 CPU 参数的结果，包括 CPU 的内核数量、缓存大小、主频等信息。

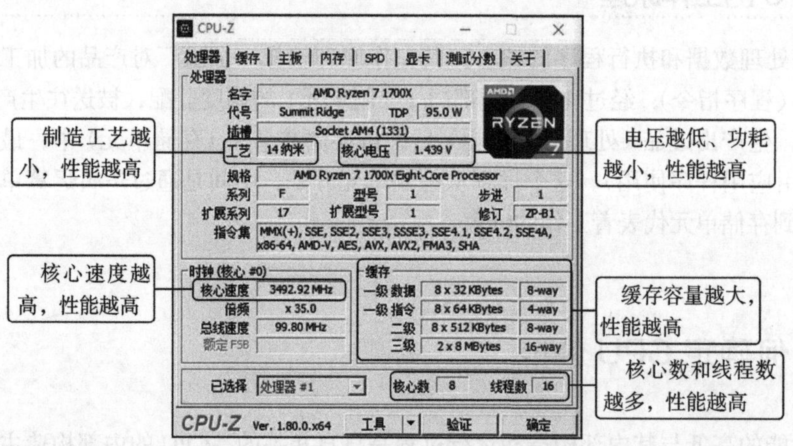

图 3-11　CPU-z 软件检测 CPU 参数

3.3 确定 CPU 的主频

CPU 的主频就是 CPU 内核工作的时钟频率，一般以吉赫兹（GHz）为单位。通常来讲，主频越高的 CPU，性能越强，但是由于 CPU 的内部结构不同，所以不能单纯以主频来判断

CPU 的性能。

那么如何查看 CPU 的主频信息呢？有一个简单的方法，CPU 在封装时都会在外壳上标注一些信息，比如说 CPU 的主频、型号、制造日期、制造国家等数字或者文字内容，所以直接看 CPU 封装外壳上面的文字就可以知道 CPU 主频。如图 3-12 所示，Core i7-8700 处理器的主频为 3.20GHz。

图 3-12　Core i7-8700 处理器外壳上的信息

另外，在电脑系统启动之后，可以通过电脑属性直接查看 CPU 的性能。这里我们以 Windows 10 系统为例。系统启动之后，在“计算机”图标上面单击鼠标右键，在弹出的菜单中单击“属性”，在弹出的窗口中可以看见 CPU 的主频等信息，如图 3-13 所示。可以看到，该 CPU 的型号为 i7 4770，主频为 3.4GHz。还有，从左侧“设备管理器”中也可以查看 CPU 的主频。

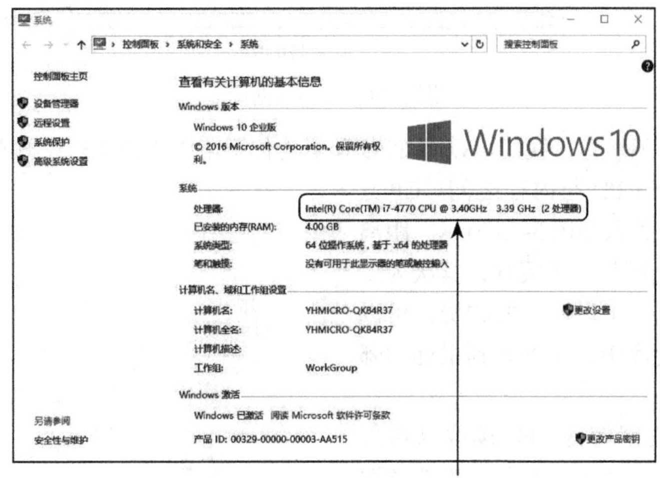

图 3-13　通过电脑属性确定主频

3.4 了解提高 CPU 性能的缓存

缓存是决定 CPU 性能的主要参数之一，它是存在于内存与 CPU 之间的存储器，虽然容量比较小但速度比内存高得多，接近于 CPU 的速度，是用于减少 CPU 访问内存所需的平均时间的部件。结构上，一个直接匹配缓存由若干缓存段构成，每个缓存段存储具有连续内存地址的若干个存储单元。

高速缓存的工作原理是：当 CPU 要读取一个数据时，首先从高速缓存中查找，如果找到就立即读取并进行处理，这个过程只需 2 ～ 4 纳秒；如果没有找到，就用相对慢的速度从内存中读取并进行处理，同时把这个数据所在的数据块调入高速缓存中，这样可以使得以后对整块数据的读取都从高速缓存中进行，不必再到内存调用，这个过程需要花费最少120纳秒，如图3-14所示。

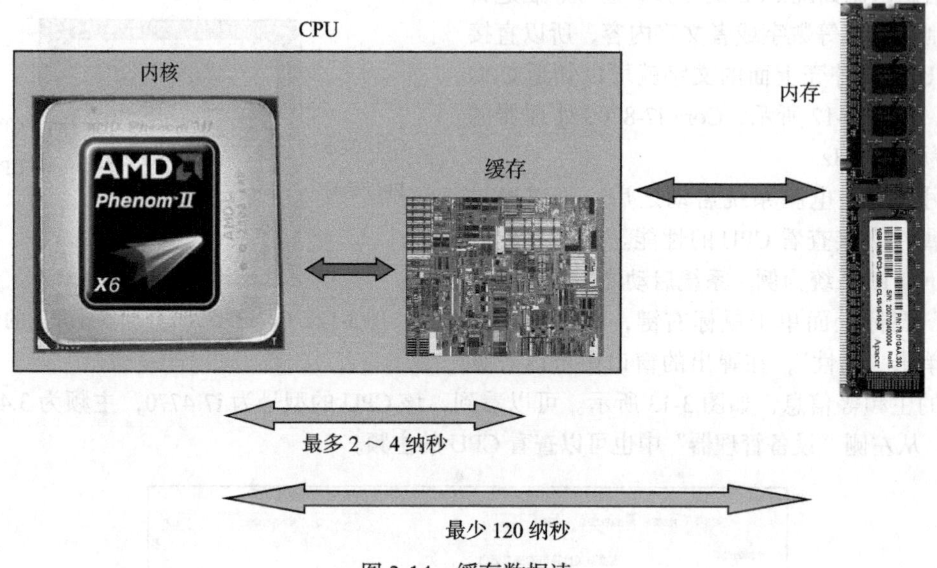

图3-14 缓存数据读

为了更好地了解缓存，我们可以将CPU理解为位于市中心的工厂，内存为位于远郊的仓库，而缓存则位于CPU与内存之间。CPU、缓存、内存的位置关系如图3-15所示。距离CPU工厂最近的仓库是一级缓存，其次为二级缓存、三级缓存。工厂所需的物资，可以直接存储在缓存仓库中，而不必到很远的郊区内存处提取。

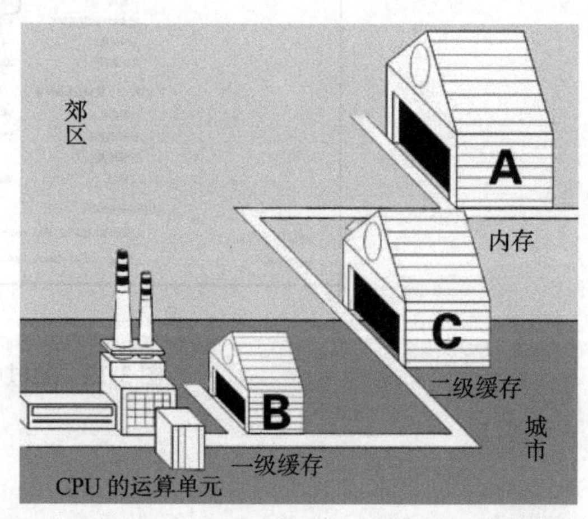

图3-15 CPU、缓存、内存位置关系

这样的读取机制使得CPU读取高速缓存的命中率非常高，通常CPU下一次要读取的数据90%都在高速缓存中，只有大约10%需要从内存读取。这大大节省了CPU直接读取内存的时间，也使CPU读取数据时基本无须等待。

正因为高速缓存的命中率非常高，所以缓存对CPU性能的影响很大，CPU中的缓存越多，整体性能越好。

3.4.1 用软件检测CPU缓存相关信息

目前CPU中一般包含三级缓存，分别是L1（一级缓存）、L2（二级缓存）和L3（三级缓存）。CPU的缓存信息都能够通过软件进行检测，如图3-16所示为Intel Core i5 7400处理器的缓存信息，一级缓存为256KB，二级缓存为1024KB，三级缓存为6MB。

图 3-16　缓存信息检测

3.4.2　CPU 的三级缓存

1. L1（一级缓存）

L1（一级缓存）是 CPU 第 1 层高速缓存，分为数据缓存和指令缓存。内置的 L1 高速缓存的容量和结构对 CPU 的性能影响较大，目前主流的双核 CPU 的一级缓存通常为 128KB。

2. L2(（二级缓存）

L2（二级缓存）是 CPU 的第 2 层高速缓存，分内部和外部两种芯片。内部芯片的二级缓存运行速度与 CPU 的主频相同，而外部的二级缓存速度则只有主频的一半。目前主流的双核 CPU 的二级缓存通常为 1MB，服务器的二级缓存有的高达 8MB ～ 19MB，如图 3-17 所示。

3. L3（三级缓存）

L3（三级缓存）分为两种，早期的三级缓存是外置的（即在 CPU 的外面），而目前的三级缓存都采用内置的（即和 CPU 封装在一起）。三级缓存和一级缓存、二级缓存相比，距离 CPU 核心较远，速度较慢，但其容量要比前两级缓存大很多。目前主流的双核 CPU 的三级缓存通常为 2MB ～ 12MB，甚至更多。CPU 缓存位置关系图如图 3-18 所示。

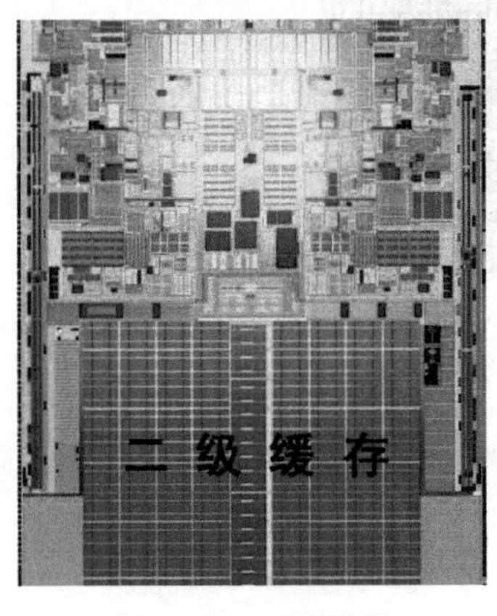

图 3-17　二级缓存

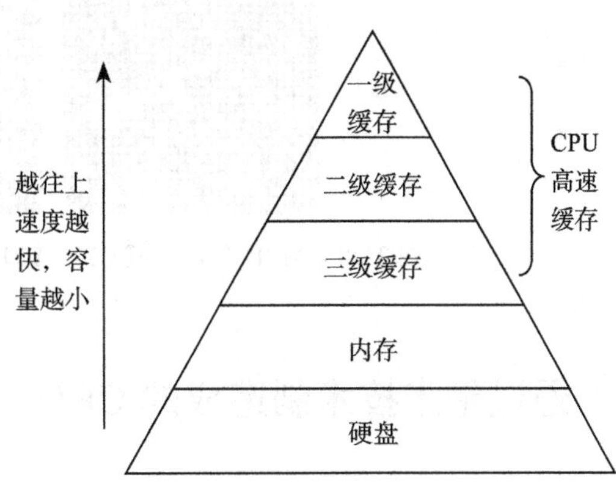

图 3-18　CPU 缓存位置关系图

注意

CPU缓存并不是越大越好。因为缓存采用的是速度快、价格昂贵的静态RAM（SRAM），由于每个SRAM内存单元都由4～6个晶体管构成，增加缓存会带来CPU集成晶体管个数大增，发热量也随之增大，给设计制造带来很大的难度。所以，就算缓存容量做得很大，但若设计不合理也会造成缓存的延时，CPU的性能也未必能得到提高。

3.5 从外观区分 CPU

众多的CPU芯片有很多的相同之处，但是也有很多的不同之处。我们可以通过软件对CPU进行参数的检测，以此来区分不同的CPU。

另外，我们还可以通过CPU的外观来区分CPU，因为不同的CPU接口类型不同，而且插孔数、体积、整体形状都有变化，所以部分不同CPU不能互相接插。还可以通过CPU芯片中间电容的排布形式的不同来进行区分它们。

CPU的接口就是CPU与主板连接的通道，其类型有多种形式，有引脚式、卡式、触点式、针脚式等。目前主流CPU的接口分为两类：触点式和针脚式。其中，Intel公司的CPU采用触点式接口。如图3-19所示分别为LGA1150、LGA1151、LGA2011、LGA2066 CPU接口类型；而AMD公司的CPU主要采用针脚式，如SocketAM4、SocketAM3、SocketAM3+等，这些接口都与主板上的CPU插座类型相对应。图3-20显示了AMD公司CPU接口。

图3-19 Intel公司主流CPU接口

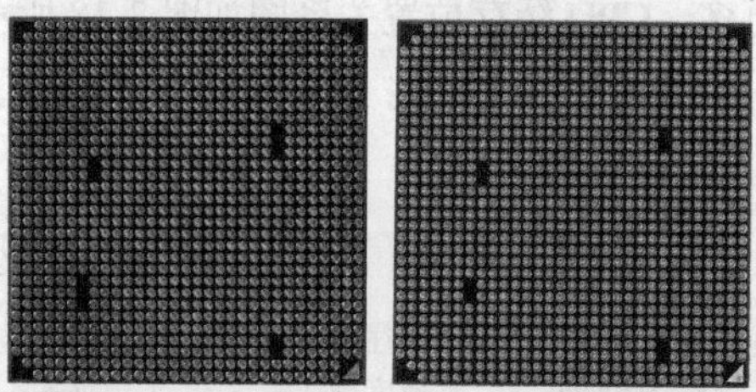

图3-20 AMD公司主流CPU接口AM3（左）和AM3+（右）

3.6 通过纳米技术制造成的 CPU

CPU的性能随着人们的需求在不断地提高，决定其性能高低的主要因素之一就是CPU的制造工艺。所谓制造工艺就是指晶体管门电路的尺寸，或者说 CPU 内部晶圆之间的距离大小。图 3-21 展示了 14nm 晶圆局部图。市场上 CPU 的制造工艺是以纳米（nm）为单位进行计量的，目前主流 CPU 采用 14nm 制造工艺。

CPU 的发热量局限着 CPU 的性能，提高 CPU 的制造工艺技术水平，是解决这一问题的关键因素之一。虽然每个 CPU 都要配备散热系统，但是再强的散热系统能够处理的发热量也是有限的，而 CPU 的制造工艺的减小要比提高散热系统所带来的实际效果明显得多。

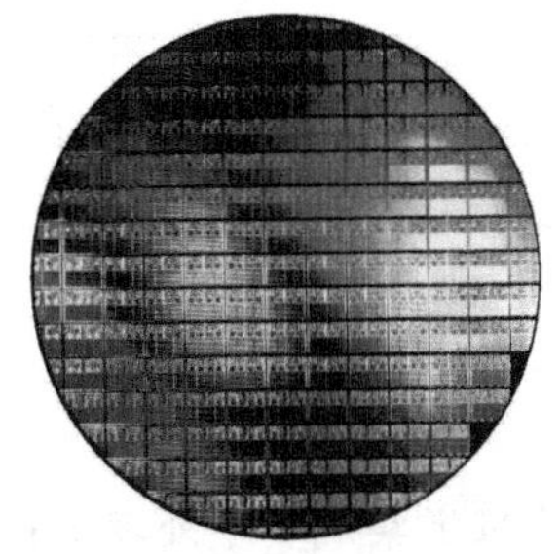

图 3-21　14nm 处理器局部晶圆排列

图 3-22　10nm 处理器局部晶圆排列

可以说，制造工艺的大小标志着 CPU 生产技术的先进程度，它是 CPU 核心制造的关键技术参数。如果 CPU 的制造工艺提高了，CPU 内部会集成更多的晶体管，从而使 CPU 实现更多的功能，具有更高的性能，同时 CPU 的核心面积会进一步减小，成本也会降低，性能会更好。图 3-22 展示了 10nm 局部晶圆。

3.7 性能最好的三十二核和十六核 CPU

CPU 的内核是计算、接收 / 存储命令、处理数据的最终地点，是由单晶硅做成的芯片，它一般位于 CPU 的中间位置。如图 3-23 所示，中间隆起的黑色部分就是它的内核。CPU 内核是关键 CPU 性能的因素之一，目前，两大 CPU 生产厂商已经分别开发出了十六核 CPU。

Core i9 9960X 是一款桌面十六核 CPU，基于 Intel 最新的 SkyLake 架构，采用领先业界的 14nm 制作工艺，拥有 3.0G 主频、22MB 三级缓存，集成四通道内存控制器，支持超线程技术、睿频加速技术、智能缓存技术等，如图 3-24。

AMD 公司生产的 Ryzen Threadripper CPU 拥有 32 个核心，基于 Zen 架构开发，采用了 12nm 制造工艺，4.2GHz 的主频，64MB 三级缓存。采用 Socket TR4 接口类型，支持 4 通道 DDR4 的内存。其强大的性能能够满足不同用户的各种需求，如图 3-25。

图 3-23　CPU 内核

图 3-24　Core i9 十六核 CPU

图 3-25　Ryzen Threadripper CPU

3.8 目前使用的多核 CPU

目前，CPU 的制造厂商有两个：Intel 公司和 AMD 公司。其中，Intel 公司的 CPU 所占的市场份额比较多，产品种类也比较多，用户比较广泛。

3.8.1 Intel 公司主流 CPU

目前 Intel 公司在桌面领域的主流 CPU 产品主要是多核处理器，包括十六核处理器、八核处理器、六核处理器、四核处理器和双核处理器，具体包括第七代、第八代、第九代 Core i 系列，奔腾双核系列和赛扬系列等。

注意

所谓多核心处理器，简单地说就是在一块 CPU 基板上集成多个处理器核心，并通过并行总线将各处理器核心连接起来。多核心处理器对电脑的性能有较大提升，这也是 CPU 厂商推出多核心处理器的最重要的原因。

1. Intel 十六核处理器

Intel 公司的十六核产品主要有：i9-9960X、i9-7960X 等。其中 i9-9960X 为第九代产品，主频为 3.0GHz，动态加速频率为 4.4GHz。i9-7960X 主频为 2.8GHz，睿频为 4.2GHz。它们采用英特尔超线程（HT）技术，支持 32 条处理线程，二级缓存和三级缓存为 16MB 和 22MB，支持 4 通道 DDR4 2666 MHz 内存，最大支持 128GB 内存；采用 14nm 制造工艺，采用 Sky Lake 核心，CPU 插座为 LGA2066，工作功率为 165W。在指令集方面，支持 SSE4.1/4.2、AVX2、AVX-512、64bit 等指令集。

2. Intel 八核处理器

Intel 公司的八核产品主要有：i9-9900K、i9-9900T、i7-9800X、i7-9700K、i7-9700 等。其中 i9-9900K 为第九代产品，主频为 3.6 GHz，睿频为 5GHz，采用英特尔超线程（HT）技术，支持 16 条处理线程，三级缓存为 16MB，支持 4 通道 DDR4 2666 MHz 内存，最大支持 64GB 内存。采用 14nm 制造工艺，采用 Ice Lake 架构，CPU 插座为 LGA1151，工作功率为 65W。集成 Intel HD630 显示核心，显卡频率为 350MHz。

i7-9700K 为第九代产品，主频为 3.6GHz，睿频为 4.9GHz，采用英特尔超线程（HT）技术，支持 8 条处理线程，三级缓存为 12MB，支持 4 通道 DDR4 2666 MHz 内存，最大支持 128GB 内存。采用 14nm 制造工艺，采用 Coffee Lake 核心，CPU 插座为 LGA1151，工作功率为 95W。集成 Intel HD630 显示核心，显卡频率为 350MHz，如图 3-26 所示。

3. Intel 六核处理器

Intel 公司的六核主流产品有：i7-8700K/8700T/8700/7800X，i5-9600K/9500F/9400F/8500T/8500/8400 等。

（1）Core i7-8700K 六核处理器

i7-8700K 六核处理器为第八代产品，主频为 3.20GHz，睿频 4.7GHz，采用英特尔超线程（HT）技术，支持 12 条处理线程，二级缓存和三级缓存分别为 6×256KB 和 12MB，支持双通道 DDR4 2666 MHz 内存，最大支持 64GB 内存。采用 14nm 制造工艺，采用 Coffee Lake 核心，CPU 插座为 LGA1151，工作功率为 95W。在指令集方面，除了支持最新的 SSE4.2 指令集外，其还对 VT-d 及 AES、AVX2 指令集等提供完美的支持。集成 Intel HD630 显示核心，显卡频率为 350MHz，如图 3-27 所示。

图 3-26　i7-9700K 处理器

图 3-27　Core i7-8700K 处理器

（2）Core i5-9600K 六核处理器

Core i5-9600K 六核处理器为第九代产品，它采用 LGA1151 插座，14nm 制造工艺，主频为 3.7 GHz，睿频为 4.6GHz，支持 6 条处理线程，二级缓存为 6 × 256KB，三级缓存为 9MB，支持双通道 DDR4 2666 MHz 内存，支持 TDP 技术，支持 Turbo Mode 集成内存控制器 IMC，集成 Intel HD630 显示核心，显卡频率为 350MHz。工作功率为 95W。

4. Intel 四核处理器

Intel 公司的四核主流产品有：Core i7-7700/7700K、Core i5-7500/7400，i3-9350K/9320/8350K/8100。

（1）Core i7-7700 四核处理器

i7-7700 为第七代产品，主频为 3.6 GHz，睿频为 4.2 GHz，采用英特尔超线程（HT）技术，支持 8 条处理线程，二级缓存为 1MB，三级缓存为 8MB，支持双通道 DDR4 2400 内存，最大支持 64GB 内存。采用 14nm 制造工艺，CPU 插座为 LGA1151 插座，工作功率为 65W 。集成 Intel HD630 显示核心，显卡频率为 350MHz，如图 3-28 所示。

（2）Core i5-7500 四核处理器

i5-7500 四核处理器为第七代产品，主频为 3.4 GHz，睿频为 3.8 GHz，不支持英特尔超线程（HT）技术，支持 4 条处理线程，二级缓存为 1MB，三级缓存为 6MB，支持双通道 DDR4 2133MHz/2400MHz 内存。采用 14nm 制造工艺，CPU 插座为 LGA1151 插座，工作功率为 65W。集成 Intel HD630 显示核心，显卡频率为 350MHz，如图 3-29 所示。

图 3-28　Core i7-7700 处理器

图 3-29　Core i5-7500 处理器

（3）Core i3-8350K 四核处理器

I3-8350K 四核处理器为第八代产品，采用 Coffee Lake 核心，主频为 4 GHz，不支持英特尔超线程（HT）技术，支持 4 条处理线程，二级缓存为 1MB，三级缓存为 8MB，支持双通道 DDR4 2400MHz 内存，最大支持 64GB 内存。采用 14nm 制造工艺，CPU 插座为 LGA1151 插座，工作功率为 91W。集成 Intel HD630 显示核心，显卡频率为 350MHz。

5. Intel 双核处理器

Intel 公司的双核主流产品有：Core i3-7350K/7100T/7100/6100、奔腾 G-5620/5500/4560/4500 和赛扬 G-4950/4930/3930 双核处理器等。

（1）Core i3-7100 双核处理器

Core i3-7100 为第七代产品，采用 Coffee Lake 核心、LGA1151 插座，14 nm 制造工艺，主频为 3.9GHz，支持英特尔超线程（HT）技术，不支持睿频技术，支持 4 条处理线程，三级缓存为 3MB，支持双通道 DDR4 2133 /2400MHz 内存，支持 TDP 技术，支持 Turbo Mode 集成内存控制器 IMC，工作功率为 51W，集成 Intel HD Graphics 630 显示核心，如图 3-30 所示。

（2）奔腾 G5500 双核处理器

奔腾 G5500 是第五代产品，采用 Coffee Lake 核心、LGA1151 插座，14nm 制造工艺，主频为 3.8GHz，支持超线程（HT）技术，不支持睿频技术，支持 4 条处理线程，三级缓存为 4MB，支持双通道 DDR4 2400 内存，支持 TDP 技术，支持 Turbo Mode 集成内存控制器 IMC，工作功率为 54W，集成 Intel HD630 显示核心，如图 3-31 所示。

图 3-30 双核 i3-7100 处理器

图 3-31 奔腾 G5500 双核处理器

（3）赛扬双核处理器

赛扬 Celeron G4930 采用 Coffee Lake 核心、LGA1151 接口，功率为 54W，制造工艺为 14nm，三级缓存为 2MB，支持 DDR4 2400 内存，集成 Intel HD 610 显示核心，支持 Enhanced Memory 64、SpeedStep 动态节能技术、Intel VT 技术等。

3.8.2 AMD 公司主流 CPU

AMD 公司的主流产品包括：Ryzen Threadripper 系列，Ryzen 7 系列，Ryzen 57 系列，Ryzen 3 系列，APU 系列等多核处理器，它们包括三十二核、二十四核、十二核、八核、六核、四核、双核。

1. 三十二核和十六核处理器

AMD 公司的三十二核处理器主要包括 Ryzen Threadripper 系列的 2990WX。十六核处理器主要包括 Ryzen Threadripper 系列的 2950X 和 1950X。

（1）AMD Ryzen Threadripper 2990WX 三十二核处理器

AMD Ryzen Threadripper 2990WX 处理器主频为 3.8 GHz，睿频 4.2GHz，制造工艺为 12nm，支持 64 条处理线程，二级缓存为 16MB，三级缓存为 64MB，支持 4 通道的 DDR4 2933MHz 内存，采用 Socket TR4 接口，功率为 250W，如图 3-32 所示。

（2）AMD Ryzen Threadripper 2950X 十六核处理器

AMD Ryzen Threadripper 2950X 处理器主频为 3.5 GHz，睿频 4.2GHz，支持 32 条处理线程，制造工艺为 12nm，二级缓存为 8MB，三级缓存为 32MB，支持 4 通道的 DDR4 2933MHz 内存，采用 Socket TR4 接口，功率为 180W，如图 3-33 所示。

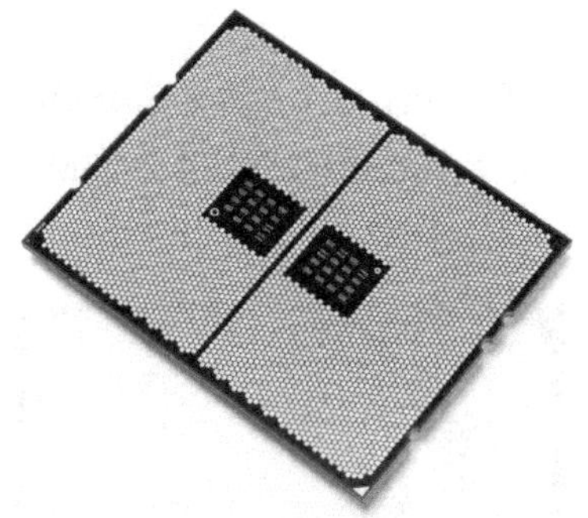

图 3-32　三十二核处理器

图 3-33　十六核处理器

2. 八核处理器

AMD 公司的八核处理器主要包括 Ryzen 7 系列的 2700X/2700/1800X/1700X/1800 和 Ryzen Threadripper 1900X 等。

（1）AMD Ryzen 7 2700X 八核处理器

AMD Ryzen 7 2700X 八核处理器，主频为 3.7 GHz，睿频 4.7GHz，支持 16 条处理线程，制造工艺为 12nm，二级缓存为 4MB，三级缓存为 16MB，支持 4 通道的 DDR4 2933MHz 内存，采用 Socket TR4 接口，功率为 105W，如图 3-34 所示。

（2）AMD Ryzen Threadripper 1900X 八核处理器

AMD Ryzen Threadripper 1900X 八核处理器，主频为 3.8 GHz，睿频 4GHz，支持 16 条处理线程，制造工艺为 12nm，二级缓存为 4MB，三级缓存为 16MB，支持 4 通道的 DDR4 2933MHz 内存，采用 Socket TR4 接口，功率为 180W，如图 3-35 所示。

图 3-34　AMD 八核处理器

图 3-35　AMD Ryzen Threadripper 1900X 八核处理器

3. 六核处理器

AMD 公司的六核处理器主要包括：Ryzen 5 系列的 2600X/1600X/2600/1600 等。其中 Ryzen Threadripper 2600X 六核处理器，主频为 3.6 GHz，睿频 4.2GHz，支持 12 条处理线程，制造工艺为 12nm，二级缓存为 4MB，三级缓存为 16MB，支持双通道的 DDR4 3000MHz 内存，采用 Socket TR4 接口，功率为 95W，如图 3-36 所示。

4. 四核处理器

AMD 公司的主流四核处理器包括：Ryzen 7 系列的 2800H/2700U，Ryzen 5 系列的 2500X/2600H/2500U/2400G/1500X/1400，Ryzen 3 系列的 2300X/2300U/2200G/1300X/1200，APU 系列的 A12-9800/A10-9700/A8-9600/A10-7870K/A8-7670K/A8-7680/A8-7500 等。

（1）AMD Ryzen 5-2500X 四核处理器

AMD Ryzen 5-2500X 四核处理器主频为 3.6 GHz，睿频 4.9GHz，支持 8 条处理线程，制造工艺为 12nm，二级缓存为 2MB，三级缓存为 8MB，支持双通道的 DDR4 2933MHz 内存，采用 Socket AM4 接口，功率为 65W，如图 3-37 所示。

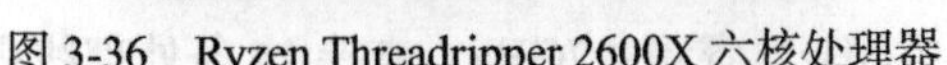
图 3-36 Ryzen Threadripper 2600X 六核处理器

图 3-37 AMD Ryzen 5-2500X 四核处理器

（2）AMD Ryzen 3-2200G 四核处理器

AMD Ryzen 3-2200G 四核处理器主频为 3.5 GHz，睿频 3.7GHz，支持 4 条处理线程，制造工艺为 14nm，二级缓存为 2MB，三级缓存为 4MB，支持双通道的 DDR4 2933MHz 内存，采用 Socket AM4 接口，功率为 65W，如图 3-38 所示。

（3）AMD APU A10-2200G 四核处理器

AMD APU A10-2200G 四核处理器主频为 3.5 GHz，不支持睿频技术，制造工艺为 14nm，二级缓存为 2MB，三级缓存为 4MB，支持双通道的 DDR4 2933MHz 内存，采用 Socket AM4 接口，功率为 65W。集成 AMD Radeon R7 显示核心，显卡频率为 1029MHz。

5. 双核处理器

双核处理器主要包括：APU A6 系列 A6-9500/9400/7470K/6400K/7480，AMD Athlon 200GE 等产品。

（1）APU A6-9500 双核处理器

AMD 的 APU A6-9500 双核处理器主频为 3.5 GHz，不支持睿频技术，制造工艺为 14nm，二级缓存为 1MB，三级缓存为 2MB，支持双通道的 DDR4 2400MHz 内存，采用 Socket AM4 接口，功率为 65W。集成 AMD Radeon R5 显示核心，显卡频率为 1029MHz。

（2）APU A6-7400K 双核处理器

AMD 公司的 APU A6-7400K 双核处理器主频为 3.5GHz，二级缓存为 1MB，采用 Socket FM2+ 接口，采用 28nm 制造工艺，设计功耗为 65W。内部集成 AMD Radeon R5 系列显示核心，显卡频率为 900MHz 支持 DDR3 2133NHz 内存，如图 3-39 所示。

图 3-38　AMD Ryzen 3-2200G 四核处理器

图 3-39　APU A6 双核处理器

3.9 CPU 选购要素详解

3.9.1 按需选购

选购哪种品牌的 CPU 是很多人最头疼的问题之一。就目前的产品线布局来看，无论是 Intel 还是 AMD，都针对不同需求的用户推出了多款从入门到旗舰的产品。Inel 除了有我们熟悉的酷睿 i3/i5/i7 系列产品外，还为入门级平台推出了奔腾及赛扬系列，以及为高端用户推出了酷睿至尊系列处理器。图 3-40 展示了两大 CPU 生产商 LOGO。

图 3-40　两大 CPU 厂商 LOGO

而 AMD 近两年的产品线也在大幅增加，除了带有独显核心的 APU 系列产品之外，近几年 AMD 还首次推出了面向主流人群的 Ryzen 3/5/7 及面向高端用户的 Ryzen Threadripper 系列产品。也就是说，用户在选购 CPU 的过程中，无论选择哪家厂商的产品，都有能够满足需求的对应型号，不必太过于纠结。

3.9.2 核心数量是不是越多越好

很多用户普遍有一个想法，认为 CPU 的核心数量越多，其性能就越强。但其实并不能一概而论。对于一款处理器来说，重要的参数除了核心数量之外，还包括是否支持超线程技术、默认主频、最大睿频、是否支持超频等参数。比如，同一厂商的一款原生六核 6 条线程的处理器，即使是在相同的主频下，性能并不一定强过同系列四核 8 条线程的产品。因此，在选购处理器的过程中，只通过核心数量来判断一款 CPU 的好坏是不科学的。需要注意的是，由于产品的架构不同，Intel 和 AMD 对于处理器的主频标准是不一样的，不能直接进行横向比较。

3.9.3 选择散装还是盒装产品

散装和盒装 CPU 并没有本质的区别，在质量上是一样的。从理论上说，盒装和散装产品在性能、稳定性及可超频能力方面不存在任何差距，主要差别在保修时间的长短及是否带散热风扇。一般而言，盒装 CPU 的保修期要长一些（通常为 3 年），而且附带一台质量较好的散热风扇；而散装 CPU 的保修期一般是一年，不带散热风扇。图 3-41 展示了盒装的 CPU。

图 3-41 盒装酷睿 i9 CPU

3.9.4 如何选用于玩游戏的 CPU

目前大多数电脑游戏并没有针对八线程以上的 CPU 进行较好的优化，因此很多十六线程的 CPU 在游戏表现上并不一定比八线程的 CPU 出色。在预算相同的情况下，与其追求更多线程的 CPU，不如将预算用在提升显卡性能上。而对于一些较为依赖 CPU 运算能力的用户，就需要更加看重 CPU 的核心和线程数量了，更多的 CPU 线程在工作中可能让你事半功倍。

第 4 章 深入认识和选购多核电脑主板

4.1 认识主板

主板可以分为 AT、Baby-AT、ATX、Micro ATX、LPX、NLX、Flex ATX、EATX、WATX 及 BTX 等结构。其中，AT 和 Baby-AT 是多年前的老主板结构，现在已经淘汰；而 LPX、NLX、Flex ATX 则是 ATX 的变种，多见于国外的品牌机，国内尚不多见；EATX 和 WATX 则多用于服务器 / 工作站主板；ATX 是目前市场上最常见的主板结构，扩展插槽较多，PCI 插槽数量为 4 ～ 6 个，大多数主板都采用此结构；Micro ATX 又称 Mini ATX，是 ATX 结构的简化版，就是常说的“小板”，扩展插槽较少，PCI 插槽数量在 3 个或 3 个以下，多用于配备小型机箱的品牌机。图 4-1 展示了华硕 ROG STRIX Z390-I GAMING 主板。

图 4-1　华硕 ROG STRIX Z390-I GAMING 主板

主板的生产厂商比较多，如华硕（ASUS）、微星（msi）、技嘉（GIGABYTE）、华擎（ASROCK）、映泰（BIOSTAR）、盈通（YESTON）、精英（ECS）等。各厂商的产品各具优点。图 4-2 展示了技嘉 Z390 AORUS PRO 主板。

主板与 CPU、内存等硬件不同，CPU、内存等硬件决定电脑性能的好坏，而主板则决定电脑的稳定性和功能。只有主板选用得当，电脑才能正常稳定地运行。

为什么说主板决定电脑的稳定性呢？

主板在为印刷前，可以直接看到错落有致的电路布线和棱角分明的各个部件：插槽、芯片、电阻、电容等，如图 4-3 所示。当主机加电（按下电源开关）时，电流会在瞬间通过 CPU、南北桥芯片、内存插槽、AGP 插槽、PCI 插槽、IDE 接口，以及主板边缘的串口、并口、PS/2 接口等。随后，主板会根据 BIOS（基本输入输出系统）来检测识别硬件，并进入操作系统，发挥出支撑系统平台工作的功能。

图 4-2 技嘉 Z390 AORUS PRO 主板

图 4-3 印刷前的电路板

其实，主板是在 PCB 上安装或焊接了各种电子元器件制作而成的。所谓的 PCB 就是印制电路板，又称印刷电路板，是电子元器件电气连接的提供者。它以绝缘板为基材，切成一定尺寸，其上至少附有一个导电图形，并布有孔（如元件孔、紧固孔、金属化孔等），用来代替以往装置电子元器件的底盘，并实现电子元器件之间的相互连接。主板上可以看到细的金属线，这些线路是用来传递数据的通信线路，被称为总线。也正是这些排线的巧妙结构保证了主板的稳定性，从而保证了电脑整体运行的稳定性。

4.2 电脑的所有部件都连接在主板上

主板是电脑中最重要的部件之一，也被称为母板、系统板、主机板。它是一张电路板，上面焊接或安插了各种功能的电子元器件，以实现电脑中各大电路功能。主板的主要作用是给 CPU 及其他的一些硬件提供一个放置的场所，同时允许所有设备之间相互进行通信。从外观看，主板是一大块电路板，在它的上面分布了各种元器件、接口、插槽及芯片等，如图 4-4 所示。

电脑的所有部件都连接在主板上，因为电脑的正常运行并非依靠某一个部件，只有将这些硬件都正确地连接在主板上，电脑才能运行，我们才能在显示器上看到各种画面、各种对话窗口等信息。所以，主板就成了电脑运行的基石，就如同一座楼房的房基一样。如图 4-5 所示，我们可以看到无论是硬盘、显卡、键盘、内存，还是 CPU 都要连接到主板之上。

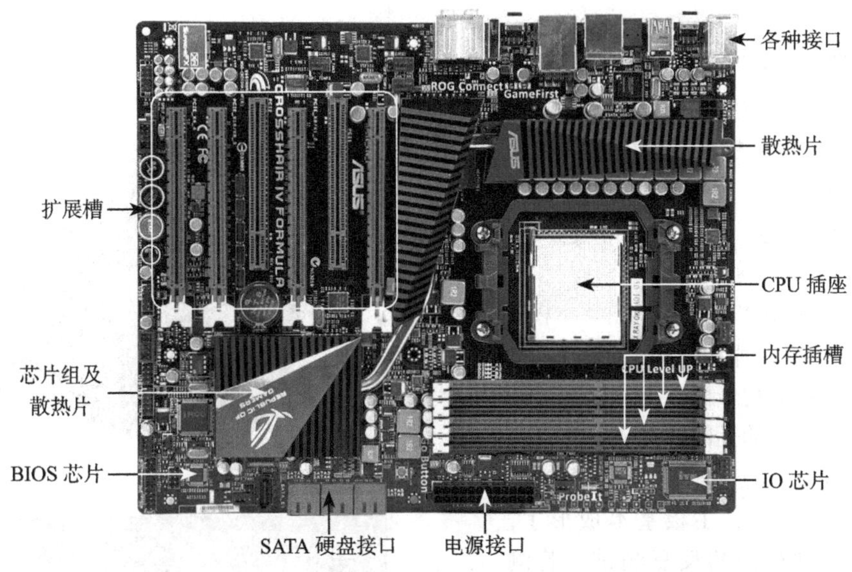

图 4-4　电脑主板

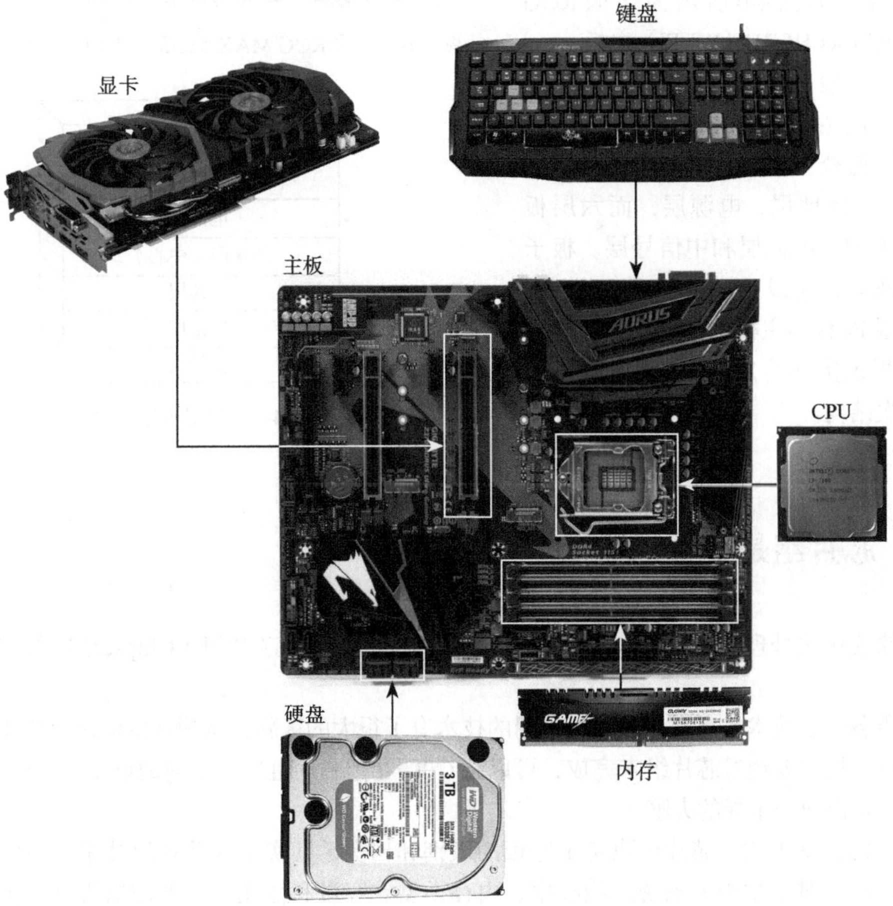

图 4-5　电脑所有部件都连接在主板上

4.3 多核电脑主板的结构

作为所有电脑配件运行的平台，主板的好坏决定了一台电脑的基本表现。所以主板的制造这一环节是非常重要的。主板的制造主要分为 5 步：

1）烘烤 PCB 和上漆胶。

2）安装 IC 芯片和贴片元件。

3）芯片级的初步检查。

4）完全手工的元器件安装。

5）严谨反复的检查。

完成了这 5 步，主板基本成形了，还要经过各种严谨的反复测试，若测试成功，一个完整的主板才算成为真正的成品。如图 4-6 所示为华硕 ROG MAXIMUS XI HERO（WI-FI）主板。

图 4-6 华硕 ROG MAXIMUS XI HERO（WI-FI）主板

主板一般采用四层板或六层板，目前也有八层主板，甚至更多层。为了节省成本，低档主板多为四层板：信号层（主、次）、接地层、电源层，而六层板则增加了辅助电源层和中信号层。板子的层次越多，布线空间越大，稳定性越高。六层 PCB 的主板抗电磁干扰能力更强，主板也更加稳定。图 4-7 展示了四层板层次结构。

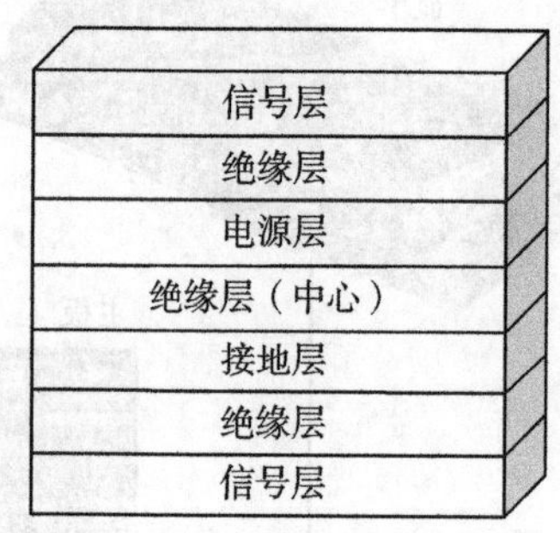

图 4-7 四层板层次结构

4.4 芯片组是主板的大脑

如果说中央处理器（CPU）是整个电脑系统的大脑，那么芯片组（Chipset）将是整个主板的大脑。

随着各种新技术的出现，芯片组采用的技术有了很大的革新，从现在的电脑结构来看，所有的信息交换都要经过芯片组来完成，可以将 CPU 看作芯片组的一个辅助设备。正因为如此，芯片组才可以成为主板的大脑。

从一定意义上讲，芯片组决定了主板的级别和档次，其实主板芯片组几乎还决定着主板的全部功能，其中主板的系统总线频率、内存类型、容量和性能，显卡插槽规格是由处理器决定的；而扩展槽的种类与数量、扩展接口的类型和数量（如 USB2.0、USB3.0、SATA3.0、PCI3.0）等是由芯片组决定的。另外，芯片组还决定电脑系统的显示性能和音频播放性能等。

图 4-8 展示了 Intel Z390 芯片组平台框图，不难看出它对内存、CPU 等的制约性。

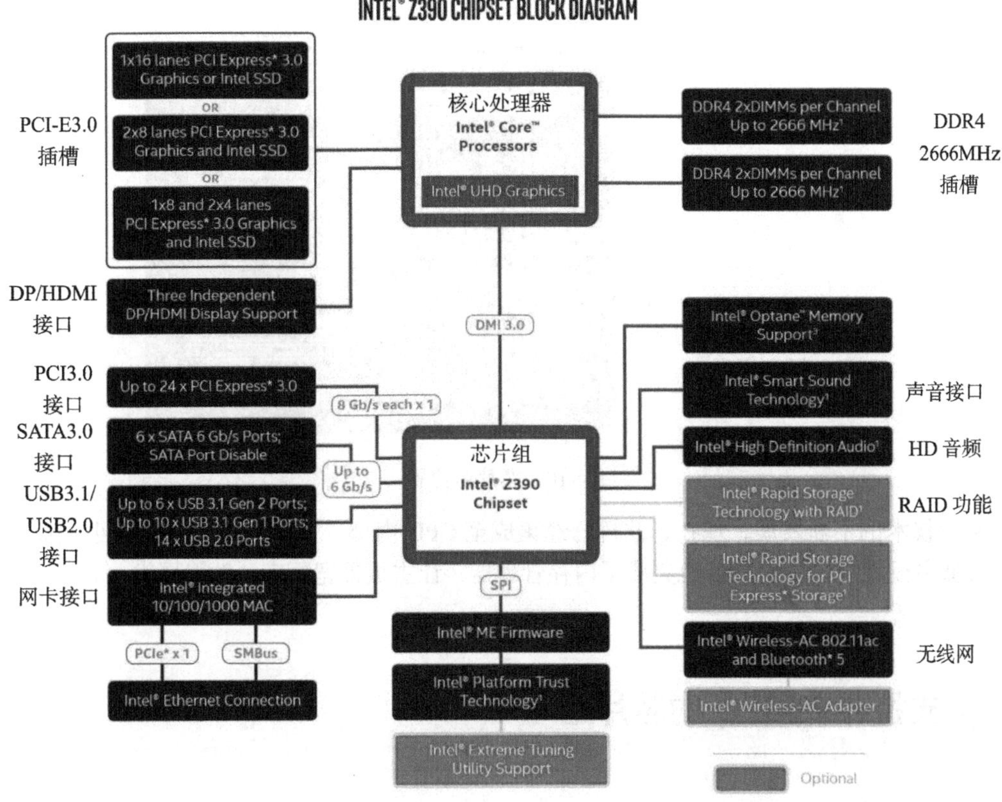

图 4-8　Intel Z390 芯片组平台框图

目前，芯片组按用途可分为服务器 / 工作站、台式机、笔记本等类型；按芯片数量可分为单芯片型芯片组，标准的南、北桥芯片组和多芯片型芯片组（主要用于高档服务器 / 工作站）；按整合程度的高低，还可分为整合型芯片组和非整合型芯片组等。市场上主板芯片组厂商主要有两大公司：AMD 和 Intel 公司，如图 4-9 所示。

a）AMD 芯片组

b）Intel 芯片组

图 4-9　AMD 和 Intel 公司的芯片组

常见的芯片组为单芯片型芯片组，即主板上只有一个芯片，其主要负责支持 USB 控制器、网络控制器、无线网控制器、硬盘控制器、音频控制器、实时时钟控制器、数据传递方式、高级电源管理等，如图 4-10 所示。

芯片组，由于其工作时发热量大，一般在其上面会配一个散热片

图 4-10 芯片组位置

随着技术的不断发展，现在，北桥已经集成至 CPU 内部，这样做的好处是减小主板的走线，降低主板的损坏率，CPU 也集成了内存管理器，让主板带宽更广，性能更优。

4.4 支持多核 CPU 的芯片组

4.4.1 支持 Intel 多核 CPU 的芯片组

Intel 只为自家的 CPU 推出相应的主板芯片组产品。目前市场上流行的 Intel 芯片组主要包括：300 系列芯片组、200 系列芯片组。

1.Intel 300 系列芯片组

300 系列芯片组主要包括：Z390 /H370/Z370/B365/B360/H310 等，其中 Z390/Z370 为高端芯片组，H370 /B365/B360 为主流芯片组，H310 为入门芯片组。

300 系芯片组可以支持 LGA1151 接口的第九代和第八代 Core i9/i7/i5/i3/Pentium/Celeron 处理器（其中 Z390 支持第九代，其他不支持）。总线规格采用 DMI3.0（H310 为 DMI2.0），总线带宽为 7.9GT/s（H310 为 5.0 GT/s），支持 6 ～ 24 个 PCI-E 3.0 接口、4 ～ 6 个 SATA 3.0 接口、4 ～ 6 个 USB 2.0 接口、4 ～ 10 个 USB 3.0 接口、0 ～ 6 个 USB 3.1 接口、SATA-E 接口（除 H310）及 802.11AC 无线网。

2. 200 系列芯片组

200 系列芯片组主要包括：X299/Z270/H270 /B250 等，其中 X299/Z270 为高端芯片组，H270 /B250 为主流芯片组。

200 系芯片组可以支持 LGA1151 接口的第七代 Kaby Lake 核心的 Corei7/i5/i3/Pentium/Celeron 处理器。总线规格采用 DMI3.0，总线带宽为 7.9GT/s，支持 12 ～ 24 个 PCI-E 3.0 接口、6 个 SATA 3.0 接口、12 ～ 14 个 USB 2.0 接口，以及 6 ～ 10 个 USB 3.0 接口。

4.4.2　支持 AMD 多核 CPU 的芯片组

AMD 公司的芯片组，主要包括如下系列：400 系列芯片组、300 系列芯片组、Hudson 系列芯片组等。

1. AMD 400 系列芯片组

400 系列芯片组是 AMD 的新一代芯片组，主要包括 X470、B450 两款。400 系列芯片组支持 Socket AM4 插槽的第二代和第一代的 Ryzen 7/Ryzen 5/ Ryzen 3 处理器、第九代 A 系列处理器，支持 20 个 PCI-E 3.0 接口、6 个 SATA 3.0 接口、6 个 USB 2.0 接口、10 个 USB 3.1 接口，支持磁盘阵列，支持 AMD StoreMI 技术。

2. AMD 300 系列芯片组

300 系列芯片组是 AMD 的新一代芯片组，主要包括 X399、X370、B350、A320、A300 等几款。其中，X399 支持 Socket TR4 插槽的第一代和第二代 Ryzen Threadripper 处理器，支持四通道 DDR4 内存，支持 66 条 PCI E 3.0、支持 8 条 PCI E 2.0 插槽、多显卡交叉火力技术和 SLI；支持 16 个 USB 3.1 接口、6 个 USB 2.0 接口、12 个 SATA3.0 接口，支持磁盘阵列 RAID 0/1/10，支持 NVMe RAID 技术，包含 AMD StoreMI 存储加速技术。

X370/B350/A320/A300 支持 Socket AM4 插槽的第一代和第二代 Ryzen 7/5/3 处理器，和第七代 A 系列处理器。支持四通道 DDR4 内存，支持 64 条 PCI E 3.0 插槽、8 条 PCI E 2.0 插槽，支持多显卡交叉火力技术和 SLI，支持 4 ～ 12 个 USB 3.1 接口、2 ～ 6 个 USB 2.0 接口、2 ～ 6 个 SATA3.0 接口，X399/B350 支持多显卡技术。

4.5　主板中的主要芯片

主板中的芯片主要有 BIOS 芯片、I/O 芯片、时钟芯片、电源控制芯片、网卡芯片等。

4.5.1　为硬件提供服务的 BIOS 芯片

BIOS（Basic Input Output System）是基本输入 / 输出系统，是为电脑中的硬件提供服务的。BIOS 属于只读存储器，它包含了系统启动程序、系统启动时必需的硬件设备的驱动程序、基本的硬件接口设备驱动程序。目前主板中的 BIOS 芯片主要由 Award 和 AMI 两家公司提供。

目前，BIOS 芯片主要采用 PLCC（塑料有引线芯片）封装形式，采用这种形式封装的芯片非常小巧，从外观上看它大致呈正方形。这种小型的封装形式可以减少占用的主板空间，从而提高主板的集成度，缩小主板的尺寸，如图 4-11 所示。

图 4-11　PLCC 封装的 BIOS

常见 BIOS 芯片的型号有：

1）Winbond 公司的 W49F020、W49F002、W49V002FAP 等。

2）SST 公司的 29EE020、49LF002、49LF004 等。

3）Intel 公司的 82802AB 等。

4.5.2 提供输入输出控制和管理的 I/O 芯片

I/O 芯片是主板输入输出管理芯片，它在主板中起着举足轻重的作用，它负责管理和监控整个系统的输入输出设备。在主板的实际工作中，I/O 芯片有时对某个设备只是提供最基本的控制信号，然后再用这些信号去控制相应的外设芯片，如鼠标键盘接口（PS/2 接口）、串口（COM 口）、并口、USB 接口、软驱接口等都统一由 I/O 芯片控制。部分 I/O 芯片还能提供系统温度检测功能，我们在 BIOS 中看到的系统温度最原始的来源就是由它提供的。

I/O 芯片个头比较大，能够清楚地辨别出来，它一般位于主板的边缘，如图 4-12 所示。目前流行的 I/O 芯片有 iTE 公司的 IT8712 F-S 和 Winbond 公司的 W83627EHG 等。

图 4-12 I/O 芯片

I/O 芯片的工作电压一般为 5V 或 3.3V。I/O 芯片直接受南桥芯片控制，如果 I/O 芯片出现问题，轻则会使某个 I/O 设备无法正常工作；重则会造成整个系统的瘫痪。假如主板找不到键盘或串并口失灵，原因很可能是为它们提供服务的 I/O 芯片出现了不同程度的损坏。平时所说的热插拔操作就是针对保护 I/O 芯片提出的。因为进行热插拔操作时会产生瞬间强电流，很可能会烧坏 I/O 芯片。

常见 I/O 芯片的型号有：

1）Winbond 公司的 W83627HF、W83627EHG、W83697HF、W83877HF、W83977HF 等。

2）ITE 公司的 IT8702F、IT8705F、IT8711F、IT8712F、IT8712F-S 等。

3）SMSC 公司的 LPC47M172、LPC47B272 等。

4.5.3 主板的心脏——时钟芯片

如果把电脑系统比喻成人体，CPU 当之无愧就是人的大脑，而时钟芯片就是人的心脏。只有通过时钟芯片给主板上的芯片提供时钟信号，主板上的芯片才能正常工作，如果缺少时钟信号，主板将陷入瘫痪状态。

时钟芯片需要与 14.318MHz 的晶振连接在一起，为主板上的其他部件提供时钟信号。时钟芯片位于显卡插槽附近，放在这里也是很有讲究的，因为时钟芯片到 CPU、北桥、内存等的时钟信号线要等长，所以这个位置比较合适。时钟芯片的作用非常重要，它能够为整个电脑系统提供不同的频率，使每个芯片都能够正常工作。没有这个频率，很多芯片可能就要罢工了。时钟芯片损坏后主板一般就无法工作了。

现在很多主板都具有线性超频的功能，其实这个功能就是由时钟芯片提供的。图 4-13 展示了时钟芯片和晶振。

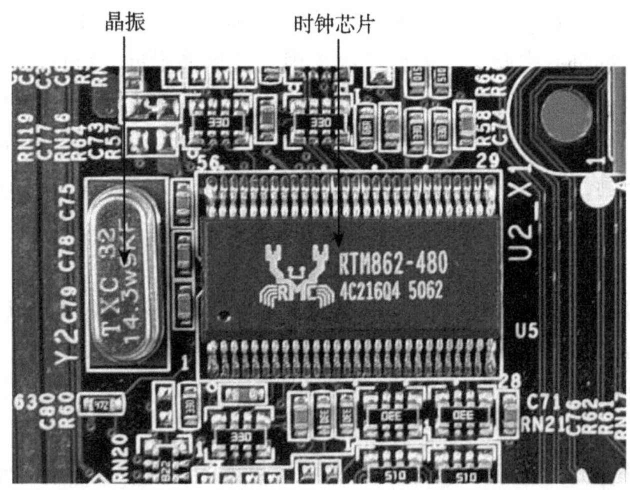

图 4-13　时钟芯片和 14.318 MHz 的晶振

常见时钟芯片的型号有：

1）ICS 系列的 ICS950213AF、ICS93725AF、ICS950228BF、ICS952607EF 等。

2）Winbond 系列的 W83194R、W211BH、W485112-24X 等。

3）RTM 系列的 RTM862-480、RTM560、RTM360 等。

4.5.4　管理主板供电的电源控制芯片

电源管理芯片的功能是根据电路中反馈的信息，在内部进行调整后，输出各路供电或控制电压，主要负责识别 CPU 供电幅值，为 CPU、内存、芯片组等供电。电源管理芯片如图 4-14 所示。

电源管理芯片的供电一般为 12V 或 5V，电源管理芯片损坏将造成主板不工作。

常见电源管理芯片的型号有：

1）HIP 系列的 HIP6301、HIP6302、HIP6601、HIP6602、HIP6004B、HIP6016、HIP6018B、HIP6020、HIP6021 等。

2）RT 系列的 RT9227、RT9237、RT9238、RT9241、RT9173、RT9174 等。

3）SC 系列的 SC1150、SC1152、SC1153、SC1155/SC1164、SC2643、SC1189 等。

图 4-14　电源管理芯片

4）RC 系列的 RC5051、RC5057 等。

5）ADP 系列的 ADP3168、ADP3180、ADP3418 等。

6）LM 系列的 LM2636、LM2637、LM2638、LM2639 等。

7）ISL 系列的 ISL6312、ISL6326、ISL6556、ISL6537 等。

4.5.5 管理声音和网络的声卡和网卡芯片

声卡芯片（也可称为音效芯片）是主板集成声卡时的一个声音处理芯片，声卡芯片是一个方方正正的芯片，四周都有引脚，一般位于第 1 根 PCI 插槽附近，靠近主板边缘的位置，在它的周围，整整齐齐地排列着电阻和电容，所以能够比较容易辨认出来，如图 4-15 所示。

目前提供声卡芯片的公司主要有 Realtek、VIA 和 CMI 等，不同公司的声卡会有不同的驱动。集成声卡除了有 2 声道、4 声道外，还有 6 声道和 8 声道，不过要到系统中设置一下才能够正常使用。

常见声卡芯片的型号有：

1）ALC 系列的 ALC650，ALC662、ALC850，ALC888、ALC889、ALC1150。

2）AD 系列的 AD1981、AD1988、AD1998。

3）CMI 系列的 CMI7838，CMI988。

4）VIA 系列的 VIA1616 等。

网卡芯片是主板集成网络功能时用来处理网络数据的芯片，一般位于音频接口或 USB 接口附近，如图 4-16 所示。

图 4-15 声卡芯片

图 4-16 网卡芯片

常见的网络芯片的型号有：

1）RTL 系列的 RTL8100C、RTL8101L、RTL8201、RTL8101E、RTL8201BL。

2）Intel 网络芯片 88E8503、82599、82563。

4.6 认识主板中的这些插槽

主板中的插槽主要包括 CPU 插座、内存插槽、扩展槽等。

4.6.1 连接多核 CPU 的 CPU 插座

CPU 插座是主板上最重要的插座，一般位于主板的右侧，它的上面布满了一个个的“针孔”或“触角”，而且边上还有一个固定 CPU 的拉杆。CPU 插座的接口方式一般与 CPU 对应，目前主流的 CPU 插座主要有 Intel 公司的 LGA2066、LGA2011-v3、LGA1151 插座，以及

AMD 公司的 Socket TR4、Socket AM4 插座等，如图 4-17 所示。

a）LGA 1151 插座

b）Socket AM4 插座

图 4-17　CPU 插座

4.6.2　连接 DDR4 内存的插槽

内存插槽是用来安装内存条的，它是主板上必不可少的插槽，一般主板上都有 2 ~ 6 个内存插槽，方便内存升级时使用。目前市场上的主流内存是 DDR4。DDR4 内存针脚为 288 针，工作电压为 1.2V。主板内存插槽主要有双通道、三通道、四通道内存插槽，图 4-18 展示了双通道的 DDR4 内存插槽。

图 4-18　主板内存插槽

4.6.3　连接显卡的总线扩展槽

总线扩展槽是用于扩展电脑功能的插槽，一般主板上都有 1 ~ 8 个扩展槽。扩展槽是总线的延伸，在它上面可以插入任意的标准选件，如显卡、声卡、网卡等。

主板中的总线扩展槽主要有 ISA、PCI、AGP、PCI Express（PCI-E）、AMR、CNR、ACR 等。其中，ISA 总线扩展槽和 AGP 总线扩展槽已经被淘汰，AMR、CNR、ACR 等总线扩展槽用得也比较少，而 PCI 总线扩展槽和 PCI-E 总线扩展槽是目前的主流扩展槽。

（1）PCI 总线扩展槽

PCI（Peripheral Component Interconnection）是外设部件互连总线，它是 Intel 公司开发的一套局部总线系统，支持 32 位或 64 位的总线宽度，频率通常是 33MHz。PCI 2.0 总线速度是 66MHz，带宽可以达到 266MB/s。PCI 扩展槽一般为白色。

（2）PCI-E 总线扩展槽

PCI-E 是 PCI Express 的简称，PCI-E 是最新的总线和接口标准，是由 Intel 公司提出的接口标准，目前主要应用在显卡的接口上。PCI-E 采用了目前业内流行的点对点串行连接，使每个设备都有自己的专用连接，不需要向整个总线请求带宽，而且可以把数据传输率提高到一个很高的频率，它的传输速度可以达到 2.5GB/s。PCI-E 的规格主要有 PCI-E 1.0、PCI-E 2.0、PCI-E 3.0 等，如图 4-19 所示。

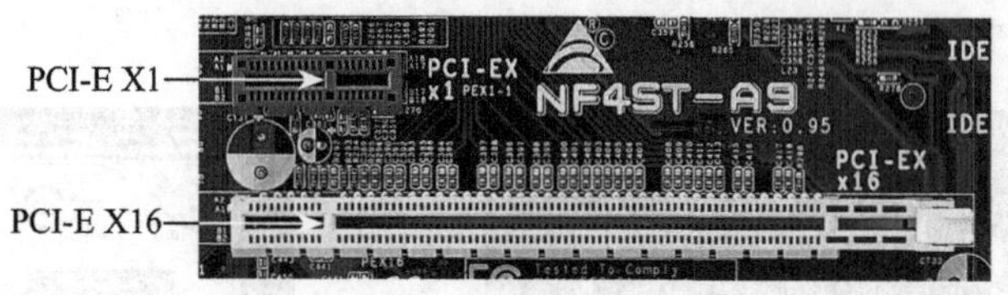

图 4-19 PCI-E 总线扩展槽

4.7 认识连接重要部件的接口

4.7.1 连接大容量存储设备的 SATA 接口

SATA 接口（Serial ATA）即串行 ATA，它是目前硬盘中采用的一种新的接口类型。Serial ATA 接口主要采用连续串行的方式传输数据，这样在同一时间点内只会有 1 位数据传输，此做法能减小接口的针脚数目，用 4 个针脚就完成了所有的工作。其中，Serial ATA 1.0 定义的数据传输率可达 150MB/s，Serial ATA 2.0 的数据传输率达到 300MB/s，Serial ATA 3.0 的数据传输率达到 625MB/s。图 4-20 展示了 Serial ATA 数据线及接口。

a）Serial ATA 数据线

b）Serial ATA 接口

图 4-20 Serial ATA 数据线及接口

4.7.2 适用性最广泛的 USB 接口

USB（Universal Serial Bus）接口，即通用串行总线接口，它是一种性能非常好的接口。它可以连接 127 个 USB 设备，传输速率可达 12 Mbps，USB 2.0 标准可以达到 480 Mbps，USB 3.0 标准可以达到 5.0Gbps，USB3.1 标准可以达到 10 Gbps。USB 接口不需要单独的供电系统，而且还支持热插拔，不需要麻烦地开关机，因此设备的人工切换省时省力。

目前 USB 接口被普遍应用于各种设备，如硬盘、调制解调器、打印机、扫描仪、数码相机等。主板中一般有 4 ~ 8 个 USB 接口，如图 4-21 所示。

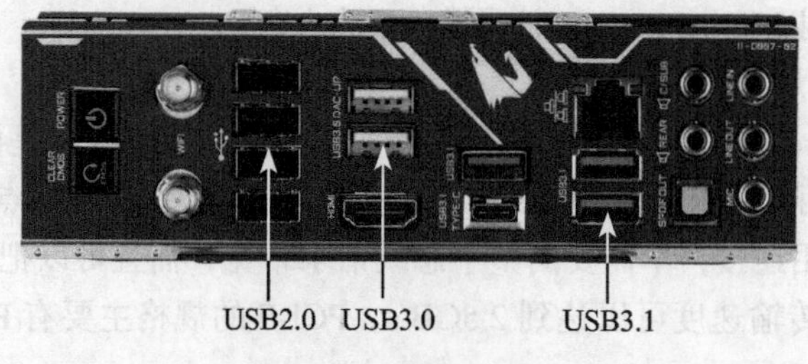

图 4-21 USB 接口

4.7.3 为主板提供供电的几种电源接口

目前主板电源接口插座主要采用 ATX 电源接口，ATX 电源接口一般为 24 针电源插座、8 针电源插座、4 针电源插座等，主要为主板提供 ±5V、±12V、3.3V 电压，如图 4-22 所示。ATX 电源都支持软件关机功能。

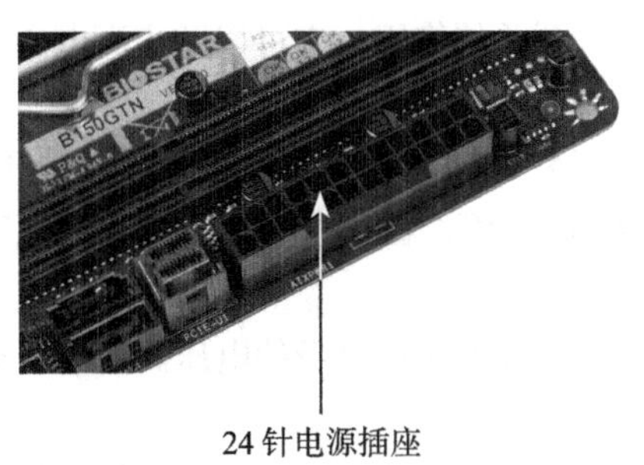

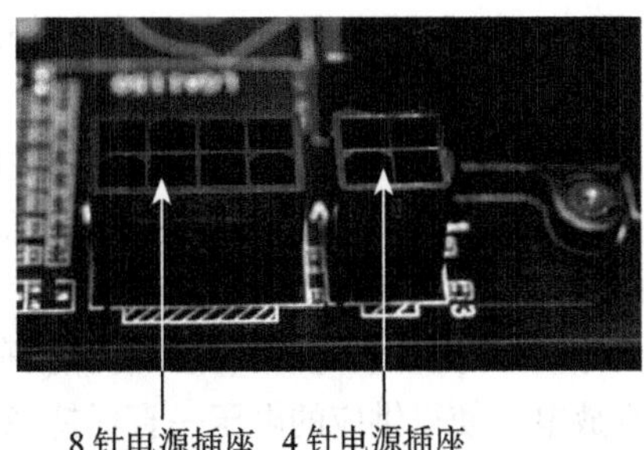

图 4-22 电源插座

目前双核 CPU 主板上的电源插座一般为 24 针电源插座和 8 针电源插座，以提供更大的功率。

目前鼠标和键盘接口绝大多数采用 PS/2 接口，因为鼠标和键盘的 PS/2 接口物理外观完全相同，所以在主板中通常用两种不同的颜色来将其区别开（鼠标接口为绿色，键盘接口为蓝色）。而且键盘、鼠标接口的工作原理是完全相同的，但不能混用。下面具体讲解。

4.8 给主板供应稳定电压

电脑主板的供电是一个非常重要的部分，如果没有供电单元的正常工作，主板、CPU 再好也是枉然。

一块主板的供电部分可以分成 3 个部分，包括输入部分、控制部分和输出部分。

1）输入部分：现在的 CPU 已经从 12V 直接取电，而较老的 CPU 比较依赖 5V 供电。目前，一般的主板采用 12V 供电及 24PIN+8PIN 输入端口，直接连接到主板，提供主板及其他元件电量，如图 4-23 所示。

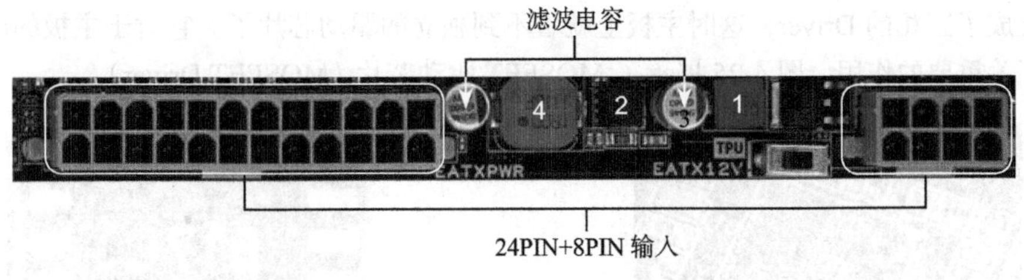

图 4-23 电源 24PIN+4PIN 输入

2）控制部分：由于不能保证电源 100% 输出的是纯净的直流电，主板必须经过扼流电感、电容等整流控制部分。12V 电压输入后，与 CPU 使用的电压还有很大差距，需要一段转变的过程，于是通过 PWM 控制的两个 MOS 管开始工作，一开一关作用下形成脉冲电流，然后通过电感储能形成平滑直流电，获得 CPU 所需要的电流。

3）输出部分：经过以上电路的处理还不能达到元件用电要求，经过降压后的电流还是不够平整，必须经过输出滤波电容的过滤，方可输出到 CPU，为 CPU 提供稳定的低电流。

在图 4-23 中我们可以看到 24PIN+4PIN 电源输入接口、滤波电容、保护电感、控制芯片、MOSFET 等部件。

图中“1”是晶体管的一种，在电路中主要起到一个开关的作用，它可以防止高电压传送，以至于引起主板故障。

图中“2”是一个电源控制芯片，能把主板电压降低为 CPU 和芯片组能够使用的电压。通过快速的开启和关闭，把 12V 的电压降低为 1.5V 供 CPU 使用。在这个过程中，会产生噪声，而这个芯片能去除噪声。

图中“3”是滤波电容，用来存储电荷的设备，如果外界电压比自身的电压高，就会充电，反之会放电，使得供应的电压一直保持稳定的状态。

图中“4”是电感元件，它的作用主要是减少噪声，保持电流的稳定。我们都知道，当流过电感的电流发生变化的时候，线圈会对电流造成一个阻碍，阻碍电流的变化，因此它在此处起到了稳定电流的作用。

4.8.1 影响主板供应稳压电源的部件

我们已经知道主板供电的重要性，但是主板如果没有一个稳定的供电，即使主板安装了性能良好、稳定性高的芯片组、CPU 和内存，系统也不会稳定。所以说鉴别主板电源是否稳定是一个比较重要的问题。

主板供电电路中有一些关键的部件，如 PWM 控制器芯片（PWM Controller）、MOSFET 驱动芯片（MOSFET Driver）、输出扼流圈（Choke）、输出滤波的电解电容（Electrolytic Capacitors）等。如果这些部件都比较好，那么主板供电基本上就比较稳定了。下面我们分开来看。

1.PWM 控制器芯片（PWM Controller）

在 CPU 插座附近能找到控制 CPU 供电电路的中枢神经，就是如图 4-24 所示的这颗 PWM 主控芯片。主控芯片受 VID 的控制，向每相的驱动芯片输送 PWM 控制芯片的方波信号来控制最终核心电压 Vcore 的产生。它对于主板的电压稳定性起着至关重要的作用。

2.MOSFET 驱动芯片（MOSFET Driver）

它是 CPU 供电电路里常见的 8 根引脚的小芯片，通常是每相配备一颗。很多 PWM 控制芯片里集成了三相的 Driver，这时主板上就看不到独立的驱动芯片了。它对于主板的电压稳定性起着至关重要的作用。图 4-25 展示了 MOSFET 驱动芯片（MOSFET Driver）。

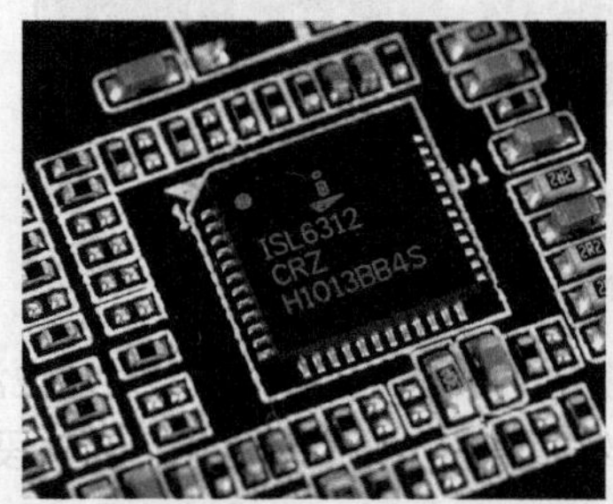

图 4-24 PWM 控制器（PWM Controller IC）

图 4-25 MOSFET 驱动芯片（MOSFET Driver）

其实，MOSFET 的中文名称是场效应管，一般被叫作 MOS 管。黑色 8 引脚的黑色方块在供电电路里表现为受到栅极电压控制的开关。

每相中的驱动芯片受到 PWM 主控芯片控制的上 MOS 管和下 MOS 管轮番导通，对这一相的输出扼流圈进行充电和放电，在输出端得到一个稳定的电压。每相电路都要有上桥和下桥，所以每相至少有两颗 MOSFET，而上 MOS 管和下 MOS 管都可以用并联两三颗代替一颗来提高导通能力，因而每相还可能看到总数为 3 颗、4 颗甚至 5 颗的 MOSFET，如图 4-26 所示。

如图 4-27 所示，这种有 3 个引脚的小方块也是一种常见的 MOSFET 封装，称为 D-PAK（TO-252）封装，也就是俗称的三脚封装。中间那根脚是漏极（Drain），漏极同时连接到 MOS 管背面的金属底，通过大面积焊盘直接焊在 PCB 上，因而中间的脚往往被剪掉。这种封装可以通过较大的电流，散热能力较好，成本低廉，易于采购，但是它的引线电阻和电感较高，不利于达到 500KHz 以上的开关频率。

图 4-26　MOS 管

图 4-27　三引脚场效应管

3. 输出扼流圈（Choke）

输出扼流圈（Choke），也称电感（Inductor）。输入电路中，每相一般配备一颗扼流圈，它的作用是使输出电流连续平滑。少数主板每相使用两颗扼流圈并联，两颗扼流圈等效于一颗。主板常用的输出扼流圈有环形磁粉电感、DIP 铁氧体电感（外形为全封闭或半封闭）或 SMD 铁氧体电感等形态。图 4-28 展示了半封闭式和全封闭式的铁氧体功率电感，电感体上标注的 1R0 或 1R2 表示其电感值为 1.0 或 1.2 微亨，其中“R”代表小数点。

图 4-28　铁氧体功率电感

图 4-29 展示了主板环形电感。环形电感的磁路封闭在环状磁芯里，因而磁漏很小，磁芯材料为铁粉或 Super-MSS 等其他材料。随着板卡空间限制和供电开关频率的提高，磁路不闭合的铁氧体电感，乃至匝数很少的小尺寸 SMD 铁氧体功率电感，因其高频区的低损耗，越来

越多地取代了环形电感。但是因为电源里各种不同的应用特点，环形电感还在被大量用作扼流圈或其他用途。

4. 输出滤波的电解电容（Electrolytic Capacitors）

供电的输出部分一般都会有若干颗大电容（Bulk Capacitor）用于滤波，它们属于电解电容。电容的容量和ESR会影响输出电压的平滑程度。电解电容的容量大，但是高频特性不好，所以还有其他形式的滤波电容——固态电容。图4-30展示了电解电容和固态电容。

固态电容在CPU供电部分常见。一般的固态电容称为铝－聚合物电容，属于新型的电容器。它与一般铝电解电容相比，性能和寿命受温度影响更小，而且高频特性好一些，ESR低，自身发热小。

图4-29 主板环形电感

图4-30 电解电容和固态电容

4.8.2 计算多核电脑的耗电量

一般地，电视机的耗电量大约在80W以下，电脑大约为250～500W。另外，电脑的工作状态不同，耗电量也是不同的。一份由加拿大某大学提出的报告指出，最新的电脑如果拥有省电功能，每小时待机耗电约为35W，比一个一般亮度的白炽灯泡稍高。

电脑在睡眠状态下也有能耗，约为7.5W。即便关了机，只要插头还没拔，电脑照样有能耗，约为4.81W。

对于想要攒机的用户来说，购买电源的第1步是估算一下电脑的耗电量。而购买电源的时候，要根据电脑正常运行状态最大功耗，若选择的电源不能达到电脑正常运行的最大功耗，电脑就会出现各种故障，运行不稳定。所以说计算功耗是比较重要的。那么如何计算电脑的耗电量呢?

电脑的耗电主要是CPU、内存、显卡、主板、硬盘、声卡、光驱等硬件的耗电。只要将这些硬件的耗电量相加，基本上就能算出电脑的耗电量到底有多大了。

CPU的功耗设计一般为50～130W，时钟频率越高，耗电量越大。多数主板都包含网络芯片、音频芯片等多种芯片，它的耗电量大多为30W左右。在台式机上多采用7200转的硬盘，它的耗电量多为30W以内。内存的耗电量比较小，多为15W以内。显卡的种类比较多，不同级别的显卡耗电量相差很大，普通用户级的显卡耗电量大多为50W左右。光驱耗电量与其转速有关，转速越大耗电越大，通常电脑的光驱不是长时间工作的，其耗电量大概为20W以内。

将上述硬件的耗电量相加，就可以得到电脑的耗电量了。其实，电脑中还有其他硬件在消耗电能，所以电脑的耗电量不止这些。但是大多数电脑的耗电量都在400W以内。

下面我们以一个实例来计算一下电脑的功耗：

电脑的主要硬件情况为CPU采用X3 435开核X4 B35，主板采用梅捷890GX V2.0，内存采用两条威刚DDR3内存，显卡采用铭瑄GTS450/HD4290，硬盘采用西数500G蓝盘加2TB绿盘，电源采用航嘉DH6。在全默认状态下，分别测试了采用独显和集显的待机、游戏、满载的功耗情况，测试结果如表4-1所示。

表4-1　测试结果

	输入功率			输出功率		
	待机（W）	游戏（W）	满载（W）	待机（W）	游戏（W）	满载（W）
独显模式	103	209	305	77.25	156.75	228.75
独显节能模式	92	201	304	69	150.75	228
集显模式	86	102	166	64.5	76.5	124.5
集显节能模式	78	100	167	58.5	75	125.25

从表中我们可以看到，电脑的满载功耗为228.75W，游戏功耗为156.75W，待机功耗为77.25W。采用集显的话3项数据分别是64.5W、76.5W、124.5W。

另外，网络上有好多软件可以通过检测电脑硬件的功率，自动计算出电脑的功耗情况，这种功能的软件有“鲁大师”等。图4-31展示了用“鲁大师”检测电脑功耗结果，该电脑的功耗总值大约为131W。

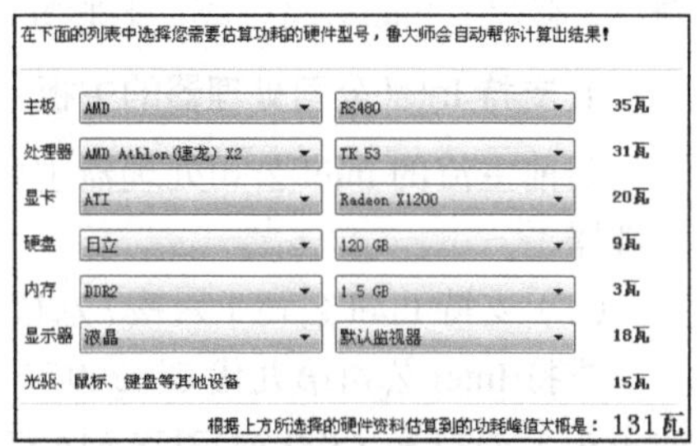

图4-31　软件检测功耗结果

当今社会倡导节能。下面我们介绍几个节电节能的方法：

1）暂停使用电脑时，如果预计暂停时间小于1小时，建议将电脑置于待机；如果暂停时间大于1小时，最好彻底关机。

2）平时用完电脑后要正常关机，应拔下电源插头或关闭电源接线板上的开关，而不要让其处于通电状态。

3）使用降温软件为CPU以及其他硬件降温。

4.8.3　查看电脑电源容量

电脑硬件中，电源也是至关重要的一个。电脑需要的一般是12V、−12V、3.3V、5V、−5V等不同值的直流电，而家庭用电基本上为220V的交流电。那么电源的作用就是将220V的交流电进行转化。

一般来说，主板上的IC芯片等电路的电压都是采用5V和3.3V直流电进行驱动的。但是直流电也有时候会用于内存、某些插槽、软驱、硬盘等。驱动硬盘或软驱的驱动器的电压多为12V直流电。

那么如何查看电脑电源的容量呢？

有一个直观且简单的方法，就是查看电脑电源侧面的铭牌，在上面会有相关的数据标识。图4-32展示了惠普电源的铭牌，图中我们可以看到输入电压为200～240V交流电压，可输出最高为+12V的直流电压。

图 4-32 惠普电源铭牌

4.9 目前使用的多核电脑主板

主板的生产厂商很多，这里列举部分厂商（排位不按先后顺序），分别是：华硕、技嘉、精英、微星、Intel、富士康、七彩虹、映泰。

1. 支持 Intel 公司处理器的主板

目前主流的 Intel 公司处理器主要包括：十六核处理器、八核处理器、六核处理器和四核处理器。

（1）支持 Intel 公司十六核 / 八核处理器的主板

支持 Intel 公司第九代 Core i9/i7 十六核 / 八核处理器的主板有：采用 Intel 的 Z390 芯片组的主板。如技嘉 Z390 AORUS MASTER 主板，支持双通道 DDR4 4133MHz 内存，最大支持 64GB 内存，提供 8 个 USB2.0 接口和 9 个 USB3.1 接口，提供 6 个 SATA3.0 接口，支持 PCI-E 3.0 接口，支持多显卡技术，支持无线网，采用 8 相 CPU 供电，2 相 QPI/ 内存供电，2 相北桥供电，提供千兆网卡，如图 4-33 所示。

（2）支持 Intel 公司六核处理器的主板

支持 Intel 公司第八代 Core i7/i5 六核处理器（采用 LGA1151 CPU 插座）的主板有：采用 Intel 的 Z370/H370/B360 等芯片组的主板。如华硕 TUF Z370-PLUS GAMING 主板，支持双通道 DDR4 4000MHz 内存，提供 6 个 USB2.0 接口和 8 个 USB3.1 接口，提供 6 个 SATA3.0 接口，支持多显卡 AMD CrossFireX 混合交火技术，采用 7 相供电，支持 RAID 0/1/5/10，如图 4-34 所示。

图 4-33 技嘉主板

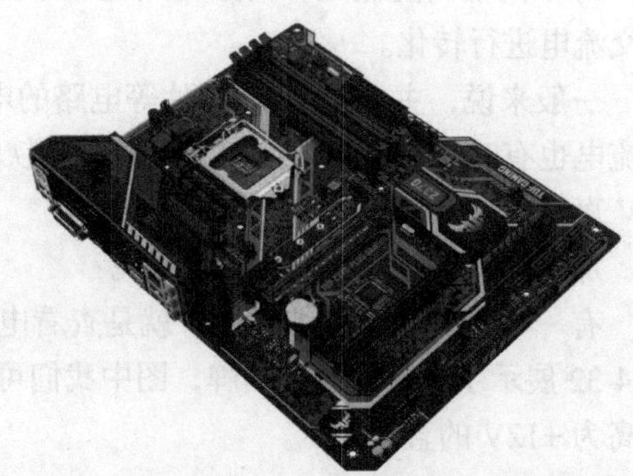

图 4-34 华硕 TUF Z370-PLUS GAMING 主板

（3）支持 Intel 公司双核处理器的主板

支持 Intel 公司 Corei5/i3、奔腾 G3 系列双核处理器（采用 LGA1150 CPU 插座）的主板有：采用 Intel 的 Z87、H87、B85、H81 等芯片组的主板。

支持 Intel 公司第七代 Core i3、奔腾 G4、赛扬 G3 系列双核处理器（采用 LGA1151 CPU 插座）的主板有：采用 Intel 的 Z270、H270、B250 等芯片组的主板。如微星 Z270-A PRO 主板全固态电容，电路板采用 8 层设计，支持双通道 DDR4 3800 内存，提供 6 个 USB2.0 接口和 8 个 USB3.1 接口，提供 6 个 SATA3.0 接口，支持 AMD CrossFireX 混合交火技术，采用 6 相供电，提供千兆网卡，如图 4-35 所示。

图 4-35　微星 Z270-A PRO 主板

2. 支持 AMD 公司 CPU 的主板

目前 AMD 公司的主流处理器主要包括三十二核、十六核、八核处理器、六核处理器、四核处理器、双核处理器。

（1）支持 AMD 公司三十二核和十六核处理器的主板

支持 AMD 三十二核和十六核处理器的主板主要有：采用 AMD 公司的 X399 芯片组的主板，CPU 接口为 Socket TR4。如华硕 ROG STRIX X399-E GAMING 主板，支持四通道 DDR4 3600MHz 内存，最大支持 128GB 内存，提供 4 个 USB2.0 接口和 15 个 USB3.1 接口，提供 6 个 SATA3.0 接口，支持 3 路 SLI，支持 Crossfire 技术，支持组建 ATI CrossFireX、NVIDIA SLI 双路交火技术，AMD 3-Way CrossFireX 三路交火技术等多显卡模式，支持无线网、蓝牙功能，提供千兆网卡，如图 4-36 所示。

（2）支持 AMD 公司八核和六核处理器的主板

支持 AMD Ryzen 7/5 系列八核和六核处理器的主板主要有：采用 AMD 公司的 X470、B450、X370、B350 芯片组的主板，其 CPU 接口为 Socket AM4。如微星 X470 GAMING PRO CARBON 主板，支持双通道 DDR4 3466MHz 内存，最大支持 64GB，提供 6 个 USB2.0 接口和 6 个 USB3.1 接口，提供 8 个 SATA3.0 接口，支持 PCI-E 3.0 显卡接口，支持支持 AMD 3-Way CrossFire 三路交火技术多显卡模式，提供千兆网卡，如图 4-37 所示。

图 4-36　华硕 ROG STRIX X399-E GAMING 主板

图 4-37　微星 X470 GAMING PRO CARBON 主板

（3）支持 AMD 公司四核处理器的主板

支持 AMD Ryzen 5/3 系列和 APU 第七代系列四核处理器的主板主要有：采用 AMD 公司的 X370、B350、A320 芯片组的主板等。如技嘉 AX370M-DS3H 主板，支持双通道 DDR4 3200MHz 内存，提供 8 个 USB2.0 接口和 6 个 USB3.1 接口，提供 4 个 SATA3.0 接口，支持 PCI-E 3.0 显卡接口，支持 RAID 磁盘阵列，支持无线网功能。

4.10 主板选购要素详解

CPU 是一台电脑的心脏，而主板则是 CPU 稳定、高效工作的保障，一块好的主板会影响整台机器的各个部分。在选购主板时，到底怎么考虑主板的优劣，要注意的东西可不少。

4.10.1 一分钱一分货

选购主板时要看主板的用料是否讲究。不懂电脑的使用者如何才能挑选一张不偷工减料的主板呢？

因为主板产品定位的缘故，即使采用同一芯片组的主板，市面上就有多款可选择。到商店里说要买一张某某牌主板，若没有指定型号款式，如果商家只想着赚钱，当然是挑利润最高的那款推荐了。当然，有良心的商家，除了利润外，还会推荐稳定性较佳，并符合消费者预算的板子。

说到重点了：稳定性。一样是某某牌同芯片组的主板，怎么还会有稳定性的差异呢？难道说比较贵的板子，稳定性一定高于低价板吗？毋庸置疑，599 元与 999 元的主板的定位与用料一定有所差异。用料较好的主板，原则上稳定性一定比较好，若没有价格考虑，相信大家都想买最好的。当然，主板厂商在设计一张主板前，最重要的当然是定位与价钱的考虑。价位决定了主板用料的差异，定位也会有所不同。

另外，购买时要注意两点，一个是主板的电容，一个是主板厚度。

主板电容是保证主板质量的关键因素之一，电容在主板中的作用主要是保证电压和电流的稳定（起到滤波的作用）。高品质的电解电容有利于机器长期稳定地工作。常见的电容主要分为铝电容和固体钽电容。固体钽电容多为贴片式，一般大量集中在处理器插槽附近。与普通电解电容相比，它拥有更佳的电气性能和更高的可靠性，不易受高温影响。图 4-38 展示了高品质的电解电容。

图 4-38 高品质的电解电容

选购主板时，一般厚的主板比较好。厚的主板一般是多层板，把主板拿起来，隔着主板对着光源看，若能观察到另一面的主板为双层板，否则就是四层或多层板。选购时最好选四层或多层板。另外，布线是否合理流畅，也会影响整块主板的电气性能。所以要观察主板电路板的层数及布线系统是否合理。

4.10.2　不追求全功能性，适合自己才是最好的

大家在选主板时，常常会问这么一个问题：哪个品牌或型号的主板比较好？“好”的定义是什么？最稳定、功能最多、最贵的那款吗？我们认为，最符合个人需求与预算的款式，就是最适合自己的产品。买主板也是一样，最好的主板是所有功能都贴近自己需求，价位也符合预算的那一款。

我们到电脑商店去买主板前，要注意哪些事情呢？商家当然没有时间，也不可能让你一一装机测试，或看 BIOS 超频设定，因此购买主板前，要先做足功课，锁定符合需求的几款主板。例如，有没有 IEEE 1394，BIOS 是否可以超频或智慧风扇调校等。通常厂商卖产品时，都是扬长避短，包装盒上写了满满的优点，因此没有 Gigabit LAN、没有 IEEE 1394，甚至没有超频调校、节能等功能，都不会主动标明，只能由用户自己发觉。

4.10.3　切莫过分迷信超频主板

一般来说，超频、极致板的主板对质量要求更为严格。比如华硕对于超频款主板的要求比一般款主板更为严苛，即使是同一系列的不同等级主板的超频能力也一定不同。不过，这并不代表一般款主板的质量较差，只是超频板主板的要求更高。

据统计，超频用户其实比较少，可谓是九牛一毛。既然超频用户这么少，那么为什么主板厂商还要绞尽脑汁打超频这张牌呢？

很大一部份消费者认为能超频的主板会在做工和用料上比较扎实，即使现在不超频，也许以后性能不够用了也会考虑超频。一些厂商正是抓住用户这样的心理，才会不遗余力地推广自己的超频产品。一般来说，超频主板的确采用较为扎实的用料和做工，更有甚者搭配了花哨的热管、内存散热等功能。对于一位追求稳定的用户而言，这样一款主板 60% 的价值都已经被浪费了，用户还要为那些自己用不到的功能和技术多花钱，不值。

值得注意的是，一些打着超频旗号的主板却并没有做到这一点，但这样的主板往往在价格上十分吸引人。用户在购买这类主板时的确也能够实现超频，但超频行为会加重主板及其他配件的工作负荷，很难想象一款“阉割”主板在超频后的寿命能够有多久。所以，在选购主板时应当擦亮双眼，莫让厂商给蒙蔽了。

目前一线、二线品牌中的绝大多数主流的高性价比主板均能够满足用户的需求，因此广大用户完全没有必要刻意追求做工豪华的超频主板。

第  章

深入认识和选购 DDR4 内存

5.1 DDR4 内存物理结构和工作原理

内存在电脑中扮演着极其重要的角色。

当初次打开文件时，实际上是把保存在硬盘上的文件调入内存；当我们在电脑上写文章时，实际上是往内存内写；当玩游戏时，实际上是把游戏内容调入内存后才能显示的；在进行运算时，是由内存中获取数据的；当文章还没有写完，要把它暂时保存起来时，实际上是把文件由内存往硬盘的转移过程；如果想把写好的文章打印出来，其内容也是由内存提供给输出设备的。当然，内存的以上功能都是由 CPU 控制器操纵的。可是，控制器之所以能够进行操纵，其指令也是由内存提供的。可见，内存实在是太重要了。

5.1.1 定义内存

在电脑的硬件系统中，有一个非常重要的部分，就是存储器。存储器是用来存储程序和数据的部件的，对于电脑来说，有了存储器，才有记忆功能。

电脑中有两种存储器，一种是内存储器，一种是外存储器。内存储器就是我们平时所说的内存，它的存取速度非常快，它的质量好坏与容量大小会影响电脑的运行速度。外存储器通常是磁性介质或光盘，像硬盘、软盘、磁带、CD 等。它能长期保存信息，并且不依赖于电来保存信息，但速度与 CPU 相比就显得慢得多。

内存是电脑中至关重要的一部分，它又被称为主存。它是一种利用半导体技术做成的电子设备，用来临时存储 CPU 处理的数据，同时它也充当着 CPU 和硬盘之间临时记录数据的设备。如果 CPU 直接从硬盘中读取数据，运算速度会变慢，但如果把需要运算的数据存储在内存中，CPU 就能很快地读取数据，进而提高运算的速度。图 5-1 展示了内存与其他硬件之间的工作关系图。

其实内存又叫易失性存储器，意思是说当电源供应中断后，存储器所存储的数据便会消失。这也是内存的一个特点。

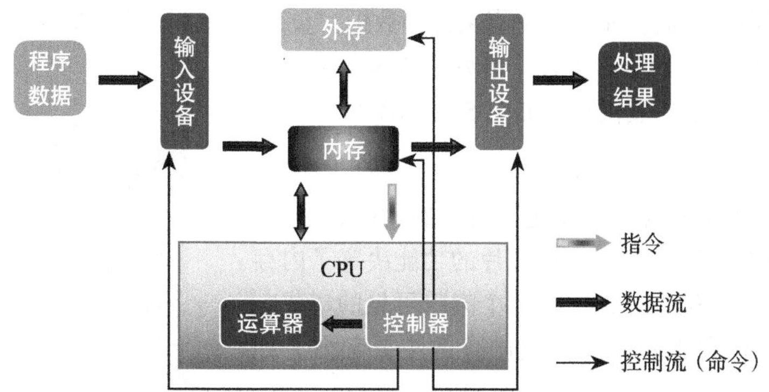

图 5-1　内存与其他硬件工作关系图

最初电脑使用的内存其实是 DRAM（动态随机访问存储器），所以现在内存是按照 DRAM 原理制造而成的。

那么什么是 DRAM 呢？

简单来说，早期电脑内存 DRAM 是由电容组合而成的，就像是充电电池，能够存储电荷的电容分别以充满电和放完电的状态表示二进制数字 1 和 0。内存使用的电荷非常少，如果不加理会，电容就会放电成为 0，也就是说存储的数据就会消失，因此需要每隔一段时间就读取之前存储的内容，进行记录。其实这个过程就是刷新，刷新操作需要的时间就是内存的速度了。

5.1.2　认识 DDR4 内存物理结构

我们已经知道电脑的内存比较重要，下面我们来了解一下电脑内存的结构。

电脑的内存通常由 PCB、金手指、内存芯片、电容、电阻、内存固定卡缺口、内存脚缺口、SPD 等几部分组成，如图 5-2 所示。

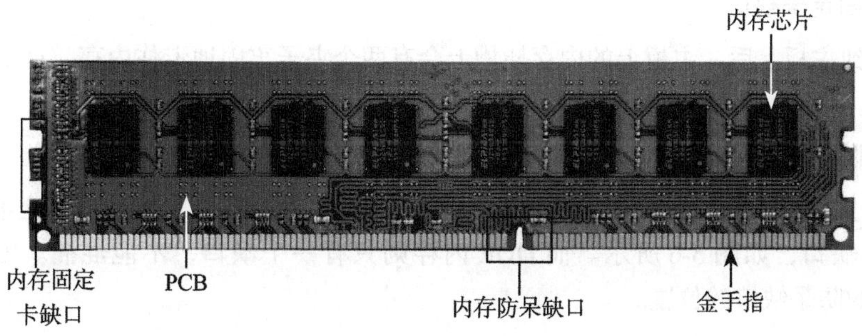

图 5-2　台式电脑的内存

1.PCB

流行内存的 PCB 多为绿色，而且设计精密。一般采用多层设计。理论上分层越多内存的性能越稳定。PCB 制造严密，肉眼上较难分辩 PCB 的层数，只能借助一些印在 PCB 上的符号或标识来断定。

2. 金手指

内存金手指就是内存模组下方的一排金黄色引脚，其作用是与主板内存插槽中的触点相接触，以此来实现电路连通，通过金手指来传输数据。金手指由铜质导线制成，长时间使用会出现氧化，从而影响内存的正常工作。最好每隔半年左右用橡皮清理一下金手指上的氧化物，如图 5-3 所示。

图 5-3　金手指

3. 内存芯片

内存芯片又被称为内存的灵魂，内存的性能、速度、容量都是由内存芯片决定的。内存芯片的功能决定了内存的功能。内存芯片就是内存条上一个个肉眼可见的集成电路块，又被称作内存颗粒，是构成内存的主要部分，如图 5-4 所示。

4. 电阻、电容

PCB 上必不可少的电子元件就是电阻和电容了，用于提高电气性能。为了减小内存的体积，无论是电阻还是电容都采用贴片式，而这些电阻或电容的性能丝毫不比非贴片式的电阻或电容逊色，它们为提高内存的稳定性起了很大作用，如图 5-5 所示。

图 5-4　内存芯片

图 5-5　电容和电阻

5. 内存固定卡缺口

内存插到主板上后，主板上的内存插槽上会有两个夹子牢固地卡住内存，这个缺口便是固定内存用的。

6. 内存防呆缺口

内存脚上的缺口的作用首先是防止内存插反，其次是用来区不同内存的。之前的 SDRAM 内存有两个缺口，如图 5-6 所示。而 DDR 内存则只有一个缺口，不能混插。图 5-7 展示了 DDR4 内存的防呆缺口的位置。

图 5-6　SDRAM 内存

7.SPD 芯片

SPD 是一个 EEPROM 可擦写存贮器的八脚小芯片，容量仅有 256 字节，只可以写入一点信息，主要包括内存的标准工作状态、速度、响应时间等，以协调电脑系统更好地工作，如图 5-8 所示。

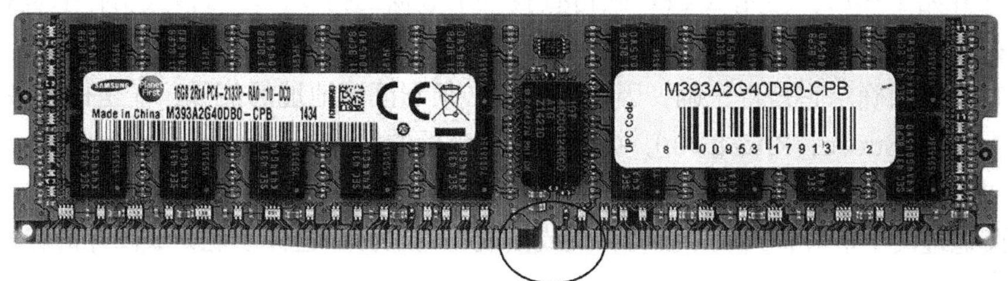

图 5-7　DDR4 内存防呆缺口

图 5-8　SPD 芯片

5.1.3　了解 DDR4 内存工作原理

1. 内存寻址

内存从 CPU 获得查找某个数据的指令，然后再找出存取资料的位置，这个过程被称作“内存寻址”。在整个过程中它先定出数据的横坐标（列地址），再定出数据的纵坐标（行地址），以此便能非常精确地找到这个地址。

2. 内存传输

储存资料或从内存内部读取资料时，CPU 先会为这些读取或写入的资料编上地址，并通过地址总线（Address Bus）将地址送到内存，然后数据总线（Data Bus）就会把对应的正确数据送往微处理器，传回去给 CPU 使用。

3. 存取时间

存取时间，就是指 CPU 从内存读取或往内存写入资料这个过程所用的时间，也被称为总线循环。

4. 内存延迟

内存延迟实际上指的是处理器需要等待多长时间，内存才能做好发送或接收数据的准备。处理器等待的时间越短，整机的性能就越高。比如你在餐馆里用餐的过程一样。你首先要点菜，然后就等待服务员给你上菜，这个时间越短越好。同样的道理，内存延迟时间设置得越短，电脑从内存中读取数据的速度也就越快，进而电脑其他的性能也就越高。

5.1.4 内存的工作原理

内存在开始工作后，会先从 CPU 获得查找某个数据的指令，然后再找出存取资料的位置，这就好像在地图上画个十字标记一样，要非常准确地定出这个地方。对于电脑系统而言，找出这个地方时还必须确定它是否正确，因此电脑还必须判读该地址的信号，横坐标有横坐标的信号（Row Address Strobe，RAS 信号），纵坐标有纵坐标的信号（Column Address Strobe，CAS 信号），最后再进行读或写的动作。因此，内存在读写时至少有 5 步：画个十字（包括定地址两个操作及判读地址两个信号，共 4 个操作）及或读或写的操作，这样才能完成内存的存取操作。

5.2 DDR4 和 DDR3 内存有何不同

5.2.1 DDR4 与 DDR3 内存规格不同

DDR3 内存的起始频率仅有 800MHz，最高频率为 2133MHz。而 DDR4 内存的起始频率就有 2133MHz，最高频率可达 4000MHz 以上。更高频率的 DDR4 内存在各个方面的表现与 DDR3 内存相比都有显著的提升。DDR4 内存的每个针脚都可以提供 0.25GB/s 的带宽，那么 DDR4-3200 就是 51.2GB/s，这比 DDR3-1866 的带宽提升了 70%。

另外，DDR4 内存在使用了 3DS 堆叠封装技术后，单条内存的容量最大可以达到目前产品的 8 倍。DDR3 内存单条容量为 64GB，而 DDR4 则可以达到 128GB。

5.2.2 DDR4 与 DDR3 内存外形不同

DDR4 内存的金手指变化较大，变得弯曲了，并没有沿着直线设计，这究竟是为什么呢？一直以来，平直的内存金手指插入内存插槽后，受到的摩擦力较大，因此存在难以拔出和难以插入的情况。为了解决这个问题，DDR4 将内存下部设计为中间稍突出、边缘收短的形状。在中央的高点和两端的低点之间以平滑曲线过渡。这样的设计既可以保证 DDR4 内存的金手指与内存插槽触点有足够的接触面，确保信号传输稳定，还可让中间凸起的部分和内存插槽产生足够的摩擦力，稳定内存。

另外，DDR4 接口位置也发生了改变，金手指中间的“缺口”位置与 DDR3 相比更为靠近中央。在金手指触点数量方面，普通 DDR4 内存有 288 个，而 DDR3 则只有 240 个，每一个触点的间距从 1mm 缩减到 0.85mm，如图 5-9 所示。

图 5-9 DDR4 内存

5.2.3 DDR4与DDR3内存功耗不同

通常情况下，DDR3内存的工作电压为1.5V，耗电较多，而且内存条容易发热、降频，影响性能。而DDR4内存的工作电压多为1.2V甚至更低，功耗的下降带来的是更少的用电量和更小的发热，提升了内存条的稳定性，基本不会出现因发热引起的降频现象。

5.3 双通道、三通道与四通道内存

5.3.1 什么是双通道

为了解决内存带宽带来的瓶颈问题，更好地为CPU传输数据，一种可行的方法是在CPU和内存之间增加一个数据传输通道。这就是双通道（Dual Channel）内存，如图5-10所示。

增加内存通道后，内存总线的带宽也变为原来的两倍，提示了性能，能够满足CPU带宽的需求了，如图5-11所示。

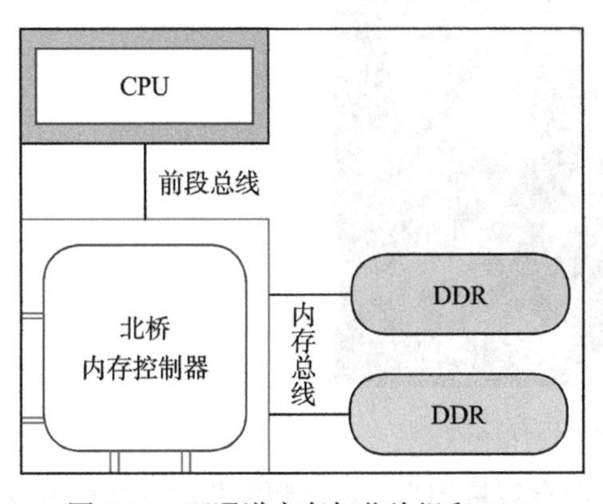

图5-10 双通道内存与芯片组和CPU

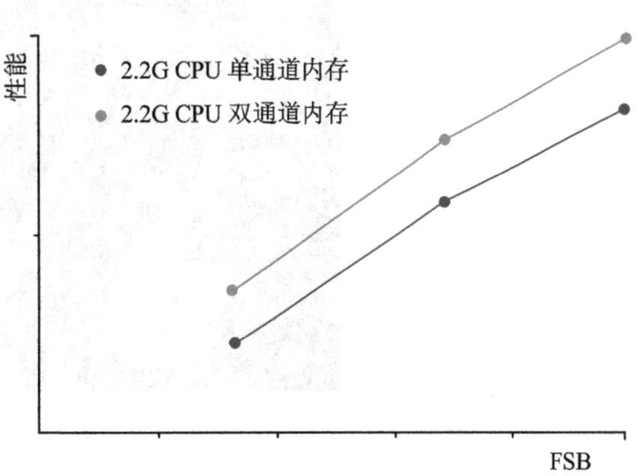

图5-11 双通道内存性能提高

以DDR4 2400为例，DDR4 2400实际带宽为35000MB/s，组成双通道后的带宽为35000×2=70000MB/s。

5.3.2 双通道对内存的要求

要组成双通道其实对内存的要求是很苛刻的，有以下限制：

1）内存必须是两条，并放入同一插槽的不同通道。比如Slot 1的A通道、B通道。一般主板设计时已经用颜色来区分了，只要将两条内存安装在相同颜色的插槽中即可。

2）组成双通道的内存容量必须相同，比如1GB+1GB。

3）内存的内存颗粒（DRAM芯片）必须相同，比如同为现代256MB DRAM。

4）DRAM总线带宽必须相同，比如同为 ×8 或 ×16。

5）必须同是单面或双面内存。

总之，配置双通道时，首先要求主板支持双通道，然后要求选用型号规格、容量相同的内存。

5.3.3 怎样组成双通道

图 5-12 展示了主板的双通道内存插槽。

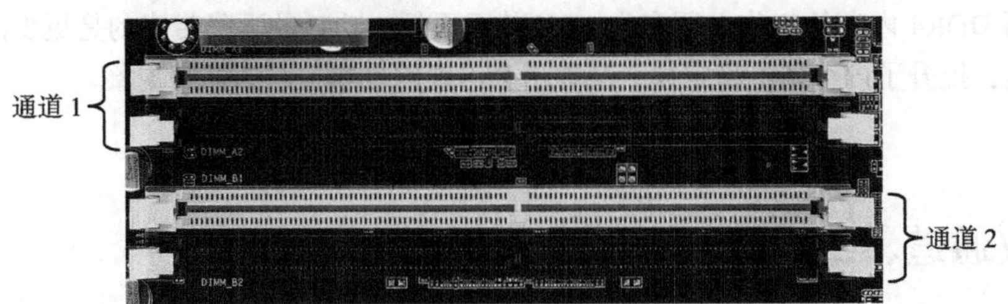

图 5-12 双通道内存插槽

主流的主板上的内存插槽都是由不同颜色的两条组成一个通道。只要将两条相同的内存插在同颜色的两个插槽内就可以组成双通道了，如图 5-13 所示。

图 5-13 主板上的双通道内存插法

1）对称双通道：理论上只要通道 1 和通道 2 的内存容量相当、内存颗粒相同的话就可以组成双通道。所以在通道 1 上插一条 1GB 内存，在通道 2 上插两条 2GB 内存，同样可以组成双通道。但因为内存颗粒和总线带宽等条件都不容易做到一致，所以这种方法组成双通道是比较困难的。

2）非对称双通道：在非对称双通道模式下，两个通道的内存容量可以不相等，而组成双通道的内存容量大小取决于容量较小的那个通道。例如，通道 1 有一条 1GB 内存，通道 2 有一条 2GB 内存，则通道 1 中的 1GB 和通道 2 中的 1GB 组成双通道，通道 2 剩下的 1GB 内存仍工作于单通道模式下。需要注意的是，两条内存必须插在颜色相同的插槽中。

因为主板的内存模组会自动判断内存是否能组成双通道，或有一部分可以组成双通道，所以就算使用两条不一样的内存，也推荐使用双通道的插法。这样可能会有一部分内存被作为双通道来使用，剩下的就会当作单通道使用。

5.3.4 三通道和四通道

1）三通道：随着 Intel Core i7 平台的发布，三通道内存技术孕育而生。与双通道内存技术类似，三通道内存技术的出现主要是为了提升内存与处理器之间的通信带宽。前端总线频率大多为 800MHz，因此其前端总线带宽为 800MHz × 64bit/8=6.4GB/s。如系统使用单通道 DDR 400 内存，由于单通道内存位宽只有 64bit，因此其内存总线带宽只有 400MHz × 64bit/8=3.2GB/s，显然前端总线将有一半的带宽被浪费。三通道内存将内存总线位宽扩大到了 64bit × 3=192bit，同时采用 DDR3 1066 内存，因此其内存总线带宽达到了 1066MHz × 192bit/8 =25.5GB/s，内存带宽得到巨大的提升。图 5-14 展示了三通道主板。

2）四通道：四通道是在三通道的基础上增加了一条数据通道，性能方面目前还没有准确的数字。不过只有少量的主板支持四通道，说明目前的四通技术实用性还不是很高。在 Sisoft Sandra 2012 benchmark（美国桑德拉软件工程组织）测试项目中，单通道到四通道的内存带宽的变化几乎呈线性增长，单通道内存带宽为 8.47GB/s，变化为双通道后为 16.85GB/s，几乎翻了一倍，而提升至三通道后更是达到了 24.56GB/s。最后，在四通道情况下更是达到了 30.38GB/s，如图 5-15 所示。

图 5-14　三通道主板

图 5-15　支持四通道的华硕主板

5.4 确认当前主机的内存条

内存是电脑的正常运行所不可缺少的，那么如何确认当前主机的内存呢?

确认当前主机的内存有两种方法，一个是拆开主机箱直接查看主机内存，另一个是用软件检测。

1. 直接查看主机的内存

若想要直接查看主机的内存，我们就需要知道如何拆卸主机的内存。而且，电脑使用者有时会更换内存条，所以下面我们着重介绍一下拆卸主机内存条的步骤以及注意事项。

（1）准备工具

准备好必要的拆卸工具，如：十字螺丝刀（中号、小号各一把），平头螺丝刀（中号、小号各一把），钳子。

（2）释放静电

由于电脑中的电子产品对静电高压相当敏感，当你接触到与人体带电量不同的载电体时（如：电脑中的板卡），就会产生静电释放。所以，用户在正式拆卸与安装电脑之前，不要忘了释放一下静电。日常生活中静电无处不在，即使是少量的静电，所释放出的静电伏特数却是数以千计，严重危害电脑内器件。所以在拆卸或组装电脑之前，必须断开所有电源，然后通过双手触摸地线、墙壁、自来水管等金属物体的方法来释放身上的静电。

（3）拆卸主机所有外部连线

切断所有与电脑及其外设相连接的电源。

（4）打开机箱外盖

无论是品牌机还是兼容机，是卧式机箱还是立式机箱，其固定机箱外盖的螺丝大多在机箱后侧或左右两侧的边缘上。用适用的螺丝刀逆时针拧开这些螺丝，取下机箱外盖，就可以看到机箱内主板上的内存了。如果机箱外盖与机箱连接得比较紧密，要取下机箱外盖就不大容易了，这时候可能需要用平口螺丝刀从接缝边缘小心地撬开它。

（5）拆卸内存条

如图 5-16 所示，用双手同时向外按压内存插槽两端的塑胶夹脚，直至内存条从内存插槽中稍微弹出。然后即可从内存插槽中取出内存条。

图 5-16 内存插槽两端的塑料夹脚

如上所述，内存拆卸成功。观察内存表面标签，能够看到内存型号、容量相关信息和内存芯片的信息，如图 5-17 所示。标签中显示了内存容量为 2GB，2R×8 表示内存条双面都有内存颗粒并且每面有 8 个内存颗粒，12800 表示核心频率为 200MHz，I/O 频率为 800MHz，等效频率为 1600MHz。11 就是在等效频率为 1600MHz 的情况下，CL 延迟值为 11。第 2 行字中包含了该内存的生产信息和型号信息。

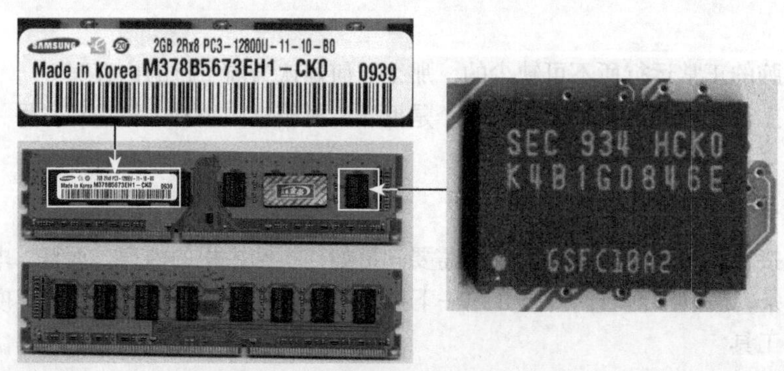

图 5-17 内存信息和芯片信息

2. 软件检测内存

除了通过打开主机箱查看内存之外，还可以通过软件检测内存的信息。这里我们介绍用“鲁大师”检测。若想用软件进行检测内存相关信息，首先电脑内要安装该软件，然后才能启动软件进行检测。

图 5-18 展示了“鲁大师”检测内存结果。该电脑安装了两个内存条，两个都为芝奇 DDR4 3200MHz 的容量为 8GB 的内存。所以该机器的总的内存容量为 16GB。另外，用 CPU-z 检测软件检测的内存信息，如图 5-19 所示。

图 5-18　“鲁大师”内存检测结果

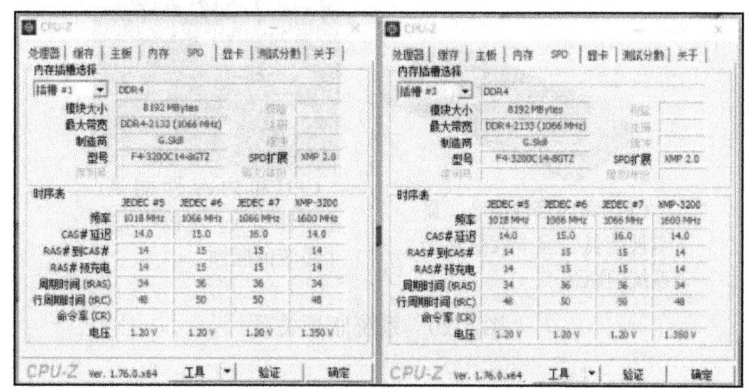

图 5-19　CPU-Z 检测内存结果

5.5　CPU 和内存之间的瓶颈

“瓶颈”一词我们都比较了解，指的是瓶口下面较细的那个部位。而在电脑系统中，瓶颈被用来指整个系统中最薄弱的环节，也就是说你的电脑的配置中有一个硬件性能限制了整个电脑的性能的时候就会出现瓶颈效应。比如说一台机器配置了顶级的处理器、顶级的主板，却配了一条 1GB 内存，这个时候你的整个电脑工作于单通道模式，它的性能就取决于你的内存了，该内存就是整个系统的瓶颈。如果将一条 1GB 内存换为 3 条 2GB 的内存，那么该电脑系统实现了三通道，总的内存容量增加了，系统的性能就会有很大的提升。

Intel 公司的 Andy Grove 先生称，电脑速度降低时，由于 CPU 和周围设备之间的传送通路——总线会产生瓶颈现象。他把总线比作“死亡阶梯”。这进一步说明了 3 个最严重的瓶颈是“CPU 和内存”“CPU 和显卡”“内存和显示设备”之间的瓶颈。图 5-20 展示了电脑系统的瓶颈关系图。

选购电脑硬件的时候，一定要对各部件的接口总线有一个大致的了解，尽量减少系统瓶颈问题，提高电脑整体的工作性能。如果出现严重的瓶颈问题，将会使某些硬件一直处于满载状态，可能使得电脑出现不稳定现象或者出现其他故障。

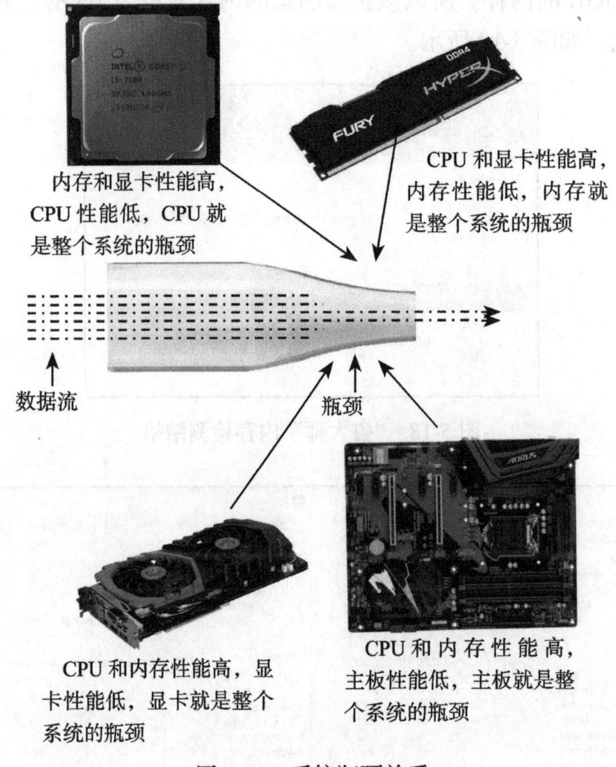
内存和显卡性能高，
CPU 性能低，CPU 就
是整个系统的瓶颈
CPU 和显卡性能高，
内存性能低，内存就
是整个系统的瓶颈
数据流
瓶颈
CPU 和内存性能高，显
卡性能低，显卡就是整个
系统的瓶颈
CPU 和内存性能高，
主板性能低，主板就是整
个系统的瓶颈

图 5-20 系统瓶颈关系

5.6 内存的主频对速度的影响

内存的主频是内存性能参数中的一项，它代表内存所能达到的标注工作频率，实际上就是内存的工作速度。所以说，内存的主频越高，内存的性能就越强，电脑的整体速度就会越高。因为当 CPU 需要处理数据，从内存中调取的时候，若是内存工作频率高，那么数据传输的速度就快。内存主频是以 MHz（兆赫）为单位来计量的，目前市场上主流的 DDR4 内存的主频为 3200MHz、2400MHz、2133MHz 等。

为什么内存主频不是它的实际工作频率呢？

众所周知，电脑系统中时钟速度是以频率来衡量的。而这种时钟频率是由晶体振荡器控制的，而内存本身没有这种晶体振荡器，因此内存的时钟信号由主板芯片组北桥或者直接由主板的时钟发生器来提供，这就是说，内存无法决定自身的工作频率，其实际工作频率是由主板来决定的。但是由主板决定的这个时钟频率，不会超过内存的最大工作频率。

另外，内存工作时有两种工作模式，分别是同步工作模式和异步工作模式。在这两种工作模式下，内存的工作频率是不同的。

1）同步模式：在这种工作模式下，内存的实际功率与 CPU 的外频是一致的。而大部分主板都采用这种默认的工作模式，这种模式比较大众化。

2）异步模式：在这种工作模式下，允许内存的工作频率与 CPU 的外频存在一定的差异，它可以让内存工作在高出或低于系统总线速度 33MHz，又或者让内存和外频以 3 ∶ 4、4 ∶ 5 等定比例的频率工作。这种技术模式可以避免以往超频导致的内存瓶颈问题，适合于超频用户。不同的工作模式对电脑的性能会有不同的影响。

5.7 认识内存的金手指

如图 5-21 所示，内存条上的众多金黄色的、排列整齐的一排导电触片就是我们常说的内存金手指。这种导电的触片排列如手指状，而且早期内存金手指表面多为镀金的，所以显示为金黄色，美其名曰金手指。其实，它就是内存的导电金属端子。它排列为手指状其中一个原因是为了适应主板内存插槽而设计，图 5-22 展示了主板内存插槽。而导电触片表面镀金主要是因为金的抗氧化性极强，而且数据的传导性也很强，内存处理单元的所有数据流、电子流正是通过金手指与内存插槽的接触与 PC 系统进行交换，是内存的输出输入端口，因此其制作工艺对于内存连接相当重要。但是，如今主板、内存、显卡的金手指表面几乎都是采用镀锡的，只有部分高性能服务器 / 工作站的配件接触点才会延用镀金的做法，主要是因为金的价格比较昂贵，而这也是那些高性能服务器 / 工作站的配件价格高的原因之一。这种材料的更换大概是在 20 世纪 90 年代开始普及的。

图 5-21　内存条金手指

通常所说的内存针数，指的正是内存条金手指的个数。DDR4 台式机内存金手指是 288 个，金手指的个数是固定的。另外，笔记本电脑内存和台式机内存金手指的总个数是不同的，笔记本电脑内存金手指总数是 260。如图 5-23 所示，一般内存条都会在左下角和右下角标注金手指的个数信息。

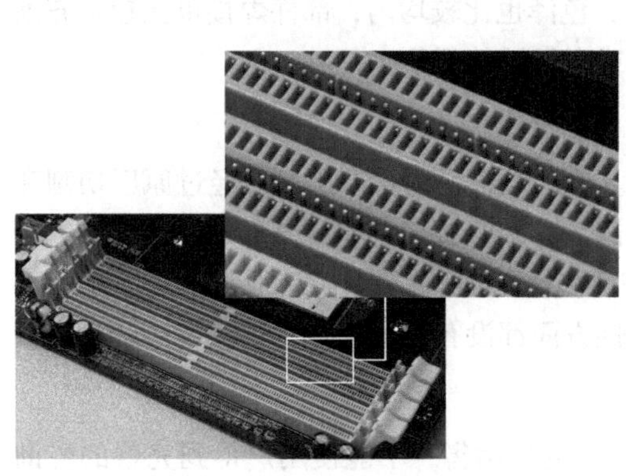

图 5-22　主板内存插槽

图 5-23　金手指个数标注信息

5.8 内存选购要素详解

选购内存时，主要考虑品牌、容量、种类及频率、PCB 等一些要素。

1. 品牌

和其他产品一样，内存芯片也有品牌的区别，不同品牌的芯片质量自然也不同。一般来说，一些久负盛名的内存芯片在出厂的时候都会经过严格的检测，质量可以保证。购买时可以考虑金士顿（Kingston）、威刚（ADATE）、宇瞻、胜创（Kingmax）、三星（Samsung）、海盗船（Corsair）、金邦（Geil）、现代（Hynix）等品牌的内存。

2. 内存容量大小

目前主流内存容量为 8GB、16GB、32GB。内存条容量大小有多种规格，DDR4 内存一般分为 8MB、16GB 等。8GB 已经能够满足安装 Windows 8 操作系统的需要。如果用户经常进行平面设计和多媒体制作，则应选用 32GB 或更大容量的内存。由于主板的内存插槽有限，因此扩展能力并不是无限的。而且在同容量下，单条内存要好于双条（双通道系统除外），同时，也为以后升级着想，选择单条容量 8GB 及以上比较合理。

3. 内存的种类和工作频率

目前主流内存是工作频率为 3000MHz ～ 4000MHz 的 DDR4 内存，内存的工作频率直接影响内存的工作速度。目前主流内存的规格主要包括 DDR4 2400、DDR4 3000、DDR4 3200 等，目前主流主板都支持 DDR4 3000 规格的内存，选购内存时应根据主板芯片组支持的型号选择。

4. PCB（印刷电路板）

PCB 较好的是 6 层板。PCB 的质量以及线路设计与内存品质有非常密切的关系。内存的级别与层数有关。作坊级别的内存使用 4 层 PCB 制造，仅经过初级检测未发现重大缺陷即可出厂，可能无法在所有的系统上使用。而品牌内存和原厂内存一般使用 6 层 PCB 制造，通过相关电气标准测试，能够稳定工作，兼容性也高。由于 6 层板具有完整的电源层和地线层，因此与 4 层板设计相比，在稳定性上有很大优势。6 层板设计的内存一般有一种沉甸甸的感觉，质量均匀、表面整洁，边缘打磨得比较光滑，板面光洁且色泽均匀，元件之间的焊点整齐，布线孔是不透明的。如果内存 PCB 上有透明布线孔，则为 4 层板设计。

另外，好的内存条表面有比较强的金属光洁度，色泽也比较均匀，部件焊接也比较整齐划一，没有错位。金手指部分也比较光亮，没有发白或者发黑的现象。

5. 内存的颗粒

内存颗粒在市场上分为原厂颗粒和 OEM 颗粒。原厂颗粒是指生产出来后经过原厂切割和封装，然后通过完整的测试流程检验的合格产品。因为芯片测试设备非常昂贵，对生产成本有很大影响，所以有许多内存生产厂商会采用未经完整测试的 OEM 颗粒或者原厂淘汰下来的不合格品。这样生产出来的内存产品在兼容性和稳定性方面都没有保证。

6. 售后服务

我们最常看到的情形是用橡皮筋将内存扎成一捆进行销售，不能使用户得到完善的咨询和售后服务。目前部分有远见的厂商已经开始完善售后服务渠道，选择良好的经销商。一旦购买的产品在质保期内出现质量问题，只需及时更换即可。大部分内存厂商都是 3 年换新，终身保修。

 目前使用的 DDR4 内存有哪些

目前市场上主要的成品内存包括金士顿（Kingston）、威刚（ADATE）、宇瞻、胜创（Kingmax）、三星（Samsung）、海盗船（Corsair）、金邦（Geil）、现代（Hynix）等品牌，这些内存采用的工艺略有不同，因此在性能上多少有些差异。选购品牌内存时，应从其质量和性价比等方面进行比较。

目前主流内存产品主要是 DDR4 内存，下面介绍几款主流的产品。

1. 海盗船 复仇者 16GB DDR4 3000

海盗船 16GB DDR4 3000 内存主频为 3000MHz，工作电压为 1.35V。此内存采用纯铝散热器设计，外观非常大气，良好的散热更加利于运行大型游戏。内存规格方面，采用原装进口内存颗粒，支持 XMP2.0 无障碍自动超频，性能方面有着更好的表现，如图 5-24 所示。

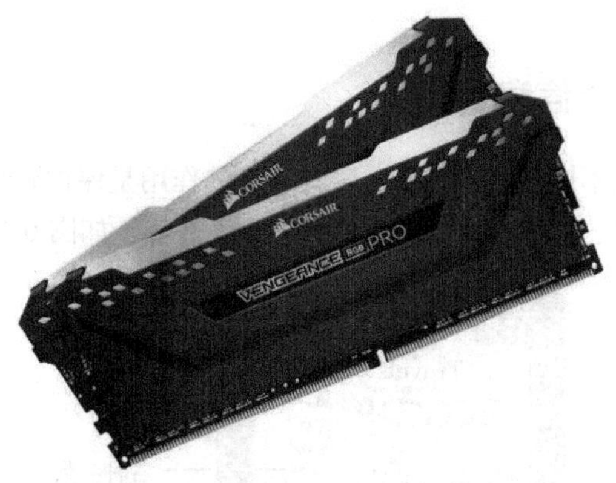

图 5-24　海盗船 复仇者 16GB DDR4 3000 内存

2. 金士顿骇客神条 FURY 16GB DDR4 3000

金士顿骇客神条 FURY 16GB DDR4 3000 内存使用了铝合金散热器，采用黑色 PCB 设计，间接增加了内存的档次感。预设了 PnP 功能，可以实现自动超频。该内存的默认时序为 15-15-17，工作电压为标准的 1.35V，如图 5-25 所示。

图 5-25　金士顿骇客神条 FURY 16GB DDR4 3000 内存

第 6 章 深入认识和选购大容量硬盘

6.1 硬盘内外部结构和工作原理

6.1.1 看图识硬盘外壳信息

硬盘的外壳主要采用不锈钢材质制成。硬盘外壳的作用是保护硬盘内部的元器件。硬盘外壳上面通常会标有硬盘的一些信息，如硬盘的品牌、参数等，如图 6-1 所示。

图 6-1　笔记本电脑硬盘外壳样式

6.1.2 看图识硬盘的控制电路

硬盘的电路板在硬盘的反面，上面有很多芯片和分立元件，大多数硬盘的控制电路都采用贴片式焊接。硬盘的电路板中包括主轴调速电路、磁头驱动与伺服定位电路、读写电路、高速缓存、控制与接口电路等，主要负责控制盘片转动、磁头读写、硬盘与 CPU 的通信等。其中，读写电路的作用就是控制磁头进行读写操作；磁头驱动电路的作用是控制寻道电机，使磁头定位；主轴调速电路是控制主轴电机带动盘体以恒定速率转动的电路。

硬盘的电路板主要由主控制芯片、电机驱动芯片、缓存芯片、硬盘的BIOS芯片（有的集成在主控芯片中）、加速度感应芯片、晶振、电源控制芯片、三极管、场效应管、贴片电阻电容等组成，另外在硬盘内部的磁头组件上还有磁头芯片等，如图6-2所示。

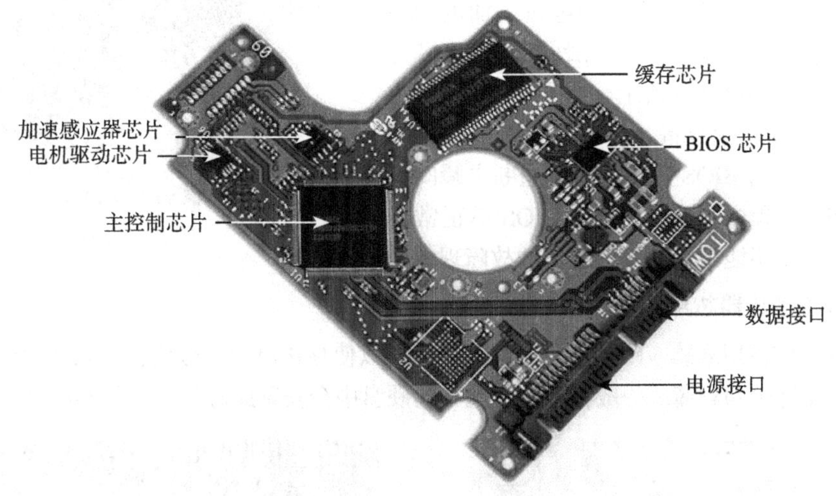

图6-2　硬盘的电路板

1. 主控制芯片

主控制芯片也就是硬盘的CPU芯片，在整个底板上它的块头最大，正方形，主要负责数据交换和数据处理。有的主控制芯片内部还内置BIOS模块、数字信号处理器等，如图6-3所示。

图6-3　主控制芯片

2. 缓存芯片

缓存芯片是为了协调硬盘与主机在数据处理速度上的差异而设计的，缓存芯片在硬盘中主要负责给数据提供暂存空间，提高硬盘的读写效率。目前主流硬盘的缓存芯片容量有2MB和8MB，最大的达到16MB。缓存容量越大，硬盘性能越好，如图6-4所示。

3. 电机驱动芯片

电机驱动芯片一般是正方形，比主控芯片要小很多，主要负责给硬盘的音圈电机和主轴电机供电。目前，由于硬盘转速太高，容易导致该芯片发热量太大而损坏，据不完全统计，70% 左右的硬盘电路路障是由该芯片损坏引起的。

4. BIOS 芯片

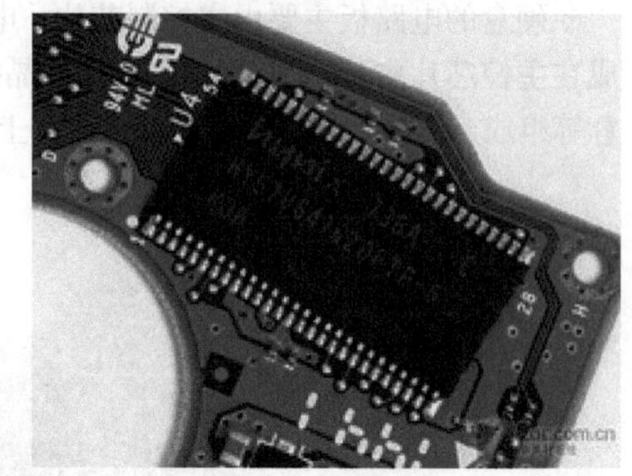

图 6-4 缓存芯片

硬盘 BIOS 芯片有的在电路板中，有的集成在主控制芯片中。其内部固化的程序可以进行硬盘的初始化，执行加电和启动主轴电机、加电初始寻道、定位以及故障检测等，一般硬盘 BIOS 芯片的容量为 1MB，如图 6-5 所示。

它用于保存硬盘容量、接口信息等，硬盘所有的工作流程都与 BIOS 程序相关，通断电瞬间可能会导致 BIOS 程序丢失或紊乱。BIOS 不正常会导致硬盘误认、不能识别等各种各样的故障现象。

5. 加速度感应器芯片

加速度感应器用来感应跌落过程中的加速度，以使马达停转、磁头移动到碟片外侧，从而保护硬盘免受冲击和碰撞。一般在笔记本电脑的硬盘中会安置此芯片，如图 6-6 所示。

图 6-5 硬盘 BIOS 芯片

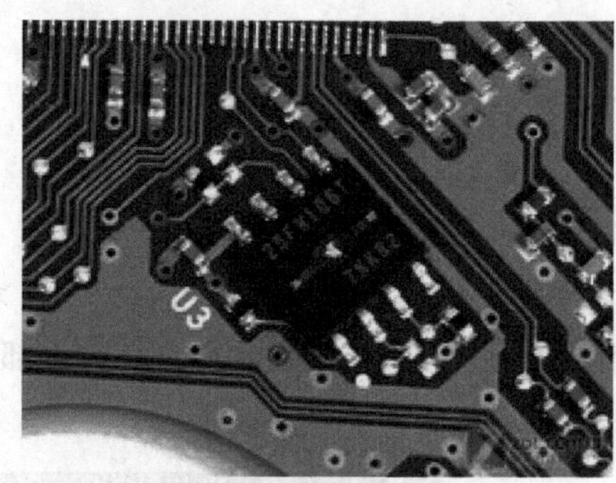

图 6-6 加速感应器芯片

6.1.3 看图识硬盘内部构造

硬盘的内部主要由盘片和主轴组件、浮动磁头组件、磁头驱动机构、前置驱动控制电路等组成，如图 6-7 所示。

1. 盘片和主轴组件

盘片和主轴组件是两个紧密相连的部分，如图 6-8 所示。硬盘盘片是一个圆形的薄片，一般采用硬质合金制造，表面上被涂上了磁性物质，通过磁头的读写，将数据记录在其中。由于盘片在硬盘中要高速旋转，所以硬盘的盘片表面都十分光滑，而且耐磨度很高，多为铝合金制作，也有玻璃等质材。通常一个硬盘由若干张盘片叠加而成，目前一张盘片的单碟容量已经达到惊人的 1TB，而硬盘总容量高达 12TB 以上。

主轴组件由主轴电机驱动，带动盘片高速旋转。旋转速度越快，磁头在相同时间内相对盘片移动的距离就越多，相应地就能读取到更多的信息。

目前硬盘的主轴都采用了“液态轴承马达”，这种马达使用的是黏膜液油轴承，以油膜代替滚珠，有效避免了由于滚珠摩擦而带来的高温和噪声。同时，这种技术对于硬盘防震也有很大的帮助，油膜能够很好地吸收突如其来的震动。因此，采用该技术的硬盘在运转中能够承受几十至几百 G 的外力。

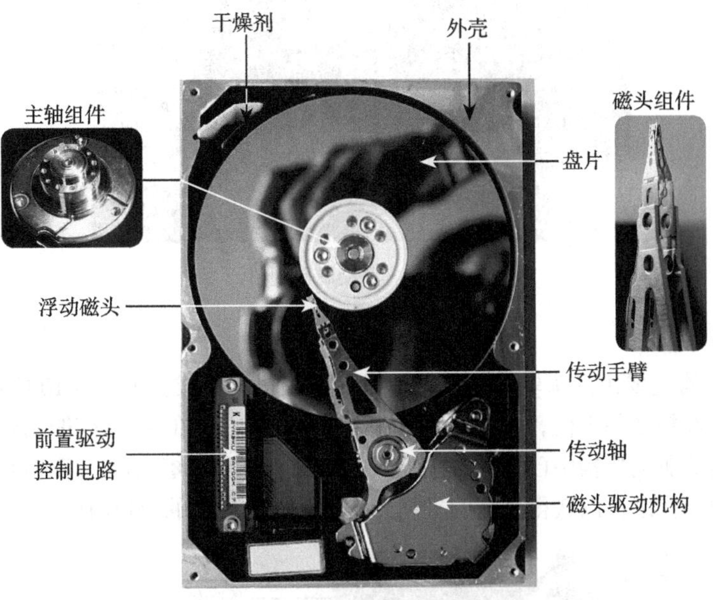

图 6-7　硬盘的盘体

图 6-8　硬盘的盘片和主轴组件

2. 浮动磁头组件

浮动磁头组件由读写磁头、传动手臂和传动轴 3 部分组成，如图 6-9 所示。其中，读写磁头是用线圈缠绕在磁芯上制成的，安放在传动手臂的末端。在盘片高速旋转时，传动手臂以传动轴为圆心带动前端的读写磁头在盘片旋转的垂直方向上移动，磁头感应盘片上的磁信号来读取数据，或改变磁性涂料的磁性，以达到写入信息的目的（读写磁头和盘片并不直接接触，两者之间的距离为 0.1 ～ 0.3μm）。

当硬盘没有工作时，传动手臂和传动轴将读写磁头停放在硬盘盘片的最内圈的起停区内。开始工作时，硬盘中固化在 ROM 芯片中的程序开始对硬盘进行初始化，工作完成后，主轴开始高速旋转，由传动部件将磁头悬浮在盘片 0 磁道处待命，当有读写命令时，传动手臂以传动轴为圆心摆动，将读写磁头移到需要读写数据的地方。

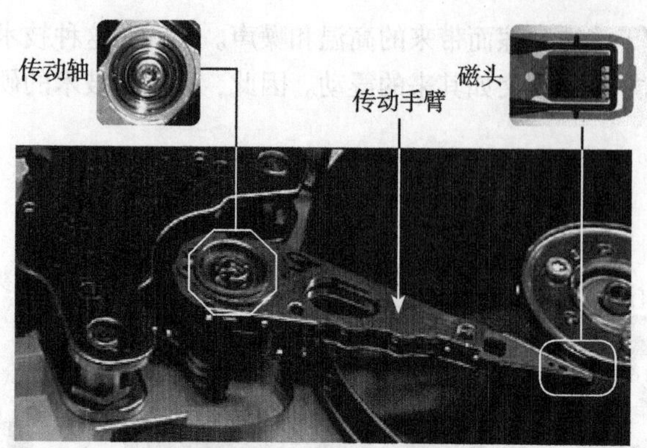

图 6-9 浮动磁头组件

3. 磁头驱动机构

磁头驱动机构主要由磁头驱动小车、电机和防震机构组成，如图 6-10 所示。其作用是对磁头进行驱动和高精度的定位，使磁头能迅速、准确地在指定的磁道上进行读写工作。现在的硬盘所使用的磁头驱动机构中已经淘汰了老式的步进电机和力矩电机，用速度更快、安全性更高的音圈电机取而代之，以获得更高的平均无故障时间和更低的寻道时间。

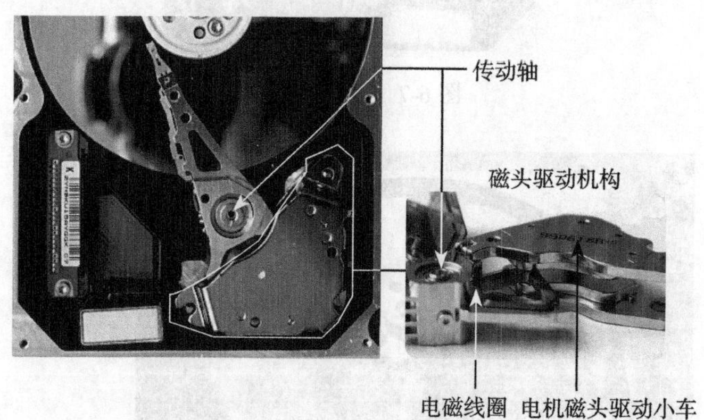

图 6-10 磁头驱动机构

4. 前置驱动控制电路

前置驱动控制电路是密封在屏蔽腔体内的放大线路，主要作用是控制磁头的感应信号、主轴电机调速、驱动磁头和伺服定位等，如图 6-11 所示。

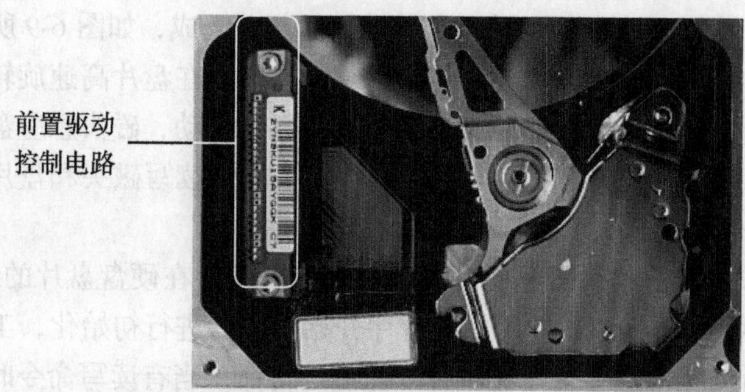

图 6-11 前置驱动控制电路

6.1.4 硬盘的工作原理

每个硬盘都有一块电路板，电路板主要负责与电脑进行通信，并控制管理整个硬盘的工作，可以说是硬盘的控制部门。若个别硬盘电路设计不良，或芯片的质量不好，或用户使用不当等，都有可能使电路板工作不正常。

由于硬盘电路板比较复杂，要想掌握硬盘电路板的维修方法，必须首先了解硬盘电路板的工作过程。

硬盘电路工作过程如下。

一般 IDE 接口硬盘有两组供电：12V 和 5V。其中，红色电源线为 5V 线，黄色电源线为 12V 线，两个黑色线为地线。而 SATA 接口硬盘有 3 组供电：12V、5V 和 3.3V。其中，红色电源线为 5V 线，黄色电源线为 12V 线，橘黄色电源线为 3.3V 线，两个黑色线为地线。

在开机接通电源后，ATX 电源直接给硬盘提供 5V 和 12V 的直流电压。5V 电压经过稳压器、场效应管、二极管等处理后，给主控芯片提供 3.3V、2.5V、1.2V 等工作电压。同时，5V 和 12V 电压经过电感、电容等滤波后，直接给电机驱动芯片供电。接着电机驱动芯片将 5V 和 12V 电压处理后，通过主控芯片（CPU）的指令供给主轴电机和音圈电机（主轴电机和音圈电机的电压为 7~9V）。

硬盘驱动器加电后，硬盘电路板上的主控芯片中的 DSP（数字信号处理器）开始对硬盘进行初始化，即 DSP 首先运行 ROM 中的程序，部分硬盘会检查各部件的完整性，然后盘片电机起转，当达到预定转速时，磁头开始运动，并定位到盘片的固件区，读取硬盘的固件程序和坏道表，在固件被正常读出后，硬盘初始化完成。

接下来，当硬盘接口电路接收到 CPU 传来的指令信号后，硬盘主控芯片向电机驱动芯片发出控制信号，电机驱动芯片将此信号翻译成电压驱动信号，驱动主轴电机和音圈电机转动，进而带动盘片转动，并将磁头移动到数据所在的扇区，这时根据感应阻值变化的磁头会读取磁盘上的数据信息。同时将读取的数据信息传送到磁头芯片，磁头芯片将信号放大后，再传送到前置信号处理器，前置信号处理器将接收到的数据信息解码后再传送到数字信号处理器，数字信号处理器再对数据信号进行进一步加工，之后传送到接口电路。接口电路将数据转换成电脑能识别的数据信号后，反馈给电脑系统，完成指令操作。

6.2 确认所用硬盘的型号和参数

一个完整的电脑不可缺少硬盘这一重要的硬件，那么如何查看硬盘的相关信息呢?

查看硬盘的型号和其他参数的相关信息可以采用软件检测方法，这一类的软件有“鲁大师”“超级兔子”“系统精灵”等。图 6-12 展示了“鲁大师”硬盘相关参数检测结果，该硬盘为西数硬盘 WDC WD10EZEX-00BN5A0，容量为 1TB，缓存为 64MB，转速为 7200 转 / 分钟，接口类型为 SATA3.0。

另外，还有一种方法可以找到硬盘型号及其他信息。

启动电脑进入系统，进入控制面板，双击“系统”图标，打开“系统”窗口，单击窗口左侧的“设备管理器”选项，然后在弹出的“设备管理器”对话框中单击“磁盘驱动器”左边的三角，就能找到硬盘的型号信息了，如图 6-13 所示。但是在这里能够了解到的硬盘的相关信息可能会比较少。

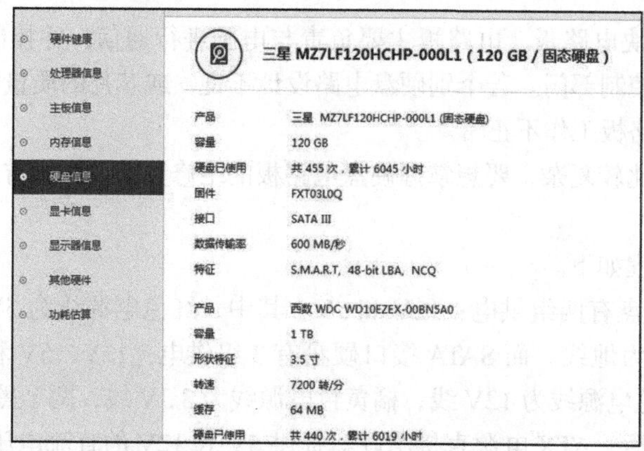

图 6-12 “鲁大师”硬盘参数检测结果

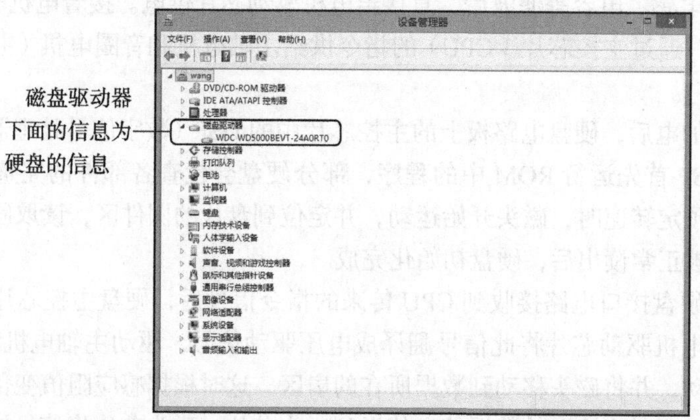

图 6-13 设备管理器

6.3 连接硬盘与主板的串行 ATA 接口

从硬盘诞生的那一天起，除了容量在不断地呈几何级数增加以外，它的接口技术也在随着周边硬件速度的变化而不断地革新。目前最具魅力的是串行 ATA 接口技术。

串行 ATA 接口又叫 SATA 接口，SATA 是 Serial ATA（Serial Advanced Technology Attachment）的简称。该接口形式于 2000 年 11 月由英特尔公司率先提出，至此取代了旧时 PATA 接口（IDE 接口）。该接口标准采用串行数据传输方式，速度比以往的 PATA 接口标准更加快捷，并支持热插拔，可在电脑运行时插上或拔除硬件。图 6-14 展示了 SATA 接口的官方标志。

图 6-14 SATA 接口官方标志

SATA 总线使用了嵌入式时钟频率信号，具备了比以往更强的纠错能力，能对传输指令（不仅是数据）进行检查，如果发现错误会自动矫正，提高了数据传输的可靠性。不过，SATA 和以往最明显的区别是用上了较细的排线，这有利于机箱内部的空气流通，在某种程度上增加了整个平台的稳定性。

SATA 接口有 3 种规格：SATA1.0、SATA2.0 和 SATA 3.0。表 6-1 展示了这 3 种 SATA 接口的数据传输速率对比。

表 6-1　3 种 SATA 接口的数据传输速率对比表

SATA 版本	带宽	速度
SATA 3.0	6Gb/s	600MB/s
SATA 2.0	3Gb/s	300MB/s
SATA 1.0	1.5Gb/s	150MB/s

图 6-15 展示了连接硬盘与主板的串行 ATA 接口（SATA 接口）和 SATA 数据线接口。

传统的 PATA（如 IDE）接口形式使用单模信号放大系统，噪声会随着正常信号一起传输、放大，不易被抑制。为了有效地减少噪声的干扰，只好使用高达 5V 电压传送正常信号，以抑制噪声，但成本也因此上升，而且限制了高速。而新的 SATA 接口形式，使用差动信号系统，它能有效地将噪声从正常信号中滤除，所以只需 0.5V 的工作电压，并且速度不受限制。

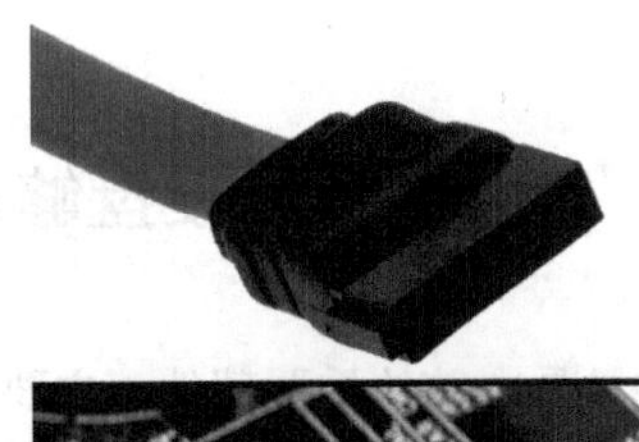

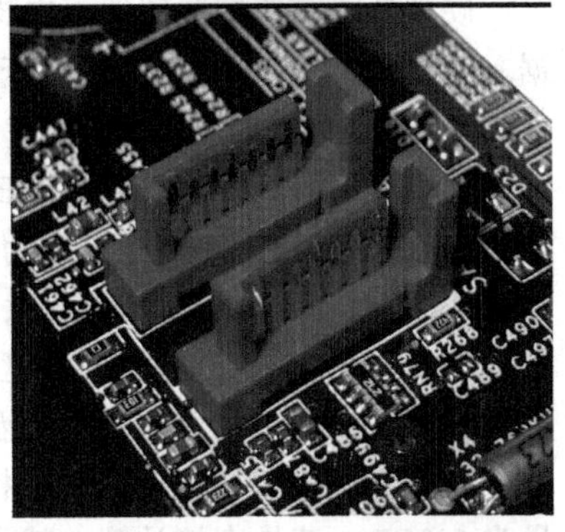

图 6-15　串行 ATA 接口及数据线接口

目前串行 ATA 接口最高标准为 SATA3.0。SATA3.0 接口标准于 2012 年 5 月正式发布，是最新的硬盘接口。该接口形式向下兼容 SATA2.0 和 SATA 1.0，数据接口和数据线与前两版规范相同，并没有变动。由于其具有低成本、低功耗的特点，所以很受消费者的追捧。另外，此规格在若干方面得到加强，可实现更佳的功能。这些增强功能如下：

1）全新原生指令队列（NCQ）串流指令，以便为需要大量带宽的音频和视频应用实现等时数据传输。

2）NCQ 管理功能通过对未执行的 NCQ 指令进行主机处理和管理，帮助优化性能。

3）改进了电源管理功能。

4）适合更紧凑型 1.8 英寸存储装置的小型低插力（LIF）接头。

5）旨在让更薄、更轻的笔记本电脑容纳 7 毫米光驱的接头。

6）符合 INCITS ATA8-ACS 标准。

7）完全向下兼容，新规范产品与旧规范产品相连时速度会自动将至 3Gbps 或 1.5Gbps。

8）可在存储单元、磁盘驱动器、光学和磁带驱动器、主机总线适配器（HBA）之间提供 6Gbps 速度的链路速度，并保证新的网络性能水平。6Gbps 只是理论值，事实上 SATA 接口发送信息的速度为 600MB/s，而受制于系统各部件的影响，实际速度会更低一些，而且不同环境差异会很大。

购买选择硬盘时，要注意硬盘的接口形式和版本。但是现在，硬盘的接口方面没有多大的选择余地，虽然现在市场上有 SATA2.0、SATA3.0 和 SCSI 等接口标准，但是最后一种 SCSI 接口价格相对昂贵，无法适合普通用户的使用。所以 SATA2.0 和 SATA3.0 接口硬盘是市场的主流接口产品。图 6-16 展示了 SATA 接口硬盘。

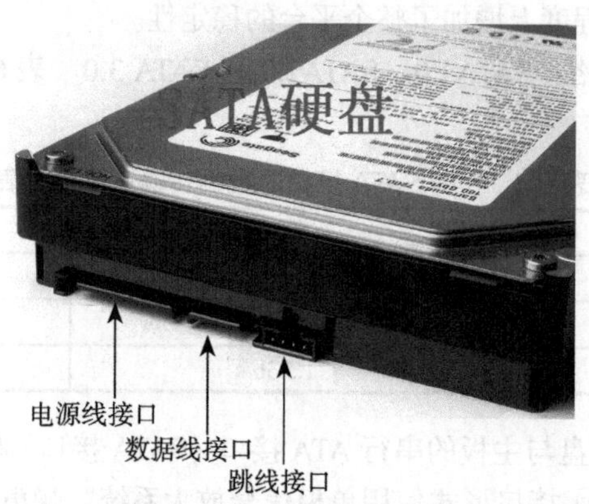

图 6-16 SATA 接口硬盘

6.4 多大容量的硬盘够用

硬盘是电脑的重要部件，主要功能有两个，一是存储操作系统与应用软件，二是存储数据。随着计算机应用的普及网络资源的丰富，需要存储的文档、数据越来越多，所以在选购硬盘的时候要注意硬盘容量的大小。

硬盘的容量一般以“吉”（GB）为单位，另外现在还有以“太”（TB）和“兆”（MB）为单位的硬盘，而主流硬盘容量为 1TB ～ 12TB。这几个单位的换算关系是：1TB=1024GB，1GB=1024MB。而硬盘的容量的大小是由硬盘中碟片的容量和碟片的数量来限制的。

那么如何查看自己电脑的硬盘容量呢？我们可以选一种电脑硬件检测的软件查看硬盘的容量，也可以在系统中直接计算硬盘的容量。如图 6-17 所示，软件“超级兔子”检测硬盘的容量为 100GB。若是直接计算，就是将电脑中每个盘符的容量加在一起，基本上就是该电脑硬盘的总容量了。

图 6-17 “超级兔子”检测硬盘容量

在购买电脑硬盘时，很多人都会考虑买多大容量的硬盘才够用。其实无论多大的硬盘，“够用”都是暂时的。考虑购买硬盘的容量，关键是考虑电脑的用途和预算资金，按需购买。

一般，若用电脑做图形图像设计或 3D 动画设计，那么硬盘容量就要求很大，因为存放素材会占用极大空间。另外，如果你是一位电影爱好者，经常下载各种影片，那硬盘的容量也需要很大，一部两小时 720P 的电影大概要 1.5G 左右的空间，一部 30 集的电视剧，每集 200MB 左右。对于这样的用户，通常考虑购买 4TB 或 6TB 容量的大容量硬盘。若用电脑来玩游戏，一个大型游戏会占用20G左右的空间，还要留给系统、软件、系统和软件的运行空间，可以考虑购买1TB或2TB容量的硬盘。若用电脑来办公，或家庭使用，数据量不是很大，可以考虑1TB的硬盘。其实选择硬盘容量的原则是够用，稍稍富裕一点容量即可。

6.5 高性能硬盘的条件

硬盘的性能也对电脑的整体性能有一定的影响，而硬盘的性能主要是受硬盘的转速、寻道时间、缓存的影响。一般而言，转速快、寻道时间和存取时间短、缓存大的硬盘性能会比较高。

6.5.1 转速要快

电脑系统中硬盘与其他的硬件不同，它的内部有存储数据的盘片，加电后会高速转动，所以硬盘的转速是制约硬盘速度的一个重要因素。硬盘的转速越快，磁头在同样的时间内处理的数据量就会越多，同等条件下硬盘的数据处理能力就会越强。

硬盘的转速指的是硬盘内电机主轴的旋转速度，也就是硬盘盘片在一分钟内所能完成的最大转数。单位表示为rpm，rpm是revolutions perminute的缩写，是转/每分钟的意思。目前，硬盘的转速有多种规格，从5400～10200rpm不等。台式机上的硬盘一般为7200rpm，笔记本电脑上大多应用5400rpm和7200rpm的硬盘，而更高转速的硬盘则应用在服务器或大型的工作站上。

虽然说硬盘的转速越高，硬盘的平均寻道时间和实际读写时间越短，数据传输速度就越快，但是，硬盘转速不断提高的同时也带来了温度升高、电机主轴磨损加大、工作噪声增大等负面影响。

6.5.2 寻道时间和存取时间要短

硬盘的优劣主要是看硬盘的存取速度的高低，而硬盘的存取速度与硬盘的转速、容量、寻道时间息息相关。假如两个不同的硬盘容量一定、转速一定，那么寻道时间短的硬盘存取数据的速度可能会较快，该硬盘的性能就会比较好。转速决定着单位时间内磁头所能扫过的盘片面积的大小；容量决定着盘片数据密度的高低，容量越高数据密度越高。

寻道时间是指硬盘在接到系统指令后，磁头从开始移动到找到数据所在的磁道平均所用的时间，其单位为毫秒（ms）。平时我们所说的寻道时间实际上指的是平均寻道时间，它是鉴别硬盘性能的一个重要的参数，平均寻道时间越小，硬盘性能越好。一般硬盘的平均寻道时间为7.5～14ms。

6.5.3 缓存要大

由于CPU与硬盘之间存在巨大的速度差异，为解决硬盘在读写数据时CPU的等待问题，会在硬盘上设置适当的高速缓存，以解决两者之间速度不匹配的问题。硬盘缓存实际上就是硬盘控制器上的一块存储芯片，它具有极快的存取速度，是硬盘内部存储和外界接口之间的缓冲器。

硬盘缓存容量的大小与速度是直接关系到硬盘的传输速度的重要因素，能够大幅度地提高硬盘整体性能。当硬盘存取零碎数据时，需要不断地在硬盘与内存之间交换数据，有了大缓存，则可以将那些零碎数据暂存在缓存中，减小外部系统的负荷，也提高了数据的传输速度。

目前主流硬盘的缓存容量通常为64M，一些低价位的硬盘缓存容量通常为16MB。硬盘背面的标签中通常会标注硬盘缓存容量的大小，如图6-18所示的硬盘中就标注了硬盘缓存容量。

图6-18 硬盘标注的缓存容量

6.6 硬盘中的新贵——固态硬盘

固态硬盘（Solid State Disk）是用固态电子存储芯片阵列而制成的硬盘，由控制单元和存储单元（Flash芯片）组成。固态硬盘的接口在规范和定义、功能及使用方法上与普通硬盘完全相同。还有一种使用DRAM存储的固态硬盘，但应用非常少。这一节我们主要介绍Flash芯片阵列组成的SSD固态硬盘，如图6-19所示。

图6-19 SSD固态硬盘

6.6.1 固态硬盘的内部结构

SSD硬盘内部主要由PCB、控制芯片、缓存芯片、Flash芯片（闪存）组成，如图6-20所示。

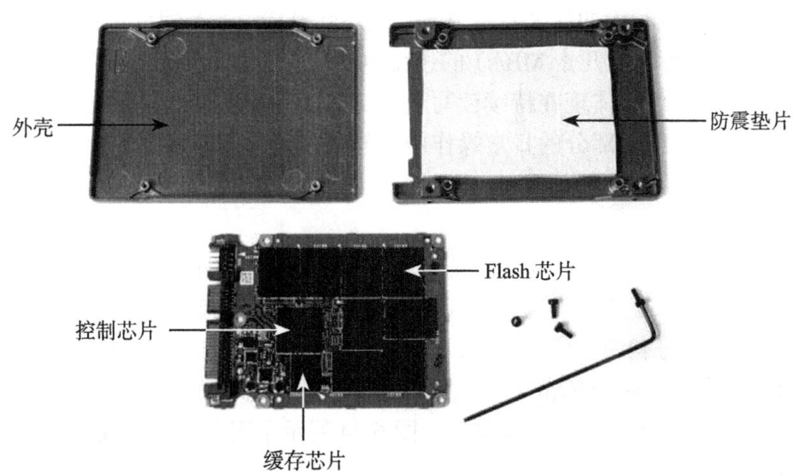

图 6-20　SSD 固态硬盘的组成

SSD 硬盘内部构造十分简单，主体其实就是一块 PCB，而这块 PCB 上最基本的配件就是控制芯片、缓存芯片（部分低端硬盘无缓存芯片）和用于存储数据的闪存芯片，如图 6-21 所示。

图 6-21　SSD 固态硬盘芯片

主控芯片是固态硬盘的大脑，其作用是合理调配数据在各个闪存芯片上的负荷，并承担整个数据中转，连接闪存芯片和外部 SATA 或 PCI-E 接口。不同的主控芯片之间能力相差非常大，在数据处理能力、算法、对闪存芯片的读取写入控制上会有非常大的不同。

6.6.2　固态硬盘的接口

固态硬盘有 SATA 和 PCI-E 两种接口，虽然理论上 PCI-E 接口要比 SATA 传输速度更快，但由于都已经超过硬盘内部速度的上限，所以使用中感觉差别不大，如图 6-22 所示。

a）SATA 接口的 SSD

b）PCI-E 接口的 SSD

图 6-22　固态硬盘接口

6.6.3　固态硬盘与机械硬盘的性能

1. 固态硬盘的优点

1）读写速度快。采用闪存作为存储介质，读取速度比机械硬盘更快。固态硬盘不用磁头，寻道时间几乎为 0。持续写入的速度非常惊人，固态硬盘持续读写速度超过了 550MB/s。与机械硬盘的 100MB/s（实际只有几十 MB/s）的速度相比，这速度着实相当可观的。

固态硬盘的快绝不仅仅体现在持续读写上，随机读写速度快才是固态硬盘速度的真正体现，这最直接地体现在绝大部分的日常操作中。与之相关的还有极低的存取时间，机械硬盘最快也要 14ms 左右，而固态硬盘则小于 0.1ms。图 6-23 展示了固态硬盘与机械硬盘的速度对比。

2）物理特性好，低功耗、无噪声、抗震动、低热量、体积小、工作温度范围大。固态硬盘没有机械马达和风扇，工作时噪声值为 0 分贝。基于闪存的固态硬盘在工作状态下能耗和发热量较低。内部不存在任何机械活动部件，不会发生机械故障，也不怕碰撞、冲击、振动。典型的硬盘驱动器只能在 5 ～ 55℃范围内工作，而大多数固态硬盘可在 −10~70℃环境下工作。固态硬盘比同容量机械硬盘体积小、重量轻。图 6-24 展示了固态硬盘与机械硬盘功耗对比。

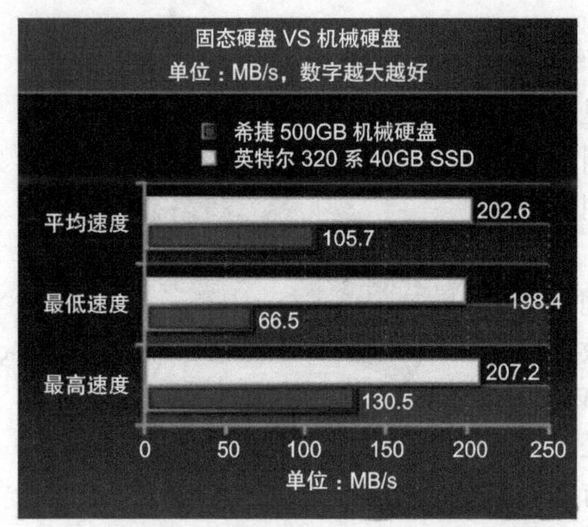

图 6-23 固态硬盘与机械硬盘的速度对比

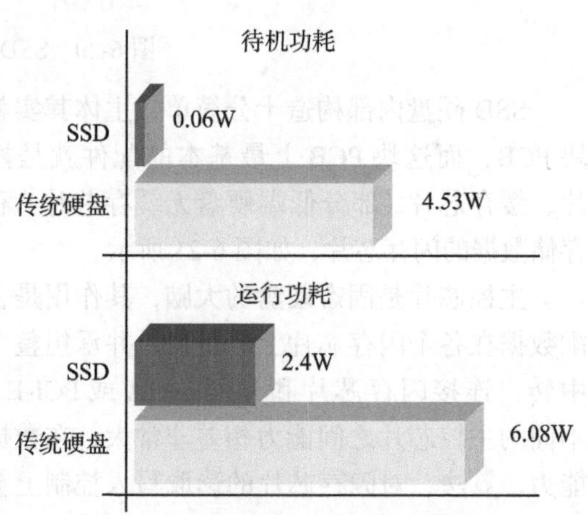

图 6-24 固态硬盘与机械硬盘功耗对比

2. 固态硬盘的缺点

1）容量小是固态硬盘最突出的缺点，目前机械硬盘最大已经达到 12TB 容量，而固态硬盘由于其结构的关系，最大也只有 4TB。

2）价格昂贵。目前市场上，知名品牌的产品中，1TB 固态硬盘售价 800 多元，这个价格可以购买两块 2TB 的机械硬盘了。

3. 关于寿命

固态硬盘闪存具有擦写次数限制的问题，这也是许多人诟病其寿命短的原因。闪存完全擦写一次叫作 1 次 P/E，因此闪存的寿命以 P/E 作单位。目前闪存芯片寿命约是 1 万～ 10 万次 P/E。一般可使用 5~10 年。

6.6.4 主流固态硬盘

固态硬盘的主要品牌有三星、Intel、镁光、威刚、金士顿、OCZ、金胜、海盗船等。下面介绍两款固态硬盘的主流产品。

1. 三星系列固态硬盘

传统硬盘由于速度的问题，严重阻碍了电脑整体性能的提升。而固态硬盘的兴起，有可能解决这一问题。三星固态硬盘主板包括860 EVO系列、970 EVO系列等。

860 EVO系列延续原厂主控、闪存、缓存、固件的四位一体优势。860 EVO系列主要有250GB、500GB、1TB、4TB几种容量，其采用S4LN045X01-8030（MEX）主控芯片，属于ARM架构的三核处理器，具备强悍的多任务、多路数据读写传输能力。接口类型为SATA3.0，缓存为512MB、1GB、4GB几种规格，写入速度为520MB/s。图6-25展示了三星860 EVO 1TB固态硬盘。

2. 美光固态硬盘

美光科技是著名的美国芯片制造商，在固态硬盘领域拥有领先的技术优势。美光M550系列采用Marvell88SS9189－BLD2主控芯片、20nm ONFI3.0 MLC闪存，大约6%～7%的闪存容量作为OP冗余缓存，用于坏块替换、损耗均衡、循环和垃圾回收。目前，市场上美光M550系列拥有256GB、512GB、1TB和512G等不同容量的产品。图6-26展示了美光的固态硬盘。

图6-25　三星860 EVO 1TB固态硬盘

图6-26　美光的固态硬盘

6.7 目前使用的硬盘

6.7.1 主流硬盘品牌

目前市场上主要的硬盘品牌包括希捷、西部数据、三星等品牌，这些硬盘采用的工艺略有不同，因此在性能上多少有些差异。对硬盘进行选购时应从其质量和性价比等多方面进行比较。

6.7.2 主流硬盘产品推荐

1. 希捷新酷鱼系列

希捷新酷鱼2TB硬盘，单碟容量高达1TB，缓存为64MB，转速为7200rpm，平均寻道时间为8.5ms（读）和9.5ms（写），采用SATA3.0接口，最高外圈速度为150MB/s，工作功率为8W，如图6-27所示。

2. 西部数据（WD）蓝盘系列

西部数据（WD）蓝盘系列采用SATA3.0接口，平均寻道时间为8.9ms，外部传输速度为

126MB/s，缓存为 64MB，工作噪声为 28~33 分贝（dB)，转速为 7200 转 / 秒，如图 6-28 所示。

图 6-27 新酷鱼 2TB 硬盘

图 6-28 西部数据 (WD) 1TB 硬盘

3. 三星 860 EVO 系列固态硬盘

860 EVO 系列采用 64 层 V-NAND 技术（V-NAND 代表垂直 NAND，它包含垂直堆叠的闪存单元和三维存储单元，以获得更大的密度和速度)。此外，驱动器采用 MJX SATA 控制器，搭配 2GB LPDDR4 DRAM（仅适用于 2TB 型号)，以提高速度和功率效率。

三星 860 EVO 系列硬盘可以实现高达每秒 560 MB/s 的顺序读取速度和高达 520 MB/s 的顺序写入。如图 6-29 所示。

图 6-29 三星 860EVO 固态硬盘

6.8 硬盘选购要素详解

硬盘作为个人电脑中最主要的外部存储单元，其重要性是显而易见的。硬盘除了是电脑上数据、资料的大仓库外，对整机的性能而言，硬盘也扮演着重要的角色。就算你的电脑配有最快的 CPU、硬盘、显示器，但性能不佳的硬盘却会严重降低电脑整体的性能。下面讲解一下选购硬盘的几大要素。

1. 硬盘的容量

容量是硬盘最为直观的参数，如今硬盘的最大单碟容量已经超过了 1TB，如此高的单碟容量使得当今最大硬盘容量可达 6TB。当然，对一般用户来说，1TB 的硬盘已经够用了。而对喜欢从网上下载资料或视频的用户来说，2TB 或者更大容量的 4TB 产品可能更加合适。

2. 硬盘的品牌

现在市场上常见的硬盘有希捷、西部数据、日立、三星等品牌，其中希捷的性能价格比较高，使其市场占有量遥遥领先。而西部数据、日立跟随其后，并且给自己的部分产品提供了两年、3 年及 5 年的质保时间。

3. 硬盘的转速

目前市场上的硬盘主要有 7200 转 / 分的产品，是今天的主流，性能也更高。所以一般情况下应选购 7200 转 / 分的产品。

4. 硬盘的缓存容量

缓存容量的大小与转速一样，与硬盘的性能有着密切的关系，大容量的缓存对硬盘性能的提高有明显的帮助。现在的主流硬盘缓存容量主要为 64MB。当然缓存越大，硬盘的性能越高，应尽量选购缓存容量大的硬盘。

5. 硬盘的接口

硬盘的接口方面没多大的选择余地，虽然现在市场上有 SATA3.0 和 SCSI 等接口标准，但是后一种价格相对昂贵，无法适合普通用户的使用。目前 SATA3.0 接口是市场的主流接口产品。

6. 稳定性

硬盘的容量变大了，转速加快了，稳定性的问题也日渐凸现。如果硬盘的容量大、速度快，但稳定性却极差，可能会经常出现系统死机故障。现在在硬盘的数据和震动保护方面，各个公司都有一些相关的技术给予支持，如 DPS 数据保护系统、SPS 震动保护系统等，选购时应注意查看。

7. 硬盘的发热与噪声

发热和噪声当然都是越低越好，这也是采用了液态轴承马达技术的硬盘产品大受欢迎的原因。当前采用该项技术的有希捷、三星等硬盘厂商。

8. 硬盘的质保时间

关于质保时间，当前常见的散装硬盘产品多数都为 3 年，有些盒装产品为 5 年。相对来说质保时间越长越好。

9. 区分“行货”与“水货”

辨认“水货”的方法为：看硬盘的代理商贴在自己代理的硬盘产品上的防伪标签；看硬盘盘体和代理保修单上的硬盘编号是否一致。大家购买时要注意看清这两项，一般可以区分出来。

10. 辨识“返修”与“二手”硬盘

“返修”的硬盘，厂家会在盘面上做出相应的标志。我们可以仔细观察硬盘上标注的日期，如果发现后面有字母“ R”，这就说明它前面标注的是硬盘返修的日期，而不是硬盘生产的日期，也就是说这是一块返修硬盘。如果大家在硬盘上能够找到印有“ Refurbished”的字样（中文意思为“整修”），这也同样说明它是返修的硬盘。

“二手”硬盘因为已经使用过，所以在它固定螺丝的两侧和 SATA 数据线接口等地方会有一些摩擦的痕迹，而新出厂的硬盘是不会有这些的。所以我们从外观上就可以做出判断。另外，还需要注意硬盘的生产日期。

第  章

深入认识和选购多核电脑显卡

7.1 显卡的物理结构和工作原理

显卡是计算机最基本的组成部分之一，是连接显示器和计算机主板的重要部件。显卡又叫显示适配器，它将计算机系统所需要的显示信息进行转换驱动，并向显示器提供行扫描信号，控制显示器的正确显示。它是连接显示器和电脑主板的重要元件，是“人机对话”的重要设备之一。

7.1.1 看图识显卡的主要部件

1. 显示芯片

图形处理芯片也就是我们常说的GPU（Graphic Processing Unit），即图形处理单元。它是显卡的“大脑”，负责绝大部分的计算工作。在整个显卡中，GPU负责处理由电脑发来的数据，最终将产生的结果显示在显示器上，如图7-1所示。显卡的GPU与电脑的CPU类似，但是，GPU是专为执行复杂的数学和几何计算设计的，这些计算是图形渲染所必需的。某些最快速的GPU所具有的晶体管数甚至超过了普通的CPU。GPU会产生大量热量，所以它的上方通常安装有散热器或风扇。

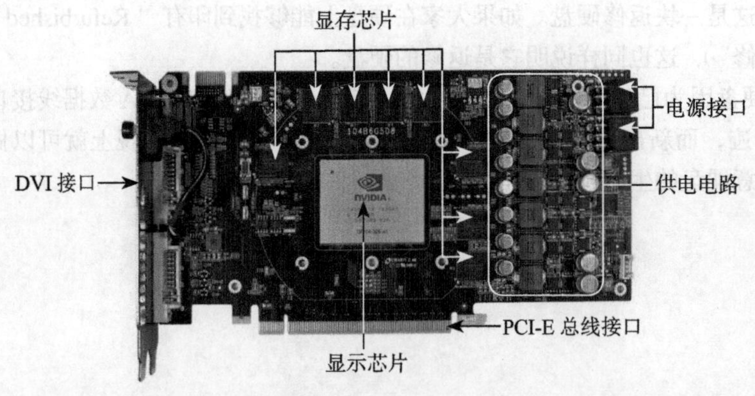

图7-1 显示芯片

2. 显存

显存即显示内存，与主板上的内存的功能基本一样。显存的速度以及带宽直接影响一块显卡的速度，不管显卡图形芯片的性能多强劲，如果板载显存达不到要求，就无法将处理过的数据及时传送，那么你也无法得到满意的显示效果。显存的容量和速度直接关系显卡性能的高低，高速显卡芯片对显存的容量的要求相应更高一些，所以显存的好坏也是衡量显卡的重要指标。一块显存的性能主要从显存类型、工作频率、封装和显存位宽等方面来评估。

3. RAM DAC（数 / 模转换器）

RAM DAC（RAM Digital to Analog Converter）即随机存储器数 / 模转换器，负责将显示内存中的数字信号转换成显示器能够接收的模拟信号。

RAM DAC 是影响显卡性能的重要器件，它能达到的转换速度影响显卡的刷新率和最大分辨率。对于一个给定的刷新频率，分辨率越高，像素就越多。要保持一定的画面刷新，则生成和显示像素的速度就必须快。RAM DAC 的转换速度越快，影像在显示器上的刷新频率也就越高，从而图像显示也越快，而且图像也越稳定。

4. 显卡 BIOS

显卡 BIOS 中包含了显示芯片和驱动程序的控制程序、产品标识信息。这些信息一般被显卡厂商固化在 BIOS 芯片中。在开机时，最先在屏幕上看到的便是显卡 BIOS 中的内容，即显卡的产品标识、出厂日期、生产厂家等相关信息。

5. 总线接口

显卡必须插在主板上面才能与主板交换数据，因而就必须有与之相对应的总线接口。现在最主流的总线接口是 PCI Express 接口，此接口是显卡的一种新接口规格，PCI Express 3.0 x16 接口的数据带宽是 32GB/s，还可给显卡提供高达 75W 的电源。

6. 输出接口

经显卡处理好的图像数据必须通过显卡的输出接口才能输出到显示器上。现在最常见的显卡输出接口主要有：DVI 接口、DisplayPort（DP）接口、HDMI 接口等，如图 7-2 所示。

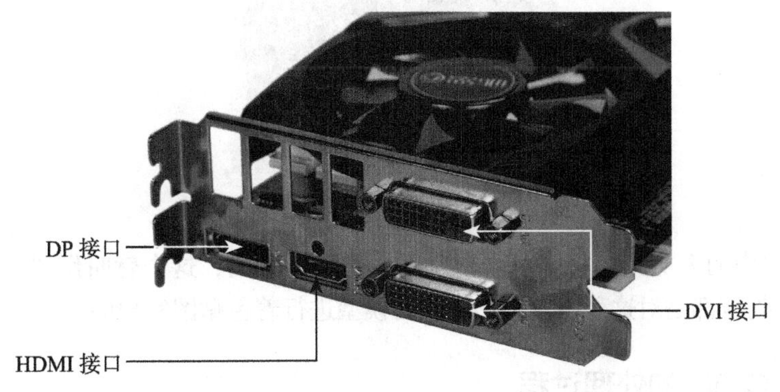

图 7-2 显卡接口

7.1.2 显卡的工作原理

当计算机的 CPU 将数据处理完后，数据先通过北桥芯片从 PCI-E 总线传输到显卡的 GPU

（图形处理器）进行处理。GPU 将数据处理完后，将数据送入显存保存，然后从显存读出数据再送到 RAM DAC 进行数据转换的工作（即数字信号转模拟信号），最后将转换完的模拟信号通过显卡接口传送到显示器显示。

7.2 显卡怎样实现 3D 效果

在电脑中，一个 3D 物体只是一长串数字，在硬盘中是这样，在 CPU 中也是这样，直到进入显卡，显卡会将这一长串数字转换成一个由很多多边形组成的物体模型，再对这个模型进行着色处理，最后将其发送到显示器，从而展现出一幅逼真的 3D 物体画面。

7.2.1 电脑中的 3D 模型

图 7-3 展示了电脑中的 3D 模型。

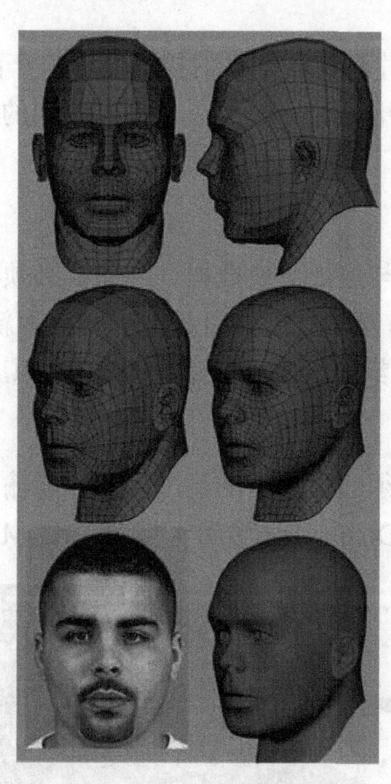

图 7-3 3D 模型

可看到，图中的人头是由很多不同形状的多边形组成的，这个就叫作"3D 模型"。在电脑中，所有 3D 物体都是对这种由多边形组成的模型进行着色贴图实现的。

7.2.2 GPU 中 3D 的处理过程

图 7-4 展示了 GPU 中 3D 的处理过程。

以前显卡只负责最后的渲染操作和输出到显示器，其他的计算都由 CPU 完成。但随着 CPU 承担的任务越来越多，以及显卡 GPU 功能越来越强，现在模型基准计算和光栅化计算也都由 GPU 负责完成。

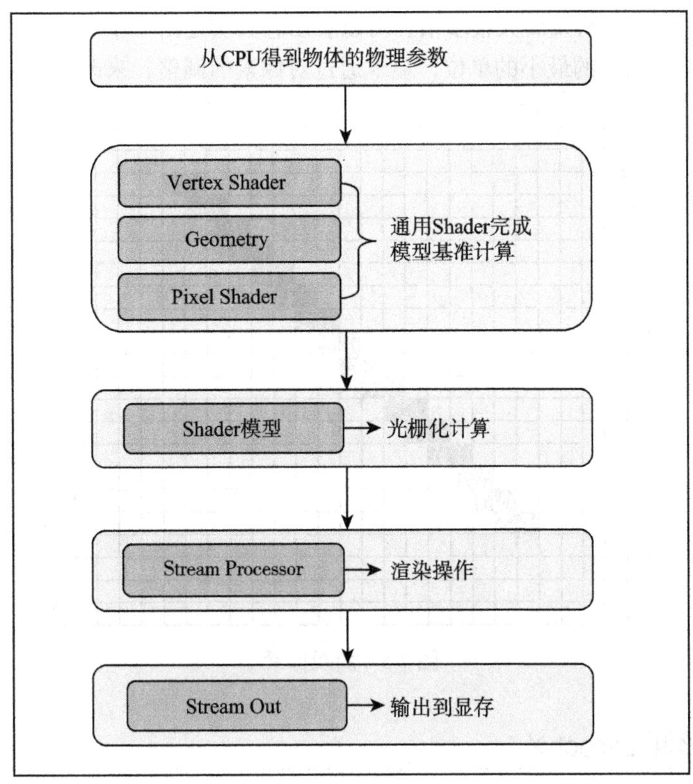

图 7-4　GPU 中 3D 的处理过程

1）Vertex Shader：顶点渲染，根据物体的参数设置多边形的顶点，多个多边形会组成 3D 物体模型。

2）Geometry：几何运算，连接三维坐标的多个多边形，组成模型，并计算显示画面的显示部分和遮挡部分。

3）Pixel Shader：像素化渲染，对每个像素进行渲染，确定像素的最终属性。

4）光栅化计算：将 3D 坐标转换为 2D 坐标，在这个过程中将显示部分的坐标和像素转换为 2D 坐标，并消除模型遮挡部分的基点。

图 7-4 所示只是一帧（一幅）图像的处理过程。GPU 将处理好的一帧图像发送到显存中，再处理下一帧图像。显存中的图像连续不断地发送到显示器中，这样在显示器中我们就可以看到运动的 3D 物体和 3D 场景了。

5）Stream Processor（流处理器）：流处理器不仅负责 Vertex 和 Pixel 渲染，还负责物理运算。对于 3D 运算能力出色的 GPU，它的流处理器运行时钟频率比 GPU 本身的时钟频率还要快。

6）Stream Out：这是一种把 Geometry 或 Vertex Shader 处理的结果直接送到显存的技术。采用通用着色器结构的 Direct X 10 在运算过程中，可以随时再次加工处理后的数据或将其直接发送到显存中。

7.2.3　电脑中的像素

图 7-5 展示了电脑中的像素。

在我们的显示器上，图像是由很多个小方点组成的，这些小方点就是像素（Pixel）。就像

图 7-5 中的斜线一样，将斜线放大很多倍，可以看出它其实是由一个一个像素按照梯形的方式构成的。像素是组成图像的最小的单位，显卡通过对像素的调整，来改变显示的图像。

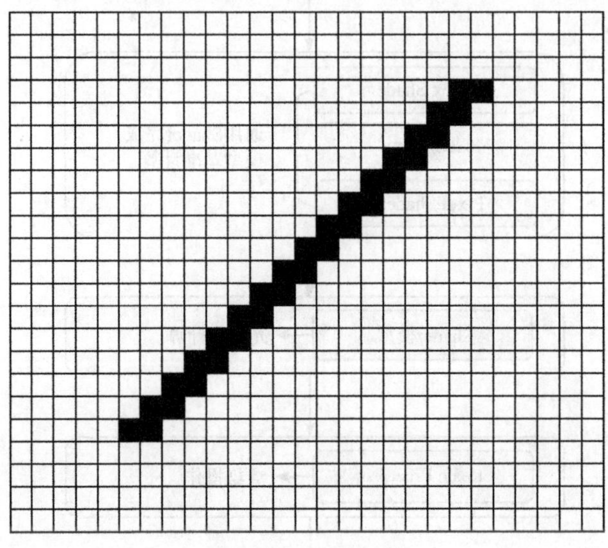

图 7-5 斜线像素

7.2.4 3D 引擎和 Direct X

要显示高品质的 3D 效果，除了需要硬件的 3D 处理能力外，还需要软件的配合。这里的软件就是 3D 引擎和 Direct X。

3D 引擎是将现实中的物质抽象为多边形或者各种曲线等表现形式，在电脑中进行相关计算，并输出最终图像的算法实现的集合。3D 引擎最少要包含 3 种功能：管理三维场景的数据、具有功能合理的渲染器和与外界软件的交互能力。

Direct X 或 DX 是 Direct eXtension 的简称，是微软公司创建的多媒体编程接口，支持图形、视频、音频和 3D 动画等，并给设计人员提供一个共同的硬件驱动标准，让游戏开发者不必为每一品牌的硬件编写不同的驱动程序，降低用户安装及设置硬件的复杂度。目前流行的 Direct X 版本是 DX 11、DX 12，Windows 10 使用的是 DX 12，如图 7-6 所示。

图 7-6 Direct X

7.3 显卡的大脑——显示处理器

显示处理器是一种专门用来处理电脑影像运算工作的微处理器。显示处理器可以看作显卡的大脑，它承担着显卡最核心的工作，将电脑系统所需要的显示信息处理为显示器可以处理的信息后，送到显示屏上形成影像。显示处理器决定了显卡的档次和大部分性能，同时也是 2D 显示卡和 3D 显示卡的区别依据。

随着时代的发展、科技的进步，人们对显卡性能的要求越来越高，图形的处理变得越来越重要。这就需要一个专门的处理图形的核心处理器。所以，1999 年 NVIDIA 公司发布了 GeForce 256 图形处理芯片并率先提出 GPU 的概念，其性能比以往的显示处理器要高。原来的显卡要等待繁忙的 CPU 来处理图形数据，而 GPU 使显卡减少了对 CPU 的依赖，满足了人们对显示效果的需求。从此，显卡大脑（GPU）概念深入人心。

目前主流的显示处理器市场主要由 NVIDIA 公司、AMD 公司和 Intel 三家公司主导。NVIDIA 和 AMD 主要生产独立显卡显示处理器，这是市场的主流产品。Intel 主要做集成显卡，市场份额较少。图 7-7 展示了 NVIDIA 和 AMD 的显卡商标。

图 7-7　NVIDIA 和 ATI 显卡商标

目前主流的显示芯片包括：NVIDIA 公司的 GeForce 2000 系列（RTX 2080Ti、RTX 2080、RTX 2070、RTX 2060），GeForce 1000 系列（GTX 1660Ti、GTX 1660、GTX 1650、GTX 1080Ti、GTX 1080、GTX 1070Ti、GTX 1070、GTX 1060、GTX 1050、GTX 1030），GeForce 900 系列（GTX 980 Ti、GTX 980、GTX 970、GTX 960）。图 7-8 展示了 NVIDIA 显示芯片。

AMD 公司的显示芯片包括 RX 系列（RX-Vega 64、Radeon VII、RX-Vega 56、RX-560XT、RX-590、RX-580、RX-570、RX-560、RX-550、RX-480、RX-470、RX-460），R9 系列（R9-390X、R9-390、R9-380X、R9-380、R9-370X）。如图 7-9 所示。

图 7-8　NVIDIA 显示芯片

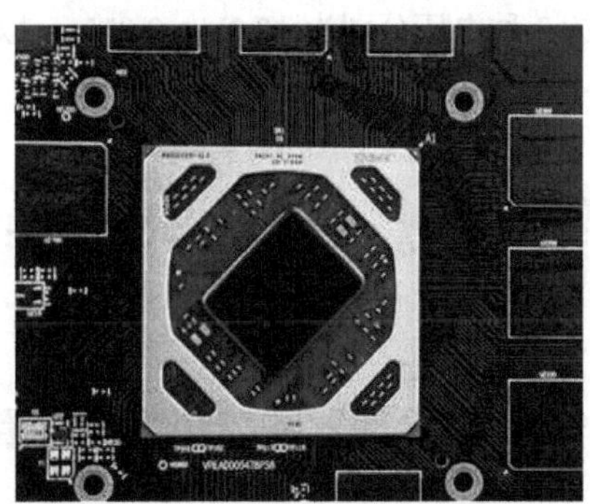

图 7-9　AMD 显示芯片

对于主流消费群体来说，1000 元以下的显卡属于低端入门级，如 NVidia 公司的 GTX1060、GTX1050、GTX960 等，AMD 公司的 RX-580、RX-560、RX-550、RX-460、R9-370 等。

1000 ～ 3000 元的显卡属于中端实用级，如 NVidia 公司的 RTX2060、GTX1660、GTX1650、GTX1070、GTX1060、GTX970，AMD 公司的 RX-Vega56、RX590、RX580、RX570、RX480、RX470、RX390X、RX-380X 等。

3000 元以上的显卡属于高端发烧级，如 NVidia 公司的 RTX 2080Ti、RTX 2080、RTX2070、RTX2060、GTX1080Ti、GTX1080、GTX1070Ti、GTX1070、GTX1060、GTX980Ti 等，AMD 公司的 RX-Vega 64、Radeon VII、RX580、RX570、RX390X 等。

7.4 显卡的接口——PCI Express

显卡接口是显卡与主板之间通信的必备设备。目前，PCI Express 3.0 是新一代的总线接口，简称 PCI-E 3.0。该接口技术采用了业内流行的点对点串行连接，与 PCI 以及更早期的计算机总线的共享并行架构不同，它的每个设备都有自己的专用连接，不需要向整个总线请求带宽，而且可以把数据传输速率提高到一个很高的频率，达到 PCI 所不能提供的高带宽。该接口标准的运行速度能够达到 32GB/s，远远超过 AGP 8X 的 2.1GB/s 的带宽，是一种能达到 8GB/s 带宽的高速接口，可大幅提高中央处理器（CPU）和图形处理器（GPU）之间的带宽。同时它还具有能流畅地传送和接收数据的结构。图 7-10 展示了不同的 PCI-E 插槽。

图 7-10 PCI-E 插槽

PCI Express 接口根据总线位宽不同而有所差异，包括 x1、x4、x8 以及 x16 四种形式。目前主板上常见的有 x1、x16 两种插槽，其中 x16 插槽专为显卡设计。如图 7-11 所示为 PCI-E 接口显卡。PCI Express 接口能够支持热拔插，较短的 PCI Express 卡可以插入较长的 PCI Express 插槽中。PCI Express 卡支持的 3 种电压分别为 +3.3V、3.3Vaux 以及 +12V。

图 7-11 PCI-E 接口显卡

7.5 成为高性能显卡的条件

7.5.1 显示处理器的核心频率尽量高

核心频率是指显示芯片中的显示核心的工作频率，其工作频率在一定程度上可以反映出显示核心的性能。但显卡的性能是由核心频率、显存、像素管线、像素填充率等多方面的情况所决定的，因此在显示核心不同的情况下，核心频率高并不代表此显卡性能强劲。在同样级别的芯片中，核心频率高的则性能要强一些，提高核心频率就是显卡超频的方法之一。

7.5.2 显存容量足够高，最好用 GDDR6 的规格

显存是指显示卡的内存，其主要功能是暂时储存显示芯片要处理的数据和处理完毕的数据。显示核心的性能越强，需要的显存也就越多。目前主流显卡主要采用 GDDR6 规格的显存（显存主要由传统的内存制造商提供，比如三星、现代、Kingston 等），容量一般为 6GB 和 8GB

或更高。一般来说显存容量越高越好。

7.5.3　显存位宽尽量宽

显存位宽是指显存在一个时钟周期内所能传送数据的位数。

显存带宽 = 显存频率 × 显存位宽 / 8

在显存频率相当的情况下，显存位宽将决定显存带宽的大小。因此位数越大则瞬间所能传输的数据量越大，这是显存的重要参数之一。目前主流显卡的显存位宽有 128 位、192 位、256 位、512 位等，其中，一些低性能的显卡多采用 128 位显存位宽，而高性能的显卡则采用 512 位的显存位宽。在选购显卡时尽量选购显存位宽宽的显卡。

7.5.4　显存频率越高越好

显存频率是指默认情况下，该显存在显卡上工作时的频率。显存频率在一定程度上反映该显存的速度。显存频率随着显存的类型、性能的不同而不同。目前主流 GDDR6 显存的频率为 10000MHz、14000MHz 等。

7.5.5　流处理器越多越好

显卡处理 CPU 传来的图形数据流时，是直接将多媒体的图形数据流映射到流处理器上进行处理的。流处理器可以更高效地优化 Shader 引擎，可以处理流数据。同样输出一个流数据，这个流数据可以应用在其他超标量流处理器（PS）当中。流处理器可以成组或者大批量地运行，从而大幅度提升了并行处理能力。

流处理器多少对显卡性能有决定性作用，可以说高中低端的显卡除了核心不同外，最主要的差别就在于流处理器数量。一般主流显卡的流处理器数量为 1000 多个，高端显卡则可达到 2000 多个。对于同一公司的显示芯片来说，流处理器数量越多，显卡性能越强劲。因此选购显卡时尽量选购流处理器数量多的显卡。

7.6　双显卡带你进入双核时代

7.6.1　双显卡技术的产生

显示处理器厂商为提高 3D 游戏性能，在纵向提高显示处理器自身性能的同时，也横向地推出了双显卡并联技术。NVIDIA 公司的 SLI 和 AMD 公司的 Cross Fire（交火）就是这样的技术。

双显卡技术并不是为了更快地绘制 3D 画面，而是为了提高画面质量。两个显卡分别处理一半的画面，或者轮流处理每一帧画面，再或者用棋盘分割画面处理。边缘柔化（Anti Aliasing）技术可更自然地处理图像轮廓，使用各向异性过滤（Anisotropic Filtering）技术可得到更好的画质，最后处理出像电影一样自然优美的 3D 画面，如图 7-12 所示。根据实测显示，双显卡在性能提升方面，最好可以达到 30%~70%。

图 7-12 电影一样优美的 3D 场景

7.6.2 NVIDIA 公司的 SLI 技术

NVIDIA 公司的 SLI（Scalable Link Interface）技术支持两个完全相同的显卡，以每个显卡的 3D 数据量为基准绘制画面。

比如画面上有 4 个对象，首先计算出显示这 4 个对象所需要的数据量，再根据数据量来分配，即每个显卡绘制两个对象；或一个显卡绘制一个大的对象，另一个显卡绘制 3 个小的对象。

如果要使用 SLI 技术，需要有两块以上的支持 SLI 技术的显卡，可用 SLI 桥接器将两块显卡连接起来，如图 7-13 和图 7-14 所示。

图 7-13 SLI 桥接器

图 7-14 SLI 双显卡桥接

7.6.3 ATI 公司的 Cross Fire 技术

ATI 公司的 Cross Fire 技术，比 NVIDIA 的 SLI 技术推出得晚，后发优势让它具备更多功能。SLI 不能同时使用明暗区分更加明显的 HDR 渲染技术和 Anti Aliasing，而 Cross Fire 则可以同时使用。在 SLI 的上下分画面处理和轮流计算的基础上，Cross Fire 又增加了棋盘形分割技术（Super Tiling）。

3 种分割处理方法可结合使用，在 3D 游戏中按照不同的需求选择使用，能够提高 3D 画面质量和加快 3D 处理速度，如图 7-15 所示。

要使用 Cross Fire 技术，需要两块 Radeon X800 以上的显卡，采用 ATI 公司的 Radeon Express 200 以上或 Intel 955X、975X 芯片组的主板支持，并且具有至少两条 PCI-E × 16 插槽，如图 7-16 所示。

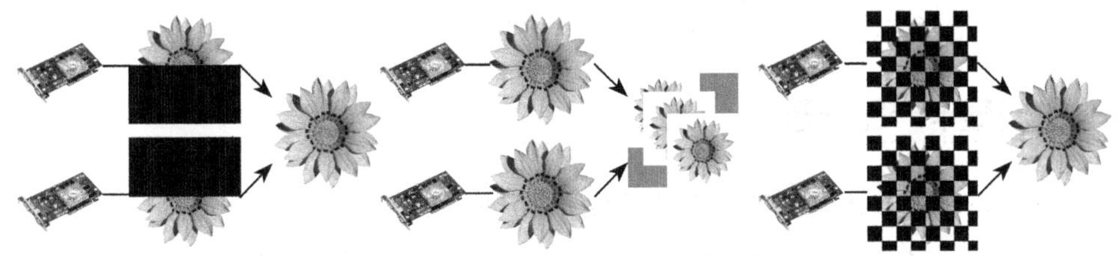

图 7-15　上下分画面、轮流计算、棋盘分割 3 种处理方法示意

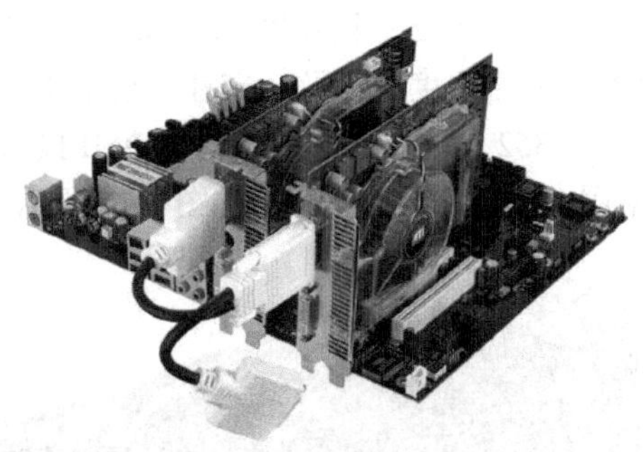

图 7-16　Cross Fire 双显卡

7.7 看懂显卡处理器型号的尾缀

显卡的型号命名都有一定的规律，无论是 N 卡（NVIDIA 显卡）还是 A 卡（AMD 显卡）。生产商多会以型号尾缀来区分显卡的性能优劣。知道显卡型号尾缀的含义，可为选购显卡带来很大的方便。A 卡目前采用了公版卡，型号的命名比较统一，数字越大，性能越好。N 卡大多采用尾缀形式，型号尾缀主要有以下 6 种：

- LE——表示管线缩水产品。
- GS——表示标准版，某些型号可能管线有缩水，有的甚至位宽有缩水，有的频率也有缩水。
- GE——表示为影驰显卡，管线没缩水，频率接近 GT，性价比不错。
- GT——表示为高频显卡，稳定，但是价格比较高。
- GTX——表示高端显卡顶级型号，价格高，性能强。
- RTX——表示旗舰级型号，价格高，性能强。

7.8 目前使用的显卡

7.8.1 主流显卡品牌

目前市场上主要的显卡品牌包括：华硕、影驰、昂达、耕昇、迪兰恒进、铭瑄、双敏、微星、斯巴达克、七彩虹、太阳花、翔升、盈通、XFX 讯景、小影霸等。

7.8.2 主流显卡产品推荐

1. 七彩虹 iGame GeForce RTX 2080 Ti Advanced OC

七彩虹 iGame GeForce RTX 2080 Ti Advanced OC 显卡以 NVidia 公司的 GeForce RTX 2080Ti 为显示核心，采用 12 nm 制造工艺。它采用了 DirectX 12.1 规范的统一渲染架构，核心频率为 1350MHz，Boost 频率为 1635MHz，采用 PCI Express 3.0 x16 总线接口。该显卡采用了三风扇散热器，能够保证显卡的核心温度，以及稳定性，还采用了 11GB GDDR6 显存，显存频率为 14000MHz，显存位宽为 352 位。接口包括 1 个 HDMI 接口，3 个 DisplayPort 接口，1 个 USB Type-C 接口，供电采用 3 个 8 针供电接口，如图 7-17 所示。

图 7-17 iGame GeForce RTX 2080 Ti Advanced OC 显卡

2. 影驰 GeForce GTX 1660Ti 大将显卡

影驰 GeForce GTX 1660Ti 大将显卡采用 NVidia 公司的 GeForce GTX1060Ti 为显示核心，显卡核心频率为 1815NHz，采用 12nm 制造工艺。它采用了 DirectX 12 规范的统一渲染架构，以及 PCI Express 3.0 x16 总线接口。该显卡支持 VR Ready 级别显卡、NVIDIA G-SYNC 技术，配备了 6GB 的 GDDR6 显存，显存位宽为 192 位，显存频率为 12000MHz。它还采用了双风扇散热器，厚大散热器覆盖整卡，达到了整体散热的效果。输出部分采用了双 24 针 DVI-I 接口、HDMI 接口和 DP 接口组合，支持的最高分辨率达 7680×4320，如图 7-18 所示。

图 7-18 影驰 GeForce GTX 1660Ti 大将显卡

3. 蓝宝石 RX Vega 64 8G HBM2 超白金显卡

蓝宝石 RX Vega 64 8G HBM2 超白金显卡以 AMD 公司的 RX Vega 64 为显示核心，采用 14nm 制造工艺。它内建有 4096 个流处理器的处理单元，支持 DirectX 12 游戏特效、双卡交火等技术。供电接口采用 8pin+8pin 外接供电接口，为显卡的稳定运行及超频提供可靠的保障。该显卡采用了 GDDR6 显存，显存容量为 8GB，显存位宽为 2048 位，其核心 / 显存频率分别为 1529MHz/945MHz。输出部分，该显卡提供了双 HDMI+DisplayPort 接口组合，可以实现 5120×3200 的高分辨率输出，如图 7-19 所示。

图 7-19　蓝宝石 RX Vega 64 8G HBM2 超白金显卡

 7.9 显卡选购要素详解

在选购显卡时，应根据电脑的用途选购相应的高、中、低档产品。另外还应考虑显存的容量、类型和速度，显卡的品牌、显示芯片、元器件及做工等要素。

1. 按需选购

在决定购买之前，一定要搞清楚自己购买显卡的主要目的，根据用途确定显卡档次。

1）若用户对显卡性能几乎没有什么要求，一般用来学习、打字、上网、玩一般的游戏等，选择 1000 元以内的显卡即可。显存有 2GB 也就够用了。

2）若用户经常玩各种游戏，但仅仅是简单地玩一玩，并不苛求运行速度，则可以选择价格在 1000 ～ 3000 元的显卡。显存一般 6GB 就够用。

3）若用户需要流畅地运行大型三维游戏或专业图形图像制作、电子商务应用软件，最好选专业显卡，价格一般在 3000 元以上，显存最好是 8GB 以上。

2. 看显存位宽

在选择显卡时，应尽量选择 256 位甚至 512 位显存位宽的，尽量不选择 128 位显存位宽的。由于显存位宽对显卡性能的影响要比显存容量的影响更大，因此应该优先考虑大显存位宽的产品。

3. 看显存颗粒

显存是显卡的核心部件，直接关系到显卡的速度和性能。目前，显存颗粒的制造商主要以日本、韩国和中国台湾地区的为主。市场上的显卡主要使用三星、现代、钰创、ESMT等几个品牌的显存。这几个正规大厂生产的显存，其性能和质量都是有保证的，无论是稳定性还是超频性能都是相当不错的。

目前主流显存的规格主要为GDDR6。

4. 看PCB

对于大多数显卡来说，采用公版PCB设计的产品要比采用非公版设计的更值得购买。

5. 看电容

一般来说，像三洋、红宝石这些日系电容的品质比人们常看到的黑色外观的电容的品质更好一些，大多数非黑色外观的贴片电容的品质也比黑色外观的贴片电容的品质更好一些，钽电容的品质比普通电容的品质更好。电容的品质是否可靠直接关系到显卡能否长时间稳定运行，所以要尽量选择采用电容品质比较好的显卡。

6. 看风扇

显卡的两个核心部件——芯片和显存，都是发热“大户”，如果它们在工作时得不到及时的散热，将影响整个显卡的稳定性，甚至这两个关键部件可能损坏。现在，优质的显卡都采用大面积的散热片和大功率风扇，以使显卡芯片和显存产生的热量及时地散发出去。

第 8 章

深入认识和选购液晶显示器

8.1 液晶显示器的物理结构和工作原理

液晶（Liquid Crystal）是一种介于固态和液态之间的、具有规则性分子排列及晶体的光学各向异性的有机化合物。液晶在受热到一定温度的时候会呈现透明状的液体状态，而冷却后则会出现结晶颗粒的混浊固体状态。因为其物理上具有液体与晶体的特性，故称之为“液晶”。

液晶显示器（Liquid Crystal Display，LCD）实际上就是以液晶为显示模块制作的显示器。液晶显示器中的液晶体在工作时并不发光，而是控制外部光的通过量。当外部光线通过液晶分子时，液晶分子的排列扭曲状态不同，光线通过的多少就不同，从而实现了亮暗变化，利用这种原理可重现图像。液晶分子扭曲的大小由加在液晶分子两边的电压差的大小决定，因而可以实现电到光的转换。即用电压的高低控制光的通过量，从而把电信号转换成光信号，将图像显示出来。

8.1.1 看图识液晶显示器的构成

从外观看，液晶显示器主要包括显示器外壳、显示器电源开关、功能按钮、支架及液晶显示屏等，如图 8-1 所示。

图 8-1　液晶显示器的外观

8.1.2 液晶显示器的内部

从内部结构看，液晶显示器主要由驱动板（主控板）、电源电路板、高压电源板（有的和电源板设计在一起）、功能面板、VGA 接口、DVI 接口、液晶面板（包括液晶分子、液晶驱动芯片、彩色滤光片、偏光板、导光板等）、背光灯管等组成。图 8-2 展示了液晶显示器内部结构方框图及实物图。

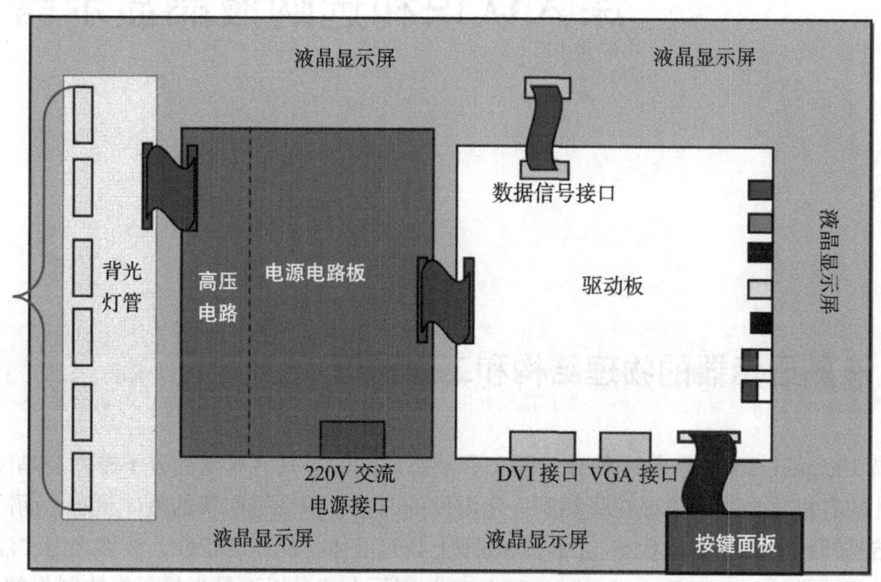

a）液晶显示器内部结构方框图

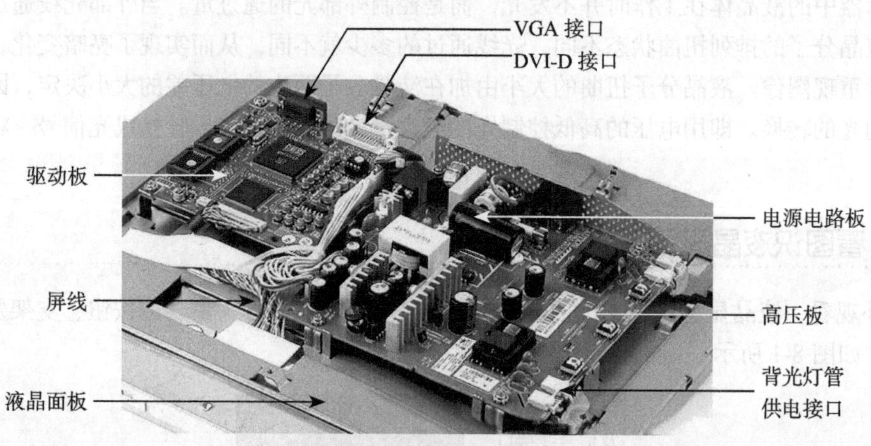

b）液晶显示器内部结构实物图

图 8-2 液晶显示器内部结构方框图及实物图

1. 驱动板

驱动板也叫主控板，主要用来接收、处理从外部送进来的模拟（VGA）或者数字（DVI）图像信号，并通过屏线送出驱动信号，控制液晶面板工作。驱动板上主要包括微处理器、图像处理器、时序控制芯片、晶振、各种接口及主流电压转换电路等，它是液晶显示器的检测控制中心和大脑。图 8-3 展示了液晶显示器的驱动板。

2. 电源板

电源板的作用是将 90 ～ 240V 的交流电压转变为 12V、5V、3.3V 等直流电压，给驱动板、液晶面板等供电。

图 8-3　液晶显示器的驱动板

3. 高压板

高压板主要是将主板或电源板输出的 12V 的直流电压转变为背光灯管启动和工作需要的 1500 ～ 1800V 的高频高压交流电。有的液晶显示器的电源板和高压板会做在一起，即所谓的电源背光二合一板。图 8-4 展示了电源和高压二合一板。

图 8-4　电源和高压二合一板

4. 液晶面板

液晶面板是液晶显示用模块，它是液晶显示器的核心部件。主要由玻璃基板、液晶材料、导光板、驱动电路、背光灯管等组成。其中，驱动电路用于产生控制液晶分子偏转所需的时序和电压；背光灯管用于产生白色光源。

8.1.3　液晶显示原理

液晶显示屏的每个像素由以下几个部分构成：上下两个偏光板、电极层、液晶层和色彩层。两个偏光板的偏振方向互相垂直，如果没有电极间的液晶，背光通过其中一个偏振过滤片其偏振方向将和第二个偏振片完全垂直，因此被完全阻挡了。但是如果通过一个偏振过滤片的光线偏振方向被液晶旋转，那么它就可以通过另一个偏振过滤片。液晶对光线偏振方向的旋转可以通过静电场控制，从而实现对光的控制。这种液晶显示器上的每一液晶像素点都是由集成在其后的薄膜晶体管（在电极层）来驱动的方式，称为 TFT-LCD（Thin Film Transistor）薄膜场效应晶体管液晶显示器，是液晶显示器中最常见的控制方式，如图 8-5 所示。

液晶分子极易受外加电场的影响而产生感应电荷。将少量的电荷加到每个像素或者子像素的透明电极产生静电场，则液晶的分子将被此静电场诱发感应电荷并产生静电扭力，而使液晶分子原本的旋转排列产生变化，因此也改变通过光线的旋转幅度。改变一定的角度，从而能够通过偏光板。

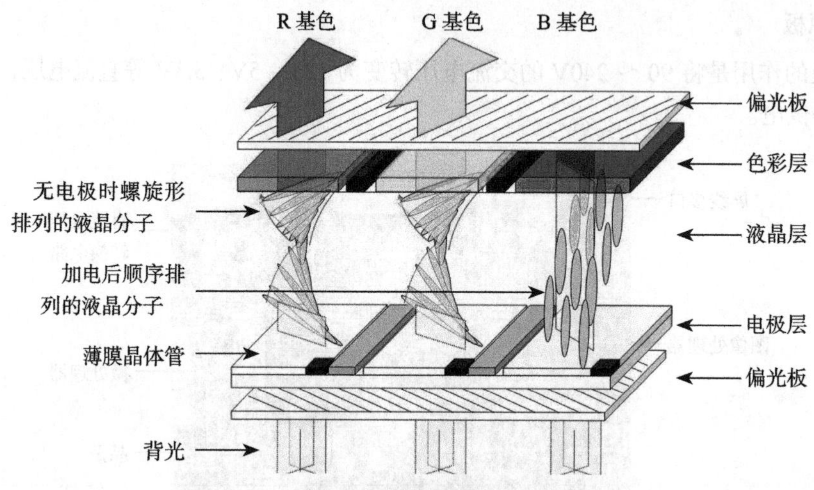

图 8-5 液晶显示原理

TN 型（Twisted Nematic）液晶显示器中，液晶的上下两个电极垂直排列，液晶分子螺旋形排列，通过一个偏光板的背光在通过液晶分子后发生旋转，从而能够通过另一个偏光板，在此过程中一部分光线被偏光板阻挡，从外面看上去像素是灰色。将电荷加到电极后，液晶分子顺序排列，透过一个偏光板的背光不发生偏转，则被另一个偏光板完全阻挡，所以此时像素是黑色。通过电压可以控制液晶分子的排列扭曲程度，从而得到不同的灰度。TN 型是液晶显示器中比较常见的排列方式，其他还有 IPS、PVA 等排列。

有些 LCD 在交流电作用下变黑，交流电破坏了液晶的螺旋效应，而关闭电流后，LCD 会变亮或者透明，这类 LCD 常用于笔记本电脑与平价 LCD 屏幕。另一类常应用于高清显示器或大型液晶电视上的 LCD 则是在关闭电源时，LCD 为不透光的状态。

8.1.4 色彩显示

彩色 LCD 中，每个像素分成 3 个单元，附加的滤光片分别标记红色、绿色和蓝色。3 个色彩单元可独立进行控制，对应的像素便产生了颜色。根据需要，颜色组件按照不同的像素几何原理进行排列，就有了色彩丰富的图像，如图 8-6 所示。

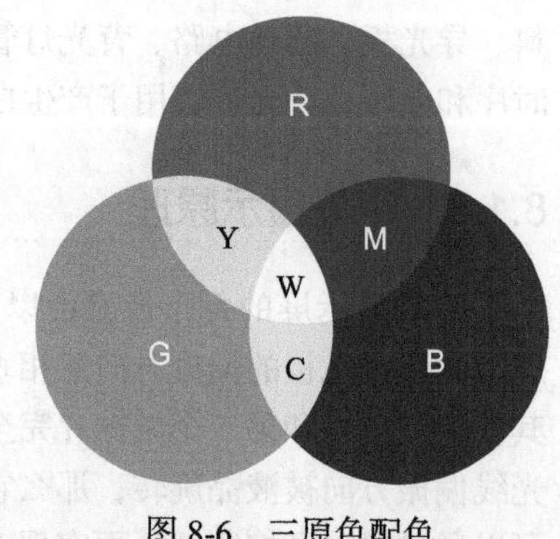

图 8-6 三原色配色

R 红色、G 绿色和 B 蓝色 3 种颜色混合就能产生更多颜色，比如红色和绿色同时亮就是黄色，红色和蓝色同时亮就是紫色，绿色和蓝色同时亮就是青色，红绿蓝同时亮就是白色，红绿蓝同时不亮就是黑色。配合不同灰度，就有了成千上万种颜色的显示。

8.2 丰富的显示接口

目前液晶显示器的接口主要有：D-Sub 接口、DVI 接口、HDMI 接口、DisplayPort 接口等，如图 8-7 所示。

1. D-Sub 接口

D-Sub 接口（VGA 接口）由 ICC 公司于 1952 年发明。D-sub 接口包含若干子类：A=15 针，B=25 针，C=37 针，D=50 针，E=9 针，如 15 针接口通常表示为 DA15。每种接口又分公头（plug）和母头（socket）。其中最常见的接口是 DB25 和 DE9，个人电脑上典型的应用就是 VGA（DA15 母头）、并口（DB25 母头）、COM 串口（DE9 公头）。由于 CRT 显示器只能接收模拟信号输入，所以 VGA 接口只能传输模拟信号。VGA 接口是一种 D 型接口，上面共有 15 针孔，分成 3 排，每排 5 个。虽然这种接口基本已经被取代，但是这种接口在很多的显卡或显示器上还在应用。在购买显示器时一定要注意显示器和显卡接口之间的匹配。图 8-8 展示了 D-sub 接口。

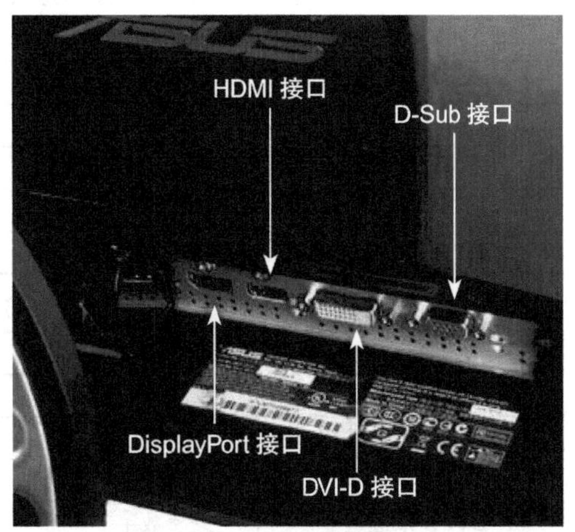

图 8-7　液晶显示器接口

2. DVI 接口

DVI 接口由在 Intel 开发者论坛上成立的数字显示工作小组于 1998 年发明，有 3 种类型、5 种规格。DVI-A、DVI-D 和 DVI-I 三种不同的接口类型；5 种规格包括 DVI-A(12+5)、单连接 DVI-D（18+1）、双连接 DVI-D（24+1）、单连接 DVI-I（18+5）、双连接 DVI-I（24+5）。DVI-D 只有数字接口，DVI-I 有数字和模拟接口，目前以 DVI-D 为主要应用。图 8-9 展示了 DVI 接口。

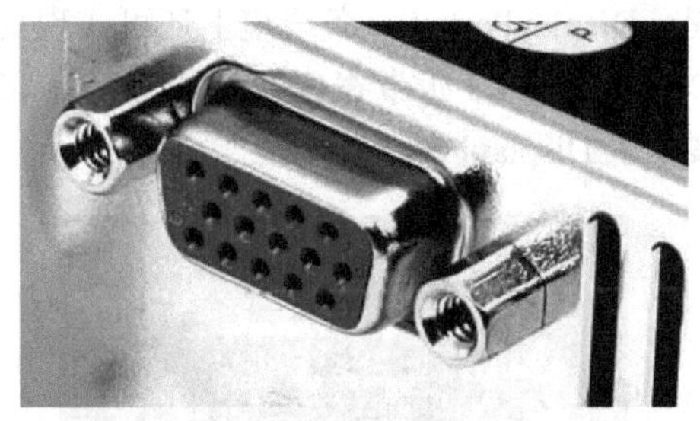

图 8-8　D-sub 接口

图 8-9　DVI 接口

DVI 基于 TMDS（Transition Minimized Differential Signaling，转换最小差分信号）技术来传输数字信号，TMDS 运用先进的编码算法把 8 位数据（R、G、B 中的每路基色信号）通过最小转换编码为 10 位数据（包含行场同步信息、时钟信息、数据 DE、纠错等），经过 DC 平衡后，采用差分信号传输数据。它和 LVDS、TTL 相比有较好的电磁兼容性能，可以用低成本的专用电缆实现长距离、高质量的数字信号传输。

DVI 接口在传输数字信号时又分为单连接（Single Link）和双连接（Dual Link）两种方式。不同的连接方式刷新频率不同，分辨率也不同，如表 8-1 所示。

另外，显示器与显卡之间，若是接口不匹配，在一定的情况下是可以通过转换接头进行转换的，具体的转换标准如表 8-2 所示。要注意，DVI-I 插座可以插 DVI-I 和 DVI-D 的插头，而

DVI-D 插座只能插 DVI-D 的插头。

表 8-1 接口形式与分辨率和刷新频率对应表

接口种类	最大分辨率
VGA	2048 × 1536，60Hz
DVI-I 单通道	1920 × 1200，60Hz
DVI-I 双通道	2560 × 1600，60Hz/1920 × 1200，120Hz
DVI-D 单通道	1920 × 1200，60Hz
DVI-D 双通道	2560 × 1600，60Hz/1920 × 1080，120Hz

表 8-2 接口转换

类型	信号类型	针数	备注
DVI-I 单通道	数字 / 模拟	18+5	可转换 VGA
DVI-I 双通道	数字 / 模拟	24+5	可转换 VGA
DVI-D 单通道	数字	18+1	不可转换 VGA
DVI-D 双通道	数字	24+1	不可转换 VGA
DVI-A	模拟	12+5	已废弃

3.HDMI 接口

HDMI 接口是 High Definition Multimedia Interface（高清多媒体接口）的简称，它是一种数字化视频 / 音频接口技术，可同时传输影像与音频信号，最高数据传输速度为 48Gbps(2.1 版)。目前 HDMI 高清视频接口十分常见，主流的液晶显示器、显卡等都带有 HDMI 接口。由于它的音频和视频信号采用同一条线材，大大简化系统线路的安装难度，如图 8-10 所示。

4. DispalyPort 接口

DisplayPort 接口简称 DP 接口，它也是一种高清数字显示接口标准，可以连接电脑和液晶显示器。和 HDMI 接口一样，DisplayPort 接口也允许音频与视频信号共用一条线缆传输，支持多种高质量数字音频。但比 HDMI 更先进的是，DisplayPort 在一条线缆上还可实现更多的功能，比如可以单独传输音频或视频。其中，DisplayPort 1.3 版带宽速度最高为 32.4 Gbps（HBR3），编码后有效带宽为 25.92 Gbps。图 8-11 展示了 DisplayPort 接口。

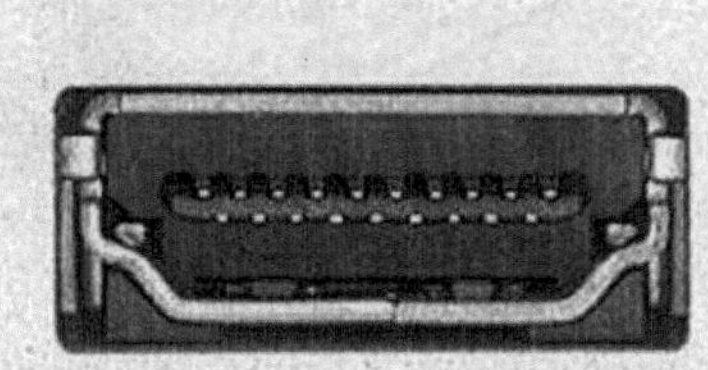

图 8-10 HDMI 接口

图 8-11 DisplayPort 接口

8.3 性能先进的 LED 背光技术

选择液晶显示器的时候，选择一种比较好的背光系统是比较重要的。目前，市场上的液晶显示器 LCD 主要有两种背光系统，一个是较早应用的冷阴极荧光背光系统 CCFL，另一个是发光二极管背光系统 LED。CCFL 背光类型要比 LED 背光类型上市时间早，但是，在 2008 年以后，LED 背光逐渐开始应用到液晶显示器上。由于其优点比较多，解决了 CCFL 背光的一些缺陷和问题，到 2010 年以后，市场上的液晶显示器背光类型已经几乎都是 LED 背光类型。

自 2008 年以来，LED 背光逐渐进入产业化，市场份额不断扩大。从开始应用于笔记本电脑，到现在应用于显示器、液晶电视，LED 背光产品不断涌现，市场占有率不断增加。目前，市场上主流的液晶显示器的背光几乎都是 LED，LED 的概念已经深入人心。

简单来说，LED 背光具有以下优点：能直接将电能转化为光能，低功耗、高亮度、长寿命。另外，LED 与 CCFL 背光相比具有以下三大优势：

（1）光源平面化

LED 背光源是由众多栅格状的半导体组成，每个“格子”中都有一个 LED 半导体，这样 LED 背光就成功实现了光源的平面化。平面化的光源不仅有优异的亮度均匀性，还不需要复杂的光路设计，因此 LED 的厚度就能做得更薄，同时还拥有更高的可靠性和稳定性。更薄的液晶面板意味着笔记本电脑拥有更佳的移动性。例如索尼 LED 背光笔记本电脑的液晶屏厚度仅有 4.5mm。

（2）色彩表现力远胜于 CCFL

CCFL 背光存在色纯度等问题，色阶表现不佳，因此导致了 LCD 在灰度和色彩过渡方面不如 CRT。而 LED 背光却能轻松超过 NTSC 色域，让液晶电视真实还原五彩缤纷的鲜艳色彩。另外，RGB-LED 背光还可以有效提升液晶显示器的对比度，实现更加精确的色阶和层次感更强的画面。背光源由众多的 LED 发光单元组成，可以根据画面对其中的每个发光器件实现精确的亮度控制，在暗部区域的 LED 可以减小亮度或关闭，而明亮区域增加亮度，由此带来的对比度提升是 CCFL 所不能达到的效果。

（3）寿命远超 CCFL

普通 CCFL 的寿命在 2.5 万小时左右，最新的顶级 CCFL 也不过 6 万小时。而现阶段白色 LED 背光的实际寿命为 5 万到 10 万小时，与 LCD 的使用寿命基本一致，而且还有进一步提升的潜力。

LED 背光可增进 LCD 显示的色彩表现。LED 光是经由 3 个 LED 产生出来，提供相当吻合 LCD 像点滤色器自身的色光谱，如图 8-12 所示。

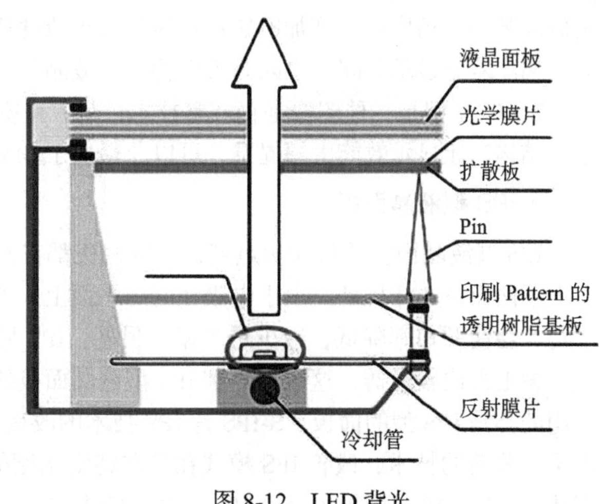

图 8-12　LED 背光

8.4 高性能液晶显示器的条件

8.4.1　出色的液晶面板

一个性能好的显示器，一定要拥有一个好的液晶面板。可以说，判断液晶显示器的好坏，首先要看液晶显示器的面板的好坏。液晶面板决定着液晶显示器的亮度、对比度、色彩、可视角度等参数。液晶面板占据一个显示器价值的一半以上，它是影响显示器造价的主要因素。

目前生产液晶面板的厂商主要为三星、LG-Philips、IVT、友达等。由于各家技术水平的差异，生产的液晶面板也大致分为几种不同的类型。常见的有 TN 面板、VA 面板、IPS 面板及 CPA 面板。TN 型面板液晶显示器比较常见。

1. TN 型液晶面板

TN 型液晶面板是目前市场上最主流的液晶显示器的采用的液晶面板，它的输出灰阶级数较多，液晶分子偏转速度快，所以它的响应时间容易提高。目前市场上响应时间 8ms 以下液晶产品均采用的是 TN 面板。这种类型的液晶面板常应用于入门级和中端的产品中，价格实惠、低廉，被众多厂商选用。在技术上，它与 VA 型、IPS 型、MVA 型的液晶面板相比，性能略为逊色，它不能表现出 16.7M 艳丽色彩，只能达到 16.7M 色彩（6 位面板），但响应时间容易提高。它的可视角度也受到了一定的限制，不会超过 160 度。

2. VA 型液晶面板

VA 型面板主要分为两种，一种是 MVA 型面板，另一种是 PVA 型面板。此外在这两种类型（MVA 和 PVA）基础上又产生改进型 S-PVA 和 P-MVA 两种面板类型，在技术发展上更趋向上，可视角度可达 170 度，对比度可轻易超过 700:1 的高水准。三星自产品牌的大部分产品都为 PVA 液晶面板。VA 型面板多用于高端的液晶显示器，拥有 16.7M 色彩（8 位面板）和大可视角度是它最为明显的技术特点，其响应时间基本可以控制在 20ms 以内。

1）MVA 型是一种多象限垂直配向技术，利用突出物使液晶静止时并非传统的直立式，而是偏向某一个角度；当施加电压后让液晶分子改变成水平以让背光通过则更为快速，这样便可以大幅度缩短显示时间。也因为突出物改变液晶分子配向，使得视野角度更为宽广。

2）PVA 型是一种图像垂直调整技术，是三星推出的一种面板类型。该技术直接改变液晶单元结构，让显示效能大幅提升，可以获得优于 MVA 的亮度输出和对比度。

3. IPS 型液晶面板

IPS 型液晶面板的最大卖点就是它的两极都在同一个面上，而不像其他液晶模式的电极是在上下两面，立体排列。由于电极在同一平面上，不管在何种状态下，液晶分子始终都与屏幕平行，会使开口率降低，减少透光率。另外，IPS 型液晶面板具有可视角度大、颜色细腻等优点，看上去比较通透，这也是鉴别 IPS 型液晶面板的一个方法。飞利浦和华硕不少液晶显示器使用的都是 IPS 型的面板。S-IPS 是 IPS 技术的改良型，S-IPS 可以看作第二代 IPS 技术，它引入了一些新的技术，改善 IPS 模式在某些特定角度的灰阶逆转现象。LG 和飞利浦自主的面板制造商推出的液晶面板也是以 IPS 为技术特点的。

4. PLS 型液晶面板

PLS 型液晶面板的驱动方式是，所有电极都位于相同平面上，利用垂直、水平电场驱动液晶分子动作。之前介绍的 PVA 面板和 IPS 面板属于高端的广视角面板，而 PLS 面板进一步改善了可视角度，在侧面观察屏幕时，不论是亮度损失还是伽马失真指数（GDI）都有明显的进步，PLS 面板的亮度损失要比 VA 面板更少。几乎无论从哪一方面与其他的液晶面板进行对比，PLS 液晶面板的性能都要略好。但是，这种面板定位高端，价格比较高，选购的时候要注意。

8.4.2　较高的亮度和对比度

1. 亮度

亮度是指液晶显示器在白色画面之下明亮的程度，单位是 cd/m^2。亮度是直接影响画面品质的重要因素。目前市场上的液晶显示器一般亮度规格大约是 300 cd/m^2。需要注意的是，较亮的产品不见得就是较好的产品，液晶显示器画面过亮常常会令人感觉不适，一方面容易引起视觉疲劳，另一方面也使纯黑与纯白的对比降低，影响色阶和灰阶的表现。

另外，亮度的均匀性非常重要，但在液晶显示器产品规格说明书里通常不标注。亮度均匀与否，与背光源和反光镜的数量与配置方式紧密相关，品质较佳的液晶显示器画面亮度均匀，无明显的暗区。用户在选购时，要仔细观察显示器的实际显示效果，不能只看其指标。

2. 对比度

对比度是屏幕上同一点最亮时（白色）与最暗时（黑色）的亮度的比值，高的对比度意味着相对较高的亮度和呈现颜色的艳丽程度，此对比度也称为静态对比度。目前主流的液晶显示器静态对比度一般为 1000：1 到 1500：1。通常液晶显示器制造时选用的控制 IC、滤光片和定向膜等配件，与面板的对比度有关。对一般用户而言，对比度能够达到 350:1 就足够了，但在专业领域这样的对比度还不能满足需求。

除静态对比度外，还有一种动态对比度。动态对比度是指液晶显示器在某些特定情况下测得的对比度数值，例如逐一测试屏幕的每一个区域，将对比度最大的区域的对比度值作为该产品的对比度参数。不同厂商对于动态对比度的测量方法不尽相同。一般同一台液晶显示器的动态对比度是静态对比度的 3~5 倍。

8.4.3　较小的响应时间

响应时间指的是液晶显示器对于输入信号的反应速度，也就是液晶由暗转亮或由亮转暗的反应时间，其单位为毫秒（ms）。对于液晶显示器来说，响应时间越小越好。如果响应时间太长了，就有可能使液晶显示器在显示动态图像时，有尾影拖曳的感觉。目前主流液晶显示器的响应时间为 2ms ～ 5ms。

8.5　目前使用的液晶显示器

8.5.1　主流液晶显示器品牌

目前市场上主要的液晶显示器品牌包括：三星、AOC、LG、长城、飞利浦、戴尔、优派、宏基等。

8.5.2　主流液晶显示器产品推荐

现在市场上的主流产品主要以 27 英寸和 31 英寸液晶显示器为主。下面我们介绍几款主流产品。

1. 三星 C27F390FHC 液晶显示器

三星 C27F390FHC 这款显示器采用全黑色的机身设计，机身厚度为 11.9mm。同时采用 1800R 的 VA 广视角面板，具有灵视竞技和 AMD FreeSync 显示变频技术，对于喜欢玩游戏的玩家来说，也十分的友好。

此显示器采用 16:9 的屏幕比例，采用 LED 背光技术，拥有灰阶 4ms 的响应时间；提供 1920×1080dpi 的最大分辨率，对比度为 3000:1，亮度为 250cd/m^2，配备模拟 / 数字双路输入，178 度 /178 度可视角度，通过 TCO03 认证，如图 8-13 所示。

2. 飞利浦 325M7C 液晶显示器

飞利浦 325M7C 是一款 31.5 英寸的大屏曲面显示器，采用炫彩 VA 屏。此液晶显示器拥有 1ms 的响应时间，屏幕比例为 16：9，采用 LED 背光技术，刷新频率可以达到 144Hz，分辨率为 2560×1440dpi。

在性能方面，采用了基于 DC 调光技术的不闪屏爱眼技术，同时搭配 AMD FreeSync 变频技术，能够确保游戏画面与显示器刷新率实现同步，并且预置了多种场景模式，方便用户调节。此外，接口方面提供了 HDMI、DP、VGA 接口，方便用户选择、如图 8-14 所示。

图 8-13　三星 C27F390FHC 液晶显示器

图 8-14　飞利浦 325M7C 液晶显示器

8.6 液晶显示器选购要素详解

根据液晶产品的特点，在选购时注意点缺陷、可视角度、响应时间、色彩数量、亮度和对比度、价格及外观等要素。

1. 价格

价格是我们最关心的问题。现今主流的 27 英寸液晶显示器的价格通常为 1000 ～ 3000 元，尺寸小一点的液晶显示器价格多为 700 ～ 2000 元。大家在购买时可灵活地根据自己的需求和经济能力选购。

2. 坏点

在液晶显示器上出现的“亮点”“暗点”和“坏点”统称为坏点或点缺陷。坏点的问题是用户在购买时比较关心的，而且各地的生产商和不同品牌之间也存在着差异，其允许的点缺陷数量也是不同的。在选购时，可以通过软件测试屏幕上是否有点缺陷，以及数量是否过多。

3. 响应时间

响应时间一直是液晶显示器（LCD）的一大问题，拖尾现象对看电影或视频工作的影响尤为明显。所以在选购 LCD 时，这个指标越小越好。目前市场上液晶显示器的响应时间一般为 8ms、5ms 或 2ms。

4. 亮度

亮度是由显示器所采用的液晶板决定的。一般廉价 LCD 的亮度在 170cd/m^2 左右，高档 LCD 的一般为 300cd/m^2 左右。亮度越大并不代表显示效果越好，它必须和对比度同时调节，两者配合一致才能获得最佳效果。

5. 对比度

对比度是直接体现该液晶显示器能否表现丰富色阶的参数。对比度越高，还原的画面层次感越好。目前市场上液晶显示器的对比度在 1000:1 左右。

6. 外观

选择液晶显示器的另一个重要标准就是外观。之所以放弃传统的 CRT 显示器而选择液晶显示器，除了辐射之外，另一个主要原因就是液晶显示器“身材娇小”，占用桌面空间较少，产品的外观时尚、摆放灵活。所以一定要选购一款具有自己喜欢外观的产品。

7. 屏幕比例

屏幕比例是指屏幕画面纵向和横向的比例。当输入源图像的宽高比与显示设备支持的宽高比不一样时，就会出现画面变形和缺失的情况。目前的家用笔记本电脑液晶显示器和台式机液晶显示器的设计为了迎合家庭娱乐的需求，通常屏幕宽高比为 16：9 或 16：10，所以在选购的时候，这两种比例的显示器的显示效果会比较贴合人意。

8. 面板类型

液晶面板技术的高低和质量的好坏关系到整个液晶显示器的功能参数、显示效果和使用寿命等情况。面板的类型决定了面板的大部分参数的水平，例如分辨率、对比度、响应时间、可视角度等方面，所以在选购液晶显示器的时候，液晶面板的类型要作为关注的重点之一。目前，市场上主要的液晶面板有 TN、VA、IPS 等几大类型。

第 9 章

深入认识和选购刻录光驱

9.1 光驱的物理结构和工作原理

光驱是电脑的一个重要配件，主要是用来读取蓝光光盘、DVD 光盘、CD 光盘，其中 DVD 光驱还具有刻录光盘的功能。随着多媒体的应用越来越广泛，光驱在电脑中的已经发展成为标准配置。目前，主流的光驱为蓝光刻录机、DVD 刻录机，如图 9-1 所示。

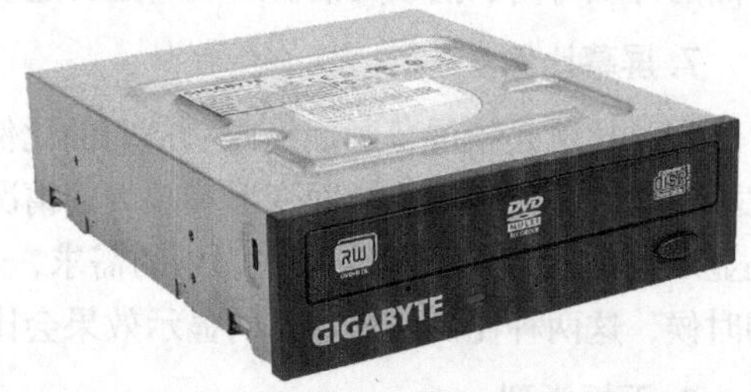

图 9-1　电脑光驱

9.1.1 看图识光驱的物理结构

电脑光驱主要由控制电路板、接口、激光头、主轴电动机、进给机构和加载机构这几部分组成。

1. 光驱的控制电路板

光驱的控制电路板主要由电机驱动芯片、数字信号处理芯片、存储器芯片及接口等组成。其中电机驱动芯片用来驱动主轴电动机和进给电动机，数字信号处理芯片用来处理数据，存储器芯片用来存储数据。如图 9-2 所示。

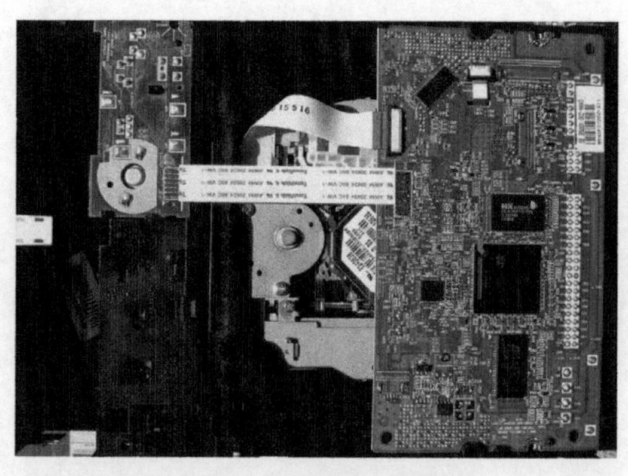
图 9-2　光驱的电路板

2. 光驱的接口

光驱的接口主要用来使光驱与主板连接通信。目前主流光驱的接口是 USB 接口、SATA 接口，如图 9-3 所示。

3. 光驱的激光头

激光头组件是由半导体激光器、半透棱镜 / 准直透镜、光敏检测器和线圈（聚焦 / 循迹）等零部件构成，用来读取光盘中信息的部件，其实物如图 9-4 所示。

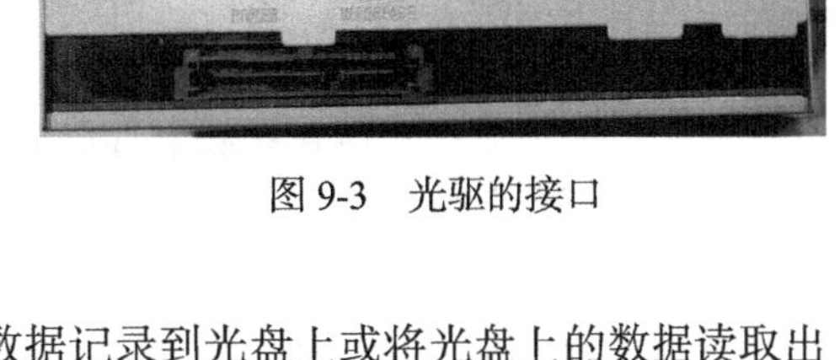

图 9-3　光驱的接口

4. 光驱主轴电动机

主轴电动机主要用于驱动光盘同轴、同步旋转，使盘片与激光头产生相对运动，激光头将数据记录到光盘上或将光盘上的数据读取出来。主轴电动机的实物如图 9-5 所示。

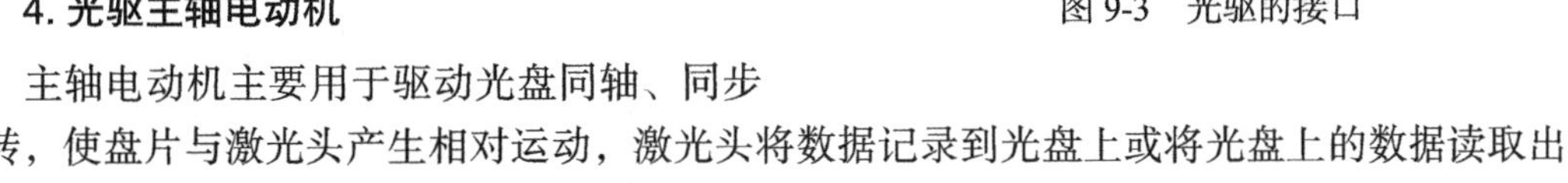

图 9-4　光驱的激光头

图 9-5　光驱主轴电动机

5. 光驱的进给机构

进给机构是被设计用来驱动激光头沿水平方向运动的，主要由进给电动机、主导轴、齿条、激光头和初始位置检测开关等零部件组成，其结构如图 9-5 所示。当读取光盘数据时，主轴电动机带动光盘旋转，进给机构带动激光头从光盘内侧向外侧移动，同时完成数据的读取。

6. 光驱的加载机构

光驱的加载机构是用来驱动托盘进入和弹出的机构。它由电磁铁（开机状态时由光驱开关控制）控制仓门开关，并由托盘位置开关和弹出机构控制托盘进出。

9.1.2　光驱刻录和读取数据的过程及原理

由于目前主流光驱是 DVD 刻录光驱，下面就以 DVD 刻录光驱为例讲解。DVD 刻录光驱的工作过程分为光驱刻录数据和光驱读取数据两个过程。下面我们对这两个过程分别予以介绍。

1. 光驱读取数据的过程及原理

激光头由一组透镜和光电二极管组成。在激光头中，有一个设计非常巧妙的平面反射棱镜。当光驱在读盘时，从光电二极管发出的电信号经过转换，变成激光束，再由平面棱镜反射到光盘上。由于光盘是以凹凸不平的小坑代表“0”和“1”的形式来记录数据的，因此它们接受激光束时所反射的光也有强弱之分。反射回来的光再经过平面棱镜的折射，由光电二极管变成电信号，经过控制电路的电平转换，变成只含“0”“1”信号的数字信号，计算机就能够读出光盘中的内容了。

光驱读取光盘信息的过程如图 9-6 所示。

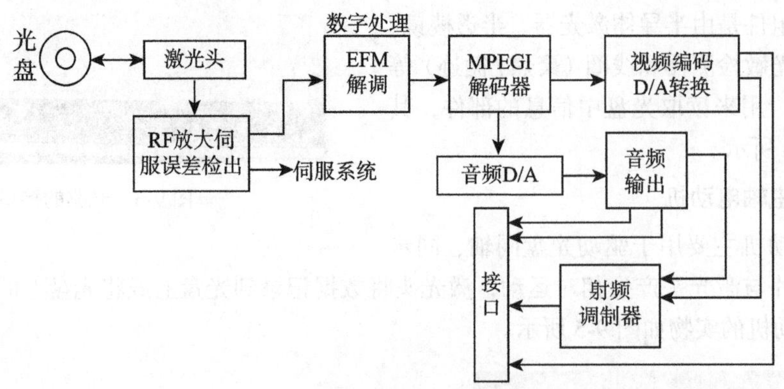

图 9-6 光盘读取信息的过程

信息的读取都是通过激光头的信息识别实现的。首先需进行伺服预处理，将激光头输出的信息放大，并将循迹误差和聚焦误差信号检出，送到伺服电路进行伺服处理和伺服驱动，使得光盘与激光头可以同步工作。然后激光头识别出的信息还要在数字信号处理电路中进行 EFM 解调、去交叉交织、纠错等处理，并还需经解压缩处理。此时经处理过的音频数据信号送入电脑进行进一步处理，视频信号经解码和 D/A 转换后便可输出，而音频信号的输出还需要相关软件和硬件的支持。

2. 光驱刻录数据的过程及原理

在光盘的表面会有一层薄膜，大功率的激光照射在这层薄膜上时，会形成平面和凹坑，光盘读取设备将这些平面和凹坑信息转化为 0 和 1 的二进制数据，将光盘上的物理信息转换为数字信息。用来刻录的光盘分为两种：一种是一次性刻录光盘，一旦刻录上数据就不能再进行删改；另一种可以将原来刻录的信息进行清除并重新刻录新的信息。电脑光驱刻录数据的过程如图 9-7 所示。

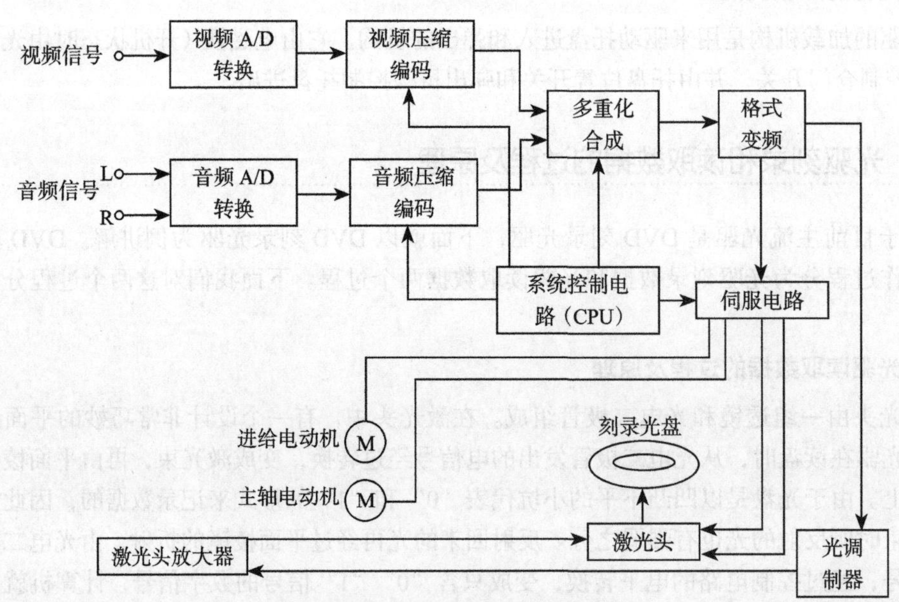

图 9-7 笔记本光驱刻录数据的流程

从图 9-7 中我们可以看出，无论是音频信号还是视频信号在刻录时首先都需要进行 A/D 转换，并将模拟的音频、视频信号转换成数字信号，进行压缩处理。将压缩后的音频、视频数字信号再进行合成，经过格式变换装置变换成光盘所需的数据格式，最后经过光调制器和激光头放大器送到激光头中，驱动激光头对信息进行刻录，此时需刻录的信息便被记录到了光盘上。

9.2 揭开 12cm DVD 的面纱

数据的存储一直是人们所关注的问题。20 世纪 90 年代中期所用的存储介质为软盘，90 年代后期 CD 逐渐取代了软盘的地位，延用至今。但是，CD 的存储容量仅为 650MB，比较小，不能满足人们的需求，所以又开发了 DVD 盘。

DVD 被称作数字多功能光盘。DVD 的制作技术与 CD 相同，但是其存储数据的速度要比 CD 快 8 倍左右，而且容量是 CD 盘的 14 倍左右。表 9-1 比较了 CD 和 DVD 的参数。

表 9-1 CD 和 DVD 参数比较

	CD	DVD
直径（cm）	12	12
厚度（mm）	1.2	1.2（两张，每张 6mm）
激光束波长（nm）	780 ～ 790	635 ～ 650
pit 大小（μm）	0.83	0.4
轨道间距（μm）	1.6	0.74
层数	1	1 ～ 4
存储容量（GB）	0.63 ～ 0.78	4.7 ～ 17
数据传送速度（KB/s）	153.6	1350

DVD 与 CD 的外观极为相似，它们的直径都是 120 毫米左右。如图 9-8 所示，DVD 盘面 pit 更密集，DVD 的 pit 之间的距离是 0.74 微米，所以同样大小的光盘轨道上 pit 密度就更大了，这也就意味着 DVD 的信息记录密度要比 CD 高，这就是 DVD 的信息存储容量比 CD 大的原因之一。

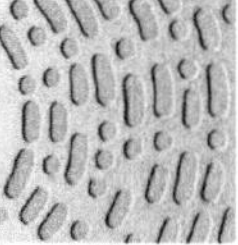

DVD 盘面 pit

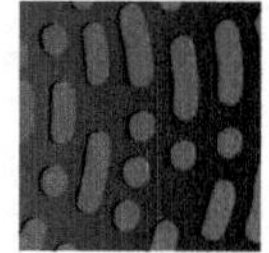

CD 盘面 pit

图 9-8 DVD 和 CD 盘面 pit

DVD 盘的种类比较多，按单面、双面与单层、双层结构的各种组合，DVD 可以分为单面单层、单面双层、双面单层和双面双层 4 种基本物理结构。

1. 单面单层 DVD 光盘

单面单层 DVD 光盘由一片空白基片和一片有一层数据记录层的基片黏合而成。无论是单层光盘还是双层光盘都由两片基片黏合而成，每片基片的厚度均为 0.6mm，因此 DVD 盘的厚度为 1.2mm，如图 9-9 所示。

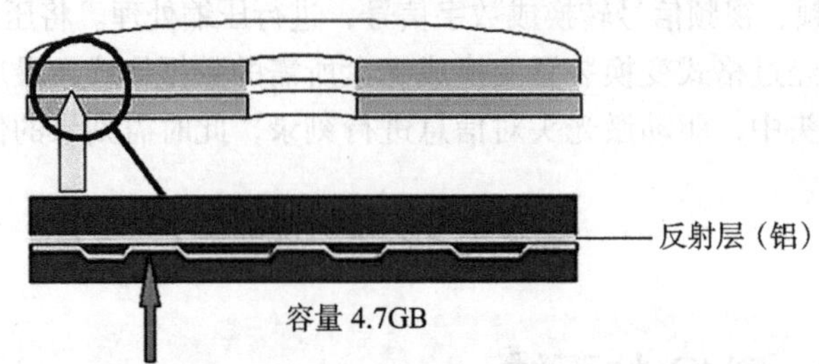

图 9-9 单面单层 DVD 光盘结构

2. 双面单层的 DVD 光盘

双面单层的 DVD 光盘由厚 0.6mm 的、两面各有一层记录层的基片黏合而成，总容量达 9.4GB，可以储存大约播放 266 分钟的视频数据，如图 9-10 所示。

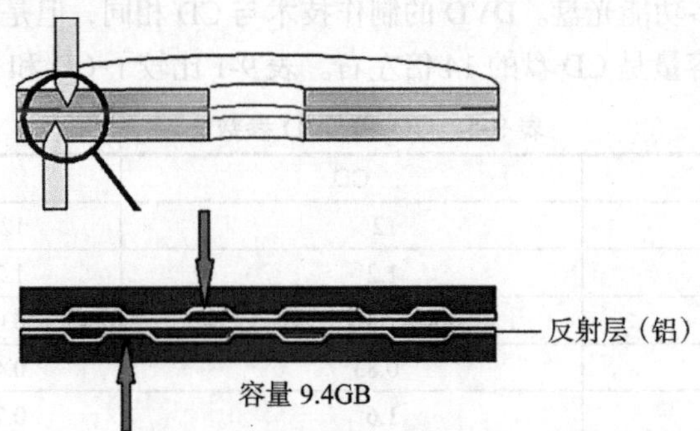

图 9-10 双面单层 DVD 光盘结构

3. 单面双层的 DVD 光盘

单面双层的 DVD 光盘总容量达 8.54GB，可以储存大约播放 241 分钟的视频数据。双层光盘有两种，一种是将两层记录层都放在一片片基上，而另一片是空白片基，然后黏合。这种在实际生产时因工艺要求高、良品率低而不被采用。另一种是将两层记录层分别放在上下两片片基上，将下面的记录层制成半透明层，上面的记录层制成反射层，然后将两片片基黏合。这是目前 DVD-9 普遍采用的方案，如图 9-11 所示。

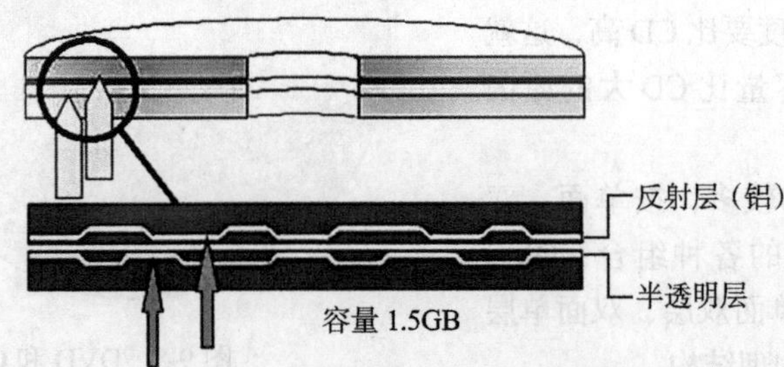

图 9-11 单面双层 DVD 光盘结构

4. 双面双层的 DVD 光盘

双面双层的 DVD 光盘，总容量达 17GB，可以储存播放 482 分钟的视频数据。双面双层盘片由两片分别有两层记录层的片基黏合而成。生产这种盘片对生产工艺要求很高，这意味着生产成本较高。因此，除非有特殊需要，一般厂商不采用 DVD-18 格式。事实上，DVD-18 光盘在市场上并不多见，如图 9-12。

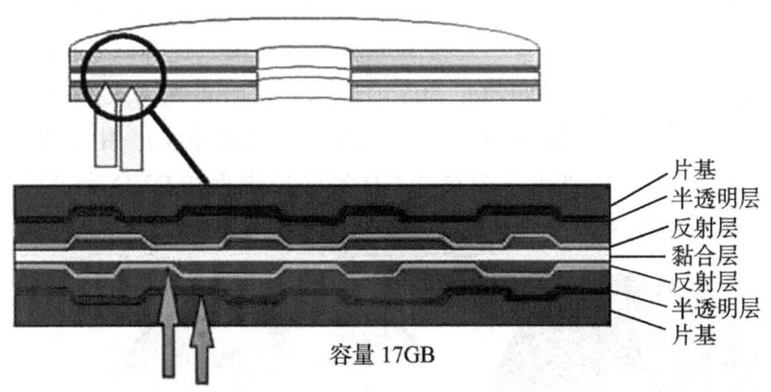

图 9-12　双面双层 DVD 光盘结构

9.3 不同光驱的功能差异

光驱的种类很多，主要包括 CD-ROM 光驱、DVD-ROM 光驱、COMBO 光驱、蓝光光驱、刻录机等。

1. CD-ROM 光驱

CD-ROM 光驱又称为致密盘只读存储器，是一种只读的光存储介质。它是利用原本用于音频 CD 的 CD-DA（Digital Audio）格式发展起来的。CD-ROM 光驱可以读取 CD 音频光盘和 CD-ROM 数据光盘。CD-ROM 数据光盘的容量为 680MB 左右。

2. DVD 光驱

DVD 光驱是一种可以读取 DVD 碟片的光驱，DVD 光驱可以读取 DVD-ROM 光盘、DVD-VIDEO 光盘、DVD-R 光盘和 CD-ROM 光盘等。另外它也能很好地支持 CD-R/RW 光盘、CD-I 光盘、VIDEO-CD 光盘、CD-G 光盘等。DVD-ROM 数据光盘的容量为 4.7GB（双面盘为 8.5GB）。

3. COMBO 光驱

COMBO 光驱也叫“康宝”光驱。COMBO 光驱是一种集 CD 刻录、CD-ROM 和 DVD-ROM 为一体的多功能光驱产品，即 COMBO 光驱有 CD 刻录机的功能、CD-ROM 光驱的功能和 DVD-ROM 光驱的功能。

4. 刻录光驱

包括了 CD-R、CD-RW、DVD 刻录机和蓝光刻录机等，其中 DVD 刻录机又分 DVD+R、DVD-R、DVD+RW、DVD-RW（W 代表可反复擦写）和 DVD-RAM。刻录机的外观和普通光驱差不多，只是其前置面板上通常都清楚地标识着写入、复写和读取 3 种速度。

目前主流的光驱种类是 DVD 刻录机、蓝光刻录机和 DVD-ROM 光驱。

9.4 蓝光 DVD

蓝光 DVD 又叫蓝光光盘（光碟）Blu-ray Disc，简称 BD，主要用来存储高品质的影音及高容量的数据存储。蓝光光盘是由索尼及松下电器等企业策划，并以 SONY 为首，于 2006 年开始全面推出相关产品。该光盘采用波长 405 纳米的蓝色激光光束来进行读写操作（DVD 采用 650 纳米波长的红光读写器，CD 则采用 780 纳米波长的红外线）。由于用于读写的激光束为蓝色，故称蓝光光盘。图 9-13 展示了容量 25GB 的蓝光光盘和 DVD 光盘结构。目前，25GB 一次性蓝光光盘零售价格在 8 元左右。

图 9-13 蓝光光盘与 DVD 光碟

单层的蓝光光盘的容量为 25GB，足够录制一个长达 4 小时的高解析影片。以 6x 倍速刻录单层 25GB 的蓝光光盘需大约 50 分钟。图 9-14 展示了容量 25GB 的蓝光光盘的正反面。

双层的蓝光光盘容量为 50GB，足够刻录一个长达 8 小时的高解析影片。另外还有 4 层盘和 8 层盘，容量分别为 100GB 和 200GB。到目前为止，蓝光是最先进的大容量光盘格式。

图 9-14 容量 25GB 的蓝光光盘正反面

9.5 如何刻录光盘

现在人们存储的数据资料越来越多，如何存储好自己的数据成为一个问题。存在电脑硬盘里容易被删除格式化；U 盘容易丢失，且 U 盘故障会导致不能恢复完整的数据；移动硬盘容量大，但携带麻烦，每次都要带一根数据连接线，而且容易损坏；而光盘使用温度范围大，里面的数据经过长期存储也不会丢失。另外，现在移动硬盘和电脑硬盘都比较贵，而光盘却比较便宜。所以，将文件刻录于光盘中是一个比较好的选择。

日常生活中，我们可以将一些视频文件、音频文件、图形文件刻录在光盘中以便保存，而刻录光盘需要有刻录机、刻录软件、刻录介质。所以在刻录之前要准备好刻录机、刻录盘、刻录软件。

刻录的操作其实就是燃烧染料的过程，所以在刻录完光盘之后，光盘会比较热。因此刻录又叫烧录。

在刻录光盘时，刻录机通过激光头发射光束照射盘片的染料层，在染料层上形成一个个平面和凹坑，光驱在读取这些平面和凹坑时就能将其转换为 0 或 1，从而被计算机识别。对于某些盘来说，由于这种变化是一次性的，不能恢复到原来的状态，所以盘片只能写入一次，不能重复写入。还有另一种类型的盘片，表面的材料不同，通过激光束的照射，可以在两种状态之间进行转换，所以这种光盘能够重复写入。

那么到底如何刻录呢？下面我们来介绍用 nero 刻录软件刻录音乐光盘的步骤。

1）在电脑系统中装载 nero 软件。

2）启动 nero 软件到开始界面，如图 9-15 所示。

3）如图 9-16 所示，单击左侧“音乐”选项，然后单击“音乐光盘”选项。

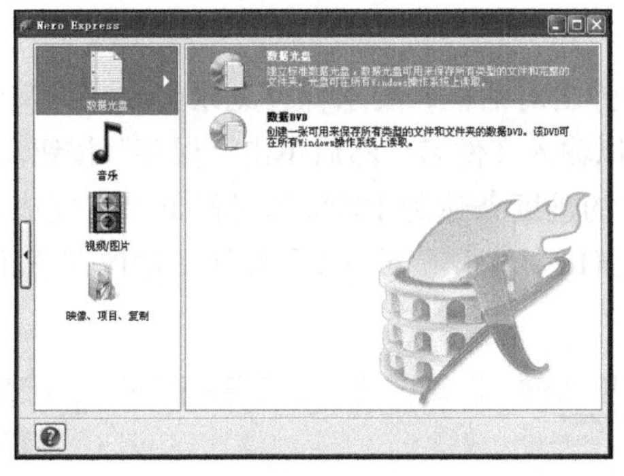

图 9-15　开始界面

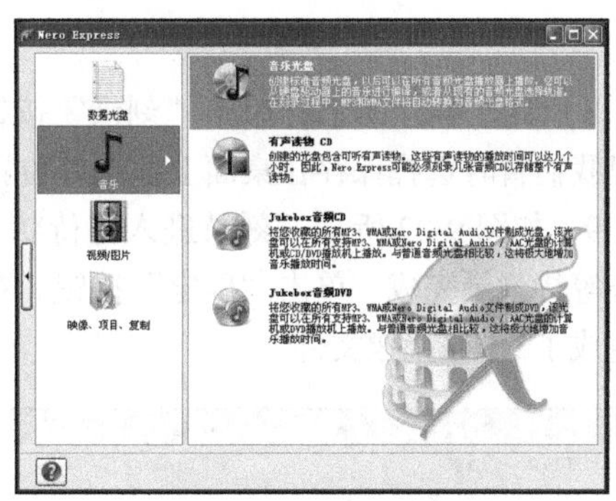

图 9-16　音乐光盘界面

4）屏幕弹出如图 9-17 所示“我的音乐 CD”界面，单击“添加”按钮。

5）如图 9-18 所示，屏幕弹出添加框，在电脑硬盘中找到要刻录的音乐文件，选择需要添加的音乐文件，然后单击“添加”按钮，再单击“关闭”按钮。

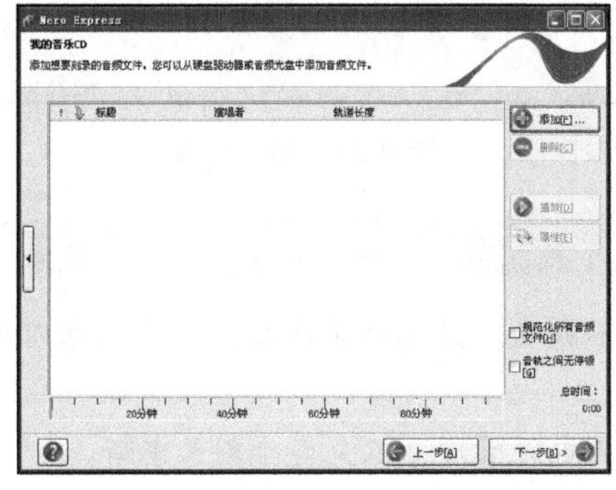

图 9-17　“我的音乐 CD”界面

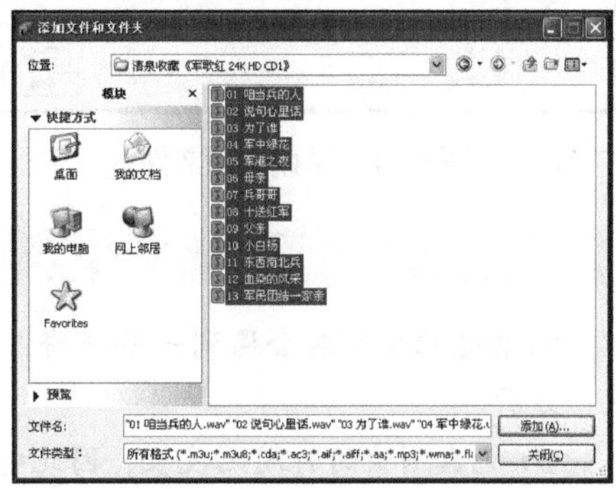

图 9-18　选择刻录文件

6）如图 9-19 所示，检查时间带中的绿色应在 80 分钟黄线内，绝对不准超过红线，否则不能刻录。单击“规范化所有音频文件”前面小方格，出现绿色勾，然后再单击“下一步”按钮。

另外，在“我的音乐”框中显示所添加的音乐文件，任意点一首音乐，单击“播放”按钮，能正常播放的就是普通的立体声。因为 Nero9 软件没有 DTS 插件，如果是 DTS 格式的音乐则是一片噪声。

7）屏幕会弹出如图 9-20 所示对话框，选择刻录机。这里选择“Image Recorder”，并单击“刻录”按钮，准备正式开始刻录。

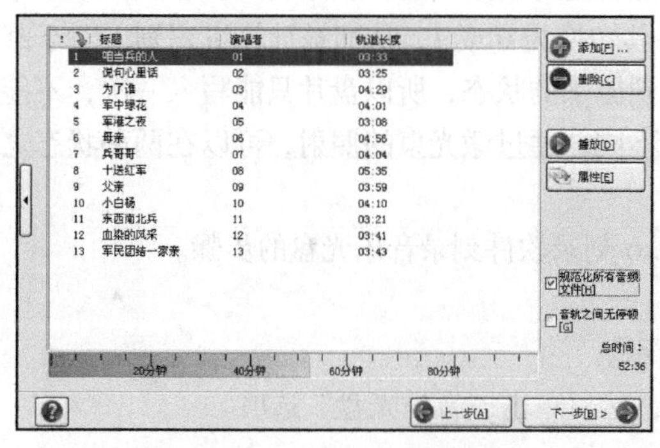

图 9-19 检查刻录文件

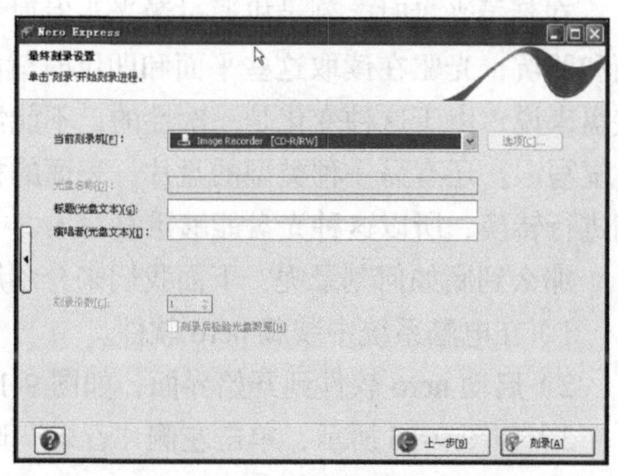

图 9-20 选择刻录机

8）如图 9-21 所示，单击“刻录”按钮之后会弹出对话框，要求保存刻录生成映像文件。这里我们暂时选择保存在桌面上。选好位置后，可以输入文件名，然后单击“保存”按钮。

9）如图 9-22 所示，刻录进入等待状态，绿色的进度条达到 100% 的时候刻录就完成了。耐心等待刻录完成，单击“确定”按钮。在弹出的窗口中单击“下一步”按钮。这样在桌面上就生成了 NRG 镜像文件。

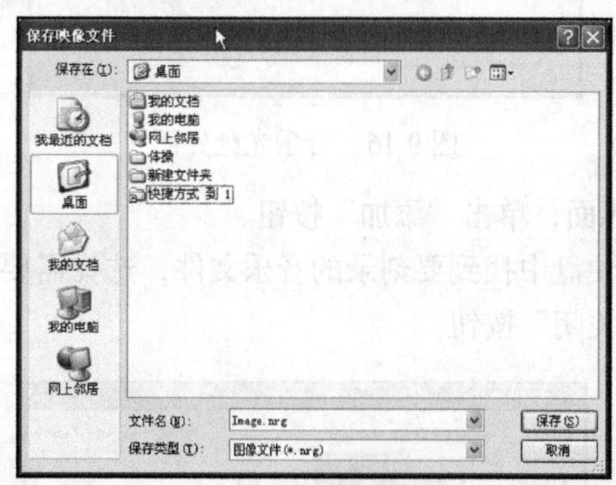

图 9-21 保存映像文件

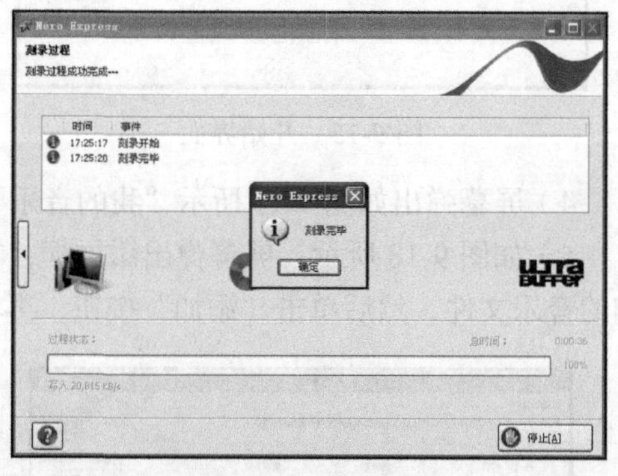

图 9-22 刻录完成

小知识

刻录过程中可能会遇到一些障碍，导致刻录不成功。若想刻录成功，需要注意以下几个方面。

1）光盘刻录的时间比较长，因此电脑不要设置电源管理，以免发生刻录中断。

2）光盘刻录的时候对系统资源的占用比较大，因此刻录光盘的时候不要运行其他程序。

3）刻录光盘的时候用比较慢的速度烧录比较好，太快的速度很容易对数据读写产生不良的影响，导致数据传输的过程中断，直接影响光盘刻录的质量。

4）容量大的硬盘是成功刻录的保证，刻录机要先从硬盘上将数据读入缓存，然后从缓存写入盘片。因此硬盘能否稳定传输数据对刻录有极大影响。

5）刻录光盘前一定要检查一下刻录文件的安全性，最好用杀毒软件查杀一下，以免刻录出的光盘里面带有病毒。

9.6 连接光驱与主板的 SATA 接口和 USB 接口

光存储驱动器的接口是驱动器与系统主机的物理链接，它是从驱动器到计算机的数据传输途径，不同的接口也决定了驱动器与系统间数据的传输速度。目前连接光存储产品与系统的接口类型有：SATA 接口、USB 接口、SCSI 接口。SATA 接口光驱一般为内置光驱，USB 接口光驱一般为外置移动光驱，如图 9-23 所示。连接光驱与主板的 SATA 接口与主板硬盘 SATA 接口相同，详见第 6 章相关内容。下面我们主要介绍一下 USB 接口。

图 9-23　USB 接口外置光驱

USB 接口是在 1994 年由 Intel、康柏、IBM、Microsoft 等多家公司联合提出的，1996 年正式推出。自正式推出之后，很快成为个人电脑和大量智能设备的必配的接口之一。

USB 设备之所以会被大量应用，主要缘于它具有以下优点：

1）支持热插拔。串口或并口设备需要关机之后连接串口或并口设备，然后再开机才能应用。但是 USB 口设备支持则热插拔，无需关机，方便了操作，节省了时间。

2）携带方便。USB 接口设备大多小、薄、轻，容易携带，若随身携带大量数据，USB 设备为首选。

3）标准统一。USB 接口出现之后，打印机、鼠标、键盘、硬盘、光驱等都可用同样的标准以 USB 接口的形式连接在电脑上，给用户带来了方便。

4）可以连接多个设备。理论上一个个人电脑可以通过 USB 接口连接 127 个设备，这样用户可以在电脑上同时连接多个 USB 设备。

现如今，USB 接口经过多年的发展已经到了 USB3.0 时代，USB3.0 设备陆续出现。USB3.0 规范于 2008 年 11 月 17 日正式完成并公开发布。该接口标准为全双工数据通信，数据传输速度提高到了每秒 4.8Gb（约 500MB），增加了新的电源管理职能。表 9-2 是 4 代 USB 接口速率对比表。

USB 接口连接电脑的一端的接口形式都是相同的，连接其他设备的一端的接口形式有 4 种，其中最常见的为 A 型公口、B 型公口、miniB 型。一般用在光驱上的接口为 B 型公口，如图 9-24 所示。

表 9-2 4 代 USB 接口速率对比表

USB 版本	速率称号	带宽	速度
USB 3.0	超高速	5Gbps	约 500MB/s
USB 2.0	高速	480Mbps	约 60MB/s
USB 1.1	全速	12Mbps	约 1.5MB/s
USB 1.0	低速	1.5Mbps	187.5KB/s

图 9-24 USB 光驱接口及数据线接口

9.7 提高光驱性能的缓存

光驱缓存的作用与硬盘等设备缓存的作用是一样的，都是用来提高低速设备的运行速度。光驱的缓存安装在光驱的电路板上，光驱读取数据的规律是首先在缓存里寻找需要的数据，如果在缓存中没有找到才会去光盘上寻找。越大容量的缓存可以预先读取的数据越多，光驱的工作速度就越快。

缓存容量的大小在刻录机中有非常重要的作用。在刻录光盘时，系统会把需要刻录的数据预先读取到缓存中，然后再从缓存读取数据进行刻录，缓存就是数据和刻录盘之间的桥梁。系统在传输数据到缓存的过程中，不可避免地会发生传输的停顿，如在刻录大量小容量文件时，硬盘读取的速度很可能会跟不上刻录的速度，这时就会造成缓存内的数据输入输出不成比例。如果这种状态持续一段时间，就会导致缓存内的数据被全部输出，而得不到输入，此时就会造成缓存欠载错误，从而导致刻录光盘失败。因此刻录机都会采用较大的缓存容量，再配合防刻死技术，才能把刻坏盘的概率降到最低。同时缓存还能协调数据传输速度，保证数据传输的稳定性和可靠性。

目前主流 DVD 刻录光驱的缓存容量通常为 2MB 左右，蓝光刻录机的缓存容量为 4MB 以上，而 DVD 光驱的缓存容量通常为 198KB。通常来说，缓存容量越大越好。

9.8 目前使用的刻录光驱

9.8.1 主流光驱品牌

光驱的生产厂商主要有：Samsung（三星）、Asus（华硕）、Aopen（建基）、Sony（索尼）、

LG、Pioneer（先锋）、奥美嘉、阿帕奇、爱国者、Philips（飞利浦）等。

主流刻录机品牌有：三星、先锋、Sony 等。这些公司生产的刻录机技术先进、成熟，质量稳定、可靠，售后服务完善。

9.8.2　主流光驱产品推荐

现在市场上的主流光驱产品以 DVD 刻录光驱和蓝光刻录光驱为主。下面我们介绍几款主流产品。

1. 索尼 BDX-S600U 蓝光刻录光驱

索尼 BDX-S600U 刻录光驱采用 USB2.0 接口，配备了 5.8MB 的缓存容量。它支持蓝光 6X BD-RDL 写入、8X DVD+/-R 写入、6X DVD+/-R DL 写入、8X DVD+RW 复写、6X DVD-RW 复写、5X DVD-RAM 读写和 8X DVD-ROM 读取；CD 方面，支持 24X CD-R 写入和 24X CD-RW 复写，如图 9-25 所示。

2. 华硕 BW-12D1S-U 外置蓝光刻录光驱

华硕 BW-12D1S-U 刻录光驱采用了黑色面板，采用 USB2.0、USB3.0 接口。配备了 4MB 的缓存容量。它支持蓝光 2X BD-RE 写入、16X DVD+/-R 写入、8X DVD+/-R DL 写入、8X DVD+RW 复写、6X DVD-RW 复写和 5X DVD-RAM 读写；CD 方面，支持 40X CD-R 写入和 24X CD-RW 复写。该刻录机支持 Audio CD、Video CD、CD-I、CD-Extra、Photo CD、CD-Text、CD-ROM/XA、Multi-session CD、DVD Video、BD video 等盘片。图 9-26 展示了华硕 BW-12D1S-U 蓝光刻录光驱。

图 9-25　索尼 BDX-S600U 刻录光驱

图 9-26　华硕 BW-12D1S-U 蓝光刻录光驱

9.9　光驱、刻录机选购要素详解

在选购光驱、刻录机时注意以下几点：

1. 品牌

一个信得过的品牌是一款好 DVD 光驱的关键之一。如今市场上 DVD 品牌非常多，但真正能左右市场并在消费者中拥有良好口碑的却相对较少。市面上较常见的厂家品牌主要有三星、先锋、索尼、建基、华硕等，每一款都具有一定的竞争力。而其中由日本和中国台湾地区生产的第三代 DVD 光驱占据了绝大部分市场份额。

2. 工艺

工艺就是指整个光驱给人的视觉印象。从外包装来看，工整，干净，没有打开过的痕迹，有代理或者厂家防伪标志等的光驱质量比较有保证。

打开光驱外包装后，检查里面的说明书、排线、音频线、驱动盘、附赠的物品是否完好无缺。如果没什么问题，那么基本上可以承认这个光驱是正品，而且没有让人打开“试用”过。如果光驱上有划痕，螺丝口处有被螺丝刀拧过的痕迹，或者有掉漆、面板字体模糊不清等问题，那么只能说明这个光驱有瑕疵。

3. 稳定性

我们往往会遇到这样的情况，一款光驱买回来时，怎么用都好，任何盘片都能读写。可用了一段时间后（通常 3 个月以上），却发现读盘能力迅速下降，这也就是大家常说的“蜜月效应”。为避免购买到这类产品，我们应该尽量选购采用全钢机芯的 DVD 光驱，这样即便在高温、高湿的情况下长时间工作，DVD 光驱的性能也能恒久如一，这也给 DVD 影片的完美播放提供了最为有力的保障。另外，采用全钢机芯的光驱通常情况下要比采用普通塑料机芯的使用寿命长。

4. 选择接口类型

DVD 光驱的接口主要有 SATA 接口、SCSI 接口和 USB 接口等几种。在选购 DVD 光驱时，我们一定要特别注意光驱的接口模式。目前主流光驱的接口是 SATA 接口和 USB 接口，其中 USB 接口主要应用在外置光驱上。

5. 选择缓存容量大的

与硬盘、主板的缓存一样，DVD 光驱缓存的作用也是提供一个高速的数据缓冲区域，将可能被读取的数据暂时保存，然后一次性进行传输和转换，从而缓解光驱与电脑其他部分速度不匹配的问题。现在主流的 DVD 光驱一般采用了 198KB 以上的缓存。

6. 售后服务

DVD-ROM 在长时间使用过程中，容易造成配件损耗，就像 CD-ROM 一样，属于消耗品。相对的，在维修上也比其他产品的返修率稍高，而且维修配件大多有各厂商的独特技术，需要送到特定代理商处返修。现在一般大厂商的保修政策都是 3 个月保换，一年保修。

7. 刻录机的选购

在选购刻录机时，注意以下几个方面：好的品牌；完善的售后服务及技术支持；读写速度够用即可，不用特意追求最高读写速度；缓存在 2M 左右即可，当然缓存越大越好；选择有防欠载技术的产品，减少坏盘；注意刻录机的对盘片的兼容性、对刻录方式的兼容性、与刻录软件的兼容性等。一些刻录机产品虽然价格特别便宜，但由于售后服务不佳，或者根本没有完整的售后服务，所以遇到机器故障或者是软件不兼容的问题时就会很麻烦。此外工作温度及噪声大小，配件是否齐全，保修卡、说明书等配套资料是否具备，也是选购时需要注意的。最后，注意刻录机的接口，目前主流 DVD 刻录机的接口主要有 SATA 接口、USB2.0 接口或 IEEE 1394 接口等，应尽量选购 SATA 接口的刻录机。

第 10 章

深入认识和选购机箱与 ATX 电源

10.1 机箱和 ATX 电源的物理结构及工作原理

10.1.1 机箱的物理结构

机箱的主要作用是放置和固定主板、硬盘等各种电脑配件，起到一个承托和保护作用。此外，机箱还具有电磁辐射的屏蔽的作用。

从结构上看，机箱一般包括外壳、支架、面板上的各种开关、接口等，如图 10-1 所示。

图 10-1　电脑机箱

1. 机箱外壳

机箱外壳采用钢板和塑料结合制成，硬度高，主要起保护机箱内部元件的作用。外壳的钢板为了增强防辐射的功能，通常会在外壳表面通过特殊工艺镀上一层锌，锌层越厚就意味着防辐射能力越强。一般市场常见的机箱基本上都是采用镀锌钢板，根据生产工艺及镀锌量的不同，主要分为热浸镀锌钢板和电解镀锌钢板。热浸镀锌钢板的镀锌量可以达到每平方米 45 克以上，而电解镀锌钢板的镀锌量只有每平方米 20 克左右。热浸镀锌钢板对电磁波尤其是对低频电磁波具有更强的吸附性，可有效抵御电磁波，同时具有更好的散热性和导电性。

2. 支架

支架主要用于固定主板、ATX 电源和光驱、硬盘等各种部件。通常支架中会设计 4 个以上光驱安装口和 4 个以上硬盘安装口，如图 10-2 所示。

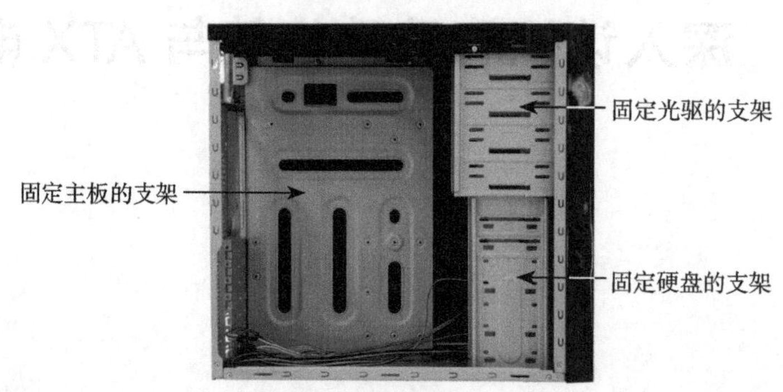

图 10-2　机箱支架

3. 机箱面板

电脑机箱的开关、指示灯、前置接口等一般都设计在机箱的前面板上。另外，由于前面板总是用户接触机箱首先看到的部分，因此前面板的设计直接体现机箱设计的风格。很多机箱的设计风格总是从面板上体现出来的。

10.1.2　ATX 电源的物理结构

电脑电源是把 220V 交流电，转换成直流电，并专门为电脑的各个配件如主板、硬盘、光驱、显卡等供电的设备。电脑电源是电脑各部件供电的枢纽。目前电脑电源大都是开关型电源。

电脑电源主要由外壳、各种电源连接线、电源接口、内部的电源线路板、元器件、散热风扇等组成，如图 10-3 所示。

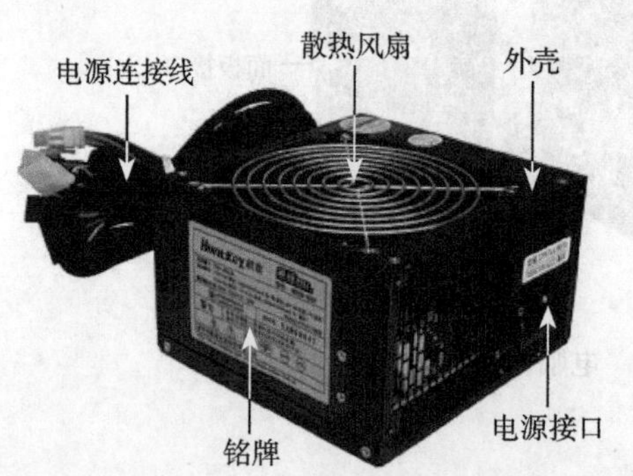

图 10-3　电脑电源

1. 外壳

电脑电源的外壳采用钢制成，电源的外壳起屏蔽作用，防止电磁辐射。由于电源的工作电路会产生大量的热量，因此为了散热，电源的外壳通常要设计散热孔。另外，在出风口上安装风扇能加强散热的效果，而通风口上安装的栅栏的间隙大小也会影响通风的质量，所以大多采用钢网来做栅栏，或者将栅栏间的宽度冲压得很窄。

电源外壳上还安装有交流电输入插座，有的电源还安装一个交流输出插座供显示器使用。

电源的外壳上通常还会有电源名牌，电源的铭牌上会标明电源的厂商，以及各个输出端能够输出的最大电流等电源的参数。

2. 电源连接线

电源连接线主要用来连接电脑中的各种设备，用来为这些设备供电。主要有为主板供电的 24 针接口，为 CPU 供电的 4 针接口、6 针接口或 8 针接口，为显卡供电的 6 针接口或 8 针接口，为硬盘供电的 SATA 供电接口，为光驱供电的 D 型口供电接口，如图 10-4 所示。

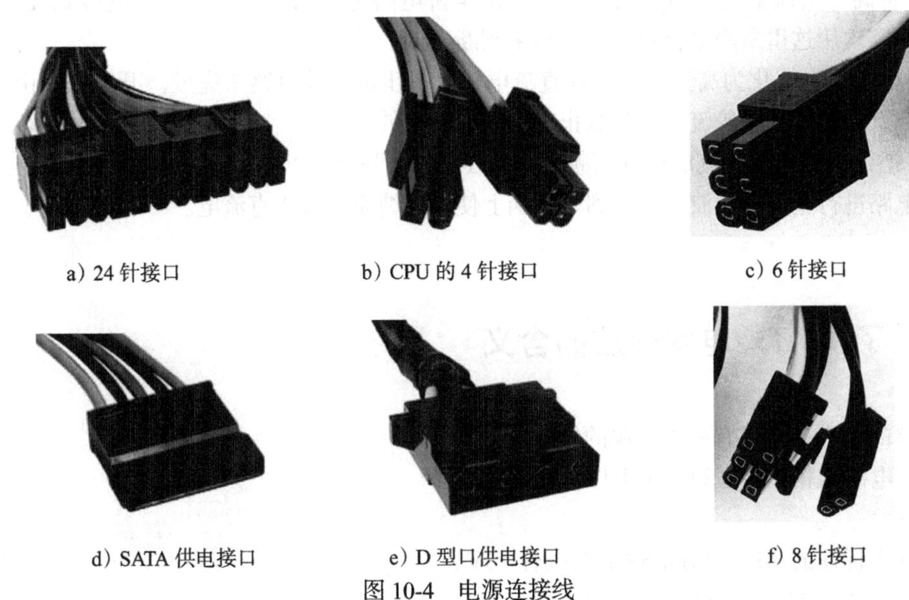

a）24 针接口　b）CPU 的 4 针接口　c）6 针接口

d）SATA 供电接口　e）D 型口供电接口　f）8 针接口

图 10-4　电源连接线

10.1.3　ATX 电源的工作原理

电源的作用是把交流电网的电能转换为适合电脑机箱内配件使用的低压直流电，来驱动各种设备。电源主要采用脉冲变压器耦合型开关稳压电源。

交流电转化为低压直流电的转换过程为：

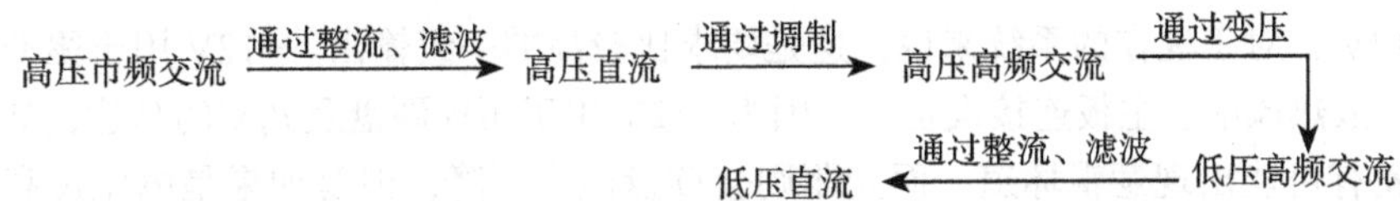

电源的工作原理如下：

1）220V 交流电进入电源，首先经过扼流线圈和电容，滤除高频杂波和同相干扰信号。这些扼流线圈和电容就组成了一级 EMI 滤波电路，如图 10-5 所示。

2）通过一级 EMI 电路后，再由电感线圈和电容组成的二级 EMI 电路，进一步滤除高频杂波。如图 10-6 所示为二级 EMI 滤波电路。

图 10-5 一级 EMI 滤波电路

图 10-6 二级 EMI 滤波电路

3）将高压交流电转化为高压直接电，由全桥电路整流和大容量的滤波电容滤波来完成。很多用户喜欢用这里所用电容容量的大小来判断电源的功率。

4）把直流电转化为高频率的脉动直流电，这一步由开关电路来完成。开关电路由两个开关管组成，通过它们的轮流导通和截止来达到转换目的。

5）把得到的脉动直流电送到高频开关变压器进行降压。再由二极管和滤波电容组成的低压滤波电路进行整流和滤波，就得到了电脑上使用的纯净的低压直流电。

10.2 了解 ATX 电源标注的含义

电源的外壳一般都有一张电源的铭牌，上面主要标注电源的相关认证和输出电压，如图 10-7 所示。

MODEL: ST- 400WAP　A010057　主动式PFC 开关电源

交流输入	电压			电流			频率		
	90V-264V AC			10 A			50-60Hz		
直流输出	+3.3V	+5V	+12V	-5V	-12V	$+5V_{SB}$	PS-ON	POK	COM
	20A	35A	22A	0.1A	0.8A	2.0A	REMOTE	P.G	RETURN
功　率	380W			10W		10W	最大功率：400W		

注意：非专业维修人员请勿自行开启此盖

图 10-7 电源的铭牌

铭牌中标注的 ATX 电源的输出电压有 +5V、+3.3V、+12V、$+5V_{SB}$、−5V 和 −12V。

1）+3.3V：在以前的 AT 电源上并没有这一路输出，从 ATX 规范开始才加入了 +3.3V。因为直接取电 +3.3V，可以明显降低主板产生的热量及功耗。现在的主板都是从 +3.3V 取电，经主板处理后驱动 CPU、内存及扩展槽。

2）+5V：主要用于驱动硬盘、软驱、光驱的电路板部分。现在的大功耗显卡及 AMD 处理器对 +5V 也有相当的要求。

3）+12V：对于现在的系统来说，这是要求比较高的一组输出。+12V 用于驱动各种驱动器的电机、散热风扇、主板连接设备等。因为 +12V 用于驱动硬盘及光驱的马达，如果电压过低，硬盘就有可能出现逻辑坏道，而光驱则会读盘能力下降；但是如果是电压过高，轻则死机，重则烧毁硬盘和光驱。

4）−12V：用于某些串口的放大电路，电流要求并不高，−12V 输出电流通常小于 1A。

5）−5V：较早的 PC 中用于软驱控制器及 ISA 总线板卡电路，许多新系统中已经不再使用 −5V 了。

6）+5V Stand-by：最早出现在 ATX 上，作为系统关闭后的 +5V 等待电压。在 CCC 认证当中，规定了 $+5V_{SB}$ 不得小于 2A。有些系统在待机时无法唤醒，或者待机时硬件莫名烧毁，往往就是电源 $+5V_{SB}$ 不过关造成的。

10.3 成为高性能机箱的条件

10.3.1　拆卸要方便，体积要够大

设计优良的机箱充分考虑了用户拆装的方便，而有些机箱则设计不合理，盖板打开后不容易盖严。因此，购买时有必要亲自试验一下机箱拆装是不是方便。一般机箱内体积大，有助于空气流通，利于散热，但如果是用于运行游戏，最好还是增加一个机箱风扇。

10.3.2　密封性要好

机箱的密封性非常重要，如果密封性不佳，风扇、散热片、板卡芯片就会吸附大量的灰尘，轻者不利于散热，经常死机，重者则会烧坏配件。而且灰尘也是硬盘、光驱的“恐怖杀手”。还有，密封性不好就不能更好地屏蔽辐射。

10.3.3　钢板要厚，做工越细越好

1）看机箱是否牢固。拆掉机箱两侧面板后前后摇晃，左右用力扭扯，看看钢架结构是否稳固。观察机箱面板有没有弯曲变形，面板的烤漆是否均匀一致。

2）看一看机箱的钢板厚度。好的机箱一般都会采用比较厚的钢板，其标准厚度为 1.2mm。同时，在钢板上，还应有一种特殊的防辐射涂层。

3）看看机箱的“折边”。所有手指可触及的钢板边缘都应采用卷边设计，防止手指意外划伤。

4）注意机箱的螺丝。一个机箱的好坏，与这些细节也密切相关。

10.4 高性能电源的条件

10.4.1　输出功率要尽量高

由于 CPU 等部件的工作功率不断升高（双核处理器的功率一般在 100W 以上），因此对电源的输出功率也有要求。目前一般配备一台双核电脑，电源输出功率要求在 350W 以上。如果电脑的输出功率过低，可能造成电脑无法正常工作。

10.4.2　接口越丰富越好

目前的主流主板的电源接口一般为 24 针的接口，主流光驱和硬盘的接口都采用 SATA 接

口，要求有 2 个以上 SATA 供电接口，中高端主流显卡采用 6 针或 8 针供电接口。因此在购买电源时要注意这些设备对电源的要求。

10.4.3 电源的用料越足越好

由于散热片在机箱电源中作用巨大，影响整个机箱电源的功效和寿命，因此我们可以透过散热孔观察电源的散热片是否够大。另外一点就是要检查电源的电缆线是否够粗，因为电源的输出电流一般较大，很小的一点电阻值就会产生很大的压降损耗。而质量好的电源电缆线都比较粗，电缆线的质量都比较好。还要查看电源外壳机壳钢材的选材，电源外壳机壳钢材的标准厚度有两种，0.8mm 和 0.6mm，而使用的材质也不相同，用指甲在外壳上刮几下，如果出现刮痕，说明钢材品质较差，如果没有任何痕迹，说明钢材品质不错。

电源的关键部位是变压器，简单的判断方法是看变压器的大小。一般变压器的位置是在两片散热片当中，根据常理判断，250W 电源的变压器线圈内径不应小于 28mm，300W 的电源不得小于 33mm，可以用一根直尺在外部测量其长度，就可以知道其用料实在不实在。

10.5 目前使用的机箱、电源

10.5.1 机箱的品牌

机箱常见的品牌主要有：爱国者、MSI（微星）、DELUX（多彩）、Foxconn（富士康）、金河田、世纪之星、冷酷至尊、HuntKey（航嘉）、技展、新战线、Tt 等。

10.5.2 电源的品牌

电源常见的品牌有：航嘉、长城、多彩、大水牛、金河田、世纪之星、冷酷至尊、HuntKey（航嘉）、技展、新战线、Tt 等。

10.5.3 主流机箱、电源产品推荐

1. 金河田峥嵘 Z30 机箱

金河田峥嵘 Z30 机箱采用了宽体设计，黑色的整体外观略显低调，侧板是全透视钢化玻璃材质，充分考虑了时尚的光效表现。机箱主体采用 SPCC 0.6mm 黑化合金处理，配合前端和左侧高透玻璃面板，堪称优雅的桌面艺术品。

金河田峥嵘 Z30 机箱电源位置前置，这样打通了机箱上下的散热风道，优化了主空间的散热效果。机箱最多支持 9 个 120mm 风扇，也可以安装 240mm 冷排。

机箱的 I/O 区设置在顶前部，配备了开机键、重启键、音频接口、两个 USB 2.0 接口和两个 USB 3.0 接口，如图 10-8 所示。

2. 鑫谷沙漠之鹰 MAX 机箱

鑫谷沙漠之鹰 MAX 机箱采用全铝合金阳极氧化工艺打造，机箱的整体框架采用 3mm 厚

的全铝板材，双钢化玻璃侧透。整个机箱搭配业内最为主流的红黑配色，线条硬朗。散热孔采用了蜂窝形状，让沙漠之鹰 MAX 充满了一种电竞风格。

机箱的长宽高为 431mm、134mm、363mm，属于一款扁平状的机箱，高度上虽然和别的 ITX 机箱相比没有优势，但是宽度上相比其他产品窄了许多，可以节约桌面占用水平空间，更加实用。

机箱前部与顶部可以支持双 120mm 风扇安装，及 240mm 一体式水冷，无论安置水冷还是风冷都很方便灵活。机箱前端只有一个电源键和两个 USB 接口，硬盘仓可以安装一个 SSD 和一个 3.5 英寸机械硬盘，如图 10-9 所示。

图 10-8 金河田峥嵘 Z30 机箱

图 10-9 鑫谷沙漠之鹰 MAX 机箱

3. 航嘉 WD600K 电源

航嘉 WD600K 电源外观以黑色经典美学搭配，整机外壳采用光滑设计，手感品质相当不错。采用白金架构 LLC 变压加 DC-DC 稳压结构设计，典型负载效率可达 92%，比普通双管正激（85%）提升 8%。MOSFET 管加同步整流，整流耗损减少约 80%，待机功耗减少约 50%，使得用户在使用的过程中更加节能省电。

该电源额定功率600W，并且支持 90 ～ 264V 宽幅市电接入。输出更精准：DC-DC 稳压设计，电压稳定性可达 1%，稳压精度提升 50%，保证游戏平台各硬件能有效发挥各自的性能。输出更稳定：+5V、+3.3V 独立控制环路，有效应对用户在运行电竞游戏时不同的用电环境。单路 45A 强电流，并且满足 N 卡、A 卡高端旗舰显卡供电需求，让电竞用户在 DIY 各类大型游戏中可以随心所欲。图 10-10 展示了航嘉 WD600K 电源。

图 10-10 航嘉 WD600K 电源

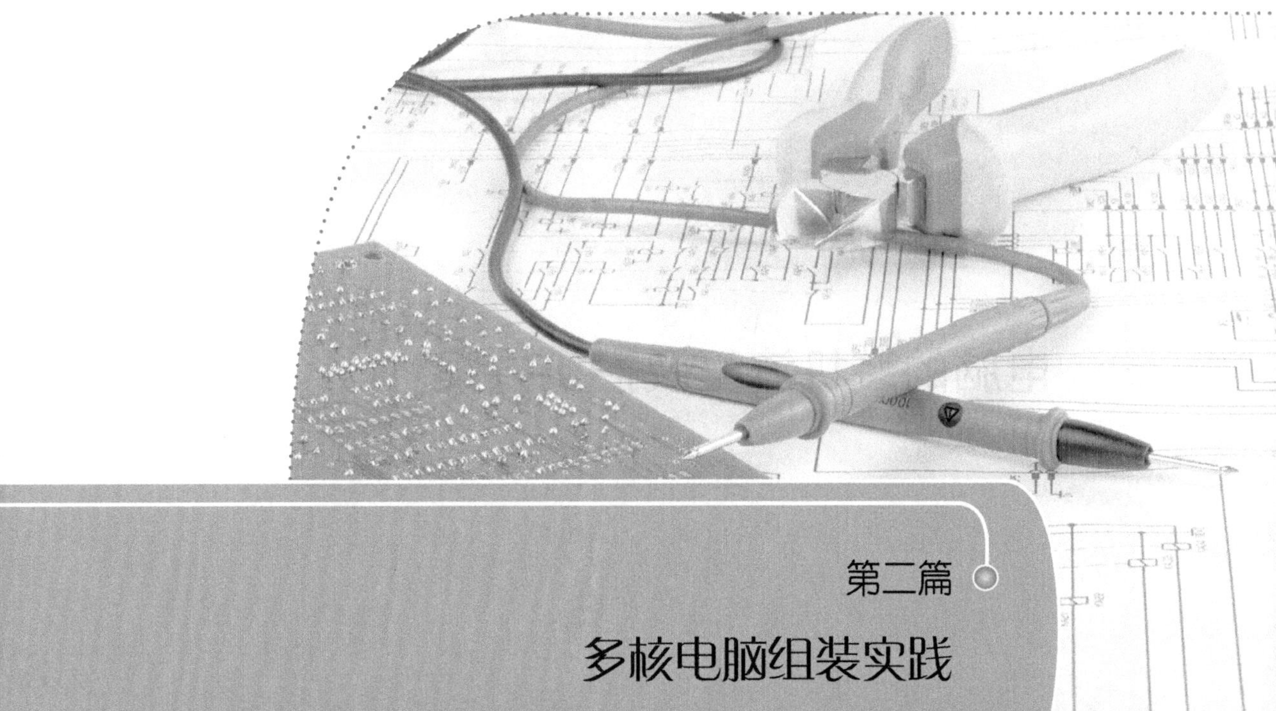

第二篇

多核电脑组装实践

- ◆ 第 11 章　电脑的装机流程及攒机方案
- ◆ 第 12 章　多核电脑装机操作

纸上谈兵，不如动手实践。多核电脑是由很多硬件设备组合而成的，在我们选购好电脑的各个硬件设备后，接下来要将它们组装到一起，组成一台高性能的多核电脑。那么如何将买来的电脑硬件组装成为一台完整的电脑呢？这一篇就介绍多核电脑的组装方法。

第 11 章

电脑的装机流程及攒机方案

11.1 电脑组装流程

组装一台多核电脑到底要做哪些工作？应注意哪些问题？在组装电脑之前，首先应该了解一下组装一台多核电脑的具体工作流程，这样就会清楚组装电脑时应该做的工作和需要注意的问题，如图 11-1 所示。

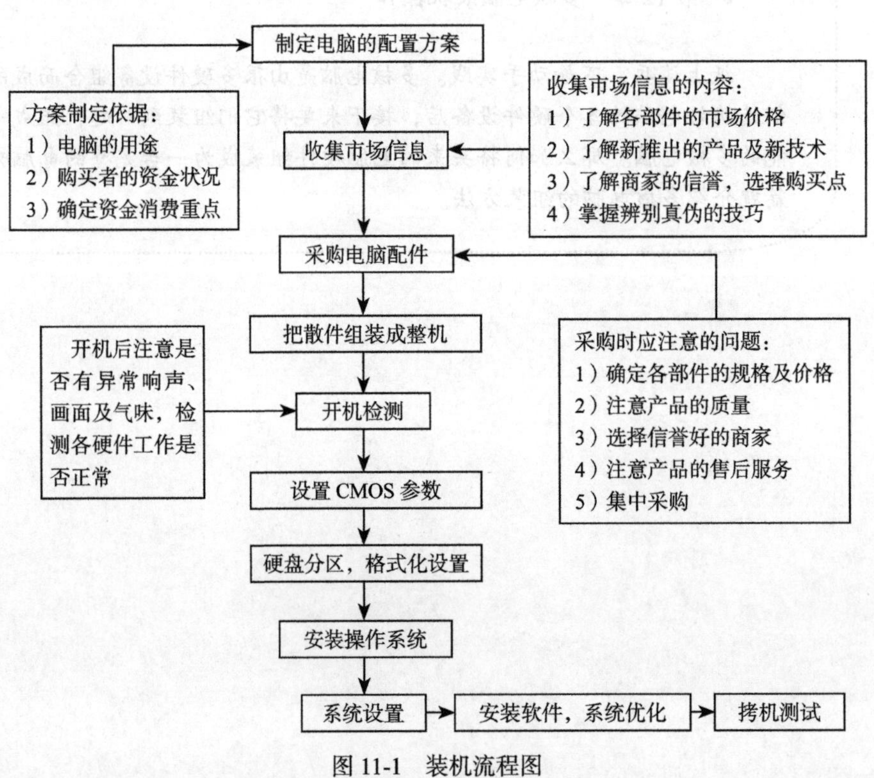

图 11-1　装机流程图

11.2 制定电脑的配置方案

11.2.1 根据哪些方面来制定配置方案

很多攒机用户在购置电脑配件的过程中容易走入一个误区，就是在购买时配件一味地追求性能较高及较新的产品，但这样购置的电脑不一定适合自己，还可能会造成金钱和资源的浪费。

用户在实际攒机时，可根据以下 3 点制定电脑的配置方案。

1. 购买电脑的目的

即买后用来做什么。用途不同，电脑的配置也不同，要量身定做：简单用途普通配置，复杂用途高档配置。

2. 购买者的资金状况

单从用途制定的配置方案是不行的，如资金不足则很难实现。

3. 确定资金消费重点

如购机时用户的资金不是很充足，那么应根据购机目的和实际资金状况确定资金消费重点。

11.2.2 如何配置运行 Windows 10 的多核电脑

Windows 10 是由微软（Microsoft）公司开发的继 Windows 8 之后的新一代操作系统，于 2015 年 1 月 21 日正式推出。Windows 10 是一款跨平台及设备应用的操作系统，是微软发布的最后一个独立的 Windows 版本，Windows 10 共有 7 个发行版本，分别面向不同用户和设备。

Windows 10 系统对电脑的处理器、内存、显卡、硬盘、声音、网络等方面的配置要求如下。

（1）处理器方面

Windows 10 系统要求的最低配置是主频在 1GHz 及以上的处理器。推荐的处理器配置是主频在 2.0GHz 及以上的双核处理器。

（2）内存方面

Windows 10 系统推荐的内存容量为 2GB 及以上的内存，最好为 4GB 的内存。安装识别的最低内存是 1GB。

（3）显卡方面

Windows 10 系统推荐的显卡配置是：支持 DirectX 9.0，支持 WDDM1.1 或更高版本（显存大于 128MB）。最低配置为集成显卡 16MB 以上。

（4）硬盘方面

Windows 10 系统推荐的硬盘配置是容量为 20GB 可用空间。最低配置为 16GB 以上可用空间。

（5）其他方面

Windows 10 系统还要求电脑配置 DVD R/RW 驱动器或者 U 盘等其他储存介质（安装操作

系统使用)。需要连接互联网或电话(激活使用)。

也就是说,目前配置一台运行 Windows 10 系统的电脑,它的推荐配置大致应该是:2.0GHz 及以上双核处理器;2GB 或以上内存;120GB 以上的硬盘空间;显存容量为 256MB 以上,显存位宽为 128 位,支持 DirectX 9.0 以上技术,支持微软的 WDDM 和 Pixel Shader 2 驱动的显卡。另外,需要配置 DVD 光驱或刻录机或 U 盘,需要网卡(能连接互联网)。

11.2.3 制定运行 Windows 10 的电脑的配置方案

Windows 10 操作系统无疑是目前电脑的主流操作系统,为了使现在配置的电脑不至于很快就被淘汰,有必要使现在配置的电脑方案能够流畅运行 Windows 10 系统,以便在需要的时候升级操作系统。

制定运行 Windows 10 系统电脑的配置方案前,首先考虑以下问题。

(1)主板方面

获得 Windows 10 系统认证的主板可以提供更好的兼容性。Windows 10 系统对主板的要求并不是很苛刻,主要是选择扩展空间大的主板,方便日后升级。如有充足的内存插槽、充足的 SATA3.0 接口及充足的 PCI-E 3.0 X16 插槽。

(2)显卡方面

Windows 10 系统内建 Aero Glass 图形界面,建议消费者选择获得 Windows 10 系统认证的显卡,以获得最好的视觉效果,最好选择中档的独立显卡,显存为 1GB,接口为 PCI-E3.0。

(3)硬盘方面

Windows 10 系统官方要求硬盘在 20GB 以上。由于 Windows 10 操作系统开发的游戏和软件容量日益庞大,建议选择容量为 1TB 以上、缓存为 64MB 以上、接口为 SATA3.0 的硬盘。

(4)内存方面

Windows 10 系统要求内存在 2GB 以上,建议购买容量为 8GB 或以上的 DDR4 内存。

11.3 硬件搭配方面的问题

由于电脑的配件种类较多,而且每种配件又有不同的型号、规格和品牌,因此在组装电脑时有很多需要注意的问题。组装电脑时需要注意的问题主要有:CPU 与芯片组的搭配问题,内存与主板的搭配问题,显卡与主板的搭配问题,电源与主板的搭配问题,CPU 风扇与 CPU 的搭配问题等。这些问题在组装电脑前需要提前考虑,以便制定出合理、实用的电脑配置方案,以保证组装电脑的质量。

11.3.1 CPU 与芯片组的搭配问题

如果把 CPU 比喻成人的大脑,那么主板便可以比喻成人体的骨骼。CPU 与主板通过接口相连,两者的搭配对电脑的性能起着决定性的作用。

而芯片组(Chipset)是构成主板电路的核心。从一定意义上讲,它决定了主板的级别和档次。

目前桌面处理器主要分为两大派系:AMD 的 Socke TR4/AM4/FM2+ 和 Intel 的 LGA2066、LGA2011、LGA1151 等。它们分别需要对应不同的芯片组,因此并不是任何一款主板都能随便使用 AMD 公司或者 Intel 公司的 CPU 的。图 11-2 展示了 Socket AM4 和 LGA 1151 插座。

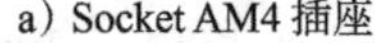

a）Socket AM4 插座

b）LGA 1151 插座

图 11-2　Socket AM4 和 LGA 1151 插座

11.3.2　内存与主板的搭配问题

由于内存插座集成在主板上，且内存与内存插槽之间也有一一对应的关系，因此购买内存和主板时要考虑内存和主板的搭配问题。

目前的主流内存为 DDR4 内存，其频率有 2400MHz、2666MHz、2800MHz、3000MHz、3200MHz、3600MHz、4000MHz 等多种规格。主板采用何种内存规格是由芯片组来决定的，因为北桥芯片中包含了极为重要的内存控制器，所以在购买内存时，要在所选主板的芯片组支持的内存规格之内选择，否则主板无法支持，内存将不能使用。

需要注意的是，大部分主板都采用双通道的内存控制器，在主板上会有两组内存插槽，如果要安装双通道内存，需要在两组内存插槽中分别安装一条内存，以实现双通道。图 11-3 展示了 DDR4 内存插槽。

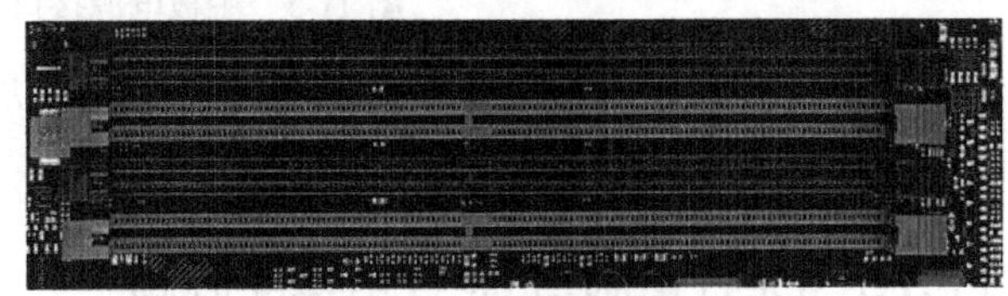

图 11-3　DDR4 内存插槽

11.3.3　显卡与主板的搭配问题

目前显卡的主流产品为 PCI Express 3.0 接口的显卡。相对应，在选购显卡时，首先要参考主板中的显卡接口来选购显卡的接口类型。在选定显卡的接口类型后，还要考虑主板显卡接口的技术规范。

对于 PCI Express 插槽来说，PCI Express 插槽又分为 PCI-E x1、PCI-E x2、PCI-E x4、PCI-E x8、PCI-E x16、PCI-E x32 等规范，每一种规范的工作电压、时钟频率、工作频率、带宽等都不相同，因此它们之间也不能完全兼容。目前比较常见的为 PCI-E x1 和 PCI-E x16 接口规范，而 PCI-E3.0 是主流接口，图 11-4 展示了 PCI-E 插槽。

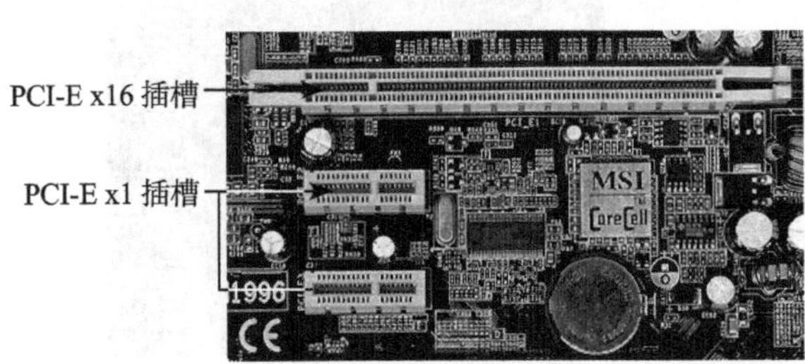

图 11-4　PCI-E 插槽

11.3.4 电源与主板的搭配问题

目前主板的电源接口普遍采用 24pin 电源接口和 8pin 电源接口（有的还有 4pin 接口）。另外，现在很多显卡也需要独立的供电（一般采用 2~3 个 8Pin 电源接口），所以在购买电源时，要参考主板的电源接口和显卡的供电接口来选择。除此之外，还需考虑 CPU、显卡等设备需要的供电功率，选择合适的电源功率。图 11-5 展示了主板电源接口。

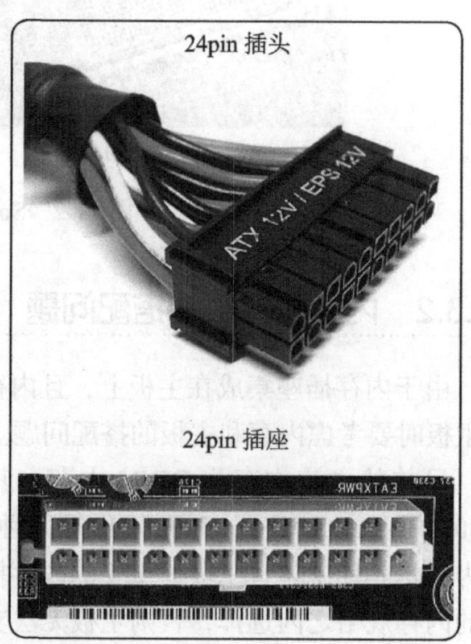

图 11-5 主板电源接口及电源插头

另外，随着主板搭配的 CPU 不同，所需要的功率也不同。如果用户配置的是四核电脑，则需要搭配功率更高的多核电源。

11.3.5 CPU 风扇与 CPU 的搭配问题

目前电脑的 CPU 主要来自 AMD 公司和 Intel 公司，而 CPU 又可以分为双核和单核等。这些 CPU 的功率各不相同，有的为 65W 左右，有的为 125W 左右。功率不同，相对应 CPU 的发热量也不相同，功率大的发热量大，功率小的发热量小。发热量大的搭配的风扇就大，发热量小的搭配的风扇就小。如果 CPU 风扇和 CPU 不配套，将可能导致 CPU 过热，而无法正常工作。因此在购买 CPU 风扇时要看清 CPU 风扇的支持范围。图 11-6 展示了 CPU 风扇。

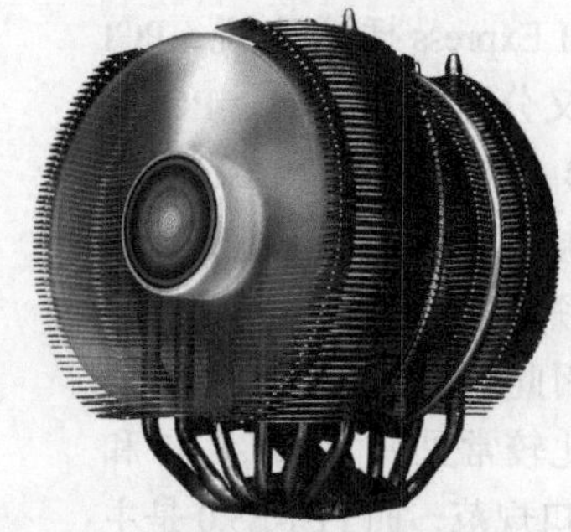

图 11-6 CPU 风扇

第 12 章

多核电脑装机操作

组装电脑主要包括安装主机和连接其他外部设备等。本章将用实例讲解装机的具体步骤和安装过程中要注意的问题。针对 CPU 的安装将分别讲解 Intel 公司和 AMD 公司的多核 CPU 的安装方法。

12.1 装机准备工作

组装电脑前，为确保组装过程顺利完成，应事先做好准备工作。

12.1.1 准备组装工具

装机时，需要准备螺丝刀（或称改锥）和尖嘴钳两种工具，如图 12-1 所示。螺丝刀需准备两种，一种一字形螺丝刀，一种十字形螺丝刀，而且要选用头部带磁性的螺丝刀，这样比较方便安装。电脑中大部分部件都是用螺丝刀固定的，个别不易插拔的设备将用到尖嘴钳。

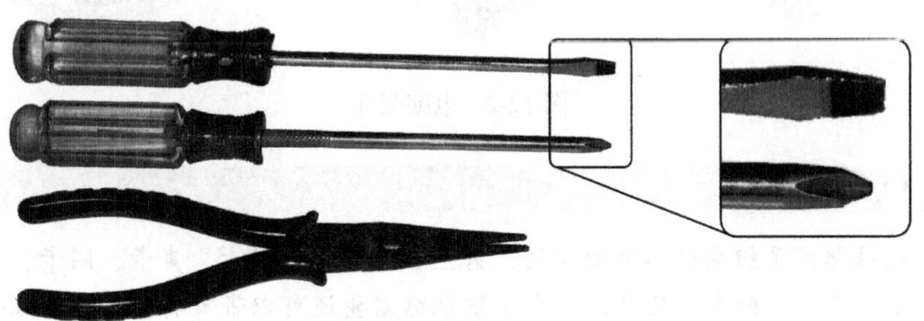

上面为一字形螺丝刀，下面为十字形螺丝刀

图 12-1　组装工具

12.1.2 检查电脑配件

组装电脑需准备的配件主要有显示器、主机箱、电源、主板、CPU、内存、显卡、声卡、网卡、硬盘、光驱、软驱、键盘、鼠标及各种信号线等，如图 12-2 所示。

图 12-2 电脑配件

提示

以上电脑部件是组装时不可缺少的，若主板上集成了显卡、声卡、网卡，则不必单独安装显卡、声卡、网卡。此外，一台电脑根据需要还可以带有打印机、扫描仪、刻录机等外部设备。

12.1.3 释放静电

每个人身上都可能带有静电，静电在释放的瞬间，其电压值可以达到上万伏，这样有可能会击穿所接触的配件上的电子元件。提前释放静电的方法为：接触大块的接地金属物（如自来水管）或用水洗手。另外，在安装电脑时不要穿化纤类的衣服，避免产生静电。

12.1.4　检查零件包

零件包会随机附带，一般包括固定螺钉、铜柱螺钉、挡板等。固定螺钉用于固定硬盘、板卡等设备，铜柱螺钉用于固定主板。固定螺钉分为 3 种：细纹螺钉、大粗纹螺钉与小粗纹螺钉，如图 12-3 所示。

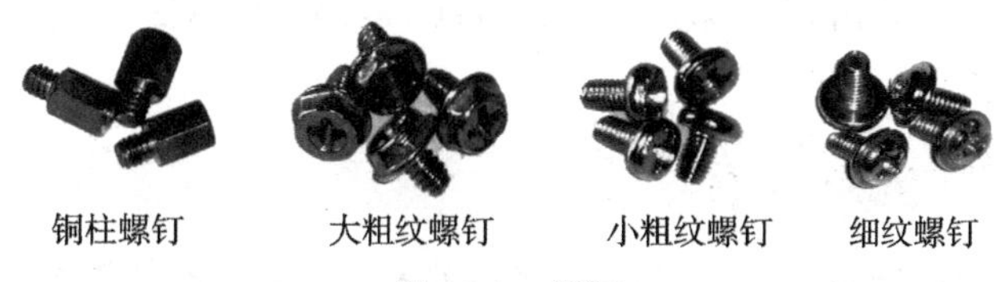

图 12-3　螺钉

光驱、软驱适合用细纹螺钉固定，硬盘、挡板适合用小粗纹螺钉固定，机箱、电源适合用大粗纹螺钉固定。

12.2　装机全局图

在进行具体装机前，先了解完整的装机过程，以便对全局有个完整的把握，如图 12-4 所示。

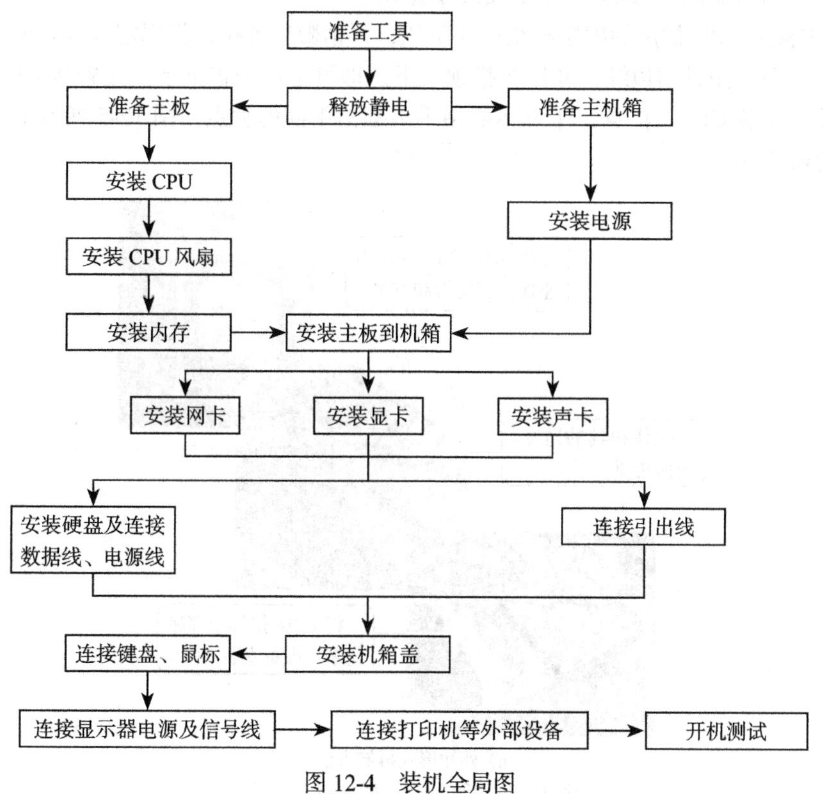

图 12-4　装机全局图

开始组装多核电脑

12.3.1 安装多核 CPU

目前的 CPU 主要有两种架构：一种是 Intel 公司 CPU 采用的 LGA2066/LGA2011/LGA1151 等架构；另一种是 AMD 公司 CPU 采用的用 Socket TR4/AM4/FM2+ 等架构。下面将分别讲解这两种架构的 CPU 的安装方法。

小知识

LGA（Land Grid Array）是 Intel 64 位平台的封装方式，此封装方式采用触点阵列封装。此种封装的 CPU 没有以往的针脚，只有一个个整齐排列的金属圆点，故此 CPU 不能利用针脚固定接触，而是需要一个安装扣架固定，以使 CPU 可以准确地压在 Socket 露出的弹性的触须上。LGA775 意思是采用 775 个触点的 CPU，同理，LGA1151 是采用 1151 个触点的 CPU。

1. 安装 Intel 多核 CPU

目前 Intel 公司的主流产品为四核、六核、八核、十六核 CPU，四核、六核、八核 CPU 主要采用 LGA 1151 架构。LGA1151 架构将 CPU 的针脚转移到了插座上，CPU 底部是平的，插座上则具有 1151 个触点。多核 CPU 的安装步骤如下。

1）将主板上 CPU 插座的固定杆稍微往下压，再稍微往外拉，将固定杆轻轻向上拉起。然后掀起扣具，捏住扣具的边缘，并用拇指顶一下，即可把保护盖拆下。接着将 CPU 扣具全部掀起来，准备安装 CPU。注意，千万不要用手碰插槽里面的触点，图 12-5 展示了外扣形式和内扣形式的安装方法。

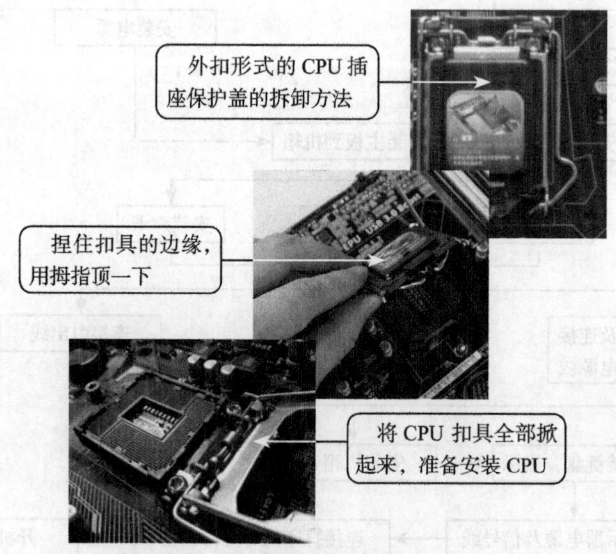
外扣形式的 CPU 插座保护盖的拆卸方法
捏住扣具的边缘，用拇指顶一下
将 CPU 扣具全部掀起来，准备安装 CPU

a）外扣形式拆卸方法

图 12-5 拆卸 CPU 插座的保护盖

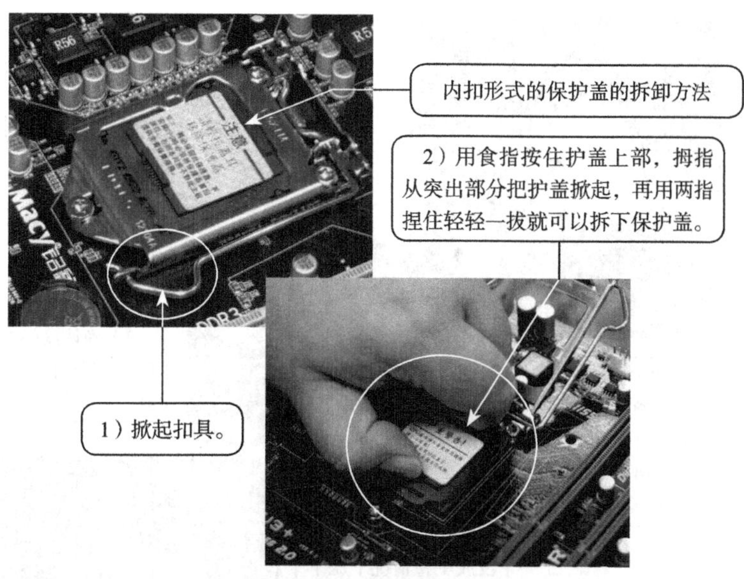

内扣形式的保护盖的拆卸方法
2）用食指按住护盖上部，拇指从突出部分把护盖掀起，再用两指捏住轻轻一拔就可以拆下保护盖。
1）掀起扣具。

b）内扣形式的拆卸安装方法

图 12-5 （续）

2）将 CPU 上的两个缺口位对准主板 CPU 插座上的插槽，把多核 CPU 轻轻放进 CPU 插座，注意不要用手接触 CPU 上的圆形触点，否则会导致接触不良，甚至短路令 CPU 损坏。把插槽的金属框和金属杆扣下，安装完成，如图 12-6 和图 12-7 所示。

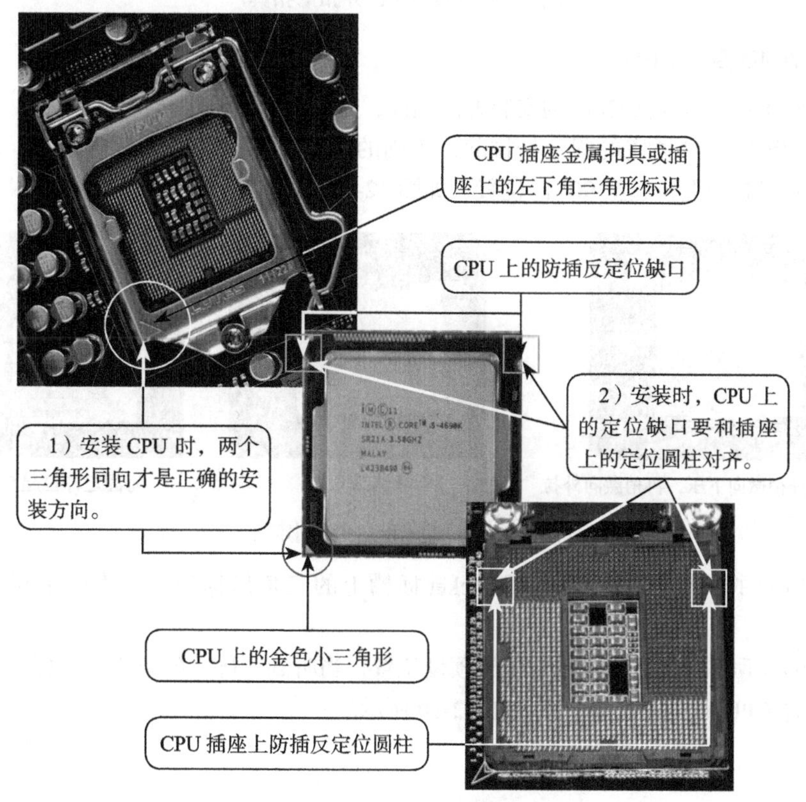

CPU 插座金属扣具或插座上的左下角三角形标识
CPU 上的防插反定位缺口
2）安装时，CPU 上的定位缺口要和插座上的定位圆柱对齐。
1）安装 CPU 时，两个三角形同向才是正确的安装方向。

图 12-6　对齐 CPU 安装方向

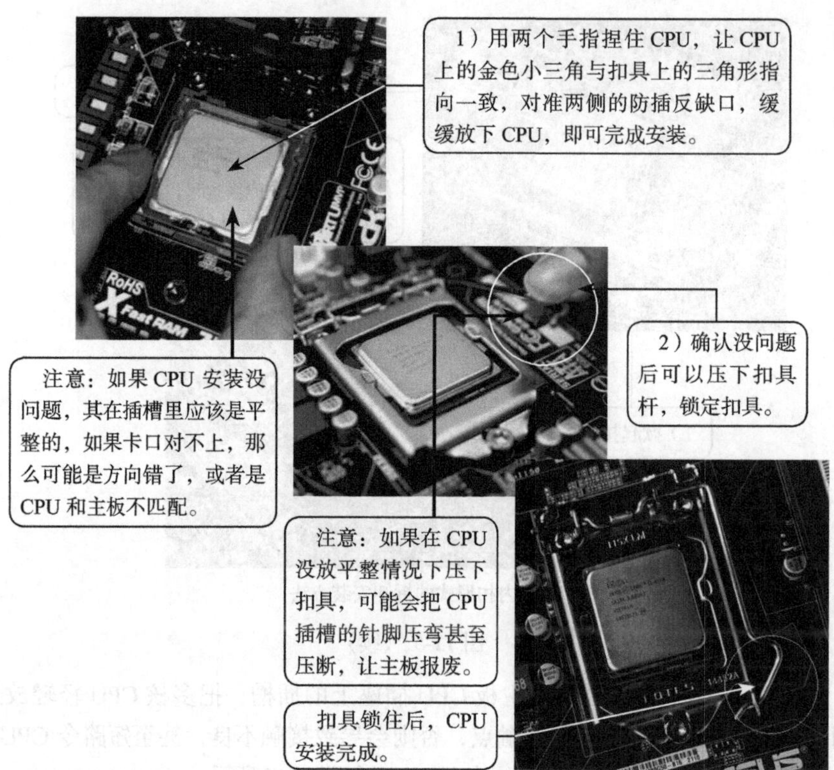

1）用两个手指捏住 CPU，让 CPU 上的金色小三角与扣具上的三角形指向一致，对准两侧的防插反缺口，缓缓放下 CPU，即可完成安装。
2）确认没问题后可以压下扣具杆，锁定扣具。
注意：如果 CPU 安装没问题，其在插槽里应该是平整的，如果卡口对不上，那么可能是方向错了，或者是 CPU 和主板不匹配。
注意：如果在 CPU 没放平整情况下压下扣具，可能会把 CPU 插槽的针脚压弯甚至压断，让主板报废。
扣具锁住后，CPU 安装完成。

图 12-7 安装 CPU 并扣下扣具

2. 安装 AMD 四核 CPU

由于 AMD 双核和四核 CPU 的安装方法相同，这里只介绍其中之一。

1）将主板上 CPU 插座的固定杆拉起，正确的方法是将固定杆稍微向下压，再稍微向外拉，将固定杆轻轻向上拉起至 90° 的位置，如图 12-8 所示。

先将固定杆稍微向下压，再稍微向外拉

拉起固定杆

将固定杆拉起至 90°

图 12-8 拉起 CPU 插座固定杆

2）将 CPU 的缺口标记对准主板 Socket 插槽上的三角形标记，垂直向下轻轻插入，如图 12-9 所示。

3）压下小手柄，将固定杆向下压回预设位置，当听到“砰”的响声后，固定杆就回到原来的位置并将 CPU 固定在插槽上，如图 12-10 所示。

首先对准三角形标记

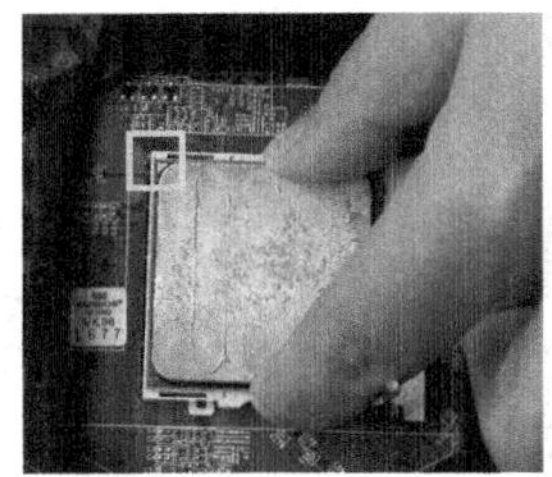
然后轻轻安装 CPU

最后安装完成

图 12-9　安装 CPU

先将固定杆向下压

固定杆卡住后会发出“砰”的响声

固定杆已固定

图 12-10　按下插座小手柄

提示

为了能正确安装，CPU 和 CPU 插座中都设有缺口标记，如图 12-11 所示。安装时，将缺口标记对齐才能将 CPU 插入插座中。若 CPU 没有顺利插入，则应再次检查 CPU 方向是否正确，千万不可将 CPU 针脚弄断，否则 CPU 就报废了。

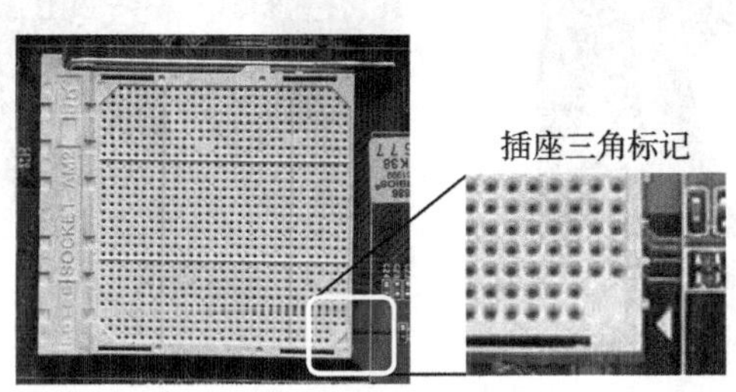

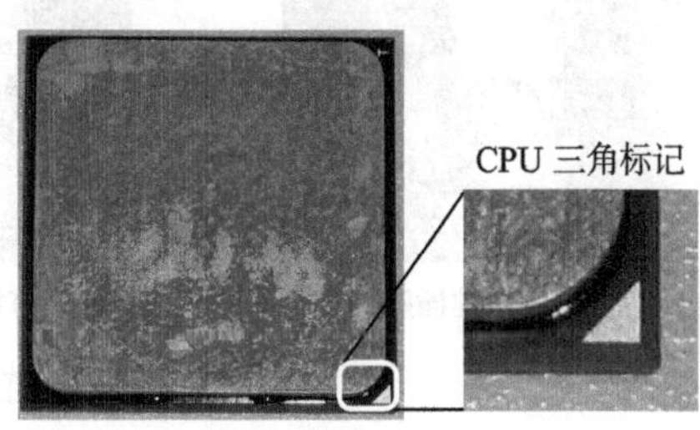

图 12-11　CPU 及插座缺口设计

12.3.2　安装多核 CPU 风扇

CPU 风扇是 CPU 的重要散热装置，它由风扇和散热片组成。安装 CPU 风扇前，首先应在 CPU 上涂抹硅脂（如果 CPU 风扇上已有硅脂，就不用再涂了），然后将 CPU 风扇放到固定风扇的位置，将其固定；最后将 CPU 风扇的电源插头插到电源插座上即可。

1. 安装 Intel 多核 CPU 风扇

Intel 多核 CPU 风扇安装方法如下，其他 LGA775 架构的 CPU 风扇安装方法相同，这里不赘述。

1）将 CPU 风扇轻轻放到主板 CPU 风扇固定孔中，如图 12-12 所示。

图 12-12 安放 CPU 风扇

2）放好 CPU 风扇后，用手将 CPU 风扇的 4 个固定柱分别按入固定孔中，如图 12-13 所示。

3）用一字螺丝刀先向下按 CPU 风扇固定柱，同时向顺时针方向旋转将黑色固定螺母卡在白色的柱上，然后将其他 3 个固定柱按照相同的方法固定即可，如图 12-14 所示。

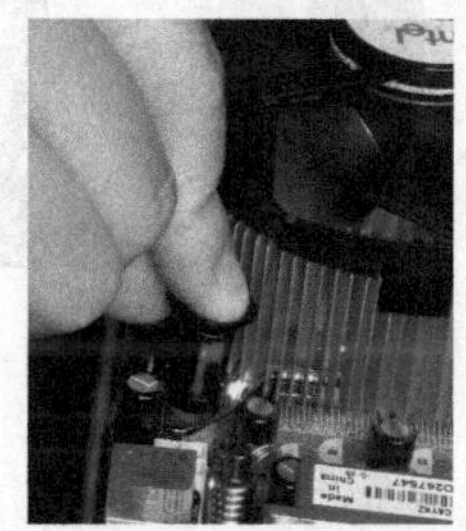

图 12-13 将固定柱按入固定孔中

图 12-14 固定风扇固定柱

4）将 CPU 风扇的电源插头插到主板风扇电源插座上，如图 12-15 所示。

将插头对准插座

将插头插入插座

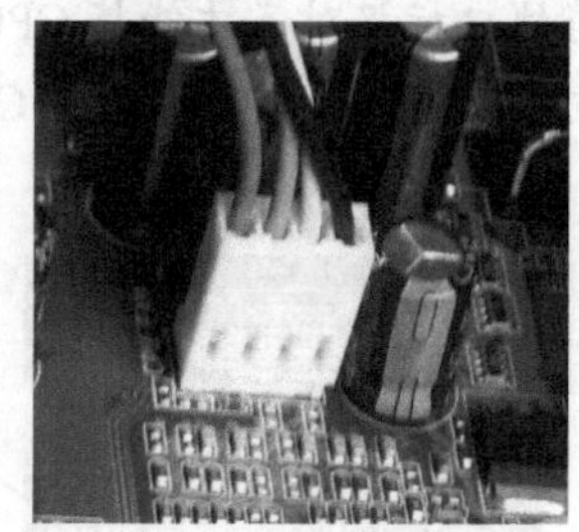

完成连接

图 12-15 连接 CPU 风扇电源插头

2. 安装 AMD 多核原装 CPU 风扇

该风扇两边各有一个固定弹簧片，分别对应主板 CPU 风扇固定架两边的卡槽，如图 12-16 所示。

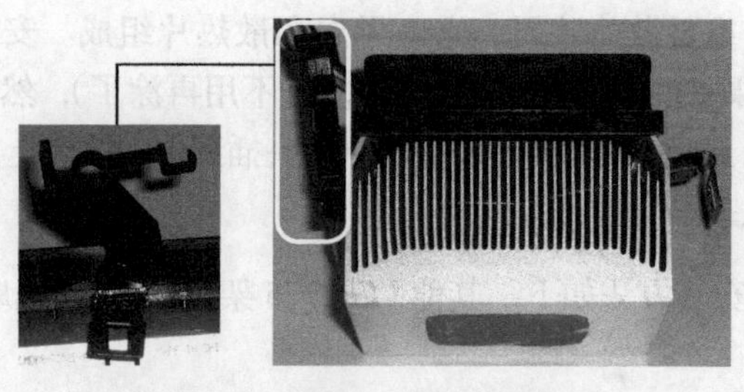

图 12-16 风扇与主板风扇固定架

1）将 CPU 风扇放入固定架，然后将风扇的两个固定弹簧片的一边扣环（扣环较小的一端）扣住主板 CPU 风扇固定架卡槽的一边，如图 12-17 所示。

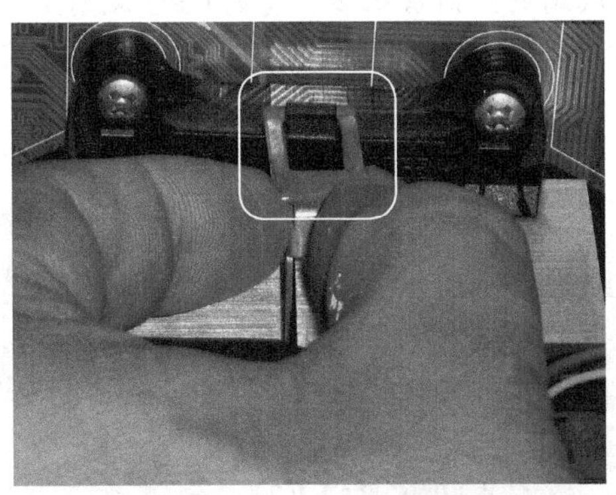

图 12-17　扣住风扇扣环

2）将 CPU 风扇的另一个固定弹簧片上的卡锁掰开，然后将扣环扣住 CPU 风扇固定架卡槽的另一边，接着将卡锁向回掰，直到锁住卡锁，如图 12-18 所示。

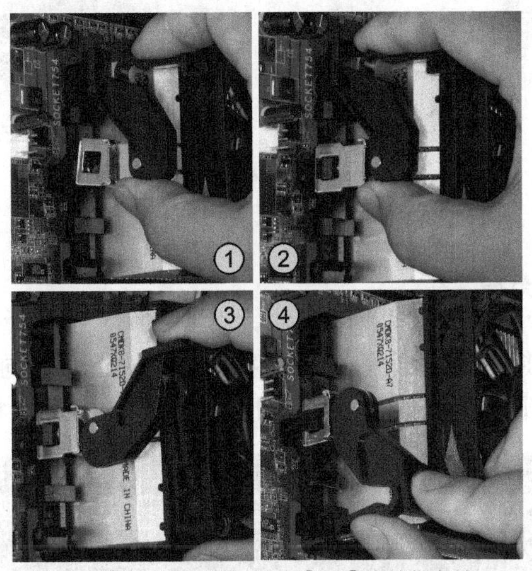

图中①、②为卡住卡槽，图中③、④为锁住卡锁

图 12-18　固定风扇

3）将 CPU 风扇电源插入主板上 CPU 风扇的电源插座即可完成安装，如图 12-19 所示。

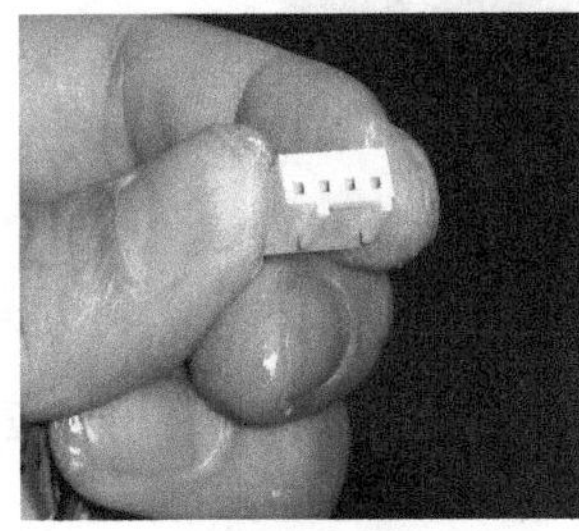

CPU 风扇电源插头

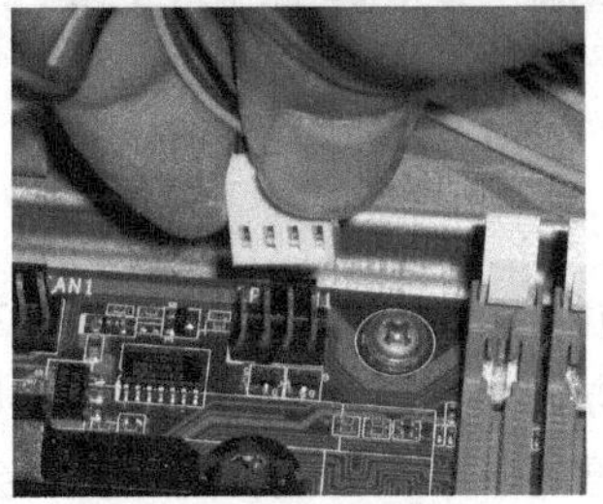

连接 CPU 电源插座

完成安装

图 12-19　连接风扇电源

提示

目前专门生产CPU风扇的厂商有很多，有的CPU风扇是专门为超频设计的。用户在购买CPU时，可以选择多核CPU超频风扇。这些风扇的安装方法与上面的方法基本相同，如图12-20所示。

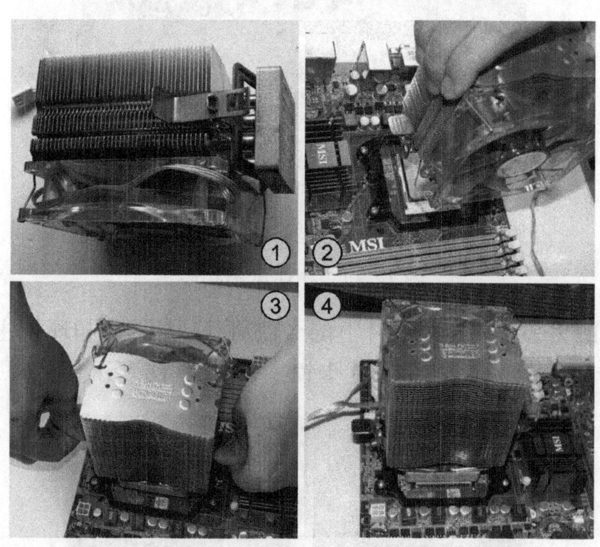

图 12-20 安装 CPU 超频风扇

12.3.3 安装双通道内存

目前主流内存为DDR4，内存插槽一般为两组插槽，并且用不同的颜色分开，如图12-21所示。安装时，只要在相同颜色的插槽中安装相同容量、相同规格、相同品牌的内存即可。

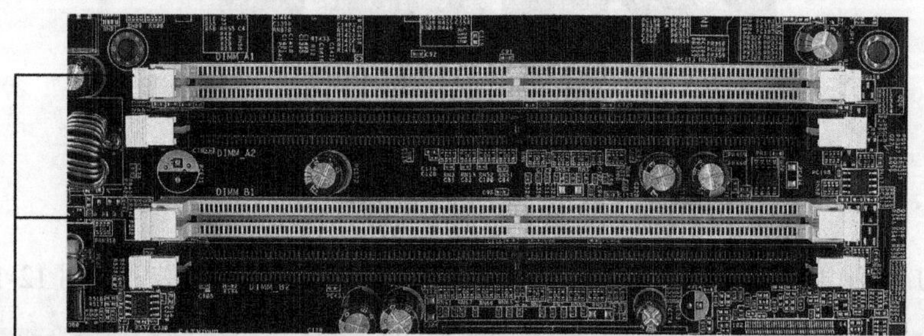
在这两条内存插槽中分别安装相同容量、相同规格的内存，将能发挥双通道的功效

图 12-21 双通道内存插槽

内存条的安装步骤如下：

1）将主板上的内存插槽两边的白色卡槽掰开，如图12-22所示。

2）现在主板上的插槽都有防呆卡口设计，内存上的卡口与内存插槽的断点是相对应的。在安装内存时只要看清楚内存插槽的卡口在哪里，内存就不会安装错，如图12-23所示。

3）将内存垂直放入内存插座，双手用食指以及拇指按在内存的两侧，不要触碰内存的芯片，双手同时用力，听到“咯”的一声响就说明内存已经插好。这时内存插槽两边的白色卡子自动合拢，如图 12-24 所示。

图 12-22　掰开内存槽两边的卡槽

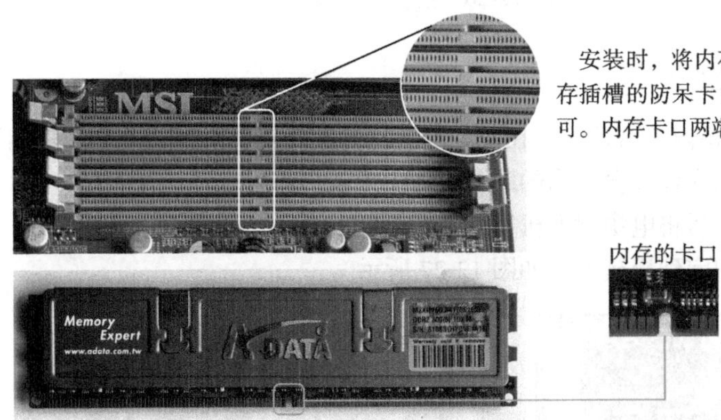

图 12-23　内存与内存插槽

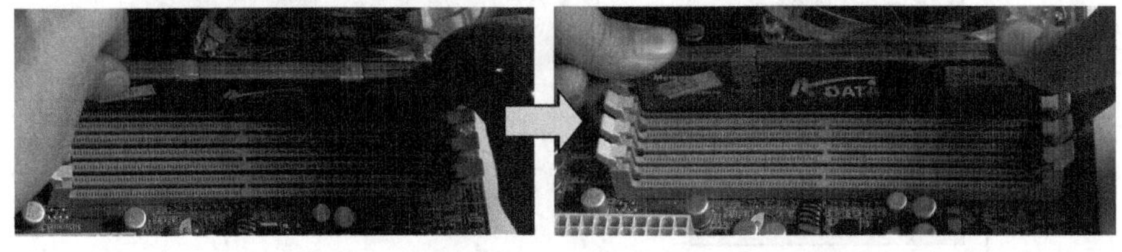

图 12-24　安装内存

4）第 2 条内存的安装方法与第 1 条内存相同，如图 12-25 所示。

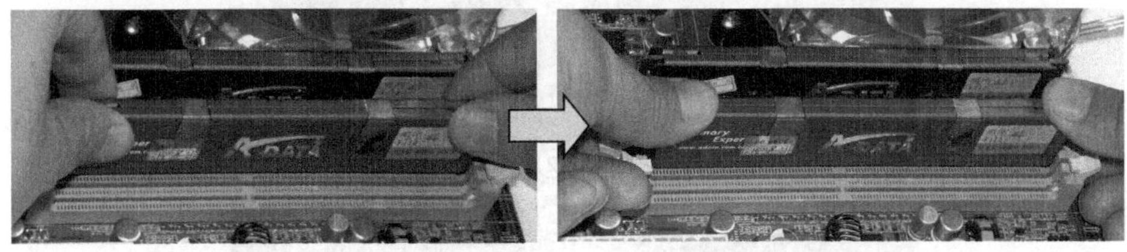

图 12-25　安装第 2 条内存

12.3.4　拆卸机箱盖

目前市面上的机箱款式众多，但不管怎样都要在拆卸前仔细观察，然后再按下固定的螺钉，如图 12-26 所示。

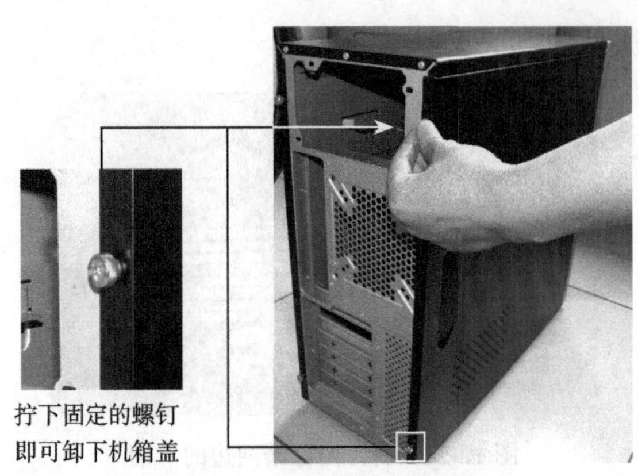
拧下固定的螺钉
即可卸下机箱盖

图 12-26　空机箱内部

12.3.5　安装 ATX 电源

电源一般安装在机箱内预留位置，在安装电脑时一般先安装电源。安装步骤如下：

1）用螺丝刀划开粘在包装盒表面的胶条，取出电源。

2）将机箱平放，然后将电源对准机箱的电源预留位置。

3）用螺钉将电源固定到机箱上，如图 12-27 所示。

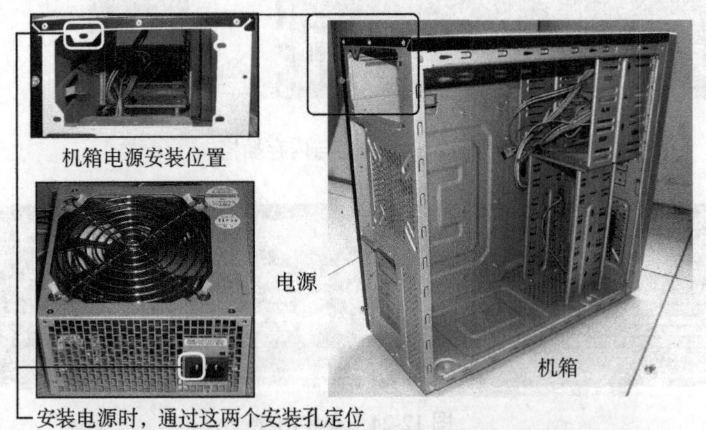
机箱电源安装位置
电源
机箱
安装电源时，通过这两个安装孔定位
1
2
3
4

图 12-27　安装电源

12.3.6　安装多核 CPU 主板

按照下面的安装步骤把 CPU 主板固定到机箱面板上。

1）安装铜柱螺钉：按照主板上安装孔的位置，先将主板放到机箱内部与主板的预留安装孔对比一下，找准机箱固定主板孔，然后将铜柱螺钉固定到机箱面板上，如图 12-28 所示。

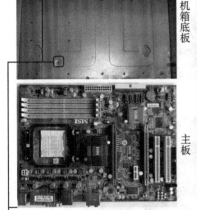

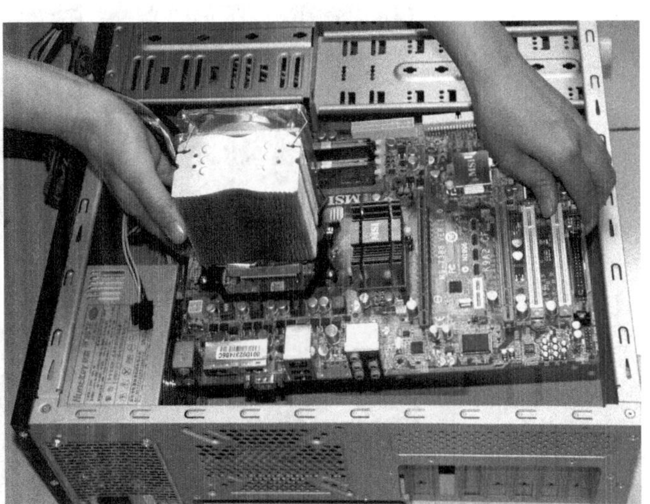

主板安装孔和机箱安装孔对比后，找到机箱安装孔位置

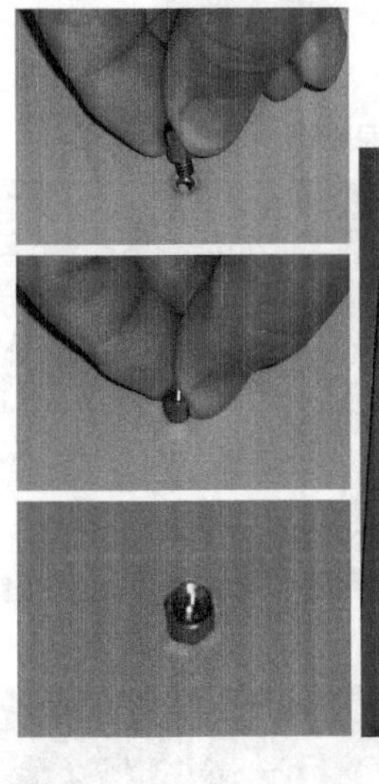

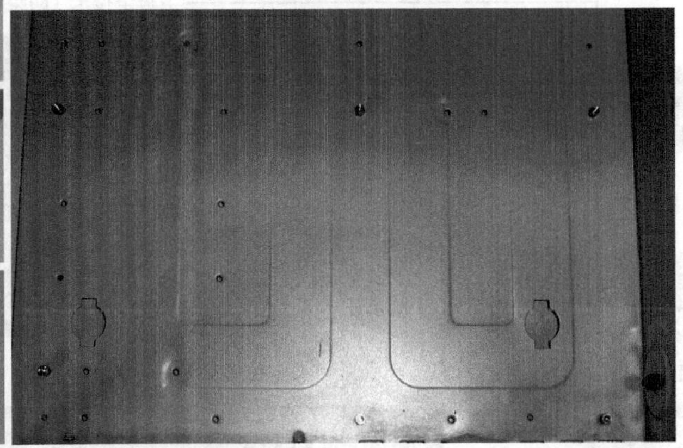

图 12-28　安装铜柱螺钉

2）将机箱水平放置，将主板放入机箱，将主板上的各种端口和插槽与机箱预留的位置对齐，如图 12-29 所示。

3）把固定主板的螺钉对准主板固定孔，依次把每个螺钉拧紧，如图 12-30 所示。

4）连接主板电源线。

现在的 ATX 型主板电源接口都有防呆设计，将机箱电源线与主板的电源接口连接时，方向不对是连接不上的。

首先找到主板上的电源插座和电源插头，然后将电源插头插入电源插座中，如图 12-31 所示。主板电源线最好在安装完 CPU、CPU 风扇和内存之后再连接。

在向机箱中放置主板时，要将主板中的键盘、鼠标、USB等接口与机箱的接口挡板对应，不然主板将无法安装进去。

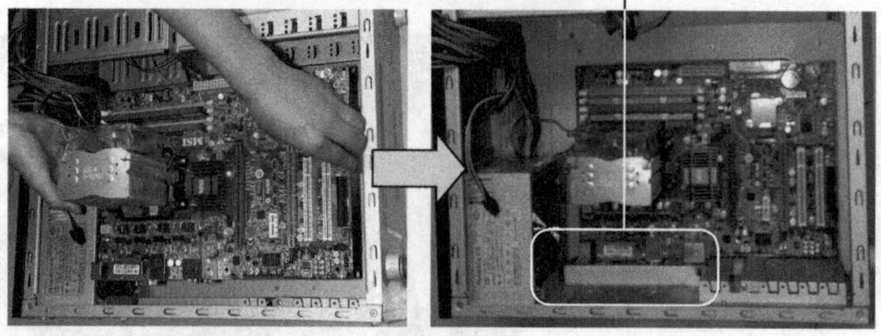

图 12-29 安放主板

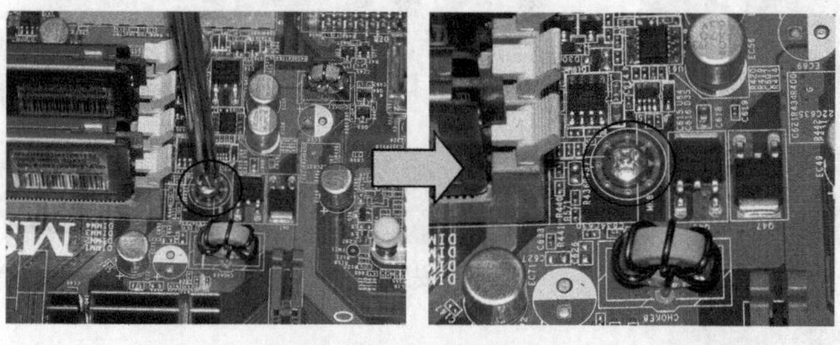

图 12-30 固定主板

主板定位卡（防呆设计）

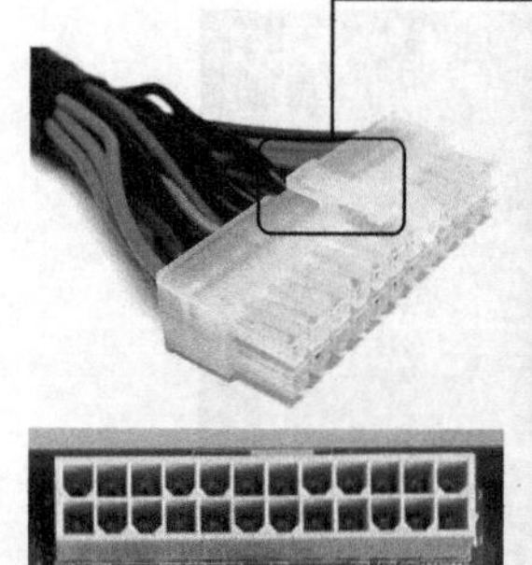

主板电源插头及插座

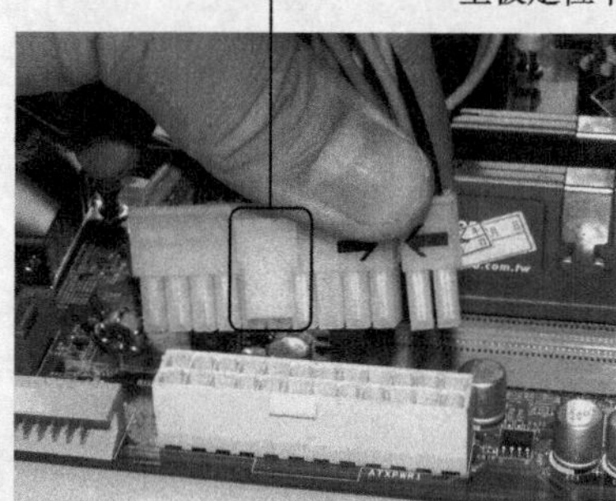

对准定位卡

安装电源插头

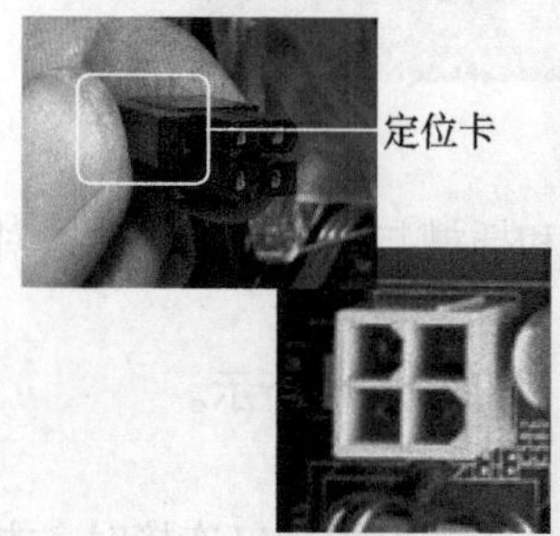

定位卡

CPU 供电插头及插座

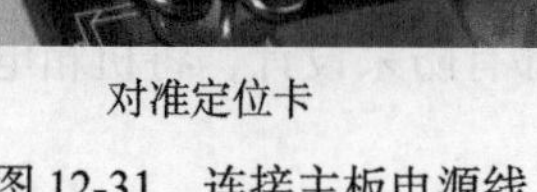

对准定位卡

安装电源插头

图 12-31 连接主板电源线

12.3.7　连接机箱引出线

机箱引出线是机箱面板的“电源开关”按钮、“重启”按钮、“硬盘”指示灯、“电源”指示灯的连线。这些连线都有标记。

- ❑“POWER SW”为电源开关。
- ❑“POWER LED”为电源工作指示灯。
- ❑“RESET”为重启按钮。
- ❑“HDD LED”为硬盘工作指示灯。
- ❑“SPEAKER”主机箱扬声器。

同样，在主板上的插针旁有对应的文字，在连接时将连接线上的文字与主板插针上的文字相对应插入即可，如图 12-32 所示。

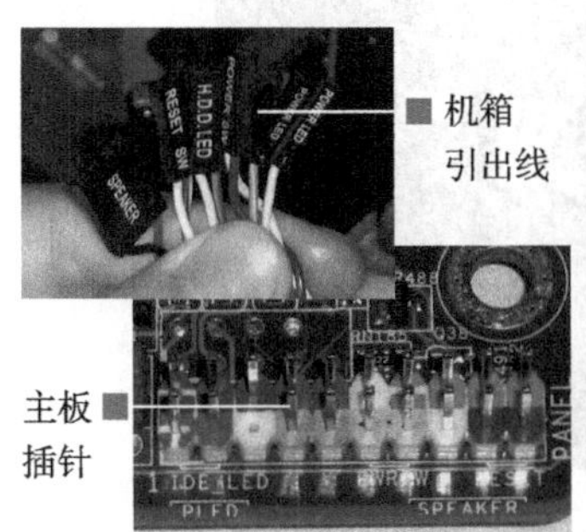

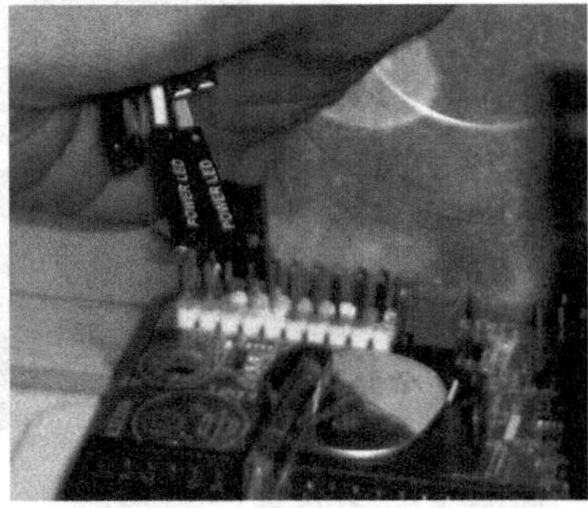

根据主板上的文字插入或按照说明书上的说明插入

图 12-32　连接机箱引出线

12.3.8　安装显卡

目前主流显卡的接口为 PCI-E 接口，在主板上一般有一个或多个 PCI-E 接口，位置紧靠主板北桥芯片，如图 12-33 所示。

图 12-33　AGP 插槽和 PCI-E 插槽

下面以 PCI-E 显卡为例讲解显卡的安装过程。

1）将机箱后部 PCI-E 插槽对应的挡板取下。

2）将主板 PCI-E 插槽一边的卡簧向下按。不要小看这个卡簧，有了它就不会出现显卡与主板接触不良的现象。

3）将显卡插入主板的 PCI-E 插槽中，同时显卡的固定钢片也会和机箱上的螺钉固定孔相对应。请注意，不要用手触摸显存等元器件。

4）用螺钉将显卡的固定钢片固定在机箱上。

5）将 ATX 电源中的 6pin 或 8pin 电源插头插入显卡的供电接口，如图 12-34 所示。

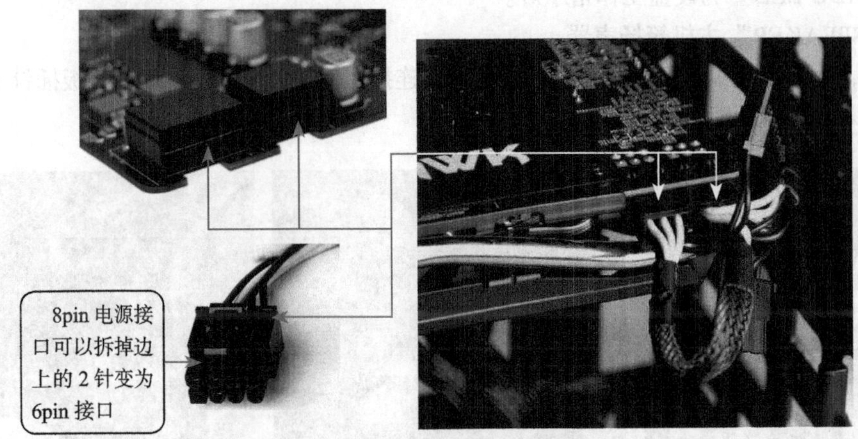

图 12-34 安装显卡电源线

提示

如果装的是双显卡，还要将两个显卡用桥接线连接起来，如图 12-35 所示。

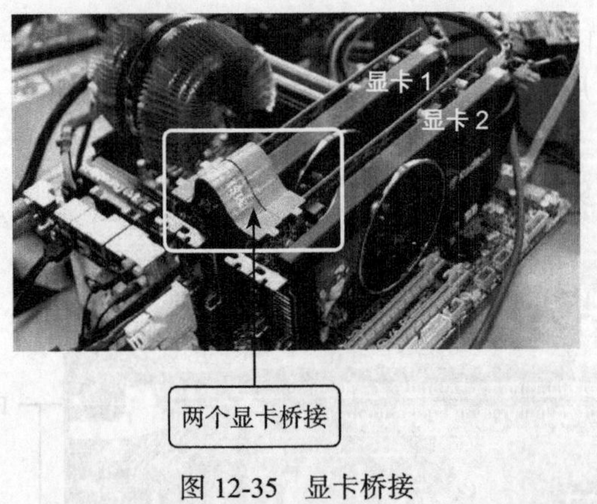

图 12-35 显卡桥接

12.3.9 安装硬盘

目前主流硬盘的接口为 SATA3.0 接口（机械硬盘和固态硬盘都采用同一接口），而主流主板的硬盘接口也是 SATA3.0 接口，如图 12-36 所示。

安装 SATA 接口硬盘的步骤如下。以机械硬盘为例讲解，固态硬盘安装方法相同。

SATA3.0
接口硬盘

主板 SATA3.0 接口

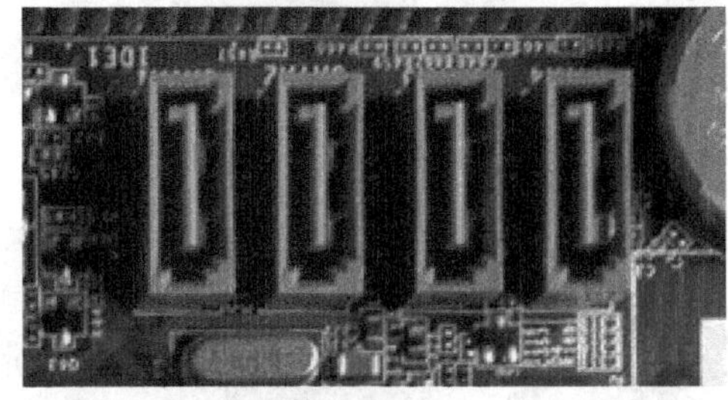

图 12-36　硬盘及接口

1）将 SATA 硬盘放入托架的 3.5 英寸固定架中，硬盘的电源接口要面向机箱内部。

2）通过驱动器支架旁边的条形孔，用较粗的螺钉固定硬盘。因为硬盘很怕震动，所以一定要固定好硬盘，如图 12-37 所示。

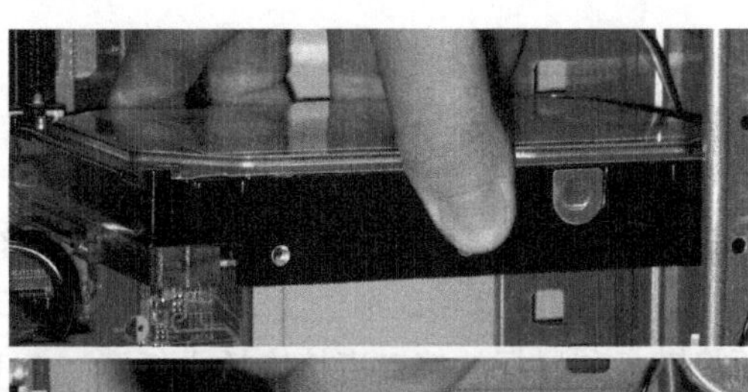

安装时注意不要划伤硬盘的吸气孔

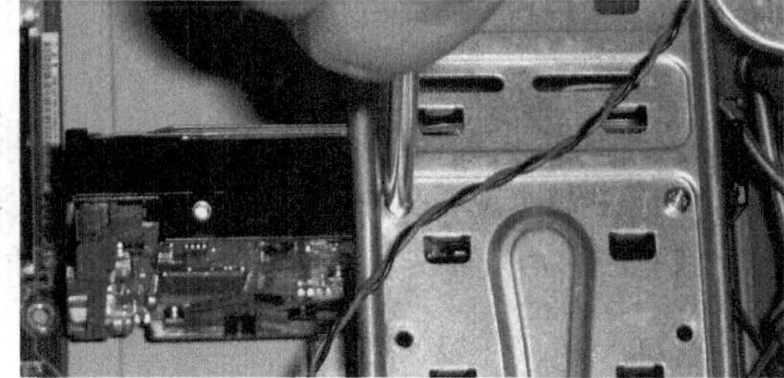

固定硬盘时要将固定的螺钉拧紧，不然电脑工作时会因为震动造成损坏

图 12-37　安装固定硬盘

3）将数据线的一端与硬盘的数据线接口相连，数据线的接口有防反接设计，所以不会接错。

4）将数据线另一端接到主板上，同样应注意电缆的插接方向，如图 12-38 所示。

5）将机箱上的主板串行接口硬盘专用电源接口接到硬盘的电源接口上。一般连接硬盘电源接口上有防反接设计，所以不会接错，如图 12-39 所示。

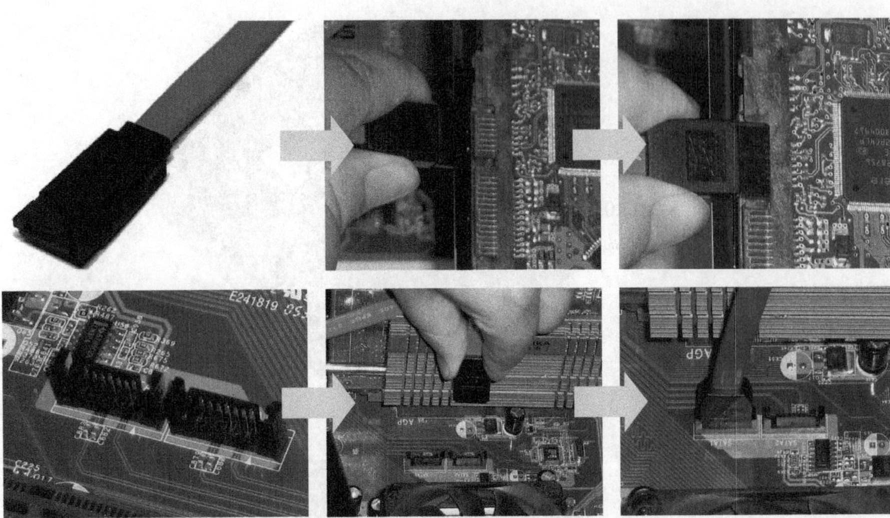

图 12-38 连接硬盘数据线

主板 SATA 硬盘电源接口

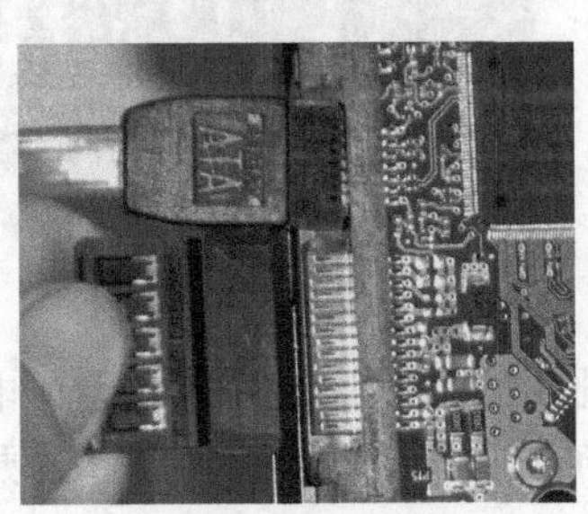

连接 SATA 硬盘电源线

完成连接电源线

图 12-39 连接主板硬盘电源线

12.3.10 连接外部设备

安装完主机后还需将显示器、键盘、鼠标、音箱等外部设备连接到主机上。

1）连接键盘、鼠标。目前常用键盘和鼠标主要有 USB 接口、无线接口两种。用 USB 接口连接键盘和鼠标，只要将键盘和鼠标的接口直接连插入任意一个 USB 接口即可。无线键盘和鼠标则需要将无线接收器连接到任意一个 USB 接口。

在机箱后边的插口中，可以看到多个 USB 接口，选择一个插入即可，如图 12-40 所示。

2）连接显示器的电源线与信号线时，首先将显示器的信号线接头插在显示器对应的 VGA 接口上，然后将显示器电源线的一端对应插在显示器的尾部的电源插座上，另一端直接插在电源插板上，如图 12-41 所示。

将显示器的信号线接头插在显卡对应的 VGA 接口上，显示器的接头为 15 针的梯形接头，显卡的接头为 15 孔的梯形接头，在连接时注意连接方向，然后拧紧两端的固定螺钉即可。此外，不要用力过猛，以免弄坏接头中的针脚，如图 12-42 所示。

3）连接音箱，将音箱的信号线插入声卡的“SPEAKER”孔中，再将音箱电源线插入电源插座中。如果声卡和音箱是多声道的，需将连接音箱的 3 根信号线分别插在声卡与之对应的孔中，如图 12-43 所示。

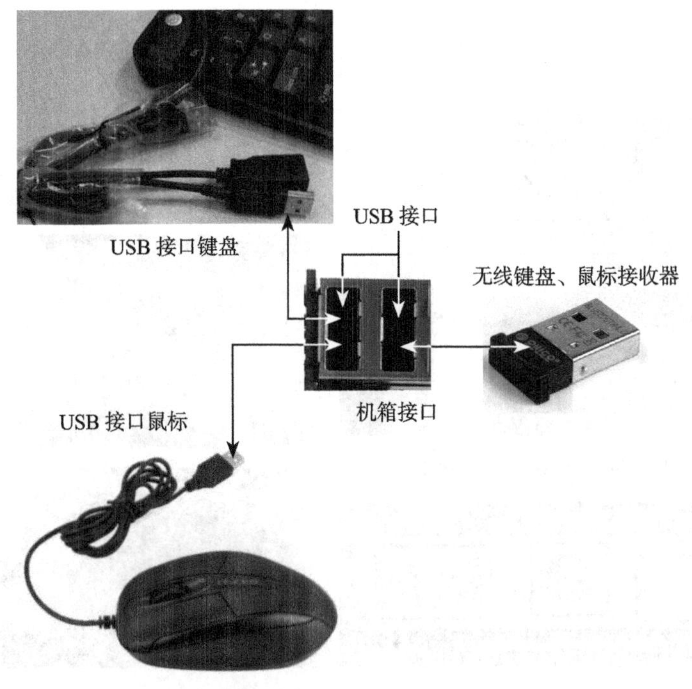

图 12-40　鼠标、键盘接口

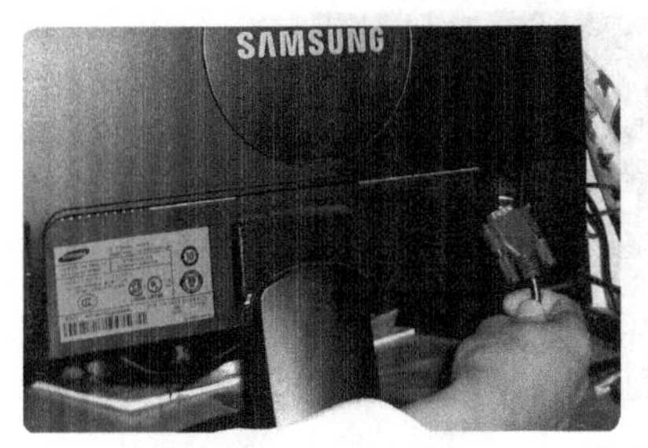

a）连接显示器信号线

b）连接显示器电源线

图 12-41　连接显示器的信号线和电源线

4）连接主机电源，机箱后侧电源接口有两个，一个为 3 孔的显示器电源插座，另一个为 3 针的电源插座。将一根电源线的一端插入机箱后的电源插口中，另一端接入电源插板，如图 12-44 所示。

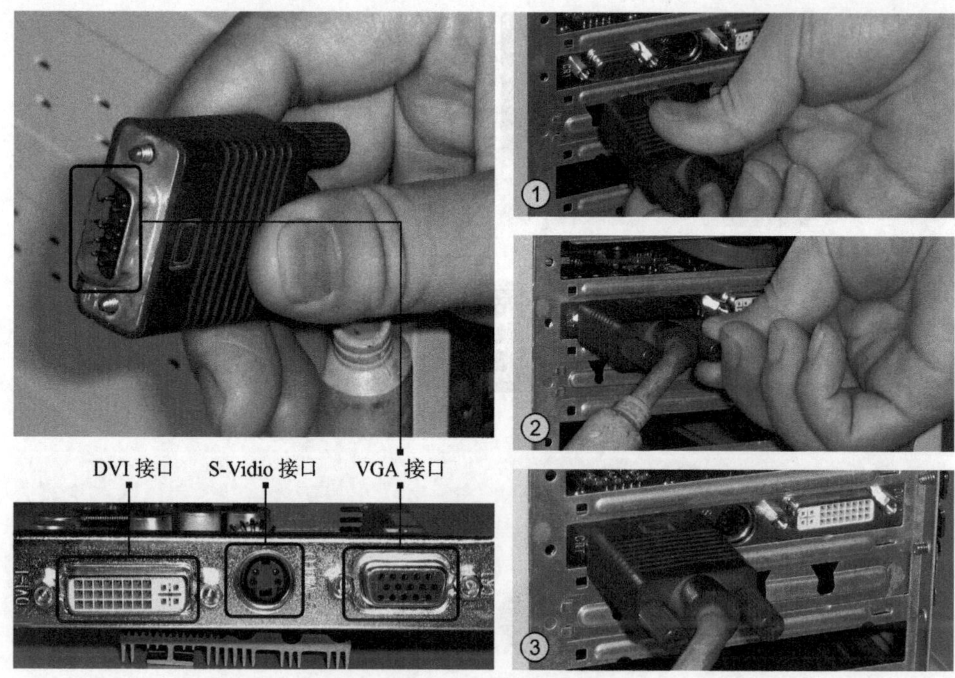

图 12-42 连接显示器的信号线

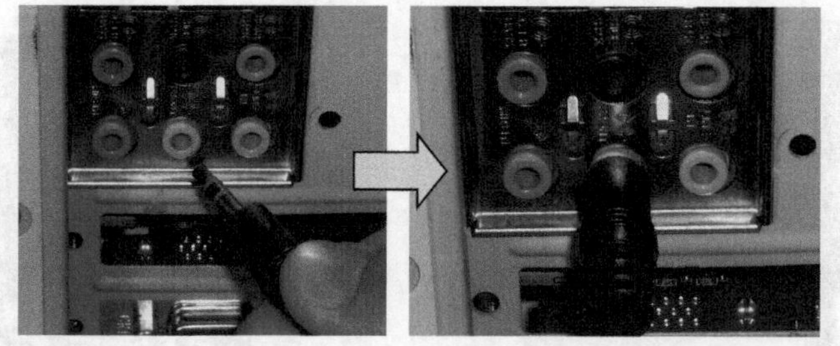

图 12-43 连接音箱

图 12-44 连接主机电源

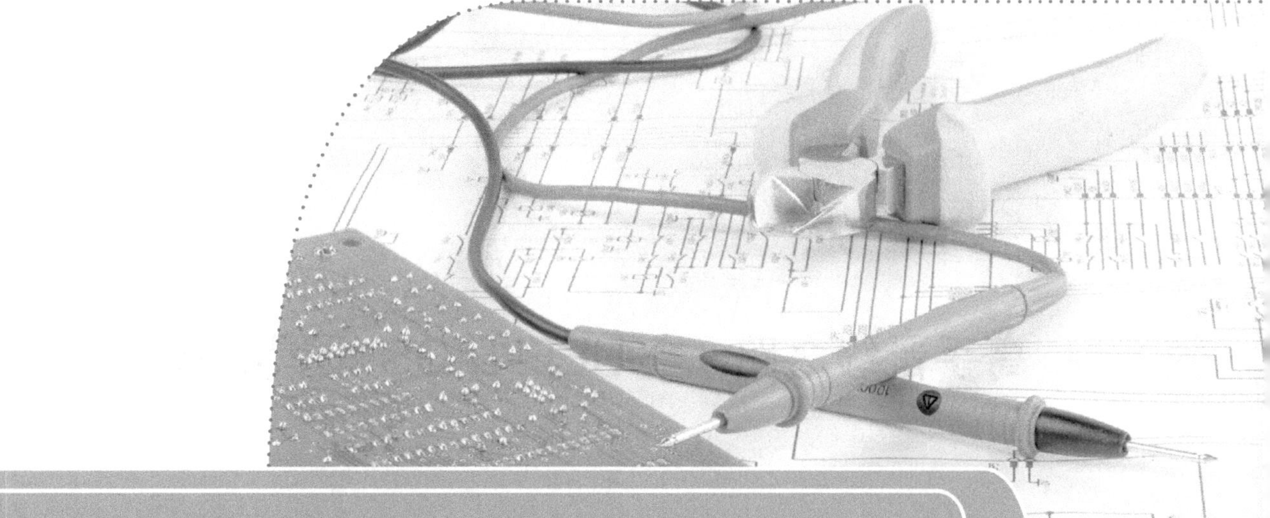

第三篇

系统安装与优化

- ◆ 第 13 章　高手晋级之路——UEFI BIOS 设置实战
- ◆ 第 14 章　高手晋级之路——超大硬盘分区
- ◆ 第 15 章　Windows 10 系统安装方法
- ◆ 第 16 章　优化——让 Windows 焕发青春
- ◆ 第 17 章　注册表——电脑的花名册

Windows 的出现让我们告别了满屏幕的英文命令，给我们带来了无限的方便与高效。有人说 DOS 就像一辆老马车，而 Windows 却像一架飞机。而这架“飞机”也需要很好地安装解决方案才能使它启动运行得飞快。

怎样让系统飞快地启动呢？本篇将介绍快速启动系统的安装方法、最新的 UEFI BIOS 设置方法及系统优化方法。

第13章 高手晋级之路——UEFI BIOS设置实战

13.1 最新UEFI BIOS与传统BIOS有何不同

由于BIOS的功能限制和操作不便，使得UEFI已经逐渐成为其取代者。那么UEFI又是什么？它凭什么替代BIOS？它究竟是如何运作的呢？就让我们揭开它的神秘面纱。

13.1.1 认识全新的UEFI BIOS

UEFI的全称为统一的可扩展固件接口（Unified Extensible Firmware Interface)，实际上它是EFI的升级版。EFI（可扩展固件接口，Extensible Firmware Interface）是由Intel提出的，目的在于为下一代的BIOS开发树立全新的框架。EFI不是一个具体的软件，而是在操作系统与平台固件（platform firmware）之间的一套完整的接口规范。EFI定义了许多重要的数据结构及系统服务，如果完全实现了这些数据结构与系统服务，也就相当于实现了一个真正的BIOS核心。

13.1.2 UEFI BIOS与传统BIOS的区别

大家知道，最早的X86电脑是16位架构的，操作系统DOS也是16位的。BIOS为了兼容16位实模式，就要求处理器升级换代都要保留16位实模式。这些迫使英特尔在开发新的处理器时，不得不必须遵循16位兼容模式。而16位实模式严重限制了CPU的性能发展，因此Intel在开发安腾处理器后推出了EFI（UEFI前身）。

UEFI BIOS和传统BIOS一个显著的区别就是它是用模块化、C语言风格的参数堆栈传递方式，以动态链接的形式构建的系统，较传统BIOS而言更易于实现，容错和纠错特性更强，缩短了系统研发的时间。它于运行于32位或64位模式，乃至未来增强的处理器模式下，突破传统16位代码的寻址能力，达到处理器的最大寻址。它利用加载UEFI驱动的形式识别及操作硬件，不同于BIOS利用挂载实模式中断的方式增加硬件功能。

13.1.3　UEFI BIOS 与传统 BIOS 的运行流程图

Windows 8 的开机速度之所以如此之快，其中一个原因在于其支持 UEFI BIOS 的引导。对比采用传统 BIOS 引导启动方式，UEFI BIOS 减少了 BIOS 自检的步骤，节省了大量的时间，从而加快了平台的启动。

传统 BIOS 的运行流程图如图 13-1 所示。

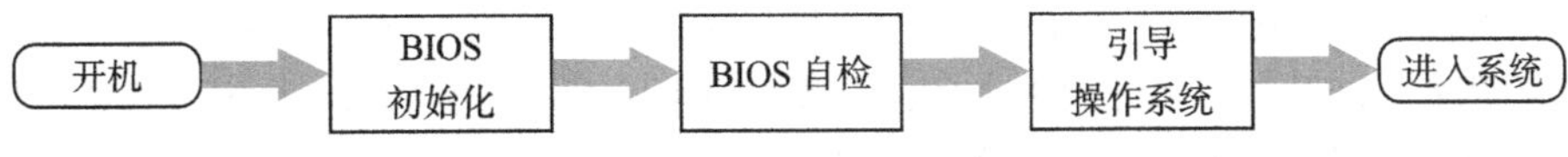

图 13-1　传统 BIOS 运行流程图

UEFI BIOS 的运行流程图如图 13-2 所示。

图 13-2　UEFI BIOS 运行流程图

13.2　如何进入 BIOS 设置程序

最新的 UEFI BIOS 设置程序和传统的 BIOS 设置程序的进入方法相同，都是在显示开机画面时，按下 Del 键或 F2 键来进入。下面以最新的 UEFI BIOS 为例讲解。

由于计算机系统不同，UEFI BIOS 设置程序的进入方法也会有所区别。按下计算机开机电源后计算机系统都会给出进入 UEFI BIOS 设置程序的提示。一般台式机进入 UEFI BIOS 设置程序的方法是开机后立即按 Del 键。通常计算机在开机检测时，会出现如何进入 UEFI BIOS 设置程序的提示，如图 13-3 所示。

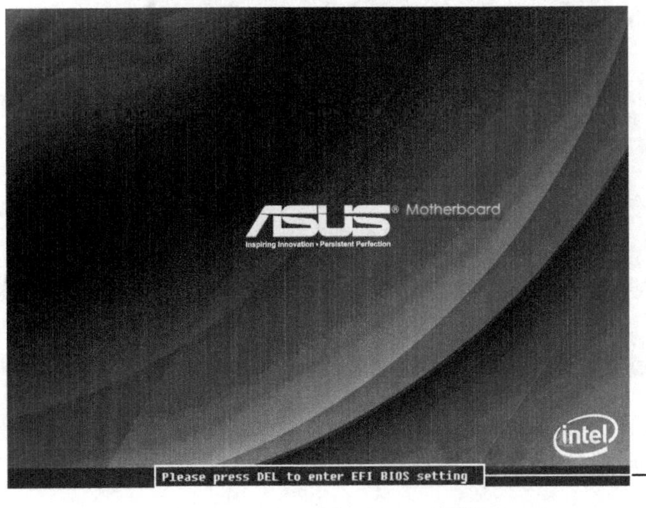

图 13-3　开机提示

带你进入最新 UEFI BIOS 程序

13.3.1 漂亮的 UEFI BIOS 界面

下面以华硕 UEFI BIOS 为例进行讲解。

按下计算机开机电源后，当屏幕出现开机检测画面时，根据提示按 Del 键，会进入 EFI BIOS 设置程序，如图 13-4 所示。EFI BIOS 设置程序主界面主要由基本信息区、系统监控信息、系统性能设置区和启动顺序设置区 4 部分组成。

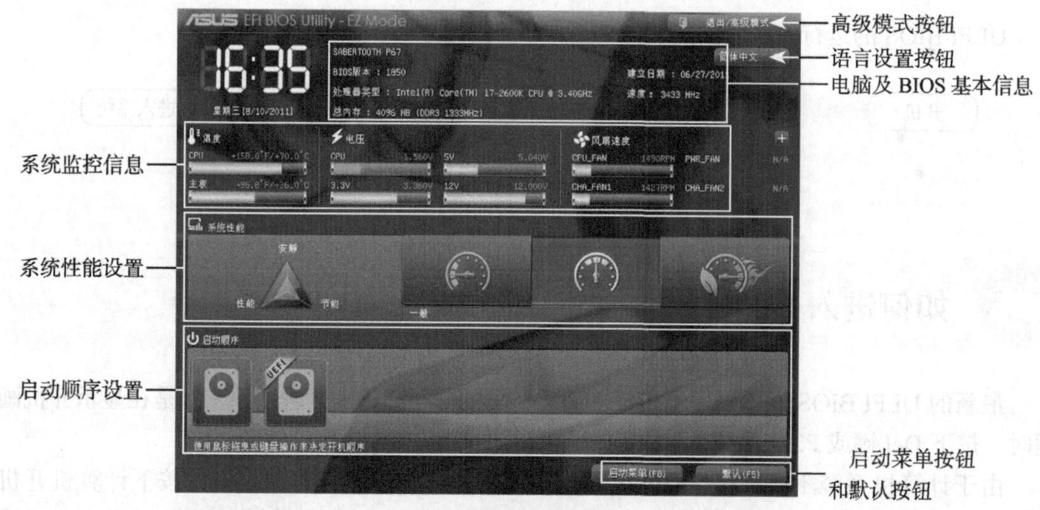

a）EFI BIOS 主界面

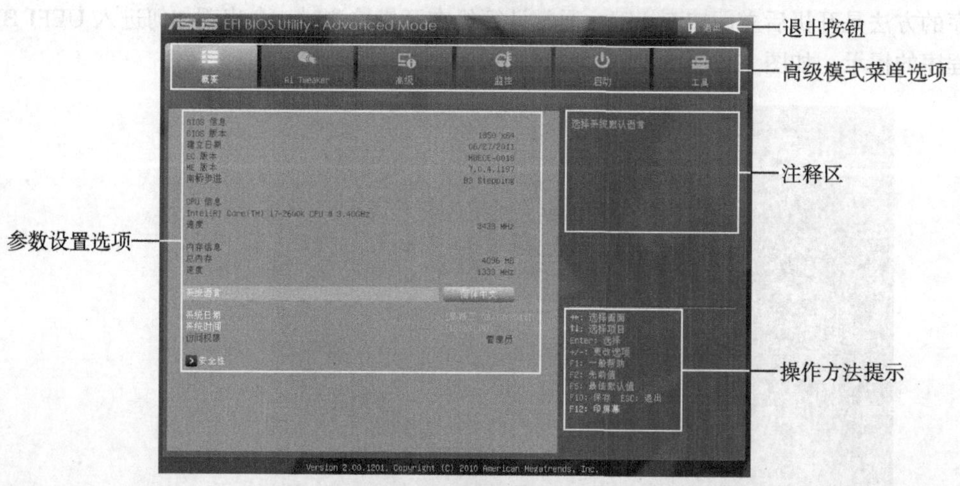

b）高级模式界面

图 13-4 EFI BIOS 界面信息

13.3.2 认识传统 BIOS 主界面

开机时按下进入 BIOS 设置程序的快捷键，将会进入 BIOS 设置程序。进入后首先显示的是 BIOS 设置程序的主界面，如图 13-5 所示。

BIOS 设置程序的主界面中有十几个选项，不过由于 BIOS 的版本和类型不同，BIOS 程序的主界面中的选项也有一些差异。但主要的选项每个 BIOS 程序都会有，这里我们就以图 13-5 为例讲解它们的含义。

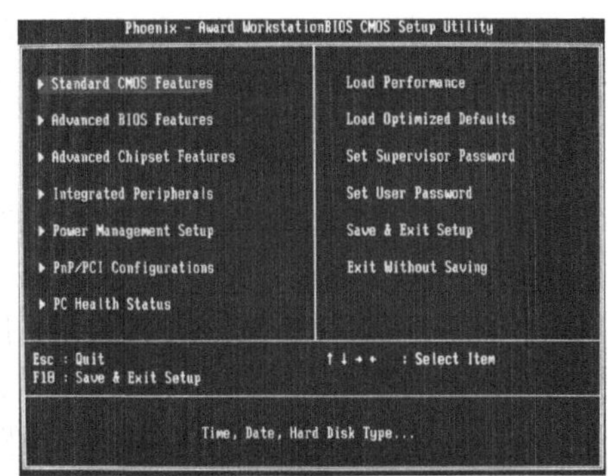

图 13-5 CMOS 程序的主界面

1）Standard CMOS Features（标准 CMOS 设置）。此项主要用于设置系统日期、时钟、硬盘类型、软盘类型、显示器类型等信息。

2）Advanced BIOS Features（BIOS 特性设置）。此项主要用于设置防病毒保护、缓存、启动顺序、键盘参数、系统影子内存、密码选项等。

3）Advanced Chipset Features（芯片组特性设置）。此项主要用于设置内存读写时序、视频缓存、I/O 延时、串并口、软驱接口、IDE 接口等。

4）Integrated Peripherals（集成外围设备设置）。此项主要用于设置软驱接口、硬盘接口、串并接口、USB 口、USB 键盘、集成显卡、集成声卡等。

5）Power Management SETUP（电源管理设置）。此项主要用于设置电源与节能功能等。

6）PNP/PCI Configurations（即插即用与 PCI 总线参数设置）。此项主要用于设置 ISA、PCI 总线占用的 IRQ 和 DMA 通道资源分配及 PCI 插槽的即插即用功能等。

7）PC Health Status（PC 健康状态）。此项主要用于查看电脑的 CPU 温度、工作电压等参数。

8）LOAD Performance（载入标准设置）。

9）LOAD Optimized Defaults（载入 BIOS 优化设置）。此项用于装载厂商设置的最佳性能参数。

10）Set Supervisor Password（设置超级用户密码）。

11）Set User Password（设置普通用户密码）。

12）Save&Exit Setup（保存设置并退出 BIOS 程序）。

13）Exit Without Saving（不保存设置并退出 BIOS 程序）。

14）UPDATE BIOS（BIOS 升级）。

注意

其他版本的 BIOS 程序界面可能略有不同，在其主界面中可能还能看到以下选项。

1）ADVANCED CMOS SETUP（高级 CMOS 设置）。

2）IDE HDD SUTO DETECTION（IDE 硬盘类型自动检测）。

3）PC HEALTH STATUS（电脑健康状况）。

13.4 设置最新 UEFI BIOS 实战

13.4.1 装机维修常用——设置启动顺序

启动顺序设置是电脑启动时，按照此项设置选择是从硬盘启动，还是从软盘、光驱或其他设备启动。启动顺序设置是在新装机或重新安装系统时必须手动设置的选项，现在主板的智能化程度非常高，开机后可以自动检测到 CPU、硬盘、软驱、光驱等的型号信息，这些在开机后不用再手动设置，但不管主板智能化程度多高都启动顺序必须手动设置。

1. 为何要设置启动顺序

在电脑启动时，首先检测 CPU、主板、内存、BIOS、显卡、硬盘、软驱、光驱、键盘等，如这些部件检测通过，接下来将按照 BIOS 中设置的启动顺序从第 1 个启动盘调入操作系统。正常情况下，我们都设成从硬盘启动。但是，当计算机硬盘中的系统出现故障时，就无法从硬盘启动，这时我们只有通过 BIOS 把第 1 个启动盘设为软盘或光盘，即从软盘或光盘启动才能维修电脑。所以在装机或维修电脑时设置启动顺序非常重要。

2. 何时设置启动顺序

前面讲过，在正常状况下，电脑通常设为硬盘启动，只有新装机或电脑系统损坏无法启动修理时，才会考虑设置启动顺序。

3. 如何设置启动顺序

若要设置第 1 启动顺序为 CDROM，第 2 启动顺序为 Hard Disk，其步骤如下（以华硕 UEFI BIOS 为例讲解）：

1）按下开机电源，根据屏幕下方提示“ Press DEL to enter Setup”，按 Del 键，进入 EFI BIOS 设置界面的 EZ 模式下，如图 13-6 所示。

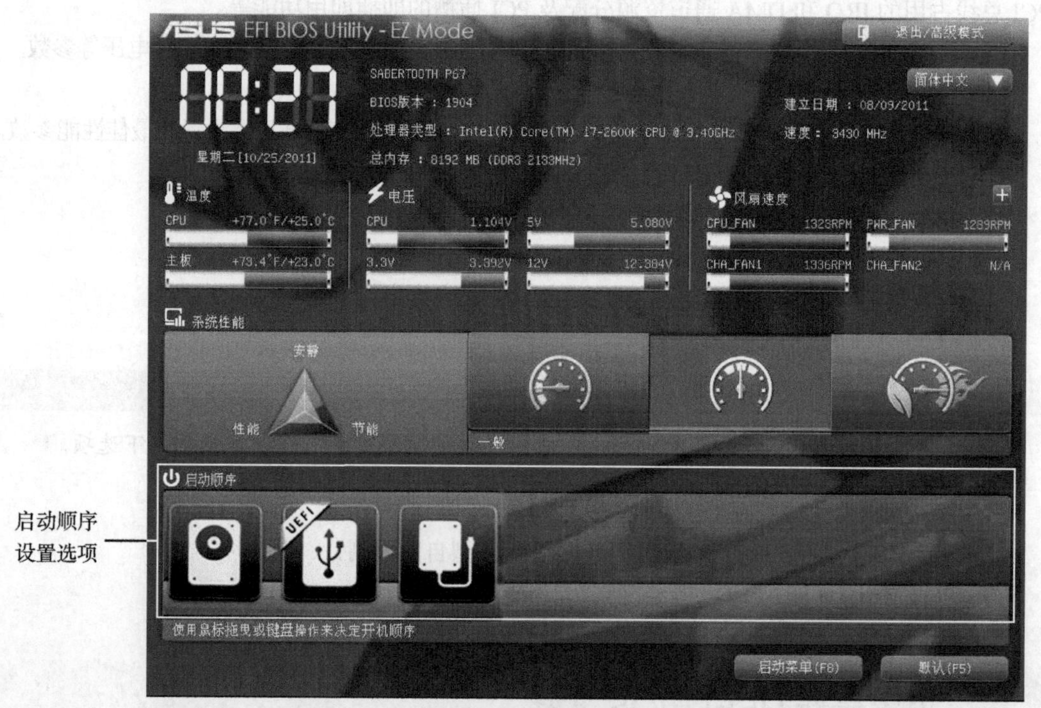

图 13-6 EZ 模式

2）用鼠标拖动“启动顺序”选项中的硬盘图标，将光驱的图标排列在第一的位置，再拖动硬盘的图标，使硬盘图标排列在第二的位置，如图 13-7 所示。

3）设置好后，按 F10 键保存设置，然后按 Esc 键退出 BIOS 设置即可。

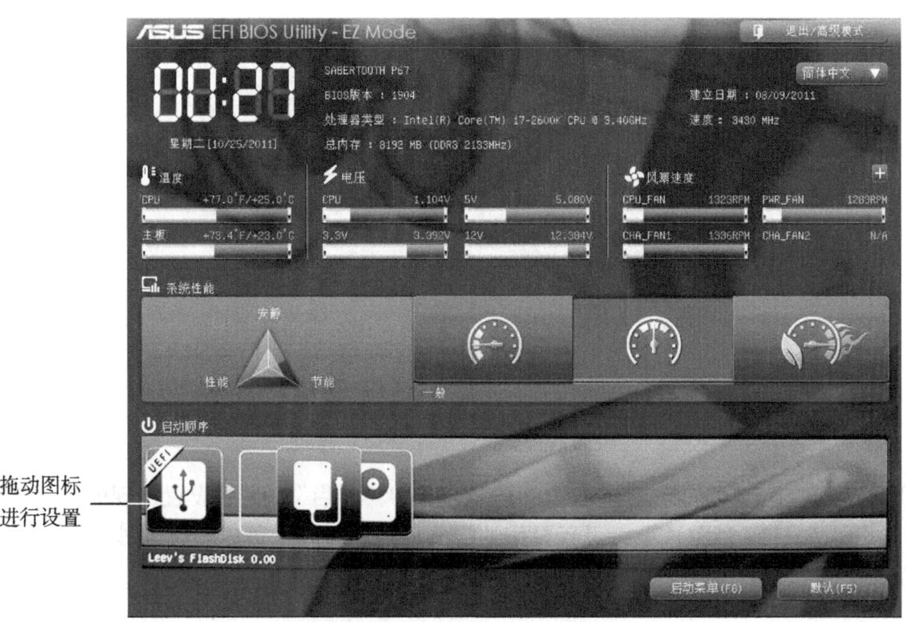

图 13-7　设置启动顺序

13.4.2　实现无人值守——设置自动开机

电脑自动开机功能设置步骤如下（以华硕 EFI BIOS 为例讲解）:

1）开机按 Del 键，进入 EFI BIOS 设置。然后在 EZ 模式下，单击“退出 / 高级模式”，再单击“高级模式”选项，进入高级模式，如图 13-8 所示。

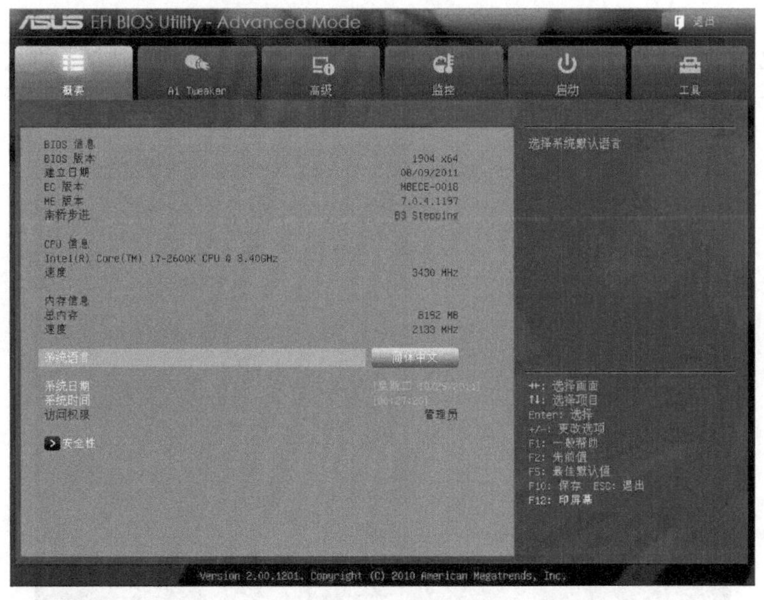

图 13-8　高级模式

2）单击“高级”选项卡，再单击“高级电源管理（APM)”选项，进入“高级电源管理”界面，如图 13-9 所示。

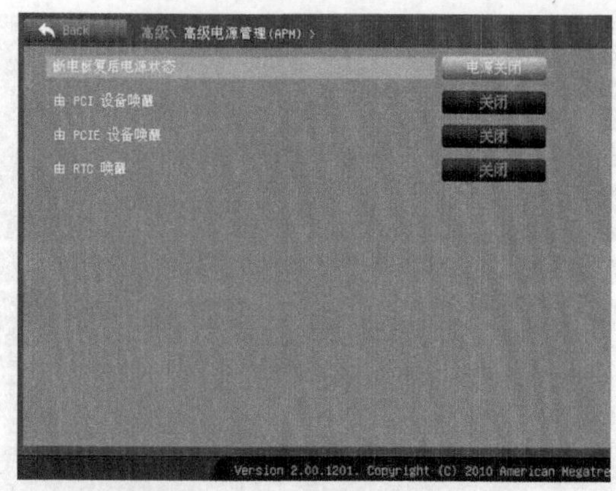

图 13-9 “高级电源管理”界面

3）单击“由 RTC 唤醒”选项右边的按钮，选中“开启”。之后设置出现的“ RTC 唤醒日期”与“小时 / 分钟 / 秒”选项，设置具体的唤醒日期和时间，可以精确到秒。

4）按 F10 键保存设置，然后按 ESC 键退出 BIOS 设置即可。

13.4.3 安全第一——设置 BIOS 及计算机开机密码

如果电脑内装有重要信息不希望泄漏，或者担心 BIOS 中的设置被修改而影响应用，可通过设置 BIOS 进入密码和开机密码来解决。

1. 设置系统管理员密码

设置系统管理员密码的方法如下（以华硕 EFI BIOS 为例讲解）：

1）按下开机电源，根据屏幕下方提示 Press DEL to enter Setup，按 Del 键，进入 EFI BIOS 设置界面。

2）在 EZ 模式下，单击“退出 / 高级模式”，再单击“高级模式”选项，进入“高级模式”，如图 13-10 所示。

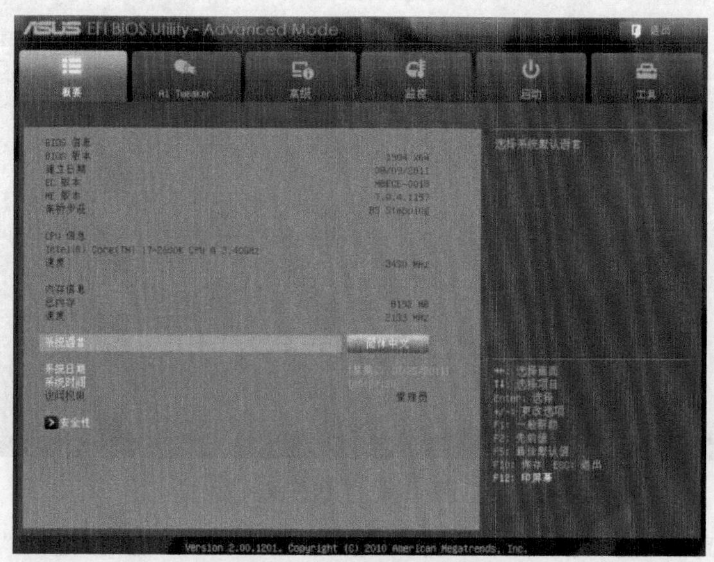

图 13-10 高级模式

3）在“概要”选项卡中，单击“安全性”选项，进入“安全性”界面，如图13-11所示。

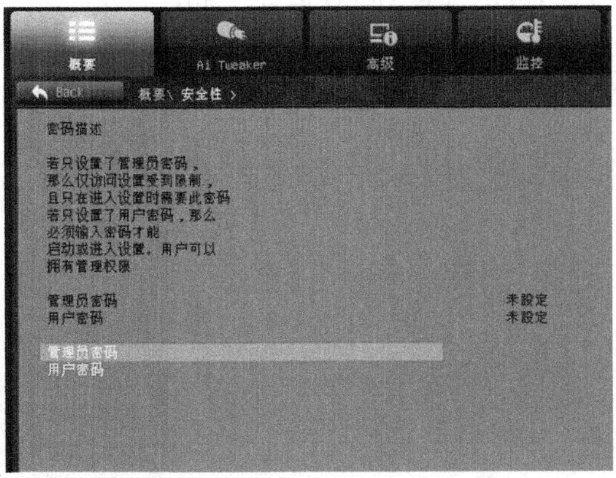

图13-11　“安全性”界面

4）选择“管理员密码”选项，并按Enter键。然后在弹出的“创建新密码”窗口中，输入密码，输入完成后按Enter键即可。

5）在弹出的确认窗口中再一次输入密码以确认密码正确无误。

2. 变更系统管理员密码

变更系统管理员密码的方法如下：

1）进入EFI BIOS的高级模式，在“概要”选项卡中的“安全性”选项中，选择“管理员密码”选项并按Enter键。

2）在弹出的“输入当前密码”窗口中输入现在的密码，输入完成按Enter键。

3）在弹出的“创建新密码”窗口中输入新设置的密码，输入完成后按Enter键。然后在弹出的确认窗口中再一次输入密码以确认密码正确无误。

3. 清除管理员密码

若要清除管理员密码，可按照变更管理员密码相同的步骤操作，但在确认窗口出现时直接按Enter键以清除密码。清除了密码后，屏幕顶部的“管理员密码”选项显示为“没有设置”。

4. 设置用户密码

设置用户密码的方法如下：

1）进入EFI BIOS的高级模式，在“概要”选项卡中的“安全性”选项中，选择“用户密码”选项并按Enter键。

2）在弹出的“创建新密码”窗口中输入密码，输入完成后按Enter键。然后在弹出的确认窗口中再一次输入密码以确认密码正确无误。

提示

变更和清除用户密码的操作方法与管理员密码相似，参考设置即可。

13.4.4　加足马力——对CPU进行超频设置

在EFI BIOS中对CPU进行超频的步骤如下（以华硕EFI BIOS为例讲解）：

1）开机按 Del 键进到 EFI BIOS，单击“退出 / 高级模式”，再单击“高级模式”选项，进入高级模式。然后按 F5 键将 BIOS 恢复为默认设置，如图 13-12 所示。

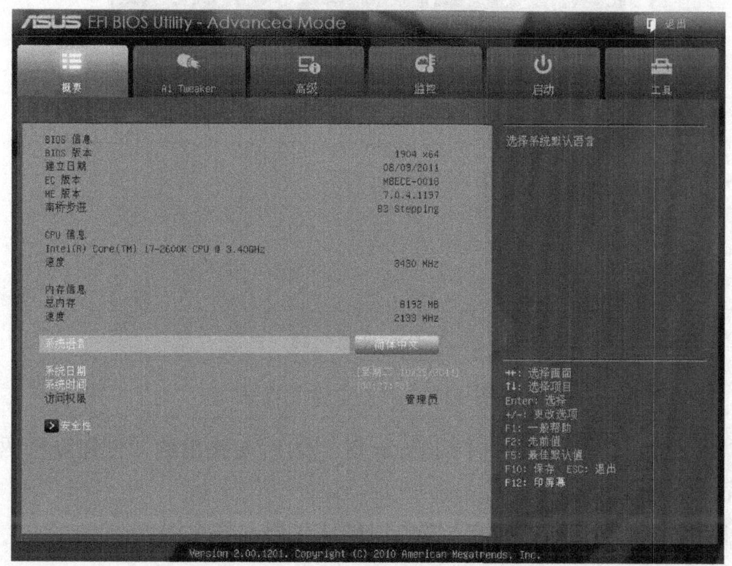

图 13-12 将 BIOS 恢复为默认设置

2）单击“ AI Tweaker”选项卡，将“内存频率”选项设置为电脑内存的实际频率，然后将“内存时序控制”选项中按内存实际参数设定内存时序，如图 13-13 所示。

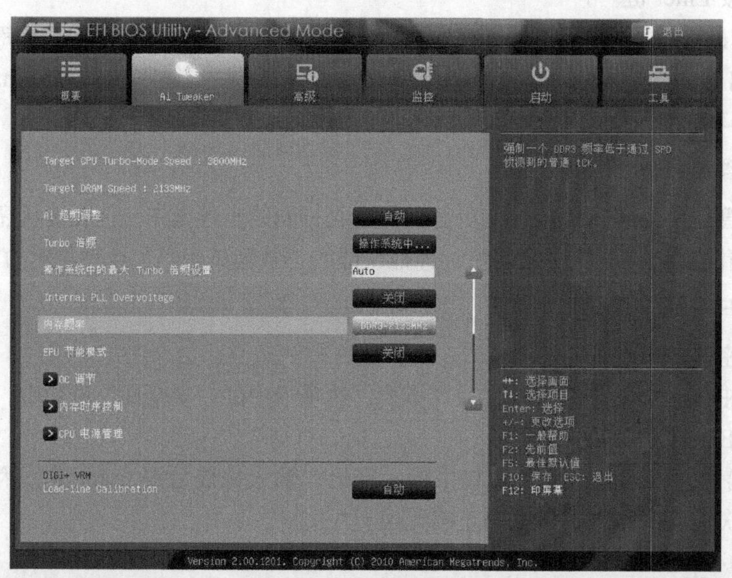

图 13-13 设置内存频率

3）将“ Ai Tweaker”选项卡中的“ EPU 节能模式”设置为“关闭”，电压选项全保持默认即可，如图 13-14 所示。

4）将“Ai Tweaker”选项卡中的“CPU 电源管理”选项中的“CPU Voltage”选项设置为“ Offset Mode”，将“ Dram Voltage”选项设置为 1.5V（按自己的内存参数设置），如图 13-15 所示。

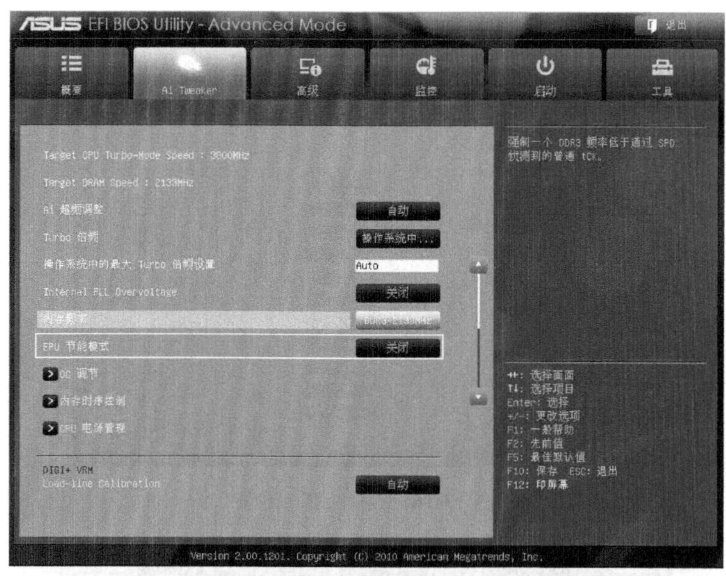

图 13-14 节能模式设置

图 13-15 设置 CPU 的电压

5）在“高级”选项卡下的“处理器设置”选项中，将“ CPU 比率”选项改为需要的超频率，这里以 4.5GHz 为例，输入“45”，如图 13-16 所示。

6）在“高级”选项卡中的“ SATA 设置”选项中，将“ SATA 模式”选项改为“ AHCI 模式”，如图 13-17 所示。

7）在“高级”选项卡下的“内置设备设置”选项里，将“ VIA 1394 控制器”选项设置为“关闭”，将“ Marvell 存储控制器”选项设置为“关闭”。如果需要 1394 接口就打开，不需要就关了，可以加快硬件启动的速度，如图 13-18 所示。

8）在“监控”选项卡下，将“处理器 Q-Fan 控制”选项设置为“关闭”，将“机箱 Q-Fan 控制”选项设置为“关闭”，如图 13-19 所示。

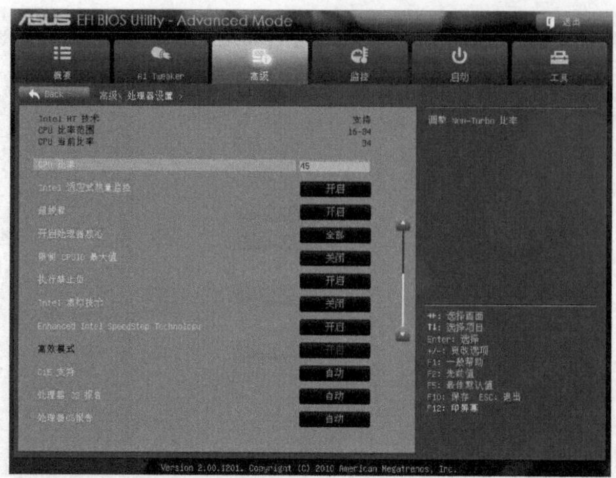

图 13-16 设置 CPU 频率

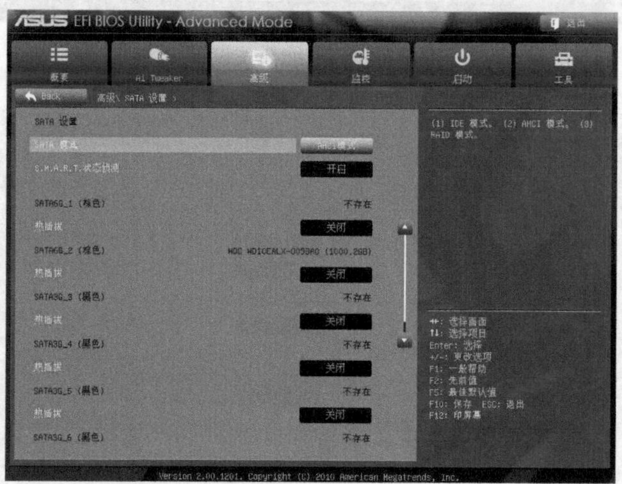

图 13-17 设置 SATA 模式

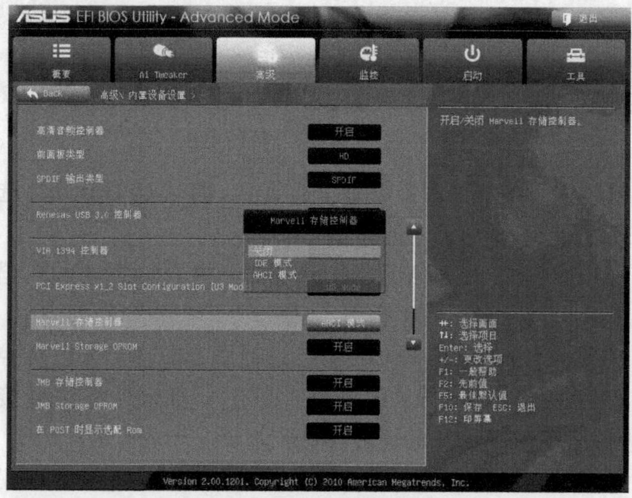

图 13-18 关闭不用的设备

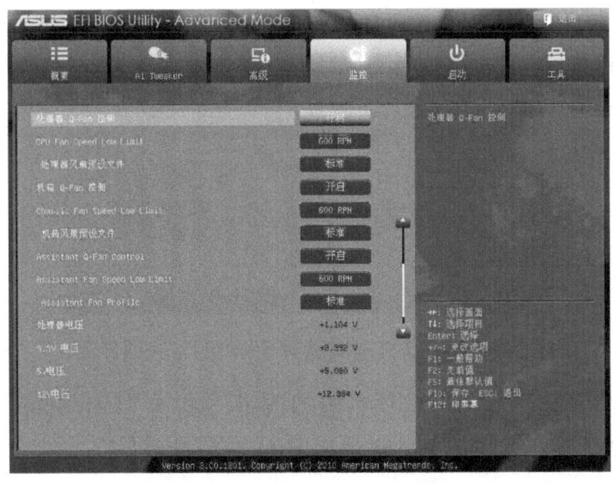

图 13-19　设置处理器及机箱的风扇

9）按 F10 键将 bios 保存，再按 ESC 键退出即可。

13.4.5　恢复到断电前的状态——设置意外断电后接通电源的状态

很多人都会遇到这个问题：正在使用电脑时突然断电，之前的工作来不及保存。这个问题可以通过 BIOS 设置来解决。

在 EFI BIOS 的“高级电源管理管理（APM）”选项中，有一个“断电恢复后电源状态（Restore AC Power Loss）”，将其参数设成 Last State（恢复到断电前的状态），便可以为我们减少许多麻烦。

具体操作步骤如下（以华硕 EFI BIOS 为例讲解）：

1）按下开机电源，根据屏幕下方提示 Press DEL to enter Setup，按 Del 键，进入 EFI BIOS 设置界面。

2）在 EZ 模式下，单击“退出 / 高级模式”，再单击“高级模式”选项，进入“高级模式”，如图 13-20 所示。

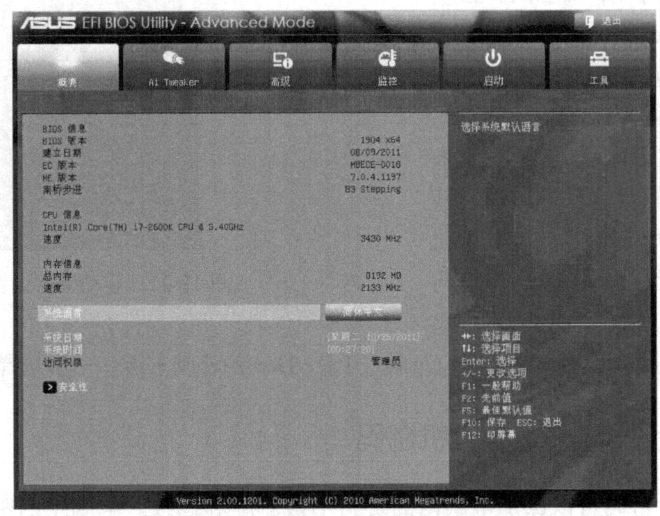

图 13-20　高级模式

3）单击“高级”选项卡，再单击“高级电源管理（APM）”选项，进入“高级电源管理”界面，如图 13-21 所示。

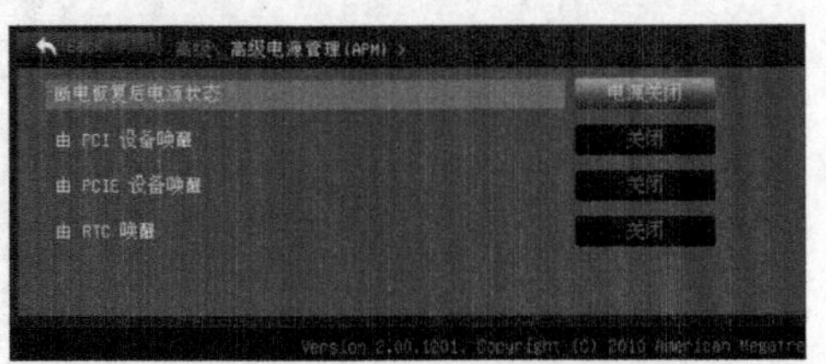

图 13-21 “高级电源管理（APM）”选项界面

4）单击“断电恢复后电源状态”选项右边的按钮，选中“Last State”。

5）按 F10 键保存设置，然后按 Esc 键退出 BIOS 设置即可。

13.5 设置传统 BIOS 实战

由于现在的 BIOS 程序智能化程度很高，出厂的设置基本已经是最佳化设置，所以装机时需要我们设置的选项已非常少，一般只需要设置一下系统时钟和开机启动顺序即可。下面介绍一些常用的重要选项。

13.5.1 装机维修常用——设置启动顺序

电脑启动时，将按照设置的启动顺序选择是从硬盘启动，还是从软盘、光驱或其他设备启动。新装机或重新安装系统时，必须手动设置启动顺序的选项。

启动顺序设置项在 BIOS 界面中的“ ADVANCED BIOS FEATURES（BIOS 特性设置）”选项中，在 BIOS 特性设置项中，“ First Boot Device（第一优先开机设备）”项为设置启动顺序的项，如图 13-22 所示。“ First Boot Device（第一优先开机设备）”项的选项有“FLOPPY”（软盘）、“ CDROM”（光盘）、“ HDD-0”（硬盘）、“ LAN”（网卡）、“ DISABLED”（无效的）。当我们想从软盘启动电脑时，我们把“First Boot Device（第一优先开机设备）”项的选项设为“ FLOPPY”再保存退出即可。重启电脑时插入系统盘即可从软盘启动电脑。设置时用 Page Up 键、Page Down 键或 + 键、− 键选择其值。

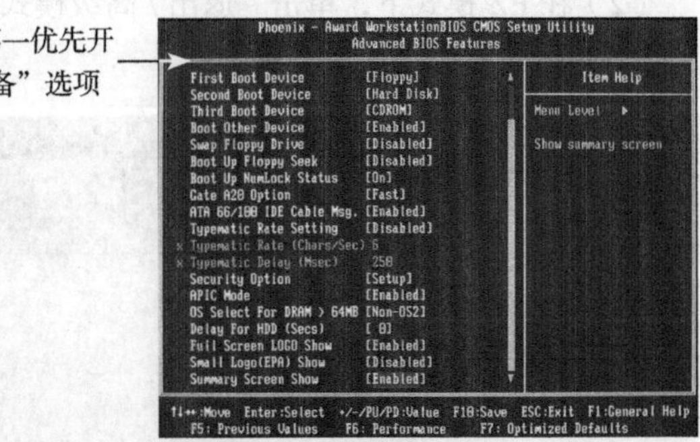

图 13-22 启动顺序设置选项

13.5.2 安全设置 1——设置开机密码

在电脑中设置密码可以保护电脑内的资料不被删除和修改。电脑中的密码有两种：一种是开机密码，设置此密码后，开机需要输入密码才能启动电脑，否则就无法启动电脑，这样可以防止别人开机进入系统中破坏你的资料；另一种是进入 BIOS 程序的密码，设置后可以防止别人修改你的 BIOS 程序参数。设置这两种密码，只需将 BIOS 特性设置中的“Security Option（开机口令选择）”选项设为“System”（设开机密码时用）或“Setup”（设 BIOS 专用密码时用）即可。

1. 设置密码权限

“SET SUPERVISOR PASSWORD（设置超级用户密码）”，对电脑的 BIOS 设置具有最高的权限，它可以更改 BIOS 的任何设置。

“SET USER PASSWORD（设置普通用户密码）”，用户可以开机进入 BIOS 设置，但除了更改自己的密码以外，不能更改其他任何设置。

2. 设置开机密码

我们以设置开机密码为例讲解设置密码的方法。

1）开机进入 BIOS 程序。

2）进入“Advanced BIOS Features（BIOS 特性设置）”选项，将“Security Option（开机口令选择）”选项设置为“System”，然后退出，如图 13-23 所示。

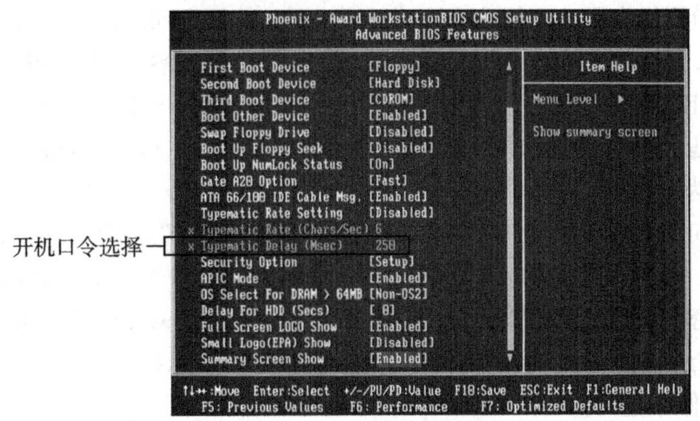

图 13-23　设置密码选项

3）选择“SET SUPERVISOR PASSWORD（设置超级用户密码）”选项，按 Enter 键。在“Enter Passward：”框中，要求用户输入密码，如图 13-24 所示。输入后按 Enter 键，将显示如图 13-25 所示画面，在“Confirm Passward:”框中，再输入刚才输入的密码，按 Enter 键。

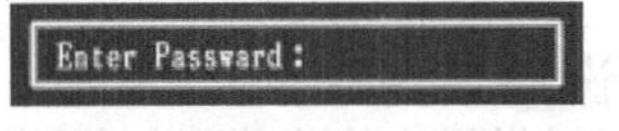

图 13-24　“Enter Passward:”框

Confirm Passward :

图 13-25　“Confirm Passward:”框

4）按 F10 键保存退出，开机时将出现如图 13-26 所示的输入开机密码画面，只有输入正确的密码才能开机启动系统。

提示

密码设置一定要注意其最大长度为 8 个字符，有大小写之分，而且前后两次输入的密码一定要相同。设置开机密码后，同时你的 BIOS 程序也设置了一个相同的密码，进入 BIOS 程序时需要输入相同的密码。

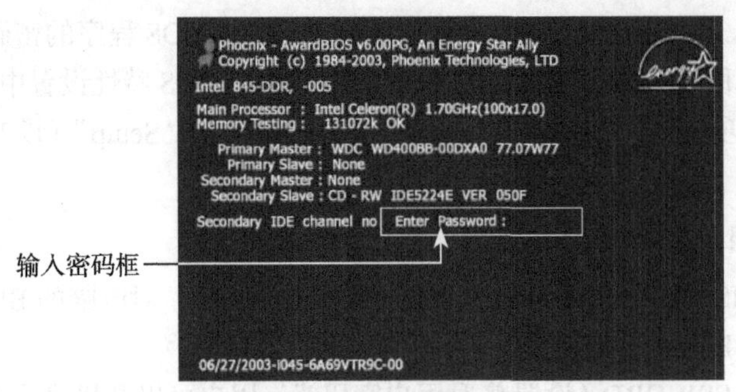

图 13-26 输入密码界面

13.5.3 安全设置 2——修改和取消密码

这里以修改和取消开机密码为例讲解。修改密码时分为知道开机密码和不知道开机密码两种情况。

1. 知道开机密码的情况

如果用户知道开机密码，想修改或取消开机密码，按照下面的方法进行操作即可。

1）开机进入 BIOS 程序，如果无法进入 BIOS 程序将无法修改密码。进入“Advanced BIOS Features（BIOS 特性设置）”选项，将“Security Option（开机口令选择）”选项设置为“System”，然后退出。如修改取消 BIOS 专用密码，则在这里将“Security Option（开机口令选择）”选项设置为“Setup”即可。

2）选择“SUPERVISOR PASSWORD（超级用户密码设置）”选项，按 Enter 键，在“Enter Passward：”框中，用户输入新的密码，输入后按 Enter 键。在“Confirm Passward：”框中再输入刚才输入的新密码，按 Enter 键。注意，如果在“Enter Passward：”框中输入新的密码时，没有输入直接按 Enter 键，将会取消密码，出现如图 13-27 所示提示。

3）按 F10 键保存退出。

2. 不知道开机密码情况

如果我们不知道开机密码，也就无法进入 CMOS 程序。这时只能打开机箱，将主板上的 CMOS 电池取下，然后将 CMOS 放电，之后同样可以取消密码。

图 13-27 取消密码提示

13.5.4 撤销重设——将 BIOS 程序恢复为最佳设置

在 BIOS 主界面中选择“LOAD OPTIMIZED DEFAULTS（载入 BIOS 优化设置）”项，并按 Enter 键后，就会进入 BIOS 最佳参数设置功能，如图 13-28 所示。

如果按“Y”键，再按 Enter 键，则 BIOS 主界面中除“STANDARD CMOS SETUP（标准 CMOS 设置）”以外的各项设置将使用系统 BIOS 最佳参数自动进行设置，然后返回主界面。

系统的最佳参数设置采用了优化的设置，将 BIOS 的各项参数设置成能较好地发挥系统性能的预设值，因此一般都能较好的发挥出原电脑硬件的性能，也能兼顾系统正常工作。

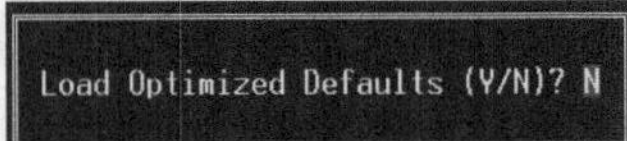

图 13-28 载入 BIOS 最佳设置

13.6 升级 UEFI BIOS 以兼容最新的硬件

在 UEFI BIOS 中，会带有 BIOS 升级的程序，直接使用此程序即可轻松升级 UEFI BIOS。下面详细讲解 UEFI BIOS 升级的方法（以华硕 UEFI BIOS 为例讲解）：

1）到主板厂商网站根据主板的型号，下载最新的 BIOS 文件。

2）将保存最新 BIOS 文件的 U 盘插入电脑 USB 接口。

3）开机按 Del 键，进入 UEFI BIOS 设置程序，再单击“退出 / 高级模式”按钮进入“高级模式”界面。然后单击“工具”选项卡，进入工具选项卡界面，如图 13-29 所示。

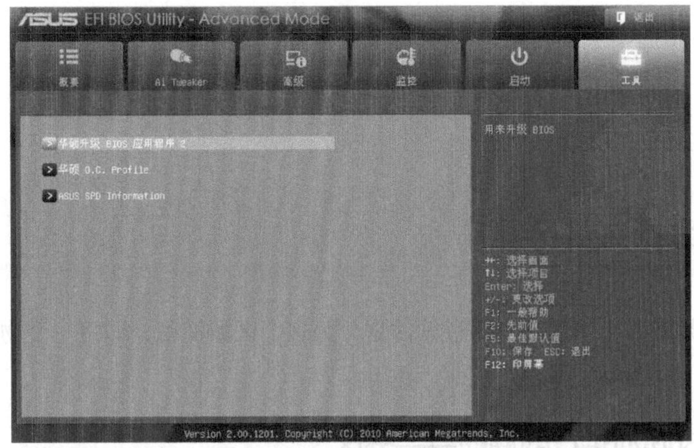

图 13-29　工具选项卡

4）单击“华硕升级 BIOS 应用程序 2”选项，进入 BIOS 升级的界面，如图 13-30 所示。

图 13-30　BIOS 升级界面

5）按 Tab 键切换到“文件路径：”文本框中“驱动器信息”下，用上 / 下箭头键选择 U 盘盘符。

6）按 Tab 键切换到“文件夹信息”栏，用上 / 下箭头键选择最新的 BIOS 文件，然后按 Enter 键开始更新 BIOS。

7）更新完成后重新启动电脑即可完成 UEFI BIOS 升级。

第14章 高手晋级之路——超大硬盘分区

14.1 硬盘为什么要分区

硬盘分区就是将一个物理硬盘通过软件划分为多个区域使用，即将一个物理硬盘分为多个盘使用，如C盘、D盘、E盘等。

14.1.1 新硬盘必须进行的操作——分区

硬盘就好像一层刚盖好的办公楼，它只有一些基本的支撑柱、支撑墙，没有打隔墙，留下的需要用户根据自己的情况需要，在使用前进行“分区”——打隔墙、标门牌。比如，把楼房分成10个房间，分别为C房间、D房间、E房间、F房间、G房间等，每个房间可以大点，也可以小点。同样，我们的硬盘在使用前也必须进行分区、格式化，分区的个数、每个区的大小可以由用户根据自己的情况决定。

硬盘由生产厂商生产出来后并没有进行分区和激活，但要在硬盘上安装操作系统，就必须要有一个被激活的活动分区才能进行，通过分区就可以将硬盘激活。另外，我们将硬盘进行分区操作，将一块大容量的硬盘划分为几个较小容量的分区，也会使得文件管理更加方便。

14.1.2 何时对硬盘进行分区

由于硬盘分区之后会把硬盘中以前使用时存放的东西全部删除，所以我们平时使用电脑时不能随便对硬盘进行重新分区，否则就会酿成不可挽回的损失。那么我们平时使用、维修电脑时，何时才需对硬盘进行分区呢？

在下列3种情况下需进行硬盘分区：

1）第1次使用的新硬盘需要分区。

2）认为现在的硬盘分区不是很理想、很合理时需要分区。比如，觉得自己的硬盘的分区数太少，对硬盘某个分区的容量不满意，觉得太小或分区太多等。不过分区前一定要将硬盘中的重要数据备份下来。

3）硬盘感染引导区病毒。

除以上 3 种情况外，一般都不要对硬盘进行分区，并不是每次系统出现故障都要对硬盘重新分区。当你不知道该不该对硬盘进行分区时，请你看出现的情况是否符合以上 3 条中的一条。

14.1.3　硬盘分区前要做什么工作

分区的个数一般由自己来定，没有一个统一的标准。我们可以把一个硬盘分为系统盘、软件盘、游戏盘、工作盘等，可以完全根据你的想法大胆计划。每个区的容量也没有统一的规定，除 C 盘外，其他盘可以完全随意分配。因为 C 盘是装操作系统的，相对比较重要，像 Windows 10 系统约需 20GB 左右的容量，应用软件、游戏约占 1GB ～ 20GB。另外以后再装软件、游戏还要占不少空间容量，平时运行大的程序还会生成许多临时文件，因此，建议 C 盘最好不低于 50GB。

14.1.4　选择合适的文件系统很重要

FAT32 是从 FAT 和 FAT16 发展而来的，优点是稳定性和兼容性好，能充分兼容 Win 9X 及以前版本，且维护方便。缺点是安全性差，且最大只能支持 32GB 分区，单个文件也只能支持最大 4GB。

NTFS 是更适合 NT 内核（2000、XP）的系统，能够使其发挥最大的磁盘效能，而且可以对磁盘进行加密，单个文件支持最大 64GB。缺点是维护硬盘时，比如格式化 C 盘，比 FAT32 要复杂。而且 NTFS 格式在 DOS 下无法识别。

许多人认为 NTFS 比 FAT 慢，这其实主要是因为测试中 NTFS 文件系统的不良配置所引起的。正确配置的 NTFS 系统与 FAT 文件系统的性能相似。与以前的 Windows 版本相比，Windows XP 以后的版本，在 Windows 家族中 NTFS 性能要更高。

14.2　普通硬盘常规分区方法

对于普通硬盘，一般可以使用 Windows 7/8/10 系统中的“磁盘管理”工具进行分区，或使用 Windows 7/8/10 安装程序分区或使用分区软件进行分区（如“分区大师”等）。下面以 Windows 7 系统中的“磁盘管理”工具分区方法为例，讲解如何对普通硬盘进行分区（Windows 8/10 系统分区方法相同）。

1）在桌面上的“计算机”图标上单击鼠标右键，并在打开的右键菜单中单击“管理”菜单；接着在打开的“计算机管理”窗口中单击“磁盘管理”选项，可以看到硬盘的分区状态，如图 14-1 所示。

2）准备创建磁盘分区。在 Windows 7 操作系统中对基本磁盘创建新分区时，前 3 个分区将被格式化为主分区。从第 4 个分区开始，会将每个分区配置为扩展分区内的逻辑驱动器。在“未分配”图标上单击鼠标右键，接着单击右键菜单中的“新建简单卷”命令，如图 14-2 所示。

3）在打开的“新建简单卷向导”对话框中单击“下一步”按钮，如图 14-3 所示。

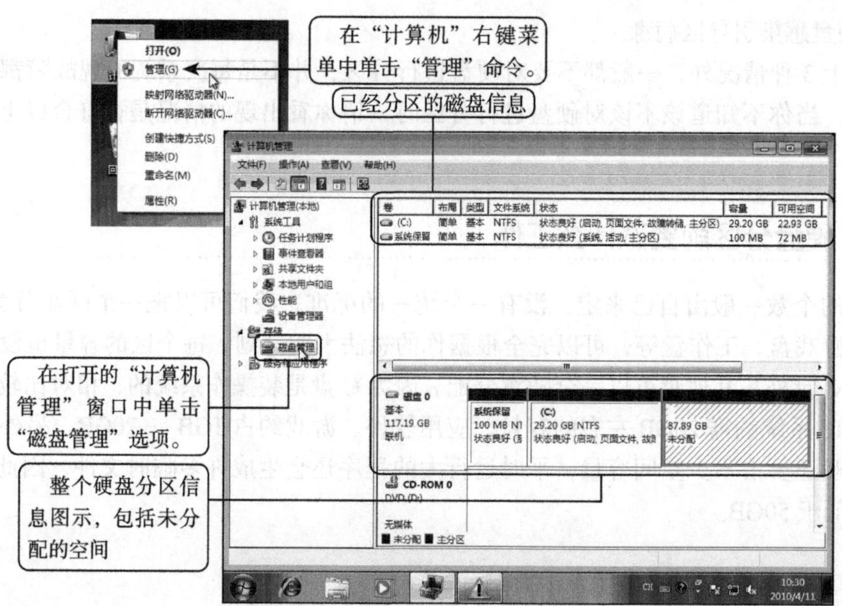

图 14-1 进入“磁盘管理”界面

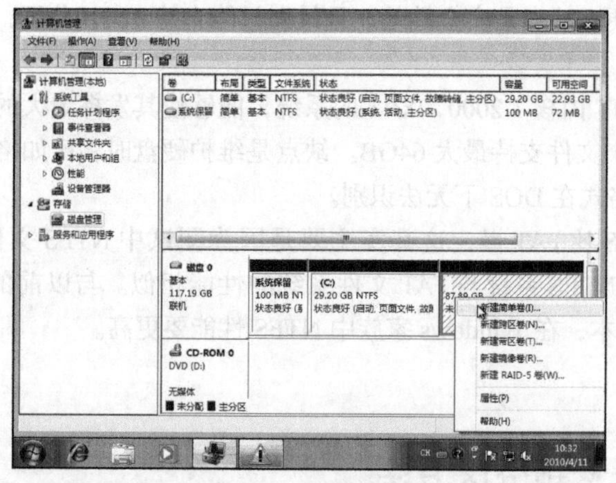

图 14-2 开始分区

4）打开“新建简单卷向导 – 指定卷大小”对话框，在其中“简单卷大小”设置文本框中输入所创建分区的大小，接着单击“下一步”按钮，如图 14-4 所示。

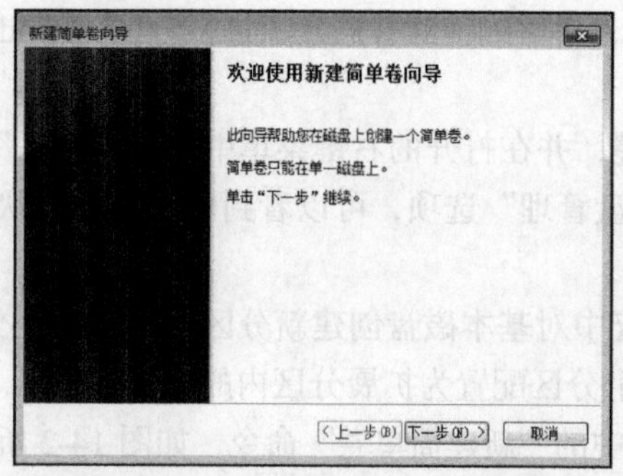

图 14-3 “新建简单卷向导”对话框

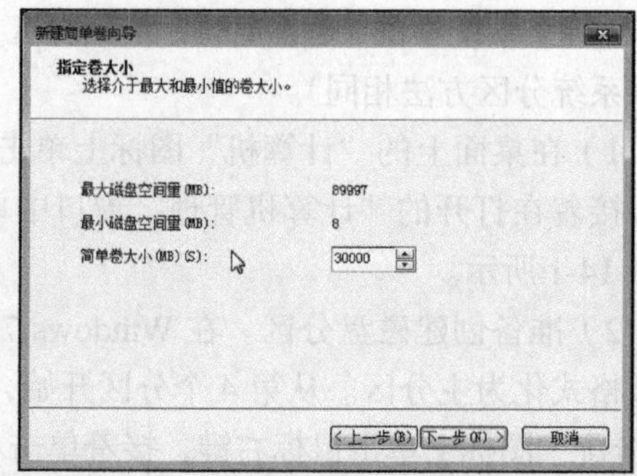

图 14-4 “新建简单卷向导 – 指定卷大小”对话框

5）在“新建简单卷向导 – 分配驱动器号和路径”对话框中单击“下一步”按钮。如果想指定驱动号，单击选项右边（图中的 E）的下拉按钮，如图 14-5 所示。

6）在“新建简单卷向导 - 格式化分区”对话框中保持默认设置，单击“下一步”按钮，如图 14-6 所示。

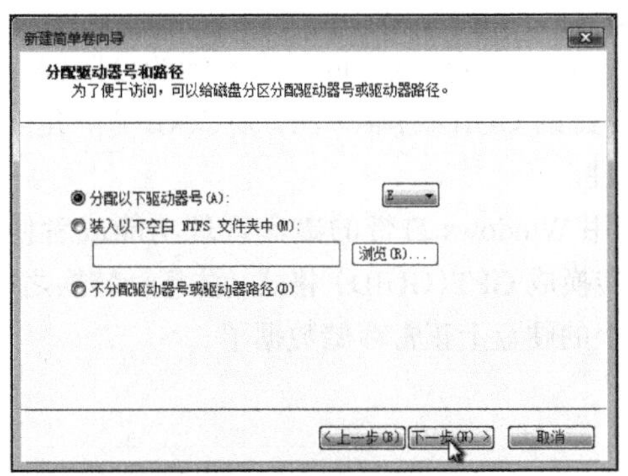

图 14-5　“新建简单卷向导 – 分配驱动器号和路径”对话框

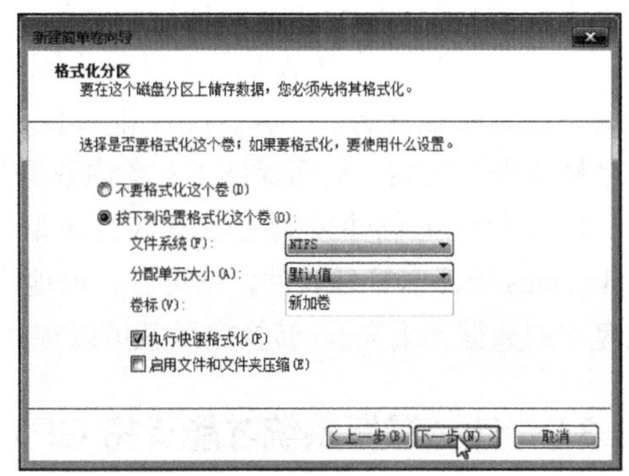

图 14-6　“新建简单卷向导 – 格式化分区”对话框

7）单击“完成”按钮，完成分区创建。这时在磁盘图示中会显示创建好的分区，如图 14-7 所示。

8）用相同的方法继续创建其他分区，直到创建完所有扩展分区容量。最后创建好的分区如图 14-8 所示。

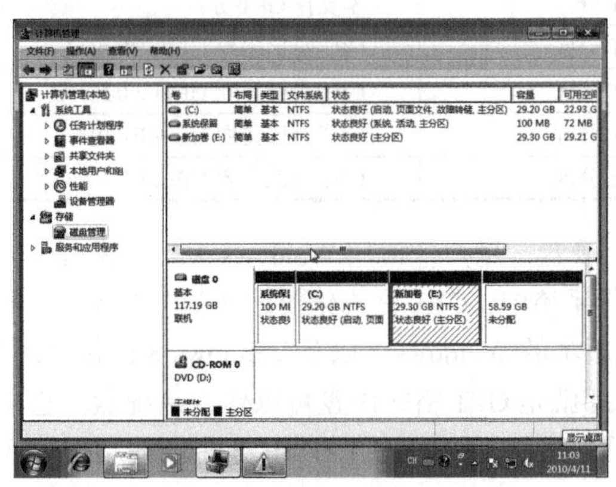

图 14-7　创建好的分区

图 14-8　创建其他分区

14.3 如何对 3TB 以上的超大硬盘进行分区

14.3.1　超大硬盘必须采用 GPT 格式

由于 MBR 分区表定义每个扇区为 512 字节，磁盘寻址 32 位地址，所能访问的磁盘容量最大是 2.19TB（232 × 512 字节），所以对于 3TB 以上的硬盘，MBR 分区就无法全部识别了。因此从 Windows 7、Windows 8 开始，为了解决硬盘限制的问题，增加了 GPT 格式。GPT 分区表采用 8 字节即 64 位来存储扇区数，因此它最大可支持 264 个扇区。同样按每扇区 512 字节容量计算，每个分区的最大容量可达 9.4ZB（即 94 亿 TB）。

GPT 分区全名为 Globally Unique Identifier Partition Table Format，即全局唯一标示磁盘分区表格式。GPT 还有另一个名字叫作 GUID 分区表格式，我们在许多磁盘管理软件中能看到这个名字。而 GPT 也是 UEFI 所使用的磁盘分区格式。

GPT 分区的一大优势就是可针对不同的数据建立不同的分区，同时为不同的分区创建不同的权限。就如其名字一样，GPT 能够保证磁盘分区的 GUID 的唯一性，所以 GPT 不允许将整个硬盘进行复制，从而保证了磁盘内数据的安全性。

GPT 分区的创建或者更改其实并不麻烦，使用 Windows 自带的磁盘管理功能或者使用 Diskgenius 等磁盘管理软件，就可以轻松地将硬盘转换成 GPT(GUID）格式（注意，转换之后，硬盘中的数据会丢失）。转换之后就可以在 3TB 以上的硬盘上正常存储数据了。

14.3.2 什么操作系统才能支持 GPT 格式

那么 GPT 格式的 3TB 以上数据盘能不能用作系统盘？当然可以，但需要借助一种先进的 UEFI BIOS 和更高级的操作系统。各种系统对 GDT 格式的支持情况如表 14-1 所示。

表 14-1 各种操作系统对 GPT 格式的支持情况

操作系统	数据盘是否支持 GPT	系统盘是否支持 GPT
Windows 7 32 位	支持 GPT 分区	不支持 GPT 分区
Windows 7 64 位	支持 GPT 分区	GPT 分区需要 UEFI BIOS
Windows 8 32 位	支持 GPT 分区	不支持 GPT 分区
Windows 8 64 位	支持 GPT 分区	GPT 分区需要 UEFI BIOS
Windows 10 32 位	支持 GPT 分区	GPT 分区需要 UEFI 2.0 BIOS
Windows 10 64 位	支持 GPT 分区	GPT 分区需要 UEFI BIOS
Linux	支持 GPT 分区	GPT 分区需要 UEFI BIOS

如表 4-1 所示，如果想识别完整的 3TB 以上硬盘，用户应使用 Windows 7/8/10 等高级的操作系统。在早期的 32 位版本的 Windows 7 操作系统中，GPT 格式化硬盘可以作为从盘，划分多个分区，但是无法作为系统盘。到了 64 位版本的 Windows 7 以及 Windows 8 操作系统，赋予了 GPT 格式 3TB 以上容量硬盘全新功能，那就是 GPT 格式硬盘可以作为系统盘。它不需要进入操作系统通过特殊软件工具去解决；而是通过主板的 UEFI BIOS 在硬件层面彻底解决。

14.3.3 怎样才能创建 GPT 分区

Diskgenius 是一款集磁盘分区管理与数据恢复功能于一身的工具软件。它不仅具备与分区管理有关的几乎全部功能，支持 GUID 分区表，支持各种硬盘、存储卡、虚拟硬盘、RAID 分区，还提供了独特的快速分区、整数分区等功能，是常用的一款磁盘工具。而且用它来转换硬盘格式也非常简单。

首先运行 Diskgenius 程序，然后选中要转换格式的硬盘，之后单击“硬盘”菜单中的“转换分区表类型为 GUID 格式”命令。之后在弹出的对话框中单击“确定”按钮，即可将硬盘格式转换为 GPT 格式，如图 14-9 和 14-10 所示。

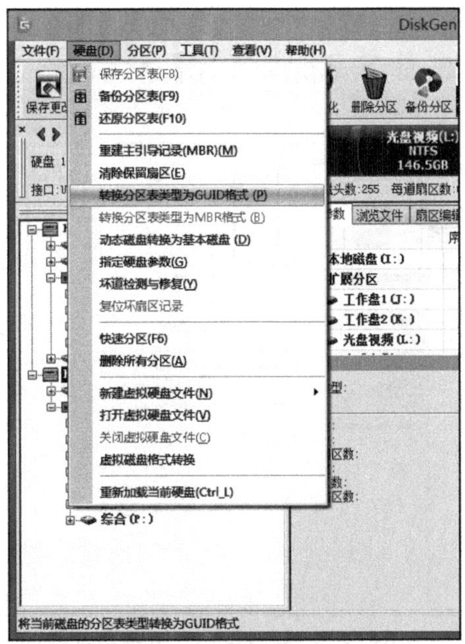

图 14-9 转换硬盘格式为 GPT

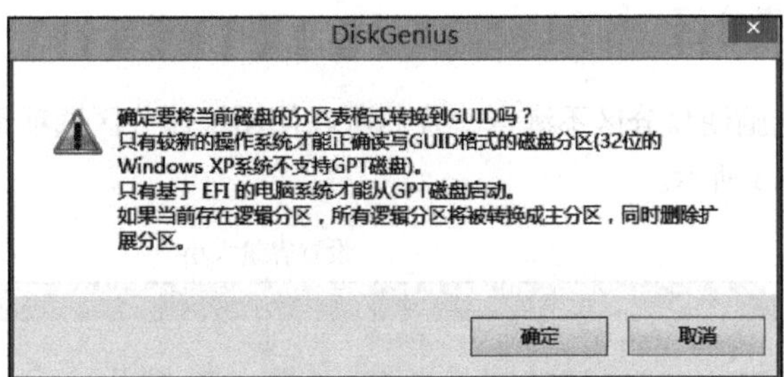

图 14-10 “确定”对话框

14.4 3TB 以上超大硬盘分区实战

硬盘分区是安装系统的第 1 步，调整好硬盘分区的大小，对日后的使用是一个良好的开始。这一节我们介绍一种分区软件 Diskgenius，如图 14-11 所示。

图 14-11 硬盘分区工具 Diskgenius

用启动盘启动到 Win PE 系统或光盘引导页面，选择 DiskGenius 分区工具，如图 14-12 所示。

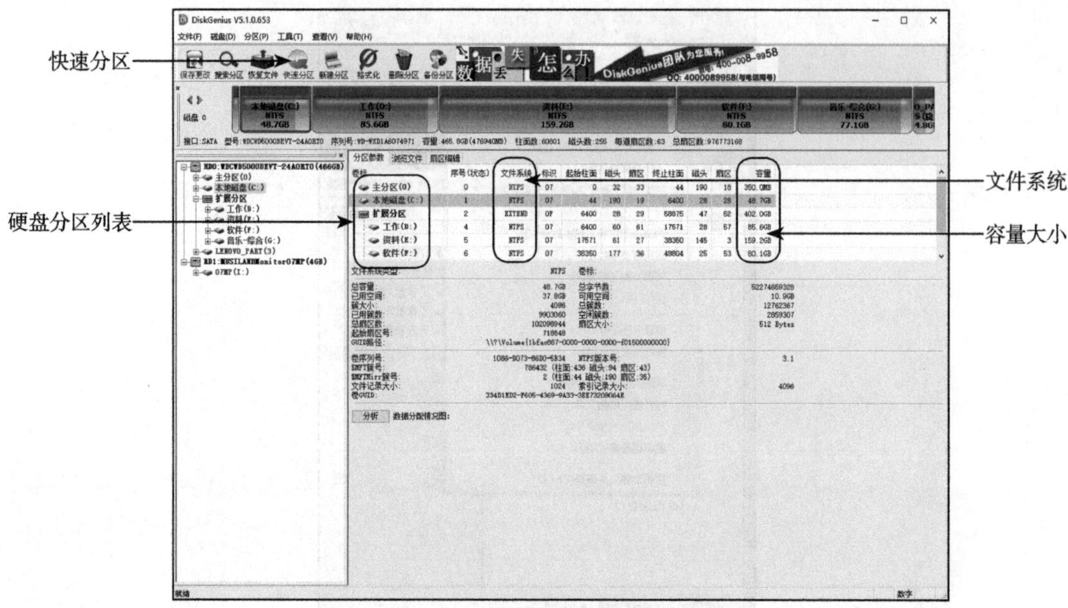

图 14-12 DiskGenius 分区工具

14.4.1 如何超快速分区

如果对新组装的电脑硬盘分区不满意，我们可以使用快速分区选项重新超快分区。单击快速分区按钮。如图 14-13 所示。

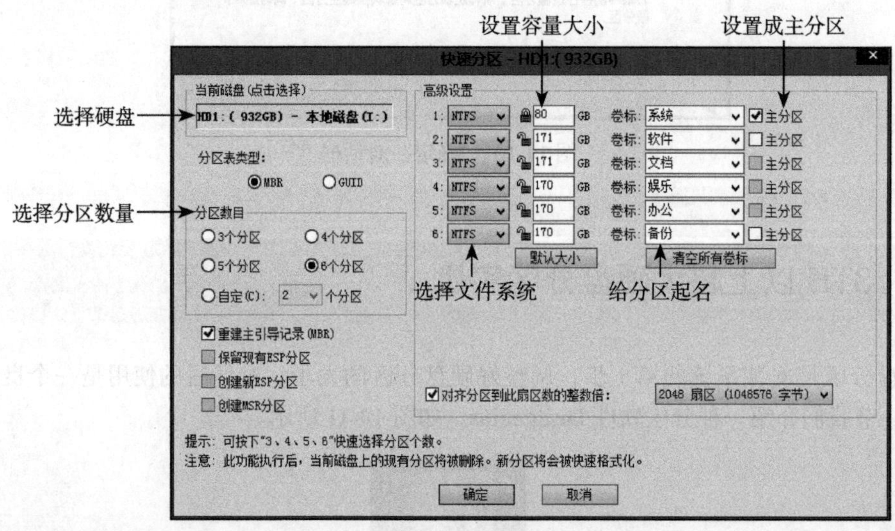

图 14-13 快速分区选项

首先选择要分区的硬盘（若电脑只有一个硬盘，就不用选择）。“分区数目”是选择要将硬盘分成几个区，这里可以选择 3、4、5、6 个或者自定义分区个数。选定分区数目后，右边“高级设置”中，会显示分区的选项。这里可以选择文件系统、容量大小和卷标名称。并可确定哪个区为主分区，主分区是作为启动硬盘和启动文件存放的分区（一般是 C 作为主分区）。无论电脑中有几个硬盘，都至少有一个主分区。其他分区将被作为扩展分区使用。一切都设置完毕，单击下面的“确定”按钮就开始进行快速分区了。

快速分区简单方便，但缺点是分区后、硬盘中所有资料将全部清空。若要保留原有分区和资料就要使用删除分区和新建分区。

14.4.2 为硬盘创建分区

将需要保留的资料全部复制到不删除的分区。比如将 C 盘保留，删除 D、E 盘，就要先将 D、E 盘中的数据资料复制到 C 盘中。

在分区参数列表中选中 D，再单击“删除分区”按钮即可，E 盘也这样操作。删除分区之后，在分区柱形图上就可以看到有空闲的硬盘空间，如图 14-14 所示。

图 14-14 硬盘分区柱形图

单击“新建分区”按钮，选择分区类型、文件体统类型和大小。然后单击“确定”按钮，按照提示完成操作，即可将硬盘空闲部分分成想要的分区，如图 14-15 所示。

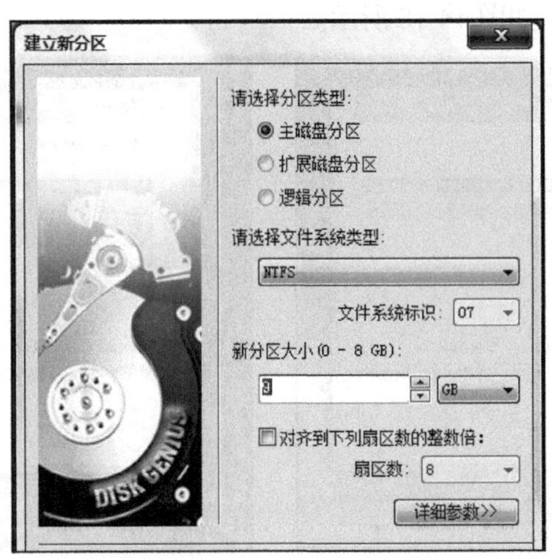

图 14-15 新建分区选项

14.5 使用 Windows 7/8/10 安装程序对超大硬盘分区

Windows 8/10 安装程序的分区界面和方法与 Windows 7 相同。这里以 Windows 7 安装程序分区为例讲解，方法如下（此操作方法也适合小容量的硬盘）。

1）用 Windows 7 安装光盘启动电脑，并进入安装程序。单击“开始安装”按钮，并在安装界面中单击“驱动器选项（高级)”按钮，如图 14-16 所示。

2）单击“新建”按钮新建分区，并在页面中的“大小”文本框中输入分区的大小，然后单击“应用”按钮，如图 14-17 所示。

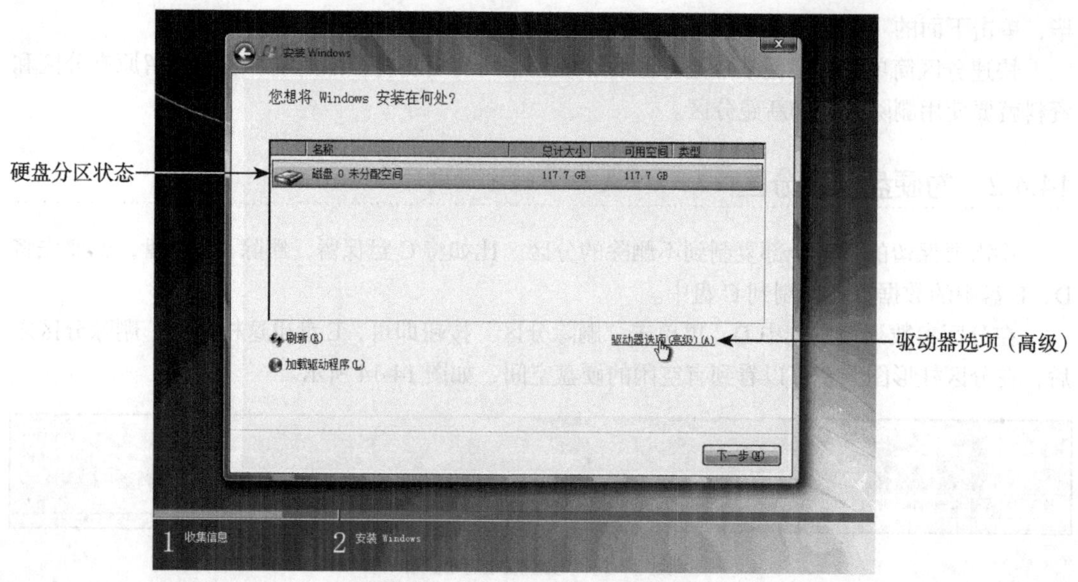

图 14-16 Windows 7 安装界面

3）创建好一个分区后，接着再在“大小”文本框中输入第 2 个分区的大小，然后单击“应用”按钮创建第 2 个分区。如图 14-18 所示。

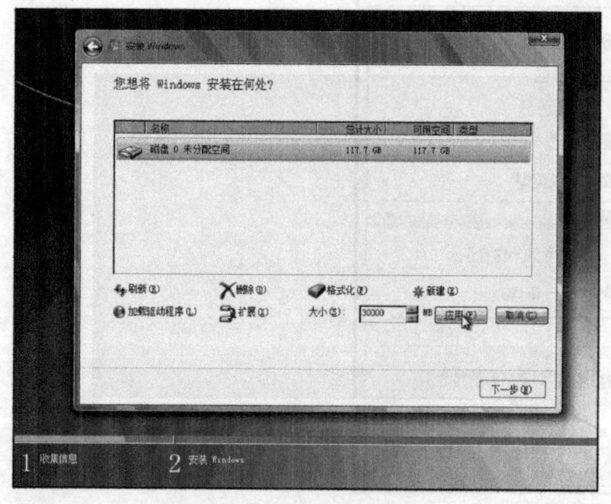

图 14-17 设置分区大小

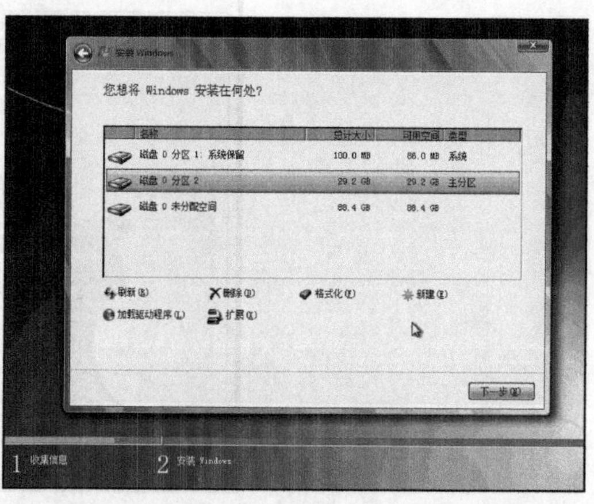

图 14-18 创建第 2 个分区

提示

如果安装 Windows 7 系统时，没有对硬盘分区（硬盘原先也没有分区），Windows 7 安装程序将自动把硬盘分为一个分区，分区格式为 NTFS。

第 15 章

Windows 10 系统安装方法

操作系统是管理电脑硬件与软件资源的电脑程序，同时也为用户与电脑交互提供一个操作界面。通过操作系统，用户可以使用电脑来处理工作、玩游戏等。如果操作系统损坏，电脑将无法正常使用。本章将重点讲解操作系统的安装方法。

15.1 让电脑开机速度“快如闪电”

你见过最快开机只要 5 秒的电脑吗？你想把你的电脑开机速度也变成这样吗？下面的内容将教你如何安装开机速度快如闪电的电脑系统。

15.1.1 让电脑开机速度“快如闪电”的方法

让电脑开机速度快如闪电的方法，简单说就是“ UEFI+GPT”，即硬盘使用 GPT 格式（硬盘需要提前由 MBR 格式转化为 GPT 格式），并在 UEFI 模式下安装 Windows 10 或 64 位的 Windows 7 系统，这样就可以实现 5 秒开机的梦想。

要在 UEFI 平台上安装 Windows 10 到底需要什么东西呢？首先和大家一起整理一下：

❑ 一张 Windows 10 光盘或镜像文件。

❑ 一台支持 UEFI BIOS 的主机。

15.1.2 快速开机系统的安装流程

其实 UEFI 引导安装 Windows 10 与我们的传统安装没有什么太大的区别，仍然通过安装向导来一步一步安装操作系统。唯一与传统安装操作系统方式不同的是，UEFI 在磁盘分区的时候会有所变化。除了主分区，我们还可以看到恢复分区、系统分区以及 MSR 分区。系统安装完成后，这 3 个分区是会被隐藏起来的。

下面先来了解一下 UEFI 引导安装 Windows 10 的流程。

1）将硬盘的格式由 MBR 格式转换为 GPT 格式（可以使用 Windows 10 系统中的“磁盘管理”进行转换，或使用软件（如 DiskGenius 等）进行转换。

2）在支持 UEFI BIOS 的设置程序中，选择 UEFI 的“启动”选项，将第一启动选项选择为“UEFI：DVD”(若使用 U 盘启动则设置为“UEFI：Flash disk”)。

3）用 Windows 10 系统安装光盘或镜像文件启动系统进行安装。

15.2 系统安装前需要做什么准备工作

操作系统分为单机操作系统和多机操作系统（即服务器操作系统），单机操作系统主要有 Windows 7/8/10、Linux 专业版、MAC 操作系统等，主要应用于个人用户；服务器操作系统主要有 Windows NT、Windows Server 2008、Linux 服务器版、UNIX 系统等，主要应用于网络服务器，以管理多台电脑。

15.2.1 安装前的准备工作

安装操作系统是今后维修电脑时经常需要做的工作，在安装前要做好充分的准备工作，不然有可能无法正常安装。下面具体讲解一下需要做哪些准备工作。

1. 备份重要资料

当我们用一块新买的、第一次使用的硬盘安装系统时，不用考虑备份工作，因为硬盘中是空的，没有任何东西。但是如果是用已经使用过的硬盘安装系统，就必须考虑备份硬盘中的重要数据，否则将酿成大错。因为在安装系统时通常要将安装系统的分区进行格式化，格式化后盘中的所有数据将丢失。

备份实际上就是将硬盘中重要的数据转移到安全的地方，即用复制的方法进行备份。

我们将硬盘中要格式化的分区中的重要数据复制到不需要格式化的分区中（如 D 盘、E 盘等），或复制到软盘、U 盘、移动硬盘中，也可以刻录到一张光盘上，复制到连网的服务器或客户机上，等等。不需格式化的分区不用备份。

什么是重要数据？就是我们平时输入的文章等自己做的文件，或需安装的软件安装程序、歌曲、电影、FLASH 动画、下载的网页等。备份时我们需要查看桌面上自己建的文件和文件夹（如系统能启动到桌面的话）、“我的文档”文件夹、“我的公文包”文件夹，还有要格式化的盘中自己建立的文件和文件夹、其他资料等。已经安装的应用软件不用备份，原来的操作系统也不用备份。

各种情况下的备份方法如下：

1）系统能启动到正常模式或安全模式下的桌面上，将 C 盘中的“桌面”“我的文档”及 C 盘中的文件复制到 D 盘、E 盘或 U 盘中即可。

2）系统无法启动时，用启动盘启动到 Win PE 模式下，将“我的电脑”中 C 盘中的文件（即 C 盘“用户”文件夹下“桌面”“我的文档”等文件夹中的文件）复制到 D 盘、E 盘或 U 盘中即可，如图 15-1 所示。

2. 查看电脑各硬件的型号

如需安装系统的电脑是正在使用的电脑，需提前查看一下它的各硬件的型号，以便在装完系统后，安装设备的驱动程序时，可以和硬件的型号对上号。如不提前查看，等系统装完后，找不见原先设备配套的驱动盘，上网下载又要知道设备的型号对号下载，再查找设备型号比较麻烦（如遇见这种情况，则需打开机箱查看设备硬件芯片上的标识）。

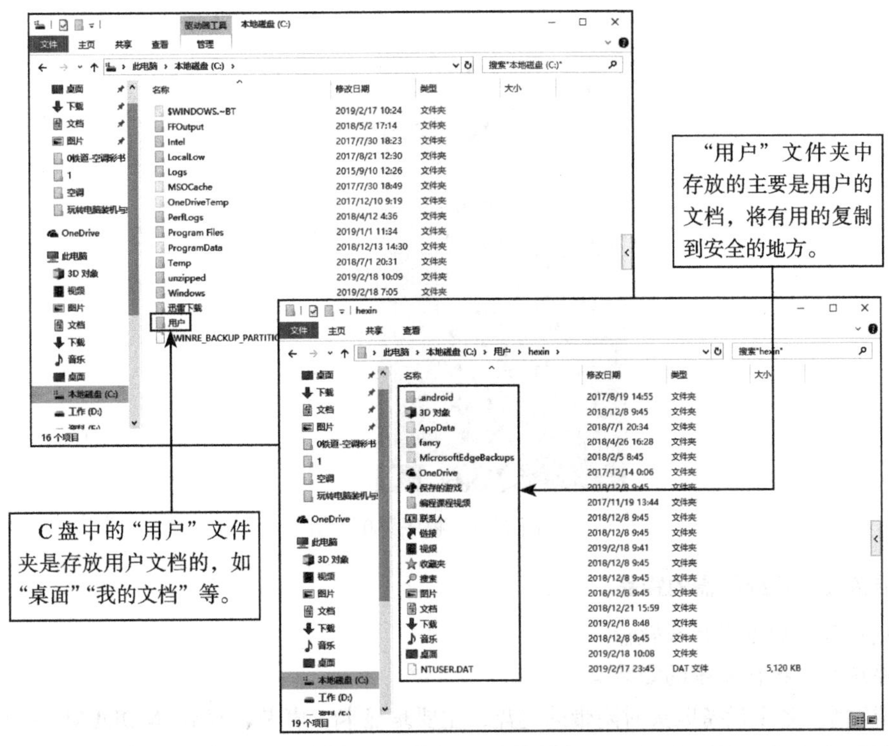

"用户"文件夹中存放的主要是用户的文档，将有用的复制到安全的地方。
C 盘中的"用户"文件夹是存放用户文档的，如"桌面""我的文档"等。

图 15-1 备份有用的文件

查看方法是在 Windows 10 系统中，在桌面上的"此电脑"图标上右击鼠标，在打开的菜单中选择"属性"，然后在打开的"系统"窗口中，单击左侧的"设备管理器"选项，在打开的"设备管理器"对话框中单击各设备左边的箭头即可，如图 15-2 所示。

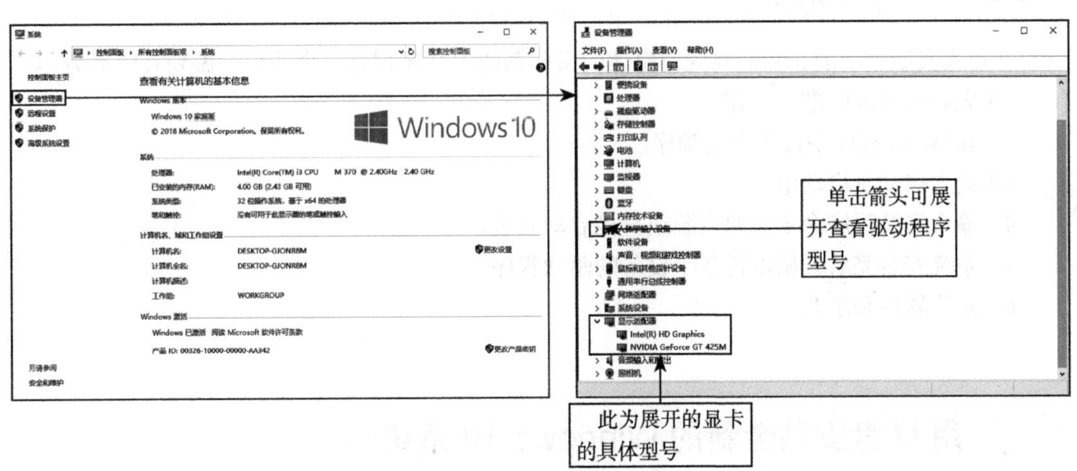

单击箭头可展开查看驱动程序型号
此为展开的显卡的具体型号

图 15-2 "设备管理器"对话框

3. 查看系统中安装的应用软件

提前查看系统以前安装的应用软件及游戏，这样可以提前准备好所需的软件、游戏。查看方法为：单击“开始”按钮，如图 15-3 所示。

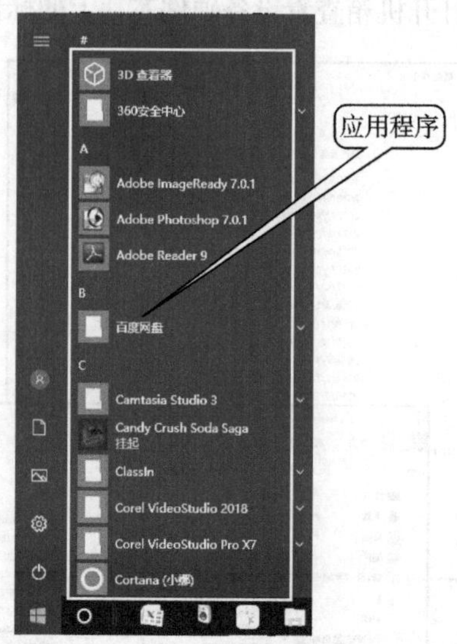

图 15-3 程序菜单

4. 准备安装系统所需的物品

- ❑ 启动盘：启动光盘或软盘。
- ❑ 系统盘：操作系统的安装盘。
- ❑ 驱动盘：各个设备购买时附带的光盘，主要是显卡、声卡、网卡、MODEM（猫）、主板。如驱动盘丢失可以从网上下载设备的驱动程序，但需知道设备的厂家和型号（可以上驱动之家网站下载，网址是 www.mydrivers.com）。
- ❑ 应用软件、游戏的安装盘。

15.2.2 系统安装流程

在正式安装系统前，我们要先对整体的操作系统安装流程有一个认识，做到心中有数。

1）做好安装前的准备工作。

2）在 BIOS 程序中设置启动顺序。

3）放入启动盘启动电脑。

4）输入安装程序命令开始安装或直接启动安装。

5）系统安装完后开始设置各个设备的驱动程序。

6）安装软件和游戏。

15.3 用 U 盘安装全新的 Windows 10 系统

随着 U 盘的普及，目前很多电脑都不再配置光驱，日常文件的保存、转移都使用 U 盘。目前操作系统厂商也提供 U 盘版操作系统，即将操作系统下载到 U 盘以便安装到电脑。下面详解其安装方法。

15.3.1　安装 Windows 10 的硬件要求

在安装 Windows 10 系统之前，我们先来了解一下 Windows 10 系统所需要的最小配置。前面我们已经讲过，Windows 10 系统分为 32 位和 64 位。如表 15-1 所示。

安装 Windows 10 系统主要有光盘安装和 U 盘安装两种方法，这两种安装方法类似。下面我们以 U 盘安装为例讲解。

表 15-1　Windows 10 系统所需要的最小配置

架构	X86（32 位）	X86-64（64 位）
CPU 主频	1GHz 或更高	
内存	1GB	2GB
显卡	支持 Direct X 9 或更高版本	
硬盘	16GB	20GB

15.3.2　从 U 盘安装 Windows 10 系统

首先，我们要从网上下载 Windows 10 系统安装程序，选择创建 USB 系统安装文件，如图 15-4 所示。

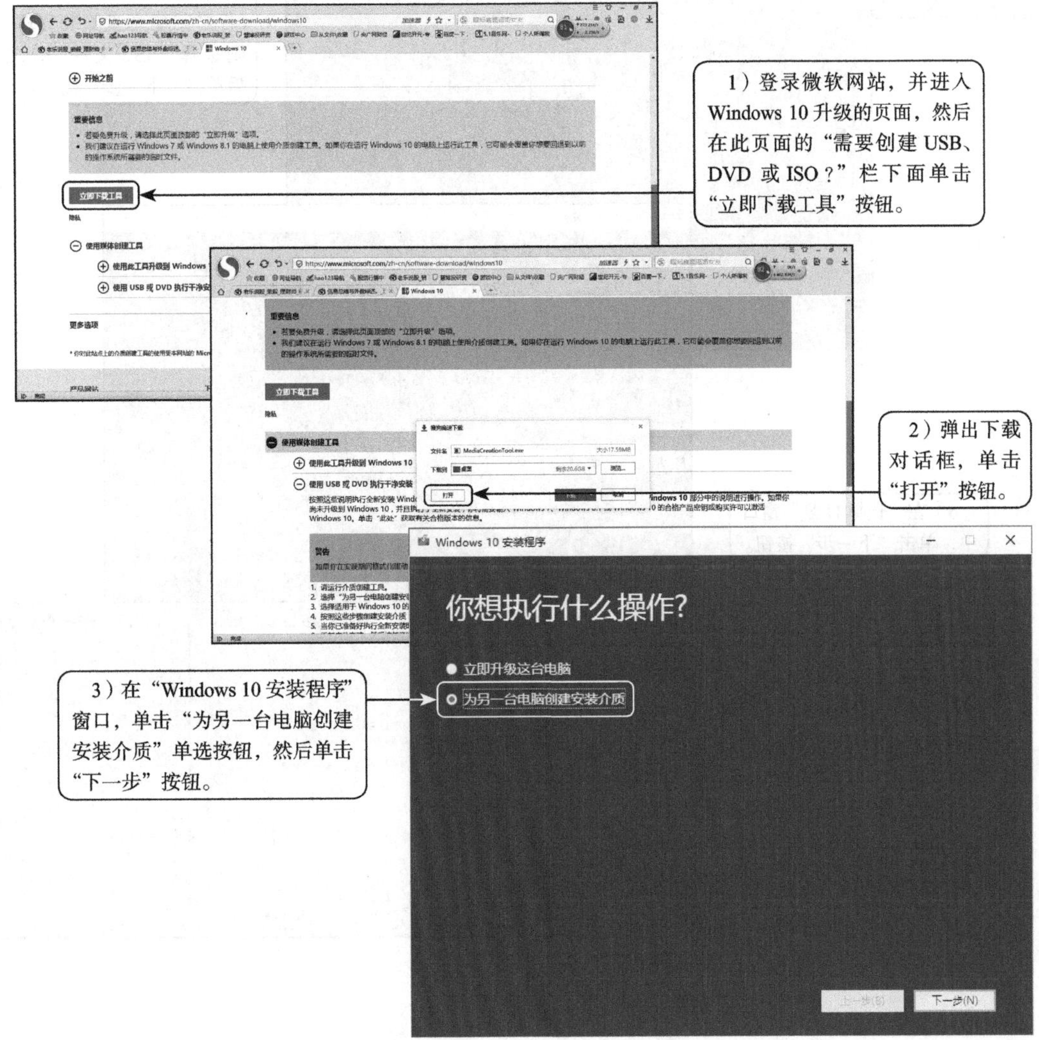

1）登录微软网站，并进入 Windows 10 升级的页面，然后在此页面的“需要创建 USB、DVD 或 ISO？”栏下面单击“立即下载工具”按钮。
2）弹出下载对话框，单击“打开”按钮。
3）在“Windows 10 安装程序”窗口，单击“为另一台电脑创建安装介质”单选按钮，然后单击“下一步”按钮。
Windows 10 安装程序
你想执行什么操作?
立即升级这台电脑
为另一台电脑创建安装介质
上一步(B)
下一步(N)

图 15-4　安装 Windows 10 系统

Windows 10 安装程序

选择语言、体系结构和版本

请从可用选项中选择一个以继续。

语言 中文(简体)

版本 Windows 10

体系结构 32 位(x86)

对这台电脑使用推荐的选项

4）进入“选择语言、体系结构和版本”窗口，在此窗口中可以选择32位系统或64位系统，之后单击“下一步”按钮。

Windows 10 安装程序

选择要使用的介质

如果要在其他分区上安装 Windows 10，则需要创建介质，然后运行它以进行安装。

U 盘

大小至少为 3 GB。

ISO 文件

稍后，你需要将 ISO 文件刻录到 DVD。

5）在“选择要使用的介质”窗口中，选择“U 盘”（若要创建光盘安装程序，则选择“ISO 文件”），之后单击“下一步”按钮。

Windows 10 安装程序

选择 U 盘

将删除 U 盘上的文件。若要保留这些文件，请立即将它们备份到其他保存位置。

刷新驱动器列表

可移动驱动器

I: (ESD-USB)

6）在“选择U盘”窗口中，单击“下一步”按钮。

Phoenix SecureCore(tm) Setup Utility

Information Configuration Security Boot Exit

Boot priority order:
1: USB KEY:
2: USB HDD:
3: USB FDC:
4: IDE 0:
5: IDE 1: WDC WD5000BEVT-24A0RT0
6: IDE CD: SlimtypeDVD A DS8A4S
7: USB CDROM:
8: PCI BEV: MBA v12.2.5 Slot 0900
Excluded from boot order:

Item Specific Help

Keys used to view or configure devices: Up and Down arrows select a device. <+> and <-> moves the device up or down. <x> exclude or include the device to boot. <Shift + 1> enables or disables a device. <1 - 4> Loads default boot sequence.

F1 Help ↑↓ Select Item -/+ Change Values F9 Setup Defaults
Esc Exit ↔ Select Menu Enter Select ▸ Sub-Menu F10 Save and Exit

7）创建好U盘系统安装程序后，重启电脑并按F2键进入BIOS设置程序，然后在“Boot”选项下，将启动顺序设置为U盘，然后按F10键保存退出。

图 15-4 （续）

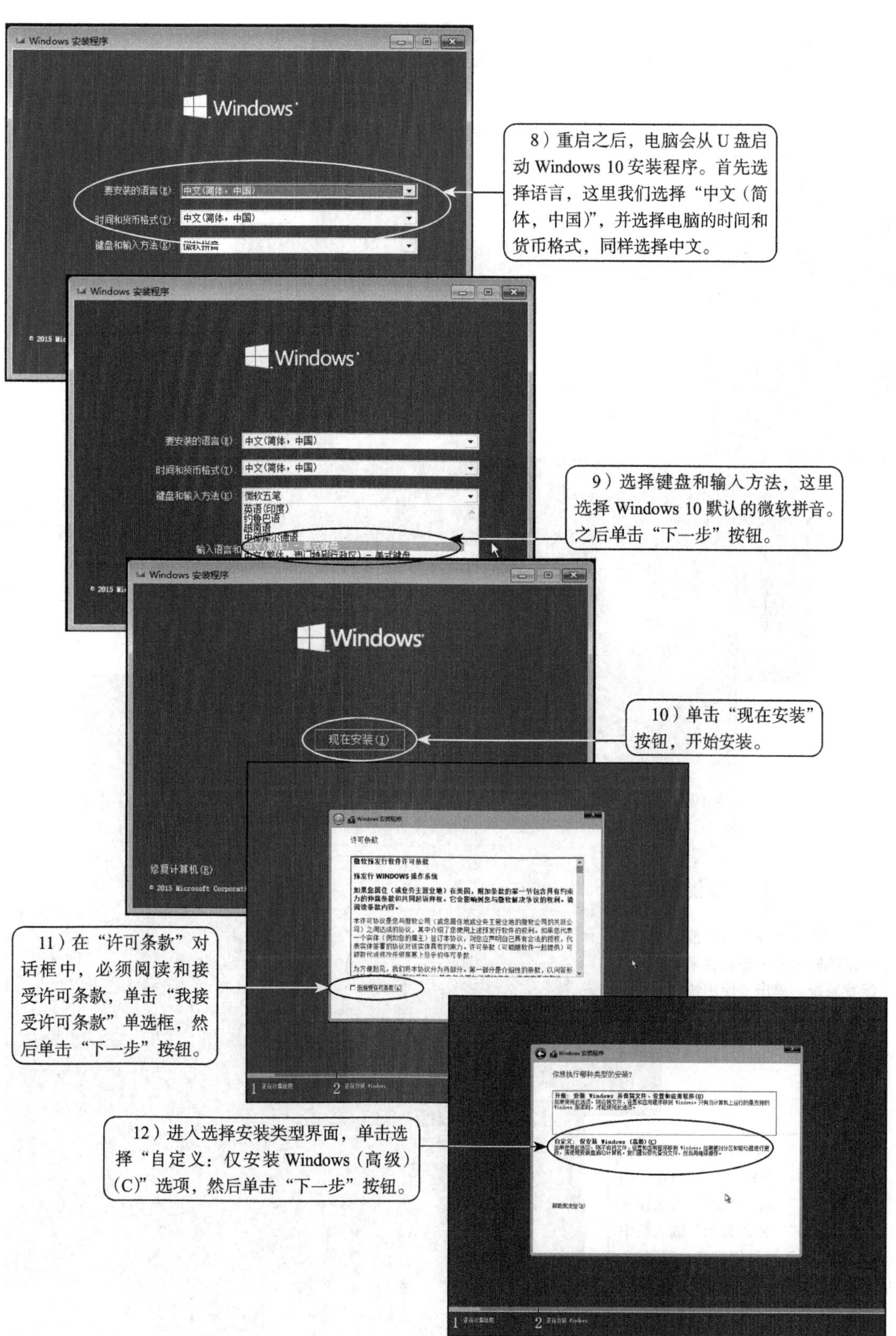
8）重启之后，电脑会从 U 盘启动 Windows 10 安装程序。首先选择语言，这里我们选择“中文（简体，中国）”，并选择电脑的时间和货币格式，同样选择中文。
9）选择键盘和输入方法，这里选择 Windows 10 默认的微软拼音。之后单击“下一步”按钮。
10）单击“现在安装”按钮，开始安装。
11）在“许可条款”对话框中，必须阅读和接受许可条款，单击“我接受许可条款”单选框，然后单击“下一步”按钮。
12）进入选择安装类型界面，单击选择“自定义：仅安装 Windows（高级）(C)”选项，然后单击“下一步”按钮。

图 15-4 （续）

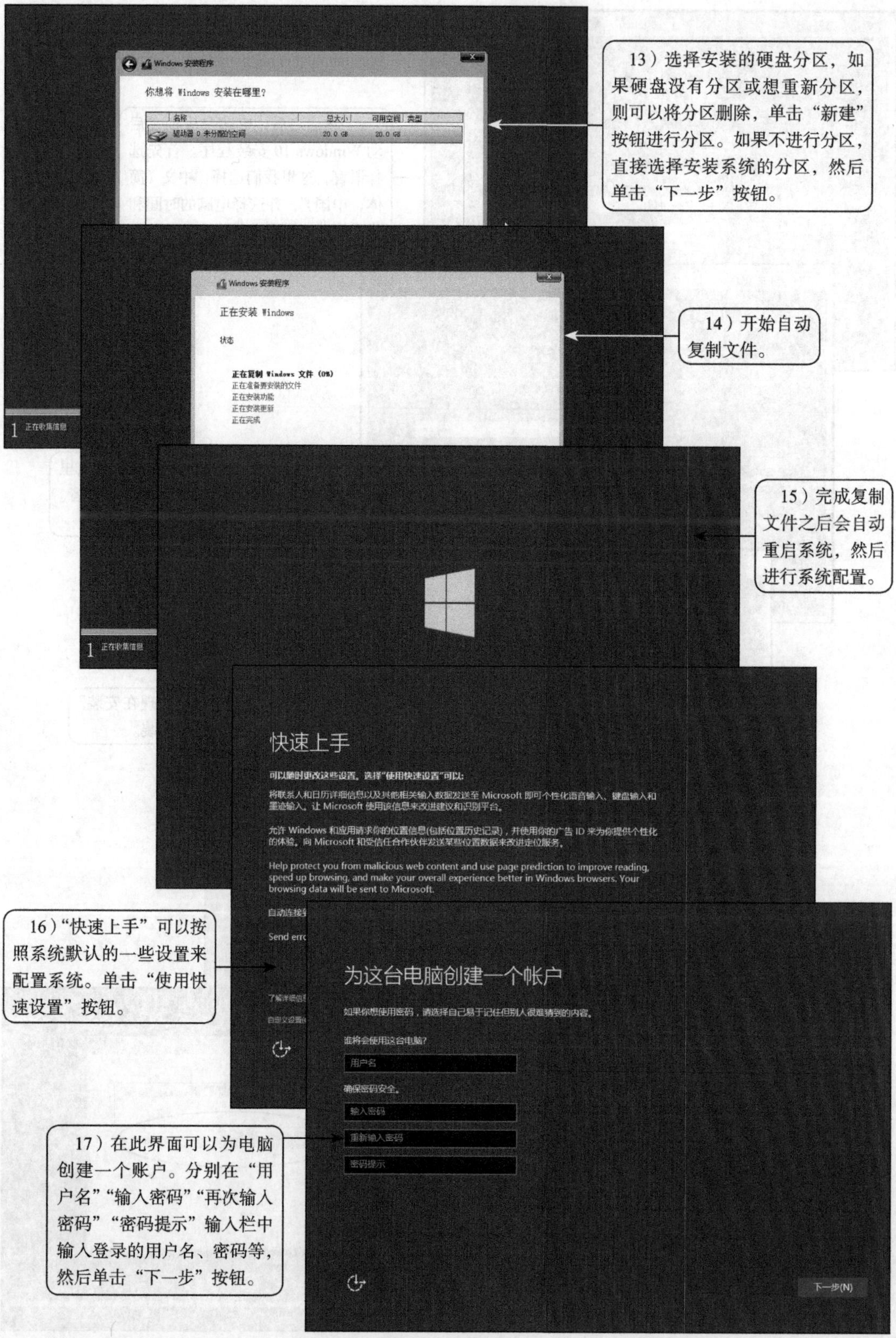

Windows 安装程序
你想将 Windows 安装在哪里?
名称 总大小 可用空间 类型
驱动器 0 未分配的空间 20.0 GB 20.0 GB
13）选择安装的硬盘分区，如果硬盘没有分区或想重新分区，则可以将分区删除，单击“新建”按钮进行分区。如果不进行分区，直接选择安装系统的分区，然后单击“下一步”按钮。
Windows 安装程序
正在安装 Windows
状态
正在复制 Windows 文件 (0%)
正在准备要安装的文件
正在安装功能
正在安装更新
正在完成
14）开始自动复制文件。
1 正在收集信息
15）完成复制文件之后会自动重启系统，然后进行系统配置。
快速上手
可以随时更改这些设置。选择“使用快速设置”可以:
将联系人和日历详细信息以及其他相关输入数据发送至 Microsoft 即可个性化语音输入、键盘输入和墨迹输入。让 Microsoft 使用该信息来改进建议和识别平台。
允许 Windows 和应用请求你的位置信息(包括位置历史记录)，并使用你的广告 ID 来为你提供个性化的体验。向 Microsoft 和受信任合作伙伴发送某些位置数据来改进定位服务。
Help protect you from malicious web content and use page prediction to improve reading, speed up browsing, and make your overall experience better in Windows browsers. Your browsing data will be sent to Microsoft.
16）“快速上手”可以按照系统默认的一些设置来配置系统。单击“使用快速设置”按钮。
为这台电脑创建一个帐户
如果你想使用密码，请选择自己易于记住但别人很难猜到的内容。
谁将会使用这台电脑?
用户名
确保密码安全。
输入密码
重新输入密码
密码提示
17）在此界面可以为电脑创建一个账户。分别在“用户名”“输入密码”“再次输入密码”“密码提示”输入栏中输入登录的用户名、密码等，然后单击“下一步”按钮。
下一步(N)

图 15-4 （续）

你好
18）之后，系统会自动开始设置。
这不需要很长的时间
19）经过设置之后，完成安装进入系统桌面。

图 15-4 （续）

15.4 安装 Windows 8 和 Windows 10 双系统

如果用户想尝试最新的 Windows 10 操作系统，又担心使用不习惯，可以考虑在一台电脑中安装两个、三个甚至多个操作系统，可以根据需要来选择安装不同的操作系统。

安装 Windows 10 和 Windows 8 系统并存的双系统时，必须先安装 Windows 8 系统，再安装 Windows 10 系统。安装流程如下：

1）安装前一定要将硬盘规划好，准备好两个分区（在此我们假设为 C 盘和 D 盘），分别安装两个操作系统。

2）将 Windows 8 操作系统安装到 C 盘（切记一定要先安装 Windows 8 系统）。

3）安装完 Windows 8 操作系统后，再用 Windows 10 安装光盘启动电脑，进入 Windows 10 安装界面。接着将 Windows 10 操作系统安装到 D 盘。安装方法与前面介绍的相同。

安装完两个操作系统后启动电脑，此时出现一个双系统引导菜单，列出两个系统的名称，用户只需按方向键选择要启动的操作系统，然后按 Enter 键即可启动相应的操作系统。

15.5 用 Ghost 安装 Windows 系统

Ghost 原本的意思是“幽灵”，但现在我们说的 Ghost 特指美国赛门铁克公司的硬盘备份还原工具。使用 Ghost 安装系统或备份还原硬盘数据非常方便。

15.5.1 Ghost 菜单说明

Ghost 虽然功能实用，使用方便，但其突出的问题是，大部分版本都是英文界面，这给英文不好的用户带来不小的麻烦。这里为用户翻译并介绍 Ghost 英文菜单和使用方法，如图 15-5 所示。

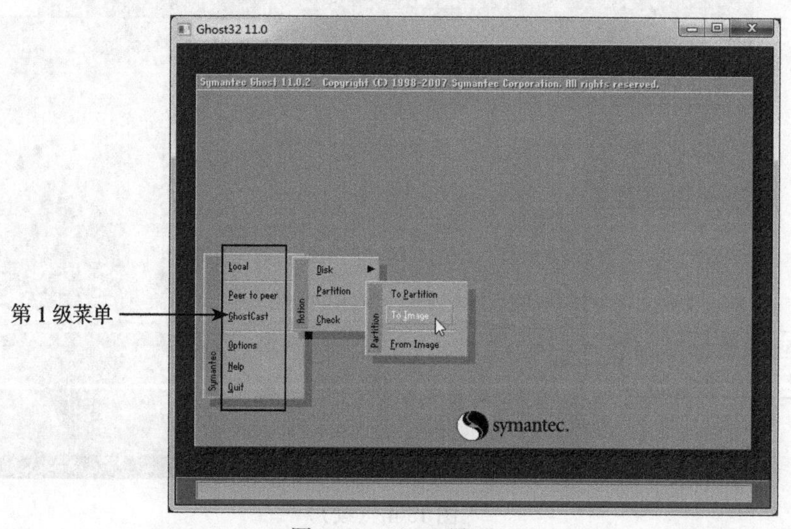

图 15-5 Ghost 界面

第 1 级菜单如下。

- Local：本地操作，对本地电脑上的硬盘进行操作。
- Peer to peer：通过点对点模式对网络电脑上的硬盘进行操作。当电脑上没有安装网络协议驱动时，这一项和下一项都是不能选的。
- Ghost Cast：通过单播 / 多播或者广播方式对网络电脑上的硬盘进行操作。这个功能可以很方便地在网吧或小型局域网电脑上安装系统。
- Option：使用 Ghost 时的一些选项，一般使用默认设置即可。
- Help：帮助。
- Quit：退出 Ghost。

第 2 级菜单：Ghost 的使用主要是本地操作，这里主要介绍 Local 的二级菜单。

- ❑ Disk：对硬盘进行备份和还原。
- ❑ Partition：对分区进行备份和还原。
- ❑ Check：检查磁盘或备份档案，因不同的分区格式（NTFS）、硬盘磁道损坏等会造成备份与还原的失败。

第 3 级菜单如图 15-6 所示。

- ❑ Disk-To Disk：将源盘备份到目标硬盘。目标盘必须要比源盘大或一样大。
- ❑ Disk-To Image：将源盘备份成镜像文件，文件名是 .GHO。目标盘必须足够大。
- ❑ Disk-From Image：从镜像文件还原到目标硬盘。目标盘必须足够大。

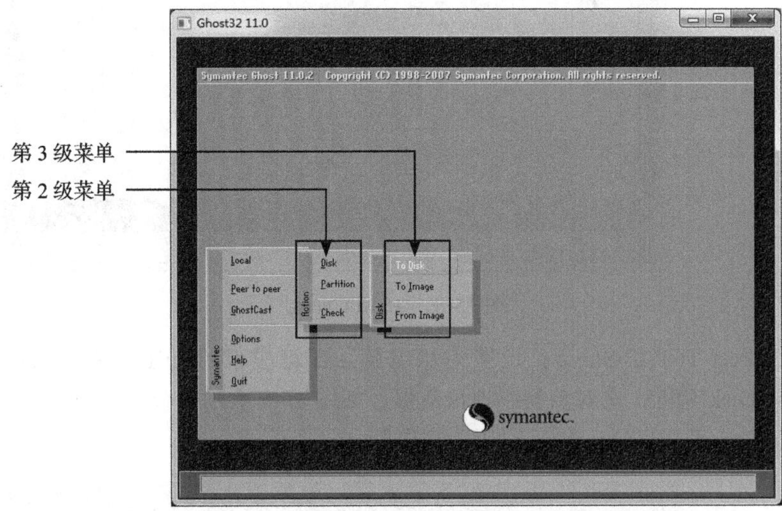

图 15-6 Ghost Disk

- ❑ Partition-To Partition：将源分区备份到目标分区，目标分区必须比源分区大或一样大。
- ❑ Partition-To Image：将源分区备份成镜像文件，文件名是 .GHO。目标分区必须足够大。
- ❑ Partition-From Image：从镜像文件还原到目标分区。目标分区必须足够大。如图 15-7 所示。

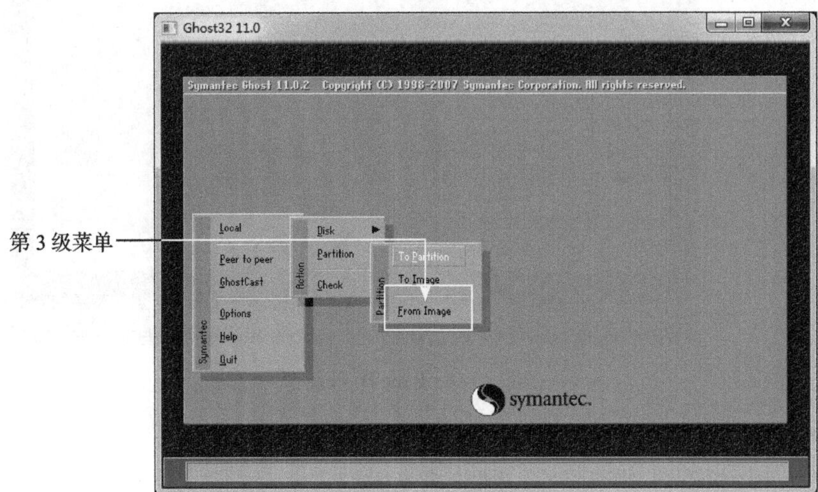

图 15-7 Ghost Partition

❑ Check-Image File：检查镜像文件。

❑ Check-Disk：检查硬盘和分区，如图 15-8 所示。

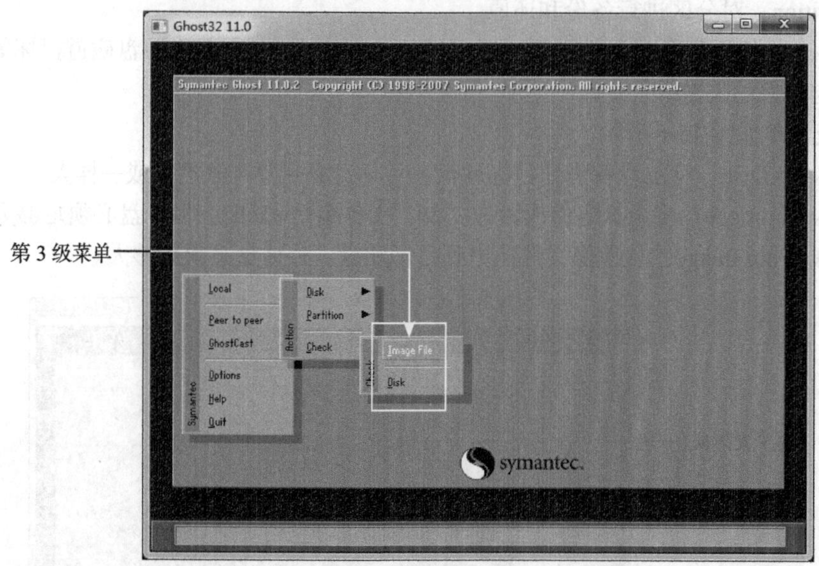

图 15-8 Ghost Check

❑ Peer To Peer-TCP/IP-Slave：设置为从电脑。在这里设置好主、从电脑后，就可以用 Disk To Disk 功能，点对点复制硬盘数据，如图 15-9 所示。

❑ Peer To Peer-TCP/IP-Master：设置为主电脑。

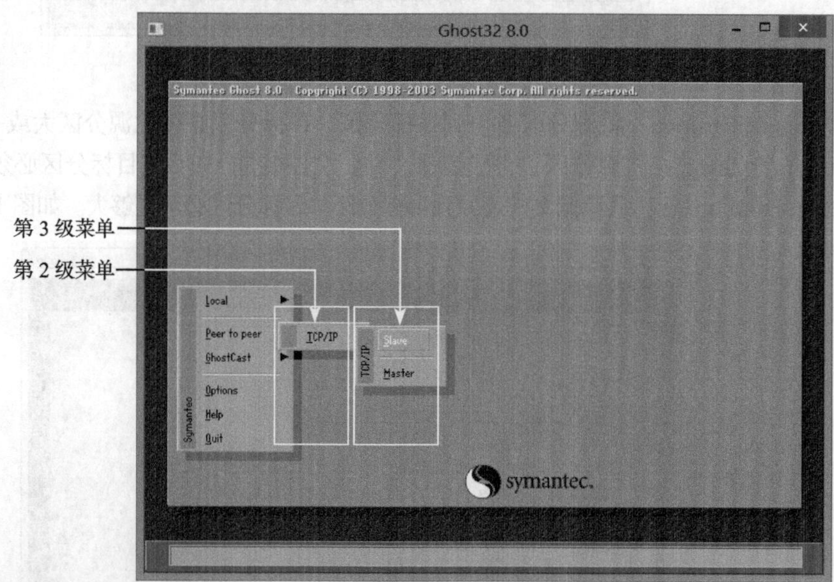

图 15-9 Peer To Peer

❑ Ghost Cast-Multicast：多点传送，如图 15-10 所示。

❑ Ghost Cast-Directed Broadcast：定向广播。

❑ Ghost Cast-Unicast：单点传送。

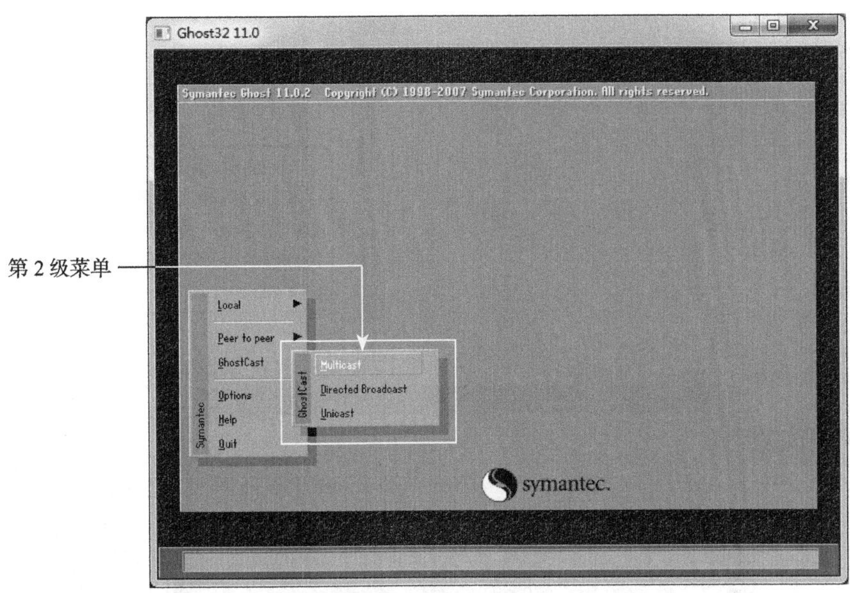

图 15-10 Ghost Cast

15.5.2 用 Ghost 备份、还原和安装系统

1. 备份分区

备份分区的方法如图 15-11 所示。

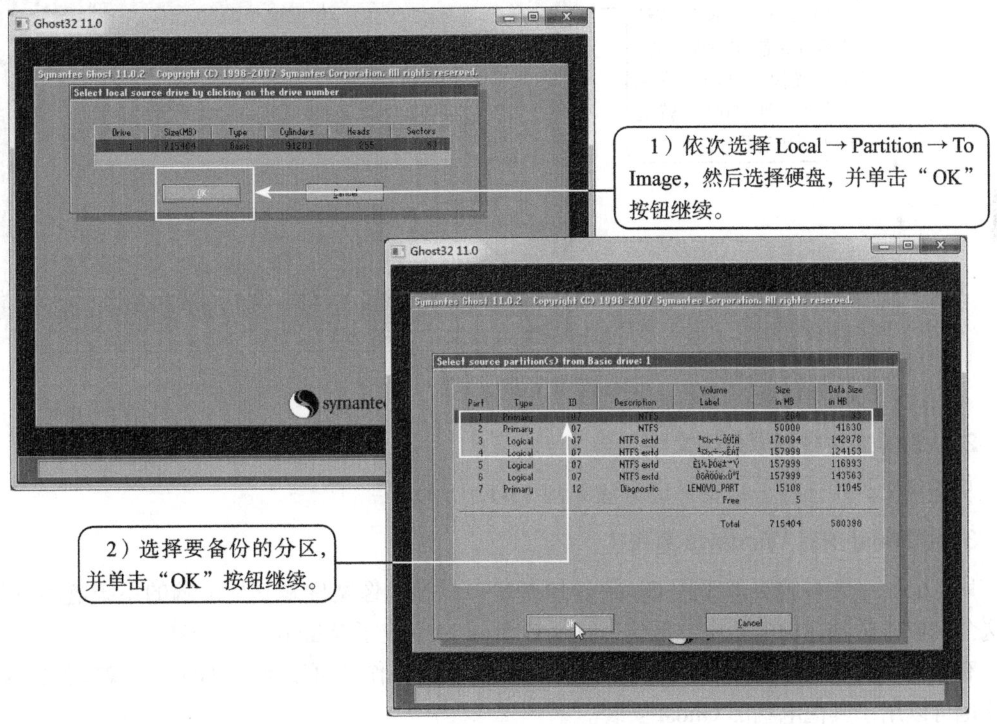

图 15-11 备份分区的方法

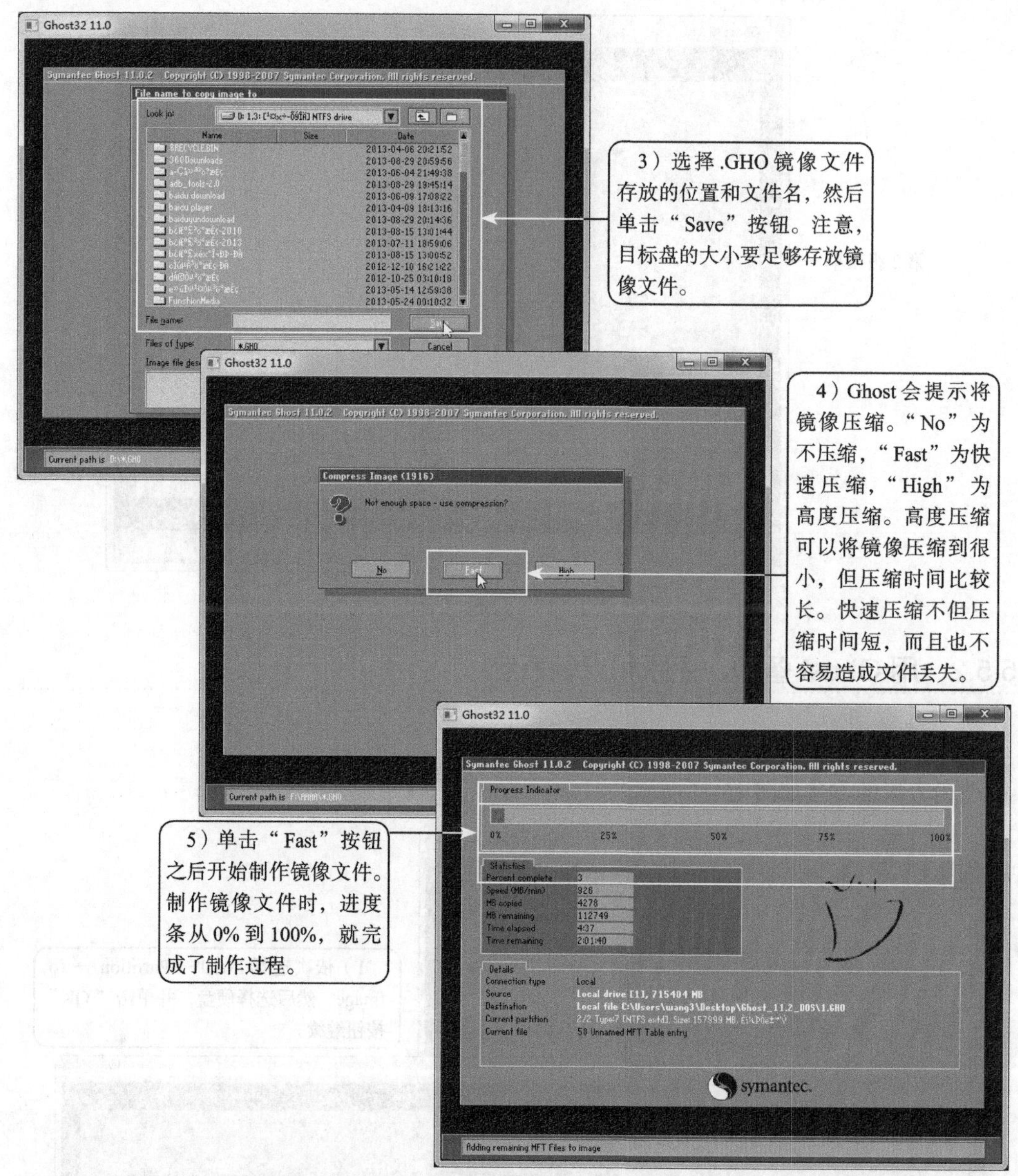

3）选择.GHO镜像文件存放的位置和文件名，然后单击“Save”按钮。注意，目标盘的大小要足够存放镜像文件。
4）Ghost会提示将镜像压缩。“No”为不压缩，“Fast”为快速压缩，“High”为高度压缩。高度压缩可以将镜像压缩到很小，但压缩时间比较长。快速压缩不但压缩时间短，而且也不容易造成文件丢失。
5）单击“Fast”按钮之后开始制作镜像文件。制作镜像文件时，进度条从0%到100%，就完成了制作过程。
Ghost32 11.0
Compress Image (1916)
Not enough space - use compression?
No
Fast
High
Progress Indicator
0%
25%
50%
75%
100%
symantec.

图 15-11 （续）

2. 从镜像文件中还原分区文件

从镜像文件中还原分区文件的方法如图 15-12 所示。

3. 用 Ghost 安装 Windows 系统

用 Ghost 安装系统类似于用 Ghost 还原备份。只是镜像文件是其他电脑的系统盘的备份，将这个镜像备份到你的电脑主分区（一般是 C 盘），就完成了 Windows 的安装。

有些系统带有“一键 Ghost”功能，只要按照提示操作就可以制作 .GHO 镜像文件，这个文件也可以用于其他电脑的 Ghost 安装。

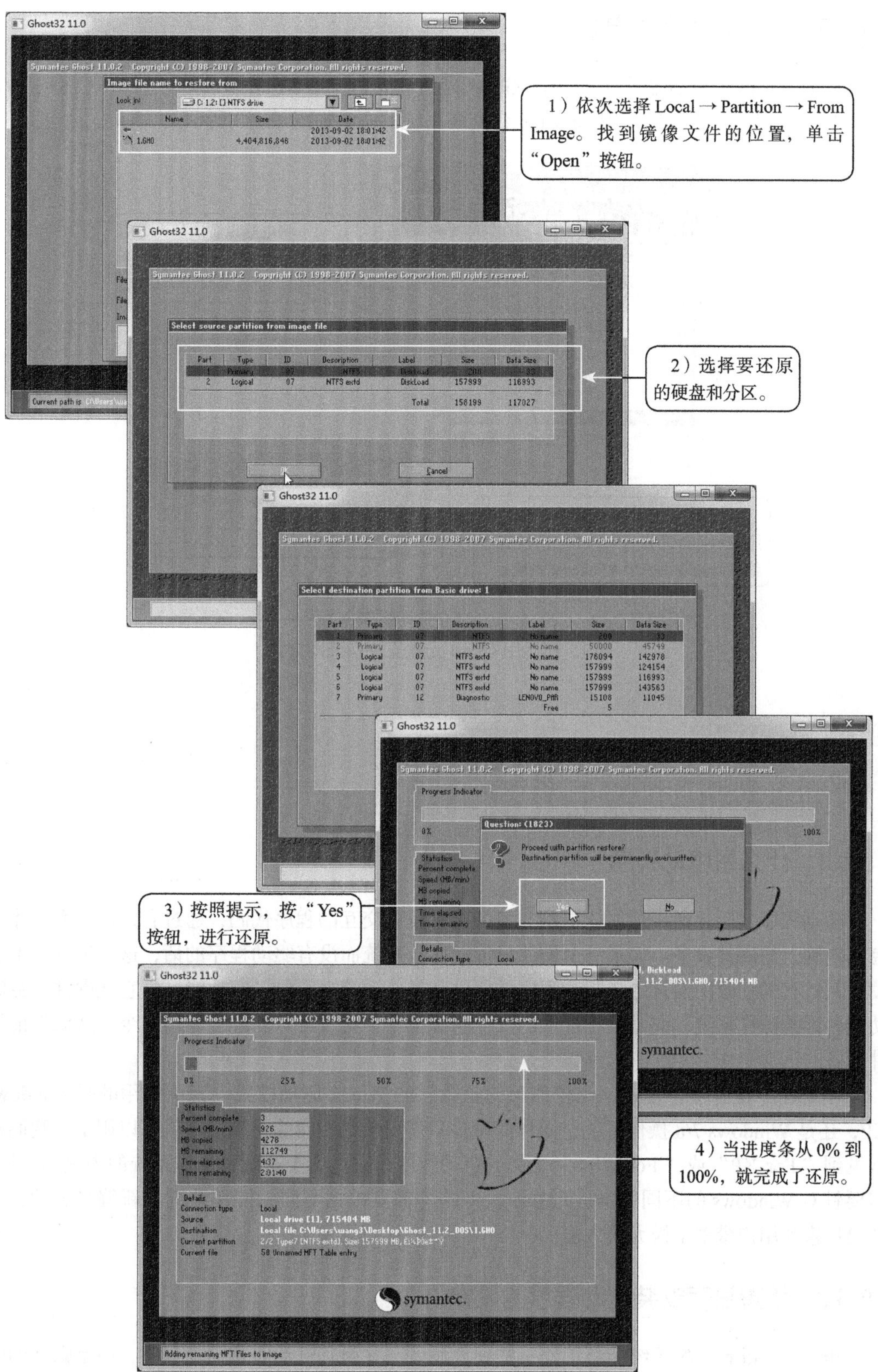

1）依次选择 Local → Partition → From Image。找到镜像文件的位置，单击“Open”按钮。
2）选择要还原的硬盘和分区。
3）按照提示，按“Yes”按钮，进行还原。
4）当进度条从 0% 到 100%，就完成了还原。

图 15-12　从镜像文件还原分区文件

15.5.3 用 Ghost 光盘安装系统

很多商家或爱好者制作了快捷的 Ghost 光盘。光盘中有 Windows 系统、DOS 工具、Win PE 系统、硬盘分区工具等。用 Ghost 光盘安装系统的方法如图 15-13 所示。

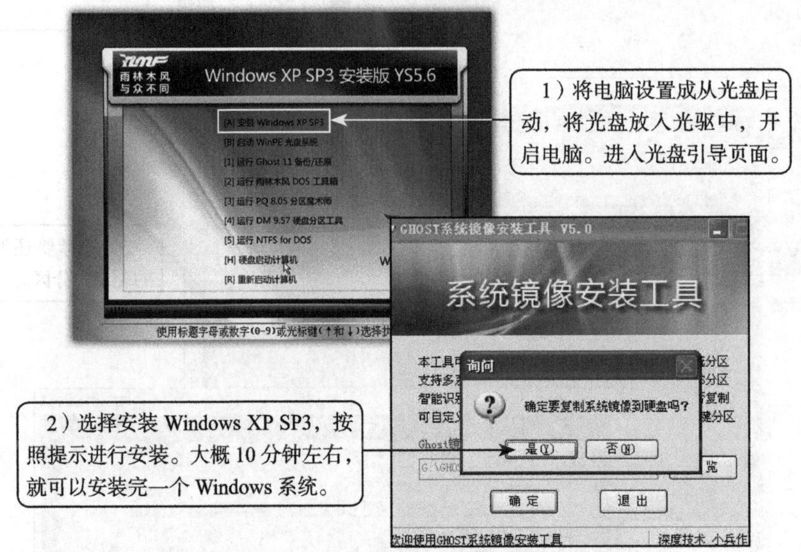

图 15-13 用 Ghost 光盘安装系统的方法

15.6 别忘了安装硬件驱动程序

15.6.1 什么是驱动程序

驱动程序实际上是一段能让电脑与各种硬件设备交互的程序代码，通过它，操作系统才能控制电脑上的硬件设备。如果一个硬件只依赖操作系统而没有驱动程序的话，这个硬件就不能发挥其特有的功效。换言之，驱动程序是硬件和操作系统之间的一座桥梁，由它把硬件本身的功能告诉给操作系统，同时也将标准的操作系统指令转化成特殊的外设专用命令，从而保证硬件设备的正常工作。

驱动程序也有多种模式，比较熟悉的是微软的 Win32 驱动模式。无论使用的是 Windows XP，还是 Windows 7/8 操作系统，同样的硬件只需安装其相应的驱动程序就可以用了。我们常常见到“For XP”或“For Win8”之类的驱动程序，这是由于这两种操作系统的内核不一样，需要针对 Windows 的不同版本进行修改。但是不需要根据不同的操作系统重新编写驱动，这就给厂家和用户带来了极大的方便。

15.6.2 检查没有安装驱动程序的硬件

虽然 Windows 7/8 系统能够识别一些硬件设备，并为其自动安装驱动程序，但是默认的驱动程序一般不能完全发挥硬件的最佳功能，这时就需要安装生产厂商提供的驱动程序。

另外，有些硬件设备 Windows 7/8 系统无法识别，那么就无法自动安装其需要的驱动程序。所以需要用户自己安装设备驱动程序。图 15-14 展示了无法识别被打上黄色感叹号的硬件设备。

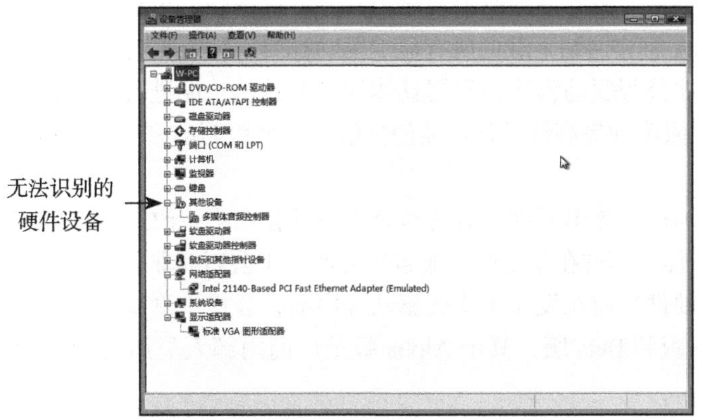

图 15-14　无法识别被打上黄色感叹号的硬件设备

15.6.3　如何获得驱动程序

获得硬件的驱动程序主要有以下几种方法。

1. 购买硬件时附带的安装光盘

购买硬件设备时，包装盒内带有一张驱动程序安装光盘。将光盘放入光驱后，会自动打开一个安装界面，引导用户安装相应的驱动程序，选择相应的选项即可安装相应的驱动程序，如图 15-15 所示。

图 15-15　驱动程序安装界面

2. 从网上下载

从网络上一般可以找到绝大部分硬件设备的驱动程序，获取资源也非常方便。通过以下几个方式即可获得驱动程序。

（1）访问硬件厂商的官方网站

当硬件的驱动程序有新版本发布时，都可以从官方网站找到。下面列举部分厂商的官方网站。

- 微星：http://www.microstar.com.cn/
- 华硕：http://www.asus. com.cn/
- NVIDIA：http://www. nvidia.cn/

（2）访问专业的驱动程序下载网站

用户可以到一些专业的驱动程序下载网站下载驱动程序，如驱动之家网站，网址为 http://www.mydrivers.com。在这些网站中，可以找到几乎所有硬件设备的驱动程序，并且提供多个版本供用户选择。

提示

下载时注意驱动程序支持的操作系统类型和硬件的型号，硬件的型号可从产品说明书中或用 Everest 等软件测试得到。

驱动程序可分为公版、非公版、加速版、测试版和 WHQL 版等几种版本，用户根据自己的需要及硬件的情况下载不同的版本进行安装即可。

1）公版：由硬件厂商开发的驱动程序，其兼容性很强，更新也快，适合使用该硬件的所有产品。在 nVIDIA 官方网站下载的所有显卡驱动都属于公版驱动。

2）非公版：非公版驱动程序会根据具体硬件产品的功能进行改进，并加入一些调节硬件属性的工具，最大限度地提高该硬件产品的性能。非公版驱动只有华硕和微星等知名大厂才具有实力开发。

3）加速版：加速版是由硬件爱好者对公版驱动程序进行改进后产生的版本，它可使硬件设备的性能达到最佳。不过在稳定性和兼容性方面低于公版和非公版驱动程序。

4）测试版：硬件厂商在发布正式版驱动程序前，会提供测试版驱动程序供用户测试。这类驱动分为 Alpha 版和 Beta 版，其中 Alpha 版是厂商内部人员用的测试版本，Beta 版是公开测试用的版本。

5）WHQL 版：WHQL（Windows Hardware Quality Lads，Windows 硬件质量实验室）主要负责测试硬件驱动程序的兼容性和稳定性，验证其是否能在 Windows 操作系统中稳定运行。该版本的特点就是通过了 WHQL 认证，能最大限度地保证操作系统和硬件的稳定运行。

15.6.4 到底应先安装哪个驱动程序

在安装驱动程序时，应该特别留意驱动程序的安装顺序。如果不按顺序安装的话，有可能会造成频繁的非法操作、部分硬件不能被 Windows 识别或者出现资源冲突，甚至会有黑屏死机等现象出现。

1）在安装驱动程序时应先安装主板的驱动程序，其中最需要安装的是主板识别和管理硬盘的 IDE 驱动程序。

2）依次安装显卡、声卡、Modem、打印机、鼠标等驱动程序，这样就能让各硬件发挥最优的效果。

15.6.5 实践：安装显卡驱动程序

由于 Windows 8 和 Windows 7 系统驱动安装方法相同，下面以 Windows 7 系统安装显卡驱动程序为例，讲解驱动程序的安装方法。

具体安装方法如下：

1）把显卡的驱动程序安装盘放入光驱，会弹出“自动播放”对话框。在此对话框中，单击“运行 autorun.exe”选项，如图 15-16 所示。

2）弹出“用户账户控制”对话框，在此对话框中单击“是”按钮，如图 15-17 所示。

3）运行光盘驱动程序，并打开驱动程序主界面，选择系统对应的驱动程序，本例中单击“Windows 7 Driver”选项，再单击“Windows 7 32-Bit Edition”选项，如图 15-18 所示。

4）选择显卡型号对应的驱动选项，本例中显卡的型号为“昂达 GeForce 9600”，因此这里选择“GeForce 8/9 Series”选项，如图 15-19 所示。

5）进入驱动程序安装向导，根据提示单击“下一步”按钮安装即可，如图 15-20 所示。

6）复制完驱动文件之后，系统开始检测注册表，然后开始复制驱动程序到系统中。复制完文件后，弹出安装完成的对话框，单击“完成”按钮，显卡驱动程序安装完毕。重启计算机后，即可看到安装好的显卡驱动。

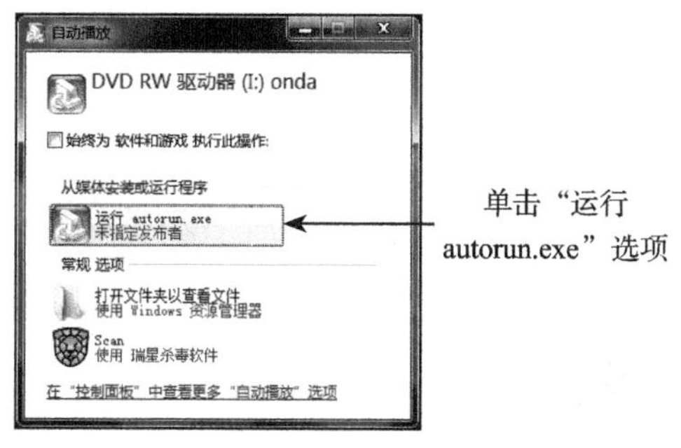

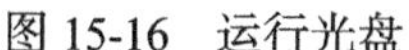

图 15-16　运行光盘

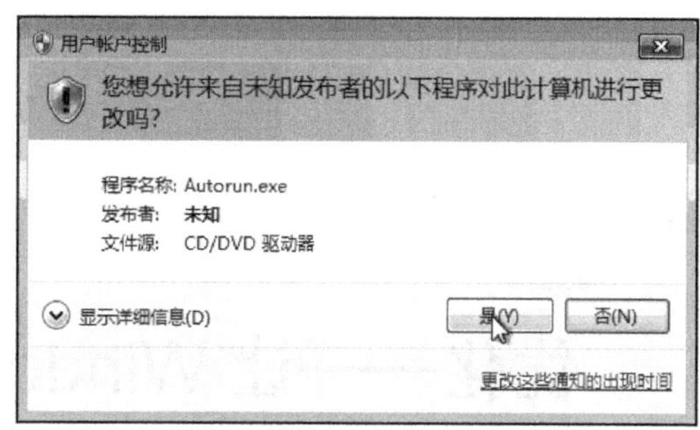

图 15-17　"用户账户控制"对话框

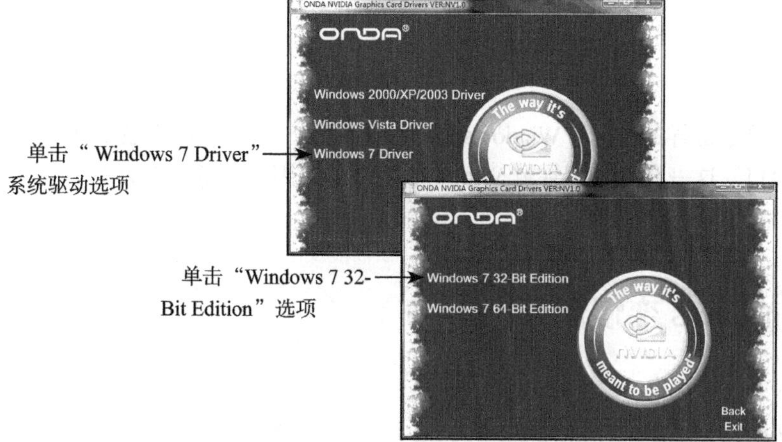

图 15-18　驱动程序主界面

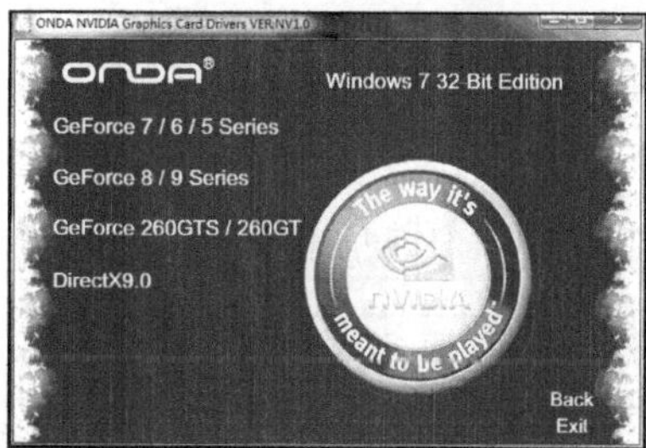

图 15-19　选择显卡的型号

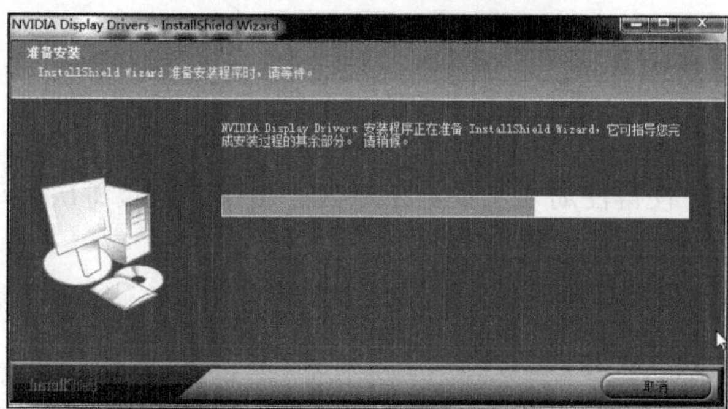

图 15-20　开始安装驱动程序

第 16 章

优化——让 Windows 焕发青春

您是否遇到过这样的情况：Windows 系统使用久了，不但运行明显变慢，还经常跳出各种错误提示的窗口。这一章就介绍导致 Windows 变慢的原因及其解决的方法。

16.1 Windows 变慢怎么办

16.1.1 Windows 变慢的原因

Windows 使用久了，会变得越来越慢。这主要有几方面的原因，如图 16-1 所示。

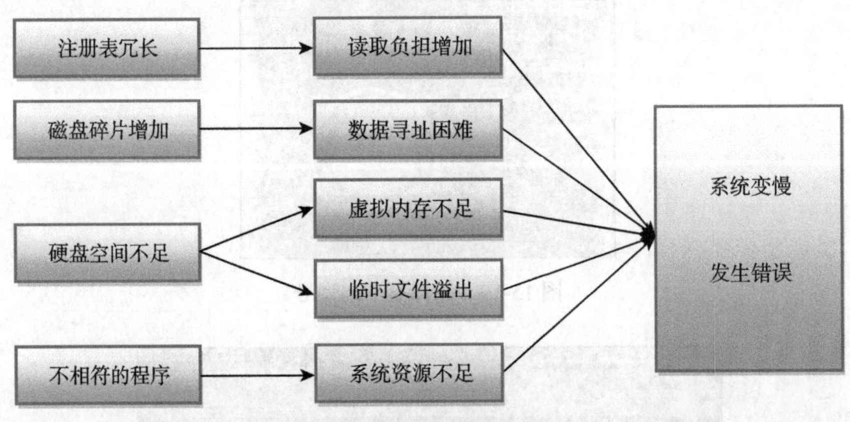

图 16-1　造成系统缓慢的原因

1）不断安装程序，使得注册表文件越来越大。而 Windows 每次启动时都会调用注册表文件。

2）程序运行时，会不断地读写磁盘，造成磁盘碎片增加。磁盘碎片会使得硬盘存取时寻址变得更加缓慢。

3）程序和数据的不断增加，使得硬盘空间逐渐变小。硬盘空间不足会导致虚拟内存不足，使得系统运行缓慢。空间不足还会造成临时文件无法存储，导致系统错误或系统缓慢。

4）有些与 Windows 不相符的程序可能不返还使用完的系统资源（主要是内存），造成内存变小，系统运行缓慢。这个问题通过重启电脑可以得到缓解，但时间一长又会变得缓慢。

16.1.2　设置 Windows 更新

使用 Windows 的时候要注意，不要移动或删除 Windows 系统文件。有些系统安装完毕时，会将 C 盘的 Windows 文件夹隐藏起来，避免误操作带来的麻烦，如图 16-2 所示。

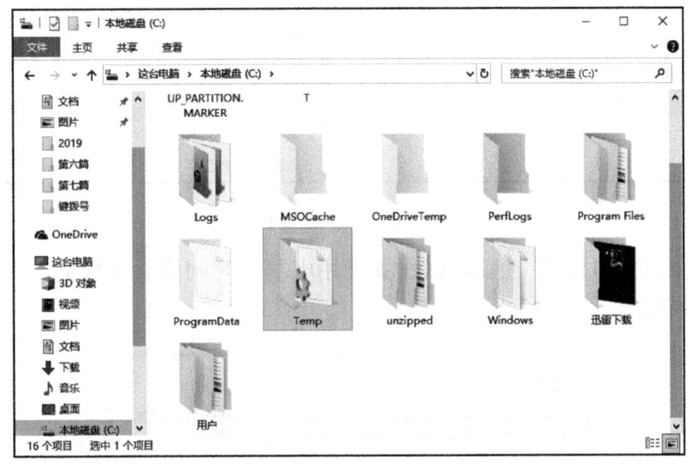

图 16-2　C 盘中的 Windows 系统文件夹

经常升级系统文件到最新版本，不但可以弥补系统的安全漏洞，还会提高 Windows 的性能。

想要升级 Windows 系统，可以使用 Windows 自带的更新功能。通过网络自动下载安装 Windows 升级文件，还可以设置定期自动更新功能。

Windows 更新选项的设置方法如下。

1）单击“开始”菜单图标，然后单击“设置”按钮。打开“ Windows 设置”窗口，如图 16-3 所示。

2）单击“更新和安全”选项，然后单击“ Windows 更新”选项，在窗口右边可以看到 Windows 更新的功能选项，如图 16-4 所示。

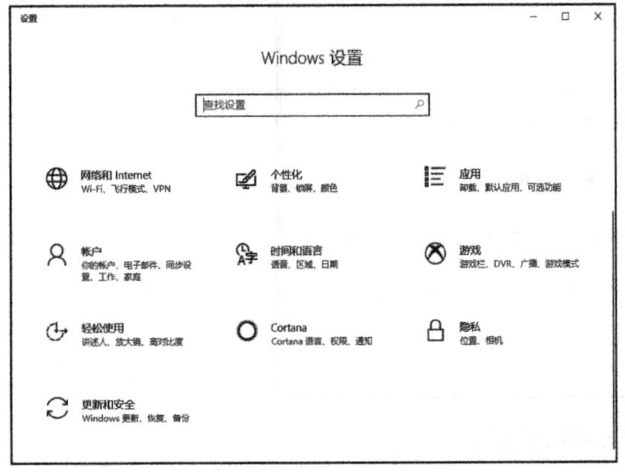

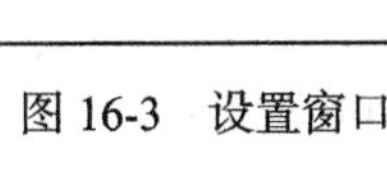
图 16-3　设置窗口

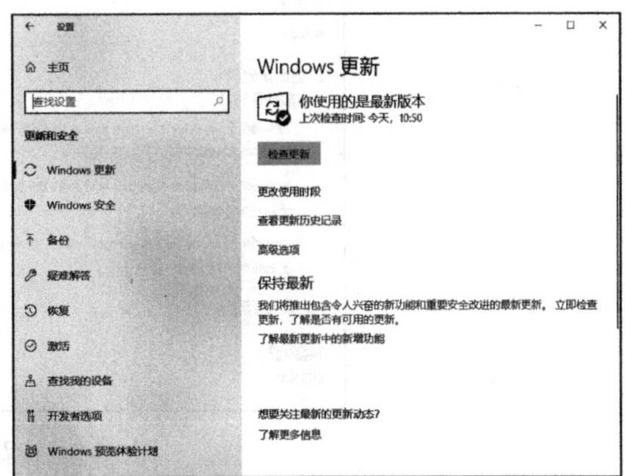

图 16-4　Windows 更新

3）如果想要立刻检查更新内容，可以单击“检查更新”按钮，检查并下载更新，如图 16-5 所示。

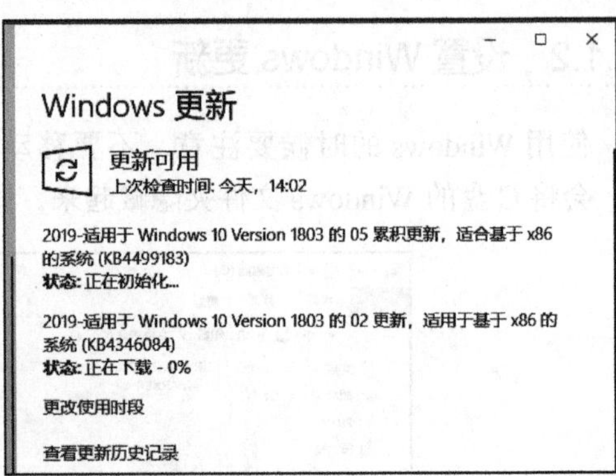

图 16-5 检查更新

4）单击“更改使用时段”选项可以设置使用电脑的时间段，系统会不在此时间段内重启电脑，如图 16-6 所示。

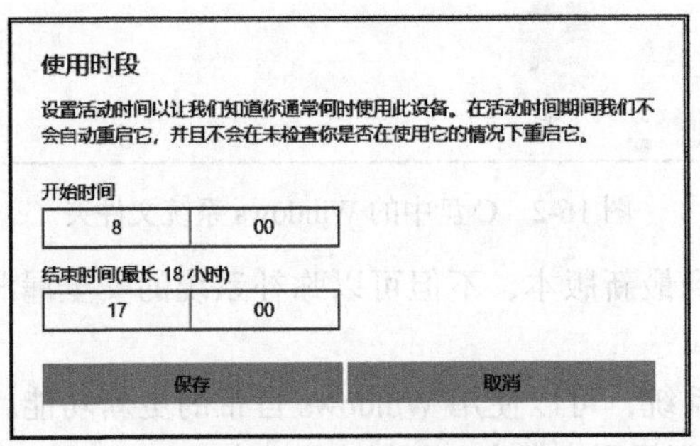

图 16-6 设置使用时段

5）单击“查看更新历史记录”按钮，可以查看之前更新的明细，还可以卸载之前的更新，如图 16-7 所示。

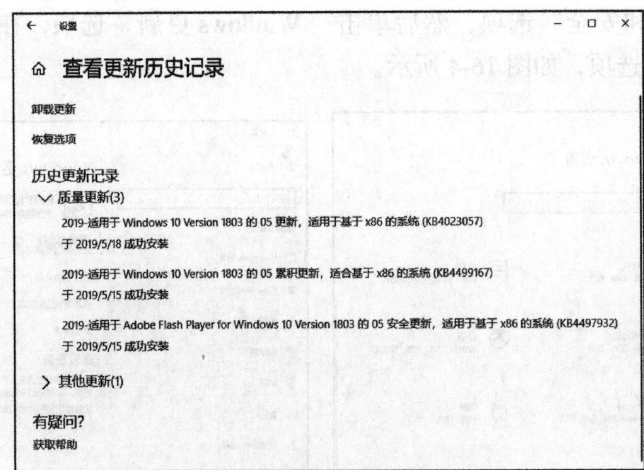

图 16-7 查看更新历史记录

6）单击“高级选项”按钮，可以对更新进行设置，如图 16-8 所示。

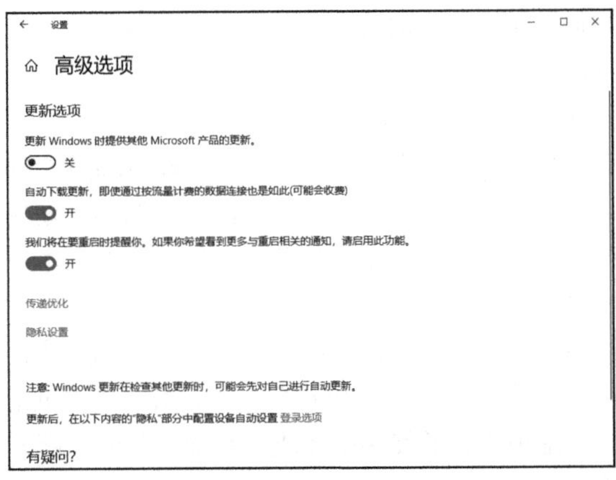

图 16-8　“高级选项”设置

如果用户想要关闭自动更新功能，则按下面的方法关闭。

1）单击“开始菜单”按钮，再单击“ Windows 管理工具”下的“服务”菜单，打开“服务”窗口，如图 16-9 所示。

2）下拉窗口右侧的下拉滑块，找到“Windows Updata”然后双击此选项，如图 16-10 所示。

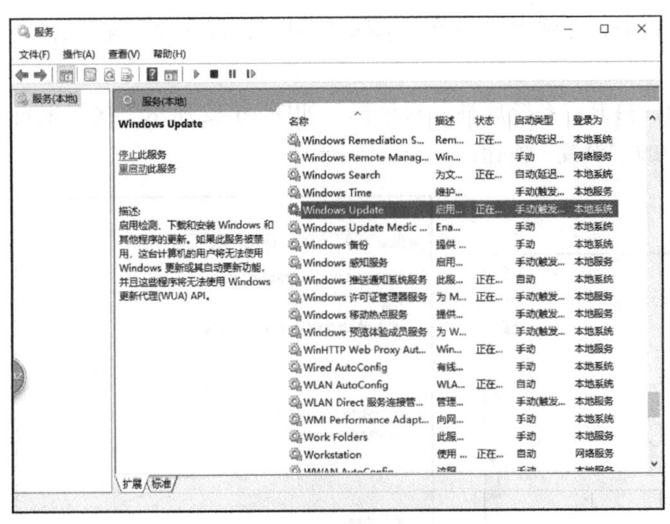

图 16-9　服务窗口

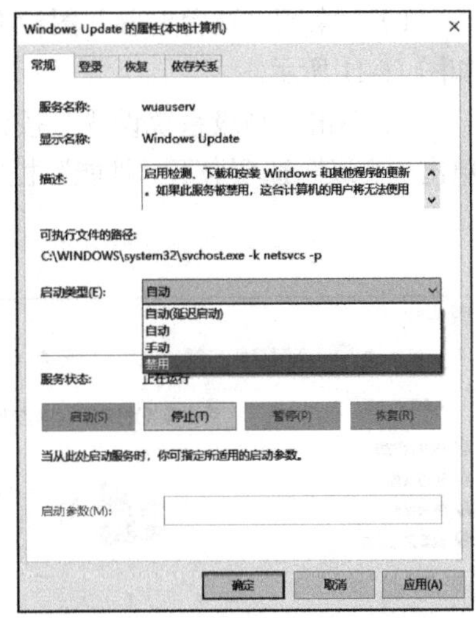

图 16-10　设置禁用自动更新

3）在打开的对话框中，单击“启动类型”下拉菜单，然后选择“禁用”，之后单击“确定”按钮即可。

16.2　提高存取速度

16.2.1　合理使用虚拟内存

当内存空间不足时，系统会把一部分硬盘空间作为内存使用。就是说将一部分硬盘空间作为内存使用，从形式上增加了系统内存的大小，这就是虚拟内存。有了虚拟内存，Windows 就可以同时运行多个大型程序。

在运行多个大型程序时，会导致存储指令和数据的内存空间不足。这时 Windows 会把重要程度较低的数据保存到硬盘的虚拟内存中。这个过程叫作 Swap（交换数据）。交换数据以后，系统内存中只留下重要的数据。由于要在内存和硬盘间交换数据，使用虚拟内存会导致系统速度略微下降。内存和虚拟内存就像书桌和书柜的关系，使用中的书本放在书桌上，暂时不用但经常使用的书本放在书柜里。

虚拟内存的诞生是为了应对内存的价格高昂和容量不足。使用虚拟内存会降低系统的速度，但依然难掩它的优势。现在虽然内存的价格已经大众化，容量也已经达到几十 GB，但虚拟内存仍然继续使用，因为虚拟内存的使用已经成为系统管理的一部分。

虚拟内存设置多大合适呢？

Windows 会默认设置一定量的虚拟内存。用户可以根据自己电脑的情况，合理设置虚拟内存，这样可以提升系统速度。如果电脑中有两个或多个硬盘，将虚拟内存设置在速度较快的硬盘上，可以提高交换数据的效率。如果设置在固态硬盘 SSD 上，效果会非常明显。大小设置为系统内存的 2.5 倍左右比较好，如果太小就需要更多的数据交换，反而会降低效率。

Windows 10 系统设置虚拟内存的方法如下。

1）在桌面“这台电脑”图标上右击，在弹出的菜单中选择“属性”，打开“系统”窗口，如图 16-11 所示。

2）单击“高级系统设置”按钮，打开“系统属性”对话框，如图 16-12 所示。接下来再单击“高级”选项卡下“性能”栏中的“设置”按钮。

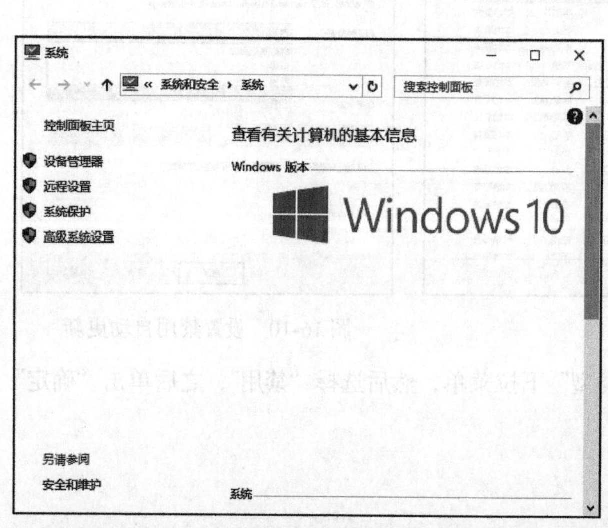

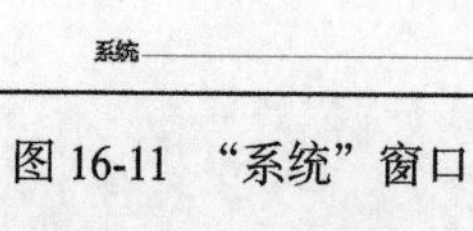

图 16-11 “系统”窗口

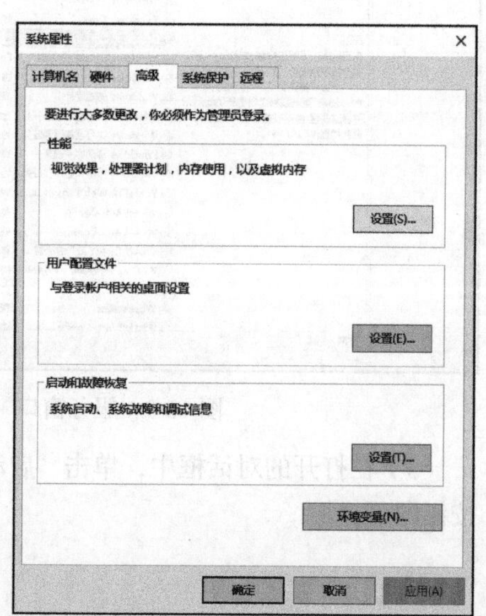

图 16-12 “系统属性”对话框

3）打开“性能选项”对话框，然后单击“高级”选项卡下的“虚拟内存”栏中的“更改”按钮，如图 16-13 所示。

4）在打开的“虚拟内存”对话框中，单击“系统管理的大小”单选按钮，系统就会自动分配虚拟内存的大小；单击“自定义大小”单选按钮，需要手动设置初始大小和最大值，然后再单击“设置”按钮，就可以将虚拟内存设置成想要的大小。设置完成后，单击“确定”按钮，即可完成虚拟内存的设置，如图 16-14 所示。

图 16-13 “性能选项”对话框

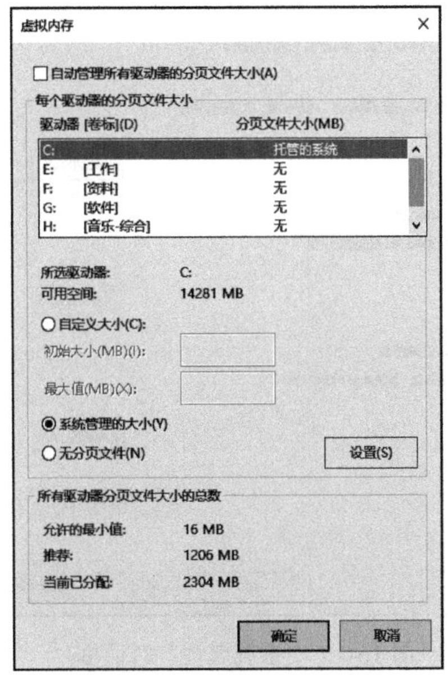

图 16-14 “虚拟内存”对话框

16.2.2 用快速硬盘存放临时文件夹

Windows 中有 3 个临时文件夹，用于存储运行时临时生成的文件。安装 Windows 的时候，临时文件夹会默认在 Windows 文件夹下。如果系统盘空间不够大的话，可以将临时文件放置在其他速度快的分区中。临时文件夹中的文件可以通过磁盘清理功能进行删除。

以 Windows 10 为例，改变临时文件夹的设置方法如下。

1）在桌面“这台电脑”图标上右击，在弹出的菜单中选择“属性”，打开“系统”窗口，如图 16-15 所示。

图 16-15 “系统”窗口

2）单击“高级系统设置”按钮，打开“系统属性”对话框，如图 16-16 所示。接下来再单击“高级”选项卡下的“环境变量”按钮。

3）打开“环境变量”对话框，其中，有用户变量和系统变量两个选项框。要设置临时文件，需要单击用户变量中的“TEMP”变量，再单击“编辑”按钮，如图 16-17 所示。

4）打开“编辑用户变量”对话框，在“变量值”一栏中，可以设置临时文件的存储路径，如“D：\Temp\”。单击“确定”按钮，就设置好了临时文件的新路径，如图 16-18 所示。

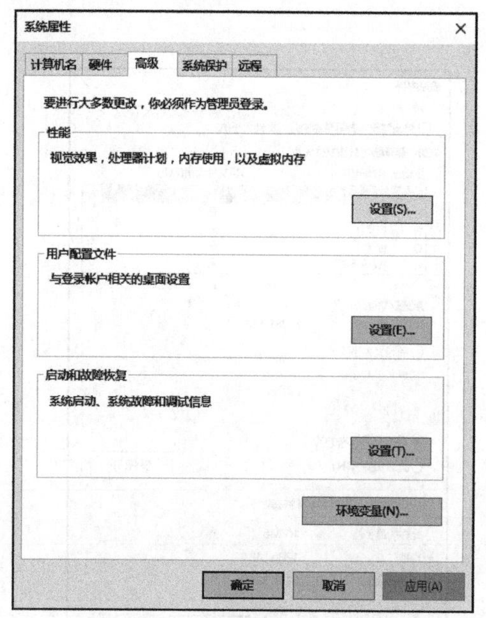

图 16-16 “系统属性”对话框

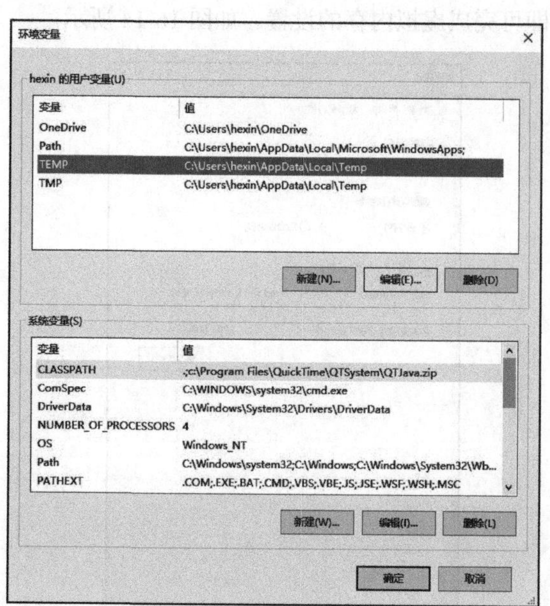

图 16-17 “环境变量”对话框

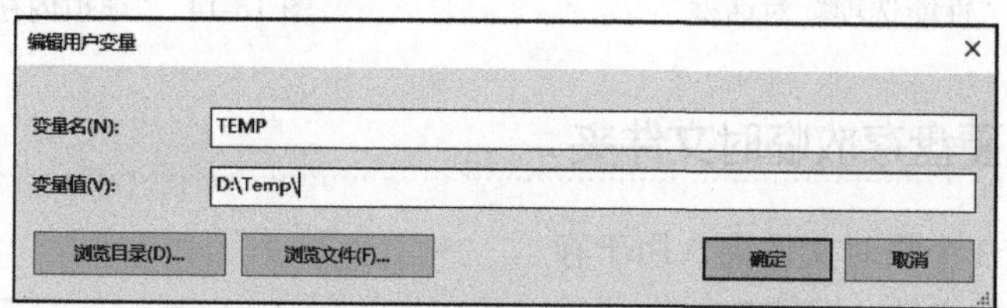

图 16-18 “编辑用户变量”对话框

16.2.3 设置电源选项

Windows Vista 以上版本系统提供多种节能模式。在节能模式下，可以在不使用电脑的时候切断电源，达到节能的目的。

以 Windows 10 为例，设置方法如下。

1）依次单击“开始→ Windows 系统→控制面板→硬件和声音→电源选项”，如图 16-19 所示。

2）打开“电源选项”窗口，在这里有 4 个选项：平衡（推荐）、高性能、能源之星、超级节能。台式电脑会默选“平衡”，“超级节能”是专为笔记本电脑节约电池设计的，“高性能”可以通过增加功耗来提高性能，如图 16-20 所示。

设置完成后，关闭选项就可以改变电源设置了。

16.2.4 提高 Windows 效率的 Prefetch

Prefetch 是预读取文件夹，用来存放系统已访问过的文件的预读信息，扩展名为 PF。Prefetch 技术可以加快系统启动的进程，它会自动创建 Prefetch 文件夹。运行程序时需要的所有程序（exe、com 等）都包含在这里。在 Windows XP 中，Prefetch 文件夹应该经常清理，而在 Windows 10 中则不必手动清理，如图 16-21 所示。

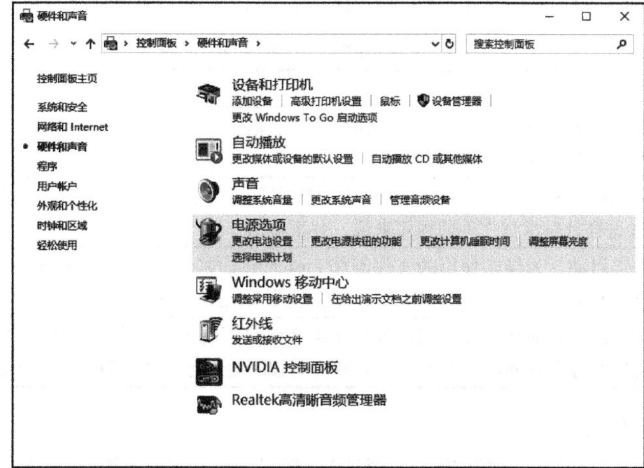

图 16-19　Windows 7 的电源选项

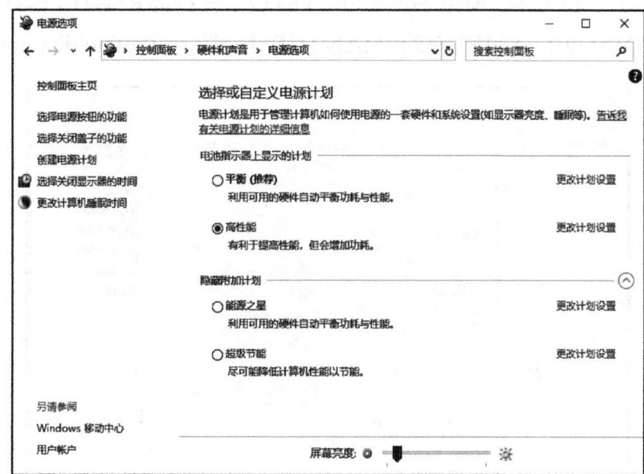

图 16-20　“电源选项”窗口

图 16-21　Prefetch 文件夹

Prefetch 有 4 个级别，在 Windows 10 中，默认的使用级别是 3。其文件由 Windows 自行管理，用户只需要选择与电脑用途相符的级别即可，如表 16-1 所示。

表 16-1 Prefetch 在注册表中的级别

级别	操 作 方 式
0	不使用 Prefetch。Windows 启动时不适用预读入 Prefetch 文件，所以启动时间可以略微缩短，但运行应用程序会相应变慢
1	优化应用程序。为部分经常使用的应用程序制作 Prefetch 文件，对于经常使用 Photoshop、CAD 这样针对素材文件的程序来说，并不合适
2	优化启动。为经常使用的文件制作 Prefetch 文件，对于使用大规模程序的用户非常适合。而刚安装 Windows 时没有明显效果，在经过几天积累 Prefetch 文件后，就能发挥其性能了
3	优化启动和应用程序。同时使用 1 级和 2 级，既为文件也为应用程序制作 Prefetch 文件，这样同时提高了 Windows 的启动速度和应用程序的运行速度，但会使 Prefetch 文件夹变得很大

设置 Prefetch 的方法如下。

1）按 Win+R(⊞+R) 组合键调出运行窗口，输入 Regedit，按 Enter 键打开注册表编辑器，如图 16-22 所示。

2）依次单击 HKEY_LOCAL_MACHINE → SYSTEM → CURRENTCONTROLSET → CONTROL → SESSION MANAGER → MEMORY MANAGEMENT → PrefetchParameters 选项。

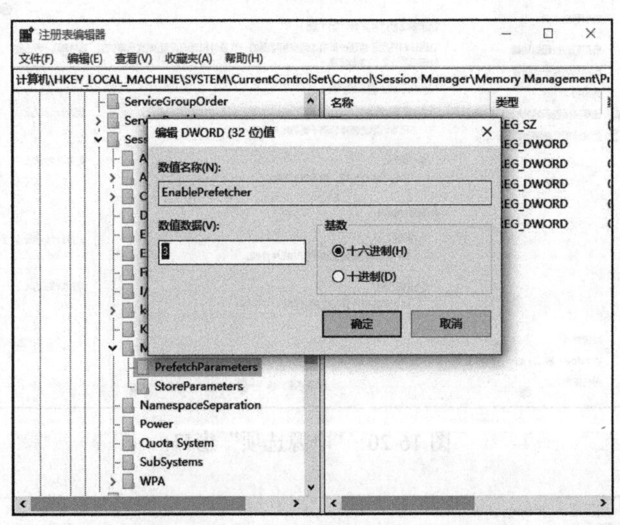

图 16-22 注册表中的 Prefetch 选项

3）双击右侧窗口中的“EnablePrefetcher”键值，按照根据需求选择表 16-1 中 0、1、2、3 之一即可。

16.3 Windows 优化大师

如果你不愿意一项一项地去优化你的 Windows 系统，那么优化工具可以帮你完成这些烦琐的工作。

这里介绍一款免费的 Windows 优化工具——“Windows 优化大师”。优化大师的功能非常丰富，如图 16-23 所示。

1）自动优化系统和清理注册表，如图 16-24 所示。

图 16-23　Windows 优化大师

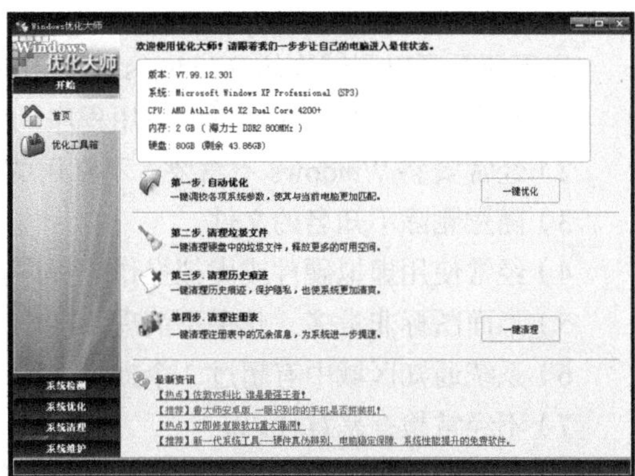

图 16-24　首页

2）检测系统软硬件信息，如图 16-25 所示。

3）手动系统优化，如图 16-26 所示。

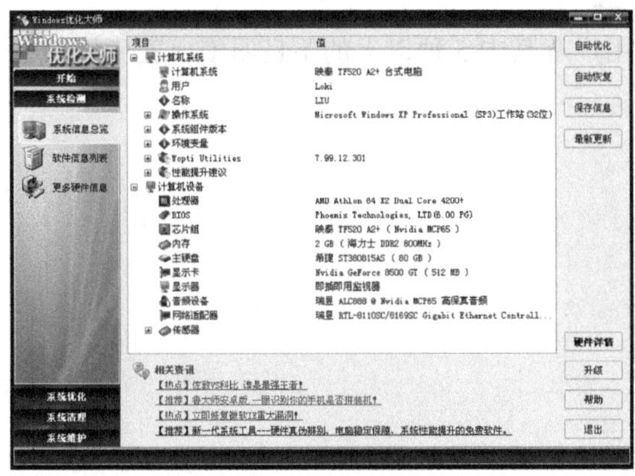

图 16-25　系统检测

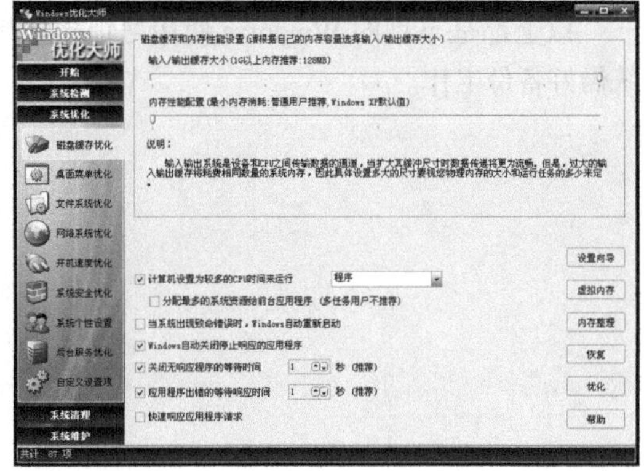

图 16-26　系统优化

4）手动清理垃圾和冗余，如图 16-27 所示。

5）系统安全维护和磁盘整理，如图 16-28 所示。

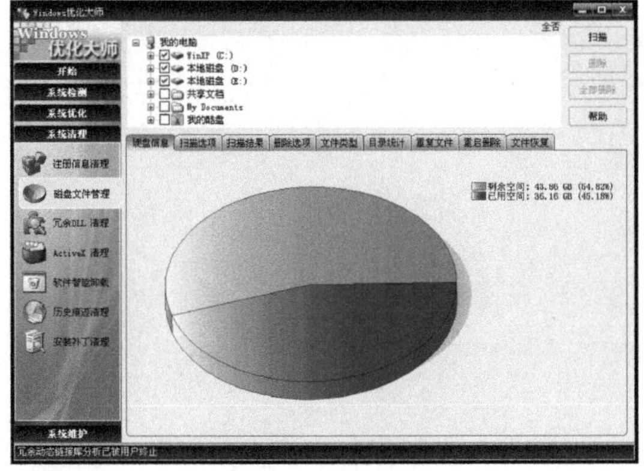

图 16-27　系统清理

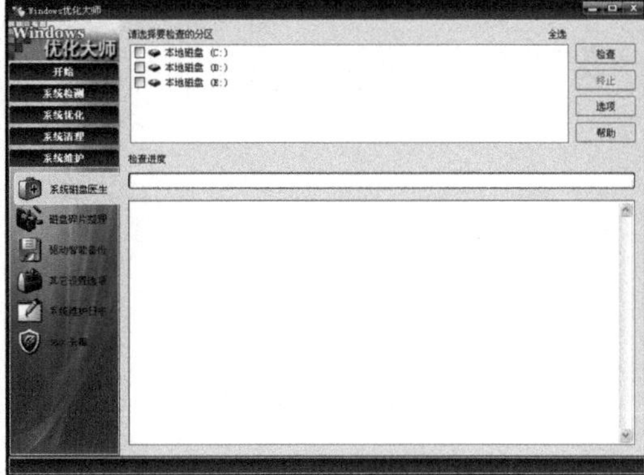

图 16-28　系统维护

 16.4 养成维护 Windows 的好习惯

以下问题可以测试你的 Windows 使用习惯：

1）经常使用多个功能相近的应用程序。如：同时使用两种以上的杀毒软件。

2）经常安装 Windows 不需要、不常用的软件，如：货币换算软件。

3）随意删除不知名的文件。

4）经常使用虚拟硬件或虚拟操作等程序。

5）桌面图标非常多，几乎不清理。

6）系统通知区域中有超过 3 个提示。

7）不经常检查恶意代码。

8）不更新杀毒软件，不注意新的病毒公告。

9）删除程序时，直接删除该程序的文件夹。

10）不经常进行磁盘检测和碎片整理。

11）经常从网上下载不明来源的文件和数据。

12）不使用防火墙、杀毒软件等电脑安全工具。

以上都是不良的 Windows 使用习惯，如果用户有其中 5 种以上的不良习惯，就应该给系统做好备份工作。

第 17 章

注册表——电脑的花名册

注册表（Registry）原意是登记本，它是 Windows 中的一个重要的数据库，用于存储系统和应用程序的设置信息。就像户口本上，登记家庭住址和邮编等信息一样，如果谁的户口登记资料丢失了，那他在户籍管理系统上就成了不存在的人。Windows 也是一样，如果注册表中的环境信息或驱动信息丢失的话，就会造成 Windows 的运行错误。

17.1 什么是注册表

17.1.1 神秘的注册表

注册表是保存所有系统设置数据的存储器。注册表保存了 Windows 运行所需的各种参数和设置，以及应用程序相关的所有信息。从 Windows 启动，到用户登录、应用程序运行等所有操作都需要以注册表中记录的信息为基础。注册表在 Windows 操作系统中起着最为核心的作用。

Windows 运行中，系统环境会随着应用程序的安装等操作而改变，改变后的环境设置也会保存在注册表中，如图 17-1 所示。所以可以通过编辑注册表来改变 Windows 的环境。但如果注册表出现问题，Windows 就不能正常工作了。

注册表中保存着系统设置的相关数据，Windows 启动的时候会从注册表中读入系统设置数据。如果注册表受损，Windows 就会发生错误，还有可能造成 Windows 的崩溃。

每次启动 Windows 的时候，电脑都会检查系统中安装的设备，并把相关的最新信息记录到注册表中。Windows 内核在启动时，只有从注册表中读入设备驱动程序的信息才能建立 Windows 的运行环境，并选择合适的 .inf 文件安装驱动程序。安装的驱动程序会改变注册表中各个设备的环境参数、IRQ、DMA 等信息。

操作系统完成启动后，Windows 和各种应用程序、服务等都会参照注册表中的信息运行。

安装各种应用程序的时候，都会在注册表中登记程序运行时所需的信息。在 Windows 中卸载程序，会在卸载过程中删除注册表中记录的相关信息。

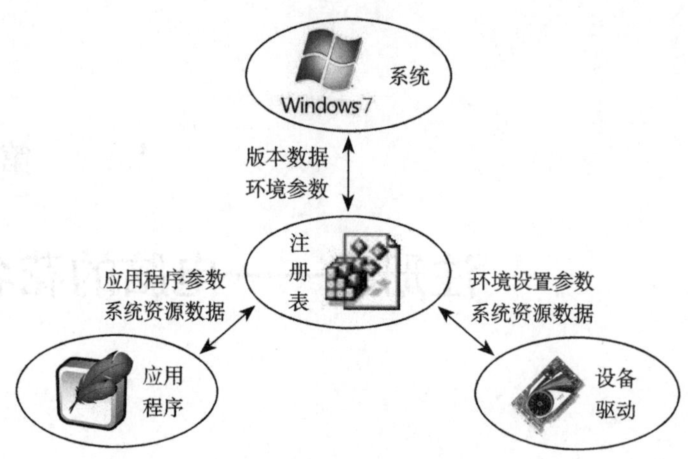

图 17-1 注册表与系统

17.1.2 注册表编辑器

注册表编辑器与 Windows 的资源管理器相似，呈树状目录结构。资源管理器中的文件夹的概念在注册表编辑器中叫作“键”。资源管理器最顶层的文件叫作“根目录”，其下一层文件夹叫作“子目录”。相似的，注册表编辑器的最顶层叫作“根键”，其下一层叫作“子键”。单击键前面的箭头可以打开下一层的子键，如图 17-2 所示。

图 17-2 注册表编辑器

注册表编辑器的左侧是列表框，显示了注册表的结构。右侧显示键的具体信息。

- ❑ 菜单栏：这里有导入、导出、编辑、查看等操作功能。
- ❑ 树状键：显示了键的结构。
- ❑ 状态栏：显示所选键的路径。
- ❑ 名称：注册表值的名称。与文件名相似，注册表键也有重复的现象，但在同一个注册表键中不可能存在相同名称的注册表值。

- 类型：注册表键存储数据采用的数据形式。
- 数据：注册表值的内容，注册表值决定了数据的内容。
- 默认：所有的注册表键都会有默认项目。应用程序会根据注册表键的默认项，来访问其他数值。

17.1.3　深入认识注册表的根键

Windows 7 的注册表结构中有 5 个根键，如图 17-3 所示。

1）HKEY_CLASSES_ROOT：这里保存的信息用于保证在 Windows 资源管理器中，打开文件时能够正确地打开相关联的程序。

2）HKEY_CURRENT_USER：这里保存着当前登录用户信息的键。用户文件夹、画面色彩等设置参数都在这里。

3）HKEY_LOCAL_MACHINE：电脑中安装的硬件和软件相关设置，包括硬件的驱动程序，都保存在这里。

4）HKEY_USERS：电脑所有用户的资料和设置，包括桌面、网络连接等都存放在这里。大部分情况下，不需要修改这里的内容。

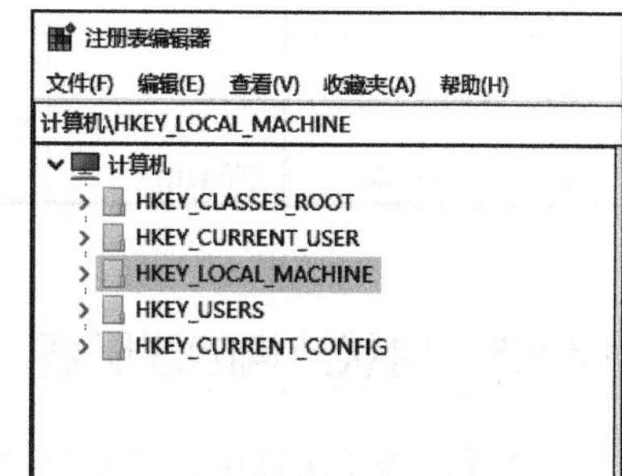

图 17-3　注册表的根键

5）HKEY_CURRENT_CONFIG：这里存放着显示、字体、打印机设置等内容。

查看这些根键可以看出，5 个根键中大部分注册表内容都在 HKEY_LOCAL_MACHINE 和 HKEY_CURRENT_USER 中，其他 3 个根键可以看作这两个根键的子键。

17.1.4　注册表的值有哪些类型

注册表中保存了多种数据类型的数据，有字符串、二进制、DWORD 等。在注册表编辑器中，右侧窗口中“类型”一栏中就是相关键值的数据类型。无论是多字符串还是扩充字符串，一个键的所有值的总大小都不能超过 64KB，如表 17-1 所示。

表 17-1　注册表键值的数据类型

类型	名称	说　明
REG_SZ	字符串值	S 表示字符串（String），Z 表示以 0 结束的内容（Zero Byte）
REG_BINARY	二进制	用 0 和 1 表示的二进制数值。大部分硬件的组成信息都用二进制数据存储，在注册表编辑器中以十六进制形式表示
REG_DWORD	双字节	DWORD 表示双字节（Double Word），1 字节可以表示 0 ～ 65535 的 16 位数值，双字节是两个 16 位数，也就是 32 位，可以表示 40 亿以上的数值
REG_MULTI_SZ	多字符串	多个无符号字符组成的集合，一般用来表示数值或目录等信息
REG_EXPAND_SZ	可扩充字符串	用户可以通过控制面板中的“系统”选项，设置一部分环境参数，可扩充字符串用于定义这些参数，包括程序或服务使用数据时确认的变量等
REG_RESOURCE_LIST	二进制	为存储硬件设备的驱动程序或这个驱动程序控制的物理设备所使用的资源目录而设计的数据类型，是一系列重叠的序列。系统识别这些目录后，将其写入 Resource Map 目录下，这种数据类型在注册表编辑器中会显示二进制数据的十六进制形式

（续）

类型	名称	说明
REG_RESOURCE_REQUIREMENT_LIST	二进制	为存储硬件设备的驱动程序或这个驱动程序控制的物理设备所使用的资源目录而设计的数据类型，是一系列重叠的序列。系统会在 Resource Map 目录下编写该目录的低级集合。这种数据类型在注册表编辑器中会显示二进制数据的十六进制形式
REG_FULL_RESOURCE_DESCRIPTOR	二进制	为存储硬件设备的驱动程序或这个驱动程序控制的物理设备所使用的资源目录而设计的数据类型，是一系列重叠的序列。系统识别这种数据类型，会将其写入 Hardware Description 目录中。这种数据类型在注册表编辑器中会显示二进制数据的十六进制形式
REG_NONE	无	没有特定形式的数据，这种数据会被系统和应用程序写入注册表中，在注册表编辑器中会显示为二进制数据的十六进制形式
REG_LINK	链接	提示参考地点的数据类型，各种应用程序会根据 REG_LINK 类型键的指定到达正确的目的地
REG_QWORD	QWORD	以 64 位整数显示的数据。这个数据在注册表编辑器中显示为二进制值

17.1.5 树状结构的注册表

在注册表编辑器中，单击根键前的箭头图标，就能打开根键下一层的子键，从这层子键再到下一层的子键，这种树状结构叫作 Hive。

Windows 中把主要的 HKEY_LOCAL_MACHINE 键和 HKEY_USERS 键的 Hive 内容保存在几个文件夹当中。

Windows 会默认把 Hive 保存在 C：\Windows\system32\config 文件夹中，分为 DEFAULT、SAM、SECURITY、SOFTWARE、SYSTEM、COMPONENT 这 6 个文件。Hive 本身并没有扩展名。

在 C:\Windows\system32\config 文件夹中存在相同文件名的文件，实际上是扩展名为 LOG、SAV、ALT 等的文件。一般来说，LOG 扩展名的文件用于 Hive 的登记和监视记录；SAV 扩展名的文件用于系统发生冲突时，恢复注册表的 Hive 和保存注册表的备份。

注册表中保存用户资料的 HKEY_USERS 键的 Hive 文件，保存在 Windows 目录中用户名文件夹中的 NTUSER.DAT 文件中，其作用是便于用户各自进行管理，如表 17-2 所示。

表 17-2 Windows 中注册表的保存路径

Hive	相关文件	相关注册表键
DEFAULT	DEFAULT、Default.log、Default.sav	HKEY_USERS\DEFAULT
HARDWARE	无	HKEY_LOCAL_MACHINE\HARDWARE
SOFTWARE	SOFTWAR、Software.log、Software.sav	HKEY_LOCAL_MACHINE\SOFTWARE
SAM	SAM、Sam.log、Sam.sav	HKEY_LOCAL_MACHINE\SECURITY\SAM
SYSTEM	SYSTEM、System.alt、System.log、System.sav	HKEY_LOCAL_MACHINE\SYSTEMHKEY_CURRENT_CONFIG
SECURITY	SECURITY、Security.log、Security.sav	HKEY_LOCAL_MACHINE\SECURITY
SID	NTUSER.DAT、Ntuser.dat.log	HKEY_CURRENT_USER\ 当前登录用户

注册表的操作

17.2.1 打开注册表

注册表不能像其他文本文件那样用记事本打开，必须用注册表编辑器来打开。方法是：单击开始菜单，在搜索中输入“regedit”再按 Enter 键，双击搜索出来的 Regedit 程序，或按 Win+R（ +R）组合键调出“运行”窗口，在运行框中输入“Regedit”再按 Enter 键，如图 17-4、图 17-5 所示。

打开的注册表编辑器与 Windows 资源管理器的结构相似，如图 17-6 所示。

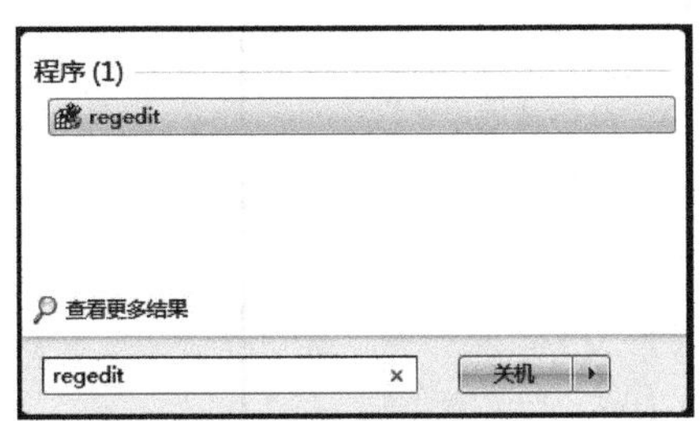

图 17-4 搜索 Regedit 程序

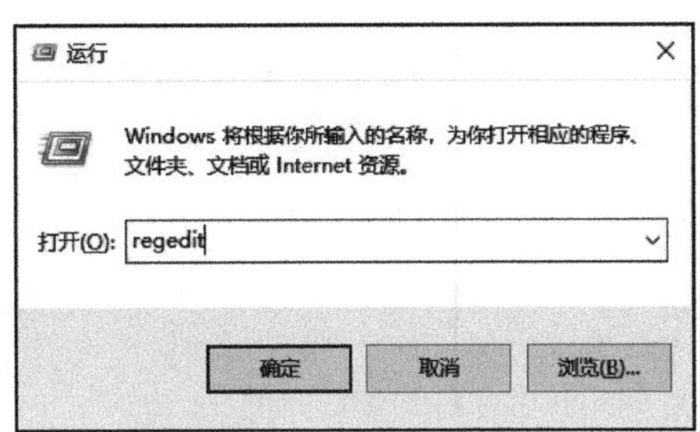

图 17-5 “运行”窗口

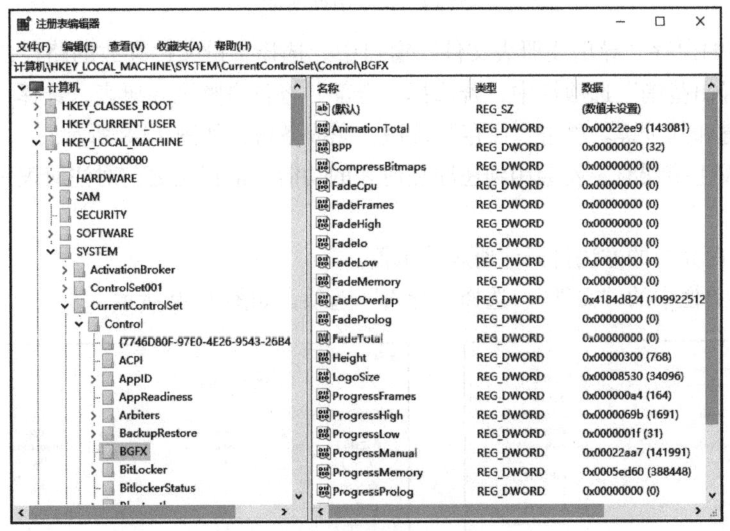

图 17-6 注册表编辑器

17.2.2 注册表的备份和还原

Windows 中提供了利用系统还原功能制作系统还原点，在注册表或系统文件发生改变的时候，可以自动恢复到原来的设置，因此有时用户觉得备份注册表没有什么必要，而且在 Windows 的启动过程中，发生错时可以选“最后一次正确配置”(高级启动选项中）启动。

既然有了上述的安全措施，那备份注册表还有什么意义呢？在进行修改注册表的操作时，可能由于注册表的改动导致 Windows 无法运行，而通过注册表还原，可以轻松解决这个问题。这不像系统还原那样，把整个 Windows 设置恢复为以前的设置；也不像“最后一次正确配置”那样恢复注册表的全部内容。而是根据用户的需要，灵活地恢复必要的部分。

注册表备份一般在 Windows 正常运行时进行。下面介绍如何利用注册表编辑器进行备份。

1）按上面介绍的方法打开注册表编辑器。

2）单击菜单栏中的“文件”，在下拉菜单中单击“导出”选项，如图 17-7 所示。

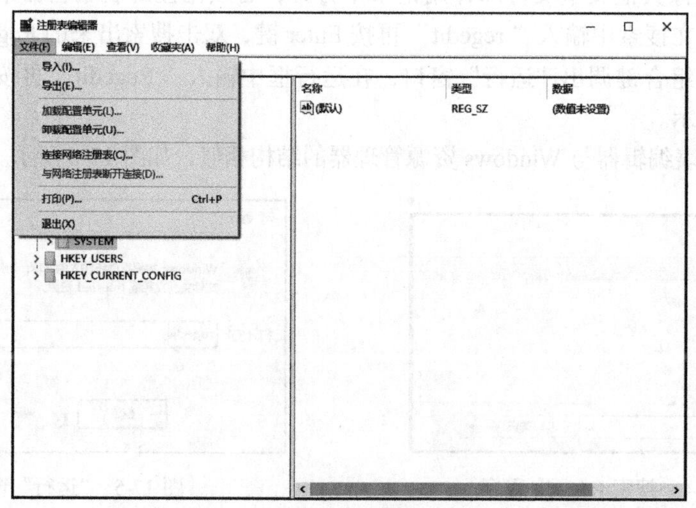

图 17-7 导出注册表

3）在跳出的保存“导出注册表文件”窗口中，选择备份文件存放的路径，输入备份文件的名称。在“导出范围”选项栏中，若选择“全部”将备份整个注册表，选择“所选分支”将只保存选中的键和其子键。单击“保存”按钮，完成备份，如图 17-8 所示。

当注册表发生错误时，就会用到还原注册表的功能，前提是之前对注册表做过备份。方法如下。

1）按照上面介绍的方法打开注册表编辑器。

2）单击菜单栏中的“文件”，选择“导入”选项，如图 17-9 所示。

图 17-8 保存备份注册表文件

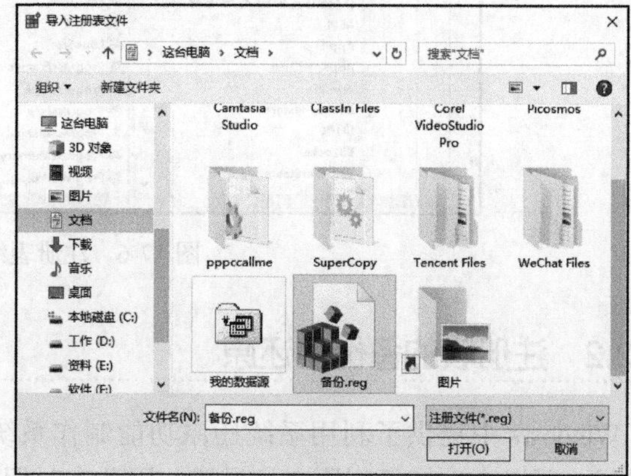

图 17-9 导入注册表

3）选择注册表备份文件，单击“打开”按钮，将开始导入注册表，如图 17-10 所示。

图 17-10　导入注册表

4）导入注册表完成后重启电脑，就完成了注册表的还原。

17.2.3　给注册表编辑器加锁

当电脑用户不止一个的时候，怎样防止别人随意修改注册表呢？这一节将介绍怎样禁止访问注册表编辑器。

1）单击开始菜单，在运行或搜索中打入 gpedit.msc（组策略编辑器），按 Enter 键，将弹出“本地组策略编辑器”窗口，如图 17-11 所示。

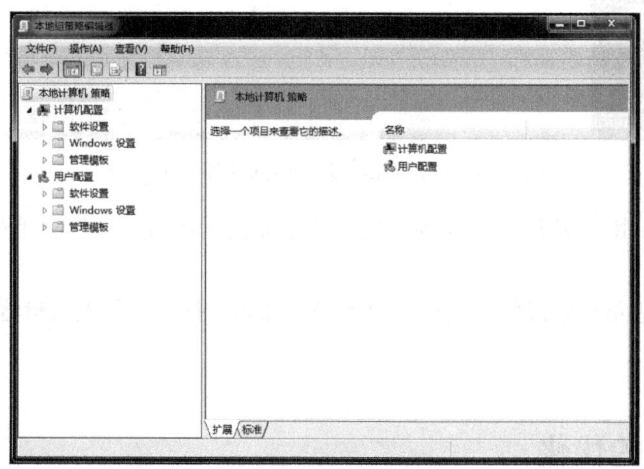

图 17-11　“本地组策略编辑器”窗口

2）打开“本地组策略编辑器”，在左侧列表中依次选择“用户配置→管理模板→系统”选项，如图 17-12 所示。

图 17-12　选择“系统”选项

3）在右侧窗口中找到并双击“阻止访问注册表编辑器工具”，如图 17-13 所示。

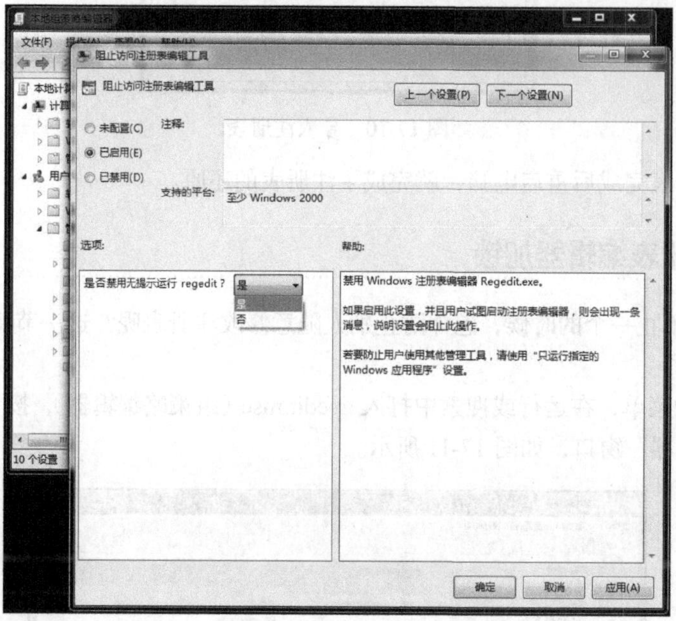

图 17-13 配置是否阻止访问注册表编辑器

4）单击“已启用”，然后在下面的“是否禁用无提示运行”下拉菜单中选择“是”，单击“确定”按钮。

至此，除了管理员权限以外，其他用户和来宾都无法打开注册表编辑器了。

17.3 注册表的优化

17.3.1 注册表冗长

在电脑上安装应用程序、驱动或硬件时，相关的设备或程序会自动添加到注册表中。所以使用 Windows 时间久了，注册表中登记的信息就会越来越多，注册文件的大小也会随之增加。

在一些程序的安装文件中可以看到 **.reg 的文件，这就是注册表文件，如图 17-14 所示。用记事本打开，就能看到将要添加到注册表的键和数据值。

图 17-14 注册表文件

上网时打开网页，在地址栏中输入几个字母，就会显示曾经浏览相关网页的下拉菜单，这些记录都保存在注册表中。因为这些信息会随着使用时间而不断增加，使得注册表变得冗长。

在 Windows 启动的时候会读入注册表信息。注册表中的信息越多，电脑读入的速度就会越慢，启动时间也就越长。系统运行时，硬件设备的驱动信息和应用程序的注册信息也必须从注册表中读取，所以注册表冗长也会导致 Windows 系统运行缓慢。

应用程序安装过程中会添加注册表信息，但删除应用程序时，有的应用程序不能完全删除添加过的注册表信息，或者有些应用程序会保留一部分注册信息，以备以后重装应用程序时使用。这也会造成注册表冗长。

注册表中还存在着严重的浪费现象。比如安装应用程序 1、2、3 后，删除了应用程序 2，这时 2 的注册表空间被清空，这时又安装了应用程序 4，但 4 的文件大于 2 的空出的空间，只得将 4 排在 3 后，使得 2 的空间无法得到利用，如图 17-15 所示。

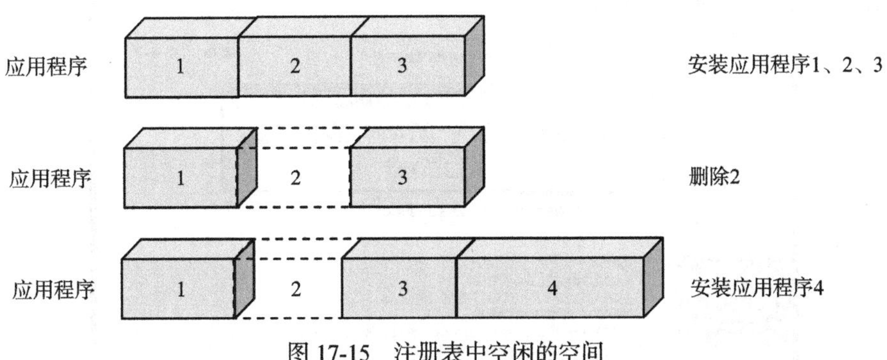

图 17-15　注册表中空闲的空间

17.3.2　简化注册表

自己动手简化注册表是很难、很烦琐的。现在网上有很多免费的注册表清理工具，可以帮助用户完成这个工作。

这里介绍利用优化软件“Windows 优化大师”清理注册表，如图 17-16 所示。

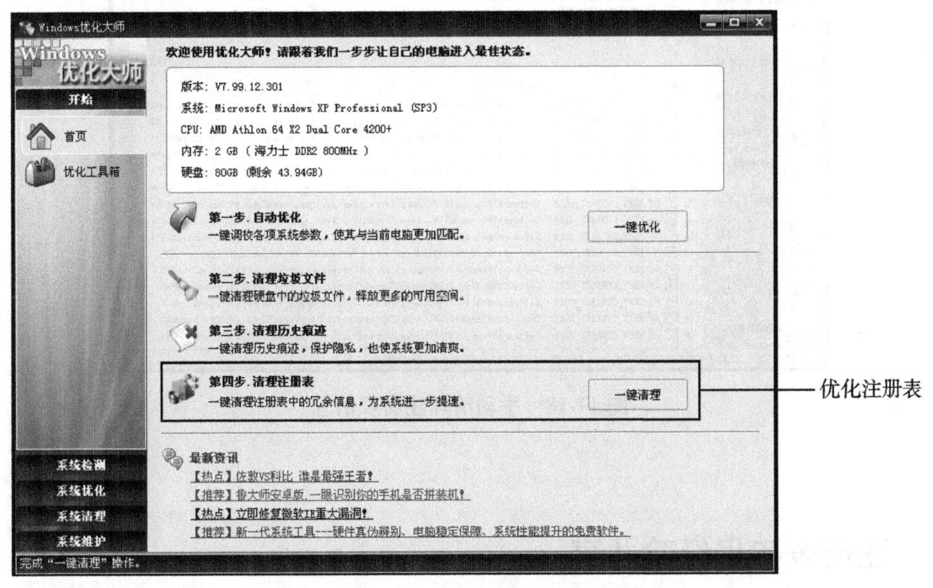

图 17-16　“Windows 优化大师”界面

打开“Windows 优化大师”，在首页可以看到注册表清理的功能，旁边的“一键清理”按钮就是用于自动扫描和清理注册表中的冗余信息和无效软件信息（删除软件时的残留）。用户单击“一键清理”按钮后，只要按照提示操作，就可以完成注册表的清理工作，如图 17-17 所示。

还可以在“系统清理”选项中找到注册表信息清理功能，可以手动扫描和清理注册表中的冗余和无效的注册信息，如图 17-18 所示。

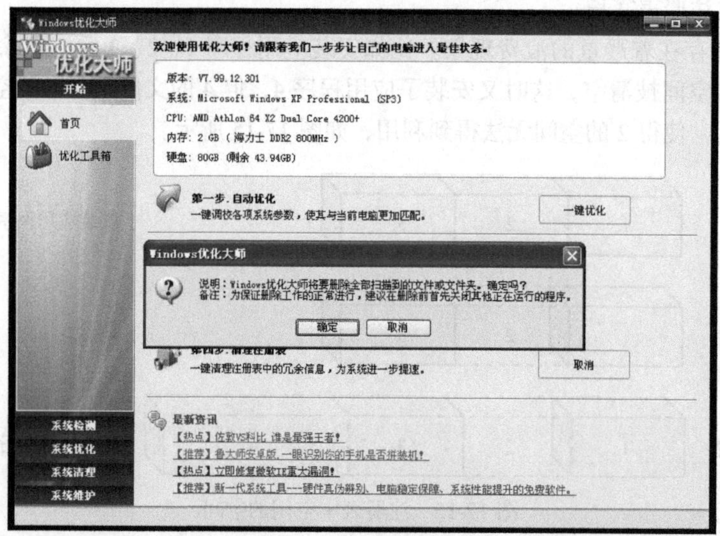

图 17-17　一键清理冗余信息

图 17-18　手动清理注册表信息

17.4 注册表实用经验共享

17.4.1 快速查找特定键

注册表中记录的键成百上千，要查找特定的键，除了按照树状结构一层一层查找之外，还有一个快速查找的方法，如图 17-19 所示。这种方法适合 Windows 各版本。

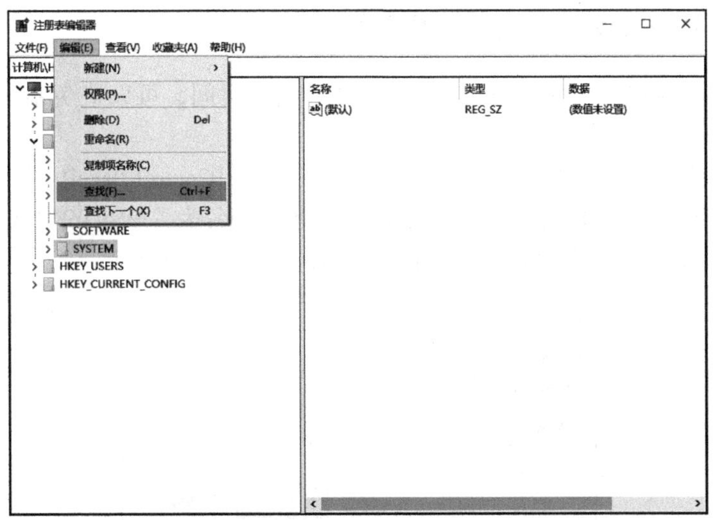

图 17-19　注册表编辑器中的查找功能

要使用查找功能就必须知道软硬件的相关信息，比如软件需要知道名称、制造商等，硬件需要知道名称、型号等。

比如查找 CPU，知道 CPU 的型号是 core i3-370，就可以查找“370”，如图 17-20 所示。

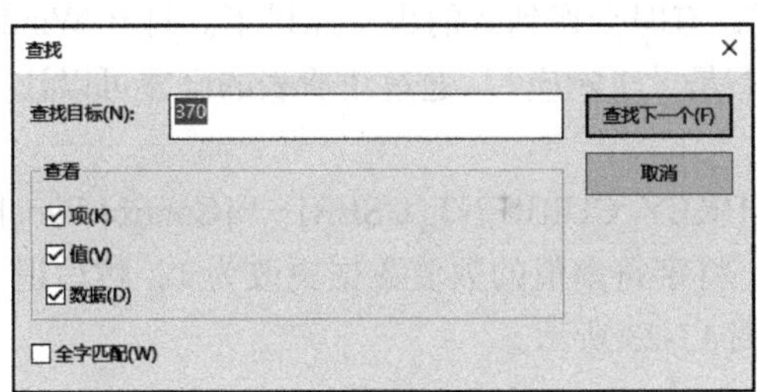

图 17-20　查找 370

按 Enter 键查找，找到的相关的 CPU 的键如图 17-21 所示。

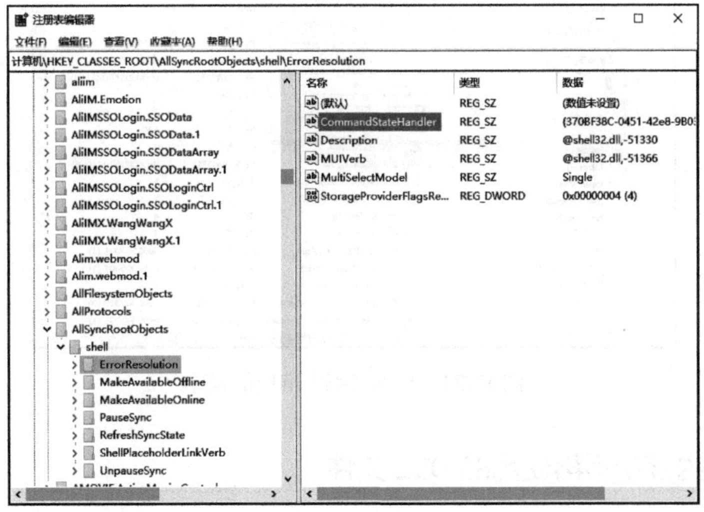

图 17-21　找到的 CPU 键

17.4.2 缩短 Windows 10 的系统响应时间

通过注册表的修改，可以缩短 Windows 10 的响应时间，可以避免系统假死等情况的发生。

打开注册表编辑器：[HKEY_CURRENT_USER] →[Control Panel] →[Desktop]，在左侧的键值栏中新建一个 DWORD 32 位值类型的键，命名为"WaitToKillAppTimeout"，将 WaitToKillAppTimeout 的值设为 0，重启后即可生效，如图 17-22 所示。

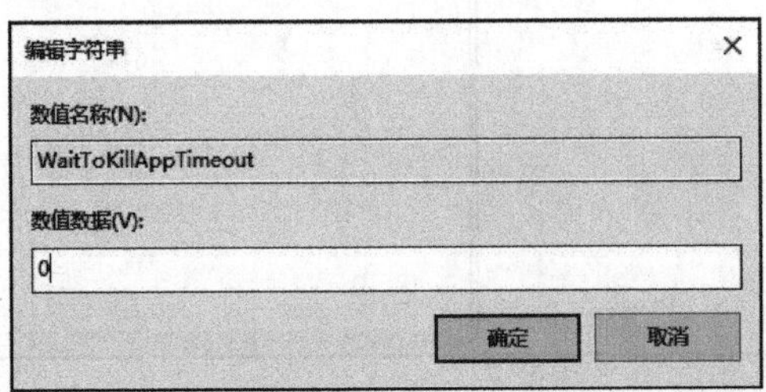

图 17-22 设定新建的 WaitToKillAppTimeout 键值

17.4.3 Windows 自动结束未响应的程序

使用 Windows 的时候，有时会遇到有的程序死机了。打开 Windows 任务管理器，查看应用程序，发现该程序的状态是"未响应"。通过注册表的设置可以让 Windows 自动结束这样的未响应程序。

打开注册表编辑器：[HKEY_CURRENT_USER] → [Control Panel] → [Desktop]，在右侧窗口中找到 [AutoEndTasks]，将字符串值的数值数据更改为 1，然后退出注册表编辑器，重新启动，即可打开此功能，如图 17-23 所示。

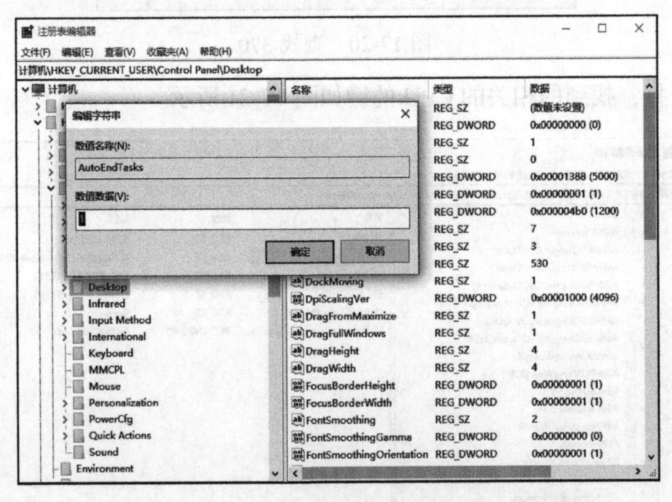

图 17-23 自动结束未响应的程序

17.4.4 清除内存中不再使用的 DLL 文件

有些应用程序结束后不会主动归还内存中占用的资源，通过注册表中的设置可以清除这些内存中不再使用的 DLL 文件。

打开注册表编辑器：[HKEY_LOCAL_MACHINE] → [SOFTWARE] → [Microsoft] → [Windows] → [CurrentVersion] → [Explorer]，在右侧窗口中找到 [AlwaysUnloadDLL]，将默认值设为 1，然后退出注册表，重启电脑即可生效。如将默认值设定为 0 则代表停用此功能，如图 17-24 所示。

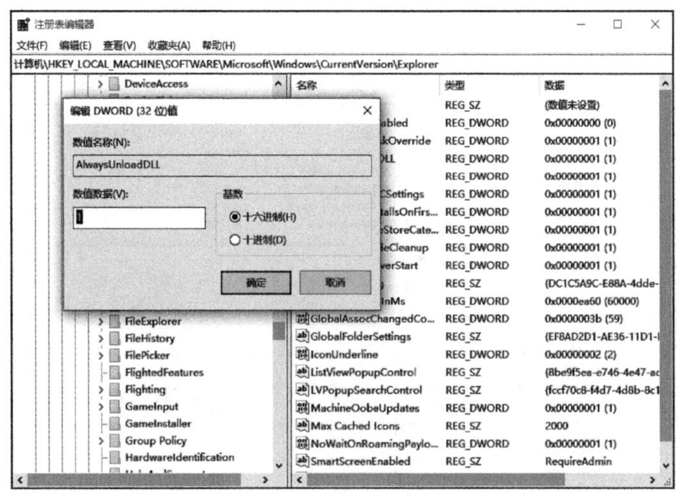

图 17-24　删除内存中不再使用的 DLL

17.4.5　加快开机速度

Windows XP 的预读能力可以通过注册表设置来提高，增加预读能力可以加快开机的速度。

打开注册表编辑器：[HKEY_LOCAL_MACHINE] → [SYSTEM] → [CurrentControlSet] → [Control] → [SessionManager] → [MemoryManagement] → [PrefetchParameters]，右侧窗口中 [EnablePrefetcher] 的数值数据为预读能力，数值越大能力越强。双核 1GHz 以上主频的 CPU 可以设置为 4、5 或更高一点，单核 1GHz 以下的 CPU 建议使用默认值 3，如图 17-25 所示。

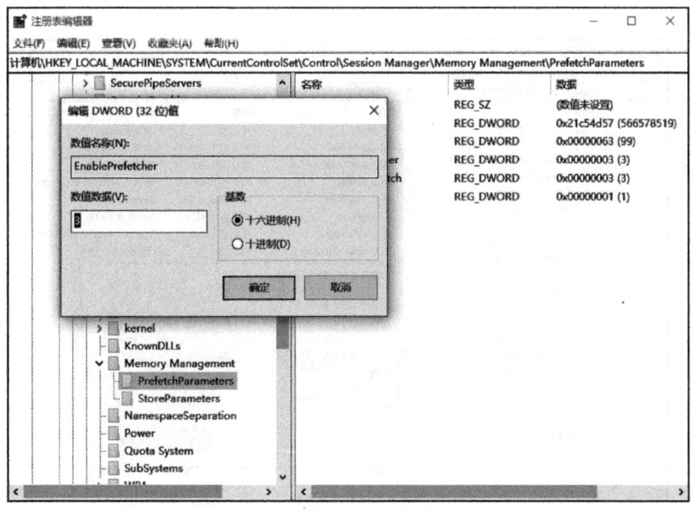

图 17-25　预读能力设置

17.4.6 开机时打开磁盘整理程序

开机打开磁盘清理程序可以减少系统启动时造成的碎片。

打开注册表编辑器：[HKEY_LOCAL_MACHINE]→[SOFTWARE]→[Microsoft]→[Dfrg]→[BootOptimizeFunction]，在右侧窗口中将字符串值 [Enable] 设定为“Y”等于打开，而设定为“N”等于关闭，如图 17-26 所示。

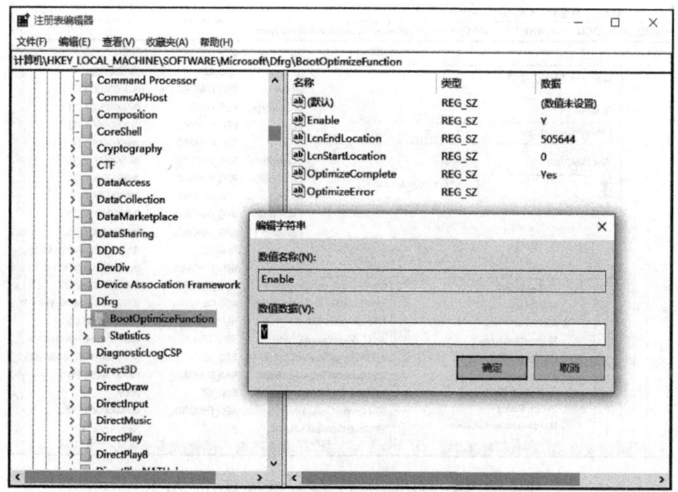

图 17-26 打开磁盘碎片整理程序

17.4.7 关闭 Windows 自动重启

当 Windows 遇到无法解决的问题时，便会自动重新启动。如果想要关闭 Windows 自动重启，可以通过注册表的设置来完成。

打开注册表编辑器：[HKEY_LOCAL_MACHINE]→[SYSTEM]→[CurrentControlSet]→[Control]→[CrashControl]，将左侧 [AutoReboot] 键值更改为 0，重新启动则该功能生效，如图 17-27 所示。

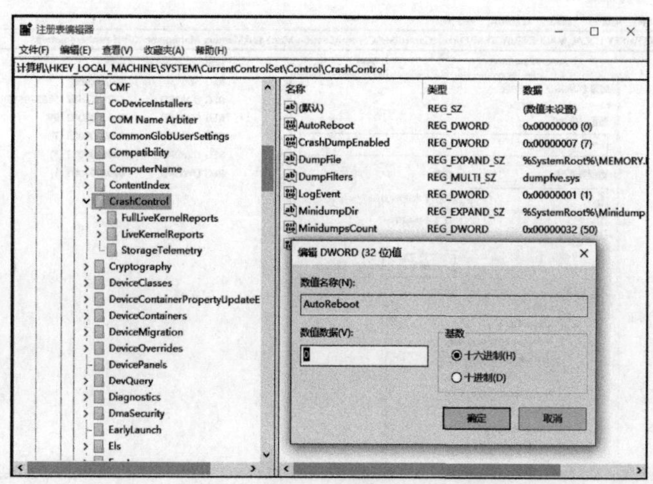

图 17-27 关闭自动重启

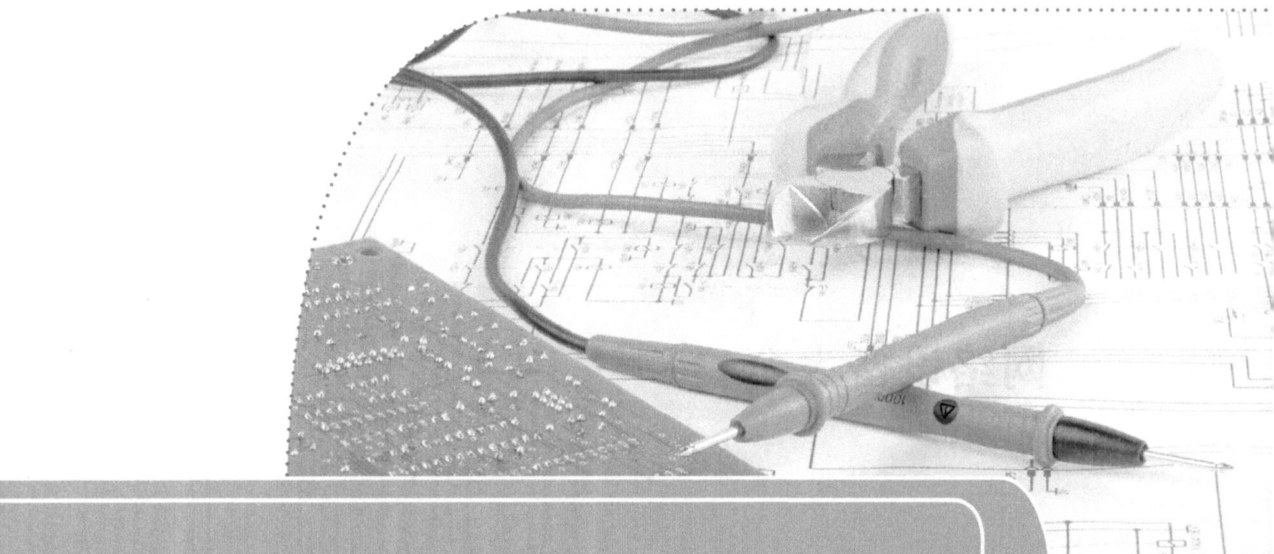

第四篇

网络搭建与安全防护

随着电脑和网络的普及，现在广大用户上网已经成为一种生活方式，甚至有很多年轻人如果离开了网络就会感到缺了点什么，不习惯了。网络在给我们带来巨大便利的同时，也在悄悄地改变着我们的生活方式。

那么如何使电脑联网？如何组建家庭无线局域网让笔记本和手机同时上网？如何搭建小型局域网？如何面对电脑连网后带来的巨大安全挑战？本篇将介绍有关网络的知识，并介绍如何动手组建自己的网络。

第18章 网络设备大全

一台电脑如果想和另一台或多台电脑相连，就需要使用网络设备，这些设备是连接到网络中的物理实体。网络设备的种类繁多，而且还在不断发展中。基本的网络设备有：个人电脑、服务器、网卡、交换机、集线器、路由器和网线等。

18.1 交换机

18.1.1 什么是交换机

交换机的英文 Switch 直译是开关的意思，是一种用于电信号转发的网络设备。它可以为接入交换机的任意两个网络节点提供独享的电信号通路。我们常见的交换机是以太网交换机，如图 18-1 所示。交换机比较适合接入电脑多、对数据传输要求高的网络使用。

图 18-1　以太网交换机

网络交换机分为两种：广域网交换机和局域网交换机。广域网交换机主要应用于电信领域，提供通信用的基础平台。而局域网交换机则应用于局域网络，用于连接终端设备，如个人电脑、网络打印机等。

从规模应用上交换机又可分为企业级交换机、部门级交换机和工作组交换机等，如图 18-2 所示。

各厂商对交换机的划分尺度并不完全一致，一般来讲，企业级交换机都是机架式，部门级交换机可以是机架式，也可以是固定配置式，而工作组交换机则为固定配置式。

图 18-2 网络交换机

18.1.2 交换机的工作原理及特性

1. 工作原理

交换机拥有一条很高带宽的背部总线和内部交换矩阵，工作在数据链路层。交换机的所有的端口都挂接在这条背部总线上，并有固定的 MAC（网卡的硬件地址）。控制电路收到来自结点 A 的数据包以后，处理端口会查找内存中的地址对照表，以确定目的 MAC 的 NIC（网卡）挂接在哪个端口上，然后通过内部交换矩阵迅速将数据包传送到目的端口。目的 MAC 若不存在，控制电路将用广播的方式，把数据发送到所有的端口，接收端口回应后交换机会记录新的地址，并把它加入内部 MAC 地址表中。交换机可以“学习”MAC 地址，并把其存放在内部地址表中，通过在数据帧的始发者和目标接收者之间建立临时的交换路径，使数据帧直接由源地址到达目的地址，如图 18-3 所示。

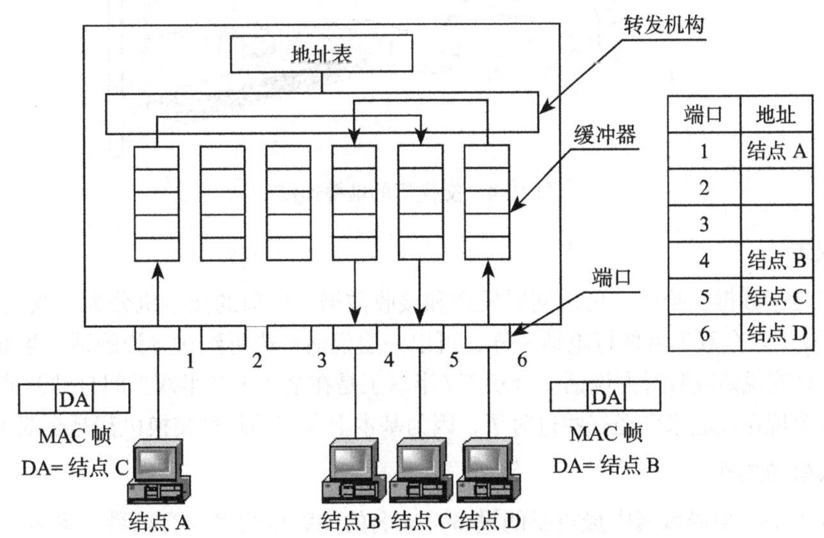

端口	地址
1	结点 A
2	
3	
4	结点 B
5	结点 C
6	结点 D

图 18-3 以太网交换机工作原理

2. 交换机的特性

使用交换机也可以把网络"分段"，通过对照 IP 地址表，交换机只允许必要的网络流量通过。经过交换机的过滤和转发，可以有效地减少冲突域，但它不能划分网络层广播，即广播域。交换机在同一时刻可进行多个端口对之间的数据传输。每一端口都可视为独立的网段，连接在其上的网络设备独自享有全部的带宽，无须同其他设备竞争使用。当结点 A 向结点 D 发送数据时，结点 B 可同时向结点 C 发送数据，而且这两个传输都享有网络的全部带宽，都有着自己的虚拟连接。

3. 层

一层交换机：只支持物理层协议。电话程控交换机就是一层交换机。

二层交换机：支持物理层和数据链路层协议。我们常见的传统以太网交换机就是二层交换机。

三层交换机：支持物理层、数据链路层及网络层协议。现在很多带路由功能的交换机就是三层交换机。

4. 交换机堆叠

交换机堆叠是通过厂家提供的一条专用连接电缆，从一台交换机的"UP"堆叠端口直接连接到另一台交换机的"DOWN"堆叠端口，以实现单台交换机端口数的扩充。堆叠中所有的交换机从拓扑结构上可视为一个交换机，堆叠在一起的交换机可以当作一台交换机来统一管理，如图 18-4 所示。

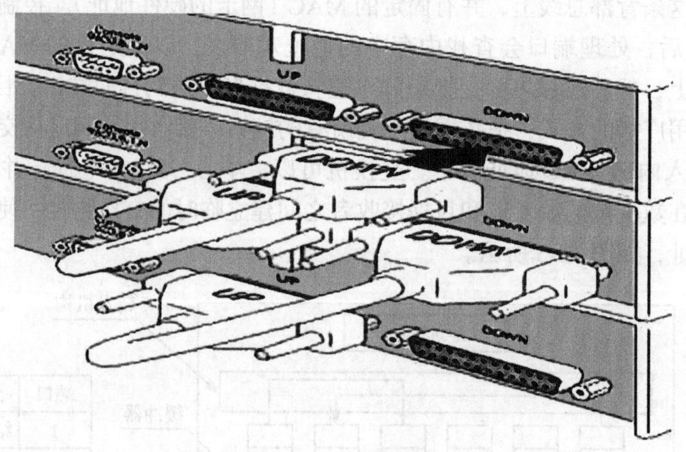

图 18-4 交换机的堆叠连接

5. 全双工

全双工是指数据交换时，可以同时发送和接收数据。以前的交换机分为全双工、半双工、全双工 / 半双工。全双工就像打电话一样，可以一边说话一边听到对方说的话，半双工则像对讲机一样，只能说话或听对方说话。全双工 / 半双工是在全双工和半双工间自动调节。

这个概念现在说起来已经有些过时了，因为基本上所有的新型交换机都是全双工机制的。

6. 交换机的选择

交换机是中小型局域网中最重要的设备，知名的品牌也很多，有思科、华为、H3C、TP-LINK、D-LINK 等，且品牌间差异并不明显。相对来说，交换机的类型是选择交换机更重要的标准，性能和价格的差异很大。下面我们就来详细介绍常见的交换机类型。

18.1.3 SOHO 交换机

SOHO 的意思是“Small Office Home Office”小型家庭办公交换机，可以简单理解为家庭局域网交换机。这种小型交换机多数是二层交换机，价格为几十元到几百元不等，适合几台电脑的家庭或小型公司局域网使用，如图 18-5 所示。

图 18-5 TP-LINK SOHO 交换机

18.1.4 快速以太网交换机

快速以太网交换机是传统的以太网交换机的升级型，结构和功能上没有太大的改变。这种交换机数据传输稳定、结构简单、使用方便。这种交换机多数是二层交换机，价格为几百元到上千元不等，适用于由 10 台以上电脑组成的中小型局域网，如图 18-6 所示。

图 18-6 D-Link 快速以太网交换机

18.1.5 千兆以太网交换机

千兆以太网交换机比传统的以太网交换机在性能上有很大的提升，传输速度更快。但缺点是设置复杂，需要专业人员进行操作。这种千兆交换机既有二层也有三层，价格为几千元到上万元，适用于网吧、对网络要求较高的中型企业局域网，如图 18-7 所示。

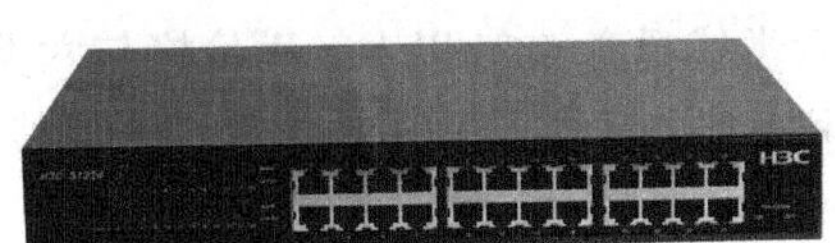

图 18-7 H3C 千兆以太网交换机

18.1.6 智能交换机

智能交换机支持专门的具有应用功能的“刀片”服务器，功能包括协议会话、远程镜像、磁带仿真及内网文件和数据共享。智能交换机有很多不同的体系结构，有的具有对每个端口的频外处理能力，有的具有巨大的带宽，有的还为每个服务器配备专用的处理器和内存。

图 18-8 华为智能交换机

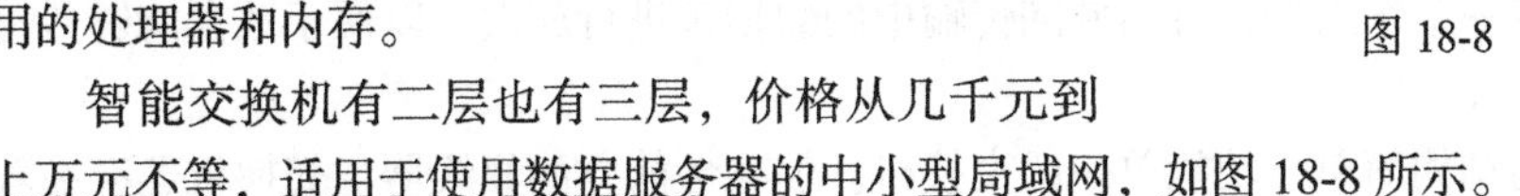

智能交换机有二层也有三层，价格从几千元到上万元不等，适用于使用数据服务器的中小型局域网，如图 18-8 所示。

18.1.7 网吧专用交换机

近年来，网吧对网络的要求越来越高，网吧专用交换机也随之产生，如图 18-9 所示。网吧专用交换机在千兆以太网交换机的基础上，增加了专门为网吧服务的新功能。其价格从几千元到几万元不等。

图 18-9 D-Link 网吧专用交换机

新增针对网吧的功能如下。

1）网管功能：让用户可以使用一个 IP 管理所有智能入网设备。

2）双千兆级联功能：千兆传输速度已经达到一个瓶颈，双千兆级联功能突破这个速度限制，让传输速度提高一倍。这个功能尤其对无盘工作站优势明显。

3）网克分流功能："网克"是有盘局域网中常用的维护工具，使用方便。但缺点是传输大流量广播包时，严重影响其他电脑的上网速度。网克分流技术就解决了这个问题。

4）无盘优化功能：无盘工作站品牌很多，技术上也有差异。因此能够根据无盘技术来选择优化的交换机是最好的，这样不管使用哪种无盘技术，都可以获得最佳的性能。

5）智能绑定功能：以往交换机安全和使用方便往往是一对矛盾，普通交换机使用方便但是完全没有安全保护，第一代智能安全交换机有安全保护但是使用比较复杂。而第二代智能安全交换机不仅从安全保护方面大大提升，真正做到整网保护，而且使用非常方便，完全自动地完成绑定功能，让网管脱离了烦琐的绑定解绑工作。

6）光纤骨干：相对于普通六类线（最好的铜芯网线），光纤的优势明显。它的传输速度比六类线提高 50% 以上，而价格与六类线相近。光纤还具有 100% 防雷击、防电涌、防电磁干扰等特性。在传输距离方面，六类线超过 60 米传输速度就会严重下降，而光纤传输超过 200 米都没有任何损失。

18.2 集线器

本节主要介绍集线器。

18.2.1 集线器是什么

集线器"Hub"直译为"中心"，意思就是作为中心将几台电脑组成星型局域网。除了连接电脑外，集线器还有一个作用是，将局域网传输中的数据包进行放大，以便于数据能够传输得更远，如图 18-10 所示。

集线器可以理解为结构简单、功能单一的交换机。但在性能方面集线器与交换机还存在着很大的差距。

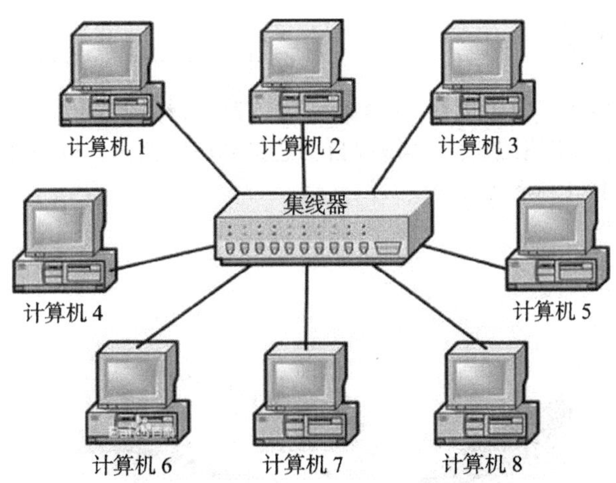

图 18-10 集线器连接的星型电脑局域网

18.2.2 集线器与交换机的区别

集线器除了在性能上远远不及交换机外，二者最主要的区别在于传输方式。交换机的传输是通过 MAC 地址进行的一对一传输，同一时间可以有很多对结点传输，而且不会影响传输速度。比如 10MB 的交换机同时有 3 对结点进行传输，那么就是 10MB × 3=30MB 的传输速度。

集线器的传输方式是广播式的传输，一个结点发送的数据包，集线器会将它发送到每一个结点的端口上，需要交换的结点再根据握手协议（数据包中有接口对比信息，信息一致就算握手成功）接收数据。这样集线器的传输方式就变成了共享式的传输。比如同样是 10MB 的集线器，有 3 对结点进行传输的话，那么它们的传输总和还是 10MB，每个传输分别只有 3MB 的速度。

18.2.3 集线器有哪些

集线器有 TP-Link、B-Link、Fast（迅捷）等品牌，价格从几十元到几百元不等。功能上基本差不多，选购时只要考虑质量和端口数就行了，如图 18-11 所示。

图 18-11 TP-Link 集线器

18.3 路由器

本节主要介绍路由器及其工作原理。

18.3.1 路由器是什么

路由器具有转发对策“路由选择（routing）”，因此而得名 Router。路由器是组建各种局域网、广域网的设备，它能够根据信道的情况自动选择和设定路由，以最佳路径，按前后顺序发送信号的设备，如图 18-12 所示。

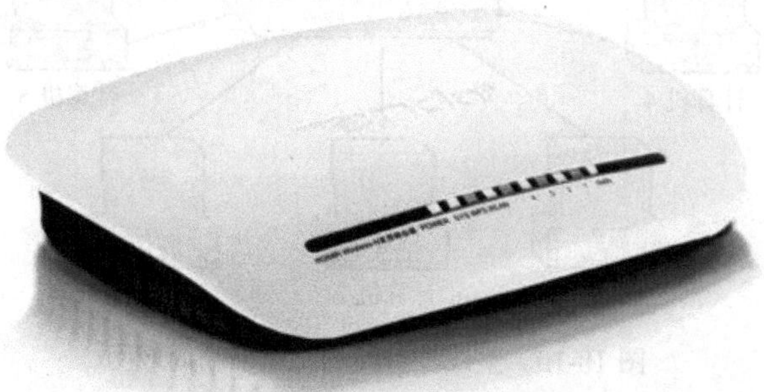

图 18-12 腾达路由器

在组建局域网的时候，使用路由器比使用交换机更为方便，因为路由器属于第三层（网络层）工作设备，所以它具有很多交换机所不具备的功能。比如自动拨号器能给使用者带来极大的方便，如图 18-13 所示。

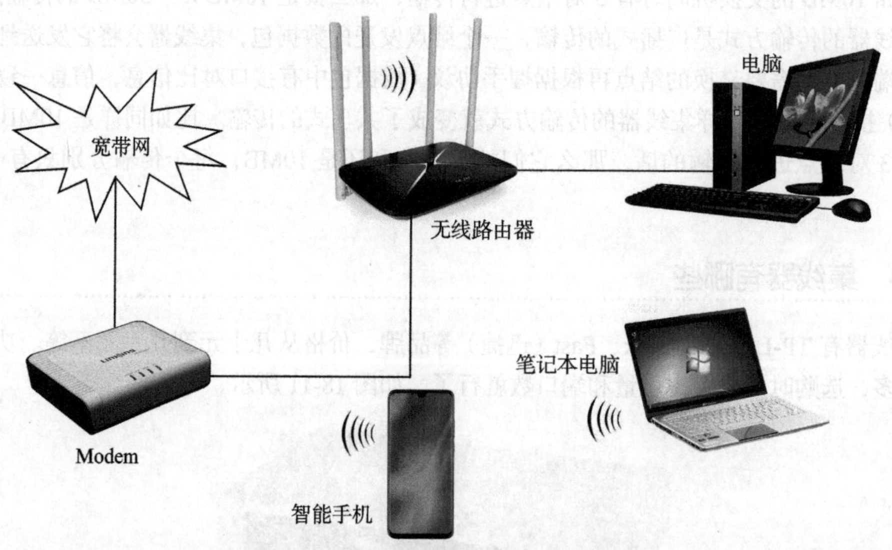

图 18-13 路由器组成家庭局域网

但路由器也有其局限性：与交换机相比，路由器组建局域网的规模小、传输效率低、设置复杂。所以有时为了得到更好的网络效果，中型局域网一般采用路由器加交换机的形式搭建，如图 18-14 所示。

现在又出现了一种支持 Wifi 无线上网的无线路由。所谓无线路由，就是在普通路由器的基础上，增加了 Wifi 信号的发射器和接收器，这样同时配合支持 Wifi 无线上网的设备，如笔记本电脑、平板电脑、智能手机等，就可以轻松地进行无线上网了，如图 18-15 所示。

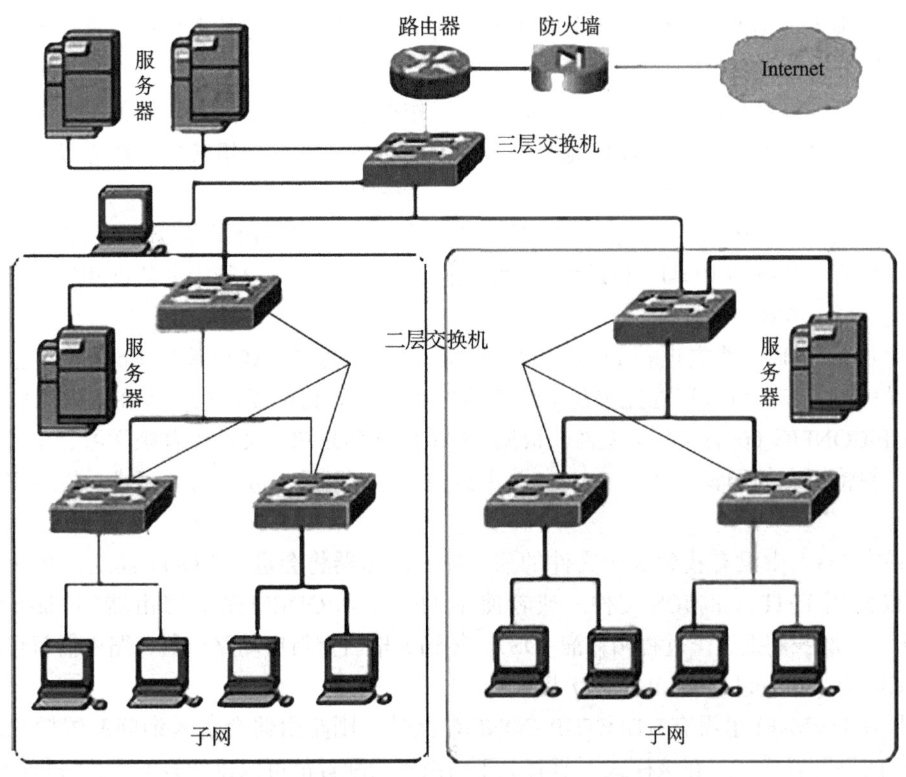

图 18-14　由路由器和交换机组成的中型局域网

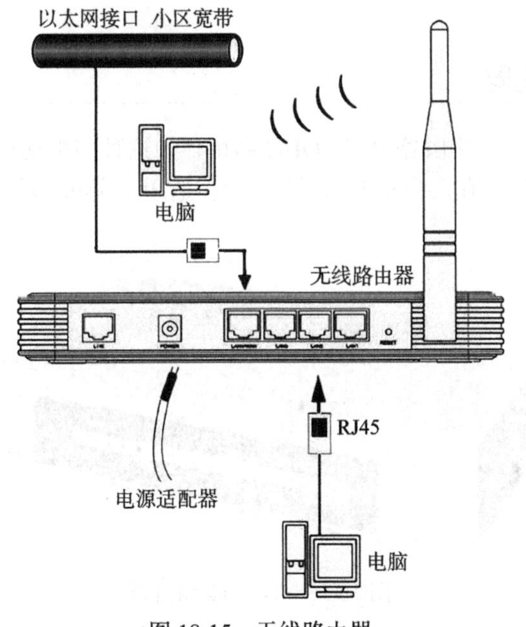

图 18-15　无线路由器

18.3.2　路由器的工作原理

路由器的功能与交换机、集线器相似，都是电脑与电脑之间连接的中枢。但在工作层面上二者还是有很大区别的。路由器是使用 IP 地址方式对各结点进行数据传输，这样可以有效地对结点进行分组分段管理。

交换机工作在第二层（数据层），而路由器工作在第三层（网络层），这就为路由器提供了很大的发挥空间，比如可以根据 IP 地址对数据进行分组过滤、分组转发、优先级、复用、加密、压缩，并具备防火墙功能等。

与交换机不同，路由器由于要工作在第三层，需要支持网络协议等功能，所以路由器中也有 CPU、内存、BIOS（ROM）和系统（IOS 软件），虽然不能与电脑中的器件相比，但其发挥的作用也相当于电脑中的设备。

路由器启动时，首先进行 POST 上电自检；第 2 步从 ROM 里读取 BootStrap 程序进行初步引导；第 3 步定位并读取完整的 IOS 镜像文件，引导路由器；第 4 步在 NVRAM 中查找 STARTUP-CONFIG（配置文件）文件，根据 STARTUP-CONFIG 文件配置来学习、生成、维护路由表，并将所有的配置加载到 RAM（路由器的内存）里后，进入用户模式，最终完成启动过程。

如果在 Flash 中没有找到 IOS 文件的话，那么路由器将会进入 BOOT 模式，在 BOOT 模式下可以使用 TFTP 上的 IOS 文件。或者使用 TFTP/X-MODEM 来向路由器的 Flash 传一个 IOS 文件（一般我们把这个过程叫作灌 IOS）。传输完毕后重新启动路由器，路由器就可以正常启动到 CLI（Command Line Interface）模式。

如果在 NVRAM 里没有 STARTUP-CONFIG 文件，则路由器会进入询问配置模式，也就是俗称的问答配置模式。在该模式下所有关于路由器的配置都可以以问答的形式进行配置。不过一般情况下我们基本上是不用这样的模式的，而是会进入 CLI 命令行模式，然后对路由器进行配置。

18.3.3 SOHO 路由器

我们常见的 4 口或 8 口路由器也叫 SOHO 路由器，这种路由使用方便，只要设置一次就能自动拨号上网。它价格便宜，为几十元到几百元。适用于家庭局域网和公司小型局域网，如图 18-16 所示。

图 18-16 TP-Link 路由器

18.3.4 无线路由器

无线路由器是在普通路由器的基础上，增加了 Wifi 无线上网功能。根据提供无线信号的强弱，无线路由器分为单天线、双天线和三天线几种。价格为 100 元到几百元，适用于家庭局域网使用，如图 18-17 所示。

图 18-17 双天线无线路由器

18.3.5 4G 上网路由器

4G 无线上网路由器通过 4G 卡，不需要安装宽带也能实现上网，与手机 4G 上网一样。其价格从几百元到上千元，对于不方便接入宽带网，或只是临时上网使用的用户很方便，如图 18-18 所示。

图 18-18 4G 无线路由器

18.3.6 网吧专用路由器

一般的小型局域网使用普通的路由器就足够了，而网吧是一个特殊的局域网，其中少则几十台，多则几百台电脑。这么多电脑同时通过一个路由器上网就要求路由器有着与众不同的功能和效率，如图 18-19 所示。

与普通 SOHO 路由器相比，网吧专用的路由器有以下特点：

1）高性能和高稳定性。网吧路由通常采用专用 CPU，32MB 以上内存（普通为 2MB~8MB），8MB 以上 Flash 容量（普通为 1MB），硬件性能和稳定性远远高于普通路由器。

2）稳压和散热。网吧路由器内置稳压器，避免了由于电压不稳带来掉线问题。内部散热设计也是普通路由器所没有的。

3）安全性。内置防火墙功能，可以防止外来的网络攻击和冲击波、震荡波之类的网络病毒。

图 18-19 网吧 / 企业级双 WAN 口路由器

18.4 Modem（猫）

本节主要介绍各种猫。

18.4.1 猫的作用

Modulator（调制器）与 Demodulator（解调器）集成在一起就叫作 Modem 调制解调器，是在家庭上网使用 ADSL 时必不可少的设备。电话线必须接在 ADSL 猫上，再从猫上接出一根网线连接到电脑，才能实现电脑上网，如图 18-20 所示。

初学电脑的人经常会将猫和路由器搞混，其实只要搞清楚猫的工作原理，就知道猫和路由器还是有很大区别的。路由器的主要作用是组建局域网，而猫的作用是将从电话线传过来的电信号转化为电脑能够识别的数字信号，并将电脑传送来的数字信号转化为电话线可以传送的电信号。

图 18-20 上网猫

18.4.2 电信猫

安装 ADSL 时，工作人员提供给用户的就是电信猫，它的作用就是连接电脑和电话线，功能简单，设置方便，如图 18-21 所示。

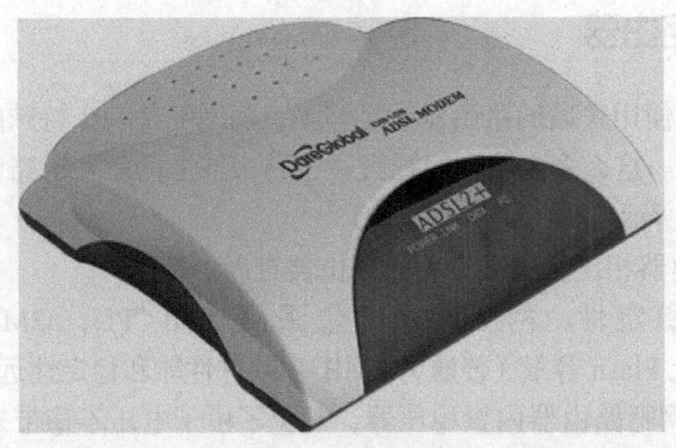

图 18-21 ADSL 猫

18.4.3 光纤猫

在 ADSL 改为光纤线路时，工作人员会给用户更换一个类似的猫。这个猫虽然功能与电信猫一样，但是它是专门针对光纤线路的，二者不能混用，如图 18-22 所示。

图 18-22 ADSL 光纤猫

18.4.4 电话线拨号和 ISDN 猫

在宽带普及以前，人们都是通过电话线直接拨号上网，后来出现了 ISDN，在速度上有所提升，而且它们可以使用同一个拨号猫。这种低速网络设备如今已经逐渐被宽带设备所代替，如图 18-23 所示。

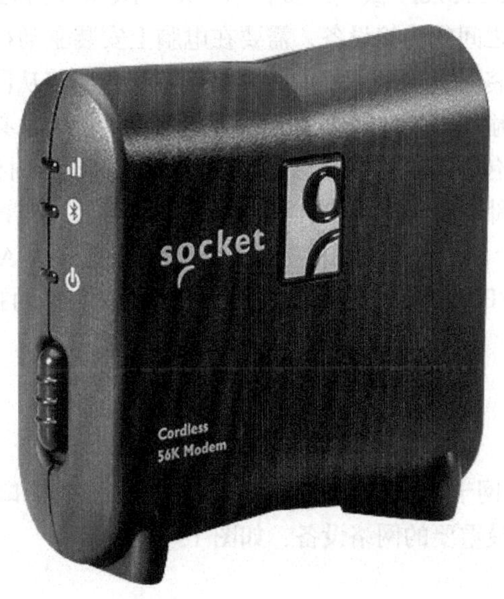

图 18-23 拨号上网猫

18.4.5 4G 上网卡

4G 上网卡按照这个名称应该划分到网卡里，但其实它并不是网卡，而是 4G 上网卡接收器，是将手机电话 SM 卡内置，通过 4G 上网实现无线上网的设备。移动设备配合这个 4G 上网设备，就可以像手机一样做到随时随地无线上网了，如图 18-24 所示。

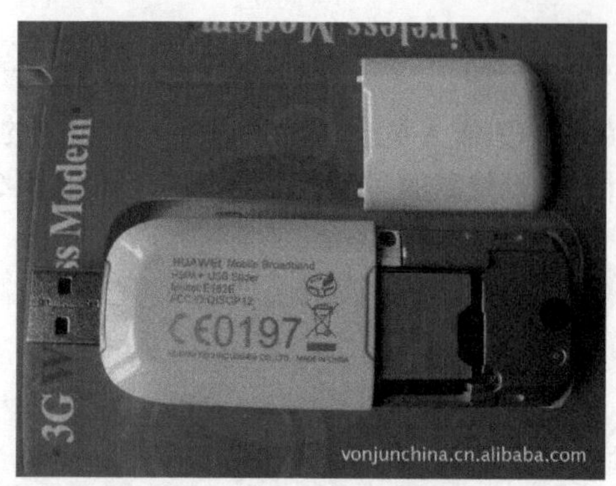

图 18-24 4G 上网卡

18.5 网卡

本节主要介绍各种网卡。

18.5.1 网卡是什么

网络适配器（network adapter）或网络接口卡 NIC（Network Interface Card）就是我们俗称的网卡。它是电脑和网络之间的连接设备，需要在电脑上安装驱动程序它才能正常工作。

网卡的主要功能是，将要发送到网络的数据封包发送，与将从网络接收到的数据包解封并连成完整数据。在网络传输的时候，数据太大是不能直接传送的，必须将数据分解成若干个小的数据包，再将这些数据包一个一个地连续传送出去。在封包的时候，为了保持数据的连贯，会在每个封包的首部和尾部加上标签，这样在解封的时候就会按照首尾的标识来将数据包连接起来。比如，由 ABC 这个 3 个字符组成的数据，封包时被拆分为 A 包、B 包和 C 包，那么它们的首尾标识就是 1A2、2B3、3C4，这样在解封的时候将 2 与 2 对接、3 与 3 对接，就能将数据包连贯地组成数据了。

18.5.2 独立网卡

曾经风靡一时的独立网卡是一块带有处理器、内存和网线接口的板卡，通过 PCI 接口与电脑主板相连，是电脑中最重要的网络设备，如图 18-25 所示。

图 18-25 PCI 接口独立网卡

18.5.3　集成网卡

现在最广泛使用的就是主板集成网卡了，将独立网卡集成到电脑主板上，从而实现与独立网卡同样的功能，给使用者带来了方便，如图 18-26 所示。

图 18-26　集成网卡

18.5.4　USB 网卡

USB 网卡与独立网卡的功能相同，不同的是它采用了 USB 接口，作为外置设备，使用更方便，使用时将网线插在网线插口上，再将网卡插在电脑的 USB 接口上，就完成了连接，如图 18-27 所示。

图 18-27　USB 网卡

18.5.5　USB 无线网卡

USB 无线网卡是无线路由接收器，与 USB 网卡的作用相同，只是 USB 无线网卡是与无线路由器相连接，不需要使用网线，如图 18-28 所示。

图 18-28　USB 无线网卡

18.5.6 PCMCIA 卡

PCMCIA 卡是专门用在笔记本电脑或 PDA、数码相机等便携设备上的一种总线结构接口卡，如图 18-29 和图 18-30 所示。笔记本电脑网卡通常都支持 PCMCIA 规范，而台式机网卡则不支持此规范。

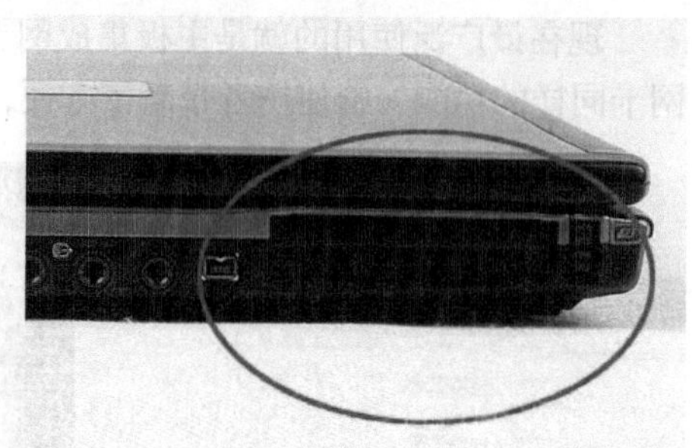

图 18-29 笔记本上的 PCMCIA 插槽

笔记本电脑上的 PCMCIA 接口不仅可以插网卡，还可以插各种扩展卡，比如 USB 接口卡、串口接口卡等，如图 18-31 所示。但现在 PCMCIA 卡还没有一个统一的标准，所以在选购的时候要向商家询问清楚 PCMCIA 接口的规范，以免造成不匹配的情况。

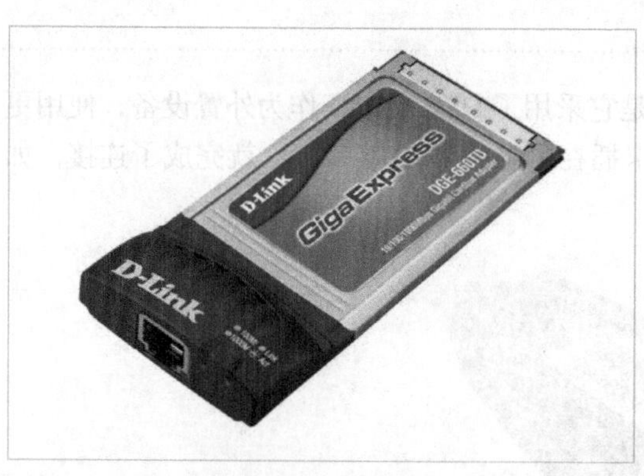

图 18-30 PCMCIA 接口网卡

图 18-31 PCMCIA 转 USB2.0 接口卡

18.6 网线

无论是电脑直接通过宽带上网，还是与其他电脑组成局域网，都离不开网线的连接。常见的局域网中使用的网线有光纤、同轴电缆和双绞线 3 种。这一节我们就来讲解网线的特性与制作方法。

18.6.1 光纤

光纤是目前传输速度最快的网线，同时价格也是最高的。光纤由许多根细如发丝的玻璃纤维外加绝缘套组成，如图 18-32 所示。由于采用光信号传输，所以可以达到 100% 抗电磁干扰、抗雷击、抗电涌，而且传输速度快、传输容量大。

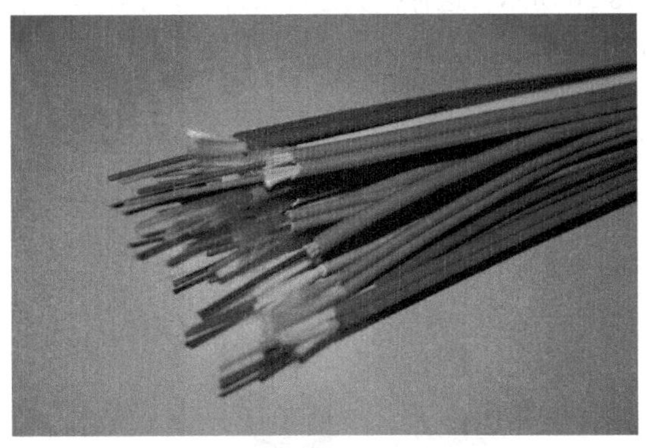

图 18-32　光纤

18.6.2　同轴电缆

同轴电缆是由一层绝缘线包裹着中央铜导体的电缆线。它的特点是抗干扰能力好，传输数据稳定，价格也便宜（几元一米），同样被广泛使用，如闭路电视线等。同轴电缆用来与 BNC 头相连，市场上卖的同轴电缆线一般都是已经与 BNC 头连接好了的成品，用户可直接选用，如图 18-33 所示。

图 18-33　同轴电缆

18.6.3　双绞线

双绞线是由两根号绝缘铜导线相互缠绕而组成的导线，实际使用时由多对双绞线缠在一起包在一个绝缘电缆套管里。其传输效率、抗干扰能力等都不如光纤和同轴电缆，但它价格便宜，这使得它成为使用最广泛的电缆，如图 18-34 所示。

双绞线分为 STP 和 UTP 两种，STP（屏蔽双绞线）的双绞线内有一层金属隔离膜，在数据传输时可减少电磁干扰，所以它的稳定性较高，如图 18-35 所示。而 UTP（非屏蔽双绞线）内没有这层金属膜，所以它的稳定性较差，但它的优势就是价格便宜。采用 UTP 的双绞线价格一般为 1 米 1 元钱，而 STP 的双绞线就说不定了，便宜的几元 1 米，贵的可能十几元 1 米。

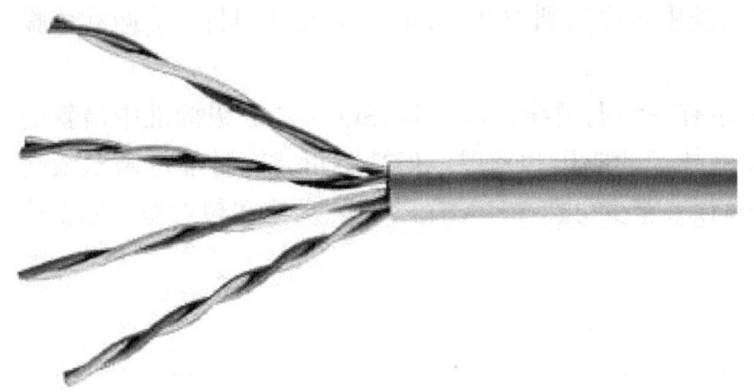

图 18-34　双绞线电缆

图 18-35　带金属隔离膜的 STP 双绞线

双绞线在使用时两端和 RJ45 接头（俗称水晶头）相连。购买时商家一般都会为用户制作好两端的水晶头，如图 18-36 所示。这种接头也可以自己动手制作，制作时除了网线和水晶头外，还需要专门卡线用的卡线钳子。

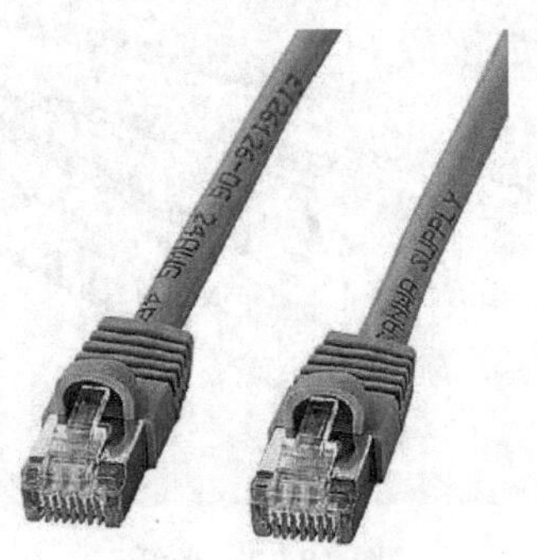

图 18-36 网线前端的水晶头

18.6.4 双绞线的分类

局域网中常用的网线有五类线、超五类线、六类线、超六类线几种，越往后的线径越粗。

1）五类线：比传统三类线绕线密度高，线外套一种高质量的绝缘材料，传输率为 100MHz，用于语音传输和最高传输速率为 100Mbps 的数据传输，主要用于 100BASE-T 和 10BASE-T 网络。这是最常用的以太网电缆。

2）超五类线：与五类线相比衰减小、串扰少，并且具有更高的衰减与串扰的比值（ACR）和信噪比（Structural Return Loss)、更小的时延误差，性能得到很大提高。超五类线主要用于千兆位以太网（1000Mbps）。

3）六类线：电缆的传输频率为 1MHz ~ 250MHz，六类布线系统在 200MHz 时综合衰减串扰比（PS-ACR）应该有较大的余量，它提供两倍于超五类的带宽。六类线的传输性能远远高于超五类标准，最适合于传输速率高于 1Gbps 的应用。六类与超五类的一个重要的不同点在于：它改善了在串扰及回波损耗方面的性能，对于新一代全双工的高速网络应用而言，优良的回波损耗性能是极重要的。六类标准中取消了基本链路模型，布线标准采用星型的拓扑结构，要求的布线距离为：永久链路的长度不能超过 90 米，信道长度不能超过 100 米。

4）超六类线：超六类线是六类线的改进版，同样是 ANSI/EIA/TIA-568B.2 和 ISO 6 类 /E 级标准中规定的一种非屏蔽双绞线电缆，主要应用于千兆位网络中。在传输频率方面它与六类线一样，也是 200 ～ 250 MHz，最大传输速度也可达到 1000 Mbps，只是在串扰、衰减和信噪比等方面有较大改善。

除了上面几种常见的类型外，现在还有一种七类线，该线是 ISO 7 类 /F 级标准中最新的一种双绞线，主要为了适应万兆位以太网技术的应用和发展。但它不再是一种非屏蔽双绞线了，而是一种屏蔽双绞线，所以它的传输频率至少可达 500 MHz，是六类线和超六类线的 2 倍以上，传输速率可达 10Gbps。

18.6.5 双绞线的制作

1. 双绞线排线标准

我们通常使用的双绞线电缆是由 8 根双绞线组成的，在制作水晶头时需要将这 8 根线按照一定的顺序排列，这就是双绞线的排线标准。

仔细观察双绞线的每一根细线就能发现，8 根线分别标有不同的颜色，其中 4 根是橙、蓝、绿、棕色，另外 4 根则是在白色的基础上带有橙、蓝、绿、棕 4 种颜色的色条，如图 18-37 所示。按照颜色来排列双绞线有两个标准。

- 568A 标准：白绿 – 绿 – 白橙 – 蓝 – 白蓝 – 橙 – 白棕 – 棕
- 568B 标准：白橙 – 橙 – 白绿 – 蓝 – 白蓝 – 绿 – 白棕 – 棕

网线两端使用的标准也有讲究，两端使用同一标准 568A 或 568B 皆可的叫作直连线，用于电脑与交换机、集线器、路由器等的连接。

两端使用不同标准，一端用 568A 另一端用 568B 标准的叫作交叉线，用于电脑与电脑直接相连或交换机与交换机直接相连等。

2. RJ-45 水晶头的各脚功能

RJ-45 水晶头如图 18-38 所示。其中 1 ～ 8 说明如下：

- 传输数据正极 Tx+
- 传输数据负极 Tx-
- 接收数据正极 Rx+
- 备用（当 1236 出现故障时，自动切入使用状态）
- 备用（当 1236 出现故障时，自动切入使用状态）
- 接收数据负极 Rx-
- 备用（当 1236 出现故障时，自动切入使用状态）
- 备用（当 1236 出现故障时，自动切入使用状态）

图 18-37　网线中的 8 根双绞线

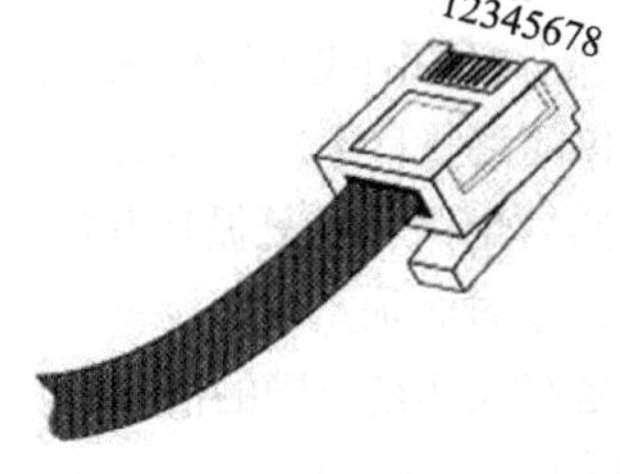

图 18-38　水晶头的各脚及编号

3. 网线的制作

首先我们要认识一个特殊的工具——卡线钳子。它是专门用于制作网线的，上面有两个水晶头卡口，大的是制作双绞线水晶头的，小的是制作电话线水晶头的，如图 18-39 所示。

制作网线时，我们先把 8 根双绞线按照上面介绍的标准排列好，捏在右手中，如图 18-40 所示。

将水晶头带卡扣的一面朝下，开口的一面朝右捏在左手中，然后将右手中的网线插到左手中的水晶头里。注意观察 8 根线每一根都要正好插入水晶头顶端的细槽里，用力顶一顶将网线完全插到底，如图 18-41 所示。

最后将插好的水晶头按照形状卡到卡线钳子中，用力一捏，一个接头就做好了，如图 18-42 所示。

图 18-39 卡线钳子

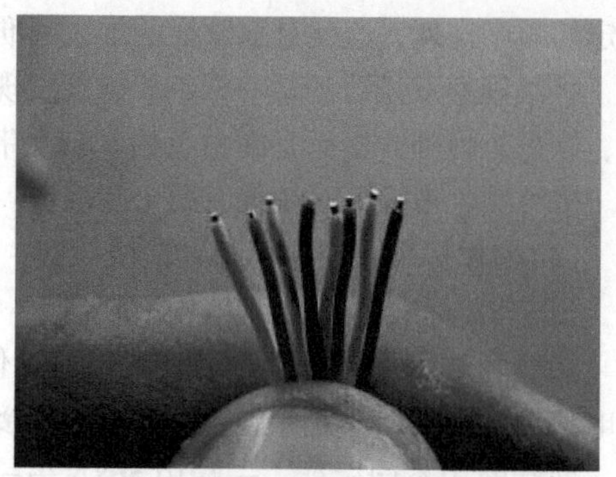

图 18-40 按照标准排列好线

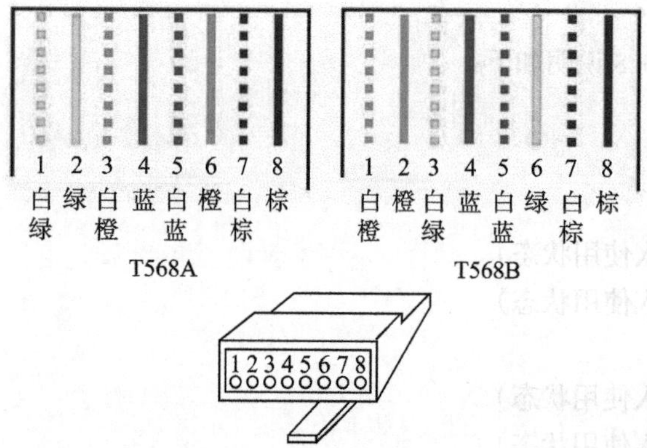

图 18-41 将 8 根线插入水晶头

两端都卡好的网线可以使用网线测试仪来测试其 8 根线是否全部接通了：将网线两端分别插在测试仪的测量口上，打开开关，观察测试仪上两部分的端口的 LED 灯，如果 LED 灯同时逐一亮起然后熄灭，反复循环几次之后就能确定网线全通。如果 LED 灯有不亮的，则说明有不通的线，这时必须重卡水晶头。如果两部分测试仪 LED 灯亮起的不对称，就要根据标准来判断是不是有线插错插槽的情况。如果确定是插线时插错了插槽，那么也必须重卡水晶头，如图 18-43 所示。

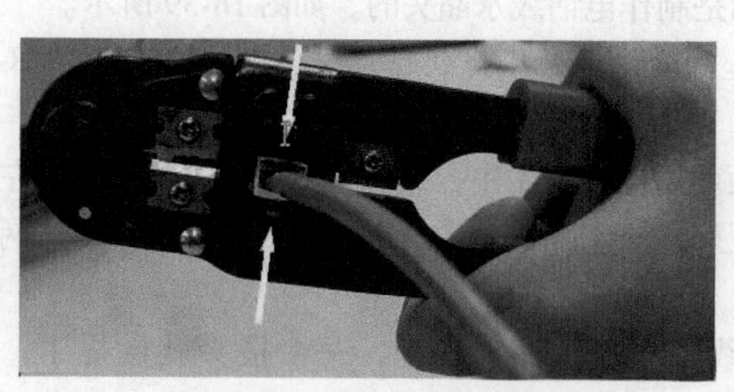

图 18-42 用网线钳制作网线

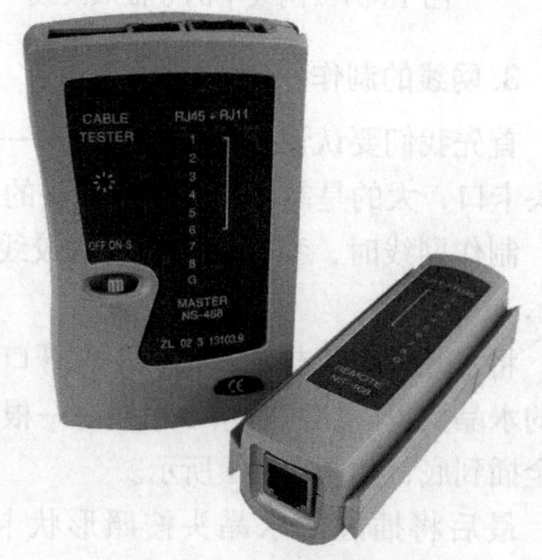

图 18-43 网线测试仪

第 19 章

各种网络的搭建

近年来，随着家用电脑、笔记本电脑上网的普及，小到几台大到几百台电脑组成小型局域网，再通过公用出口连接到互联网，越来越成为电脑应用必不可少的组织形式。

局域网本身也是多种多样、大小不一、各有优劣的。如何搭建小型局域网，如何解决局域网和上网设置中的各种难题，也成为现代电脑用户必须掌握的知识和技术。

19.1 怎样让电脑上网

联网设置是电脑上网的第一步，不同的网络、不同的操作系统，有不同的联网方法。下面重点讲解通过不同方式让电脑上网的方法。

19.1.1 宽带拨号上网

一般来讲，把骨干网传输速率在 2.5Gbps 以上、接入网能够达到 1Mbps 的网络定义为宽带网。宽带网建设分为 3 层：骨干网、城域网和社区接入网。骨干网相当于城市与城市之间的高速公路，城域网相当于市区内的马路，而社区接入网相当于小区街道，可以抵达每户的家门口。

过去大部分用户通过电话线上网，其传输速率只有 56Kbps，而宽带网则能为用户提供 10 ~ 100Mbps 的网络带宽，上网速度能提高 100 倍以上。宽带网上可以直接传输声音、图像和数据，使得长途电话和市话的区别消失，完全实现人们常说的“三网合一”。

近年宽带网发展迅速，由于用它上网的速度非常快，费用又不高，所以受到广泛的青睐。下面就介绍通过宽带上网的操作。

1. 通过光纤宽带上网所需设备

笔记本电脑通过光纤宽带上网需要的设备主要有网卡（如没有内置网卡，则需要配外置网卡）、网线、光纤 Modem（一般网络提供商会送，如图 19-1 所示）。

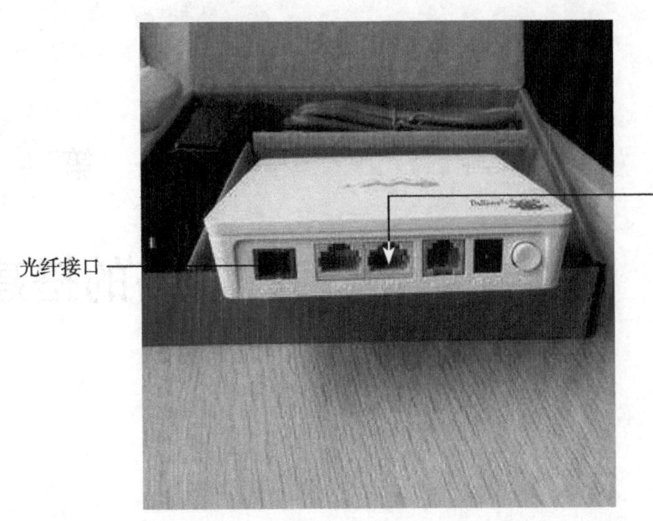

图 19-1 光纤 Modem

2. 安装硬件

安装硬件的步骤如下：

1）如果笔记本电脑没有内置网卡，则需要安装外置网卡（PCMICIA 接口或 USB 接口）。

2）安装光纤 Modem。将网络提供商提供的光纤接头插入光纤 Modem 的光纤接口，然后将网线的一端插入光纤 Modem 中的“网口”，再将网线的另一端插入笔记本电脑的网卡接口。这时候打开电脑和 ADSL Modem 的电源，如果两边连接网线的插孔中的 LED 亮了，则硬件连接成功。图 19-2 展示了连接示意图。

图 19-2 连接示意图

3. 建立宽带拨号

接下来在电脑操作系统中，创建宽带拨号，如图 19-3 所示（以 Windows 10 系统为例）。

4. 断开网络

如果想断开网络连接，可以按下面的方法进行操作，如图 19-4 所示。

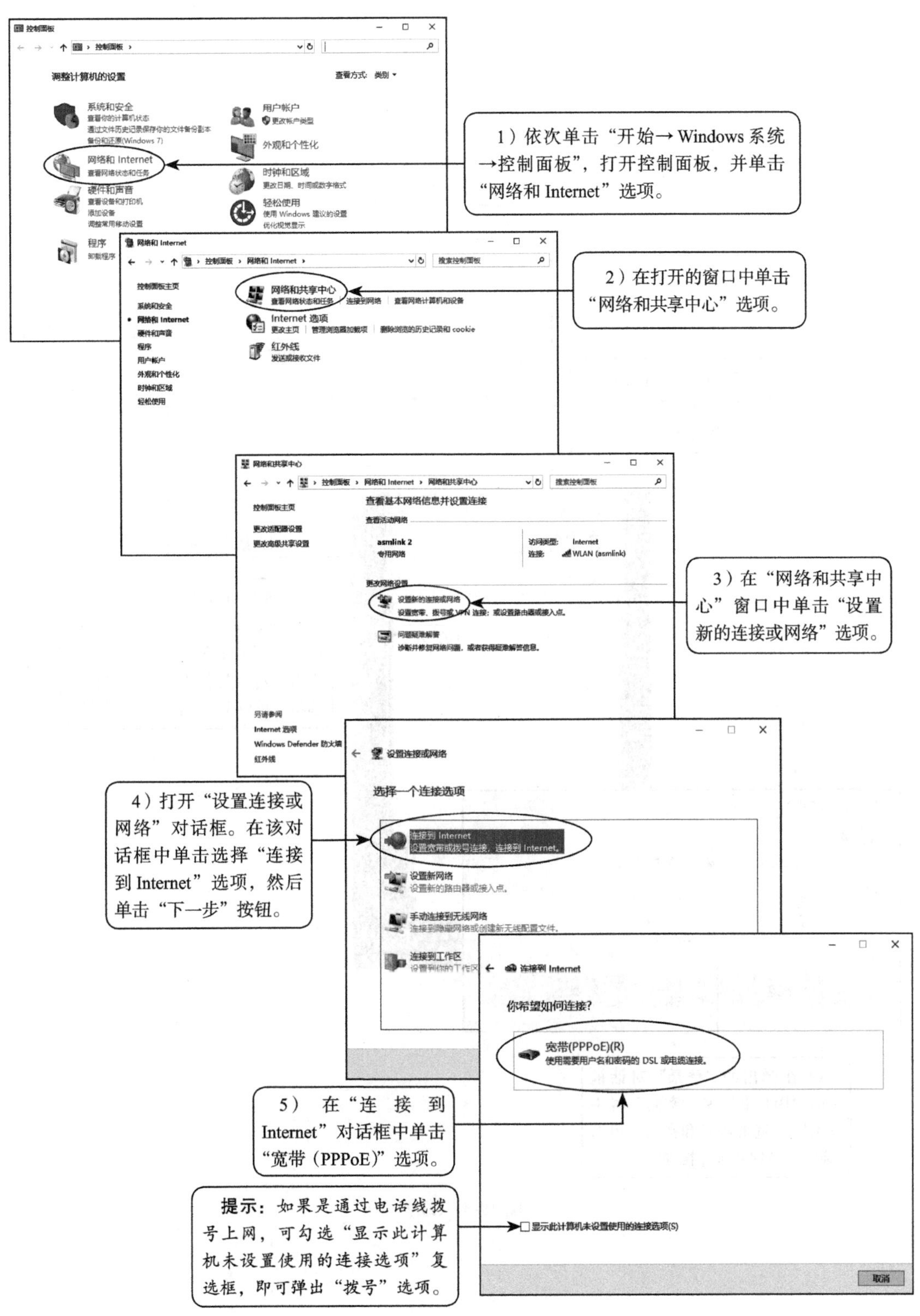
1）依次单击“开始→Windows 系统→控制面板”，打开控制面板，并单击“网络和 Internet”选项。
2）在打开的窗口中单击“网络和共享中心”选项。
3）在“网络和共享中心”窗口中单击“设置新的连接或网络”选项。
4）打开“设置连接或网络”对话框。在该对话框中单击选择“连接到 Internet”选项，然后单击“下一步”按钮。
5）在“连接到 Internet”对话框中单击“宽带（PPPoE）”选项。
提示：如果是通过电话线拨号上网，可勾选“显示此计算机未设置使用的连接选项”复选框，即可弹出“拨号”选项。

图 19-3　宽带拨号上网

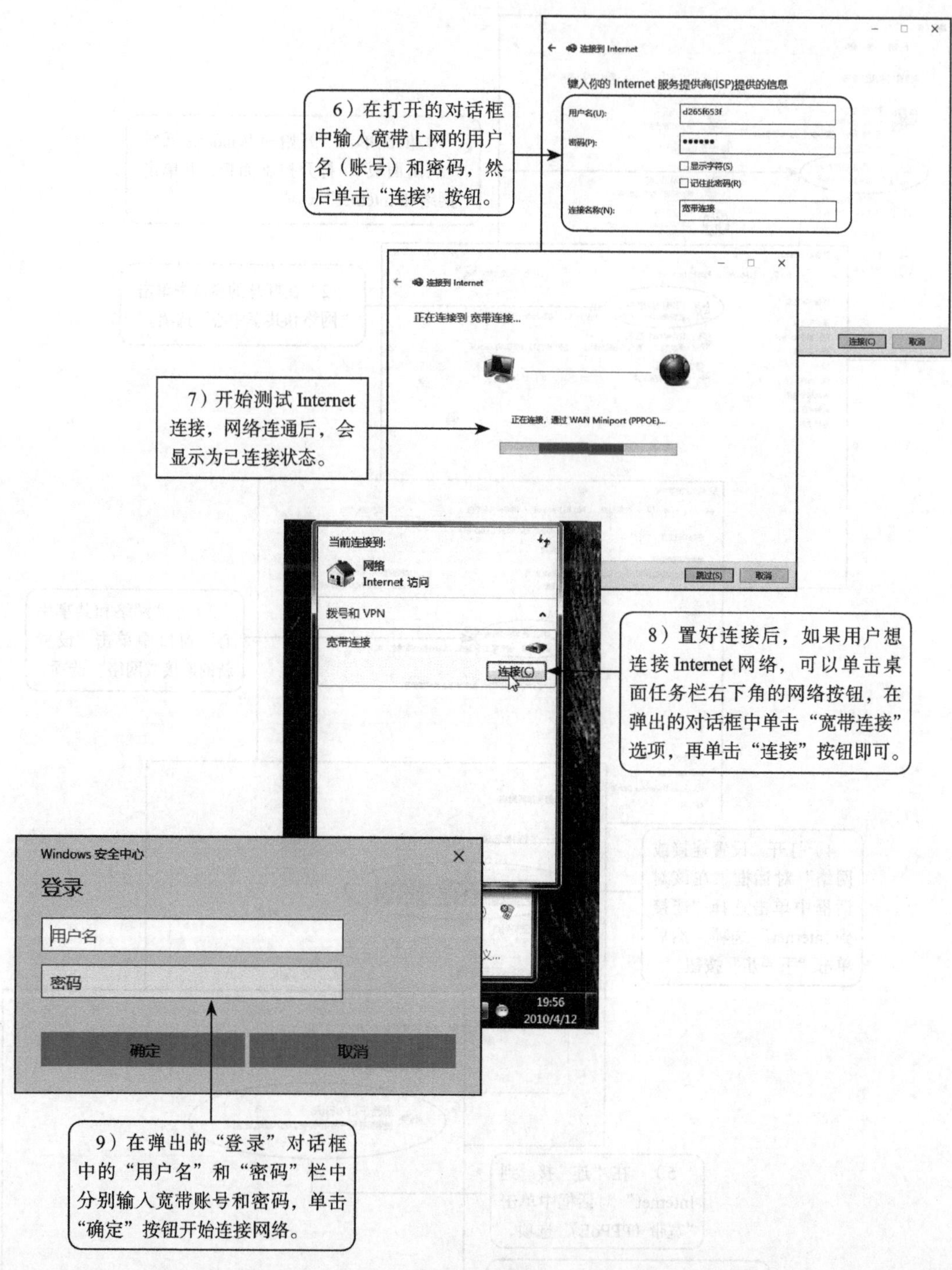

6）在打开的对话框中输入宽带上网的用户名（账号）和密码，然后单击“连接”按钮。
连接到 Internet
键入你的 Internet 服务提供商(ISP)提供的信息
用户名(U):
d265f653f
密码(P):
显示字符(S)
记住此密码(R)
连接名称(N):
宽带连接
连接(C)
取消
7）开始测试 Internet 连接，网络连通后，会显示为已连接状态。
连接到 Internet
正在连接到 宽带连接...
正在连接，通过 WAN Miniport (PPPOE)...
跳过(S)
取消
当前连接到:
网络
Internet 访问
拨号和 VPN
宽带连接
连接(C)
8）置好连接后，如果用户想连接 Internet 网络，可以单击桌面任务栏右下角的网络按钮，在弹出的对话框中单击“宽带连接”选项，再单击“连接”按钮即可。
Windows 安全中心
登录
用户名
密码
确定
取消
19:56
2010/4/12
9）在弹出的“登录”对话框中的“用户名”和“密码”栏中分别输入宽带账号和密码，单击“确定”按钮开始连接网络。

图 19-3 （续）

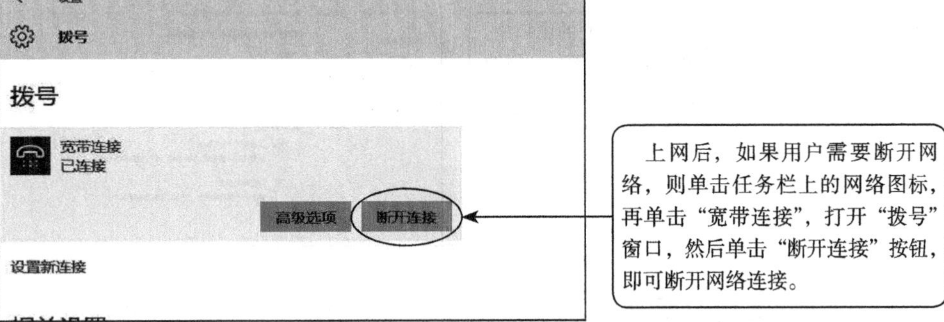

图 19-4　断开网络

19.1.2　通过公司或校园固定 IP 上网实战

在公司和校园网络中，由于已经组建了一个内部局域网，用户必须按照指定的 IP 地址上网。

对于这种上网方法，公司或学校需提供一个 IP 地址，用户对笔记本电脑安装网卡驱动，再准备一根网线即可。上网方法如图 19-5 所示（以 Windows 10 系统为例）。

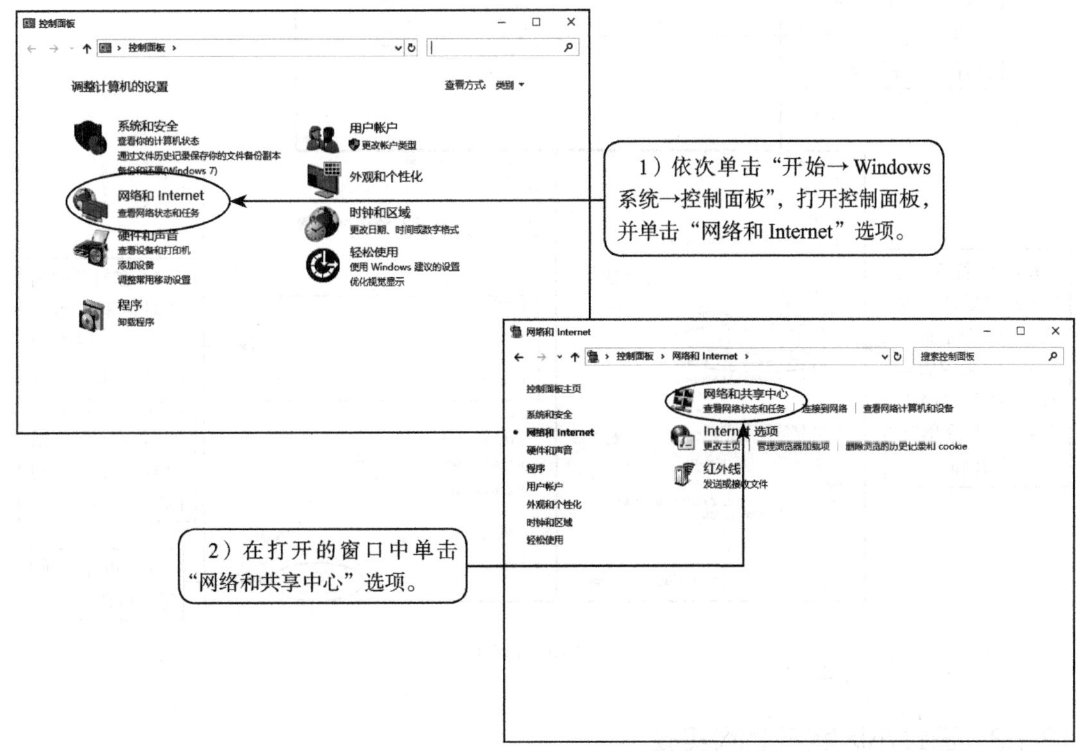

图 19-5　设置 IP 地址

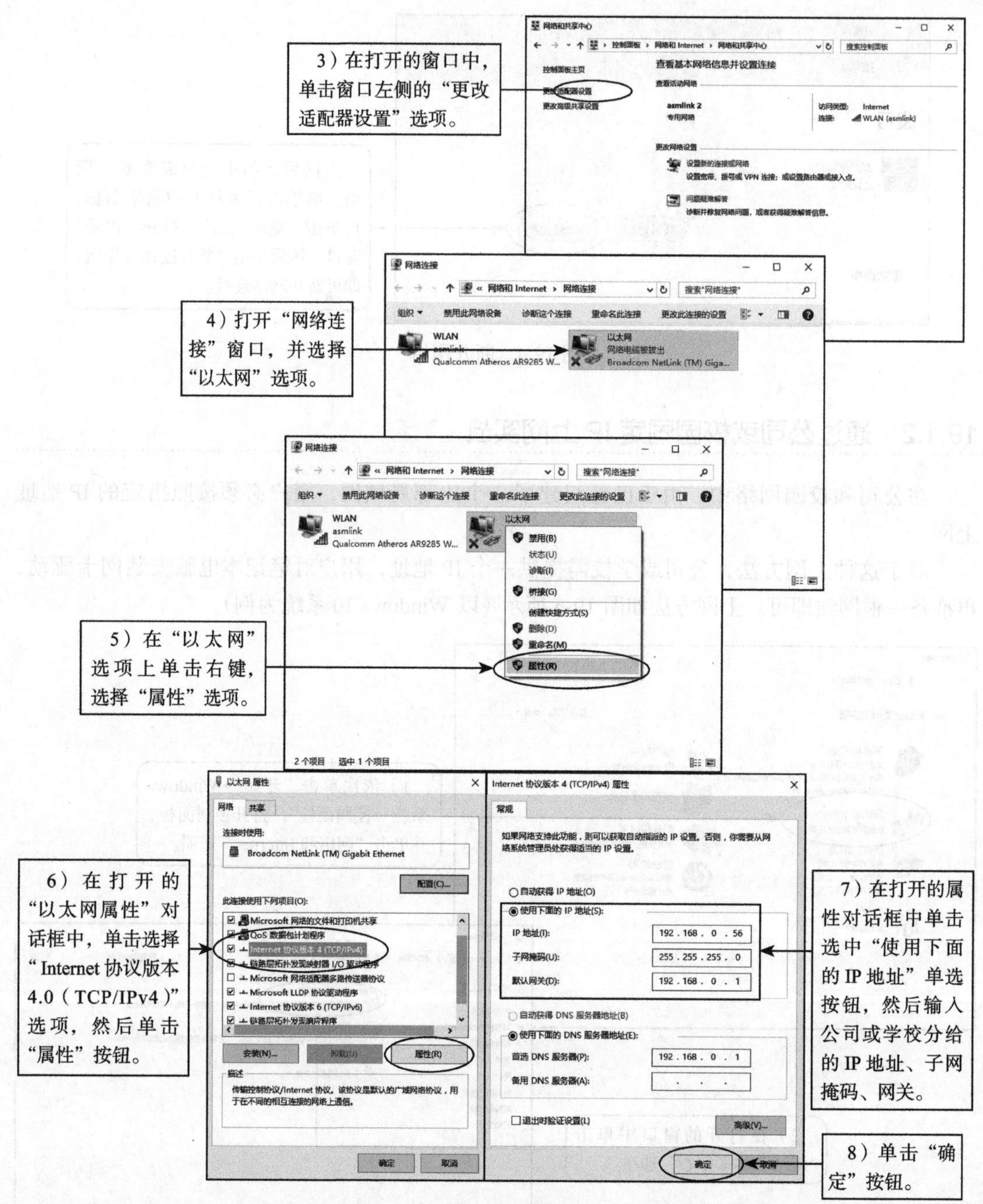

图 19-5 （续）

19.1.3 通过小区宽带上网实战

通过小区宽带上网比较简单：首先申请小区宽带，然后将笔记本电脑的网卡和小区宽带的以太网接口用网线连接就可以了。如果小区宽带服务商为了安全进行了 IPMAC 地址的捆绑，它将会分配一个 IP 地址，那么将分配的 IP 地址和小区宽带提供的 DNS 地址、网关等设置好即可上网。具体设置方法与上一节的设置方法相同。

19.1.4　通过无线路由器上网

现在家里有无线路由器的用户已经不在少数，如果给电脑配置一个无线网卡，就可以通过无线路由器上网了。

通过无线路由器上网的第一步是要给电脑安装一个无线网卡。普通的无线网卡通常是 USB 接口的，可直接插在电脑上，然后给无线网卡安装好驱动就可以进行设置了。通过无线网卡上网的方法如图 19-6 所示。

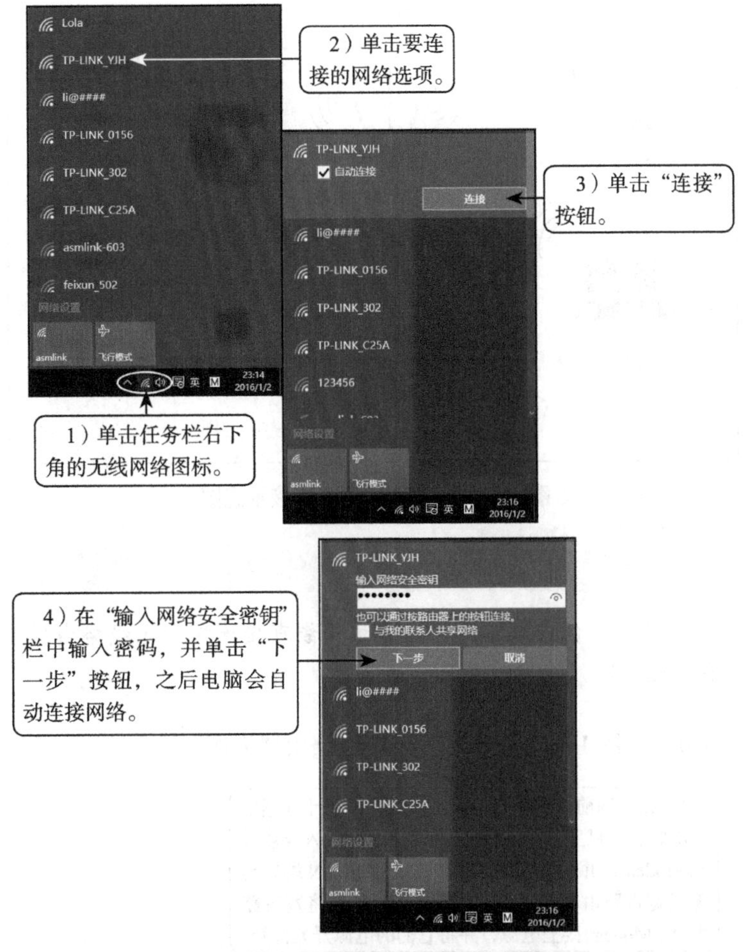

图 19-6　无线网卡上网连接方法

19.2　搭建家庭网络——电脑 / 手机 / 笔记本电脑通过无线网络全联网

由于通过网线组网实现多台电脑共同上网时，连接线会破坏房屋墙壁，且手机无法实现上网，因此在已经完成装修的家庭中，可以考虑通过组建无线网络实现多台电脑、手机、笔记本电脑共同上网。组建家庭无线网主要会用到无线网卡（每台电脑都有一块，笔记本电脑和手机内通常已经有无线网卡）、宽带 Modem、无线宽带路由器等设备。

组建无线家庭网络的示意图如图 19-7 所示。

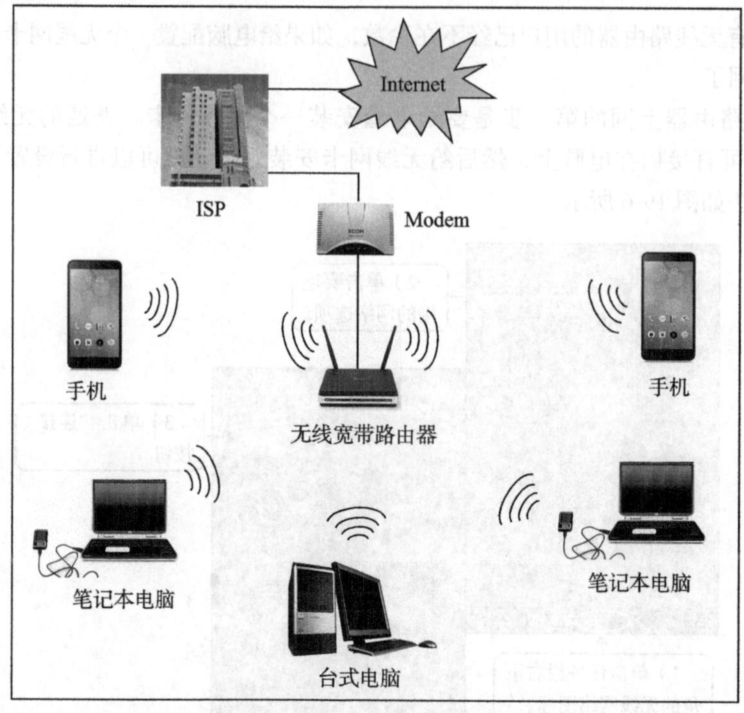

图 19-7 家庭无线网络连接示意图

提示

对于没有无线网卡的台式电脑，可以通过网线直接连接到无线路由器（无线路由器通常提供 4 个有线接口）。

无线网络联网方法如图 19-8 所示（以 TP-Link 路由器为例）。

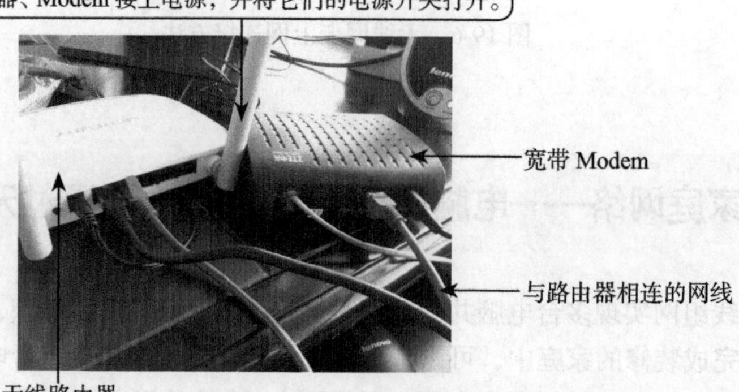

1）在联网前，在所有电脑上安装无线网卡（笔记本电脑和手机上不用安装）。然后将宽带接入线连接到 Modem，并用一根网线将 Modem 的 LAN 端口与无线宽带路由器的 WAN 端口相连。最后将宽带路由器、Modem 接上电源，并将它们的电源开关打开。
宽带 Modem
与路由器相连的网线
无线路由器

图 19-8 无线网联网方法

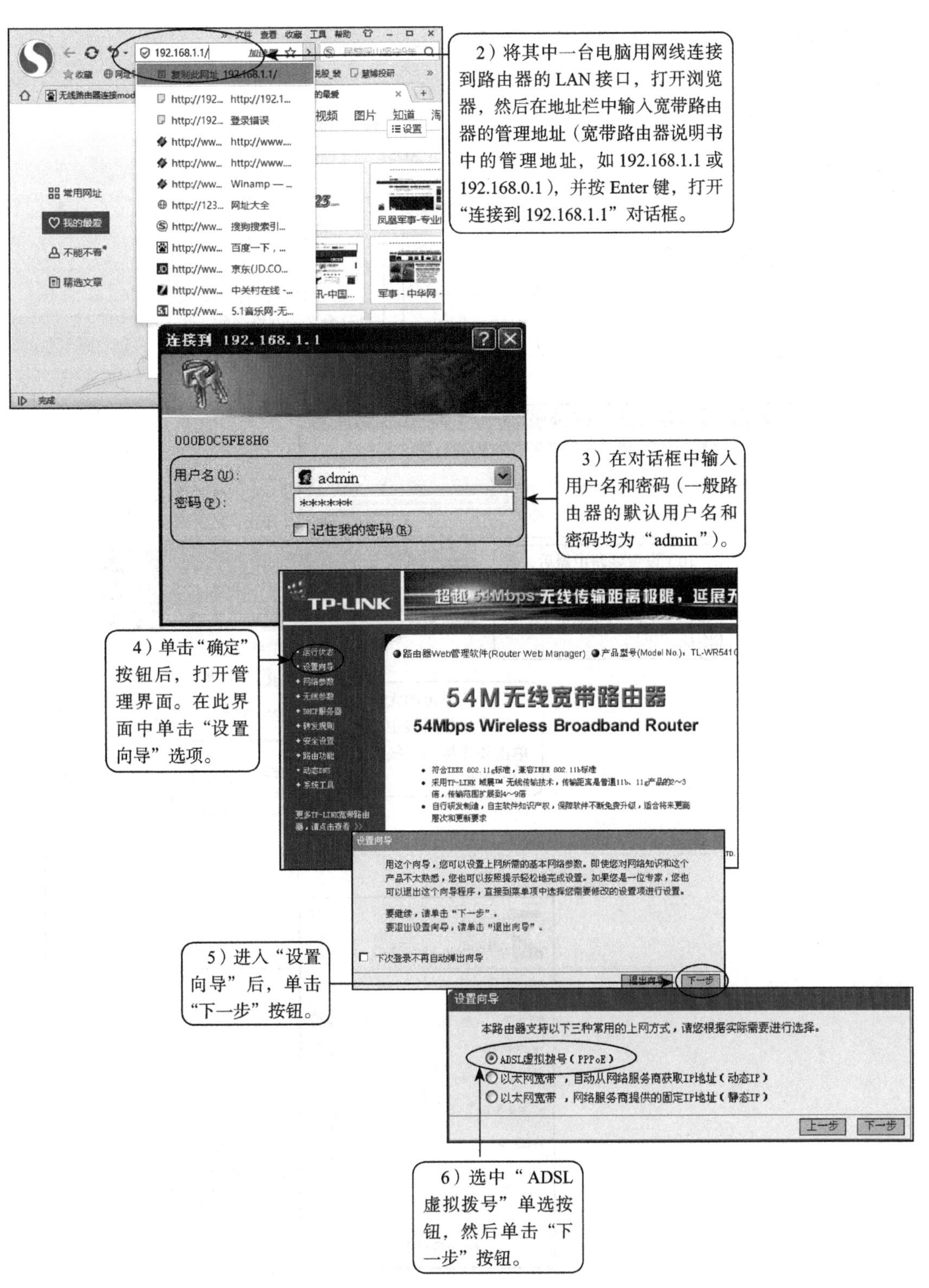

2）将其中一台电脑用网线连接到路由器的 LAN 接口，打开浏览器，然后在地址栏中输入宽带路由器的管理地址（宽带路由器说明书中的管理地址，如 192.168.1.1 或 192.168.0.1），并按 Enter 键，打开“连接到 192.168.1.1”对话框。
连接到 192.168.1.1
用户名(U):
admin
密码(P):
记住我的密码(R)
3）在对话框中输入用户名和密码（一般路由器的默认用户名和密码均为“admin”）。
TP-LINK
4）单击“确定”按钮后，打开管理界面。在此界面中单击“设置向导”选项。
54M无线宽带路由器
54Mbps Wireless Broadband Router
设置向导
5）进入“设置向导”后，单击“下一步”按钮。
下一步
设置向导
本路由器支持以下三种常用的上网方式，请您根据实际需要进行选择。
ADSL虚拟拨号（PPPoE）
以太网宽带，自动从网络服务商获取IP地址（动态IP）
以太网宽带，网络服务商提供的固定IP地址（静态IP）
上一步
下一步
6）选中“ADSL 虚拟拨号”单选按钮，然后单击“下一步”按钮。

图 19-8 （续）

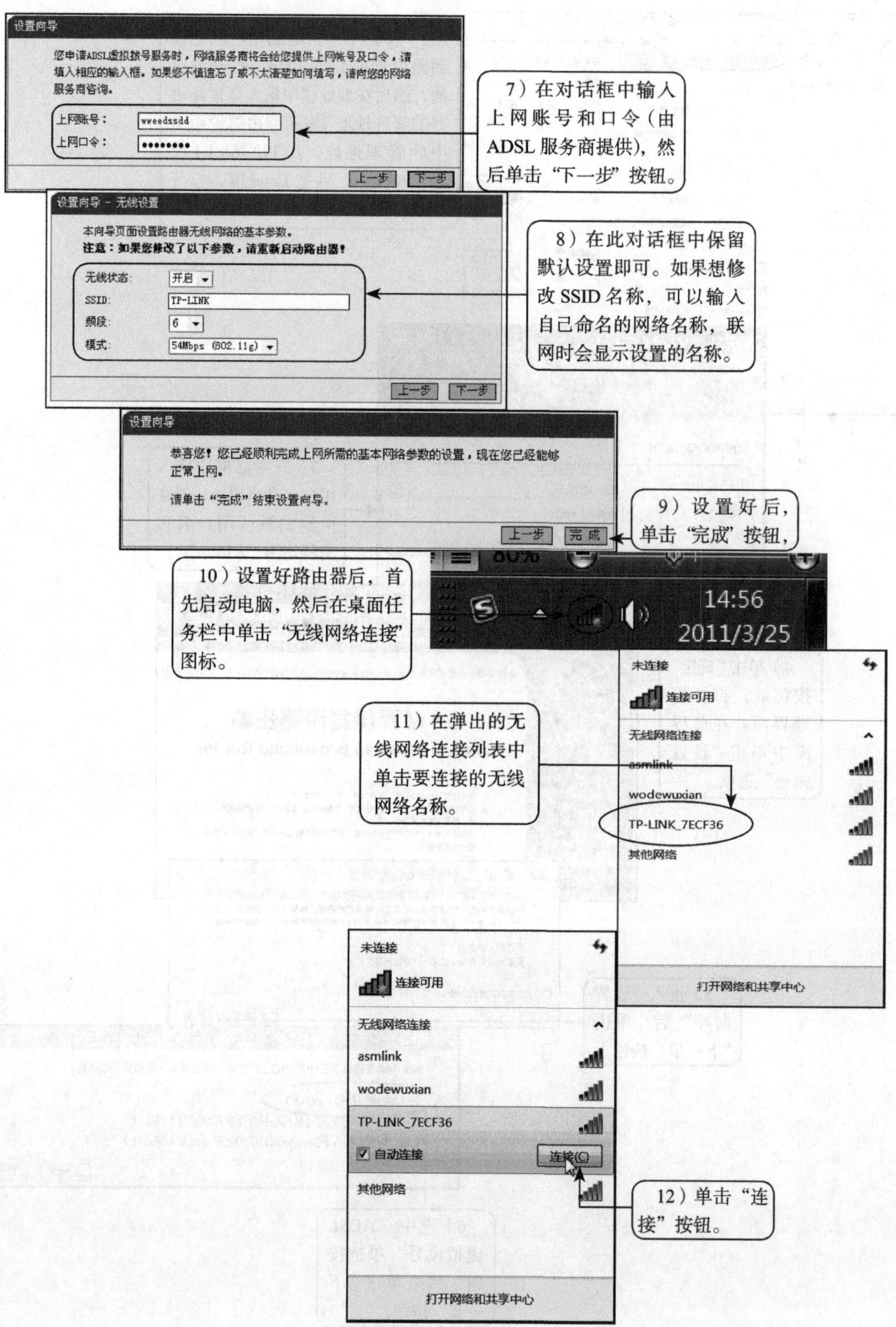
设置向导
您申请ADSL虚拟拨号服务时，网络服务商将会给您提供上网账号及口令，请填入相应的输入框。如果您不慎遗忘了或不太清楚如何填写，请向您的网络服务商咨询。
上网账号：
wweedssdd
上网口令：
上一步
下一步
7）在对话框中输入上网账号和口令（由ADSL服务商提供），然后单击“下一步”按钮。
设置向导 - 无线设置
本向导页面设置路由器无线网络的基本参数。
注意：如果您修改了以下参数，请重新启动路由器！
无线状态：
开启
SSID:
TP-LINK
频段：
6
模式：
54Mbps (802.11g)
上一步
下一步
8）在此对话框中保留默认设置即可。如果想修改SSID名称，可以输入自己命名的网络名称，联网时会显示设置的名称。
设置向导
恭喜您！您已经顺利完成上网所需的基本网络参数的设置，现在您已经能够正常上网。
请单击“完成”结束设置向导。
上一步
完成
9）设置好后，单击“完成”按钮，
10）设置好路由器后，首先启动电脑，然后在桌面任务栏中单击“无线网络连接”图标。
14:56
2011/3/25
未连接
连接可用
无线网络连接
asmlink
wodewuxian
TP-LINK_7ECF36
其他网络
打开网络和共享中心
11）在弹出的无线网络连接列表中单击要连接的无线网络名称。
未连接
连接可用
无线网络连接
asmlink
wodewuxian
TP-LINK_7ECF36
自动连接
连接(C)
其他网络
打开网络和共享中心
12）单击“连接”按钮。

图 19-8 （续）

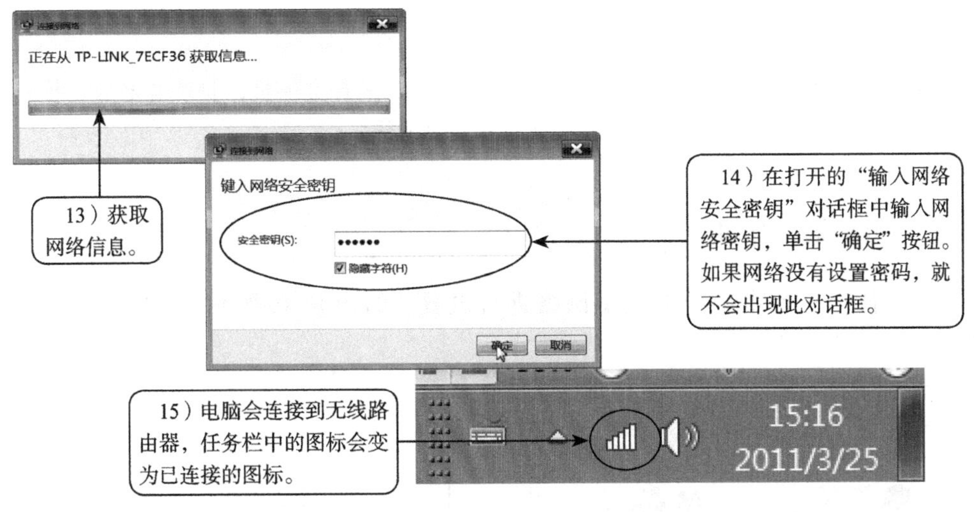
连接到网络
正在从 TP-LINK_7ECF36 获取信息...
13）获取网络信息。
连接到网络
键入网络安全密钥
安全密钥(S):
隐藏字符(H)
确定
取消
14）在打开的“输入网络安全密钥”对话框中输入网络密钥，单击“确定”按钮。如果网络没有设置密码，就不会出现此对话框。
15）电脑会连接到无线路由器，任务栏中的图标会变为已连接的图标。
15:16
2011/3/25

图 19-8 （续）

19.3 搭建小型局域网

如果有两台以上的电脑，可以通过组网连接实现资源共享、打印共享等服务。如果只想将两台电脑相连，可以利用交叉双绞线将两台电脑的网卡直接连接在一起而构建的网络。也就是说，无须增加交换机设备即可实现互连，这是一种投资最小的共享组网方案。

随着电脑价格的不断下降，越来越多的家庭拥有了两台电脑，而且其中一台为笔记本电脑，另外一台为普通台式机。在这种应用环境下，只需通过一根网线将笔记本电脑与台式电脑连接起来，即可实现资源共享、打印机共享和上网共享等。

如果想实现两台电脑共享上网，可以在电脑上设置共享 Internet 接入，基本上无须再安装专门的代理服务器软件，使用 Windows 内置的 Internet 连接共享模块，即可实现 Internet 共享接入。

笔记本电脑与台式机双机直连的连接步骤如下。

19.3.1 将各台电脑组网

1）准备一根交叉网线，用于连接笔记本电脑网卡和台式机网卡。

2）用交叉线将台式机的网卡接口与笔记本电脑网卡接口连接，如图 19-9 所示。

注意，双机直连采用的是交叉网线

图 19-9 连接网络

提示

如果想实现多机相连组成一个局域网，只需增加一台交换机，将所有电脑连接到交换机即可。而各个电脑与交换机相连必须采用直通网线。

19.3.2 创建家庭组网络

首先在任何一台电脑中对电脑网络进行设置，如图 19-10 所示（以 Windows 10 系统为例）。

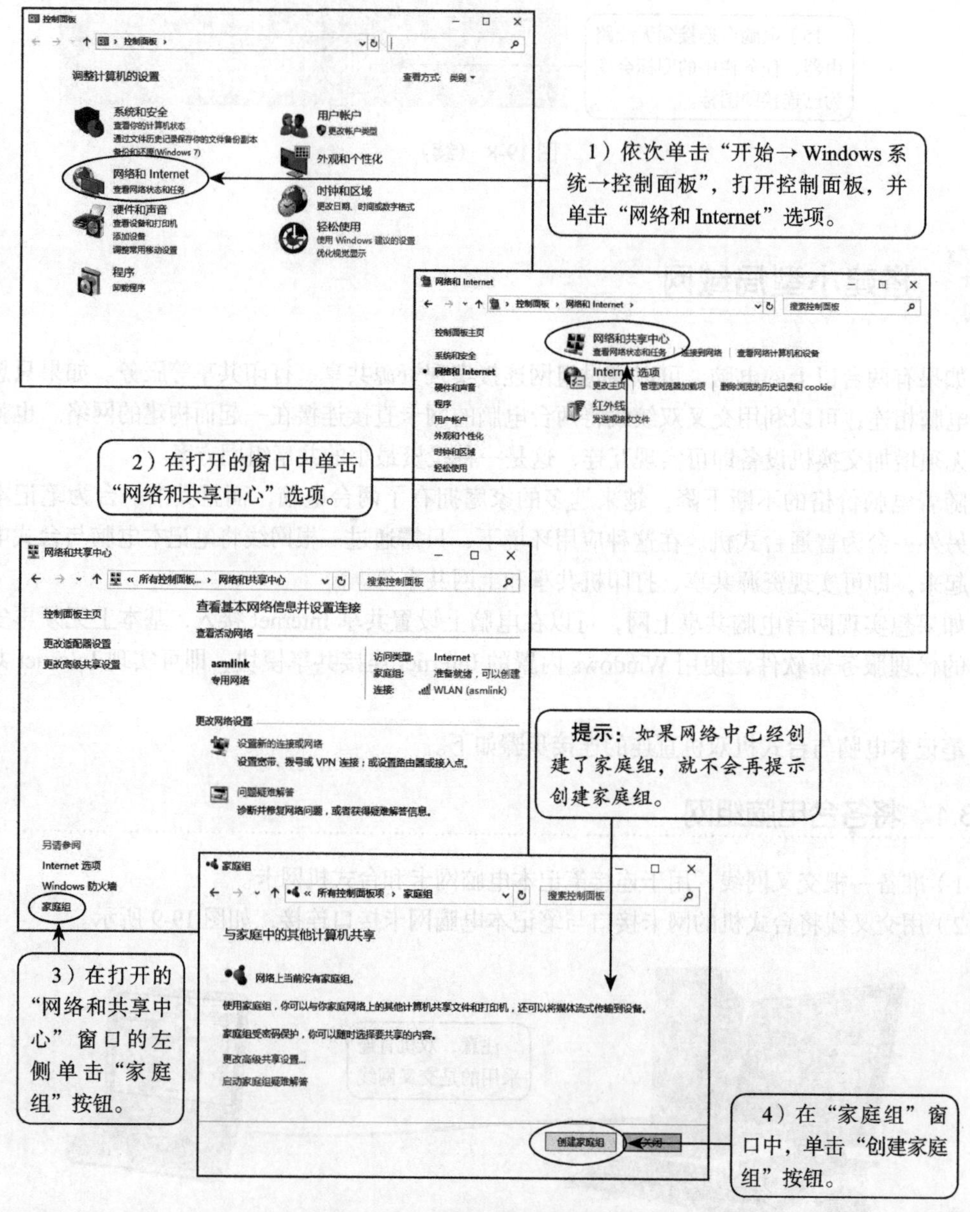

图 19-10 创建家庭组网络设置

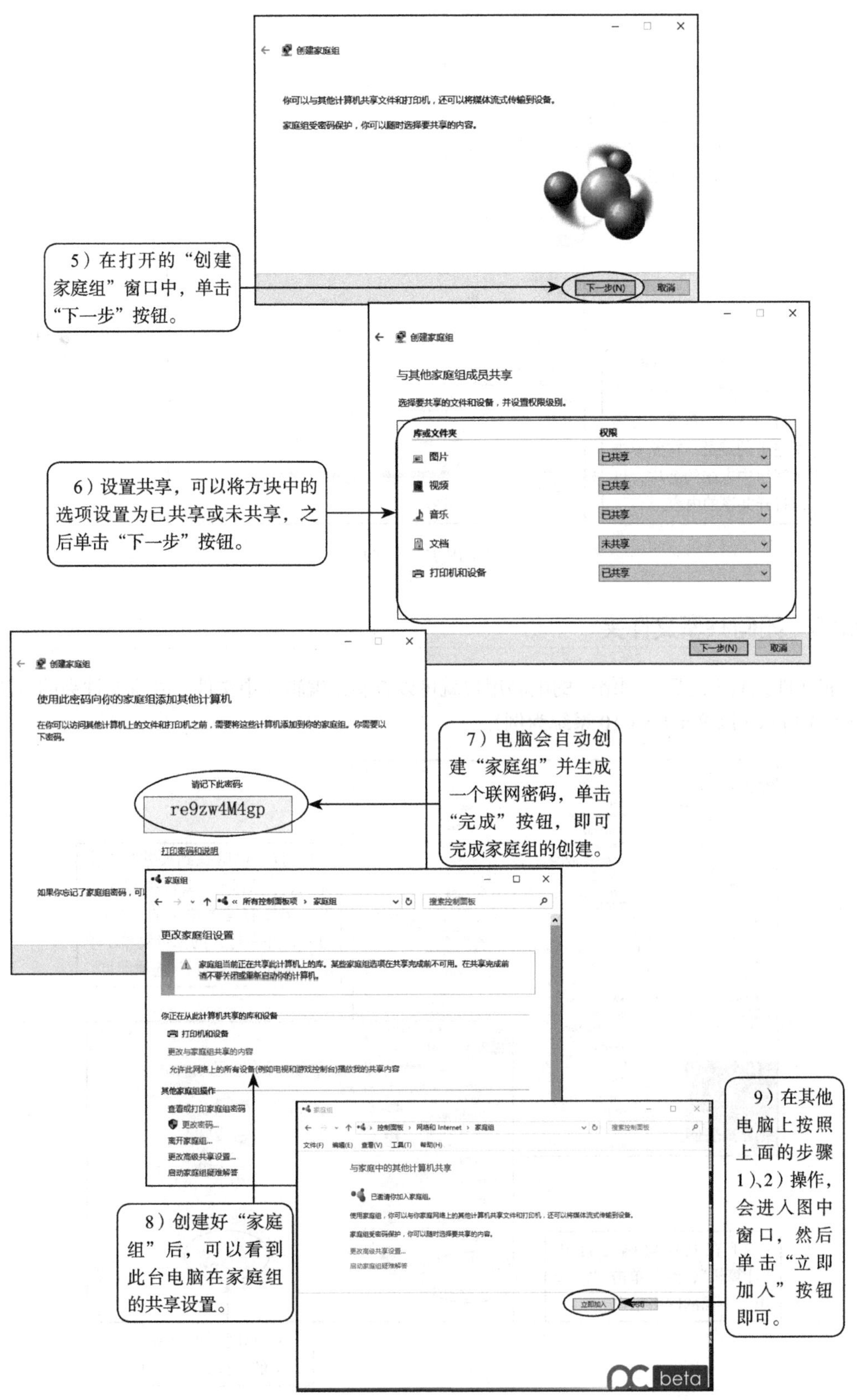
创建家庭组
你可以与其他计算机共享文件和打印机，还可以将媒体流式传输到设备。
家庭组受密码保护，你可以随时选择要共享的内容。
下一步(N)
取消
5）在打开的“创建家庭组”窗口中，单击“下一步”按钮。
与其他家庭组成员共享
选择要共享的文件和设备，并设置权限级别。
库或文件夹
权限
图片
已共享
视频
已共享
音乐
已共享
文档
未共享
打印机和设备
已共享
6）设置共享，可以将方块中的选项设置为已共享或未共享，之后单击“下一步”按钮。
使用此密码向你的家庭组添加其他计算机
请记下此密码:
re9zw4M4gp
打印密码和说明
7）电脑会自动创建“家庭组”并生成一个联网密码，单击“完成”按钮，即可完成家庭组的创建。
家庭组
更改家庭组设置
你正在从此计算机共享的库和设备
打印机和设备
更改与家庭组共享的内容
其他家庭组操作
查看或打印家庭组密码
更改密码...
离开家庭组...
更改高级共享设置...
启动家庭组疑难解答
8）创建好“家庭组”后，可以看到此台电脑在家庭组的共享设置。
与家庭中的其他计算机共享
立即加入
9）在其他电脑上按照上面的步骤1)、2)操作，会进入图中窗口，然后单击“立即加入”按钮即可。

图 19-10 （续）

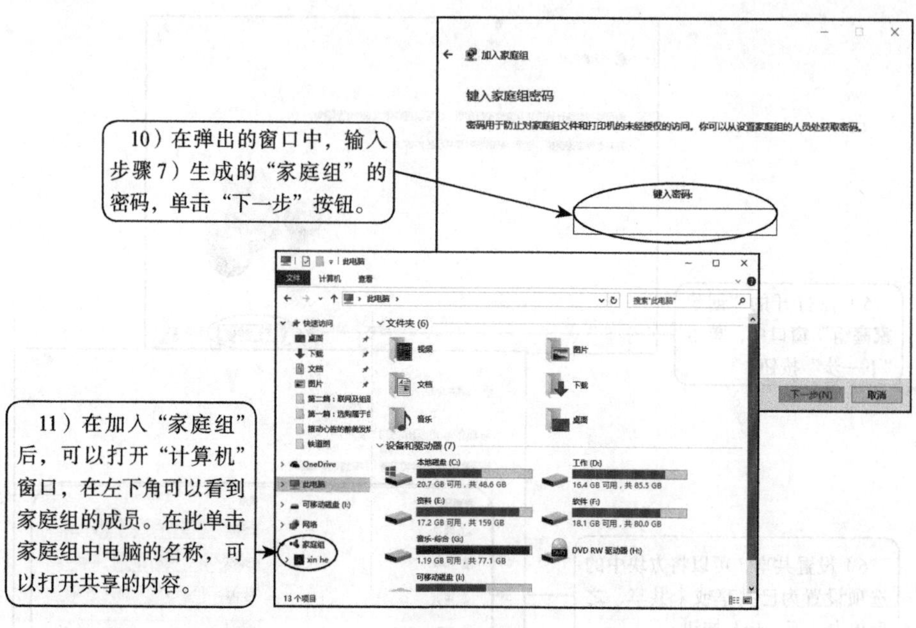

加入家庭组
键入家庭组密码
密码用于防止对家庭组文件和打印机的未经授权的访问。你可以从设置家庭组的人员处获取密码。
键入密码:
10）在弹出的窗口中，输入步骤7）生成的“家庭组”的密码，单击“下一步”按钮。
下一步(N)
取消
此电脑
文件夹 (6)
设备和驱动器 (7)
家庭组
xin he
11）在加入“家庭组”后，可以打开“计算机”窗口，在左下角可以看到家庭组的成员。在此单击家庭组中电脑的名称，可以打开共享的内容。

图 19-10（续）

19.3.3 如何共享文件夹

将文件夹共享之后，网络中的电脑用户就可以查看或编辑其中文件。共享文件夹的方法如图 19-11 所示（以 Windows 10 系统为例）。

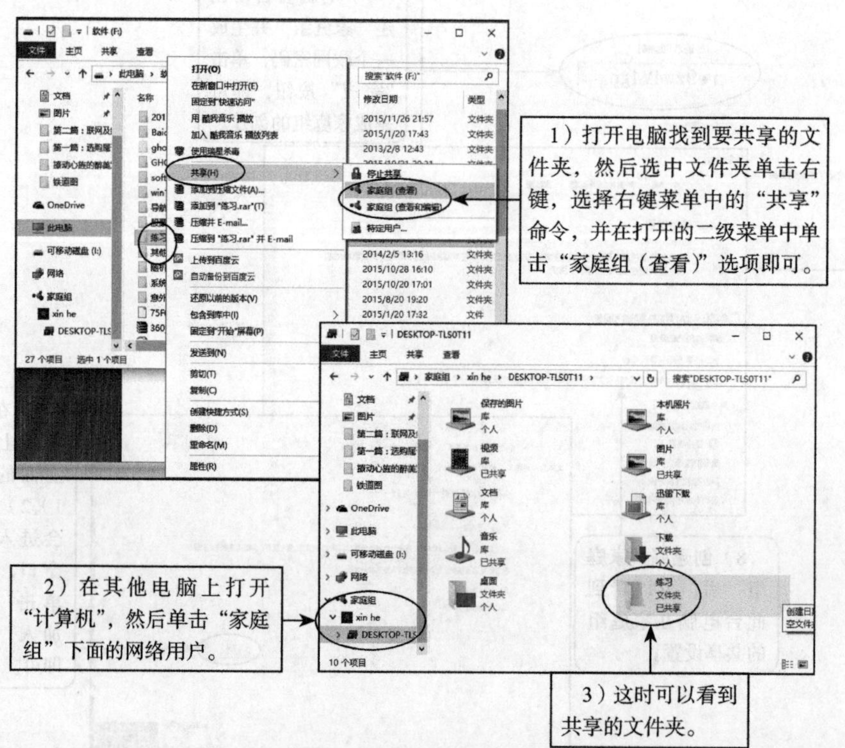

1）打开电脑找到要共享的文件夹，然后选中文件夹单击右键，选择右键菜单中的“共享”命令，并在打开的二级菜单中单击“家庭组（查看）”选项即可。
共享(H)
停止共享
家庭组 (查看)
家庭组 (查看和编辑)
特定用户...
DESKTOP-TLS0T11
2）在其他电脑上打开“计算机”，然后单击“家庭组”下面的网络用户。
3）这时可以看到共享的文件夹。
练习
文件夹
已共享

图 19-11 将文件夹设置为共享

提示

如果想编辑共享的文件夹，则在步骤 1）设置中，选择“家庭组（查看和编辑）”选项即可。

19.4 用双路由器搭建办公室局域网

19.4.1　办公室局域网的要求

办公室局域网规模很小，但与家庭局域网相比，电脑终端要多一些，一般为几台到十几台。

办公室局域网对局域网本身的要求不高，只要能够共享上网、共享打印设备就可以了。

根据要求，我们选择宽带 + 路由器 + 路由器（集线器、交换机）的形式来组建办公室局域网。布线也很简单，只要保证线路连通、布置合理就可以了。

19.4.2　双路由器连接和设置

路由器组建局域网的连接和设置已经讲过，这里重点讲解如何连接双路由器。双路由器就是两个路由器级联使用，一个路由器当作路由器使用，而另一个路由器当作交换机使用。

这样做的目的是节约成本，充分利用已有的设备。因为交换机价格不菲，所以如果有多余的路由器的话，可以把它当作交换机来用，如图 19-12 所示。

图 19-12　双路由器连接

1）路由器 I 正常设置（上面已讲过如何设置路由器），而将路由器 II 的 LAN 接口连接电脑，WAN 接口用网线与路由器 I 的 LAN 接口相连。

2）设置电脑的 IP 地址，使用自动获得 IP 地址就可以了。

第 20 章

网络故障诊断与维修

电脑上网已经成为人们工作生活中不可缺少的活动，而组成上的硬件连接步骤复杂多样，设置更是五花八门，任何环节出现错误都可能导致无法上网。怎样查找并解决上网问题已经成为现代人必备的一项技能。本章就介绍如何排除从电话线入户到 IE 浏览器的一系列电脑上网故障。

20.1 上网故障诊断

电脑能够上网需要很多环节的协同工作，任何环节出现故障都可能会导致电脑无法上网。

目前主流的上网方法有 3 种：通过电话线的 ADSL 上网，通过小区宽带等公共出口方式上网，利用移动通信的无线上网。

20.1.1 电话 ADSL 上网

ADSL 上网连接环节示意图如图 20-1 所示。

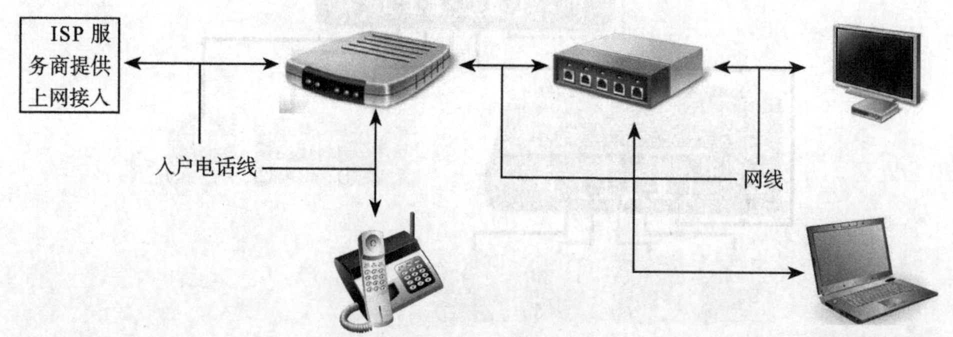

图 20-1 ADSL 上网连接环节

通过电话线 ADSL 上网的方式，可以分为 ISP 服务商提供的上网接入（即入户电话线）、ADSL Modem、路由器、电脑几个环节，当然如果只有一台电脑上网就没有路由器的环节了。如果不能上网，可以按照这条线索，一个环节一个环节地进行排查。

20.1.2 公共出口宽带上网

公共出口带宽上网连接环节示意图如图 20-2 所示。

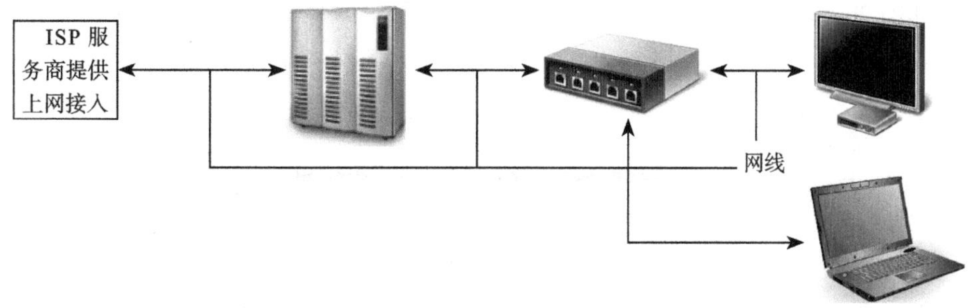

图 20-2 公共出口宽带上网连接环节

小区宽带（歌华有线、铁通等也是这类宽带）等公共出口宽带上网的方式，可以分为地区服务器、入户网线、路由器、电脑几个环节，如果只有一台电脑上网就更简单了，只有入户网线和电脑两个环节。但这类宽带容易在上网认证时出现问题，下面将对这一点进行详细说明。

20.1.3 移动通信无线上网

流行的笔记本电脑加 3G 无线上网卡的无线移动上网组合如图 20-3 所示。

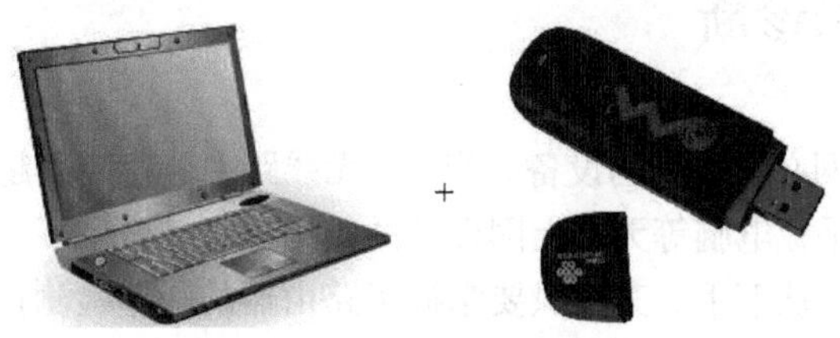

图 20-3 无线上网连组合

利用移动通信的无线上网连接相对简单，只需要电脑加无线上网卡就可以完成。使用这种上网的故障相对较少，而且大多数问题集中在无线网卡、上网软件和上网效率方面。

20.1.4 ISP 故障排除

Internet Service Provider 简称 ISP，是为人们提供上网服务的供应商。目前国内市场上最大的 ISP 服务商是中国移动、中国联通、中国电信。

所谓 ISP 故障，就是电话线进入用户家之前的故障，主要是线路故障和服务器端的故障。其中线路故障比较常见，比如因为天气原因，线路的某段断了。服务器端的故障很少见，但也不是没有，比如因为服务器所在地区停电或电信设备升级等原因，造成的地区性断网等。如果是 ADSL 出现这种情况，ADSL Modem 的信号灯就不亮了，电话也没有声音。

这种 ISP 故障是用户无法解决的，可以打电话到电信服务商或提供上网的服务公司进行咨询。

20.1.5 ADSL Modem 故障排除

ADSL Modem 故障可以分为临时故障和不可恢复故障。临时故障的表现为，突然无法上网、频繁断网等，这可以通过关闭 Modem 几分钟，用手摸一下 Modem 是否过热，等 Modem 冷却下来，再打开电源，看看是否已经恢复正常。有的人家的 Modem 开机后几个月都没有关过，而家用 Modem 是不支持这样长时间开机的。如果需要长时间开机，可以购买专用的 Modem，如图 20-4 所示。

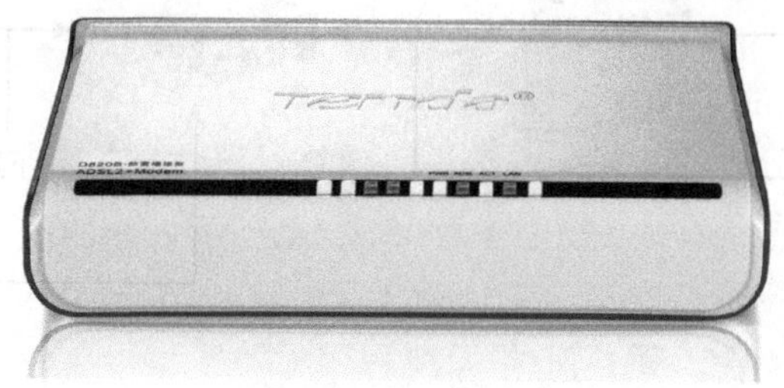

图 20-4　ADSL Modem

不可恢复的故障是指，即便关机后再开，也不能解决无法上网的问题。这时应该参照使用说明书，来查看 Modem 的指示灯闪烁情况，使用替换法将其换到其他电脑上看能不能上网。ADSL 上网提供商在开通上网时是随机附送 Modem 的，当遇到这种不可恢复的故障时，可以打电话到服务商那里，免费更换 ADSL Modem，这样可省去不少麻烦。

20.2 路由器故障诊断

路由器是组建局域网必不可少的设备。当前，无线路由器也越来越多地进入家庭，这使得无线网卡上网、手机、平板电脑等无线上网设备的使用越来越方便了。但是路由器的连接故障复杂多样，经常让新手无从下手。其实只要掌握了路由器的一些检测技巧，解决问题就变得不那么复杂了。

20.2.1 通过指示灯判断状态

判断路由器状态最好的办法就是参照指示灯的状态。每个路由器的面板指示灯不一样，表示的故障也不一样，必须参照说明书进行判断。下面我们以一款 TP-Link 路由器为例，介绍指示灯亮灭代表的路由器状态，如图 20-5 和表 20-1 所示。

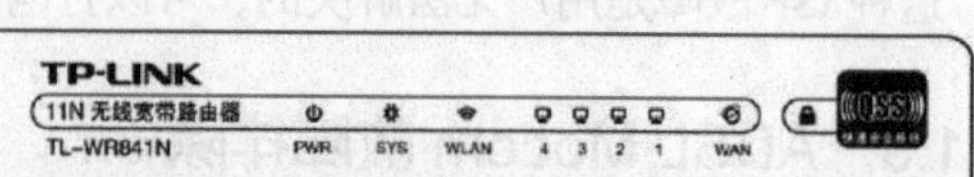

图 20-5　TL-WR841N 无线路由器面板指示灯

表 20-1　TL-WR841N 无线路由器指示灯状态

指示灯	描　述	功　能
PWR	电源指示灯	常灭：没有上电 常亮：上电
SYS	系统状态指示灯	常灭：系统故障 常亮：系统初始化故障 闪烁：系统正常
WLAN	无线状态指示灯	常灭：没有启用无线功能 闪烁：启用无线功能
1/2/3/4	局域网状态指示灯	常灭：端口没有连接上 常亮：端口已经正常连接 闪烁：端口正在进行数据传输
WAN	广域网状态指示灯	常灭：外网端口没有连接上 常亮：外网端口已经正常连接 闪烁：外网端口正在进行数据传输
QSS	安全连接指示灯	绿色闪烁：表示正在进行安全连接 绿色常亮：表示安全连接成功 红色闪烁：表示安全连接失败

20.2.2　明确路由器默认设定值

检测和恢复路由器都需要有管理员级权限，只有能够管理路由器，才能检测和恢复路由器。路由器的默认管理员账号和密码都是“admin”，这在路由器的背面都有标注，如图 20-6 所示。

图 20-6　路由器背面的参数

我们还可以看到，路由器的 IP 地址设定值为 192.168.1.1。

20.2.3　恢复出厂设置

当你更改了路由器的密码，而又忘记密码时，或者当你多次重启使得路由器的配置文件损坏时，你就需要用恢复功能来使路由器回到出厂时的默认设置。

恢复出厂设置的方法很简单，在路由器上有一个标着“RESET”的小孔，这就是专门恢复设置用的。用牙签或曲别针按住小孔内的按钮，持续一小段时间即可，如图 20-7 所示。

每个路由器的恢复方法略有不同，有的是按住小孔内的按钮数秒，有的是关闭电源后，按住孔内按钮，再打开电源，持续数秒。这就要参照说明书进行操作了，如果不知道要按多少秒，那就尽量按住 30 秒以上，30 秒可以保证每种路由器都能恢复了。

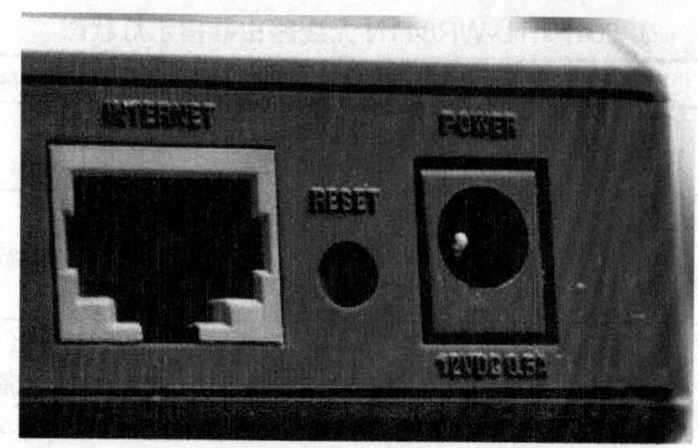

图 20-7 路由器上的 Reset（恢复）孔

20.2.4 外界干扰

有时无线路由器的无线连接会出现时断时续、信号很弱的现象。这可能是由于其他家电产生的干扰，或由于墙壁阻挡了无线信号造成的。

无论商家宣称路由器有多强的穿墙能力，墙壁对无线信号的阻挡都是不可避免的。如果需要在不同房间使用无线路由，最好将路由器放置在门口等没有墙壁阻挡的位置。还要尽量远离电视、冰箱等大型家电，减少家电运行产生的磁场对无线信号的影响。

20.2.5 升级到最新版本

路由器中也是有软件在运行的，这样才能保证路由器的各种功能能够正常运行。升级旧版本的软件叫作固件升级，能够弥补路由器出厂时所带软件的不稳定因素。如果是知名品牌的路由器，一般不需要任何升级就可以稳定运行。是否升级固件取决于实际使用中的稳定性和有无漏洞。

首先在路由器的官方网站下载最新版本的路由器固件升级文件。

在浏览器的地址栏中输入 http://192.168.1.1（以 TP-Link 为例），然后按 Enter 键，打开路由器设置页面。在系统工具中单击“软件升级”，将打开路由器自带的升级向导，如图 20-8 所示。

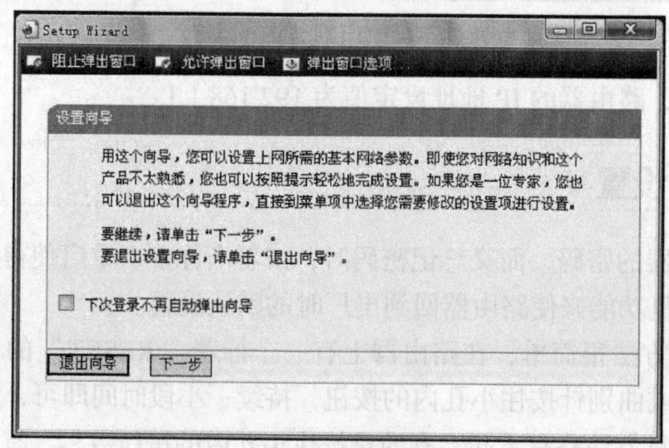

图 20-8 固件升级向导

按照向导提示进行操作，选择刚才下载的固件升级文件，然后升级即可，如图 20-9 所示。

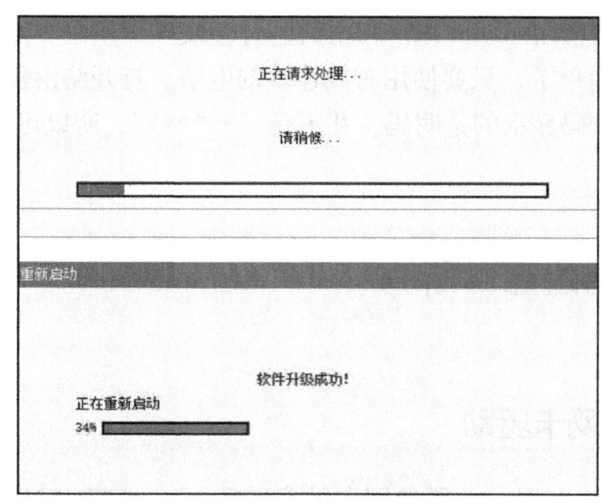

图 20-9　固件升级完成

如果你对升级过程有所了解，也可以不使用升级向导，而进行手动升级。

20.2.6　开启自动分配 IP 的 DHCP

路由器具有自动分配 IP 的功能，这就是 DHCP（Dynamic Host Configuration Protocol）动态主机设置协议，如图 20-10 所示。

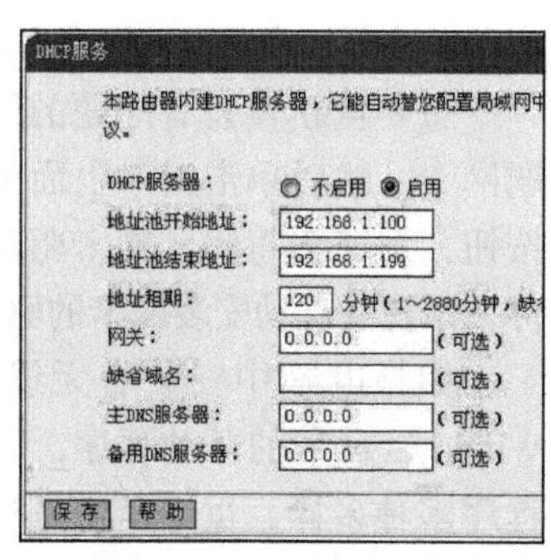

图 20-10　路由器的 DHCP 功能

启动 DHCP 功能，系统会给连接在路由器上的电脑自动分配 IP 地址和 DNS，电脑不需要再进行 IP 设置也可以上网。这样无疑是非常方便的，但缺点是每次连接都要进行动态分配 IP 地址，连接速度比固定的静态 IP 地址要稍微慢一点，但并不明显，几乎感觉不出差别。

20.2.7　MAC 地址过滤

如果你发现连接都没有问题，但电脑却不能上网，这有可能是 MAC 地址过滤中的设置阻值了你的电脑上网。

MAC（Medium/Media Access Control）地址是存在网卡中的一组 48 位的十六进制数字，可以简单地理解为一个网卡的标识符。MAC 地址过滤的功能就是可以限制特定的 MAC 地址的网卡，禁止这个 MAC 地址的网卡上网，或将这个网卡绑定一个固定的 IP 地址，如图 20-11 所示。

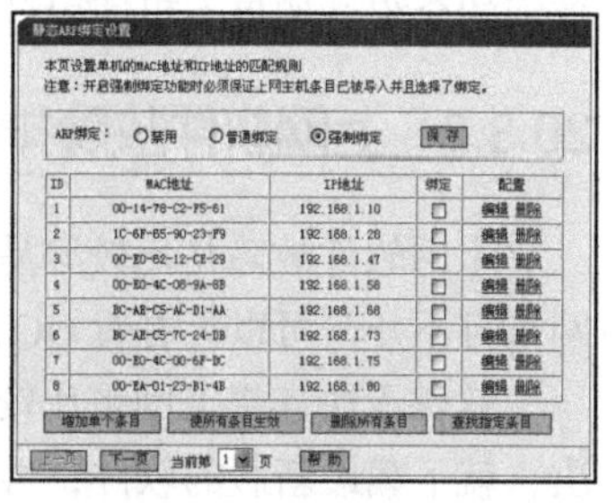

图 20-11　MAC 地址设置

通过 MAC 地址过滤，可以进行一个简单设置，来阻值除你之外的其他电脑通过你的路由器进行上网。这对无线路由器来说是个很有用的功能。

20.2.8　忘记路由器密码和无线密码

有的人长时间未使用路由器，可能会忘记了登录密码。如果从未修改过登录密码，那么密码应该是“admin”。

如果修改过密码，但忘记了修改后的密码是什么，就只能通过恢复出厂设置来将路由器恢复成为默认设置，然后再使用 admin 账户和密码进行修改。

忘记了无线密码就简单了，只要使用有线连接的电脑，打开路由器的设置页面，就可以看到无线密码，这个无线密码显示的是明码，并不是“******”，所以可以随时查看。

20.3 电脑端上网故障诊断

20.3.1 网卡和无线网卡驱动

电脑故障造成的无法上网，主要是网卡的安装和设置不正确造成的。

查看网卡驱动，依次打开“控制面板”→“系统和安全”→“设备管理器”，查看网络适配器中的网卡，如果有黄色叹号、红色叉号等标识，说明网卡的驱动程序存在冲突，或根本就没有安装好，如图 20-12 所示。

图 20-12 设备管理器中的有问题网卡

想要重新安装有问题的网卡的驱动，先要点选问题网卡，然后单击窗口上面工具栏中的卸载该设备的按钮，系统会将问题网卡驱动卸载掉，然后扫描新硬件，系统会自动安装网卡的驱动，如图 20-13 所示。

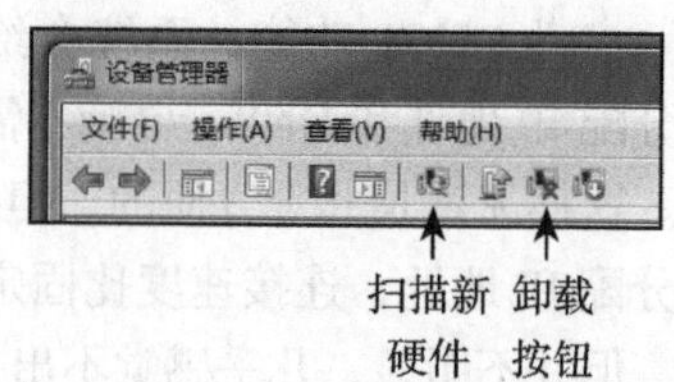

图 20-13 卸载并重新扫描设备

如果电脑中安装有无线网卡，那么最好也使用 Windows 自带的驱动程序，因为无线网卡自带的驱动程序多种多样，也不全都是稳定驱动，有时安装后还会造成与其他设备的冲突。

电脑的 IP 地址和 DNS 设置在前面局域网部分有详细的介绍。如果不想使用自动获取 IP 地址，可以按照上面介绍的设置方法进行设置。

20.3.2 上网软件故障排除

上网软件故障是比较容易判断的，可以同时打开两三个上网的软件，一起测试。若浏览器网页打不开，可以再看看 QQ、MSN、网络电视等能不能上网。

软件无法连接上网也比较容易解决，最简单的办法是卸载软件后重新安装。如果还不能解决，就下载最新版的软件，再进行安装，90% 的问题都可以这样解决。

20.4 动手实践：网络典型故障维修实例

20.4.1 反复拨号也不能连接上网

故障现象：一台故障电脑，网卡是主板集成的。使用拨号连接网络，但连接时显示无法连接，反复重拨仍然不能上网。

故障分析：拨号无法连接，可能是 Modem 故障、线路故障、账号错误等原因造成的。

维修方法：

1）重新输入账号密码，连接测试，无法连接。

2）查看 Modem，发现 Modem 的 PC 灯没亮，这说明 Modem 与电脑之间的连接是不通的。

3）重新连接 Modem 和电脑之间的网线，再拨号连接，发现可以成功上网了。

20.4.2　设备冲突，电脑无法上网

故障现象：故障电脑的系统是 Windows 10，网卡是主板集成，宽带是小区统一安装的长城宽带。重装系统后，发现无法上网。

故障分析：长城宽带不需要拨号，也没有 ADSL Modem，不能上网可能是线路问题、网卡驱动问题、网卡设置问题、网卡损坏等。

维修方法：

1）打开“控制面板”中的“设备管理器”，查看网卡驱动，发现网卡上有黄色叹号，这说明网卡驱动是有问题的。

2）查看资源冲突，发现网卡与声卡有资源冲突。

3）卸载网卡和声卡驱动，重新扫描安装驱动程序并重启电脑。

4）查看资源，已经解决了资源冲突的问题。

5）打开 IE 浏览器，看到上网已经恢复了。

20.4.3　“限制性连接”造成无法上网

故障现象：故障电脑的系统是 Windows 10，网卡是主板集成的。使用 ADSL 上网时，右下角的网络连接经常出现“限制性连接”，而造成无法上网。

故障分析：造成限制性连接的原因主要有网卡驱动损坏、网卡损坏、ADSL Modem 故障、线路故障、电脑中病毒等。

维修方法：

1）用杀毒软件对电脑进行杀毒，问题没有解决。

2）检查线路的连接，没有发现异常。

3）打开“控制面板”中的“设备管理器”，查看网卡驱动。发现网卡上有黄色叹号，这说明网卡驱动是有问题的。

4）删除网卡设备，重新扫描安装网卡驱动。

5）再连接上网，经过一段时间的观察，没有再出现“限制性连接”的情况。

20.4.4　一打开网页就自动弹出广告

故障现象：故障电脑的系统是 Windows 10，网卡是主板集成。最近不知道为什么，只要打开网页就会自动弹出好几个广告，上网速度也很慢。

故障分析：自动弹出广告是电脑中被安了流氓插件或电脑病毒造成的。

维修方法：安装金山毒霸和金山卫士，对电脑进行杀毒和清理插件。完成后，再打开网

页，发现不再弹出广告了。

20.4.5 上网断线后，必须重启才能恢复

故障现象：故障电脑的系统是 Windows 10，网卡是主板集成。最近使用 ADSL 上网，经常掉线，掉线后必须重启电脑才能再连接上。

故障分析：造成无法上网的原因有很多，如网卡故障、网卡驱动问题、线路问题、ADSL Modem 问题等。必须一一排除。

维修方法：

1）查看网卡驱动，没有异常。

2）查看线路连接，没有异常。

3）检查 ADSL Modem，发现 Modem 很热，推测可能是由于高温导致的网络连接断开。

4）将 ADSL Modem 放在通风的地方，放置冷却，再将 Modem 放在容易散热的地方，重新连接上电脑。

5）测试上网，经过一段时间，发现没有再出现掉线的情况。判断是 Modem 散热不好，设备高温导致的频繁断网。

20.4.6 公司局域网上网速度很慢

故障现象：公司内部组建局域网，通过光纤 Modem 和路由器共享上网。最近公司上网变得非常慢，有时连网页都打不开。

故障分析：局域网上网速度慢，可能是局域网中电脑感染病毒、路由器质量差、局域网中有人使用 BT 类软件等原因造成的。

维修方法：

1）用杀毒软件查杀电脑病毒，没有发现异常。

2）用管理员账号登录路由器设置页面，发现传输时丢包现象严重，延迟达到 800 多。

3）重启路由器，速度恢复正常，但没过多长时间，又变得非常慢。

4）推测可能是局域网上有人使用 BT 等严重占用资源的软件。

5）设置路由器，禁止 BT 运行。

6）重启路由器，观察一段时间后，没有再出现网速变慢的情况。

20.4.7 局域网中的两台电脑不能互联

故障现象：故障电脑的系统都是 Windows 10，其中一台是笔记本电脑。两台电脑通过局域网使用 ADSL 共享上网，两台电脑都可以上网，但不能相互访问。从“网上邻居”中登录对方电脑时，提示输入密码，但对方电脑根本就没有设置密码。传输文件也只能靠 QQ 等软件进行。

故障分析：在 Windows 系统中想要其他人可以访问自己，必须主动打开来宾账号才能登录。

维修方法：

1）在被访问的电脑上打开“控制面板”。

2）单击用户账户，单击 Guest 账户，将 Guest 账号设置为“开启”。

3）关闭选项后，从对方电脑上尝试登录本机，发现可以通过“网上邻居”进行访问了。

20.4.8　在局域网中打开“网上邻居”，提示无法找到网络路径

故障现象：公司的几台电脑通过交换机组成局域网，通过 ADSL 共享上网。局域网中的电脑打开“网上邻居”时提示无法找到网络路径。

故障分析：局域网中无法在“网上邻居”中查找到其他电脑，用 Ping 命令扫面其他电脑的 IP 地址，发现其他电脑的 IP 都是通的。这可能是网络中的电脑不在同一个工作组中造成的。将局域网中的电脑的工作组都设置为同一个工作组即可。

维修方法：

1）打开“控制面板”中的“系统”。

2）将计算机名称、域和工作组设置中的工作组设置为同一个名称，名称自己命名。

3）将几台电脑都设置好后，打开“网上邻居”，发现几台电脑都可以检测到了。

4）登录其他电脑，发现有的可以登录，有的不能登录。

5）检查不能登录的用户账户，将 Guest 来宾账号设置为“开启”。

6）重新登录访问其他几台电脑，发现局域网中的电脑都可以顺利访问“网上邻居”了。

20.4.9　代理服务器上网速度慢

故障现象：故障电脑是校园局域网中的一台分机，通过校园网中的代理服务器上网。以前网速一直正常，今天发现网速很慢，查看其他电脑也都一样。

故障分析：一个局域网上的电脑全都网速慢，一般是网络问题、线路问题、服务器问题等。

维修方法：

1）检查了网络连接设置和线路接口，没有发现异常。

2）查看服务器主机，检测后发现服务器运行很慢。

3）将服务器重启后，再上网测速，发现网速恢复正常了。

20.4.10　使用 10/100M 网卡上网，速度时快时慢

故障现象：通过路由器组成的局域网中，使用 ADSL 共享上网，电脑网卡是 10/100M 自适应网卡。电脑在局域网中传输文件或上网下载时，速度时快时慢。重启电脑和路由器后，故障依然存在。

故障分析：上网速度时快时慢，说明网络能够连通，应该着重检查网卡设置、上网软件设置等方面的问题。

维修方法：检查上网软件和下载软件，没有发现异常。检查网卡设置，发现网卡是 10/100M 自适应网卡，网卡的工作速度设置为 Auto。这种自适应网卡会根据传输数据大小自动设置为 10M 或 100M。手动将网卡工作速度设置为 100M 后，再测试网速，发现网速不再时快时慢地变化了。

第21章 电脑安全防护

电脑自从诞生之日起，就一直伴随着各种系统漏洞。随着电脑进入智能时代，各种DOS病毒、Windows病毒、木马、黑客攻击让人防不胜防。

要想保证电脑的安全，防御无处不在的陷阱，首先必须了解对手，知己知彼才能不变“肉鸡”。

21.1 普及电脑安全知识

我们需要知道一些电脑安全方面的词语代表什么意思，这样在进行安全防护的时候，才能心领神会。

21.1.1 什么是进程

进程是应用程序的运行实例，通俗地说就是当前系统正在执行的程序。按Ctrl+Alt+Del键打开“任务管理器”，就可以查看当前系统中正在执行的进程，如图21-1所示。

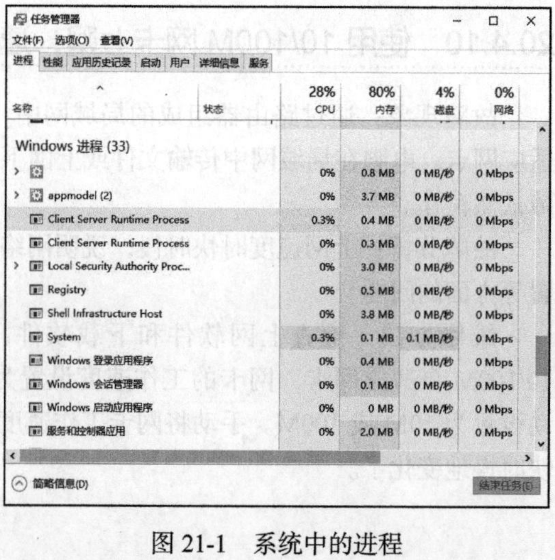

进程中包括系统管理电脑所必需的系统进程、用户开启的应用进程，可能还有你不知道的自动运行的非法程序。这就是为什么一上来就先说进程的原因，它可以帮助我们判断电脑中是否存在病毒、木马和恶意程序。

从名称一栏中可以看到，有System、Shell等不同的用户名。其中，System是系统进程，是系统管理电脑所必需的程序。Administrator是以管理员身份运行的程序，病毒大多藏在这里。LOCAL SERVICE则是本地服务程序。

任务管理器

文件(F) 选项(O) 查看(V)

进程 性能 应用历史记录 启动 用户 详细信息 服务

名称	状态	28% CPU	80% 内存	4% 磁盘	0% 网络
Windows 进程 (33)					
		0%	0.8 MB	0 MB/秒	0 Mbps
appmodel (2)		0%	3.7 MB	0 MB/秒	0 Mbps
Client Server Runtime Process		0.3%	0.4 MB	0 MB/秒	0 Mbps
Client Server Runtime Process		0%	0.3 MB	0 MB/秒	0 Mbps
Local Security Authority Proc...		0%	3.0 MB	0 MB/秒	0 Mbps
Registry		0%	0.5 MB	0 MB/秒	0 Mbps
Shell Infrastructure Host		0%	3.8 MB	0 MB/秒	0 Mbps
System		0.3%	0.1 MB	0.1 MB/秒	0 Mbps
Windows 登录应用程序		0%	0.4 MB	0 MB/秒	0 Mbps
Windows 会话管理器		0%	0.1 MB	0 MB/秒	0 Mbps
Windows 启动应用程序		0%	0 MB	0 MB/秒	0 Mbps
服务和控制器应用		0%	2.0 MB	0 MB/秒	0 Mbps

简略信息(D) 结束任务(E)

图21-1 系统中的进程

21.1.2　什么是电脑病毒

对于电脑病毒大家都非常熟悉，可是究竟电脑病毒是什么，它又存在在哪里呢？

电脑病毒其实也是一个程序，一段可执行代码。它就像生物病毒一样具有破坏力和复制力。如果置之不理，电脑病毒很快就会蔓延到整个电脑上，甚至局域网上的其他电脑上，而且常常难以根除。它们会将自身附着在各种类型的文件上，当文件被复制或转移时，它们也就跟着蔓延开来。

除了上面说的复制力外，更让我们头疼的就是病毒的破坏性。一个被病毒感染的载体，看起来可能仅仅是一张图片或一段文字，但它可能会毁了你的文件，格式化了你的硬盘，占满了你的空间，甚至让你的系统崩溃。

病毒就是能够通过某种途径潜伏在你的电脑存储介质或程序中，当达到某种条件时就会被激活，针对电脑资源进行破坏的一组程序或指令集合。

21.1.3　什么是蠕虫

蠕虫是电脑病毒的一种，它的传染途径是利用网络进行复制和传播。这种病毒一般是利用Windows 系统的漏洞进行攻击，一旦被感染，电脑就会自动连接上网，利用各种手段，如邮件、共享资源等进行自动传播和破坏。

21.1.4　什么是木马

木马病毒因古希腊特洛伊战争中著名的“木马计”而得名，顾名思义就是一种伪装潜伏的网络病毒。

木马会通过邮件附件发出，或捆绑在其他程序中传播。木马程序会修改注册表、在系统中安装后门程序、修改用户权限、复制文件、删除文件、修改与统筹。

木马病毒要在用户的机器里运行客户端程序，一旦发作，就可设置后门，定时地发送该用户的隐私信息到木马程序指定的地址。一般它同时内置可进入该用户电脑的端口，从而可任意控制此计算机，进行文件删除、拷贝、修改密码等非法操作。

21.1.5　什么是“肉鸡”

“肉鸡”也称傀儡机，是指可以被黑客远程控制的机器。若用户自己使用电脑时不小心或被黑客攻破自己的电脑，植入了木马，黑客便可以随意操纵它并利用它做任何事情。

中国有几亿网民，电脑更是不计其数，这其中到底有多少电脑已经变成了“肉鸡”，这也许连黑客自己也不知道。

21.1.6　什么是广告软件

广告软件（Adware）是在用户不知情的情况下下载并安装，或与其他软件捆绑通过弹出式广告或以其他形式进行商业广告宣传的程序。安装广告软件之后，除了不停地在用户的电脑上弹出广告外，往往还会造成系统运行缓慢或系统异常等故障。

21.1.7 什么是间谍软件

与广告软件一样，间谍软件也是在用户不知情的情况下下载并安装，或与其他软件捆绑的一种恶意程序。间谍软件会在用户电脑上安装后门程序的软件，用户的隐私数据和重要信息会被那些后门程序捕获，这些“后门程序”甚至还能使黑客远程操纵用户的电脑。时下猖獗的网游盗号软件就是其代表。

21.1.8 什么是网络钓鱼

网络钓鱼就是攻击者利用欺骗性的邮件、网站进行网络诈骗，诱使受害者泄漏自己的个人资料，如银行账户密码、网银密码等，从而遭受巨大的经济损失。

21.1.9 什么是浏览器劫持

浏览器劫持是一种恶意程序，通过插件、BHO、Winsock LSP 等形式修改用户的浏览器，使用户的浏览器出现主页被篡改、访问其他网页时被转向恶意网页等情况。

21.2 加强电脑安全的措施

21.2.1 养成良好的使用习惯

养成以下良好的使用习惯，不仅能帮助用户远离病毒，还能保证电脑和个人信息安全无忧。

1）安装杀毒软件，并及时更新病毒库。

2）及时修复系统漏洞和软件漏洞。

3）开启系统防火墙，设置系统登录密码。这能防止其他人恶意登录你的电脑。

4）在未清理使用痕迹前，不把电脑借给别人使用。

5）不在未安装杀毒软件的电脑上登录网银、QQ 等个人信息。

6）不在公用电脑上登录网银、QQ 等个人信息。

7）离开公用电脑前，注销已登录的账号。

8）使用正版软件，安装运行来路不明的软件前一定要进行病毒扫描。

9）不访问不良网站，比如色情、赌博网站等，这些网站常常含有木马程序。

10）收到来历不明的电子邮件时，不要打开邮件中的网站地址或附件。

11）不要轻信中奖、赠送等虚假网络信息。

21.2.2 防止黑客攻击

我们的电脑现在很多都暴露在网络上，如果不做好安全防范工作，很可能成为黑客攻击的“肉鸡”。通过一些简单的操作，就可以有效地防止大部分的黑客攻击。下面是一些行之有效的方法。

1）开启系统防火墙或安装功能更强的防火墙软件，这样可以屏蔽 90% 来自网络的扫描和攻击。

2）电脑中管理电脑的用户是一个管理员账号 Administrator，将 Administrator 账号改名可以防止黑客知道自己的管理员账号，这可在很大程度上保证计算机安全。打开“控制面板”中的“用户和密码”，选择 Administrator 账号，将名字更改为自己命名的名字。

3）电脑中除了我们常用的管理员账号外，还有一个来宾账号“ Guest”。有很多入侵者都是通过这个账号非法获得管理员密码或者权限的。我们可以手动禁用这个账号，来防止别人利用。打开“控制面板”中“用户和密码”，单击“高级”选项卡，再单击“高级”按钮，弹出“本地用户和组”窗口。在 Guest 账号上面单击右键，选择“属性”，在“常规”页中选中“账户已停用”。

4）对我们的电脑来说，一般只安装 TCP/IP 协议就够了（根据个人需要决定是否删除）。鼠标右击“网络邻居”，选择“属性”，再鼠标右击“本地连接”，选择“属性”，卸载不必要的协议。其中 NETBIOS 是很多安全缺陷的根源，对于不需要提供文件和打印共享的主机，还可以将绑定在 TCP/IP 协议的 NETBIOS 关闭，避免针对 NETBIOS 的攻击。选择“ TCP/IP 协议 / 属性 / 高级”，进入“高级 TCP/IP 设置”对话框，选择“ WINS ”标签，勾选“禁用 TCP/IP 上的 NETBIOS”一项即可关闭 NETBIOS。

5）文件和打印共享在局域网中是个很有用的功能，但也是黑客入侵的重要途径。在不使用共享时关闭这个功能，可以减少黑客入侵的途径。在控制面板的“家庭组和共享”选项中，将设置的共享全部勾掉。

6）关闭不必要的端口。黑客在入侵时常常会扫描用户的电脑端口，如果安装了端口监视程序（金山网盾），该监视程序则会警告提示。如果遇到这种入侵，可用工具软件关闭不用的端口。如果你的电脑不是服务器的话，应关闭用来提供网页服务的 80 和 443 端口，其他一些不常用的端口也可关闭。这样就限制了黑客通过端口进入电脑的隐患。

7）设置代理服务器，隐藏 IP 地址。黑客经常利用一些网络探测技术来查看用户的电脑信息，为的就是得到用户的 IP 地址。IP 地址在网络安全上是一个很重要的信息，就像我们的家庭住址一样。如果攻击者得到了你的 IP 地址，就可以对你发动各种 IP 攻击，比如 Floop 溢出攻击等。使用代理服务器可以有效地防止遭到这种 IP 攻击，代理服务器相当于在你和网络之间架设了一个网关，攻击者就算扫描也只能得到这个网关的 IP。提供免费代理服务器的网站有很多，大家可以自己上网查找。

21.3 杀毒软件介绍

目前市场上的杀毒软件有很多，大家耳熟能详的也不少，像瑞星、金山、卡巴斯基等等。下面介绍一些国内外知名的杀毒软件，提供大家选择。

21.3.1 金山毒霸

金山毒霸是金山公司出品的一款杀毒产品，它采用革命性的杀毒体系，运行灵活快速。其最大的特点是整合性高，金山毒霸可以附带很多如防火墙、防插件、系统优化等实用功能，而且是免费使用的，如图 21-2 所示。

图 21-2 金山毒霸

21.3.2 瑞星杀毒软件

瑞星杀毒软件基于智能云安全系统设计，也是一款免费软件。它可以支持很多、很精密的查杀操作，在对复杂病毒的查杀能力、对大硬盘的查杀速度、对恶性病毒的快速反应自动处理速度等方面都有极大提升，如图 21-3 所示。

图 21-3 瑞星杀毒

21.3.3 卡巴斯基

卡巴斯基反病毒 KAV7.0 是俄罗斯卡巴斯基实验室推出的一款杀毒软件，是全球最好用的杀毒软件之一。它具有强垃圾邮件过滤器和家长控制功能，其智能防火墙在发出警告的同时可以把对正常使用的影响降到最小。它具有虚拟键盘、沙盒机制、漏洞扫描、隐私选项、系统救急工具等，如图 21-4 所示。

图 21-4 卡巴斯基

21.3.4 360 杀毒

360 杀毒是 360 安全中心出品的一款免费杀毒软件，具有查杀率高、资源占用少、升级迅速等优点。360 杀毒可以与其他杀毒软件共存，配合 360 安全卫士，将能为用户的电脑提供更高的安全等级，如图 21-5 所示。

图 21-5 360 杀毒

21.3.5 Avast

来自捷克的 Avast，已有数十年的历史，在国外市场一直处于领先地位。Avast 分为家庭版、专业版、家庭网络特别版和服务器版，以及专为 Linux 和 Mac 设计的版本等众多版本，如图 21-6 所示。

图 21-6 Avast

21.3.6 小红伞

小红伞是德国第一防毒软件，具有扫描快、高侦测、低耗资源等特点。它多次通过全球顶尖评测机构的评测，屡获殊荣，如图 21-7 所示。

图 21-7 小红伞

21.3.7 微软 MSE 杀毒软件

微软 MSE 杀毒软件是由微软推出的一款通过正版验证的、Windows 系统可以免费使用的安全防护软件。可以直接从微软 MSE 官网下载它，如图 21-8 所示。

图 21-8 微软 MSE

21.3.8 诺顿

美国的诺顿网络安全特警 2012 是一个被广泛应用的反病毒程序。该产品除了防病毒外，还有防网络间谍等网络安全功能，如图 21-9 所示。

赛门铁克·诺顿

图 21-9 诺顿

21.4 个人电脑安全防护策略

对于个人电脑日常的安全防护的主要策略如下。

1. 杀（防）毒软件不可少

病毒的发作曾给全球电脑系统造成巨大损失，令人们谈“毒”色变。上网的人中，很少有谁没被病毒侵害过。对于一般用户而言，首先要做的就是为电脑安装一套正版的杀毒软件。现在有不少人对防病毒有个误区，就是对待电脑病毒的关键是“杀”。其实对待电脑病毒应当是以“防”为主。目前绝大多数的杀毒软件都在扮演“事后诸葛亮”的角色，即电脑被病毒感染后再去用杀毒软件忙不迭地去发现、分析和恢复。这种被动防御的消极模式远不能彻底解决电脑安全问题。杀毒软件应立足于拒病毒于电脑之外。因此应当安装杀毒软件的实时监控程序，并定期升级所安装的杀毒软件（如果安装的是网络版，在安装时可先将其设定为自动升级），给操作系统打相应补丁，升级引擎和病毒定义码。由于新病毒层出不穷，现在各杀毒软件厂商的病毒库更新十分频繁，应当设置每天定时更新杀毒实时监控程序的病毒库，以保证其能够抵御最新出现的病毒的攻击。

2. 个人防火墙不可替代

如果有条件，可安装个人防火墙（Fire Wall）以抵御黑客的袭击。所谓“防火墙”，是指一种将内部网和公众访问网（Internet）分开的方法，实际上是一种隔离技术。防火墙是在两个网络通信时执行的一种访问控制尺度，它能允许你“同意”的人和数据进入你的网络，同时将你“不同意”的人和数据拒之门外，最大限度地阻止网络中的黑客访问你的网络，防止他们更改、拷贝、毁坏你的重要信息。但防火墙安装和投入使用后，并非万事大吉。要想充分发挥它的安全防护作用，必须对它进行跟踪和维护，要与商家保持密切的联系，时刻注视商家的更新、升级动态。

3. 分类设置密码并将密码设置得尽可能的复杂

在不同的场合使用不同的密码。网上需要设置密码的地方很多，如网上银行、上网账户、E-Mail、聊天室及一些网站的会员账户等。应尽可能使用不同的密码，以免因一个密码泄漏导致所有资料外泄。对于重要的密码（如网上银行的密码）一定要单独设置，并且不能与其他密码相同。设置密码时要尽量避免使用有意义的英文单词、姓名缩写，以及生日、电话号码等容易被人猜到的字符作为密码，最好采用字符与数字混合的密码。不要贪图方便在拨号连接的时候选择“保存密码”选项。如果您是使用 E-Mail 客户端软件（Outlook Express、Foxmail、The bat 等）来收发重要的电子邮箱，如 ISP 信箱中的电子邮件，在设置账户属性时尽量不要使用“记忆密码”功能。因为虽然密码在机器中是以加密方式存储的，但是这样的加密往往并不保险，一些初级的黑客即可轻易地破译你的密码。定期地修改自己的上网密码，至少一个月更改一次，这样可以确保即使原密码泄漏，也能将损失减小到最少。

4. 不下载来路不明的软件及程序，不打开来历不明的邮件及附件

一些不法分子经常将病毒或木马程序和一些热门软件或程序包装在一起，当用户下载并安装这些软件或程序时，病毒或木马程序就会趁机传播到电脑中。另外，还有一些黑客会向很多邮箱发一些带有木马程序的邮件。用户只要打开邮件或邮件中的附件，木马程序就会运行，同时传播到用户的电脑中。因此，日常使用电脑时，应避免下载来路不明的软件及程序，不打开来历不明的邮件及附件。

5. 警惕“网络钓鱼”

目前，网上一些黑客利用“网络钓鱼”手法进行诈骗，如建立假冒网站或发送含有欺诈信息的电子邮件，从而盗取网上银行、网上证券或其他电子商务用户的账户密码，使得窃取用户资金的违法犯罪活动不断增多。提醒网上银行、网上证券和电子商务用户对此提高警惕，防止上当受骗。

6. 防范间谍软件

据一份家用电脑调查结果显示，大约 80% 的用户对间谍软件入侵他们的电脑的事实毫无知晓。间谍软件（Spyware）是一种能够在用户不知情的情况下偷偷进行安装（安装后很难找到其踪影），并悄悄把截获的信息发送给第三者的软件。它出现的历史不长，可到目前为止，间谍软件的数量已有几万种。间谍软件的一个特点是，能够附着在共享文件、可执行图像及各种免费软件上，并趁机潜入用户的系统，而用户对此毫不知情。间谍软件的主要用途是跟踪用户的上网习惯，有些间谍软件还可以记录用户的键盘操作，捕捉并传送屏幕图像。间谍程序总是与其他程序捆绑在一起，用户很难发现它们是什么时候被安装的。一旦间谍软件进入用户的电脑系统，要想彻底清除它们十分困难。间谍软件往往成为不法分子手中的危险工具。

7. 定期备份重要数据

数据备份的重要性毋庸讳言，无论你对自己的电脑的防范措施做得多么严密，也无法完全防止“道高一尺，魔高一丈”的情况出现。如果电脑遭到致命的攻击，操作系统和应用软件可以重装，而重要的数据就只能靠用户日常的备份了。所以，无论采取了多么严密的防范措施，也不要忘了随时备份自己的重要数据，做到有备无患！

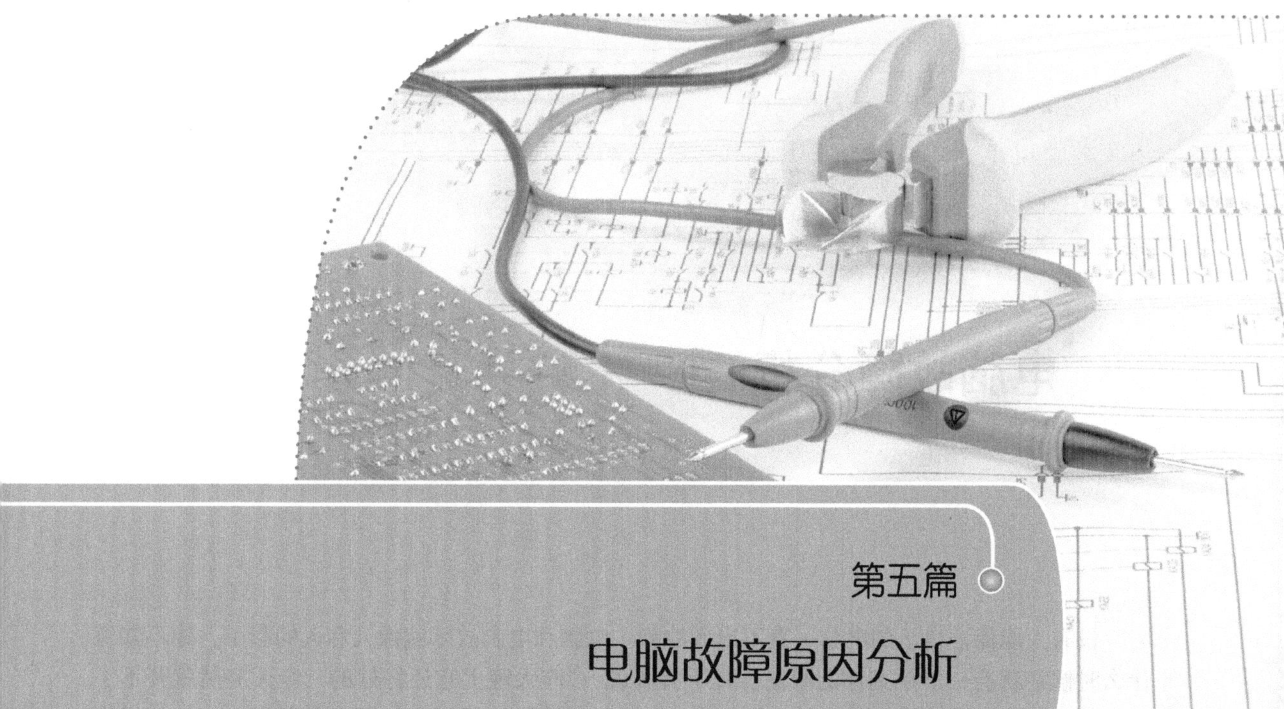

第五篇

电脑故障原因分析

电脑故障一直是伴随着电脑的一个阴影，谁也不知道它什么时候就会给你来一个下马威。如果不想被突如其来的电脑故障搞得手忙脚乱，就必须首先判断出故障大概出在什么地方。

有人曾说过，电脑维修中 80% 的工作是判断故障原因。只要知道了故障原因，再困难的故障也会有办法解决。

第 22 章 电脑故障分析

没有人能保证自己的电脑一直不出现故障。电脑和电脑故障就像人和人的影子，你不知道什么时候它就会一下跳到你的眼前。常听有人说：“昨天晚上它还好好的，今天突然就开不了机了。”电脑出了故障，拿到电脑维修中心去修理，第一花费不少，第二耽误时间。但如果你了解这些故障的原因，不但可以帮你和你的朋友维修电脑，还能让电脑的使用寿命更长。

22.1 电脑故障介绍

电脑故障大致可以分为由 Windows 或应用程序出现错误导致的软件故障和由硬件问题带来的硬件故障两种。

其中，由于操作不当和软件错误带来的故障又占了电脑故障的绝大部分，如图 22-1 所示。

如何判断是软件故障还是硬件故障呢？根据笔者的经验，当电脑进行某个特定操作或运行某个软件时发生错误，一般都是软件错误；在电脑开关机时发生错误或无规律地发生错误，则很有可能是硬件故障引起的。

电脑在没有受到外力冲撞和没有连接不稳定的电源的时候，原来运行正常的硬件几乎不会发生故障。

如果原来运行正常的电脑突然出现故障，而此时电源稳定并且没有外力造成冲撞，那么可能的原因有以下几种：硬件本身存在稳定性隐患、操作不当导致运行错误、灰尘带来的设备短路、静电带来的设备损坏。图 22-2 展示了各种故障所占的比例。

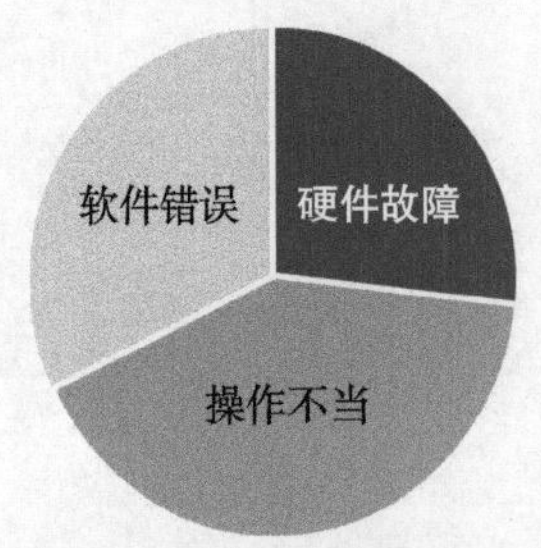

图 22-1 电脑故障原因比例

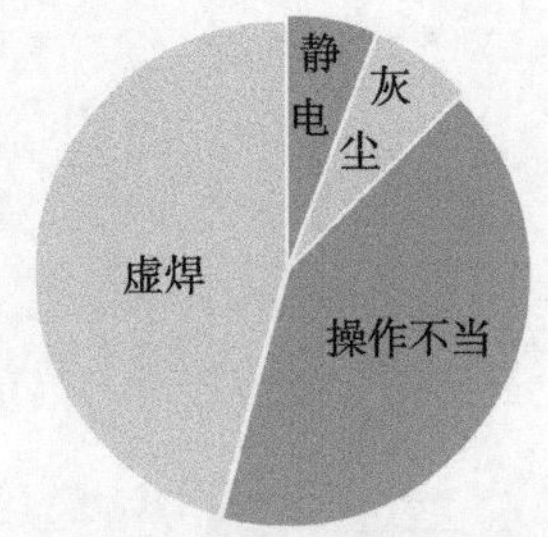

图 22-2 硬件故障原因比例

22.2 软件故障

软件故障主要包括 Windows 系统错误、应用程序错误、网络故障和安全故障。

1）造成 Windows 系统错误的主要原因有：使用盗版 Windows 安装光盘、安装过程不正确、误操作造成系统损坏、非法程序造成系统文件丢失等。

这些方面的问题都可以通过重新安装 Windows 系统来修复。在本书第 15 章中有详细的安装方法。

2）造成应用程序错误的主要原因有：版本与当前系统不兼容、版本与电脑设备不兼容、应用程序与其他程序冲突、缺少运行环境文件、应用程序自身存在错误等。

要安装应用程序前，请先确认该程序是否适用于当前系统，比如适用于 Windows 7 的应用程序在 Windows 10 下无法运行。再确认应用程序是否是正规软件公司制作的，因为现在网上有很多个人或不正规软件公司设计的程序，自身存在很多缺陷，更严重的还带有病毒和木马程序。这样的软件不但会由于自身缺陷造成无法正常使用，而且还有可能造成用户的系统瘫痪。

3）网络故障的原因有两个方面：网络连接的硬件基础问题和网络设置问题。在本书第 19 章中，介绍过如何搭建小型局域网及如何设置上网的参数。

4）造成安全问题的主要原因有：隐私泄漏、感染病毒、黑客袭击、木马攻击等。在本书第 21 章中，介绍过如何保护个人隐私、如何拒绝网络攻击、如何实时防御病毒袭击，如图 22-3 所示。

图 22-3 影响电脑安全的多种问题

22.3 硬件故障

导致电脑硬件故障的主要因素有电、热、灰尘、静电、物理损坏、安装不当、使用不当。几乎所有电脑故障都可以从以上因素中找到原因。弄清引发问题的原因，并提前预防，就能有效地防止硬件故障带来的损害，同时延长电脑的使用年限。图 22-4 展示了各种硬件故障因素所占的比例。

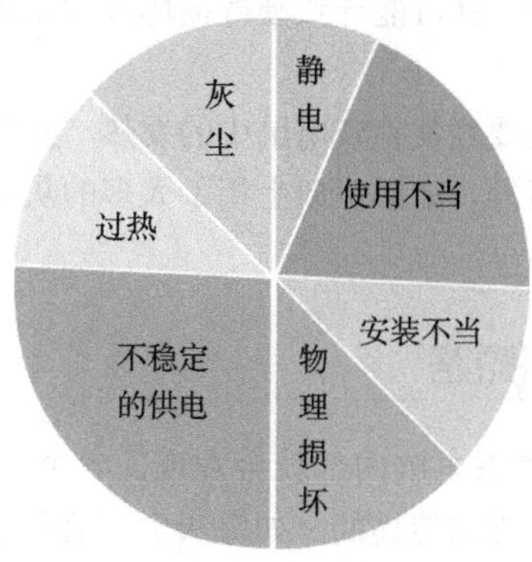

图 22-4 硬件故障因素比例

22.3.1 供电引起的硬件故障

供电引起的硬件故障在电脑故障中是比较常见的，主要是过压过流、突然断电、连接错误的电源。

过压过流指的是，在电脑运行期间，电压和电流突然变大或变小，这对电脑来说是致命的灾难。比如供电线路突然遭到雷击，电压一瞬间超过 10 亿伏特，电流超过 3 万安培，不但电脑等电器会被损坏，还会发生剧烈的爆炸。所以在雷雨天气使用电脑是有危险的。再比如，电脑正常运行期间，周围的大型家用电器突然开启或停止，也会使得电压瞬间升高或降低，可能造成电脑硬件的损坏。

要避免因为过压过流带来的硬件损坏，除了注意电脑的周围环境以外，还要使用带有防雷击、防过载的电源插座，如图 22-5 所示。

在普通的电源插座中，电线直接连接到导电铜片上，而三防（防雷击、防过压、防过流）或五防（防雷击、防过载、防漏电、防尘、防火）插座中，有专门针对过压过流的电路设计，可以很好地保护电脑，在电源不稳时不会损坏硬件，如图 22-6 所示。

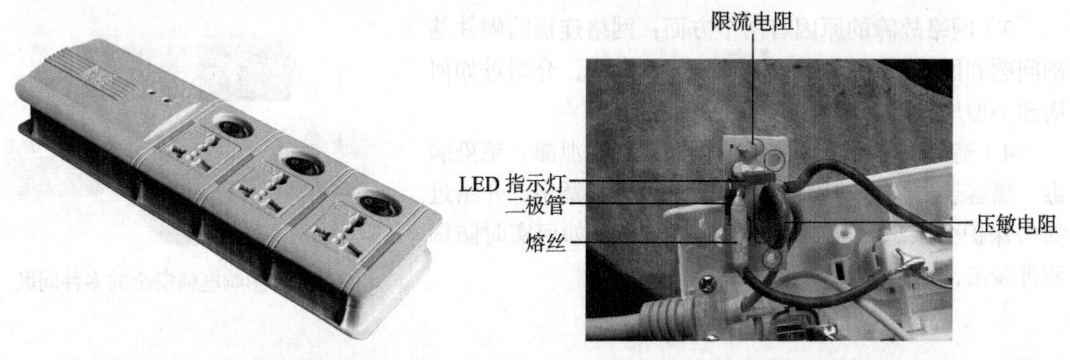

图 22-5 五防电源插座　　图 22-6 三防电源插座内部

还要注意，不要将家用电器与电脑插在同一个插座上，避免开关电器时电压电流变化对电脑带来不利影响。

22.3.2 过热引起的硬件异常

电脑内部有很多会发热的芯片、马达等设备，正常情况下，一定量的发热不会影响电脑使用。但如果出现了非正常的发热，就可能导致硬件损坏或过压短路，不但会损坏电脑硬件，还有可能损坏其他家用电器。

要防止电脑过热的情况，就要经常检查电脑中的发热“大户”，比如 CPU、显卡核心芯片、主板芯片组上的风扇、机箱风扇等。如果风扇上积了太多的灰尘，就会影响散热的效果，必须及时清理。

22.3.3 灰尘积累导致电路短路

灰尘是电脑的致命敌人。查看电脑内部就会发现，各个电路上的金属排线纵横交错，而电流就是通过这些金属线在各部件间传递的。如果灰尘覆盖在金属线上，就可能阻碍电流的传递，如图 22-7 所示。

图 22-7　电脑内沉积的灰尘

电脑设备在通电时大多会产生电磁场，细微的灰尘很容易被吸附在设备上。所以定期清理电脑中的灰尘是十分必要的。

清理灰尘可以使用专用的吹风机、皮吹子或灌装的压缩空气，如图 22-8 所示。再配合使用软毛小刷子，就能有效地清除沉积的灰尘。

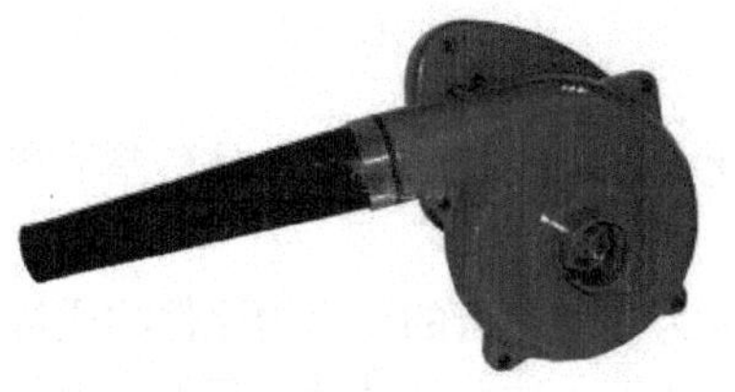

a）电脑专用吹风机

b）清理电脑用的皮吹子

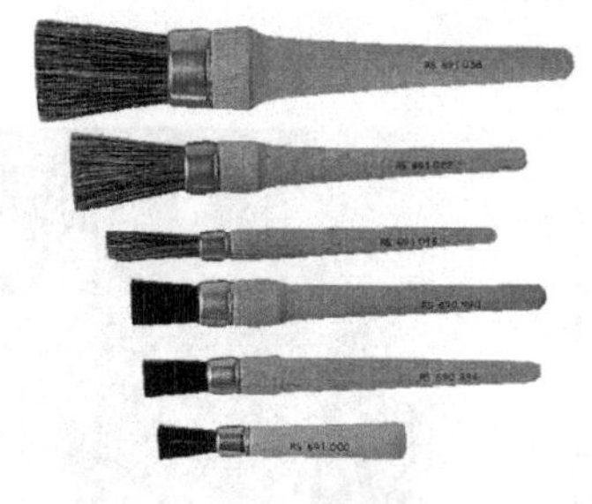

c）软毛小刷子

d）灌装压缩空气

图 22-8　各种清理灰尘的工具

22.3.4　使用不当导致的电脑故障

使用不当主要有几个方面：电脑的环境导致硬件故障，外力冲击或经常震动等。

环境方面有这样几种情况：

1）电脑处在过于潮湿的环境中。在潮湿的环境中，空气中的水汽与灰尘一样会附着在电脑硬件上，从而导致电路的短路和不畅。

2）在电脑前抽烟。香烟的烟雾中含有胶状物质，电脑长期处在烟雾中，会导致关键硬件的污损。其中硬盘是最容易由烟雾而引发故障的设备。

3）电脑摆放的地方不是水平的。如果电脑长期运行在倾斜、倒置等状态下，就会造成一些设备的故障。尤其是高速旋转的电机、马达、风扇等，长时间倾斜不但会使噪声增大，还会导致这些设备更容易出现故障和寿命降低。

4）电脑与其他物体的距离太近，也会导致互相干扰。在摆放电脑时，最好与其他物体（如墙壁、柜子等）保持 5 ～ 10cm 左右的距离。

5）机箱静电。电脑运行时本身会通过大量电流，导致机箱也很容易带上静电。电脑电源中有一条线，可以将电脑所带的静电通过电源插座的接地功能释放掉。如果使用两个插孔的电源插座，就无法释放电脑上的静电。所以最好将电脑机箱上连接一条导电的电线或铁丝，另一端连接到墙上或地上，以避免静电。

22.3.5 安装不当导致电脑损坏

如果安装电脑的不是专业人员，就有可能造成安装不当。安装不当会导致电脑不能开机或运行不稳。

电脑主要设备是插在主板上的板卡和通过导线连接接口的设备。如果连接不正确就可能导致硬件故障或硬件损毁。所以安装之前一定要了解安插的接口和位置。

22.3.6 元件物理损坏导致故障

有些硬件在出厂时就带有隐患。随着电脑的大众化，电脑硬件的品质也是参差不齐的，一个设备便宜的几十元，贵的上千元。

有些设备在出厂时就带有稳定性的隐患，有的是因为虚焊，有的是因为原件的质量等。这些设备刚开始可能可以正常使用，但随着电脑使用时间久了，这些部件就会频繁出现各种各样的故障。还有，电脑中的发热部件很多，像 CPU、芯片组都是发热“大户”，有些元件在长期高温的环境下，就会出现虚焊、烧毁等情况，如图 22-9 所示。

a）虚焊

b）电容爆浆

图 22-9 元件物理损坏的常见故障

22.3.7 静电导致元件被击穿

电脑中的部件对静电非常敏感。电脑使用的都是 220V 的市电，但静电一般高达几万伏，在接触电脑部件的一瞬间，就可能造成电脑设备的静电击穿。因此在接触电脑内部前，必须用水洗手，或用手触摸墙壁、暖气、铁管等能够将静电引到地面的物体。电脑用的电源插座最好也使用带有地线的三相插座，如图 22-10 所示。

图 22-10 两相和三相插座

第 23 章 从开机过程快速判断故障原因

从按下电脑电源开关开始，到 Windows 出现在显示器上为止，这个过程叫作“启动”过程。80% 的电脑故障可以从启动的过程中看出端倪。这一章介绍如何从启动过程快速判断电脑故障的出处。

23.1 “放大镜”透视电脑启动一瞬间

在按下电脑电源开关时，ATX 电源将外部的 220V 交流电转化为 3.3V、5V、12V 等电脑设备需要的电压，分配给主板、CPU、硬盘、光驱等设备。

电脑启动的一瞬间由开关触发开机信号，COMS 芯片前端电路被初始化，使用 $5V_{SB}$ 电源维持，并且检测 $5V_{SB}$ 是否正常。然后 MOS 控制器开始接通开关电源信号回路到 $5V_{SB}$ 中的 + 线上，进行 PWM 监控，初始化磁盘 12V 电路，初始化磁盘 5V 电路，初始化内存电源，初始化处理器电源，并入 PCI 总线电源。当加电全部完成后，供电情况如图 23-1 所示。

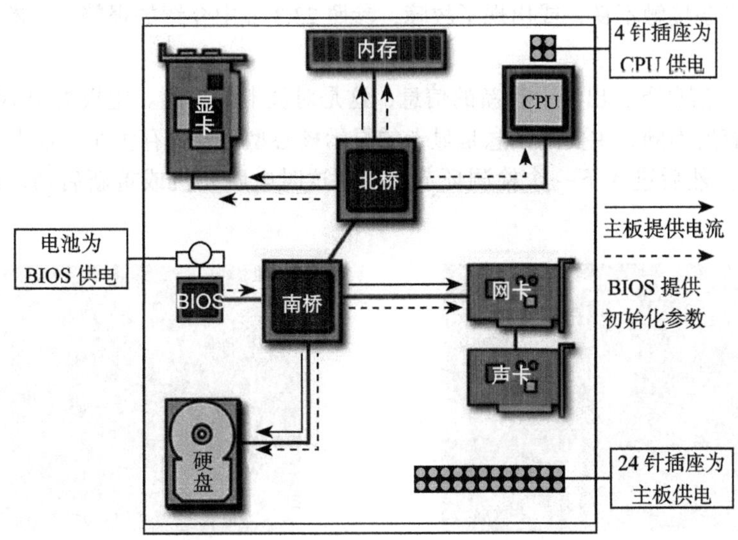

图 23-1　电脑启动一瞬间的供电示意图

可以看到，BIOS 在启动的过程中起着很重要的作用，所有设备的初始化参数都记录在 BIOS 的 CMOS 芯片中。

23.2 慢动作详解开机检测

从按下电脑电源按钮开始，到进入 Windows 系统，这中间显示器上会不停地跳出开机信息。如果掌握这些信息，就能轻松地判断出电脑这个复杂的组合体中的哪个部件出现了故障。但开机时信息出现和消失得太快了，有时候根本没看清是什么就已经跳到下一个画面了。

这一节就让我们用慢动作来还原一次完整的开机过程吧。

1）按下电源按钮，电源启动，为主板、CPU 和其他设备供电。这时观察电脑机箱上的绿色电源指示灯，如果绿色电源指示灯亮了，且一直亮着，说明电源启动成功了，否则就是电源或主板启动电路存在故障。有些电脑机箱的电源指示灯与电源开关连在一起，开启后有电源开关背景灯的效果，但功能是一样的，如图 23-2 所示。

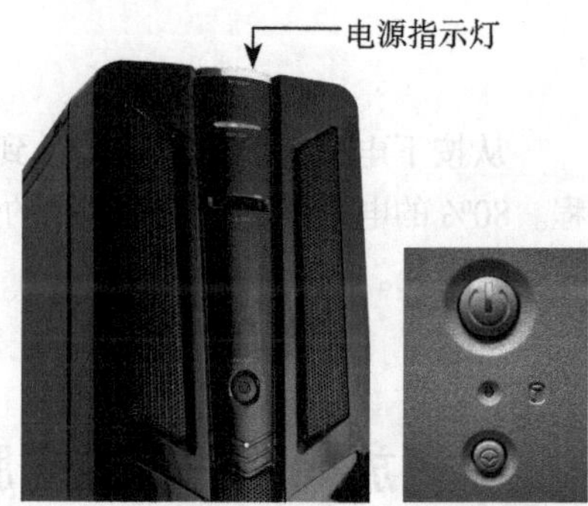

图 23-2 电源指示灯

2）电脑首先对系统总线进行检测，如果检测正常，机箱喇叭会发出“嘟”的一声，然后进入下一个检测环节。如果检测失败，电脑启动将停止，显示器上什么都不显示，只能听到 CPU 风扇和电源风扇在转动，这说明主板存在故障。

3）显示器上出现第 1 个画面，屏幕上两行信息是 BIOS 的名称和版本，如图 23-3 所示。然后进入下一个检测环节。如果在这里电脑死机，说明 BIOS 存在故障，可以将 CMOS 放电或升级 BIOS 后再试。如果开机后显示器上迟迟没有画面，同时机箱喇叭发出长短不一的报警声，说明有设备接触不良，或出现了故障，参照 23.3 节中介绍的报警声判断故障出处方法判断。

4）在 BIOS 信息下，出现一行新的信息，这是对显卡的检测。主板类型不同，显卡类型显示的信息也有所不同，主要的信息是显卡的显示核心型号、显存大小、显卡 BIOS 版本等，如图 23-4 所示。然后进入下一个检测环节。如果这时电脑死机或重新启动，说明显卡存在故障。

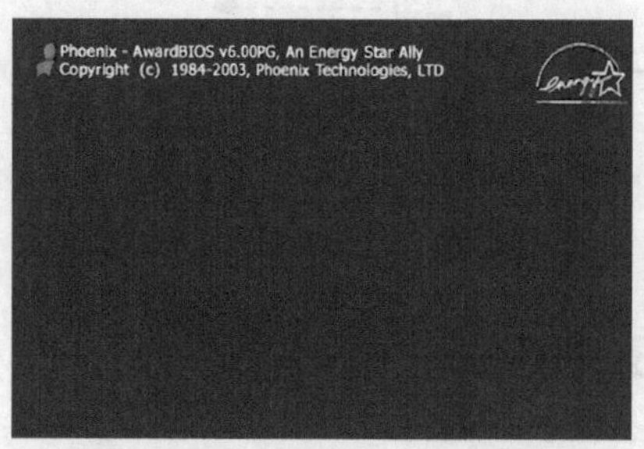

图 23-3 显示 BIOS 信息

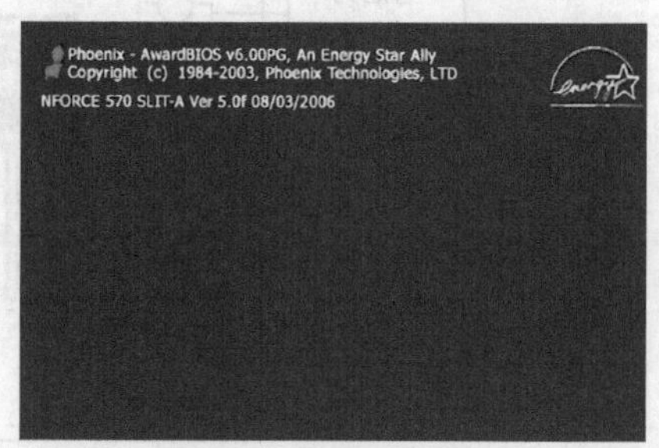

图 23-4 显示显卡信息

5）电脑对 CPU 和内存进行检测，画面上会出现 CPU 的名称、类型、主频、型号等信息，下一行是内存的大小，如图 23-5 所示。检测正常就会进入下一个环节。如果这时出现死机、重启或机箱喇叭报警，说明 CPU 或内存存在故障。

6）电脑进入 BIOS 控制的 POST 过程，在这个过程中，电脑将连接在电脑上的设备信息与 BIOS 中存储的设备信息进行一一比对。如果这时出现电脑死机、重启，说明 BIOS 在进入 POST 过程中出现故障，可以尝试升级 BIOS 或将 BIOS 内容设置为默认设置。从这时开始，可以按 Delete 键进入 BIOS 设置，也可以用 Pause 键使启动画面暂停，以便查看启动信息，如图 23-6 所示。如果启动停止，显示器上提示“ Keyboard not Found”则表示键盘出现故障或没有正确连接。

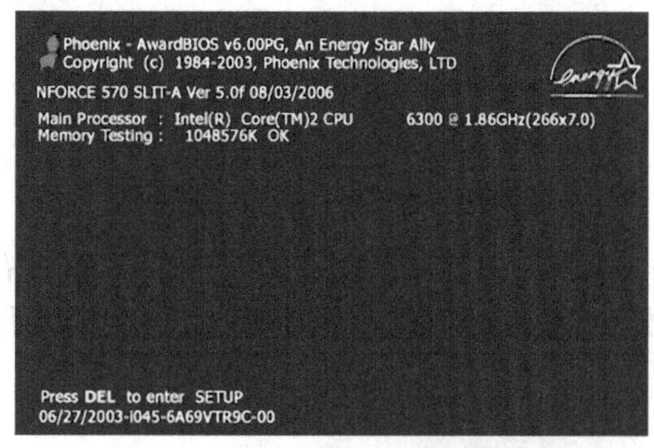

图 23-5　显示 CPU 和内存信息

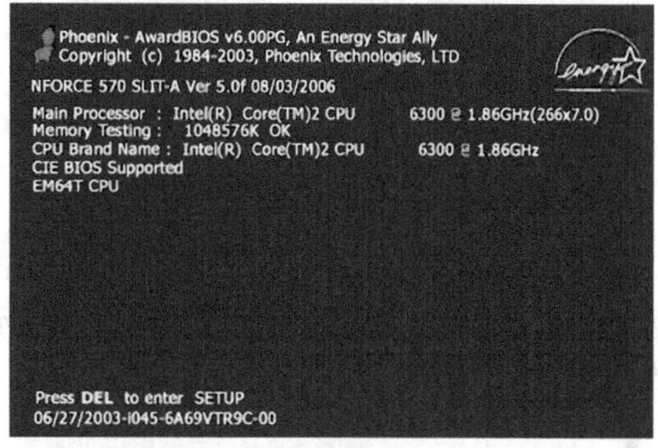

图 23-6　BIOS 开始检测电脑上的关联设备

7）电脑开始检测主硬盘和从硬盘，如图 23-7 所示。如果硬盘正常，将会进入下一个检测环节。如果这时电脑出现死机或重启，说明硬盘存在故障。如果启动停止，并出现提示“ Reboot and Select proper Boot device or Insert Boot Media in selected Boot device and press a key”（没有找到可以使用的硬盘驱动器，按任意键继续），说明硬盘存在问题，多半是供电问题。

8）检测光驱和即插即用设备，如图 23-8 所示。如果正常就会进入下一个环节。这里即便没有光驱也不影响启动，但如果在这时电脑死机或重启，说明光驱存在着短路或与其他硬件冲突的故障。

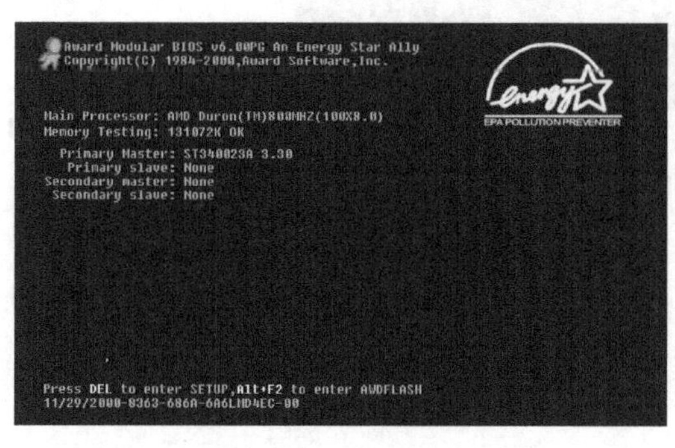

图 23-7　显示硬盘信息

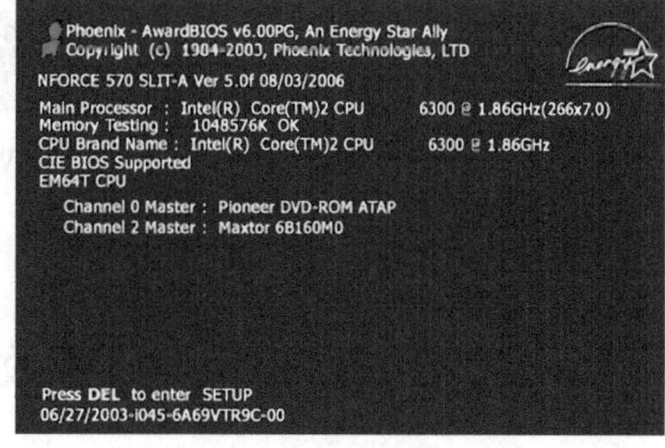

图 23-8　开机时检测光驱

9）POST 检测过程结束，如果检测到的硬件设备与 BIOS 中记录的硬件信息一致，就会进入下一个环节。

10）通过主板 DMI（Desktop Manager Interface）为设备分配资源，这个过程基本上不会出现问题，如图 23-9 所示。

11）进入 Windows 的欢迎界面，这是将硬盘中的系统文件装载到内存的过程，如果正常就会进入 Windows 界面，如图 23-10 所示。如果这时出现电脑死机、重启或运行非常缓慢，就说明硬盘中的 Windows 系统存在故障，可以通过修复系统或重新安装来解决。

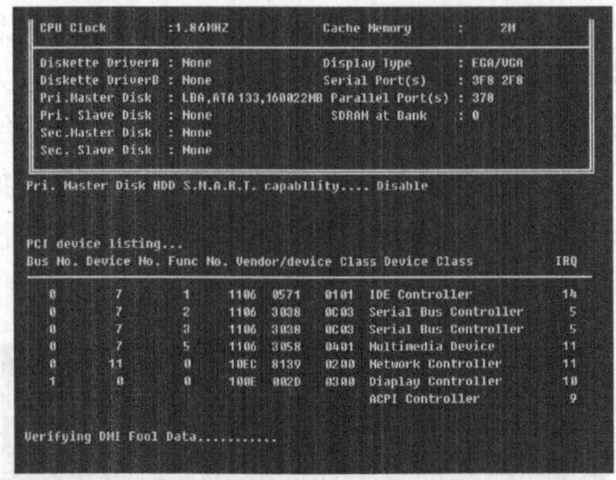

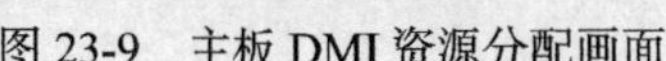
图 23-9 主板 DMI 资源分配画面

图 23-10 Windows 欢迎界面

12）到这里启动过程就结束了，如果能够进入 Windows 系统，说明软硬件基本上都没有问题，如图 23-11 所示。如果使用时还出现死机或运行缓慢等问题，就应该重点排查应用软件故障和是否有病毒。

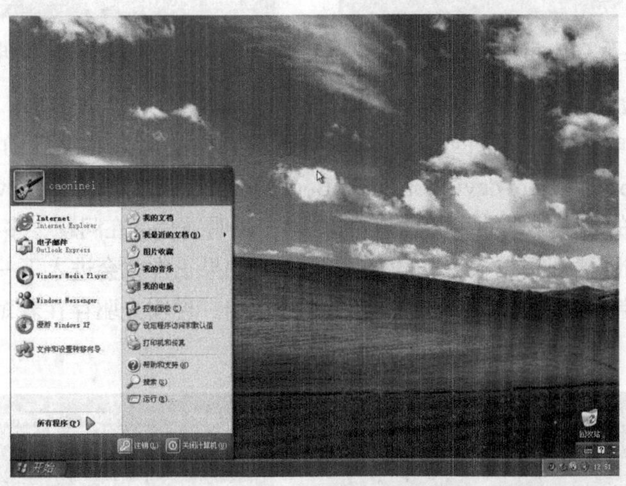

图 23-11 Windows 正常启动

23.3 听机箱报警声判断硬件故障

有时候，按下电脑电源开关后，能听到电源风扇和 CPU 风扇都已经转动了，但电脑并没有启动，而且机箱内发出“嘟～～嘟～～”的报警声。这时我们就需要根据这个报警声的长短来判断故障的出处了。

先确认主板 BIOS 的类型。主板报警声的含义根据主板的不同而不同。现在市场上主要有两种类型 BIOS 的主板，一种是 AMI 公司出品的 AMI 主板，另一种是 Award 公司出品的 Award 主板。在电脑启动时，第 1 个出现在显示器上的信息，就是主板 BIOS 的类型，如图 23-12、图 12-13 所示。

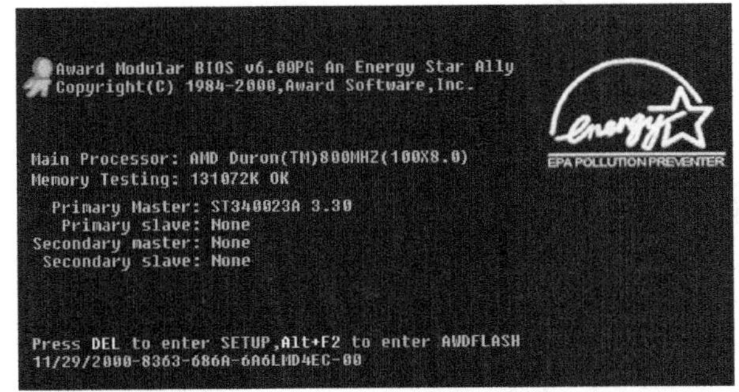

图 23-12　Award 公司的主板 BIOS

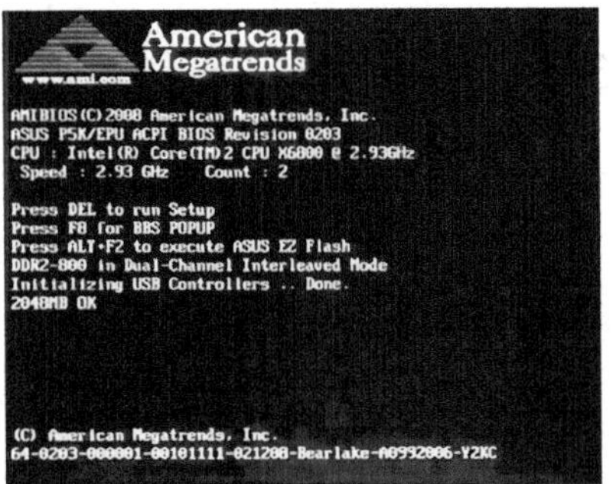

图 23-13　AMI 公司的主板 BIOS

确定主板类型后，就可以对照表 23-1、表 23-2 中的错误原因进行维修。

表 23-1　Award BIOS 报警声说明

报警声	故障原因
1 次短音	正常
2 次短音	不致命错误（比如硬盘信息与 BIOS 中不一致）
3 次短音	键盘故障或连接不正确
1 长音 1 短音	有设备连接不稳定（比如网卡松动、硬盘数据线松了等）
1 长音 2 短音	显卡发生错误，将显卡拔下重插，如果还出现错误提示，就更换显卡
尖锐报警声	系统错误（可能是有的设备安装错误）

表 23-2　AMI BIOS 报警声说明

报警声	故障原因
1 次短音	正常
2 次短音	内存安装错误，将内存条换到其他插槽中试试
3 次短音	内存测试失败，检测内存是否可用
4 次短音	主板电池没电了
5 次短音	CPU 检测失败，重新安装或换一个 CPU 试试
6 次短音	键盘检测失败，检查键盘安装是否正确
7 次短音	CPU 中断错误，CPU 可能损坏了

出现异常报警声说明硬件有错误，这种错误大多是板卡安装时插得不紧，或数据线松动等连接错误造成的。重新拔插板卡可以解决大部分问题。

第24章 按电脑组成查找故障原因

除了前面介绍的快速判断电脑故障外，我们还必须掌握详细的检查方法。电脑中部件众多，任何一个部件出现故障，都会影响电脑的使用。那么怎样详细地查找故障部件呢？这一章介绍六套检查硬件故障的“武功秘籍”。

24.1 整体检查是第一步

当电脑出现故障时，如果一时不能快速地判断出故障原因，就应当按照套路出牌，即遵循先软件后硬件，先整体后个体，先简单后复杂的原则，如图24-1所示。

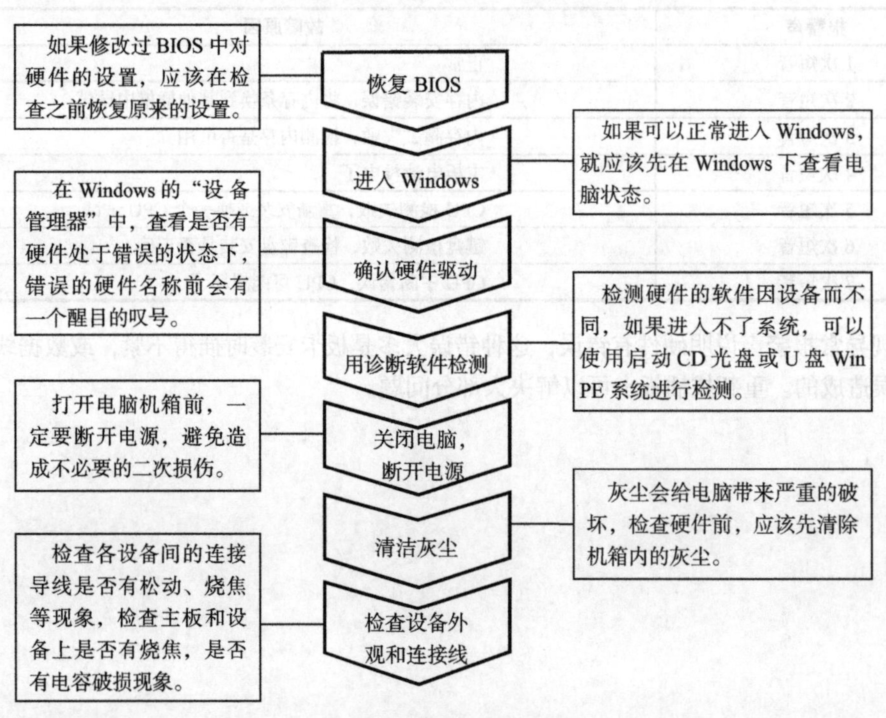

图24-1　整体检查方法

24.2 四招检查 CPU 故障

1. CPU 故障的表现

CPU 出现故障的几率并不高，其中大部分是因为散热问题引起的。我们先来看一下 CPU 故障的表现，如表 24-1 所示。

表 24-1 CPU 故障导致的电脑故障表现

电脑故障表现	可能导致故障的原因
电脑不能启动或启动过程中重启	CPU 损毁或安装不当
电脑运行中死机或“运算错误”	CPU 损毁或内部故障
不进行任何操作 CPU 温度也在 80℃以上，而且持续升高直至死机	CPU 内部故障或散热系统故障
运行特定程序时死机	主板有关 CPU 部分的补丁缺失
电脑不能正常关闭	CPU 内部故障

2. 四招检查 CPU 故障

如果不是内部故障损毁这样的严重问题，我们又怎么检测 CPU 呢？可以采用增加运算，使 CPU 处于全负荷状态下，来检测 CPU 的稳定性的办法。

下面教大家第 1 套武功秘籍“CPU 检测”，如图 24-2 所示。

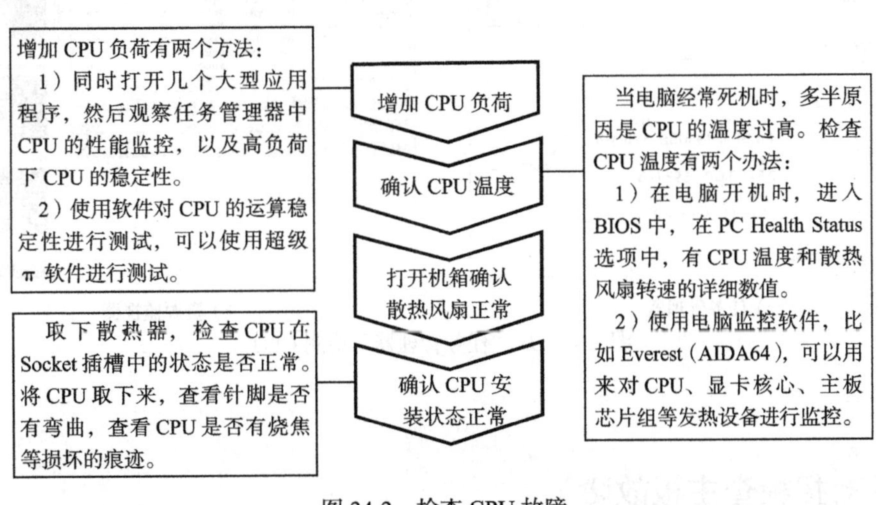

图 24-2 检查 CPU 故障

使用任务管理器检测 CPU 的方法是：在 Windows 10 系统界面中按 Ctrl+Alt+Delete 组合键，打开询问页面，单击启动任务管理器选项，如图 24-3 所示。

在“任务管理器”窗口中，单击“性能”选项卡，就可以查看 CPU、内存等设备的运行情况，如图 24-4 所示。如果在没有打开大型应用程序时，CPU 使用率长期保持在很高的状态，而且电脑运行明显缓慢的话，就说明电脑被恶意代码或病毒攻击了，应该立即安装并运行杀毒软件进行查杀。

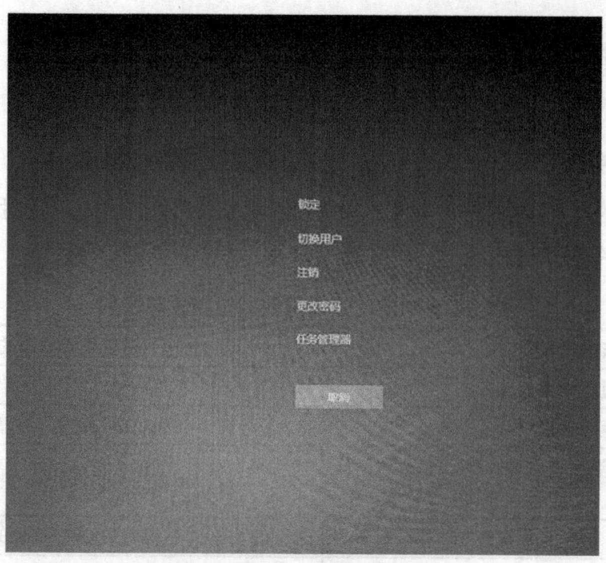

图 24-3 询问页面

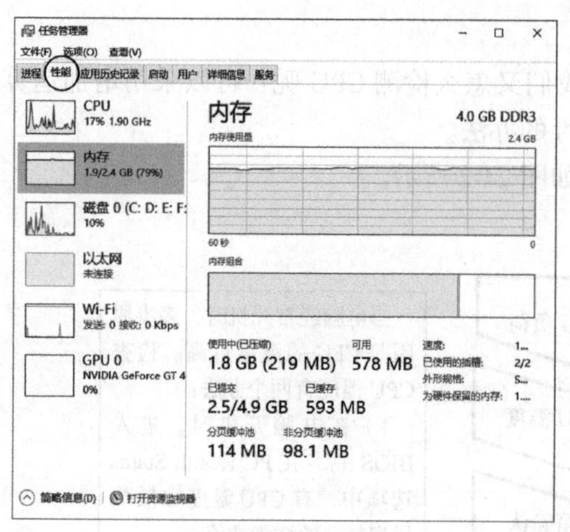

a）任务管理器

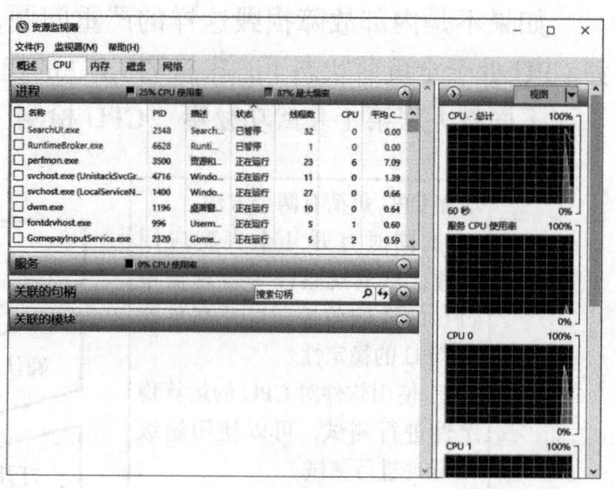

b）资源监视器

图 24-4 从“任务管理器”检测 CPU

24.3 七招检查主板故障

电脑检测中最难的就是主板的检测，因为主板是所有电脑设备的基础，而且主板比其他设备大很多，任何设备出现故障都可能造成主板的故障。

1. 七招检查主板故障

如果要检测主板故障，首先应该确认在 Windows 下的设置是否正常。先通过以下第 2 套武功秘籍检测，如果还查不到故障，就必须使用另一台电脑来进行替换检测了，如图 24-5 所示。

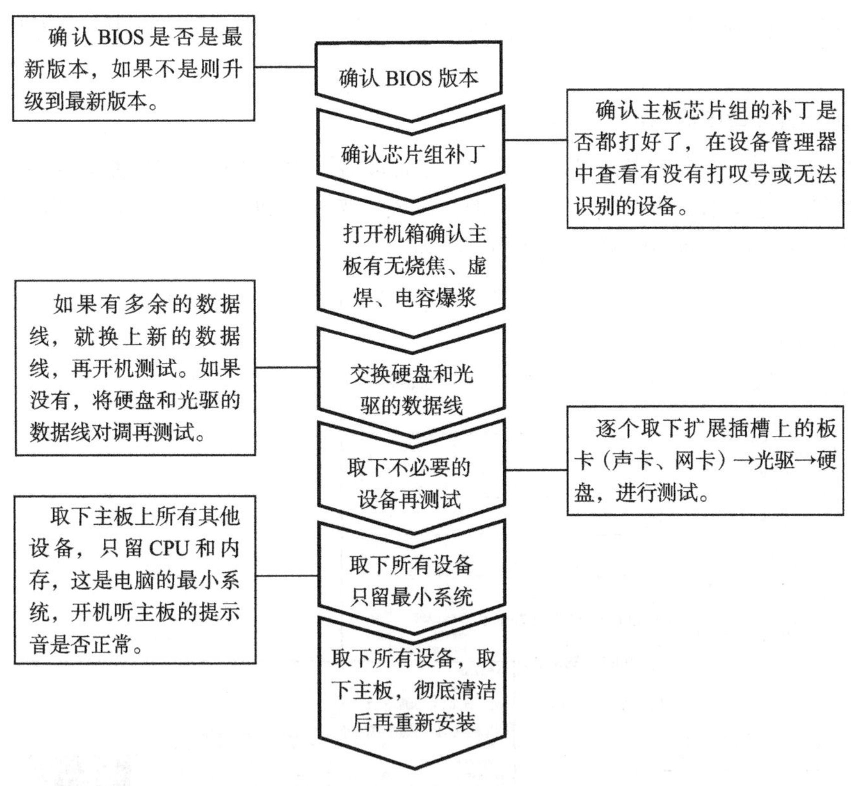

图 24-5 检查主板故障

2. 主板自带检测卡功能

有些主板上带有诊断工作状态的 LED 灯或 LED 数码管，当遇到故障时，查看说明书就可以通过数码管显示的数字判断故障设备，如图 24-6 所示。

图 24-6 带检测数码管的主板

 24.4 四招检查内存故障

内存故障是电脑使用中常见的故障，如果内存出现问题，就会导致电脑运行缓慢、死机，

甚至无法开机。在 Windows 10 中，有监控内存的资源监控功能，可以让用户很好地掌握内存的使用情况。

1. 在任务管理器中确认内存性能

将鼠标放到任务栏上单击右键，选择“任务管理器”命令，打开“任务管理器”窗口，然后单击“性能”选项卡，再单击“打开资源监视器”按钮，再单击监视器中“内存”选项卡，就可以看到当前的内存使用情况，如图 24-7 所示。

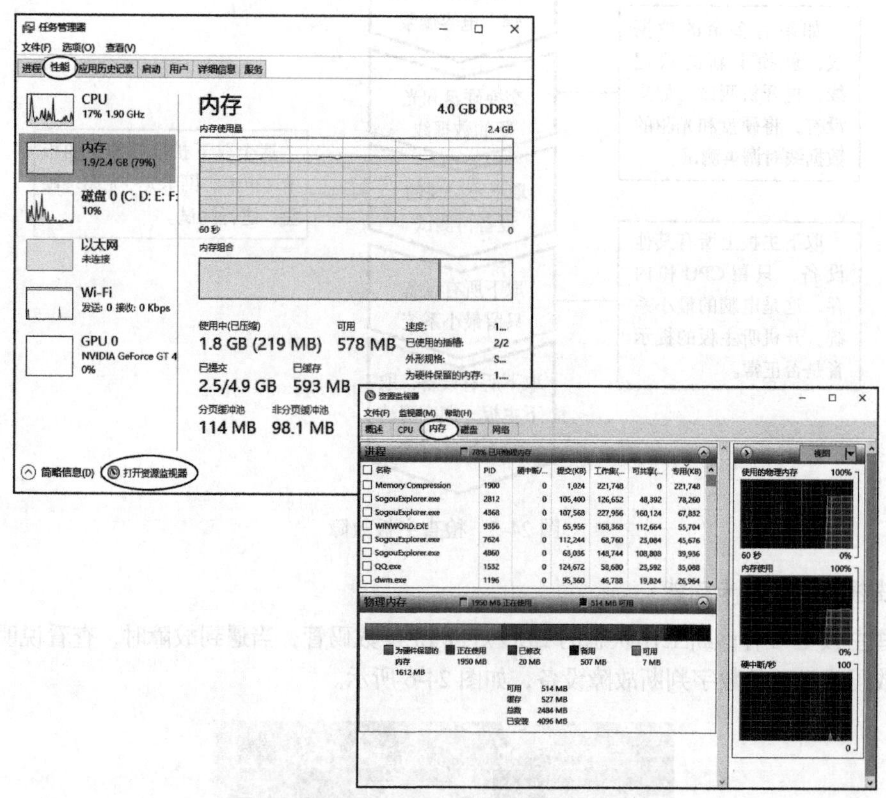

图 24-7 查看“资源监视器”中的内存情况

内存与其他设备一样，容易受到不稳定电压、过热、灰尘等方面的影响，但在内存故障中，绝大多数的问题出现在内存与插槽的接触上。而且内存相对更容易检测，一般电脑上都是 4 个内存插槽，两条内存插双通道。出现故障时，可以将内存取下，然后换一个插槽，先插上一条内存，开机测试一下，不行换另一条内存。这样可以确定内存本身是不是能用。内存故障表现和原因如表 24-2 所示。

表 24-2 内存故障表现和原因

内存故障的表现	导致故障的原因
系统发生致命错误	内存损毁或连接问题
电源灯和 CPU 散热器都正常，但显示器黑屏无图像	内存损毁
**.DLL 模块错误，死机	内存损毁

2. 四招检查内存故障

下面介绍第 3 套武功秘籍，来检测内存是否有故障，如图 24-8 所示。

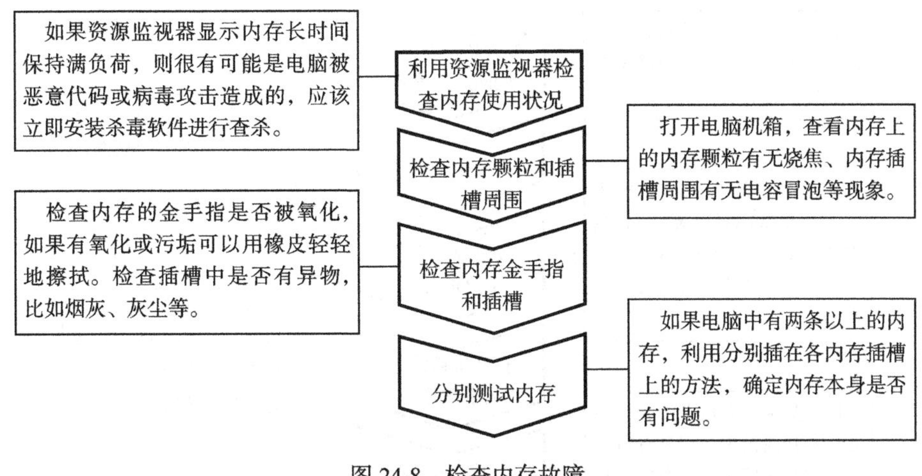

图 24-8 检查内存故障

24.5 五招检查显卡故障

显卡出现问题总是和显示联系在一起的，比如显示画面模糊、显示器上有彩条等。要判断是显卡故障还是显示器故障，最好的方法就是替换法，用一台能正常显示的显示器替换出问题的显示器，或将现有显示器换到一台正常工作的电脑上看是否显示正常。

1. 区分显卡和显示器的故障

如果没有其他电脑，就必须根据故障现象来判断问题出在哪了。那么什么现象是显卡问题，什么现象是显示器问题呢？请看表 24-3。

表 24-3 显示问题表现和原因

显示故障表现	故障原因
显示器上出现横条或竖条	显示器故障
显示器自动关闭	显示器故障
显示器灯亮，但没有图像	不确定
显示器画面不完整	显示器故障
显示器画面颜色不正，有光斑、光线	显卡故障
播放视频或玩 3D 游戏时死机	主板不支持，显卡故障
开机显示器显示“No Signal”“Power Save Mode”或“无信号”	显卡故障

2. 五招检查显卡故障

如果显卡超过频，在检查故障时一定先将显卡调回原来设置。超频不仅会导致系统不稳，还会降低显卡寿命。

如果怀疑显卡故障，应该首先检查 Windows 下的显卡设置和驱动。相对来说，驱动程序问题、连接问题、散热器等问题的几率远远高于显卡本身的故障。第 4 套武功秘籍如图 24-9 所示。

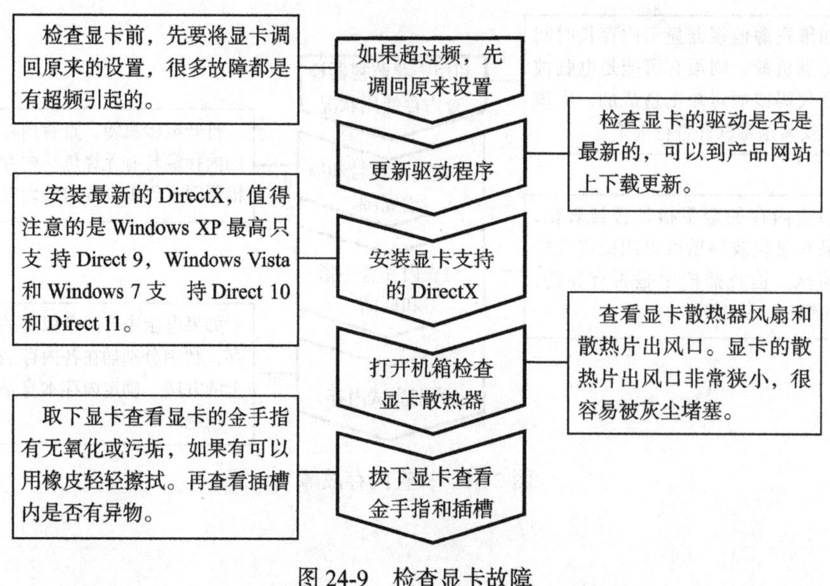

图 24-9 检查显卡故障

24.6 五招检查硬盘故障

硬盘是电脑中比较容易出现故障的设备。硬盘是电脑中使用频率比较高的设备，而且硬盘内部结构复杂，加工精密，易受外力震荡影响，这些都是硬盘故障比较多的原因。

1. 硬盘故障分析

硬盘故障主要出在几个方面：电机马达和磁头工作异常，硬盘盘片物理损伤，主板供电等外界因素影响。

硬盘故障的现象是，死机、无法进入系统、无法读取数据、系统缓慢同时硬盘声音异常等。但这些表现还不能说明故障设备一定是硬盘，主板供电、设备冲突、系统病毒等很多方面的因素都有可能导致故障。如果用下面的检测方法检查后没发现问题，就有可能是其他方面的故障了。

要对硬盘进行维修就必须先将其中重要文件备份下来，以免造成重大损失。硬盘的修复和数据恢复内容参见第 42 章。

2. 五招检查硬盘故障

检测硬盘是否出现故障，要用第 5 套武功秘籍，如图 24-10 所示。

3. 耳听手触判断硬盘故障

电脑通电后，硬盘盘片开始旋转，应该发出“嗡嗡”的声音。如果没有“嗡嗡”的声音说明硬盘盘片没有旋转。如果发出“嗒···嗒···”的声音，或盘片旋转一下又停了，就说明马达工作正常，但不能读取盘片上的数据。

若通电后硬盘发出尖锐的剐蹭声音，说明磁头刮到盘片了，应该立即停止使用，避免造成数据丢失。

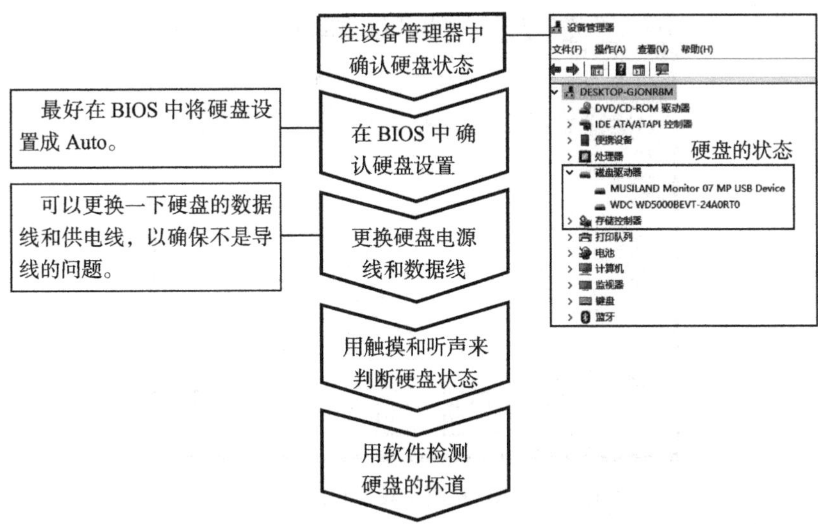

图 24-10　检查硬盘故障

如果硬盘通电后，没有盘片转动的声音，可以通过触摸硬盘表面来感受马达的转动。如果完全感受不到马达运转的震动，或马达没有达到正常的转速，说明硬盘供电可能存在问题。应该检查硬盘电路板，看供电电路、控制电路有无烧焦痕迹。

4. 用检测软件检查硬盘坏道

如果怀疑硬盘出现坏道或引导区问题，可以使用硬盘制造商提供的诊断软件对硬盘进行诊断。有些硬盘制造商提供的诊断软件本身有一些局限性，比如希捷提供的诊断软件不支持 NTFS 文件格式的检测，这里介绍一款免费的通用检测软件 HD Tune。

在 HD Tune 中有硬盘的基准读写检测、硬盘基本信息、硬盘监视器、硬盘的健康状况及错误扫描等功能，如图 24-11 ～图 24-15 所示。

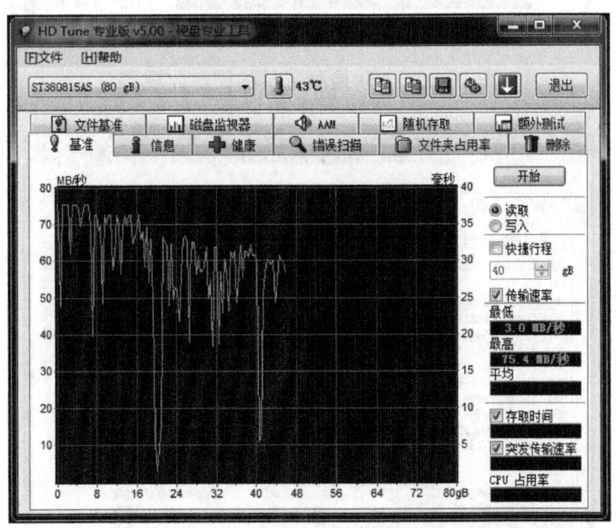

图 24-11　HD 检测工具的基准读写检测

在错误扫描中，可以扫描全面扫描硬盘中是否存在坏道，扫描结果中绿色的是正常的磁道，红色的是硬盘坏道，这种盘片上的物理坏道是不能通过低级格式化来修复的。

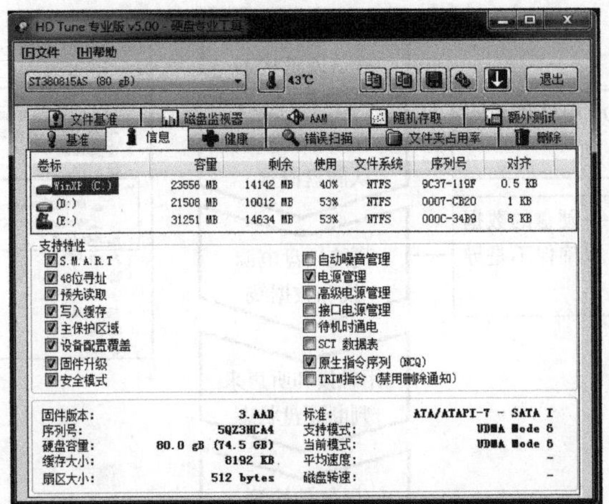

图 24-12 HD 检测工具的硬盘基本信息

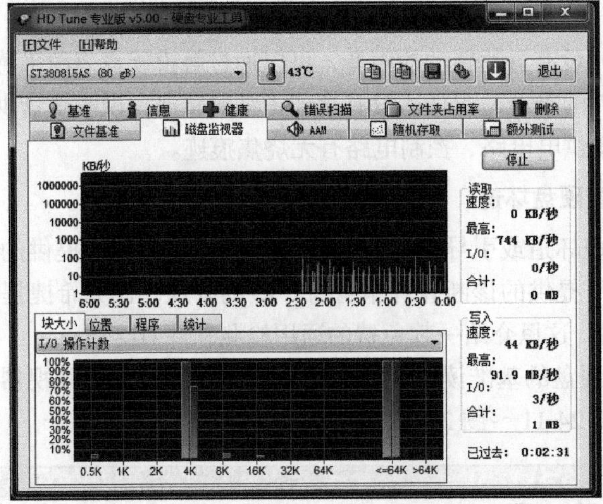

图 24-13 HD 检测工具的硬盘监视器

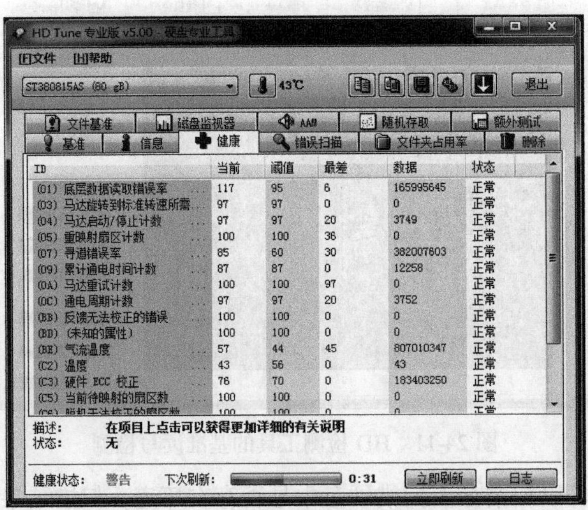

图 24-14 HD 检测工具的硬盘健康状况

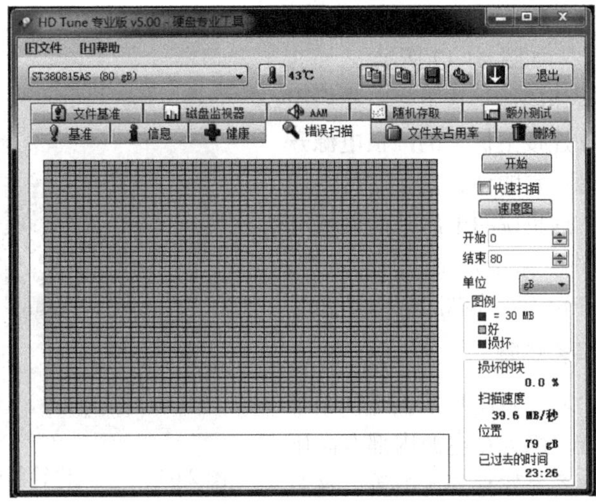

图 24-15　HD 检测工具的错误扫描

24.7 三招检查 ATX 电源故障

判断电源故障容易也不容易。电脑电源只有两个状态，通电和不通电。当按下电源开关时，看到机箱上的电源灯亮了，听到电脑‘嘟’地响了一声，然后显示器上出现启动检测画面，就说明电源正常启动了。

1. 三招检查电源故障

如果按下电源开关，电脑机箱上的电源指示灯不亮，电脑没有任何反应，第一感觉就是电源出现故障了。第 6 套武功秘籍如图 24-16 所示。

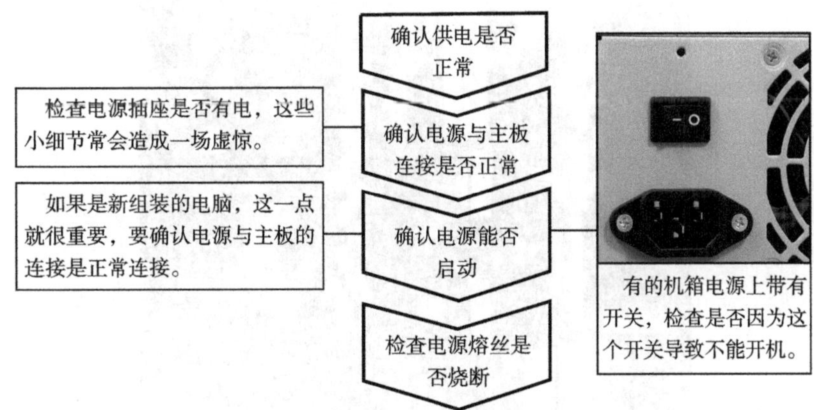

图 24-16　检查 ATX 电源故障

2. 确认电源能否启动

确认电源能否启动，说起来容易，但做起来就很复杂了。这里详细说明怎样激活电源。

如果确认供电正常的话，就要从主板激活电源的方式入手检查了。打开电脑机箱，查看电源上相应的插头都插在了对应的设备上，然后检查机箱前面板上的电源按钮插针也正确地连接到了主板的对应位置上，如图 24-17 所示。

可以将电源开关按钮的插头拔下来，然后用钥匙或螺丝刀等金属物连接主板上的两根电源开关插针。如果电脑电源正常的话，短接这两个插针就能启动电脑电源，这也说明电脑的前面板电源开关坏了。主板上的电源开关插针的标志是，在插针旁边标有“PWRSW”，如图 24-18 所示。

图 24-17 电脑机箱前面板上电源开关的插头

3. 检查电源熔丝是否烧断

检查电源熔丝这个对一般用户来说是很困难的，最好不要自己检查。因为在电源内部有高压线圈和大容量电容，很容易残存高压电流，这对人体是致命的危险，如图 24-19 所示。

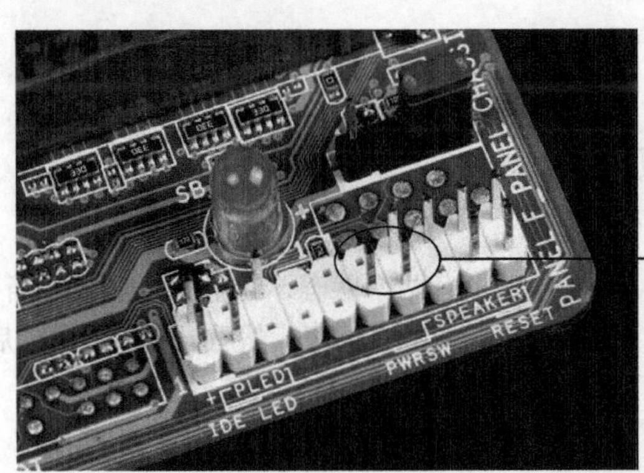

图 24-18 主板上的电源开关插针

图 24-19 电源内部的大容量电容

如果非要打开电源进行检查，应该保证电源在断电后放置一天以上。打开电源后，先用空气泵等吹掉电源内部的灰尘，再用电笔检测电源内已经没有残留电流后，再进行更换熔丝等操作。

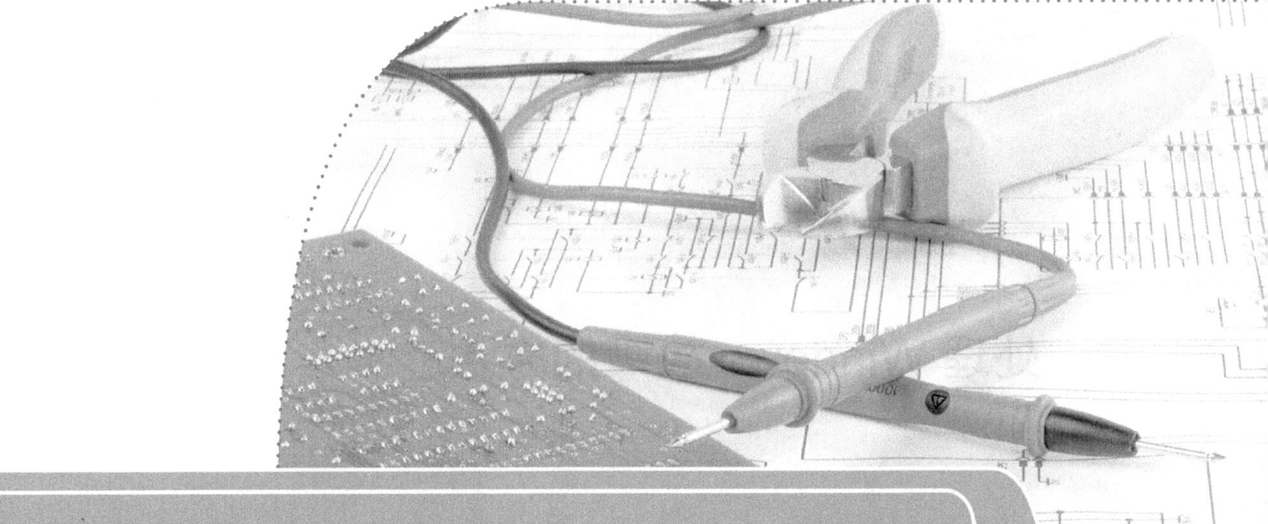

第六篇 系统与软件故障维修

在日常使用电脑的过程中，电脑出现的问题中有很大一部分是用户操作不当，或电脑病毒，或系统文件损坏等原因导致 Windows 系统或软件出现的问题。对于这些问题只要掌握一定的系统软件维修的基本知识和方法，大部分问题都可以轻松应对。那么，怎样让灾难远离自己的电脑，怎样让自己在灾难中游刃有余呢？这一篇就介绍系统与软件故障的维修方法。

第25章 处理 Windows 故障的方法

电脑在运行过程中，经常会因为 Windows 系统或软件故障而造成死机或运行不稳定，从而严重影响工作效率。本章主要介绍电脑系统软件故障处理的基本方法。

25.1 Windows 系统是这样启动的

基本上，操作系统的引导过程是从电脑通电自检完成之后开始进行的，而这一过程又可以细分为预引导、引导、载入内核、初始化内核及登录这 5 个阶段。

25.1.1 阶段 1：预引导阶段

当我们打开电脑电源后，预引导过程就开始运行了。在这个过程中，电脑硬件首先要完成通电自检（Power-On Self Test，POST），这一步主要会对电脑中安装的处理器、内存等硬件进行检测，如果一切正常，则会继续下面的过程。

接下来电脑将会定位引导设备（例如第一块硬盘，设备的引导顺序可以在电脑的 CMOS 设置中修改），然后从引导设备中读取并运行主引导记录（Master Boot Record，MBR）。至此，预引导阶段成功完成。

25.1.2 阶段 2：引导阶段

引导阶段又可以分为：初始化引导载入程序、操作系统选择、硬件检测、硬件配置文件选择这 4 个步骤。在这一过程中需要使用的文件包括：ntldr、boot.ini、ntdetect.com、ntoskrnl.exe、ntbootdd.sys、bootsect.dos（非必需）等。

（1）初始化引导载入程序

在这一阶段，首先会调用 ntldr 程序，该程序会将处理器由实模式（Real Mode）切换为 32 位平坦内存模式（32-bit Flat Memory Mode）。不使用实模式的主要原因是，在实模式下，内存中的前 640KB 是为 MS-DOS 保留的，而剩余内存则会被当作扩展内存使用，这样 Windows 系统将无法使用全部的物理内存。

接下来 ntldr 会寻找系统自带的一个微型的文件系统驱动。加载这个系统驱动之后，ntldr 才能找到硬盘上被格式化为 NTFS 或者 FAT/FAT32 文件系统的分区。如果这个驱动损坏了，就算硬盘上已经有分区，ntldr 也认不出来。

读取了文件系统驱动，并成功找到硬盘上的分区后，引导载入程序的初始化过程就已经完成了。随后将会进行下一步。

（2）操作系统选择

如果电脑中安装了多个操作系统，将会进行操作系统的选择。如果已经安装了多个 Windows 操作系统，那么所有的记录都会被保存在系统盘根目录下一个名为 boot.ini 的文件中。ntldr 程序在完成了初始化工作之后就会从硬盘上读取 boot.ini 文件，并根据其中的内容判断电脑上安装了几个 Windows，它们分别安装在第几块硬盘的第几个分区上。如果只安装了一个，那么就直接跳过这一步；但如果安装了多个，那么 ntldr 就会根据文件中的记录显示一个操作系统选择列表，并默认持续 30 秒。如果你没有选择，那么 30 秒后，ntldr 会开始载入默认的操作系统。至此操作系统选择这一步已经成功完成。

（3）硬件检测

这一过程中主要需要用到 ntdetect.com 和 ntldr 程序。当我们在前面的操作系统选择阶段选择了想要载入的 Windows 系统之后，ntdetect.com 首先要将当前电脑中安装的所有硬件信息收集起来，并列成一个表，接着将该表交给 ntldr（这个表的信息稍后会被用来创建注册表中有关硬件的键）。这里需要被收集信息的硬件类型包括：总线 / 适配器类型、显卡、通信端口、串口、浮点运算器（CPU）、可移动存储器、键盘、指示装置（鼠标）。至此，硬件检测操作已经成功完成。

（4）硬件配置文件选择

硬件检测操作完成后，接着系统会自动创建一个名为 Profile 1 的硬件配置文件，在缺省设置下，在 Profile 1 硬件配置文件中启用了安装 Windows 时安装在这台计算机上的所有设备。

25.1.3 阶段 3：载入内核

在这一阶段，ntldr 会载入 Windows 系统的内核文件 ntoskrnl.exe。但这里仅仅是载入，内核此时还不会被初始化。随后被载入的是硬件抽象层（hal.dll）。

硬件抽象层其实是内存中运行的一个程序，这个程序在 Windows 系统内核和物理硬件之间起桥梁的作用。正常情况下，操作系统和应用程序无法直接与物理硬件打交道，只有 Windows 内核和少量内核模式的系统服务可以直接与硬件交互。而其他大部分系统服务及应用程序，如果想要和硬件交互，就必须通过硬件抽象层进行。

25.1.4 阶段 4：初始化内核

当进入这一阶段的时候，电脑屏幕上就会显示 Windows 操作系统的标志，同时还会显示一个滚动的进度条，这个进度条可能会滚动若干次。从这一步开始我们才能从屏幕上获取系统启动的有关信息。在这一阶段中主要会完成 4 项任务：创建 Hardware 注册表键、对 Control Set 注册表键进行复制、载入和初始化设备驱动及启动服务。

（1）创建 Hardware 注册表键

在注册表中创建 Hardware 键时，Windows 内核会使用在前面的硬件检测阶段收集到的硬件信息来创建 HKEY_LOCAL_MACHINE\Hardware 键。也就是说，注册表中该键的内容并不是固定的，而是会根据当前系统中的硬件配置情况动态更新。

（2）对 Control Set 注册表键进行复制

如果 Hardware 注册表键创建成功，那么系统内核将会对 Control Set 键的内容创建一个备份。这个备份将会被用在系统的高级启动菜单中的“最后一次正确配置”选项。例如，如果我们安装了一个新的显卡驱动，重启动系统之后 Hardware 注册表键还没有创建成功系统就已经崩溃了，这时候如果选择“最后一次正确配置”选项，系统将会自动使用上一次的 Control Set 注册表键的备份内容重新生成 Hardware 键，这样就可以撤销之前因为安装了新的显卡驱动对系统设置所做的更改。

（3）载入和初始化设备驱动

在这一阶段里，操作系统内核首先会初始化之前在载入内核阶段载入的底层设备驱动，然后内核会在注册表的 HKEY_LOCAL_MACHINE\System\CurrentControlSet\Services 键下查找所有 Start 键值为“1”的设备驱动。这些设备驱动将会在载入之后立刻进行初始化，如果在这一过程中发生了任何错误，系统内核将会自动根据设备驱动的“ErrorControl”键的数值进行处理。“ErrorControl”键的键值共有 4 种，含义分别如下：

- “0”忽略，继续引导，不显示错误信息。
- “1”正常，继续引导，显示错误信息。
- “2”恢复，停止引导，使用“最后一次正确配置”选项重启动系统。如果依然出错则会忽略该错误。
- “3”严重，停止引导，使用“最后一次正确配置”选项重启动系统。如果依然出错则会停止引导，并显示一条错误信息。

（4）启动服务

系统内核成功载入并且成功初始化所有底层设备驱动后，会话管理器会开始启动高层子系统和服务，然后启动 Win32 子系统。Win32 子系统的作用是控制所有输入 / 输出设备以及访问显示设备。当所有这些操作都完成后，Windows 的图形界面就可以显示出来了，同时我们也可以使用键盘及其他 I/O 设备。

接下来会话管理器会启动 Winlogon 进程，至此，初始化内核阶段已经成功完成，这时候用户就可以开始登录了。

25.1.5 阶段 5：登录阶段

在这一阶段，由会话管理器启动的 winlogon.exe 进程将会启动本地安全性授权（Local Security Authority，lsass.exe）子系统。到这一步之后，屏幕上将会显示 Windows XP 的欢迎界面或者登录界面，这时候用户可以顺利进行登录了。不过与此同时，系统的启动还没有彻底完成，后台可能仍然在加载一些非关键的设备驱动。

随后，系统会再次扫描 HKEY_LOCAL_MACHINE\System\CurrentControlSet\Services 注册表键，并寻找所有 Start 键的数值是“2”或者更大数字的服务。这些服务就是非关键服务，直到用户成功登录之后系统才开始加载这些服务。

到这里，Windows 系统的启动过程就算全部完成了。

25.2 Windows 系统故障处理方法

Windows 系统故障一般分为运行类故障和注册表故障。

运行类故障指的是在正常启动完成后，在运行应用程序或控制软件过程中出现错误，无法完成用户要求的任务。运行类故障主要有：内存不足故障、非法操作故障、电脑蓝屏故障、自动重启故障等。

注册表故障指的是注册表文件损坏或丢失，导致系统无法启动或应用程序无法正常运行的故障。注册表故障主要有：运行程序时弹出“找不到 *.dll”信息故障，Windows 应用程序出现“找不到服务器上的嵌入对象”或“找不到 OLE 控件”错误提示故障，单击某个文档时提示“找不到应用程序打开这种类型的文档”信息的故障，Windows 资源管理器中存在没有图标的文件夹，文件或奇怪的图标故障，Windows 系统显示“注册表损坏”故障等。

25.2.1　用“安全模式”修复系统错误

当使用 Windows 发生严重错误，导致系统无法正常运行时，可以使用“安全模式”修复电脑出现的系统错误。使用安全模式的方法，对注册信息丢失、Windows 设置错误、驱动设置错误等系统错误都有很好的修复效果。

具体使用方法是：在系统出现错误时，可以在启动系统时进入“启动选项”菜单，然后选择“安全模式”或“网络安全模式”启动系统。启动后，如果是由于硬件配置问题引起的系统故障，可以对硬件重新配置；如果是注册表损坏，或系统文件损坏引起的系统错误，在安全模式启动过程中会对这些错误进行自动修复。

之后，重新启动电脑，如果是一般的系统故障就会自动消失。

25.2.2　用修复命令处理故障

当遇到错误无法启动电脑时，也可以从 Windows 系统中进入“命令提示符”状态，或从工具盘启动电脑后，进入“命令提示符”程序，然后使用修复命令来修复错误。如硬盘引导分区损坏后，使用“bootrec /fixmbr”命令进行修复，如图 25-1 所示。

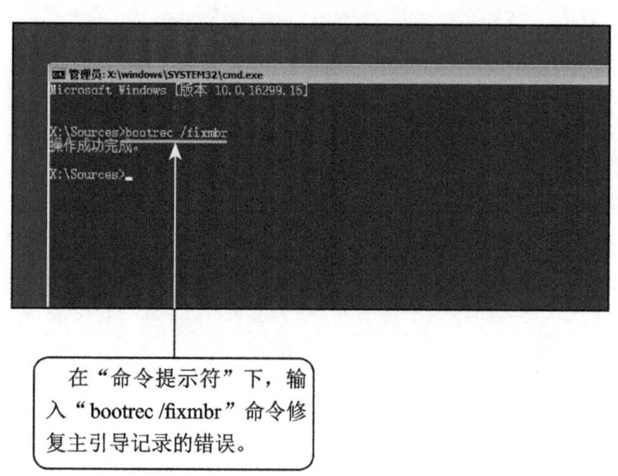

图 25-1　用修复命令修复错误

25.2.3 卸掉有冲突的设备

设备冲突问题也不少，遇到这种情况，可以采用进入“安全模式”，打开“设备管理器”，卸载有冲突硬件的方法来解决。

25.2.4 快速进行覆盖安装

对于初学者和经验不足的维修人员来说，若 Windows 无法启动，但又想保留原来的系统设置，这时就可以采用快速覆盖安装的方法解决。

如果以上的方法还是不能解决问题，那只好格式化系统盘，重装系统。

第 26 章 修复 Windows 系统错误

你有没有遇到过正在开心愉快地操作电脑时，突然出现一个莫名其妙的错误提示，不但毁了你的程序，还毁了你的好心情这种情况呢？

这一章就来详细讲解 Windows 错误的恢复，从此以后再也不用担心自己的电脑崩溃了。以 Vista 为核心的 Windows Vista 和 Windows 7、Windows 8 系统都具有较强的自我修复能力，并且 Windows 7 安装光盘中自带的修复工具功能强大，当出现系统错误后，可以自动进行修复。而 Windows XP 在这方面的功能比较差，在今后使用过程中，要特别注意。

26.1 什么是 Windows 系统错误

首先，让我们了解一下 Windows 系统错误。Windows 在使用过程中，由于人为操作失误或恶意程序破坏等造成的 Windows 相关文件受损或注册信息错误，会导致 Windows 系统错误。这时系统会出现错误提示对话框，如图 26-1 ～图 26-3 所示。

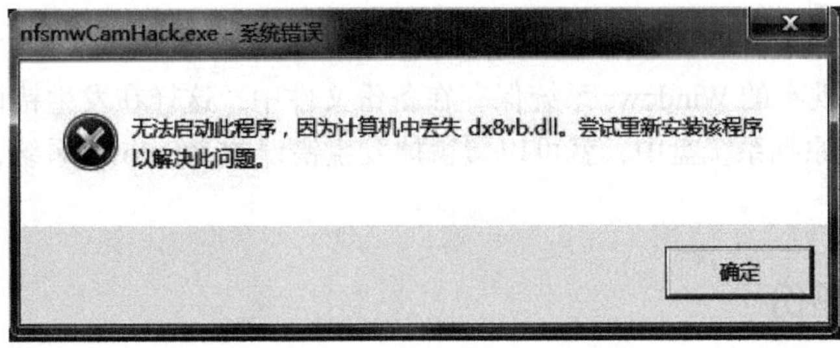

图 26-1　Windows 系统错误

系统错误会在使用 Windows 的时候造成程序意外终止、数据丢失等不良影响，严重的还会造成系统崩溃。

我们在使用 Windows 系统时，不仅要保持良好的使用习惯，做好防范措施，还要知道发生系统错误时如何恢复电脑的状态。

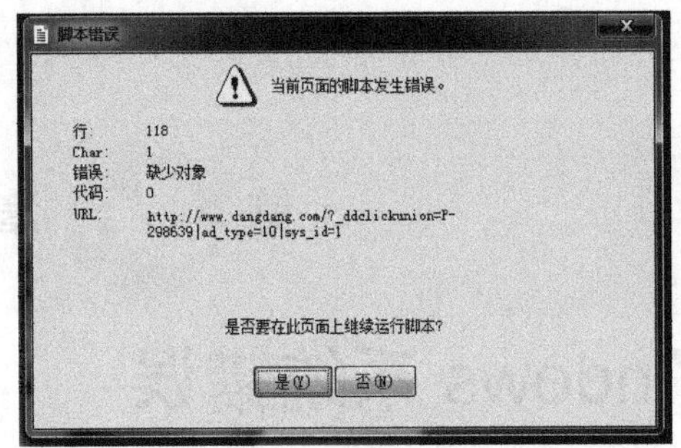

图 26-2 脚本错误

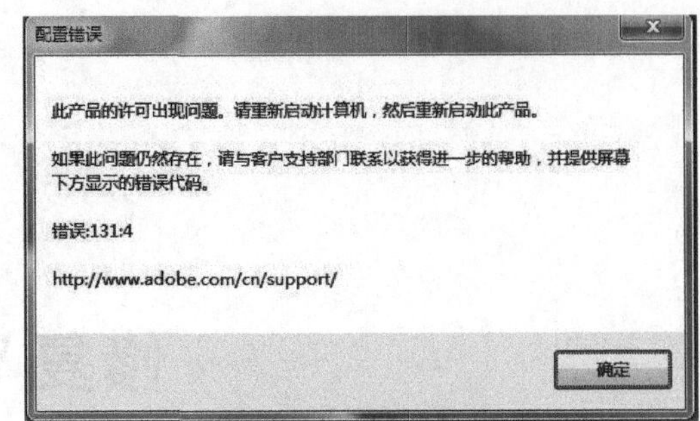

图 26-3 配置错误

Windows 系统恢复综述

Windows 在使用过程中，经常发生出现错误和意外终止的情况。在发生不可挽回的错误后，除了重装 Windows 系统外，还有没有其他方法可以恢复正常的使用呢?

系统恢复、系统备份都能让你在发生错误的时候坦然地面对这一切。首先，我们要区别几个容易混淆的概念：系统恢复、系统备份、Ghost 备份。

26.2.1 系统恢复

系统恢复是当 Windows 遇到问题时，可以将电脑的设置还原到以前正常时的某个时间点的状态。系统恢复功能自动监控系统文件的更改和某些程序文件的更改，记录并保存更改之前的状态信息。它会自动创建易于标记的还原点，使得用户可以将系统还原到以前的状态。

还原点是在系统发生重大改变（安装程序或更改驱动等）时创建的，同时也会定期（比如每天）创建，用户还可以随时创建和命名自己的还原点，以便进行恢复。

26.2.2 系统备份

系统备份是将现有的 Windows 系统保存在备份文件中，这样在发生错误时，只要将备份的 Windows 系统还原到系统盘中，就可以覆盖掉发生错误的 Windows 系统，从而使系统继续正常运行。

26.2.3 Ghost 备份

Ghost 备份不仅是系统的备份，也是整个系统分区的备份，比如 C 盘。Ghost 备份完整地将整个系统盘（比如 C 盘）中的所有文件都备份到 *.GHO 文件中，在发生错误时，再将 *.GHO 文件中的备份文件还原到 C 盘中，从而使系统继续正常运行。

26.2.4 系统恢复、系统备份、Ghost 备份的区别

系统恢复、系统备份、Ghost 备份的区别如表 26-1 所示。

表 26-1 系统恢复、系统备份、Ghost 备份的区别

	系统恢复	系统备份	Ghost 备份
恢复对象	核心系统的文件和某些特定文件	系统文件	分区内的所有文件
是否能够恢复数据（比如照片、Word 文档等）	不能	不能	能
是否能够恢复密码	不能	能	能
需要的硬盘空间	400MB	2GB	10GB（视系统分区大小）
是否能自定义大小	能（最小 200MB）	不能	可以通过压缩减少占用的硬盘空间
还原点的选择	几天内任意时间（可自定义还原时间）	备份时	备份时
是否必需管理员权限	是	是	不是
是否需要手动备份	不需要	需要	需要

26.3 修复系统错误

26.3.1 用“安全模式”修复系统故障

当系统频频出现故障的时候，或当使用 Windows 发生严重错误，导致系统无法正常运行时，可以进入“高级启动选项”菜单，然后用“安全模式”启动，这样可以修复系统的一些常见故障。

电脑进入“启动设置”的方法（以 Windows 10 为例）如图 26-4 所示。

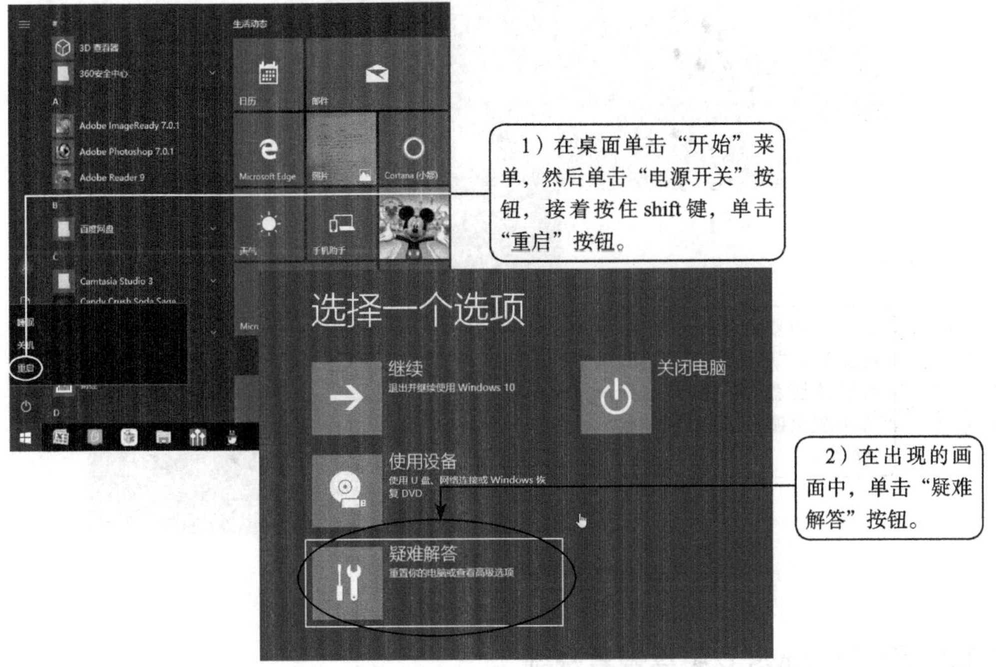

图 26-4 “启动设置”界面

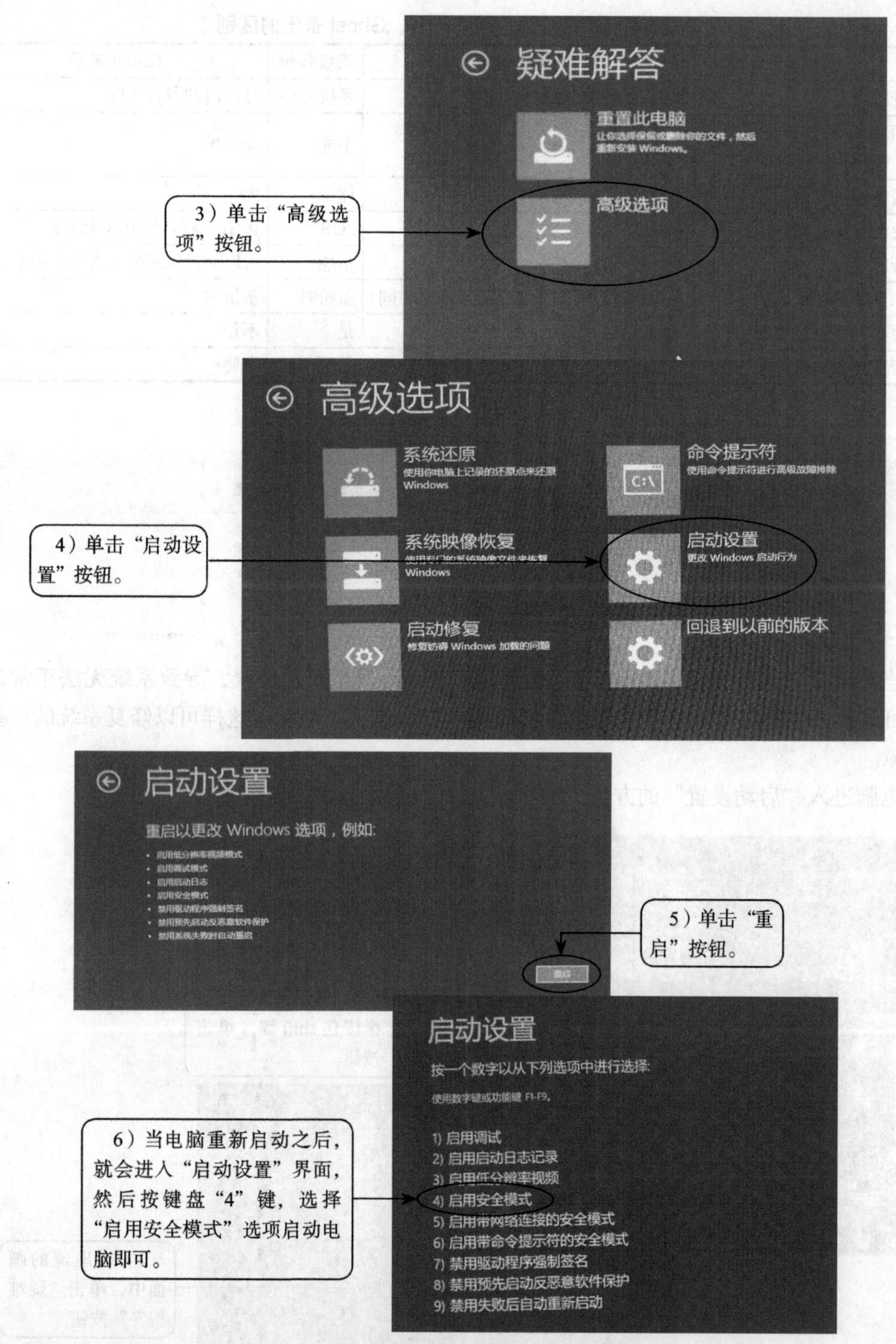

图 26-4 （续）

26.3.2 用 Windows 安装盘恢复系统

当遇到错误无法启动电脑时，也可以从 Windows 安装 U 盘上运行安装程序，然后进行修复电脑的操作。

使用 Windows 安装盘修复故障的方法如图 26-5 所示。

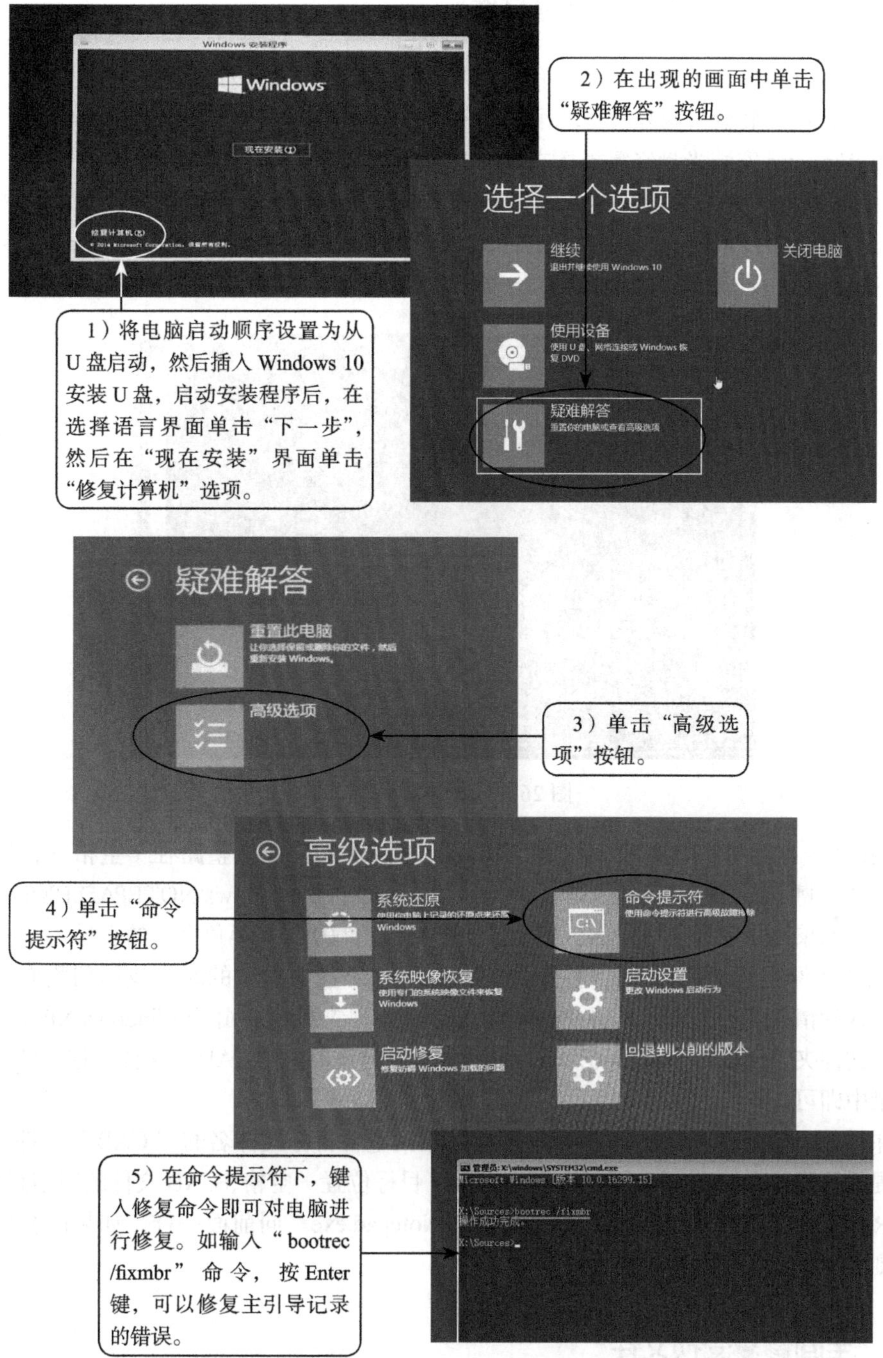

图 26-5　使用 Windows 安装盘修复故障

通过 Windows 10 安装盘启动到安全模式的方法如下。

首先启动到命令提示符程序，然后在命令提示符下输入命令：bcdedit /set {default} safeboot minimal，然后按 Enter 键，之后重启电脑，即可启动到“启动设置”界面，按“4”键可以启动到安全模式下。

26.3.3 用 Windows 安装盘修复文件

如果你的 Windows 操作系统的系统文件被误操作删除或被病毒破坏而受到损坏了，可以通过 Windows 的安装盘来修复被损坏了的文件。

使用 Windows 安装光盘修复损坏文件的方法如下。

1）在 Windows 的安装盘中搜索被破坏的文件。搜索时文件名的最后一个字符用下划线“_”代替，比如要搜索记事本程序“notepad.exe”，则需要用“notepad.ex_”来进行搜索。

2）在“运行”中输入“cmd”，打开命令提示符窗口，如图 26-6 所示。

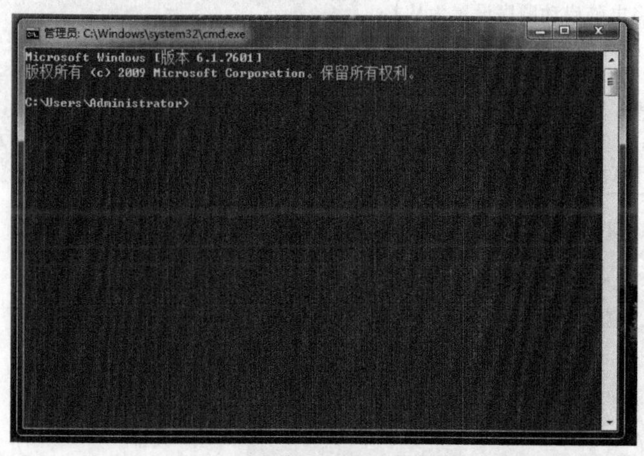

图 26-6　命令提示符窗口

3）在命令提示符窗口中输入 "EXPAND+ 空格 + 源文件的完整路径 + 空格 + 目标文件的完整路径 "。例如，EXPAND G:\SETUP\NOTEPAD.EX_C:\Windows\NOTEPAD.EXE。有一点需要注意，如果路径中有空格的话，那么需要把路径用双引号（半角字符的引号 " "）括起来。

能找到文件当然是最好的，但有时在 Windows XP 盘中搜索的时候找不到我们需要的文件。产生这种情况的一个原因是要找的文件在“ CAB”文件中。由于 Windows XP 把“ CAB”当作一个文件夹，所以对于 Windows XP 系统来说，只需要把“CAB”文件右拖，然后复制到相应目录中即可。

如果使用的是其他 Windows 平台，就会搜索到包含目标文件名的“ CAB”文件。然后打开命令提示符窗口，输入 "EXTRACT /L+ 空格 + 目标位置 + 空格 +CAB 文件的完整路径 "，例如 EXTRACT /L C:\Windows D:\I386\Driver.cab Notepad.exe。同前面一样，如果路径中有空格的话，则需要用双引号把路径括起来。

26.3.4 全面修复受损文件

如果系统丢失了太多的重要文件，系统就会变得非常不稳定，那么按照前面介绍的方法进行修复会非常麻烦。这时就需要使用 SFC 文件检测器命令，来全面地检测并修复受损的系统文件。

按 Win+R 组合键打开“运行”对话框，然后在“运行”对话框中输入“ sfc”命令，并单击“确定”按钮，在“命令提示符”窗口会出现 sfc 命令的说明和后缀参数说明，如图 26-7 所示。

```
管理员: C:\Windows\system32\cmd.exe
扫描所有受保护的系统文件的完整性，并用正确的 Microsoft 版本替换不正确的版本。

SFC [/SCANNOW] [/VERIFYONLY] [/SCANFILE=<file>] [/VERIFYFILE=<file>]
    [/OFFWINDIR=<offline windows directory> /OFFBOOTDIR=<offline boot directory>
]

/SCANNOW        扫描所有受保护的系统文件的完整性，并修复出问题的文件<如果出现问
题>。
/VERIFYONLY     扫描所有受保护的系统文件的完整性。不执行修复操作。
/SCANFILE       扫描参考文件的完整性，如果找到问题，则修复文件。
                指定完整路径 <文件>
/VERIFYFILE     验证带有完整路径 <文件> 的文件的完整性。不执行修复。
/OFFBOOTDIR     用于脱机修复指定脱机启动目录的位置
/OFFWINDIR      用于脱机修复指定脱机 Windows 目录的位置

例如

        sfc /SCANNOW
        sfc /VERIFYFILE=c:\windows\system32\kernel32.dll
        sfc /SCANFILE=d:\windows\system32\kernel32.dll /OFFBOOTDIR=d:\ /OFFWINDI
R=d:\windows
        sfc /VERIFYONLY

C:\Users\Administrator>_
```

图 26-7 sfc 文件检测修复命令

我们使用 /scannow 后缀扫描所有受保护的系统文件的完整性，并修复出现的问题文件。命令格式是：sfc /scannow，回车。注意 sfc 后面有一个半角空格。

这时 sfc 文件检测器将立即扫描所有受保护的系统文件，其间会提示用户插入 Windows 安装光盘，如图 26-8 所示。

图 26-8 sfc 修复文件过程

经过大约 10 分钟左右的时间，sfc 就将会检测并修复好受保护的系统文件。

26.3.5 修复 Windows 中的硬盘逻辑坏道

硬盘出现坏道会导致硬盘上的数据丢失，这是我们不愿意看到的。硬盘坏道分为物理坏道和逻辑坏道。物理坏道无法修复，但可以屏蔽一部分。逻辑坏道是可以通过重新分区格式化来修复的。

使用 Windows 10 安装光盘中所带的分区格式化工具，对硬盘进行重新分区，不但可以修

复硬盘的逻辑坏道，还可以自动屏蔽一些物理坏道，如图 26-9 所示。注意，分区之前一定要做好备份工作。

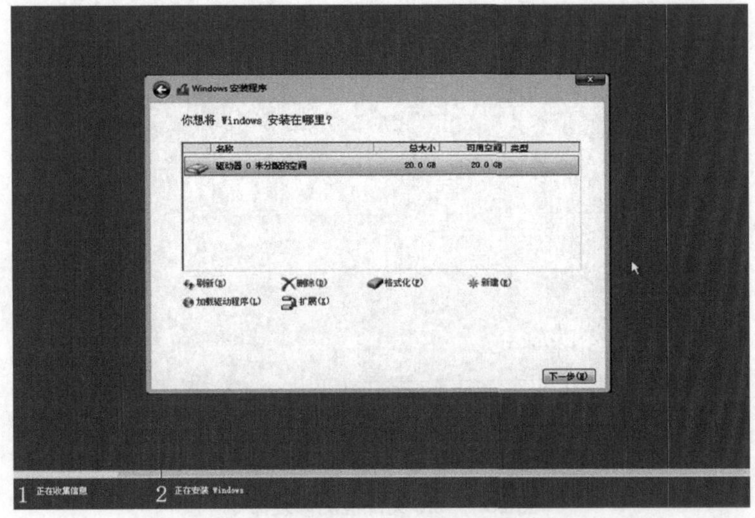

图 26-9 Windows 分区格式化工具

 一些特殊系统文件的恢复

26.4.1 恢复丢失的 rundll32.exe

rundll32.exe 程序是执行 32 位的 DLL（动态链接库）文件，它是重要的系统文件，缺少了它一些项目和程序将无法执行。不过由于它的特殊性，致使它很容易被破坏。如果在打开控制面板里的某些项目时出现“ Windows 无法找到文件 'C:\Windows\system32 \rundll32.exe'”的错误提示，则可以通过修复丢失的 rundll32.exe 文件来恢复 Windows 的正常使用，如图 26-10 所示。

图 26-10 rundll32.exe 程序错误

恢复 rundll32.exe 的方法是：

1）将 Windows 安装光盘插入光驱，然后依次单击“开始→运行”。

2）在“运行”窗口中输入“ expand G:\i386\rundll32.ex_ C:\windows\system32 \rundll32.exe”命令（其中“G:”为光驱，“C:”为系统所在盘）并按 Enter 键。

3）修复完毕后，重新启动系统即可。

26.4.2 恢复丢失的 CLSID 注册码文件

这类故障出现时，不是告诉用户所损坏或丢失的文件名称，而是给出一组 CLSID 注册码（Class IDoridentifier），因此经常会让人感到不知所措。

例如，笔者在运行窗口中执行“ gpedit.msc”命令来打开组策略时，出现了“管理单元初始化失败”的提示窗口，单击“确定”按钮也不能正常地打开相应的组策略。而经过检查发现，是由于丢失了 gpedit.dll 文件造成的。

要修复这些另类文件丢失故障，需要根据窗口中的 CLSID 类提示的标识，在注册表中会给每个对象分配一个唯一的标识，这样我们就可通过在注册表中查找，来获得相关的文件信息。

操作方法是，在“运行”窗口中执行“ regedit”命令，打开注册表编辑器。在注册表窗口中依次单击“编辑→查找”，在输入框中输入 CLSID 标识。然后在搜索的类标识中选中“ InProcServer32”项，接着在右侧窗口中双击“默认”项，这时在“数值数据”中会看到“%SystemRoot%\System32\GPEdit.dll”，其中的 GPEdit.dll 就是本例故障所丢失或损坏的文件。

这时只要将安装光盘中的相关文件解压或直接复制到相应的目录中，即可完全修复故障。

26.4.3 恢复丢失的 NTLDR 文件

电脑开机时，有时会出现“ NTLDR is Missing Press any key to restart”提示，然后按任意键还是出现这条提示，这说明 Windows 中的 NTLDR 文件丢失了，如图 26-11 所示。

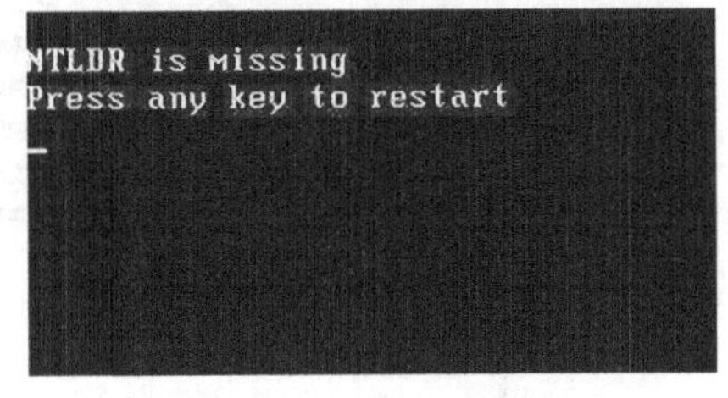

图 26-11 NTLDR 文件丢失

在突然停电或在高版本系统的基础上安装低版本的操作系统时，很容易造成 NTLDR 文件的丢失。

要恢复 NTLDR 文件可以在“故障恢复控制台”中进行解决。方法如下：

1）插入 Windows 安装 U 盘。在 BIOS 中将电脑设置为从 U 盘启动。

2）重启电脑，进入安装引导页面，单击“下一步”进入“现在安装”界面，然后单击“修复计算机”按钮。

3）单击“疑难解答”，然后单击“高级选项”，再单击“命令提示符”，进入“命令提示符”界面。

4）在命令状态下输入“ copy G:\i386\ntldr c:\”命令并按 Enter 键，即可将 NTLDR 文件复制到 C 盘根目录中。

5）在执行“ copy x:\i386\ntdetect.com c:\”命令时，如果提示是否覆盖文件，则键入“ y”确认，并按 Enter 键。

6）执行完后，重启电脑就会修复 NTLDR 文件丢失的错误。

26.4.4 恢复受损的 boot.ini 文件

当 NTLDR 文件丢失时，boot.ini 文件多半也会出现错误。同样，可以在故障控制台中进行修复。

修复 boot.ini 文件的方法如下。

1）用 Windows 安装盘启动，然后打开“命令提示符”界面。

2）输入“bootcfg /redirect”命令来重建 boot.ini 文件。

3）再执行“fixboot c:”命令，重新将启动文件写入 C 盘。

4）重启电脑，就可以修复 boot.ini 文件了。

26.5 利用修复精灵修复系统错误

除了上面讲的手动修复系统错误外，我们还可以利用系统错误修复软件，自动地进行系统错误修复。这一节我们来认识一个实用的修复软件“系统错误修复精灵”，在网上可以免费下载它，如图 26-12 所示。

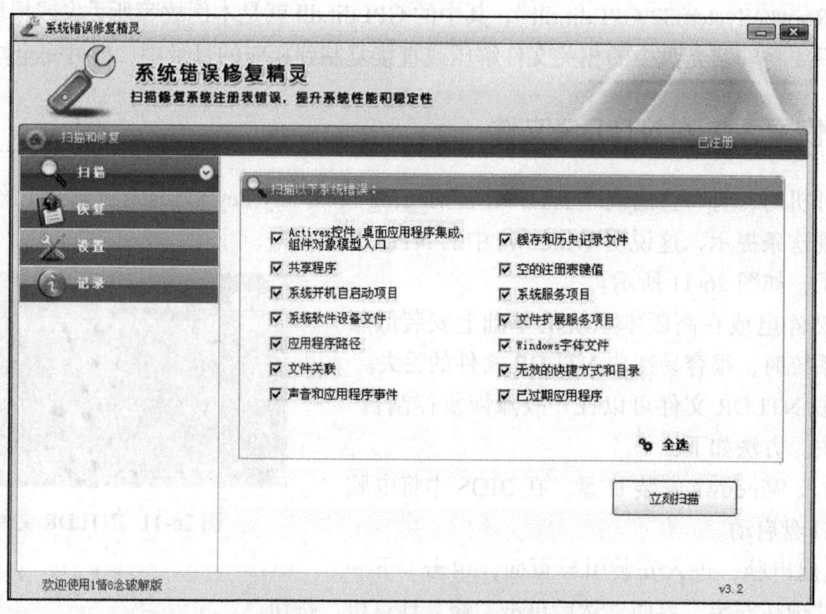

图 26-12 系统错误修复精灵

在修复精灵主界面中，左侧列表中有“扫描”“恢复”“设置”“记录”4 项功能，右边是功能的设置和扫描修复进度。

我们在“扫描”功能中选择全部检查选项，然后进行扫描，如图 26-13 所示。

修复精灵会逐个扫描系统中是否存在错误或文件丢失，扫描完成界面如图 26-14 所示。

扫描完成后，我们单击“修复”按钮，修复精灵会自动修复扫描到的系统错误，如图 26-15 所示。

如果对修复不满意，可以在“恢复”功能中，将注册表恢复到之前的记录点。

在“设置”功能中可以设置是否在修复前备份注册表。

在“记录”功能中是扫描和修复结果的记录。

“系统错误修复精灵”使得我们可以轻松地处理系统错误，也让 Windows 不再“野性”难驯。

图 26-13　修复精灵正在扫描系统错误

图 26-14　扫描完成

图 26-15　自动修复扫描到的错误

26.6 动手实践：Windows 系统错误维修实例

26.6.1 未正确卸载程序导致错误

1. 故障现象

一台装有 Windows 系统的电脑，在启动时会出现“ Error occurred while trying to remove name. Uninstallation has been canceled”错误提示信息。

2. 故障分析

根据故障现象分析，该错误信息是未进行正确的卸载程序而造成的。发生这种现象的一个最常见的原因是用户直接删除了原程序的文件夹，而该程序在注册表中的信息并未删除。通过在注册表中手动删除可以解决问题。

3. 故障查找与排除

1）按“ +R”组合键，打开“运行”对话框，然后输入“regedit”，单击“确定”按钮，打开注册表编辑器，如图 26-16 所示。

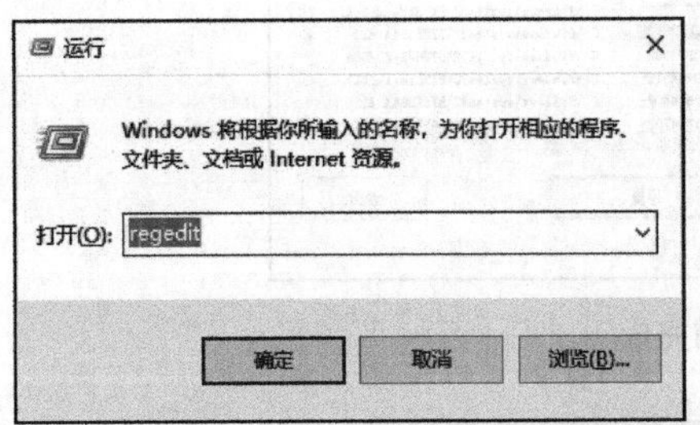

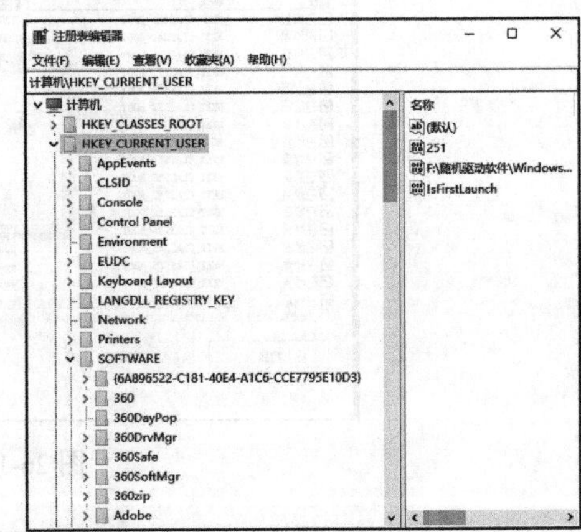

图 26-16 注册表编辑器

2）在注册表编辑器中依次单击子键：

HKEY_CURRENT_USER → software → Microsoft → Windows → CurrentVersion → Uninstall

3）找到后删除右边的相应项，然后重启电脑，故障排除。

26.6.2 开机速度越来越慢

1. 故障现象

一台酷睿 i3 笔记本电脑，采用 AMD Radeon 高性能独立显卡，4G 内存。但用了才两个月，就感觉电脑运行速度明显没有刚买回来时那么流畅了，且开机速度越来越慢。

2. 故障分析

从电脑的硬件配置上来说，应该不是电脑配置低的问题。电脑启动时，一般影响电脑启动速度的因素主要是：启动时加载了过多的随机软件、应用软件，操作中产生的系统垃圾、系统设置等。这些都是系统迟缓、开机速度变慢的原因，所以可以考虑在启动项中将不需要的随机项和软件删除，以加快启动速度。

3. 故障查找与排除

（1）减少随机启动项

将鼠标放到任务栏单击右键，从打开的菜单中单击“任务管理器”命令，在弹出的窗口中切换到“启动”选项卡，禁用那些不需要的启动项就可以了，如图 26-17 所示。一般只运行一个输入法程序和杀毒软件就行了。这一步主要是针对开机速度，如果利用一些优化软件，也可以实现这个目的，其核心思想就是禁止一些不必要的启动项。

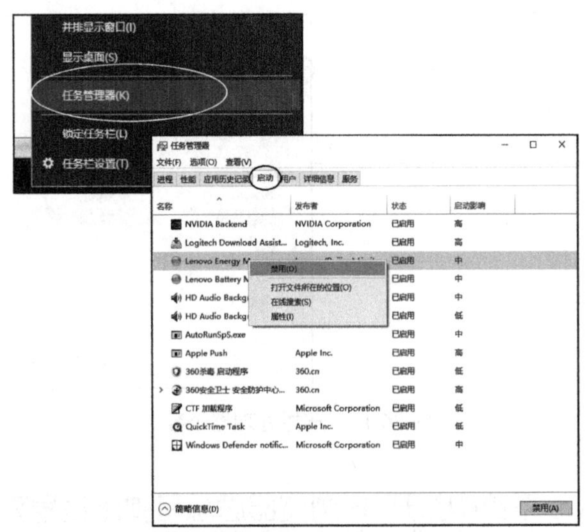

图 26-17　禁用一些启动项

（2）减少 Windows 系统启动等待时间

首先按■+R 组合键，打开“运行”对话框，然后输入“ msconfig”，接着在打开的“系统配置”对话框中，单击“引导”选项卡，右下方会显示“超时”等待时间（默认是 30 秒），可以改短一些，比如 5 秒、10 秒等，如图 26-18 所示。

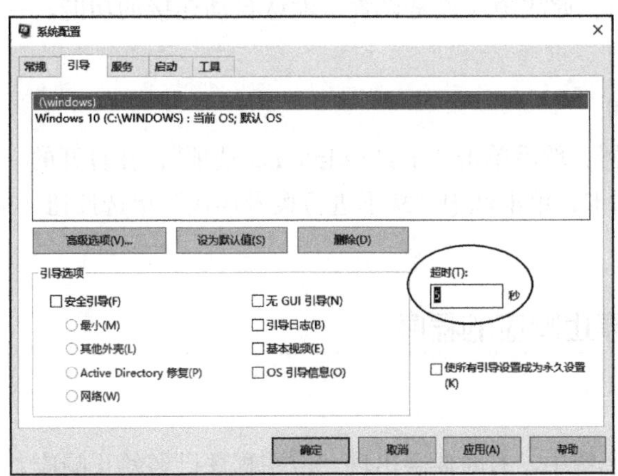

图 26-18　引导标签

（3）调整 Windows 系统处理器个数

在“系统配置”对话框的“引导”标签中，单击“高级选项”按钮，会打开“引导高级选项”对话框。在此对话框中，单击勾选“处理器个数”，在下拉菜单中按照自己的电脑 CPU 的核心数进行选择，如果是双核就选择 2，之后单击“确定”按钮后重启电脑生效，如图 26-19 所示。

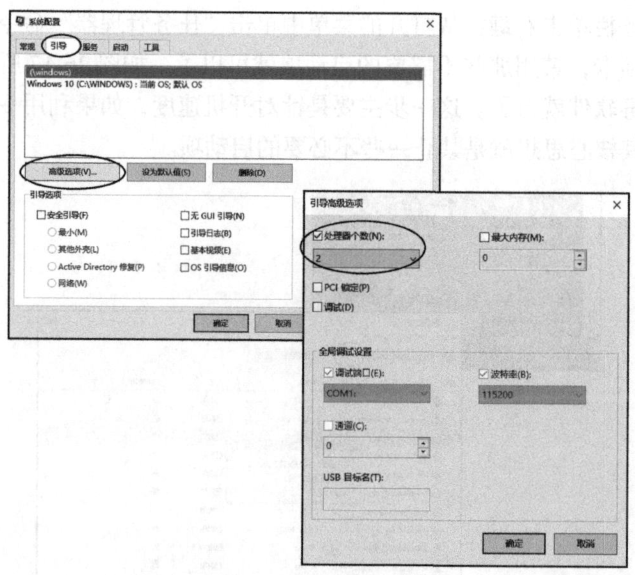

图 26-19 选择处理器个数

26.6.3 在 Windows 系统中打开 IE 浏览器后总是弹出拨号对话框开始拨号

1. 故障现象

用户在使用电脑时，进入 Windows 系统中打开 IE 浏览器后，总是弹出拨号对话框，开始自动拨号。

2. 故障分析

根据故障现象分析，此故障应该是设置了默认自动连接的功能。一般在 IE 中进行设置即可解决问题。

3. 故障查找与排除

首先打开 IE 浏览器，然后单击“工具→ Internet 选项”，在打开的“Internet 选项”对话框中，单击“连接”选项卡，单击选中“从不进行拨号连接”单选按钮，最后单击“确定”按钮即可。

26.6.4 自动关闭停止响应的程序

1. 故障现象

在 Windows 操作系统中，有时候会出现“应用程序已经停止响应，是否等待响应或关闭”提示对话框。如果不操作，则会等待许久，而手动选择又比较麻烦。

2. 故障分析

在 Windows 检测到某个应用程序已经停止响应时，会出现这个提示。其实我们可以自动关闭它，不让系统出现提示对话框。

3. 故障查找与排除

1）按“■+R”组合键，打开“运行”对话框，然后输入“regedit”，单击“确定”按钮，打开“注册表编辑器”。

2）修改 HKEY_CURRENT_USER\Control Panel\Desktop，将 AutoEndTasks 的键值设置为 1，如图 26-20 所示。

将 WaitTokillAppTimeOut（字符串值）设置为 10 000（等待时间为 10 000 毫秒）)，如图 26-21 所示。

3）关闭注册表编辑器，重启电脑检测，故障排除。

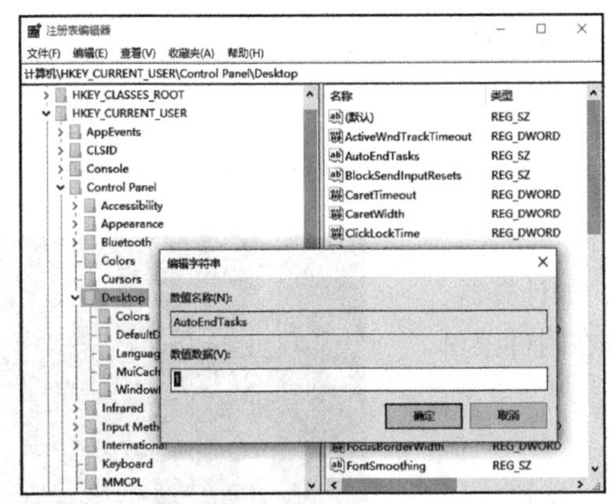

图 26-20　设置 AutoEndTasks 键值

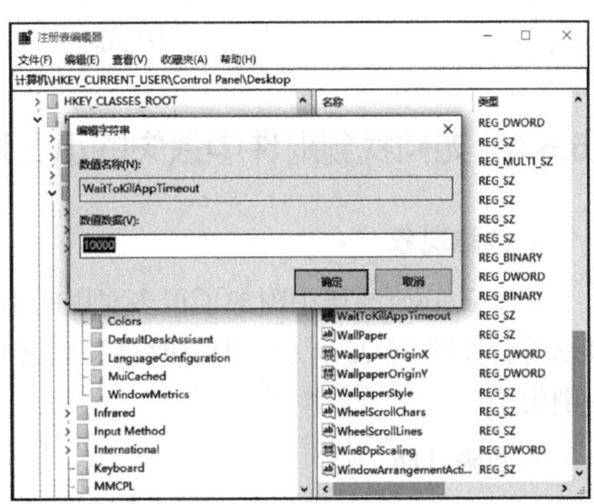

图 26-21　设置 WaitTokillAppTimeOut 字符串值

26.6.5　Windows 资源管理器无法展开收藏夹

1. 故障现象

用户在操作 Windows 中的“资源管理器”时，无法展开“收藏夹”，但是“库”和“计算机”等都可以正常展开。如果单击“收藏夹”的话，能进入它的文件夹，里面的内容并未丢失。用鼠标右键单击“收藏夹”，在弹出菜单中选择“还原收藏夹连接”选项，问题依旧。

2. 故障分析

出现这个问题是因为注册表受损了，我们可以通过修改注册表来解决。

3. 故障查找与排除

1）按 ■+R 组合键，打开“运行”对话框，输入“regedit”，单击“确定”按钮打开“注册表编辑器”。

2）定位到“HKEY_CLASSES_ROOT\lnkfile”。在右侧新建一个字符串“lsShortcut”，不用填写值，然后关闭注册表，如图 26-22 所示。

3）重启电脑即可解决 Windows 资源管理器无法展开收藏夹的问题。

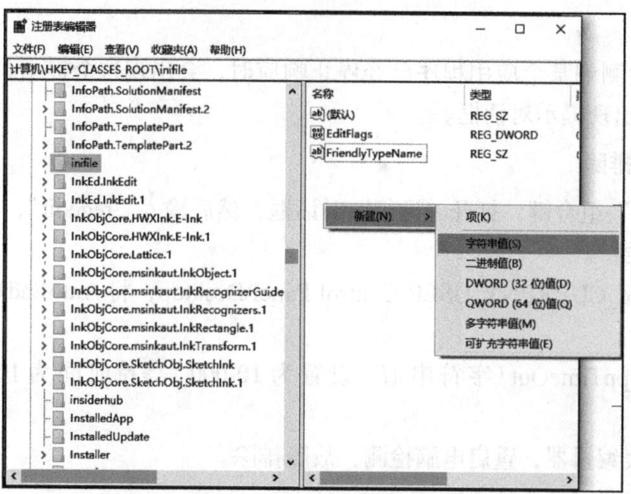

图 26-22 新建 lsShortcut 字符串

26.6.6 如何找到附件中丢失的小工具

1. 故障现象

在 Windows 系统中附加了很多实用的小工具，如计算器、画图等，如图 26-23 所示，但有时会发现这些工具在附件菜单中消失了。

图 26-23 附件中的工具

2. 故障分析

错误的操作会导致功能表中的快捷方式丢失，我们可以使用搜索命令找到相关工具。

3. 故障查找与排除

1）按 ■+R 组合键，打开“运行”对话框，然后输入画图的命令“ mspaint”，单击“确定”按钮，如图 26-24 所示，即可打开画图。

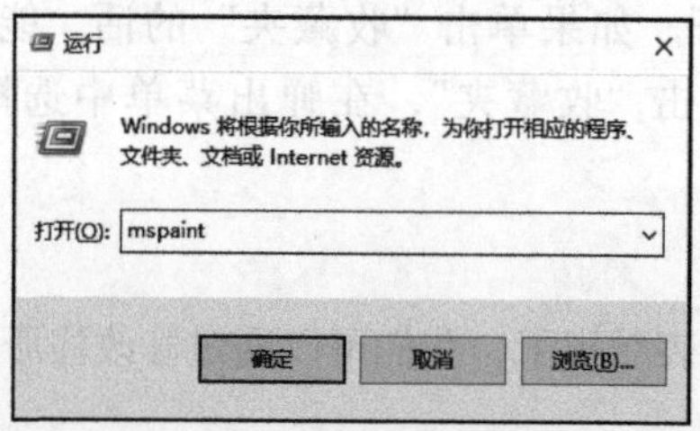

图 26-24 搜索相关命令

提示

其他工具命令对照如下，计算器 calc；写字板 wordpad；记事本 notepad；便签 stikynot（Win7）；截图工具 snippingtool（Win7）。

26.6.7 Windows 10 桌面“回收站”图标不能显示

1. 故障现象

用户反映，Windows 10 系统的桌面上没有“回收站”图标。

2. 故障分析

引起这个现象的原因可能是因为电脑感染了病毒，可以通过设置将“回收站”图标重新显示在桌面上。

3. 故障查找与排除

1）启动系统，单击“开始”图标，再单击“设置”按钮，然后在打开的“设置”窗口中单击“个性化”选择，如图 26-25 所示。

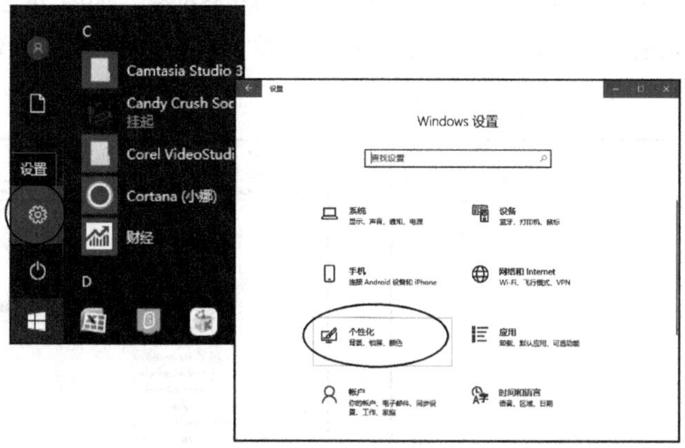

图 26-25 设置窗口

2）先单击“主题”选项，再在右侧窗口下拉滑块，然后单击“桌面图标设置”选项。之后打开“桌面图标设置”对话框，在此对话框中将“回收站”选项勾选即可，如图 26-26 所示。

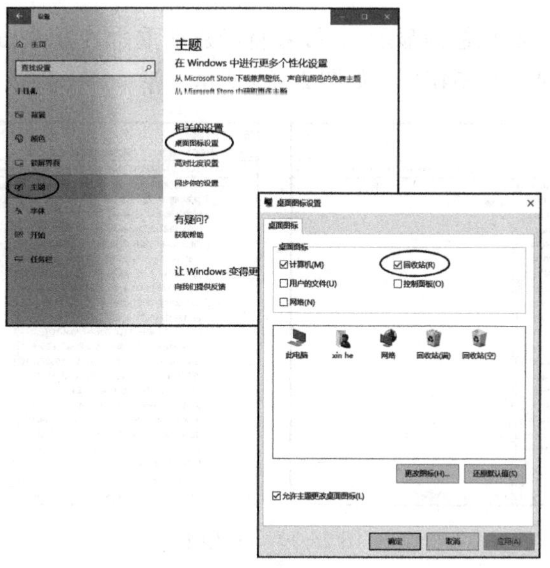

图 26-26 “桌面图标设置”对话框

26.6.8 恢复被删除的数据

1. 故障现象

用户反映，不小心将删除到“回收站”的文件清空了，想恢复“回收站”中的文件。

2. 故障分析

“回收站”内容被清空是很常见的一种现象，如果数据很重要，可以尝试用数据恢复软件进行恢复。这里介绍一种利用注册表恢复数据的简单方法。

3. 故障查找与排除

1）按 +R 组合键，打开“运行”对话框，然后输入“regedit”，打开“注册表编辑器”。

2）进入注册表后，依次分别打开子文件“HKEY_LOCAL_MACHINE\ SOFTWARE\ Microsoft\Windows\Current Version\ Explorer\DeskTop\NameSpace”如图 26-27 所示。

3）单击“NameSpace”子键，在右边窗口中单击右键，选择“新建→项”命令，如图 26-28 所示。

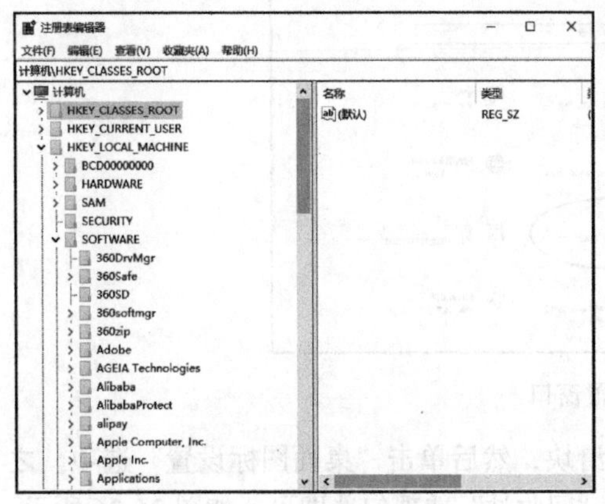

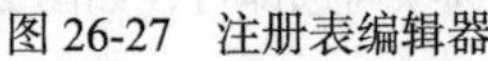
图 26-27 注册表编辑器

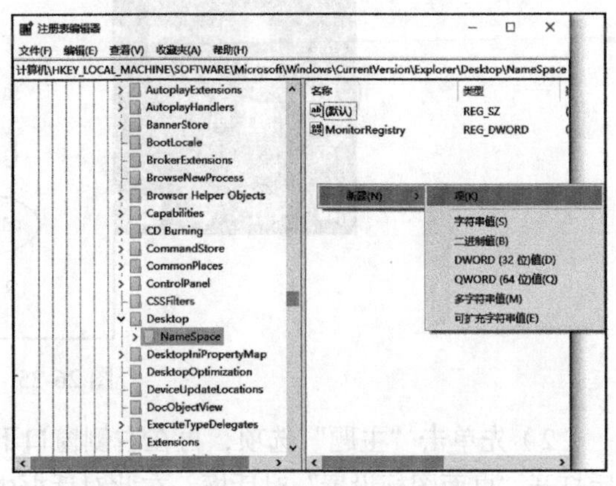

图 26-28 “NameSpace”子键

4）出现项的名字（红色框内显示）。接着将新建项重命名为“{645FFO40——5081——101B——9F08——00AA002F954E}”，如图 26-29 所示。

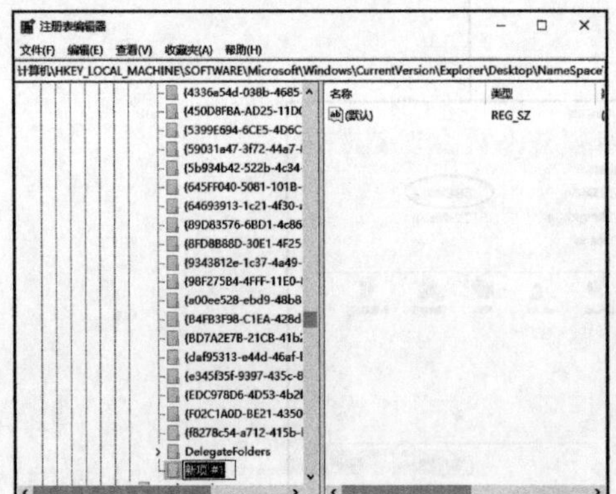

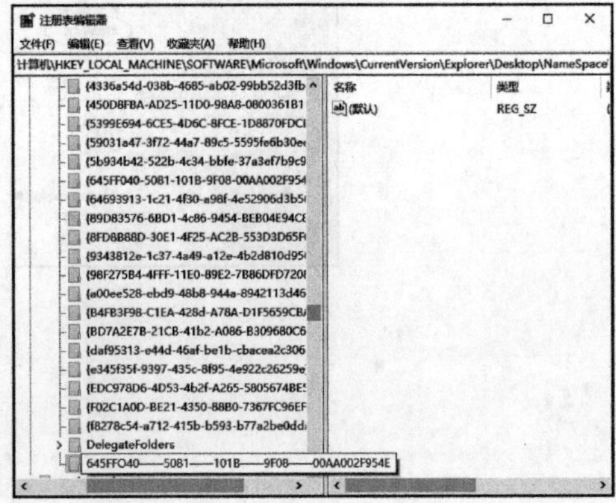

图 26-29 新建项

5）单击新建的项，右边会出现默认等显示。然后在右边窗口中单击“默认”二字，再单击右键，选择“修改”命令，如图 26-30 所示。

6）打开“编辑字符串”对话框，在此对话框中，在“数据数值”输入栏中输入“回收站”，然后单击“确定”按钮。重启电脑后打开“回收站”，删除的数据又出现了，如图 26-31 所示。

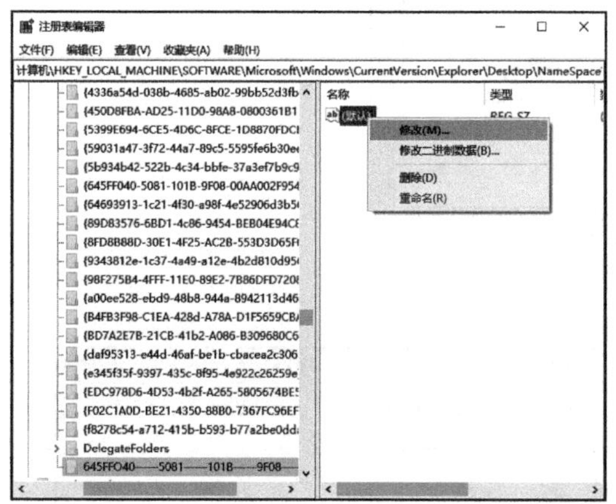

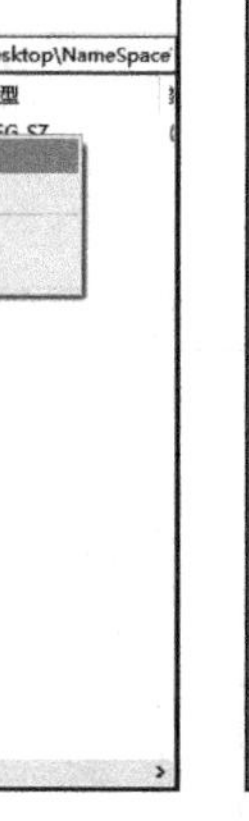

图 26-30　修改选项

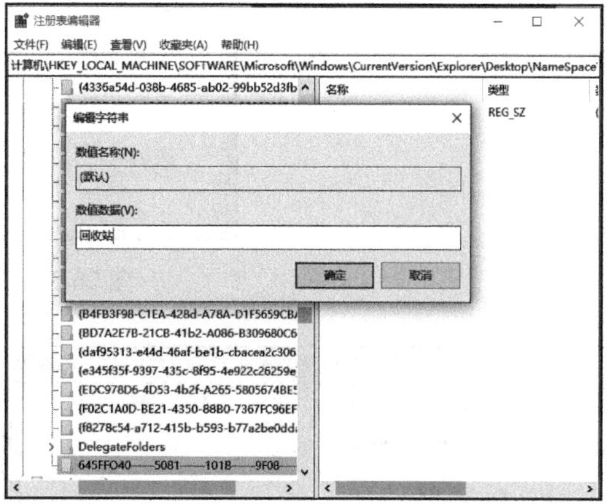

图 26-31　“编辑字符串”对话框

26.6.9　在 Windows 7 系统中无法录音

1. 故障现象

用户反映，在使用 Windows 7 系统时，无法录音了。

2. 故障分析

根据故障现象分析，此故障是由于 Windows 7 硬件设定或驱动程序而导致的，可以重点检查这些方面的问题。

3. 故障查找与排除

1）在任务栏的声音图标上右击鼠标，然后选择“录音设备”命令，如图 26-32 所示。

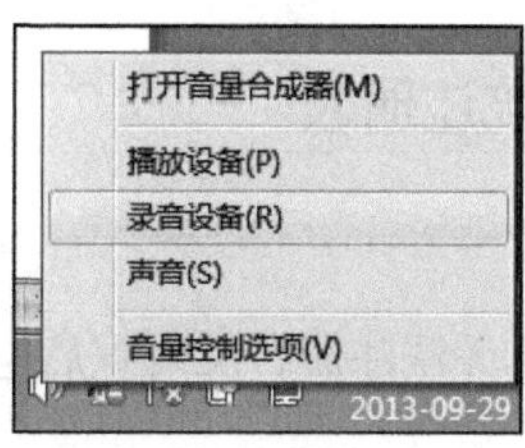

图 26-32　选择录音设备

2）在打开的“声音”对话框中的下方空白处单击右键，在弹出的右键菜单中单击勾选“显示禁用的设备”，如图 26-33 所示。

3）在“声音”对话框中显示“立体声混音”选项。接着在“立体声混音”选项上单击右键，选择“启用”命令。然后再次单击右键，在打开的菜单中选择“设为默认设备”，如图 26-34 所示。

4）到此为止，Windows 7 录音的硬件设定已经完成。开启录音所使用的软件，如录音机、Cooledit 等，即可开始录音了。

图 26-33 “声音”对话框

图 26-34 启用“立体声混音”

26.6.10 恢复 Windows 7 系统注册表

1. 故障现象

用户反映，在安装软件时，提示无法注册，反复重启电脑也不能解决。

2. 故障分析

根据故障现象分析，估计是由于用户注册表有问题导致的故障。可以通过修复注册表或恢复注册表来解决。

3. 故障查找与排除

1）按住 Shift 键不松，单击“开始”菜单下的“电源”按钮，再单击“重启”。然后从打开的界面中单击“疑难解答”，再单击“高级选项”，然后单击“启动设置”，之后单击“重启”按钮。重启电脑后，进入启动菜单按“4”键启动“安全模式”，参考 26.3.1 节内容。

2）进入 C 盘，打开 C 盘中的 Windows\System32\config\RegBack 文件夹。

3）将该文件夹中的文件复制到 C 盘 Windows\System32\config 文件夹下，然后重启电脑，电脑运行正常，故障排除，如图 26-35 所示。

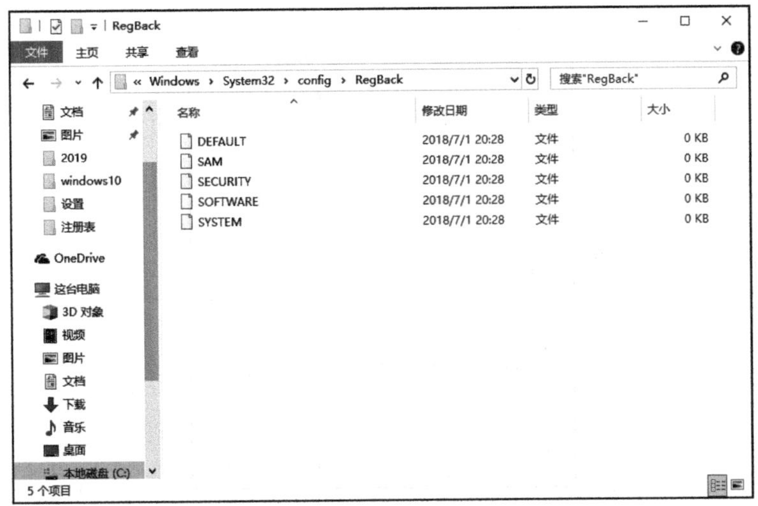

图 26-35 RegBack 文件夹中的文件

26.6.11 打开程序或文件夹出现错误提示

1. 故障现象

用户的电脑在打开程序或文件夹时总提示“ Windows 无法访问指定设备、路径或文件”错误，如图 26-36 所示。

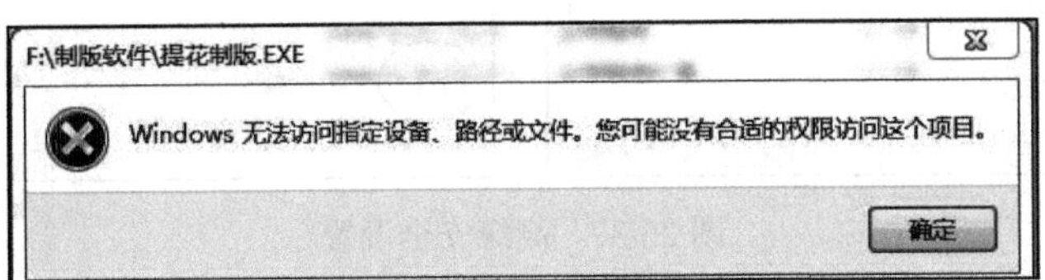

图 26-36 错误提示框

2. 故障分析

根据故障现象分析，此故障可能是因为系统分区采用 NTFS 分区格式，并且没有设置管理员权限，或者是因为感染病毒所致。

3. 故障查找与排除

1）用杀毒软件查杀病毒，未发现病毒。

2）打开桌面“计算机”图标，在打开的“计算机”窗口中的“本地磁盘（C:）”上单击右键，选择“属性”命令，打开“本地磁盘（C:）属性”对话框。接着单击“安全”选项卡。

3）单击“高级”按钮，打开“高级安全设置”对话框。然后单击“更改权限”按钮，再在打开的对话框中单击“添加”按钮，选择一个管理员账号，单击“确定”按钮，如图 26-37 所示。

4）用这个管理员账号登录即可（注销或重启电脑）。

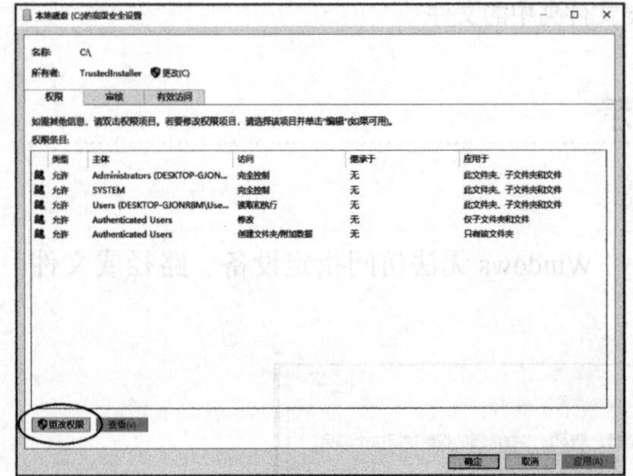

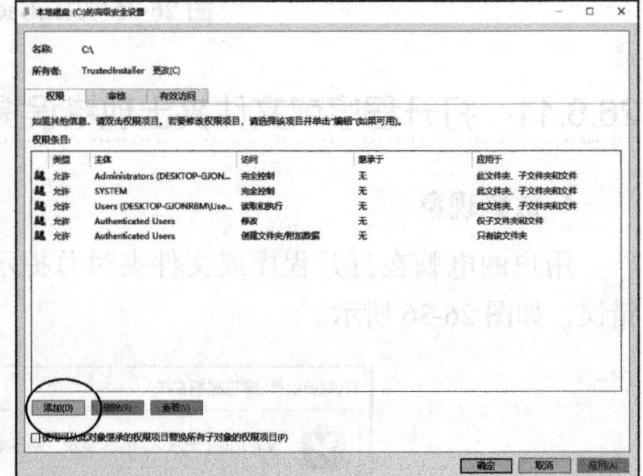

图 26-37 高级安全设置

26.6.12 电脑开机后出现 DLL 加载出错提示

1. 故障现象

Windows 系统启动后弹出“soudmax.dll 出错，找不到指定模块”错误提示。

2. 故障分析

此类故障一般是由于病毒伪装成声卡驱动文件造成的。由于某些杀毒软件无法识别并有效解决“病毒伪装”的问题，使得系统找不到原始文件，造成启动缓慢，提示出错。此类故障可以利用注册表编辑器来修复。

3. 故障查找与排除

1）按“■+R”组合键，打开“运行”对话框，然后输入“regedit”，并单击“确定”按钮，如图 26-38 所示，打开“注册表编辑器”。

2）依次展开 HKEY_LOCAL_MACHINE\SOFTWARE\Microsoft\Windows\CurrentVersion\

Policies\Explorer\Run，找到与 Soundmax.dll 相关的启动项，并删除它。

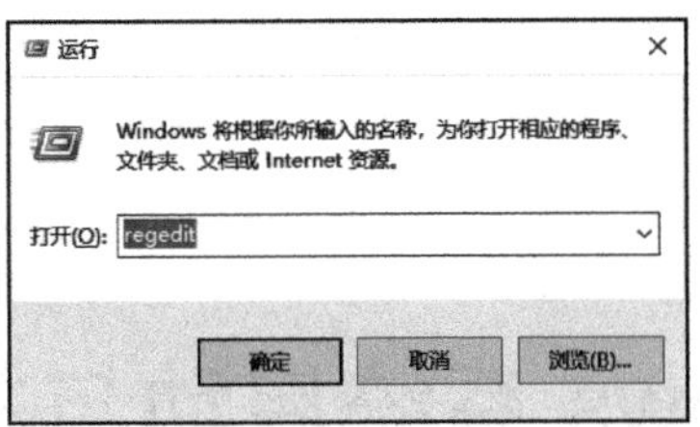

图 26-38 “运行”对话框

3）将鼠标放到任务栏单击右键，选择“任务管理器”。然后在打开的“任务管理器”对话框中，单击“启动”标签，然后寻找与 Soundmax.dll 相关的项目，如图 26-39 所示。如果有，在选项上右击，选择“禁用”。修改完毕后，重启计算机，会发现系统提示的错误信息已经不再出现。

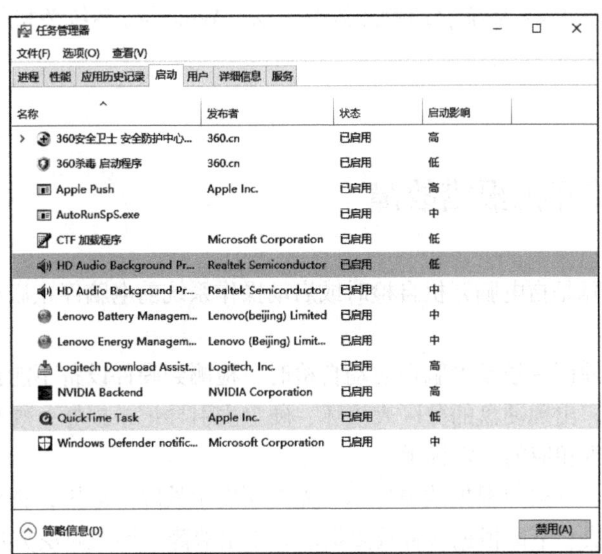

图 26-39 “任务管理器”对话框

第 27 章

修复 Windows 系统启动与关机故障

本章主要讲解 Windows 系统启动故障维修方法、Windows 系统关机故障维修方法和常见故障维修案例等。

 修复电脑开机报错故障

电脑开机报错故障是指电脑开机自检时或启动操作系统前电脑停止启动，在显示屏上出现一些错误提示的故障。

造成此类故障的原因一般是电脑在启动自检时，检测到硬件设备不能正常工作，或在自检通过后从硬盘启动时，出现硬盘的分区表损坏、硬盘主引导记录损坏、硬盘分区结束标志丢失等故障，导致电脑出现相应的故障提示。

维修此类故障时，一般应根据故障提示，先判断发生故障的原因，再根据故障原因使用相应的解决方法进行解决。下面根据各种故障提示总结出故障原因及解决方法。

1）提示“BIOS ROM Checksum Error-System Halted（BIOS 校验和失败，系统挂起）”故障，一般是由于 BIOS 的程序资料被更改引起的，通常由 BIOS 升级错误造成的。可以采用重新刷新 BIOS 程序的方法解决。

2）提示“CMOS Battery State Low”故障是指 CMOS 电池电力不足，更换 CMOS 电池即可。

3）提示“CMOS Checksum Failure（CMOS 校验和失败）”故障是指 CMOS 校验值与当前读数据产生的实际值不同。进入 BIOS 程序，重新设置 BIOS 程序即可解决。

4）提示“Keyboard Error（键盘错误）”故障是指键盘不能正常使用。一般是由于键盘没有连接好、键盘损坏或键盘接口损坏等引起的。一般将键盘重新插好或更换好的键盘即可解决。

5）提示“HDD Controller Failure（硬盘控制器失败）”故障是指 BIOS 不能与硬盘驱动器的控制器传输数据。一般是由于硬盘数据线或电源线接触不良造成的。检查硬件的连接状况，并将硬盘重新连接好即可。

6）提示“C：Drive Failure Run Setup Utility，Press（F1）To Resume”故障是指硬盘类型设置参数与格式化时所用的参数不符。对于此类故障一般采取备份硬盘的数据，重新设置硬盘

参数的方法。如不行，重新格式化硬盘后，再重新安装操作系统即可。

7）先提示“ Device Error”，然后又提示“ Non — System Disk Or Disk Error，Replace and Strike Any Key When Ready”，硬盘不能启动，用软盘启动后，在系统盘符下输入“C：”然后按 Enter 键，屏幕提示“ Invalid Drive Specification”，系统不能检测到硬盘。此故障一般是由于 CMOS 中的硬盘设置参数丢失或硬盘类型设置错误等造成的。首先需要重新设置硬盘参数，并检测主板的 CMOS 电池是否有电；然后检查硬盘是否接触不良；检查数据线是否损坏；检查硬盘是否损坏；检查主板硬盘接口是否损坏。检查到故障原因后排除故障即可。

8）提示“ Error Loading Operating System”或“ Missing Operating System”故障是指硬盘引导系统时，读取硬盘 0 面 0 道 1 扇区中的主引导程序失败。一般此类故障是由于硬盘 0 面 0 道磁道格式和扇区 ID 逻辑或物理损坏，找不到指定的扇区，或分区表的标识“55AA”被改动，系统认为分区表不正确。可以使用 NDD 磁盘工具进行修复。

9）提示“ Invalid Drive Specification”故障是指操作系统找不到分区或逻辑驱动器。此故障一般是由于分区或逻辑驱动器在分区表里的相应表项不存在，或分区表损坏引起的。可以使用 DiskGenius 磁盘工具恢复分区表。

10）提示“ Disk boot failure，Insert system disk”故障是指硬盘的主引导记录损坏。一般是由于硬盘感染病毒导致主引导记录损坏。可以使用 NDD 磁盘工具恢复硬盘分区表进行修复。

27.2 无法启动 Windows 系统故障的修复

无法启动 Windows 操作系统故障是指电脑开机有自检画面，但进入 Windows 启动画面时，无法正常启动到 Windows 桌面的故障。

27.2.1 无法启动 Windows 系统故障分析

Windows 操作系统启动故障又分为下列几种情况。

1）电脑开机自检时出错，无法启动故障。

2）硬盘出错，无法引导操作系统故障。

3）启动操作系统过程中出错，无法正常启动到 Windows 桌面故障。

造成无法启动 Windows 系统故障的原因较多，总结一下主要包括如下几点。

1）Windows 操作系统文件损坏。

2）系统文件丢失。

3）系统感染病毒。

4）硬盘有坏扇区。

5）硬件不兼容。

6）硬件设备有冲突。

7）硬件驱动程序与系统不兼容。

8）硬件接触不良。

9）硬件有故障。

27.2.2 诊断修复无法启动 Windows 系统的故障

如果电脑开机后电脑停止启动，出现错误提示，这时首先应认真理解错误提示的含义，根据错误提示检测相应硬件设备，即可解决问题。

如果电脑在自检完成后，开始从硬盘启动时（即出现自检报告画面，但没有出现 Windows 启动画面）出现错误提示或电脑死机，这一般与硬盘有关，应首先进入 BIOS 检查硬盘的参数。如果 BIOS 中没有硬盘的参数，则是硬盘接触不良或硬盘损坏。这时应关闭电源，然后检查硬盘的数据线、电源线连接情况，连接线是否损坏，主板的硬盘接口是否损坏，硬盘是否损坏等；如果 BIOS 中可以检测到硬盘的参数，则故障可能是由于硬盘的分区表损坏、主引导记录损坏、分区结束标志丢失等引起的，需要使用 NDD 等磁盘工具进行修复。

如果电脑已经开始启动 Windows 操作系统，但在启动的中途出现错误提示、死机或蓝屏等故障，则既可能是硬件方面的原因引起的，也可能是软件方面的原因引起的。对于此类故障应首先检查软件方面的原因，先用安全模式启动电脑，修复一般性的系统故障；如果不行可以采用恢复注册表、恢复系统的方法修复系统；如果还不行可以采用重新安装系统的方法排除软件方面的故障。如果重新安装系统后故障依旧，则一般是由于硬件存在接触不良、不兼容、损坏等故障，需要用替换法等方法排除。

无法启动 Windows 操作系统各种故障的维修方法如下。

1）用安全模式启动电脑（Windows 10 系统启动方法参考 26.3.1 节中通过 Windows 10 安装盘启动到安全模式的方法，其他版本的系统启动时直接按 F8 键，通过启动菜单来启动），看能否正常启动。如果用安全模式启动时出现死机或蓝屏等故障，则转至步骤 6）。

2）如果能启动到安全模式，则造成启动故障的原因可能是硬件驱动程序与系统不兼容、操作系统有问题或感染病毒等。接着在安全模式下运行杀毒软件查杀病毒，如果查出病毒，将病毒清除然后重新启动电脑，看是否能正常运行。

3）如果查杀病毒后系统还不能正常启动，则可能是病毒已经破坏了 Windows 系统重要文件，需要重新安装操作系统才能解决问题。

4）如果没有查出病毒，则可能是硬件设备驱动程序与系统不兼容引起的。接着将声卡、显卡、网卡等设备的驱动程序删除，然后再逐一安装驱动程序，每安装一个设备就重新启动一次电脑，来检查是哪个设备的驱动程序引起的故障。查出故障原因后，下载故障设备的新版驱动程序，然后重新安装即可。

5）如果检查硬件设备的驱动程序不能排除故障，则不能启动故障可能是操作系统损坏引起的。接着重新安装 Windows 操作系统即可排除故障。

6）如果电脑不能从安全模式启动，则可能是 Windows 系统严重损坏或电脑硬件设备有兼容性问题。首先用 Windows 安装光盘重新安装操作系统，看是否可以正常安装，并正常启动。如果不能正常安装转至步骤 10）。

7）如果可以正常安装 Windows 操作系统，接着检查重新安装操作系统后，故障是否消失。如果故障消失，则是系统文件损坏引起的故障。

8）如果重新安装操作系统后，故障依旧，则故障原因可能是硬盘有坏道或设备驱动程序与系统不兼容等引起的。接着用安全模式启动电脑，如果不能启动，则是硬盘有坏道引起的故障。接着将电脑硬盘连接到其他电脑，用 NDD 磁盘工具修复硬盘坏道即可。

9）如果能启动安全模式，则电脑还存在设备驱动程序问题。接着按照步骤 4）中的方法将声卡、显卡、网卡等设备的驱动程序删除，检查故障原因。查出来后，下载故障设备的新版驱动程序，然后安装即可。

10）如果安装操作系统时出现故障，如死机、蓝屏、重启等，导致无法安装系统，则应该是硬件有问题或硬件接触不良引起的。首先清洁电脑中的灰尘，清洁内存、显卡等设备的金手指，重新安装内存等设备，然后再重新安装系统。如果能够正常安装，则是接触不良引起的故障。

11）如果还是无法安装系统，则可能是硬件问题引起的故障。再用替换法检查硬件故障，找到后更换硬件即可。

27.3 多操作系统无法启动故障修复

多操作系统是指在一台电脑中安装两个或两个以上的操作系统，如一台电脑中同时并存 Windows 7 操作系统和 windows 10 操作系统。

多操作系统在启动时通常会先进入启动菜单，然后选择要启动的操作系统进行启动。所以一般多操作系统的电脑中会自动生产一个 boot.ini 启动文件，专门管理多操作系统的启动。

如果多操作系统无法正常启动，一般是由于 boot.ini 启动文件损坏或丢失引起的。另外，多操作系统中某一个操作系统损坏也会造成多操作系统启动故障。

多操作系统无法正常启动故障维修方法如下。

1）对于多操作系统中某个操作系统损坏导致多操作系统无法启动的，采用安全模式法、系统还原法、恢复注册表法修复操作系统故障，一般修复后即可启动。

2）对于 boot.ini 文件损坏导致无法启动的故障，首先用 Windows　XP 安装光盘启动电脑，在进入系统安装界面时，按 R 键进入“故障修复控制台”。接着根据故障提示再按 C 键，在屏幕出现故障恢复控制台提示“C :\Windows”时，输入“1”，然后按 Enter 键；接下来会提示输入管理员密码，输好后按 Enter 键确认。此时可以看到类似 DOS 的命令提示符操作界面。在此界面中输入“bootcfg　/add”命令进行修复，修复后重新启动电脑即可。

27.4 Windows 系统关机故障修复

Windows 系统关机故障是指在单击“关机”按钮后，Windows 系统无法正常关机，在出现“ Windows 正在关机”的提示后，系统停止反应。这时只好强行关闭电源。下一次开机时系统会自动运行磁盘检查程序。长此以往将对系统造成一定的损害。

27.4.1 了解 Windows 系统关机过程

Windows 系统在关机时有一个专门的关机程序。关机程序主要执行如下功能：

1）完成所有磁盘写操作；

2）清除磁盘缓存；

3）执行关闭窗口程序，关闭所有当前运行的程序；

4）将所有保护模式的驱动程序转换成实模式。

以上 4 项任务是 Windows 系统关闭时必须执行的任务，这些任务不能随便省略，否则如果直接关机将导致一些系统文件损坏，从而出现关机故障。

27.4.2 Windows 系统关机故障原因分析

Windows 系统正常状况下不会出现关机问题，只有在一些与关机相关的程序任务出现错误时才会导致系统关机故障。

一般引起 Windows 系统出现关机故障的原因如下：

1）没有在实模式下为视频卡分配一个 IRQ；

2）某一个程序或 TSR 程序可能没有正确地关闭；

3）加载了一个不兼容的、损坏的或有冲突的设备驱动程序；

4）选择退出 Windows 时声音文件损坏；

5）不正确地配置硬件或硬件损坏；

6）BIOS 程序设置有问题；

7）在 BIOS 中的“高级电源管理”或“高级配置和电源接口”设置不正确；

8）注册表中快速关机的键值设置为了“enabled”。

27.4.3 诊断修复 Windows 系统不关机故障

当 Windows 系统出现不关机故障时，首先要查找引起 Windows 系统不关机的原因，然后根据具体的故障原因采取相应的解决方法。

Windows 系统不关机故障解决方法如下。

1. 检查所有正在运行的程序

检查运行的程序主要包括关闭任何在实模式下加载的 TSR 程序，关闭开机时从启动组自动启动的程序，关闭任何非系统引导必需的第三方设备驱动程序。

具体方法如下（以 Windows 10 为例）：

将鼠标放到任务栏单击右键，选择“任务管理器”，然后在打开的“任务管理器”对话框中单击“启动”选项卡，然后单击不想启动的项目，右击鼠标，选择“禁用”命令，即可停止启动此程序，如图 27-1 所示。

另外，还可以使用“系统配置”来选择加载的项按“⊞+R”组合键，打开“运行”对话框，然后输入“msconfig”并单击“确定”按钮，打开“系统配置”对话框，如图 27-2 所示。

使用系统配置工具主要用来检查有哪些运行的程序，然后只加载最少的驱动程序，并在启动时不允许启动组中的任何程序进行

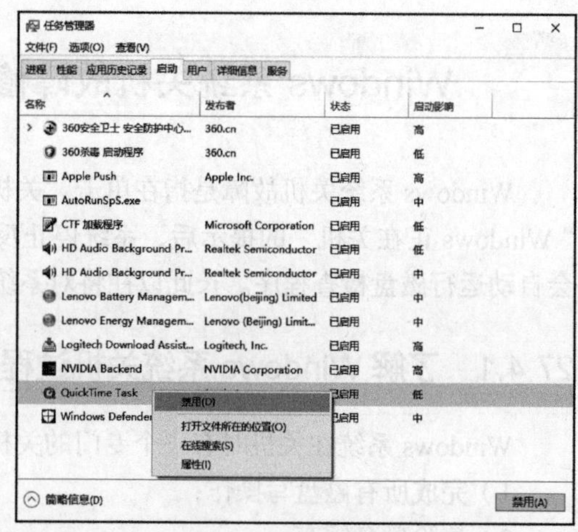

图 27-1 禁用启动项

系统引导，对系统进行干净引导。如果干净引导可以解决问题，则可以利用系统配置工具确定引起不能正常关机的程序。

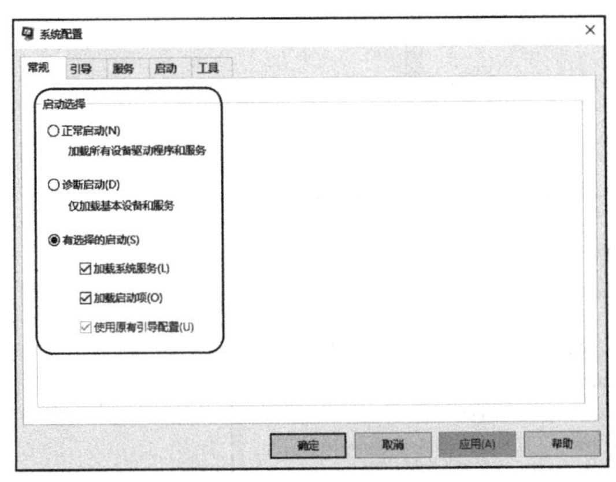
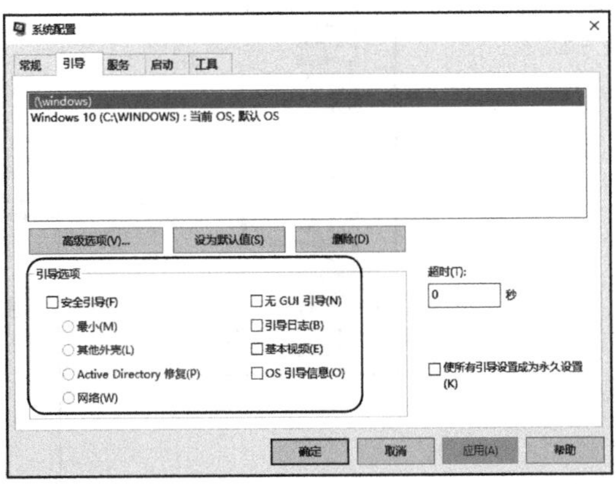

图27-2　“系统配置”对话框

2. 检查硬件配置

检查硬件配置主要包括检查 BIOS 的设置、BIOS 版本，将任何可能引起问题的硬件删除或使之失效。同时，向相关的硬件厂商索取升级的驱动程序。

检查计算机的硬件配置的方法如下（以 Windows 10 为例）。

1）在桌面“这台电脑”图标上右击鼠标，选择“属性”命令，打开“系统”窗口。接着单击“设备管理器”选项，打开“设备管理器”窗口，如图 27-3 所示。

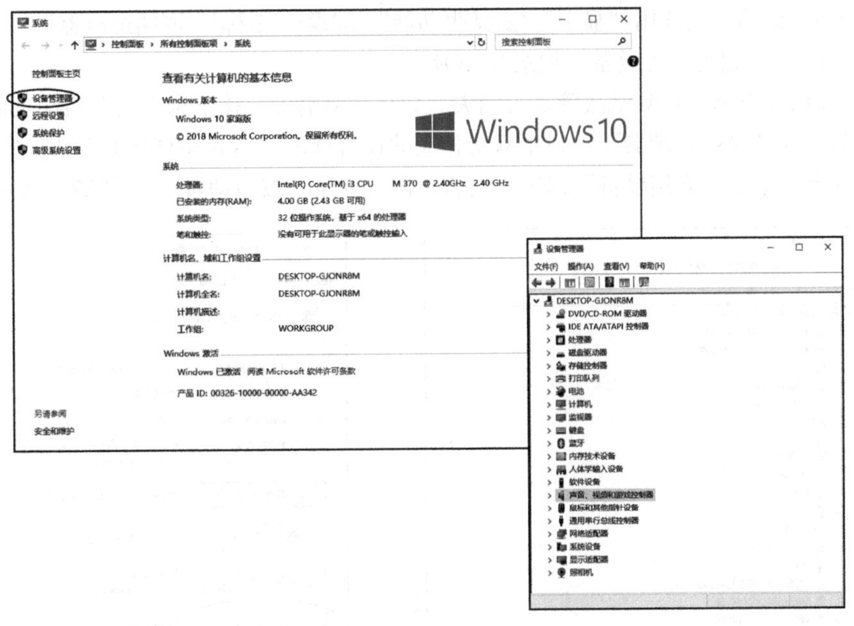

图 27-3　“设备管理器”窗口

2）在“设备管理器”窗口中单击“显示适配器”选项前的小三角，展开显示卡选项，接着双击下面的其中一个选项，打开“属性”对话框。在此对话框中的“驱动程序”选项卡中单击“禁用设备”选项，再单击“确定”按钮，如图 27-4 所示。

图 27-4 停用显卡

3）使用上面的方法停用“显卡”“磁盘驱动器”“键盘”“鼠标”“网络适配器”“声音、视频和游戏控制器”“照相机”等设备，如图 27-5 所示。

4）重新启动电脑，再测试故障是否消失。如果故障消失，接下来再逐个启动上面的设备。启动方法是，在“设备管理器”窗口中双击相应的设备选项，然后在打开的对话框中的“驱动程序”选项卡中单击“启用设备”选项，接着单击“确定”按钮即可，如图 27-6 所示。

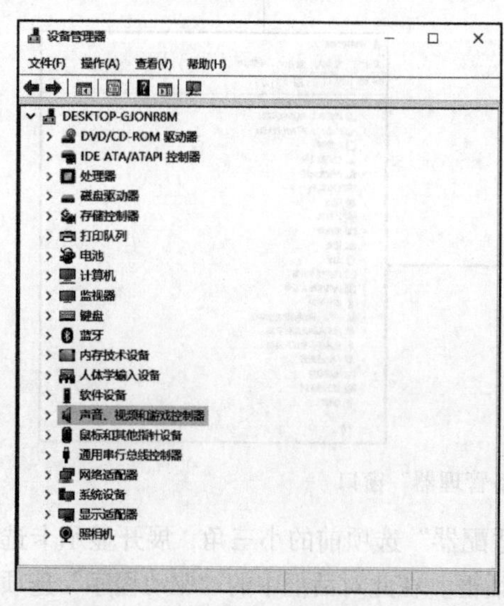

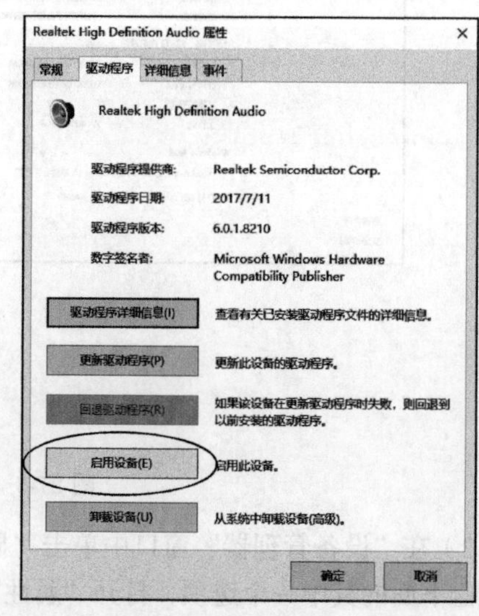

图 27-5 停用显卡等设备 图 27-6 启用设备

5）如果启用一个设备后故障消失，接着启用第 2 个设备。启用设备时，按照下列顺序逐个启用："通用串行总线控制器""硬盘控制器""其他设备"。

6）在启用设备的同时，要检查设备有没有冲突。检查设备冲突的方法为，在设备属性对话框中的"常规"选项卡中的"设备状态"列表中，检查有无冲突的设备，如图 27-7 所示。如果没有冲突的设备，接着重新启动电脑；有冲突的话，需要重装冲突设备的驱动程序。

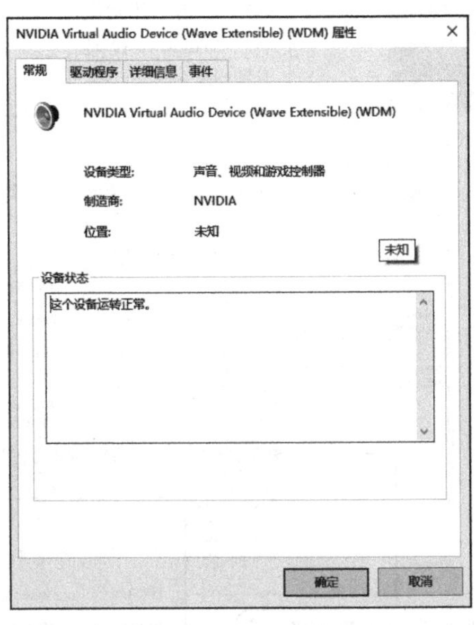

图 27-7　查看设备状态

如果通过上述步骤，确定了某一个硬件引起非正常关机问题，应与该设备的代理商联系，以更新驱动程序或固件。

27.5 动手实践：Windows 系统启动与关机故障维修实例

27.5.1　系统启动时启动画面停留时间长

1. 故障现象

一台电脑启动时启动画面停留时间长，启动很慢。

2. 故障分析

一般影响系统启动速度的因素是启动时的加载启动项，如果电脑启动时系统中加载了很多没必要的启动项，一般取消这些加载项的启动可以加快启动速度。造成"Windows 正在启动"画面停留时间长通常是由于"Windows Event Log"服务有问题引起的，重点检查此项服务。

3. 故障查找与排除

故障排除方法如图 27-8 所示。

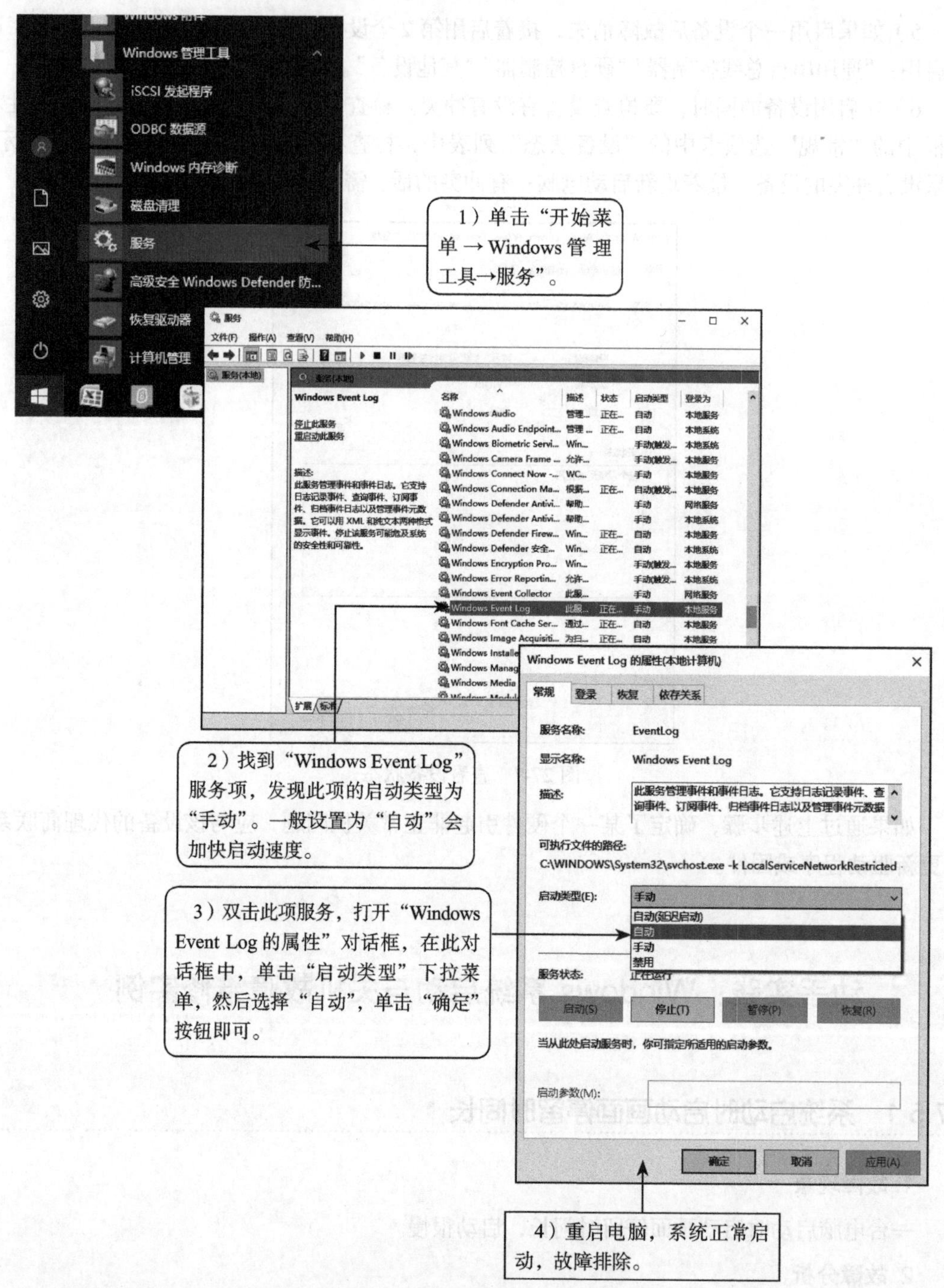

1）单击“开始菜单→Windows管理工具→服务”。
2）找到“Windows Event Log”服务项，发现此项的启动类型为“手动”。一般设置为“自动”会加快启动速度。
3）双击此项服务，打开“Windows Event Log的属性”对话框，在此对话框中，单击“启动类型”下拉菜单，然后选择“自动”，单击“确定”按钮即可。
4）重启电脑，系统正常启动，故障排除。

图 27-8 修复启动时间长问题

27.5.2 Windows 关机后自动重启

1. 故障现象

用户的电脑每次关机时，单击“关机”按钮后，电脑没有关闭反而又重新启动了。

2. 故障分析

一般关机后重新启动的故障是由于系统设置的问题、高级电源管理不支持、电脑接有 USB 设备等引起的。

3. 故障查找与排除

故障排除方法如图 27-9 所示。

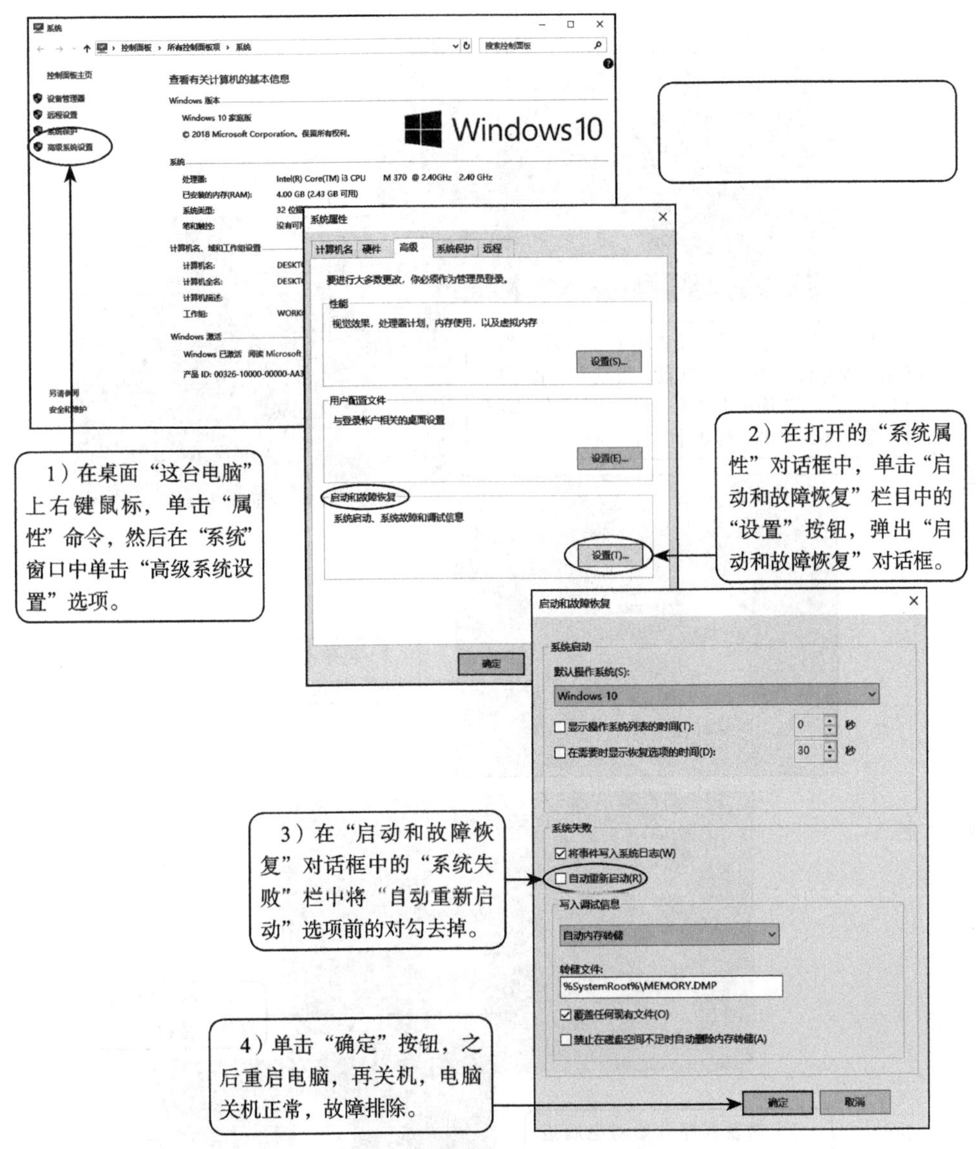

1）在桌面"这台电脑"上右键鼠标，单击"属性"命令，然后在"系统"窗口中单击"高级系统设置"选项。
2）在打开的"系统属性"对话框中，单击"启动和故障恢复"栏目中的"设置"按钮，弹出"启动和故障恢复"对话框。
3）在"启动和故障恢复"对话框中的"系统失败"栏中将"自动重新启动"选项前的对勾去掉。
4）单击"确定"按钮，之后重启电脑，再关机，电脑关机正常，故障排除。
Windows 10

图 27-9 排除关机自动重启故障

27.5.3 电脑启动进不了 Windows 系统

1. 故障现象

一台电脑之前使用正常，今天开机启动后，不能正常进入 Windows 操作系统。

2. 故障分析

无法启动系统的原因主要是系统软件损坏、注册表损坏或硬盘有坏道等引起的。一般可以用系统自带的修复功能来修复。

3. 故障查找与排除

故障排除方法如图 27-10 所示。

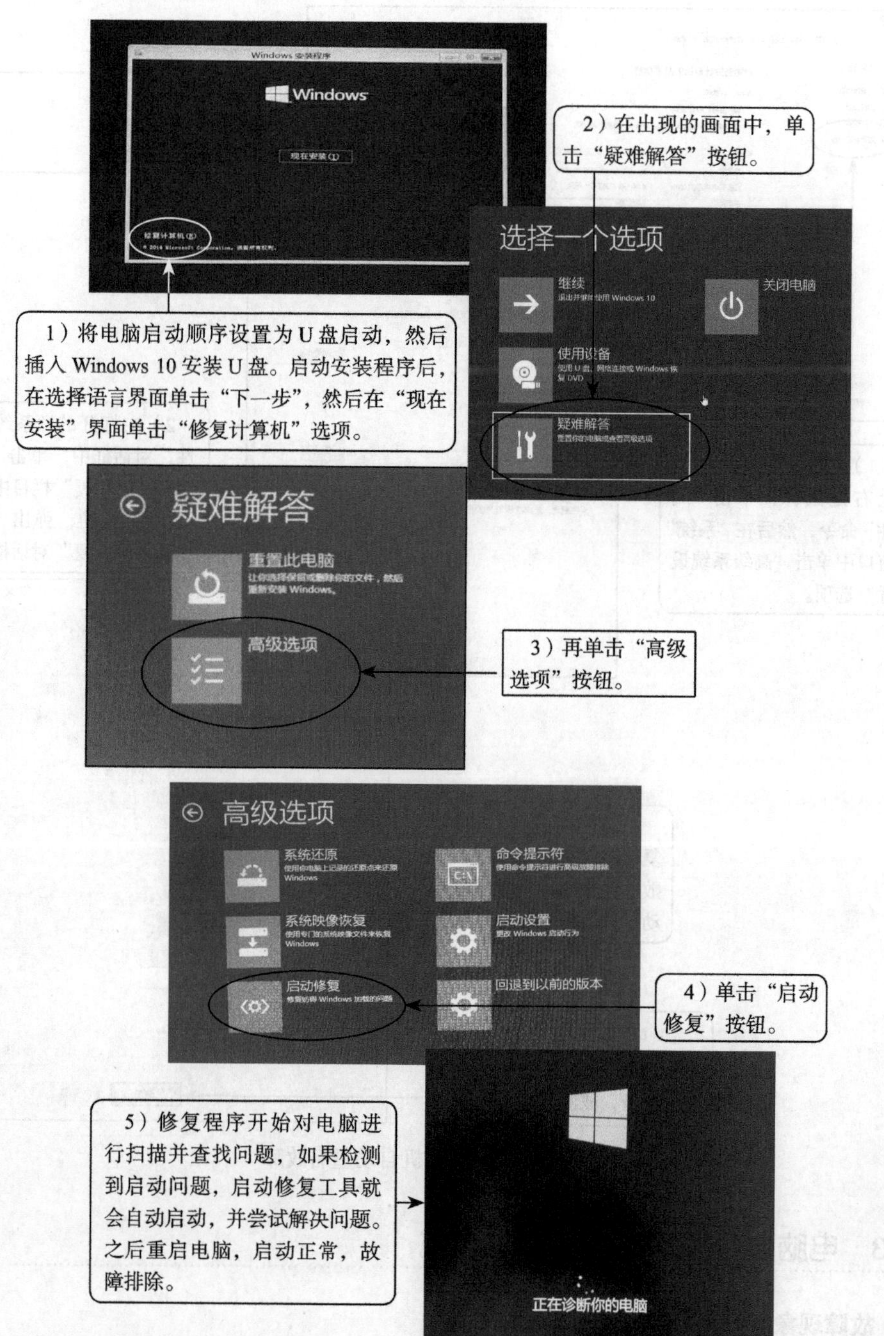

图 27-10 排除进不了系统故障

27.5.4　丢失 boot.ini 文件导致 Windows 双系统无法启动

1. 故障现象

用户反映电脑安装的双系统无法启动。

2. 故障分析

根据故障现象分析，双系统一般由 boot.ini 启动文件引导启动，估计是启动文件损坏引起的故障。

3. 故障查找与排除

1）用 WinPE 启动 U 盘启动电脑，然后检查 C 盘下面的 boot.ini 文件，发现文件丢失。

2）在 C 盘新建一个记事本文件，并在记事本里输入如图 27-11 所示的内容。

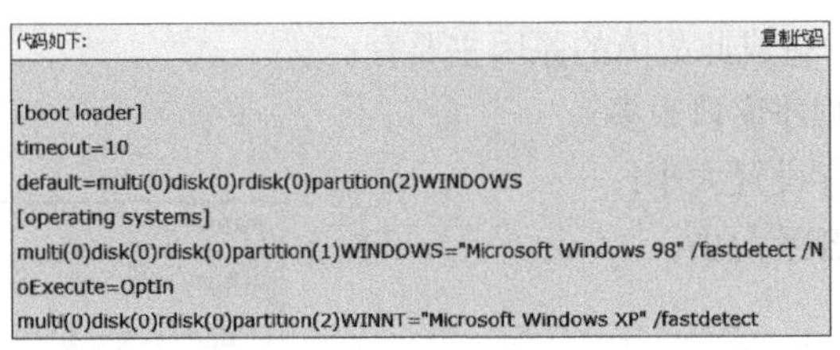

代码如下:　　复制代码

```
[boot loader]
timeout=10
default=multi(0)disk(0)rdisk(0)partition(2)WINDOWS
[operating systems]
multi(0)disk(0)rdisk(0)partition(1)WINDOWS="Microsoft Windows 98" /fastdetect /N
oExecute=OptIn
multi(0)disk(0)rdisk(0)partition(2)WINNT="Microsoft Windows XP" /fastdetect
```

图 27-11　boot.ini 文件内容

3）将它保存为名为 boot.ini 的文件。然后重启电脑，系统启动正常，故障排除。

27.5.5　系统提示“Explorer.exe”错误

1. 故障现象

一台电脑，在装完常用的应用软件，正常运行了几个小时后，无论运行哪个程序都会提示：“你所运行的程序需要关闭”，并不断提示“Explorer.exe”错误。

2. 故障分析

根据故障现象分析，由于故障是在安装应用软件后出现的，应该是所安装的应用软件与操作系统有冲突造成的。

3. 故障查找与排除

将应用软件逐个卸载，卸载一个重新启动一遍电脑进行测试，当卸载“紫光输入法”后故障消失，看来是此软件与系统有冲突。删除该软件即可。

27.5.6　电脑启动时系统提示“kvsrvxp.exe 应用程序错误”

1. 故障现象

一台电脑启动时自动弹出一个窗口，提示“ kvsrvxp.exe 应用程序错误。0x3f00d8d3 指令引用的 0x0000001c 内存，该内存不能为 read”错误。

2. 故障分析

由于 kvsrvxp.exe 为江民杀毒软件的进程，根据提示分析可能是在安装江民杀毒软件的时候出了问题，没有安装好。

3. 故障查找与排除

1）将鼠标放到任务栏单击右键，选择“任务管理器”，然后在打开的“任务管理器”对话框中，单击“启动”选项卡。

2）“启动”选项卡界面中，将启动项目中含有“kvsrvxp.exe”的选项取消即可。

27.5.7 玩游戏时出现内存不足

1. 故障现象

一台双核、内存为 2GB 的电脑，玩游戏时出现内存不足故障，之后系统会自动返回桌面。

2. 故障分析

根据故障现象分析，造成此故障的原因主要有：

- 电脑同时打开的程序窗口太多；
- 系统中的虚拟内存设置太小；
- 系统盘中的剩余容量太小；
- 内存容量太小。

3. 故障查找与排除

1）将不用的程序窗口关闭，然后重新运行游戏，故障依旧。

2）检查系统盘中剩余的磁盘容量，发现系统盘中还有 5GB 的剩余容量。

3）在桌面上“这台电脑”图标上右键，单击“属性”命令，然后单击“系统”窗口中的“高级系统配置”选项。接着单击“高级”选项卡下的“性能”文本框中的“设置”按钮，如图 27-12 所示。

4）在打开的“性能选项”对话框中单击“高级”选项卡，然后查看“虚拟内存”文本框中的虚拟内存值，发现虚拟内存值太小。

5）单击“虚拟内存”文本框中的“更改”按钮，打开“虚拟内存”对话框，然后在“虚拟内存”对话框中增大虚拟内存数值。再进行测试，故障排除。

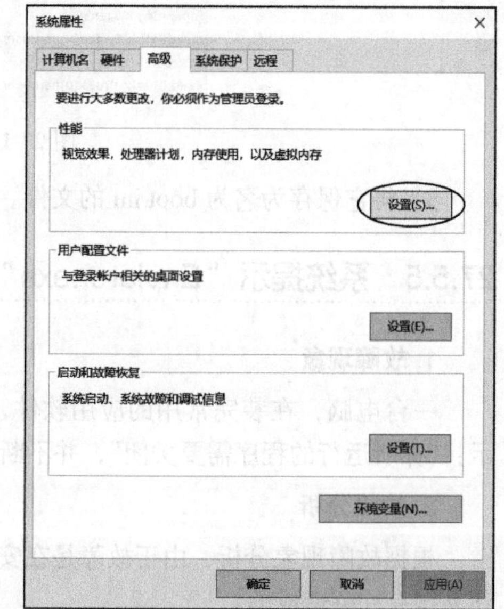

图 27-12 性能设置

27.5.8 电脑经常死机

1. 故障现象

一台安装 Windows 系统的电脑，最近使用时经常死机，有时候还会自动重启，重启后播放歌曲，歌曲的声音音调变得又高又细。

2. 故障分析

根据故障现象分析，造成此故障的原因主要有：

❑ 电脑感染病毒；
❑ 系统文件损坏；
❑ 硬件驱动程序和系统不兼容；
❑ 硬件设备冲突；
❑ 硬件设备接触不良；
❑ CPU 过热或超频。

3. 故障查找与排除

1）用最新版杀毒软件查杀病毒，未发现病毒。

2）重启电脑到安全模式，启动后，继续使用测试，发现故障消失。由于故障发生时，电脑声卡的声音会变调，怀疑故障与声卡有关，将声卡的驱动程序删除，然后重新启动电脑到正常模式进行测试，发现正常模式下也未出现故障，看来是声卡驱动程序问题。

3）从网上下载新版的声卡驱动程序，安装后测试，故障排除。

27.5.9　Windows 系统启动速度较慢

1. 故障现象

Windows 系统在启动到桌面之后，很长时间后才能进行操作，启动时间非常长。

2. 故障分析

根据故障现象分析，造成此故障的原因主要有：

❑ 感染病毒；
❑ 系统问题；
❑ 开机启动的程序过多；
❑ 硬盘问题。

3. 故障查找与排除

1）用杀毒软件查杀电脑病毒，未发现病毒。

2）重新启动系统，发现启动后有很多游戏程序在系统启动时会自动启动。看来系统启动太慢主要是系统中自动启动的程序太多。

3）将鼠标放到任务栏单击右键，选择“任务管理器”，然后在打开的“任务管理器”对话框中单击“启动”选项卡。然后在启动项目列表中将不需要启动的游戏程序项前的复选框去掉，重新启动，故障排除。

27.5.10　无法卸载游戏程序

1. 故障现象

一台联想品牌电脑从“添加 / 删除程序”选项中卸载一个游戏程序。但执行卸载程序后，游戏的选项依然在开始菜单的列表中，无法删除。

2. 故障分析

根据故障现象分析，造成此故障的原因主要有：

❑ 注册表问题；

❑ 系统问题；
❑ 游戏软件问题。

3. 故障查找与排除

根据故障现象分析，此故障应该是恶意网站更改了系统注册表引起的，可以通过修改注册表来修复。在“运行”对话框中输入“ regedit”并按 Enter 键，打开“注册表编辑器”窗口。依次展开 HKEY_LOCAL_MACHINE\Software\Microsoft\Windows\CurrentVersion\ Uninstall 子键，然后将子键下游戏的注册文件删除。之后重启电脑，故障排除。

27.5.11 电脑启动后，较大的程序无法运行，且死机

1. 故障现象

一台新装的三核电脑启动后，只要双击桌面“这台电脑”图标就死机。一些较大的程序也运行不了，但小的程序可以运行。

2. 故障分析

经过了解，用户除了上网，一般不用电脑做其他工作。而且电脑自从装好后一直运行非常正常，没有出现过故障。根据故障现象分析，造成此故障的原因主要有：

❑ 感染木马病毒；
❑ 电脑硬件有问题；
❑ 电脑系统有问题。

3. 故障查找与排除

1）查看电脑上安装的杀毒软件，发现杀毒软件的版本较低。

2）将杀毒软件升级到最新版后，查杀电脑的病毒，发现有两个木马病毒。将病毒杀掉后，重新安装系统，故障排除。

27.5.12 双核电脑出现错误提示，键盘无法使用

1. 故障现象

一台 AMD 双核电脑不能启动，开机发出 1 长 3 短的报警声，显示器出现“ Keyboard Error or No Keyboard Present”错误提示。

2. 故障分析

根据错误提示和 BIOS 报警声可知（错误提示为键盘错误），此故障应该是键盘问题引起的，应首先检查键盘设备。另外，经过了解，用户的电脑以前没有发生过类似的故障，不过在电脑出现故障前，邻居家的两个小孩用这台电脑玩过游戏。

3. 故障查找与排除

在检查此类故障时应先检查键盘信号线连接问题，再检查断线及键盘电路问题。具体步骤如下：

首先检查电脑键盘接头是否接触良好，发现键盘接头松动，重新插紧后，开机测试，故障排除。看来是小孩玩游戏时，使劲拉拽过键盘，导致键盘接头松动、接触不良，产生故障。

27.5.13　双核电脑无法正常启动系统，不断自动重启

1. 故障现象

一台 Inter is 双核电脑，安装的是 Windows 操作系统。在电脑启动时，当出现启动画面后不久就自动重启，并不断循环往复。

2. 故障分析

经过了解，电脑以前使用一直正常，但在故障出现前关闭电脑时，在系统还没有关闭的情况下，突然断电。第二天启动电脑时就出现不断重启的故障。

由于电脑以前使用一直正常，可以基本判断，故障应该不是由于硬件兼容性问题引起的。根据故障现象分析，造成此故障的原因可能是以下几个方面：

- 系统文件损坏；
- 感染病毒；
- 硬盘损坏。

3. 故障查找与排除

由于电脑故障是在非正常关机后出现的，因此在检查时应首先排除系统文件损坏引起故障的因素。具体步骤如下：

1）尝试恢复系统。用操作系统安装盘启动电脑，在“选择语言”界面单击“下一步”按钮，然后在“现在安装”界面单击“修复计算机”按钮。

2）依次单击“疑难解答”“高级选项”“命令提示符”，打开命令提示符程序。

3）在命令提示符下，输入“bootrec.exe / fixmbr”，然后按 Enter 键开始修复系统，修复完成后输入“Exit”命令退出。

4）退出后，重新启动电脑，进行测试，发现启动正常，故障排除。

27.5.14　电脑出现“Disk boot failure，Insert system disk”错误提示，无法启动

1. 故障现象

一台 Intel 酷睿 i5 电脑开机启动时，出现“Disk boot failure，Insert system disk”错误提示，无法正常启动。

2. 故障分析

经过了解，电脑以前使用正常，在故障出现前，用户向电脑中连接了第 2 块硬盘。由于电脑故障是在接入第 2 块硬盘后出现的，故怀疑此故障与硬盘有关。造成此故障的原因主要有：

- 硬盘冲突；
- 硬盘数据线有问题；
- 硬盘损坏；
- 系统文件损坏；
- 硬盘主引导记录损坏；
- 感染病毒。

3. 故障查找与排除

由于电脑以前工作正常，在安装第 2 块硬盘后出现故障，因此应首先检测硬盘方面的原因。此故障的检修步骤如下：

1）关闭电脑的电源，然后打开机箱检查电脑中的硬盘连接情况，发现硬盘连接正常。

2）将第 2 块硬盘取下，在只接原先硬盘的情况下开机测试，发现电脑启动正常。看来系统文件没有问题。

3）将第 2 块硬盘接入电脑，连接时将硬盘接在 SATA 1 接口（原电脑硬盘在 SATA 2 接口），然后开机测试。发现故障又重现。

4）重启电脑，然后进入 BIOS 程序查看硬盘的参数。发现 BIOS 中可以检测到两个硬盘，而且参数正常。看来第 2 块硬盘没有问题。

5）根据故障提示，怀疑电脑启动时从第 2 块硬盘引导系统，导致无法启动。在 BIOS 中将电脑的启动顺序设为从 SATA 2 硬盘启动。接着重启电脑进行测试，发现启动正常，而且两个硬盘均能正常访问，故障排除，看来故障是启动时选错了硬盘引起的。

27.5.15 电脑开机出现错误提示，无法正常启动

1. 故障现象

一台处理器为 Core i3 的电脑开机启动时，出现“ Non-system disk or disk error. Replace andstrike any key when ready.”错误提示，无法正常启动。

2. 故障分析

此故障提示的意思是：“非系统盘或磁盘出错，当一切准备好时，按任意键”。根据故障提示造成此故障的原因主要有：

- ❑ 系统文件损坏或丢失；
- ❑ 硬盘接触不良；
- ❑ 硬盘损坏；
- ❑ 设置的启动盘不是硬盘。

3. 故障查找与排除

对于此类故障应首先检查硬盘是否正常，然后再检查软件方面的原因。此故障的检修步骤如下：

1）启动电脑，开机时按 Delete 键进入 BIOS 程序，然后检查 BIOS 程序中的硬盘参数是否正确。发现硬盘参数正确，说明硬盘连接正常。

2）用启动盘启动电脑，将电脑中有用的数据备份出来，然后重新安装操作系统。

3）安装完成后，测试电脑，故障消失，电脑运行正常。看来是系统文件损坏引起的故障。

27.5.16 双核电脑出现“Verifying DMI Pool Data”错误提示，无法正常启动

1. 故障现象

一台联想的双核电脑，开机自检正常，但电脑出现“ Verifying DMI Pool Data”错误提示。准备从硬盘引导操作系统时，停止不动，无法正常启动。

2. 故障分析

经过了解，电脑故障是在连接宽带网后出现的。而且电脑出现故障前，电脑中还没有安装杀毒软件。由于电脑在自检完成后，要开始启动操作系统时，即 BIOS 准备读取并执行硬盘中的主引导记录时出现了故障，因此怀疑是由于电脑硬盘的主引导记录损坏或丢失，引起此故障。根据分析，造成此故障的原因主要有：

- 硬盘主引导记录损坏；
- 感染病毒；
- 硬盘有问题。

3. 故障查找与排除

根据故障分析，此故障主要是由主引导记录损坏引起的，应重点检查主引导记录。此故障的检修步骤如下：

1）启动电脑，然后进入 BIOS 程序检查硬盘的参数是否正常。经检查硬盘正常。

2）将硬盘接到另一台电脑中，然后在另一台电脑中安装 NDD 磁盘工具软件。

3）运行此磁盘软件，然后恢复故障盘的主引导记录。修复后将硬盘接回原电脑，然后启动测试，启动正常，故障排除。看来是主引导记录损坏引起的故障，怀疑由于上网电脑感染了病毒，破坏了硬盘主引导记录。

27.5.17 Windows 7 和 Windows 10 双系统电脑无法正常启动

1. 故障现象

一台清华同方品牌电脑。安装了 Windows 7 和 Windows 10 双系统。在启动时选择 Windows 7 操作系统后，不能正常启动，只能看到在屏幕左上角的光标一直闪。

2. 故障分析

根据故障现象分析，此故障是在选择操作系统后，无法启动，所以故障可能是由启动文件损坏或系统文件损坏引起的。造成此故障的原因主要有：

- 双系统启动文件损坏；
- Windows 7 系统文件损坏；
- 感染病毒。

3. 故障查找与排除

应首先检查启动文件是否损坏，然后检查操作系统文件。具体检修步骤如下：

1）重启电脑，然后在出现启动菜单时，选择 Windows 10 系统启动。发现出现同样的故障现象，看来是启动文件损坏引起的故障。

2）用 Windows 10 系统安装盘启动电脑，在“选择语言”界面单击“下一步”按钮，然后在“现在安装”界面单击“修复计算机”按钮。

3）依次单击“疑难解答”→“高级选项”→“命令提示符”，打开命令提示符程序。

4）接着在命令提示符下输入“fixmbr C:”，然后按 Enter 键。

5）按 Enter 键后，再输入“Bootcfg /add”，并按 Enter 键。接着选择提示安装，一般是 1；接下来提示输入加载识别符，输入“Microsoft Windows 7”并按 Enter 键。然后会提示输入 OS 加载选项，输入“fastdetect”后按 Enter 键。最后输入“exit”并按 Enter 键重新启动电脑。

6）启动到启动菜单时，选择 Windows 7 操作系统启动，运行正常，故障排除。

27.5.18 无法启动系统，提示“NTLDR is missing，Press any key to restart”

1. 故障现象

一台 CPU 为 AMD A10 的电脑，安装的操作系统为 Windows 10。开机自检后，出现“NTLDR is missing，Press any key to restart”错误提示，不能正常启动系统。

2. 故障分析

根据错误提示分析，此故障为 Windows 10 中的系统文件损坏或丢失所致。造成此故障的原因主要有：

- ❑ 非法关机；
- ❑ 硬盘有坏道；
- ❑ 电脑有病毒；
- ❑ 误操作（如误删除等）；
- ❑ 硬盘有问题。

3. 故障查找与排除

由于此故障是系统文件损坏或丢失所致，下面重点修复损坏的系统文件。具体的检修步骤如下：

1）用 Windows 10 系统安装盘启动电脑，在“选择语言”界面单击“下一步”按钮，然后在“现在安装”界面单击“修复计算机”按钮。

2）依次单击“疑难解答”→“高级选项”→“命令提示符”，打开命令提示符程序。

3）在命令提示符下输入“ sfc /scannow”，然后按 enter 键。这时 sfc 文件检测器将立即扫描所有受保护的系统文件，其间会提示用户插入 Windows 安装盘。

4）大约 10 分钟后，sfc 检测并修复好受保护的系统文件。重新启动电脑，系统可以正常启动，故障排除。

第 28 章

修复电脑系统死机和蓝屏故障

本章主要讲解电脑死机故障维修方法、电脑蓝屏故障维修方法，以及这些故障维修案例等。

28.1 什么是电脑系统死机和蓝屏

死机是令操作者颇为烦恼的事情，常常使用户的劳动成果付诸东流。死机时的表现多为蓝屏、无法启动系统、画面“定格”无反应、键盘无法输入、软件运行非正常中断、鼠标停止不动等。

蓝屏是指由于某些原因，例如硬件冲突、硬件产生问题、注册表错误、虚拟内存不足、动态链接库文件丢失、资源耗尽等问题导致驱动程序或应用程序出现严重错误，波及内核层。在这种情况下，Windows 中止系统运行，并启动名为“ KeBugCheck”的功能，通过检查所有中断的处理进程，同预设的停止代码和参数比较后，将屏幕变为蓝色，并显示相应的错误信息和故障提示的现象。

出现蓝屏时，出错的程序只能非正常退出。有时即使退出该程序也会导致系统越来越不稳定，有时则在蓝屏后死机。所以电脑蓝屏人见人怕。而产生蓝屏的原因是多方面的，软件、硬件的问题都有可能，排查起来非常麻烦。图 28-1 展示了系统蓝屏画面。

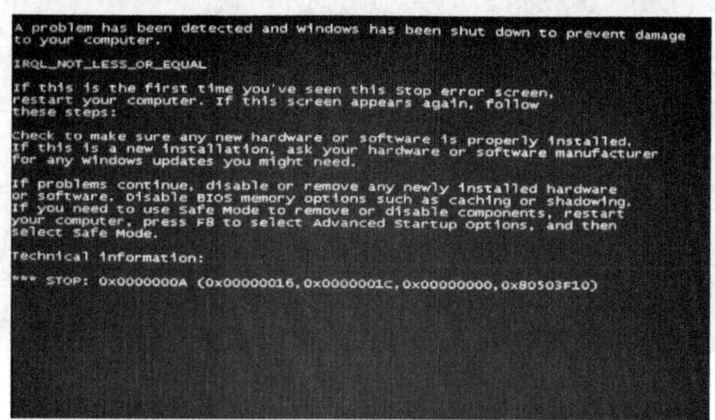

图 28-1　蓝屏画面

28.2 电脑系统死机故障修复

28.2.1 修复开机过程中发生死机的故障

在启动计算机时，只听到硬盘自检声而看不到屏幕显示，或开机自检时发出报警声，且电脑不工作，或在开机自检时出现错误提示等，都是电脑死机的表现。

此时出现死机的原因主要有：

- ❑ BIOS 设置不当。
- ❑ 电脑移动时设备遭受震动。
- ❑ 灰尘腐蚀电路及接口。
- ❑ 内存条故障。
- ❑ CPU 超频。
- ❑ 硬件兼容问题。
- ❑ 硬件设备质量问题。
- ❑ BIOS 升级失败。

开机过程中发生死机解决方法如下：

1）如果电脑是在移动之后发生死机，可以判断为移动过程中受到很大振动，从而引起电脑死机。因为移动造成电脑内部器件松动，从而导致接触不良。这时可以打开机箱，把内存、显卡等设备重新插紧即可。

2）如果电脑是在设置 BIOS 之后发生死机，则将 BIOS 设置改回来即可。如忘记了先前的设置项，可以选择 BIOS 中的“最佳化预设值”恢复即可，如图 28-2 所示。

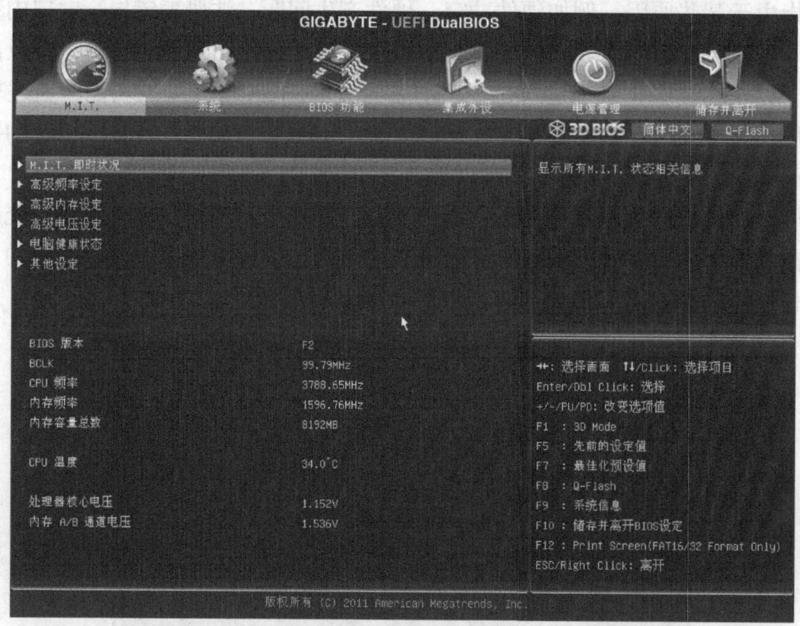

图 28-2 BIOS 界面

3）如果电脑是在 CPU 超频之后死机的，可以判断为是超频引起电脑死机。因为超频加剧了在内存或虚拟内存中找不到所需数据的矛盾，从而造成死机。将 CPU 频率恢复即可。

4）如屏幕提示"无效的启动盘"，则是系统文件丢失、损坏，或硬盘分区表损坏。修复系统文件或恢复分区表即可。

5）如果不是上述问题，可检查机箱内是否干净，设备连接有无松动，因为灰尘腐蚀电路及接口，会造成设备间接触不良，引起死机。清理灰尘及设备接口，重新插进设备，故障即可排除。

6）如果故障依旧，最后用替换法排除硬件兼容性问题和设备质量问题。

28.2.2　修复启动操作系统时发生死机的故障

在电脑通过自检后，开始装入操作系统时或刚刚启动到桌面时，电脑出现死机。

此时死机的原因主要有：

- ❑ 系统文件丢失或损坏。
- ❑ 感染病毒。
- ❑ 初始化文件遭破坏。
- ❑ 非正常关闭计算机。
- ❑ 硬盘有坏道等。

启动操作系统时发生死机故障的解决方法如下：

1）如启动时提示找不到系统文件，则可能是系统文件丢失或损坏。从其他相同操作系统的电脑中复制丢失的文件到故障电脑中即可。

2）如启动时出现蓝屏，提示系统无法找到指定文件，则为硬盘坏道导致系统文件无法读取所致。用启动盘启动电脑，运行 HDD 磁盘扫描程序，检测并修复硬盘坏道即可。

3）如没有上述故障，首先用杀毒软件查杀病毒，再重新启动电脑，看电脑是否正常。

4）如还死机，用"安全模式"启动，然后再重新启动，看是否死机。

5）如依然死机，就要恢复 Windwos 注册表（如系统不能启动，则用启动盘启动）。

6）如还死机，打开"命令提示符"对话框，输入" sfc /scannow"并按 Enter 键，启动"系统文件检查器"，开始检查。如查出错误，屏幕会提示具体损坏文件的名称和路径。接着插入系统光盘，选"还原文件"，被损坏或丢失的文件就会被还原，如图 28-3 所示。

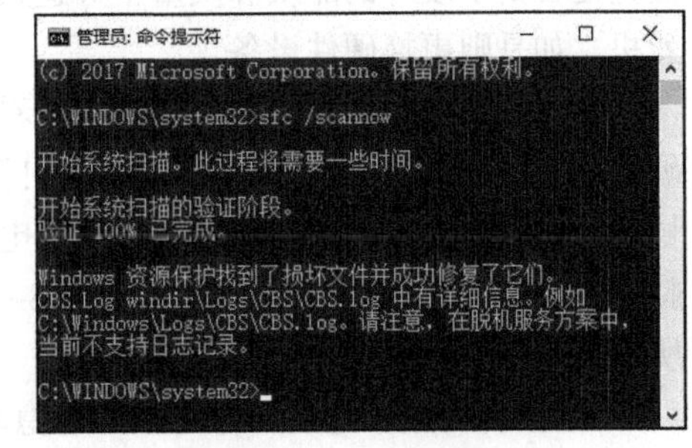

图 28-3　检测磁盘文件

7）如依然死机，应重新安装操作系统。

28.2.3　修复使用一些应用程序过程中发生死机的故障

电脑一直都运行良好，只是在执行某些应用程序或游戏时出现死机。

此时死机的原因主要有：

- ❑ 病毒感染。
- ❑ 动态链接库文件（.DLL）丢失。

❑ 硬盘剩余空间太少或碎片太多。

❑ 软件升级不当。

❑ 非法卸载软件或误操作。

❑ 启动程序太多。

❑ 硬件资源冲突。

❑ CPU 等设备散热不良。

❑ 电压不稳。

使用一些应用程序过程中发生死机故障的解决方法如下：

1）用杀毒软件查杀病毒，再重新启动电脑。

2）看是否打开的程序太多，如是关闭暂时不用的程序。

3）是否升级了软件，如是，则将软件卸载再重新安装即可。

4）是否非法卸载软件或误操作，如是，则恢复 Windows 注册表，尝试恢复损坏的共享文件。

5）查看硬盘空间是否太少，如是，则删掉不用的文件，并进行磁盘碎片整理。

6）查看死机有无规律，如电脑总是在运行一段时间后死机或运行大的游戏软件时死机，则可能是 CPU 等设备散热不良引起的故障。打开机箱查看 CPU 的风扇是否转，风力如何，如风力不足应及时更换风扇，改善散热环境。

7）用硬件测试工具软件测试电脑，检查是否由于硬件的品质和质量不好造成死机，如是则更换硬件设备。

8）打开“系统→设备管理器”，查看硬件设备有无冲突（冲突设备一般用“！”号标出），如有，将其删除，重新启动电脑，重新安装驱动程序即可，如图 28-4 所示。

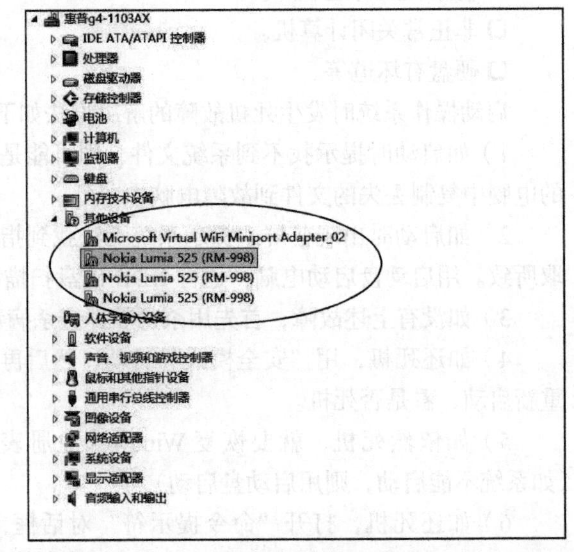

图 28-4 设备管理器

9）查看所用市电是否稳定，如不稳定，配置稳压器即可。

28.2.4 修复关机时出现死机的故障

有时在退出操作系统时出现死机故障。Windows 的关机过程为：先完成所有磁盘写操作，清除磁盘缓存；接着执行关闭窗口程序，关闭所有当前运行的程序，将所有保护模式的驱动程序转换成实模式；最后退出系统，关闭电源。

此时死机的原因主要有：

❑ 选择退出 Windows 时的声音文件损坏。

❑ BIOS 的设置不兼容。

❑ 在 BIOS 中的“高级电源管理”的设置不适当。

❑ 没有在实模式下为视频卡分配一个 IRQ。

❑ 某一个程序或 TSR 程序可能没有正确关闭。

❑ 加载了一个不兼容的、损坏的或冲突的设备驱动程序。

关机时出现死机解决方法如下：

1）确定“退出 Windows”声音文件是否已毁坏。单击“开始→ Windows 系统→控制面板”，然后单击“硬件和声音”选项。再单击“声音”选项中的“管理音频设备”选项，如图 28-5 所示。

2）在“声音”选项卡中的“程序事件”框中，单击“关闭程序”选项，如图 28-6 所示。在“声音”框中，单击“(无)”，然后单击“确定”按钮，接着关闭计算机。如果 Windows 正常关闭，则问题是由退出声音文件所引起的。

3）在 CMOS 设置程序中，重点检查 CPU 外频、电源管理、病毒检测、IRQ 中断开闭、磁盘启动顺序等选项设置是否正确。具体设置方法可参看自己的主板说明书，其上面有很详细的设置说明。如果对其设置实在是不太懂，建议将 CMOS 恢复到出厂默认设置即可。

4）如不行，接着检查硬件不兼容问题或安装的驱动不兼容问题。

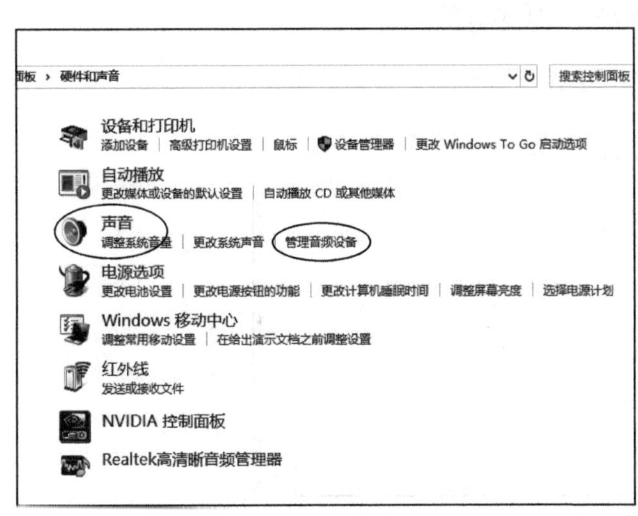

图 28-5　“管理音频设备”选项

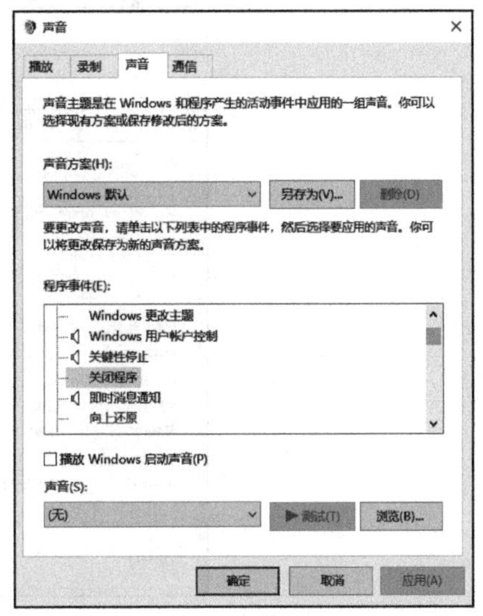

图 28-6　声音设置

28.3 电脑系统蓝屏故障修复

28.3.1　修复蓝屏故障

当出现蓝屏故障时，如不知道故障原因，首先重启电脑，然后按下面的步骤进行维修。

1）用杀毒软件查杀病毒，排除病毒造成的蓝屏故障。

2）在 Windows 系统中，打开“控制面板→管理工具→事件查看器”，在这里根据日期和时间重点检查“系统”和“应用程序”中的类型标志为“错误”的事件，如图 28-7 所示。双击事件类型，打开错误事件的“事件属性”对话框，查找错误原因，再进行针对性的修复，如图 28-8 所示。

图 28-7　事件查看器

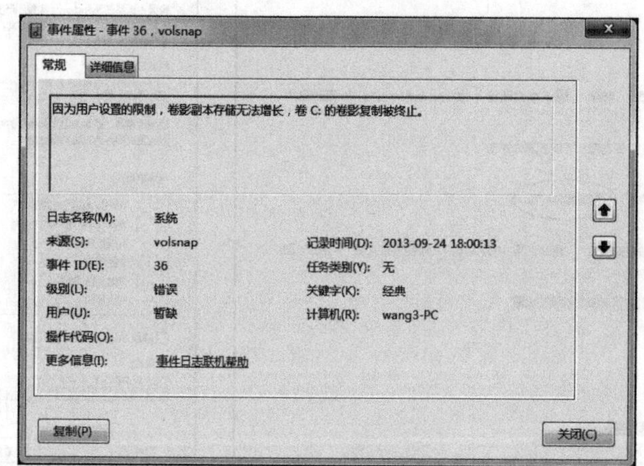

图 28-8　事件属性

3）用“安全模式”启动，或恢复 Windows 注册表（恢复至最后一次正确的配置），来修复蓝屏故障。

4）查询出错代码，错误代码中“ *** Stop：”至“ ****** wdmaud.sys”之间的这段内容是所谓的错误信息，如“0x0000001E”，由出错代码、自定义参数、错误符号 3 部分组成。

28.3.2　修复虚拟内存不足造成的蓝屏故障

如果蓝屏故障是由虚拟内存不足造成的，可以按照如下的方法进行解决。

首先删除一些系统产生的临时文件、交换文件，释放硬盘空间。然后手动配置虚拟内存，把虚拟内存的默认地址转到其他的逻辑盘下。具体方法如下。

1）在桌面的“这台电脑”图标上右击，单击“属性”，打开“系统”窗口，然后单击“高级系统设置”选项，打开“系统属性”对话框，如图 28-9 所示。

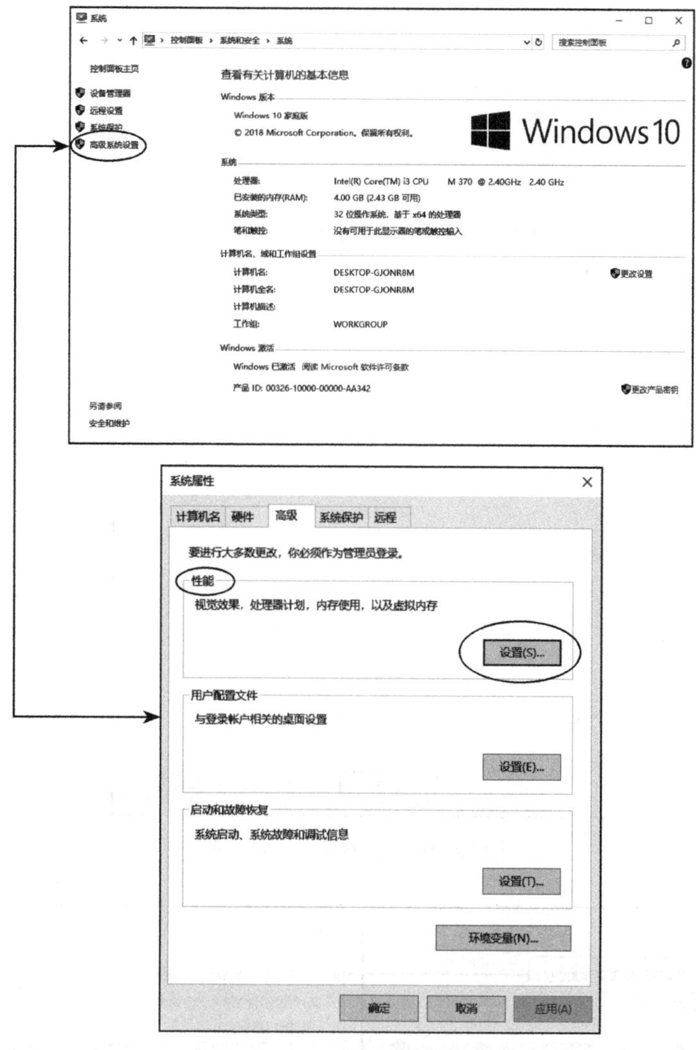

图 28-9　“系统属性”对话框

2）单击对话框中“性能”文本框中的“设置”按钮，打开“性能选项”对话框，并在此对话框中单击“高级”选项卡，如图 28-10 所示。

3）在“性能选项”对话框中单击“更改”按钮，打开“虚拟内存”对话框，并单击取消“自动管理所有驱动器的分页文件大小”复选项的选择，如图 28-11 所示。

4）在此对话框中单击“驱动器”文本框中的“D：”，然后单击“自定义大小”单选按钮，如图 28-12 所示。

5）分别在“初始大小”和“最大值”栏中输入虚拟内存的初始值（如 1500）和最大值（如 3000）。然后，单击“设置”按钮，如图 28-13 所示。

6）依次在“虚拟内存”对话框、“性能选项”对话框和“系统属性”对话框中单击“确定”按钮，完成“虚拟内存”设置。

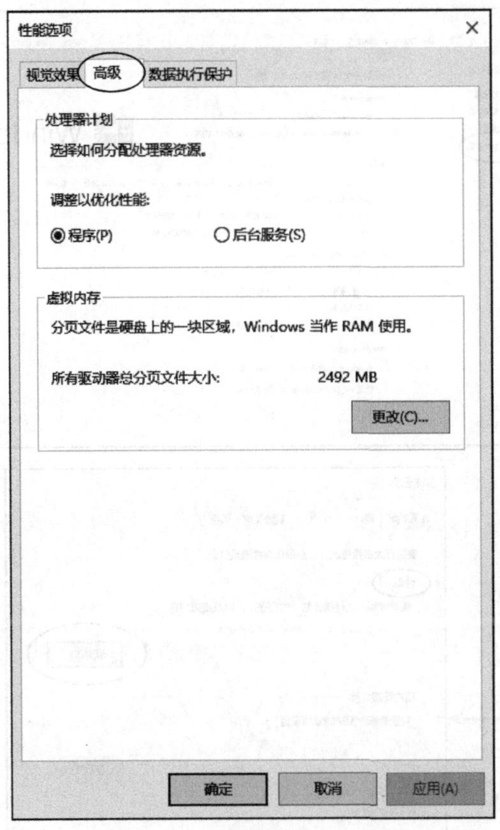

图 28-10 “性能选项”对话框

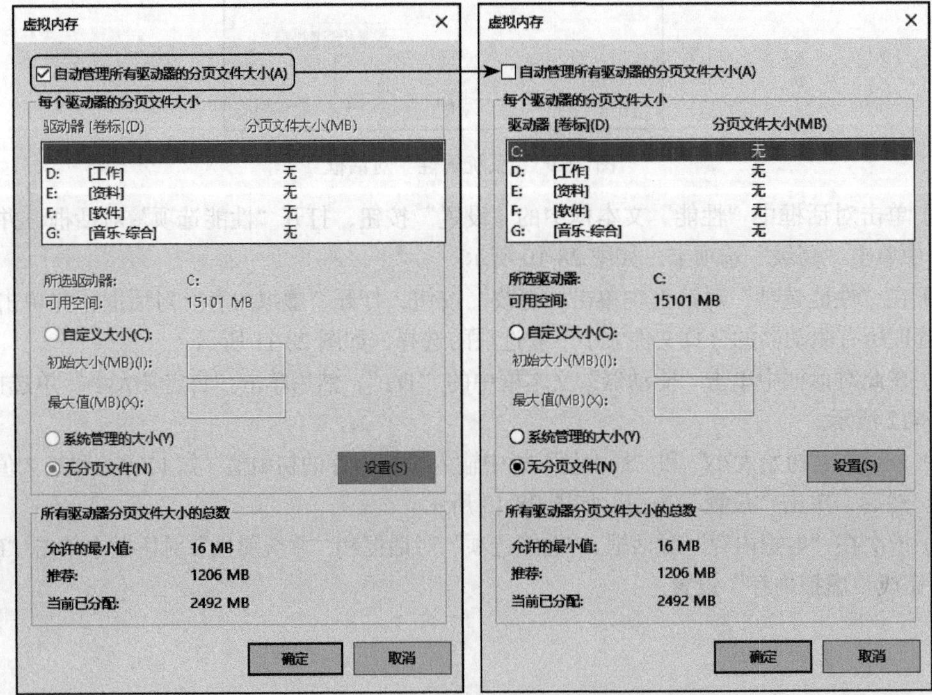

图 28-11 “虚拟内存”对话框

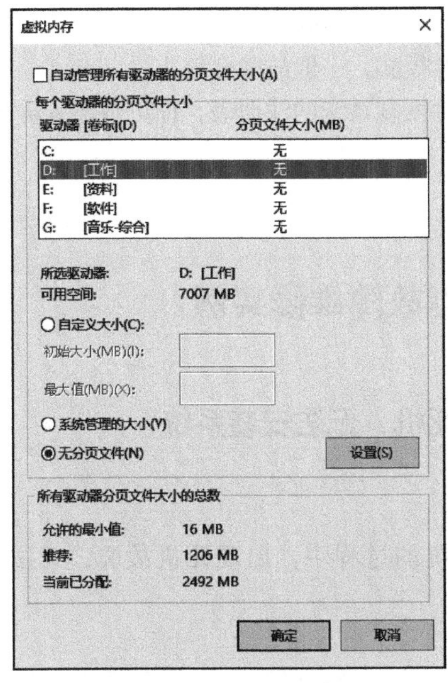

图 28-12　选择逻辑盘 D

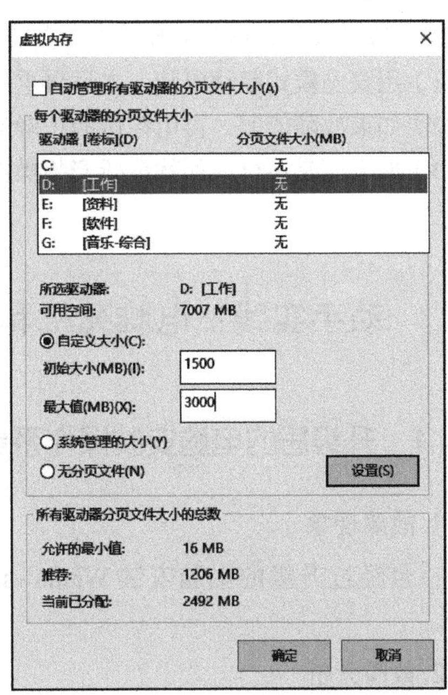

图 28-13　设置虚拟内存

28.3.3　修复超频后导致蓝屏的故障

如果电脑是在 CPU 超频或显卡超频后出现蓝屏故障，则可能是超频引起的蓝屏故障。这时可以采取以下方法修复蓝屏故障。

1）恢复 CPU 或显卡的工作频率（一般将 BIOS 中的 CPU 或显卡频率设置选项恢复到初始状态即可）。

2）如果还想继续超频工作，可以为 CPU 或显卡安装一个大的散热风扇，再多加上一些硅胶之类的散热材料，以降低 CPU 工作温度。同时稍微调高一点 CPU 工作电压，一般调高 0.05V 即可。

28.3.4　修复系统硬件冲突导致蓝屏的故障

系统硬件冲突通常会导致冲突设备无法使用，或引起电脑死机、蓝屏故障，这是由于电脑在调用硬件设备时发生错误引起的蓝屏故障。这种蓝屏故障的解决方法如下。

1）首先排除电脑硬件冲突问题。打开“系统”窗口，单击“设备管理器”选项按钮，打开“设备管理器”窗口。接着检查是否存在带有黄色问号或感叹号的设备。

2）如有带黄色感叹号的设备，先将其删除，并重新启动电脑，然后由 Windows 自动调整，一般可以解决问题。

3）如果 Windows 自动调整后还是不行，可将冲突设备的驱动程序删除，再重新安装相应的驱动程序。

28.3.5　修复注册表问题导致蓝屏的故障

注册表保存着 Windows 的硬件配置、应用程序设置和用户资料等重要数据，如果注册表出现错误或被损坏，通常会导致发生蓝屏故障。这种蓝屏故障的解决方法如下。

1）用安全模式启动电脑，之后再重新启动到正常模式，一般故障会解决。

2）如果故障依旧，再用备份的正确的注册表文件恢复系统的注册表，即可解决蓝屏故障。

3）如果还是不行，那就重新安装操作系统。

28.4 动手实践：电脑死机和蓝屏典型故障维修实例

28.4.1 升级后的电脑安装操作系统时出现死机，无法安装系统

1. 故障现象

一台经过升级的电脑安装 Windows 10 操作系统的过程中，出现死机故障，无法继续安装。

2. 故障分析

根据故障现象分析，此故障应该是硬件方面的原因引起的。造成此故障的原因主要为：

- ❑ 内存与主板不兼容。
- ❑ 显卡与主板不兼容。
- ❑ 硬盘与主板不兼容。
- ❑ 主板有问题。
- ❑ ATX 电源供电电压太低。

3. 故障查找与排除

由于在安装操作系统时死机，所以应该是硬件发生故障。经过了解，故障电脑刚刚升级了显卡，所以先检查显卡问题。具体检修步骤如下：

打开机箱拆下升级的显卡，更换原来的显卡，然后重新安装系统，发现顺利完成安装。看来是显卡与主板不兼容引起的故障。更换显卡后，故障排除。

28.4.2 电脑总是出现没有规律的死机，使用不正常

1. 故障现象

一台双核电脑安装的是 Windows 10 操作系统。最近出现没有规律的死机，一般一天出现几次死机故障。

2. 故障分析

造成死机故障的原因非常多，有软件方面的，也有硬件方面的。造成此故障的原因主要有：

- ❑ 感染病毒。
- ❑ 内存、显卡、主板等硬件不兼容。
- ❑ 电源工作不稳定。
- ❑ BIOS 设置有问题。
- ❑ 系统文件损坏。

- ❑ 注册表有问题。
- ❑ 程序与系统不兼容。
- ❑ 程序有问题。
- ❑ 硬件冲突。

3. 故障查找与排除

由于死机的出现没有规律，此类故障应首先检查软件方面的故障，然后再检查硬件方面的故障。具体检修方法如下：

1）卸载怀疑的软件，然后进行测试。发现故障依旧。

2）重新安装操作系统，安装过程正常，但安装后测试，故障依旧。

3）怀疑硬件设备有问题，因为安装操作系统时没有出现兼容性问题，因此首先检查电脑的供电电压。启动电脑进入 BIOS 程序，检查 BIOS 中电源的电压输出情况，发现电源的输出电压不稳定，5V 电压偏低。更换电源后测试，故障排除。

28.4.3　U 盘接入电脑后，总是出现蓝屏死机

1. 故障现象

将一个 U 盘接入一台装有 Windows 10 的电脑中后，总是出现蓝屏死机问题。

2. 故障分析

根据故障现象分析，造成故障的原因主要有：

- ❑ U 盘有问题。
- ❑ 感染病毒。
- ❑ 系统中 U 盘的驱动程序损坏。
- ❑ 操作系统文件损坏。
- ❑ USB 接口有问题。

3. 故障查找与排除

此类故障应首先检查病毒故障，然后用排除法进行检查。具体检修步骤如下：

1）用最新版的杀毒软件查杀电脑，没有发现病毒。

2）将 U 盘安装到电脑的其他 USB 接口，结果故障依旧。

3）将 U 盘接到其他电脑上进行测试，发现出现同样的故障，看来是 U 盘故障造成的电脑蓝屏死机。使用好 U 盘重新接入电脑测试，一切正常，故障消失。

28.4.4　新装双核电脑，拷机时硬盘发出了停转又起转的声音，并出现死机蓝屏

1. 故障现象

一台电脑安装好后，装上 Windows 10 操作系统，开始进行拷机测试。测试一段时间后发现硬盘发出了停转又起转的声音，然后电脑出现死机蓝屏故障。

2. 故障分析

根据故障现象分析，应该是硬件原因引起的故障。造成此故障的原因主要包括：

- ❑ 硬盘不兼容
- ❑ 内存有问题。
- ❑ 显卡有问题。
- ❑ 主板有问题。
- ❑ CPU 有问题。
- ❑ ATX 电源有问题。

3. 故障查找与排除

由于电脑出现故障时，硬盘发出不正常的声音，因此应首先检查硬盘。此故障的检修方法为：

1）用一块好的硬盘接到故障电脑中，重新安装系统进行测试。

2）经过测试发现故障消失，看来是原来的硬盘有问题。

3）将故障电脑的硬盘安装到另一台电脑中测试，未出现上面的故障现象，看来是故障机的硬盘与主板不兼容造成的故障。更换硬盘后故障排除。

28.4.5 用一台酷睿电脑看电影、处理照片时正常，但玩游戏时死机

1. 故障现象

一台安装有 Windows 10 系统的双核电脑，平时使用基本正常，看电影、处理照片都没出现过死机，但只要一玩 3D 游戏就容易死机。

2. 故障分析

根据故障现象分析，造成死机故障的原因可能在于软件方面，也可能是硬件方面的。由于电脑只有在玩 3D 游戏时才出现死机故障，因此应重点检查与游戏关系密切的显卡。造成此故障的原因主要包括：

- ❑ 显卡驱动程序有问题。
- ❑ BIOS 程序有问题。
- ❑ 显卡有质量缺陷。
- ❑ 游戏软件有问题。
- ❑ 操作系统有问题。

3. 故障查找与排除

此故障可能与显卡有关系，在检测时应先检测软件方面的原因，再检测硬件方面的原因。此故障的检修方法如下：

1）更新显卡的驱动程序，从网上下载最新版的驱动程序，并安装。

2）用游戏进行测试，发现没有出现死机故障。看来是显卡驱动程序与系统不兼容引起的故障。安装新的驱动程序后，故障排除。

28.4.6 电脑上网时出现死机，不上网时运行正常

1. 故障现象

一台装有 Windows 10 系统的电脑，不上网时运行正常，但上网打开网页时，电脑就会死

机。而且打开 Windows 任务管理器发现 CPU 的使用率为 100%，如果将浏览器结束任务，电脑又可恢复正常。

2. 故障分析

根据故障现象分析，此死机故障应该是软件方面的原因引起的。造成此故障的原因主要有：

- ❑ IE 浏览器损坏。
- ❑ 系统有问题。
- ❑ 网卡与主板接触不良。
- ❑ Modem 有问题。
- ❑ 网线有问题。
- ❑ 感染木马病毒。

3. 故障查找与排除

此类故障应重点检查与网络有关的软件和硬件。此故障的检修方法如下：

1）用最新版的杀毒软件查杀病毒，未发现病毒。

2）将电脑连上网，然后运行 QQ 软件，运行正常，未出现死机现象。看来网卡、Modem、网线等应该正常。

3）怀疑浏览器有问题，接着安装 Netcaptor 浏览器并运行，发现故障消失。看来故障与 IE 浏览器有关。先将原来的浏览器删除，然后重新安装最新版浏览器后，进行测试，故障消失。

28.4.7 电脑以前一直很正常，最近总是出现随机性的死机

1. 故障现象

一台双核电脑安装的是 Windows 10 系统，以前一直很正常，最近总是出现随机性的死机。

2. 故障分析

经了解，电脑出现故障前用户没有打开过机箱，没有设置过硬件。由于电脑以前使用一直正常，而且没有更换或拆卸过硬件设备，因此硬件兼容性原因的可能性较小。造成此故障的原因主要包括：

- ❑ CPU 散热不良。
- ❑ 灰尘问题。
- ❑ 系统损坏。
- ❑ 感染病毒。
- ❑ 电源问题。

3. 故障查找与排除

对于此类故障应首先检查软件方面的原因，再检查硬件的原因。此故障的检修方法如下。

1）用最新版杀毒软件查杀病毒，未检测到病毒。

2）打开机箱检查 CPU 风扇，发现 CPU 风扇的的转速非常低，开机几分钟后，CPU 散热片上的温度有些烫手。看来是散热不良引起的死机故障。

3）更换 CPU 风扇后开机测试，故障排除。

28.4.8 电脑在开机启动过程中出现蓝屏故障，无法正常启动

1. 故障现象

一台品牌电脑开机启动时会出现蓝屏故障，提示如下。

IRQL_NOT_LESS_OR_EQUAL

***STOP:0x0000000A(0x0000024B,OX00000002,OX00000000,OX804DCC95)

2. 故障分析

出现蓝屏代码 0x0000000A 和 :IRQL-NOT-LESS-OR-EQUAL 错误提示，一般的原因是驱动程序使用了不正确的内存地址。重点检查是否正确安装了所有硬件的驱动程序。

3. 故障查找与排除

此故障的检修方法如下：

1）打开“设备管理器”窗口，然后检查硬件设备的驱动程序。发现显卡的驱动程序上有黄色的感叹号，说明此设备的驱动程序有问题。

2）找到显卡的驱动程序，重新安装后，重新启动电脑，故障消失。

28.4.9 电脑出现蓝屏，故障代码为“0x0000001E”

1. 故障现象

一台装有 Windows 10 系统的电脑近期频频出现蓝屏，蓝屏后屏幕提示：

“*** STOP:0x0000001E (0x80000004,0x8046555F；0x81B369D8,0xB4DC0D0C)

KMODE_EXCEPtion_NOT_HANDLED

*** Address 8046555F base at80400000,DateStamp 3ee6co02-ntoskrnl.exe”

2. 故障分析

根据蓝屏错误代码“0x0000001E”分析，此蓝屏故障可能是内存问题引起的。造成此蓝屏故障的原因主要有：

- 内存接触不良。
- 系统文件损坏。
- 内存金手指被氧化。

3. 故障查找与排除

根据故障提示，首先排除内存的原因，再排除其他方面的原因。此故障检修方法为：

1）检查内存的问题。关闭电脑的电源，然后打开机箱，发现机箱内有很多灰尘。清理机箱内的灰尘后，开机测试，故障依旧。

2）重新打开机箱，然后拆下内存，用橡皮将内存金手指擦拭一遍，再重新安装好。然后开机测试，故障消失。看来是金手指氧化导致的内存接触不良引起的蓝屏故障。

28.4.10 电脑出现蓝屏，故障代码为“0x000000D1”

1. 故障现象

一台酷睿 2 电脑系统启动时出现蓝屏故障，无法正常使用电脑，且蓝屏提示信息为：

***STOP：0X000000D1{0X00300016。0X00000002。0X00000001。0XF809C8DE}

***ALCXSENS。SYS-ADDRESS F809C8DE BASE AT F8049000，DATESTAMP 3F3264E7

2. 故障分析

根据蓝屏故障代码“0x000000D1”判断，此蓝屏故障可能是显卡驱动故障或内存故障引起的。

3. 故障查找与排除

根据故障提示，此蓝屏故障的检修方法如下：

1）关闭电脑的电源，查看电脑内部，清洁内存及主板插槽中的灰尘。之后开机测试，故障依旧。

2）用替换法检查内存，内存正常。

3）下载新的显卡驱动程序，重新安装下载的驱动程序，然后进行检测，发现故障消失。看来是显卡驱动程序有问题引起的蓝屏故障。

28.4.11　玩魔兽游戏时，突然出现“虚拟内存不足”的错误提示，无法继续玩游戏

1. 故障现象

一台双核电脑在玩魔兽游戏时，突然出现“虚拟内存不足”的错误提示，无法继续玩游戏。

2. 故障分析

虚拟内存不足故障一般是由软件方面的原因（如虚拟内存设置不当）和硬件方面的原因（如内存容量太少）引起的。造成此故障的原因主要有：

- C 盘中的可用空间太小。
- 同时打开的程序太多。
- 系统中的虚拟内存设置得太少。
- 内存的容量太小。
- 感染病毒。

3. 故障查找与排除

对于此故障，首先应检查软件方面的原因，然后检查硬件方面的原因。此故障的检修方法如下：

1）关闭不用的应用程序、游戏等窗口，然后进行检测，发现故障依旧。

2）检查 C 盘的可用空间是否足够大，发现 C 盘的可用空间为 20GB，够用。

3）重启电脑，然后在运行出现内存不足故障的软件游戏，再进行检测，发现过一会还出现同样的故障。

4）怀疑系统虚拟内存设置太少。接着打开“系统属性”对话框，然后在“高级”选项卡中打开“性能选项”对话框，将虚拟内存大小设为 1.5GB。

5）设好后，重新启动电脑，然后进行测试，发现故障消失。看来是电脑的虚拟内存太小引起的故障，将虚拟内存设置大一些后，故障排除。

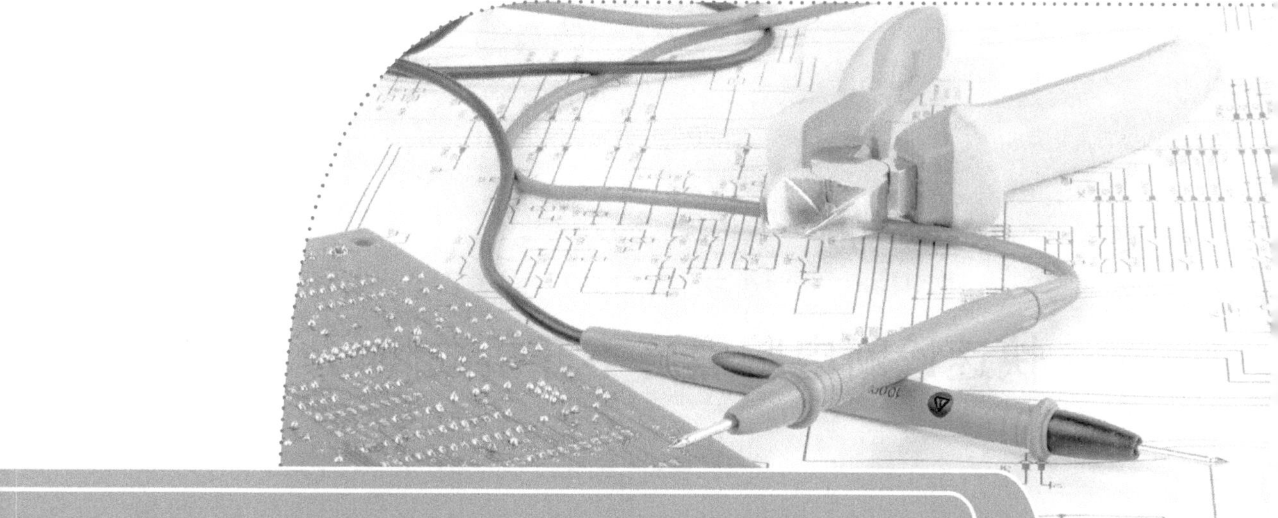

第七篇

整机与硬件维修

电脑是由很多个独立设备组成的，如 CPU、主板、内存、显卡等。任何一个硬件发生故障，都会给电脑带来很大的麻烦。

如何检测硬件的故障，如何维修电脑设备和常用的外围设备，如何让电脑起死回生，学了本篇硬件检测维修部分就应该知道了。

第  章

快速诊断电脑黑屏不开机故障

29.1 快速诊断电脑无法开机故障

电脑无法开机故障可能是由电源、主板电源开关、主板开机电路等问题引起的。我们需要逐一排除查找原因。

电脑无法开机故障的诊断排除方法如下：

1）检查电脑的外接电源（插线板等），确定没问题后，打开主机机箱，检查主板电源接口和机箱开关线连接是否正常。

2）如果正常，接着查看主机箱内有无多余的金属物或观察主板是否与机箱外壳接触，如果有问题，排除问题。因为这些问题都可能造成主板短路保护不开机。

3）如果步骤（2）中检查的部分正常，接着拔掉主板电源开关线，用镊子将主板电源开关针短接，这样可以测试开关线是否损坏。

4）如果短接开关针后电脑开机了，则说明是主机箱中的电源开关问题（开关线损坏或开关损坏）。如果短接开关针后电脑依然不开机，则可能是电源问题或主板电路问题。

5）简单测试电源，将主板上的电源接口拔下，用镊子将 ATX 电源中的主板电源接头的绿线孔和旁边的黑线孔（最好是隔一个线孔）连接，使 PS-ON 针脚接地（即启动 ATX 电源），然后观察电源的风扇是否转动。

6）如果 ATX 电源没有反应，则可能是 ATX 电源损坏；如果 ATX 电源风扇转动，则可能是主板电路问题。

7）将 ATX 电源插到主板电源接口中，然后用镊子插入主板电源插座的绿线孔和旁边的黑线孔，使 PS-ON 针脚接地，强行开机，看是否能开机。

8）如果能开机，则说明是主板开机电路故障，应检查主板开机电路中损坏的元器件（一般是门电路或开机晶体管损坏或 I/O 损坏）；如果依然无法开机，则可能主板 CPU 供电问题、复位电路问题或时钟电路问题引起的故障，接着检查这些电路的问题，排除故障即可。

29.2 快速诊断电脑黑屏不启动故障

电脑开机黑屏故障是最让人头疼的一类故障，因为显示屏中没有显示任何故障信息，如果主机也没有报警声提示（指示灯亮），则让维修人员难以下手。解决此类故障一般可采用最小系统法、交换法、拔插法等方法，综合应用这些方法来排除故障。具体操作时，可以从 3 个方面进行分析：主机供电问题、显示器问题、主机内部问题。

29.2.1　检查主机供电问题

电脑是通过有效供电才能正常使用的机器。这个问题看起来十分简单，但是在主机不能启动的时候，首先要想到的就是主机供电是否正常。

1. 检查主机外部供电是否正常

在确认室内供电正常的情况下，检查连接电脑的各种设备的插座、开关是否正常工作。

1）检查电线是否正常连接在插座上。

通常情况下，用户习惯将主机电源线、显示器电源线、路由器、音响电源线等插在一个插座上，这样就很容易造成电线没有插好的情况。所以首先要检查的就是插座上的各种电线是否正常插在插座上。

2）检查插座是否完好。

在确认各种电线连接正常之后，如果问题还没有解决，就要确认插座本身是否出现了损坏。因为雷电、突然断电、电流过大等原因都会造成插座的短路或者损坏。可以通过测电笔对插座进行一个简单的测试。如果是由于插座损坏引起的问题，那么就要更换新的插座。一定要选购质量优秀的插座用于电脑供电使用，并且其功能应完善，以免突然断电或者电压不稳对电脑造成很严重的伤害。

3）确认电源开关打开。

有些主机电源会配置一个电源开关，如果这个开关没有打开，那么电脑主机就不能得到正常的供电。所以在检查电脑主机供电的时候，要确认主机电源的开关是打开的，如图 29-1 所示。

图 29-1　主机电源

2. 检查主机 ATX 电源问题

主机 ATX 电源故障通常会出现两种情况：一种是正常启动电脑之后，电源风扇完全不动；另外一种情况则是只转动一两下便停止下来。

电源风扇完全不动说明电源没有输出电压，这种情况比较复杂，有可能是电源内部线路或者元器件损坏，也有可能是电源内部灰尘过多，造成了短路或者接触不良，还有可能是主板的开机电路存在故障，没有激发电源工作。

主机启动而电源风扇只转动一两下便停止下来，可能是因为电源内部或者主板等其他设备短路、连接异常，使电源自我保护，而无法正常工作。

这两种故障情况可以通过一个简单的诊断方法来辨别：首先将主板上的 ATX 电源接口拔下，然后用镊子或导线将 ATX 电源接口中的绿线孔和旁边的黑线孔（最好是隔一个线孔）连接，然后观察 ATX 电源的风扇是否转动。如果 ATX 电源没有反应，则可能是 ATX 电源内部损坏；如果 ATX 电源风扇转动，则说明 ATX 电源启动正常，可能是电脑主板中的电路问题引起的故障。

29.2.2 检查显示器问题

显示器问题引起的黑屏，相对来说是比较好解决的，因为确认故障的原因比较简单。由于显示器问题引起的黑屏的原因主要包括以下几点。

1. 显示器电源线或者信号线问题

在显示器的开关是打开的情况下，如果出现黑屏，通常有两种情况：一种是显示器的开关指示灯不亮，这多半是由于显示器电源线没插，或者接触不良引起的；如果显示器指示灯是亮的，而且有些显示器会出现一些提示性文字（比如没有信号等），这多半是由于显示器连接主机的信号线没有插或者接触不良。

2. 电源线和信号线损坏

一般的显示器通常有两条外接线，一条是显示器的电源线，一条是与主机相连的信号线，如图 29-2 所示。这两条线会因为损耗或者使用不当损坏（比如信号线的针脚折断），而出现故障。排除上面的两种情况后，可以通过更换电源线和信号线来解决问题。

图 29-2 显示器电源线和信号线

3. 显示器内部故障

通常来说，显示器本身是不易损坏的。一般在确认并非供电或主机的问题之后，才考虑显示器本身损坏的问题。关于显示器的维修，后面将做详细的讲解，这里不赘述。

29.2.3 检查电脑主机问题

在排除上述原因之后，考虑主机故障引起黑屏原因，通常从以下几个方面入手。

1. 短路或接触不良

1）查看主机箱内有无多余的金属物或观察主板是否与机箱外壳接触，如果有问题，排除问题。因为这些问题都可能造成主板短路保护而不开机。

2）内存与主板存在接触不良问题。这是比较常见的问题，处理起来也相对比较容易，只需要将内存拔下来，擦拭内存的金手指，然后正确地安装好内存（一定要注意要在关闭主机和电源开关的情况下进行）。

3）灰尘问题。因为长久时间未对主机箱进行清理，会造成主机内积累大量灰尘，不仅会造成系统运行缓慢，还会对电路和各种设备的运行造成不利影响，从而产生电脑黑屏的现象。

处理的方法就是清理主机箱内的灰尘。

4）显卡、CPU、硬盘等设备接触不良。由于灰尘、震动或损耗等原因，这些设备在与主板的连接上，可能会出现接触不良的现象。处理的通常方法是，去除灰尘、擦拭金手指、重新正确安装。

5）电源线连接问题。除了硬件与主板连接的接触不良会造成电脑黑屏，各种硬件与电源线的连接也会造成黑屏。处理的方法就是，检查各种硬件与电源的连接是否正确、通畅。

总结：解决主机内部故障一般要采用最小系统法、交换法、拔插法等方法，综合应用这些方法来排除故障。

1）首先使用最小系统法，将硬盘、软驱、光驱的数据线拔掉，然后开机测试。如果这时电脑显示器有开机画面显示，说明问题出在这几个设备中。再逐一把以上几个设备接入电脑，当接入某一个设备时，故障重现，说明故障是由此设备造成，这时就非常好查到故障原因了。

2）如果去掉硬盘、软驱、光驱设备后还没有解决问题，则故障可能在内存、显卡、CPU、主板这几个设备中。使用拔插法、交换法等方法分别检查内存、显卡、CPU 等设备。一般先清理设备的灰尘，清洁一下内存和显卡的金手指（使用橡皮擦拭金手指）等，也可以将内存换个插槽。如果不行，最好再用一个好的设备测试。

3）如果更换某一个设备后，故障消失，则是此设备的问题，再重点测试怀疑的设备。

4）如果不是内存、显卡、CPU 的故障，那问题就集中在主板上了。对于主板应先仔细检查有无芯片烧毁、CPU 周围的电容有无损坏、主板有无变形、有无与机箱接触等现象，再将 BIOS 放电。最后采用隔离法，将主板安置在机外，然后连接上内存、显卡、CPU 等进行测试。如果正常了，再将主板安装到机箱内测试，直到找到故障原因。

2. 硬件存在兼容性问题

在更换某些硬件之后，也可能出现电脑黑屏的现象，这主要是由于硬件之间的兼容性存在问题，比如内存和主板的兼容问题，显卡和主板的兼容问题等。排除此类故障的方法是，使用原来的硬件，测试开机是否正常，如果正常，则可以确定是更换的新硬件兼容性问题导致了黑屏。

3. 主板跳线问题

主板跳线和主机的开关相连，当这些线出现问题的时候也可能引起黑屏等问题。首先要检查主板跳线的连接是否正确，重新插拔一次，确认接触状况良好，如图 29-3 所示。

图 29-3　主板跳线

或者拔掉主板上的 Reset 线及其他开关、指示灯线，然后再开机测试。因为有些质量不过关的机箱的 Reset 线在使用一段时间后，由于高温等原因会造成短路，使电脑一直处于热启状态（复位状态），无法启动（一直黑屏）。

4. 硬件损坏

硬件本身损坏，比如主板、显卡、内存等损坏。通常检查的方法是打开主机箱，查看有没有烧毁或焦糊味。关于硬件方面的维修，后面章节会有详细的讲述。

29.3 动手实践：电脑无法开机典型故障维修实例

29.3.1 电脑开机黑屏，无法启动

1. 故障现象

一台电脑开机后显示器没有显示，黑屏，主机没有自检声音，无法启动。

2. 故障分析

根据故障现象分析，此故障应该是电脑硬件问题引起的。具体原因可能包括：

1）显示卡故障，例如，独立显示卡与主板插槽接触不好、长时间使用灰尘较多，造成显示卡与插槽内接触不良。

2）内存故障，内存与主板插槽接触不好，安装内存时用力过猛或方向错误，造成内存插槽内的簧片变形，致使内存插槽损坏。

3）CPU 故障，CPU 损坏；CPU 插座缺针或松动。

4）主板 BIOS 程序损坏，主板的 BIOS 负责主板的基本输入输出的硬件信息，管理电脑的引导启动过程，如果 BIOS 损坏，就会导致电脑无法启动。

5）主板上元件故障，如电容、电阻、电感线圈或芯片故障。

3. 故障查找与排除

1）断开电脑的电源，打开机箱侧盖板，将内存、显卡拔下来，检查金属脚有无氧化层，使用橡皮擦拭金属脚去除氧化层。

2）将内存、显卡重新插好，检查是否插到位置。再开机电脑显示器有显示，自检通过，故障排除。

29.3.2 电脑长时间不用，无法启动

1. 故障现象

一台长时间没有使用的电脑，开机时显示器没有显示，机箱喇叭发出“嘀嘀”的报警声。

2. 故障分析

根据故障现象分析，开机无显示，首先是怀疑内存或显卡等硬件出现问题。

3. 故障查找与排除

1）将内存和显示卡重新插接后，开机测试，故障依旧。

2）将显卡和内存换到另一台正常使用的电脑上使用没有问题。说明显卡和内存正常。

3）询问电脑使用者得知，最近大约 2 个月没有使用过电脑，考虑到电脑闲置时间较长，使用万用表测量主板 CMOS 电池电压低于 3V。更换电池后再次开机，电脑正常启动，使用正常。

用万用表测量 CMOS 电池电压如图 29-4 所示。

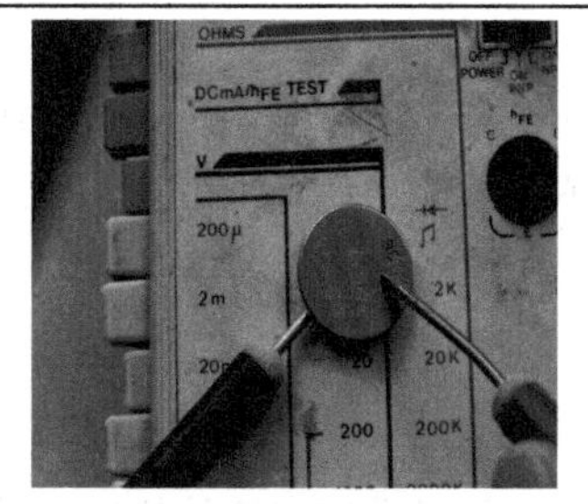

使用万用表直流电压 20V 挡（纽扣电池电压 3V，使用大于 3V 的挡位即可），红表笔接电池“+”极，黑表笔接电池“−”极。

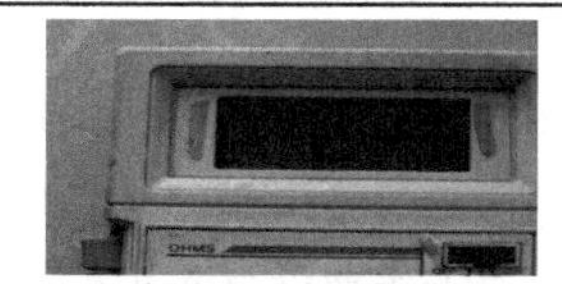

电池电压低于 3V，电池电量不足。

电池电压达到 3V，电池可正常使用。

图 29-4　使用万用表检测 CMOS 电池

29.3.3　主板突然无法开机

1. 故障现象

用户用电脑玩游戏时，显示器突然蓝屏。重新启动电脑，显示器不亮。

2. 故障分析

根据故障现象分析，电脑蓝屏故障一般与内存、显示卡硬件设备有关系。另外，操作系统运行时也可能会出现软件运行错误导致蓝屏，但不会造成无法开机的故障。所以应重点检查硬件方面的故障。

3. 故障查找与排除

1）用替换法检测电脑主板、显示卡、内存等硬件，均正常。

2）但在检测 CPU 时，仔细观察主板发现 CPU 插座附近有一根线悬空没有插好，查找这根线为测温探头，负责测量 CPU 温度值。将线插回 CPU 插槽旁的 JTP 针脚上，再开机后电脑启动自检通过，电脑恢复正常。主板测温探头如图 29-5 所示。

旧式的 CPU 的测温探头元件在 CPU 插座内部（红圈内元件），可以贴近 CPU 的核心部位，测温可以更准确。

图 29-5　CPU 插座内的测温探头

29.3.4　开机时显示器无显示

1. 故障现象

电脑开机后，黑屏无法启动，电脑的各指示灯亮。

2. 故障分析

根据故障现象分析，电脑各个指示灯亮，说明电脑已经开机。一般电脑开机无显示，需先检查各硬件设备的数据线及电源线是否均已连接好，尤其是显示器和显卡等；其次要检查电脑中的主板、内存、显卡等部件是否工作正常。

3. 故障查找与排除

1）观察显示器电源指示灯亮，说明电脑显示器电源正常。

2）检查显示器与电脑之间的连线。发现VGA线与显卡接口连接松动，接触不良。

3）将VGA线重新连接好后，开机测试，故障排除。

29.3.5 清洁电脑后电脑无法开机

1. 故障现象

清洁电脑时，发现显卡散热器上的灰尘无法很好地清理，所以拆下显卡进行清理。清洁完后，再开机电脑无法开机。

2. 故障分析

根据故障现象分析，应该是清洁电脑时，使某个硬件设备接触不良了，或由于静电导致某个元件被击穿。一般可使用替换法检查故障。

3. 故障查找与排除

1）断开电源，打开机箱，用替换法检查内存、显卡、主板等部件。经检查主板损坏。经了解，由于用户清洁时很小心，只是安装显卡时，由于安装不进去，用力使劲插才安装进去。

2）怀疑用户安装显卡时损坏了显卡接口。经观察，发现主板中有两个PCI-E插座，接着将显卡安装到另一个PCI-E接口，进行测试，电脑可以开机，且运行正常，故障排除。

29.3.6 主板走线断路导致无法开机

1. 故障现象

用户在拆卸CPU散热器时，不小心用螺丝刀划到了主板。在装好电脑后，无法开机。

2. 故障分析

根据故障现象分析，可能是用户划到主板引起主板中的电路发生断路故障。但也可能是其他部件接触不良所致。可以重点检查主板问题。

3. 故障查找与排除

1）断开电源，拆下主板检查，发现划到的地方铜线被划断。接着找来一根导电细铜丝，焊在主板断路的线路两端，测试没问题后，用专用绝缘胶粘好铜丝。

2）安装好主板，开机测试，电脑可以开机运行，故障排除。

29.3.7 清扫电脑灰尘后，电脑开机黑屏

1. 故障现象

用户在为主机清扫灰尘后，开机就黑屏。

2. 故障分析

此类故障一般是由于清洁过程中导致某些硬件设备接触不良，应重点检查硬件接触不良的故障。

3. 故障查找与排除

1）断开电源，打开机箱。

2）将内存、显卡等硬件拆下，用橡皮擦拭金手指后，重新安装好。然后开机测试，启动正常，故障排除。

29.3.8 主板变形无法加电启动

1. 故障现象

一块昂达主板装入机箱后，发现主板电源指示灯不亮，电脑不能启动。

2. 故障分析

根据故障现象分析，此故障一般是由于电脑内存、主板、显卡、CPU 等硬件问题引起的，可以用替换法检查。

3. 故障查找与排除

1）断开电源，打开机箱，然后用替换法检查各个硬件，发现主板有问题。

2）仔细检查主板，发现主板有些变形。一般引起主板变形的原因是 CPU 散热片安装过紧导致，或机箱不规整，导致主板固定后变形。

3）仔细检查这两方面，发现 CPU 散热片固定未影响主板。再检查机箱，将主板试着安装回机箱检查，发现主板安装到机箱后，发生了轻微变形。主板两端向上翘起，而中间相对下陷，这很可能就是引起故障的原因。将变形的主板矫正后，再将其装入机箱，加电后一切正常，故障排除。

29.3.9 电脑开机黑屏无显示，发出报警声

1. 故障现象

电脑开机后主机面板指示灯亮，主机风扇正常旋转，电脑喇叭发出“嘟嘟嘟…”的报警声，显示器黑屏无显示。

2. 故障分析

根据故障现象分析，由于电脑指示灯亮，说明主机电源供电基本正常，电脑有报警声，说明 BIOS 故障诊断程序开始运行。判断故障的根源在于显示器、显示卡、内存、主板或电源等硬件。

3. 故障查找与排除

1）根据主板报警声，检查主板使用 AWARD BIOS，通过开机自检时“嘟嘟嘟…”的报警声来判断故障的大概部位。“嘟嘟嘟…”的连续短声，说明机箱内有轻微短路现象。

2）断开电源，打开机箱，逐一拔去主机内的接口卡和其他设备电源线、信号线，只保留连接主板电源线通电试机，仍听到的是“嘟嘟嘟…”的连续短声，判断故障原因可能有 3 种：一是主板与机箱短路，可取下主板通电检查；二是电源过载能力差，可更换电源试试；三是主板有短路故障。

3）将电脑主板拆下，然后在桌子上安装好硬件，开机进行测试，电脑可以正常启动，故障消失。怀疑主板与机箱有接触的地方。

4）再安装主板的时候，用橡胶垫垫在固定点上，然后装好其他硬件。开机测试，运行正常，故障排除。

29.3.10 按开关键电脑无法启动

1. 故障现象

电脑以前冷启动不能开机，必须按一下复位键才能开机。现在按复位键也不行了，只能看见绿灯和红灯常亮，显示器没有反应，

2. 故障分析

根据故障现象分析，由于开机时需要按复位键，判断电脑启动前没有复位信号。电脑启动需要 3 个条件：正确的电压、时钟、复位，缺一不可。

电脑开机时的复位信号一般由 ATX 电源的第 8 脚提供，因此重点检查主板电源插座及 ATX 电源。

3. 故障查找与排除

1）断开电源，打开机箱。

2）拔下主板上的 ATX 电源插头，发现电源插座上有针脚被烧黄，如图 29-6 所示。

3）处理插座内部的金属脚和电源插头相应的金属插头后，将电源接头插好，开机故障排除。

图 29-6 主板的电源插座处烧黄痕迹

29.3.11 主板变形导致无法开机启动

1. 故障现象

用户将电脑升级更换主板、CPU 后，将主板安装到机箱中，然后开机发现主板电源指示灯不亮，CPU 风扇不转，无法开机。

2. 故障分析

由于用户之前进行了主板和 CPU 升级，怀疑是升级过程中部件未安装好，或内存、显卡等部件接触不良导致故障。

3. 故障查找与排除

1）将内存、显卡等部件拆下，重新安装，然后开机，故障依旧。

2）将主板拆下，在桌子上安装好各个硬件，用最小系统法检测电脑，发现电脑可以正常开机。怀疑是安装的过程中某个硬件没有安装到位。

3）重新安装主板、内存、显卡等设备，在固定主板时，发现如果螺丝拧得过紧会导致主板出现变形。看来问题是主板变形引起的。

4）松开螺丝调整主板，并在主板下面垫上绝缘垫，再安装好其他硬件，开机测试，电脑开机运行正常，故障排除。

第 30 章

主板元件与功能分区

主板维修是电脑维修中的重中之重，几乎所有你叫不上名字的故障，都会与主板相关。主板维修最大的困难是主板上的元器件高度集成，供电电路密集复杂。这一章就让我们去繁就简，逐一理清主板上元体的来龙去脉。

30.1 认识主板上的电子元器件

主板上除了一眼就能识别出来的插槽、插座外，还有一些很小的电子元器件，如电阻、电容、电感、二极管、三极管就是常用的元器件。

30.1.1 电阻

电阻有很多种，在主板上使用的大多是贴片电阻，作用是限制电路中的电流大小。这种电阻非常小，一般只有几毫米长，一旦损坏，一般用户很难自己焊接，如图 30-1 和 30-2 所示。

图 30-1 中，①～⑧如下。

①陶瓷基片

②面电极

③端电极

④中间电极

⑤外部电极

⑥电阻体

⑦一次玻璃

⑧二次玻璃

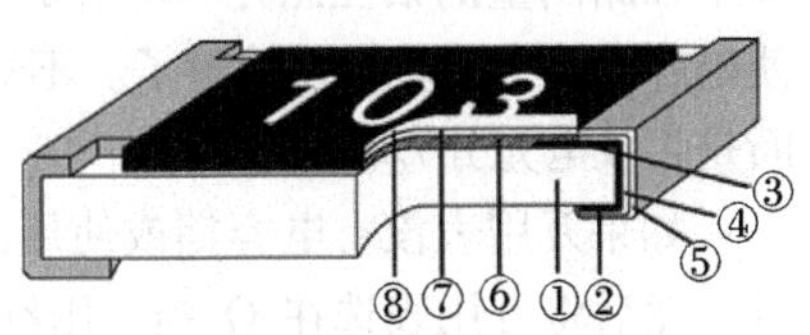

图 30-1 贴片电阻

测量电阻时，一定要关闭电源，让电阻处于开路状态（没有电流通过）。用万用表的 Ω 挡，将表笔接触在电阻的两个引脚上（如果找不到引脚，就测电阻连接主板的焊点），正负极都可以，如图 30-3 所示。

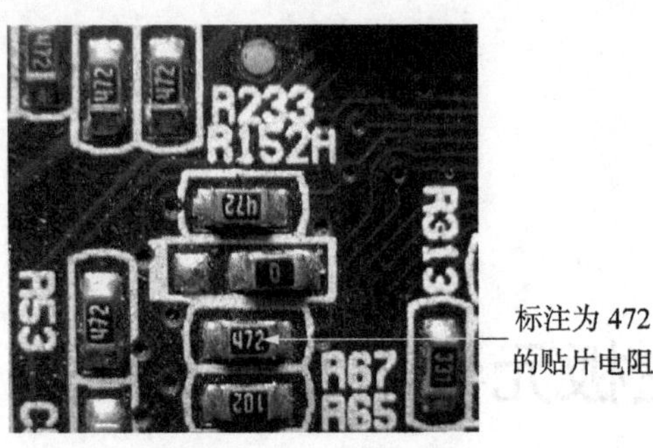

图 30-2 主板上的贴片电阻

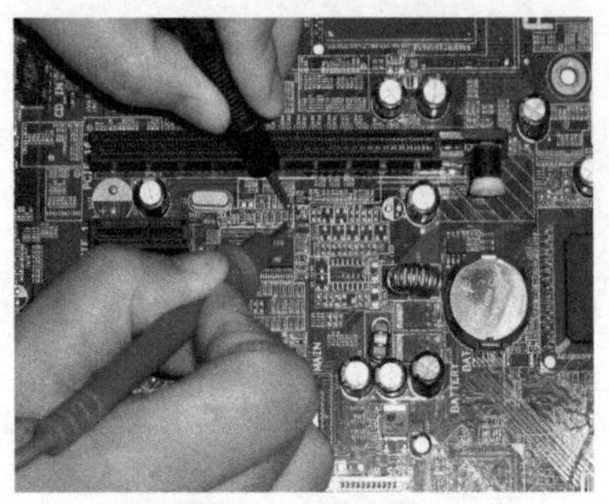

图 30-3 测量电阻

30.1.2 电容

电容是最常用的电子元器件之一，其作用主要有两个，一是滤波，二是储能。在主板上芯片组和 CPU 周边有大量的电容，其主要的作用是滤波，以保证 CPU 或芯片组得到的电源是稳定的，如图 30-4 所示。

图 30-4 主板上的铝壳电容

电容的多少能够显示出主板的滤波能力，所以有经验的老手一眼就能分辨出哪个主板好，哪个主板差。

如图 30-5 所示为电容的内部结构。

其中：

①为负阴极引出铝箔。

②为负极引脚。

③为正极引脚。

④为正极铝箔。

⑤为浸有电解液的纸（电容一旦烧毁，电解液就会从外壳流出，就是常说的电容爆浆）。

⑥为负极引脚。

⑦为正极引脚。

⑧为电容芯。

⑨为铝外壳。

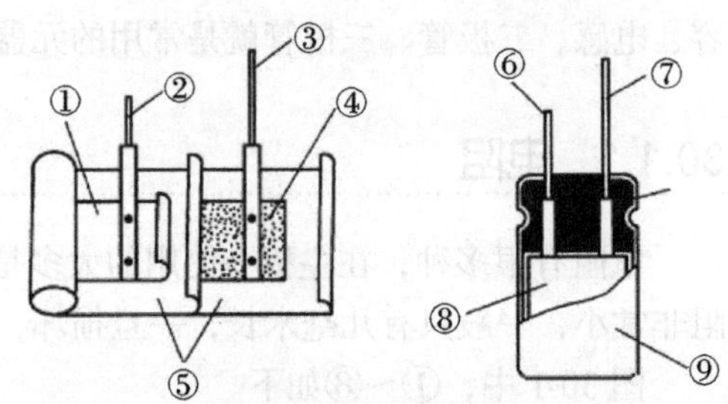

图 30-5 电容内部结构

电容如果出现故障，一般从外表面就可以看出来，铝壳破裂、电解液流出都是电容损坏的明显标志，如图 30-6 ~图 30-8 所示。

用数字万用表测量电容时，因为有专门测量电容的 F 挡，所以非常容易。需要注意的是，如果在路测量的话注意先将电容放电（关闭电路电源，用一支表笔直接连接电容的两个引脚，使电容短路一下就可以放电了。不短路的话放上一段时间也可以放电，但要根据电容的容量判断是否放电充分）。

如果万用表没有电容挡或使用的是指针万用表，也可以使用 Ω 挡进行测量。方法是先放电，然后将万用表选在 Ω 挡，用红色表笔接电容的负极，黑色表笔接电容的正极，观察阻值的变化。如果阻值从 0 开始一直在增加，说明电容没有问题；如果阻值保持很小，就说明电容被击穿了，如图 30-9 所示。

图 30-6　电容铝壳破裂

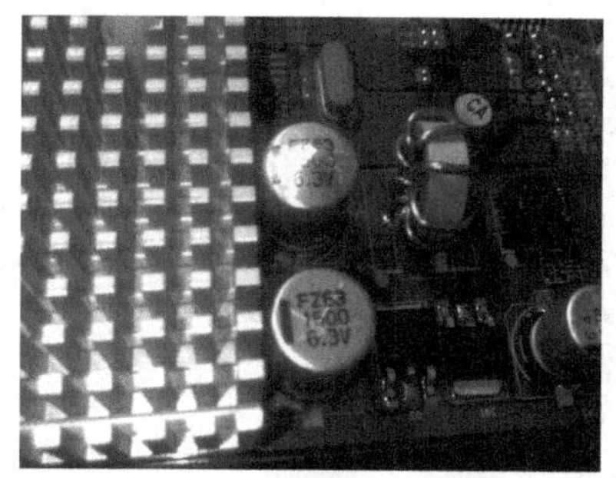

图 30-7　电容铝壳起泡

图 30-8　电容爆浆

图 30-9　用万用表测量电容

30.1.3　电感

电感是一端缠在磁芯上的一个线圈，在交流电的作用下能够产生电压。电感在主板上应用很多，主要是与电容等配合组成滤波电路。在主板上常用的电感有两种，一种是带壳的，一种是不带壳的，如图 30-10 所示。

测量电感时，先将电路关闭。将万用表转到 Ω 挡，测量电感两端阻值。可根据线圈的直径和圈数来判断阻值的大概范围，一般来说只要能测出阻值就说明电感正常；如果阻值太小，就说明电感中短路了。

图 30-10　主板上的电感

30.1.4　场效应管

场效应管主要作用是控制两端的电压，常被当作控制电路使用，与三极管的作用差不多，但价格比三极管要贵，如图 30-11 所示。

在场效应管中，启动控制作用的是 PN 结。PN 结有 PNP 型和 NPN 型两种，如图 30-12 所示。场效应管通过调整栅极电压，可以改变漏极的电流强度。

图 30-11 主板上的场效应管

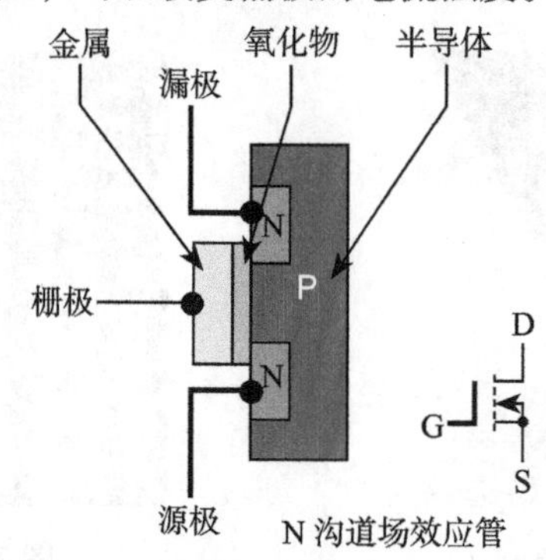

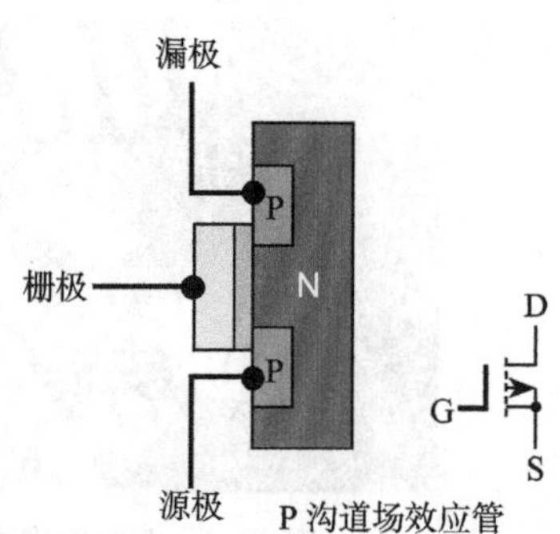

图 30-12 场效应管

测量场效应管时，要将场效应管从电路上拆卸下来，然后用万用表分别对栅极和漏极分别进行检测，如图 30-13 所示。如果在路测量，由于场效应管与其他设备并联，即便开路检测也会出现误差。

首先将场效应管短接放电，将万用表转到 Ω 挡，黑表笔接在栅极，红表笔分别接两边的两个引脚来判断漏极和源极，电阻大的是源极，无电阻值的是漏极。然后根据测出的三极，分别对源极－漏极和源极－栅极进行测量，便可以检测场效应管是否正常了。如果要知道场效应管的具体放大倍数，可以使用万用表的三极管挡直接测量。

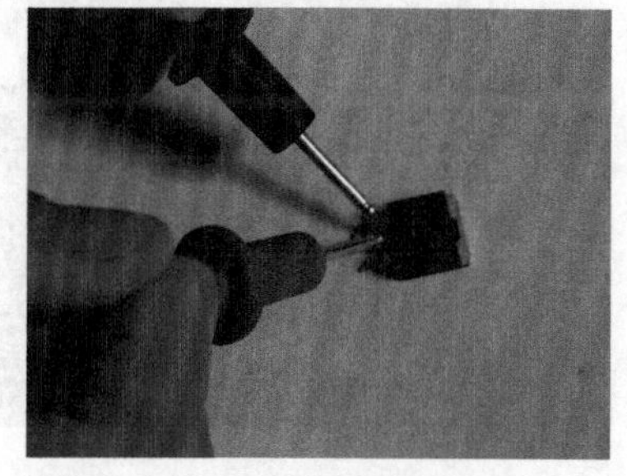

图 30-13 用万用表测量场效应管

30.1.5 IC 芯片

IC 芯片在主板上非常多，大小、引脚、功能也都不尽相同，如图 30-14 所示。测量 IC 芯片时必须严格按照说明书的说明进行测量。

一般只能测量芯片的供电引脚有没有对地电压（电路电源打开状态），和芯片的输出引脚有没有输出信号（根据说明书找输出引脚）。就算检测出芯片故障，一般用户也很难自己更换，因为芯片的引脚非常细小，想要使用电烙铁焊接非常难，使用热风枪焊接极容易出现引脚搭错或短路的情况。

图 30-14 主板上的 IC 芯片

30.1.6 晶振

晶振在电脑中的作用十分重要，开机时晶振要提供初始脉冲。在电脑运行过程中，晶振时刻提供设备所需要的脉冲信号，如图 30-15 所示。

晶振的原理是，在石英晶体两端加上电极，在压电效应的作用下，晶体产生谐振，从而为数字电路提供脉冲信号，如图 30-16 所示。

图 30-15 主板上的晶振

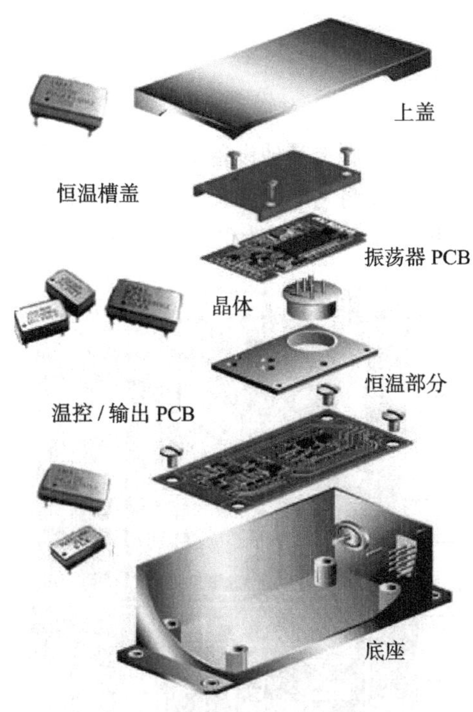

图 30-16　晶振结构

在检测当中，我们没有必要非得检测出晶振的脉冲波信号是什么样的，因为要测量晶振的脉冲信号，必须使用示波器进行检测，一般用户很少会有这样的专用检测仪器。只要知道晶振是不是起振就可以。

将万用表的电压挡，调到 10V 或 20V，测量晶振两脚的电压（需要在路测量）。如果晶振两脚的电压是主板电压的一半（2.5V 左右），或者测一下两脚的电压差，相差不大的话，就说明晶振是好的。

30.1.7　电池

主板上的电池的主要作用是为 CMOS 供电，这样即使关闭电脑，拔下电源，CMOS 中保存的参数也不会丢失了。如图 30-17 所示。

图 30-17　主板电池

电池对电脑来说很重要，有些主板如果没有电池或电池没电了，甚至无法开机。电池要持续为 CMOS 供电，所以主板上的电池插座一般都设在 CMOS 芯片附近。

测量电池电量很容易，用万用表的 BATT 挡就可以直接测出电池的剩余电量。如果万用表没有 BATT 电池挡，也可以用电压法来测量，将万用表的旋钮转到 10V 或 20V，用表笔测量电池正负极（反向测量也可以），读出电压，如果电压在 3V 左右（一般是 2.6V~3.3V）就说明电池有电，否则就应及早更换电池。

30.2 主板功能分区

主板是电脑上最重要的部件，电脑上其他设备都要插在主板上。

不论多复杂的主板，我们都可以将它划分为几个主要的功能区，这些功能区提供了主板的基本功能，如图 30-18 所示。我们以华硕主板为例，讲解一下主要功能区的组成和分布。

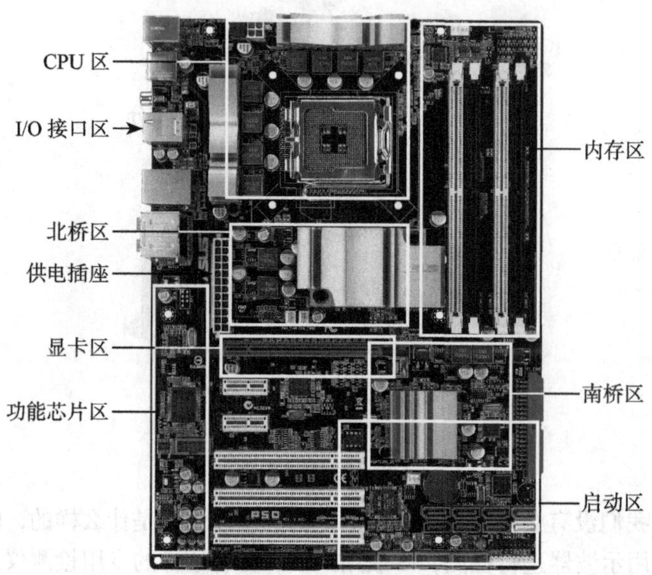

图 30-18 主板上的各功能区块

1. CPU 区

包括 CPU 底座、CPU 供电插座和周边的电阻、电容、电感（感应线圈）、场效应管、二极管、三极管等。

其主要功能是提供 CPU 稳定电源和数据交换通道。

如果配合检测卡查到 CPU 不工作，可以检查这个区的元器件有无断路或电容爆浆等情况。

2. 内存区

包括内存插槽和电阻、电容、二极管、三极管。

其主要功能是支持内存正常工作。

如果内存不工作，可以检查这个区的元器件。

3. 显卡区

包括 PCI-E X16 插槽和电阻、电容、二极管、三极管。

其主要功能是支持显卡正常工作。

如果显卡不工作可以检查这个区的元器件。

4. 北桥区

包括北桥芯片和电阻、电容、电感（感应线圈）、二极管、三极管。

其主要功能是为 CPU、内存、显卡提供数据交换。

如果检测到北桥芯片不工作，应该检查这个区的元器件。

5. 南桥区

包括南桥芯片和电阻、电容、电感（感应线圈）、二极管、三极管。

其主要功能是连接并控制输入 / 输出设备、硬盘、光驱等设备。

如果检测到南桥芯片不工作，应该检查这个区的元器件。

6. I/O 接口区

包括接口和周边的电阻、电容。

其功能是连接接口与主板总线，并为一些接口供电。

如果检测到接口故障，应该检查这个区的元器件和供电电路。

7. 启动区

包括 BIOS、电池、I/O 芯片、晶振、电阻、电容等。

其主要功能是在电脑启动时提供启动信号，在电脑运行时提供时钟信号，在按下重启按钮后，提供复位信号等。

启动区的元器件多、功能复杂、使用率高，所以在这里出现问题的几率比其他区块都要大。启动电路、复位电路、时钟电路都在这里，检测时应该重点排查这里的问题。

8. 供电插座

这是主板上的电源插座，主要是 24Pin 供电插座和 CPU 的 4Pin 供电插座。它是供电电路的起点，我们在下面将进行详细讲解。

9. 功能芯片区

功能芯片区主要有一些重要的芯片，如蓝牙芯片、音频芯片、网络芯片等，主要功能是为主板提供蓝牙、声音、无线网络及有线网络功能等。

30.3 主板工作原理

30.3.1 开机原理

电脑开机的过程由开机电路来完成，开机电路是电脑中重要的电路，作用是控制 ATX 电源的开关。

开启电脑时，我们用手指按一下机箱上的电源按钮，电源按钮连接在主板上的开机电路上，电源按钮按下后会连通开机电路。开机电路中的南桥芯片或 I/O 芯片将触发信号进行处理，然后发出控制信号，使 ATX 电源的第 16 引脚（20Pin 是第 14 引脚）与 GND 接通，将第 16 针脚的 +5V 高电平拉低，ATX 电源开始工作，正常输出主板使用的各种电压。

尽管不同的主板采用的设计方案不同，使用的芯片及元器件也不同，但开机过程和开机电路的原理都是一样的。所以搞清了开机电路的原理和特点，就能检测、维修所有电脑的开机问题了。

30.3.2 关机原理

在 Windows 中关机的步骤是，在“开始”菜单中按“关机”选项后，系统首先将内存中正在处理的数据进行保存，然后结束正在读写的硬盘数据并保存，然后关闭电源供电。这样电脑就会处于关闭状态了。这是一个程序化的过程，不用人为操作。

除了在 Windows 中关机外，还有一种方法可以关闭电脑，就是按下机箱上的电源按钮，并保持 3 秒以上，这时开机电路会强行终止电源输出电压，所有内存中保存的数据全部丢失，所有正在读写的硬盘数据全部停止，硬盘磁头无法回到原位。这种关机方法对电脑和使用者都是十分危险的，除非迫不得已否则不要使用。

30.3.3 复位原理

复位就是重新启动，如果使用 Windows 中的重新启动选项进行重启的话，步骤与上面关机的内容相同，只是最后并不是切断电源，而是通过复位电路发送复位信号给设备。设备得到复位信号后，会进行初始化设置。

不使用 Windows 中的重启，直接按机箱上的 Reset 按钮，也会像上面强行关机一样，不保存现有数据直接初始化设置。

30.4 供电电路的分布

主板的主要作用是承载其他设备，提供设备与设备间的数据连接，并且为其他设备提供电源。数据的连接是靠主板上的总线，电源供应是靠供电电路。

30.4.1 CPU 供电插座

1.4Pin 插座

CPU 供电插座通常由 4 个插脚组成，叫作 4Pin 插座，如图 30-19 所示。

图 30-19 CPU4Pin 供电插座

2.8Pin 插座

最新的 i3/i5/i7 处理器，由于内存控制器和显示核心全部集成进了 CPU，因此在 CPU 周围还有专门为这两个部件设计的供电电路，比如 4+2 相供电，就是说有两相供电是为显示核心和内存控制器服务的，如图 30-20 所示。

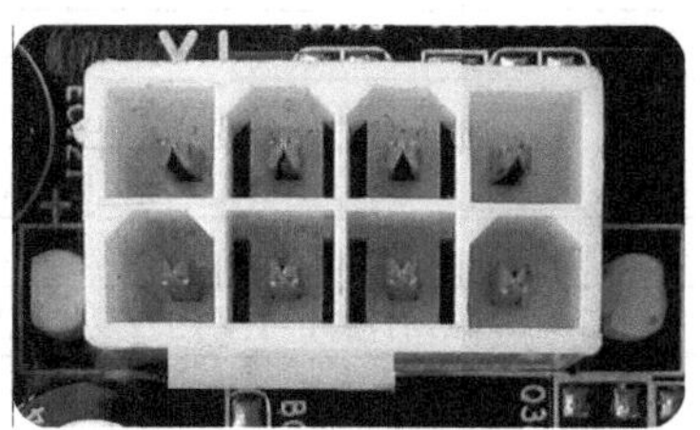

图 30-20　CPU8Pin 供电插座

30.4.2　主板供电插座详解

主板上的供电电路很多，大部分都是靠主板供电插座来供电，所以要维修主板，就必须对供电插座有所了解，如图 30-21 所示。

图 30-21　主板上的供电插座

主板供电插座有 20 针和 24 针两种，老式电脑一般是 20 针插座。随着电脑的快速发展，主板供电也由 20 针提高到了 24 针，如图 30-22 所示。

图 30-22　适用于 20 针和 24 针的两用电源插头

我们以现在流行的 24 针电源插座为例，介绍 24 针的各个针脚的定义。插座上明显的标志是用于卡紧插头用的卡扣。我们可以根据卡扣来判断插座的正反。将卡扣向下，那么左上的第一个针脚就是第 1 针，右下的最后一个针脚就是第 24 针，如图 30-23 所示。

其实插座的第 1 针上是有一个小小的标志的，注意看图 30-23 中第 1 针脚的标志。

24 针插座的每一个针脚大多有不同的功能。有些电脑的电源会制作为不同的颜色，这样方便区分每个针脚的用途。每一个针脚的定义和功能如表 30-1 所示。

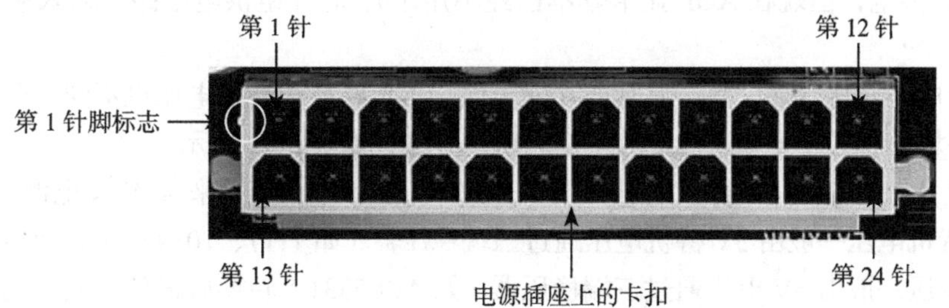

图 30-23　主板上的 24pin 电源插座

表 30-1 主板上的 24Pin 插座针脚功能

针脚	定义	颜色	功能
1	+3.3V	橙	南桥、北桥、内存和部分 CPU 外核供电
2	+3.3V	橙	南桥、北桥、内存和部分 CPU 外核供电
3	GND	黑	接地
4	+5V	红	南桥、北桥、二级供电电路、复位电路、外接 USB、PS/2 设备供电
5	GND	黑	接地
6	+5V	红	南桥、北桥、二级供电电路、复位电路、外接 USB、PS/2 设备供电
7	GND	黑	接地
8	+5VPG 信号	灰	PWRGOOD 输出针脚，主要用在复位电路中，为各设备提供复位信号
9	+5V 待机	紫	开机电路、CMOS 电路、待机中提供电压，这个针脚在电脑关机的时候仍会输出电压
10	+12V	黄	CPU 场效应管、风扇供电
11	+12V	黄	CPU 场效应管、风扇供电
12	+3.3V	橙	南桥、北桥、内存和部分 CPU 外核供电
13	+3.3V	橙	南桥、北桥、内存和部分 CPU 外核供电
14	-12V	蓝	串口管理芯片供电
15	GND	黑	接地
16	+5V 开机	绿	控制电源开启和关闭，通常与第 9 针通过一个电阻相连
17	GND	黑	接地
18	GND	黑	接地
19	GND	黑	接地
20	-5V	白	一般不使用
21	+5V	红	南桥、北桥、二级供电电路、复位电路、外接 USB、PS/2 设备供电
22	+5V	红	南桥、北桥、二级供电电路、复位电路、外接 USB、PS/2 设备供电
23	+5V	红	南桥、北桥、二级供电电路、复位电路、外接 USB、PS/2 设备供电
24	GND	黑	接地

30.5 主板设备电压

主板上的电器设备是电脑的主要组成部分，除了可拔插的板卡、CPU 等设备外，大部分设备都集成在主板上，由主板提供供电和数据通道。

供电电路可以大体上分为几个部分：CPU 供电电路、内存供电电路、PCI-E 供电电路（以前还有 AGP 供电，但现在 AGP 显卡基本已经不用了）、芯片组供电电路、输入输出接口供电电路。

主板上的芯片件众多，每个芯片的功能不同，工作时所需要的电压也不同。要想检测主板上芯片的好坏，就必须先知道标准的工作电压是多少，如表 30-2 所示。

主板设备上的 5V、5V 待机电压、12V、-12V、3.3V 电压直接来自 ATX 电源。

3.3V 待机电压一般由 5V 待机电压通过三端稳压器（如 1117、1084 等）转换后得到。

2.5V 电压一般由 5V 电压通过三端稳压器（如 APL5331）转换后得到，或由电源管理芯片处理后得到。

表 30-2 主板上设备的工作电压

名称	工作电压	电路图标注	名称	工作电压	电路图标注
CPU	内核电压（0.8375～1.6V）	VCCP	并口芯片	5V	VCC5
	1.2V	VTT 或 VCC_1V2VID	网卡芯片	3.3V 待机电压	VCC3SB
北桥芯片	2.5V	VCC_DDR		3.3V	VCC3
	1.8V	VCC_1V8	1394 芯片	3.3V	VCC3
	1.5V	VCC_1V5	DDR 内存插槽	2.5V	VCC_DDR
	1.2V	VTT		1.25V	VCC_REF
南桥芯片	5V 待机电压	VCC5SB	DDR2 内存插槽	1.8V	VDD
	5V	VCC5		0.9V	VTT
	3.3V 待机电压	VCC3SB	PC 插槽	12V	VCC12
	3.3V	VCC3		-12V	VCC-12
	1.8V	VCC_1V8S		5V	VCC5
	1.5V	VCC_1V5S		3.3V 待机电压	VCC3SB
	1.2V	VCC_CPU		3.3V	VCC3
I/O 芯片	3.3V 待机电压	VCC3SB	PCI-E 插槽	12V	VCC12
	3.3V	VCC3		3.3V 待机电压	VCC3SB
时钟芯片	3.3 或 2.5V	VCC3 或 VCC2V5		3.3V	VCC3
BIOS 芯片	3.3V	VCC3	USB 接口	5V 待机电压	VCC5SB
声卡芯片	3.3V	VCC3		5V	VCC5
	5V	VCC5	PS/2 接口	5V 待机电压	VCC5SB
串口芯片	5V	VCC5		5V	VCC5
	12V	VCC12			
	−12V	VCC-12			

1.8V 和 1.5V 电压都是由三端稳压器或电源管理芯片处理后得到。

1.25V 是由 LM358 和场效应管调压后得到，或由电源管理芯片处理后得到。

0.9V 一般由电源管理芯片处理后得到。

第31章 主板电路检修

电脑主板的检修是电脑维修中的重中之重，几乎所有设备都集成或连接在主板上。从另一个角度看，电脑中其他硬件出现故障时，可以维修的程度是非常小的，除了更换几乎没有别的办法。而主板的可维修性就决定了电脑的可维修性。

主板上元件众多，构成复杂，看上去简直无法入手，这一章就逐一捋清主板上的各条脉络。

31.1 认识主板

31.1.1 主板上的元器件

主板上元器件众多，这些元器件都是通过引脚焊接在主板的焊孔上的，如图 31-1 和图 31-2 所示。

图 31-1 主板上的元器件

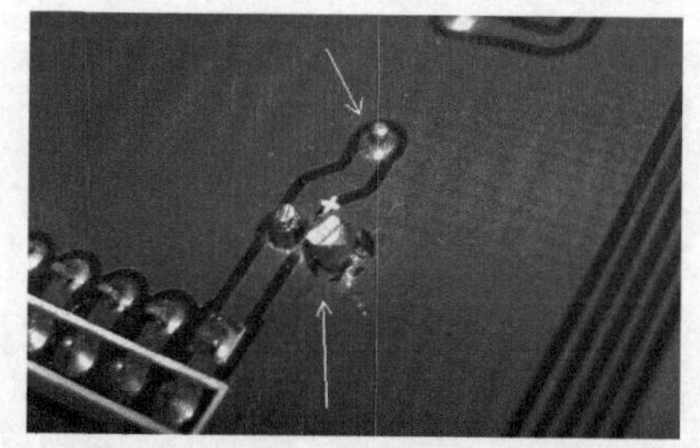

图 31-2 主板上的元器件背面

当我们想要知道链路上元器件的电压或电阻时，只要用万用表的表笔测量元器件的引脚或主板上对应的焊点，就可以得到想要知道的数值。

31.1.2 主板上的导线

将主板反过来，就能看到主板上的焊点与焊点之间的连接金属线。这些金属线就是链路上的导线，与我们日常使用的电线作用相同。如果想要顺着一个元器件找到链路上的其他元件，就要沿着这种导线寻找，如图 31-3 所示。

31.1.3　主板上的节点

节点就是链路中的元器件的引脚。如果拆下所有元件，就可以看到主板上只有导线连接着焊点，这个点就是节点，如图 31-4 所示。在维修主板时，经常会用到测量节点的方法。

图 31-3　主板上的链路

图 31-4　主板上的节点

31.2　诊断主板故障

根据主板的工作原理，我们可以按照以下的检测步骤来判断主板故障的位置：

1）测量电源输出的 3.3V、5V、12V 等电压针脚间的对地电阻，如果没有对地电阻，说明这条线上存在短路，按照线路逐一测量元器件，即可找出故障元件。如果对地电阻正常，继续下一步测量。

2）在不装 CPU 的情况下，按下电源开关，查看电源是否能启动（听电源风扇转动的声音）。如果电源不能启动，应检查电源是不是坏了（可以用上一章讲过的直接短接第 16 针脚的方法强行启动电源）。如果检测电源可以正常工作，则多半是开机电路存在故障。

3）如果开机后电源输出正常（比如风扇转动、电源灯亮），则应该检测 CPU 供电电路，测量 CPU 主供电电压、查看 CPU 周边电容等。安装好 CPU 并用主板检测卡检测，如果检测卡能够检测到 C 或 D3，就表示 CPU 工作正常。

4）如果 CPU 工作正常，接下来应该检测时钟电路是否正常。

5）如果时钟电路输出正常，接下来检测复位电路。观察在开机一瞬间 Reset 灯的变化，正常时是一闪即灭，如果 Reset 灯不亮或一直亮，都说明复位电路存在问题。

6）如果复位信号正常，接下来检测 BIOS 芯片和电路，BIOS 芯片损坏的情况很少，多数都是软件引起的 BIOS 数据受损等。重新刷 BIOS 后，再开机测试。

7）检测板载的声卡、网卡、集成显卡等芯片能否正常工作。

8）检测 I/O 接口、南桥芯片能否正常工作。

31.3　主要电路检修方法

下面逐一介绍每个电路的工作原理和检修方法。

31.3.1 开机电路

如果电脑按下电源后没有反应，或不能正常启动，那么在排除了外部因素（比如电源插座、电源线等）之后，就要从开机电路开始检测，如图 31-5 所示。

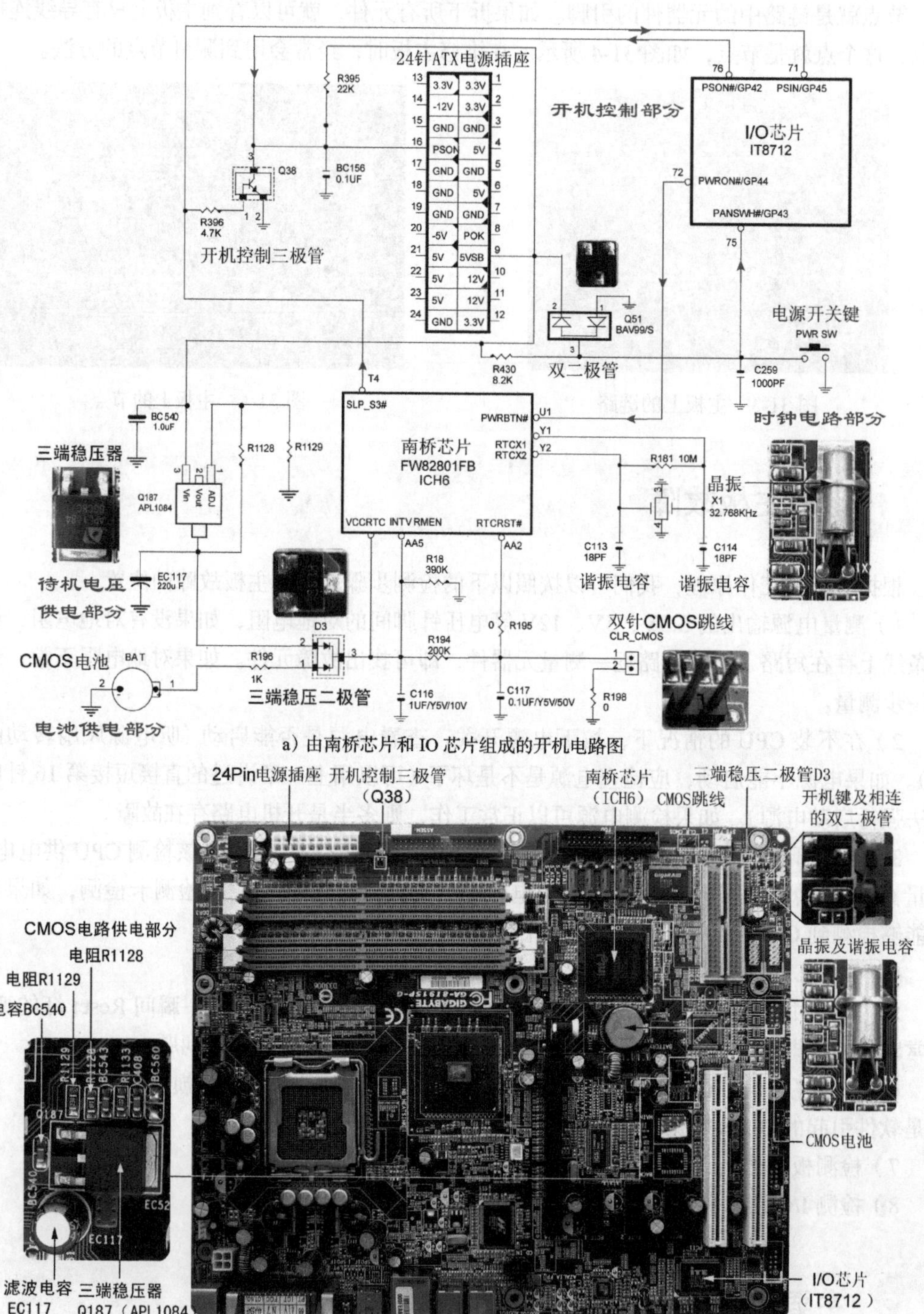

a）由南桥芯片和 IO 芯片组成的开机电路图

b）由南桥芯片和 IO 芯片组成的开机电路实物图

图 31-5 开机电路图

从电路图中可以看到，开机电路中主要的元件有电源开关、南桥芯片、晶振等。

检测的时候要遵循以下的步骤，逐一进行，如图 31-6 所示。

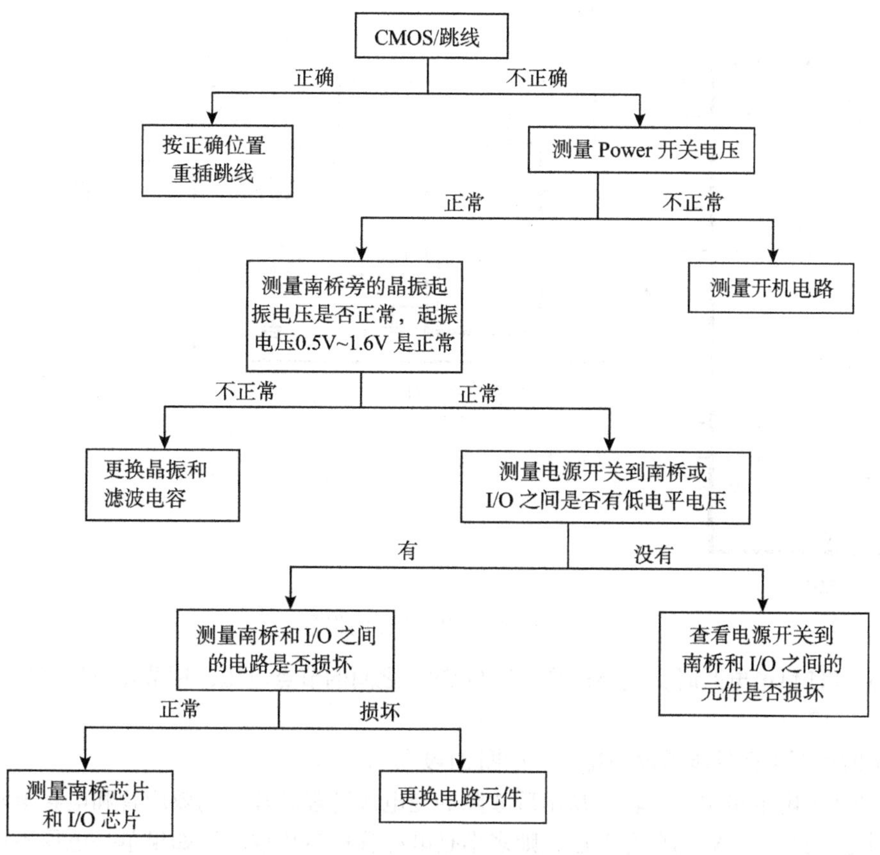

图 31-6　开机电路检修流程

在开机电路中，比较容易出现故障的地方是：南桥芯片、连接南桥芯片的二极管三极管以及与电源开关相连的二极管三极管。

31.3.2　CPU 供电电路

如果开机后出现黑屏、死机、重启等现象，不能正常启动，在排除了电源供电问题后（比如风扇转动说明电源有供电），就应该重点检测 CPU 是否能工作，如图 31-7 所示。

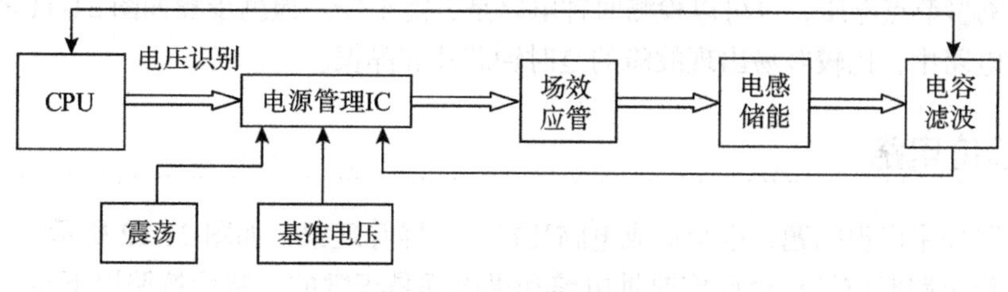

图 31-7　CPU 供电原理

CPU 供电电路中主要的元件有电源管理芯片，从电源管理芯片、场效应管、滤波电感、滤波电容、储能电感等，如图 31-8 所示。

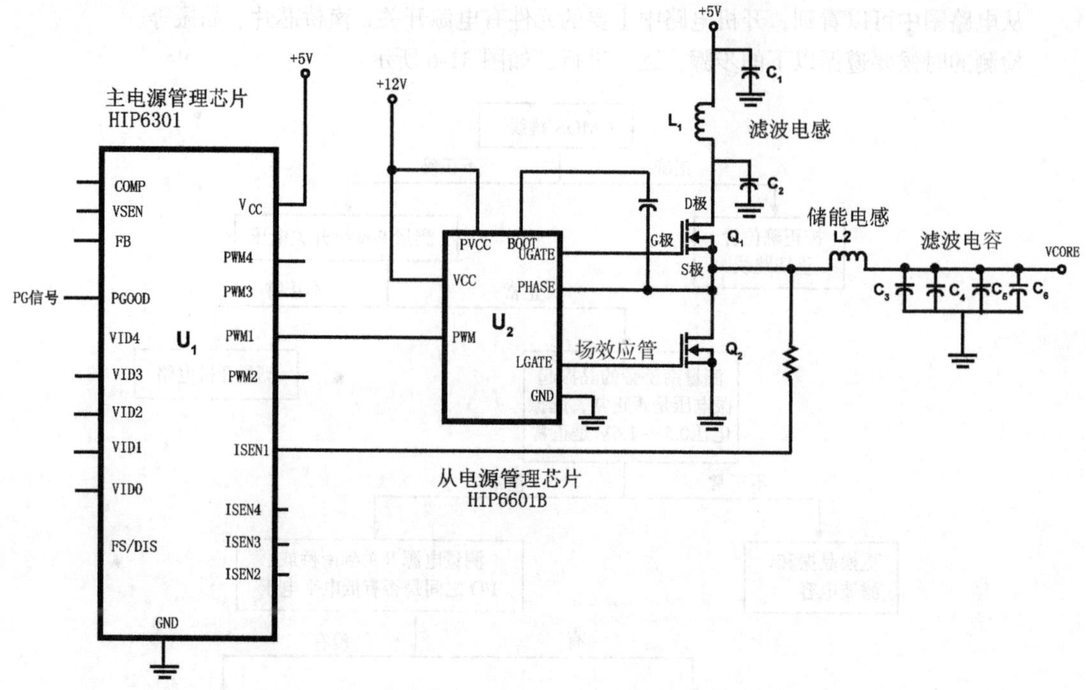

图 31-8 CPU 供电电路图

检测 CPU 供电电路时，主要检测电源与 CPU 之间的节点电压，用节点电压来判断链路的通断。

检测时按照下面的步骤逐一排查，如图 31-9 所示。

在 CPU 供电电路中，比较容易出现故障的是电源管理芯片、场效应管和电容电阻。如果检测主供电、5V、2.5V 都没有电压，则多半是电源管理芯片故障；如果单一电压不供电，则多半是链路上的场效应管故障。

31.3.3 时钟电路

时钟电路是电脑中负责提供时钟信号的电路，很多设备都需要使用不同频率的振波进行控制，如果电脑不能正常工作，在排除上面情况后，就要检测时钟电路是否正常，如图 31-10 所示。

时钟电路中主要的元件是控制芯片和晶振，要想测量精准的时钟信号需要使用示波器，如果不能直接测量节点电压，也可以检测时钟电路是否能工作。检测步骤如图 31-11 所示。

在时钟电路中，比较容易出现故障的是时钟芯片和晶振。

31.3.4 复位电路

复位电路如果出现问题，也会造成电脑死机、蓝屏等现象，如图 31-12 所示。

检查复位电路时应该已经确定时钟电路和供电都是正常的，然后按照以下步骤逐一检查，如图 31-13 所示。

在复位电路中，比较容易出现故障的是门电路芯片和晶体管。

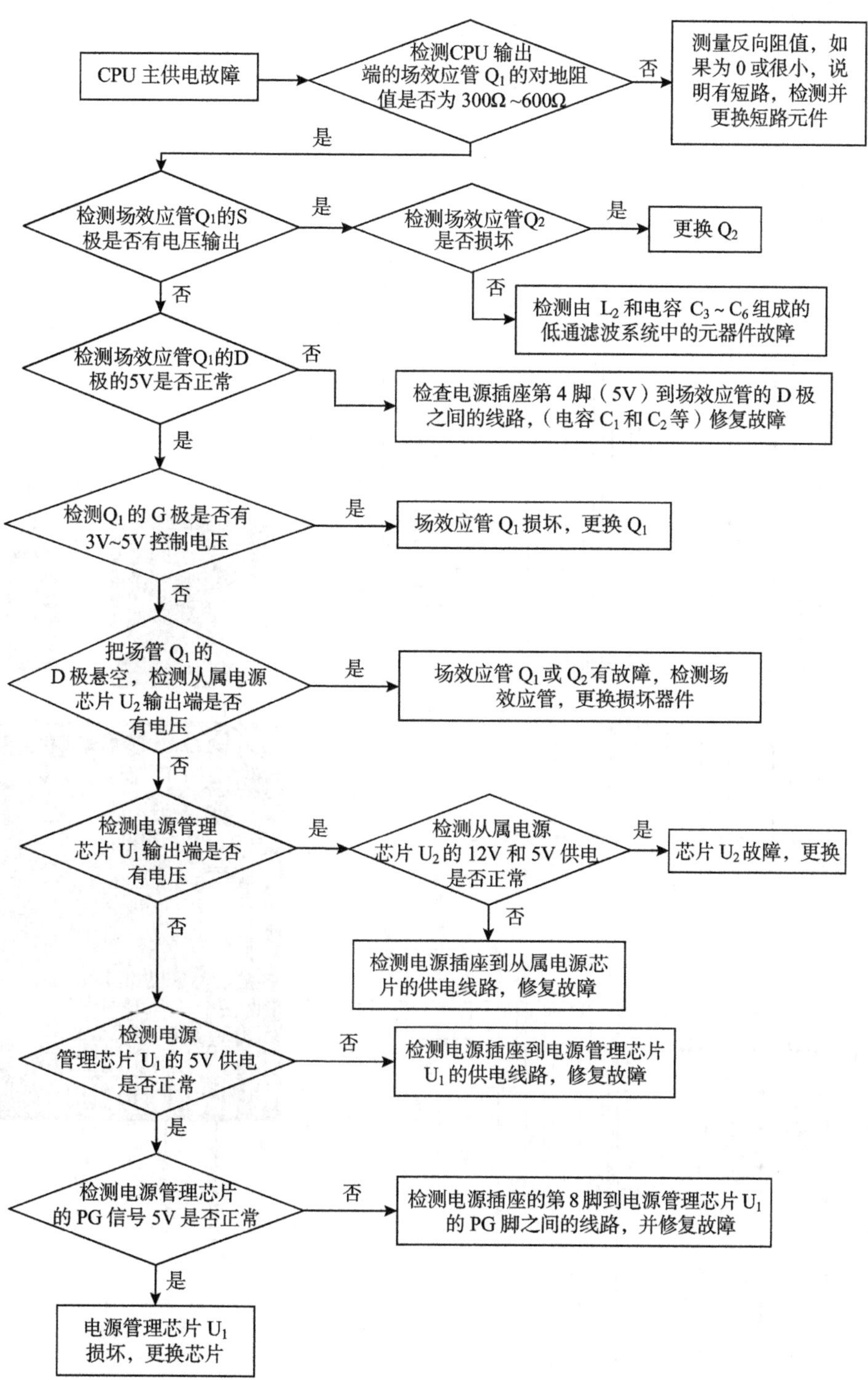

图 31-9　CPU 供电电路检修流程

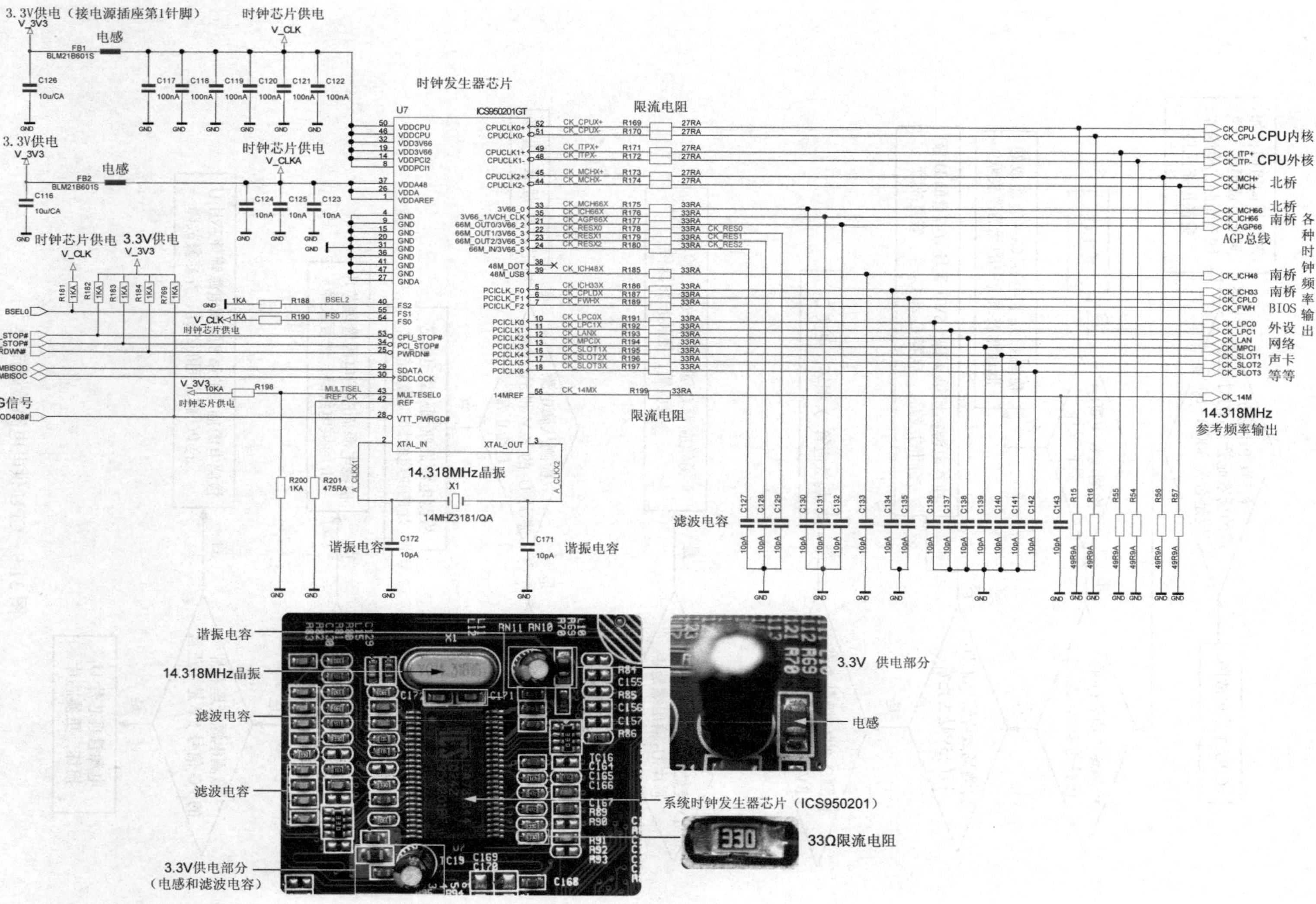

图 31-10 时钟电路电路图

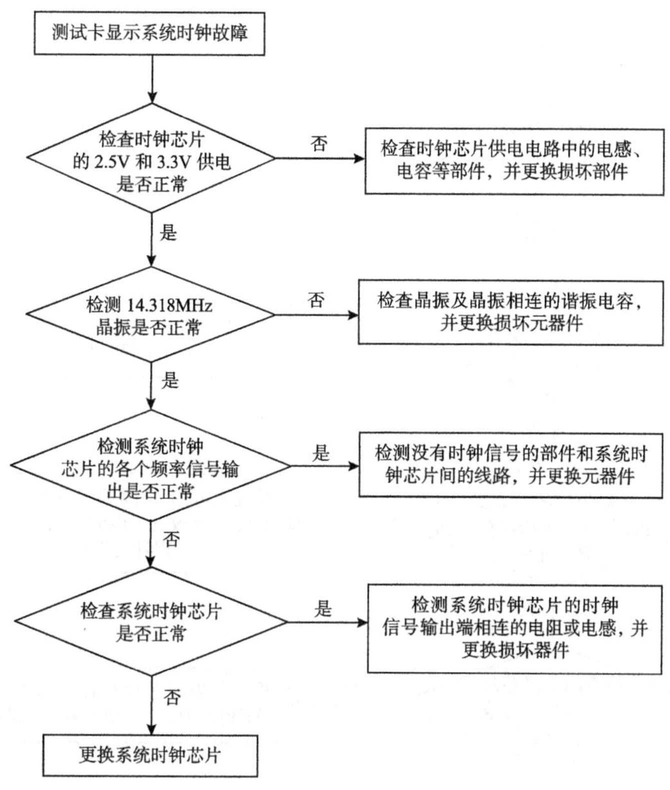

图31-11　时钟电路检修方法

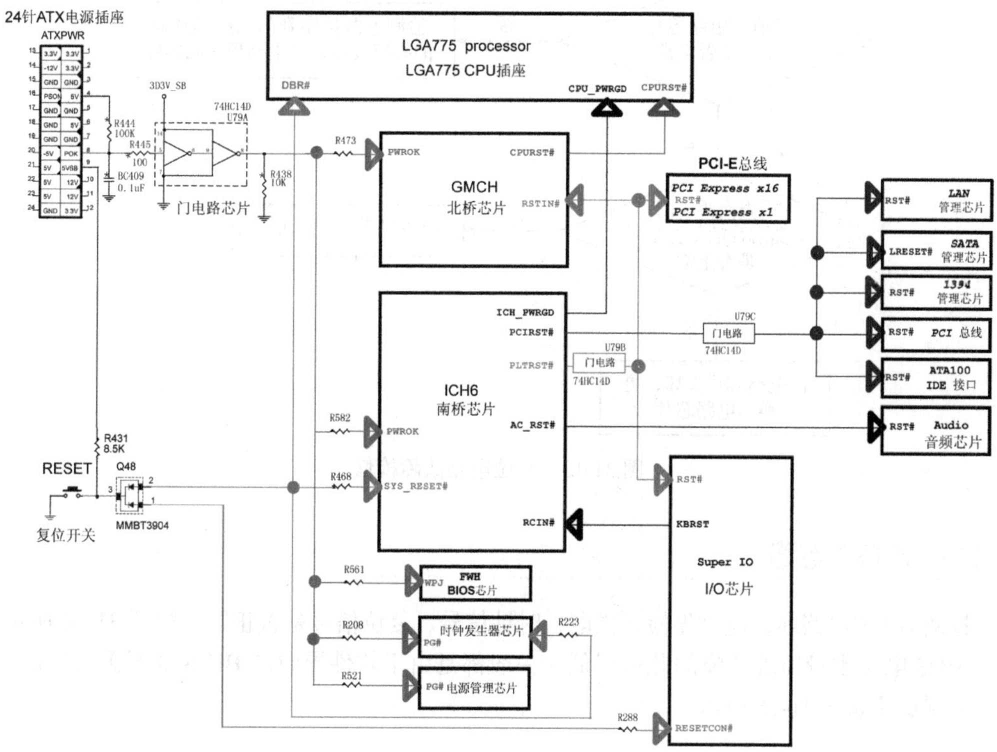

图31-12　复位电路电路图

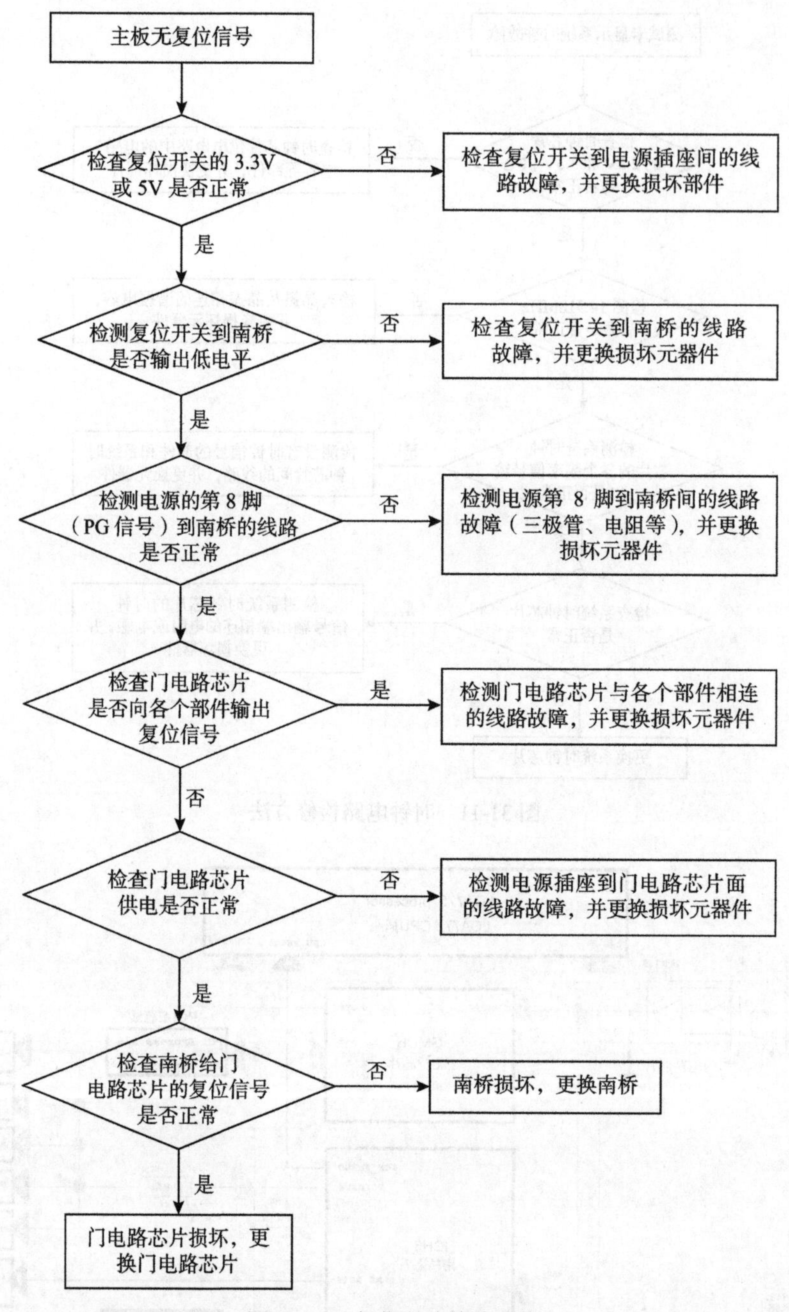

图 31-13 复位电路故障检修

31.3.5 BIOS 电路

检测 BIOS 电路前，应该先检查供电、时钟信号、复位信号是否正常，如图 31-14 所示。

BIOS 电路本身出现故障的几率很低，一般都是由于软件导致的 BIOS 数据丢失造成的故障。检测步骤如图 31-15 所示。

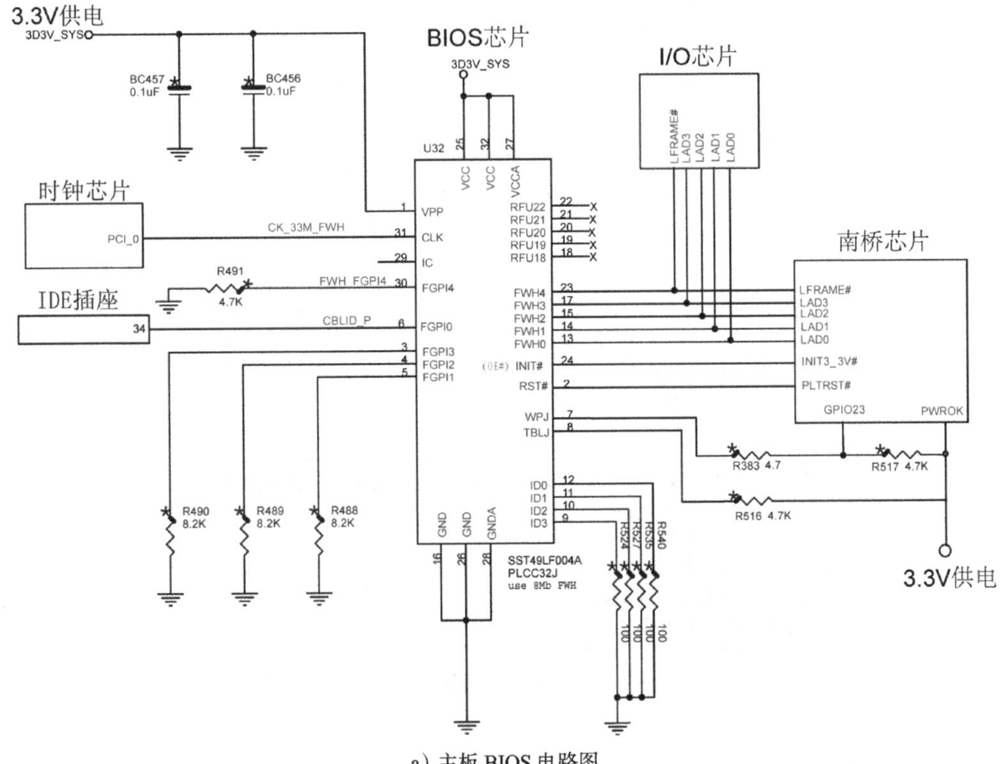

a）主板 BIOS 电路图

b）主板 BIOS 电路实物图

图 31-14 BIOS 电路图

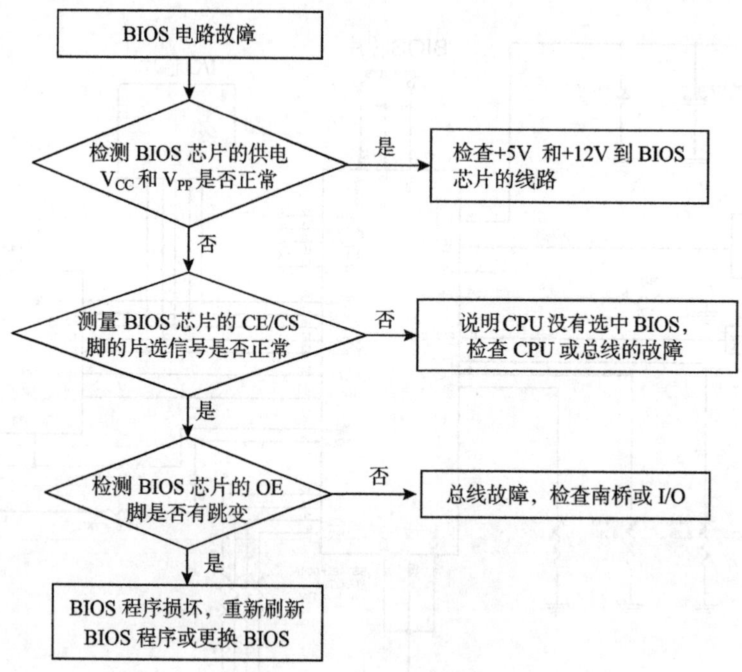

图 31-15 BIOS 电路故障检修

31.3.6 键盘和鼠标电路

键盘和鼠标的电路原理图基本是一样的，如图 31-16 所示。

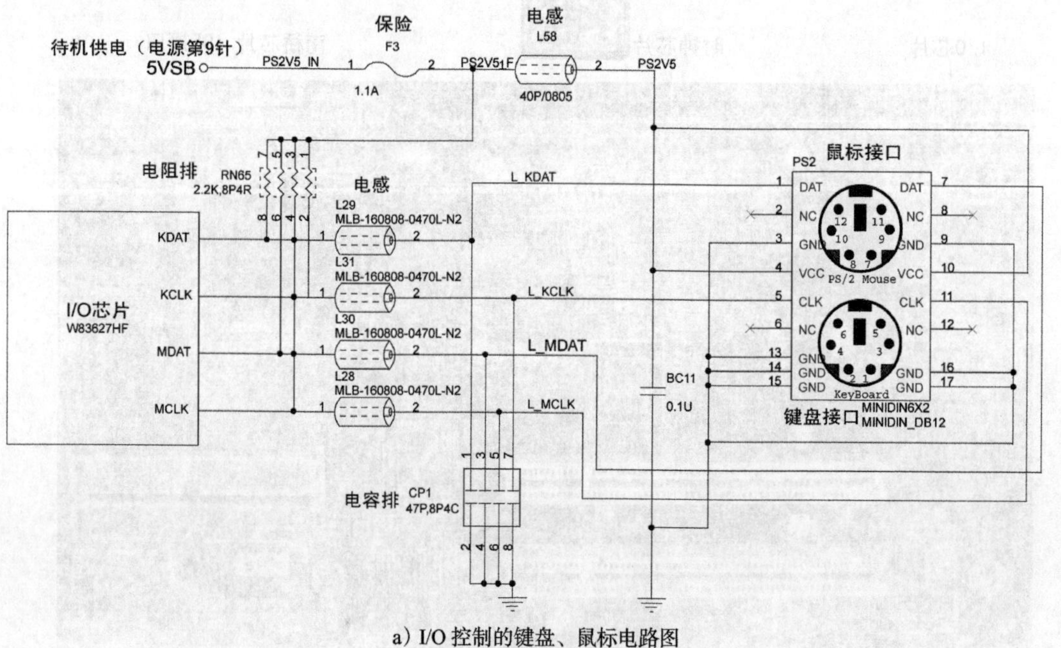

a) I/O 控制的键盘、鼠标电路图

图 31-16 键盘和鼠标电路图

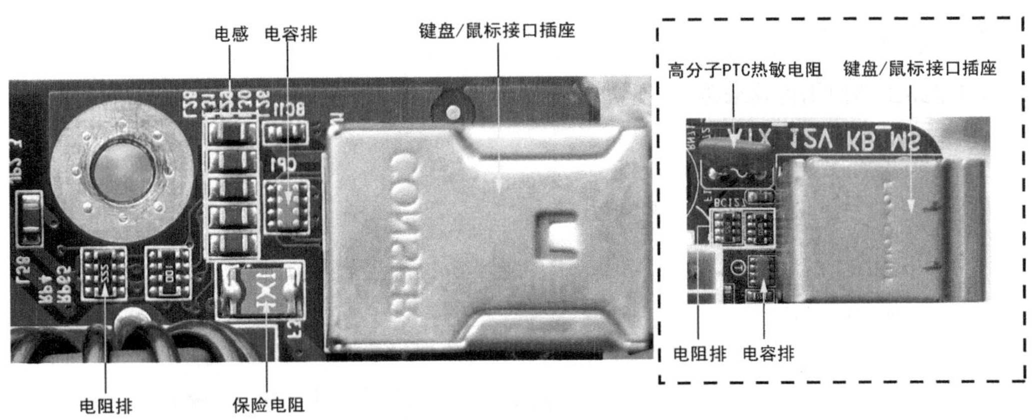

b）键盘、鼠标电路实物图　　c）由两个电阻排组成的键盘、鼠标电路实物图

图 31-16 （续）

按照以下步骤逐一检测鼠标和键盘电路故障，如图 31-17 所示。

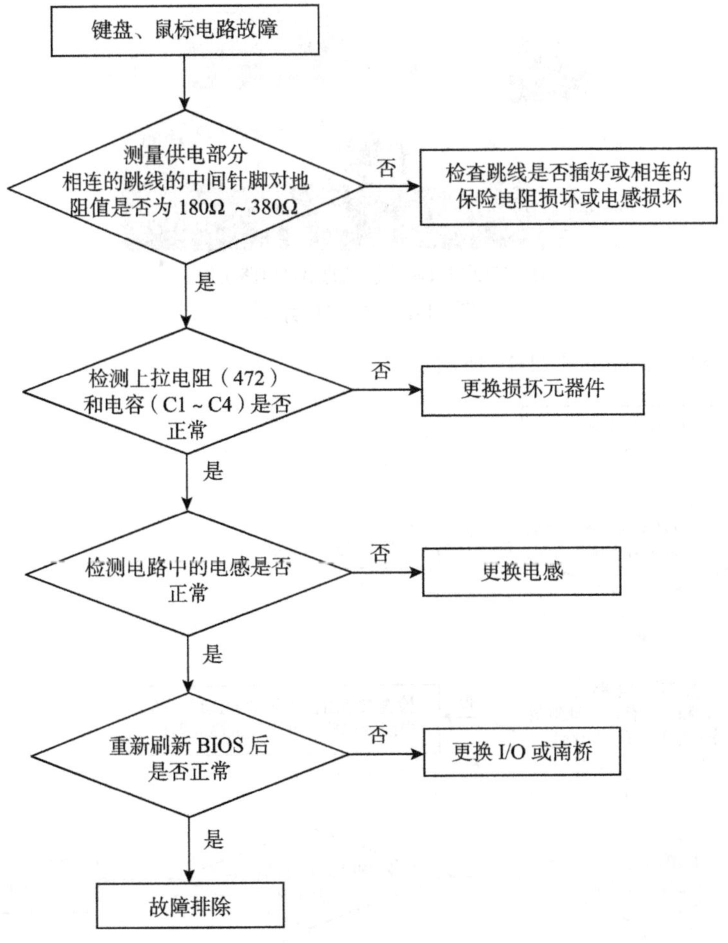

图 31-17　键盘和鼠标电路故障检修

键盘鼠标电路中电感 L1、L2 出故障的几率相对较高。注意，测量电阻要在不加电的时候测量。

31.3.7 串口电路

串口电路虽然使用得越来越少，但如果电路出现短路等故障，还是会影响电脑的使用，如图 31-18 所示。

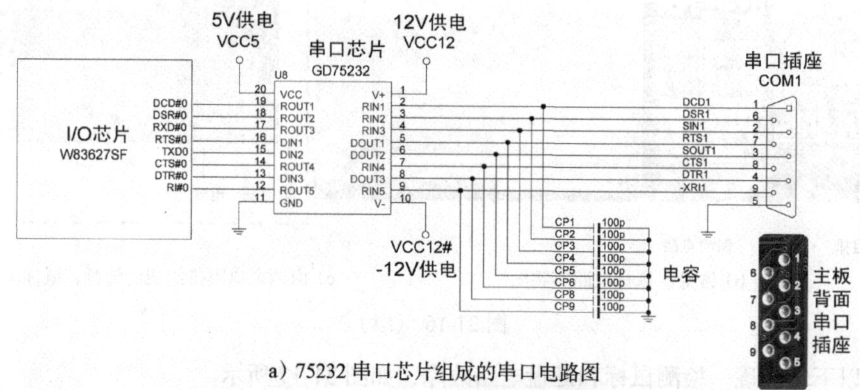

a）75232 串口芯片组成的串口电路图

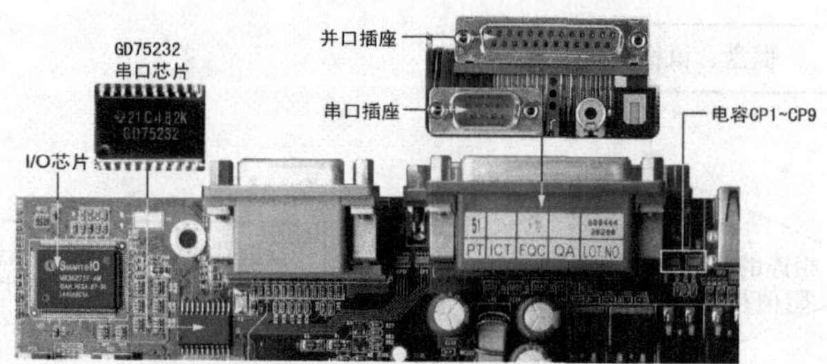

b）75232 串口芯片组成的串口电路实物图

图 31-18 串口电路图

串口电路的检查步骤如图 31-19 所示。

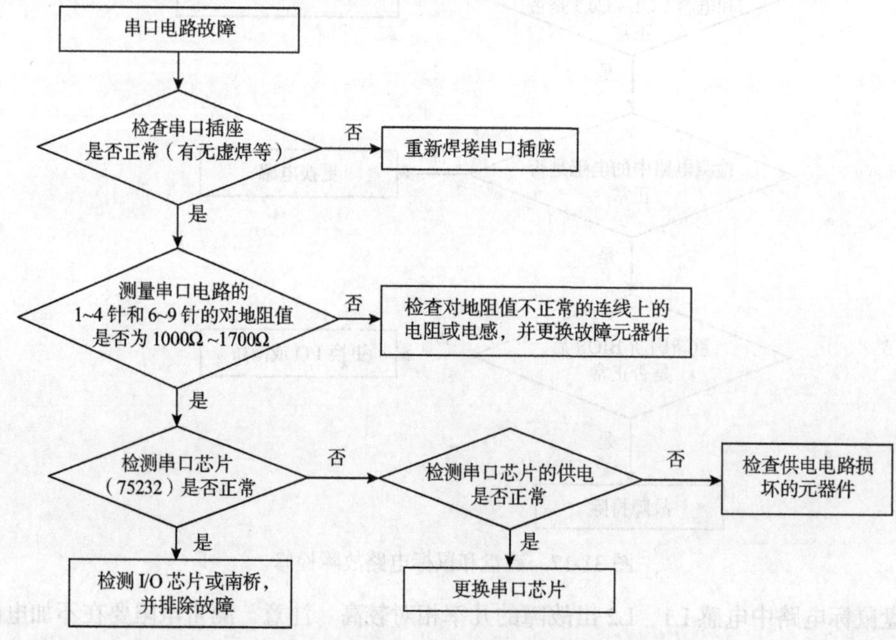

图 31-19 串口电路故障检修

很多接口检测时都会用到电阻法，即测量接口针脚间的电阻值，如果电阻过大或过小，都说明针脚所在的链路上有电阻或电容的断路或短路。

31.3.8 并口电路

并口电路主要的用途是连接打印机，有的并口电路上不带芯片，接口直接连到南桥上，如图 31-20 所示，电路图是带芯片的并口电路，这比不带芯片的要稳定。

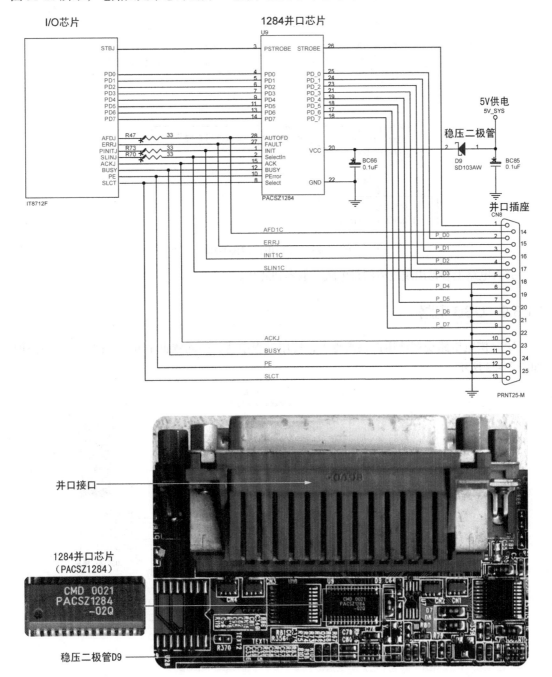

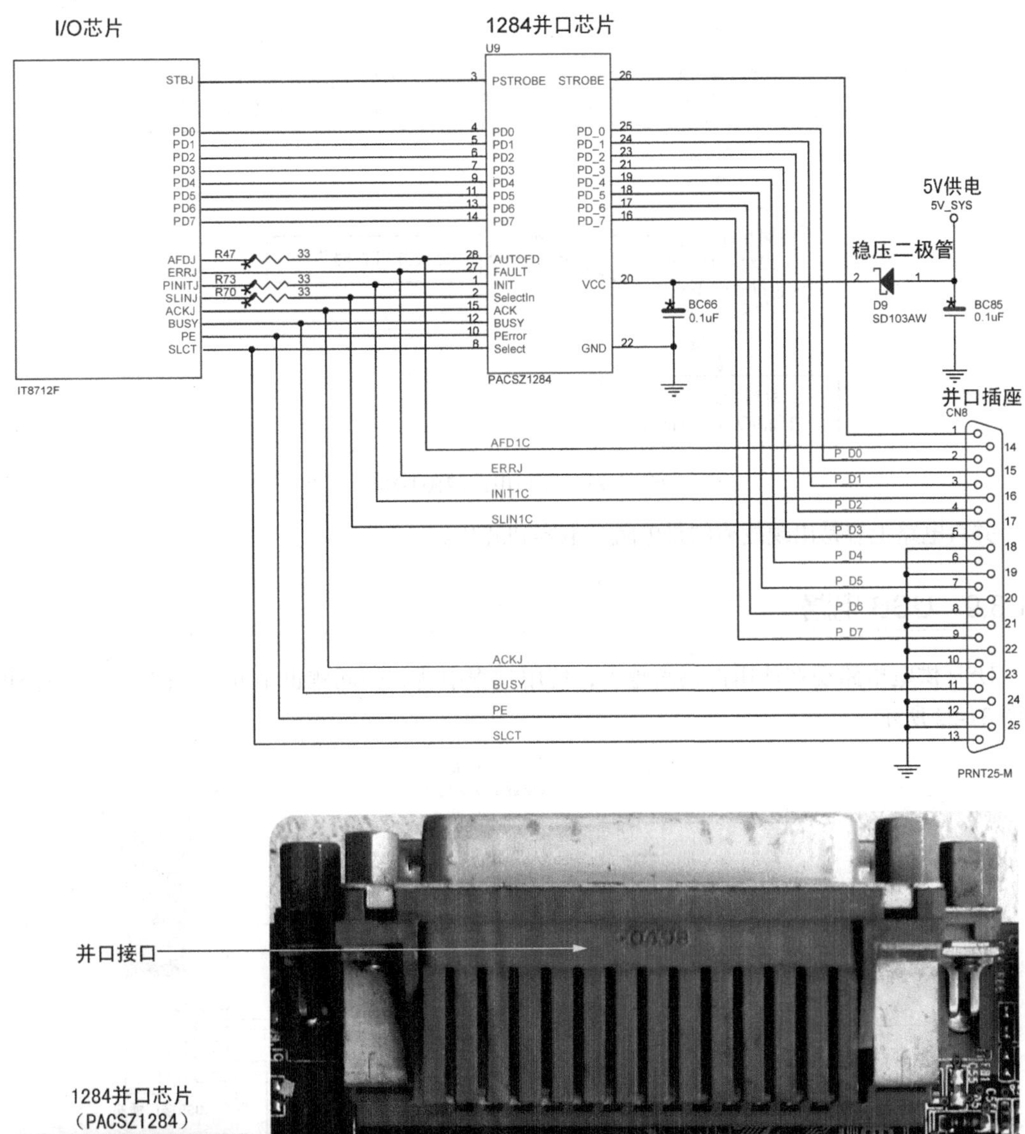

图 31-20 并口电路图

并口电路的检测步骤如图 31-21 所示。

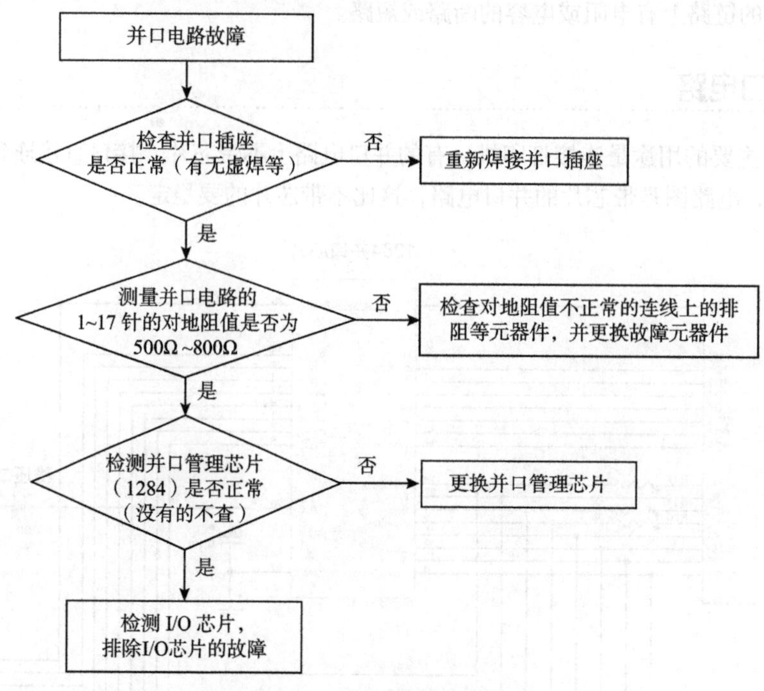

图 31-21 并口电路故障检修

并口电路上容易出现故障的是电阻、电容和芯片。

31.3.9 USB 电路

USB 供电电路现在使用得越来越多，使用过程中遇到的问题也是五花八门的，其电路图如图 31-22 所示。

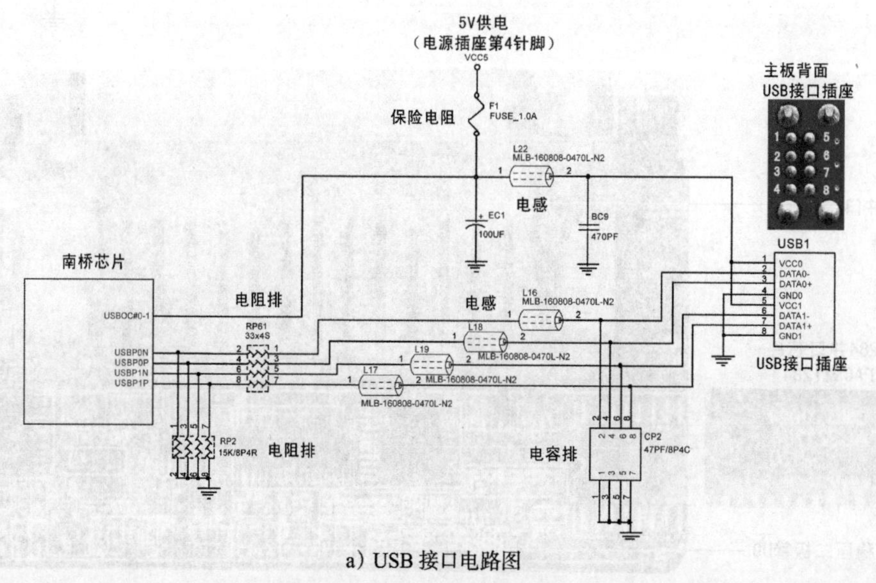

a）USB 接口电路图

图 31-22 USB 供电电路图

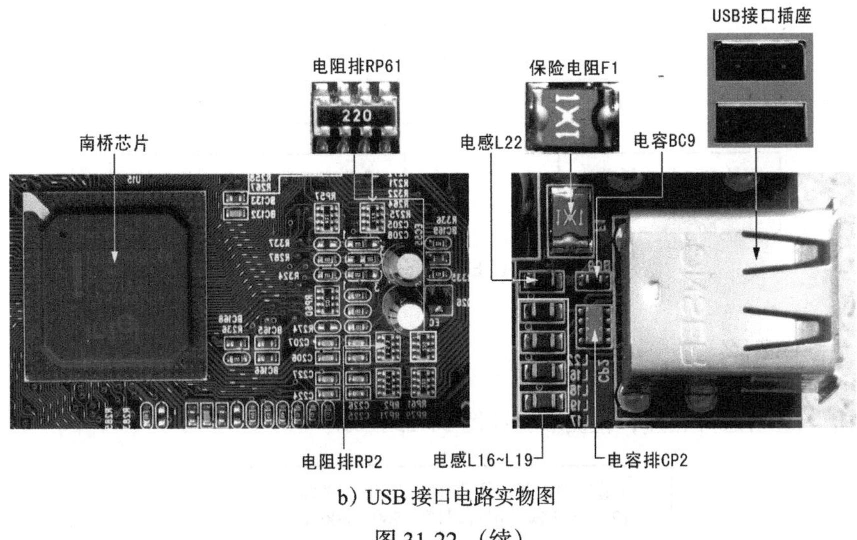

b）USB 接口电路实物图

图 31-22 （续）

检测 USB 电路时，按照以下步骤进行检测，如图 31-23 所示。

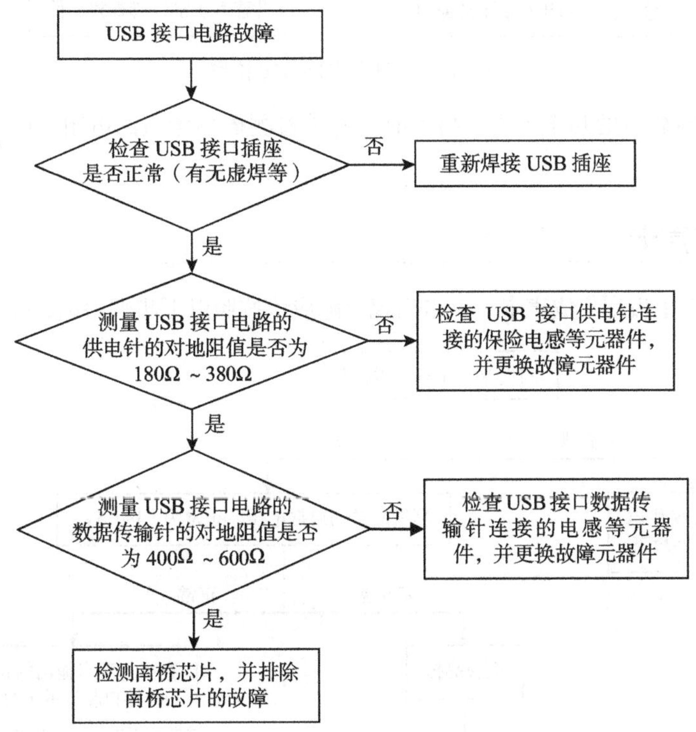

图 31-23　USB 接口电路故障检修

USB 电路上，比较容易出现故障的是电阻、电容和 USB 接口。

31.3.10　IDE 接口

IDE 接口连接硬盘或光驱，这里不存在供电问题（因为硬盘光驱都有电源直接供电），所以只要测量针脚的阻值就可以知道链路是否连通了，如图 31-24 所示。

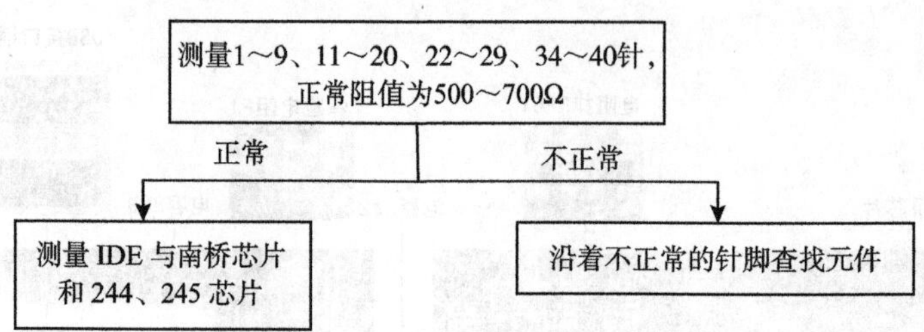

图 31-24 IDE 接口电路故障检修

31.3.11 显卡电路

显卡插槽与北桥芯片相连，检测步骤如图 31-25 所示。

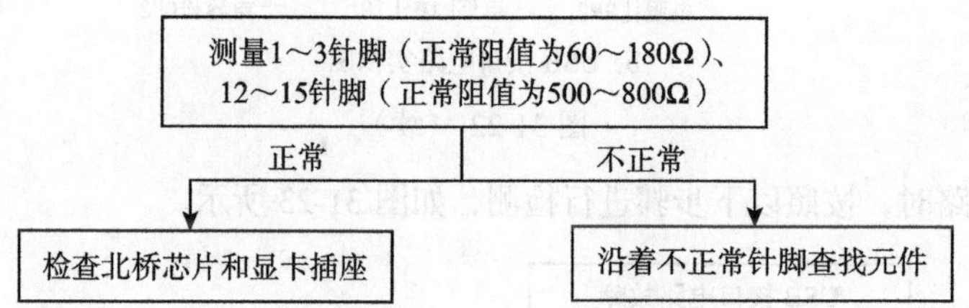

图 31-25 显卡电路故障检修

北桥芯片出现故障的几率不大，检测时应着重检测插槽旁边的电阻、电容、电感和三极管等。

31.3.12 集成声卡

现在几乎所有主板都集成声卡，声卡出现故障应该按照以下步骤检测，如图 31-26 所示。

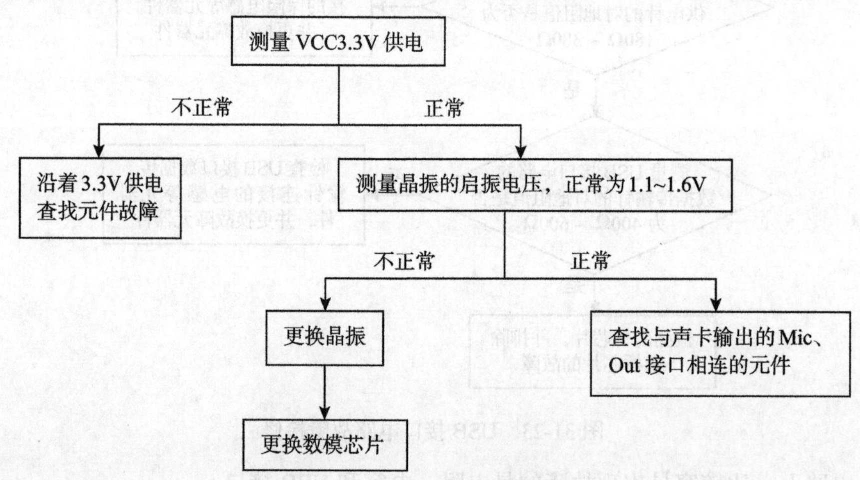

图 31-26 集成声卡故障检修

声卡电路上比较容易出现故障的是声卡芯片和耦合电容。

第32章 快速诊断主板故障

电脑主板构成复杂，电路、电子器件和插口多，同时很多主板还集成了显卡、声卡和网卡芯片，所以比较容易出现问题。但只要掌握正确的方法，就能够快速地判断出主板出现了什么问题。

32.1 主板故障诊断

32.1.1 通过 BIOS 报警声和诊断卡判断主板故障

如果主板有 BIOS 报警声，通常说明主板工作正常。此外，主板上的诊断码如果有显示，并可以正常走码，也说明主板在正常工作。反之，如果没有 BIOS 报警声或者诊断卡不显示、不走码，则说明主板可能出现了问题，如图 32-1 所示。

图 32-1 自带诊断卡的主板

32.1.2 通过电源工作状态判断主板故障

如果按下电脑电源开关后，电脑无法启动，这时可以通过检查 ATX 电源的工作状态来判断故障。可以用手放在机箱后面 ATX 电源附近（一般 ATX 电源都带有一个散热风扇），如果电

源散热风扇转动，说明 ATX 电源工作正常，主板的开机电路部分工作正常，则很有可能是主板的供电部分或时钟部分等有故障引起的无法启动；如果 ATX 电源散热风扇没有转动，则可能是电源问题或主板问题引起的故障，可以先排除 ATX 电源问题，然后再检查主板问题。排除电源问题的方法是：打开机箱，拔下主板 ATX 电源接口连线，然后用镊子或导线连接 ATX 电源接口中的绿线和任意一根黑线，如果电源风扇转动，说明电源工作正常，如图 32-2 所示。

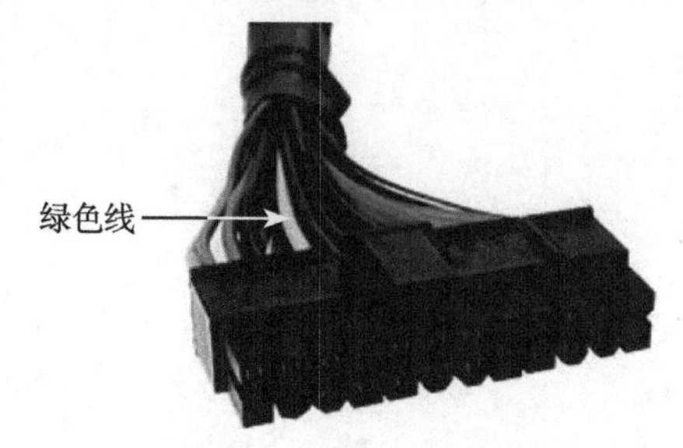

图 32-2 ATX 电源接口

32.1.3 通过 POST 自检来判断主板故障

启动电脑之后，系统将执行一个自我检查的例行程序。这是 BIOS 功能的一部分，通常称为 POST——上电自检（Power On Self Test）。完整的 POST 自检包括对显卡、CPU、主板、内存、键盘等硬件的测试，如图 32-3 所示。

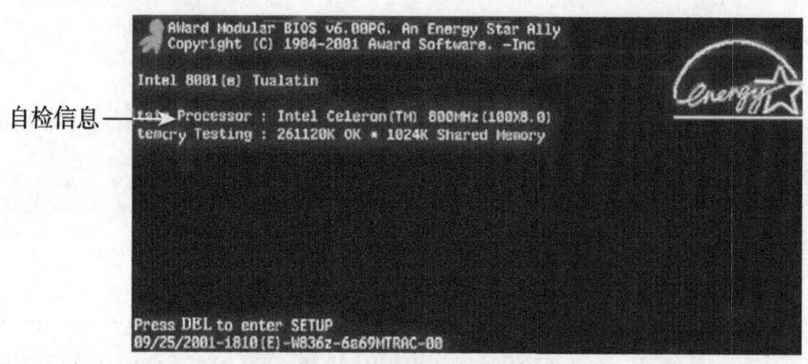

图 32-3 POST 加电自检画面

系统启动自检过程中，会将相关的硬件状况反映出来。通过自检信息判断电脑硬件故障也是常常采用的一种方法。有时候，主板的局部硬件损坏，就会在 POST 自检中显示出来。

32.1.4 排除 CMOS 电池带来的故障

CMOS 设定错误或者 CMOS 电池静电问题常常导致一些系统故障。通过对 CMOS 电池放电的方法，可以排除这些故障。图 32-4 展示了主板 CMOS 电池。

图 32-4 主板 CMOS 电池

32.1.5　检测主板是否存在物理损坏

因为主板构成复杂，电路、电子器件和插口多，同时很多主板还集成了显卡、声卡和网卡芯片等，一旦出现撞击、雷电或者异物的情况，很容易导致主板的损坏或者烧毁，如图 32-5 所示。

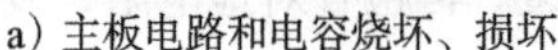

a）主板电路和电容烧坏、损坏

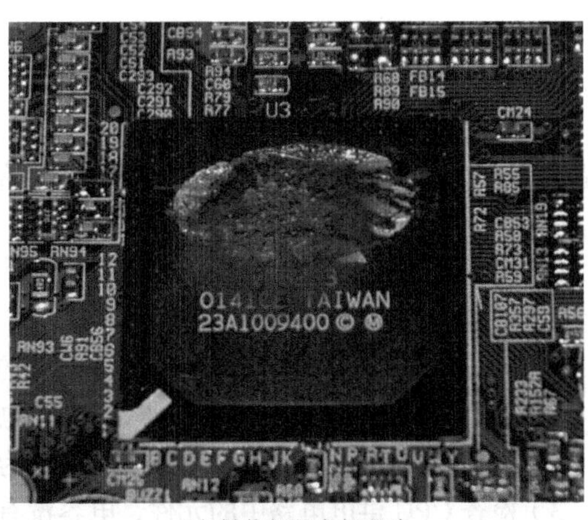

b）被烧坏的主板芯片

图 32-5　主板中损坏的元器件

在检查主板有没有物理损害的时候，首先要检查电路板、芯片等是否有烧焦或者划痕，电容等电子器件是否有开焊或者爆浆的现象。对于集成度很高、布满各种器件的主板来说，检查起来确实麻烦，但这却是最有效的方法之一。

32.1.6　检测主板是否接触不良

检测主板是否有接触不良的问题，首先检查主板上是否存在异物或者布满灰尘，这些常常可能导致主板接触不良、短路等问题。

接着从主板和各种硬件的连接查起。查看主板与其他硬件的接口、连接线是否有损坏的状况。如果没有，可以用万用表在不插电的情况下对主板的电压进行测试，确定主板是否存在问题，如图 32-6 所示。

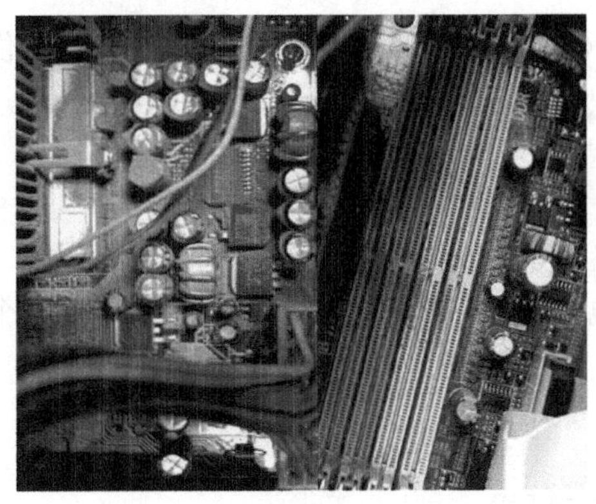

a）主板布满灰尘

b）万用表测主板电压

图 32-6　检测主板接触不良问题

32.2 动手实践：主板典型故障维修实例

32.2.1 CPU 供电电路故障导致黑屏

故障现象：一台 Intel 酷睿 i5 四核电脑，开机后显示器黑屏无信号，但机箱上的电源灯可以亮。

故障分析：先用替换法排除了 CPU、内存、显卡、电源的问题，确定是主板故障造成的。问题在开机时出现，开机过程需要供电、时钟信号和复位信号，所以推断故障主要出在：

1）供电电路故障。

2）时钟电路故障。

3）复位电路故障。

维修方法：这个故障应该先检查供电电路的问题，再检查其他方面。

1）用万用表测量主板的 3.3V、5V、12V 电压对地阻值，发现对地阻值正常。

2）测量 CPU 供电电路，发现主供电电压为 0V，说明 CPU 供电电路有问题。

3）检查 CPU 供电电路中的元件，电容没有爆浆、破裂。再检查对地电阻，发现一个场效应管的对地阻值偏低。

4）将此场效应管拆下测量，发现这个场效应管损坏了。更换同型号的场效应管。

5）开机测试后，电脑工作正常，故障排除。

32.2.2 主板供电电路有问题导致经常死机

故障现象：一台 AMD 双核电脑，运行一般程序时正常，但一运行游戏程序就会死机。

故障分析：用替换法检测，排除了 CPU、内存、显卡、电源的问题，确定是主板故障造成的。分析问题在 CPU 高负载时出现，首先检查 CPU 的稳定性，然后检查主板的滤波电容是否正常，供电是否正常。分析故障原因主要有：

1）CPU 过热。

2）主板滤波电容损坏。

3）主板供电不良。

维修方法：首先检查 CPU 是否过热，然后检查 CPU 周围电容是否有爆浆，再检查主板供电电路。

1）检查 CPU 是否超频，发现没有超频。

2）检查 CPU 温度，发现温度正常。

3）检查主板上 CPU 供电电路上的元件，没有发现异常。

4) 用手触摸主板上的主要芯片，发现 CPU 供电电路上一个电源管理芯片很烫。测量这个芯片的输出电压，发现电压不正常。

5）更换芯片后，开机测试，问题得到解决。

32.2.3 打开电脑后，电源灯一闪即灭，无法开机

故障现象：一台 AMD 四核电脑，按下电源开关后，电源指示灯闪亮一下就熄灭，电脑也

无法进入 Windows 系统。

故障分析：电源指示灯可以亮起，说明有开机信号，不能启动可能是因为供电电路、时钟电路、复位电路故障引起的。故障原因主要是：

1）供电电路上的场效应管损坏。

2）供电电路上的电容损坏。

3）供电电路上的电源管理芯片损坏。

维修方法：当怀疑电路元件故障时，应该先检查场效应管和电容，再检查电源管理芯片。

1）检测 CPU 供电电路上的场效应管，发现一个场效应管的 G 极对地电阻偏低。将场效应管拆下再测量，发现元件损坏。

2）更换同型号的场效应管，开机测试，能够正常进入系统，问题解决。

32.2.4　电脑开机时，提示没有找到键盘

故障现象：一台 Intel 酷睿 i7 4660 电脑，开机到一半时就过不去了，提示没有找到键盘，反复开机重试也不能启动。

故障分析：用替换法测试键盘是好的，那么故障出现在主板的 I/O 接口或键盘电路上。主要故障是：

1）键盘接口电路中的电阻损坏。

2）键盘接口电路中的电感损坏。

3）键盘接口电路中的电容损坏。

4）键盘接口电路中的其他元件损坏。

5）键盘接口损坏。

维修方法：这个故障应该先检查 I/O 接口是否虚焊，再检查键盘接口电路是否断路。

1）仔细观察 I/O 接口的焊脚是否虚焊，发现并没有虚焊的迹象。

2）用万用表测量供电电路的对地阻值，发现电路阻值非常大（正常为 300Ω 左右）。逐个测量结果，发现一个电感断路。

3）更换同型号电感后，再开机测试，发现问题解决了。

32.2.5　按下电源开关后，电脑没有任何反应

故障现象：一台联想双核电脑，正常使用时突然断电，恢复后再打开电脑，按下电源开关后，电脑没有任何反应。

故障分析：断电后无法再开启电脑，应该从供电问题和连接线路入手分析。故障原因为：

1）电源线烧毁。

2）电源开关损坏。

3）ATX 电源故障。

4）开机电路故障。

5）供电电路故障。

维修方法：这个故障应该先检查电脑的连接是否损坏，然后再检查电源开关和 ATX 电源等。

1）检查电脑的连接线路，包括电源插座、电脑的电源线，都发现没有问题。

2）检查电脑的电源开关，结果开关正常。

3）检查ATX电源，结果正常。

4）检查开机电路，发现开机电路上的一个三极管断路。

5）更换同型号的三极管，再开机测试，问题解决。

32.2.6 电脑开机后，主板报警，显示器无显示

故障现象：一台奔腾双核电脑，突然无法开机了。显示器无显示，并且主板有“嘀”“嘀”的报警声。

故障分析：根据主板的报警声，可以判断是内存问题。根据故障现象分析，故障原因是：

1）内存接触不良。

2）内存损坏。

3）内存插槽损坏。

4）内存供电电路故障。

维修方法：内存出现接触不良的情况是很常见的，所以应该先检查内存的接触问题。

1）用替换法，检查内存，发现内存是好的。

2）将内存重新拔插，发现故障依然存在。

3）将内存插在其他插槽中，发现问题解决了。由此判断是内存插槽存在问题。

4）检查后发现，内存插槽内的金属触片变形了，用小镊子将触片掰回原形。

5）将内存重新插在故障插槽上，开机测试，问题解决。

32.2.7 电脑启动时，反复重启，无法进入系统

故障现象：一台AMD羿龙四核电脑，开机后不断自动重启，无法进入系统。有时开机几次后就能进入系统。

故障分析：观察电脑开机后，到检测硬件时就会重启，分析应该是硬件故障导致的。故障原因是：

1）CPU损坏。

2）内存接触不良。

3）内存损坏。

4）显卡接触不良。

5）显卡损坏。

6）主板供电电路故障。

维修方法：这个故障应该先检查故障率高的内存，然后再检查显卡和主板。

1）用替换法检查CPU、内存、显卡，发现都没有问题。

2）检查主板的供电电路，发现12V电源的电路对地电阻非常大，检查后发现，电源插座的12V针脚虚焊了。

3）将电源插座针脚加焊，再开机测试，故障解决。

32.2.8 开机后，电源灯一闪即灭，无法开机

故障现象：一台宏碁双核台式电脑，开机时按下电源开关，电源指示灯闪亮一下就灭了，

显示器无显示。

故障分析：开机时电源指示灯可以亮起，说明开机电路可以工作。电脑无法启动，应该着重检查供电电路、时钟电路、复位电路是否存在故障。故障原因是：

1）供电电路故障。

2）时钟电路故障。

3）复位电路故障。

维修方法：怀疑供电、时钟、复位电路，应该先检查供电电路，再检查时钟和复位电路。

1）检查供电电路上的电容，发现外观没有出现破裂的现象。

2）用万用表检测各供电电路的对地电阻，发现南桥芯片的对地电阻偏小。

3）强行打开电源，用手摸南桥芯片，发现芯片非常烫手。

4）更换南桥芯片，再开机测试，问题解决。

32.2.9 按下电源开关后，等几分钟电脑才能启动

故障现象：一台 Intel 四核电脑，按下电源开关后，能听见风扇转动，但电脑没有启动，过几分钟电脑才能启动，启动后使用正常。

故障分析：这个故障主要是供电电路故障造成的，还有电源故障等几方面的原因也有可能。故障原因主要有：

1）ATX 电源故障。

2）电源开关故障。

3）主板供电电路故障。

维修方法：这个故障多数时候是由于供电电路上的电容故障引起的，但应该先从简单的入手。

1）检查 ATX 电源，强制开机，发现电源工作正常。

2）检查电脑上的电源开关，用镊子直接短接主板上的开机针脚，发现故障依然存在。

3）检查各条供电电路，发现 CPU 供电电路的对地阻值偏小。

4）进一步检查 CPU 供电电路，发现两个滤波电容短路。

5）更换同型号的电容后，再开机测试，故障解决。

32.2.10 开机后显示器无显示，但电源指示灯亮

故障现象：一台 AMD A10 四核电脑，开机时按下电源开关，电源指示灯亮起，但显示器没有显示，也无法进入系统。

故障分析：电源灯能亮，说明有开机信号，不能启动故障可能是内存、CPU、显卡和供电电路故障造成的。故障原因主要有：

1）CPU 故障。

2）内存故障。

3）显卡故障。

4）供电电路故障。

维修方法：首先应该检查 CPU、内存、显卡的接触，然后再检查供电电路。

1）用替换法检查 CPU、内存、显卡，发现都没有问题。

2）检查各条供电电路，发现内存供电电压为 0V。

3）进一步检查内存供电电路，发现有一个场效应管断路了。

4）更换同型号的场效应管，再开机测试，故障解决。

32.2.11 开机后电脑没有任何反应

故障现象：一台华硕双核电脑，突然无法开机了，按下电源开关后，电脑没有任何反应。

故障分析：造成不能开机的原因有很多，必须逐一分析。

1）ATX 电源损坏。

2）电源开关损坏。

3）开机电路故障。

4）供电电路故障。

5）时钟电路故障。

6）复位电路故障。

维修方法：不能开机应该先从电源和开关入手。

1）用替换法检查电源，发现电源正常。

2）直接短接主板上的开关针脚，故障依然存在，说明故障不在开关。

3）用检查卡检测，发现没有复位信号。

4）进一步检查复位电路，发现南桥芯片的工作电压偏低。

5）检查提供电压的稳压芯片，发现稳压芯片输出的电压不正常。

6）更换同型号芯片，再开机检测，故障解决。

32.2.12 开机几秒后自动关机

故障现象：一台 AMD 双核电脑，开机几秒后就会自动关机，无法启动。反复开关还是无法启动。

故障分析：开机时电源有供电，说明故障出现在主板上的可能性很大。主板上的开机电路和 CPU 供电电路出现短路或元件损坏都可能会造成开机失败。

维修方法：先用替换法测试电源，发现电源是好的，可以使用。再检查主板故障。

1）测量开机电路，发现开机电路有短路。

2）进一步检测开机电路上的元件和设备，发现 I/O 芯片的工作不稳定。

3）更换 I/O 芯片。

4）开机测试，故障解决了，判断是 I/O 芯片损坏导致的故障。

32.2.13 键盘和鼠标不能同时使用

故障现象：一台方正双核电脑，以前使用正常，有一天突然发现，键盘和鼠标不能使用了，但是只插键盘或只插鼠标时，可以单独使用。

故障分析：键盘和鼠标不能使用，可能是键盘电路或鼠标电路断路，或者是 I/O 芯片故障造成的。

维修方法：主要检查输入输出接口电路。

1）用万用表分别测量键盘和鼠标电路的接口电压，发现键盘接口电压只有不到 3V，正常的接口电压应该是 5V。显然键盘电路上有元件出现了故障。

2）进一步检测键盘电路元件，发现一个电容损坏了。

3）更换电路上的电容，再连接键盘、鼠标测试，发现问题解决了。

32.2.14　电脑有时能开机，有时无法开机

故障现象：一台联想双核电脑，使用一段时间后，发现有时开机时无法启动，但电源指示灯是亮的，而有时可以正常启动。

故障分析：有时能开机，有时无法开机，很有可能是主板上有元件虚焊，或者有时钟频率偏移。

维修方法：应该着重检查开机电路和时钟电路。

1）用万用表测量开机电路，没有发现异常。

2）测量复位信号和时钟信号，发现时钟信号不正常。

3）检测时钟电路，发现时钟芯片两端的电压有时不到 3V，正常应该为 3.3V。

4）进一步测量时钟电路，发现一个电感时好时坏。

5）重新焊接电感引脚。

6）重新开机测试，故障解决。

32.2.15　电脑启动，进入桌面后，经常死机

故障现象：一台 Intel 酷睿 i3 3220 电脑，启动后，进入桌面时，经常死机。开始以为是系统损坏，重装了 Windows 后，故障依然存在。

故障分析：根据现象分析，元件损坏或硬件不兼容都有可能造成死机。检测时可以先从简单的入手，查看有无明显损坏，再用替换法替换 CPU、内存、主板和其他板卡。

维修方法：

1）打开电脑机箱，发现灰尘很多，将灰尘清理干净。

2）查看主板上的元件，发现有一个电容上有裂口，怀疑是电容损坏造成的故障。

3）更换裂口的电容。

4）开机测试，发现故障没有再出现。

32.2.16　必须重插显卡才能开机

故障现象：一台宏碁四核电脑，经常无法开机，只要打开机箱，将显卡重新拔插一下就可以启动了。但是这次无论怎么重插显卡，也不能开机了。

故障分析：必须重新拔插显卡才能开机，说明显卡有问题，或者主板上与显卡连接的部分有问题。

维修方法：

1）用替换法测试显卡，发现显卡并无故障。

2）用橡皮反复擦拭显卡的金手指，测试发现问题没有解决。

3）拔下显卡，仔细查看主板上的显卡插槽，发现有一根金属弹簧没有弹起。

4）用小镊子将变形的显卡插槽弹簧掰回原状。

5）开机测试，发现可以正常开机了。

32.2.17 主板电池没电，导致无法开机

故障现象：一台 Intel 赛扬双核电脑，用户因为有事，一段时间没有开电脑。现在再开机，显示器没有信号，机箱有“嘟”“嘟”的报警声。

故障分析：因为是开机时报警，所以判断是开机电路、复位信号或时钟信号的问题。

维修方法：

1）用万用表测量复位信号和时钟信号，没有发现问题。

2）测量开机电路和 BIOS 电路，发现 BIOS 电路供电不够。

3）测量主板电池，发现电池电压不足 2V，这是电池没电的表现。

4）更换主板电池，开机测试，可以正常启动了。

提示

有些主板的设计缺陷，导致主板电池没电时就不能启动。大部分主板都没有这个问题。

32.2.18 夏天用电脑玩游戏，老死机

故障现象：一台组装的 AMD 四核电脑，夏天时玩游戏经常死机。

故障分析：夏天玩游戏死机，分析应该是 CPU 或主板、显卡过热导致的死机。

维修方法：开机进入 BIOS 页面，查看电脑温度。发现 CPU 温度正常，而主板的温度超过 70℃，正常应该在 50℃以下。打开电脑机箱，发现主板的北桥芯片上灰尘很多。清理掉灰尘后再开机测试，故障没有再出现。

第33章 快速诊断电脑 CPU 故障

CPU 在电脑配件中出故障率是最低的，同时故障也是最隐蔽的。CPU 发展的速度远远超过人们的想象，新技术层出不穷。这也造成 CPU 的软故障增多，比如与内存不匹配等。CPU 硬件故障虽少，可一旦出现几乎是不能维修的。

超频也是 CPU 故障多发地带，如果发现超频后不稳定，应立即改回原来设置，以免对 CPU 造成更大损伤。

33.1 CPU 故障分析

33.1.1 CPU 故障有哪些

常见的 CPU 故障现象主要有以下几种：

1）系统死机。

2）系统不稳定或频繁重启。

3）开机时系统有报警，无法正常开机。

4）开机时系统无报警，无法正常开机。

CPU 故障原因有：

1）针脚折断或与主板插槽接触不良。

2）散热不正常导致温度过高。

3）超频、跳线、电压设置不正确导致无法正常工作。

4）工作参数设置不正确导致无法正常工作。

5）CPU 被烧毁或按压过度导致的彻底损坏。

33.1.2 CPU 故障应该怎样检查

首先要确定 CPU 是否在工作。能判断 CPU 工作的方法有很多，比如开机时的报警声或采用主板检测卡。不过最直接有效的方法是，用手直接摸一下 CPU 和散热器，如果有温度就是它在工作，否则就是没有工作了，如图 33-1 所示。但用手摸时一定要注意的是，有时 CPU 会非常烫手，小心不要被烫伤了。

手摸也有例外的时候，现在有很多集成内存控制器，如果内存不正常的话也会造成 CPU 不工作。所以检测 CPU 时应该注意替换一下内存。

如果 CPU 不能工作可以从下面两个方面进一步检查。第一查看 CPU 自身，将 CPU 拆下，观察 CPU 针脚（触点）有没有发黑、发绿、氧化、生锈、折断、弯曲等症状。第二是检测供电系统能不能正常供电（在第 32 章中详细讲解过）。

如果 CPU 能工作，但不稳定或频繁死机、关机、重启，就要检查一下散热是不是正常了。方法是观察散热器风扇转速是否正常，查看散热器固定架是否松动，查看散热器和 CPU 之间的硅胶是否干涸，如图 33-2 所示。

图 33-1 CPU 和散热器

图 33-2 加固散热器

如果是超频使用的 CPU，则应改回原来设置，再进行检测。

33.2 快速恢复 CPU 参数设置

在 BIOS 中最好不要改动 CPU 的参数设置，外频、倍频、电压等选项最好选为“Auto”。如果你改变了 CPU 的参数设置，又不幸由此产生了问题，那么最简单的恢复方法就是执行“LOAD DEFAULT”命令，恢复默认设置。

恢复默认设置还可以解决其他由改变 BIOS 设置引发的问题，十分方便。

33.3 用软件测试 CPU 稳定性

CPU 的稳定性非常不好检测，有时你的电脑运行一整天“魔兽世界”都没有出现问题，但有时候运行一个 Photoshop 或 Word 就会出现死机、溢出等问题。要测试 CPU 的稳定性非常难，下面我们介绍一款小软件 Super PI（超级 π）来解决这个问题，如图 33-3 所示。

π 是数学中的圆周率，超级 π 就是通过计算不同位数的圆周率来检测 CPU 的浮点运算能力。这是世界公认最好的考查 CPU 浮点运算能力的软件，如图 33-4 所示。

图 33-3 超级派测试软件

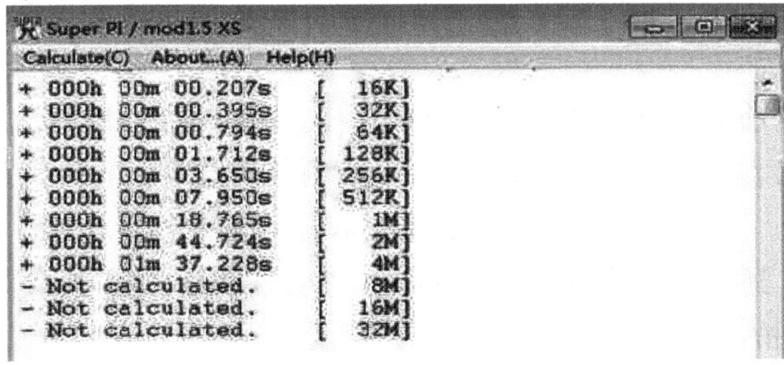

图 33-4 超级派计算过程

单击“开始计算”按钮后选择计算的位数，这里通常要选得大一点，这样有利于 CPU 长时间满负载运算。

经过半个小时到一个小时的计算，如果不出错，基本上就可以证明 CPU 的稳定性是可靠的了，如图 33-5 所示。

图 33-5 超级派计算结果

33.4 CPU 温度过高导致死机或重启问题

CPU 温度过高有可能是超频或电压设置不正确，但根据笔者多年的维修经验，90% 的问题出在散热器上。这一节就教大家解决散热器工作不正常问题。

33.4.1 CPU 温度和散热器风扇转速监控

前面章节中讲过利用 Everest 软件查看 CPU 温度。在查看 CPU 温度的同时 Everest 还可以检测散热器风扇的转速及 CPU 电压，这些都是排查高温的重要信息，如图 33-6 所示。

还可以查看 BIOS 中的 CPU 参数，BIOS 通常比使用软件得到的结果更准确，如图 33-7 所示。

那么 CPU 温度和散热器转速为多少算正常呢？这个因每个 CPU 而不同，但对大部分 CPU 而言，温度超过 70℃就算是过高了。风扇一般在 3000 转以下就算是过低了。具体情况还得以 CPU 的具体参数来为确定的依据。

温度	
中央处理器(CPU)	25 °C (77 °F)
#1 CPU/ #1 核心	28 °C (82 °F)
#1 CPU/ #2 核心	27 °C (81 °F)
MCP	47 °C (117 °F)
GPU 二极管	44 °C (111 °F)
ST380815AS	35 °C (95 °F)
冷却风扇	
中央处理器(CPU)	3199 RPM
图形处理器(GPU)	70%
电压	
CPU 核心	1.280 V
+3.3 V	3.376 V
+5 V	5.053 V

图 33-6 Everest 查看 CPU

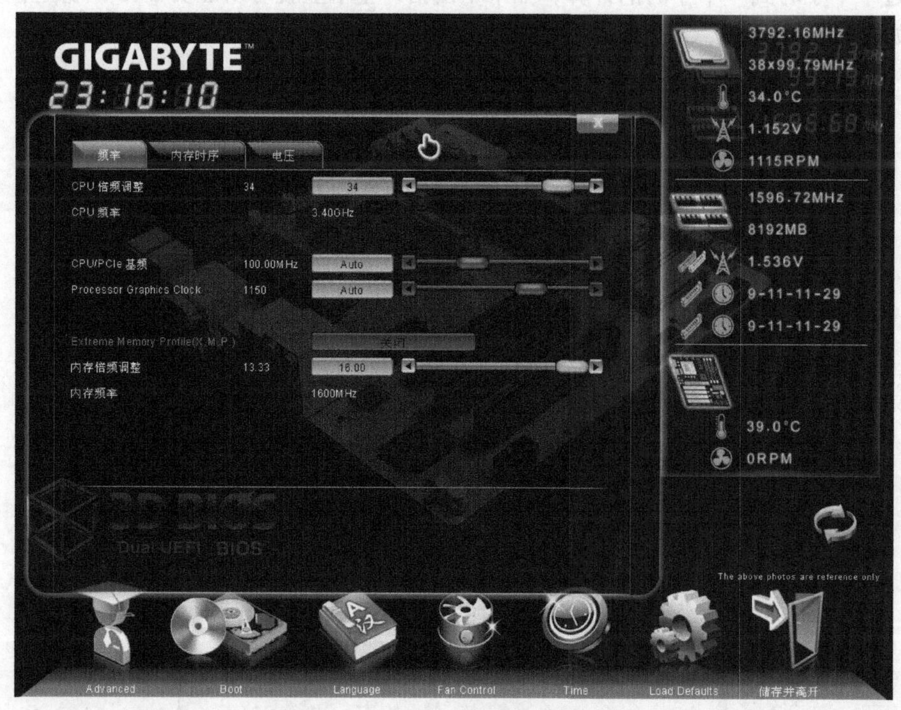

图 33-7 BIOS 中的 CPU 温度

33.4.2 散热器风扇转速低

有的散热器带有智能控制转速功能，可以根据 CPU 的负载情况智能调节散热器风扇的转速，这样一来可以减少耗电，二来可以降低电脑噪声。但是有时电脑判断并不准确，比如当 CPU 负载较高的时候，散热器风扇的转速还在低转速，这就会造成 CPU 温度迅速升高从而导致死机或重启。造成这个判断不准的原因有很多，最常见的是传感器上有灰尘等。

解决智能控速方法是，直接在 BIOS 中关闭智能控制散热器风扇转速即可。具体设置方法可参照本书 BIOS 设置部分，如图 33-8 所示。

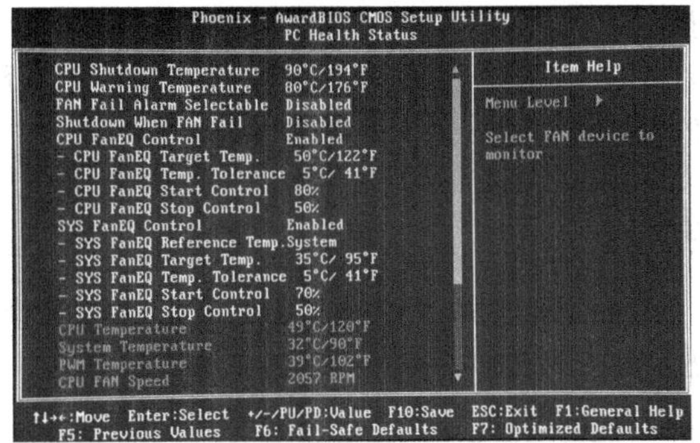

图 33-8 智能风扇设置

33.4.3 散热器接触不良

造成散热器接触不良的原因大致有两种，一是安装过程中散热器的卡子没卡到位。只要按照正确的安装方法重新安装好即可，如图 33-9 所示。

图 33-9 CPU 散热器卡扣

二是散热器是劣质产品，底座的插栓产生松动，导致散热器与 CPU 接触不良。这种情况可以更换散热器底座的插栓，或者干脆换一个质量好的散热器。

33.4.4 硅胶干固导致散热不良

涂抹硅胶的作用是让 CPU 表面与散热器完全接触，充分填充细微的缝隙。硅胶经长时间的高温烘烤后会变得干固结块，如图 33-10 所示。

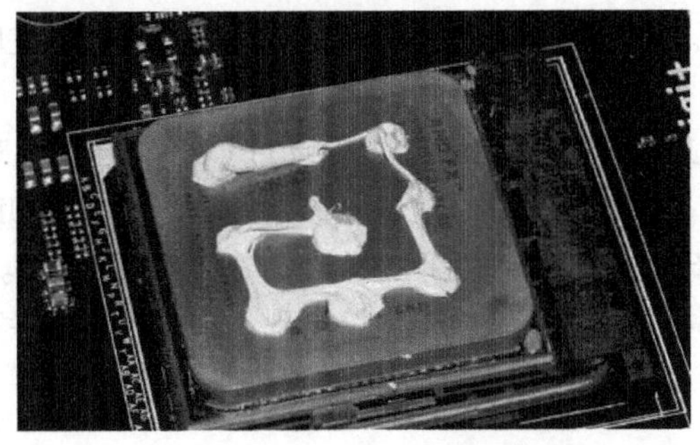

图 33-10 CPU 上的硅胶

将散热器拆下后用纸将 CPU 表面和散热器的接触面擦干净，在 CPU 表面重新涂抹硅胶后，将散热器按正确方法安装上即可。注意，硅胶不要涂抹得太多，否则装上散热器后容易将硅胶挤出，万一粘到 CPU 插座上就会导致 CPU 故障。

33.4.5 CPU 插槽垫片未去除

新装电脑时，有的主板插槽上会带有一个防灰尘的垫片，在实际维修时经常会发现有人在装完 CPU 后又把这个垫片盖在了 CPU 表面，这就造成散热器与 CPU 不接触而无法散热的问题。所以在新装电脑时大家还是要注意一下这个问题，如图 33-11 所示。

图 33-11 CPU 垫片

33.5 超频和开核导致电脑不稳定

在之前的章节中我们讲过超频和开核，超频和开核都是让 CPU 处于超负荷状态的做法，这就很容易导致 CPU 工作异常。所以当超频或开核操作出现异常时，应首先将 CPU 改回到原来的设置。

33.6 供电不稳导致 CPU 异常

供电问题有两种情况，一是电脑运行时不稳定，常出现死机、重启等症状；二是电脑根本无法启动。

第 1 种很可能是 CPU 电压设置出错，如果改动过 CPU 电压后出现问题，改回原来设置即可。如果没有做过改动，可以用 BIOS 恢复默认设置“LOAD SETUP DEFAULTS”命令，或将 CMOS 放电（主板维修一章中有详细说明）即可，如图 33-12 所示。

如果是无法启动，那很可能是主板供电电路出现了故障，可以参考主板维修一章中的步骤进行检测。

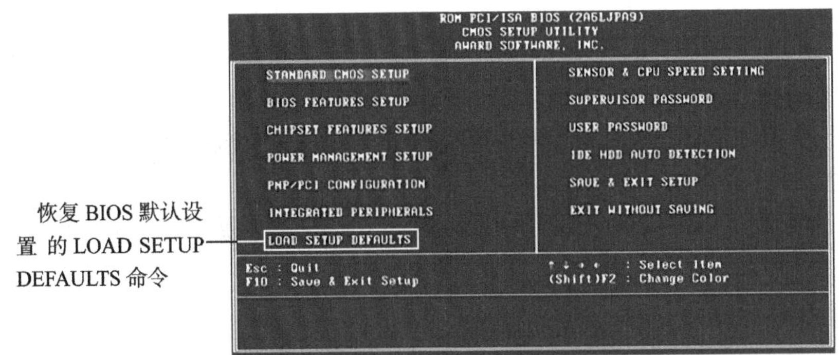

图 33-12　在 BIOS 中恢复默认设置

33.7 安装不当导致 CPU 异常

33.7.1 CPU 和插座不匹配

在安装 CPU 时，一定要注意 CPU 与主板上的插座是否匹配，如图 33-13 所示。

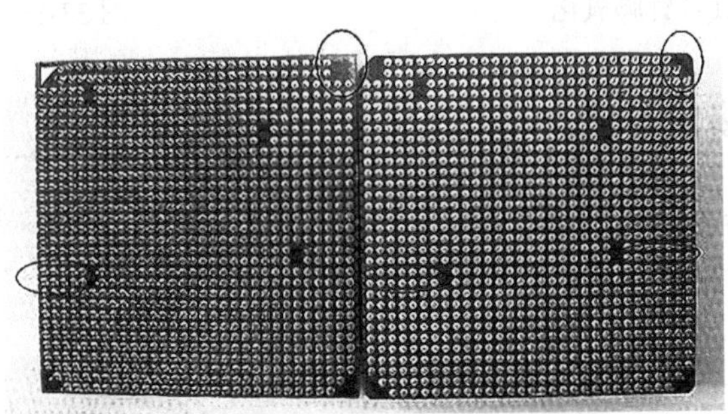

图 33-13　CPU939 和 940 插座的对比

如果把 CPU 放在插座上，CPU 不能自由滑入插座的话，千万不要用力按压。应检查 CPU 与插座是否匹配，插座或 CPU 针脚上是否有异物等，如图 33-14 所示。

图 33-14　CPU 插座

33.7.2 CPU 针脚损坏

CPU 针脚是焊在 CPU 基板上的，在很长时间不用后容易出现发黑、发绿、生锈、氧化等变化，用细毛刷或牙刷轻轻地刷可以解决这些问题。如果还不能解决的话，说明腐蚀得比较严重，只能更换 CPU 了，如图 33-15 所示。

如果针脚弯曲可以用小镊子轻轻掰正，但一定要注意不要用力过大掰断了针脚，如图 33-16 所示。

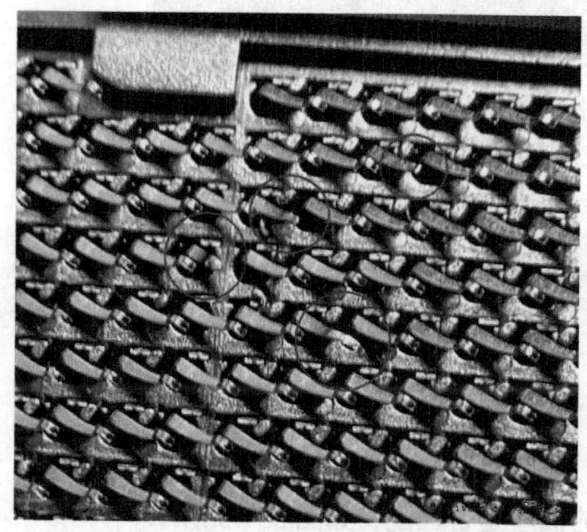

图 33-15 CPU 针脚氧化

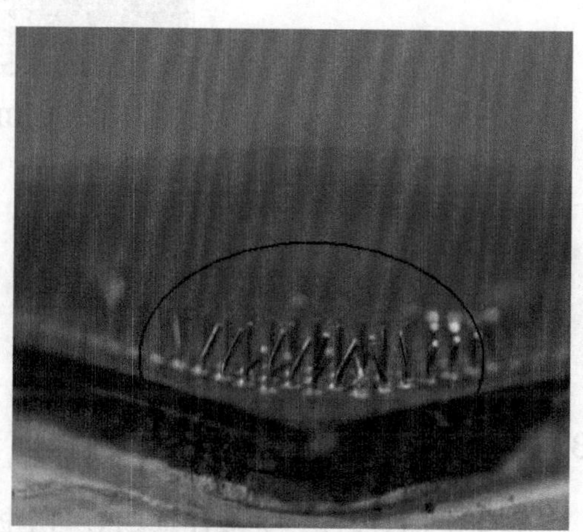

图 33-16 针脚弯曲

33.7.3 异物导致接触不良

异物导致接触不良主要是灰尘、硅胶、机油等进入了 CPU 插座。如果是灰尘较多，可以用风枪、吸尘器或皮老虎等吹出灰尘，如图 33-17 所示。

图 33-17 皮老虎吹灰尘

如果是硅胶进入 CPU 插座，可以用针挑出插孔里的硅胶。

如果是机油进入插座就必须更换主板上的 CPU 插座了。不过主板更换 CPU 插座对焊接技术要求非常高，而且问题复发的几率也很高，不如直接更换主板。

33.8 动手实践：CPU 典型故障维修实例

33.8.1 电脑无法开机

故障现象：一台新装的 AMD 四核电脑，安装好后发现开机黑屏，无法启动。

故障分析：导致无法开机的原因有几种。

1）CPU 没有安装好。

2）其他硬件没安装好。

3）CPU 损坏。

4）ATX 电源不供电。

5）显示器无法显示。

询问使用者得知，CPU 是新换的，其他硬件都没有更换过。推断是 CPU 故障导致的无法开机。

维修方法：断开电源，打开机箱。观察发现 CPU 与插座间有缝隙，推断为 CPU 安装问题。拆下 CPU 发现一根针脚弯曲，可能是安装时针脚插在插座外导致的。用镊子小心掰直，重新安装后问题排除。

33.8.2 电脑清除灰尘后老是自动重启

故障现象：一台 Intel 奔腾双核电脑，使用两年多一直稳定。最近清理过一次灰尘，现在突然出现开机不久就自动重启的现象。

故障分析：导致电脑自动重启的原因有几种。

1）CPU 接触不良。

2）CPU 过热，导致过热保护自动重启。

3）ATX 电源故障，导致供电不足。

4）主板供电电路故障，导致供电不良。

5）市电电压不稳，瞬时峰值过高，导致电脑损坏。

6）电磁干扰使电脑的电信号受损，导致电脑重启。

询问使用者后得知，电脑是在清理了一次灰尘后出现这种情况的。判断故障为 CPU 接触不良或散热器接触不良所导致。

维修方法：从先易后难的角度，首先排查散热器。断开电源，打开机箱后发现散热器一端未卡住散热底座，散热器与 CPU 之间有缝隙。将散热器重新安装好后进行测试，重启问题排除。

33.8.3 电脑自动关机

故障现象：一台 AMD 双核电脑，最近电脑有时候自动关机，时间不确定，有时几分钟关一次，有时几小时关一次。关机后按电源开关一次不管用，需要按两次电源开关才能再开机。

故障分析：导致自动关机的原因有几种。

1）CPU 过热。

2）CPU 接触不良。

3）供电不良。

4）有部件损坏。

从故障现象分析，可能是由部件工作不正常导致的。

维修方法：

1）用代替法从简到难，替换电源、内存、CPU，但问题没有解决。

2）怀疑是主板故障，替换主板后问题解决。

3）从外观上无法判断主板故障，推断有可能是 CPU 插座虚焊造成的故障。

33.8.4 Intel 主板的睿频功能没打开

故障现象：一台 Intel i5 四核电脑，用软件测试 CPU，发现 CPU 无法使用睿频加速功能。

故障分析：Intel 新的 i7、i5 CPU 带有睿频加速功能。有的主板不默认打开睿频，需要在 BIOS 设置中打开。

维修方法：打开电脑，进入 BIOS，在“Advanced CPU Core Features”选项中找到“Intel Turbo Boost Tech”选项，设为“Enabled”。保存并退出 BIOS，重启后，睿频加速功能打开。

33.8.5 三核 CPU 只显示为双核

故障现象：一台 AMD 三核速龙 II X3 450 电脑，用软件测试 CPU，发现在设备属性中显示为双核。

故障分析：确定 CPU 为三核后，推断可能是 BIOS 不支持三核，或 BIOS 设置中屏蔽了三核。

维修方法：开机进入 BIOS，查看 ACC（Advanced Clock Calibration）选项，发现主板没有该项。判断主板不支持开核，所以可能是 BIOS 版本不适应该 CPU。升级 BIOS 后问题排除。

33.8.6 AM3 CPU 搭配 DDR3 1333，内存频率仅有 1066MHz

故障现象：一台 AMD 双核电脑，内存是 2GB 金士顿 DDR3 1333。用软件测试内存，实际内存频率仅有 1066MHz。

故障分析：使用 AM3 接口的 CPU 中，只有中高端 CPU 才能支持 DDR3 1333，低端 CPU 由于构架的限制，即便搭配 DDR3 1333 也只能在 1066MHz 下运行。

33.8.7 电脑噪声非常大，而且经常死机

故障现象：一台 Intel 酷睿 i3 双核电脑，最近电脑噪声非常大，而且经常死机。

故障分析：造成电脑噪声大的原因有几种。

CPU 散热风扇转动不良。

机箱风扇转动不良。

硬盘出现坏道，磁头无法读取盘片数据。

电脑中病毒，导致 CPU 长期高负载运行，散热器长时间高转速散热。

系统故障导致散热器风扇长期高速转动。

维修方法：

1）打开电脑机箱，查看机箱内风扇，发现 CPU 散热器风扇松动。

2）仔细查看 CPU 散热器，发现散热器底座的塑料卡子折了一个。

3）更换 CPU 散热器底座。

4）开机再试，故障没有再出现。

33.8.8　更换散热器后电脑启动到一半就关机

故障现象：一台 Intel i7 六核电脑，升级时更换了散热器，然后再开机提示风扇转速低，跟着就自动关机了。

故障分析：询问使用者得知，BIOS 设置未做过更改。推断可能是散热器安装不正确导致故障。

维修方法：

1）断开电源，打开机箱。观察发现，散热器电源插在了机箱风扇电源接口上。

2）华硕主板上机箱散热风扇插座“CASE FAN”和 CPU 散热器插座“CPU FAN”在一起，容易插错。

3）将插头换到“CPU FAN”插座上，再开机测试，故障没有再出现。

33.8.9　CPU 超频后一玩游戏就死机

故障现象：一台 AMD 四核电脑，可以正常开机，但一玩大型游戏就死机。

故障分析：询问使用者得知，电脑为超频使用。有的 CPU 超频后可以正常使用，但当运行大型程序时，CPU 的负载会非常高，用电也会大幅增加。不稳定或死机就表示 CPU 超频失败或超频过高，应立即改回原来设置。

维修方法：开机进入 BIOS，直接选择“LOAD SETUP DEFAULTS”恢复默认设置，开机测试后问题排除。判断是超频失败。有时超频失败了，但还是可以开机启动的，但在 CPU 高负载时就会出现不稳定或死机故障。

33.8.10　重启后不能开机

故障现象：一台神舟双核电脑，最近出现故障，开机运行没有问题，一旦重启就不能开机了。

故障分析：根据现象分析可能是主板供电系统问题，或者其他硬件有接触不良等问题。

维修方法：用替换法检查发现主板、显卡、内存都没有问题。检查 CPU 时，发现 CPU 的针脚上有氧化现象。用砂纸将 CPU 针脚上的氧化部分磨掉，再装好电脑，开机测试，故障没有再出现。

第34章 快速诊断内存故障

在电脑出现问题时，超过70%是内存故障造成的。笔者曾经遇到过一天内维修的电脑全部是内存故障的情况。

内存故障相对是比较容易处理的，看过前面基础知识就会知道，内存本身是不太容易出现问题的，否则就是质量太差。内存故障中又有大部分是连接问题，通常重新插拔一下就能解决。如果解决不了，就本章介绍的方法检测维修内存故障。

34.1 内存故障现象分析

内存出现问题时，故障现象还是很明显的。我们来分析一下故障现象和原因。

1）无法开机，按下电源按钮后电脑无法启动，还发出“嘟、嘟”的报警声。这是由于内存条与插槽之间接触不良、内存金手指氧化、插槽上尘土过多或有异物等原因造成的。

2）开机后无法进入系统、经常死机。这是由于CMOS中内存的设置不正确引起的。CMOS中的工作参数设置对电脑设备非常重要，一旦设置了错误的参数就会出现电脑不能正常工作的情况。

3）内存容量减少、启动Windows时反复重启、出现“注册表损坏”或“非法错误”等问题。这是由于内存与主板不兼容造成的。

4）无法开机，无提示音。这可能是内存损坏造成的。

34.2 内存故障判断流程

内存是电脑中重要的部件，作用是为CPU提供工作空间。就像我们做饭的时候，炒菜是在炒锅上进行的，但肉、菜、辅料都是放在操作台上的，这个操作台就是内存。如果不事先将需要的材料放在操作台上，等做的时候再去冰箱里拿，势必会延误炒菜的时间。

内存一旦出现故障，就会造成电脑死机、无法启动等情况。怎样检测内存是否出现故障呢？我们可以由简入繁，按照以下流程判断：

1）打开电脑，看能否正常开机。

2）如果不能开机，首先检查连接问题，因为大部分内存问题都是内存条没插好或金手指氧化造成的。可重新插拔、更换其他插槽。如果是多条内存条，应该一条一条地试。

3）重新插拔也不能解决问题，可以用替换法，将内存条插在别的电脑上测试，检测内存条本身是否能用。如果能用就是兼容性问题，不能用就是内存条本身的问题。

4）如果能开机，查看内存容量是否与实际一致。如果不一致，查看系统和主板支持的内存的最大值，如果不是系统和主板造成的内存比实际容量小，就可以初步判断是内存不兼容造成的。

5）如果能开机且容量正常，但使用时频繁死机，应该检查内存条是否过热。用手触摸内存条表面，感觉其温度。内存过热有两方面原因，一是电压过高，检查内存是否超频；二是内存本身质量问题，虚焊、氧化、破损等都有可能造成内存短路或过热。

34.3 内存故障诊断方法

34.3.1　通过 BIOS 报警声判断内存故障

根据 BIOS 的报警声判断系统故障是比较常用的方法。一般来说，对 BIOS 的报警声含义清楚明了，也就能判断出系统故障的大致范围。对于 AWARD、AMI 和 Phoenix 这 3 种常见的 BIOS 来讲，会根据不同故障部位发出不同的报警声。用户通过这些不同的报警声，可以对一些基本故障进行判断。以下为不同 BIOS 内存问题的报警声及含义。

1）AWARD 的 BIOS 设定如下。

长声不断地响：内存条未插紧。

1 长 1 短：内存或主板错误。

2）AMI 的 BIOS 设定如下。

1 短：内存刷新故障。

2 短：内存 ECC 校验错误。

1 长 3 短：内存错误。

3）Phoenix 的 BIOS 设定如下。

4 短 3 短 1 短：内存错误。

34.3.2　通过自检信息判断内存故障

在自检过程中，出现“Memory Test Fail”提示，说明内存可能存在接触不良或损坏的问题。

34.3.3　通过诊断卡故障码判断内存故障

利用诊断卡故障码，也可以确定是否是内存问题引起的系统故障。一般情况下，C 开头或者 D 开头的故障码都代表内存出现了问题。中文诊断卡可以直接显示出现的故障原因，如图 34-1 所示。但需要注意的是，诊断卡只是给出一个处理故障的方向，最终确定具体故障原因还需要其他方法去判断。

图 34-1 中文诊断卡显示内存故障码

34.3.4 通过内存外观诊断内存故障

检查内存故障，首先用观察法，检查内存是否存在物理损坏。观察内存上是否有焦黑、发绿等现象，内存表面器件是否有缺损或者异物，内存的金手指是否有缺损或者氧化现象。如果有这些故障现象，则说明内存有问题，可以用替换法进一步检测确认故障问题。图 34-2 展示了内存的部分故障。

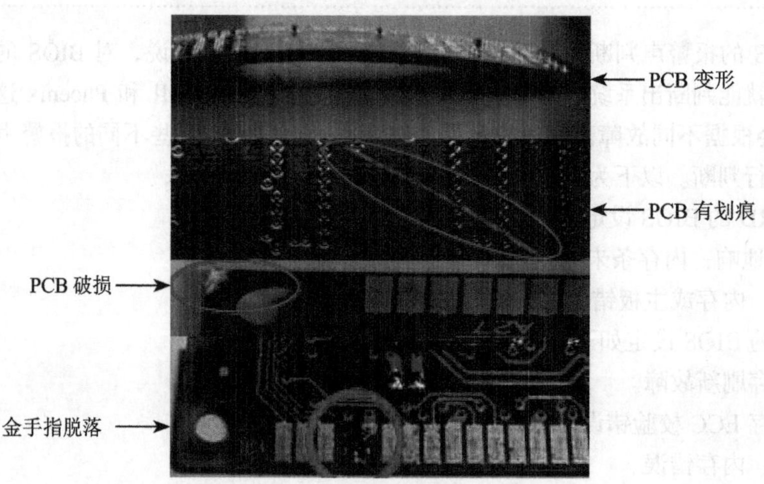

图 34-2 内存的物理损坏

34.3.5 通过内存金手指和插槽诊断内存故障

内存的金手指被氧化，或者内存插槽内有异物、破损，都会引起内存接触不良的问题，如图 34-3、图 34-4 所示。

内存与主板接触不良，常常会导致电脑黑屏的现象。处理这类问题比较简单，排除内存物理损害的情况下，对内存的金手指和内存插槽进行清洁即可。

处理内存金手指被氧化的方法有：

1）用橡皮轻轻擦拭金手指表面，不仅可以去除灰尘，还可以清除金手指被氧化的现象。

2）铅笔里面的碳成分具有导电性，用它擦过金手指后可使金手指具有更好的导电接触。

3）用小棉球蘸无水酒精擦拭金手指，清理完之后要等内存上的酒精干燥后再进行安装。

4）砂纸可以去除氧化层，但是在擦的时候要注意力度，否则会损坏金手指。

对于内存插槽，主要采用毛刷或者用风扇等工具清理其中的灰尘。注意，不要用热吹风机，这有可能会对系统的物理元件造成损害。

图 34-3 内存金手指被氧化

图 34-4 内存插槽存在破损或异物

34.3.6 通过替换法诊断内存兼容性问题

内存出现的兼容问题主要发生在更换硬件或者添加硬件之后。

所以，检测此类问题常常用替换法，即换回原来的硬件，或者将新添加的硬件去除。如果系统故障解决，则说明是更换或者添加的新硬件与原系统不兼容导致的故障。

第 1 种常见的情况是主板与内存的不兼容。多发生在高频率的内存用于某些不支持此频率内存的旧主板上。所以在添加或者更换内存条的时候，一定要事先搞清楚主板所支持的内存参数。

主板与内存不兼容常常会出现系统自动进入安全模式的状况。

第 2 种情况是内存之间的不兼容。由于采用了几种不同芯片的内存条，各内存条速度不同会产生一个时间差，从而导致系统经常出现死机的现象。对此可以尝试采用在 BIOS 设置内降低内存速度的方法予以解决，如图 34-5 所示。

图 34-5 内存不兼容问题

34.3.7 通过恢复 BIOS 参数设置诊断内存故障

由于更改了 BIOS 的设置，而使内存工作不正常，也会导致黑屏和死机等系统故障。进入 BIOS 设置之后，查看 BIOS 中的内存参数设置，图 34-6 所示。采用恢复 BIOS 的方法，恢复内存参数设置，可以帮助解决非硬件故障引起的内存问题。

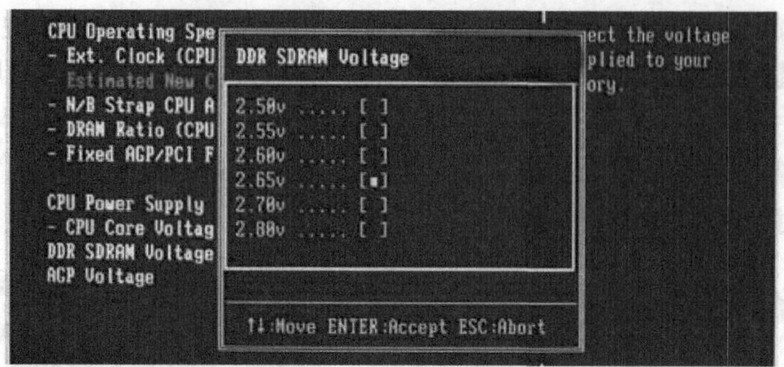

图 34-6 内存参数设置

动手实践：内存典型故障维修实例

34.4.1 DDR3 1333MHz 内存显示只有 1066MHz

故障现象：一台 Intel i3 双核电脑，内存是 2GB 金士顿 DDR3 1333MHz。进入系统，用软件查看内存频率，1333MHz 的内存在系统内显示只有 1066MHz。

故障分析：以前的内存频率是主板决定的，而 Intel i3 CPU 与之前的不同点是，CPU 内集成了内存控制器，内存频率由 CPU 决定。Intel i3 所支持的内存频率只有 800MHz 和 1066MHz。

维修方法：CPU 本身限制了内存的频率，如果不超频是不能调整为 1333MHz 的。但超频就会带来不稳定，所以推荐就在 1066MHz 下使用。

34.4.2 内存升级为 4GB，自检却只有 3GB

故障现象：一台联想双核电脑，升级电脑时，将内存从 2GB 升级为 4GB，但开机自检时却显示内存只有 3GB。

故障分析：一些老的主板（比如 Intel 的 X38、X48、P35、P45 等）最大只支持 3GB 内存，另外 Windows 的 32 位系统最多只支持 3.6GB 内存。

维修方法：如果内存本身没有问题，更换主板和操作系统就能支持更大的内存容量了。

1）用替换法，检测发现内存没有问题。

2）用户暂时不希望换主板，所以只能把 4GB 内存当 3GB 使用。

34.4.3 双核电脑无法安装操作系统，频繁出现死机

故障现象：新装一台 AMD 四核电脑，安装系统时频繁死机。

故障分析：由于电脑无法安装操作系统，且频繁死机，因此故障应该是硬件方面的原因引起的。造成此故障的原因主要有：

1）内存接触不良或不兼容。

2）显卡接触不良。

3）CPU 没装好。

4）主板故障。

5）ATX 电源问题。

维修方法：此类故障一般首先用替换法进行检查。

1）用替换法分别检测内存、显卡、主板、CPU 等部件。更换内存后，电脑故障消失，看来是内存有问题。

2）仔细查看原先的内存，发现 PCB 上有一处断裂，导致 PCB 上的金属导线断路。

3）更换内存后，故障排除。

34.4.4 无法正常启动，显示器黑屏，并发出不断长响的报警声

故障现象：一台宏碁双核电脑，以前使用一直很正常，今天突然开机后无法正常启动，显示器黑屏，并发出不断长响的报警声。

故障分析：由于电脑发出不断长响的报警声，根据报警声推断电脑故障是由内存问题引起的。

维修方法：此类故障应重点检查内存方面的原因。

1）关闭电源，然后打开机箱检查。

2）打开机箱后，发现机箱中灰尘很多。

3）清理机箱中的灰尘，并将内存金手指上的灰尘清理干净。

4）开机测试，发现电脑可以启动，故障排除。

5）判断这是灰尘导致内存接触不良引起的故障。

34.4.5 清洁电脑后，开机出现错误提示，无法正常启动

故障现象：一台神舟电脑，对电脑内部的灰尘进行清洁后，发现电脑开机无法启动，出现“Error: Unable to Control A20 Line”的错误提示。

故障分析：提示是 A20 地址线无法使用，根据故障现象分析，此故障应该是硬件有问题引起内存不能读取。可能是清洁电脑时导致的某个硬件接触不良。造成此故障的原因主要有：

1）内存接触不良。

2）内存损坏。

维修方法：此类故障应首先检查硬件连接方面的原因。

1）关闭电脑电源，然后打开机箱检查电脑中内存等硬件设备，发现内存没有完全安装进内存插槽中。

2）将内存重新安装好，开机检测，故障排除。

34.4.6 更换了一条 4GB 的内存后，自检时只显示 2GB 的容量

故障现象：一台 Intel 赛扬双核电脑，原先的内存为 2GB，使用一直正常。但更换为 4GB 的内存后，自检时只能检测到 2GB 的容量。

故障分析：此故障应该是内存或主板兼容性问题引起的。造成此故障的原因主要有：

1）内存不兼容。

2）主板问题。

3）主板 BIOS 设置问题。

维修方法：如果是主板支持内存，一般可通过升级 BIOS 和修改注册表中的键值来修复。

1）用替换法检测内存，发现 4GB 的内存正常，在另一台电脑中可以显示 4GB 的容量。

2）检查主板，发现此型号的主板支持的最大内存为 2GB，所以是主板不支持引起的容量问题。

3）升级主板的 BIOS 程序。升级后进行测试，发现内存显示正常，故障排除。

34.4.7 增加一条内存后，无法开机

故障现象：一台 Intel 酷睿 i3 双核电脑，在对其进行升级后，向电脑中增加了一条威刚 2GB 内存。但安装好增加的内存后，发现电脑无法开机，显示器没有显示，电源指示灯亮。

故障分析：根据故障现象分析，因为在添加内存前电脑工作正常，所以推断故障可能是升级内存引起的。造成此故障的原因主要有：

1）内存与主板不兼容。

2）两条内存不兼容。

3）内存接触不良。

4）内存损坏。

5）其他部件接触不良。

维修方法：对于此故障应首先检查内存方面的原因。

1）打开机箱将新增的内存取下，然后开机检查，发现电脑又可以正常开机。

2）再装上新增的内存，并卸下原先的内存，然后开机测试，发现同样可以开机。看来是两条内存不兼容引起的故障。

3）仔细检查新增的内存，发现与原内存不是一个品牌的。更换一根与原内存同品牌、同规格的内存后，开机测试，故障排除。

34.4.8 新装的电脑运行较大的游戏时死机

故障现象：新组装 AMD 八核电脑，启动时没有问题，但时间长了或运行较大的游戏时会死机。

故障分析：由于电脑是新装的，排除软件方面的原因。造成此故障的原因主要有：

1）CPU 过热。

2）硬件间不兼容。

3）ATX 电源有问题。

维修方法：此类故障应首先检查 CPU 过热方面的原因，然后再检查其他方面的原因。

1）打开机箱，启动电脑运行大游戏，当死机时用手触摸 CPU 散热片，发现散热片温度很低。

2）用替换法检查内存、显卡、CPU、主板等部件，发现原先电脑中的硬件都是正常的，但在测试内存时，发现内存的芯片温度较高。

3）查看发现，因为八核 CPU 发热大，所以配了一台大功率散热器，但是散热器在安装时，没有将出风口对着上下，而是对着左右。这就导致了散热器吹出的热风全都吹在了内存上，使得内存迅速升温，从而导致死机。

4）将散热器取下重新安装，将出风口对着上下。

5）开机再试，问题解决了。

34.4.9 电脑最近频繁出现死机

故障现象：一台 AMD 双核电脑，使用了一年多，以前工作很正常，最近频繁出现死机，无法正常使用。重新安装系统后也没有用。

故障分析：由于电脑重新安装了系统，因此可以排除病毒和系统等软件方面的原因。造成此故障的主要原因有：

1）CPU 过热。

2）内存氧化。

3）ATX 电源有问题。

4）主板有问题。

维修方法：此类故障一般首先检查 CPU 过热的原因，然后检查硬件兼容方面的原因。

1）打开机箱检查 CPU 风扇，发现 CPU 风扇上有很多灰尘，但运行正常。

2）用手触摸 CPU 散热器，感觉温度不高。

3）清理电脑中的灰尘，然后开机测试，故障依旧。

4）怀疑灰尘导致电脑部件接触不良，接着清洁内存、显卡等设备，清洁后安装好。

5）开机测试，故障消失。推断是灰尘导致内存、显卡等接触不良，从而造成死机。

34.4.10 电脑经过优化后，频繁出现“非法操作”错误提示

故障现象：一台组装电脑，主板为微星主板，最近对 BIOS 进行优化后，发现电脑频繁出现“非法操作”提示。

故障分析：此故障应该是优化 BIOS 后，电脑操作系统或硬件运行不正常引起的。由于电脑在 BIOS 优化前使用正常，可以认为电脑操作系统等软件方面没有问题。造成此故障的原因主要有：

电脑超频。

内存问题。

系统问题。

感染了病毒。

主板问题。

维修方法：此类故障应首先检查 BIOS 方面的原因，然后检查其他方面的原因。

1）检查 BIOS 设置中的内存设置，一般内存设置不当也会引起系统问题。

2）开机时按 Del 键进入 BIOS 程序，然后选择 Advanced Chipset Features（芯片组特性设置），并检查内存的设置项，发现 CAS Latencey Control（内存读写延迟时间）选项被设置为 2。一般设置为 2.5 或 3 比较合适。

3）更改设置为 2.5，保存并退出，然后重启电脑进行测试，发现故障消失。看来是优化 BIOS 设置时，内存设置不当引起的故障。

第35章 快速诊断硬盘故障

硬盘是一个容易出现故障的设备，但大多数硬盘故障都可以通过使用专用软件或系统自带程序进行修复，这种可以通过软件修复的故障我们称为软故障。

硬盘自身芯片或元件的损坏事实上是很难维修的，简单的芯片损坏或端口故障可以通过更换来解决。这种由硬盘硬件损坏带来的故障，我们称为硬故障。

当硬盘出现故障时，如何保住硬盘中的数据，比如何维修硬盘更为重要。本章中的数据恢复部分就是讲解这个问题。

35.1 硬盘故障分析

硬盘故障主要有以下几个方面。

1）硬盘坏道：由于使用不当或非法关机而造成坏道，导致系统文件损坏、丢失，电脑无法启动。

2）硬盘供电故障：由供电电路故障导致的硬盘不通电、盘片不转、磁头不寻道等故障。主要出现在插座接线柱、滤波电容、二极管、三极管、场效应管、电感、保险电阻等地方。

3）分区表丢失：这多数是由病毒破坏造成的，分区表损坏丢失会导致系统无法启动。

4）接口电路故障：硬盘的接口是硬盘与主板之间的数据通道，接口电路故障会导致无法识别硬盘、参数错误、乱码等错误。接口电路故障主要是接口芯片或晶振损坏、接口插针断，以及虚焊、脏污、接口排阻损坏等。

5）磁头芯片损坏：磁头芯片是磁头组件上容易出现故障的部分，主要用于放大磁头信号、磁头逻辑分配、处理电磁线圈电机反馈信号等。磁头芯片出现问题会导致磁头不能正确寻道、数据不能写入、无法识别硬盘、发出异响等故障。

6）电机驱动芯片：电机驱动芯片是用于主轴电机和电磁线圈电机上的控制部件，由于硬盘转速高、发热量大，所以很容易出现损坏。

7）其他部件损坏：其他容易损坏的部件包括主轴电机、磁头、电磁线圈电机、定位卡子等。

35.2 硬盘故障检测

35.2.1 SMART 自动诊断

SMART 是硬盘智能预先诊断故障功能，现在的硬盘都支持这个功能，可以在主板的 BIOS 中设置打开或关闭这个功能，如图 35-1 所示。

在 BIOS 中依次选择 Advanced BIOS Feature → HDD S.M.A.R.T. Capability 选项，Enabled 为打开功能，Disabled 为关闭功能。一般主板的 SMART 功能默认是关闭的，所以想要使用这个功能需要手动打开。如图 35-2 所示为 SMART 报警信息。

```
ROM PCI/ISA BIOS (<<P2B>>)
BIOS FEATURES SETUP
AWARD SOFTWARE, INC.

CPU Internal Core Speed       : 450MHz        PCI/VGA Palette
                                              Video   ROM BIOS
                                              C8000 - CBFFF
Boot Virus Deltection         : Disabled      CC000 - CFFFF
CPU Level 1 Cache             : Enabled       D0000 - D3FFF
CPU Level 2 Cache             : Enabled       D4000 - D7FFF
CPU Level 2 Cache ECC Check   : Enabled       D8000 - DBFFF
BIOS Update                   : Enabled       DC000 - DFFFF
Turbo Mode                    : Disabled      Boot Up NumLock
Quick Power On Self Test      : Enabled       Typematic Rate
HDD Sequence SCSI/IDE First   : IDE           Typematic Rate
Boot Sequence                 : A,C           Typematic Delay
Boot Up Floppy Seek           : Enabled       Security Option
Floppy Disk Access Control    : R/W
IDE HDD Block Mode Sectors    : Disabled
HDD S.M.A.R.T. capability     : Enabled       ESC : Quit
PS/2 Mouse Function Control   : Auto          F1  : Help
OS/2 Onboard Memory > 64M     : Disabled      F5  : Old Value
                                              F6  : Load BIOS
                                              F7  : Load Setu
```

图 35-1　SMART 功能

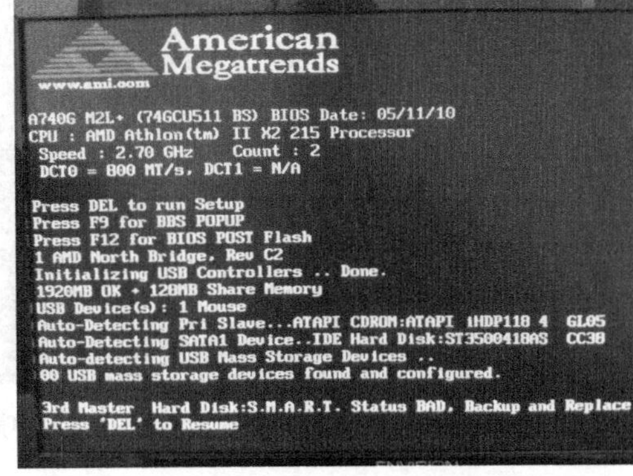

图 35-2　SMART 报警信息

SMART 功能用于在开机自检的时候自动检测硬盘的故障，如果检测出硬盘存在隐患，会提示用户备份数据，如图 35-3 所示。

```
3rd Master  Hard Disk:S.M.A.R.T. Status BAD, Backup and Replace
Press 'DEL' to Resume
```

图 35-3　SMART 提示硬盘错误

35.2.2 启动初期的硬盘检测

电脑启动过程中，BIOS 的检测程序会检测硬盘是否可用，这个过程可以分为两个部分判断。

启动初期自检程序要检测硬盘是否存在，如果这时出现"A disk read error occurred Press Ctrl+Alt+Del to restart""device error""error HDD Bad Press Any Key to restart"等提示信息，说明系统没有发现硬盘或发现硬盘不可用，如图 35-4 所示。这种情况通常是由于硬盘的物理损伤或连接不当造成的。

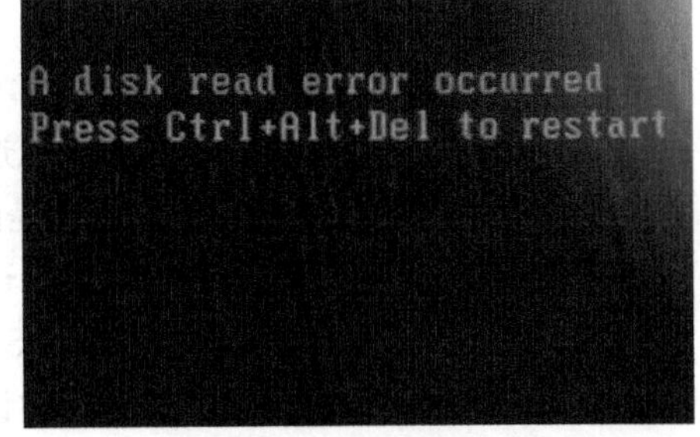

图 35-4　没有找到硬盘

35.2.3 启动中期的硬盘检测

自检中期会检测所有硬件设备，比如CPU、内存、显卡、硬盘等。这时如果出现蓝屏，并提示硬盘不正常，说明已经找到硬盘，但硬盘的逻辑区或初始化出现了故障。这通常是由于硬盘的逻辑坏道、非正常关机等原因造成的，一般可以通过软维修来恢复，如图35-5所示。

```
A problem has been detected and windows has been shut down to prevent damage
to your computer.

If this is the first time you've seen this Stop error screen,
restart your computer. If this screen appears again, follow
these steps:

Check to be sure you have adequate disk space. If a driver is
identified in the Stop message, disable the driver or check
with the manufacturer for driver updates. Try changing video
adapters.

Check with your hardware vendor for any BIOS updates. Disable
BIOS memory options such as caching or shadowing. If you need
to use Safe Mode to remove or disable components, restart your
computer, press F8 to select Advanced Startup Options, and then
select Safe Mode.

Technical information:

*** STOP: 0x0000007E (0xC0000005,0x9495A6D0,0x80F32F5C,0x80F32B40)

***    dxgkrnl.sys - Address 9495A6D0 base at 94939000, DateStamp 4a33572b

Collecting data for crash dump ...
Initializing disk for crash dump ...
Beginning dump of physical memory.
Dumping physical memory to disk:  50
```

图35-5 中期检测出现蓝屏

35.2.4 主板对硬盘的检测

主板POST程序对硬盘的检测包含几个方面，如果在自检阶段出现错误，可以从这几个方面来推测硬盘故障的原因。

- ❑ 硬盘驱动器复位。
- ❑ 硬盘控制器内部测试。
- ❑ 硬盘驱动器准备。
- ❑ 硬盘驱动器再定位。

自检阶段出现的错误多数都是在这几个方面出现的异常，可以根据提示信息来判断故障原因。

35.2.5 Windows对硬盘的检测

如果电脑接两块硬盘，有时会出现这样的现象，在开机自检时可以检测到两块硬盘，但到Windows中却只能看到一块硬盘。这是因为Windows自身对硬盘的要求比较高，即便自检程序检测到硬盘，Windows也可能不识别这块硬盘。

如果发生这种情况，可以打开DOS系统。很多Windows的安装光盘中都带有DOS工具，可在DOS中查看所有的硬盘。DOS的识别度比Windows要高，所以通常是可以检测到硬盘的，然后使用DOS中的硬盘修复工具对硬盘进行修复。

35.2.6　检测硬盘的工具软件

就算自检中没有发现硬盘的错误，也不能保证硬盘就没有问题，因为自检程序对硬盘的检测是很有限的，想要完全测试硬盘的好坏，还得通过专门的软件来进行。

1.Windows 自带的检测工具

在 Windows 中自带有硬盘检测工具，启动的方法是在想要扫描的分区上（比如 E 盘）单击鼠标右键→单击“属性”选项→在“属性”窗口中单击上面的“工具”标签→单击“开始检查”，会出现询问对话框，可以将“自动修复系统错误”和“扫描并尝试恢复坏扇区”多选框都选上。然后开始扫描，如图 35-6 ～图 35-8 所示。

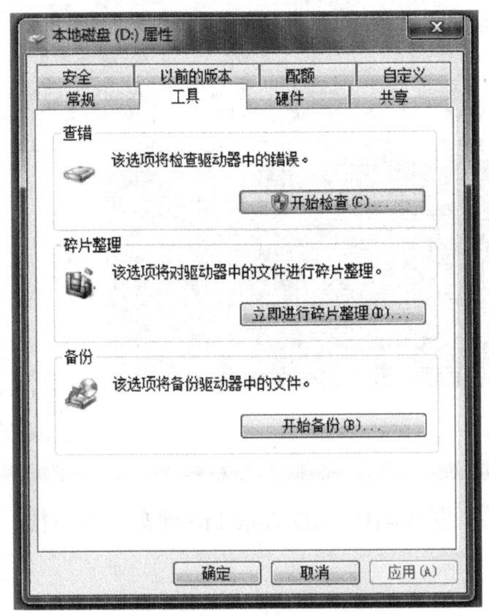

图 35-6　Windows 自带硬盘检测工具

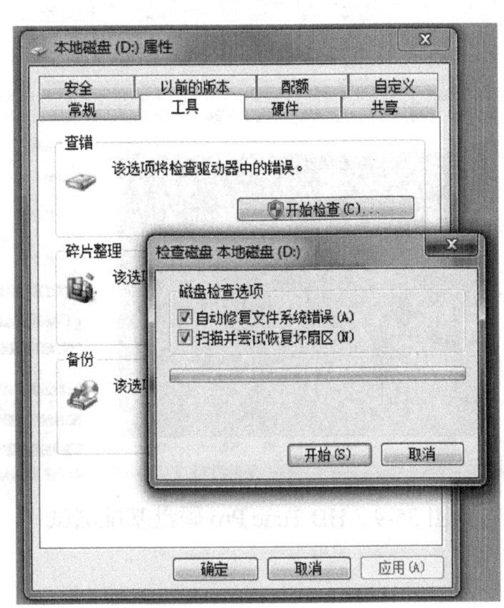

图 35-7　选择多选框可以扫描并修复硬盘错误

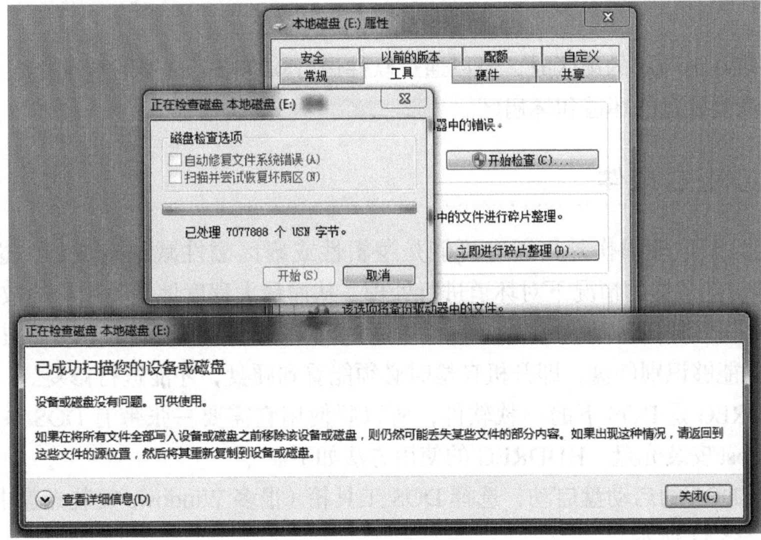

图 35-8　扫描过程

Windows 自带检测工具使用简单方便，但需要注意的是，不能对当前正在使用中的硬盘进行扫描，比如当前正在打开一个 E 盘中的文件，检测工具就会提示“无法扫描正在使用中的硬盘”。我们可以将打开的文件关闭，或重启电脑后不进行任何操作，再直接使用检测工具进行检测。

2.HD Tune Pro

HD Tune Pro 是一款专门检测硬盘的软件，主要功能有硬盘传输速率检测、健康状态检测、温度检测及磁盘表面扫描等。另外它还能检测出硬盘的固件版本、序列号、容量、缓存大小，以及当前的 Ultra DMA 模式。HD Tune Pro 也能对移动硬盘进行检测，功能全面，使用方便，用户可以在网上下载这款免费的软件，如图 35-9 和图 35-10 所示。

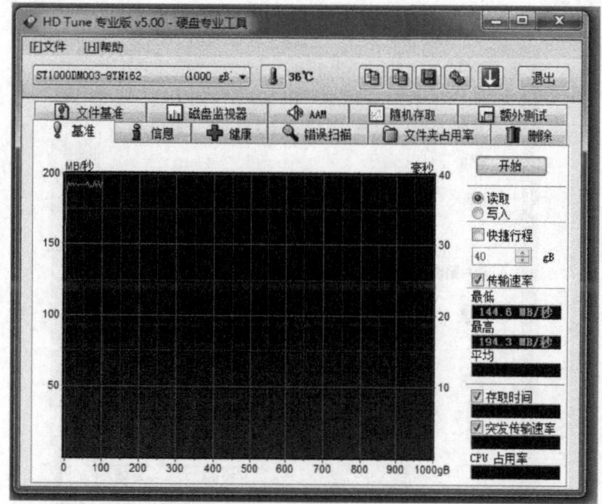

图 35-9 HD Tune Pro 硬盘基准测试

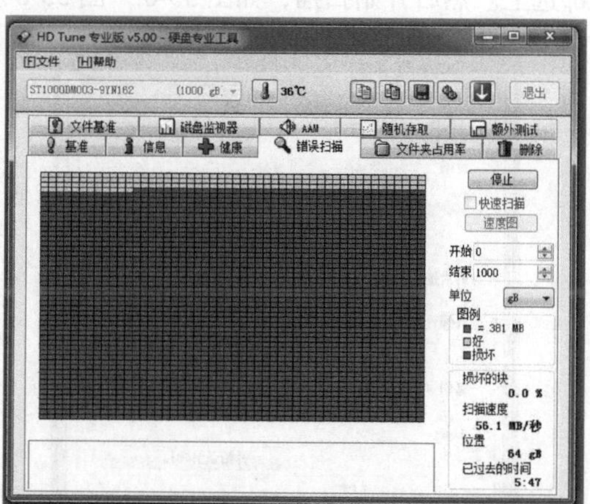

图 35-10 HD Tune Pro 硬盘错误扫描

35.3 硬盘软故障维修

当硬盘出现坏道与坏的扇区时，可以通过软件进行软维修。这里的重点介绍如何在不破坏数据的情况下恢复硬盘的坏道和坏扇区。

35.3.1 HDDREG 软件

硬盘坏道除了物理损伤外，还有可能是逻辑性或扇区磁性减弱造成的，这时可以使用 HDDREG 在不破坏数据的情况下对坏道进行处理，从而最大程度地挽救用户的数据。

HDDREG 是一款 DOS 下的软件，它可以通过反向磁化对扇区进行修复。HDDREG 需要主板 BIOS 检测能够识别硬盘，即开机自检时必须能看到硬盘，才能进行修复。

因为 HDDREG 是 DOS 下的一款软件，所以要使用它需要一张带有 DOS 系统的启动盘，比如常见的 Ghost 安装光盘。HDDREG 的使用方法如下。

1）用带有 DOS 的启动盘启动，选择 DOS 工具箱（很多 Windows 安装光盘中都带有 DOS 工具箱），如图 35-11 所示。

2）键入 HDDREG 然后按 Enter 键。

3）选择需要修复的硬盘，随即开始扫描，如图 35-12 所示。

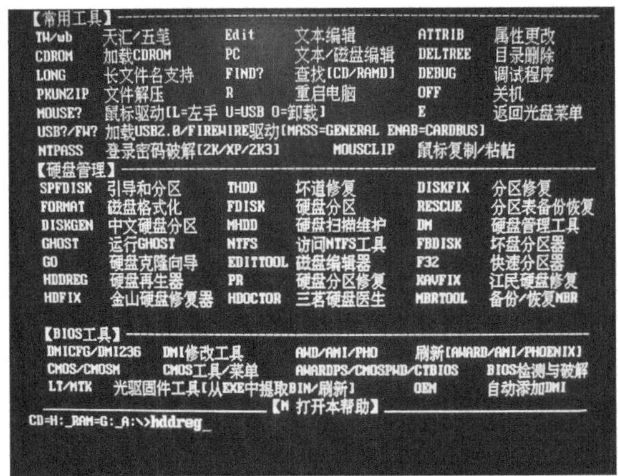

图 35-11 DOS 工具箱

4）修复过程中可以按 Ctrl+Break 键终止当前的修复进程，扫描界面如图 35-13 所示。

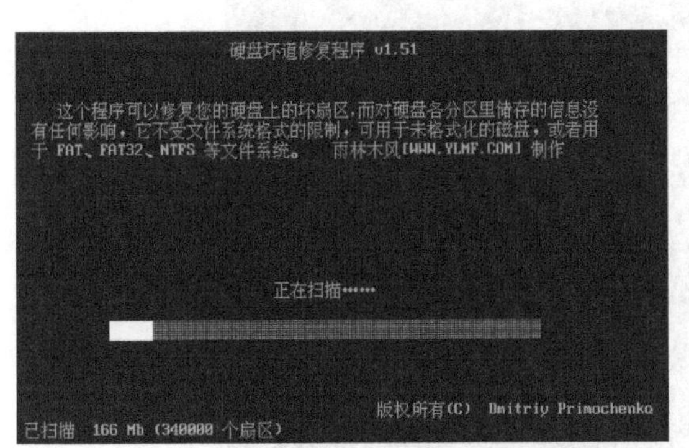

图 35-12 HDDREG 正在修复受损的硬盘

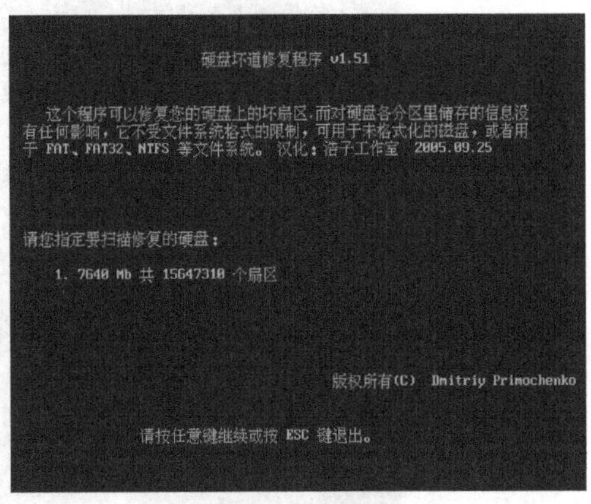

图 35-13 扫描界面

35.3.2 MHDD 软件

MHDD 是俄罗斯出品的一款软件，同样是在 DOS 下工作。它能检测 IDE、SATA、SCSI 等硬盘。MHDD 对硬盘的操作完全符合 ATA/ATAP 规范，可以进行硬盘信息检测、SMART 检测、坏道检测、解密、清除数据、屏蔽坏道、改变容量等操作。与 HDDREG 不同的是，MHDD 不管主板 BIOS 是否自检识别到硬盘，都可以对硬盘进行修复。

MHDD 工作在 DOS 环境，内置了目前大部分主板南桥芯片驱动和 Adaptec SCSI 卡驱动程序，即使硬盘坏到主板 BIOS 无法识别（在 BIOS 中显示为 NONE），依靠它自身的驱动也能检测到硬盘，这个功能对检测中病毒的硬盘非常实用。MHDD 还提供了对 PC3000ISA（俄罗斯著名的硬盘修理工具）扩展卡的支持。

使用 MHDD 时，必须将硬盘（IDE）跳线设置为主硬盘，因为 MHDD 屏蔽了从硬盘（Slave）的检测。MHDD 的使用方法是：

1）用带有 DOS 的启动盘启动，选择 DOS 工具箱。

2）键入“mhdd”，然后按 Enter 键，如图 35-14 所示。

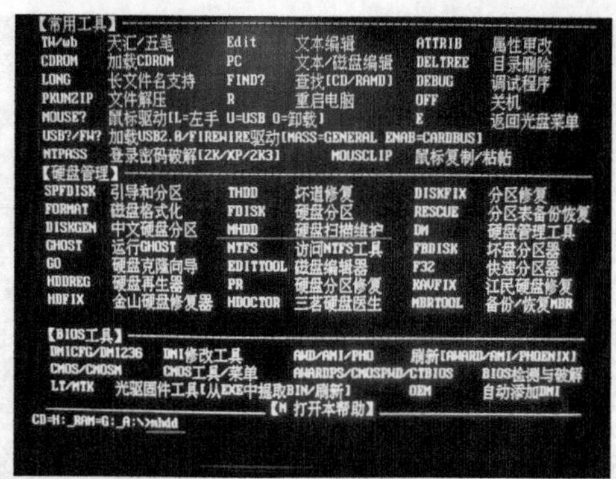

图 35-14 DOS 工具箱

3）在 MHDD 中键入“port”命令，可以列出本机当前的 IDE、SATA、SCSI 硬盘，如图 35-15 所示。如果 PC3000 卡上连接了待检测硬盘也可以显示出来。

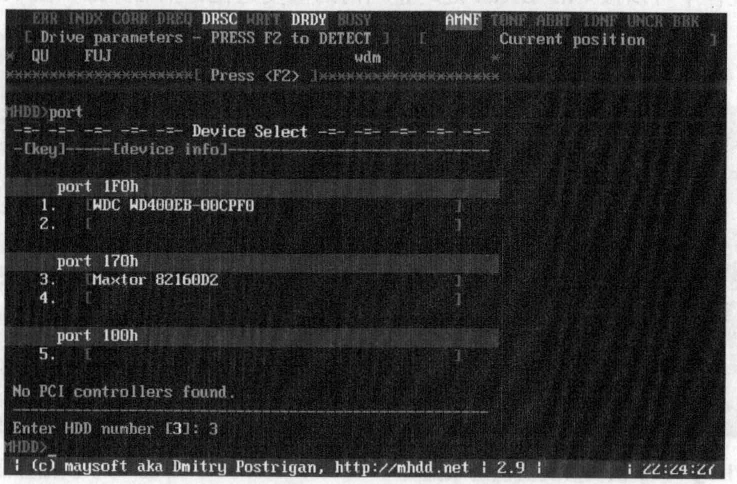

图 35-15 MHDD 检测出的本机硬盘

4）SCAN 命令是对硬盘进行扫描并修复，其中有很多参数可供选择。

- ❑ Start LBA：设定开始扫描的 LBA 值。
- ❑ End LBA：设定结束扫描的 LBA 值。
- ❑ Remap:On/Off：是否修复扇区，On 为修复。
- ❑ Timeout（Sec）：设定超时。
- ❑ Spin Down after scan：扫描结束后关闭硬盘马达。这是扫描结束后关闭硬盘的设置。

5）用户可以在开启扫描后离开电脑，扫描结束后由 MHDD 自动关闭硬盘。

- ❑ Loop test/repair：循环修复。主要用于修复顽固坏道。
- ❑ Erase Delays：删除等待。这是设置修复时的等待时间，如果这里设置成 On，修复的效果会比 Remap 更为理想，但是会造成数据的损坏，所以一般情况下不更改这项数值。
- ❑ 选择默认设置，开始扫描并修复整个硬盘，如图 35-16 所示。

6）扫描过程中可以按 Esc 终止扫描，并可以使用上下左右箭头控制扫描的进程，（↑）快进 2%；（↓）后退 2%；（←）后退 1%；（→）快进 1%。

7）检测结果对应的错误信息如下。

- ❑ AMNF：地址标记出错。
- ❑ T0NF0：磁道没找到。
- ❑ ABRT：指令被禁止。
- ❑ IDNF：扇区标志出错。
- ❑ UNC：校验 ECC 错误。
- ❑ BBK：坏块标记错误。

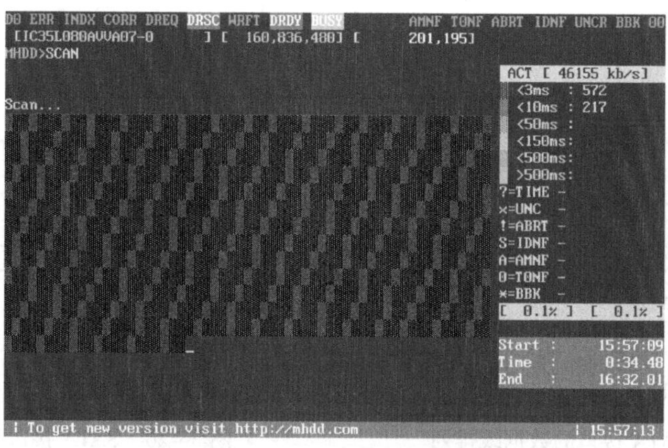

图 35-16　MHDD 扫描并修复硬盘

35.4 硬盘硬维修

35.4.1 接口故障维修

硬盘上有数据线和电源线两个接口，为了防止插错，接口上带有防插错结构，如图 35-17 所示。所以将数据线和电源线插反或插混的情况是不会发生的。

如果出现无法找到硬盘的情况，可以先试着重新拔插数据线和电源线，或者直接更换数据线和电源线，然后再开机检测，如图 35-18 所示。

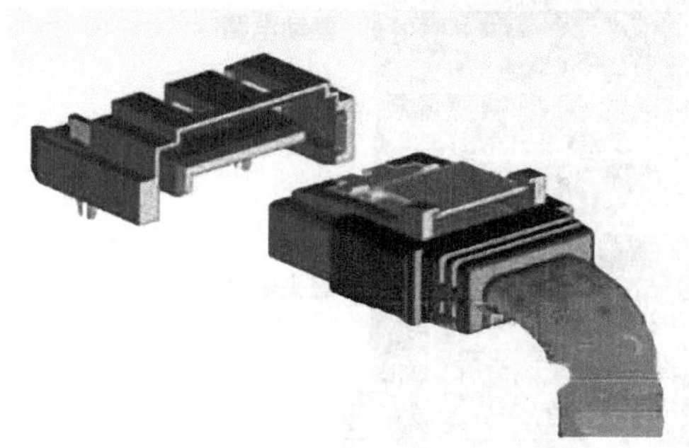

图 35-17　硬盘接口带有防插错结构

图 35-18　硬盘的数据线和电源线

如果不是线缆的问题，就要着重检查接口的问题了。测量接口的针脚时按照图 35-19 和

图 35-20 来进行。

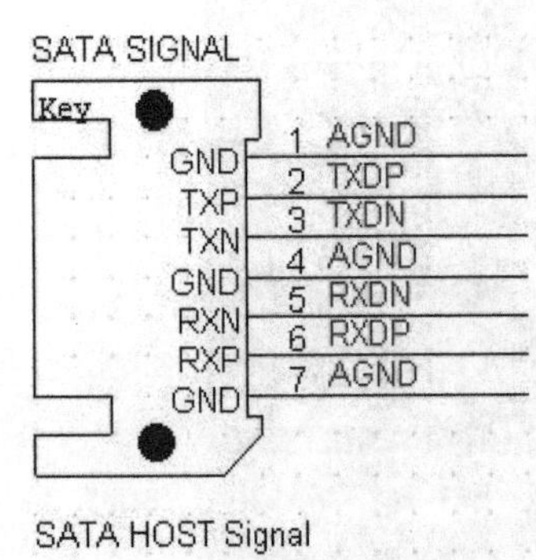

图 35-19 SATA 接口的数据线排列

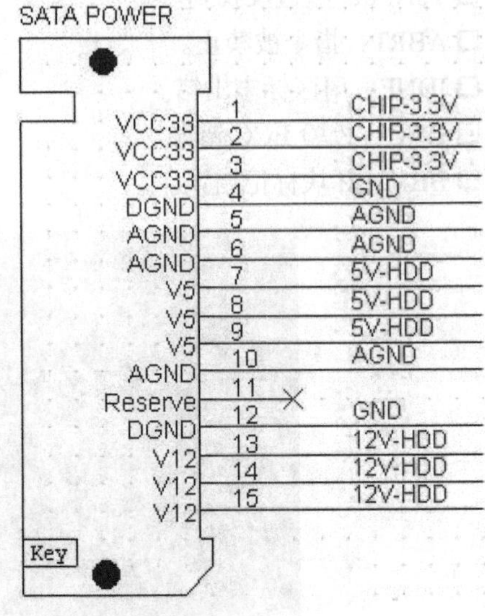

图 35-20 SATA 接口的电源线排列

35.4.2 元器件维修

排除线缆和接口问题后，就要对硬盘本身的元器件进行检测了。首先拆下硬盘背面的电路板，查看有没有烧坏的元件，比如电路板烧焦、烧黑、元器件破损断裂、芯片烧焦发黑或发白等。如果发现有问题元件，直接更换同型号元件即可。

如果从外观上无法判断故障出处，就要使用万用表对硬盘电路板进行一一测量，如图 35-21 所示。

对硬盘盘片和磁头的检测非常困难，因为硬盘内存是封闭式结构，一旦打开就不容易还原。而且磁头盘片之间结合得非常精密，稍有操作不当就会造成无法挽回的损失。所以检测硬盘内部时必须慎重而为，如图 35-22 所示。

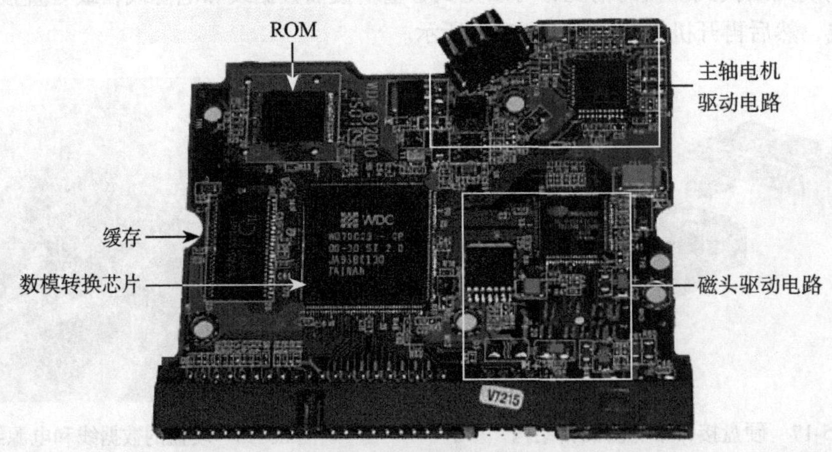

图 35-21 硬盘的电路板

图 35-22 硬盘内部

35.5 排除硬盘无法启动故障的办法

硬盘无法启动故障是指开机后无法从硬盘启动的故障。引起硬盘无法启动故障的原因非常多，一般由 CMOS 设置错误、硬盘数据线等连接松动、硬盘控制电路板、主板上硬盘接口电路或者盘体内部的机械部位、硬盘的引导区损坏、硬盘坏道导致电脑系统文件损坏或丢失、硬盘分区表丢失、硬盘的感染病毒、硬盘被逻辑锁锁住等引起。

硬盘无法启动故障又分为连接或硬盘硬件故障造成的无法启动故障、引导区故障造成的无法启动故障和坏道或系统文件丢失造成的无法启动等几种情况。

35.5.1 排除连接或硬盘硬件故障造成的无法启动

由于 CMOS 设置错误、硬盘数据线等连接松动、硬盘控制电路板、主板上硬盘接口电路或者盘体内部的机械部位出现故障，都会造成的硬盘无法启动。通常在开机后，屏幕中的 WAIT 提示停留很长时间，最后出现“Reset Failed（硬盘复位失败）”“Fatal Error Bad Hard Disk（硬盘致命性错误）”“HDD Not Detected（没有检测到硬盘）”或“HDD Control Error（硬盘控制错误）”等提示。

对于硬盘的硬件或连接故障可以按照以下方法进行检修：

1）开机后，屏幕中的 WAIT 提示停留很长时间，最后出现错误提示故障。首先检查 CMOS 中是否有硬盘的数据信息，由于现在的主板 BIOS 都是开机自动检测硬盘，所以如果 CMOS 中没有硬盘数据信息，则是主板 BIOS 没有检测到硬盘（如果主板 BIOS 不能自动检测硬盘，请手动检测）。

2）如果 BIOS 检测不到硬盘，接着听一下硬盘发出的声音，如果声音是“哒…哒…哒……”然后就恢复了平静，一般可以判断硬盘大概没有问题，故障原因可能在硬盘的设置或数据线连接或主板的 IDE 接口上。接着检查电脑中是否接了双硬盘，硬盘的跳线是否正确，检查硬盘数据排线是否断线或有接触不良现象，最好换一根好的数据线试试。如果数据排线无故障，检查硬盘数据线接口和主板硬盘接口是否有断针现象或接触不良现象，如有断针现象，接通断针即可。如没有断针，则将硬盘换一个 IDE 接口或在主板上接一个正常的硬盘来检测主板的 IDE 接口是否正常。

3）如果硬盘发出的声音是“哒…哒…哒…”，然后又是连续几次发出“咔哒…咔哒”的声响，则一般是硬盘的电路板出了故障，重点检修硬盘电路板中的磁头控制芯片。

4）如果硬盘发出“哒、哒、哒”或“吱、吱、吱”之类的周期性噪声，则表明硬盘的机械控制部分或传动臂有问题，或者盘片有严重损伤。这时可以将硬盘拆下来，接在其他的电脑上进一步判断。在其他电脑中通过 BIOS 检测一下硬盘，如果检测不到，那就可以断定是硬盘问题，需要检修硬盘的盘体（检修盘体一般需要超净间环境）。

5）如果听不到硬盘发出的声音，可以用手触摸硬盘的电机位置，看硬盘的电机是否转动，如果不转，则说明硬盘没有加电。接着检查硬盘的电源线是否连接好，电源线是否有电，如果电源线正常则是硬盘的供电电路出现故障，进而检测硬盘电路板中的供电电路元器件是否有故障。图 35-23 展示了硬盘的供电电路。

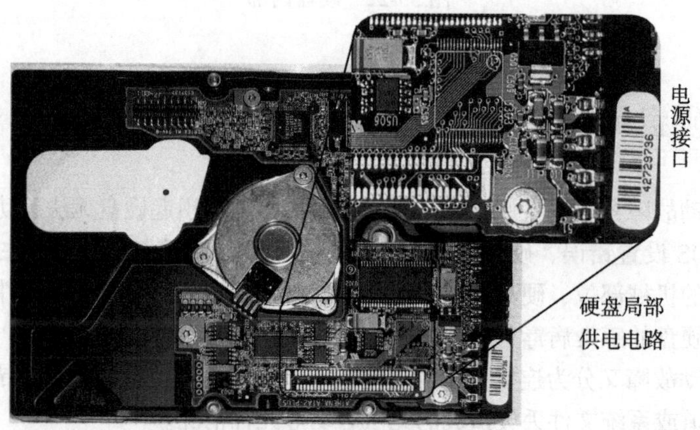

图 35-23 硬盘的供电电路

35.5.2 排除引导区故障造成的无法启动

由于硬盘损坏或引导区损坏造成无法启动，通常在开机自检通过后，没有引导启动操作系统，直接出现错误提示，如“Disk Boot Failure,Insert System Disk And Press Enter”“Invalid System Disk”“ Error Loading Operating System”“Non — System Disk Or Disk Erro，Replace and Strike Any Key When Ready”“Invalid Drive Specification”或“Missing Operating System”等。

对于引导区故障造成的硬盘无法启动可以根据故障提示进行检修，如表 35-1 所示。

表 35-1 引导区故障

故障提示信息	故障分析	诊断排除方法
屏幕显示“C：Drive Failure Run Setup Utility，Press（F1）To Resume”提示信息	该故障是因为硬盘的类型设置参数与格式化时所用的参数不符，但从软盘引导硬盘 可用	备份硬盘的数据，重新设置硬盘参数。如不行，重新格式化硬盘，再安装操作系统
开机后屏幕显示：Device Error，然后又显示：Non — System Disk Or Disk Error，Replaceand Strike Any Key When Ready，提示硬盘不能启动，用软盘启动后，在系统盘符下输入 C：按 Enter 键，屏幕显示：Invalid Drive Specification，系统不认硬盘	该故障一般是 CMOS 中的硬盘设置参数丢失或硬盘类型设置错误等造成的	重新设置硬盘参数，并检测主板的 CMOS 电池是否有电
屏幕显示 Error Loading Operating System 或 Missing Operating System 提示信息	硬盘引导系统时，读取硬盘 0 面 0 道 1 扇区中的主引导程序失败。一般原因为 0 面 0 道磁道格式和扇区 ID 逻辑或物理损坏，找不到指定的扇区，或分区表的标识 55AA 被改动，系统认为分区表不正确	使用 NDD 进行修复

（续）

故障提示信息	故障分析	诊断排除方法
显示 Invalid Drive Specification 提示信息	该故障是由于操作系统找不到分区或逻辑驱动器，由于分区或逻辑驱动器在分区表里的相应表项不存在，分区表 损坏	使用 DiskGenius 等软件恢复分区表即可
屏幕显示 Invalid Partition Table 提示信息	该故障的原因一般是硬盘主引导记录中的分区表有错误	使用 DiskGenius 等软件修复即可

35.5.3　排除坏道或系统文件丢失造成的无法启动

由于硬盘有物理坏道或系统文件丢失等造成无法从硬盘启动，通常开机自检通过后，开始启动系统，接着出现蓝屏、死机现象，或提示某个文件损坏或数据读写错误，或开机检测时提示 HDD Controller Error（硬盘控制器故障）或 DISK 0 TRACK BAD（0 磁道损坏）等故障现象。

由于硬盘出现坏道，而存放在坏道处的系统文件在启动系统时无法调用，造成启动时出现蓝屏或死机或错误提示信息。坏道的处理方法为：对于逻辑坏道，可以使用 Scandisk 磁盘扫描工具进行修复（选择使用“扫描磁盘表面”扫描），如果不行可以用 FORMAT 命令格式化硬盘，一般逻辑故障都可以解决。

对于硬盘物理故障可以使用 NDD 或 DM 等工具进行修复。

35.6　动手实践：硬盘典型故障维修实例

35.6.1　电脑无法启动，提示“Hard disk not present”错误

故障现象：一台 Intel 酷睿 i3 双核电脑，电脑突然无法开机了，提示“Hard disk not present”错误。

故障分析：根据故障提示分析，此故障可能是电脑没有检测到硬盘引起的。硬盘损坏、硬盘供电故障、数据线接触不良都有可能造成系统找不到硬盘。

维修方法：首先检查硬盘连接方面的原因，然后检查其他方面的原因。

1）打开机箱检查硬盘数据线和电源线，发现数据线和电源线连接正常。

2）开机时按 Del 键进入电脑的 BIOS 程序，然后进入 Standard CMOS Features 选项检查硬盘参数，发现 BIOS 没有检测到硬盘参数。

3）打开电脑电源，仔细听硬盘的声音，发现硬盘有电机转动的声音，说明供电正常。

4）再关闭电脑电源，用替换法检查硬盘的数据线，发现更换数据线后，故障消失。

5）仔细检查原先的数据线，发现数据线上有一个排线处有裂口，应该是数据线在此处有断线造成的系统无法找到硬盘。

35.6.2　停电恢复后电脑无法启动，提示没有找到硬盘

故障现象：一台宏碁双核电脑，电脑使用时突然停电了，然后电力恢复以后再打开电脑，

就出现提示“没有找到硬盘”。

故障分析：根据提示“没有找到硬盘”来判断，故障可能是电脑没有检测到硬盘引起的。找不到硬盘可能是硬盘损坏、硬盘数据线接触不良、硬盘中系统文件损坏造成的。

维修方法：

1）先检查硬盘数据线的连接，没有发现松动和断线。

2）打开电脑按 Del 键进入电脑的 BIOS 程序，然后进入 Standard CMOS Features 选项检查硬盘参数。发现 BIOS 可以检测到硬盘参数，说明硬盘正常，怀疑硬盘中的系统文件损坏。

3）重新安装操作系统，安装好后进行测试，电脑运行正常，故障排除。判断为突然断电导致系统文件丢失引起的故障。

35.6.3 升级电脑后无法启动

故障现象：一台旧电脑，因为硬盘容量不够用，所以加了一块硬盘。两块硬盘都是 SATA 接口。安装了两块硬盘以后，再开机电脑无法启动了。

故障分析：根据现象判断，可能是因为启动时从新加的硬盘启动，造成故障。

维修方法：

1）拆开电脑机箱检查，发现新加的硬盘接在了 SATA0 接口，原硬盘接在了 SATA2 接口。由于启动时先从 SATA0 接口引导，所以导致故障。

2）再将两个硬盘的数据线调换，原硬盘接 SATA0 接口，新加的硬盘接 SATA2 接口。

3）重启电脑，系统可以正常启动，故障排除。

35.6.4 内置锂电池的移动硬盘无法正常使用

故障现象：新款的 OTG 移动硬盘，内置锂电池。移动硬盘接入电脑时，电脑可以识别移动硬盘，但向移动硬盘复制文件时，总是提示无法复制。同时硬盘发出“咔咔”的响声。

故障分析：根据故障提示分析，此故障的原因可能是移动硬盘的供电问题、接口电路或盘体损坏造成的。

维修方法：先易后难，先检查供电方面的原因，然后检查其他方面的原因。首先检查移动硬盘的供电，发现移动硬盘的锂电池供电不足。试着为移动硬盘充电，然后将移动硬盘连接到电脑上进行测试，发现移动硬盘使用正常，故障排除。

提示

移动硬盘因为驱动马达、磁头等设备的需要，对供电的要求比较苛刻，仅靠 USB 接口供电是不能满足移动硬盘的需求的，必须另接专门的供电接口，才能正常使用。

35.6.5 硬盘发出“嗞嗞”声，电脑无法启动

故障现象：故障电脑的硬盘是希捷 1TB 7200 转单碟硬盘。开机时发现，电脑无法启动，提示没有找到硬盘。听到硬盘发出“嗞嗞”的响声。

故障分析：根据故障现象分析，无法启动电脑应该是硬盘故障造成的。硬盘盘体损坏、盘片损坏、磁头损坏都有可能造成启动时发出“嗞嗞”的响声。

维修方法：遵循先易后难的原则，先检查固件方面的原因，然后检查其他方面的原因。

1）用 PC3000 检查硬盘，接着用相同型号的固件重新刷新硬盘的固件。

2）刷新后测试硬盘，发现硬盘故障依旧。

3）如果硬盘中有重要的数据文件，可以在超净环境中开盘检查硬盘的磁头和盘片。如果磁头损坏，更换磁头即可；如果盘片损坏，可以考虑从未损坏的盘片中恢复需要的数据。

4）更换磁头后，硬盘可以使用了。因此判断是磁头问题导致的硬盘故障。

35.6.6 电脑无法正常启动，提示“Hard disk drive failure”

故障现象：一台 AMD 双核电脑，电脑今天突然无法进入系统了，自检时出现“ Hard disk drive failure（硬盘装载失败）”的错误提示。

故障原因：根据提示“硬盘装载失败”来判断，故障可能是由硬盘电路板或固件损坏引起的。

维修方法：此类故障应首先检查硬盘连接方面的原因，然后检查固件方面的原因。

1）打开机箱检查硬盘的数据线连接，发现连接完好。

2）开机时按 Del 键进入电脑的 BIOS 程序，然后进入 Standard CMOS Features 选项检查硬盘参数，发现 BIOS 可以检测到硬盘参数。

3）怀疑硬盘的固件损坏，接着用 PC3000 检测硬盘，然后用相同型号的固件重新刷新硬盘的固件。刷新后测试硬盘，故障消失。看来是硬盘固件损坏引起的故障，刷新固件后故障排除。

35.6.7 电脑无法启动，提示 I/O 接口错误

故障现象：一台 Intel 奔腾双核电脑，电脑开机时无法进入系统，提示“ Disk I/O error, Replace the disk and then press any key”硬盘 I/O 接口错误。

故障分析：根据故障提示分析，此故障可能是由硬盘接口方面的问题引起的。硬盘损坏、硬盘接口电路损坏、数据线接触不良等都可能造成这个错误。

维修方法：此类故障首先检查接口方面的原因，然后检查其他方面的原因。

1）重新拔插硬盘数据线和电源线，故障依旧。

2）进入 BIOS 程序的 Standard CMOS Features 选项中检查硬盘，发现 BIOS 检测不到硬盘参数。

3）开机用手摸硬盘的主轴电机，发现电机在转动，说明硬盘的供电正常。

4）怀疑硬盘的接口电路损坏，用万用表测量控制电路板。检测硬盘的主控芯片，发现控制接口的主控芯片不正常。

5）更换同型号的主控芯片，开机测试，可以正常启动了，故障排除。

35.6.8 电脑无法启动，提示没有找到硬盘

故障现象：一台方正电脑，开机无法启动，提示“ HDD controller failure, Press F1 to resume”没有找到硬盘。

故障分析：启动时找不到硬盘，可能是硬盘损坏、供电不足、数据线接触不良造成的。

维修方法：要先判断是连接问题还是硬盘损坏。

1）检查硬盘的数据线连接，没有发现松动。

2）开机时按 Del 键进入电脑的 BIOS 程序，然后进入 Standard CMOS Features 选项检查硬盘参数，发现 BIOS 没有检测到硬盘参数。

3）用替换法，测试数据线和硬盘供电线，都没有问题，这应该是硬盘本身的故障。

4）将硬盘打开，用万用表测量控制电路，发现控制电路断路。

5）用同型号硬盘电路板更换故障电路板，开机测试，电脑可以正常启动了。判断是硬盘的电路板有损坏造成的故障。

35.6.9 电脑无法启动，提示找不到分区表

故障现象：一台故障电脑，开机后无法进入系统，提示“ Invalid partition table”分区表无效。

故障分析：分区表无效，可能是硬盘损害、非法关机、病毒破坏造成的。

维修方法：

1）将硬盘换到另一台电脑中，运行 NDD 磁盘工具软件。在软件界面中选择故障硬盘的 C 盘，并单击“诊断”按钮。

2）用软件开始检测硬盘，随后出现“检测到错误是否要修复”的对话框，单击“修复”按钮，对硬盘进行修复。

3）修复后将硬盘重新安装到原来的电脑中，开机测试，电脑启动正常。

4）进入系统后用杀毒软件查杀病毒，结果发现几个病毒。判断是病毒引起的分区表损坏，清除病毒后故障排除。

35.6.10 电脑无法启动，提示操作系统丢失

故障现象：一台 AMD 双核电脑，开机后无法进入系统，提示“ Missing operating system”操作系统丢失。

故障分析：根据提示分析，系统丢失可能是由于硬盘引导文件丢失、硬盘扇区损坏、分区标识丢失或病毒破坏造成的。

维修方法：

1）用启动盘检测硬盘分区。

2）磁盘工具软件开始检测硬盘，随后软件出现“检测到错误是否修复”的对话框，单击“修复”按钮进行修复。

3）修复后再次开机测试，发现可以正常使用了，故障排除。

4）进入系统后用杀毒软件扫描，没有发现病毒。

第36章 快速诊断显卡故障

显卡是电脑中比较不容易出现问题的设备，由于采用的是固态器件、封闭式电感等设计，所以显卡本身出现故障的几率非常小，尤其是不带散热器的低功耗显卡。

显卡问题主要集中在散热器、接口连接、管脚（金手指）氧化、驱动程序等方面。这一章我们详细讲解显卡的故障和维修方法。

36.1 区分显卡故障和显示器故障

显卡和显示器是电脑的主要显示设备。当电脑出现无法显示的问题时，首先要区分的就是，问题是出在显卡上还是显示器上。

显卡和显示器出现故障都有可能造成开机黑屏，但两者还是有很多区别的。如果有条件的话，最好的方法就是替换法，用另一台显示器来替换出故障的，这也是最稳妥的判断方法。如果只有一台显示器，那么可以从以下细节来加以判断：

1）看显示器的电源指示灯，如果电源指示灯不亮，说明显示器根本没有通电。应检查供电插座是否有电。

2）看显示器的提示信息，有的显示器在没有信号时会有“无信号”等提示信息。如果有提示信息，说明至少显示器是正常的。应检查主机内设备。

3）听主机机箱报警，如果开机黑屏，且主机机箱有“嘟、嘟”的报警声，说明问题出在电脑主机中。

4）看主机运行情况，如果开机黑屏，但主机的几个指示灯都正常闪烁，并保持稳定，说明故障不在主机。可以换一台显示器试试。

5）开机黑屏，等待一会儿之后，可以按一下键盘上的Numlock键，观察Numlock灯是否能亮，如果可以亮起，说明电脑主机工作正常。则问题在显示器上。

36.2 显卡故障现象分析

从显卡故障现象分析原因，可以把故障分为两类，一是无法工作，二是工作异常。

无法工作的情况包括：黑屏、报警、使用中死机等。这是因为显卡与插槽接触不良、灰尘、异物、管脚氧化、显卡元件受损等原因造成的。

工作异常的情况包括：显示器图像模糊、显示文字看不清、显示器颜色不正常或偏色、显示器上出现雪花斑点或横竖条纹等。这通常是显卡的驱动程序没有装好，或显卡与其他设备不兼容、显卡元件受损等原因造成的。

36.3 显卡常见故障原因分析

36.3.1 驱动程序不兼容

显卡的驱动程序对显卡来说至关重要，如果没有驱动程序或驱动程序不匹配的话，显卡是无法发挥它应有作用的。所以必须正确安装显卡的驱动程序。

36.3.2 接触不良

接触不良是最常见的故障，通常只要将板卡拔下来再重新插好，然后用力左右晃动几下，确保板卡的管脚与插槽的簧片充分接触即可。

接触不良还有可能是插槽内的簧片出现弯曲或变形造成的，这时就要用小镊子轻轻地将变形的簧片掰正，恢复原来的形状，但要注意不要把簧片掰断了。如果有两个显卡插槽，可以将显卡换到另一个插槽使用，如图 36-1 所示。

图 36-1 两个显卡插槽的主板

36.3.3 管脚氧化

如果使用时间长或在使用环境潮湿的情况下，显卡的管脚（金手指）处很容易出现氧化现象。由于整个显卡 PCB 都是有多层覆膜保护的，不用担心板卡和元件上的氧化，可是与插槽接触的管脚处，必须保持金属的暴露，这就是为什么显卡内存金手指处容易氧化的原因。

出现氧化的情况会导致电脑死机、无法开机或工作异常。可把显卡拔下来，用橡皮反复擦氧化处，直至氧化物全部擦掉为止，如图 36-2 所示。

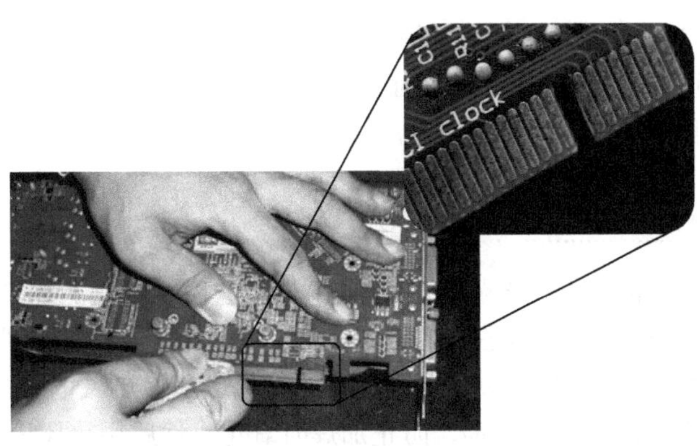

图 36-2　用橡皮清理氧化层

36.3.4　灰尘和异物

有人曾说过："灰尘是电脑最大的敌人。"如果显卡上的灰尘太多，就会造成元件断路，轻则造成电脑死机，重则导致无法开机。图 36-3 展示了显卡上的灰尘。

图 36-3　显卡上的灰尘

应该保持良好的使用习惯，每隔一段时间就对电脑内部进行一次清理，时间间隔长短依环境不同而异。

清理灰尘时要注意，必须断开电脑电源，要轻手轻脚，避免划坏设备元件。可以使用吹风机、皮老虎、毛刷等工具，清理完毕应该按照原样安装好设备。

异物是指头发、硅胶、铁丝等杂物，它们落在了显卡插槽中，也会导致显卡接触不良。

灰尘和异物虽然危害大，但容易清理，只要注意保持良好的使用习惯就不会造成大的损坏。

36.3.5　散热器工作异常

散热器工作异常主要有两个方面：散热器风扇噪声大；散热片上灰尘太多，影响散热。

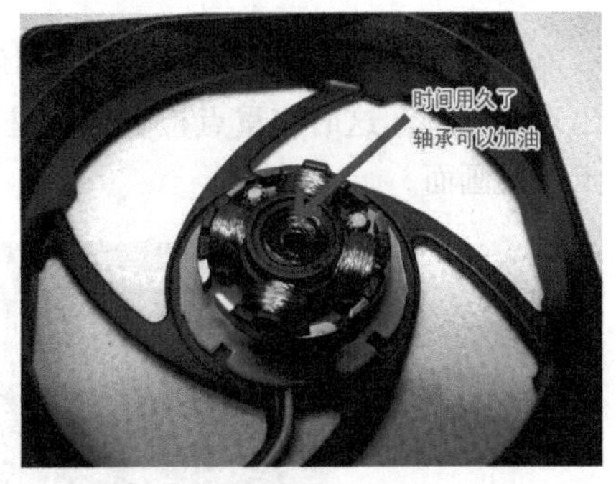

图 36-4　给风扇加机油

1）风扇噪声大，可以将风扇卸下，拆下风扇的轴承上盖，再往轴承上点一两滴机油。注意不要用食用油啊！然后用手拨动扇叶转几圈，使机油浸入轴承内，再将电扇安装回去即可，如图 36-4 所示。

2）散热器上灰尘太多也会影响散热，只要用皮老虎和毛刷将灰尘清理掉即可。

36.3.6　元件损坏

显卡与主板相似，也是在一块 PCB 上集成了 GPU、显存、电阻、电容、电感等元件。如果其中有元件损坏，就会导致显卡无法工作。

显卡上的元件损坏时，可以用万用表对元件进行测量，主要测量电路输出电压对地阻值、AD 地址数据线对地阻值、芯片两端电压等，与主板的检测方法一样。

36.3.7 GPU 虚焊

有的显卡使用时间长了，或者劣质的显卡长时间工作在高温的环境下，都有可能出现 GPU 虚焊的情况。如果已经用替换法确定显卡出现了故障，即可对 GPU 进行加焊。

GPU 的引脚小而密，使用电烙铁加焊非常困难，可以使用热风枪来进行加焊。方法是在显卡背面 GPU 的引脚上涂一层助焊剂，防止加焊时氧化，然后用热风枪在引脚上面来回吹，使虚焊的引脚处的焊锡熔化。这里必须注意的是，加焊时一定要控制好温度，温度过高容易损坏其他元件。用热风枪来回吹，温度高了马上抬高热风枪，温度低了再接近加热。

36.4 显卡故障诊断

如果显卡出现问题，将可能出现黑屏、花屏、显示模糊等故障现象。判断是否因为显卡问题导致的系统故障可以用以下 4 种方法。

36.4.1 通过 BIOS 报警声判断

启动电脑之后，系统报警声异常，可以推断大致是什么方面的问题。

3 种不同的 BIOS 报警声代表显卡有问题：

1）Award BIOS，1 长 2 短的报警声表示显卡或显示器错误；不断地短声响，表示电源、显示器或显卡未连接。

2）AMI BIOS，8 短报警声表示显存错误；1 长 8 短报警声，表示显卡测试错误。

3）Phoenix BIOS，3 短 4 短 2 短报警声，表示显示错误。

36.4.2 通过自检信息判断

如果电脑在自检过程中，长时间停留在显卡自检处，不能正常通过自检，说明可能是显卡出现了问题。这时应重点检查显卡是否有接触不良故障，是否损坏等问题。图 36-5 展示了显卡自检画面。

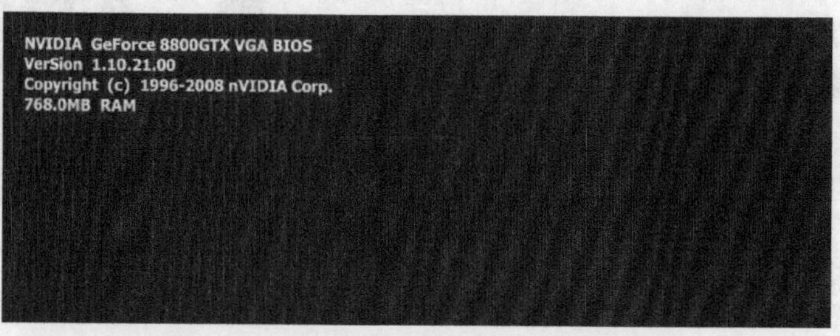

图 36-5 NVIDIA 显卡自检画面

36.4.3 通过显示状况判断

可以根据显示器出现的显示状况进行显卡问题的判断。

显示器出现花屏、显示模糊或者黑屏的现象，这是比较常见的系统故障。

花屏、显示模糊或者黑屏现象是通过显示器表现出来的，但是导致这些故障的原因却通常不是显示器本身的问题。所以在通过显示状况判断系统故障的时候，要注意区分是显示器问题导致的故障还是由于显卡问题导致的故障，如图 36-6 所示为显示器花屏故障。

导致显示器花屏、显示模糊的主要原因有显卡接触不良、显卡散热不好而导致的显卡温度过高。

还有可能是显卡驱动问题、显卡和主板不兼容、分辨率设置错误等问题。如图 36-7 所示为显示器显示模糊现象。

图 36-6 显示器花屏故障

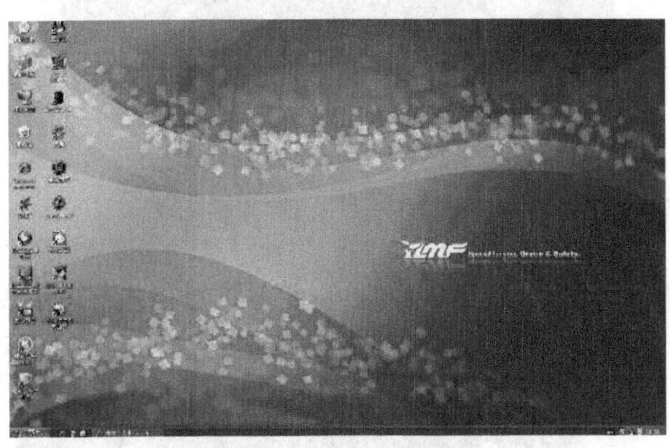

图 36-7 显示器显示模糊

36.4.4 通过主板诊断卡故障码判断

当启动电脑出现黑屏的时候，可以用诊断卡先进行诊断。如果诊断卡代码为 0B、26、31，表示显卡可能存在问题。这时重点检查显卡是否与主板接触不良，显卡是否损坏等问题。

36.4.5 通过检查显卡的外观判断

检测显卡问题导致的系统故障，首先还是从物理硬件开始排查。打开主机箱，仔细观察显卡电路板外观是否有划痕，电容等器件是否有损坏或者烧焦，显卡的金手指是否有脱落的现象，如图 36-8 所示。

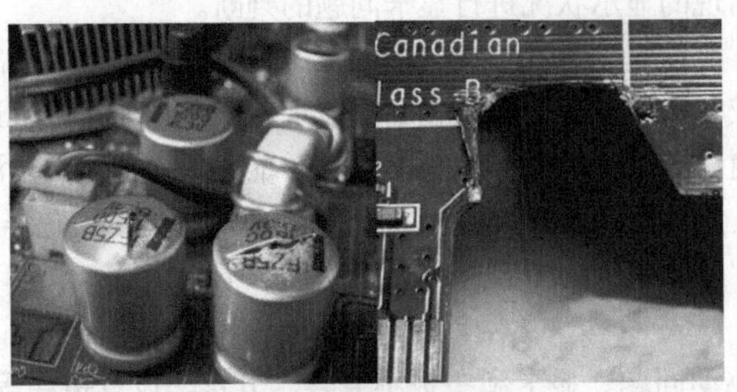

图 36-8 显卡物理损害

如果显卡不能够得到很好的散热，也会导致系统产生一系列故障。所以一定要仔细检查显卡的散热器是否存在问题。如果散热器内堆积了大量灰尘，要及时进行清理，如图 36-9 所示。

图 36-9 堆积大量灰尘的显卡散热器

36.4.6 通过检测显卡安装问题判断

独立显卡要与主板、电源、显示器还有自身的散热器相连，连接线和接口比较多，如图 36-10 所示。一旦某一个环节出现了问题，那么都可能导致黑屏、花屏等问题。

图 36-10 显卡线路和接口

在排查显卡连接问题的时候，主要从以下几个方面进行检查：

1）检查显卡金手指是否有异物或者被氧化。如果有，用橡皮擦拭金手指进行清洁。

2）检查显卡的电源、输出接口和线路是否有损坏或接触不良的状况。

3）检查显卡的散热器是否安装正确，有没有松动或者压损显卡元件的现象。

36.4.7　通过检测显卡驱动来判断

驱动程序是硬件的“灵魂”，如果显卡的驱动程序出现问题，则可能导致不同程度的系统故障。要判断是否因为显卡驱动程序问题引起的系统故障，可以进入“设备管理器”查看。通常有黄色叹号提示，说明驱动存在问题。这类问题其实处理起来比较简单，只要安装或者更新显卡驱动程序即可，如图 36-11 所示。

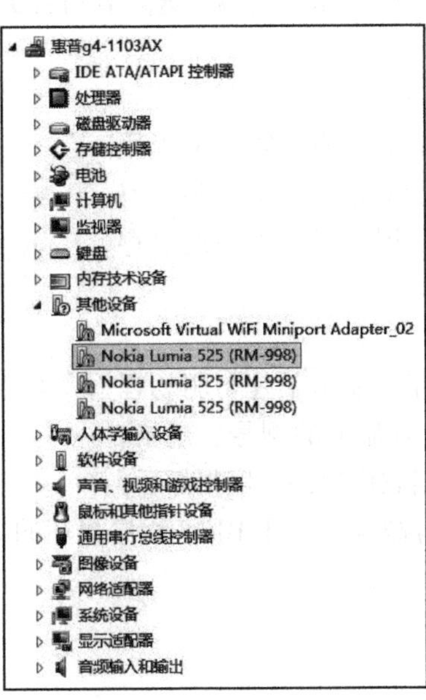

图 36-11　显卡驱动异常

36.5　显卡故障检测维修步骤

当显卡出现故障后，一般可以按照下面的步骤进行检修。

（1）擦金手指

当显卡出现问题后，第 1 步就是用橡皮擦显卡的金手指。这样可以清洁由于金手指氧化导致的显卡与主板接触不良问题。在维修显卡的过程中，有很多“疑难杂症”都可以通过清洁金手指而化解掉。图 36-12 展示了显卡金手指。

图 36-12　显卡金手指

（2）检查显卡表面

接下来仔细检查显卡表面，看显卡上有没有损坏的元器件。如果有，以此为线索进一步检测，通常可以快速地查到显卡故障的原因，从而迅速排除故障。

（3）查显卡的资料

某些型号的显卡可能在设计上有缺陷，存在一些通病，有的甚至被厂家召回了。如果能查到这些资料也就找到了解决问题的捷径。

（4）清洗显卡的 GPU

由于显卡大概有 50% 的问题都出在 GPU（显示芯片）上，因此清洗显卡的 GPU（用无水乙醇清洗），并加焊 GPU 引脚（或者重新焊接 GPU 芯片）能够解决很多显卡的故障。

（5）测量显卡的供电电压及 AD 线对地阻值

用万用表测量显卡供电电路的电压输出端对地阻值和 AD（地址数据线）线对地阻值，测量各个元器件。

（6）检查显存芯片

如果遇到显示花屏或系统死机等故障，可以用 MAST 等测试软件测试显卡的显存芯片。如果显存有问题，更换显存芯片。图 36-13 展示了显卡上的显存芯片。

图 36-13　显存芯片

（7）刷新显卡 BIOS 芯片

显卡 BIOS 芯片主要用于存放显示芯片与驱动程序之间的控制程序，另外还存有显卡的型号、规格、生产厂家及出厂时间等信息。当它内部的程序损坏后，会造成显卡无法工作（黑屏）等故障。对于 BIOS 程序损坏的故障，可以通过重新刷新 BIOS 程序来排除。

36.6 动手实践：显卡典型故障维修实例

36.6.1　无法开机，报警声一长两短

故障现象：一台 Intel 酷睿 i3 双核电脑，清理电脑灰尘后，再开机就无法启动了，显示器没有信号，机箱发出一长两短的报警声。

故障分析：根据一长两短的报警声可以判断是显卡连接故障造成的无法开机。

维修方法：打开机箱，查看显卡连接。发现显卡没有完全插到显卡插槽中，一部分金手指露在外面。重新拔插显卡，开机再试，能够正常启动了。

36.6.2　无法开机，显示器没有信号，没有报警声

故障现象：一台 AMD 速龙双核电脑，一段时间没使用，再开机无法启动了，显示器没有信号，机箱也没有报警声，但电源指示灯能亮。

故障分析：根据现象推断是硬件故障导致的不能开机。硬件故障主要有：

CPU 故障。

内存故障。

显卡故障。

主板故障。

电源故障。

维修方法：用替换法逐个检测硬件。

1）替换 CPU，发现 CPU 正常。

2）替换内存，内存正常。

3）替换显卡，发现显卡不能正常工作。

4）进一步查看显卡，发现显卡的金手指上有轻微的氧化。

5）用橡皮轻轻擦掉显卡金手指上的氧化物，再装好电脑，开机测试，电脑可以启动了。

6）判断是显卡金手指氧化造成的显卡接触不良，导致电脑不能启动。

36.6.3 必须重新拔插显卡，电脑才能启动

故障现象：一台 Intel i5 双核电脑，以前电脑不能启动，必须将显卡拔下来再重新插上才能启动，但今天无论怎么重插显卡也不能启动了。

故障分析：根据故障现象分析，应该是显卡或显卡与主板连接部分存在问题，导致电脑不能启动。

维修方法：

1）用替换法检测显卡，发现显卡插在别的电脑上没有问题。

2）仔细检查主板上的显卡插槽，发现插槽内的弹簧有一处变形。

3）用小镊子将变形的弹簧掰回原状。再将显示插回槽内。

4）开机测试，发现电脑可以正常启动了。

36.6.4 显卡无明显故障损坏

故障现象：一台华硕电脑，使用一年多，一直很正常。今天突然无法启动，显示器没有信号，机箱没有报警。

故障分析：电脑无法启动，机箱没有报警，可能是因为硬件存在问题。CPU、内存、显卡、主板、电源存在问题都有可能造成电脑无法启动。

维修方法：

1）用替换法测试 CPU、内存、显卡，发现显卡不能工作。

2）仔细检查显卡，没有发现明显问题。

3）更换显卡，开机测试，电脑能够正常启动。

4）判断为显卡损坏导致的电脑不能正常启动。

36.6.5 显存老化导致死机

故障现象：一台神舟双核电脑，使用一段时间后，频繁出现死机现象。以为是系统问题，重装系统后故障依然存在。

故障分析：重装系统后故障依然存在，说明是硬件问题导致的电脑死机。应该用替换法逐个检查 CPU、内存、主板、显卡、电源等设备。

维修方法：用替换法检测发现显卡存在问题，进一步测试显卡发现，显卡的显存性能降低。给显卡更换显存后，重新测试，电脑可以正常启动。

36.6.6 玩游戏时死机

故障现象：一台 AMD A10 双核电脑，最近玩游戏时经常死机。怀疑是系统问题，重装系统后故障依然存在。

故障分析：电脑玩游戏时死机，排除了系统问题，那么多半是因为硬件设备过热引起的。

维修方法：

1）开机后进入 BIOS 设置页面。

2）查看电脑温度，发现 CPU 和主板的温度都不高。

3）打开机箱查看，发现显卡风扇转动很慢，用手触摸显卡芯片和散热片，发现温度很高。

4）更换显卡风扇，检查风扇转动正常。

5）再开机测试，发现电脑没有再发生死机。

6）判断是因为显卡上的散热器风扇故障，致使显卡温度过高，导致电脑死机。

36.6.7 显卡不兼容导致死机

故障现象：一台老电脑，显卡是耕昇 GT520。将显卡升级为耕昇 GTX650 后，电脑无法启动了，显示器没有信号，机箱也没有报警。

故障分析：因为是更换显卡导致的电脑无法启动，所以应该着重检查显卡的好坏。

维修方法：用替换法测试，将显卡换到另一台电脑上，发现电脑可以正常启动；将原有显卡装在故障电脑上，发现电脑也可以正常启动。电脑和显卡都没有问题，这说明显卡和电脑之间存在不兼容问题。更换了同型号的另一块显卡后，再开机测试，发现电脑可以正常启动了。判断是第一块显卡与故障电脑之间不兼容。

36.6.8 显卡不兼容导致无法安装驱动

故障现象：一台 AMD 速龙双核电脑，显卡是新换的镭风 HD6750。电脑以前的显卡玩游戏时很卡，所以升级成为新的镭风 HD6750。但是新显卡的驱动老安装不上，以为是系统问题，重装了系统后，显卡驱动依然无法安装。查看设备管理器，显卡上有一个黄色叹号。

故障分析：无法安装驱动，但不影响开机，说明系统可以检测到显卡，但无法识别显卡。造成这个种情况可能是显卡上有损坏的元件、资源冲突或设备间不兼容。

维修方法：

1）查看设备管理器，显卡上没有资源冲突。

2）先用替换法检测显卡，将显卡放在别的电脑上，检测显卡本身可以使用。

3）用其他显卡装在故障电脑上，测试电脑也可以使用，驱动也可以安装。

4）更换了同型号的其他显卡，开机测试，电脑可以正常使用，驱动也可以安装了。

5）判断应该是显卡与主板之间不兼容，造成驱动无法安装。

36.6.9 玩 3D 游戏花屏

故障现象：一台 AMD 羿龙Ⅱ四核电脑，使用了一年多，现在玩 3D 游戏时经常花屏，运行其他程序时正常。

故障分析：运行 3D 程序花屏，这主要是显卡的驱动程序损坏造成的。

维修方法：先下载最新的显卡驱动程序，然后完全卸载现有显卡驱动后，重新安装新的驱动程序，打开 3D 游戏测试，没有再出现花屏现象。

36.6.10 集成显卡的显存太小导致游戏出错

故障现象：一台联想电脑，显卡是主板集成的。玩游戏时总是提示“显存太少”的错误。

故障分析：提示显存少，可能是因为显卡的显存损坏，导致显存不足。但这个显卡是主板集成的，显存是由内存的一部分来充当的。

维修方法：查看显存的大小只有 16MB，一般游戏都需要超过 16MB 的显存。重启电脑，按 F2 键进入 BIOS 设置页面，将主板集成显卡的显存从 16MB 调整为 640MB。保存后重启电脑，测试发现没有再出现显存小的提示。

第  章

快速诊断液晶显示器故障

显示器是电脑重要的组成部分，大部分的人机交互都是通过显示器来完成的。目前主流的显示器是液晶显示器，作为电脑设备显示器的故障率并不算高，但一旦出现严重故障，也是电脑设备中最难维修的。

特别需要注意的是，在显示器内的高压板具有数千伏电压，绝对不能带电操作，而且关闭电源后还要放置一段时间，让高压板充分放电后才能操作。

37.1 液晶显示器故障分析

37.1.1 液晶显示器故障现象

液晶显示器常见故障现象有：

1）液晶显示器无法开机。

2）液晶显示器画面暗。

3）液晶显示器花屏。

4）液晶显示器有多个坏点。

5）液晶显示器偏色。

37.1.2 液晶显示器故障原因

造成液晶显示器故障的原因主要有：

1）电源线接触不良。

2）液晶显示器电源电路有问题。

3）背光灯损坏。

4）高压板电路有故障。

5）控制电路有问题。

6）信号线接触不良。

7）显示电路有故障。

37.2 液晶显示器故障诊断

37.2.1　液晶显示器故障处理流程图

液晶显示器故障处理流程图如图 37-1 所示。

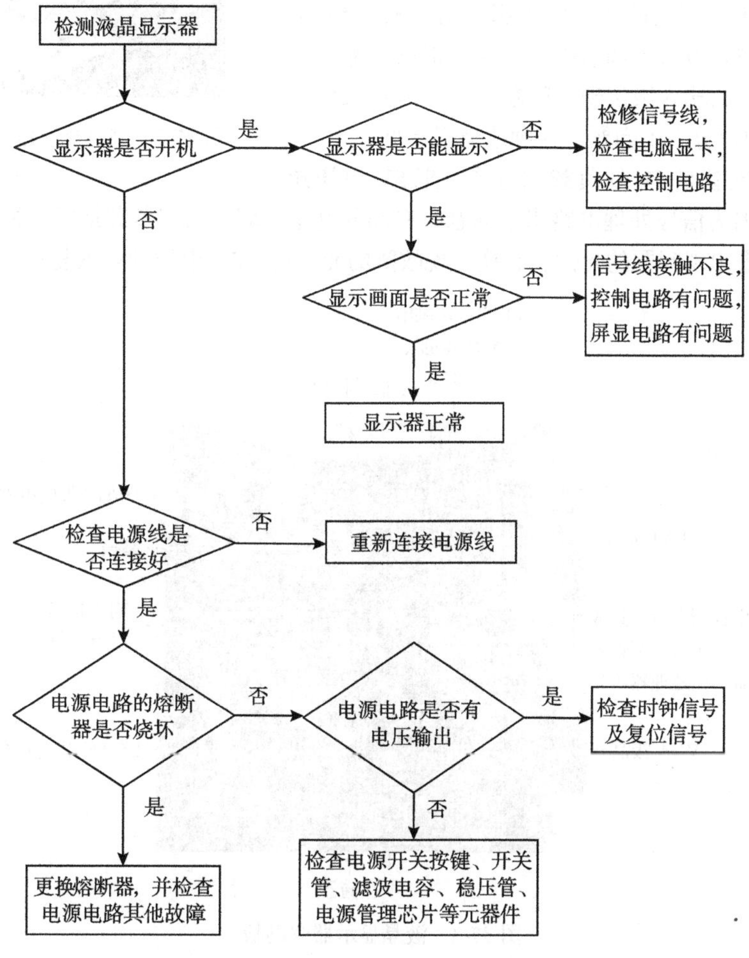

图 37-1　液晶显示器故障处理流程图

37.2.2　液晶显示器无法开机故障诊断

显示器按下开关后无任何反应，基本上可以判断为电源和驱动板两处出现故障。

1）电源故障：电源故障维修相对比较简单。液晶显示器的供电有两种形式，一是外接电源适配器，二是显示器内置变压电路。容易损坏的一般是一些小元件，如熔断管、整流桥、滤波电容、电源开关管、电源管理 IC、整流输出二极管、滤波电容等。用万用表沿着电路逐个测量，找到故障元件，更换它就能够解决问题。如图 37-2 所示为液晶显示器内置的电源变压器。

2）驱动板故障：驱动板熔断或者是稳压芯片出现故障，也会导致显示器无法开机。内置电源输出两组电源，一组是 5V，供信号处理用；另外一组是 12V，提供高压板点背光用。如果开关电源部分电路出现故障，有可能导致两组电源均没输出，如图 37-3 所示。

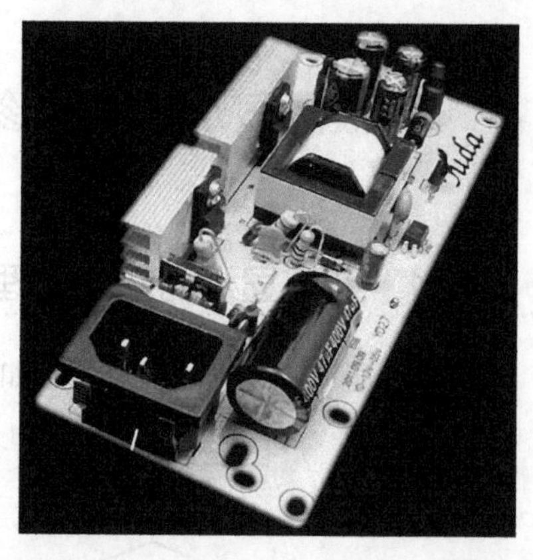

图 37-2 液晶显示器内置电源变压器

先检查 12V 电压是否正常，再检查 5V 电压是否正常，因为 A/D 驱动板的 MCU 芯片的工作电压是 5V，所以在查找不能开机的故障时，先用万用表测量 5V 电压，如果没有 5V 电压或者 5V 电压变得很低，那么一种可能是电源电路输入级出现了问题，也就是说 12V 转换到 5V 的电源部分出了问题，这种故障很常见。

另一种可能就是 5V 的负载加重了，把 5V 电压拉得很低，这是因为信号处理电路出了问题，有部分电路损坏，引起负载加重，把 5V 电压拉得很低。逐一排查出现问题的元件，替换出现故障的元件后，5V 电压即可恢复正常。

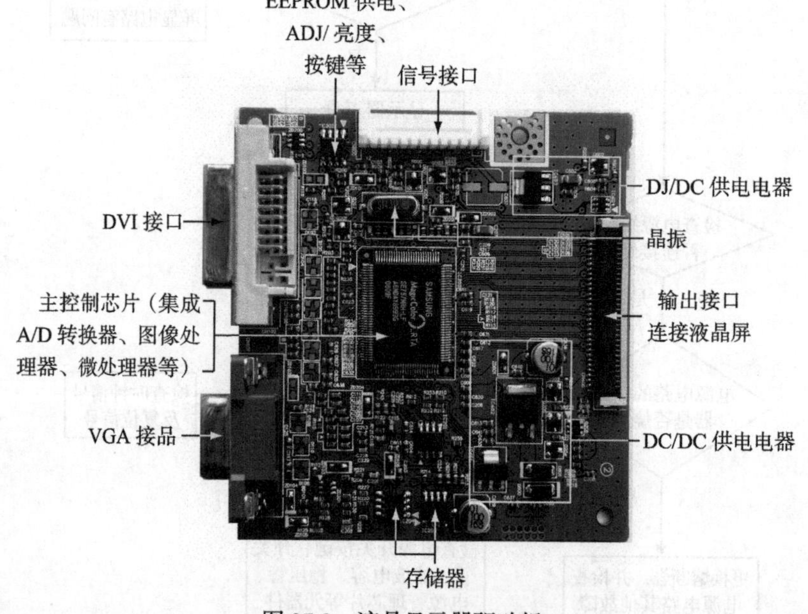

图 37-3 液晶显示器驱动板

如果 5V 电压恢复正常后还不能正常开机，这种情况也有多种原因，一方面是 MCU 的程序被冲掉可能会导致不开机，还有就是 MCU 本身损坏，比如 MCU 的 I/O 接口损坏，使 MCU 扫描不了按键，更换 MCU 芯片或更换通用芯片可以解决这个问题。

37.2.3 液晶显示器开机无显示故障诊断

液晶显示器开机无显示故障一般是由信号线问题、液晶显示控制模块问题、高压电路问题、背光灯管问题、电脑显卡或主机问题等引起的。

故障诊断：

1）检查液晶显示器的信号线是否插紧，并检查液晶显示器与显卡是否接触不良。

2）如果信号线没有问题，接着用替换法检查电脑的显卡及主机是否工作正常。如果工作不正常，维修电脑显卡及主机。

3）如果主机等工作正常，接下来打开液晶显示器的外壳，检查高压板电路及背光灯管是否正常。如果不正常，维修或更换损坏的元件。

4）如果工作正常，接着检查显示面板的背电极（X 电极）和段电极（Y 电极）的引出数据线及导电橡胶是否接触不良。如果有接触不良问题，重新焊接。

5）如果没有接触不良问题，则有可能是显示控制面板的工作电压及输出信号有问题，重点测量显示控制面板的元器件。

37.2.4　液晶显示器显示紊乱故障诊断

液晶显示器显示紊乱故障一般是由外界磁场干扰引起的。

故障诊断：

首先检查液晶显示器周围有无磁源，如音箱、电动机等，将制造磁场的设备关闭或搬走即可。如果没有发现磁场源，可以将液晶显示器更换一个地方试试，直到找到磁场源并排除故障。

37.2.5　液晶显示器缺色故障诊断

显示器缺色故障一般是由显示器信号线故障、图像处理器故障、图像信号输入电路元器件问题等引起的。

故障诊断：

1）拆开液晶显示器的外壳，然后检查屏线接口是否松动。经检查屏线连接正常。

2）用万用表测量屏线接口的 R、G、B 信号是否正常（正常信号应为高电平）。如果不正常，检查屏线，并修复损坏的屏线。

3）如果屏线正常，接着检查图像处理器是否有 R、G、B 输入信号。如果有，再检测图像处理器 R、G、B 信号输出端是否有信号。如果没有，则是图像处理器损坏；如果有，再检查输出端到屏线接口间的电路中是否有损坏的元器件。

4）如果图像处理器没有 R、G、B 输入信号，接着检查数据接口道图像处理器件中的电感、二极管、电容等元器件，并更换损坏的元器件。

37.2.6　屏幕亮线、亮带、暗线故障诊断

故障现象分析：

屏幕上出现亮线、亮带、暗线，一般是液晶屏的故障，如图 37-4 所示。

亮线故障一般是连接液晶屏本体的排线出了问题，或者某行和列的驱动 IC 损坏。暗线一般是屏的本体有漏电，或者柔性板连线开路造成的。

故障检测维修：

检查液晶屏的连接排线，是否有松动、虚焊、灰尘、异物等情况。如果确认排线连接没有问题，那么就只能更换液晶屏了，如图 37-5 所示。

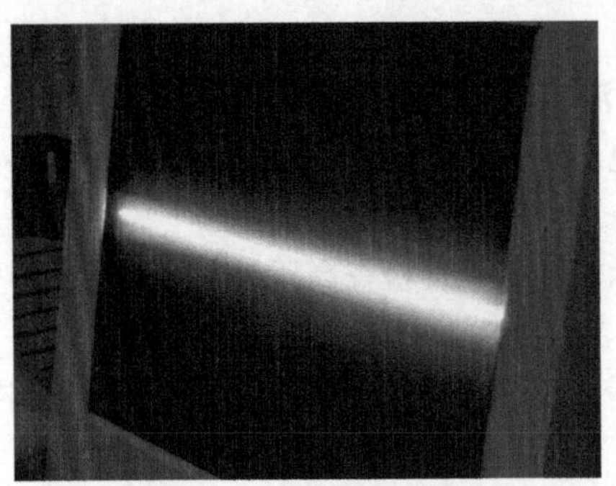
图 37-4 屏幕上出现的亮带

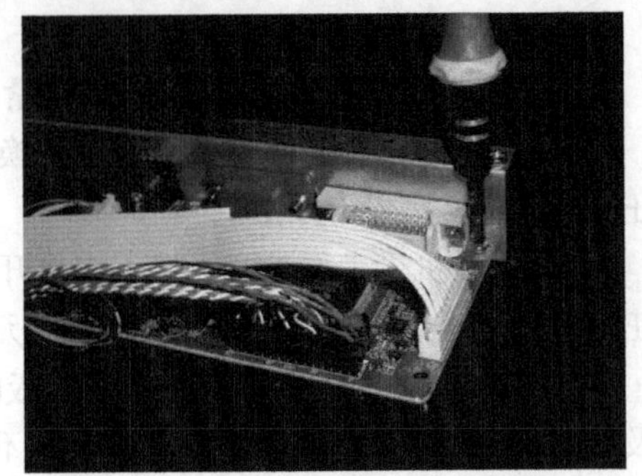
图 37-5 液晶屏的连接排线

更换液晶屏的价格不菲，维修的成本太高，不如更换新的显示器。

37.2.7 显示屏闪一下就不亮了故障诊断

故障现象分析：

显示器闪一下就不亮了，电源指示灯还是绿的。这种情况一般是高压异常导致的保护电路启动造成的。

故障检测维修：

现在液晶显示器的高压板都是对称设计的，有双灯、四灯等，两边同时坏的情况很少见。如果其中一路的电源管、升压管、变压器、灯管出现短路或空载，造成了电源管理芯片负载不平衡开启自动保护的话，可以用一个好的灯管逐个接在两边的电路上，测试出故障的电路，然后测量该电路上的故障元件，更换掉故障元件即可恢复使用。这里需要注意，高压板上带有极高的高压电，操作时千万注意安全，如图 37-6 所示。

图 37-6 液晶显示器双灯高压板

37.2.8 花屏或者白屏故障诊断

故障现象分析：

显示器开机后，出现花屏或全白，这个问题一般是液晶屏的驱动电压出了问题。

故障检测维修：

检查屏背板供电电路，测量驱动板 5V 转 3.3V 的稳压块是否有供电输出。若不行更换驱动板和驱屏线再测试。

37.2.9 偏色故障诊断

故障现象分析：

显示器出现偏色可能有几种情况，驱动板损坏、驱动程序损坏、屏幕控制芯片损坏、背光灯管老化。

故障检测维修：

驱动板和驱动程序损坏的情况并不多见，即便是有损坏，出现偏色的情况也很少见，可能直接造成无法开机。屏幕控制芯片损坏或灯管老化的情况比较多，更换灯管、屏幕排线和屏幕控制芯片观察效果，如果还不能解决偏色，再更换驱动板，如图 37-7 所示。

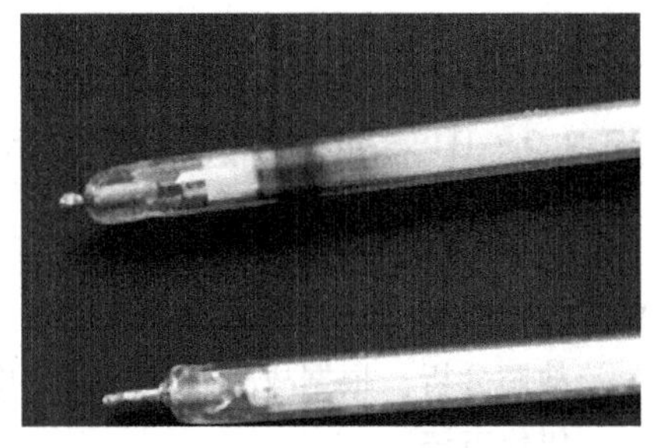

图 37-7　对比老化的背光灯管和正常灯管

37.2.10　LCD 屏上有亮点和暗点故障诊断

故障现象分析：

液晶显示屏上出现一个或多个亮点或暗点，这有可能是液晶屏的像素开关管电极虚连或导光板内、偏光板内有灰尘造成的。

故障测试维修：

如果屏幕出现亮点，用手指轻轻压一压亮点处，如果是像素开关管电极虚连，压一压有可能解决这个亮点。处理暗点则需要打开液晶屏，查看导光板和偏光板内是否有异物，清理掉异物后，就能消除暗点。

37.2.11　LCD 屏幕上有污点故障诊断

故障现象分析：

液晶显示器屏幕上有污点或灰尘颗粒。液晶显示屏表面有时会有一层保护膜，如果贴保护膜的时候不小心，就会导致的灰尘和异物进入显示屏。

故障测试维修：

将显示屏表面的保护膜揭下，用棉签和清水轻轻擦去污点和灰尘，用吹风机吹干屏幕表面，在按原样安装好保护膜即可，如图 37-8 所示。

图 37-8　液晶显示器的保护膜

37.3　动手实践：液晶显示器典型故障维修实例

37.3.1　开机后显示器颜色偏红

故障现象：刚组装不久的一台电脑，今天打开电脑发现显示器上显示的不论是图片还是文字都有些发红。

故障分析：查看了显示器的接口是 VGA（D-Sub）接口，VGA 接口线有专用的颜色通道，如果显示器颜色偏偏向一个颜色，很有可能是数据线与电脑主板的接口、数据线与显示器的接口、数据线本身的颜色通道线有接触不良或断路现象。

维修方法：关闭电脑，将显示器数据线两端重新拔插，开机测试，发现显示器颜色正常了。判断是因为接口处松动导致接触不良造成的显示器颜色偏差。

37.3.2 电源故障引起液晶显示器无法显示

故障现象：一台电脑开机后显示器无反应，且电源指示灯闪烁，但电脑主机电源指示灯亮，且主机发出“嘀”的声响。

故障分析：根据故障现象分析，电脑主机可能启动正常，怀疑液晶显示器损坏。

维修方法：

1）将电脑主机接到另一台显示器上测试，发现主机可以正常启动。看来是显示器的问题或显示器信号线连接问题引起的故障。

2）将液晶显示器的信号线拔下然后重新插入电脑显卡接口中，并开机测试，发现显示器故障依旧。排除信号线连接问题。

3）拆开液晶显示器检查电源电路板（重点检查熔断、滤波电容、开关管等），发现 +300V 滤波电容损坏。更换滤波电容后故障排除。

37.3.3 显卡问题引起液晶显示器花屏

故障现象：一台 Intel 酷睿 i3 双核电脑，在上网时只要用鼠标拖动滚动条上下移动，就会出现严重的花屏，但不上网时使用正常。

故障分析：根据故障现象分析，造成此类故障的原因主要有：

❑ 显卡驱动程序问题。

❑ 显卡硬件问题。

❑ 显卡散热问题。

维修方法：

1）下载显卡最新驱动程序，然后将显卡的驱动程序删除并安装新的驱动程序。安装后，开机测试，发现故障依旧。

2）用替换法检测显卡，发现替换显卡后，故障消失。看来是显卡问题引起的故障。更换显卡后，故障排除。

37.3.4 显示器亮一下就不亮了

故障现象：故障电脑显示器是 KTC W5008S。电脑开机时显示器亮一下就不亮了，电源指示灯还是亮的，电脑启动也正常。

故障分析：显示器电源灯亮，说明显示器有供电。亮一下就不亮，一般是高压板或灯管故障造成的。判断高压板故障有一个简单方法，就是从侧面斜着看显示器屏幕上是否有图像，观察发现，显示器上有图像，只是由于没有背景光，所以从正面看不到图像。

维修方法：

1）关闭电源，打开显示器，查看显示器的背光灯和高压板。

2）接通电源后，打开显示器，发现一边的背光灯管不亮。

3）仔细观察背光灯管，发现灯管两端都有发黑现象。

4）更换了不亮的背光灯管，开机测试，显示器显示正常了。

37.3.5　屏幕上有一条黑线

故障现象：故障电脑的显示器是万利达 C1903V。最近电脑开机后，屏幕上出现一条黑线，有时拍拍显示器还能好，但现在怎么拍也不行了。

故障分析：显示器屏幕上出现黑线有可能是液晶屏的排线连接处接触不良，或者是液晶屏本身有断电、漏电。

维修方法：

1）关闭电源，打开显示器，将液晶屏的连接线重新拔插。开机测试，故障还在。

2）排除了排线接触不良，故障应该是液晶屏本身的故障。

3）液晶屏本身是很难维修的，只能更换。

37.3.6　液晶显示器开机后黑屏

故障现象：一台液晶显示器开机后黑屏，无背光，电源灯绿灯常亮。

故障分析：根据故障现象分析，此液晶显示器故障可能是高压板故障或显示器灯管损坏引起的。

维修方法：

1）斜视液晶屏，发现显示屏上有图像显示，说明此类故障是高压板供电电路问题引起的。

2）重点检查 12V 供电、3.3V 或 5V 的开关电压，发现 3.3V 电压不正常。再检查 MCU，发现 MCU 问题造成没有输出开关控制电压。

3）用一根电线从三端稳压器的输出端连接到 3.3V 开关控制电压输入端，再开机测试，显示器可以正常显示，故障排除。

第38章 快速诊断键盘 / 鼠标 / 音箱 / 耳机 / 麦克风 / U 盘故障

电脑设备中，除了前面讲的主要设备之外，还有很多小型设备和外部设备，比如键盘、鼠标、耳机、麦克风、U 盘等。这些小设备的故障率也很高，不过有些设备本身价格不贵，是修理还是更换，用户可以酌情处理。下面讲解一些容易出问题的设备的常见故障处理。

38.1 键盘故障诊断维修

38.1.1 键盘清洁

许多键盘用久了以后，会变得非常脏，而且键盘内会积满各种灰尘、杂物、坚果皮、螺丝、方便面渣等。笔者曾经在打字的时候突然从键盘中爬出一只蜘蛛来。

清洁键盘不仅能让键盘焕然一清，还能延长键盘的使用寿命。

1. 清洁键盘的一般方法

1）拍打键盘：关掉电脑，取下键盘。在桌子上放一张报纸，把键盘翻转朝下，拍打并摇晃。你会发现键盘中有许多异物被拍打出来。

2）吹掉杂物：使用吹风机对准键盘按键上的缝隙吹，以吹掉附着在其中的杂物。

3）反复拍打和吹风：重复上面两个操作，直至键盘内藏匿的杂物被全部清除为止。

4）擦洗表面：用湿抹布来擦洗键盘表面，尤其是常用的按键表面。如果用水无法擦除键帽上的污渍，可以尝试用洗涤灵或牙膏来擦拭。

5）消毒：键盘擦洗干净后，不妨再蘸上酒精、消毒液等进行消毒处理，最后用干布将键盘表面擦干即可。此外，如果用酒精对电脑进行呵护，在杀毒灭菌的同时，很有可能腐蚀键盘表面的防护层，使其敏感度降低。所以不要让酒精沾到键盘的电路板上。

2. 彻底清洗

如果以上清洁方法还不能满足你对键盘的要求，可以给你的键盘来一次彻底的大清洗。将每个按键的帽儿拆下来。普通键盘的键帽部分是可拆卸的，可以用小螺丝刀把它们撬下来，按照从键盘区的边角部分向中间部分的顺序逐个进行，如图 38-1 所示。空格键和回车键等较大的按键帽较难恢复原位，所以尽量不要拆。

图 38-1　拆卸下键帽的键盘

为了避免遗忘这些按键帽的位置，可以用相机将键盘布局拍下来，或对照其他的键盘键位进行安装。拆下按键帽后，可以将其浸泡在洗涤剂或消毒液中。再用绒布或消毒纸巾仔细擦洗键盘底座。

也可以使用键盘灰尘去除胶。现在有一种类似胶泥的胶状物，也可以轻松地清理键盘表面的污垢和缝隙的灰尘，只不过需要另外购买，如图 38-2 所示。

图 38-2　键盘灰尘去除胶

38.1.2　更换键盘垫

键盘使用久了以后，会出现按键绵软不回弹，按键输入反应慢，甚至有的按键很难按出字的情况。只要更换新的键盘橡胶垫，就能让键盘焕发第二春了，如图 38-3 所示。

1）关闭电脑，取下键盘。

2）将键盘面朝下，拧下背面的螺丝。

3）将键盘盖轻轻取下。注意不要让键盘帽跳得到处是。

4）将老旧的键盘垫取下来，换上新买的垫。

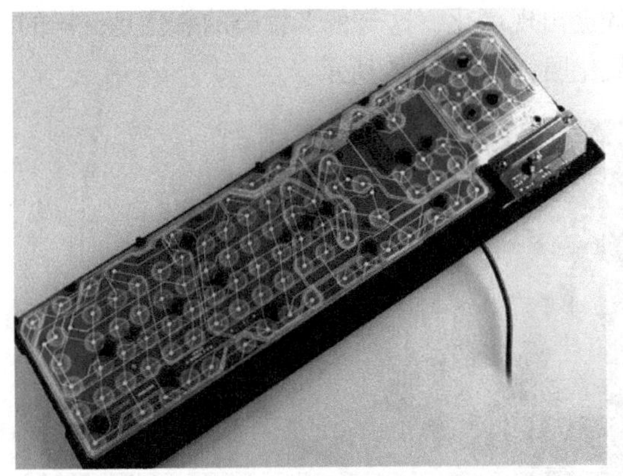

图 38-3　更换键盘橡胶垫

5）重新安装键盘，上好螺丝，这样键盘就恢复原有的弹性和手感了。

38.1.3 键盘按键不回弹

有的键盘上的个别按键按下去之后不会自动弹起，这是因为键盘上的橡胶垫老化或者断裂了。上面讲过了更换橡胶垫的方法，这里我们介绍一下不更换整个橡胶垫，只更换一两个按键的方法，如图 38-4 所示。

1）像上述一样打开键盘。

2）将有问题按键的橡胶垫用剪刀剪下来。

3）将废旧的键盘上的橡胶垫弹性好的剪下来。

4）将弹性好的橡胶垫换到不好使的键盘上，用双面胶固定住。

5）将键盘装好即可。这样就不必为了一个按键而更换整个橡胶垫了。

图 38-4 利用废旧键盘上的橡胶垫

38.1.4 线路板断路，键盘按键不出字

有的键盘上有一两个按键，按下之后也没有任何反应。如果是十几块钱、几十块钱的键盘就没有必要维修了，直接换一个新的就好了。如果是几百块钱的高档键盘，则可以尝试维修。

打开键盘，键盘里面的结构都是这样：三层薄膜，上下两层印有印刷线路，中间一层有一些圆孔，是起隔离作用的。

用万用表测量一下有问题按键的线路，测试这个键下面圆点周围的线路通不通，如果那条线路不通就是断路了。可以用一根细铜丝（电线里的铜丝就行），在下层的薄膜中用缝衣针在断了线路的前后面各戳个小孔，把细铜丝从它的背面穿入（即从没有线路的面穿入），将穿入的两个丝头弯曲成 U 型或 O 型，使它有较多的面积与线路接触，然后用粘胶纸将它实在地粘牢，让细铜丝与线路接触良好。最后用万用表量一下线路通不通，如果通了那么将键盘装好就行了。

38.1.5 键盘线路板出现氧化

键盘的线路板有时候会出现氧化，这与板卡管脚的氧化是一样的，所以可以使用同样的方法，即用橡皮擦来去除氧化层，如图 38-5 所示。

图 38-5 用橡皮擦去除键盘线路板上的氧化层

38.1.6 键盘线路板薄膜变形

键盘线路板薄膜长期受压，可能会导致薄膜因变形而粘在一起，只要用绝缘胶布贴在粘在一起的部分上（注意不要盖住触点），就可以将薄膜分开了，如图 38-6 所示。

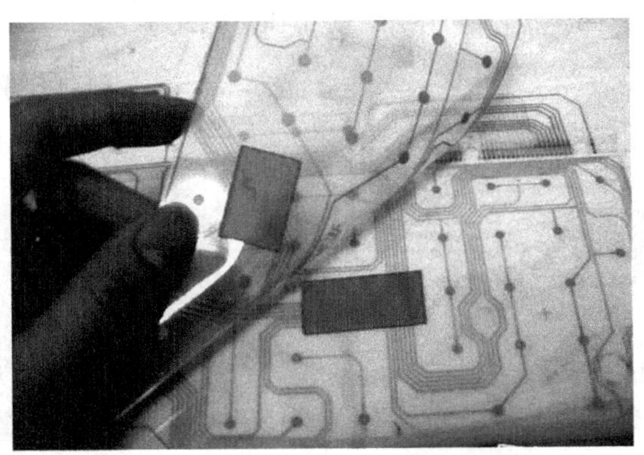

图 38-6 用绝缘胶布分开线路板薄膜

38.1.7 无线键盘故障

无线键盘的故障主要是供电的电池盒接触不良和无线发射端、接收端损坏。电池盒接触不良很容易修复，如图 38-7 所示。如果是发射端和接收端损坏，就必须更换它们。

图 38-7 无线键盘的电池盒

38.2 鼠标故障诊断维修

鼠标可修理的地方实在不多，一般都是出现故障就换新的。但罗技之类的高档产品还是值得修一下的。

鼠标的故障现象很少，基本都是左键或右键不管用了、移动不灵了、鼠标指针乱飘、插到电脑上就死机等。

38.2.1 鼠标左键、右键不管用

这个不用判断也不用测试，直接更换一个或两个按键微动开关就可以了。

1）打开鼠标外壳，如图 38-8 所示。

2）查看左键、右键、中键的微动开关，哪个坏了就换哪个，如图 38-9 所示。

图 38-8 打开鼠标外壳

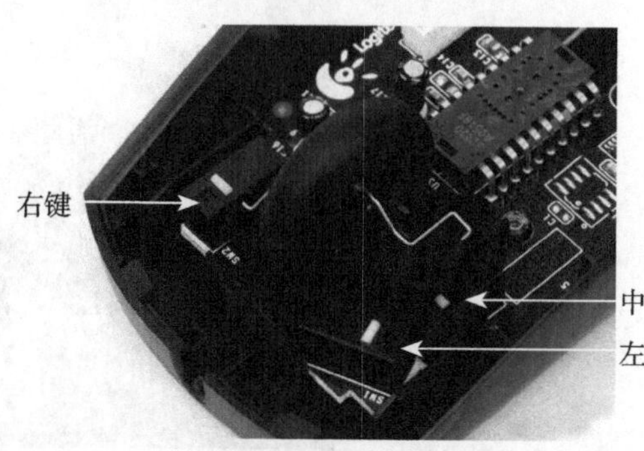

图 38-9 鼠标中的微动开关

3）准备好新买的微动开关，如图 38-10 所示。

4）卸下故障的微动开关，安装上新的，然后将鼠标安装好即可，如图 38-11 所示。

图 38-10 鼠标微动开关

图 38-11 安装微动开关

38.2.2 鼠标不能移动

鼠标不能移动有两种可能，一是鼠标的芯片损坏了，这个出现的几率较低；二是 LED 灯或折射透镜损坏了。

如果是芯片损坏，就没有什么修的价值了，直接买个新的即可。如果是 LED 灯或折射透镜坏了，也很容易发现，用眼睛看就能确定，更换也很简单，如图 38-12 所示。

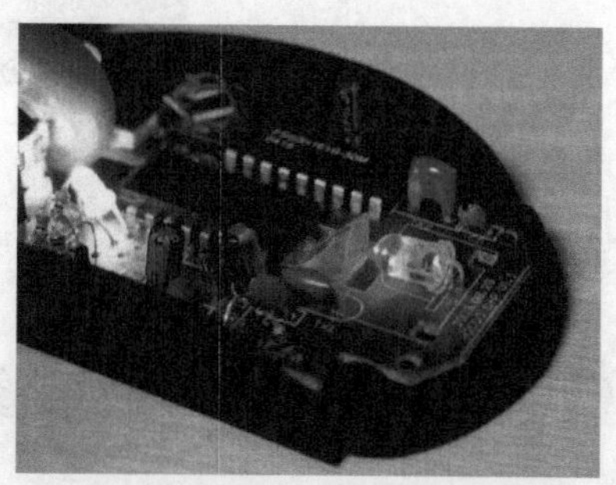

图 38-12 鼠标的 LED 灯和折射透镜

38.2.3 鼠标指针乱飘

鼠标指针乱飘，这个问题与上一个差不多，也可以通过更换折射透镜来解决。如果更换了还不能解决问题，就买个新的吧，如图 38-13 所示。

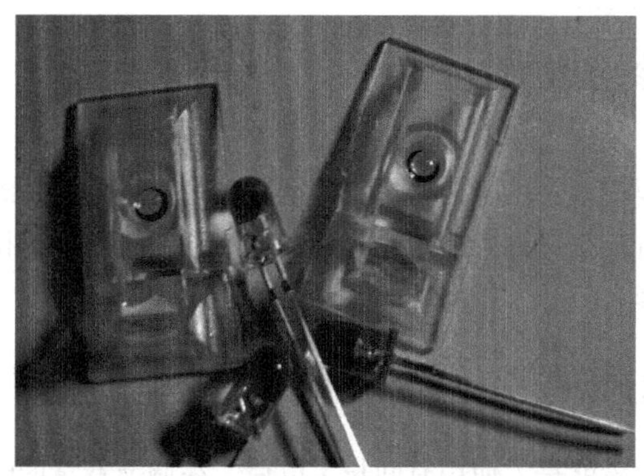

图 38-13　鼠标的 LED 灯和折射透镜

38.2.4　鼠标插入电脑就死机

鼠标插入电脑就死机，这是因为鼠标内或鼠标的 USB 接口处有短路的现象。只要沿着电路，使用万用表逐段测量，找到短路部分，更换元件即可修好，如图 38-14 所示。

图 38-14　鼠标内部

38.2.5　无线鼠标故障

无线鼠标的故障主要是电池盒接触不良或无线发射端和接收端损坏。电池盒接触不良很容易修复，如果是无线发射端或接收端损坏，就必须更换，如图 38-15 所示。

图 38-15　无线鼠标的内部结构

38.3 音箱故障诊断维修

音箱是电脑上的重要设备，由于价格便宜，所以很多人不会尝试维修音箱，小毛病就将就着用，到了不能将就的时候就直接换新的。其实音箱的很多故障都是很容易维修的，下面我们介绍几个常见故障的维修。

38.3.1 调整音量时出现噼里啪啦的声音

音箱最容易产生的故障就是，使用时间长了以后，在调节音量的时候会“噼噼啪啪”不停地响，声音时有时无。很多人应对的方法是使用 Windows 的调节音量功能来控制音量，这其实只是没办法的办法。

故障现象分析：

出现这种情况便可以判断有两种可能。第一是音箱上调节音量的相位器出了问题。大多数音箱都利用是电位器来改变信号的强弱（数字调音电位器除外），从而来进行音量调节和重低音调节的。而电位器则是通过改变一个活动触点在碳阻片上的位置，从而来改变电阻值的大小，这与我们物理课上学过的可调电阻其实是一样的。随着使用时间的增长，电位器内会有灰尘或杂质落入，电位器的触点也可能会氧化生锈，造成接触不实，在调整音量时就会有“噼里啪啦”的噪声出现，如图 38-16 所示。

图 38-16 音箱的音量调节器

第二是电位器的质量不好。在使用时，左右声道的簧片本来是分离的，但现在却因为错位，造成在使用的时候时通时断，这就产生了“噼里啪啦”的噪声。修理这个也很简单，只要用尖嘴镊子轻轻拨正簧片，再按原位装回就可以了。

故障测试维修：

第一种情况的维修方法很简单，只要更换一个调节器就可以了，调节器价格很便宜。如果不想更换，也可以把电位器后面的 4 个压接片打开，露出电位器的活动触点，然后，用无水酒精清洗碳阻片，再在碳阻片上滴一滴油，最后把电位器按原来位置装好，就可以解决噪声问题了。

38.3.2 两个音箱的声音一个大一个小

两个音箱的声音一个大一个小，用手掰一下音量调节旋钮就会让声音恢复正常，但一放手还是一个大一个小。

这与上一个故障是同样的原因。调节器上的左右两个簧片是分离的，一个声音小的原因是，一边的簧片出现了变形、错位。与上面的方法一样，用镊子将簧片拨正，再清理一下调节器上的灰尘和氧化层，就可以恢复正常了。

38.4 耳机故障诊断维修

38.4.1　更换耳机线

耳机，无论是耳塞式的还是扣耳式的，原理都是与音箱相同的。更换耳机线的操作并不复杂。

1）用螺丝刀或其他工具慢慢撬开耳机边缘，如图 38-17 所示。

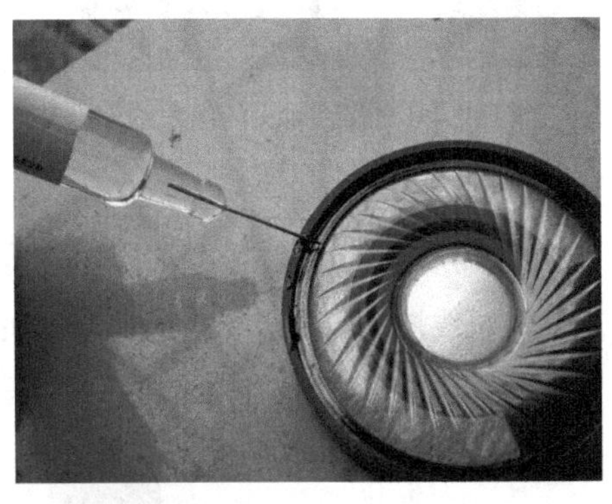

图 38-17　撬开耳机边缘

2）撬开耳机后，可以看到耳机的喇叭上焊着两根导线，这两根线就是耳机线信号线和接地线，如图 38-18 所示。只要将这两根线用电烙铁焊下来，再将新耳机线焊在这两个焊点上，就完成了耳机线的更换。

3）塞耳式耳机的原理与结构与扣耳式一样，如图 38-19 所示。

图 38-18　耳机喇叭上的信号线

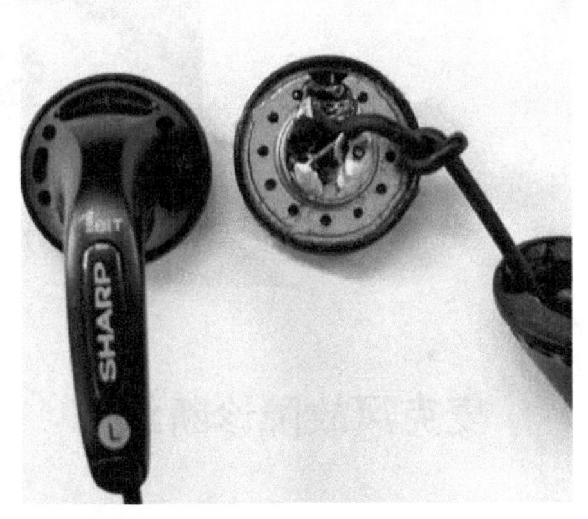

图 38-19　耳塞式耳机信号线

38.4.2　更换耳机插头

更换完耳机线，也许还需要更换插头，因为很难检测信号线断点在哪里。如果无法检测断点，只能直接更换整条耳机线。

耳机插头的更换也很简单，需要注意的是信号线的颜色必须与耳机喇叭的颜色保持一致，如图 38-20 所示。

还有一种带有麦克风的耳机，这种耳机的插头上有 3 根信号线，其中有耳机的信号线、麦克风信号线、接地线，如图 38-21 所示。只要保持与原有信号线的颜色一致，就不会接错线头了。

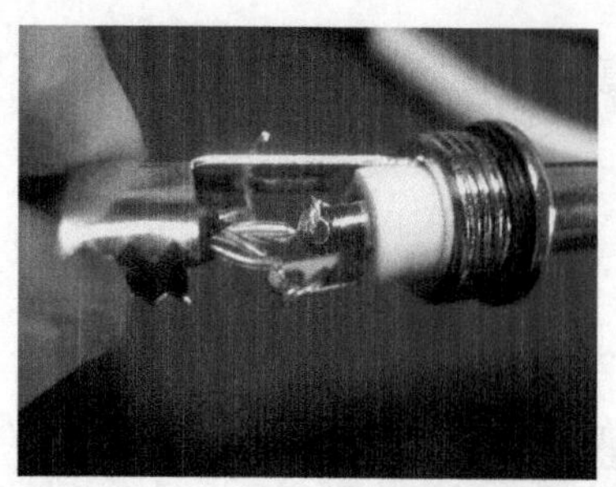
图 38-20 耳机插头的两根线

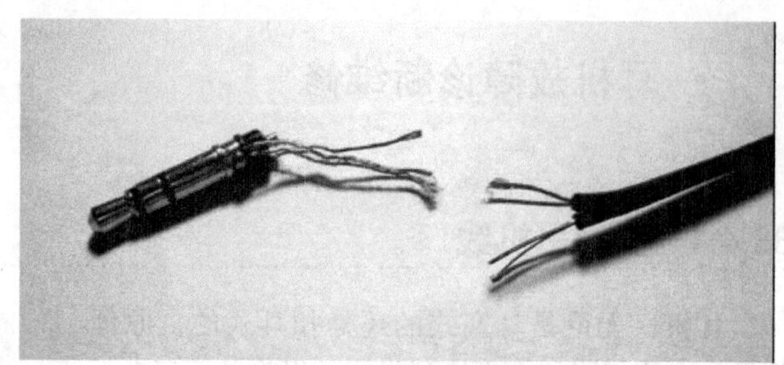
图 38-21 三线耳机插头更换

38.4.3 耳机线控音量调节器

耳机线控的音量调节器原理与音响的音量调节器相同，都是用可调电阻来调节音量的。要更换线控音量调节器只要注意线的颜色不要接错就可以了，如图 38-22 所示。

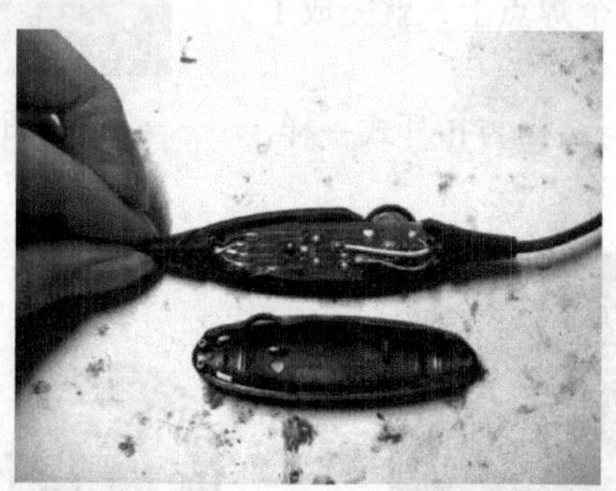
图 38-22 耳机线控音量调节器

38.5 麦克风故障诊断维修

38.5.1 麦克风的结构

麦克风的电路图如图 38-23 所示。

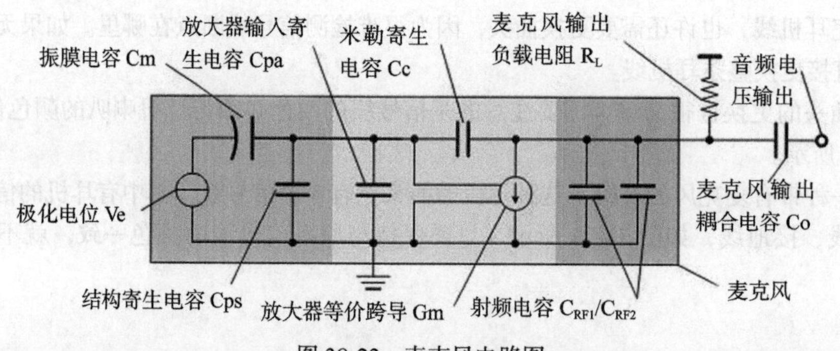

图 38-23 麦克风电路图

麦克风的结构主要分为两部分，一是接收声音的振膜线圈等元件，二是将信号滤波、放大、转换然后输出的电路。

38.5.2　麦克风的工作原理

麦克风的工作原理是，声音的音波通过振膜、线圈、磁铁被转为电信号，信号输出给放大电路，经过放大电路的滤波、放大后，输出给电脑等接收设备，如图 38-24 所示。

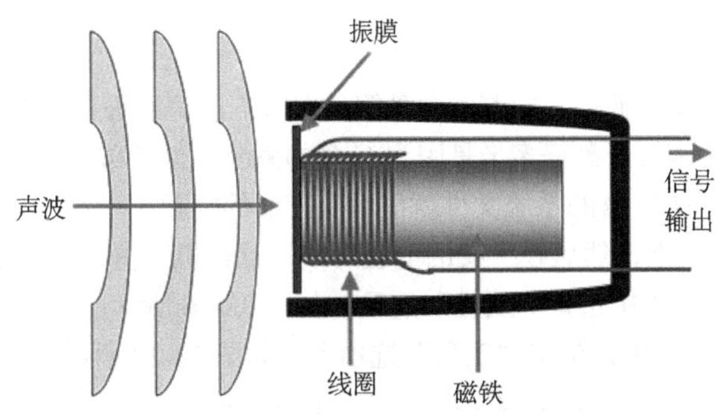

图 38-24　麦克风的工作原理

38.5.3　更换麦克风线路板

麦克风的内部容易出现故障的是放大电路。打开麦克风外壳，就能看到放大电路，如图 38-25 所示。用万用表检测放大电路上的元件，更换故障元件，或直接更换放大电路的电路板即可。

图 38-25　麦克风内的放大电路

38.6　U 盘故障诊断维修

U 盘作为电脑小配件，给我们带来了越来越多的方便。容量从最初的 8MB 容量到现在的

16GB，从最初的USB1.0接口到现在的USB3.0接口，U盘的发展速度甚至比CPU还快。

U盘在给我们带来方便的同时，也带来了不少的烦恼，因为U盘的故障还是蛮多的。U盘的故障可以分为软件故障和硬件故障。软件故障中大部分其实是电脑的设置问题，还有一部分是因为操作不当导致的U盘系统文件损坏，这相对来说都是容易解决的。硬件故障指的是U盘自身的损伤，维修的唯一理由就是保住U盘中的数据。因为U盘价格不贵，所以如果没有什么重要数据的话，很多人不会花时间去修理，直接再买一个新的即可。

38.6.1 U盘打不开

故障现象：U盘插在电脑上，能够看到盘符，但双击盘符无法打开U盘。

故障现象分析：无法打开盘符多半是因为U盘的系统文件被破坏所造成的。

故障检测维修：修复U盘的系统文件就能解决上面的问题。

1）将U盘插在电脑上，然后在“我的电脑”或“计算机”窗口中U盘的图标上右键单击U盘的盘符，在打开的菜单中选择“属性”选项，如图38-26所示。

2）在“属性”对话框中，单击“工具”选项卡，如图38-27所示。

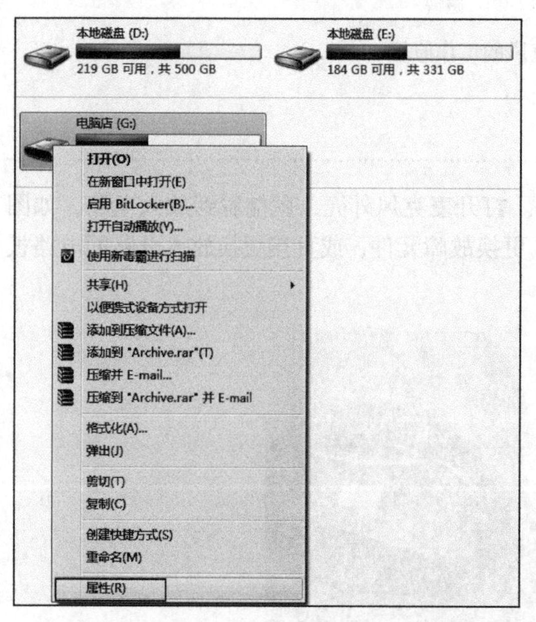

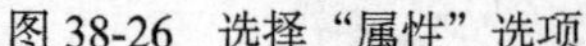
图38-26 选择“属性”选项

图38-27 “属性”对话框

3）在“工具”选项卡中单击“开始检查”按钮，打开“检查磁盘”对话框，如图38-28所示。

4）在“检查磁盘”对话框中，单击勾选“自动修复文件系统错误”复选框。然后单击“开始”按钮，如图38-29所示。

5）自动修复程序很快就能修复U盘的文件系统错误。完成检查后，单击“完成”按钮即可。

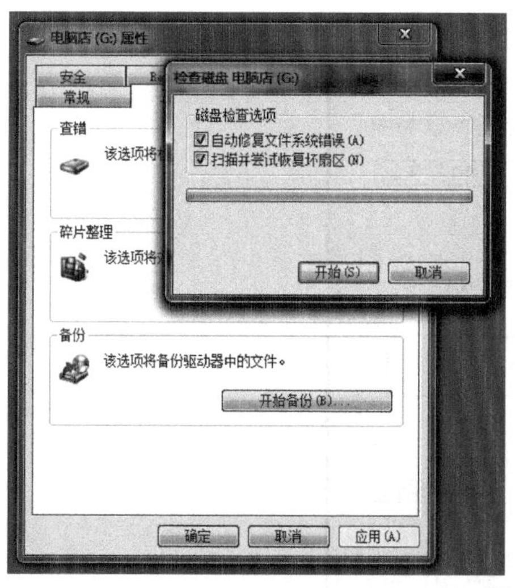

图 38-28　“检查磁盘”对话框

图 38-29　自动修复文件系统错误

38.6.2　用 U 盘安心去打印

现在拿着 U 盘去外面打印是件很常见的事，但用于打印服务的电脑因为经常被很多客户使用，所以很容易感染病毒。一旦你的 U 盘在有病毒的电脑上使用过，自身就很容易染上病毒。

有的 U 盘带有写保护功能，如图 38-30 所示。只要将开关打开，任何病毒都无法对 U 盘造成伤害。

图 38-30　带有写保护功能的 U 盘

38.6.3　U 盘中病毒自动运行

上面的提到 U 盘会被病毒感染，如果用右键单击 U 盘盘符，发现有自动运行的功能，很有可能就是被病毒感染了。

1）打开 U 盘（不要用自动运行），然后查看是否有隐藏文件，如图 38-31 所示。

2）发现 U 盘下有 Autorun.inf 文件，这就是自动运行文件。里面记录着想要被自动运行的文件的路径，有可能是病毒，也有可能是一些广告类的恶意程序，如图 38-32 所示。

3）要删除这个隐藏文件需要先打开“属性”，取消“只读”和“隐藏”属性，这样就可以删除这个 Autorun.inf 文件了，如图 38-33 所示。

4）删除 Autorun.inf 文件后，最好再对电脑进行一次全面的病毒检查。

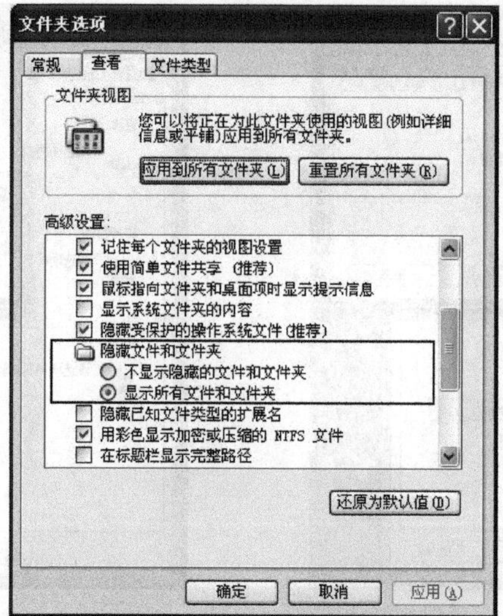

图 38-31 显示隐藏文件

图 38-32 Autorun.inf 文件

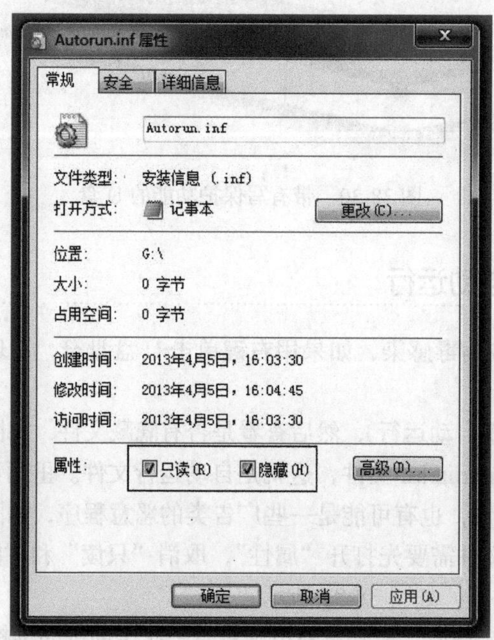

图 38-33 取消“只读”和“隐藏”属性

38.6.4　省去安全删除 U 盘步骤

什么叫安全删除？就是在使用 U 盘后，必须先要在右下角的 USB 设备管理中单击“安全删除 USB 设备”，然后再拔出 U 盘，否则就可能会造成数据丢失、文件损坏等严重的后果。

那么我们如何才能省去这个安全删除的步骤呢？其实方法很简单。

1）打开“开始→控制面板→系统和安全→系统→设备管理器”窗口。

2）找到管理器中的 U 盘，右键单击，选择“属性”菜单，如图 38-34 所示。

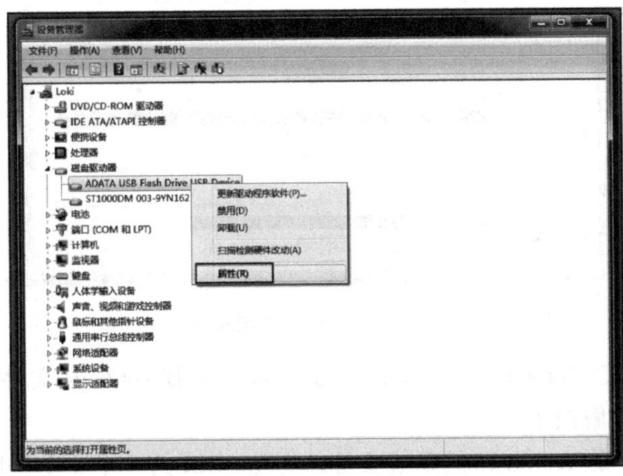

图 38-34　选择 U 盘驱动器的属性

3）打开“属性”窗口，单击“策略”选项卡，在这里只要勾选“删除策略”中的“快速删除（默认）”单选按钮，再单击“确定”按钮即可，如图 38-35 所示。

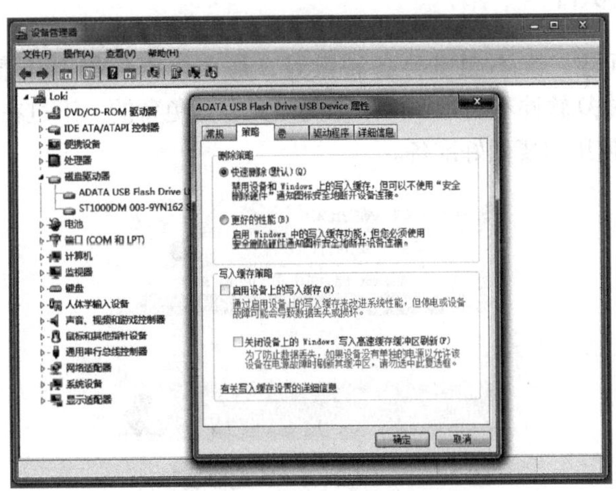

图 38-35　选择“快速删除”

4）“快速删除”选项可以禁用设备和 Windows 中的写入缓存，这样即使不单击“安全删除 USB 设备”，也不会造成数据丢失了。

38.6.5　电脑不识别 U 盘

将 U 盘插到电脑上，却无法找到盘符。

我们用在“运行”中运行 diskmgmt.msc 磁盘管理命令查看磁盘。在“磁盘管理”中我们可以看到 U 盘，但是在 Windows 中却无法识别 U 盘，如图 38-36 所示。这可能是磁盘分配驱动文件的问题。

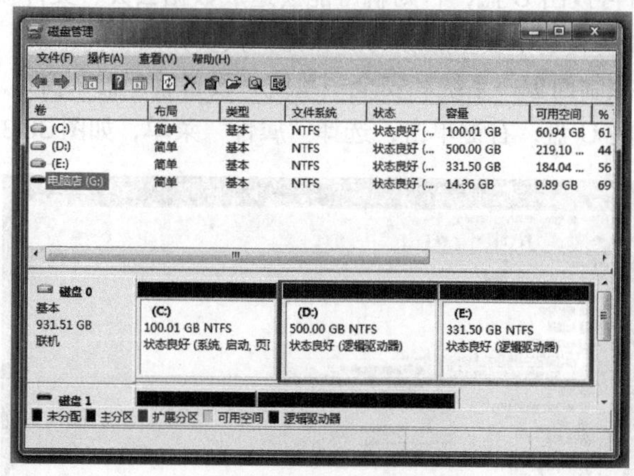

图 38-36 磁盘管理命令

我们到系统目录 C:\WINDOWS\system32\drivers 中查找 sptd.sys 文件。将这个文件删除，然后重启电脑，问题就解决了。

Sptd.sys 文件并不是 Windows 的系统文件，它是 SCSI 的一个驱动程序。如果用户正在使用 Daemon Tools 或 Alcohol 120% 程序的话，删除 sptd.sys 可能会造成错误。只要重装 Daemon Tools 或 Alcohol 120% 程序就可以了。

38.6.6 U 盘修复软件

如果 U 盘出了问题，又不想进行各种设置，那么可以从网上下载 U 盘修复软件，如图 38-37 所示。U 盘修复软件不仅操作简单，而且大多是免费的。不过在修复的过程中有可能会造成数据丢失，在使用前要做好准备。

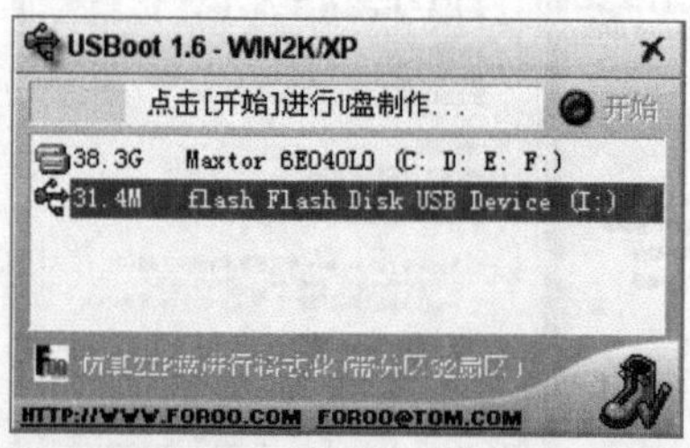

图 38-37 USBoot U 盘修复软件

38.6.7 U 盘内部结构

上面介绍了不少 U 盘软件设置上的故障修复。有时候造成 U 盘不能正常使用的也可能是硬件的问题。

U 盘内部主要有 USB 接口、电路板、控制芯片、闪存芯片、晶振、防写开关（有的没有）几部分，如图 38-38 所示。

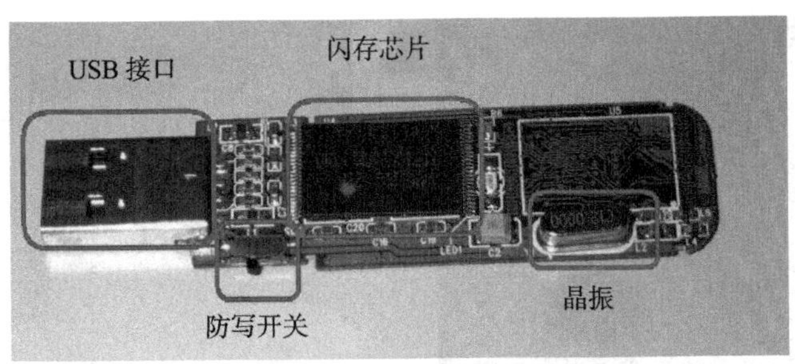

图 38-38 U 盘内部结构

U 盘中的电路也很简单，主要的元器件有电阻、电容、晶振，如图 38-39 所示。看懂电路可以有助于故障元件。

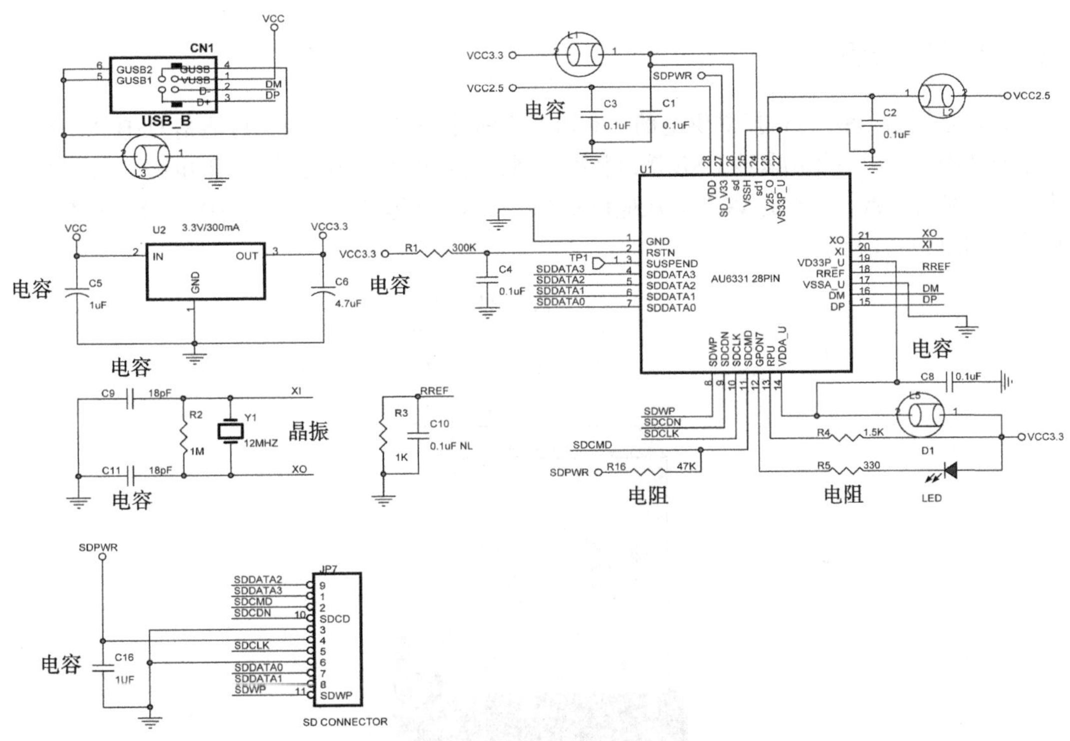

图 38-39 U 盘电路图

38.6.8 U 盘更换 USB 接口

U 盘作为物美价廉的移动存储设备，出现故障后很少有人进行维修。其实一些硬伤或虚焊等故障还是很容易维修的。

比如 USB 接口脱落，可以将其他废弃 USB 设备的接口焊下来，然后按照 U 盘的接口焊点，将好的 USB 接口焊上就可以了，非常简单，如图 38-40 所示。

还有就是如果 U 盘损坏了，但存在闪存芯片中的数据是不会丢失的，只要将闪存芯片更换掉到同型号的 U 盘电路板上，还是可以将数据保存下来的。

图 38-40 U 盘内部

38.6.9 U 盘供电

U 盘是通过 USB 接口提供供电的，有时 U 盘插上没有任何反应，可能是 USB 接口供电异常导致的。如果不能用其他 USB 接口替换的话，也可以用万用表测量一下电脑 USB 端口的供电电压是否正常。正常的 VCC 电压应该是 5V，GND 接地是 0V，中间 −D、+D 则是数据传输线，如图 38-41 所示。

红	白	绿	黑
VCC	−D	+D	GND
1	2	3	4

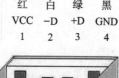

图 38-41 USB 接口

38.6.10 U 盘的晶振

U 盘进行存储时也需要时钟电路进行配合，如果 U 盘上的晶振损坏的话，U 盘也无法使用。

晶振损坏是 U 盘的常见故障，维修很简单，只要更换同型号的晶振就可以解决，如图 38-42 所示。

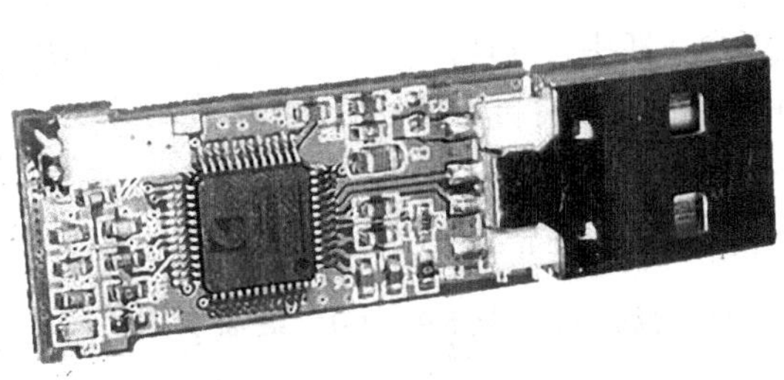

图 38-42　U 盘的晶振

38.7 动手实践：电脑辅助设备典型故障维修实例

38.7.1　鼠标右键失灵，左键可以用

故障现象：故障电脑的鼠标是罗技 M90。鼠标使用了很长时间，最近突然右键按下不管用了，左键还可以点击。

故障分析：鼠标右键失灵，可能是右键按键损坏、右键电路故障造成的。

维修方法：

1）将鼠标插到另一台电脑上，右键依然不能用，说明是鼠标本身的故障。

2）打开鼠标外壳，查看右键和右键电路。发现右键微动开关的针脚有虚焊。

3）加焊右键微动开关的针脚。

4）接上电脑测试，发现鼠标右键能够使用了。

38.7.2　鼠标指针飘忽不定

故障现象：故障电脑的鼠标是双飞燕 WM-250。使用一段时间后，鼠标突然变得指针满屏幕乱闪，根本无法使用。

故障分析：鼠标指针飘忽乱闪，一般是鼠标主板电路故障或光路屏蔽不好，受到外来光源影响造成的。

维修方法：

1）将鼠标插在另一台电脑上测试，发现故障依然存在。可以确定是鼠标本身的故障。

2）打开鼠标查看光路，发现光路基本正常。可以确定是主板电路的故障了。

3）更换主板电路性价比不高，还不如直接换个鼠标。

38.7.3　开机提示“Keyboard error Press F1 to Resume”

故障现象：故障电脑的键盘是雷柏 V5。电脑清理灰尘后重新接好，但开机出现“Keyboard

error Press F1 to Resume”提示，按 F1 键电脑还是无法启动。

故障分析：出现“键盘错误按 F1 键重启”的提示，一般是因为键盘接触不良或键盘损坏造成的。

维修方法：拔下键盘 PS/2 插头，发现插头上有一个插针弯曲了。用小镊子将弯曲的插针掰正，重新连接电脑，开机测试，没有再出现键盘错误的提示。

38.7.4 键盘上的 Enter 键按下后不弹起

故障现象：故障电脑的键盘是双飞燕 K4-300。键盘使用了两年多，今天 Enter 键按下去后不自己弹起了。

故障分析：按键不回弹一般是按键帽卡住或弹簧失去弹性造成的。

维修方法：撬起 Enter 键的键帽，发现下面的弹簧变形了。用钳子将弹簧稍微拉伸一些，再装好键帽，Enter 键可以自动回弹了。

38.7.5 耳麦中的耳机能用，但麦克风不能用

故障现象：故障电脑的主板是七彩虹 G41H，CPU 是 Intel 酷睿 2 双核 E7500，耳麦是罗技 H110。耳麦是新买的，连接上电脑后，使用 YY 语音软件聊天时发现，对方说话可以听到，但自己说话对方听不到。在用系统中的录音功能测试，发现麦克风无法使用。

故障分析：耳麦中耳机能用但麦克风不能用的故障很常见，一般问题都集中在麦克风连接、麦克风设置和麦克风本身是否损坏几个方面。但也不排除声卡故障，只是几率很低。

维修方法：

1）先查看麦克风的连接，看到麦克风插头连接到了 MIC 接口，重新拔插测试发现依然不能使用。

2）将耳麦插到另一台电脑上，测试发现耳机和麦克风都能使用。这基本可以确定是故障电脑的麦克风设置错误。

3）重新插好耳麦，双击右下角的小喇叭图标，打开音频控制，查看麦克风选项，发现麦克风选项中的静音选项被勾选了。

4）取消静音选项上的勾选，关闭音频控制。再测试麦克风，发现麦克风已经可以使用了。

38.7.6 音箱熔丝熔断

故障现象：故障电脑的音箱是漫步者 R201V。在播放音乐时，音箱没有声音，用音量旋钮调整也没有声音。

故障分析：音箱不能发声，用音量旋钮调整音量也没有声音，这多半是音箱供电系统或开关故障造成的。

维修方法：

1）用替换法测试电脑和声卡。将一个好的耳机插在电脑上，播放音乐测试，发现可以听到声音，用系统控制音量的大小也完全正常。

2）断开电源，打开音箱外壳。

3）查看音箱供电线路，发现音箱电源电路上的熔丝熔断了。

4）更换音箱电源熔丝，接上电脑再测试，音箱可以正常播放音乐了。

38.7.7 打开 U 盘提示“磁盘还没有格式化”

故障现象：将一个金士顿 DT101U 盘插在电脑上，双击图标后出现提示“磁盘还没有格式化”。但已经进行了格式化的操作了。换到别的电脑上还是出现这个提示。

故障分析：这个故障一般是 U 盘固件损坏造成的。

维修方法：从 U 盘官方网站下载固件修复工具，对 U 盘进行修复后，可以正常使用了。

38.7.8 电脑无法识别 U 盘

故障现象：将一个金邦 GL2 U 盘插在电脑上，系统却无法识别它。换到其他电脑上依然是无法识别。

故障分析：在不同电脑上都无法识别设备，说明 U 盘本身存在问题。能够检测到有设备接入电脑，说明有供电提供到 U 盘。那么剩下的就是 U 盘本身损坏或数据接口线 +D 和 −D 不通了。

维修方法：打开 U 盘外壳，用万用表测试 4 条接口线，发现供电线正常，+D 线没有信号。顺着故障线路检查，发现电路上一个电阻断路。更换同型号电阻后，再将 U 盘插到电脑上测试，U 盘可以使用了。

第 39 章

快速诊断打印机故障

打印机是电脑最重要的外部设备，也是故障比较多发的设备。打印机的种类繁多，每种机型的故障原因和故障现象也不尽相同。这一章我们不仅讲解如何维修各种打印机，还会介绍时下最流行的 DIY 喷墨打印机墨盒。

39.1 打印机故障诊断

39.1.1 激光打印机故障诊断

1. 诊断打印页全黑故障

打印机打出的打印页是全黑色的，这可能是充电辊出现故障，使得硒鼓不充电造成的。

从原理上看，如果硒鼓没有充电，硒鼓本身带有正电荷，经过激光照射，无论是否照射，硒鼓全部图像区都带有正电荷，这样碳粉图层辊的负电荷碳粉就会全部吸附到硒鼓上，使得整张打印页全部都是黑色的，如图 39-1 所示。

图 39-1　硒鼓组件

可用万用表测量充电辊是否有故障。如果电阻过大或过小，都说明充电辊损坏，需要更换新的充电辊。

也可以将激光扫描装置的出口用纸挡住，如果无论激光照射与否，打印出的打印页都是全黑的话，就可以断定故障是充电辊不充电造成的了。

2. 诊断打印页全白故障

打印机打印出的打印页全是白色，这可能是由于缺粉或碳粉图层辊（显影磁鼓）不充电造成的。

从原理上看，如果碳粉图层辊不充电，无论硒鼓是否带电，碳粉都无法吸附在硒鼓上。所以打印出的打印页将是全白色。

首先查看粉盒是否缺粉，如果没有装碳粉，打印出的打印页也会是全白的，如图 39-2 所示。然后测量碳粉辊是否能正常充电，如果不能，更换碳粉图层辊即可。

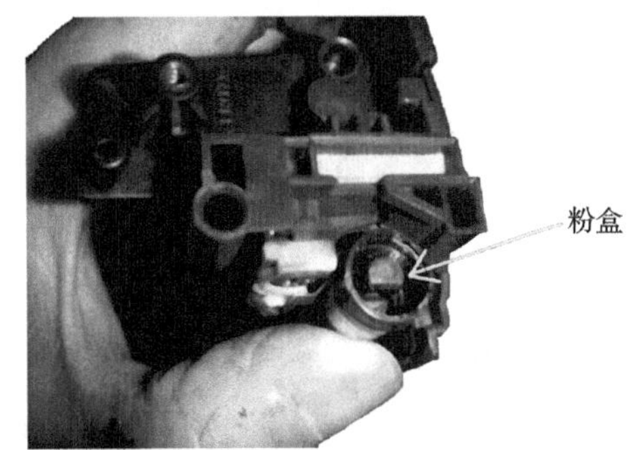

图 39-2　查看是否缺粉

3. 诊断打印页有浅像故障

打印出的打印页有一层浅浅的图像，这有两种原因，一是缺粉，二是激光扫描装置故障，导致的照射硒鼓不正常造成的，如图 39-3 所示。

先更换碳粉，如果没有解决图像浅的问题，检查激光扫描装置是否存在故障。需要注意，很多激光都是通过棱镜和凸透镜照射到硒鼓上的，应该着重检查透镜是否脏污了。

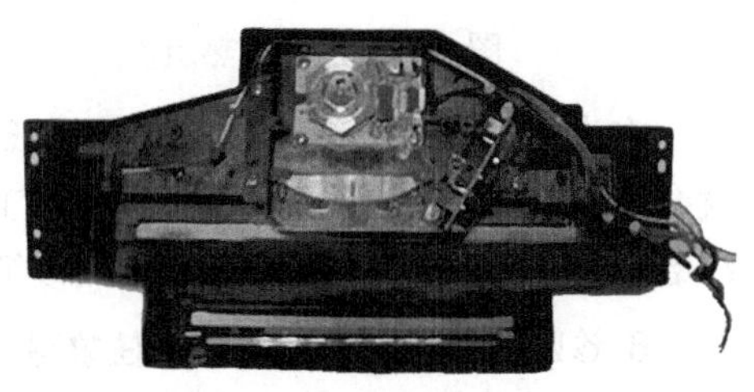

图 39-3　激光打印机的激光扫描装置

4. 诊断打印页掉色故障

打印出的打印页用手一摸就会掉色，这是由于定影组件工作不正常引起的，如图 39-4 所示。

从原理上看，如果加热定影的步骤出了问题，就会使碳粉无法溶印在纸上，从而造成掉色的情况。

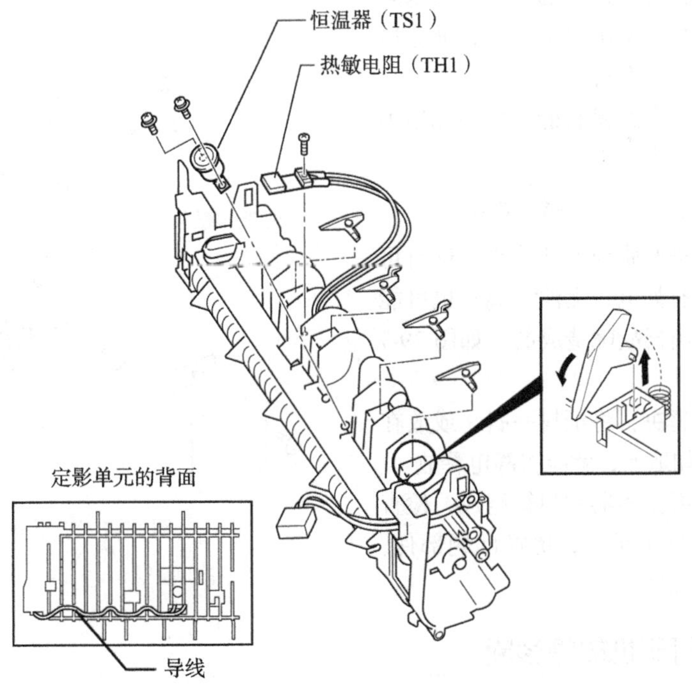

图 39-4　定影组件

查看定影组件中的加热灯管是否可用，测量定影组件中的电路是否断路，如图 39-5 所示。

5. 诊断打印机不进纸故障

打印机不进纸可能是因为吸纸辊工作不正常导致的。

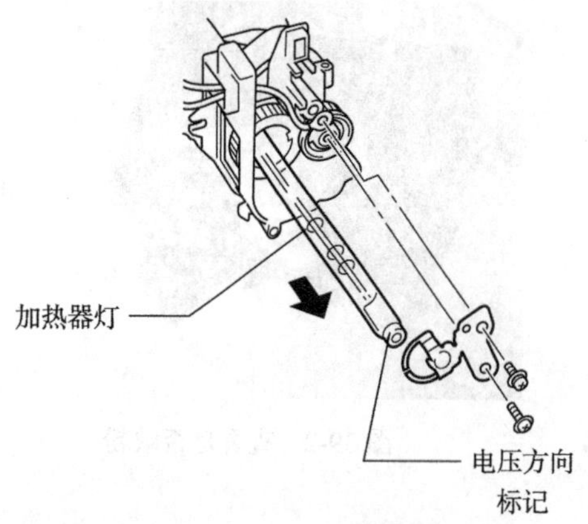

图 39-5 定影加热组件

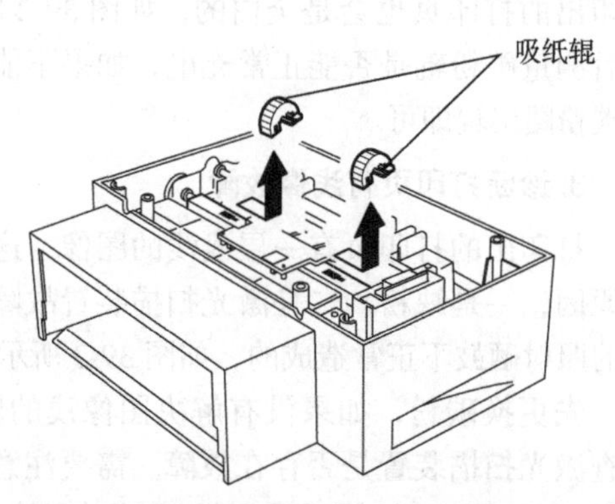

图 39-6 进纸部分的吸纸辊

在进纸口内有吸纸辊，是负责将纸吸入打印机的，如图 39-6 所示。如果吸纸辊不工作，就会造成不进纸。如果看到吸纸辊能够工作，但卷不住纸，可能是由于吸纸辊老化；表面的横纹磨平了。更换吸纸辊或将辊表面用砂纸打磨粗糙可以解决这个问题。

6. 诊断打印机进纸到一半卡住故障

进纸走到一半就卡住不走了，这是进纸辊不工作造成的。

进纸部分故障大多是出在这里。在吸纸辊的下面有两个对转的进纸辊，吸纸辊只是将纸卷入打印机，纸张在打印进中的运动其实都来自这对进纸辊。如果进纸辊不工作，就会造成纸走到一半卡住的情况。

检查进纸辊和电路是否能工作，如果不能，更换新的设备就可解决。

7. 诊断打印机一次进几张纸故障

打印机一次进两张或好几张纸，这有可能是纸张本身带有静电，无法分离；也可能是进纸部分的分离器故障造成的，如图 39-7 所示。

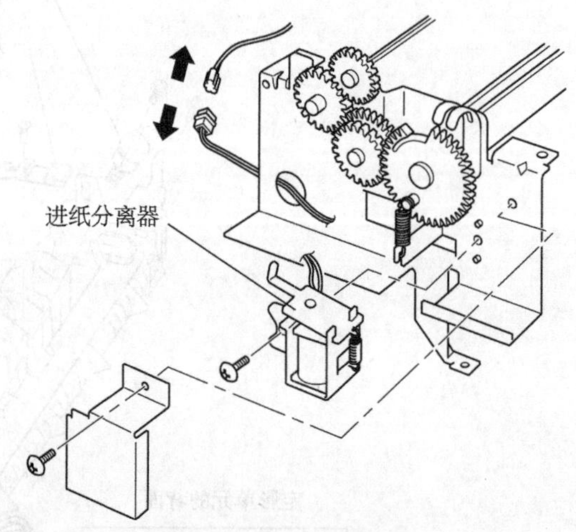

图 39-7 进纸分离器

静电很容易解决，将纸抖一抖，或放在导电物体上，比如地上，就能将静电释放。

分离器由进纸分离器和弹簧组成，检查弹簧是否已经弹性不足了，更换问题部件，就可以解决这个问题。

39.1.2 喷墨打印机故障诊断

1. 诊断进纸不正常故障

打印机进纸的时候，一次进两张或好几张纸。这有可能是打印纸本身黏在一起造成的，有的纸张上带有静电，或因为潮湿黏在一起，只要将纸分开用热风吹一吹，就可以正常使用。

如果打印机不能进纸就需要查看进纸辊和齿轮传动系统是否工作正常了，如图39-8所示。

查看进纸辊是否因为使用时间长，表面摩擦力减小了，如果是，更换新的部件即可。

图39-8　进纸齿轮组

2. 诊断打印机卡纸故障

打印机卡纸故障，这与上面的不进纸有相似的地方。先关闭打印机，查找卡纸的位置，然后轻轻将纸拉出。再检查进纸辊和出纸辊是否正常。

3. 诊断打印页上有漏墨故障

打印出的打印页上有成块的墨迹，这通常是因为使用了劣质墨盒或加墨时操作不当造成的。这也是喷墨打印机最常见的故障。

只要使用高质量的墨盒，按照正确方法加墨即可。

4. 修复更换新墨盒后面板上的“墨尽”灯亮故障

正常情况下，当墨水已用完时“墨尽”灯才会亮。更换新墨盒后，打印机面板上的“墨尽”灯还亮，发生这种故障，一是墨盒未装好，另一种可能是在关机状态下自行拿下旧墨盒，更换上新的墨盒。因为重新更换墨盒后，打印机将对墨水输送系统进行充墨，而这一过程在关机状态下将无法进行，使得打印机无法检测到重新安装上的墨盒。另外，有些打印机对墨水容量是使用打印机内部的电子计数器来进行计量的（特别是在对彩色墨水使用量的统计上），当该计数器达到一定值时，打印机就会判断墨水用尽。而在墨盒更换过程中，打印机将对其内部的电子计数器进行复位，从而确认安装了新的墨盒。

解决方法：打开电源，将打印头移动到墨盒更换位置。将墨盒安装好后，让打印机进行充墨，充墨过程结束后，故障排除。

5. 修复打印机清洗泵嘴的故障

打印机清洗泵嘴出毛病是较多的，也是造成喷头堵塞的主要因素之一。打印机清洗泵嘴对打印机喷头的保护起决定性作用。喷头小车回位后，要由清洗泵嘴对喷头进行弱抽气处理，对喷头进行密封保护。在打印机安装新墨盒或喷嘴有断线时，机器下端的抽吸泵要通过它对喷头进行抽气，泵嘴的工作精度越高越好。但在实际使用中，它的性能及气密性会因时间的延长、灰尘及墨水在泵嘴中的残留凝固物增加而降低。如果使用者不对其经常检查或清洗，它会使喷头不断出故障。

养护此部件的方法是：将打印机的上盖卸下，移开小车，用针管吸入纯净水对其进行冲洗，特别要对嘴内镶嵌的微孔垫片充分清洗。在此要特别提醒用户，清洗此部件时，千万不能用乙醇或甲醇，这样会造成此部件中镶嵌的微孔垫片溶解变形。另外要注意的是，喷墨打印机要尽量远离高温及灰尘的工作环境，只有良好的工作环境才能保证机器长久正常使用。

6. 修复检测墨线正常而打印精度明显变差的故障

喷墨打印机在使用中会因使用的次数及时间的延长而打印精度逐渐变差。喷墨打印机喷头也是有寿命的。一般一只新喷头从开始使用到寿命完结，如果不出什么故障的话，也就是 20 ～ 40 个墨盒的用量寿命。如果你的打印机已使用很久，现在的打印精度变差，你可以用更换墨盒的方法来试试。如果换了几个墨盒，其输出打印的结果都一样，那么这台打印机的喷头将要更换了。如果更换墨盒以后有变化，说明可能使用的墨盒中有质量较差的非原装墨水。如果打印机是新的，打印的结果不能令人满意，经常出现打印线段不清晰、文字图形歪斜、文字图形外边界模糊、打印出墨控制同步精度差等问题，这说明可能买到假墨盒或者使用的墨盒是非原装产品，应当对其立即更换。

7. 修复行走小车错位碰头的故障

EPSON 喷墨打印机行走小车的轨道是由两只粉末合金铜套与一根圆钢轴的精密结合进行滑动的。虽然行走小车上安装有一片含油毡垫以补充轴上润滑油，但因环境中到处都有灰尘，时间一久，会因空气的氧化、灰尘的破坏使轴表面的润滑油老化而失效。这时如果继续使用打印机，就会因轴与铜套的摩擦力增大而造成小车行走错位，直至碰撞车头造成无法使用。

解决的办法是：一旦出现此故障应立即关闭打印机电源，用手将未回位的小车推回停车位。找一小块海绵或毛毡，放在缝纫机油里浸饱油，用镊子夹住在主轴上来回擦。最好是将主轴拆下来，洗净后上油，这样的效果最好。另一种小车碰头的原因是器件损坏所致。打印机小车停车位的上方有一只光电传感器，它是向打印机主板提供打印小车复位信号的重要元件。此器件如果因灰尘太大或损坏，打印机的小车会因找不到回位信号而碰到车头，从而导致无法使用。一般出此故障时需要更换器件。

8. 修复断线的故障

打印断线是常见故障，一般有以下几个原因：

1）新墨盒上机后，基本上只需一次或两次清洗打印墨线就能正常，一般在使用中不会断线。断线的原因一是使用者在打印前没有将进纸托架设定好，进纸过程中造成轧纸，纸与喷头摩擦后造成断线。解决方法：将进纸托架设定好。另一个原因是原装墨水快用完时，没有及时更换新墨盒，而是将打印机放在温度较高的环境下时间较长所致。一般一个墨盒装机之后要在 3 个月内用完立即更换，如果换上墨盒不经常使用，会因墨盒内进入空气而导致气密性能变差，容易使墨水在喷头上，墨盒内的粘度变大，从而造成喷墨打印机断线的故障。解决方法：更换墨盒，清洗喷头。

2）更换其他品牌墨盒。更换其他品牌墨盒产生的断线是因为墨盒理化性能未达到 EPSON 墨盒所要求的参数。在更换其他品牌墨盒时，有时可以发现，某些颜色出墨顺利而有些颜色要经过多次清洗后才能出来，浪费了大量的墨水。这是因为这类生产厂家生产的墨盒远远达不到 EPSON 墨盒的技术要求，使用时最易发生墨水输墨不均衡的问题。原装墨盒在墨水的化学特性和盒体气压压力调节上做了文章，而其他某些品牌的墨盒因不了解其原理，所做出的墨盒差距较大，难以达到出墨流量的均衡。更为严重的是，某些墨盒因海绵的溶出物较多，海绵遇墨膨胀系数过大，出墨口使用的不锈钢超细滤网达不到要求，这种墨盒给打印机造成故障也不奇怪。解决方法：用原装墨盒。

3）往墨盒里加墨出现的问题。使用注墨后的墨盒常见故障是：断线、堵头、色度不准。如果你注入的墨水理化性能和原墨盒残留墨水基本相近，那它是完全可以用的。因为我们手工加墨是在空气中常压下完成的，各色墨注入量不可能掌握得很一致，加入的墨水分子中会有较多气泡含量。这时你将墨盒装机之后不要立即使用，而是要将喷头清洗一至两次之后将打印机关掉，再停机 2 ～ 6 个小时左右再使用，这时墨盒内的墨水会因化学作用自动排气，已将气泡及空气排到墨盒顶端，能减少故障。

堵头是注墨以后最容易发生的问题，因为 EPSON 喷墨打印机的超精细滤网是设计在墨盒出墨口处，而喷头输墨口与墨盒的接口处是没有滤网的。有些人在墨盒的出墨口处向墨盒内反向注墨，这样容易造成灰尘及杂质进入输墨口，使打印机堵头。另一种情况是发生的化学性堵头，因为加注墨水的化学性质与原装墨盒中残留墨水不一样，其不同墨水的化学反应过程较慢，极难用肉眼观察到，如果这种墨水停留在喷头上产生了反应，将会对喷头造成破坏性损害。补充墨水常见的另一类问题是颜色不准确。彩色材料的生产会因批号不同出现色差，这也是生产彩色材料最难的一关。EPSON 喷墨打印机的补充墨水一般出现色度偏差时，用户在 EPSON 喷墨打印机的属性设置中进行调整就可以了，只要可调范围在 EPSON 软件可设置的范围内就可用。

39.1.3 DIY 喷墨打印机连供墨盒

1. 连供是什么

连供即喷墨打印机的连续供墨系统，它是近年在喷墨打印机领域才出现的新的供墨方式。连续供墨系统采用外置墨水瓶，用导管与打印机的墨盒相连，这样墨水瓶就可源源不断地向墨盒提供墨水，如图 39-9 所示。

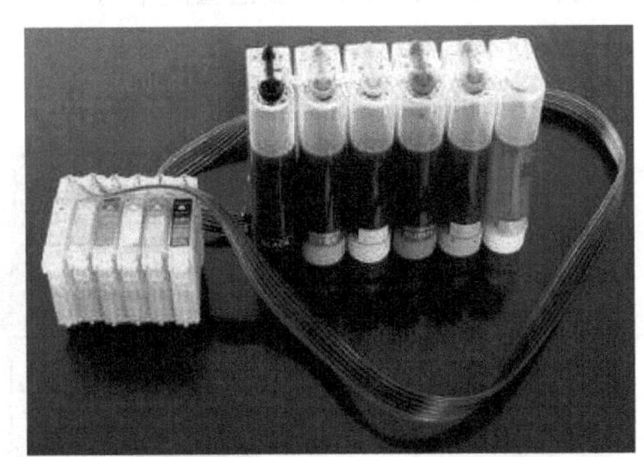

图 39-9 喷墨打印连供墨盒

连续供墨系统的特点是，价格比原装墨水便宜很多，一般一色的容量为 100ml，比原装墨盒墨水至少多 5 倍。而且它供墨量大，还可以反复加墨。连供的出现无疑是为喷墨打印机降低成本提供了一个好办法。

2.DIY 制作连供需要的材料

自己动手制作连供墨盒需要哪些材料呢？具体如图 39-10 所示。

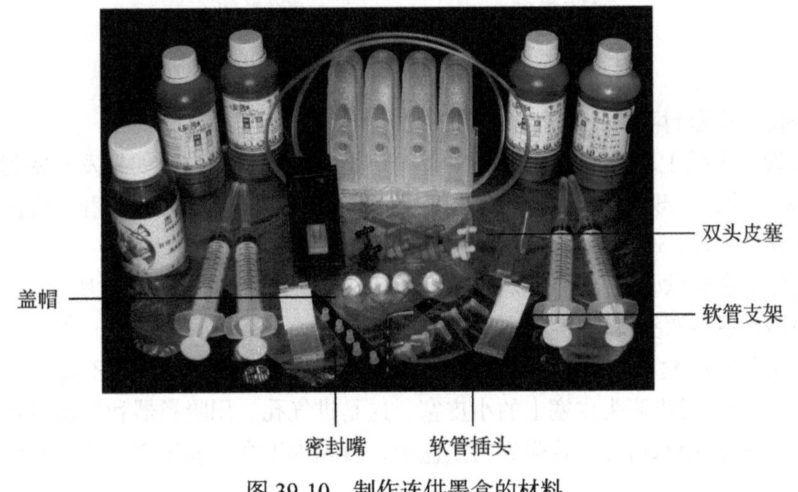

图 39-10 制作连供墨盒的材料

制作连供必须用的有连供墨盒、软管、双头皮塞、软管插头、原装墨盒、墨水，还有一些帮助我们制作的工具，如注射针筒、吸墨器、打孔工具、软管支架、盖帽等，如图 39-11 所示。

3. 开始制作连供墨盒

连供系统分为外墨盒、导管、内墨盒，其中外墨盒与导管的连接很简单，只要按照相应插口安装就行了。

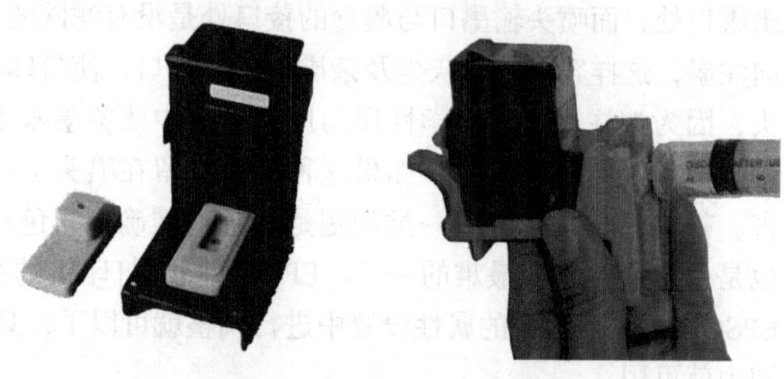

图 39-11 吸出墨水的吸墨器

内墨盒的连接是 DIY 成功与否的关键，准备好制作材料，按以下步骤操作。

1）将墨水耗尽的墨盒作为连供的内墨盒，这里最好使用原装墨盒，以免造成打印机不识别等意外情况。黑色墨盒内只有一个空间，全部装黑色墨水，所以只要将孔打在中心就行。彩色墨盒中有 3 个空间，用来装 3 种颜色的墨水，所以必须按照墨盒内格子的位置打孔，如图 39-12 所示。

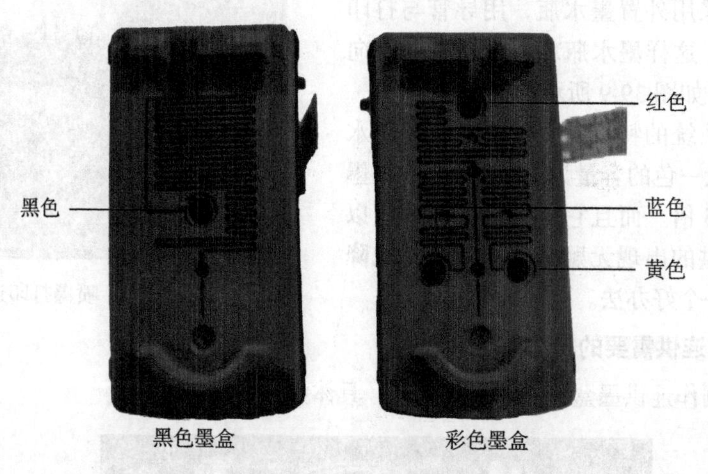

图 39-12 佳能 40、41 墨盒装连供的开孔位置

2）打好孔，将密封嘴插到孔上，如图 39-13 所示。

3）将软管一头插上软管插嘴，再将插嘴插到墨盒的密封嘴内。如果发现密封不好（孔打得不规则容易出现漏气现象)，可以用胶在接口处再粘一层，起到密封作用。软管的另一端与外墨盒底部相连，如图 39-14 所示。

4）连接好墨盒与软管后，就可以将墨水灌入外墨盒中了，如图 39-15 所示。

5）灌好墨水后将双头皮塞盖上，如图 39-16 所示。

6）外墨盒与内墨盒和导管现在都已经连接好了，如图 39-17 所示。还需要将外墨盒中的墨水导入内墨盒中。拔出双头皮塞上的小皮塞，这是进气孔。用吸墨器和针筒对着内墨盒的喷嘴吸，将外墨盒中的墨水通过导管吸到内墨盒中，直到内墨盒充满墨水。这样连供墨盒就制作好了。

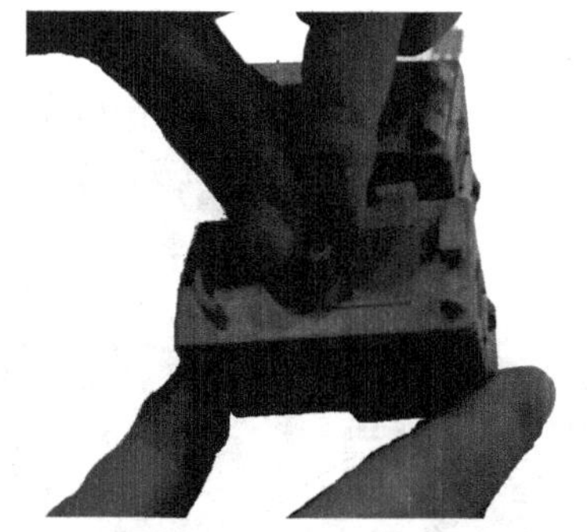

图 39-13 安装密封嘴

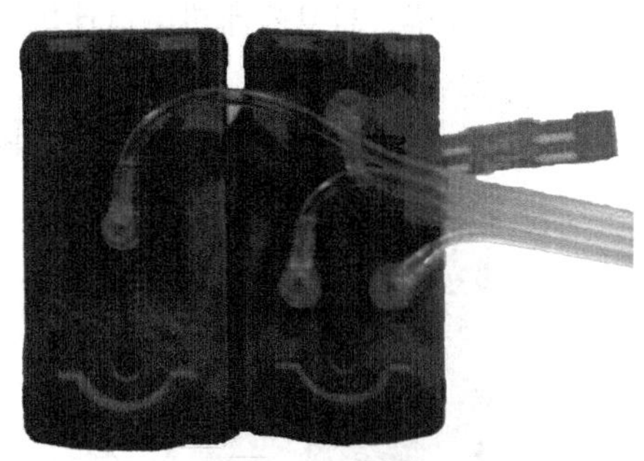

图 39-14 连接软管

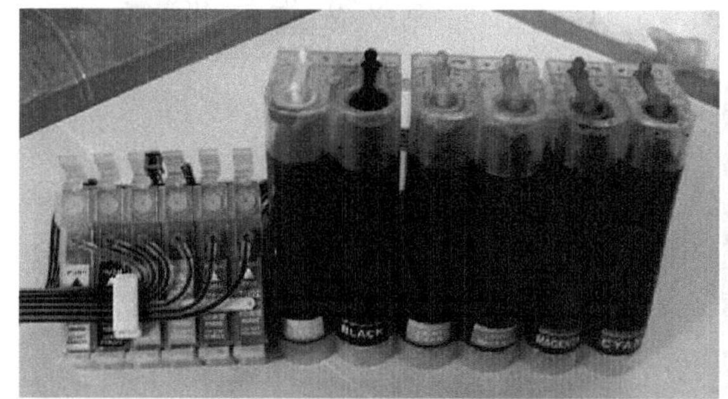

图 39-15 将墨水灌入外墨盒

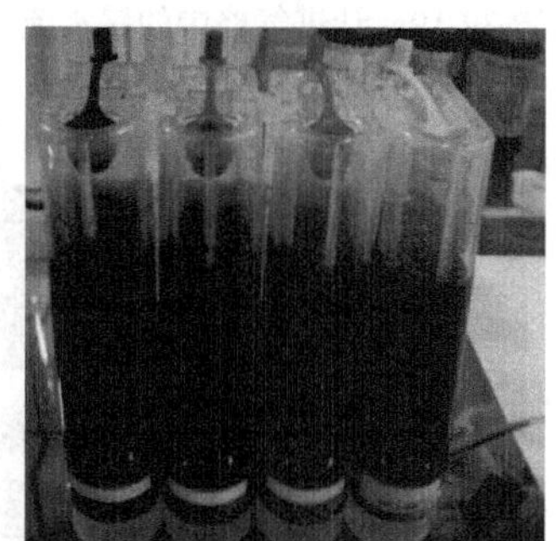

图 39-16 盖上双头皮塞

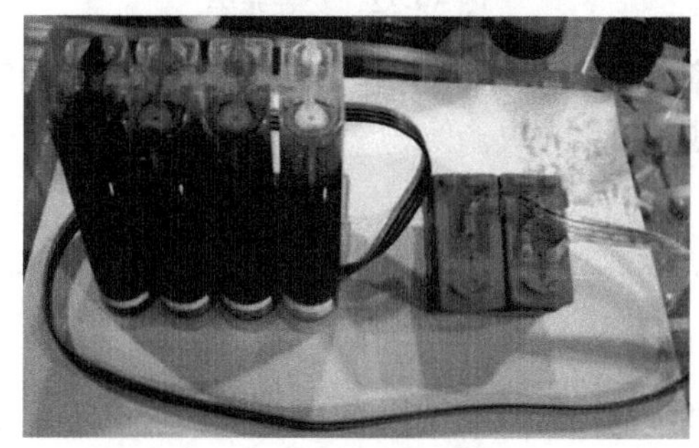

图 39-17 连接好的导管与墨盒

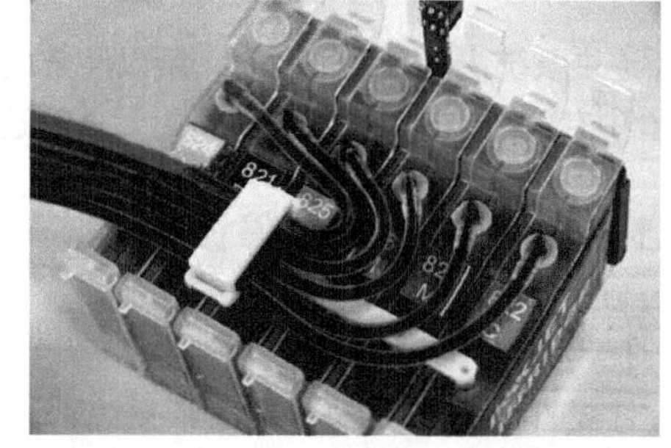

图 39-18 单体彩色墨盒连接软管

上面介绍的彩色墨盒是三合一型的墨盒，单体彩色墨盒制作的原理与三合一墨盒是一样的，制作时相对简单，只是需要注意连接墨盒的加墨孔，不要搭错了颜色，如图 39-18 所示。

4. 连供的正确安装

在安装连供墨盒时，一定要关闭打印机的电源，否则带电安装墨盒容易造成墨盒烧毁。

1）仔细观察连供墨盒，墨盒中有大小两个格子，这是为了利用内墨盒的虹吸效果和外墨盒的进气孔设计的。使用时应稍微倾斜墨盒，让进气孔一边的墨水低于主墨水格子中的墨水，如图 39-19 所示。

2）安装连供墨盒时，必须将外墨盒与打印机放在同一个水平面上（同一个高度），否则就会因为两边压力不同造成漏墨。将内墨盒安装到打印机上，如图 39-20 所示。

3）用软管支架架起软管，调整软管的长度，使得打印机字车来回移动不受软管牵扯，如图 39-21 所示。

4）安装完毕，打开打印机测试连供墨盒，如图 39-22 所示。

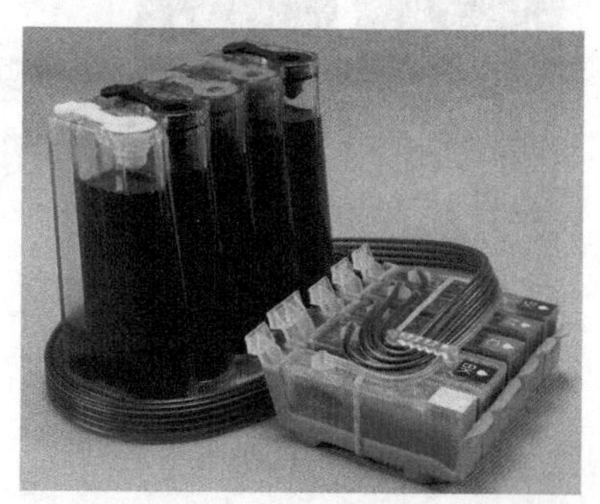

图 39-19 让进气格中的墨水流入主格子

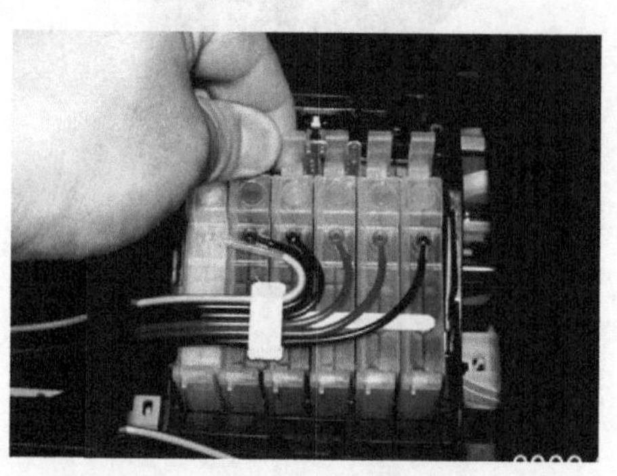

图 39-20 安装连供墨盒

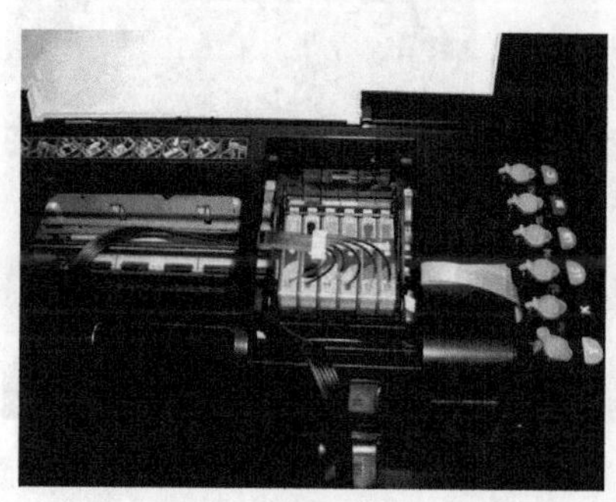

图 39-21 调整好软管的长度

图 39-22 安装完毕

连供系统由于是手工制作，所以经常出现故障。常见的故障有操作不当导致的漏墨、漏气（导管中有气泡）等。仔细检查密封元件，这些问题都可以解决。

39.1.4 针式打印机故障诊断

1. 更换打印针

针式打印机的传动和进出纸系统，与之前讲过的喷墨和激光打印机相同，这里不重复说明。

针式打印机的打印针是比较脆弱的，容易产生变形或断裂。检查和更换打印针是维修针式打印机必须掌握的。

1）将打印头取下，打印头的背面是用螺丝固定的后盖。拧下螺丝将后盖打开，如图 39-23 所示。

2）用镊子轻轻取下盖板、金属垫圈、毛毡圈，如图 39-24 所示。

3）取下上面覆盖的零件后，就可以看到打印针和定位底座。检查和更换打印针，如图 39-25 所示。

2. 更换色带

色带的结构非常简单，由墨盒、吸墨海绵、固定齿轮和色带组成，如图 39-26 所示。更换色带的时候，用螺丝刀拧下螺丝，打开色带盒盖，将旧的色带取出，新的色带装上，盖上色带盒盖，来回扯动色带，使它与齿轮咬合紧密，与吸墨海绵充分接触即可。

图 39-23 拆卸打印头

图 39-24 拆卸打印头

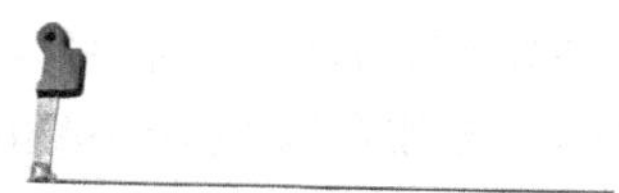

图 39-25 更换打印针

3. 修复打印头断针故障

造成针式打印机打印头断针故障的原因主要包括打印针导向孔污垢太多、人为转动打印辊或低质量的打印色带被打穿挂断打印针等。

打印头如果发生断针故障，更换打印头的断针即可。更换之后先不装色带进行测试，确定正常后再安装色带使用。因为新的打印针可能会刮破色带。

图 39-26 色带结构

4. 修复打印针驱动线圈损坏故障

引起打印头驱动线圈故障的原因主要是打印针驱动管损坏（被击穿短路），引起驱动电流过大，将打印针驱动线圈烧坏。

当打印机出现不出针或打印机无反应故障时，可以检测打印针驱动线圈是否损坏。检测方法如下。

1）将打印头卸下，然后将一根打印头电缆一端插入打印头。

2）将万用表的红表笔接公共端，黑表笔接各个驱动线圈的对应点，测量各个驱动线圈的直流电阻，并与打印机规定的阻值比较（一般为33Ω左右）。如果测得的阻值与规定的阻值偏差较大，则应该是驱动线圈开路或短路。

3）如果驱动线圈损坏，更换损坏的驱动线圈。

4）更换驱动线圈后，不要马上开机测试，应接着测量主控制板中的针驱动管是否损坏（因为如果针驱动管损坏导致驱动线圈故障的话，有可能再次烧坏打印头线圈）。

5）如果针驱动管损坏则更换针驱动管。接着开机测试即可。

5. 修复打印头电缆断线故障

打印头电缆断线可能是由于打印的过程中被磨损，或在拆卸打印头时操作不当使打印电缆折断。

当怀疑打印头电缆损坏导致打印机无法打印时，可以按照下面的方法进行检修。

1）将打印头电缆卸下，然后，将万用表的两根表笔分别搭在电缆两端的对应线上，量其阻值是否为零。

2）如果阻值为零，则说明打印头线缆中所测量的线缆断线。更换打印头线缆即可。

3）如果阻值不为零，则说明打印头线缆没有损坏。另外对于有折痕但没有断线的打印头线缆最好做适当处理，可以使用胶带和硬纸片将打印头线缆中有折痕的部分与硬纸片粘在一起，做适当处理，以保证线缆折痕处继续受力导致折断。

6. 处理字车导轨污垢

字车导轨上的污垢主要是由于打印机在使用过程中控制打印头移动的导轨上的润滑油与空气中的灰尘结合形成的。

由于字车导轨上的污垢会使打印头在移动时阻力越来越大，以至引起打印头撞车。所以字车导轨中有污垢后，必须进行清洁。首先找一些脱脂棉和一些高纯度缝纫机油，然后用脱脂棉将导轨上的油垢擦净，再用脱脂棉蘸上一些缝纫机油均匀地反复擦拭导轨，直到看不见黑色的油垢为止。

39.2 动手实践：打印机典型故障维修实例

39.2.1 激光打印机打印时提示软件错误

1. 故障现象

一台联想激光打印机进行打印时，电脑弹出提示“Software Error”软件错误，无法打印。

2. 故障分析

造成这样错误的原因是：打印机驱动程序损坏、打印机控制电路故障、打印机主板或MCU控制电路故障等。错误几率比较大的是驱动程序损坏。

3. 故障查找与排除

先从驱动程序开始排除，先从打印机官方网站下载最新的驱动程序，然后卸载原有驱动程序后，重新安装最新的驱动程序。打印测试页，发现打印机没有再报错。

39.2.2　激光打印机打印出的页面空白

1. 故障现象

一台 HP 激光打印机进行打印操作时，打印出的页面是空白的。

2. 故障分析

打印纸上没有墨粉，可能是没装墨粉、感光鼓问题、扫描组件问题、磁辊问题造成的。

3. 故障查找与排除

1）检查墨粉盒，发现墨粉是满的。

2）检查硒鼓上的感光鼓，能看到感光鼓上有潜影。说明感光和扫描组件都正常。

3）再检查磁辊，发现磁辊上没有墨粉。

4）用万用表测量磁辊上的直流偏压，发现偏压为 0V。

5）检查磁辊供电电路，发现电路接口有虚焊。重新加焊后，再打印测试页，打印出的图像正常了。

39.2.3　激光打印机打印出的图像有明显的重影

1. 故障现象

一台 HP 激光打印机打印出的图像带有明显的重影。

2. 故障分析

重影可能是纸张和墨粉质量问题、转印辊故障等引起的。

3. 故障查找与排除

1）更换原装墨粉和优质打印纸，测试发现故障依然存在。

2）打开打印机，查看转印辊，发现转印辊上占有不少墨粉。

3）清除掉转印辊上的墨粉后，发现转印辊表面磨损比较严重。

4）更换新的转印辊，再测试，发现重影的现象没有再出现。

39.2.4　激光打印机打印出的图像上有黑条

1. 故障现象

一台兄弟牌激光打印机打印出的图像上有黑条。

2. 故障分析

图像上出现黑条，可能是扫描系统污染、硒鼓污染、走纸系统污染、转印辊污染、定影加热元件污染等问题造成的。

3. 故障查找与排除

1）打印测试页，在打印中途关闭打印机。

2）打开打印机外壳，查看硒鼓。看到硒鼓上有潜影，而且没有黑条。这说明扫描、硒鼓部分没有问题。

3）查看转印辊，发现转印辊上没有污染。

4）查看定影系统，发现定影膜上有破裂，加热辊上占有墨粉。

5）清洁加热辊，更换定影膜，再打印测试页，看到打印出的图像上没有再出现黑条。判断是因为定影膜破裂导致的图像上有黑条。

39.2.5 激光打印机打印出的图像上有空白

1. 故障现象

一台三星激光打印机打印出的图像上有一个空白竖条。

2. 故障分析

图像上出现空白或黑条，都有可能是扫描系统、硒鼓组件、感光鼓、磁辊、转印辊等设备上有污染或破损造成的。

3. 故障查找与排除

1）打印测试页，在中途关闭打印机，查看硒鼓上的潜影，发现硒鼓上的潜影上有一条空白。这说明问题出在硒鼓组件或扫描系统上。

2）检查硒鼓，没有发现破损和污染。

3）检查扫描系统，发现激光发生器上有一小块墨粉。

4）清理掉激光发生器上的墨粉后，打印测试页，图像上没有再出现空白竖条。

39.2.6 激光打印机开机后无任何反应

1. 故障现象

一台 HP 激光打印机开机后发现电源灯不亮，打印机没有动作。

2. 故障分析

根据故障现象分析，此类故障应该是打印机的电源电路有问题，或电源线接触不良所致。重点检查电源电路板的熔丝、滤波电容、开关管等元器件。

3. 故障查找与排除

1）检查打印机的电源线，未发现异常。

2）检查电源电路板中的熔丝，发现熔丝被烧断。

3）更换熔丝。检查其他元件，发现 450V 滤波电容有漏液情况。更换电源的滤波电容，然后开机测试，故障消失。

39.2.7 激光打印机出现卡纸问题

1. 故障现象

一台 HP 激光打印机，无论打印大张或小张纸，在输出纸部分均卡纸。上纸盒搓纸正常，只搓一张纸，而下纸盒则搓多张纸。

2. 故障分析

根据故障现象分析，可能是输纸部件夹纸辊架上的弹簧变形而失去弹性，致使夹纸辊的夹纸力不够，纸与输纸辊之间不能产生摩擦，纸虽能顺利通过夹纸辊，但不能继续前进，从而导致输纸不正常。

3. 故障查找与排除

1）观察打印机的卡纸情况，发现单张纸可以顺利通过输纸部件的两个夹纸辊，但纸不再前进，而下纸盒在输纸部件的前夹纸辊处有多张纸被卡往，并停在该处。说明输纸部件的夹纸辊与输纸辊之间有空隙，纸得不到夹纸辊与输纸辊之间的摩擦，而导致纸张停止不前。

2）用手触摸夹纸辊架，发现夹纸辊架已松动变形。将夹纸辊架卸下，更换一新弹簧后，进行打印测试，不再出现卡纸问题，故障排除。

39.2.8　激光打印机打印时出现黑色条纹或模糊的墨粉

1. 故障现象

一台联想激光打印机在打印时出现黑色条纹，有时在纸的纵向出现模糊的墨粉。

2. 故障分析

根据故障现象分析，此类故障可能是由于定影辊的清洁衬垫被污染或损坏引起的。一般当打印机纸样出现黑色条纹或在纸的纵向出现模糊的墨粉时，都是这个原因引起的。

3. 故障查找与排除

首先清除清洁衬垫表面的墨粉或更换清洁的衬垫，然后打印测试，打印效果恢复正常，故障排除。

39.2.9　喷墨打印机不能打印，且发出“哒哒”的声音

1. 故障现象

一台佳能喷墨打印机在打印时发出“哒哒”的声音，不能打印，打印头也不复位。一段时间后，打印机提示打印头被卡住。

2. 故障分析

打印头不复位，这可能是字车传送齿轮卡住或打印头堵塞等问题造成的。

3. 故障查找与排除

1）打开打印机上盖，查看字车传动齿轮，没有发现异常。

2）检查打印头的喷墨嘴，发现喷墨嘴上有干固的墨迹。

3）将墨盒取下，用专门清洗打印头的清洁液清洗喷墨嘴。

4）装好墨盒，打印测试页，看到打印机可以正常打印了。

39.2.10　喷墨打印机一次打印进好几张纸

1. 故障现象

一台 EPSON 喷墨打印机在打印的时候一次进好几张纸。

2. 故障分析

一次进几张纸的情况，可能是打印纸不符合要求或进纸轮损坏等问题造成的。

3. 故障查找与排除

检查打印纸，发现打印纸有受潮粘连的情况。将纸张分开晾干，再放入打印机测试，发现一次卷几张纸的情况没有再出现。

39.2.11 喷墨打印机执行打印命令后，打印机不能打印

1. 故障现象

一台 HP 喷墨打印机在执行打印命令后，打印机没有任何动静，但打印指示灯却是亮的。

2. 故障分析

不能打印的情况很复杂，打印机主板故障、数据线接触不良、打印文档过大、打印机内存不足、字车卡住、打印头卡住等问题都可能造成不能打印。

3. 故障查找与排除

1）打印测试页，发现测试页也无法打印。

2）检查打印机数据线连接，也没有发现异常。

3）用万用表测量主板供电电压，发现供电正常。

4）测量字车电机，发现字车电机的对地阻值为 0。判断是字车电机断路。

5）更换字车电机，再进行打印测试，打印机可以正常打印了。

39.2.12 喷墨打印机换完墨盒，还是显示缺墨

1. 故障现象

一台佳能喷墨打印机更换了新的打印机墨盒，但是打印机还是显示缺墨，无法打印。

2. 故障分析

这种情况一般是墨盒没有安装好或是在关机时强行更换的墨盒造成的。

3. 故障查找与排除

掀开打印机上盖，等字车带着墨盒移动到中间，取下墨盒重新安装。盖上上盖，等字车复位。查看发现打印机缺墨的灯灭了，打印测试页，也可以正常打印了。

39.2.13 喷墨打印机用连供墨盒打印，图像偏浅

1. 故障现象

一台佳能喷墨打印机安装了连供墨盒，打印时发现打印出的图像颜色很浅。

2. 故障分析

打印图像颜色浅，一般是缺墨、打印头堵塞等问题造成的。这个打印机因为加装了连供，所以重点检查连供墨盒供墨情况。

3. 故障查找与排除

检查连供发现，输墨管中有一些气泡，用手轻轻弹输墨管，将气泡弹出，再打印测试页，发现图像的颜色正常了。

39.2.14　喷墨打印机更换墨盒后打印出很多断线

1. 故障现象

一台喷墨打印机墨盒耗尽后，没有及时更换墨盒，过了一段时间将新墨盒装上打印机之后，打印出的依旧是白纸。运行清洁程序后，打印稿上满是断线，甚至连字都看不清楚。

2. 故障分析

根据故障现象分析，此故障应该是由喷头堵塞引起的。由于在之前打印机的墨水就已经被耗尽，没有及时更换墨盒，打印机的喷头就直接暴露在空气中，而打印机放置的时间较长，这样喷头中残余的墨水蒸发，墨水中的颜料颗粒直接堵塞了喷头。而这样的堵塞很难用打印机自带的清洁程序来使喷头彻底疏通。

3. 故障查找与排除

1）进行了几次强力清洗，效果稍好了一些，但没有恢复正常。

2）拆下喷墨头，然后用超声波清洁仪进行清洁。2 小时后，重新安装喷墨头，并进行测试，打印效果恢复，故障排除。

39.2.15　喷墨打印机通电后打印机指示灯不亮，无法打印

1. 故障现象

一台 EPSON 喷墨打印机通电后打印机指示灯不亮，无法打印。

2. 故障分析

根据故障现象分析，此故障应该是电源电路有问题或电源线有问题引起的。应重点检查电源电路板的问题。

3. 故障查找与排除

1）检查打印机的电源线，未发现接触不良等问题。

2）拆开打印机外壳，检查打印机电源电路板的熔丝，发现熔丝被烧断。接着更换熔丝。

3）用万用表测量电容、开关管等元器件，均正常。然后接通电源测试，打印机指示灯亮，可以正常打印，故障排除。

39.2.16　喷墨打印机连续打印时丢失内容

1. 故障现象

一台新买的喷墨打印机，在连续打印时文件前面的页面能够正常打印，但后面的页面会丢失内容，或者文字出现黑块甚至全黑或全白，而分页打印时正常。

2. 故障分析

根据故障现象分析，此故障应该是由于该文件的页面描述信息量相对比较复杂，造成了打印机的内存不足而导致。

3. 故障查找与排除

1）试着将打印机的分辨率降低一个档次实施打印，发现可以正常打印。说明问题是打印机内存小引起的。

2）检查打印机的参数，看是否可以增加打印机的内存。检查后发现无法增加打印机的内存。

39.2.17 喷墨打印机只打印半个字符

1. 故障现象

一台 BJ330 喷墨打印机在自检打印时，只打印出半个字符。

2. 故障分析

根据故障现象分析，此故障说明喷头只有一半在工作，可能是喷墨印字头的一半喷嘴被堵塞，控制喷墨的电路有故障，喷墨印字头的驱动电路发生故障，或字车电缆有故障。

3. 故障查找与排除

1）检查喷墨印字头的喷嘴堵塞问题，执行清洁功能清洁打印头，然后进行测试，发现故障得到改善。怀疑打印头堵塞。

2）拆下打印头，然后超声波清洗打印头。之后安装好打印头进行测试，故障排除。

39.2.18 针式打印机打印时总是提示“打印机没有准备好”

1. 故障现象

一台 EPSON 针式打印机，执行打印任务时，总是提示“打印机没有准备好”。

2. 故障分析

总是提示“打印机没有准备好”，可能是驱动程序损坏、接口和数据线连接不好、电脑中病毒等问题引起的。

3. 故障查找与排除

1）重新拔插打印机的数据线，测试后还是提示没有准备好。

2）用杀毒软件对电脑进行查毒，没有发现病毒。

3）从打印机的官方网站下载最新的驱动程序，卸载原有的驱动，安装新下载的驱动程序。

4）打印测试页，发现打印机可以正常打印了。

39.2.19 针式打印机打印出的打印纸是空白纸

1. 故障现象

一台松下针式打印机闲置一段时间后，再打印时，打印出的打印纸是全空白的。

2. 故障分析

打印出的图像是空白，这可能是色带油墨干固、色带断裂、打印头故障等原因造成的。

3. 故障查找与排除

1）先检查打印头故障，打印测试页时观察打印头的移动，听打印针是否撞击色带，没有发现异常。

2）将色带拆卸下，检查色带和油墨盒，发现色带盒中的油墨干涸了。

3）更换新的色带盒后，打印测试页，打印机可以正常使用了。

39.2.20 针式打印机打印出的文字颜色浅

1. 故障现象

一台映美针式打印机打印出的文档字迹很浅。

2. 故障分析

打印字迹浅可能是色带缺墨、油墨干固、打印头与打印辊之间的距离过大等原因造成的。

3. 故障查找与排除

1）检查打印机色带和墨盒，没有发现缺墨和异常。

2）检查打印头与打印辊的距离，发现稍微有些远。调整推杆的位置，让打印头离打印辊近一些。

3）打印测试页，看到打印出的字迹已经正常了。

39.2.21 针式打印机打印表格时没有横线

1. 故障现象

一台 EPSON 针式打印机在打印表格时，一些横线处没有墨迹。

2. 故障分析

打印出的文字图像缺少一部分，可能是打印头有污垢、打印头有断针等问题造成的。

3. 故障查找与排除

1）打开打印机外壳，查看打印头，并没有发现异常。

2）用断针测试软件测试，发现打印头上有断针。

3）拆卸下打印头，将断针取下，换上新的打印针。

4）打印表格测试，看到表格中的横线已经正常了。

39.2.22 针式打印机打印的字迹一边清晰而另一边不清晰

1. 故障现象

一台针式打印机在打印时，打印出的纸张上，字迹一边清晰，而另一边不清晰。

2. 故障分析

根据故障现象分析，此类故障一般是由于打印头导轨与打印辊不平行，导致两者距离有远有近所致。可通过调节打印头导轨与打印辊的间距，使其平行来解决。

3. 故障查找与排除

1）分别拧松打印头导轨两边的调节片（逆时针转动调节片使间隙减小，顺时针使间隙增大），调整到使打印头导轨与打印辊调节平行。然后打印测试，发现有所改善。

2）再进行调节，然后再打印测试。在调节 3 次后，打印效果基本正常，故障排除。

第40章 快速诊断笔记本电脑故障

笔记本电脑现在越来越多地出现在我们的生活当中，体积小巧、携带方便是它与生俱来的优势。但相对台式电脑来说，笔记本电脑的故障率更高，而且笔记本电脑的维修比台式电脑更加困难。

近年来，笔记本电脑产品竞争激烈，直接导致了制作用料混杂，尤其是杂牌电脑质量更是没有保证，各种问题频出。

本章就介绍笔记本电脑常见故障和维修方法。

40.1 笔记本电脑结构详解

笔记本电脑与台式电脑相比，无论是布局设计还是板卡形状，都更加紧凑。要学会笔记本电脑的维修就必须先认清笔记本电脑的结构。

40.1.1 笔记本电脑的外观结构

图 40-1 展示了笔记本电脑的外观结构。

图 40-1 笔记本电脑外观

笔记本电脑从外观上可以分为显示器、笔记本电脑机身、键盘和触摸式鼠标几个部分。机身四周分布着 USB 接口、音频接口、电源接口等各种接口，以及内置光驱。

40.1.2　笔记本电脑的组成

图 40-2 展示了笔记本电脑的组成。

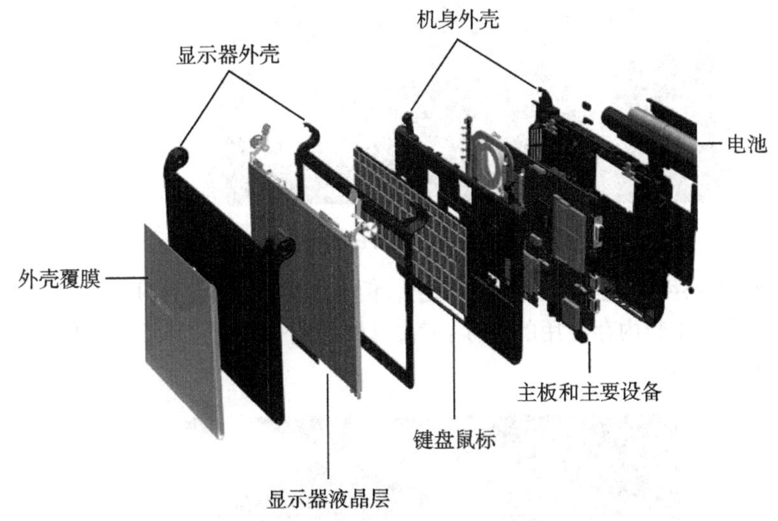

图 40-2　笔记本电脑组成

笔记本电脑由电池、机身外壳、主板和主要设备、键盘鼠标、显示器外壳、显示器液晶层、外壳覆膜几部分组成。

40.1.3　笔记本电脑的内部结构

图 40-3 展示了笔记本电脑内部结构。

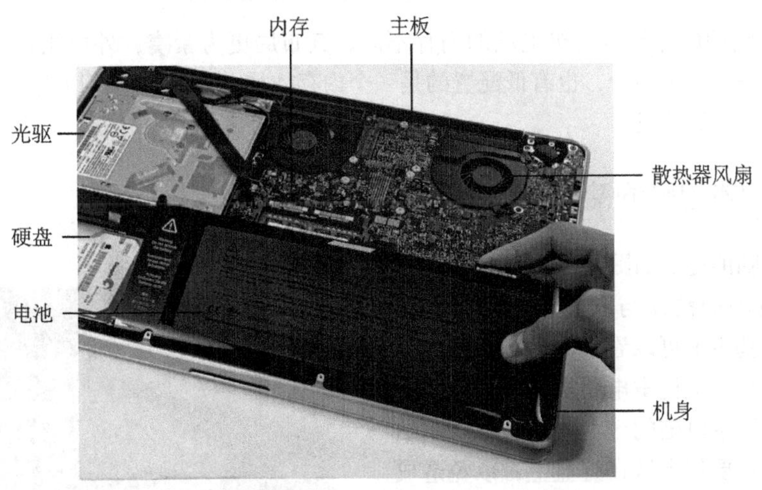

图 40-3　笔记本内部布局

笔记本电脑机身内分布着主板、散热器风扇、硬盘、光驱、内存、电池、扩展卡接口等设备。

40.1.4　安装笔记本电脑的内存

笔记本电脑的内存安装位置如图 40-4 所示。

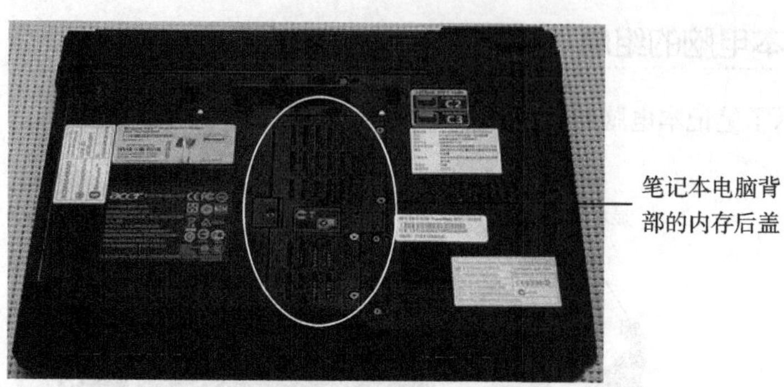

图 40-4 内存后盖

笔记本电脑的内存虽然也是安装在主板上，但与硬盘光驱不同的是，在笔记本电脑背部一般都会留出一个专为安装内存使用的内存后盖，只要拧下后盖的螺丝，就可以看到里面的内存插槽了，如图 40-5 所示。

图 40-5 笔记本电脑的内存和内存插槽

笔记本电脑的内存与台式机电脑的内存不同，其布局更为紧凑，外形比台式机的内存短而高。内存插槽一般是两个，也有低配置的是一个内存插槽。内存插槽可以稍微上扬一定的角度，以方便内存条的插拔。

40.1.5 笔记本电脑的键盘

笔记本电脑的键盘如图 40-6 所示。

笔记本电脑的键盘与台式机的键盘有很大的不同，它基本上可以看作笔记本电脑的一部分，直接安装在笔记本电脑机身上。由于结构的限制，笔记本电脑的键盘无法做成防水结构，所以千万不要将水散在键盘上，以免造成断路，烧毁笔记本电脑。如图 40-7 所示为笔记本电脑键盘帽。

图 40-6 笔记本电脑键盘

更换笔记本键盘时必须打开笔记本电脑机身，从背部打开并卸下主板后，才可以更换键盘。

图 40-7　键盘帽

40.1.6　笔记本电脑的散热器

笔记本电脑的散热器如图 40-8 所示。

图 40-8　笔记本电脑散热器

笔记本电脑的散热器是一个非常重要的设备，并且故障率也是比较高的。散热器由散热片、金属导管、风扇和出风口组成，如图 40-9 所示。

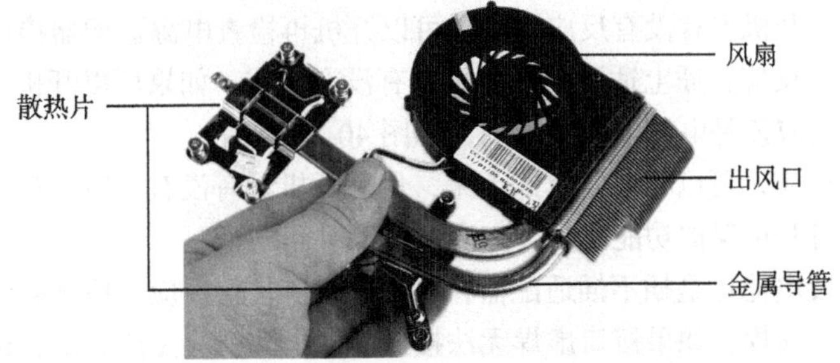

图 40-9　笔记本电脑散热器

笔记本散热器的故障主要是出风口堵塞，使用时间长了或者使用环境灰尘比较多的情况下，散热器出风口很容易被堵塞起来，造成笔记本电脑无法散热而死机、重启。要清理出风口的灰尘可以使用吸尘器斜对着出风口慢慢吸出灰尘，但不要直接用吸尘器对着出风口吸，因为力度太大可能会造成风扇的损坏。

40.1.7 笔记本电脑的接口

笔记本电脑的接口如图 40-10 所示。

由于笔记本电脑的空间有限，所以几乎所有的接口都排列在笔记本机身的四周。值得一提的是，大部分笔记本电脑都会带一个 VGA 接口，这是为了当液晶显示器一旦出现故障时，可以通过这个 VGA 显示接口来外接显示器，如图 40-11 所示，为接口板卡。

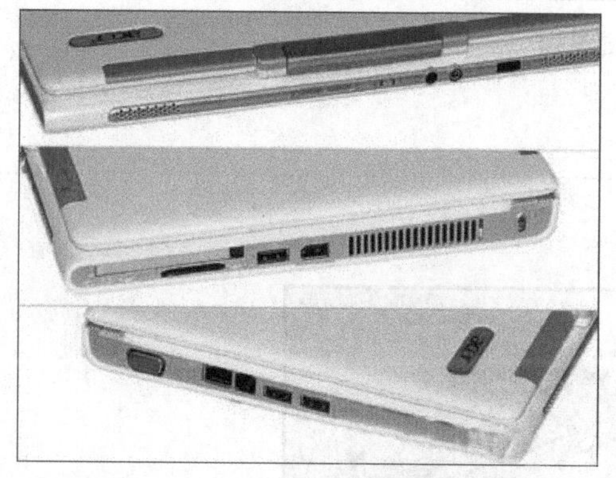

图 40-10 笔记本电脑侧面的各种接口

图 40-11 笔记本电脑中的接口板卡

40.2 笔记本电脑故障诊断

40.2.1 开机无反应故障诊断

笔记本电脑开机没有任何反应，多半是电源故障引起的。笔记本电脑有两种供电，一是电池供电，二是电源适配器供电。

开机没有任何反应时，应该分别尝试使用电池或适配器供电启动电脑。首先不要插适配器，使用电池供电，开机看有没有反应，如果可以开机再检查电源适配器接口有无短路。

若用电池开机无反应，插上适配器再开机看有没有反应。如果可以开机，那么等进入系统后查看电池电量，这应该是电池没电造成的，如图 40-12 所示。

如果仍然没有反应，可以将电池拆卸下来，然后开机看有没有反应。如果可以开机了，说明电池带有电量低时开机保护功能。只要充满电就没有问题了。

如果无论装不装电池还是插不插适配器，开机都没有任何反应。应该查看电源适配器的接口，是不是有松动、虚焊。如果接口虚焊无法接通了，电池就会无法充电，也就造成无法开机了，只要重新加焊或更换电源适配器的接口就可以解决了，如图 40-13 所示。

图 40-12　查看笔记本电池电量

图 40-13　笔记本电脑的电源适配器接口

40.2.2　显示屏不亮故障诊断

笔记本电脑开机时，可以听到 CPU 散热风扇转动，但显示屏上没有图像。这种现象可能是液晶显示器故障，也可能是板卡内存等设备接触不良造成的无法开机。

检查液晶显示屏是否可用，可以用笔记本电脑机身上的 VGA 接口，连接一台台式机的显示器，看能否正常启动，如果能启动就说明笔记本电脑的显示器故障了，打开机身更换显示屏即可。

更换液晶屏时，需要注意笔记本电脑的液晶屏接口是排线型的，与台式电脑中的设备接口完全不同，拔插的时候要小心，不要损坏了插头和接口，如图 40-14 所示。

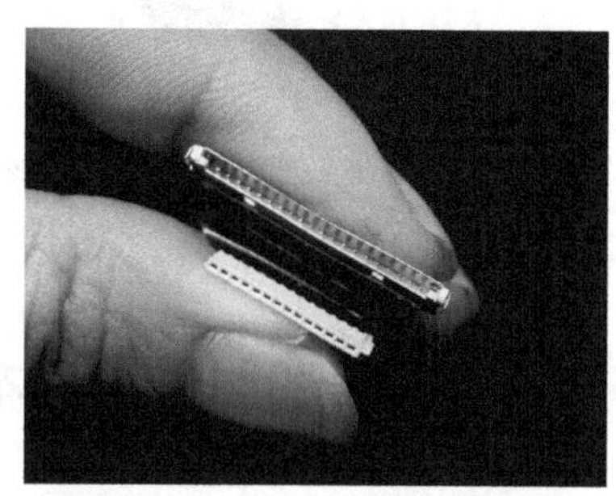

图 40-14　笔记本电脑的液晶屏接口

40.2.3　修复笔记本电脑频繁死机故障

笔记本电脑频繁死机多半是由于散热器无法正常散热造成的。笔记本电脑的散热器出风口非常细密，很容易被灰尘堵塞，一旦出风口被堵塞散热器就会无法散热。

频繁死机时，可以查看 BIOS 中显示的 CPU 温度，如果温度很高，就可以肯定散热器出风口被堵塞了。清理散热器出风口的方法，除了上面讲过的用吸尘器吸之外，还可以使用细针穿上棉线，穿进出风口的散热片中，逐格地清理。

40.2.4　提高散热能力

笔记本电脑本身发热量不小，尤其是高配置的笔记本电脑，在夏天时凭借本身的散热能力根本无法正常使用。这就需要给笔记本增加一些附加的散热底座或外置散热器。

笔记本电脑散热底座是一个支架，如图 40-15 所示。它通过 USB 接口供电驱动底座上带的散热风扇，通常有 2 ～ 4 个散热风扇，可以有效地为笔记本散热降温。

外置散热器是直接插在笔记本散热器出风口处的设备，通过 USB 接口供电，驱动风扇提高出风口出风能力，如图 40-16 所示。

图 40-15 笔记本电脑散热底座

图 40-16 笔记本电脑外置散热器

动手实践：笔记本电脑典型故障维修

40.3.1 新笔记本电脑的电池使用时间很短

1. 故障现象

一台神舟笔记本电脑新换了一块电池，使用后发现电池用不了 20 分钟就没电了。

2. 故障分析

电池是新的，可以排除电池老化等原因，应该重点检查电池的连接、电池监测错误和充电过程。

3. 故障查找与排除

1）将电池重新安装，以排除接触不良的影响。开机测试，发现故障依旧。

2）检查电池的充电过程，看充电的程度和时间，没有发现异常，电池应该可以充满。

3）检查电池电量测量是否有错误。开机进入 BIOS 设置，选择“Start Battery Calibration”选项，对电池进行校正。

4）重新开机测试，发现电池可以持续使用 2 小时了。

40.3.2 笔记本电脑的电池接触不良导致无法开机

1. 故障现象

一台华硕笔记本电脑在一段时间没用后，发现使用电池已经无法开机了，而使用电源供电还可以正常开机。

2. 故障分析

使用电源正常，而用电池无法开机，说明问题集中在电池、电池连接和电源管理模块等处。

3. 故障查找与排除

1）将电池取下重新安装，测试发现还是不能开机。

2）将电池取下，观察电池盒上的接口，发现接口上的弹簧片有一个变形了，用镊子将变形的弹簧掰回原形。

3）开机测试，发现使用电池开机已经正常了。

40.3.3 笔记本电脑使用电池时，电池温度很高

1. 故障现象

一台 HP 笔记本电脑使用电源开机时运行很正常，但电池温度很高，摸上去烫手。使用电池带动时，电量消耗很快。

2. 故障分析

电池充电时升温快，一般是电池本身有短路、充电器电压不匹配、充电电路中有短路等原因造成的。

3. 故障查找与排除

检查电池，发现是原装电池，没有什么异常。在检查适配器，发现适配器是后来配的，电压与原装的也不同。更换了原厂适配器后，电池升温快的问题没有再出现。

40.3.4 笔记本电脑的显示器突然不亮了

1. 故障现象

一台神舟优雅笔记本电脑使用了半年多，一直很正常，今天使用时突然显示器就黑了。能听到主机中风扇还在转，电源灯、硬盘灯还能亮。

2. 故障分析

笔记本电脑的显示器不亮，有可能是液晶显示屏本身损坏、显示器连接线路故障或误操作导致的显示器关机。

3. 故障查找与排除

先检查显示器是不是关机了，按笔记本上的 Fn+F7 组合键，果然显示器又亮起来了。说明是使用时不慎按到了关闭显示器的组合键造成的显示器不亮。

40.3.5 笔记本电脑加了内存后经常死机

1. 故障现象

一台联想笔记本电脑的内存是 4GB DDR4，为了玩游戏，给电脑加了一条 4GB 的三星

DDR4 内存。可是装完新内存后，笔记本电脑经常死机。

2. 故障分析

因为是增加内存后出现的死机，所以故障多半出现在内存没有插好、内存与笔记本电脑不兼容等方面。

3. 故障查找与排除

拆下原有内存，只留新内存，开机测试，发现依然容易死机。拆下新内存，换上原有内存，故障消失了。这说明新内存与笔记本电脑不兼容。更换了一条内存后再没有出现死机。

40.3.6 笔记本电脑的触摸板不好用了

1. 故障现象

一台 DELL 笔记本电脑，以前触摸板一直不好用，今天更是不能用了。

2. 故障分析

笔记本电脑触摸板不好用，一般是因为触摸板上有油污或灰尘等。完全不能用则有可能是触摸板连线接触不良或触摸板损坏造成的。

3. 故障查找与排除

用棉签黏清水，清洁触摸板表面，清洁完触摸板依然无法使用。打开电脑外壳，检查触摸板连接线，发现连线的排线插头松动，与插槽接触不完全了。重新拔插连接线插头，开机测试，发现触摸板可以使用了，而且以前的不灵敏也改善了。

40.3.7 笔记本电脑开机后显示器没有显示

1. 故障现象

一台三星笔记本电脑使用了一年，以前一直正常，今天开机后显示器上没有显示，屏幕还有微微的抖动。主机开机后正常，有开机时的“嘟”声，指示灯闪动也正常。

2. 故障分析

笔记本电脑显示器没有信号，一般是显卡故障、显示器故障或连接故障造成的。

3. 故障查找与排除

打开电脑外壳，检查显示器与主板上的连接线，发现显示器的连接排线与主板的插槽处松脱了。将排线重新拔插，开机测试，发现笔记本电脑显示器能够正常显示了。

40.3.8 笔记本电脑掉在地上，造成无法启动

1. 故障现象

一台 ThinkPad 笔记本电脑一次意外掉在地上，摔了一下后，开机无法进入系统了。

2. 故障分析

笔记本电脑摔过后，可能造成了硬件损坏、硬件间接触不良、电池接触不良等状况。

3. 故障查找与排除

1）先检查电池，重新安装电池，开机测试，依然无法进入系统。

2）打开电脑外壳，检查笔记本内部的连接处，没有发现异常。

3）再开机测试，还是不能进入系统。仔细听，发现笔记本内有“咯、咯”的硬盘转动声音。

4）用替换法换一块硬盘再开机测试，电脑可以进入系统了。推断是硬盘摔坏了，造成电脑无法启动。

40.3.9　双显卡切换笔记本电脑刻录光盘失败

1. 故障现象

一台联想 Ideadpad Y470 双显卡切换笔记本电脑在使用 Nero 刻录软件刻录光盘时，刻了十几张全部失败，废了十几张盘。但如果用 Windows 7 自带的刻录软件进行刻录则可以刻录成功。

2. 故障分析

根据故障现象分析，一般光盘刻录失败的原因，一方面是光盘质量差，另一方面是刻录机供电不足。前一个原因可以排除，因为同一批的光盘，在其他电脑上刻录没问题。而笔记本电脑使用交流电源后，现象依旧。最后怀疑可能是双显卡切换的问题。

3. 故障查找与排除

1）经检查发现此笔记本电脑在系统启动后，自动默认进入节省电量模式（集成显卡）。这种模式主要通过设置外置光驱、CPU 运行模式、屏幕亮度等手段来省电。

2）怀疑是由于供电原因引起的刻录失败。接着在任务栏上的电池图标上单击右键，选择高性能模式。然后再刻录 DVD，刻录成功，故障排除。

40.3.10　修复笔记本电脑的大小写切换键

1. 故障现象

一台笔记本电脑在使用时，按下 CapsLock 键后键盘处于大写状态，但再次按下该键却无法关闭大写。

2. 故障分析

根据故障现象分析，此类故障可能是键盘按键有问题或系统设置问题所致。

3. 故障查找与排除

1）在 Windows 7 系统中，键盘的 Caps Lock 开关是可以设置的，首先检查此项设置。

2）在“控制面板”中，单击“区域和语言”选项图标，接着在打开的“区域和语言”对话框中，单击“键盘和语言”选项卡，再单击“更改键盘”按钮，如图 40-17 所示。

3）在“文本服务和输入语言”对话框中，单击“高级键设置”选项卡，然后单击勾选“按 CAPS LOCK 键”选项，如图 40-18 所示。之后进行测试，大小写开关正常，故障排除。

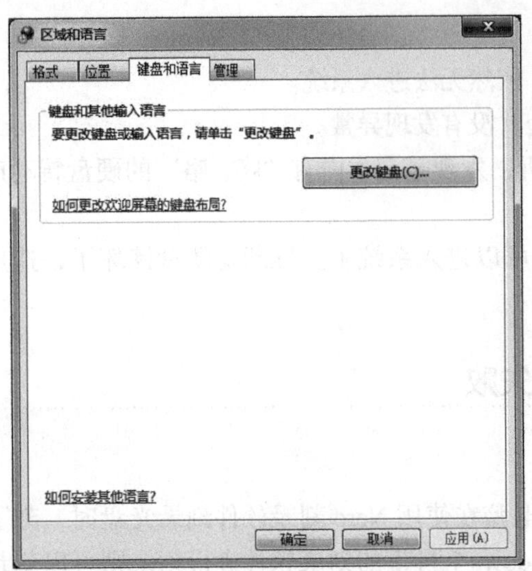
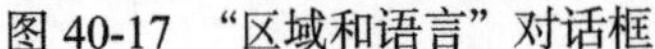

图 40-17 “区域和语言”对话框

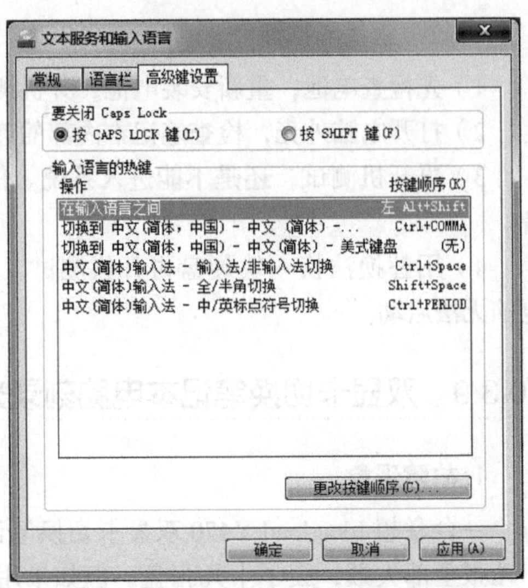

图 40-18 “文本服务和输入语言”对话框

40.3.11 笔记本电脑无法从睡眠唤醒故障

1. 故障现象

一台戴尔笔记本从睡眠状态被唤醒后，无法正常启动，一直黑屏。

2. 故障分析

经了解，用户之前安装的 Windows XP 系统睡眠功能可以正常使用，估计系统中有个睡眠的文件被损坏，或在 BIOS 中屏蔽了睡眠功能。

3. 故障查找与排除

1）检查睡眠有关的系统文件是否损坏。依次打开“开始→控制面板→系统→设备管理器”，接着在打开的“设备管理器”中单击“系统设置”前的小三角，展开此项。

2）经过查找，未发现“ Microsoft ACPI-Compliant System”选项，说明电脑在 BIOS 中未打开休眠的功能。

3）重启电脑，按 F2 键进入 BIOS，然后在“ Power Management”选项中将“ wake suport”选项设置为“enabled”，然后按 F10 键保存并退出。

4）进行测试，唤醒故障排除。

40.3.12 散热风扇故障导致笔记本电脑自动关机

1. 故障现象

一台联想笔记本电脑在使用中屏幕突然出现“ FAN error”的错误提示，随后自动关机，反复试了几次均是如此。

2. 故障分析

根据故障现象分析，此故障应该是散热风扇的问题引起的。当 CPU 风扇转速下降，或散热器散热能力下降时，笔记本电脑的 BIOS 检测到 CPU 温度升高到一定温度，会发出警告提示并自动关机，或重启电脑。

3. 故障查找与排除

1）重点检查 CPU 风扇出风口，从外部清理散热器出风口处的灰尘，然后进行测试，故障依旧。

2）拆开笔记本电脑外壳，检查 CPU 散热风扇，发现风扇及散热片上布满了灰尘，严重影响散热。接着将散热风扇和散热片上的灰尘清理干净，然后安装好笔记本电脑进行测试，散热效果明显改善，故障排除。

40.3.13　笔记本电脑在玩游戏时不能全屏

1. 故障现象

一台笔记本电脑装有 ATI Radeon HD 2400 独立显卡，平时可以正常使用，但是玩一些游戏时不能全屏显示。

2. 故障分析

根据故障现象分析，此类故障一般是由于显卡驱动程序引起的。可以使用 ATI CATALYST(R) Control Center（ATI 催化剂控制中心）进行调节。

3. 故障查找与排除

1）在 ATI 官网下载 ATI CATALYST(R) Control Center 软件，然后安装此软件。

2）安装好后，在桌面空白处单击鼠标右键，然后在右键菜单中选择 ATICATALYST(R) Control Center 命令。在窗口左侧的“图形设置”中双击“笔记本面板属性→属性”，在右侧的“缩放选项”选区中选择“全屏幕”，再单击“确定”按钮。

3）进入游戏进行测试，可以全屏显示，故障排除。

40.3.14　笔记本电脑不能使用 USB 2.0 接口

1. 故障现象

一台神舟笔记本电脑插入 U 盘后，系统出现“如果您将此 USB 设备连到 USB 2.0 端口，可以提高其性能”的提示。进入主板 BIOS，找不到开启 USB 2.0 的选项，下载并安装了最新的主板驱动程序，问题依旧。

2. 故障分析

根据故障现象分析，此故障应该是主板 USB 驱动程序或 BIOS 设置造成的，一般恢复 BIOS 设置为出厂设置即可。

3. 故障查找与排除

1）启动电脑，并按 F2 键进入主板 BIOS 设置界面。接着选择 BOOT 选项下的 Load Optimal Defaults（载入最佳缺省值）选项，然后在弹出的对话框中，选择 OK。

2）按 F10 键保存并退出，然后重启电脑，进行测试，问题解决，故障排除。

第八篇

数据恢复与安全加密

- 第 41 章　硬盘数据存储奥秘
- 第 42 章　多核电脑数据恢复方法
- 第 43 章　多核电脑安全加密方法

电脑故障无处不在，由于误操作或其他原因导致硬盘数据被删除、被损坏的情况屡屡发生。那么如何将丢失或损坏的硬盘数据恢复出来呢？本篇将带您深入了解硬盘数据存储的奥秘，带您掌握硬盘数据恢复的方法。另外，还介绍一些电脑及软件加密的方法。

第41章 硬盘数据存储奥秘

41.1 硬盘是如何存储数据的

一直以来，硬盘都是计算机系统中最主要的存储设备，同时也是计算机系统中最容易出故障的部件。要想有效地维护硬盘，首先要了解硬盘数据存储原理。

41.1.1 用磁道和扇区存储管理硬盘数据

硬盘是一种采用磁介质的数据存储设备，数据存储在密封的硬盘内腔的磁盘片上。这些磁盘片一般是在以铝为主要成分的基片表面涂上磁性介质制成的。在磁盘片的每一面上，以转动轴为轴心、以一定的磁密度为间隔的若干个同心圆就被划分成磁道（Track），每个磁道又被划分为若干个扇区（Sector），数据就按扇区存放在硬盘上。在每一面上都相应地有一个读写磁头（Head），所以不同磁头的所有相同位置的磁道就构成了所谓的柱面（Cylinder）。

硬盘中的磁盘结构如图 41-1 所示。

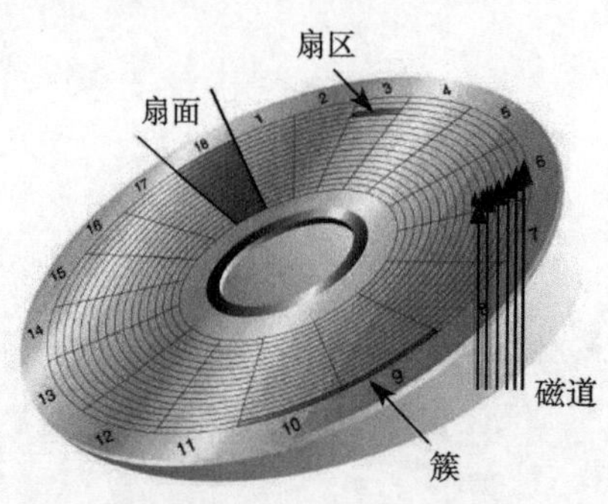

a）磁盘上的磁道、扇区和簇

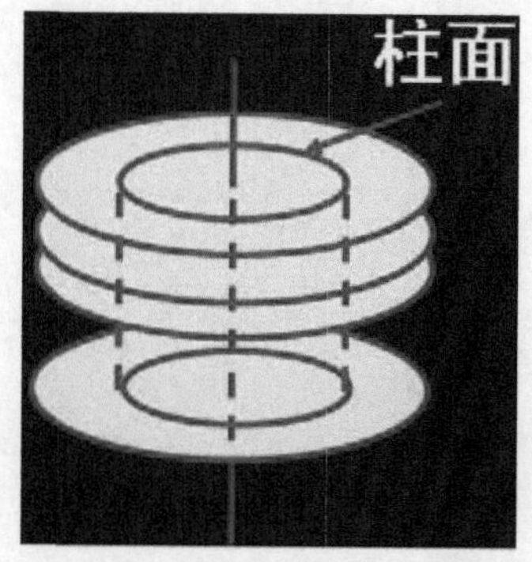

b）柱面

图 41-1 磁盘的结构

硬盘中一般有多个盘片，每个盘片的每个面都有一个读写磁头。磁头靠近主轴接触的表面，即线速度最小的地方，是一个特殊的区域，它不存放任何数据，称为启停区或着陆区（Landing Zone），启停区外就是数据区。在最外圈，离主轴最远的地方是 0 磁道，硬盘数据的存放就是从最外圈开始的，如图 41-2 所示。

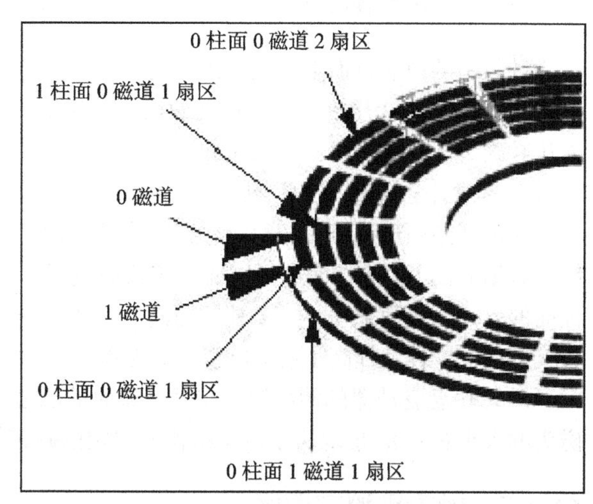

图 41-2　硬盘盘片

硬盘的第 1 个扇区（0 道 0 头 1 扇区）被保留为主引导扇区。在主引导区内主要有两项内容：主引导记录和硬盘分区表。主引导记录是一段程序代码，其作用主要是对硬盘上安装的操作系统进行引导；硬盘分区表则存储了硬盘的分区信息。电脑启动时将读取该扇区的数据，并对其合法性进行判断（扇区最后 2 字节是否为 55AA），如合法则跳转执行该扇区的第 1 条指令。

下面再详细讲解硬盘盘片中的“盘面号”“磁道”“柱面”和“扇区”。

41.1.2　磁盘奥秘之盘面号

硬盘的盘片一般用铝合金材料做基片，高速硬盘也可能用玻璃做基片。玻璃基片更容易达到所需的平面度和光洁度，且有很高的硬度。磁头传动装置是使磁头部件做径向移动的部件，通常有两种类型的传动装置：一种是齿条传动的步进电机传动装置；另一种是音圈电机传动装置。前者是固定推算的传动定位器，而后者则采用伺服反馈返回到正确的位置上（目前的硬盘基本都采用音圈电机传动装置）。磁头传动装置以很小的等距离使磁头部件做径向移动，用以变换磁道。

硬盘的每一个盘片都有两个盘面（Side），即上盘面、下盘面，一般每个盘面都会被利用，都可以存储数据，成为有效盘片，也有极个别的硬盘盘面数为单数。每一个这样的有效盘面都有一个盘面号，按顺序从上至下从“0”开始依次编号。在硬盘系统中，盘面号又叫磁头号，因为每一个有效盘面都有一个对应的读写磁头。硬盘的盘片组有 2 ～ 14 片不等，通常有 2 ～ 3 个盘片，故盘面号（磁头号）为 0 ～ 3 或 0 ～ 5。

41.1.3　磁盘奥秘之磁道

磁盘在格式化时被划分成许多同心圆，这些同心圆轨迹叫作磁道（Track）。磁道从外向内从 0 开始顺序编号。以前的硬盘每一个盘面有 300 ～ 1024 条磁道，目前的大容量硬盘每面的磁道数更多。信息以脉冲串的形式记录在这些轨迹中，这些同心圆不是连续记录数据，而是被划分成一段段的圆弧，这些圆弧的角速度都一样。由于径向长度不一样，所以，线速度也不一样，外圈的线速度较内圈的线速度大，即同样的转速下，在同样时间段里，外圈划过的圆弧长度要比内圈划过的圆弧长度长。每段圆弧叫一个扇区，扇区从 1 开始编号，每个扇区中的数据作为一个单元同时读出或写入。一个标准的 3.5 英寸硬盘盘面通常有几百到几千条磁道。磁道是盘面上以特殊形式磁化了的一些磁化区，在磁盘格式化时就已规划完毕。

41.1.4 磁盘奥秘之柱面

硬盘中的所有盘面上的同一磁道构成一个圆柱，通常称作柱面（Cylinder）。每个圆柱上的磁头由上而下从 0 开始编号。数据的读 / 写按柱面进行，即磁头读 / 写数据时首先在同一柱面内从 0 磁头开始进行操作，依次向下在同一柱面的不同盘面即磁头上进行操作，只有在同一柱面所有的磁头全部读 / 写完毕后才转移到下一柱面，因为选取磁头只需通过电子切换即可，而选取柱面则必须通过机械切换。电子切换相当快，比在机械上磁头向邻近磁道移动快得多，所以，数据的读 / 写按柱面进行，而不按盘面进行。也就是说，一个磁道写满数据后，就在同一柱面的下一个盘面来写，一个柱面写满后，才移到下一个扇区开始写数据。读数据也按照这种方式进行，这样就提高了硬盘的读 / 写效率。

一块硬盘驱动器的圆柱数（或每个盘面的磁道数）既取决于每条磁道的宽窄（同样，也与磁头的大小有关），也取决于定位机构所决定的磁道间步距的大小。

41.1.5 磁盘奥秘之扇区

操作系统以扇区（Sector）形式将信息存储在硬盘上，每个扇区包括 512 字节的数据和一些其他信息。一个扇区有两个主要部分：存储数据地点的标识符和存储数据的数据段。

标识符是扇区头标，包括组成扇区三维地址的 3 个数字：扇区所在的磁头（或盘面）、磁道（或柱面号），以及扇区在磁道上的位置即扇区号。头标中还包括一个字段，其中有显示扇区是否能可靠存储数据，或者是否已发现某个故障因而不宜使用的标记。有些硬盘控制器在扇区头标中还记录指示字，可在原扇区出错时指引磁盘转到替换扇区或磁道。最后，扇区头标以循环冗余校验（CRC）值作为结束，以供控制器检验扇区头标的读出情况，确保准确无误。

扇区的第 2 个主要部分是存储数据的数据段，可分为数据和保护数据的纠错码（ECC）。在初始准备期间，电脑用 512 个虚拟信息字节（实际数据的存放地）和与这些虚拟信息字节相应的 ECC 数字填入这个部分。

扇区头标包含一个可识别磁道上该扇区的扇区号。有趣的是，这些扇区号是物理上并不连续的编号，它们不必用任何特定的顺序指定。扇区头标的设计允许扇区号可以从 1 到某个最大值，某些情况下可达 255。磁盘控制器并不关心上述范围中什么编号安排在哪一个扇区头标中。在很特殊的情况下，扇区还可以共用相同的编号。磁盘控制器甚至根本就不管数据区有多大，只管读出它所找到的数据，或者写入要求它写的数据。

41.2 硬盘数据管理的奥秘——数据结构

了解了硬盘数据的存储原理后，接下来还需要掌握硬盘文件系统结构，这样在重要数据发生灾难时，才能更加轻松地应对。

一般一块新的硬盘是没有办法直接使用的，需要先将它分区、格式化，然后再安装上操作系统后才可以使用。而在分区、格式化之后，一般硬盘会被分成主引导扇区、操作系统引导扇区、文件分配表（FAT 表）、目录区（DIR）和数据区（DATA）5 部分。下面详细分析这 5 个部分。

41.2.1　数据结构之主引导扇区

我们通常所说的主引导扇区 MBR 在一个硬盘中是唯一的，MBR 区的内容只有在硬盘启动时才读取，然后驻留内存。其他几项内容随用户的硬盘分区数的多少而异。

主引导扇区位于整个硬盘的 0 磁道 0 柱面 1 扇区，由主引导程序 MBR（Master Boot Record）、硬盘分区表 DPT（Disk Partition Table）和结束标识（55AA）3 部分组成。

硬盘主引导扇区占据一个扇区，共 512（200H）字节，具体结构如图 41-3 所示。

1）硬盘主引导程序位于该扇区的 0 ～ 1BDH 处，占 446 字节。

2）硬盘分区表位于 1BEH ～ 1EEH 处，共占 64 字节。每个分区表占用 16 字节，共 4 个分区表。分区表结构如图 41-4 所示。

3）引导扇区的有效标志位于 1FEH ～ 1FFH 处，其值固定为 55AAH。

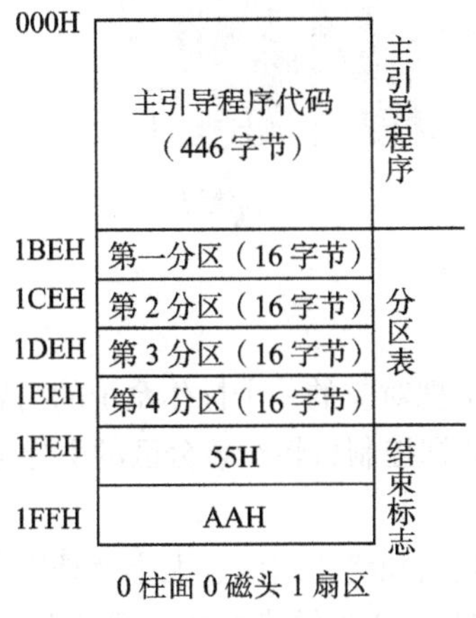

图 41-3　硬盘主引导扇区的结构

图 41-4　分区表中单个分区结构

1. 主引导程序

主引导程序的作用就是检查分区表是否正确以及判别哪个分区为可引导分区，并在程序结束时把该分区的启动程序（也就是操作系统引导扇区）调入内存加以执行。

2. 分区表

在主引导区中，从地址 BE 开始，到 FD 结束为止的 64 字节中的内容就是通常所说的分区表。分区表以 80H 或 00H 为开始标志，以 55AAH 为结束标志。每个分区占用 16 字节，一个硬盘最多只能分成 4 个主分区，其中扩展分区也是一个主分区。

3. 结束标识（55AAH）

主引导记录中最后 2 字节“55 AA”是分区表的结束标志，如果这两个标志被修改（有些病毒就会修改这两个标志），则系统引导时将报告找不到有效的分区表。

4. 主引导扇区的作用

硬盘主引导扇区的作用如下。

1）存放硬盘分区表。

2）检查硬盘分区的正确性，要求只能且必须存在一个活动分区。

3）确定活动分区号，并读出相应操作系统的引导记录。

4）检查操作系统引导记录的正确性。一般在操作系统引导记录末尾存在着一个 55AAH 结束标志，供引导程序识别。

5）释放引导权给相应的操作系统。

在主引导扇区中，共有 3 个关键代码，如图 41-5 所示。

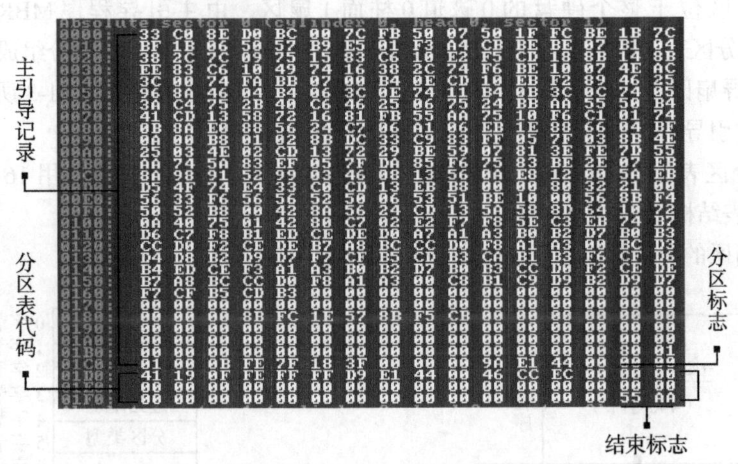

图 41-5　硬盘主引导扇区

第 1 关键代码：主引导记录。

主引导记录的作用是找出系统当前的活动分区，负责把对应的一个操作系统的引导记录即当前活动分区的引导记录载入内存。此后，主引导记录就把控制权转给该分区的引导记录。

第 2 关键代码：分区表代码。

分区表的作用是规定系统有几个分区，每个分区的起始和终止扇区、大小及是否为活动分区等重要信息。分区表以 80H 或 00H 为开始标志，以 55AAH 为结束标志，每个分区占用 16 字节。一个硬盘最多只能分成 4 个主分区，其中扩展分区也是一个主分区。

在分区表中，主分区是一个比较单纯的分区，通常位于硬盘的最前面一块区域中，构成逻辑 C 磁盘。在主分区中，不允许再建立其他逻辑磁盘。也可以通过分区软件，在分区的最后建立主分区，或在磁盘的中部建立主分区。

扩展分区的概念则比较复杂，它也是造成分区和逻辑磁盘混淆的主要原因。由于硬盘仅仅为分区表保留了 64 字节的存储空间，而每个分区的参数占据 16 字节，故主引导扇区中总计可以存储 4 个分区的数据。操作系统只允许存储 4 个分区的数据，如果说逻辑磁盘就是分区，则系统最多只允许有 4 个逻辑磁盘。对于具体的应用，4 个逻辑磁盘往往不能满足实际需求。为了建立更多的逻辑磁盘供操作系统使用，系统引入了扩展分区的概念。

严格地讲扩展分区不是一个实际意义的分区，它仅仅是一个指向下一个分区的指针，这种指针结构将形成一个单向链表。这样在主引导扇区中除了主分区外，仅需要存储一个被称为扩展分区的分区数据，通过这个扩展分区的数据可以找到下一个分区（实际上也就是下一个逻辑磁盘）的起始位置，以此起始位置类推可以找到所有的分区。无论系统中建立多少个逻辑磁盘，在主引导扇区中通过一个扩展分区的参数就可以逐个找到每一个逻辑磁盘，如图 41-6 所示。

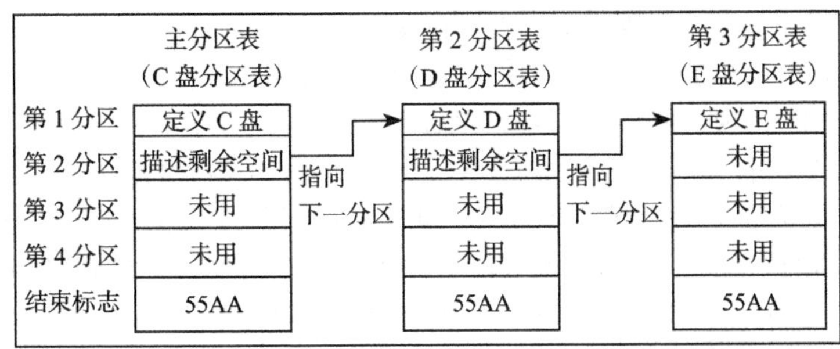

图 41-6　硬盘分区表各分区结构

需要特别注意的是，由于主分区之后的各个分区是通过一种单向链表的结构来实现链接的，因此，若单向链表发生问题，将导致逻辑磁盘的丢失。

第 3 关键代码：扇区结束标志。

扇区结束标志（55AAH）是主引导扇区的结尾，它表示该扇区是个有效的引导扇区，可用来引导硬磁盘系统。

41.2.2　数据结构之操作系统引导扇区

操作系统引导扇区（Dos Boot Record，DBR），通常位于硬盘的 0 磁道 1 柱面 1 扇区，是操作系统可直接访问的第 1 个扇区，由高级格式化程序产生。DBR 主要包括一个引导程序和一个被称为 BPB（BIOS Parameter Block）的本分区参数记录表。在硬盘中每个逻辑分区都有一个 DBR，其参数视分区的大小、操作系统的类别而有所不同。

在操作系统引导扇区中，引导程序的主要作用是：当 MBR 将系统控制权交给它时，在根目录中寻找系统文件 io.sys、msdos.sys 和 winboot.sys，如果存在，就把 IO.SYS 文件读入内存，并移交控制权予该文件。

在操作系统引导扇区中，BPB 分区表参数块记录着本分区的起始扇区、结束扇区、文件存储格式、硬盘介质描述符、根目录大小、FAT 个数、分配单元（Allocation Unit）的大小等重要参数。

41.2.3　数据结构之文件分配表

文件分配表（File Allocation Table，FAT）是系统的文件寻址系统，顾名思义，就是用来表示磁盘文件的空间分配信息的。它不对引导区、文件目录表的信息进行表示，也不真正存储文件内容。为了数据安全起见，FAT 一般做两个，第 2 个 FAT 为第 1 个 FAT 的备份。

磁盘是由一个一个扇区组成的，若干个扇区合为一个簇。文件占用磁盘空间的基本单位不是字节而是簇，文件存取是以簇为单位的，哪怕这个文件只有 1 字节，也要占用一个簇。每个簇在文件分配表中都有对应的表项，簇号即为表项号。同一个文件的数据并不一定完整地存放在磁盘的一个连续的区域内，而往往会分成若干段，像一条链子一样存放，这种存储方式称为文件的链式存储。由于 FAT 表保存着文件段与段之间的连接信息，所以操作系统在读取文件时，总是能够准确地找到文件各段的位置并正确读出。

为了实现文件的链式存储，硬盘上必须准确地记录哪些簇已经被文件占用，还必须为每个已经占用的簇指明存储后续内容的下一个簇的簇号。对一个文件的最后一簇，则要指明本簇无后续簇。这些都是由 FAT 表来保存的。表中有很多表项，每项记录一个簇的信息。最初形成的文件分配表中所有项都标明为“未占用”，但如果磁盘有局部损坏，那么格式化程序会检测出损坏的簇，在相应的项中标为“坏簇”，以后存文件时就不会再使用这个簇了。FAT 的项数与数据区的总簇数相当，每一项占用的字节数也要能存放得下最大的簇号。

当一个磁盘格式化后，在其逻辑 0 扇区（即 BOOT 扇区）后面的几个扇区中就形成一个重要的数据表——文件分配表。文件分配表位于 DBR 之后，其大小由本分区的大小及文件分配单元的大小决定。FAT 的格式有很多种，大家比较熟悉的有 FAT16 和 FAT32 等格式。FAT16 只能用于 2GB 以下的分区；而 FAT32 使用最为广泛，可管理的最大分区为 32GB。文件系统的格式除了 FAT16 和 FAT32 外，还有 NTFS、ReiserFS、ext、ext2、ext3、ISO9660、XFS、Minx、VFAT、HPFS、NFS、SMB、SysV、PROC、JFS 等。

在读文件分配表时，要注意以下几个问题：

1）不要把表项内的数字误认为表示当前簇号，而应该是文件的下一个簇的簇号。

2）高字节在后、低字节在前是存储数字的一种方式，读出时应进行调整，如 2 字节内容为“12H，34H”，实际数据应为 3412H。文件分配表与文件目录表（FDT）相配合，可以统一管理整个磁盘的文件。它告诉系统磁盘上哪些簇是坏的或已被使用的，哪些簇可以用，并存储每个文件所使用的簇号，它就好比是文件的“总调度师”。

41.2.4 数据结构之硬盘目录区

目录区（Directory，DIR）紧接在第 2 个 FAT 表之后。在硬盘工作时只有 FAT 还不能定位文件在磁盘中的位置，必须和 DIR 配合才能准确定位文件的位置。在硬盘的目录区记录着每个文件（目录）的文件名、扩展名、是否支持长文件名、起始单元、文件的属性、大小、创建日期、修改日期等内容。操作系统在读写文件时，根据目录区中的起始单元，结合 FAT 表就可以知道文件在磁盘中的具体位置及大小，然后就可以顺序读取每个簇的内容了。

41.2.5 数据结构之硬盘数据区

数据区即 DATA，将数据复制到硬盘时，数据就存放在 DATA 区。对于一块储存数据的硬盘来说，DATA 区占据了硬盘的绝大部分空间，但如没有前面所介绍的 4 个区，DATA 区就只是一块填充着 0 和 1 的区域，没有任何意义。

当操作系统要在硬盘上写入文件时，首先在目录区中写入文件信息（包括文件名、后缀名、文件大小和修改日期），然后在 DATA 区找到闲置空间写入文件，并将 DATA 区中存放文件的簇号写入目录区，从而完成整个写入数据的过程。系统删除文件的操作则简单许多，它只需将该文件在目录区中的第 1 字节改成 E5，在文件分配表中把该文件占用的各簇表项清 0，就表示将该文件删除，而它实际上并不对 DATA 区进行任何改写。通常的高级格式化程序，只是重写了 FAT 表而已，并未将 DATA 区的数据清除；而对硬盘进行分区时，也只是修改了 MBR 和 DBR，并没有改写 DATA 区中的数据。正因为 DATA 区中的数据不易被改写，从而也为恢复数据带来了机会。事实上各种数据恢复软件，也正是利用 DATA 区中残留的种种痕迹来恢复数据，这就是整个数据恢复的基本原理。

 硬盘读写数据探秘

相信很多人对于在 Windows 系统中将硬盘中文件数据的保存、写入、删除等操作都一定非常熟悉，但对于数据在硬盘当中到底是怎样被读取、写入或删除的，硬盘是如何工作的，可能有很多读者不是很了解。下面重点介绍一下硬盘数据的存储原理。

41.3.1　硬盘怎样写入数据

当要保存文件时，硬盘会按柱面、磁头、扇区的方式进行保存，即将保存的数据先保存在第 1 个盘面的第 1 磁道的所有扇区，如果所有扇区无法存下所有数据，接着在同一柱面的下一磁头所在盘面的第 1 磁道的所有扇区中继续写入数据。如果一个柱面存储满后就推进到下一个柱面，直到把文件内容全部写入磁盘。

在保存文件时，系统首先在磁盘的 DIR 区中找到空区写入文件名、大小和创建时间等相关信息，然后在 DATA 区找到空闲位置保存文件，并将 DATA 区的第 1 个簇写入 DIR 区。

41.3.2　怎样从硬盘读出数据

当要读取数据时，硬盘的主控芯片会告诉磁盘控制器要读出数据所在的柱面号、磁头号和扇区号。接着磁盘控制器则直接使磁头部件步进到相应的柱面，选通相应的磁头，等待要求的扇区移动到磁头下。在扇区到来时，磁盘控制器读出每个扇区的头标，把这些头标中的地址信息与期待检出的磁头和柱面号做比较（即寻道），然后，寻找要求的扇区号。待磁盘控制器找到该扇区头标时，读出数据和尾部记录。

在读取文件时，系统先从磁盘目录区中读取文件信息，包括文件名、后缀名、文件大小、修改日期和文件在数据区保存的第 1 个簇的簇号。接着从第 1 个簇中读取相应的数据，然后再到 FAT 表的相应单元（第 1 个簇对应的单元）读取数据，如果内容是文件结束标志（FF），则表示文件结束，如果不是文件结束标志，则是下一个保存数据的簇的簇号，接下来再读取对应簇中的内容。这样重复下去一直到遇到文件结束标志，文件读取过程完成。

41.3.3　怎样从硬盘中删除文件

Windows 文件的删除工作是很简单的，将磁盘目录区的文件的第 1 个字节改成 E5H 就表示该文件被删除了。

存储在硬盘中的每个文件都可分为两部分：文件头和存储数据的数据区。文件头用来记录文件名、文件属性、占用簇号等信息，文件头保存在一个簇中并映射在 FAT 表中。而真实的数据则是保存在数据区当中的。平常所做的删除，其实只是修改文件头的前 2 个代码，这种修改映射在 FAT 表中，就为文件做了删除标记，并将文件所占簇号在 FAT 表中的登记项清 0，表示释放空间，这也就是平常删除文件后，硬盘空间增大的原因。而真正的文件内容仍保存在数据区中，并未删除。要等到以后的数据写入，把此数据区覆盖，才算是彻底把原来的数据删除。如果不被后来保存的数据覆盖，就不会从磁盘上抹掉。

第  章

多核电脑数据恢复方法

在进行数据恢复时，首先要了解造成数据丢失或损坏的原因，然后才能对症下药，根据不同的数据丢失或损坏的原因使用对应的数据恢复方法。另外，在对数据进行恢复前，要先进行故障分析，不能做一些盲目的无用操作，以免造成数据被覆盖以致无法恢复。下面将根据不同的数据丢失原因分析数据恢复的方法。

42.1 数据恢复的必备知识

42.1.1 硬盘数据是如何丢失的

硬盘数据丢失的原因较多，一般可以分为人为原因、自然原因、软件原因、硬件原因。

1. 人为原因造成的数据丢失

人为原因主要是指使用人员的误操作，如误格式化或误分区、误复制、误删除或覆盖、不慎摔坏硬盘等。

人为原因造成的数据丢失一般表现为操作系统丢失、无法正常启动系统、磁盘读写错误、找不到所需要的文件、文件打不开、文件打开后乱码、硬盘没有分区、提示某个硬盘分区没有格式化、硬盘被强制格式化、硬盘无法识别或发出异响等。

2. 自然原因造成的数据丢失

自然原因造成的数据被破坏包括水灾、火灾、雷击、地震等造成计算机系统的破坏，导致存储数据被破坏或完全丢失，或由于操作时断电、意外电磁干扰造成的数据丢失或破坏。

自然原因造成的数据丢失一般表现为硬盘损坏（硬盘无法识别或盘体损坏）、磁盘读写错误、找不到所需要的文件、文件打不开、文件打开后乱码等。

3. 软件原因造成的数据丢失

软件原因主要是指受病毒感染、0 磁道损坏、硬盘逻辑锁、系统错误或瘫痪文件丢失或破

坏，软件 Bug 对数据的破坏等。

软件原因造成的数据丢失一般表现为操作系统丢失、无法正常启动系统、磁盘读写错误、找不到所需要的文件、文件打不开、文件打开后乱码、硬盘没有分区、提示某个硬盘分区没有格式化、硬盘被锁等。

4. 硬件原因造成的数据丢失

硬件原因主要是指电脑设备的硬件故障（包括存储介质的老化、失效）、磁盘划伤、磁头变形、磁臂断裂、磁头放大器损坏、芯片组或其他元器件损坏等。

硬件原因造成的数据丢失一般表现为系统无法识别硬盘，常有一种“咔嚓、咔嚓”或“哐当、哐当”的磁阻撞击声，或电动机不转、通电后无任何声音、磁头定位不准造成读写错误等。

42.1.2　什么样的硬盘数据可以恢复

一块新的硬盘首先必须分区，再用 Format 对相应的分区实行格式化，这样才能在这个硬盘上存储数据。

当需要从硬盘中读取文件时，先读取某一分区的 BPB（分区表参数块）参数至内存，然后从目录区中读取文件的目录表（包括文件名、后缀名、文件大小、修改日期和文件在数据区保存的第 1 个簇的簇号），找到相对应文件的首扇区和 FAT 表的入口，再从 FAT 表中找到后续扇区的相应链接，移动硬盘的磁臂到对应的位置进行文件读取。当读到文件结束标志“FF”时，就完成了某一个文件的读写操作。

当需要保存文件时，操作系统首先在 DIR 区（目录区）中找到空闲区写入文件名、大小和创建时间等相应信息，然后在数据区找出空闲区域保存文件，再将数据区的第 1 个簇写入目录区，同时完成 FAT 表的填写。具体的动作和文件读取动作差不多。

当需要删除文件时，操作系统只是将目录区中该文件的第 1 个字符改为“E5”来表示该文件已经删除，同时改写引导扇区的第 2 个扇区，用来表示该分区可用空间大小的相应信息，而文件在数据区中的信息并没有删除。

当给一块硬盘分区、格式化时，并没有将数据从 DATA 区（数据区）直接删除，而是利用 Fdisk 重新建立硬盘分区表，利用 Format 格式化、重新建立 FAT 表而已。

综上所述，在实际操作中，删除文件、重新分区并快速格式化（Format 不要加 U 参数）、快速低级格式化、重整硬盘缺陷列表等，都不会把数据从物理扇区的数据区中实际抹去。删除文件只是把文件的地址信息从列表中抹去，而文件数据本身还是在原来的地方，除非写入新的数据覆盖那些扇区，才会把原来的数据真正抹去。重新分区和快速格式化只不过是重新构造新的分区表和扇区信息，同样不会影响原来的数据在扇区中的物理存在，直到有新的数据去覆盖它们为止。而快速低级格式化是用 DM 软件快速重写盘面、磁头、柱面、扇区等初始化信息，仍然不会把数据从原来的扇区中抹去。重整硬盘缺陷列表也是把新的缺陷扇区加入 G 列表或者 P 列表中，而对于数据本身，其实还是没有实质性的影响。但对于那些本来存储在缺陷扇区中的数据就无法恢复了，因为扇区已经出现物理损坏，即使不加入缺陷列表也很难恢复。

对于上述这些操作造成的数据丢失，一般都可以恢复。在进行数据恢复时，最关键的一点是在错误操作出现后，不要再对硬盘做任何无意义的操作，不要再向硬盘里写入任何东西。

一般对于上述操作造成的数据丢失，在恢复数据时，可以使用纯粹的数据恢复软件来恢复

（如 EasyRecovery、Final Data 等）。但如果硬盘有轻微的缺陷，用纯粹的数据恢复软件恢复将会有一些困难，应该稍微修理一下硬盘，让硬盘可以正常使用后，再进行软件的数据恢复。

另外，如果硬盘已经不能动了，这时需要使用成本比较高的软硬件结合的方式来恢复。采用软硬件结合的数据恢复方式，关键在于所使用的恢复用的仪器设备。这些设备都需要放置在级别非常高的超净无尘工作间里面。这些设备的恢复原理一般都是把硬盘拆开，把损坏的硬盘的磁盘放进机器的超净工作台上，然后用激光束对盘片表面进行扫描。因为盘面上的磁信号其实是数字信号（0 和 1），所以相应地，反映到激光束发射的信号上也是不同的。这些仪器就是通过这样的扫描，一丝不漏地把整个硬盘的原始信号记录在仪器附带的电脑里，然后再通过专门的分析软件来进行数据恢复。或者还可以将损坏的硬盘的磁盘拆下后安装在另一个型号相同的硬盘中，借助正常的硬盘读取拆下来的磁盘的数据。

42.1.3 数据恢复要准备的工具

在日常维修中，通常使用一些数据恢复软件来恢复硬盘的数据，使用这些软件恢复数据成功率也较高。常用的恢复软件有：EasyRecovery、FinalData、R-Studio、DiskGenius、Fixmbr 等。下面详细介绍这些数据恢复软件的使用方法。

1. EasyRecovery 数据恢复软件

EasyRecovery 软件是一个非常著名的老牌数据恢复软件。该软件功能非常强大，它能够恢复因分区表被破坏、病毒攻击、误删除、误格式化、重新分区等原因而丢失的数据，甚至可以不依靠分区表而按照簇来进行硬盘扫描。

另外，EasyRecovery 软件还能够对 ZIP 文件及微软的 Office 系列文档进行修复。

注意：不通过分区表来进行数据扫描，很可能不能完全恢复数据，原因是，通常一个大文件被存储在很多不同的区域的簇内，即使我们找到了这个文件的一些簇上的数据，很可能恢复之后的文件是损坏的。

EasyRecovery 使用 Ontrack 公司复杂的模式识别技术来找回分布在硬盘上不同地方的文件碎块，并根据统计信息对这些文件碎块进行重整。接着 EasyRecovery 在内存中建立一个虚拟的文件系统，并列出所有的文件和目录。哪怕整个分区都不可见或者硬盘上只有非常少的分区维护信息，EasyRecovery 仍然可以高质量地找回文件。

EasyRecovery 不会向原始驱动器中写入任何数据，它主要是在内存中重建文件分区表，使数据能够安全地传输到其他驱动器中。图 42-1 展示了 EasyRecovery 软件主界面。

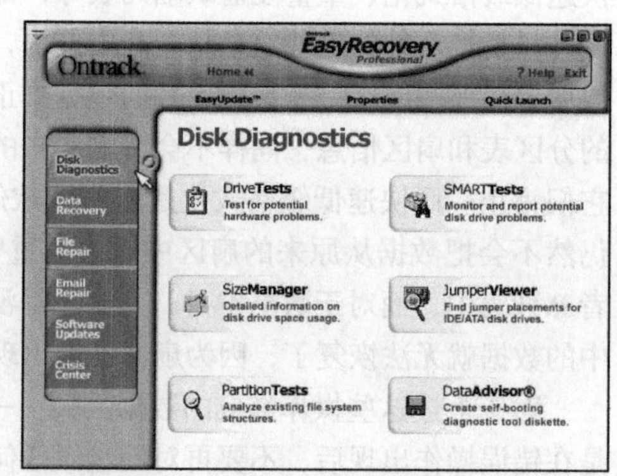

图 42-1 EasyRecovery 软件主界面

（1）Disk Diagnostics（磁盘诊断）

EasyRecovery 最上面的功能就是磁盘诊断。右边列出了“DriveTests”“SmartTests”“SizeManager”“JumperViewer”“PartitionTests”和“DataAdvisor”功能块。具体功能如下。

- ❑“DriveTests”用来检测潜在的硬件问题。
- ❑“SmartTests”用来检测、监视并且报告磁盘数据方面的问题，有点类似磁盘检测程序，但是功能更强大。

- “SizeManager”的功能是展示一个树型目录，可以让用户看到每个目录的使用空间。
- “JumperViewer”是 Ontrack 的另外一个工具，单独安装 EasyRecovery 是不包含它的，这里只有它的介绍。
- “PartitionTests”类似于 Windows 2000/XP 里的 chkdsk.exe，只不过是图形化的界面，功能更强大，更直观。
- “DataAdvisor”是用向导的方式来创建可以在 16 位下分析磁盘状况的启动软盘。

（2）Data Recovery（数据恢复）

Data Recovery 是 EasyRecovery 最核心的功能，其界面如图 42-2 所示。主要功能如下。

- “AdvancedRecovery”是高级选项，可以自定义地进行恢复，比如设定恢复的起始和结束扇区，以及文件恢复的类型等。
- “DeletedRecovery”是针对被删除文件的恢复。
- “FormatRecovery”是对误操作格式化分区进行分区或卷的恢复。
- “RawRecovery”是分区和文件目录结构受损时拯救分区中重要数据的功能。
- “ResumeRecovery”是继续上一次没有进行完毕的恢复事件。
- “EmergencyDiskette”是创建紧急修复软盘，内含恢复工具，在操作系统不能正常启动时修复。

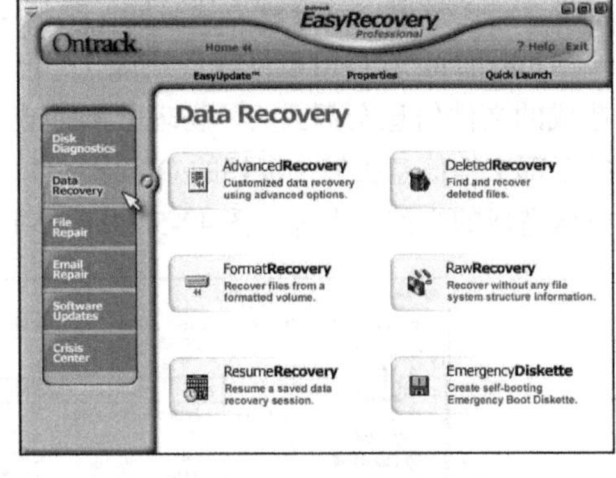

图 42-2　Data Recovery（数据恢复）界面

（3）File Repair（文件修复）

EasyRecovery 除了恢复文件之外，还有强大的修复文件的功能。在这个版本中主要是针对 Office 文档和 Zip 压缩文件的恢复。在右侧的列表中大家可以看到有针对 .mdb .xls .doc .ppt .zip 类型文件的恢复。虽然操作过程极其简单，然而功能和效果却非常明显，如图 42-3 所示。

（4）EmailRepair（电子邮件修复）

EmailRepair 是针对 Office 组件之一的 Microsoft Outlook 和 IE 组件的 Outlook Express 文件的修复功能，如图 42-4 所示。

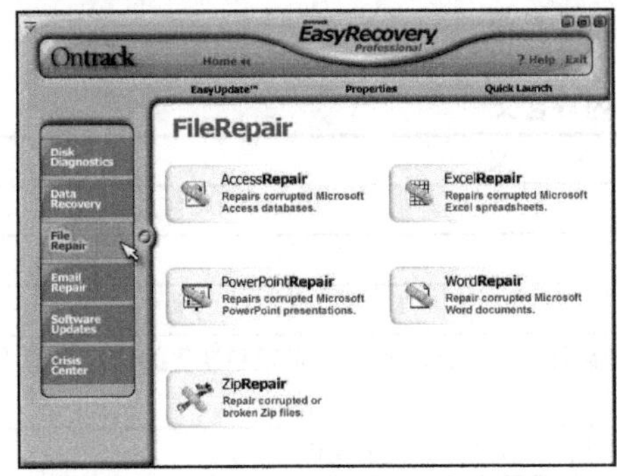

图 42-3　File　Repair（文件修复）界面

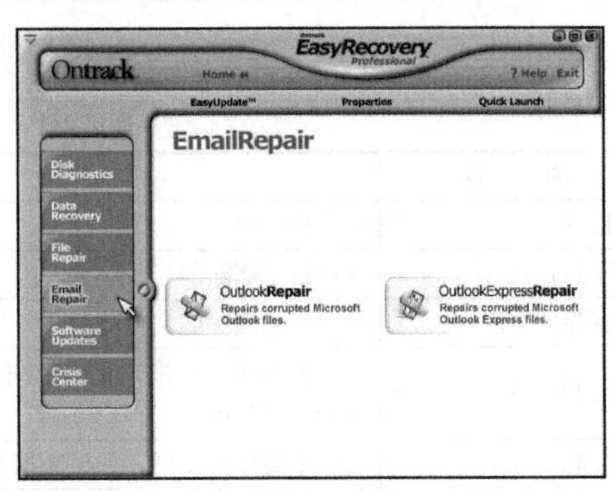

图 42-4　Email Repair（电子邮件修复）界面

（5）其他功能

在 Software Updates（软件更新）项目里，用户可以获得软件的最新的信息。Crisis Center（紧急中心）这个项目就是 Ontrack 公司为用户提供的可以选择的其他服务项目。

2. FinalData 数据恢复软件

FinalData 软件自身的优势就是恢复速度快，可以大大缩短搜索丢失数据的时间。而且其在数据恢复方面功能也十分强大，不仅可以按照物理硬盘或者逻辑分区进行扫描，还可以通过硬盘的绝对扇区来扫描分区表，找到丢失的分区。

FinalData 软件在对硬盘扫描之后会在其界面的左侧窗口显示文件的各种信息，并且把找到的文件状态进行归类，如果状态是已经被破坏，那么也就是说如果对数据进行恢复也不能完全找回数据。这样方便我们了解恢复数据的可能性。同时，此款软件还可以通过扩展名来进行同类文件的搜索，这样就方便对同一类型文件进行数据恢复。

FinalData 软件可以恢复误删除（并已从回收站中清除）、FAT 表或者磁盘根区被病毒侵蚀造成的文件信息全部丢失、物理故障造成 FAT 表或者磁盘根区不可读，以及磁盘格式化造成的全部文件信息丢失、损坏的 Office 文件、邮件文件、Mpeg 文件、Oracle 文件，磁盘被格式化、分区造成的文件丢失等。图 42-5 和表 42-1 展示了 FinalData 软件界面和左边窗口内容含义。

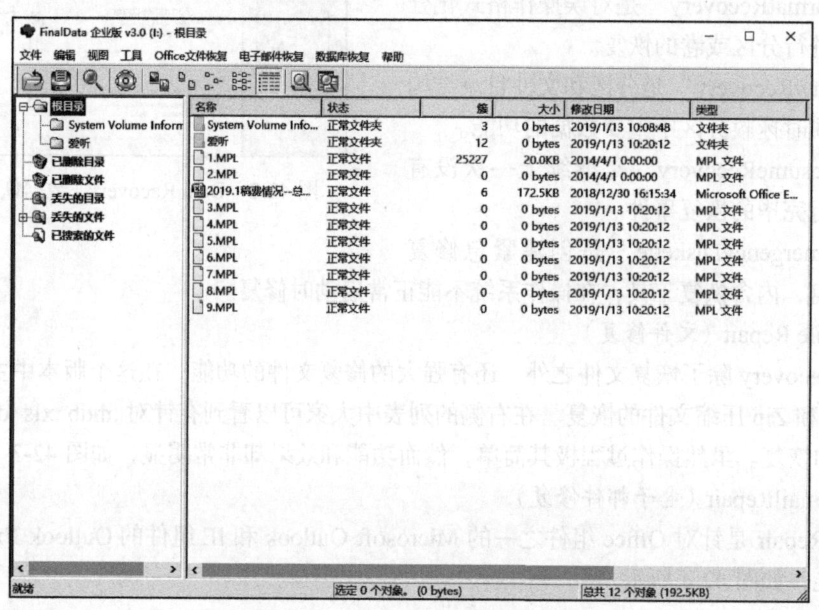

图 42-5 FinalData 软件界面

表 42-1 左边窗口内容含义

内　容	含　义
根目录	正常根目录
已删除目录	从根目录删除的目录集合
已删除的文件	从根目录删除的文件集合
丢失的目录	如果根目录由于格式化或者病毒等原因被破坏，FinalData 就会把发现和恢复的信息放到“丢失的目录”中
丢失的文件	被严重破坏的文件，如果数据部分依然完好，可以从“丢失的文件”中恢复
已搜索的文件	显示通过“查找”功能找到的文件

3. DiskGenius 分区表修复软件

DiskGenius 是一款硬盘分区及数据维护软件。它不仅提供了基本的硬盘分区功能（如建立、激活、删除、隐藏分区），还具有强大的分区维护功能（如分区表备份和恢复、分区参数修改、硬盘主引导记录修复、重建分区表等）。此外，它还具有分区格式化、分区无损调整、硬盘表面扫描、扇区拷贝、彻底清除扇区数据等实用功能。还增加了对 VMWare 虚拟硬盘的支持。

目前，最新版的 DiskGenius 支持 Windows 操作系统。图 42-6 展示了 DiskGenius 主界面。

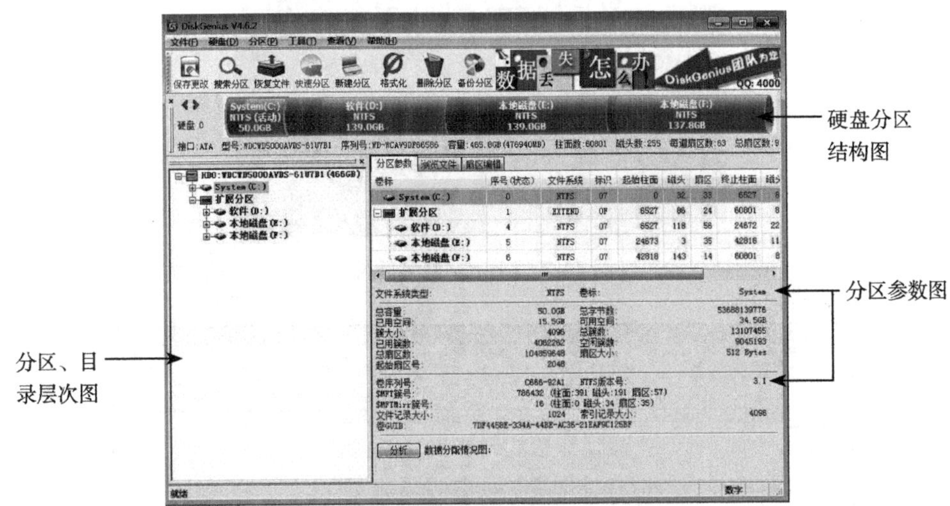

图 42-6 DiskGenius 主界面

DiskGenius 软件一般主要用来备份和恢复分区表、重建分区表、重建主引导记录等。

4. Fixmbr 主引导扇区修复软件

Fixmbr 修复软件是一个基于 DOS 系统的应用软件。它的主要功能就是重新构造主引导扇区。该软件只修改主引导扇区记录，对其他扇区不进行写操作。

Fixmbr 的基本命令格式如下：

Fixmbr [Drive] [/A] [/D] [/P] [/Z] [/H]

- /A:Active DOS partition（激活基本 DOS 分区）
- /D:Display MBR（显示主引导记录内容）
- /P:Display partition（显示 DOS 分区的结构）
- /Z:Zero MBR（将主引导记录区清零）
- /H:Help（帮助信息）

如果直接输入 Fixmbr 后按 Enter 键，缺省的情况下将执行检查 MBR 结构的操作。如果发现系统不正常将会出现“是否进行恢复”的提示。按“Y”后则开始修复，如图 42-7 所示。

5.WinHex 手工数据恢复软件

WinHex 是一款在 Windows 下运行的十六进制编辑软件。此软件功能强大，有完善的分区管理功能和文件管理功能，能自动分析分区链和文件簇链，能对硬盘进行不同方式、不同程度的备份，甚至复制整个硬盘。它能够编辑任何一种文件类型的二进制内容（用十六进制显示），其磁盘编辑器可以编辑物理磁盘或逻辑磁盘的任意扇区。

另外，它可以用来检查和修复各种文件，恢复删除文件、硬盘损坏造成的数据丢失等。同时它还可以让你看到其他程序隐藏起来的文件和数据。此软件主要通过手工恢复数据。图 42-8 展示了 WinHex 软件的主界面。

```
Type EXIT to quit the Recovery Console and restart the computer

1: C:\WINDOWS

Which Windows installation would you like to log onto
(To cancel, press ENTER)? 1
Type the Administrator password:
C:\WINDOWS>fixmbr

** CAUTION **

This computer appears to have a non-standard or invalid master
boot record.

FIXMBR may damage your partition tables if you
proceed.

This could cause all the partitions on the current hard disk
to become inaccessible.

If you are not having problems accessing your drive,
do not continue.

Are you sure you want to write a new MBR? y
Writing new master boot record on physical drive
\Device\Harddisk0\Partition0.

The new master boot record has been successfully written.

C:\WINDOWS>
```

图 42-7 Fixmbr 修复软件

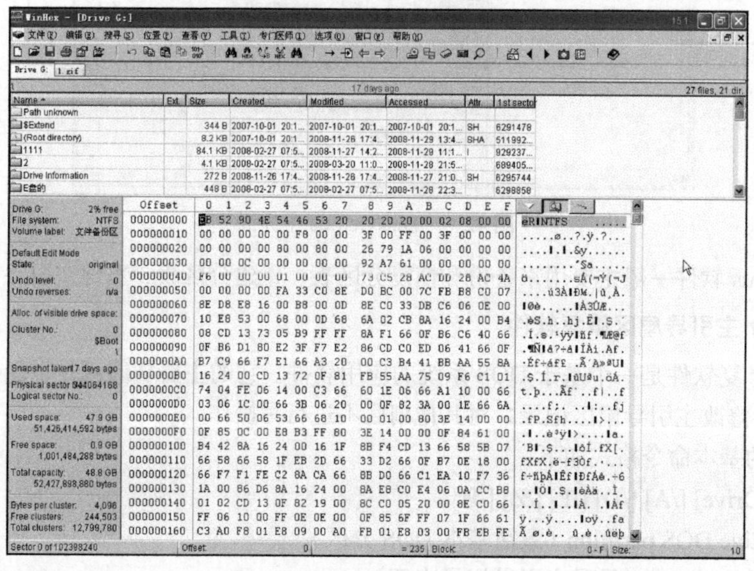

图 42-8 WinHex 软件的主界面

42.2 数据恢复流程

在进行数据恢复时，首先要了解清楚硬盘出现故障的真正原因；然后检查硬盘的外观有无损坏的地方；接着加电试机。在真正恢复前应先备份硬盘中能备份的数据信息（如分区表、目录区等），以防止恢复失败，造成硬盘中的数据彻底无法恢复。最后，在硬盘数据恢复后要及时备份到其他硬盘中。硬盘数据恢复流程如图 42-9 所示。

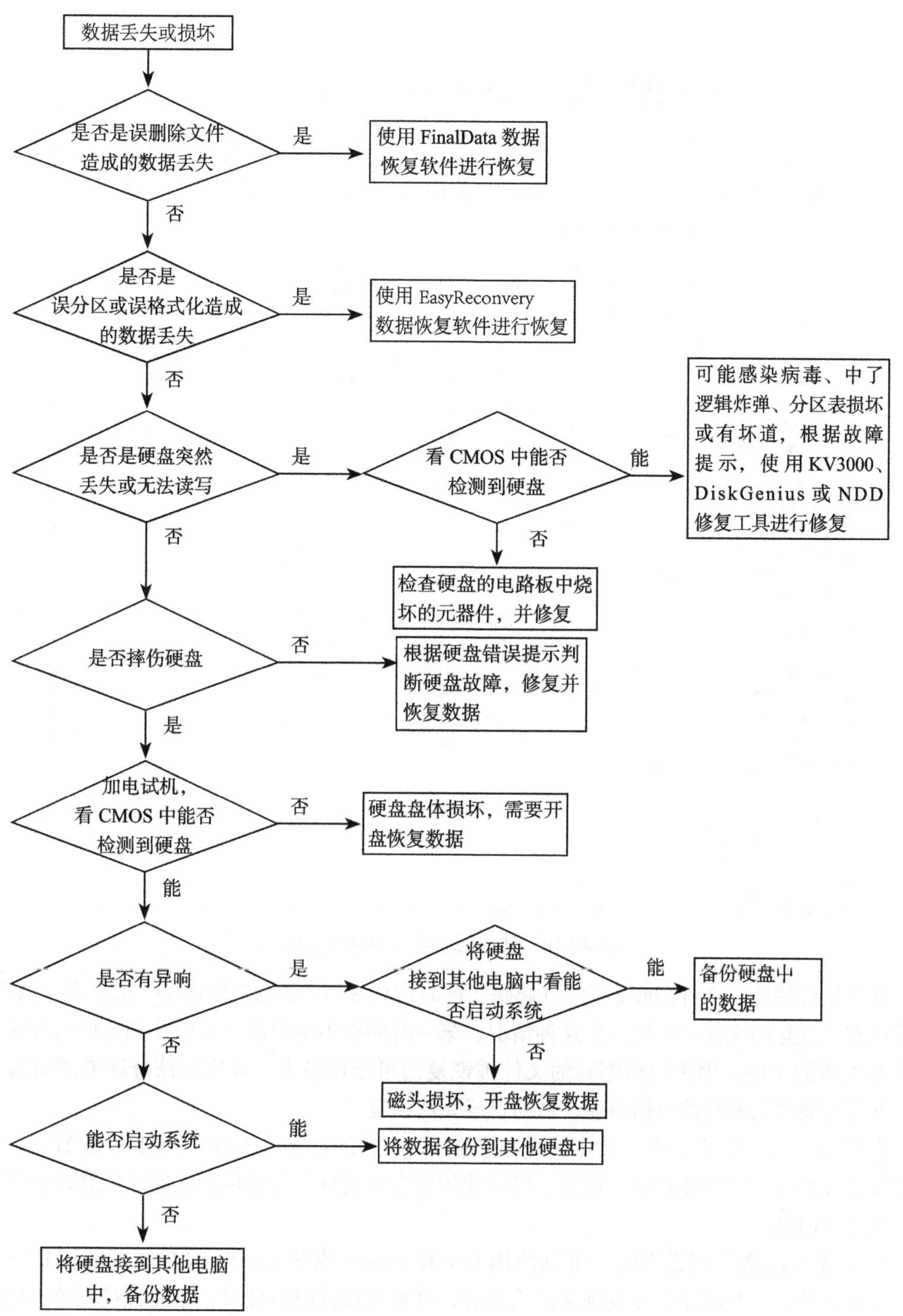

图 42-9　硬盘数据恢复流程图

42.3 照片、文件被删除恢复方法

42.3.1 照片、文件被删除后第一时间应该做什么

如果照片、文件被删除时没有按 Shift 键，可以到“回收站”中将其恢复。方法是打开“回收站”，找到要恢复的照片、文件，在它们的图标上右击，在弹出的快捷菜单中选择“还原”命令，即可将其恢复，如图 42-10 所示。

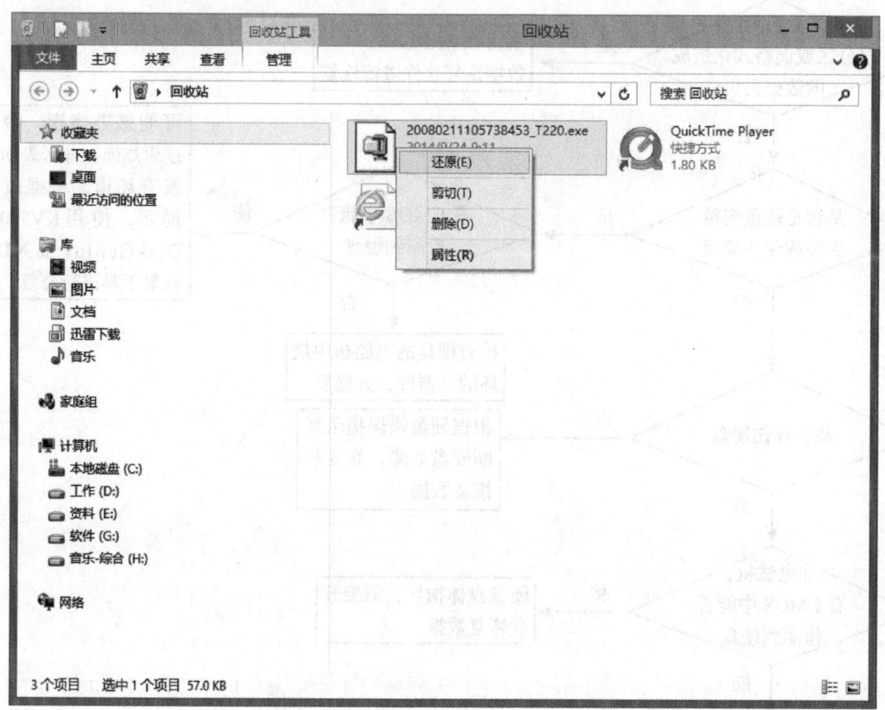

图 42-10 从“回收站”中恢复文件

如果是将照片、文件彻底删除了（删除文件时按住 Shift 键可彻底删除），那么在“回收站”中就找不到删除的文件。如果发生这种情况，第一时间应不要再向存放照片和文件的分区或者磁盘存入新的文件，因为刚被删除的文件被恢复的可能性最大，如果向该分区或磁盘写入信息，就有可能将误删除的数据覆盖，从而造成无法恢复。

在 Windows 系统中，删除文件仅仅是把照片、文件的首字节改为“E5H”，而数据区的内容并没有被修改，因此比较容易恢复。可以使用数据恢复软件轻松地把误删除或意外丢失的照片、文件找回来。

在文件被误删除或丢失时，可以使用 EasyRecovery 或 FinalData 等数据恢复工具进行恢复。不过需特别注意的是，在发现文件丢失后，准备使用恢复软件时，不能直接在故障电脑中安装这些恢复软件，因为安装的软件可能恰恰覆盖刚才丢失的文件。最好使用能够从光盘直接运行的数据恢复软件，或者把硬盘连接到其他电脑上进行恢复。

42.3.2　怎样恢复被删除的照片和文件

下面通过一个实例来讲解如何恢复删除的照片、文件。在硬盘的 I 盘中有一个名称为“3058.jpg”的照片被删除，想通过数据恢复软件将其恢复。下面以 FinalData Enterprise 软件为例进行讲解，如图 42-11 所示。

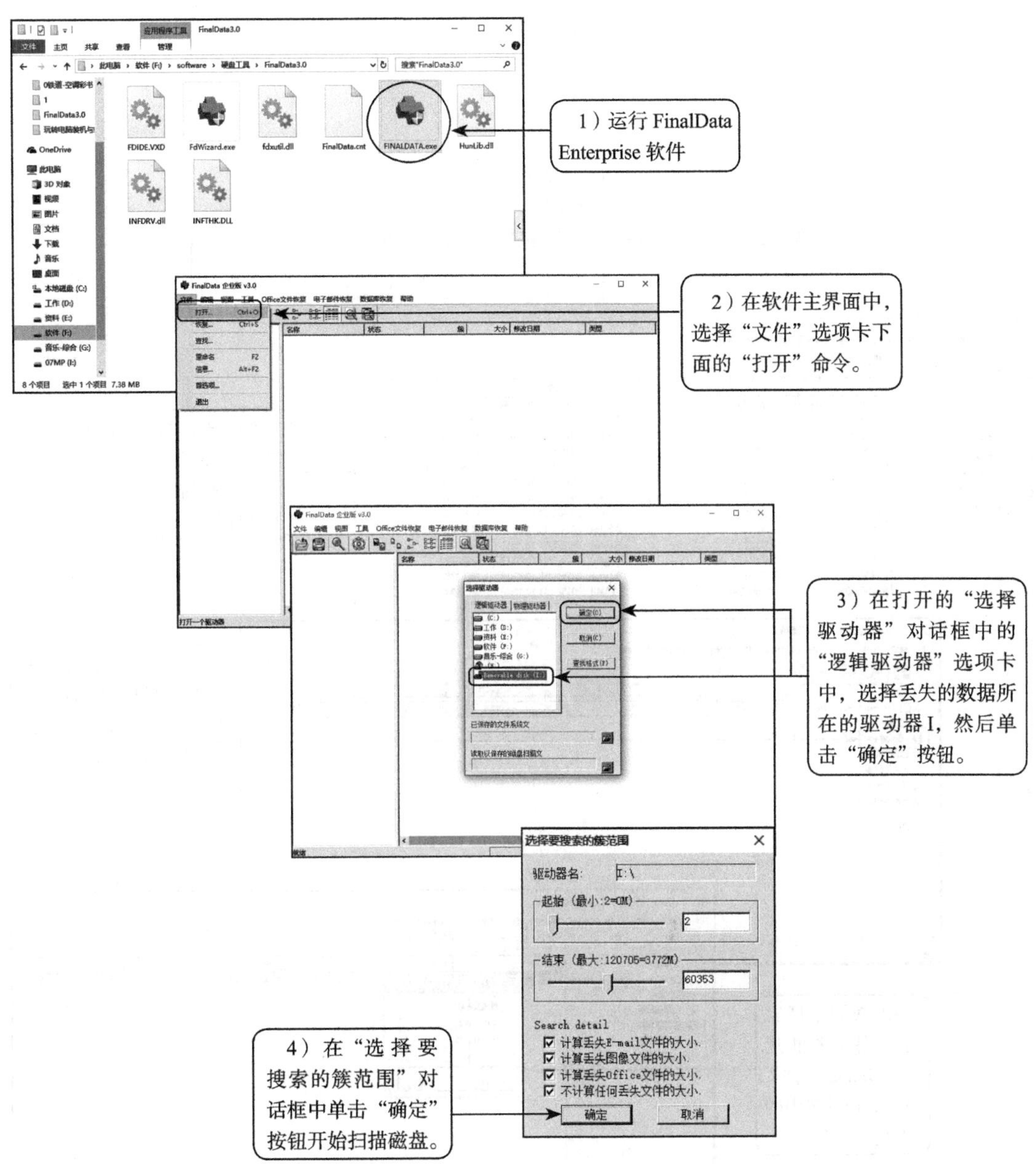

图 42-11　恢复照片或文件步骤讲解

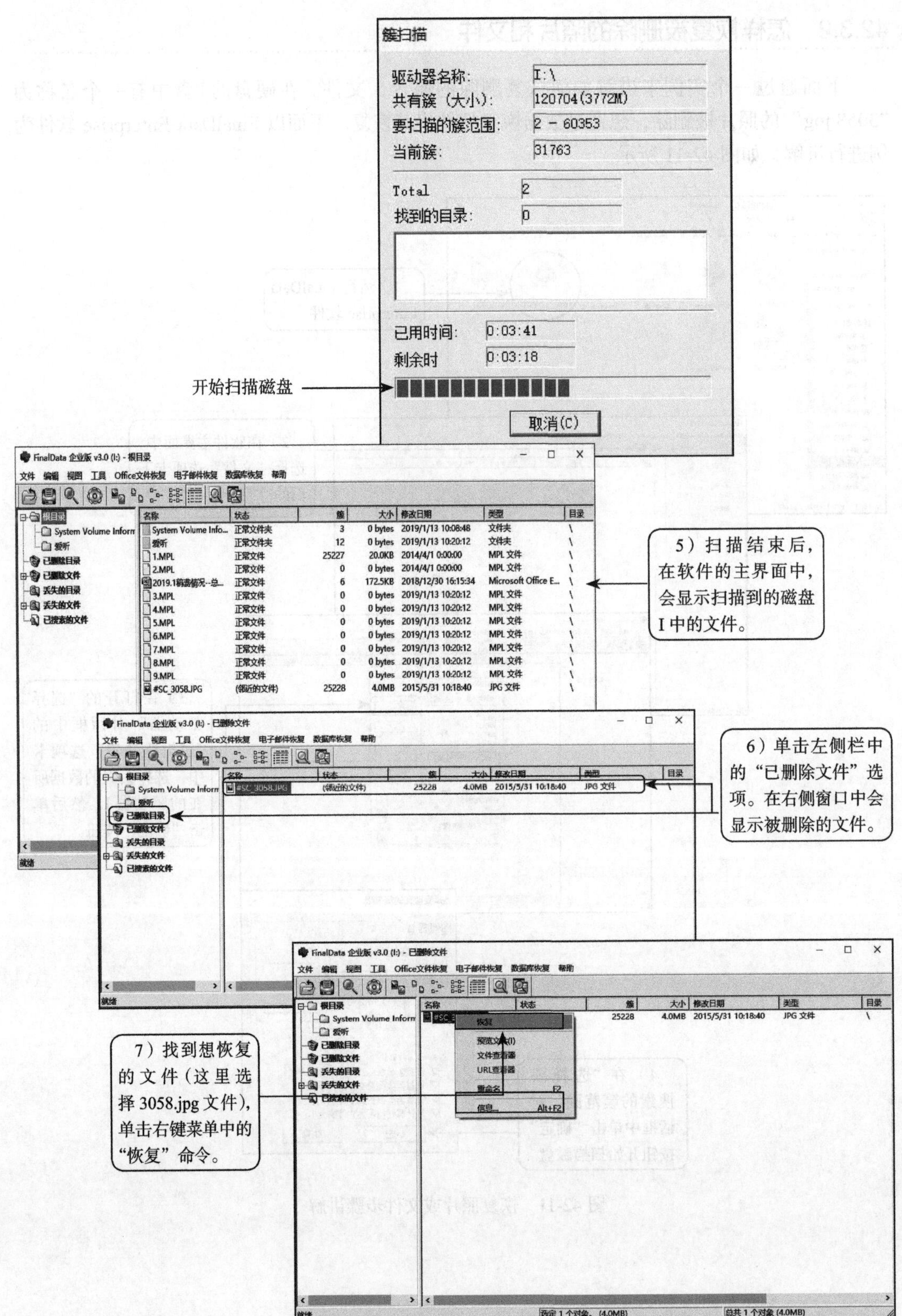
簇扫描
驱动器名称: I:\
共有簇（大小）: 120704(3772M)
要扫描的簇范围: 2 - 60353
当前簇: 31763
Total 2
找到的目录: 0
已用时间: 0:03:41
剩余时 0:03:18
取消(C)
开始扫描磁盘
5）扫描结束后，在软件的主界面中，会显示扫描到的磁盘I中的文件。
6）单击左侧栏中的“已删除文件”选项。在右侧窗口中会显示被删除的文件。
7）找到想恢复的文件（这里选择3058.jpg文件），单击右键菜单中的“恢复”命令。

图 42-11 （续）

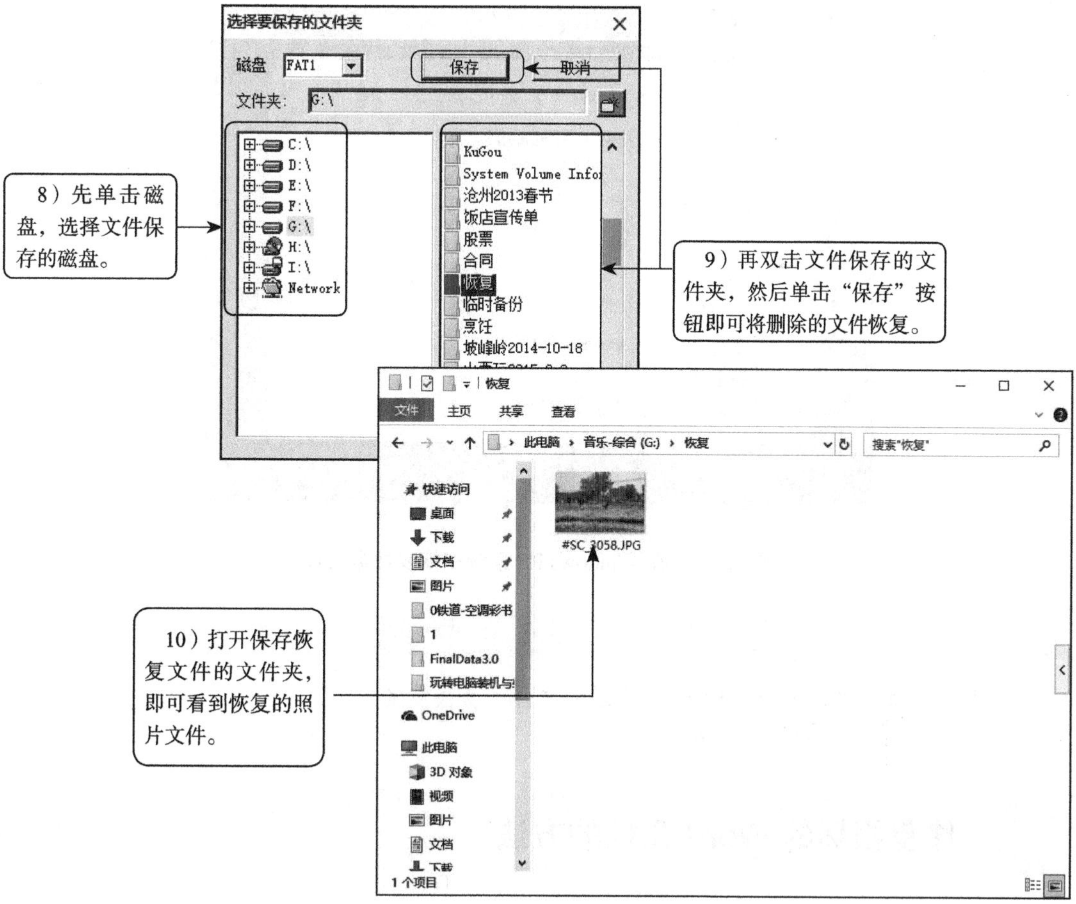

8）先单击磁盘，选择文件保存的磁盘。

9）再双击文件保存的文件夹，然后单击“保存”按钮即可将删除的文件恢复。

10）打开保存恢复文件的文件夹，即可看到恢复的照片文件。

图 42-11（续）

42.4 抢救系统损坏无法启动后 C 盘中的文件

当 Windows 系统损坏，导致无法启动系统时，一般需要采用重新安装系统的方法来修复故障。但重装系统通常会将 C 盘格式化，这样势必造成 C 盘中未备份的文件的丢失。因此在安装系统前，需要将 C 盘中有用的文件拷贝出来，然后再安装系统。

对于这种情况，可以使用启动盘启动电脑（如 Windows PE 启动盘），直接将系统盘中的有用文件，复制到非系统盘中。或采取将故障电脑的硬盘连接到其他电脑中，然后将系统盘（C 盘）的数据复制出来的办法。

具体操作步骤如下：

1）准备一张 Windows PE 的光盘，然后将光盘放入光驱。在电脑 BIOS 中把启动顺序设置为光驱启动，并保存退出，重启电脑。

2）开始启动系统后，选择从 Windows PE 启动系统。

3）系统会启动到桌面，打开桌面上的“我的文档”文件夹，然后将有用的文件复制到 E 盘，如图 42-12 所示。

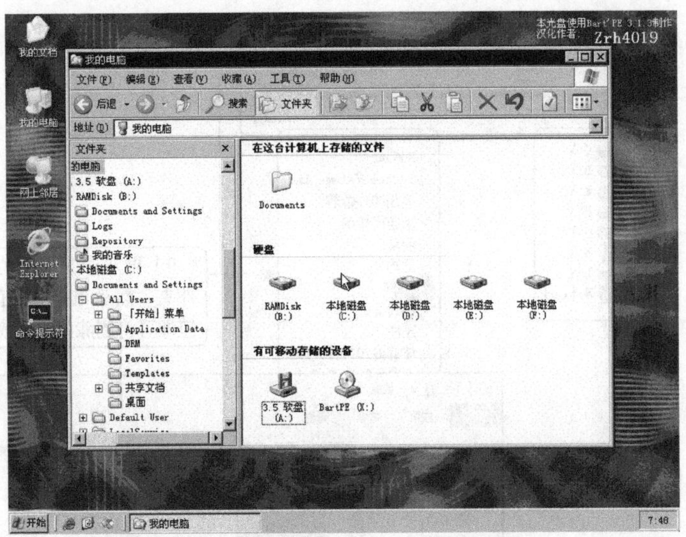

图 42-12 在 Windows PE 系统中恢复数据文件

提示

利用“加密文件系统”(EFS)加密过的文件不易被恢复。

42.5 修复损坏的 Word 文档的方法

在日常的办公中，经常会用到办公软件。一些办公文件由于感染病毒等原因导致打开时出现乱码或无法打开，而这类文件的损坏会直接影响日常的工作。下面介绍一些方法来恢复办公文件。

42.5.1 怎样修复 Word 文档

损坏的文件不能正常打开通常是因为文件头被意外破坏。而恢复损坏的文件需要了解文件结构，对于一般人来说深入了解一个文件的结构比较困难，所以恢复损坏的文件通常需要使用一些工具软件。

Word 文档是许多电脑用户写文章时经常使用的文件格式，如果它因损坏而无法打开时，可以采用一些方法修复损坏文档，恢复受损文档中的文字。

42.5.2 如何使 Word 程序自行修复

“打开并修复”是 Word 具有的文件修复功能，当 Word 文件损坏后可以尝试这种方法。具体步骤如下：

1）运行 Word 程序，然后单击 Office 按钮，并在弹出的下拉菜单中选择“打开”命令。

2）弹出“打开”对话框，在此对话框中选择要修复的文件，然后单击“打开”按钮右边的下拉按钮，并在弹出的下拉菜单中选择“打开并修复”命令，如图 42-13 所示。

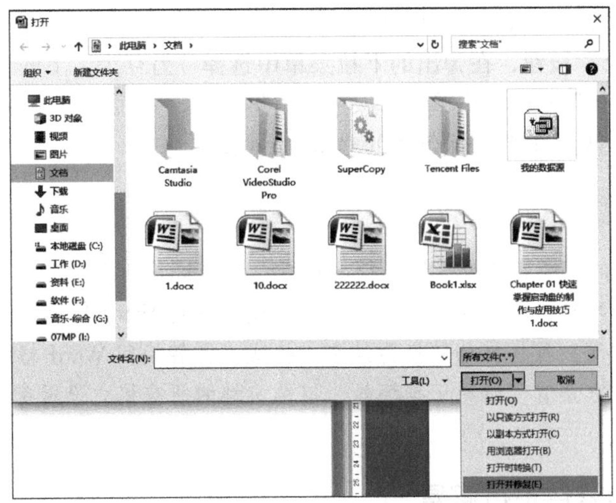

图 42-13　“打开”对话框

3）Word 程序会修复损坏的文件并打开它。

42.5.3　转换 Word 文档格式修复损坏的文件

将 Word 文档转换为另一种格式，然后再将其转换回 Word 文档格式，这是最简单和最彻底的文档恢复方法。

具体方法如下：

1）在 Word 中打开损坏的文档。

2）单击 Office 按钮，在弹出的下拉菜单中选择“另存为”下的“其他格式”命令，打开“另存为”对话框。

3）在“保存类型”下拉列表中，选择“RTF 格式（*.rtf)”选项，然后单击“保存”按钮，如图 42-14 所示。

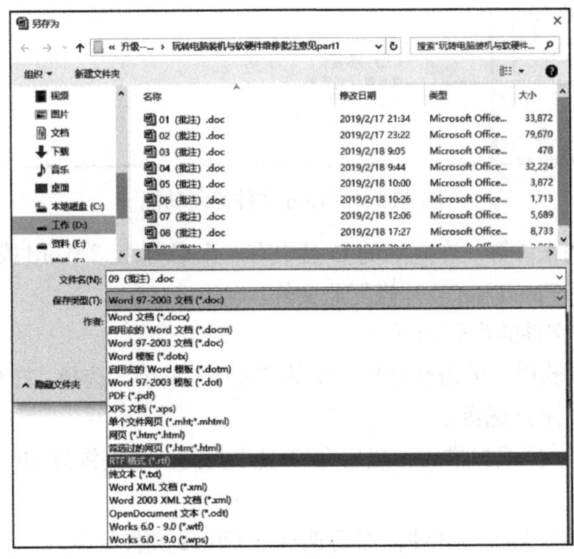

图 42-14　“另存为”对话框

4）关闭文档，然后重新打开 RTF 格式文件。

5）单击“ Office”按钮，在弹出的下拉菜单中选择“另存为”下的“ Word 文档”命令。然后在打开的“另存为”对话框中单击“保存”按钮。

6）关闭文档，然后重新打开刚创建的 DOC 格式文件。

提 示

Word 与 RTF 的互相转化将保留文档的格式。如果这种转换没有纠正文件损坏，则可以尝试与其他字处理格式互相转换，这将不同程度地保留 Word 的格式。如果使用这些格式均无法解决本问题，可将文档转换为纯文本格式，再转换回 Word 格式。由于纯文本格式比较简单，这种方法有可能更正损坏处，但是文档的所有格式设置都将丢失。

42.5.4 使用修复软件进行修复

EasyRecovery、FinalData 软件中都带有修复 Word 文件的功能，使用这些功能可以轻松地修复 Word 文件。图 42-15 展示了 EasyRecovery 软件中的 Word 文件修复功能。

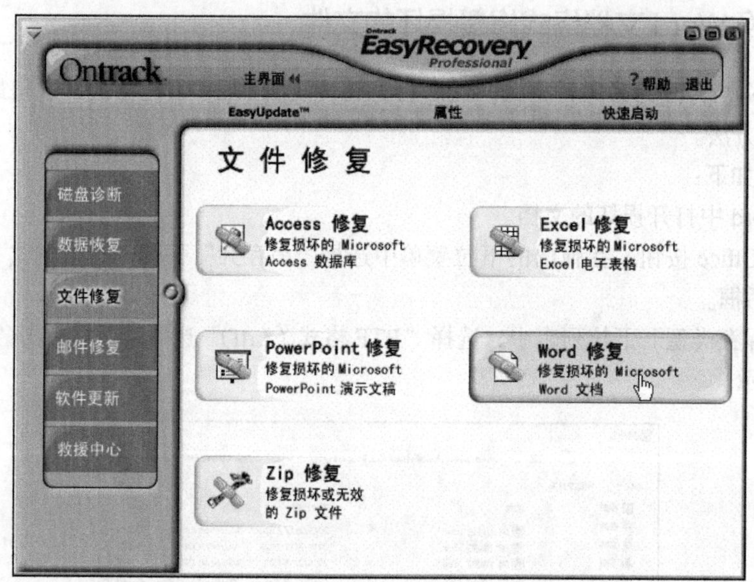

图 42-15 Word 文件修复功能

下面结合一个实例来讲解。在电脑的 D 盘中有一个名称为“ Word 模板资料 .doc”的损坏文件，下面介绍如何用 FinalData 软件修复此文件。

修复损坏的 Word 文件的步骤如下：

1）运行 FinalData 软件，单击软件界面中的“文件”菜单，选择“打开”命令，然后在“选择驱动器”对话框中选择 D 磁盘。

2）开始扫描 D 盘，完成扫描后，然后在 D 盘中找到“电脑维修 .docx”文件，如图 42-16 所示。

3）选择“电脑维修 .docx”文件，然后选择“ Office 文件恢复”下拉菜单中的“ Word 文件恢复”命令，如图 42-17 所示。打开“损坏文件恢复向导”对话框。

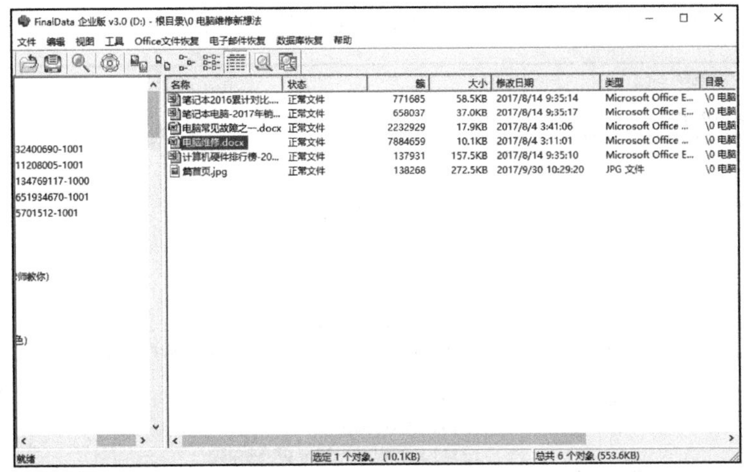

图 42-16 D 盘中的“Word 模板资料 .doc”文件

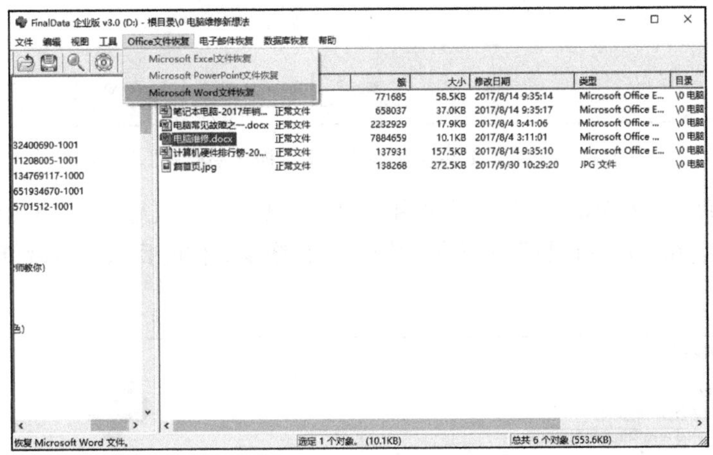

图 42-17 选择文件恢复

4）在此对话框中，单击“下一步”按钮，如图 42-18 所示。然后打开“损坏文件恢复向导 – 文件损坏率检查对话框。

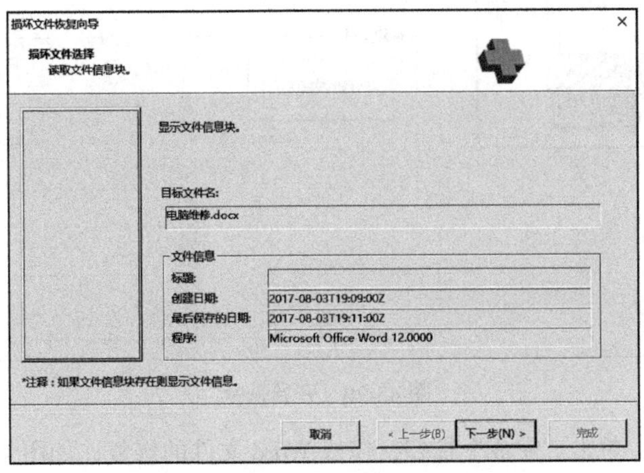

图 42-18 “损坏文件恢复向导”对话框

5）在此对话框中，单击“检查率”按钮，检查文件损坏率，如图 42-19 所示。

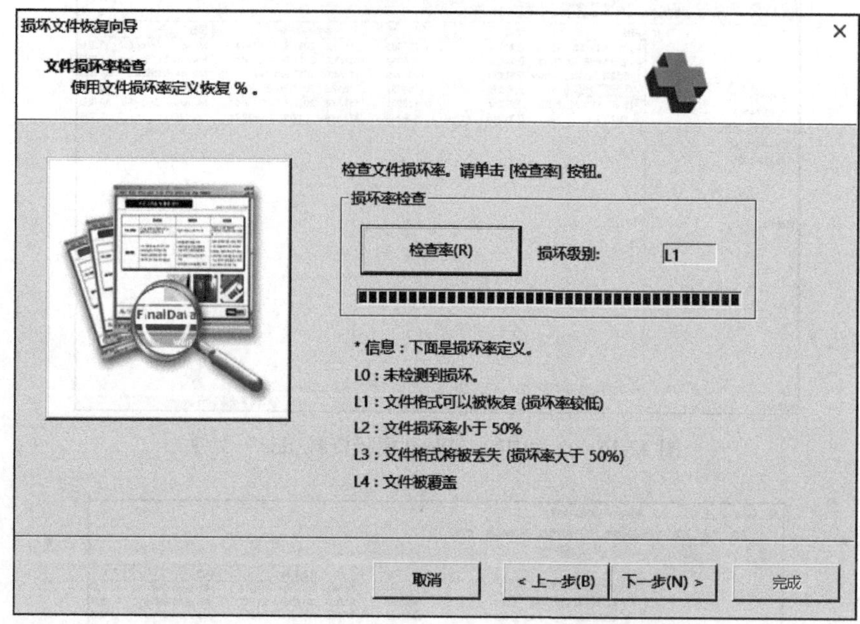

图 42-19 “损坏文件恢复向导 – 文件损坏率检查”对话框

6）检查完后，接着单击“下一步”按钮，打开“损坏文件恢复向导 – 开始恢复”对话框，如图 42-20 所示。在“保存位置”文本框中输入保存修复文件的目录，然后单击“开始恢复”按钮。

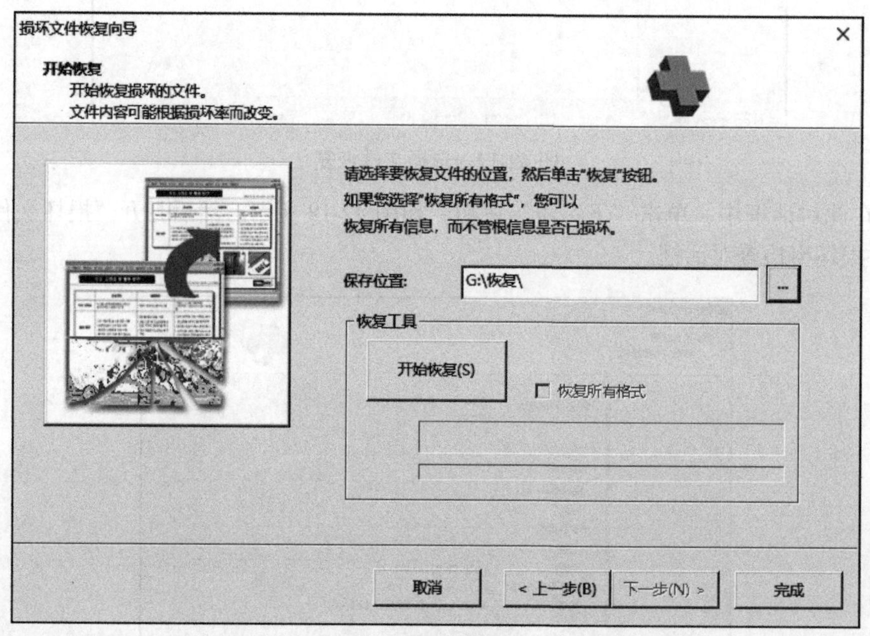

图 42-20 开始恢复

7）恢复完成后，单击“完成”按钮，完成 Word 文件的修复，如图 42-21 所示。图 42-22 展示了修复后的文件。

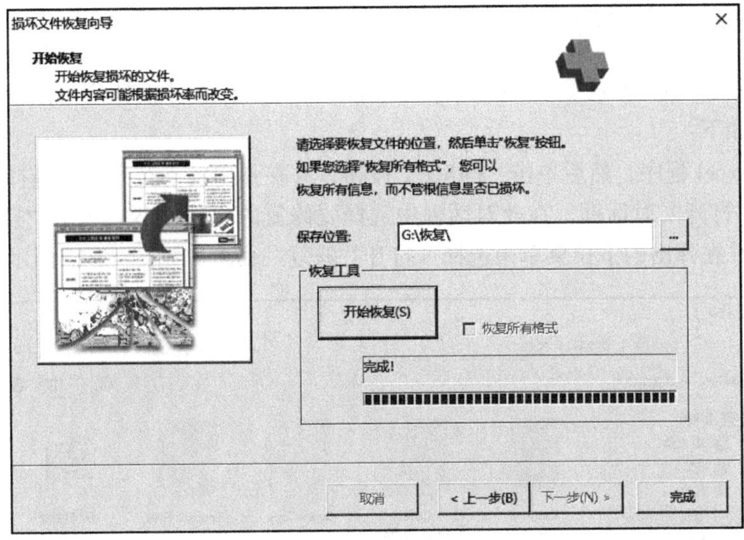

图 42-21　完成恢复

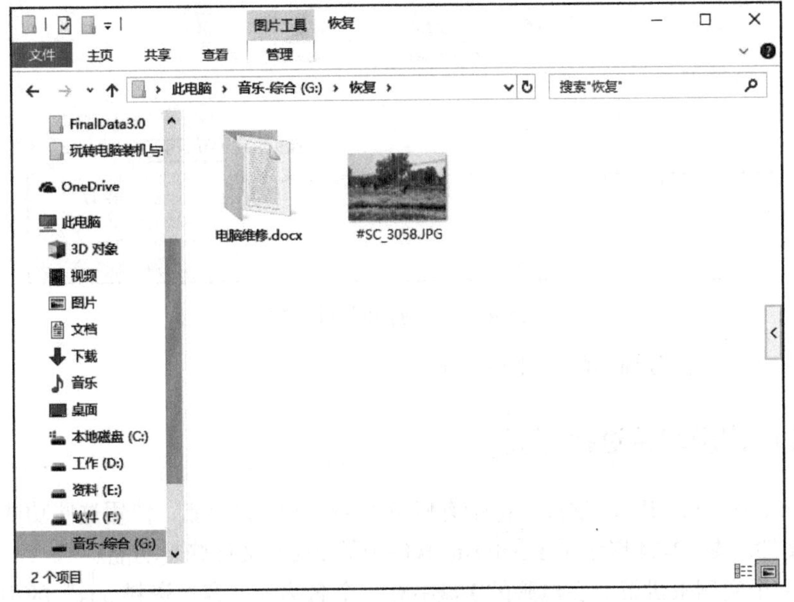

图 42-22　恢复后的文件

42.6 修复损坏的 Excel 文件的方法

42.6.1　怎样修复 Excel 文件

Excel 文档是许多电脑用户制作表格时经常使用的文件格式。当它损坏而无法打开时，可以采用一些方法修复损坏文档，恢复受损文档中的数据。

42.6.2 使 Excel 程序自行修复

“打开并修复”是 Excel 具有的文件修复功能，当 Excel 文件损坏后可以使用这种方法修复。具体步骤如下：

1）运行 Excel 程序，然后单击“Office”按钮，并在弹出的下拉菜单中选择“打开”命令。

2）弹出“打开”对话框，在此对话框中选择要修复的文件，然后单击“打开”按钮右边的下拉按钮，并在弹出的下拉菜单中选择“打开并修复”命令，如图 42-23 所示。

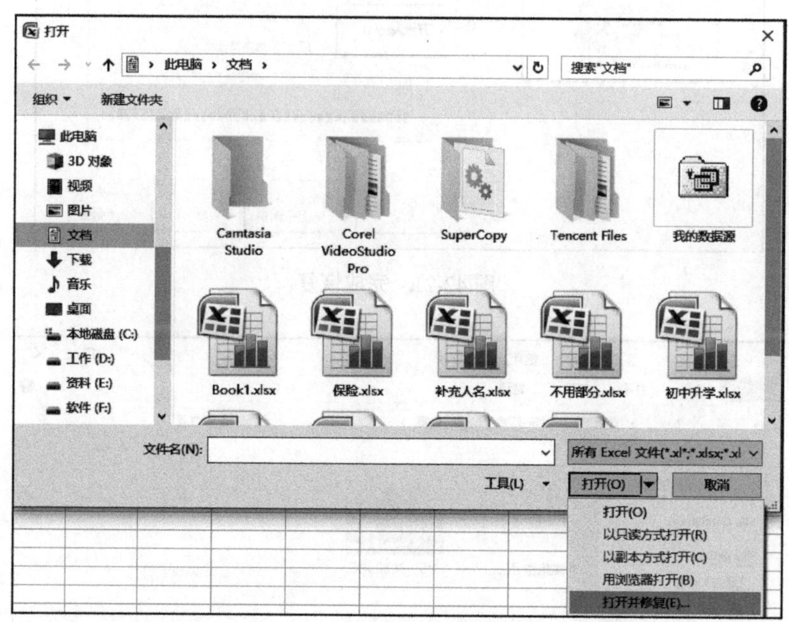

图 42-23 “打开”对话框

3）Excel 程序会修复损坏的文件并打开它。

42.6.3 使用修复软件进行修复

EasyRecovery、FinalData 软件中都带有修复 Excel 文件的功能，使用这些功能可以轻松地修复 Excel 文件。图 42-24 展示了 FinalData 软件中的 Excel 文件修复功能。

下面用一个实例来讲解。在电脑的 J 盘中有一个名称为“客户资料 .xls”的损坏文件，下面使用 EasyRecovery 中文版软件来修复此文件。

修复损坏的 Excel 文件的步骤如下：

1）运行 EasyRecovery 软件，然后在主界面中选择左边的“文件修复”选项，再单击右边窗口中的“Excel 修复”按钮，如图 42-25 所示。

2）单击“ Excel 修复”按钮后，打开“ Excel 修复”窗口，如图 42-26 所示。在此窗口中单击“浏览文件”按钮，然后在弹出的“打开”对话框中，选择“客户资料 .xls”文件，然后单击“打开”按钮，如图 42-27 所示。

3）单击“打开”按钮后，返回“ Excel 修复”窗口中，并在此窗口中出现要修复的文件“客户资料 .xls”，单击“下一步”按钮，如图 42-28 所示。

4）软件开始修复“客户资料 .xls”文件。修复完成后，会弹出“摘要”对话框，如图

42-29 所示。单击“确定”按钮关闭“摘要”对话框。最后单击“完成”按钮，返回软件主界面。

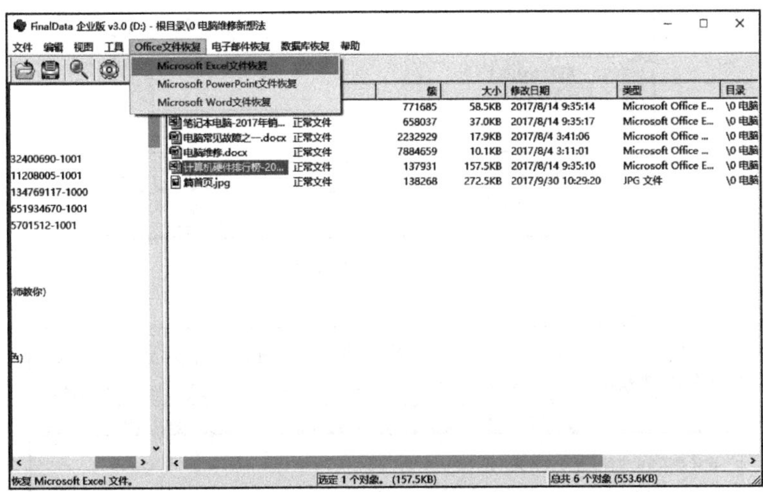

图 42-24　Excel 文件修复功能

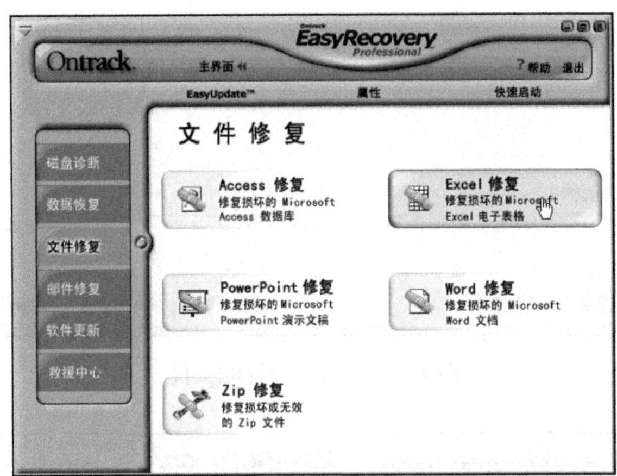

图 42-25　EasyRecovery 软件主界面

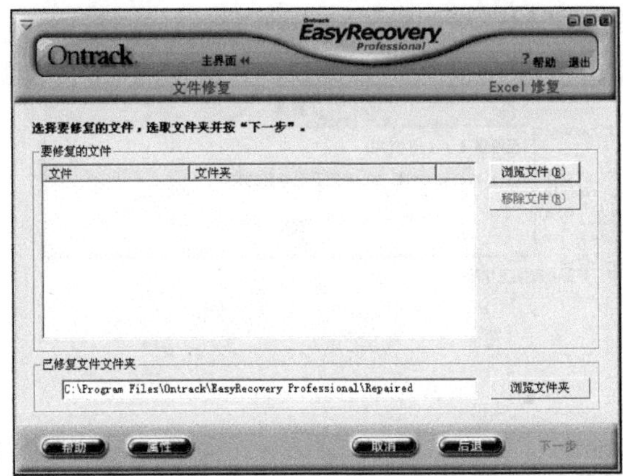

图 42-26　“Excel 修复”窗口

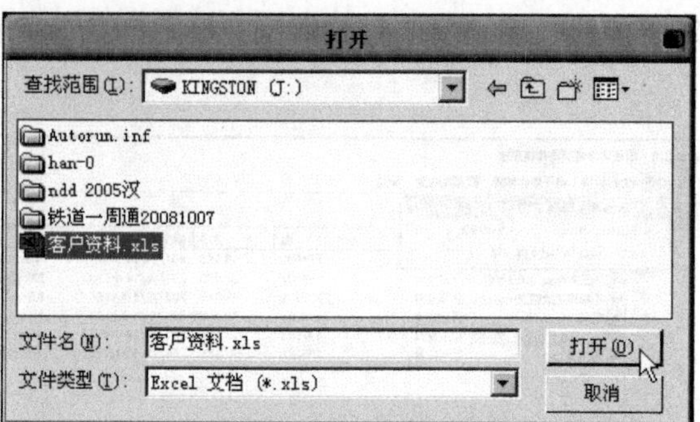

图 42-27 “打开”对话框

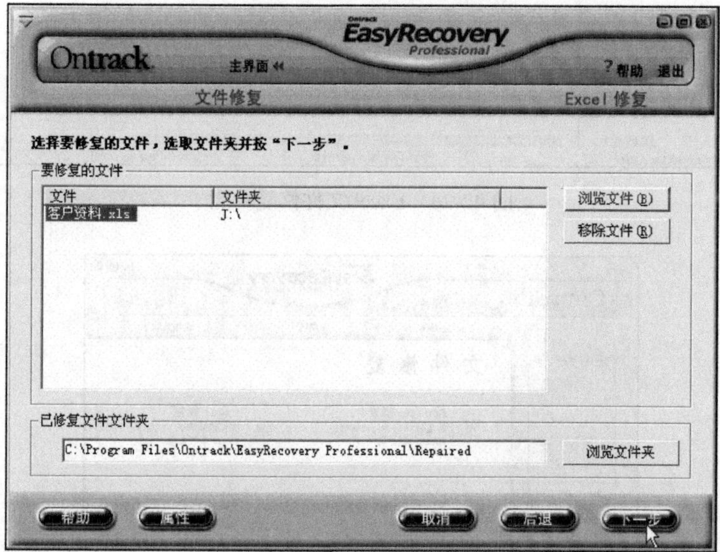

图 42-28 选择修复的文件

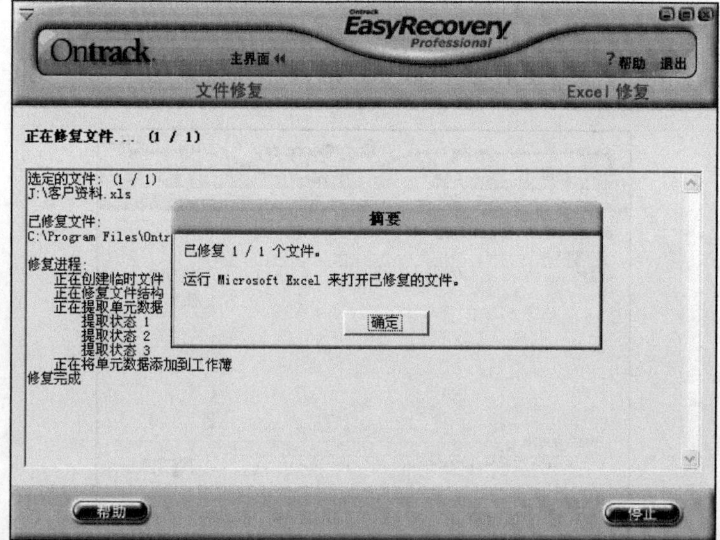

图 42-29 修复文件

42.7 恢复被格式化的硬盘中的数据

当将一块硬盘格式化时，并没有将数据从硬盘的数据区（DATA 区）直接删除，而是利用 Format 格式化重新建立了 FAT 表，所以硬盘中的数据还有被恢复的可能。通常硬盘被格式化后，可以通过数据恢复软件进行恢复。

提示

当硬盘被格式化操作造成数据丢失时，最好不要再对硬盘做任何无用的操作（即不要向被格式化的硬盘中存放任何数据），否则可能导致数据被覆盖，无法恢复。

下面结合 EasyRecovery 中文版软件来讲解如何恢复被格式化的分区中的文件。电脑的 K 盘被重新格式化，但 K 盘中还有重要的文件没有备份，需要通过数据恢复软件来恢复这些文件。

恢复被格式化分区的文件的步骤如下：

1）运行 EasyRecovery 软件，然后在主界面中单击左边的“数据恢复”选项，再单击右边窗口中的“格式化恢复”按钮，如图 42-30 所示。

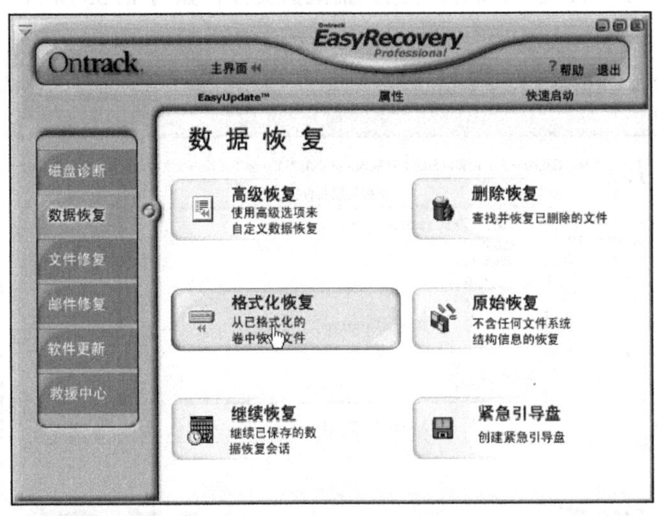

图 42-30　选择“格式化恢复”

2）单击“格式化恢复”按钮后，软件开始扫描系统，接着弹出“目的警告”提示框，在此对话框中单击“确定”按钮，如图 42-31 所示。

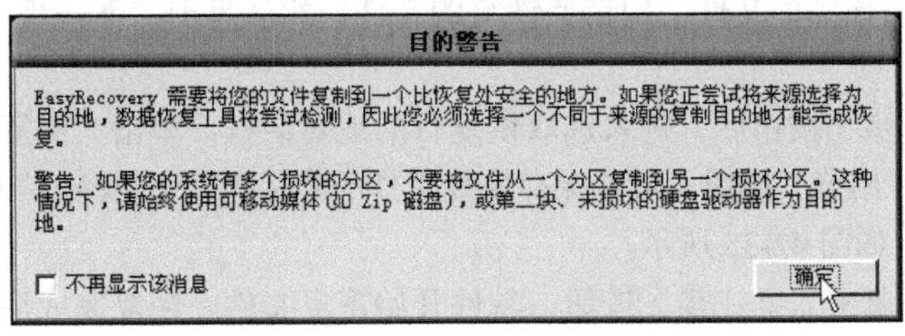

图 42-31　“目的警告”提示框

3）单击“确定”按钮后，打开“格式化恢复”对话框，在此对话框中选择K盘。单击“以前的文件系统”下拉菜单，然后选择“FAT32”（如果格式化前磁盘的分区是NTFS，则选择NTFS）。选择好后，单击“下一步”按钮，如图42-32所示。

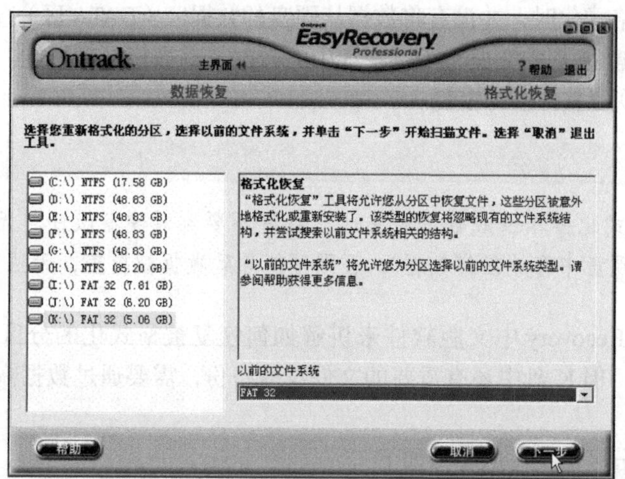

图42-32 “格式化恢复”对话框

4）单击“下一步”按钮后，软件开始扫描磁盘文件，如图42-33所示。

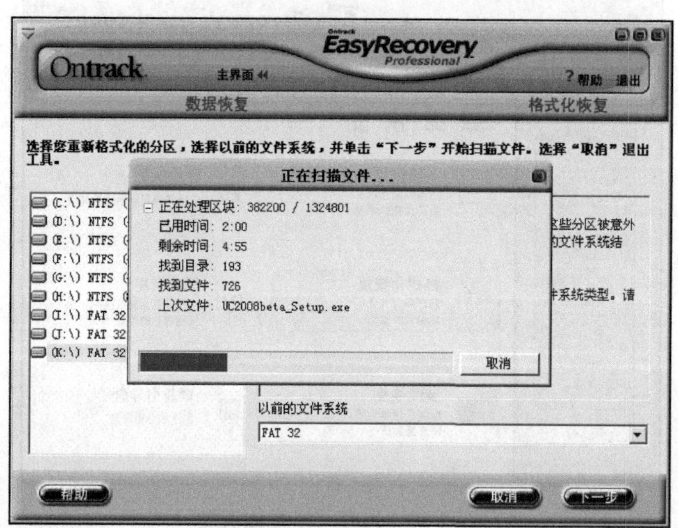

图42-33 扫描磁盘文件

5）扫描完成后，软件会自动列出K盘中原先的文件，其中，左边窗口中是扫描到的文件夹，右边窗口中是扫描到的文件。勾选要恢复的文件，然后单击“下一步”按钮，如图42-34所示。

6）单击“下一步”按钮后，进入选取恢复目的地对话框。单击“恢复到本地驱动器”单选按钮，然后单击“浏览”按钮，设置保存恢复文件的路径为“J:\恢复\”（即保存到J盘中的“恢复”文件夹中），如图42-35所示。

7）设置好后，单击“下一步”按钮，软件开始恢复文件。恢复完成后，单击“完成”按钮，如图42-36所示。

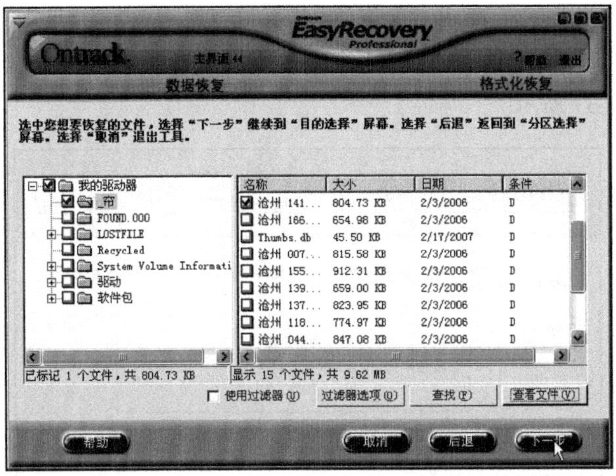

图 42-34　选择要恢复的文件

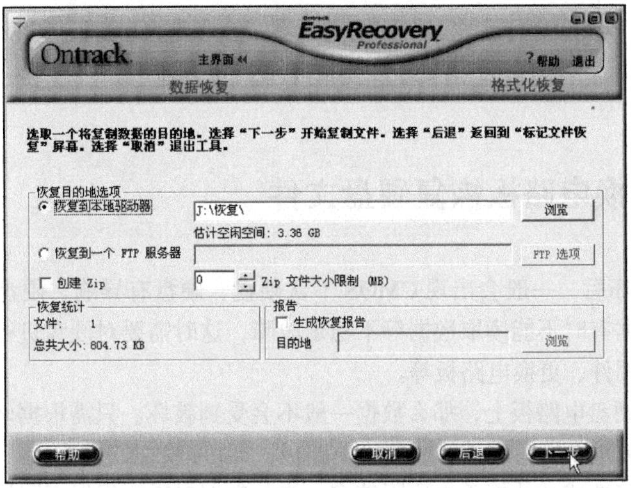

图 42-35　恢复到本地驱动器

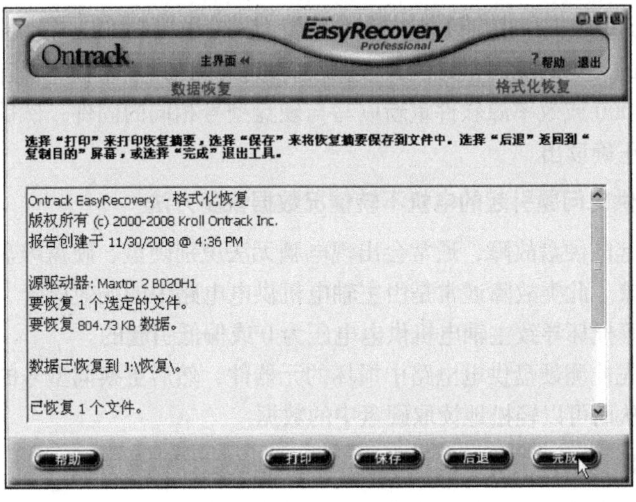

图 42-36　恢复完成

8）单击“完成”按钮后，弹出“保存恢复”对话框，提示是否要保存恢复状态。如果要保存则单击“是”按钮；否则单击“否”按钮。此例中不保存恢复状态，单击“否”按钮，返回到主界面，如图 42-37 所示。

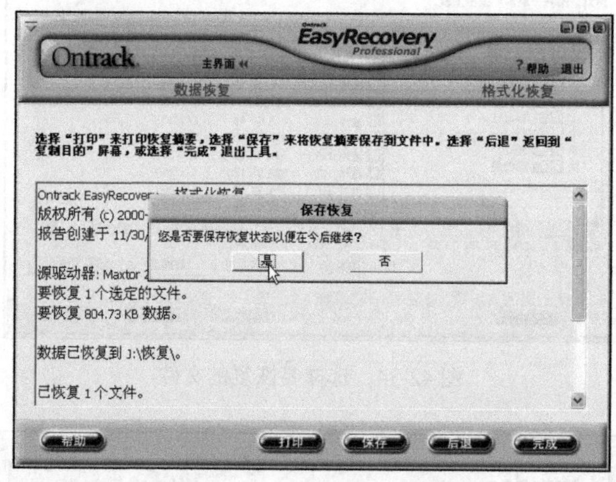

图 42-37 “保存恢复”对话框

42.8 通过更换电路板恢复硬盘文件

硬盘电路板损坏后，一般会出现 CMOS 不认硬盘、硬盘有异响、硬盘数据读取困难、硬盘有时能够读取数据有时不能读取数据等不稳定故障，这时需要对硬盘进行维修，如更换损坏的芯片、重新刷写固件、更换电路板等。

如果问题出在硬盘电路板上，那么数据一般不会受到破坏。只需根据硬盘电路板故障，更换损坏的元器件，或重新刷写固件，或更换电路板，即可把数据正常读出。

硬盘电路板故障造成的数据丢失原因较多，恢复数据时需要根据不同故障情况进行恢复。

1. 对于固件损坏引起的不认盘情况恢复数据方法

此故障的表现为电脑无法识别硬盘。这种故障主要是由固件中某一模块损坏或丢失引起的。

出现这种故障的硬盘的盘面是好的，数据没有被损坏，只是硬盘无法正常工作。对于此故障，可以通过 PC-3000 或效率源软件重新刷写与硬盘型号相同的固件，然后连接到电脑中，即可将硬盘中的数据正确读出。

2. 对于电路板供电问题引起的电机不转情况数据恢复方法

由供电问题引起的硬盘故障，通常会出现电脑无法识别硬盘、硬盘敲盘、硬盘主轴电机转动声音不正常等现象。此类故障通常是由主轴电机供电电路中的场效应管、保险电阻、电机驱动芯片、滤波电容等损坏导致主轴电机供电电压为 0 或偏低引起的。

此类故障一般先检测硬盘供电电路中损坏的元器件，然后更换同型号的元器件。更换后硬盘即可正常工作，从而可以轻松地读取硬盘中的数据。

3. 对于硬盘电路元器件损坏引起的硬盘不工作情况数据恢复方法

此类故障是因为电路板元器件老化或损坏，造成电路不工作或工作不稳定。一般故障现象为硬盘无法被识别、硬盘可以被识别但工作不稳定等。

此类故障一般先检测电路板中损坏的元器件（重点检查场效应管、保险电阻、晶振、数据接口附近的电阻或排阻等），然后更换损坏的元器件。更换损坏的元器件后，硬盘即可正常工作，从而可以轻松地读取硬盘中的数据。

4. 对于硬盘电路板故障引起的情况数据恢复方法

此类故障一般是由于电路板元器件老化，或电路板损坏，或电路板工作不稳定引起的。由于此类故障很难找到产生故障的具体原因，因此直接更换同型号的电路板即可。

在更换电路板后，应重新刷写与故障硬盘相同的 ROM，或直接将故障硬盘中的 BIOS 芯片更换到新的电路板中（BIOS 芯片必须是独立的）。更换电路板后，硬盘即可正常工作，从而可以轻松地读取硬盘中的数据。图 42-38 展示了硬盘电路板中的 BIOS 芯片。

5. 硬盘电路板损坏后的数据恢复实战

一块希捷酷鱼 7200.7 硬盘（型号为 ST3160023AS）在使用的过程中，打开机箱时不小心将螺丝刀掉到硬盘电路板上，导致电脑黑屏。再重新启动时，在电脑 CMOS 中无法找到硬盘信息（硬盘中有重要的文件）。将硬盘拆下观察，发现硬盘电路板上的一个芯片被烧坏（芯片中间出现一个黑洞），如图 42-39 所示。

图 42-38　硬盘电路板中的 BIOS 芯片

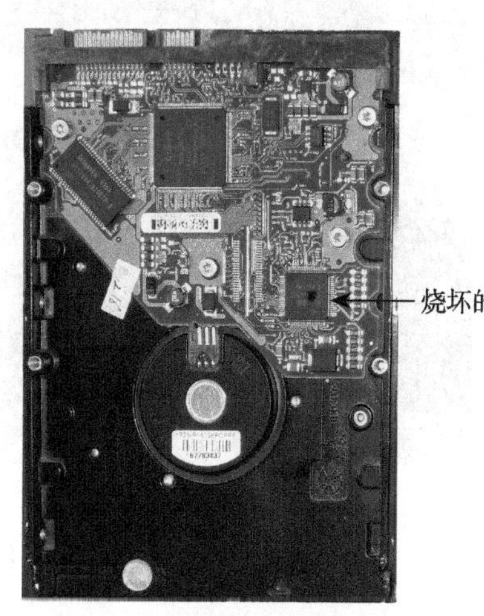

图 42-39　芯片被烧坏

由于此硬盘没有被摔过，且之前使用正常，没有异响，只是电路板出了点故障，因此可以判断此硬盘的盘片、磁头等没有损坏，故障应该是电路板损坏引起的。只要将电路板恢复正常，硬盘中的数据就可以被恢复。

1）仔细观察被烧坏的芯片，此芯片的型号为 SH6950D，根据此芯片的型号和电路，判断此芯片为电机驱动芯片，是专门为电机、磁头等供电的。根据故障现象分析，此故障应该是螺丝钉引起硬盘电路短路，导致电机供电电路中电流过大，烧坏电机供电电路中的驱动芯片。

2）再检测硬盘电路板中的电机驱动芯片周围的场效应管、电感、电容、熔丝等元器件，未发现损坏的元器件，如图 42-40 所示。

3）用热风焊台将故障硬盘的电机驱动芯片卸下，然后用电烙铁修平电路板中的焊点。随后用热风焊台将同型号的电机驱动芯片焊到故障硬盘上，如图 42-41 所示。

4）更换驱动芯片后，将硬盘接入电脑，然后开机测试，发现 CMOS 中可以检测到硬盘。

接着启动系统，发现系统可以正常启动，且硬盘中的数据完好无损，故障排除。

图 42-40 电机驱动芯片周围的元器件

a）拆卸电机驱动芯片

b）更换后的电机驱动芯片

图 42-41 更换烧坏的芯片

第 43 章

多核电脑安全加密方法

进入信息和网络化的时代以来，越来越多的用户可以通过电脑网络来获取信息、处理信息，同时将自己最重要的信息以数据文件的形式保存在电脑中。为防止存储在电脑中的数据信息被泄漏，有必要对电脑及系统采取加密手段。本章将讲解几种常用的加密方法。

43.1 电脑系统安全防护

43.1.1 系统登录加密

Windows 10 系统是目前使用最多的操作系统，在这一节中介绍 BIOS 的密码设置和进入 Windows 10 系统后登录密码的设置方法。

1. 设置电脑 BIOS 加密

进入电脑系统可以设置的第 1 个密码就是 BIOS 密码。电脑的 BIOS 密码可以分为开机密码（PowerOn Password）、超级用户密码（SuperVisor Password）和硬盘密码（Hard Disk Password）几种。

其中，开机密码需要用户在每次开机时候输入正确密码才能引导系统；超级用户密码可阻止未授权用户访问 BIOS 程序；硬盘密码可以阻止未授权的用户访问硬盘上的所有数据，只有输入正确的密码才能访问。

另外，超级用户密码（SuperVisor Password）拥有完全修改 BIOS 设置的权限。而其他两种密码对有些项目无法设置。所以建议用户在设置密码时，直接使用超级用户密码，这样既可保护计算机安全，又可拥有全部的权限。

在台式电脑中，如果忘记了密码，可以通过将 CMOS 放电来清除密码。但如果用户使用的是笔记本电脑就不能这样做了。由于笔记本电脑中的密码由专门的密码芯片管理，如果忘记了密码，就不能简单地像台式电脑那样通过将 CMOS 放电来清除密码，往往需要送到专门的维修站修理。所以设置密码后一定要注意不要遗失。

电脑的 BIOS 密码设置方法参考 13.4.3 节内容。

2. 设置系统密码

Windows 10 系统是当前应用最广泛的操作系统之一，在其系统中可以为每个用户分别设置一个密码。具体设置方法如下。

1）打开“控制面板”窗口，然后单击“用户账户”选项，如图 43-1 所示。

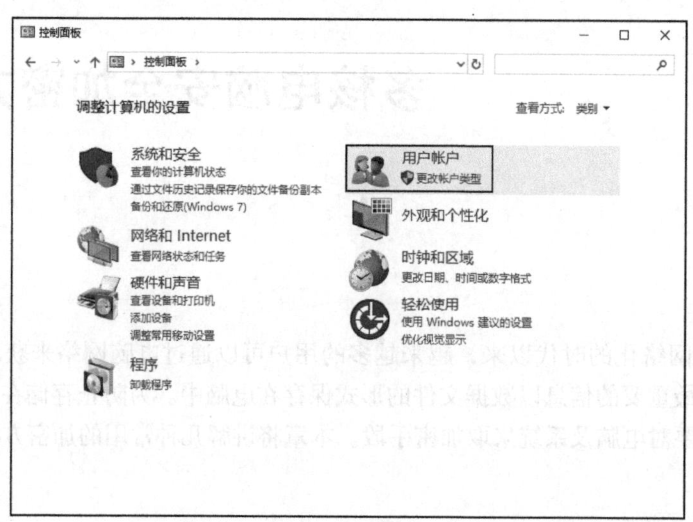

图 43-1 单击“用户账户”选项

2）在打开的“用户账户”窗口中，单击“用户账户”选项下面的“更改账户类型”选项，如图 43-2 所示。

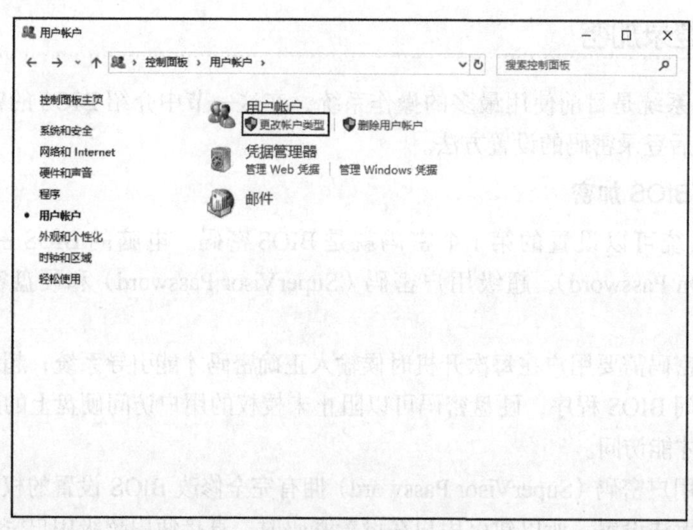

图 43-2 “用户账户”窗口

3）在打开的“管理账户”窗口中的“选择要更改的账户”栏中，单击需要设置密码的账户，如图 43-3 所示。

4）之后进入“更改账户”窗口，在此窗口左侧单击“创建密码”选项，如图 43-4 所示。

5）进入“创建密码”窗口，在此窗口中输入两次密码和一次密码提示问题，然后单击“创建密码”按钮，如图 43-5 所示。密码创建成功。还可以为其他用户设置不同的密码。

图 43-3　“管理账户”窗口

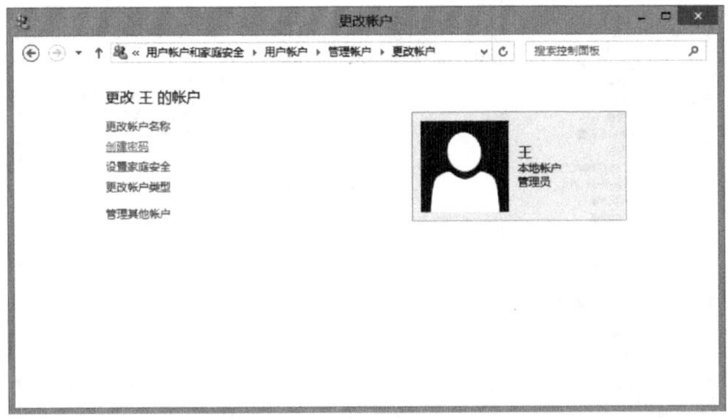

图 43-4　“更改账户”窗口

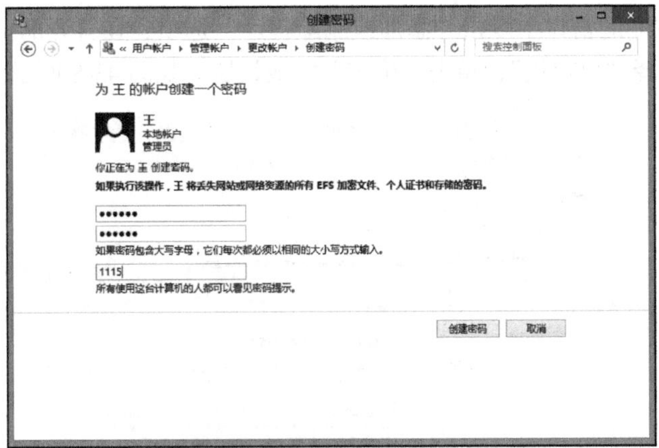

图 43-5　“创建密码”窗口

43.1.2　应用软件加密

禁止其他用户安装或删除软件的设置，同样是在 Windows 7/8 的组策略中进行设置。禁止其他用户安装或删除软件设置方法如下（以 Windows 7/8 为例）。

1）按 Win+R 组合键，在弹出的“运行”对话框中，输入“ gpedit.msc”，单击确定按钮。如图 43-6 所示。

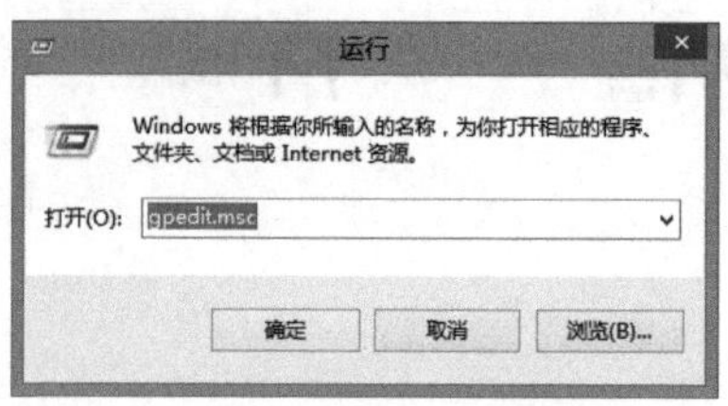

图 43-6 “运行”对话框

2）之后打开“本地组策略编辑器”窗口，然后在左侧窗口依次单击展开“用户配置→管理模板→控制面板→添加或删除程序”选项，如图 43-7 所示。

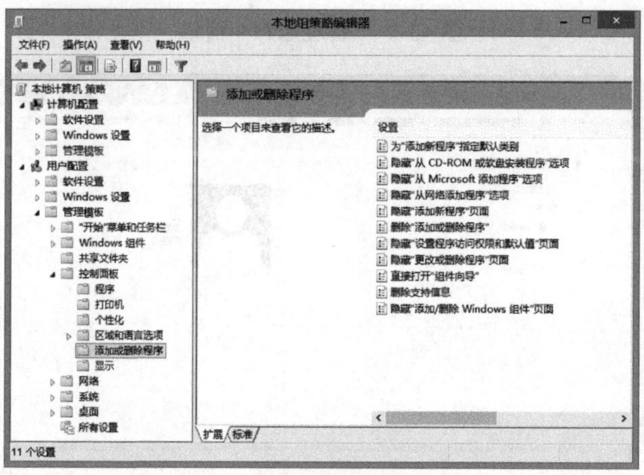

图 43-7 “本地组策略编辑器”窗口

3）在组策略右侧的窗口中双击“添加或删除程序”选项，在打开的“删除“添加或删除程序””窗口中中选择“已启用”，单击“确定”完成设置。如图 43-8 所示。

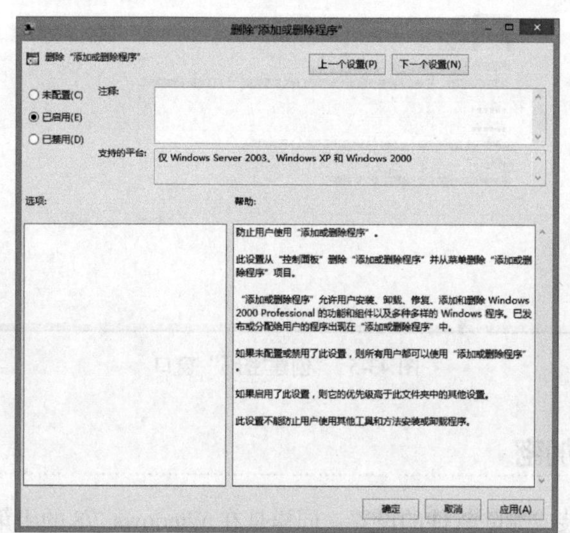

图 43-8 “删除“添加或删除程序””窗口

43.1.3 锁定电脑系统

当用户在使用电脑时，如果需要暂时离开，但不希望其他人使用自己的电脑。这时可以把电脑系统锁定，当重新使用时，只需要输入密码即可打开系统。

下面介绍两种锁定电脑系统的方法，这两种方法都必须先给 Windows 用户设定登录密码后，才能执行操作，否则锁定电脑就不起作用了。

锁定电脑系统设置步骤如下：

1）在电脑桌面单击右键，在弹出的快捷菜单中执行“新建→快捷方式”，如图 43-9 所示。

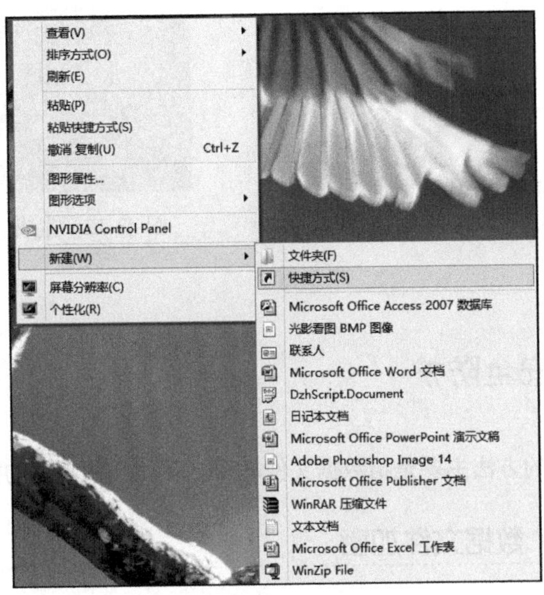

图 43-9 新建快捷方式

2）在“创建快捷方式”对话框中输入“ rundll32.exe user32.dll,LockWorkStation”，然后单击“下一步”按钮，必须注意大小写和标点符号，如图 43-10 所示。

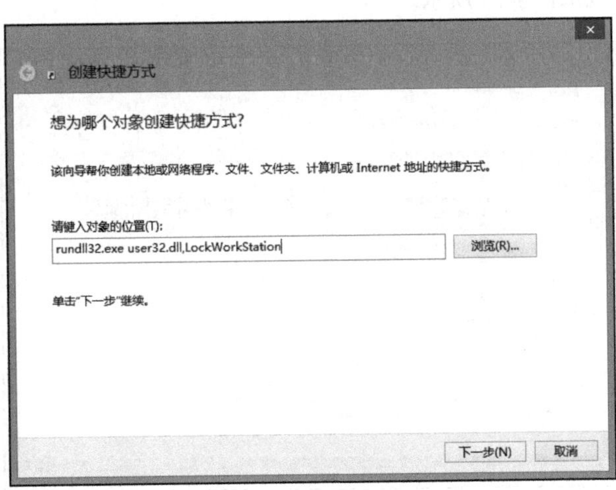

图 43-10 输入命令

3）在打开的界面中输入快捷方式的名称（如“锁定电脑”），然后单击“完成”按钮，如

图 43-11 所示。

4）设置完成后，在桌面上会生成一个快捷方式图标，使用时只需要双击此图标，即可锁定电脑，如图 43-12 所示。

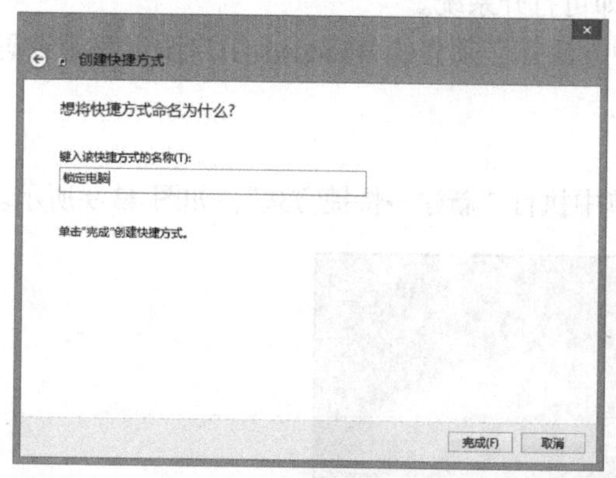

图 43-11 输入快捷方式名称

图 43-12 生成“锁定电脑”图标

43.2 电脑数据安全防护

电脑数据安全防护的方法主要是给数据文件加密。下面几种常见的数据文件的加密方法。

43.2.1 Office 2007 数据文件加密

在 Office 2007 软件中，Word 文件和 Excel 文件的加密方法大致相同。这里以 Excel 文件为例进行讲解。

1）打开需要加密的 Word 或 Excel 文档，然后单击“Office”按钮，并单击“另存为→Excel 工作表”命令，如图 43-13 所示。

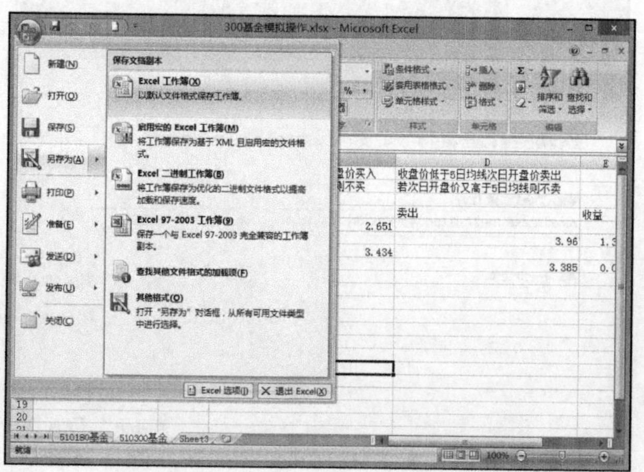

图 43-13 另存为 Excel 工作表

2）在打开的“另存为”对话框中，单击“工具”下拉菜单中的“常规选项”命令，如

图 43-14 所示。

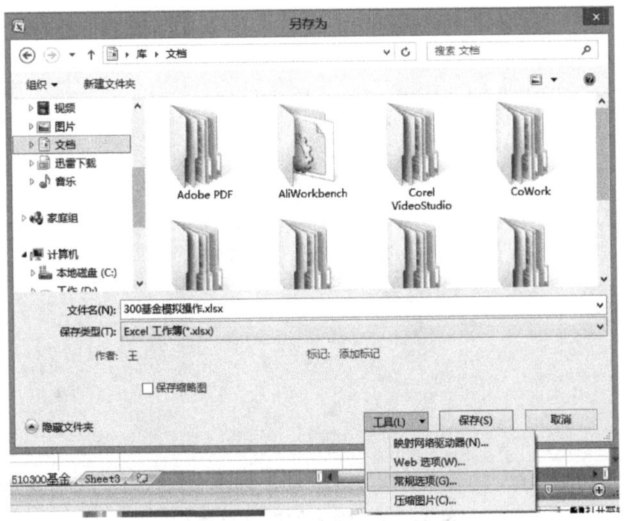

图 43-14　“工具”下拉菜单

3）在“常规选项”对话框中的“打开权限密码”和“修改权限密码”中输入密码，然后单击“确定”按钮，如图 43-15 所示。

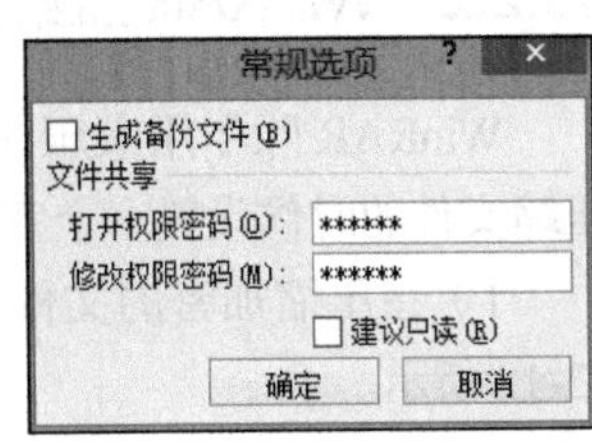

图 43-15　“常规选项”对话框

4）单击“确定”按钮后，接着再在“确认密码”对话框中的“重新输入密码”文本框中重新输入密码，然后单击“确定”按钮，如图 43-16 所示。

5）在“重新输入修改权限密码”文本框中再次输入密码，然后单击“确定”按钮，如图 43-17 所示。

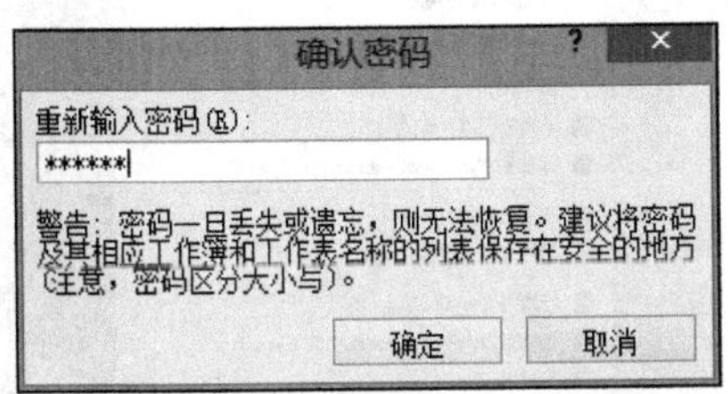

图 43-16　“确认密码”对话框

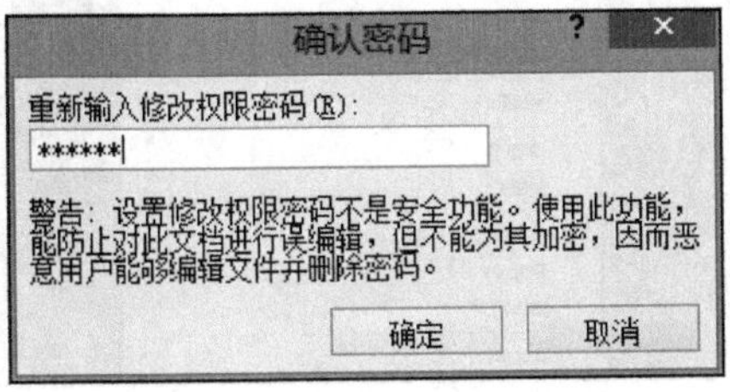

确认密码

重新输入修改权限密码(R):

******

警告：设置修改权限密码不是安全功能。使用此功能，能防止对此文档进行误编辑，但不能为其加密，因而恶意用户能够编辑文件并删除密码。

确定　取消

图 43-17　重新输入修改权限密码

6）单击“保存”按钮，完成设置密码。设置密码后，每当打开加密文件时，都会提示输入密码，如图 43-18 所示。

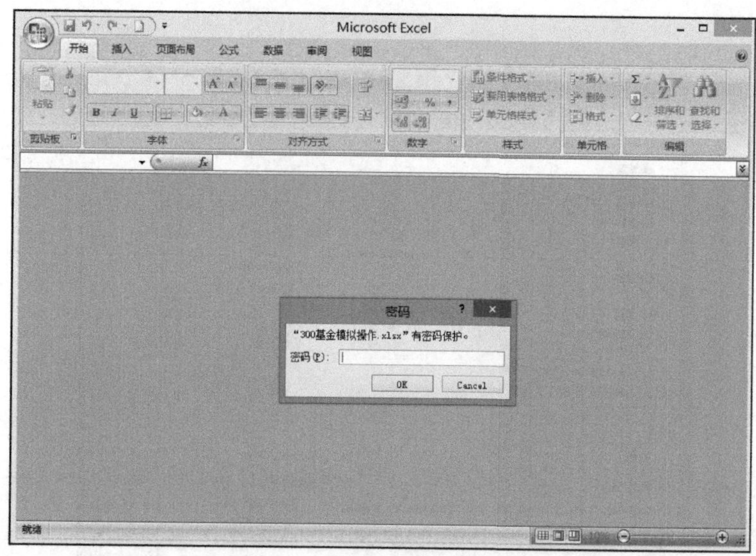

图 43-18　输入加密文件密码

43.2.2　WinRAR 压缩文件的加密

WinRAR 除了用来压缩解压文件，我们还常常把 WinRAR 当作一个加密软件来使用，在压缩文件的时候设置一个密码，就可以达到保护数据的目的。WinRAR 密码设置步骤如下。

1）在压缩加密的文件上单击右键，在弹出的快捷菜单中单击“添加到压缩文件”，如图 43-19 所示。

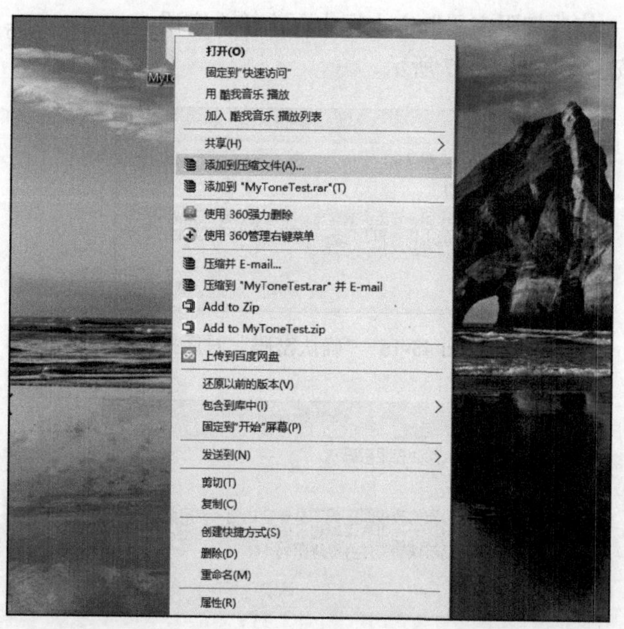

图 43-19　弹出快捷菜单

2）在打开的“压缩文件名和参数”对话框中，单击“高级”选项卡，再单击“设置密码”按钮，如图 43-20 所示。

3）打开“带密码压缩”文本框，直接输入密码，并单击“加密文件名”复选项，然后单击“确定”按钮，如图 43-21 所示。

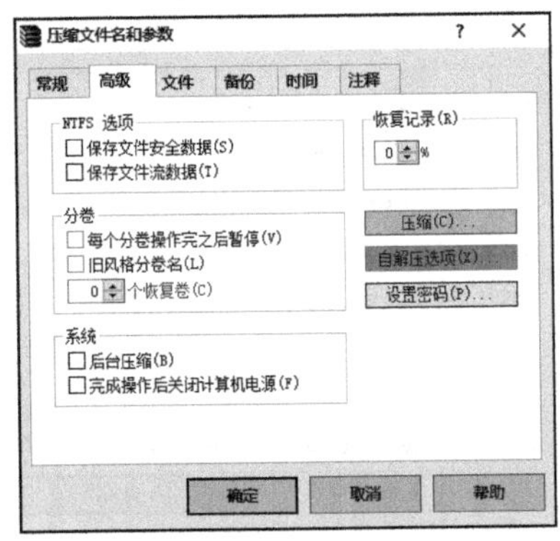

图 43-20　设置密码

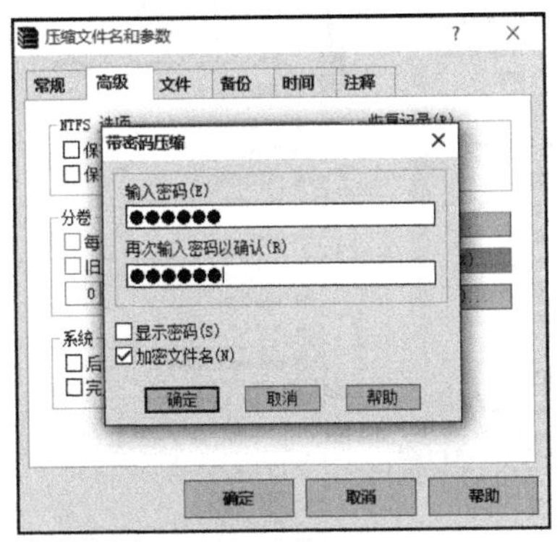

图 43-21　“带密码压缩”文本框

4）在“压缩文件名和参数”对话框中单击“确定”按钮，完成设置如图 43-22 所示。

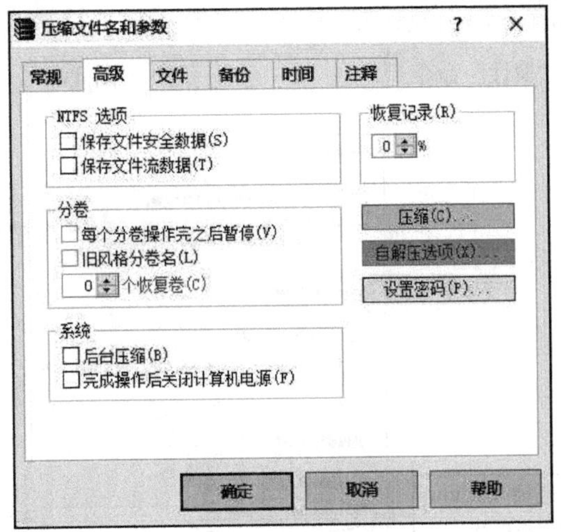

图 43-22　完成设置

43.2.3　数据文件夹加密

数据文件夹加密主要有两种方法，一种是使用第三方的加密软件进行加密，另一种是使用 Windows 系统进行加密。下面重点介绍利用 Windows 10 系统来加密各种文件夹。

用 Windows 10 系统加密的方法要求分区的格式是 NTFS 格式才能进行设置。文件夹加密的设置步骤如下。

1）在需要加密的文件夹上单击鼠标右键，然后选择“属性”命令，如图 43-23 所示。

2）在“属性”对话框中，单击“高级”按钮，如图 43-24 所示。

3）在“高级属性”对话框中，勾选“加密内容以便保护数据”复选项，然后单击“确定”按钮，如图 43-25 所示。

4）返回“属性”对话框，在“属性”对话框中单击“确定”按钮，文件夹加密完成。加密后文件夹名称变成绿色，其他用户登录电脑后，无法对文件夹进行操作。

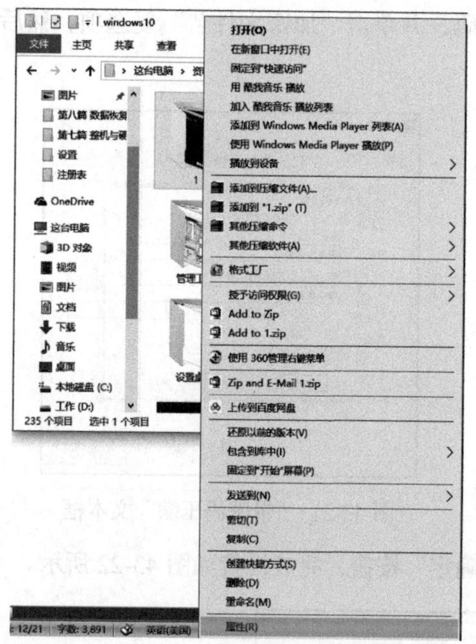

图 43-23 选择“属性”命令

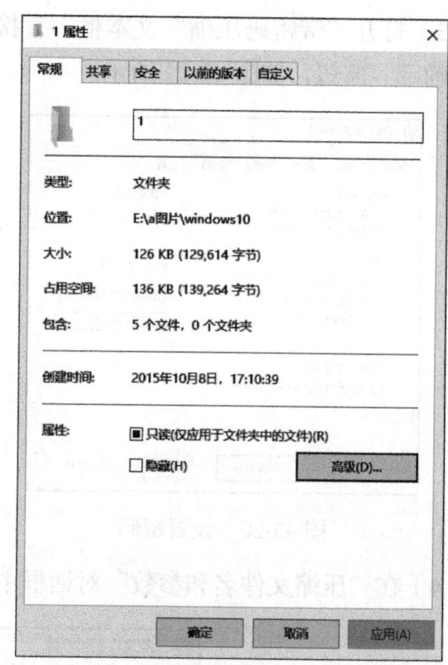

图 43-24 “属性”对话框

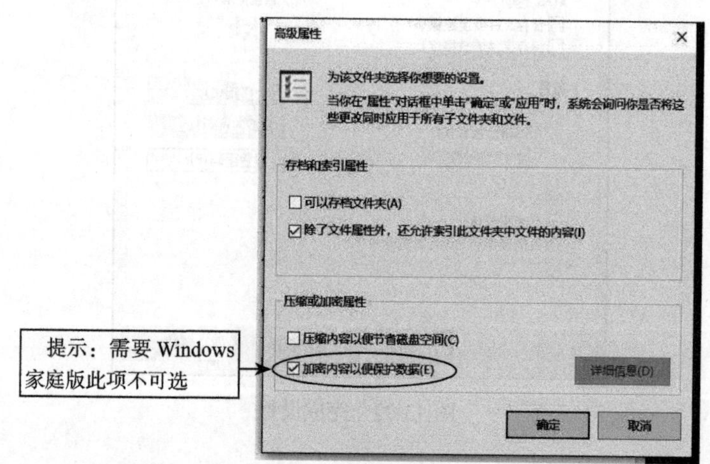

图 43-25 “高级属性”对话框

43.2.4 共享数据文件夹加密

通过对共享文件夹的加密，可以为不同的网络用户设置不同的访问权限。共享文件夹设置权限步骤如下（以 Windows 10 系统为例）。

1）在想设置为共享的文件夹上单击右键，在打开的菜单中选择“共享→特定用户”命令，如图 43-26 所示。

2）在打开的“文件共享”对话框中，单击“添加”按钮前面的下拉按钮，选择一个共享文件的用户，如图 43-27 所示。

3）选择好后，单击“添加”按钮，将用户添加到共享列表中，如图 43-28 所示。

4）单击该用户名称右侧“权限级别”栏下的三角按钮，选择用户权限，如图 43-29 所示。

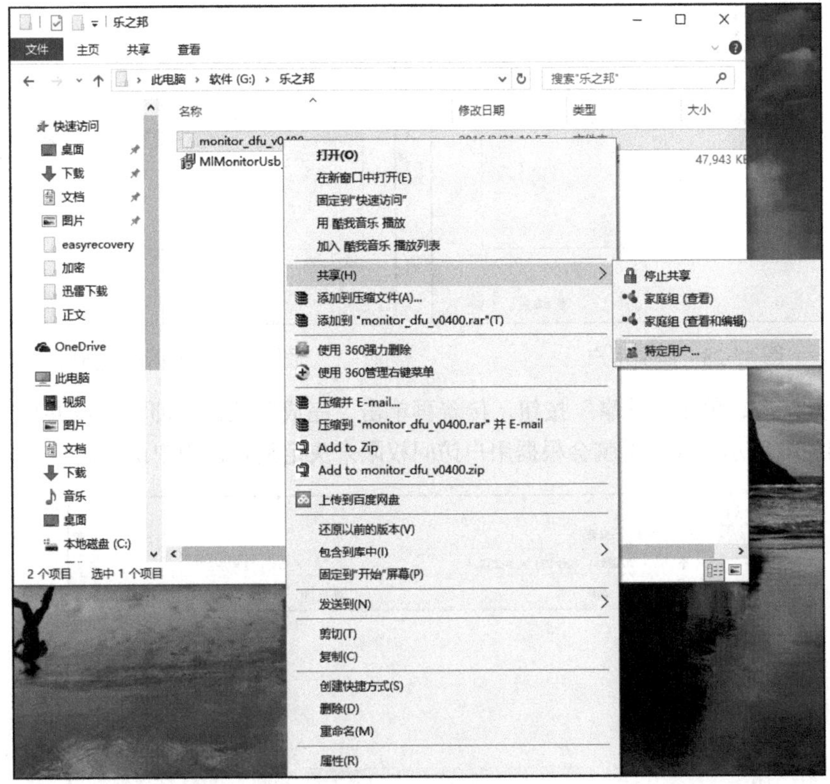

图 43-26　选择"共享→特定用户"命令

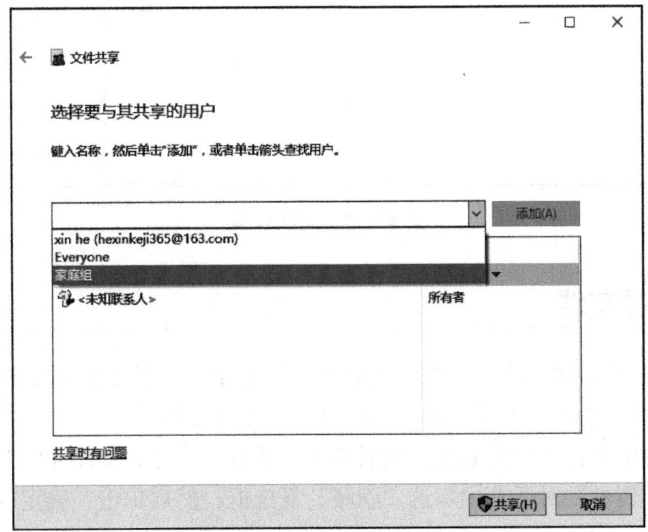

图 43-27　选择用户

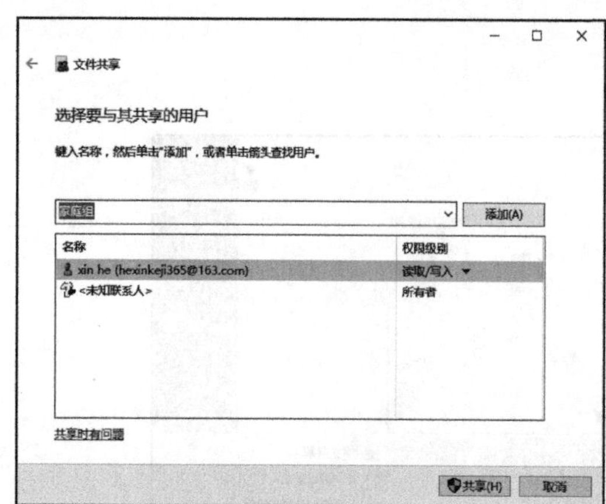

图 43-28 添加用户

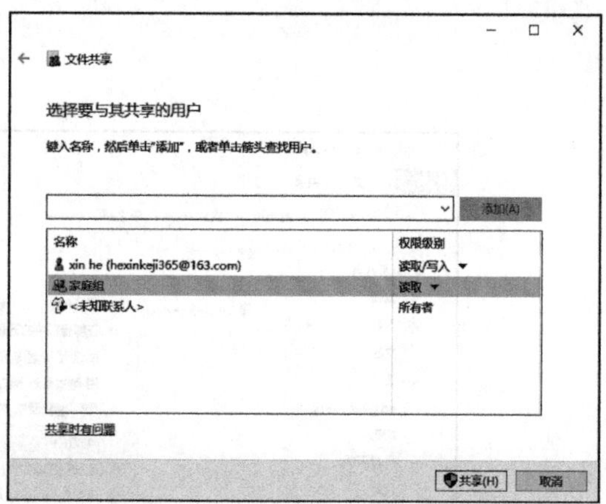

图 43-29 为用户设置访问权限

5）设置好后，单击“共享”按钮，接着再单击“完成”按钮，即可完成共享文件加密设置，如图 43-30 所示。今后电脑会根据用户访问权限来决定是否让用户访问。

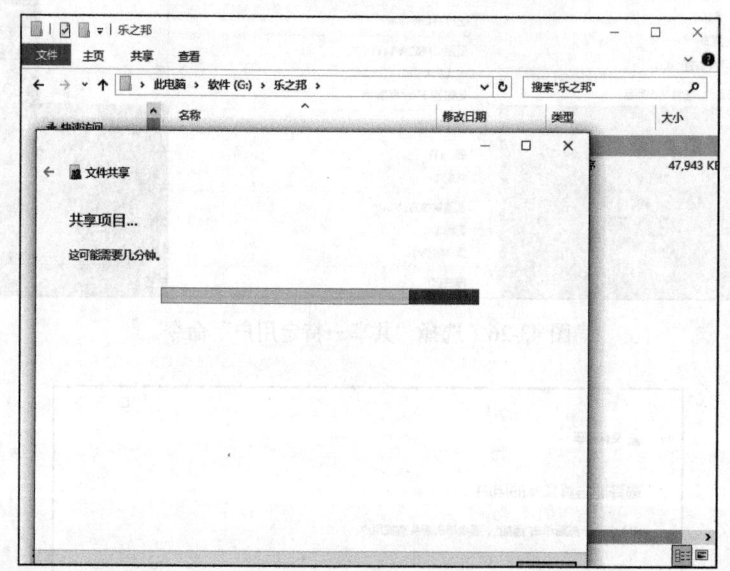

图 43-30 完成设置

43.2.5 隐藏重要文件

如果担心重要的文件被别人误删除，或处于隐私的需要不想让别人看到自己的文件，可以采用隐藏的方法将重要的文件保护起来。具体设置步骤方法如下：

1）在需要隐藏的文件上单击右键，然后选择“属性”命令，如图 43-31 所示。

2）在打开的“属性”对话框中勾选“隐藏”复选框，然后单击“确定”按钮，如图 43-32 所示。

对于隐藏的文件，如果要显示出来，需要在文件夹选项中进行设置。具体步骤如下：

1）打开隐藏文件所在的文件夹或磁盘，然后单击“查看”菜单下“选项”按钮，如图 43-33 所示。

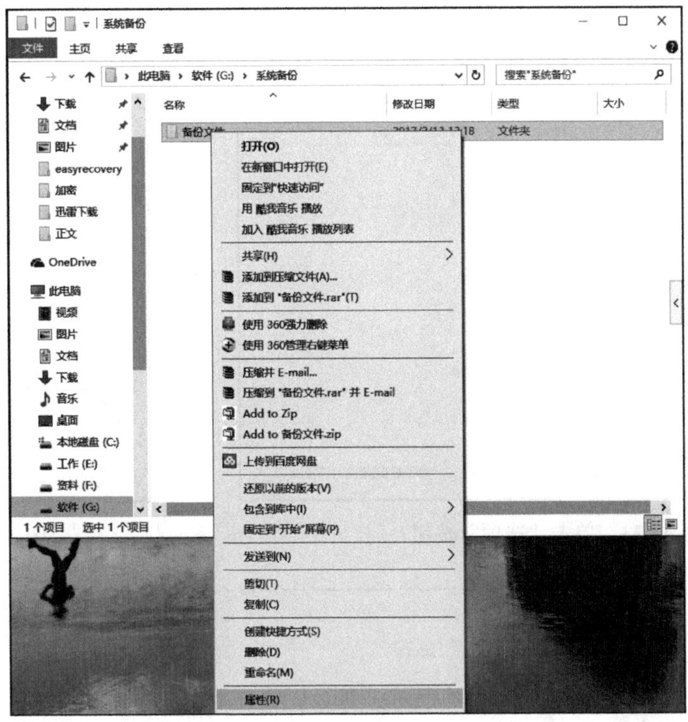

图 43-31　选择“属性”命令

图 43-32　设置完成

2）在打开的“文件夹选项”对话框中，单击“查看”选项卡，然后在“高级设置”列表中，单击“显示隐藏的文件、文件夹和驱动器”单选按钮，如图 43-34 所示。然后单击“确定”按钮，就可以显示隐藏文件了，如图 43-35 所示。

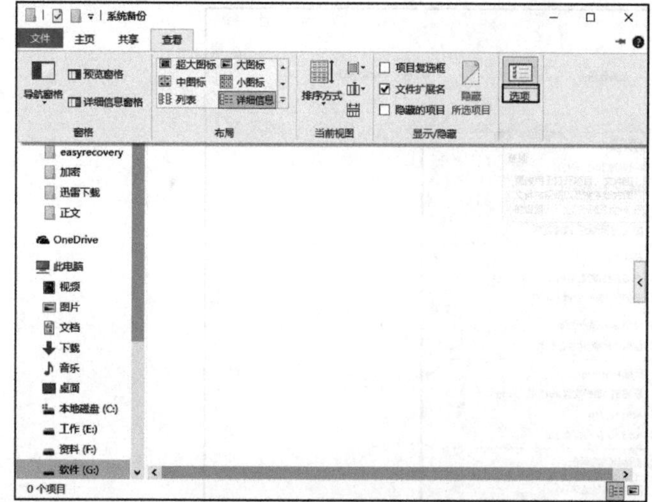

图 43-33 单击“选项”按钮

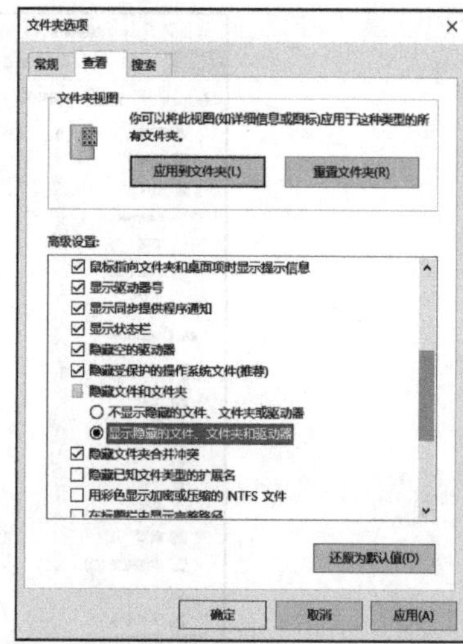

图 43-34

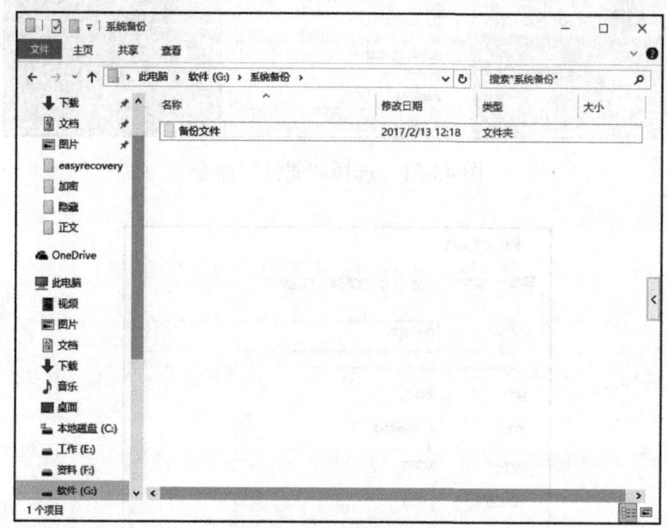

图 43-35 显示隐藏文件

43.3 电脑硬盘驱动器加密

在 Windows 系统中有一个功能强大的磁盘管理工具，此工具可以将电脑中的磁盘驱动器隐藏起来，让其他用户无法看到隐藏的驱动器，增强电脑的安全性。隐藏磁盘设置步骤如下。

1）在“计算机”图标上（以 Windows 10 系统为例）单击鼠标右键，选择“管理”命令，如图 43-36 所示。

2）在“计算机管理”窗口中的左侧单击“存储→磁盘管理”选项，在右侧窗口会看到硬盘的详细信息，如图 43-37 所示。

3）在右侧窗格中，单击右键需要隐藏的驱动器，在弹出的菜单中选择“更改驱动器名和路径”命令，如图 43-38 所示。

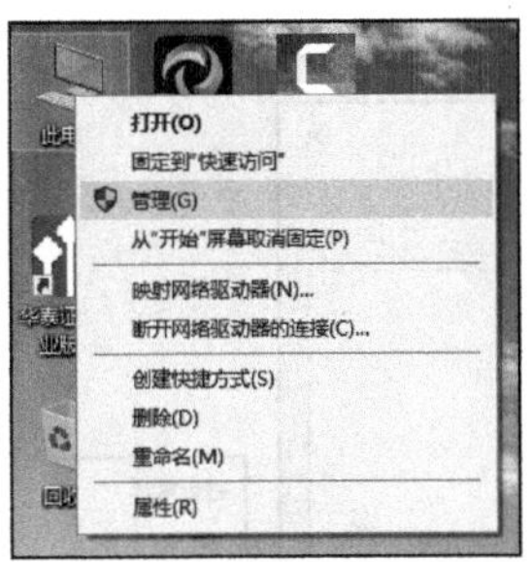

图 43-36　选择“管理”命令

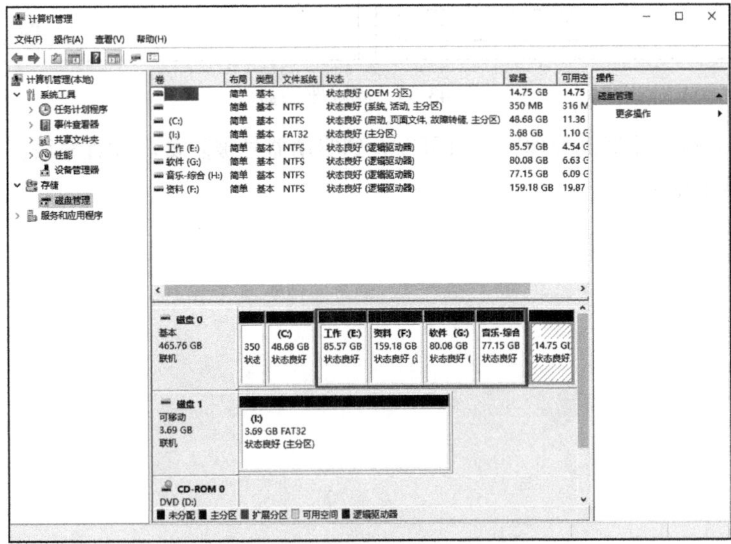

图 43-37　“计算机管理”窗口

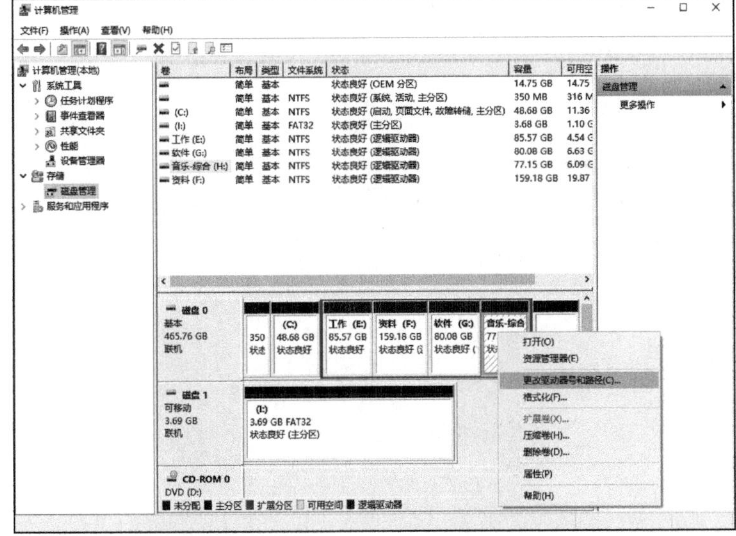

图 43-38　选择“更改驱动器名和路径”命令

4）在弹出的窗口中单击“删除”按钮，并在弹出的对话框中，单击“是”按钮，如图43-39所示。

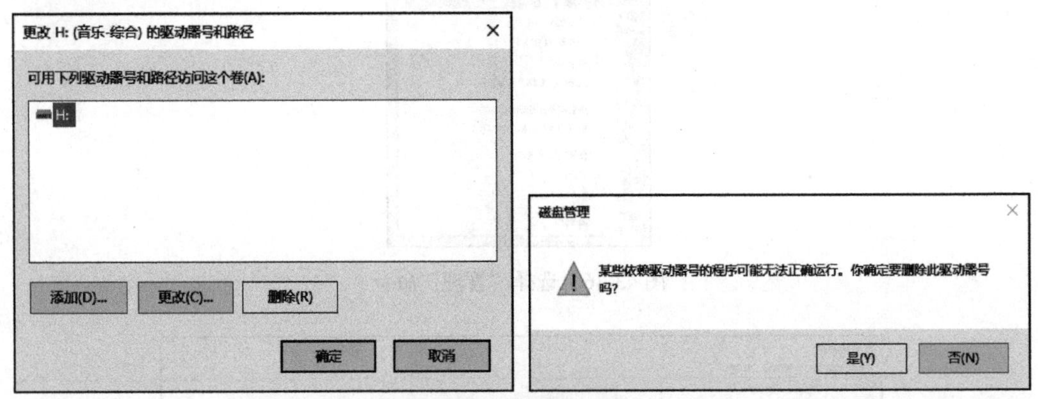

图 43-39 删除驱动器

5）设置好后在“计算机管理”窗口可以看到驱动器号被隐藏。设置完后，重新启动电脑，会发现该驱动器不见了。